KB166748

전기철도 급전계통 기술계산 가이드북

김 정철 저

(株)圖書出版 技多利

머 리 말

필자는 오랫동안의 직장생활을 끝내고, 나이 60세가 되던 1995년 말에 발송배전 기술사 자격을 획득하였습니다. 늦은 나이에 기술사로 처음 취업하게 된 곳은 현 EREC(주)의 전신인 한국전기철도기술㈜로, 이곳에서 철도와 첫 인연을 맺게 되었습니다.

마침 이 시기는 경부고속철도 시공의 막바지 단계로, 서울-대구간의 고속전철 시운전을 준비하는 기간이었는데, 다행히도 나는 이 구역 전기설비의 계전기 정정에 참여하게 되었습니다. 아시는 바와 같이 전기설비 보호계전기의 정정은 보호계전기의 정정계산뿐만 아니라 보호하여야할 설비의 전기적 기계적 특성을 정확히 이해하는 것이 절대적인 조건임은 두말할 필요도 없습니다.

경부 고속전철은 프랑스의 TGV의 기술을 바탕으로 하였고, 그 전에 건설한 유럽 Consortium인 60 Cycle Group에서 기술 지원한 산업선이나 일본 Consortium인 JARTS의 일본기술로 설계된 수도권 전철과는 급전뿐 아니라 보호 계전방식도 다르며, 더욱이 이때 처음으로 계전기가 Analog에서 지금은 일반화 되어 있는 Digital로 변경되어 급전방식과 계전기 정정계산에 익숙해지는데 상당한 어려움을 겪었습니다.

특히 고속전철에서도 단상 변압기를 주로 사용하는 유럽과는 달리 국내 기존 산업선 및 수도권 전철과 통일을 기하기 위하여 주전원 변압기는 일본과 같은 Scott결선변압기(T결선변압기)를 사용하였을 뿐 급전 방식으로는 기존선로가 분리급전으로 되어 있음에도 고속전철은 열차 부하의 용량이 기존 열차에 비하여 매우 크기 때문에 전차선로의 전압강하와 전력손실을 저감하기 위해서 병열급전으로 변경하는 등 큰 변화가 있었습니다. 이와 같은 혼란 중에 현대엘렉트릭㈜이 제작한 경부고속철도용 Scott결선변압기와 기존 선로에 설치되어 있던 ㈜효성이 제작한 Scott결선변압기의 극성이 맞지 않는 등 문제가 발생하였고, 보호계전기는 일본철도의 경우 철도총합연구소(鐵道總硏)에서 제시한 통일된 사양에 의하여 일본의 각 제작사가 이에 따라 통일하였으나 우리나라는 통일된 Spec도 없이 고속전철에는 프랑스 ICE사, 충북선 개수선로(충주전철변전소와 증평전철 변전소)에는 기존선로와 같은 일본의 미쯔비시전기(三菱電機), 구로 전철변전소와 호남선 증설에는 독일 Siemens사(호남고속전철선로는 경부고속전철과 같은 ICE사 계전기가 적용됨), 공항철도는 스웨덴 ABB사의 보호계전기가 도입되는 등 각기 특성이 다른 계전기가 도입되어 이들 모든 계전기의 특성을 이해하여 우리나라 철도에 적용하는 데는 많은 어려움이 있었습니다. 필자는 프랑스의 ICE사와 독일의 Siemens사를 여러 차례 방문하여 계전기의 성능과 정정계산방식을 익혔으며, 이들 철도전기의 이해를 위하여 보호계전기를 제작하는 ICE사를 기술적으로 Back up하는 프랑스 국영철도인 SNCF의 전기 보호부분 R&D 책임자이던 Mr Holtzmann으로부터 큰 도움을 받았으며 또 미쯔비시전기 고베공장(神戸工場)의 교통 System도 5회 정도 방문하여 일본 철도 전기의 보호시스템을 공부하였는데, 당시 이미 은퇴한 JARTS의 보호계전기 책임자로 일하였던 다마다(玉田)씨가 일본 철도 전기 보호계전기의 개요를 설명하여 주는 등 여러 가지 도움을 주었습니다. 2005년 8월에서 2007년 말까지 2년 반 가량 필자가 Project Manager로 수행한 철도전기의 품질측정 Project는 한국철도시설공단이 그때까지 발주한 연구과제중 가장 큰 규모의 연구 Project로, 그 중 각 변전소에서 측정한 전차선로의 임피던스, 고조파 및 전압 불평률과 동시에 개발한 보호계전기 정정 Program은 그 후 계전기 정정에 큰 도움이 되었습니다. 이와 같이 철도 선진국에 수차 왕복하면서 익힌 기술과 한국철도 시설공단이 의뢰하여 만든 측정치와, 그 후 한국철도시설공단에서 각 엔지니어링 사에 의뢰한 연구과제에 참여할 기회가 있어 발표한 논문들을 버리기가 아까워 여기에 묶어 한권의 책으로 출판합니다. 이 책에 발표된 논문 중 보호계전기정정 등 상당 부분은 현장에 이미 적용되었으나 일부는 Idea차원의 발표로 남아 있는 것도 있습니다. 더욱이 2011년 말 철도 시설 공단의 연구과제 수행을 위하여 일본 JR규슈의 신간센의 급전설비를 견학한바 있는데 이 때 일본의 신간센에는 우리가 사용하던 분리급전과 경부고속 철도에 적용하였던 병열급전을 통합한 새로운 급전방식을 적용하고 있어 그 계통도를 이 책에 소개합니다.

한국 간선 철도가 교류 25000V, AT급전 system인데 비하여 전혀 다른 직류 3000V 급전인 북한 철도를 개선하고자 할 때 많은 문제가 야기될 것으로 예상되는바 기술교류가 본격적으로 논의가 시작되는 시점에 이 책이 다소나마 기술적으로 기여되었으면 하는 것이 저의 자그마한 소망입니다.

2019년 5월

김 정 철

차 례

제1장 변전 설비

제2장 절연 협조

제3장 변전 설비의 접지

제4장 불평형 전력 계량

제5장 154kV 수전 선로

제6장 직류급전 System

제7장 교류급전 System

제8장 교류 전철의 고장과 보호

제9장 전기철도의 고조파

제10장 전력 배전

SI 단위 표기 예

양	기존 단위	SI 단위	환산 계수	단위의 읽기
무게	Kg/kgf/kgG	N	9.80665	Newton
힘	kgf	N	9.80665	Newton
압력	kgf/cm^2	Pa	9.80665×10^4	Pascal
컨덕턴스	mho	S	1	Siemens
온도상승	℃	K	1	Kelvin

제1장 변전 설비

1-1. Scott결선 변압기

1-1-1. Scott결선 변압기의 구조

Scott결선 변압기는 3상에서 단상을 얻기 위하여 미국 Yale 대학의 Charles. F. Scott교수가 고안하여 만든 단상 변압기 2대를 T 결선하여 3상 전원에서 상차각 90°인 단상 2회선을 공급하도록 만든 변압기이다. Scott결선 변압기는 T상 권선이 M상 권선의 중앙 점에 결선되어 있으므로 T상의 전류가 M상 중앙 점에서 M상 좌우양쪽 권선에 각각 균등히 흐르게 되어 M상 철심에는 서로 Ampere-turn 수가 같고 방향이 반대인 자속(磁束)이 발생하여 자속이 서로 상쇄(相殺)되므로 M상 변압기 임피던스는 T상 변압기 전류 흐름에 영향을 미치지 않게 된다. 따라서 T상 변압기 임피던스 Z_T와 M상 변압기 임피던스 Z_M이 같게 되면, 즉 $Z_T = Z_M$이 되면 T상과 M상의 변압기의 전압 강하도 같게 된다.

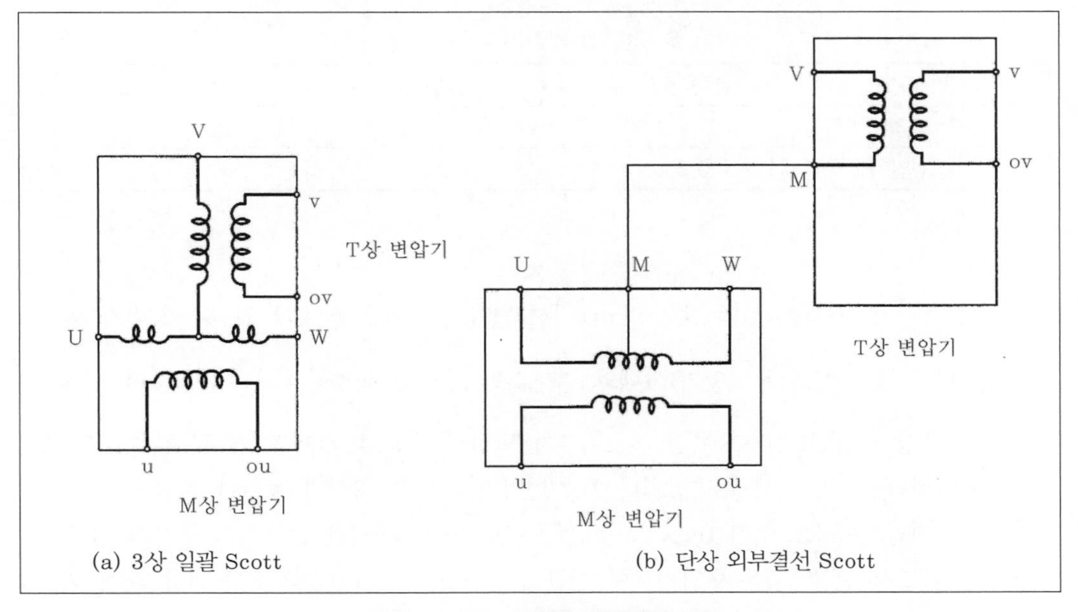

그림 1-1 Scott결선 변압기의 구조

따라서 Scott결선 변압기는 그림 1-1의 (a)와 같이 2대를 동일 탱크 내에 수납하여 탱크 내에서 T결선하거나, 그 크기에 따라 운반이 편리하고 변압기 고장 시 고장이 난 M상 또는 T상 변압기 한쪽만을 교체할 수 있도록 단상 변압기 2대로 분리 제작하여 그림 1-1의 (b)와 같이 외부에서 T결선하는 2가지 결선 방법이 있다. Scott결선 변압기의 용량이 대형화하므로 용량이 큰 경우 M상과 T상을 분리 제작하는 것이 운반이나 보수 면에서 편리할 수가 있다. Scott 결선 변압기 보호용 비율차동계전기도 Scott결선 변압기가 단상 변압기 2대로 구성되어 있으므로 M상, T상 변압기를 다른 단상용 비율차동계전기로 각각 보호를 하여야 한다.

유럽 여러 나라에서는 전기철도에 Scott결선 변압기를 사용하는 사례가 없으나 일본에서는 전원으로 이 Scott결선 변압기를 교류 전기철도에 적용하고 있다. 유럽과 같이 단상 변압기를 사용하는 경우 3상의 상간 평형을 맞추는데 3개 급전 구간이 필요한데 비하여 Scott결선 변압기는 2개 급전 구간에서 평형이 되어 보다 짧은 거리에서 평형을 이룰 수 있는 이점이 있다.

1) Scott결선 변압기의 권선 수(no of turns)와 전류 분포

① Scott결선과 전압 Vector

변압기의 M상 1차 권선수를 N, 2차 권선수를 n이라 하면 Scott결선 변압기의 1, 2차 권선 수는 다음 표와 같다.

Scott결선 변압기의 권선 수

구　분	1차 권선 수	2차 권선 수	비　고
M상 변압기	N	n	
T상 변압기	0.866N(1)	n	

㊟ (1) $0.866N = \frac{\sqrt{3}}{2}N$

그림 1-2에서 보는 바와 같이 Scott결선 변압기라 함은 1, 2차 권선수의 비가 N : n인 단상 변압기(M상 변압기) 1대와 권선수의 비가 $0.866N\left(= \frac{\sqrt{3}}{2}N\right)$: n인 단상 변압기(T상 변압기) 1대를 M상 변압기 1차 권선의 중앙 점 O에 T형으로 결선한 변압기를 말한다. 따라서 M상 변압기나 T상 변압기 모두 1, 2차가 동일한 철심에 감겨있는 단상 변압기이므로 여자 Impedance를 무시하면 그 전압은 1, 2차가 동상이 된다. 즉 M상의 2차 전압 V_M은 변압기 1차 선간 전압 V_{WU}와, 또 T상의 2차 전압 V_T는 V상 1차의 상 전압 V_{OV}와 동상이 된다.

M상 2차 전압 V_M은 V_{WU}와 동상, T상 2차 전압 V_T는 V상의 상전압 V_{OV}와 동상이므로

V_M과 V_T는 Vector상으로 전기각 90°가 된다. 따라서 V상을 기준 vector로 했을

$$V_{WU} = V_{VO} - jV_{WO} = 0.866 \cdot V_{WU} - j0.5 \cdot V_{WU}$$

$$|V_{WU}| = \sqrt{0.866^2 + 0.5^2} \times |V_{WU}| = |V_{WU}| = |V_{UV}| = |V_{VW}|$$

상차각은 V_{VO}와 V_{WU}는 90°이고 V_{VO}와 V_{VW}가 30°이므로 V_{WU}와 V_{VW}는 120°가 되고 같은 이유로 V_{WU}와 V_{UV} 또 V_{UV}와 V_{WV}는 각각 120°가 되므로 1차 전압은 3상 평형을 이루는 것을 알 수 있다.

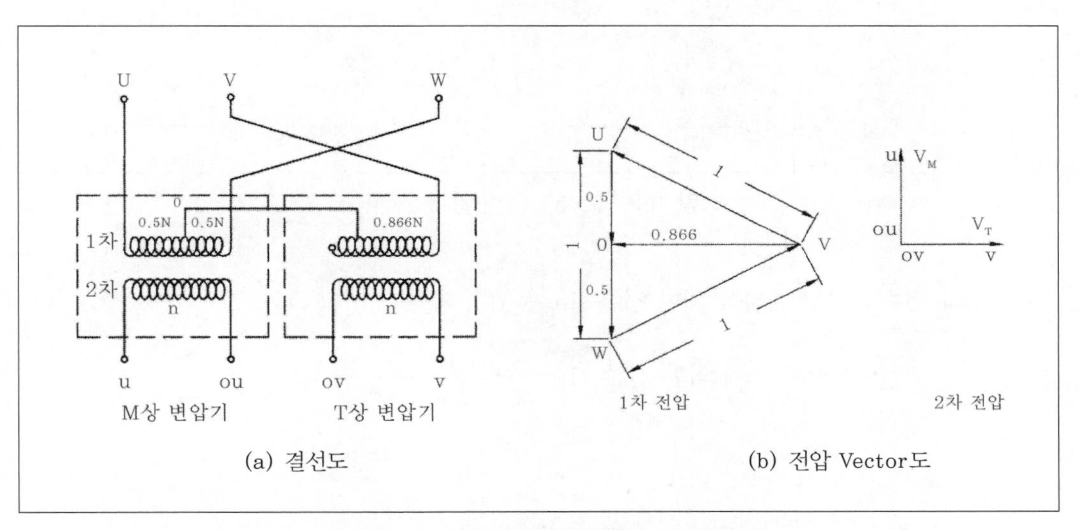

그림 1-2 Scott결선과 전압 Vector도

② 전류의 분포

그림 1-3(a)에서 보는 바와 같이 기준 Vector를 V상으로 하고 부하 역률을 1이라 할 때 M상 2차 전류를 I_M, T상 2차 전류를 I_T, 각 상의 1차 환산 전류를 각각 I_{1M}, I_{1T}라 하면 다음과 같은 관계가 성립한다.

$$I_{1M} = \frac{n}{N} \times I_M$$

$$I_{1T} = \frac{2}{\sqrt{3}} \times \frac{n}{N} \times I_T = 1.1547 \times \frac{n}{N} \times I_T$$

여기서 N : Scott 결선 변압기 1차 권선 수

n : Scott 결선 변압기 2차 권선 수

이제 V상을 기준 Vector로 하고 M, T상에 같은 크기의 부하가 걸렸을 때 변압기의 각 상 1차 전류를 계산하여 보면

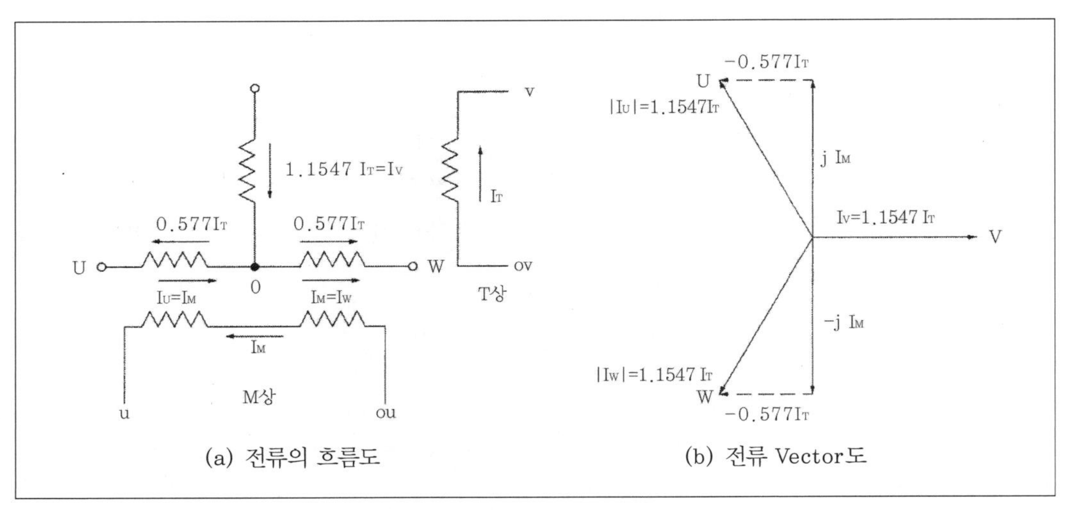

그림 1-3 Scott결선 변압기의 전류

U상 전류 : M상 부하에 의한 전류 $I_{1M} = jI_{1M} \times \frac{n}{N}$

T상 부하에 의한 전류 $I_{1T} = -\frac{1.1547}{2} \times \frac{n}{N} \times I_T$

$$= -0.5774 \times \frac{n}{N} \times I_M$$

$\therefore \ I_U = (-0.5774 I_M + jI_M) \times \frac{n}{N}$,

$|I_U| = \frac{n}{N} \times I_M \times \sqrt{1+0.5774^2} = 1.1547 I_M \times \frac{n}{N}$

vector각은 V상을 기준으로 할 때 $90^\circ + \tan^{-1}0.5774 = 90^\circ + 30^\circ = 120^\circ$

V상 전류 : M상 부하에 의한 전류 0

T상 부하에 의한 전류 $I_{1T} = \frac{2}{\sqrt{3}} \cdot \frac{n}{N} \times I_T = 1.1547 \times \frac{n}{N} \times I_M$

W상 전류 : M상 부하에 의한 전류 $I_{1M} = -jI_M \times \frac{n}{N}$

T상 부하에 의한 전류 $I_{1T} = -\frac{1.1547}{2} \times \frac{n}{N} \times I_T$

$$= -0.5774 \times \frac{n}{N} \times I_T$$

$$\therefore\ I_W = (-0.5774I_M - jI_M) \times \frac{n}{N}$$

$$|I_W| = \sqrt{1+0.5774^2} \times \frac{n}{N} \times I_M = 1.1547 \times \frac{n}{N} \times I_M$$

$$\text{vector각은 } 270^{\circ} - \tan^{-1}\left(\frac{1.1547}{2}\right) = 240^{\circ}$$

즉 M상, T상이 평형 부하일 때에는 변압기 1차 전류는 그 크기가 같고 120°씩 상차 각이 발생하므로 평형 3상이 됨을 알 수 있다. Scott결선 변압기에 있어 M상과 T상에 불평형 부하가 걸려 있을 때 1차 측 전류는 불평형이 된다. 극단적인 예는 M상 또는 T상 중 한 상에만 부하가 걸려 있을 때로 이와 같은 경우를 검토하여 보면 다음과 같다. 편의상 1차 2차 권선비를 1 : 1, 2차 정격 전류를 1pu, V상을 기준 vector로 할 때 1차 측 각상 전류를 pu로 표시하면

M상에만 부하가 걸린 경우

$I_{1M} = I_M = -j$

$I_{1T} = I_T = 0$

$\therefore I_V = 0$

$I_U = j$

$I_W = -j$

T상에만 부하가 걸린 경우

$I_{1M} = I_M = 0$

$I_{1T} = \frac{2}{\sqrt{3}} I_T = 1.1547 I_T$

$\therefore I_V = 1.1547$

$I_U = I_W = -0.5774$

위의 결과를 정리하면 아래 표와 같다.

표 1–1 Scott 결선 변압기의 전류비

구 분	2 차		1 차		
	M상	T상	U상	V상	W상
M상만 전부하 시	−j	0	j	0	−j
T상만 전부하 시	0	1	−0.5774	1.1547	−0.5774
M, T상 평형 부하	−j	1	1.1547∠120°	1.1547∠0°	1.1547∠240°

표 1-1의 값은 V상을 기준 vector로 하고 변압기 1, 2차 권선 비가 1 : 1, 부하 역률이 1일 때 M상 및 T상 부하 전류 값을 1pu로 한 실효치이다. 여기서 j는 90° 진상(leading), -j는 90° 지상(lagging)이다. 따라서 1차 전압 V_1, 2차 전압을 V_2라 하면 2차 전류를 구하고, 1, 2차 전압비 $\left(\frac{V_2}{V_1}\right)$와 표 1-1의 계수를 2차 전류에 곱하면 1차 전류가 구하여진다.

1-1-2. Scott결선 변압기 이용률 및 전류 계산 예

1) Scott결선 변압기의 이용률

Scott 결선 변압기에 있어서 변압비가 같은 변압기를 2대 사용할 경우 M상의 전압을 1pu로 할 때에는 T상의 전압은 $\frac{\sqrt{3}}{2} = 0.866$pu가 되어 2대의 변압기 용량의 이용률은 동일 전압 전류의 3상 변압기 용량이 $Q = \sqrt{3} \times kV \times I$인데 비하여 $(1+0.866) \times I \times kV$이므로 $\frac{\sqrt{3}}{1+0.866} \times 100 = 92.8\%$로 92.8%가 된다.

2) Scott결선 변압기 1차 전류 계산

① 표 1-1의 계수에 의한 계산 예

1차 전압 154kV, 2차 전압 50kV인 Scott결선 변압기에 M상, T상에 역률 1인 10MVA 평형 부하가 걸려 있을 때와 각 상에 10MVA씩 불평형 부하가 각각 걸렸을 때 표 1-1의 계수를 이용하여 1차 측 각상 전류를 계산하여 보면 다음과 같다.

ⓐ M상에만 부하 10 MVA가 걸린 경우

V상을 기준 vector로 하면 부하 역률이 1이므로 M상 전압 V_M과 전류 I_M은 V_{VO} 보다 90° 늦고 그 크기는

$$I_M = \frac{10000kVA}{50kV} = 200[A]$$

이므로 154kV 1차 전류는 표 1-1의 계수를 200A에 곱하면

$$I_U = j\left(\frac{50}{154}\right) \times 200 = j64.94 = 64.94\angle 90°[A]$$

$$I_V = 0[A]$$

$$I_W = -j\left(\frac{50}{154}\right) \times 200 = -j64.94 = 64.94\angle 270°$$

ⓑ T상에만 부하 10MVA가 걸린 경우

T상에만 부하가 걸렸을 때에는 T상의 전류 I_T는 V상 전압 V_{VO}와 동상이므로 표 1-1의 계수를 곱하면

$$I_U = -\left(\frac{50}{154}\right)\times 0.577\times 200 = -37.49 = 37.49\angle 180°[A]$$

$$I_V = \left(\frac{50}{154}\right)\times 1.1547\times 200 = 74.98\angle 0°[A]$$

$$I_W = -\left(\frac{50}{154}\right)\times 0.577\times 200 = -37.49 = 37.49\angle 180°$$

ⓒ M, T상에 각각 10MVA의 평형 부하가 걸렸을 때

위에서 계산한 (a)와 (b)의 합계이므로

Scott결선 변압기 1차 154kV 전류 [단위A]

상	M상에만 부하시	T상에만 부하시	M상 및 T상 평형부하
U	$64.94\angle 90°$	$37.49\angle 180°$	$-37.49+j64.94=74.98\angle 120°$
V	0	$74.98\angle 0°$	$74.98\angle 0°$
W	$64.94\angle 270°$	$37.49\angle 180°$	$-37.49-j64.94=74.98\angle 240°$

즉 1차 측은 각상 모두 전압과 전류가 역률 각 0°인 3상 평형이 된다.

② 수식에 의한 계산

이제 상 전류를 수식으로 표시하면 그림 1-3에 의하여

$$\mathbf{I}_U = \mathbf{I}_{1M} + \frac{1}{\sqrt{3}}\times \mathbf{I}_{1T}$$

$$\mathbf{I}_V = \frac{2}{\sqrt{3}}\times \mathbf{I}_{1T}$$

$$\mathbf{I}_W = \mathbf{I}_{1M} - \frac{1}{\sqrt{3}}\times \mathbf{I}_{1T}$$

가 된다. 여기서 고딕으로 굵게 표시한 것은 vector표시이다.

위 예를 수식으로 풀어 보면 다음과 같다.

ⓐ M상에 10MVA인 경우

$$\mathbf{I}_{1M} = -\left(\frac{50}{154}\right) \times 200\angle 90° = 64.94\angle 270°[A]$$

$$\mathbf{I}_{1T} = \left(\frac{50}{154}\right) \times 0 = 0[A]$$

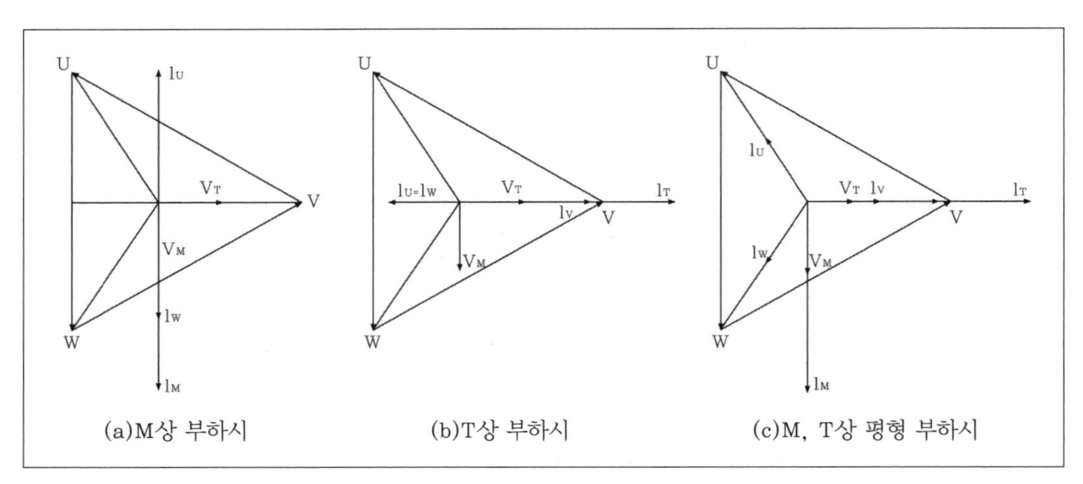

그림 1-4 전압 전류 vector

V상을 기준 vector로 하면 I_M은 V_{VO}보다 90° 늦고 그 크기는

$$|I_{1M}| = \frac{10000kVA}{50kV} = 200[A]$$

$$\therefore I_{1M} = -\left(\frac{50}{154}\right) \times 200\angle 90° = 64.94\angle 270°[A]$$

따라서

$$\mathbf{I}_U = 64.9351\angle 90° = j64.94[A]$$

$$\mathbf{I}_V = 0[A]$$

$$\mathbf{I}_W = 64.9351\angle 270° = -j64.94[A]$$

ⓑ T상에 부하 10MVA인 경우

$$\mathbf{I}_U = -\frac{1}{\sqrt{3}} \times 64.94\angle 0° = -37.49\angle 0° = 37.49\angle 180°[A]$$

$$\mathbf{I}_V = \frac{2}{\sqrt{3}} \times I_{1T} = 74.98\angle 0°[A]$$

$$\mathbf{I}_W = -\frac{1}{\sqrt{3}} \times 64.94\angle 0° = -37.49\angle 0° = 37.49\angle 180°[A]$$

ⓒ M, T상에 10MVA 평형 부하가 걸린 경우

$$\mathbf{I}_U = 64.94\angle 90° - \frac{1}{\sqrt{3}} \times 64.94\angle 0° = -37.49 + j64.94 = 74.98\angle 120° [A]$$

$$\mathbf{I}_V = \frac{2}{\sqrt{3}} \times I_{1T} = \frac{2}{\sqrt{3}} \times 64.94\angle 0° = 74.98\angle 0° [A]$$

$$\mathbf{I}_W = 64.94\angle 270° - \frac{1}{\sqrt{3}} \times 64.94\angle 0° = 74.98\angle 240° [A]$$

3상 평형이 된다.

위의 계산 결과를 V상을 기준 vector로 하여 전압 전류의 vector를 그리면 그림 1-4와 같이 된다.

③ 부하 역률이 0.8일 때의 계산

이제 부하의 역률이 0.8이라 하면 역률각 $\theta = \cos^{-1}0.8 = 36.87°$로 전류가 전압에 비하여 36.87°씩 늦어짐으로 V상을 기준 Vector로 하면 154kV 1차 전류는

ⓐ M상에만 10MVA 부하시

$\mathbf{I}_U = 64.94\angle(90° - 36.87°) = 64.94\angle 53.13° [A]$

$\mathbf{I}_V = 0 [A]$

$\mathbf{I}_W = 64.94\angle(270° - 36.87°) = 64.94\angle 233.13° [A]$

U상의 V_U와 I_U의 역률 각은 $-(120°-53.13°) = -66.87°$

W상의 V_W와 I_W의 역률 각은 $240°-233.13° = 6.87°$

U상의 피상 전력 $= \frac{154}{\sqrt{3}} \times 64.94 = 5773.94 [kVA]$

유효 전력 $=$ 5773.94 kVA $\times \cos 66.87 = 2268.11 [kW]$

V상의 피상 전력 $=$ 0[kVA],

유효 전력 $=$ 0[kW]

W상의 피상 정력 $= \frac{154}{\sqrt{3}} \times 64.94 = 5773.94 [kVA]$

유효 전력 $=$ 5773.94kVA $\times \cos 6.87 = 5732.48 [kW]$

로 유효 전력의 합계는 8000[kW]가 되어 부하용량과 같으나 변압기 1차 측 각상의 부담 전력에는 큰 차이가 있음을 알 수 있다.

ⓑ T상에만 10MVA인 경우

T상에만 부하가 걸렸을 때에는 T상의 전류 I_T는 V상 전압 V_{VO}보다 36.87°가 늦으므로

$$\mathbf{I}_U = 37.49\angle(180° - 36.87°) = 37.49\angle 143.13°[A]$$

$$\mathbf{I}_V = 74.98\angle(-36.87°)A = 74.98\angle 323.13°[A]$$

$$\mathbf{I}_W = 37.49\angle(180° - 36.87°) = 37.49\angle 143.13°[A]$$

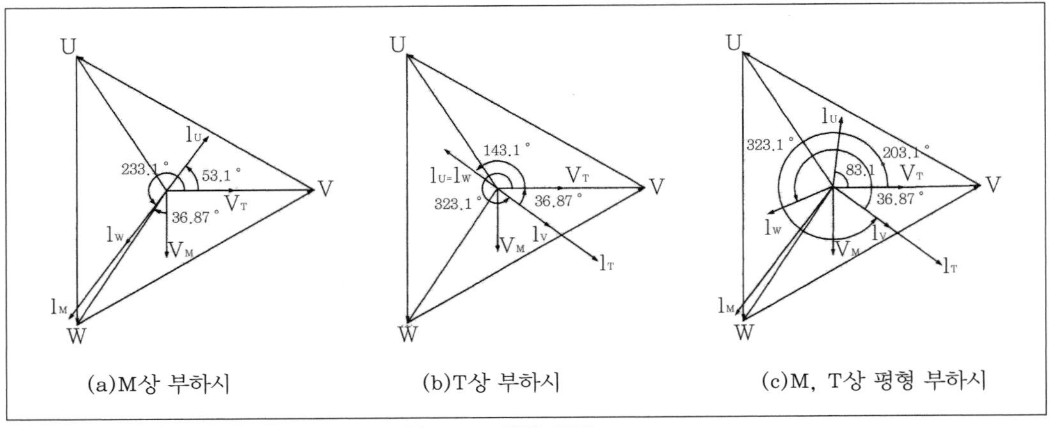

그림 1-5 전압 전류 vector

따라서 각상의 유효 전력 분담은

$$U상 = 37.49 \times \frac{154}{\sqrt{3}} \times \cos(120° - 143.13°) = 3334.2 \times \cos 23.13°$$

$$= 3065.36[kW]$$

$$V상 = 74.98 \times \frac{154}{\sqrt{3}} \times \cos 36.87 = 5331.29[kW]$$

$$W상 = 37.49 \times \frac{154}{\sqrt{3}} \times \cos(120° - 143.13°) = -398.72[kW]$$

즉 3상 전력의 합계는 8000[kW]이나 W상은 역으로 전력을 전원 측으로 보내고 있다.

ⓒ M, T상에 각각 10MVA의 평형 부하가 걸렸을 때

U상 1차 전류 $I_U = 74.98\angle(120° - 36.9°) = 74.98\angle 83.1°[A]$

V상 1차 전류 $I_V = 74.98\angle(360° - 36.9°) = 74.98\angle 323.1°[A]$

W상 1차 전류 $I_W = 74.98\angle(240° - 36.9°) = 74.98\angle 203.1°[A]$

즉 1차 측은 각상 모두 전압과 전류가 역률이 각 36.87°인 평형 3상이 된다.

④ 불평형 부하인 Scott결선 변압기와 배전용 변압기 병렬 운전

그림 1-6(a)의 회로도와 같이 용량이 30MVA인 Scott결선 변압기의 M상에 10MVA, T상에 15MVA의 부하가 걸리고 이 Scott결선 변압기에 10MVA인 3상 배전용 변압기가 병렬로 결선되어 있을 때 1차 측 154kV에 흐르는 전류의 합계를 계산하여 보기로 한다. 이때 부하의 역률은 모두 1로 가정한다.

기준 vector를 V상으로 할 때

$$I_{1M} = \frac{10000}{55} \times \left(\frac{55}{154}\right) = 64.9351\,[A]$$

$$I_{1T} = \frac{15000}{55} \times \left(\frac{55}{154}\right) \times \frac{2}{\sqrt{3}} = 112.4708\,[A]$$

따라서 Scott결선 변압기에 의한 154kV측 전류는

$$I_{U1} = -\frac{112.4708}{2} + j64.9351 = -56.2354 + j64.9351$$

$$= 85.9010 \angle 130.89°\,[A]$$

$$I_{V1} = \frac{15000}{55} \times \frac{55}{154} \times \frac{2}{\sqrt{3}} = 112.4708 \angle 0°\,[A]$$

$$I_{W1} = -\frac{112.47}{2} - j64.935 = -56.2354 - j64.9351$$

$$= 85.9010 \angle 229.11°\,[A]$$

또 3상 배전 변압기의 154kV 전류는

$$I_{U2} = \frac{10000}{\sqrt{3} \times 154} \angle 120° = 37.4903 \angle 120° = -18.7451 + j32.4675\,[A]$$

$$I_{V2} = \frac{10000}{\sqrt{3} \times 154} \angle 0° = 37.4903 \angle 0°\,[A]$$

$$I_{W2} = \frac{10000}{\sqrt{3} \times 154} \angle 240° = 37.4903 \angle 240° = 18.7451 - j32.4675\,[A]$$

따라서 각상의 전류 합계는

$$I_U = I_{U1} + I_{U2} = -56.2354 + j64.9351 - 18.7451 + j32.4675$$

$$= -74.9805 + j97.4026 = 122.92 \angle 127.59°\ [A]$$

$$I_V = I_{V1} + I_{V2} = 112.47 + 37.05 = 149.96 \angle 0°\ [A]$$

$$I_W = I_{W1} + I_{W2} = -56.235 - j64.9351 - 18.7451 - j32.4675$$

$$= -74.9805 - j97.4026 = 122.92 \angle 232.41°\ [A]$$

가 된다.

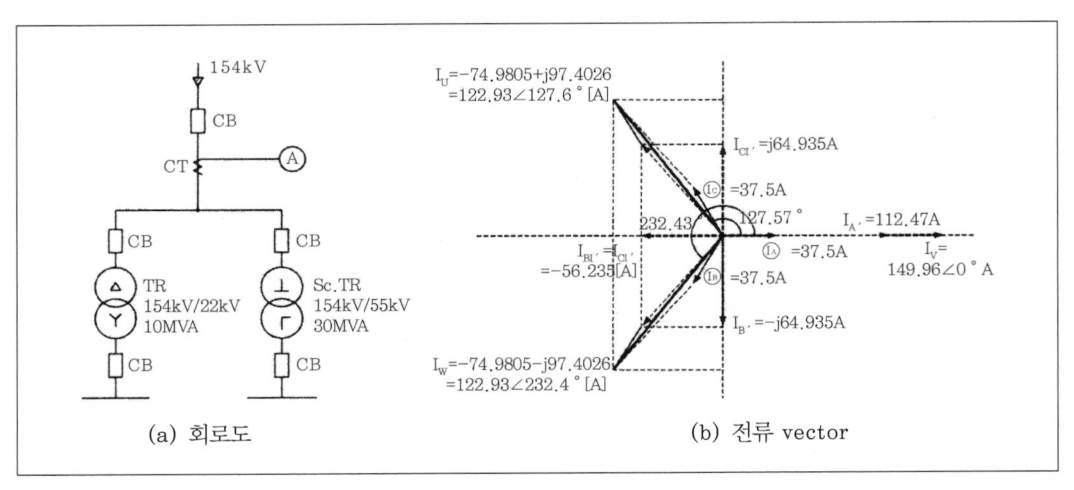

그림 1-6 각상 전류의 Vector

3) 3상 전원과 Scott결선 변압기의 임피던스

Scott결선 변압기는 M상과 T상의 2차 전압이 전기각 90°가 되는 단상이므로 부하 전류에 의한 전압강하 또는 Scott결선 변압기의 2차 측 변압기 단자 이후의 단락 전류를 계산할 때 다음과 같은 이유로 전원 임피던스를 2배로 계산한다.

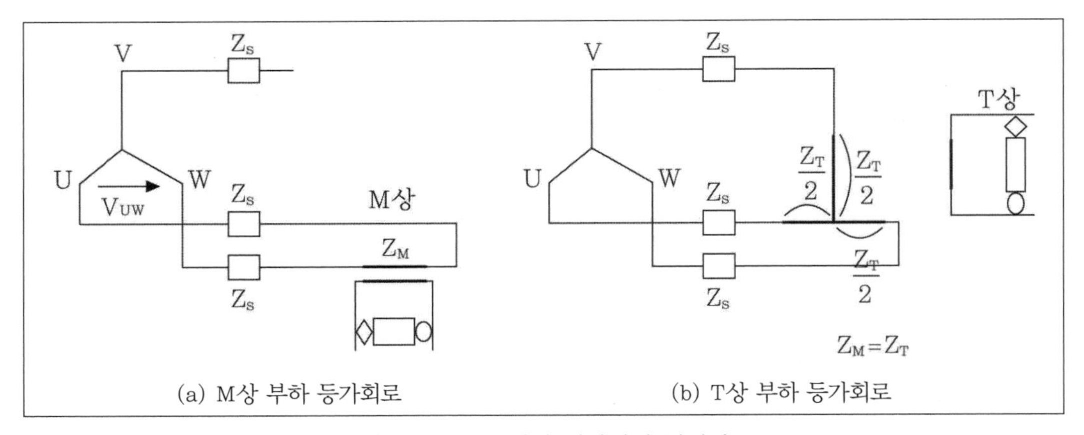

그림 1-7 Scott결선 변압기의 임피던스

① M상 부하

그림 1-7(a)에서 보는 바와 같이 단상이므로 전원 임피던스 Z_S는 직렬로 연결되어 있으므로 2배가 된다.

$$Z=2Z_S + Z_M$$

② T상 부하

T상은 1차 권선과 2차 권선 비가 $\frac{\sqrt{3}}{2}$ 이므로 1차 권선에 흐르는 전류는 2차 권선 전류의 $\frac{2}{\sqrt{3}}$ 배가 되고, T상에 흐르는 1차 전류의 절반이 M상의 반쪽 권선으로 각각 흘러 나가므로 그림 1-7의 등가 회로(b)에서 Scott결선 앞의 전원 임피던스를 Z_S이라 할 때 T상 전압 V_T는 다음 식으로 구하여진다.

$$V_T = \left\{\left(Z_S + \frac{Z_T}{2}\right) \cdot \frac{2I_T}{\sqrt{3}} + \left(Z_S + \frac{Z_T}{2}\right) \cdot \frac{I_T}{\sqrt{3}}\right\} \cdot \frac{2}{\sqrt{3}}$$
$$= \left(2Z_S + Z_T + Z_S + \frac{Z_T}{2}\right) \times \frac{2I_T}{3} = \left(3Z_S + \frac{3Z_T}{2}\right) \times \frac{2I_T}{3}$$
$$= (2Z_S + Z_T) \cdot I_T$$

따라서 선로 임피던스 Z는

$$Z = \frac{V_T}{I_T} = 2Z_S + Z_T$$

가 되며 T상도 M상과 마찬가지로 전원 임피던스는 2배로 계산된다.

Scott결선 변압기에 있어서는 M상과 T상 변압기의 2차 정격전압과 정격전류는 서로 같으므로 M상과 T상의 권선 임피던스는 $Z_M=Z_T$가 된다.

③ 3상 단락 임피던스(M-N-T상 단락)

그림 1-8과 같이 M상의 중앙 점을 가상중성선(假想中性線)으로 연결하면 3상 평형 회로가 되어 1상의 임피던스는

$$Z = Z_S + \frac{Z_M}{2}$$

가 되므로 3상 임피던스를 그대로 적용하면 된다.

2차 변압기 단자에서 M상, T상 모두가 동시에 대지(N)와 단락되었다고 하면 상전압을 E_a, 선간 전압을 V라고 할 때 1차로 환산한 지락 전류는

$$I_S = \frac{E_a}{Z_S + \frac{1}{2}Z_M} = \frac{V}{\frac{\sqrt{3}}{2} \cdot (2Z_S + Z_M)} = \frac{V}{2Z_S + Z_M} \times \frac{2}{\sqrt{3}} = 1.1547 \cdot I_{1M}$$

단, I_{1M}은 1차로 환산한 M상 2차 단락 전류, 즉 Scott결선 변압기의 2차 측 T상 및 M상의 4개 선로가 모두 대지와 단락되는 경우라도 1차로 환산한 최대 전류는 T상 2차 단락 전류를 1차로 환산한 전류와 같은 것을 알 수 있다. 즉 Scott결선 변압기에 있어

서는 T상 단락 전류는 최대 고장 전류가 된다. 이 값은 M상 단락 시 1차 환산한 전류의 1.1547배로써 3상 회로에서 3상 단락 전류가 2상 단락 전류의 $1.1547\left(=\frac{2}{\sqrt{3}}\right)$배가 되는데 이 비율과 같다.

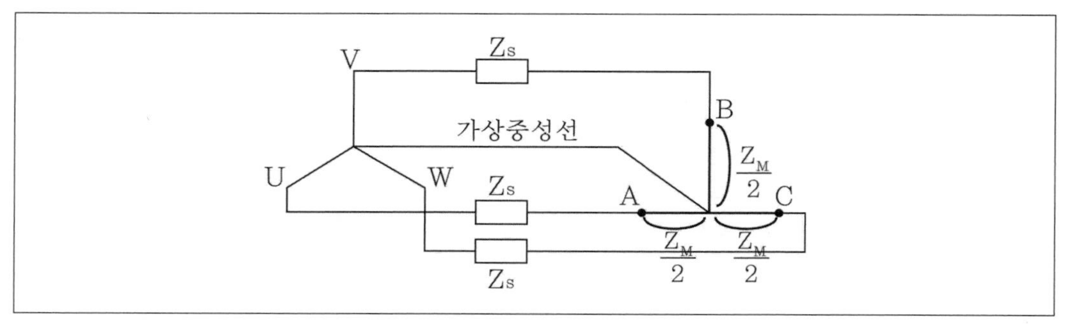

그림 1-8 M-N-T 단락 회로

④ 전차선상에서 MT상 혼촉 시의 고장전류

변전소 앞에서 전압 위상각이 90° 다른 M T상이 단락하는 경우 Scott결선 변압기의 M상과 T상 2차에 연결된 2개의 AT의 중성점인 Rail에서 M T상이 접속되므로 전원 1상의 임피던스를 Z_0, Scott변압기의 M상 및 T상 임피던스를 각각 Z_M, Z_T라하고 MT상에 각각 연결된 AT의 누설 임피던스를 Z_{AT-1} 및 Z_{AT-2}라 하면 M T상의 전압차가 90°이므로 단락회로는 그림 1-9와 같이 되며 Vector 그림은 그림 1-10과 같이 된다. MT상의 차전압을 V_{MT}라 하고 단락전류를 I_{MT}라 하면 $Z_M=Z_T$이고 $Z_{AT-1}=Z_{AT-2}$이므로

$$I_{MT}=\frac{V_{MT}}{(2Z_0+Z_M+Z_{AT-1})+(2Z_0+Z_T+Z_{AT-2})}=\frac{V_{MT}}{4Z_0+2Z_M+2Z_{AT-1}}$$

가 된다.

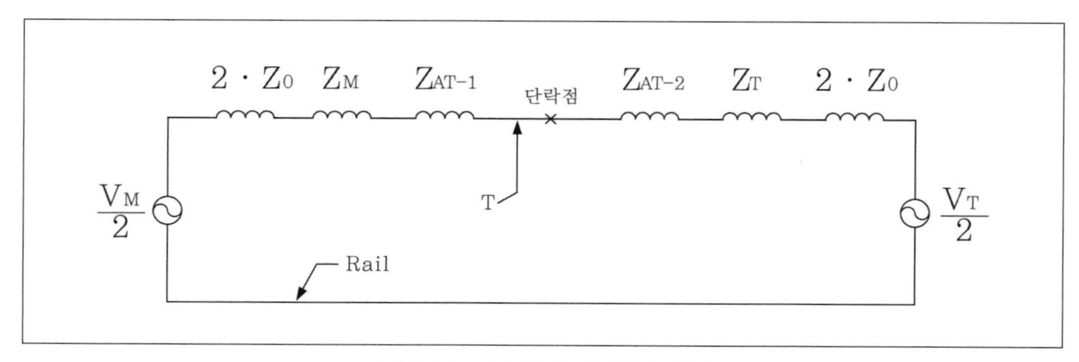

그림 1-9 MT상 단락 등가 회로

여기서 또 $|V_M| = |V_T|$ =50kV이므로

$$V_{MT} == \frac{1}{2}(V_M - V_T) = \sqrt{2} \times \frac{V_M}{2} = \sqrt{2} \times 25 = 35.36[kV]$$

$$I_{MT} = \frac{V_{MT}}{4Z_0 + 2Z_M + 2Z_{AT}} = \frac{35.36 \times 1000}{4Z_0 + 2Z_M + 2Z_{AT}}$$

$$= \frac{17.68 \times 1000}{2Z_0 + Z_M + 2Z_{AT}} = \frac{17.68 \times 1000}{Z \angle \Phi}[A]$$

단 $Z_0 = R_0 + jX_0$, $Z_M = R_M + jX_M$ 또 $Z_{AT} = R_{AT} + jX_{AT}$라고 할 때

$$Z = \sqrt{(2R_0 + R_M + R_{AT})^2 + (2X_0 + X_M + X_{AT})^2} \angle \left\{ \tan^{-1}\left(\frac{2X_0 + X_M + X_{AT}}{2R_0 + R_M + R_{AT}} \right) \right\}$$

가 된다. 굵은 글씨로 쓴 $\mathbf{V_M}$, $\mathbf{V_T}$는 vector값이다.

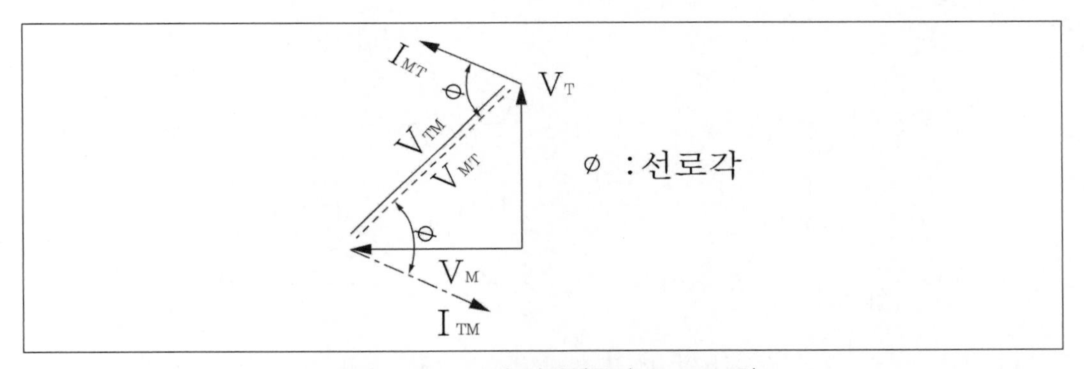

그림 1-10 MT상 단락전류의 Vector그림

1-1-3. Scott결선 변압기 전압 전류 불평형율

1) 전압 불평형율

Scott결선 변압기 M상과 T상 부하의 크기가 다를 때 전원 전압 강하율에 차이가 생겨 전원 전압에 불평형이 발생한다. V상을 기준 Vector로 하고 Scott결선 변압기 부하의 역률각을 각각 φ_M, φ_T라고 할 때 2차 측은

2차 측 M상 전압 $\mathbf{V_M}$=jV, 전류 $\mathbf{I_M} = jI_M \cdot e^{-j\varphi_M}$

T상 전압 $\mathbf{V_T}$= V, 전류 $\mathbf{I_T} = jI_T \cdot e^{-j\varphi_T}$

이므로 1차 측 각상 전류는

$$\mathbf{I_U}=-\frac{1}{\sqrt{3}}\times\mathbf{I_T}-\mathbf{I_M}=-\frac{1}{\sqrt{3}}\times I_T\cdot e^{-j\varphi_T}-jI_M\cdot e^{-j\varphi_M}$$

$$\mathbf{I_V}=\frac{2}{\sqrt{3}}\times\mathbf{I_T}=\frac{2}{\sqrt{3}}\times I_T\cdot e^{-j\varphi_T}$$

$$\mathbf{I_W}=-\frac{1}{\sqrt{3}}\times\mathbf{I_T}+\mathbf{I_M}=-\frac{1}{\sqrt{3}}\times I_T\cdot e^{-j\varphi_T}+jI_M\cdot e^{-j\varphi_M}$$

가 된다. 굵은 글씨는 vector표시이다.

위의 값에서 영상(零相電流-Zero phase sequence), 정상(正相電流-Positive phase sequence) 및 역상전류(逆相電流-Negative phase sequence current)를 구하면

영상전류 $I_0=\frac{1}{3}\cdot(I_U+I_V+I_W)=0$

정상전류 $I_1=\frac{1}{3}\cdot\left(I_V+\alpha I_U+\alpha^2 I_W\right)$

$$=\frac{1}{3}\times\left\{\frac{2}{\sqrt{3}}\times I_T\,.\,e^{-j\varphi_T}+\left(-\frac{1}{2}+j\frac{\sqrt{3}}{2}\right)\times\left(-\frac{1}{\sqrt{3}}I_T\,.\,e^{-j\varphi_T}-jI_M\,.\,e^{-j\varphi_M}\right)\right\}$$
$$+\frac{1}{3}\times\left(-\frac{1}{2}-j\frac{\sqrt{3}}{2}\right)\left(-\frac{1}{\sqrt{3}}I_T\cdot e^{-j\varphi_T}+jI_M\cdot e^{-j\varphi_M}\right)$$
$$=\frac{1}{\sqrt{3}}\cdot\left(I_T\cdot e^{-j\varphi_T}+I_M\cdot e^{-j\varphi_M}\right)\text{------------------}(1)$$

역상전류 $I_2=\frac{1}{3}\cdot\left(I_V+\alpha^2 I_U+\alpha I_W\right)$

$$=\frac{1}{3}\times\left\{\frac{2}{\sqrt{3}}\times I_T\cdot e^{-j\varphi_T}+\left(-\frac{1}{2}-j\frac{\sqrt{3}}{2}\right)\times\left(-\frac{1}{\sqrt{3}}I_T\cdot e^{-j\varphi_T}-jI_M\cdot e^{-j\varphi_M}\right)\right\}$$
$$+\frac{1}{3}\times\left(-\frac{1}{2}+j\frac{\sqrt{3}}{2}\right)\left(-\frac{1}{\sqrt{3}}I_T\cdot e^{-j\varphi_T}+jI_M\cdot e^{-j\varphi_M}\right)$$
$$=\frac{1}{\sqrt{3}}\cdot\left(I_T\cdot e^{-j\varphi_T}-I_M\cdot e^{-j\varphi_M}\right)\text{------------------}(2)$$

또 M상 전력 $\mathbf{W_M}=\mathbf{V_M}\bullet\mathbf{I_M}^*=P_M+jQ_M$

T상 전력 $\mathbf{W_T}=\mathbf{V_T}\bullet\mathbf{I_T}^*=P_T+jQ_T$

여기서 I* 는 I의 공액 복소수이다. 따라서

$$\mathbf{I_M}=j\frac{P_M-jQ_M}{V}\qquad 또\quad \mathbf{I_T}=\frac{P_T-jQ_T}{V}$$

그러므로 역상전류 I_2는

$$I_2=\frac{I_T}{\sqrt{3}}-j\frac{I_M}{\sqrt{3}}=\frac{P_T-jQ_T}{\sqrt{3}V}-\frac{P_M-jQ_M}{\sqrt{3}V}=\frac{(P_T-P_M)-j(Q_T-Q_M)}{\sqrt{3}V}$$

$$\therefore I_2=\frac{1}{\sqrt{3}V}\cdot\sqrt{(P_T-P_M)^2+(Q_T-Q_M)^2}\angle\tan^{-1}\left(\frac{Q_T-Q_M}{P_T-P_M}\right)$$

가 된다.

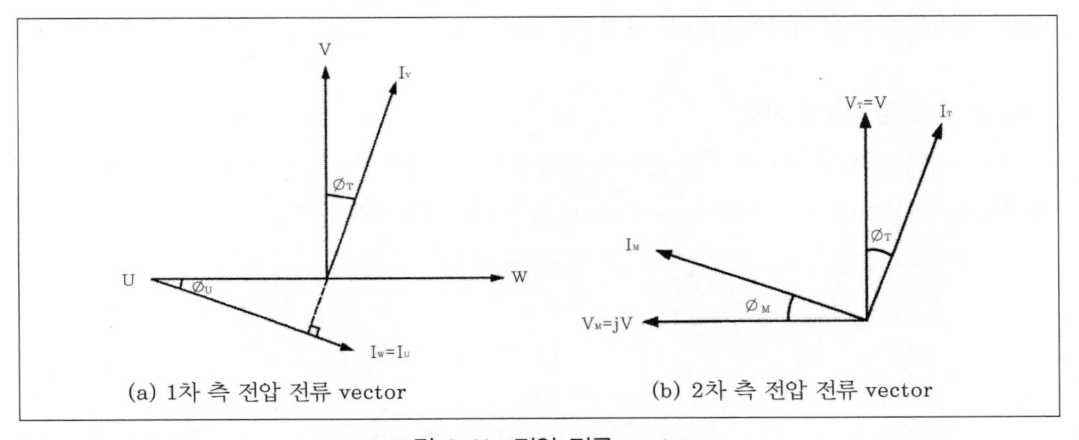

(a) 1차 측 전압 전류 vector　　(b) 2차 측 전압 전류 vector

그림 1-11 전압 전류 vector

1차 측 선간 전압을 V, 정상 및 역상 전압과 임피던스를 각각 V_1, V_2, Z_1, Z_2라 할 때 전 선로에서는 Z_1= Z_2이므로 3상 단락 용량 P_S는 $V_1=I_1Z_1=I_1Z_2$로 되어

$$P_S=\sqrt{3}VI_1=3V_1I_1=\frac{3V_1^2}{Z_1}=\frac{3V_1^2}{Z_2}=\frac{(\sqrt{3}V_1)^2}{Z_2}=\frac{V^2}{Z_2}$$

따라서 전압 불평형율 T는

$$T=\frac{V_2}{V_1}\times100=\frac{\sqrt{3}Z_2I_2}{V}\times100=\frac{Z_2}{V^2}\sqrt{(P_T-P_M)^2+(Q_T-Q_M)^2}\times100$$

$$=\frac{1}{3V_1I_1}\sqrt{(P_T-P_M)^2+(Q_T-Q_M)^2}\times100$$

$$=\frac{1}{P_S}\sqrt{(P_T-P_M)^2+(Q_T-Q_M)^2}\times100$$

여기서 역률이 비교적 높으면 $(Q_T\sim Q_M)$을 무시할 수 있으므로

$T\fallingdotseq\frac{1}{P_S}(P_T\sim P_M)\times100$가 된다.

기준용량을 10^4kVA로 할 때의 전원의 %임피던스를 %Z라 하면 $P_S = \frac{10^4}{\%Z} \times 100[kVA]$ 이므로 위 식은

$$T = \frac{1}{P_S}(P_T \sim P_M) \times 100 = \frac{\%Z}{10^4}(P_T \sim P_M) = \%Z(P_T \sim P_M) \times 10^{-4}$$

로 표시할 수 있다. 이 식은 전기설비기술기준의 판단기준 제267조에 기재되어 있으며 P_M, P_T는 각각의 전기 철도용 급전 구역에서의 연속 2시간 평균부하(kVA를 단위로 한다)에서 불평형율은 3% 이하가 되어야 한다고 규정되어 있다.

2) 전류 불평형율의 계산

전압 불평형율에서 계산한 바와 같이 M상과 T상이 불평형부하시 전원 측에 흐르는 정상전류(正相電流-Positive sequence current) I_1은 28쪽 (1)식에 의하여

$$\mathbf{I_1} = \frac{1}{\sqrt{3}}\left(I_T \cdot e^{-j\varphi_T} + I_M \cdot e^{-j\varphi_M}\right)$$

$$= \frac{1}{\sqrt{3}}\{I_T(\cos\varphi_T - j\sin\varphi_T) + I_M(\cos\varphi_M - j\sin\varphi_M)\}$$

$$= \frac{1}{\sqrt{3}}\{(I_T\cos\varphi_T + I_M\cos\varphi_M)^2 + (I_T\sin\varphi_T + I_M\sin\varphi_M)^2\}^{\frac{1}{2}} \angle(360 - \tan^{-1}\alpha)$$

$$\therefore \mathbf{I_1} = \frac{1}{\sqrt{3}}\sqrt{I_T^2 + I_M^2 + 2I_TI_M\cos(\varphi_T - \varphi_M)} \angle(360^\circ - \tan^{-1}\alpha)$$

단 $\tan^{-1}\alpha = \tan^{-1}\left(\frac{I_T\sin\varphi_T + I_M\sin\varphi_M}{I_T\cos\varphi_T + I_M\cos\varphi_M}\right)$

위 식에서 고딕으로 표시한 것은 vector이다. 따라서 부하 각 상의 전류와 역률 각을 알면 전원 측에 흐르는 정상전류는 쉽게 계산할 수 있다.

역상 전류(逆相電流-Negative phase sequence current) I_2는 28쪽 (2)식에 의하여

$$I_2 = \frac{1}{\sqrt{3}}\left(I_T \cdot e^{-j\varphi_T} - I_M \cdot e^{-j\varphi_M}\right)$$

$$= \frac{1}{\sqrt{3}} \cdot \{I_T(\cos\varphi_T - j\sin\varphi_T) - I_M(\cos\varphi_M - j\sin\varphi_M)\}$$

$$= \frac{1}{\sqrt{3}}\{(I_T\cos\varphi_T - I_M\cos\varphi_M)^2 + (I_M\sin\varphi_M - I_T\sin\varphi_T)^2\}^{\frac{1}{2}} \angle\tan^{-1}\beta$$

단, $\tan^{-1}\beta = \tan^{-1}\left(\frac{I_M\sin\varphi_M - I_T\sin\varphi_T}{I_T\cos\varphi_T - I_M\cos\varphi_M}\right)$

이제 전원 전류의 불평형율을 T라 하면

$$T = \frac{I_2}{I_1} \times 100 = \sqrt{\frac{{I_T}^2 + {I_M}^2 - 2I_T \cdot I_M \cos(\varphi_T - \varphi_M)}{{I_T}^2 + {I_M}^2 + 2I_T \cdot I_M \cos(\varphi_T - \varphi_M)}} \times 100$$

가 된다. 여기서 $I_T=I_M$이 되면 즉 M상과 T상에 역률이 같은 평형 부하가 걸려 있으면 $I_2=0$이므로 불평형 전류는 발생되지 않는다.

3) 전철 변전소의 전압 불평형률

한국전기철도기술(현 EREC주)가 2006.3~2007.5까지 1년 2개월에 거쳐 실측하여 전기설비기술기준의 판단기준 제267조에 의하여 계산한 각 전철 변전소의 접속점에서의 전압 불평형률은 표 1-2와 같다. M상 전력 P_M 및 T상 전력 P_T는 동시에서 그 차가 최대로 되는 M상, T상의 2시간 평균 전력이고, 한전 Bus의 %임피던스는 법에서 정한 바에 따라 10MVA 기준으로 환산한 값이다.

표 1-2 전철 변전소의 전압 불평형률

선로명	전철 변전소	한전 변전소	한전Bus %임피던스 (10MVA base)	2시간평균최대전력(kVA)			전압 불평형률(%)
				P_M	P_T	$\mid P_M - P_T \mid$	
중앙선	구리	구리	Z1=0.0923∠86.52°	286.8	807.0	520.2	0.005
분당선	모란	성현	Z1=0.1494∠85.35°	6699.0	8107.2	1407.8	0.021
경인선	주안	신인천	Z1=0.0885∠88.58°	3116.5	1523.6	1592.9	0.014
경원선	의정부	의정부	Z1=0.9839∠89.50°	2414.2	6936.4	4522.2	0.445
경부선	구로	구공	Z1=0.1115∠87.64°	7030.5	12528.4	5497.9	0.061
	군포	의왕	Z1=0.1326∠86.15°	7317.3	4711.0	2606.3	0.035
	평택	송탄	Z1=0.2001∠78.5°	3617.2	2597.4	1019.8	0.020
	조치원	조치원	Z1=0.1851∠80.99°	1917.0	1129.2	787.8	0.015
	옥천	옥천	Z1=0.1445∠83.88°	27.6	509.8	563.2	0.008
	직지사	금릉	Z1=0.2138∠83.72°	423.0	775.7	352.7	0.008
	사곡	남구미	Z1=0.1298∠84.69°	-	-	-	-
	경산	노변	Z1=1.8551∠82.69°	3247.8	2262.6	985.2	0.183
충북선	밀양	초동	Z1=2.9960∠79.21°	5312.1	7137.7	1825.6	0.547
	증평	증평	Z1=0.2354∠82.97°	1075.6	626.6	449.0	0.011
호남선	충주	충주	Z1=0.2058∠84.87°	1269.8	442.3	827.5	0.017
	계룡	신계룡	Z1=0.1222∠86.11°	2450.0	3590.8	1140.8	0.013
	익산	이리	Z1=0.1289∠84.03°	3356.4	4356.9	1000.5	0.013
	백양사	고창	Z1=0.4217∠80.00°	2212.7	1341.5	871.2	0.037
	노안	평동	Z1=0.2580∠83.61°	1896.7	3926.9	2030.2	0.052
	일로	영암	Z1=0.3059∠81.22°	1538.9	2411.9	873.0	0.027

표 1-2는 M상, T상 2시간 평균 전력(kVA)으로 전기설비기술기준의 판단기준 제267조에 따라 계산한 전압 불평형률인바 허용 최대값인 3%를 상당히 밑돌고 있어 철도의 전압 불평형률은 우려할 수준은 아닌 것을 알 수 있다. 사곡 변전소는 2007. 8 현재 건설되지 않아서 측정에서는 제외되었다.

4) 불평형 부하가 같은 전력 계통의 타 부하에 미치는 영향

위에서 설명한 바와 같이 Scott결선 변압기에 불평형 부하가 걸려 있으면 이 불평형 부하는 전원 전압의 불평형의 원인이 된다. 송전단 전압의 전압 불평형은 역상 전류를 흐르게 하여

① 전원 발전기의 발전 용량 감소

② 한전의 변전소 동일 모선에서 불평형 전압을 수전하는 다른 수용가의 전동기 출력 감소 및 전동기 온도 상승, 진동 등의 원인이 되며 특히 농형 유도전동기에 있어서는 전동기 회전자 권선의 과열을 초래

③ 동기 전동기의 회전Torque맥동 및 제동 권선 또는 Wedge의 과열

등 특히 회전기기에 심대한 영향을 미치게 된다.

발전기에 불평형 부하에 의한 역상 전류가 흐르면 발전기의 회전 방향과 반대되는 회전 자계가 형성되어 돌극기(突極機)에서는 극표면의 제동권선(Damper winding)을, 또 원통형기에 있어서는 계자 권선 고정용 쐐기(Wedge)와 회전자 표면을 과열되게 하여 발전기 회전자의 부분 과열로 발전기의 가능 출력을 저하시키고 기계적 진동의 원인이 된다. 역상 전류에 의해 농형 유도전동기의 회전자 권선에 120Hz의 전류가 흐르게 되고 표피 효과로 농형 유도전동기의 회전자 권선의 유효 단면적이 감소된다. 유도 전동기의 회전자 권선(Bar)은 경동(硬銅)으로 되어 있으나 역상 전류로 회전자 권선의 유효 단면적이 감소되어 회전자 권선의 저항이 커지므로 회전자 권선의 온도가 상승하여 250℃를 초과하면 연동(軟銅)으로 문리적 특성이 변하게 되는데 그렇게 되면 회전자 권선의 기계적 강도가 낮아져 원심력에 의하여 유도 전동기의 수명이 단축된다. 그림 1-13은 미국 NEMA에서 제시한 전압 불평형으로 인한 유도 전동기의 요량 감소의 관계 곡선(De-rating factor)이다.

또한 불평형 부하에 전력을 공급하는 한전 변전소 모선의 단락 용량이 작을 때에는 1-1-3에서 설명한 바와 같이 전압 불평형률 $T = \frac{1}{P_S} \times |P_M \sim P_T| \times 100$로 전원 모선 단락 용량 P_S에 반비례하여 불평형률 T가 커짐으로 한전 변전소 송전 모선의 단락 용량이 작은 변전소에 연결되어 있는 회전기는 그 영향을 더 심하게 받게 된다. 미국 전기기기 제작 협회 규격인 NEMA에 의하면 선간 전압 불평형률이 3%인 경우 유도 전동기 출력을 약 10%, 4.4%인 경우 약 20% 감소(De-rating factor)하여 적용토록 되어 있다. 이는 전압 불평형률에 의

하여 발생되는 역상 전류로 인한 역 회전력과 전동기 1, 2차 권선 발열량을 감안하여 정한 값이다. 더욱이 단상 부하로 thyristor제어 Inverter가 주부하인 경우 5, 11, 17조파 등 고조파가 크면 그 역상 전류도 전압 불평형에 의한 역상 전류와 함께 회전기에 영향을 미칠 수 있다.

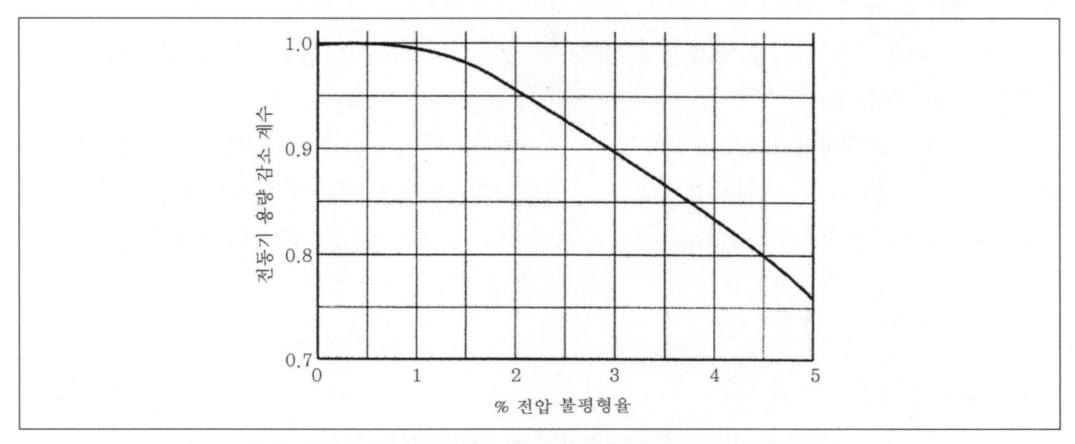

그림 1-13 전압 불평형으로 인한 중형 전동기 용량 감소

고조파의 상회전 방향

고조파차수	A상	B상	C상	비고
기본파	0°	240°	120°	정상
2조파	0°	240×2=120°	120°×2=240°	역상
3조파	0°	240°×3=0°	120°×3=0°	영상
5조파	0°	240°×5=120°	120°×5=240°	역상
7조파	0°	240°×7=240°	120°×7=120°	정상
9조파	0°	240°×9=0°	120°×7=0°	영상
11조파	0°	240°×11=120°	120°×11=240°	역상
13조파	0°	240°×13=240°	120°×13=120°	정상
17조파	0°	240°×17=120°	120°×17=240°	역상

A상을 기준 vector로 한 고조파의 상 회전 방향을 보면 위의 표와 같다. 즉 2, 5, 11, 17조파 등은 기본파에 비하여 B상과 C상은 상 회전 방향이 반대로 되어있어 역상이고 7, 13, 19조파는 정상임을 알 수 있다. 일반적으로 3n차 고조파는 영상이고, (3n−2)차 조파는 정상, (3n−1)차 조파는 역상이 된다. 다상 유도 전동기에 대한 고조파의 영향에 대하여는 NEMA MG1−2009(Motors and Generators)에 다음과 같이 기술되어 있음으로 이를 전재한다. 다상 유도전동기에 인가된 전압에 정격(기본)주파이외의 주파수를 가진 전압 성분이 포함되어 있

으면 이 전압 성분은 고조파 전류를 흐르게 한다. 이와 같은 고조파 전류가 흐르는 경우 전동기 온도는 기본 주파의 정격전압으로 운전하는 전동기의 온도보다는 높아진다. 이에 따라 고조파가 포함되어 있는 전압으로 운전하는 전동기는 손상(damage)될 가능성이 있음으로 이와 같은 가능성을 줄이기 위하여 그림 1-14에 표시된 출력감소율을 곱하여야 한다[(2)]. 이 곡선은 다만 기본 주파에 대한 홀수배 고조파에 대해서만 곱하도록 되어 있다(단 9차 등 3의 배수인 고조파는 제외). 이 곡선은 전압 불평형율과 짝수 고조파 또는 이들 모두의 영향은 무시할 수 있는 수준이라는 전제하에 그려진 용량 감소율계수곡선이다. 이 출력 감소율계수곡선은 기본 주파이외의 주파에서의 운전하는 경우나 또는 가변 전압 또는 주파수 조정운전의 경우는 제외하였다. 고조파전압계수(HVF-harmonic voltage factor)는 다음과 같이 계산한다.

$$HVF = \sqrt{\sum_{n=5}^{n=\infty} \frac{V_n^2}{n}}$$

단 n=홀수차 고조파의 차수

V_n= n차 고조파의 pu 전압$\left(= \frac{\text{n차 고조파 전압}}{V_1}\right)$

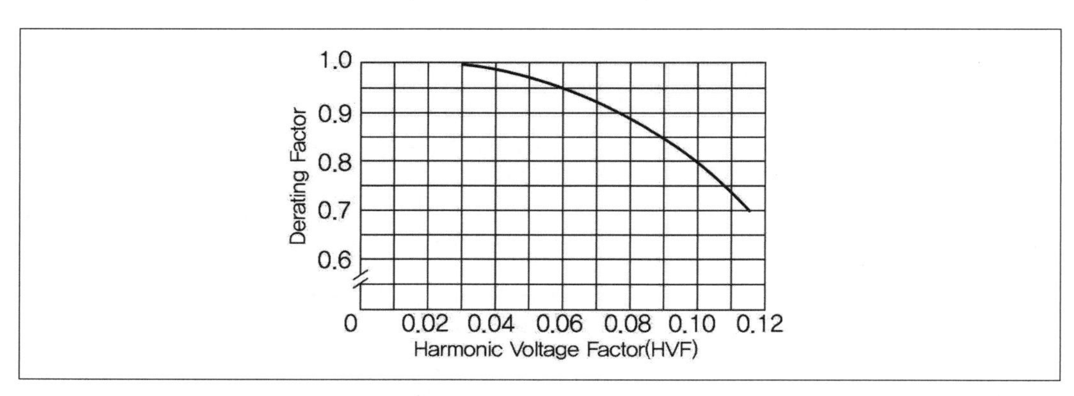

그림 1-14 고조파 전압에 의한 전동기 용량 감소계수

예를 들면 5, 7, 11차 및 13차 고조파의 pu전압을 각각 0.10, 0.07, 0.045, 및 0.036이라 할 때 HVF는

$$HVF = \sqrt{\frac{0.10^2}{5} + \frac{0.07^2}{7} + \frac{0.045^2}{11} + \frac{0.036^2}{13}} = 0.0546$$

이 된다.

㈜ (2) NEMA MG1 part 30의 fig30-1인용.

1-1-4. Scott결선 변압기의 단자 기호와 결선도

우리나라 Scott결선 변압기는 ㈜효성, 현대중공업 및 일진중공업과 LS산전 등 4개 회사에서 제작하고 있다. Scott결선 변압기 전압은 1차 154kV, 2차 55kV이고, 1차 권선 용량은 OA(유입자냉식 油入自冷式-Oil immersed Air cooled) 기준으로 30, 45, 75, 90MVA 등으로 되어 있다. 고속철도용 Scott결선 변압기는 현대일렉트릭(현대중공업에서 분리)에서 제작납품하기 까지는 ㈜ 효성에서만 하였는데 2개 회사에서 제작한 Scott결선 변압기의 2차 측 단자의 배열이 서로 달라서 Scott결선 변압기의 2차가 55kV GIS의 TF Bus와 AF Bus(GIB)와 접속하는 점에서 서로 극성이 다르게 접속되게 되어 있다. 아래 그림 1-15는 현대전기 제품이고, 그림 1-16은 ㈜효성 제품으로 명판에 각각 명시되어 있는 내부 권선의 결선도이다. Scott결선 변압기의 2차 55kV단자에 CT가 설치되어 있는 변압기 단자가 전차선을 접속하는 단자이고 CT가 설치되어 있지 않은 변압기 단자는 급전선이 접속되도록 되어 있으나, 현대 제품의 단자 ou 및 ov에 CT가 설치되어 있고 ㈜효성의 제품에는 u 및 v단자에 CT가 설치되어 있어 도면대로 전차선과 급전선을 접속하면 2개 회사의 제품이 동시에 설치되어 있는 전차 선로에서는 SP의 연장 급전용 차단기를 투입하여 병렬 운전을 하면 각상이 단락되는 사태가 발생하고 또 연장급전 시 전차선과 급전선의 상이 서로 바뀌게 되어 TF와 AF의 극성을 통일이 어렵게 된다. 동일 변전소에 설치되어 있는 Scott결선 변압기의 병렬 운전은 빈번이 있으나, 다른 변전소의 Scott결선 변압기와의 병렬 운전은 대단히 드물어서 단락사고 발생은 없었다.

고속 전철 선로의 Scott 결선 변압기는 모두 현대 전기에서 제작되어 변압기 2차 단자의 순서가 모두 같으므로 TF와 AF가 일반 전기철도의 다른 선로와 연장급전 운전을 하는 경우를 제외하고는 고속철도에서는 다른 변전소와는 병렬 운전에 특별히 문제될 것은 없으나 일반 전기철도에서 2개 회사 제품이 모두 함께 설치되어 있는 전차 선로라면 어디에나 이와 같은 단락사고가 발생할 수 있게 되어 있다. 전기 예비품의 관리를 위해서도 Scott결선 변압기의 2차 측 표시는 통일하여야 한다. 이와 같은 혼란을 방지하기 위해서는 55kV CT설치 위치는 감극성 변압기 2차 권선이 시작되는 u와 v단자로 통일하여야 한다. 2차권선 말단인 ou나 ov에 CT를 설치하면 비율 차동 계전기와 같은 방향성 전류 계전기는 오동작하게 된다. 또 그림 1-15와 그림 1-16은 각 회사 Scott결선 변압기의 명판에 표시되어 있는 변압기 권선도면이나 이 도면에서 Y결선인지 T결선인지가 명확하지 않으므로 명판 도면을 그림 1-17과 같이 수정할 것을 권고한다. 또 그림 1-16은 효성 제품으로 변압기 On load tap changer가 변압기 2차 권선에 설치되어 있고, 그림 1-15는 현대전기 제품으로 변압기 On load tap changer가 변압기 1차 권선에 설치되어 On load tap changer가 3상 Y결선용

이므로 T상과 M상의 전압 조정 범위가 같다고 하면 T상 Tap권선의 1 Tap간 전압은

$$154000 \times \frac{\sqrt{3}}{2} \times \frac{1}{10} \times \frac{1}{8} = 1667.1[\mathrm{V}]$$

이고, M상 Tap권선의 1 Tap간 전압은

$$154000 \times \frac{1}{2} \times \frac{1}{10} \times \frac{1}{8} = 962.5[\mathrm{V}]$$

로 된다.

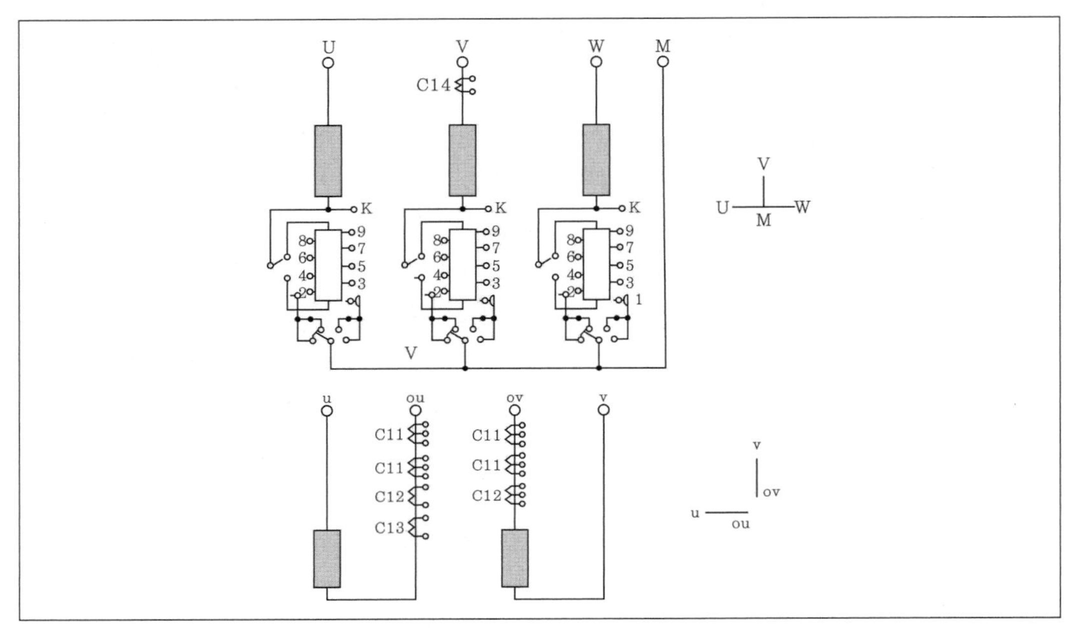

그림 1-15 현대 변압기의 권선 결선도

이와 같이 tap권선간 전압 불평형의 문제가 있고 또 예비 변압기를 준비하는데 있어 On load tap changer설치 위치로 혼란을 일으킬 우려가 있어 변압기 On load tap changer의 설치 위치를 통일하든가, 전기차에 허용되는 전압은 27.5~19kV로 상당히 허용 범위가 넓으며 전철 부하의 변동도 매우 빈번하여 부하 시 tap changer로 전압 변동에 실시간 대응이 불가능하여 국내의 전기철도 변전소에서는 부하 시 tap changer에 의한 자동 전압 조정운전 실례가 없는 것으로 알려져 있으며 따라서 매우 고가인 부하 시 tap changer를 저가의 무부하 tap changer로 대체하는 것이 타당하다는 결론에 도달하였다.

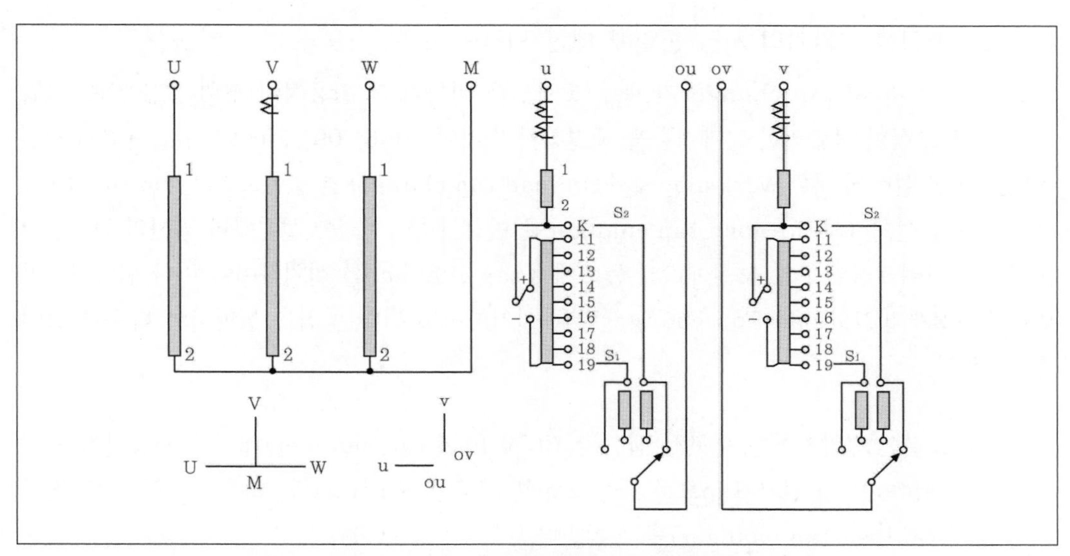

그림 1-16 효성 변압기의 권선 결선도

더욱이 전기철도에 Scott결선 변압기를 처음 도입한 일본에서조차 On load tap changer를 장비한 Scott결선 변압기를 사용한 실례가 없는 것으로 알려져 있다. 현재 설치되어 있는 2개 회사의 Scott결선 변압기의 On load tap changer 및 TF와 AF의 접속을 확인하고 권선 2차 CT의 설치 위치 등에 대한 전반적인 재조사가 이루어져야 하고 그 결과에 따라 CT는 Bushing CT이므로 u와 ou, v와 ov Bushing을 서로 바꾸어 설치하는 것을 검토하여 보는 것이 타당하리라는 의견을 제시하였다.

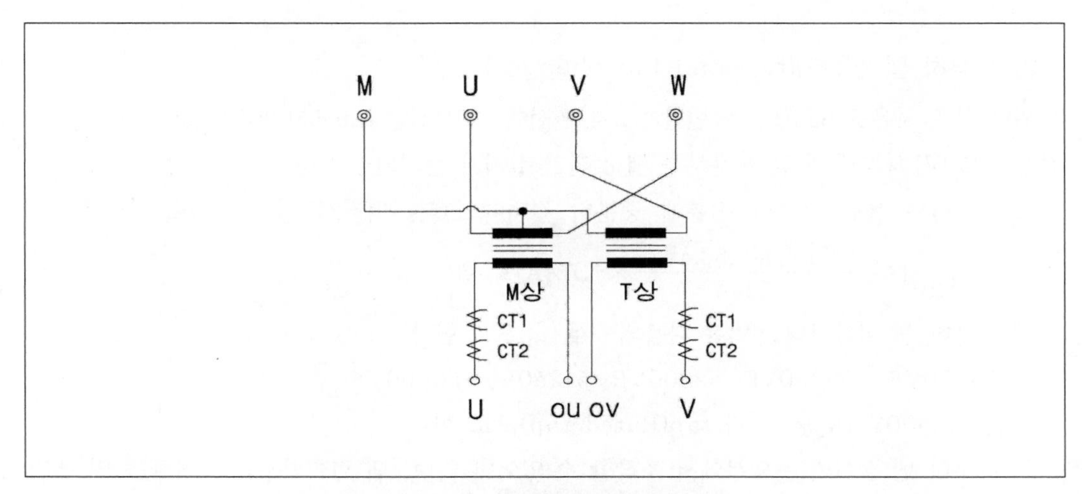

그림 1-17 수정하고자 하는 결선도

1) Scott결선 변압기의 사양 통일에 대한 의견

본인은 On load tap changer가 매우 고가인데 비하여 그 활용성이 거의 없음으로 변압기 가격을 포함한 불합리한 문제점들을 해결하기 위하여 2006. 09. 20~21에 열린 철도시설공단의 변전 설비에 대한 Workshop에서 On load tap changer를 없애고 대신 No-load tap changer를 설치하되 No-load tap changer를 변압기 1차 권선에 설치하면 권선의 임피던스 평형을 위하여 T상에 1개, M상에 2개 등 3개의 tap changer를 설치하여야 하나 변압기 2차 권선에는 2개의 No load Tap changer만을 설치하여도 된다는 점을 설파하여 다음과 같이 결정하였다.

① Scott결선 변압기에는 부하시 탭 절환기(On load tap changer)대신에 변압기 2차 권선에 55000V를 최고 Tap으로 하는 Tap(1 tap간 전압=1250V) 5개인 무부하 탭 절환장치(No load tap changer)를 설치한다.

② Scott결선 변압기의 154kV권선의 절연강도는 IEC 및 한전 규정과 일치하도록 절연강도를 유효접지 계통의 권장 절연강도인 LIWL 650kV, 상용주파내전압을 275kV로 하고, 55kV 2차 권선의 절연강도는 IEC의 규격에 따라 LIWL 325kV, 상용주파내전압을 140kV로 한다.

③ M상 변압기 2차 CT는 2중으로 CT를 설치하는 경우를 제외하고는 CT를 u단자에 설치하고 전차선 TF를 u단자에, 급전선 AF를 ou단자에 결선한다. 또 T상 변압기 2차 CT는 2중으로 CT를 설치하는 경우를 제외하고는 CT를 v단자에 설치하고 전차선 TF를 v단자에, 급전선 AF를 ov단자에 결선한다.

2) 무부하 탭 절환기(No-load tap changer)

위와 같은 사유로 Scott결선 변압기 2차 권선에 최고 전압 tap 55000V인 5tap(1 tap 간 전압=1250V)의 다음과 같은 무부하 탭 절환기 설치가 논의되었다.

① 탭 전류 용량은 부하 전류에 충분히 견뎌야 한다. 따라서 전류 용량을 I라 할 때

$$I > \frac{\text{변압기 용량}[kVA]}{52.5} \times 1.75[A]$$ 로 한다.

② 무부하 탭 절환기의 전압은 다음의 5개 tap으로 한다.

55000VF- 53750VF-52500VR-51250VF-50000VF

단 52500V tap을 정격 tap(Rated tap)으로 한다.

③ 무부하 탭 절환기는 외부에서 조작할 수 있어야 하며, 탭 절환기구는 조작핸들 및 탭위치 표지판을 구비한다.

④ Tap의 위치 표시는 아라비아 숫자를 순서대로 표시하고 1번 숫자는 최고 전압 위치를 표시한다.

⑤ 각상의 무부하 탭 절환기는 각각 별도의 조작 기구를 구비한다.

전기차의 허용 전압은 다음 장 절연협조의 표 2-1에서 보는 바와 같이 우리나라에서는 최고 27.5kV, 최저 20kV로 상당히 넓어서 25kV를 기준으로 할 때 전압 허용 범위가 30% $\left(=\frac{27.5-20}{25}\times 100\right)$에 이르며, UIC/IEC전압 허용 범위는 27.5kV에서 19kV까지로 우리나라보다 더 넓다. 전기차가 허용하는 전압 범위는 30%로 Scott결선 변압기 1차측에 설치되어 있는 On load tap changer의 전압 조정 범위 8%에 비하면 훨씬 넓으며 따라서 급전 전압 조정을 2중으로 할 필요는 없다.

참고로 2006.2~2007.5까지의 전력 품질 연구의 일환으로 전국의 20개 전철 변전소의 수전 전압 154kV 및 급전 전압 55kV를 측정한 결과를 표 1-3에 싣는다. 154kV 계통의 최고 수전 전압은 경부선 직지사의 162.4kV, 최저 수전 전압은 호남선 백양사의 151.4kV로 한전전압은 154kV을 기준으로 했을 때 전압 변동률은 직지사의 경우 (+5.455%), 백양사의 경우 (−1.6883%)로 매우 안정적임을 알 수 있으며, 반면 2차 측 전압은 최대 58.4kV, 최소 47.2kV로 철도 전기차의 운전을 위하여 철도 규정으로 요구한 허용 최고 전압 27.5×2=55kV, 정격 전압 25×2=50kV 및 최하 전압인 20×2=40kV 보다는 훨씬 높아 옥천 변전소의 경우 58.4kV로 최고 허용 전압인 55kV보다 상당히 높고, 최저 전압은 일로변전소 T상의 47.2kV로 최소 허용 전압 40kV보다는 상당히 여유가 있다.

특히 55kV 계통의 전압 변동률은 전기차 정격 전압인 50kV를 기준으로 했을 때 KTX운행구간인 경부선의 사곡, 경산, 밀양과 호남선 구간만 12.60~17.80%로 매우 높고, 기타 구간은 10% 이하이다.

따라서 변압기 2차 측 무부하 tap 절환기의 정격 tap을 52.5kV로 할 때 실측치 가운데 154kV 계통의 최하 전압인 151.4kV가 수전되는 경우 Scott결선 변압기 2차 전압은 $\frac{52.5}{154}\times 151.4 = 51.61$[kV]로 154kV 계통에서 최하 전압인 151.4kV가 수전되어도 전차선 전압은 정격 전압인 50kV보다는 오히려 높으며 최고 전압인 164.2kV가 수전되면 $\frac{52.5}{154}\times 164.2 = 55.98$[kV]가 되어 최대 허용 전압 55[kV]와 비교하여 다소 높으나 큰 차이가 없으며 옥천 변전소의 T상 2차 전압 58.4kV보다 많이 낮아 계통이 훨씬 안전하게 운영된다. 표 1-3의 55kV 전압은 SP에서 측정한 전압이므로 실제 전기차에 급전되는 전압이다.

표 1-3 전철 변전소의 전압 (측정일자 2006.2~2007.5)

선로	변전소	154kV 수전 전압			55kV 전차선 전압					
					M상			T상		
		최대 [kV]	최소 [kV]	전압 변동률[%]	최대 [kV]	최소 [kV]	전압 변동율[%]	최대[kV]	최소 [kV]	전압 변동률[%]
경원선	의정부	162.9	155.0	5.13	55.5	50.8	9.40	55.8	52.4	6.80
중앙선	구리	163.7	154.2	6.17	55.6	51.6	8.00	56.2	52.9	6.60
분당선	모란	163.2	156.2	4.55	54.8	51.3	7.00	55.8	52.0	7.60
경인선	주안	161.0	152.5	5.52	55.1	50.8	8.60	54.2	50.8	6.80
경부선	구로	162.0	153.3	5.84	55.4	52.0	6.80	56.4	52.1	8.60
	군포	163.6	156.4	4.68	54.4	50.1	8.80	53.8	50.2	7.20
	평택	162.0	154.7	4.74	55.7	52.4	6.60	55.4	52.7	5.40
	조치원	163.4	155.9	4.87	57.7	54.4	6.60	57.4	54.2	6.40
	옥천	163.4	156.4	4.55	58.2	56.4	3.60	58.4	54.7	7.40
	직지사	164.2	155.2	5.84	57.8	54.4	6.80	57.5	54.6	5.80
	사곡	163.7	154.8	5.78	57.4	54.6	5.60	58.2	51.9	12.60
	경산	162.9	153.3	6.23	56.9	49.5	14.80	57.7	50.6	14.20
	밀양	161.2	153.0	5.32	56.2	48.8	14.51	56.9	48.8	16.20
충북선	증평	162.0	154.5	4.87	55.8	53.0	5.60	56.5	54.3	4.40
	충주	162.0	154.3	5.00	56.1	54.1	4.00	56.3	54.1	3.80
호남선	계룡	161.7	153.5	5.32	55.5	49.9	11.20	55.4	48.4	14.00
	익산	161.7	155.4	4.09	55.7	48.3	14.80	55.7	49.0	13.40
	백양사	162.4	151.4	7.14	55.1	47.4	15.40	55.7	48.5	14.40
	노안	162.5	154.5	5.19	56.7	50.0	13.40	56.4	49.1	14.60
	일로	163.7	156.0	5.00	56.1	47.2	17.80	57.6	51.0	13.20

표에서 보는 바와 같이 일로 변전소의 M상 전압은 최고 56.1kV이고, KTX 주행 시 최하 47.2kV로 50kV를 기준 전압으로 했을 때 전압 변동률이 17.80% $\left(= \dfrac{56.1 - 47.2}{50} \times 100\right)$이며 이때 한전 송전 전압이 20개 변전소 중 수전 전압이 최하인 151.4kV라고 해도 $\dfrac{52.5}{154} \times 151.4 \times (1 - 0.178) = 42.43[\mathrm{kV}]$로 철도 운전을 최소 허용 전압인 40[kV] 보다는 여유가 있어 철도 운전 전압으로는 훨씬 안정된다. Scott결선 변압기의 무부하 정격 tap은 연장 급전 시의 전압 강하도 고려하여 52.5[kV]로 한다. 이와 같은 Tap을 선정했을 때 급전 전압은 55.98[kV]에서 42.43[kV] 사이를 유지하게 된다.

1-1-5. Scott결선 변압기의 병렬 운전

Scott결선 변압기는 앞에서 설명한 바와 같이 단상 변압기 2대를 결선하여 1개의 Scott결선 변압기가 구성되었으므로 2대의 변압기가 같은 변전소 구내에 설치되어 있든 다른 변전소에 분리 설치되어 있든 관계없이 다음 조건만 맞으면 병렬 운전은 가능하다. 일반적으로 단상 변압기의 병렬 운전으로 생각하면 쉽게 이해할 수 있다. 변압기의 이상적인 병렬 운전 조건은 극성과 정격전압이 같고 2변압기의 %임피던스가 같고, %IR와 %IX의 비가 동일한 경우이다. 그러나 실제로 이와 같은 조건을 구비하기는 어려우므로 2변압기 사이의 순환 전류가 정격 전류의 10%를 초과하지 않고 부하 전류가 2변압기의 정격 전류 합계에 대하여 110%를 초과하지 않으면 병렬 운전이 가능하다. 변압비가 다른 2대의 변압기를 병렬 운전할 때의 순환 전류는 다음과 같다.

$$\%I = \frac{\%e \times 100}{\%IZ_1 + k\%IZ_2}$$

여기서 $\%I$: 정격 전류에 대한 순환 전류의 %

$\%IZ_1$: 제1변압기의 %임피던스 강하

$\%IZ_2$: 제2변압기의 %임피던스 강하

$\%e$: 2변압기의 전압 차의 비

k : 2변압기의 용량비$= kVA_1/kVA_2$

예를 들면 동일 용량의 2대의 변압기를 병렬로 연결하였을 때 2변압기의 전압 차가 2.5%라 하고 각 변압기의 %임피던스를 5%라 하면 순환 전류는

$$\%I = \frac{2.5 \times 100}{5+5} = 25\%$$

즉 순환 전류는 정격 전류의 25%가 흐른다.

전압이 같고 %임피던스가 다른 경우 각 변압기의 분담 전류는 다음과 같다.

$$I_1 = \frac{\left(\frac{kVA}{\%IZ}\right)_1}{\left(\frac{kVA}{\%IZ}\right)_1 + \left(\frac{kVA}{\%IZ}\right)_2 + \cdots\cdots} \times I_L$$

$$I_2 = \frac{\left(\frac{kVA}{\%IZ}\right)_2}{\left(\frac{kVA}{\%IZ}\right)_1 + \left(\frac{kVA}{\%IZ}\right)_2 + \cdots\cdots} \times I_L$$

여기서 I_1 : 변압기 1에 흐르는 전류

I_2 : 변압기 2에 흐르는 전류

I_L : 선로 전류

$\left(\frac{kVA}{\%IZ}\right)_1$: 변압기1의 용량을 %임피던스로 나눈 값

위의 식은 일반적으로 %리액턴스(%IX)가 %저항(%IR)에 비하여 큰 경우에는 큰 오차 없이 적용 가능하다. 현재 철도에 설치되어 있는 Scott결선 변압기의 표준 %임피던스는 자기용량 기준으로 j10%이나 용량이 60MVA를 초과하는 변압기에는 %임피던스가 j12.5%인 경우도 있으므로 병렬 운전 시에는 주의하여야 한다.

1-1-6. Scott결선 변압기의 전압 강하율[1]

Scott결선 변압기의 2차 측 부하에 의한 1차의 선간 전압 강하율(pu) V_{abd}, V_{bcd}, V_{cad}는 다음 식으로 구하여진다.

$$V_{abd} = \frac{V_{abo} - V_{ab}}{V_{abo}} = \frac{W_M}{S}\sin(\theta' - 60°) + \frac{\sqrt{3} \cdot W_T}{S}\sin(\theta' + 30°)$$

$$V_{bcd} = \frac{V_{bco} - V_{bc}}{V_{bco}} = \frac{2W_M}{S} \cdot \sin\theta$$

$$V_{cad} = \frac{V_{cao} - V_{ca}}{V_{cao}} = \frac{W_M}{S}\sin(\theta + 60°) + \frac{\sqrt{3} \cdot W_T}{S}\sin(\theta - 30°)$$

여기서

V_{abo}, V_{bco}, V_{cao} : 무부하 시의 AB, BC, CA 선간 전압

V_{ab}, V_{bc}, V_{ca} : 부하시의 AB, BC, CA 선간 전압

$$\theta = \theta - \alpha + 90°$$

α : 전원 Impedance Z의 위상각$\alpha = \tan^{-1}\frac{X}{R}$

θ : 부하 역률각(lagging)

$W_M = V_M \times I_M$: M상 부하의 피상 전력[MVA]

$W_T = V_T \times I_T$: T상 부하의 피상 전력[MVA]

$S = \frac{V_P^2}{Z}$: 전원 측의 단락 용량[MVA]

불평형 부하와 전압 강하

단위 [%]

	T상만 부하시	M상만 부하시	M, T평형 부하시
V_{abd}	1.59	−0.39(1)	1.20
V_{bcd}	0	1.20	1.20
V_{cad}	0.21	0.99	1.20
전압 vector	c′ c Ib=Ic O Ia a a′ b′ b	c c′ Ic a=a′ O Ib b′ b	c c′ Ic Ib O Ia a a′ b′ b

즉 Scott결선 변압기 부하에 의한 1차 측 전압 강하율은 상에 따라 다소 차이가 있으나 부하의 피상전력에 비례하고 전원 측 단락용량에 반비례한다.

일반적으로 전원 측의 저항을 무시하는 경우가 많으나 저항분이 있을 때에는 저항분이 없는 경우에 비하여 부하 역률각이 (90°− α)만큼 증가한 것으로 보면 된다. 위에서 구한 값에 100을 곱하면 %강하율이 된다. 위의 식으로 역률이 0.8인 부하 W가 M상, T상에 각각 걸렸을 때와, 또 M, T 양상 모두에 평형으로 걸렸을 때의 전압 강하율을 계산하여 보면 위 표와 같이 된다. 단 이때 전원 용량을 부하 W의 100배, 전원 측의 저항은 무시하였다. 전압 강하율이 (−)로 표시된 것은 전압 상승을 의미한다[3]. 이는 T상에만 부하가 걸렸을 때 A상의 유효 전력이 (−)인 것과 일치한다.

1-1-7. 불평형 보상

전원 측 전압 불평형이 동일 모선에 접속된 부하에 좋지 않은 영향을 주기 때문에 불평형 전압을 평형 전압이 되도록 보상이 필요하게 된다. 이 전압 불평형은 Scott결선 변압기의 2차 측 부하의 불평형에 기인하며 이 불평형 부하는 1차 측에 불평형 전류를 만들고 이 불평형 전류가 곧 불평형 전압의 원인이 된다. 따라서 불평형 보상은 전류를 평형이 되도록 하는 문제, 즉 어떻게 역상 전류 I_2를 0이 되게 하는가 하는 문제에 귀착된다. 실제 설계 때 불평형으로 문제가 되는 곳은 조차장과 같은 곳에 단상 전원을 공급하는 경우이다. 이때 22.9kV로 수전하는 경우 사용 전기량에 비하여 전원 단락 용량이 적어 심한 불평형이 발생하게 된다(불평형은 전원 단락 용량에 반비례한다). 전류 불평형 대책으로 그림 1-18과 같은 단상 SVC 보상 방법 및 역 Scott SVC방법 등이 제안되고 있으나 채택된 실적은 없는 것으로 알려져 있다.

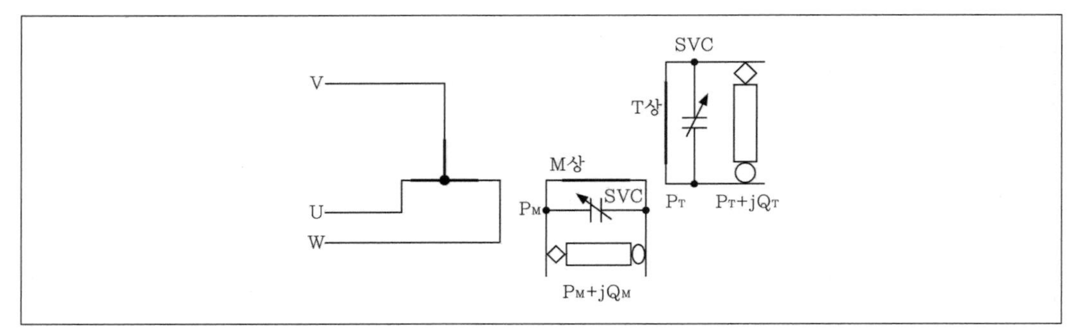

그림 1-18 SVC보상

1-1-8. 3권선 Scott변압기

일본에서는 전차선로의 절연 강도를 저감하려고 3권선 Scott결선 변압기를 개발하여 일본 동해도 신간선(東海道 新幹線)에 적용한 바 있다. AT가 선로에 접속되어 있지 않을 때 주변압기 2차 측에 지락 사고가 발생하면 선간 전압이 60kV 계통 지락 사고가 되므로 변전소 급전 측 절연 계급을 우리나라와 같이 전기차 전압의 2배인 72kV절연 레벨인 LIWL 325kV, 상용주파 내전압 140kV로 하고 있다.

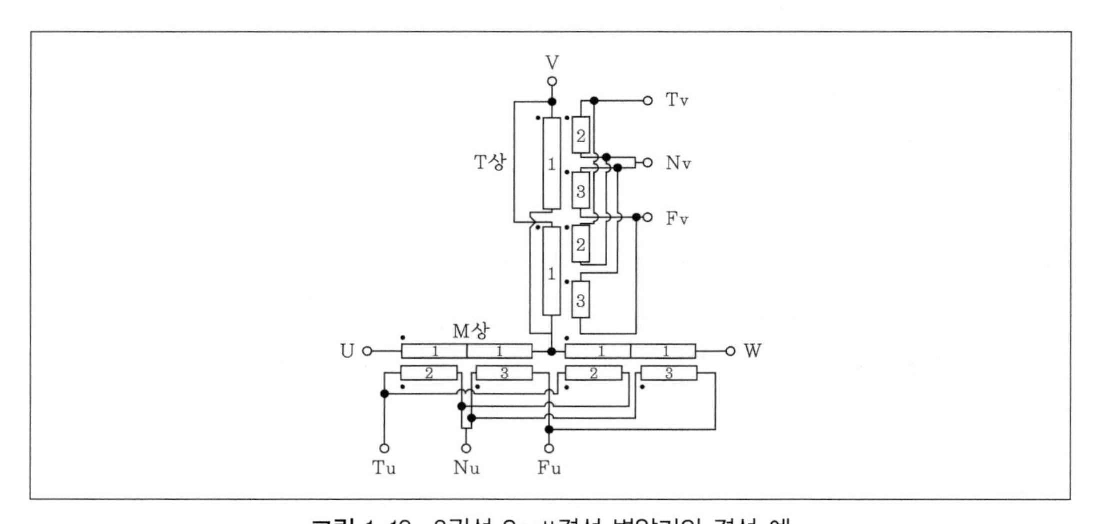

그림 1-19 3권선 Scott결선 변압기의 결선 예

154kV를 수전하는 경우 Scott결선 변압기 2차를 2개의 권선으로 분할하여 55kV 권선의 27.5kV 되는 중간점을 직접 레일에 접속함으로써 전차선 절연 계급을 60kV 기준 절연에서 전차선 전압과 27.5kV급 절연인 LIWL 200kV, 상용주파 내전압 70kV로 저감하고 있다. 동시에 Scott결선 변압기 2차의 차단기 및 개폐기의 절연도 27.5kV급 절연으로 저감한다. 이와 같이 Scott결선 변압기의 2차 권선을 분할한 변압기를 일본에서는 Scott결선 변압기의 3권선 변압기라 하며 Scott결선 변압기의 3권선 변압기의 구조는 그림 1-19와 같으며 레일과의 접지 점은 2권선과 3권선의 접속점인 중성점 Nu 및 Nv가 된다.

1-1-9. 변형 wood-bridge변압기

1) 변형wood bridge결선변압기의 결선

일본에서는 154kV 계통은 비유효접지이나 220kV이상의 초고압 계통은 중성점이 유효접지로 되어 있어 Scott결선 변압기를 대체할 수 있는 중성점을 접지할 수 있는 변압기로서 변형Wood bridge 변압기와 Roof-delta를 개발하였다. 그림 1-20은 변형 Wood bridge결선 변압기의 권선도이다. 변압기 2차는 모두 동일 권수의 권선이 2중 △로 결선되어 있다. 따라서 A상의 2차 전압은 B상 전압의 $\sqrt{3}$ 배가 된다. 이에 따라 A상 전압이 철도 급전전압과 같은 55kV라고 할 때 B상 전압은 55/ $\sqrt{3}$ 이 출력이 되므로 B상 출력 전압을 철도 급전전압과 같은 55kV로 하기 위해서는 1: $\sqrt{3}$ 가 되는 승압용 단권변압기(Auto-Transformer)를 설치하여야 한다.

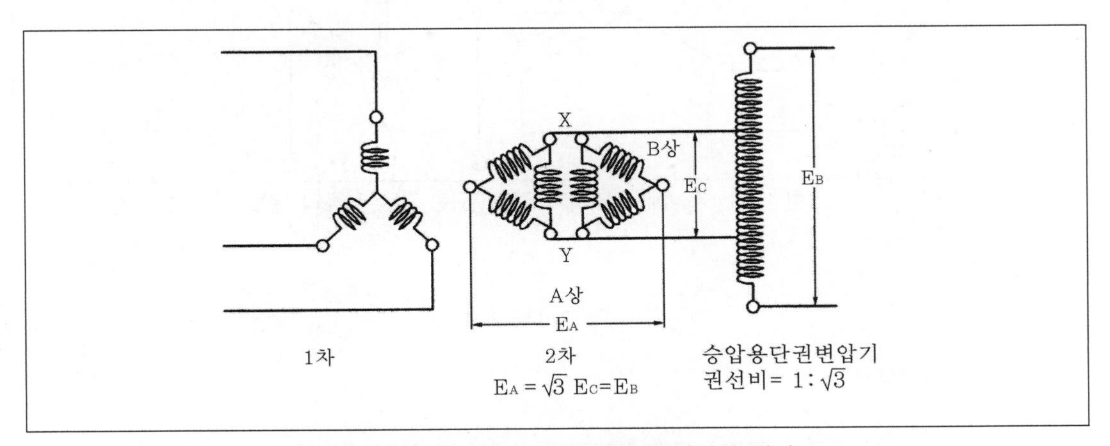

그림 1-20 변형 Wood-bridge결선변압기의 결선도

2) 변형 Wood bridge결선변압기의 전류 분포

① A상에만 부하가 걸려 있는 경우 전류의 분포

A상에만 부하가 있는 경우 전류의 분포는 그림 1-21과 같다. 여기서 부하 전류를 I_A라고 하면 X점과 Y점은 동 전위가 됨으로써 XY권선에는 전류가 흐르지 않는다. 따라서 각 2차 각권선의 전류는 $\frac{1}{2}I_A$이 되며 이 2차 전류에 대응하는 1차 전류 I_U, I_V, I_W는 각각

$$I_U = \frac{I_A}{2} + \frac{I_A}{2} = I_A$$

$$I_V = 0$$

$$I_W = -\frac{I_A}{2} - \frac{I_A}{2} = -I_A$$

$$I_N = I_U + I_V + I_W = 0$$

가 되어 중성점에는 전류가 흐르지 않게 된다.

예로 A상 부하 용량이 30000kVA이고 E_A=55kV라고 하면 전류 $I = \frac{30000}{55} = 545.45A$ 이고, 1차 선간전압을 154kV라고 할 때

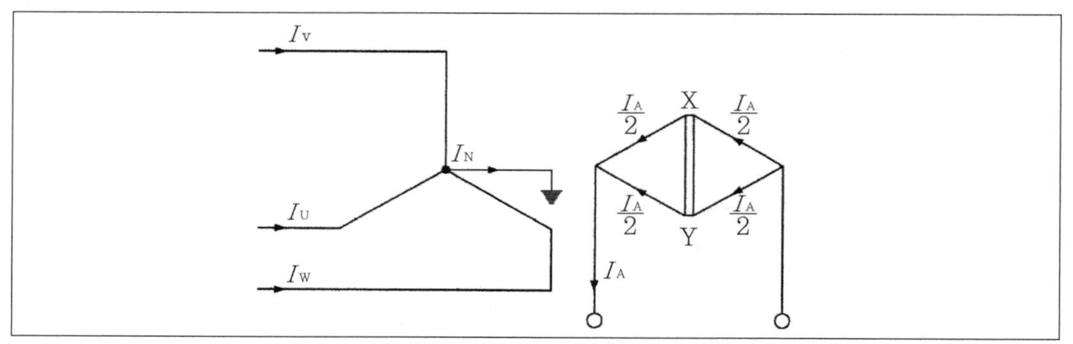

그림 1-21 A상에만 부하가 걸려 있는 경우 전류의 분포

$$I_U = \left(\frac{I_A}{2} + \frac{I_A}{2}\right) \times \frac{55}{154} \times \frac{2}{\sqrt{3}} = 545.45 \times \frac{55}{154} \times \frac{2}{\sqrt{3}} = 224.94A$$

$$I_V = 0$$

$$I_W = -\left(\frac{I_A}{2} + \frac{I_A}{2}\right) \times \frac{55}{154} \times \frac{2}{\sqrt{3}} = -535.45 \times \frac{55}{154} \times \frac{2}{\sqrt{3}} = -224.94A$$

② B상에만 부하가 있는 경우 전류의 분포

변압기의 B상 2차 전압은 A상 2차 전압의 $\frac{1}{\sqrt{3}}$ 이므로 B상 부하 전류를 I_B라고 할 때 승압용 단상(AT)변압기 1차 전류는 $\sqrt{3}I_B$가 되므로 변형 Wood-bridge 변압기 2차 전류는 $\sqrt{3}I_B$가된다. 변형 Wood-bridge 변압기의 2차 각 권선은 2중의 △ 권선이고 단상부하가 XY단자에 걸려 있으므로 XY권선에는 $I_V = \frac{I_B}{\sqrt{3}}$ 인 전류가 흐르고 다른 권선은 △ 결선이므로 XY권선 전류의 반인 $\frac{I_B}{2\sqrt{3}}$ 이 흐르게 된다. 이제 그림 1-22에서 보는 바와 같이 각 권선에 흐르는 전류를 I_M, I_M', I_W 및 I_W'라고 할 때

$$I_M = I_M' = I_W = I_W' = \frac{I_B}{2\sqrt{3}}$$

$$I_V = I_V' = \frac{I_B}{\sqrt{3}}$$

이므로 변압기의 1차 전류는

$$I_U = I_M + I_M' = -\frac{I_B}{\sqrt{3}}$$

$$I_V = I_V + I_V' = \frac{2I_B}{\sqrt{3}}$$

$$I_W = I_W + I_W' = -\frac{I_B}{\sqrt{3}}$$

$$\therefore I_N = I_U + I_V + I_W = 0$$

로 계산되며 1, 2차 전압 비를 곱하면 된다. ①과 같이 B상에도 30000kVA의 부하가 걸려 있다고 하면

$$I_B = \frac{30000}{55} = 545.45\text{A}$$

이므로 $I_U = -\frac{I_B}{\sqrt{3}} \times \frac{55}{154} = -\frac{545.45}{\sqrt{3}} \times \frac{55}{154} = -112.47\text{A}$

$$I_V = \frac{2I_B}{\sqrt{3}} \times \frac{55}{154} = 2 \times \frac{545.45}{\sqrt{3}} \times \frac{55}{154} = 224.94\text{A}$$

$$I_W = -\frac{I_B}{\sqrt{3}} \times \frac{55}{154} = -\frac{545.45}{\sqrt{3}} \times \frac{55}{154} = -112.47\text{A}$$

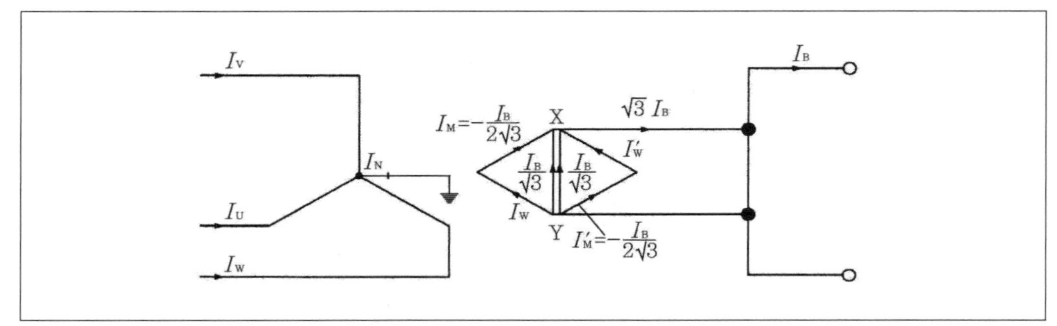

그림 1–22 B상에만 부하가 걸려 있는 경우 전류의 분포

따라서 전류 분포는 그림 1–22와 같이 되며 중성점에는 전류가 흐르지 않는 것을 알 수 있다.

③ A상과 B상에 평형부하가 걸렸을 때의 전류 분포

AB상에 동일 부하가 걸렸을 때 A상전류 I_A를 기준vector로 했을 때 B상전류 I_B는 A상전류에 비하여 90° 늦고(lagging) $|I_A|=|I_B|$이므로 $I_B=-jI_A$가 된다. 또 A상 및 B상에 평형 부하가 걸렸을 때 합성 1차 전류는 ①의 A상에만 부하인 때의 변압기 1차 전류와 ②의 B상에만 부하인 때의 변압기 1차 전류의 vector합계 전류이므로 분포는

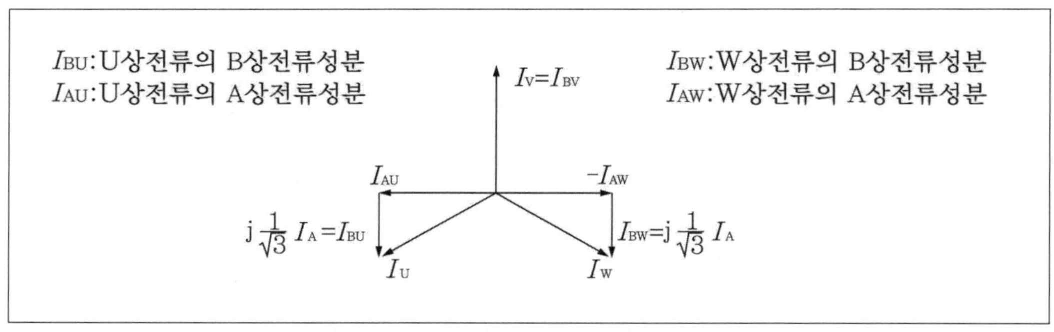

그림 1–23 A, B상 평형부하 시 전류의 분포

$$I_U=I_A+j\frac{I_B}{\sqrt{3}}=I_A+j\frac{I_A}{\sqrt{3}}$$

$$I_V=0-j\frac{2I_B}{\sqrt{3}}=-j\frac{2I_A}{\sqrt{3}}$$

$$I_W=-I_A+j\frac{I_B}{\sqrt{3}}=-I_A+j\frac{I_A}{\sqrt{3}}$$

$$I_N = I_U + I_V + I_W = 0$$

따라서 중성점에는 전류가 흐르지 않는다. 전류분포는 그림 1-23과 같으며 결과 적으로 Scott결선변압기의 전류 분포와 동일함을 알 수 있다. A상, B상 평형 부하일 때는 위의 ①②의 합계가 되어

$$I_U = \left(I_A + j\frac{I_A}{\sqrt{3}}\right) \times \frac{55}{154} = \left(545.45 + j\frac{545.45}{\sqrt{3}}\right) \times \frac{55}{154}$$
$$= 194.80 + j112.47 = 224.94 \angle 30^\circ$$

$$I_V = -j\frac{2I_A}{\sqrt{3}} \times \frac{55}{154} = -j\frac{2 \times 545.45}{\sqrt{3}} \times \frac{55}{154} = 224.94 \angle 270^\circ$$

$$I_W = \left(-I_A + j\frac{I_A}{\sqrt{3}}\right) \times \frac{55}{154} = \left(-545.45 + j\frac{545.45}{\sqrt{3}}\right) \times \frac{55}{154} = 224.94 \angle 150^\circ$$

로 3상 평형이 부하가 된다.

1-1-10. Roof-delta 변압기

1) Roof-Delta 변압기의 권선

이 변압기는 1985년경부터 일본 철도종합연구소를 중심으로 권선 연구를 진행하여 얻은 결과로 그림 1-24와 같은 Roof-Delta 권선의 변압기를 개발하였다.

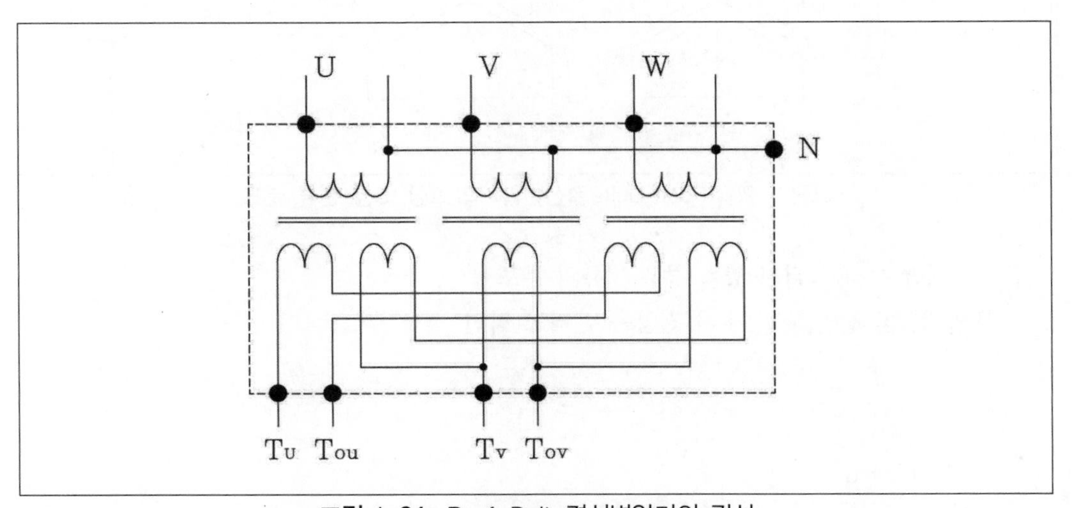

그림 1-24 Roof-Delta결선변압기의 권선

Roof-Delta변압기는 1차 U상과 W상은 3권선 구조로 되어 있고 V상은 2권선 구조로 되어 있다. 또 2차 B상 △권선에 단상부하를 걸므로 변압기 1차 V상 전류는 변압기 1차 U상 및 W상 전류의 2배의 전류가 흐르게 된다. 그 결과 변형 Wood- bridge결선변압기의 2차 권선이 6개의 권선 block으로 구성되어 있는데 반하여 Roof-delta변압기의 2차 권선은 5개의 권선 block으로 구성되어 있고 B상과 A상 전압이 같으므로 변형 Wood-bridge결선변압기의 B상에 설치되고 있는 $\sqrt{3}:1$의 승압용 단권변압기가 생략된다. 그러므로 일본 철도에서 근래에 설치하고 있는 220kV 이상을 수전하여 중성점을 접지하는 변전소에서는 변형 Wood-bridge결선변압기를 사용하지 않고 Roof-Delta변압기를 채택하고 있다.

2) Roof-Delta변압기의 전류 분포

그림 1-25는 Roof-Delta결선변압기의 전류 분포이다. B상의 △결선의 임피던스가 완전히 정합되어 있으면 1차 선간전압과 2차 급전전압이 $\sqrt{3}$: 1이 되므로 각상의 전류는 다음 식과 같이 된다. Roof-Delta결선 변압기의 A상, B상에 평형부하가 걸리면 2차 전류의 vector는 Scott결선변압기, 변형Wood bridge결선변압기 2차 전류의 vector는 같다는 것을 알 수 있다.

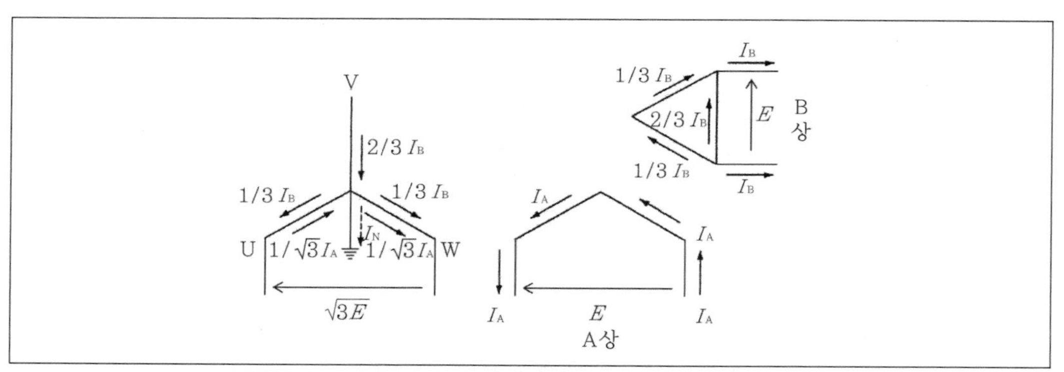

그림 1-25 Roof-Delta결선변압기의 A상, B상 전류 분포

① A상에만 부하가 걸려 있는 경우 전류의 분포

변압기 1차 전압을 V_1, 2차 전압을 V_2라고 하면

$$I_U = \frac{1}{\sqrt{3}} \cdot I_A \times \frac{V_2}{\frac{V_1}{\sqrt{3}}} = I_A \times \frac{V_2}{V_1}$$

$$I_V = 0$$

$$I_W = -\frac{1}{\sqrt{3}} \cdot I_A \times \sqrt{3} \cdot \frac{V_2}{V_1} = -I_A \times \frac{V_2}{V_1}$$

$$\therefore I_N = I_U + I_V + I_W = 0$$

이제 2차 전류 I_A=545.45A, 변압기 1차 전압 V_1=154kV, 2차 전압 V_2=55kV라고 하면 1차 전류 I_U, I_V, I_W는

$$I_U = I_A \times \frac{V_2}{V_1} = 545.45 \times \frac{55}{154} = 194.80\text{A}$$

$$I_V = 0$$

$$I_W = -I_A \times \frac{V_2}{V_1} = -545.45 \times \frac{55}{154} = -194.80\text{A}$$

② B상에만 부하가 걸려 있는 경우 전류의 분포

전류분포는 Δ전류를 Y결선 전류로 환산하면 $\sqrt{3}$ 을 곱하여야 하므로

$$I_U = -\frac{I_B}{3} \times \sqrt{3} \cdot \frac{V_2}{V_1} = \frac{I_A}{\sqrt{3}} \times \frac{V_2}{V_1}$$

$$I_V = \frac{2I_B}{3} \times \sqrt{3} \cdot \frac{V_2}{V_1} = -\frac{2I_A}{\sqrt{3}} \times \frac{V_2}{V_1}$$

$$I_W = -\frac{I_B}{3} \times \sqrt{3} \cdot \frac{V_2}{V_1} = \frac{I_A}{\sqrt{3}} \times \frac{V_2}{V_1}$$

$$I_N = I_U + I_V + I_W = 0$$

가 된다. 이제 ①의 부하가 B상에만 걸려 있다면

$$I_U = \frac{I_A}{\sqrt{3}} \times \frac{V_2}{V_1} = \frac{545.45}{\sqrt{3}} \times \frac{55}{154} = 112.47\text{A}$$

$$I_V = -\frac{2}{\sqrt{3}} I_A \times \frac{V_2}{V_1} = -\frac{2 \times 545.45}{\sqrt{3}} \times \frac{55}{154} = -224.94\text{A}$$

$$I_W = \frac{I_A}{\sqrt{3}} \times \frac{V_2}{V_1} = \frac{545.45}{\sqrt{3}} \times \frac{55}{154} = 112.47\text{A}$$

③ A상과 B상에 평형부하가 걸렸을 때의 전류 분포

변형 Wood-bridge결선변압기와 같이 A상 및 B상에 평형 부하가 걸렸을 때 A상 전류의 2차 전류 I_A를 기준 vector로 했을 때 B상전류 I_B는 A상전류에 비하여 90° 늦고 (lagging) $|I_A| = |I_B|$ 이므로 $I_B = -jI_A$ 가 되고 Δ결선 전류를 Y결선 전류의 환산

factor와 상전압과 선간 접압의 환산계수도 $\sqrt{3}$ 이므로 A, B상에 평형부하가 걸렸을 때 합성 1차 전류는 ①의 A상에만 부하인 때의 변압기 1차 전류와 ②의 B상에만 부하인 때의 변압기 1차 전류의 vector합계 전류이므로

$$I_U = \left(\frac{I_A}{\sqrt{3}} - \frac{I_B}{3}\right) \times \sqrt{3} \cdot \frac{V_2}{V_1} = \left(1 + j\frac{1}{\sqrt{3}}\right) I_A \times \frac{V_2}{V_1}$$

$$I_V = \frac{2}{3} I_B \times \sqrt{3} \cdot \frac{V_2}{V_1} = -\left(j\frac{2}{\sqrt{3}}\right) I_A \times \frac{V_2}{V_1}$$

$$I_W = \left(-\frac{1}{\sqrt{3}} I_A - \frac{I_B}{3}\right) \times \sqrt{3} \cdot \frac{V_2}{V_1} = \left(-1 + j\frac{1}{\sqrt{3}}\right) I_A \times \frac{V_2}{V_1}$$

$$I_N = I_U + I_V + I_W = 0$$

가 되어 중성점에는 전류가 흐르지 않는다. ①②의 평형부하가 A B상에 걸려 있으면 1차 측에 흐르는 전류는 다음과 같다.

$$I_U = \left(1 + j\frac{1}{\sqrt{3}}\right) I_A \times \frac{V_2}{V_1} = \left(1 + j\frac{1}{\sqrt{3}}\right) \times 545.45 \times \frac{55}{154} = 224.94 \angle 30^\circ A$$

$$I_V = -j\frac{2}{\sqrt{3}} I_A \times \frac{V_2}{V_1} = -j\frac{2 \times 545.45}{\sqrt{3}} \times \frac{55}{154} = 224.94 \angle 270^\circ A$$

$$I_W = \left(-1 + j\frac{1}{\sqrt{3}}\right) I_A \times \frac{V_2}{V_1} = \left(-1 + j\frac{1}{\sqrt{3}}\right) \times 545.45 \times \frac{55}{154} = 224.94 \angle 150^\circ A$$

전류의 vector는 그림 1-26과 같으며 Scott결선변압기, 변형Wood-bridge변압기와 서로 같은 것을 알 수 있다. 이와 같이 전류 vector가 서로 같으므로 이들의 비율 차동계전기에 의한 보호는 같은 방법으로 할 수 있다.

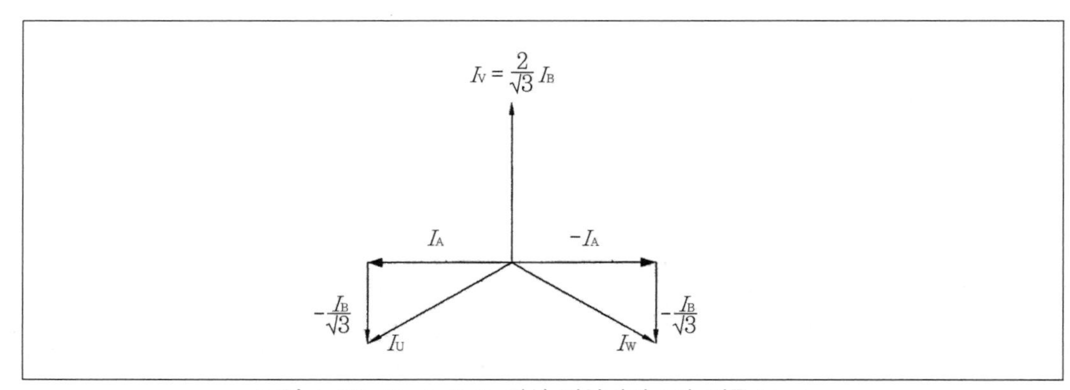

그림 1-26 Roof-Delta결선 변압기의 2차 전류 Vector

1-1-11. Scott결선 변압기 과부하내량에 대한 의견

철도 전기용품 규정에 철도용 변압기 과부하내량(過負荷耐量)은 변압기를 100% 부하로 운전하여 변압기 온도가 포화된 상태에서 150% 부하로 2시간 연속 운전을 하고, 다시 부하를 100%로 내려 연속 운전이 가능하여야 하며, 또 100% 부하 운전으로 변압기 온도가 포화된 상태에서 부하를 300%로 올려 2분간 운전하고, 또 부하를 100%로 내려서 운전을 계속하여도 변압기 수명에 지장이 없어야 한다고 규정되어 있다. IEC관련 규격과 일본 규격은 150% 부하에 대하여는 한국철도와 동일하나 300% 과부하에는 1분간 운전한다고 정하여져 있다. 2006. 6. 15일자 한국철도시설 공단 주관 Workshop에서 이제까지 마련되어 있지 않았던 이 규격에 따른 부하 시험과 그 합부(合否) 판정 기준에 대하여 토론이 이루어졌고, 동년 9월 20~21일에 개최된 2차 Workshop에서 판정 기준점은 150% 부하로 2시간 부하 시험 후 변압기의 Hot spot 온도와 Top oil 온도를 기준으로 하여야 한다는 데는 의견이 모아졌다. KS C IEC 60076-7 유입 중형 변압기의 주기적 변동 부하에 있어서는 부하 전류 1.5pu에서 권선의 Hot spot의 온도는 절연유에서 gas 기포가 발생하기 시작하는 최하 온도인 140℃까지를, 또 변압기 top oil 온도는 105℃까지를 허용하고 있으므로 철도에서도 이 규격을 준용하여 부하 전류 1.5pu로 2시간 운전한 후의 Hot spot온도를 140℃, Top oil 온도를 105℃로 정하는 것이 타당하다고 생각된다. 물론 이때의 주위 온도는 40℃로 환산 적용하여야 한다. KS C IEC 60076-7에서 중형 변압기라 함은 3상 100MVA까지의 변압기를 일컫는다. 참고로 ANSI의 과부하내량 규격인 ANSI/IEEE C57.92-1981도 함께 여기에 옮겨 싣는다.

ANSI/IEEE C57-92의 Table 3(d)

Capability Table for Normal and Moderate Sacrifice of Life 65℃ Rise, Self-Cooled(OA) and Water-Cooled(OW) Transformers (Equivalent Load Before Peak Load=100% of Nameplate Rating).

Ambient temp℃							
Hour of peak load	% Loss of Life	30℃			40℃		
		Peak load (per unit)	Hot spot temp(℃)	Top oil temp(℃)	Peak load (per unit)	Hot spot temp(℃)	Top oil temp(℃)
2	Normal	1.00	110	85			
	0.25	1.61	162	109	1.44	156	111
	0.50	1.70	172	113			
	1.00						
	2.00						
	4.00						

1-1-12. 변압기실의 통풍

최근 전철용 변전소 대부분을 옥내에 설치하는 경향이 있다. 옥내에 설치하는 변전 설비에 있어서는 변압기 손실로 인하여 발생하는 열을 외부로 방출하지 않으면 안 된다. 변압기 실 통풍은 독일 규격인 DIN에 따르면 흡입공기의 온도와 배기온도의 차가 12K 이하가 되게 하여야 하며, 이때 통풍량은 대략 변압기 1kW 손실당 4~5㎥/mim의 공기를 순환하여야 한다. 통풍에는 자연 통풍과 송풍기에 의한 강제통풍이 있으므로 이에 대하여 각각 설명하기로 한다.

1) 자연 통풍일 때[7]

일반적으로 통풍 로의 공기 저항은

$$R = R_1 + m^2 R_2$$

이다. 여기서 R_1은 흡입 통풍로의 저항과 가속 계수이고, R_2는 배기 통풍로의 저항과 가속 계수이다. m은 흡입구 면적 A_1과 배기구 면적 A_2의 비로

$$m = \frac{A_1}{A_2} = 0.91$$

로 한다.

즉 배기구(排氣口)의 면적 A_2는 흡기구(吸氣口)의 면적 A_1보다 10% 정도 크게 한다. 각 계수는 표 1-4와 같다.

표 1-4 통풍구의 계수

구 조	계 수
가속	1
직각 elbow	1.5
원형 elbow	1
135 ° elbow	0.6
완만한 방향 전환	0-0.6
와이어 grille	0.5-1
Louver	2.5-3.5
공기 분산계수[1]	0.2-0.9

㈜ (1) 작은 숫자는 흡입단면적 : 배기구샤프트단면적=1 : 2
큰 숫자는 흡입단면적 : 배기구샤프트단면적=1 : 10

그림 1-27(a)에서

흡입 : 가속 계수 : 1

와이어 grille : 0.75

공기분산 계수 : 0.6

완만한 방향 전환 : 0.6

계 R_1=2.95

배기 : 가속 계수 : 1

직각 elbow : 1.5

louver : 3

계 R_2=5.5

$$m = \frac{1}{1.1} = 0.91, \quad m^2 = 0.83$$

따라서 R=2.95+0.83×5.5=7.5

통풍조건은

$$(\triangle\theta)^3 \cdot H = 13.2 \cdot \frac{P_\omega{}^2}{A_1{}^2} \cdot \left(R_1 + m^2 R_2\right)$$

로 주어진다.

여기서 $\triangle\theta = \theta_2 - \theta_1 = 12K$

H : 변압기 높이 중심에서 배기구 중심까지의 높이[m]

$P\omega$: 변압기 손실[kW]

A_1 : 흡입구 면적[m^2]

θ_1 : 흡입 공기의 온도[℃]

θ_2 : 배기 공기의 온도[℃]

변압기 손실 $P\omega$를 10kW, 변압기 본체에서 배기구 중앙까지의 높이 H=6m인 경우 소요 흡입구 면적 A_1은

$$12^3 \times 6 = 13.2 \times \frac{10^2}{A_1^2} \times 7.5 = \frac{9900}{A_1^2} = 10368$$

$$A_1^2 = \frac{9900}{10368}$$

$$\therefore \; A_1 = 0.98m^2 = 1m^2$$

배기구의 면적 A_2

$$A_2 = 1.1 \times A_1 = 1.1\text{m}^2$$

가 된다.

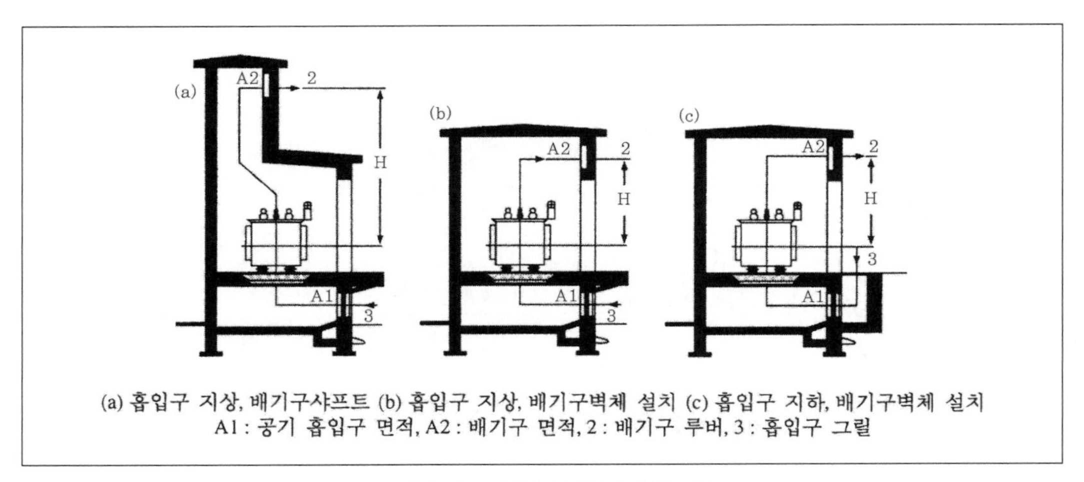

(a) 흡입구 지상, 배기구샤프트 (b) 흡입구 지상, 배기구벽체 설치 (c) 흡입구 지하, 배기구벽체 설치
A1 : 공기 흡입구 면적, A2 : 배기구 면적, 2 : 배기구 루버, 3 : 흡입구 그릴

그림 1-27 옥내 변압기 설치 예

2) 강제통풍일 때

변압기실이 구조상 자연 통풍이 어렵거나 건축물의 크기가 너무 커지는 문제점이 있으면, 이때에는 송풍기에 의한 강제통풍을 한다. 강제통풍 시 송풍기의 용량은 다음과 같이 구한다.

$$Q = \kappa \times \frac{P_\omega}{\Delta\theta} [\text{m}^3/\text{mim}]$$

여기서 Q : 소요 공기량$[\text{m}^3/\text{mim}]$

$\triangle\theta$: 흡입공기와 배기 공기의 온도차(K)

$P\omega$: 변압기 손실[kW]

κ : 온도에 의하여 정해지는 계수 $(\text{m}^3 \cdot ℃/\text{mim},\ \text{kW})$

$$\kappa = \frac{860}{60} \cdot \frac{1}{\rho \cdot C_P}$$

여기서 ρ : 온도 t℃에 있어서의 공기의 비열

상수 κ는 단위 열량을 단위 시간당 필요 온도로 낮추는데 소요되는 공기의 체적을 구하는 상수이며, κ의 값은 다음 표와 같다.

배기 온도[℃]	상수 κ
30	53.0
35	53.7
40	54.5
45	55.4
50	56.2

송풍기에는 송풍 통로의 저항 손실을 감안하여야 하며 공기의 순환이 잘되기 위해서는 변압기 라디에이터(방열판)와 벽 사이의 간격은 400mm 이상 이격시키고 송풍기의 크기는 소요 공기량의 110% 하여야 한다. 예컨대 변압기 2000kVA, 효율 98.5%라고 하면

$$P\omega = 2000 \cdot \left(1 - \frac{98.5}{100}\right) = 30[\text{kW}]$$

외기 온도 40℃, 배기 온도를 45℃라 할 때 온도차 $\Delta\theta$=5K이므로 배기량은 Q는

$$Q = 55.4 \times \frac{30}{5} = 332.4\text{m}^3/\text{min}$$

따라서 송풍기의 용량 Q′ 는 공기 소요량보다 10% 더 큰 값을 취하여야 하므로

$$Q' = 55.4 \times \frac{30}{5} \times 1.1 = 365.64 \Rightarrow 370\text{m}^3/\text{min}$$

이상이 되어야 한다.

1-1-13. Scott결선 변압기 사양

Scott변압기는 전철 변전소의 핵심기기로 매우 중요하므로 위에서 설명한 내용을 종합하여 Scott결선 변압기 발주 시에 규정하여야 할 중요 항목들을 정리하여 용량 30000kVA 변압기를 예로 하여 아래에 기술한다. 기타 부품 등에 대하여는 별도 서적을 참고 바란다.

1) 정격에 관한 사항

① 정격 용량	1차		30000kVA
	2차	M상	15000kVA
		T상	15000kVA
② 정격 전압	1차		154kV
	2차		55kV

③ 정격 주파수　　60Hz
④ 사용 정격　　연속 사용
⑤ 결선　　Scott결선
⑥ 극성　　감극성
⑦ 냉각 방식　　유입 자냉식
⑧ 과부하 내력　150% 부하　　2시간
　　300% 부하　　2분
⑨ 내압

a. 뇌충격내압(1.2/50μs)	1차 권선	650kV crest
	Point M	650kV crest
	2차 권선	325kV crest
b. 상용주파 내압(1분간)	1차 권선	275kV r.m.s
	Point M	275kV r.m.s
	2차 권선	140kV r.m.s

㊟ 한전에서는 유효 접지 계통의 LIWL을 채택하여 1차 권선 LIWL 750kV, 상용주파 내압 325kV이던 것을 2006.9.20/21 한국철도시설공단 Workshop에서 IEC60071 및 한전 규격 ES 140에 일치되도록 LIWL 650kV, 상용주파내압 275kV로 변경했음.

⑩ 온도 상승　　권선 저항법　55K
　　절연유 온도계법　55K

2) 변압기 특성에 관한 사항

① 효율　　99.3% 이상
단 철손은 동손의 30% 이하일 것
㊟ 변압기 무부하 시는 변압기 손실을 최소화 하여야 함.
② %임피던스　　10%±1%
③ 전압 변동율(역률=1.0에서)　　1% 이하
④ 소음(정격용량에서)　　74dB 이하
⑤ 단락 강도(2초)　　정격 전류의 10배 이상
㊟ 변압기의 단락 강도시험은 형식시험 항목임.

3) 붓싱의 사양

① 정격 전압　1차　　170kV
　　2차　　60kV

② 정격 전류 1차(중앙점 붓싱 포함) 800A
2차 1000A

③ 내압

a. 충격내압(1.2/50㎲) 1차 750kV crest
2차 325kV r.m.s

b. 상용주파 내압(1분간) 1차 325kV crest
2차 140kV r.m.s

④ 형식 콘덴서 형
단 GIS인입인 경우는 Gas to Oil Bushing으로 함.

⑤ 붓싱 단자 나사를 제외하고는 두께 5㎛ 이상의 은도금을 할 것.

㈜ 전철용 변압기는 150% 과부하에 2시간 동안 정상 운전이 가능하고, 300% 과부하에서 2분간 견뎌야 하므로 붓싱의 정격 전류는 변압기 정격 전류의 3배 이상 되어야 한다. 이는 변압기의 온도 상승열 시정수(Thermal time constant)가 대체로 2.5~3.5시간 이상인데 비하여 붓싱의 열 시정수는 이보다 훨씬 짧기 때문이다.

4) 붓싱 CT사양

① 정격 전압 1차 170kV
2차 60kV

② CT의 규격 1차 250/5A, 100VA, 10P20
2차 650/5A, 100VA, 10P20

㈜ (1) CT의 규격은 IEC 표기법이며 이를 ANSI 표기법으로 변경하면
-1차 CT 250/5A C400
-2차 CT 650/5A C400가 됨.

(2) 전철용 변압기는 150% 과부하에 2시간 동안 정상 운전이 가능하여야 하므로 CT의 정격전류는 변압기 정격 전류의 2배 이상 되어야 한다. 따라서 정격 전류의 200~250%에서 규격 제품으로 한다.

(3) IEC 제품과 ANSI 제품의 차이-과전류 정수와 오차가 다름.
IEC의 ALF : 10 또는 20, 오차 : composite error로 -5% 또는 -10%이므로 별도 지정 ANSI의 과전류 정수 : 20(일정), 오차 : 전류비 오차 -10%(일정)

(4) CT의 사양에는 각종 정격과 과전류 정수, 과전류 강도 이외에 변류기 여자 전류 특성을 시험 성적서에 첨부하도록 하면 보호 계전기 정정에 매우 편리하다.

(5) 변압기 2차 측 BCT의 설치 위치는 Scott결선 변압기와 전차선(TF)이 접속되는 M상은 u단자로, T상은 v단자로 할 것.

5) 부하시 탭 절환기(OLTC) 사양

2006.9.20/21 Workshop에서 설치하지 않기로 결정하였으므로 삭제함

6) 무부하 탭 조정기

2006.9.20/21 Workshop에서 1차 측 OLTC를 2차 측 무부하 tap절환기로 대체하기로 하였으나 규격을 정하지 않았으므로 여기에 참고 의견을 제시한다.

a. 설치 위치 　　변압기 2차권선

b. 전압 tap 　　55000VF-53750VF-52500VR-51250VF-50000VF

　R tap 　　Rated tap, F tap Full tap

c. 정격전류 　　$I > \frac{\text{변압기용량}[kVA]}{52.5[kV]} \times 1.75[A]$로서 표준 제품

d. 뇌충격 절연내력(1.2/50μs) 　　325kV crest

e. 상용주파내압(1분) 　　140kV r.m.s

f. 조작 장치 및 tap 위치 표시기를 갖출 것, tap 위치 표시는 최고 전압을 1로 함.

7) 단자 기호

1차 　탱크케이스를 향하여 오른쪽으로부터 U. V. W. M(M상의 중앙점)

2차 　탱크케이스를 향하여 오른쪽으로부터

　T상 　v. ov

　M상 　ou. u

단 전차선로 TF는 T상의 단자v에, M상의 단자u에 결선하고, 급전선로 AF는 T상의 단자 ov에, M상의 단자 ou에 결선할 것.

8) 기계적 보호 장치

No	보호 장치	기 능		설치 위치	비고
		trip	경보		
1	권선 온도계	○	○	최고 유온 지점	
2	유온도계		○	본체 상부	
3	유면계		○	Conservator	dial식
4	방압 안전 장치	○		변압기 커버	
5	충격 압력 계전기	○		Conservator 상부	
6	Buchholz계전기	○	○	Conservator 연결파이프	
7	탭절환 보호계전기	○		탭절환기와 Conservator 연결 파이프	

이 이외에 다음 사항을 규정할 필요가 있다.

① 절연유의 종류와 산화 방지

② 기계적 부속품 예컨대 방열기의 구조와 철판의 두께, Conservator의 크기, 탱크의 기계적 강도, 도장의 색 및 도장 방법 등

㈜ 탱크의 강도는

a. 질소 봉입 시 탱크 진공에 외함이 함몰되거나 변형되지 않을 것

b. 변압기 내부 단락 사고 시 분해가스 압력에 변형을 가져오지 않을 것

c. 운반 이동에 변형이 없을 것

단락 사고 전류는 계통 단락 전류보다 커야 하나, 일반적으로 수전용 GIS차단기의 차단 전류와 같으면 되므로 31.5kA 또는 50kA 이상일 것, 또 외함의 강도를 증명하는 계산서로 시험을 대체하여도 되며, Conservator의 기계적 강도는 탱크와 동일하게 한다.

③ 명판, 절연유 여과변 등 기타 부품 등의 부품 사양을 별도로 상세히 명시하는 것이 필요.

④ 기타 설치 부품

㈜ (1) 電力系統技術計算の應用 p433 付錄 9.1, 新田目著, 電氣書院刊

(2) NEMA MG1-14, fig14-1, NEMA

(3) 자가용 전기설비의 모든 것, 김 정철 저, 도서출판 기다리

(4) 日新電機技報 Vol 41. No3, 日新電機技報

(5) 日新電機技報 Vol 29. No4, 日新電機技報

(6) 給電システム技術講座, 日本鐵道技術研

(7) Switchgear manual 2008, ABB

1-2. 단권 변압기(AT-Auto transformer)

2006. 9. 20과 21일에 한국철도시설공단이 개최한 Workshop에서 단권변압기의 절연 강도를 IEC규격에 따라 변경하였고, 주변압기의 용량 증가로 인한 단락 전류 증가에 대비하기 위하여 단락 강도도 아울러 높였다.

① 절연 강도는 IEC62505-1(2009)으로 절연레벨이 개정되어 기존의 LIWL은 200kV로 변화가 없으나, 대지상용주파내전압을 70kV에서 95kV로 높였다. 그러나 국내 제작사에서는 아직도 AT의 상용 주파 내압은 70kV로 제작되고 있으며 70kV전압 인가시간은 1분으로 그 시험회로는 그림 1-28과 같다.

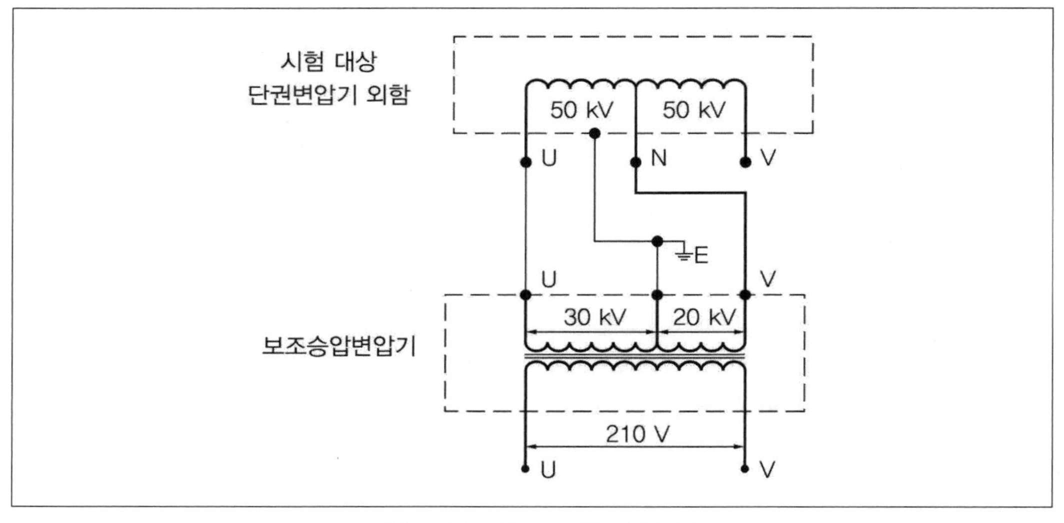

그림 1-28 유도내전압 시험회로

② 단락 강도를 정격 전류의 25배에서를 그대로 유지하였으나 비대칭 계수 2.55로 하여 단락 시험을 형식 승인에 추가 하였다. 그 시험방법은 다음과 같다.

- 단락시험시간 : 0.25sec, 허용오차는 ±10%.
- 단락시험회수 : 3회
- 단락시험전류 : 비대칭단락전류 (=대칭단락전류×비대칭계수)
- 대칭단락전류 : AT 2차 정격전류의 25배
- 비대칭계수 : 2.55
- 단권변압기의 누설임피던스 값 : 0.1+j0.45[Ω]

현재 전차 선로에서 사용하고 있는 단권변압기(AT-Auto transformer) 1차와 2차의 권선비가 2:1로 급전 전압이 전차 선로 전압의 2배로 되어 있다. 이 때문에 급전 선로의 전류는 부하 전류의 1/2이 되고 전압 강하율이 전차선 전압 강하의 1/4이 되어 변전소 간격이 넓어지게 된다. 동시에 레일에 흐르는 전류를 부하(전기차)의 양측에 설치되어 있는 AT의 중성점을 통하여 TF(전차선)와 AF(급전선)로 흡상(吸上)하므로 레일에 흐르는 전류는 전기차를 중심으로 반대 방향이 되어 통신선에 대한 유도장애가 서로 상쇄되고 또 이론상 레일에 흐르는 전류의 범위가 양쪽 AT까지로 제한되어 대지 누설 전류가 대폭 감소되므로 유도장애를 없애는 등 전차 선로에서는 대단히 중요한 역할을 담당하고 있다.

1-2-1. 단권변압기권선과 전류 분포

AT의 구조는 그림 1-29와 같이 일반 단상 2권선 변압기와 달리 공통철심에 변압기 1, 2차 권선을 분리하여 따로 감지 않고 권선의 일부를 공통 권선으로 하고 있다. 따라서 공통 권선에 흐르는 전류는 1차 권선과 2차 권선의 차 전류와 같게 된다. 이 차 전류를 I_3라 하면

$$I_3 = I_1 - I_2 = I_1 - I_1 \cdot \frac{n_1}{n_2} = I_1\left(1 - \frac{n_1}{n_2}\right)$$

여기서 I_1=1차 권선 전류

I_2=2차 권선 전류

n_1=1차 권선 수

n_2=2차 권선 수

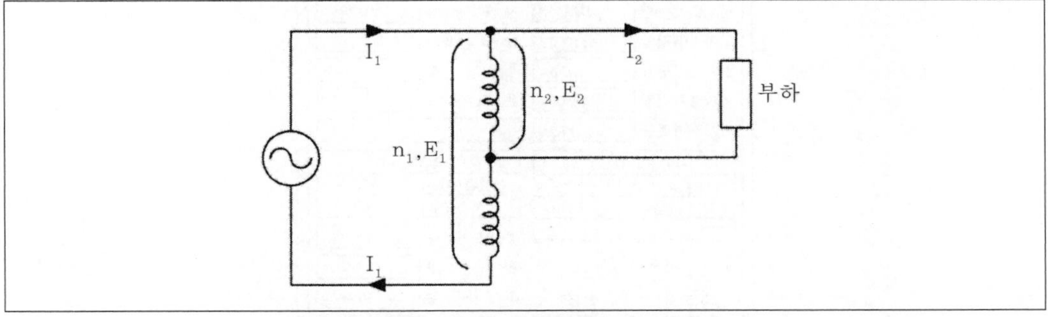

그림 1-29 AT변압기의 결선

이제 전기철도용 단권변압기에서는 $\frac{n_1}{n_2} = 2$이므로 $I_3 = -I_1$로 되고, 또 $I_2 = \frac{n_1}{n_2} \cdot I_1 = 2I_1$가 되므로 전류 분포는 그림 1-30과 같이 된다.

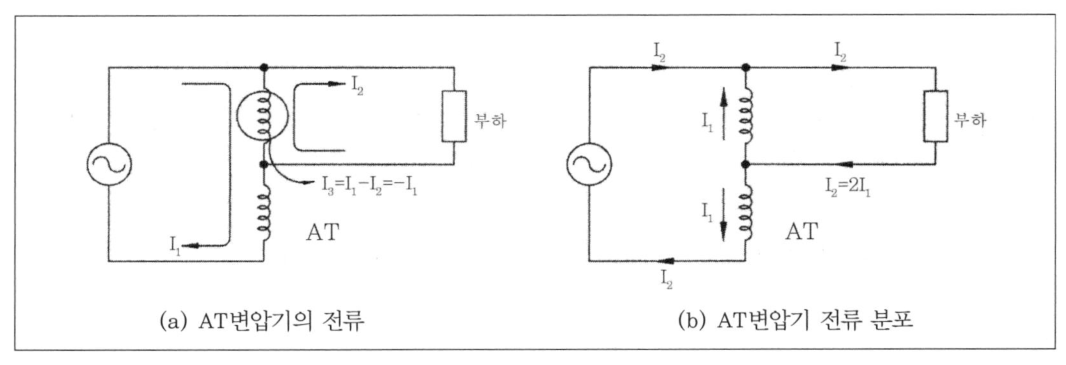

(a) AT변압기의 전류 (b) AT변압기 전류 분포

그림 1-30 AT변압기의 전류 분포

1) 변압기 자기 용량과 부하 용량

전기철도에서 AT의 용량이라 함은 자기 용량을 말하며, 명판에 자기 용량과 2차 측의 전압과 전류를 표시하고 동시에 AT의 선로 용량과 선로 전압 및 전류도 같이 표시한다. 철도용 AT변압기의 자기 용량이라 함은 AT변압기 2차 단자 전압과 공통 권선 전류의 곱으로써 AT의 공통 권선 부분의 용량을 말한다. E_2를 AT변압기 2차 단자 전압이라 하고 I_2를 전기차의 부하 전류, 또 I_1을 공통 권선에 흐르는 전류라 할 때 $I_1 = \frac{I_2}{2}$이므로 AT의 자기 용량은 $E_2 \cdot I_1 = E_2 \cdot \frac{I_2}{2}$가 된다.

단 권 변 압 기

상 수	1	옥 외 용	내 철 형
선 로 용 량	20000kVA	자 기 용 량	10000kVA
일차정격전압	55000V	Impedance	0.45 Ω
일차정격전류	363.6A	주 파 수	60Hz
이차정격전압	27500V	온 도 상 승	55°C
이차정격전류	727.2A	유 입 자 냉 식	

BUSHING C.T			
TYPE	RATIO	VA	CLASS
CT1	1500/750/5A	25	C100
CT2	450/2	15	3.0

LIWL	
일차측(U,V)	250kV
이차측(O)	60kV

중 신 중 량	14000kg
유 량	6500lt
총 중 량	20500kg
제 조 번 호	
제 조 년 월	19 . .

전기공업주식회사

그림 1-31 권변압기 명판의 예

전기철도에서 선로용량(through put capacity)이라 함은 AT 1차의 선로 전압과 전류의 곱이며, 1, 2차 권수분비가 1/2이므로 선로 용량은 자기 용량의 2배가 된다. 자기 용량(P_S)과 선로 용량(P_t)의 비를 권수분비(卷數分比-co-ratio)라 하며 권수분비 γ 는

$$\gamma = \frac{P_S}{P_t} = \frac{E_1 - E_2}{E_1} = \frac{1}{2}$$

로 된다. AT용량은 자기 용량으로 표시하고 있다.

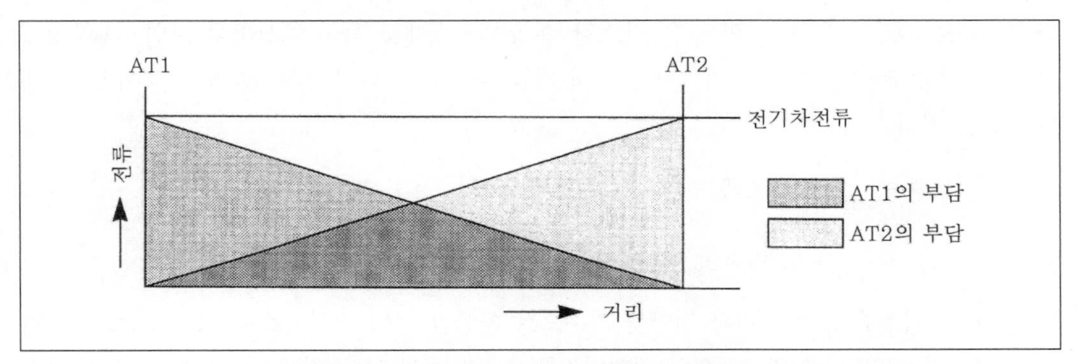

그림 1-32 AT 2대 사이의 전차선의 전류 분포

전기철도에서 AT와 전차선의 접속점을 전기차 팬터그래프(Pantograph)가 통과하는 순간 AT에 최대 부하가 걸리게 되며, 선로의 전류파형은 전기차에 흐르는 전류가 일정하므로 전차선의 전압강하를 무시하면 그림 1-32와 같이 3각파가 된다. 따라서 전철 부하는 연속부하가 아니고 통과하는 이동 부하여서 AT의 부하율은 매우 낮다. 따라서 전철에서의 AT용량은 AT의 과부하 내력을 기준으로 간헐부하(間歇負荷) 용량으로 계산한다. 전철용 변압기는 철도공사의 전기분야규정(2003.7)에 따르면 150% 부하에 2시간, 300% 부하에 대하여는 2분간 견디도록 되어 있으나 보조구분소(SSP-Sub sectioning post)에 설치하는 AT의 용량을 계산할 때에는 3배(=300%) 대신에 여유를 감안 2.5배로 계산한다. 즉 보조구분소에 설치하는 AT의 용량 Q_1은

$$Q_1 = E \times \frac{1}{2.5} \times \frac{I}{2} = \frac{1}{5} EI \, [kVA]$$

여기서 E=AT 정격 2차 단자 전압,

I=선구 내 최대 1편성 전기차 전류

가 된다. AT용량은 자기 용량이므로 AT의 공통 권선에 흐르는 전류와 변압기 2차 단자 전압의 곱으로 전류는 전기차 전류의 $\frac{1}{2}$이 되므로 $\frac{1}{2}$을 곱하며, 2.5는 앞에서도 언급한 바와

같이 AT과부하 내력이 300%이나 경년 열화 등을 고려 3보다 다소 적은 값으로 여유를 두어 정한 값이다. 같은 이유로 변전소 구내에 설치하는 AT 용량 Q_2는 단락 강도가 25이므로

$$Q_2 = E \times \frac{1}{25} \cdot \frac{I_S}{2} = \frac{1}{50} E I_S [\text{kVA}]$$

로 계산하며 여기서 I_S는 AT변압기 2차 측에서 단락되었을 때의 단락 전류이고, AT공통 권선에 흐르는 단락 전류는 그 $\frac{1}{2}$이 된다. 이제 AT의 단락 강도가 35로 변경되면 변전소 구내에 설치하는 AT의 용량 Q_2의 값은 감소될 수 있다. 실례를 들어 계산하여 보면 AT의 2차 측 단자 전압 E=25kV, 전기차 1편성 최대 전류 I=350A, 단락 전류 I_S=5200A이라 할 때 Q_1, Q_2는 각각

$$Q_1 = \frac{1}{5} \times 350 \times 25 = 1750 \rightarrow 2000[\text{kVA}]$$

$$Q_2 = \frac{1}{50} \times 5200 \times 25 = 2600 \rightarrow 3000[\text{kVA}]$$

가 된다. 단락전류 I_S는 전기차 전압을 기준으로 환산한 전원 임피던스를 Z_S, Scott결선 편상 변압기의 임피던스를 Z_T, AT의 임피던스를 Z_{AT}라 하고 단락 점까지의 전차 선로 임피던스를 Z_L라 할 때

$$I_S = \frac{E}{2Z_S + Z_T + Z_{AT} + Z_L}$$

로 계산한다. 자세한 단락 전류 계산 방법은 뒤에 설명한 급전 계통의 단락 전류 항을 참조 바란다. 또 철도용 AT변압기는 유도장애를 고려하여 변압기 2차 단자에서 바라본 임피던스를 매우 작게 하고 있다. 철도시설공단에서 발주하는 AT변압기의 임피던스(=리액턴스라 할 수 있음)를 0.45[Ω] 이하로 하고 있다. 철도공사에 가장 많이 단권변압기를 납품한 D사의 경우 변압기 리액턴스를 0.45[Ω] 이하로 하기 위하여 AT 5000kVA의 경우 철(鐵) 대 동(銅)의 비가 거의 2:1이 되는 철형 변압기를 제작하고 있었다. 전원 계통에도 선로 임피던스가 상당히 있어 AT 2차 단락 시 전원 임피던스가 단락 전류 억제에 많은 기여를 하고 있으나 AT의 전원이 되는 Scott결선 변압기의 용량이 대형화하고 또 전기차의 배차 간격이 매우 조밀하여지는 등 사정으로 주변압기를 병렬 운전하는 경우가 많아져 전원 단락 용량이 대폭 증대하므로 AT의 단락 강도는 이제까지 25배이던 것을 앞으로 발주하는 AT는 일본과 같이 단락 강도를 35배로 대폭 강화하였다[(1)]. 또 AT는 1, 2차 권선이 연결되어 있으므로 2차 권선의 절연도 고압 측 절연강도와 같아야 한다. AT의 절연내력은 같은 날짜의 workshop에서 IEC의 규격에 따르기로 결정하고 LIWL 200kV, 상용 주파 내압은 95kV로 하고, 중성점은 LIWL 60kV, 상용 주파 내압은 20kV로 하였다.

2) AT계통의 부하 전류 분포

그림 1-33은 AT1, AT2의 중간 지점에 운전 중인 전기차 1대가 있을 때의 전류 분포이다. 그림에서 AT의 전압 E_1=50kV, E_2=25kV이고, 전기차의 부하 전류를 I=100A라고 하면 50kV 공급 전류 I_1은 전압에 반비례하므로 I_1=50A이다. 또 AT1과 AT2에 흡상되는 전류의 크기는 전기차에서 각 AT까지의 거리에 반비례하므로 각각 50A가 되어 AT1과 AT2가 전기차 소요 전류의 $\frac{1}{2}$씩을 부담하게 된다. 그림 1-34는 전기차의 위치가 AT1과 AT2와의 거리가 3 : 1일 때의 전류 분포이다.

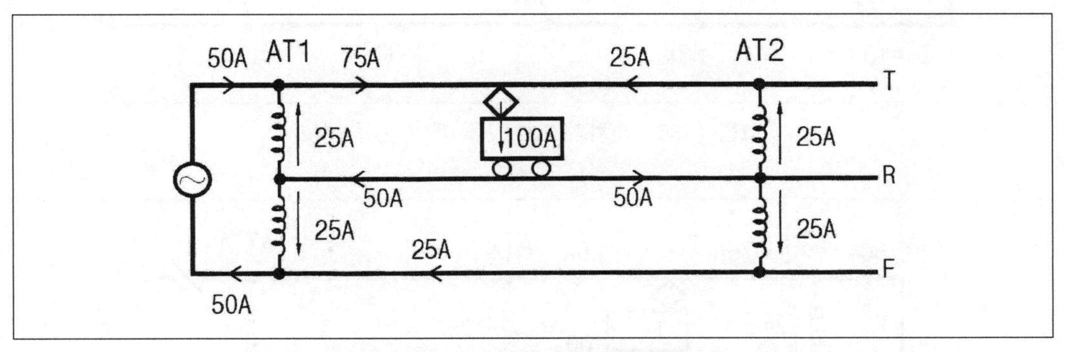

그림 1-33 부하점이 AT 2대의 중앙에 있을 때의 전류 분포

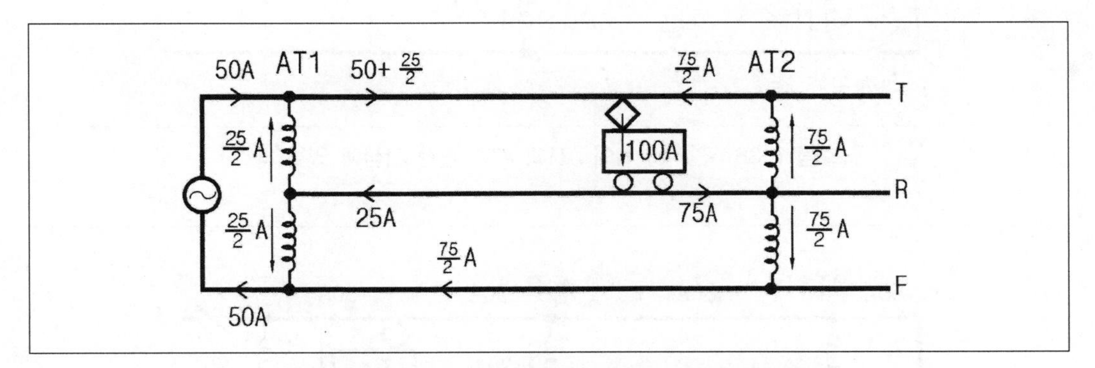

그림 1-34 부하점이 편중되어 있을 때의 전류 분포

이제 2대의 전기차가 3대의 AT 사이에 각각 위치할 때 전류 분포는 그림 1-35와 같이 된다. 이와 같은 전류 분포는 전기차가 각 구간에 각각 1대씩 있을 때의 전류 분포를 구하여 각 선로에 흐르는 전류를 합하면 얻어진다. 예를 들면 그림 1-35에서 회로 A에 흐르는 전류는 그림 1-36의 T_1에 공급되는 전류 75A과 그림 1-33의 T_2에 공급되는 전류 50A를 합하여

125A가 되는 것을 알 수 있고, 전원에서 공급되는 전류I_1은 회로A의 125A에서 T_1으로부터 AT1에 흡상되는 전류 25A를 뺀 100A가 된다.

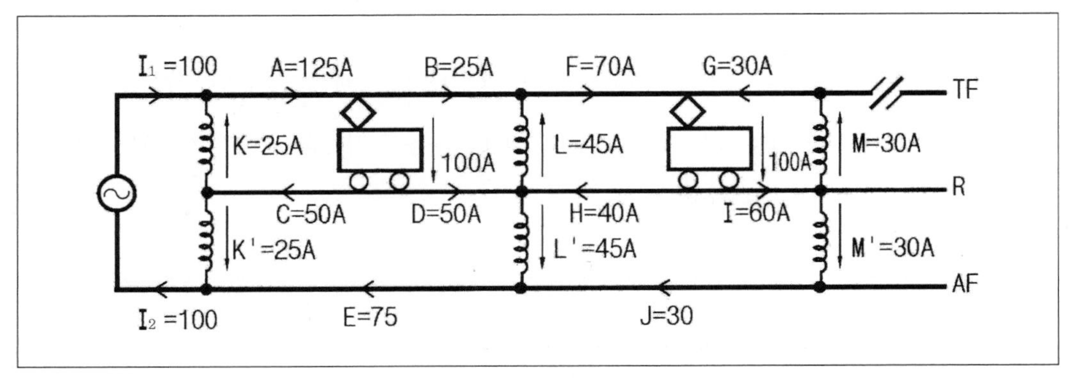

그림 1-35 전차가 2대 있을 때의 전류 분포

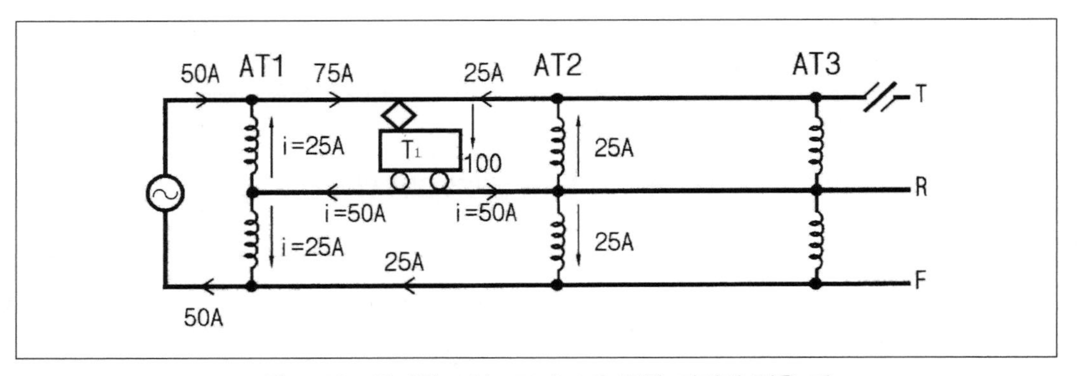

그림 1-36 전기차 T_1이 AT1과 AT2 중간 지점에 있을 때

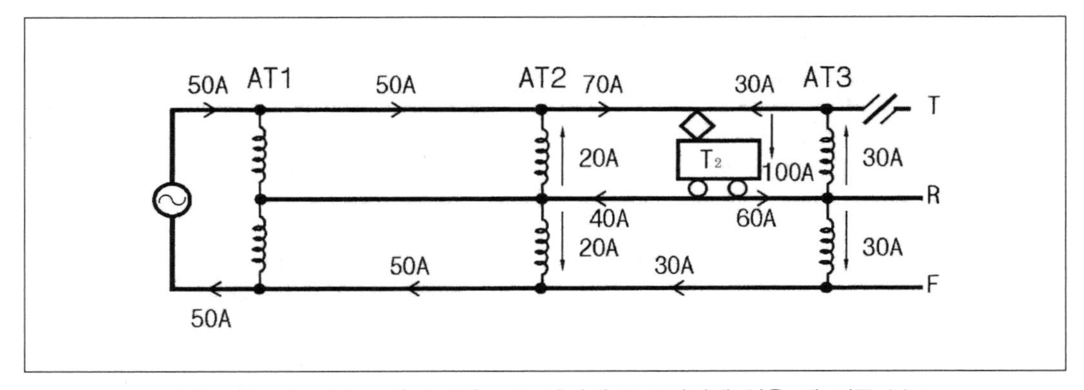

그림 1-37 전기차 T_2가 AT2와 AT3 사이의 60%지점에 있을 때 전류 분포

이와 같은 방법으로 그림 1-35의 회로 E는 그림 1-36에서와 같이 T_1에서 AT2에 흡상되는 전류 25A과 그림 1-37의 T_2에서 AT2에 흡상되는 전류 20A 또 T_2에서 AT3에 흡상되는 30A의 전류가 합하여지는 회로이므로 이들 전류의 합계는 75A가 되고, 귀환 전류 I_2는 이 전류에 T_1에서 AT1이 흡상하는 전류 25A를 합한 100A가 된다. 이와 같은 전류의 흐름을 아래 표에 정리하였다.

전기차가 그림 1-35와 같이 3대의 AT 사이에 2대가 있을 때의 전류 분포

합성전류			T_1 전기차 전류(A)	T_2 전기차 전류(A)
	회로	전류(A)		
TF전류 (I_1=A−K) 125−25 =100A AF전류 (I_2=E+K′) 75+25 =100A	A	125	75	50
	B	25	−25	50
	C	50	50	0
	D	50	50	0
	E	75	25	20+30=50
	F	70	0	70
	G	30	0	30
	H	40	0	40
	I	60	0	60
	J	30	0	30
	K, K′	25	25	0
	L, L′	45	25	20
	M, M′	30	0	30

㈜ (1) き電システム技術講座 p8−10, 日本 鐵道總合技研

1-3. 차단기와 단로기

전력 설비는 절연협조와 단락협조로 이루어진다. 여기서 단락협조는 주로 전기기기의 열적 과전류강도와 기계적 과전류강도인바 ① 열적 과전류강도(Thermal strength)는 차단기가 규정된 시간 내에 고장전류를 차단할 때 전기기기에 흐르는 고장전류로 인하여 발생하는 열에 의한 주 통전회로를 구성하고 있는 기기들의 온도가 전기기기에 규정되어 있는 허용 온도를 넘지 않아야 하고, ② 기계적 과전류강도(Dynamic strength)는 차단전류의 첫 주파의 파고치에 의한 기계적 충격에 의하여 기기가 변형 또는 성능이 손상되지 않아야 하는 전기기기의 기계적 강도의 협조로 이 2가지의 단락협조가 요청된다. 전력계통의 단락협조의 중심이 되는 기기는 차단기이다. 전철 변전소에서는 배전용 차단기를 제외한 154kV 차단기와 72.5kV 급전용 차단기는 GCB(Gas circuit breaker)로 GIS(Gas insulated switchgear)에 내장되어 있다.

1-3-1. 차단기

1) 차단기의 정격

차단기의 정격 중 가장 중요한 것은 차단기의 정격전압, 정격전류, 정격차단 전류와 정격 투입 전류이다. 차단기의 정격전류와 정격차단전류는 대칭 실효치(Symmetrical Root mean square)로 표시하고, 정격 투입전류는 투입전류의 첫 파의 파고치(crest value/peak value)를 표시하며 이 값은 차단기의 개극(開極) 순시 전류의 파고치와 같다.

① 절연 강도 : 차단기 절연 강도는 KSC IEC 62271-1에 의하면 표 1-5와 같다. 이 값은 KS C IEC 60071-1 table 2에 정하여져서 일반적으로 통용되는 절연 강도로 우리나라에서도 한전 및 일반산업 설비에서는 이 절연 강도를 적용하고 있다. 154kV 차단기에 대하여는 LIWL 750kV crest를 적용하고 있다.

② 정격 전류 : 차단기의 정격 전류라 함은 정격 전압, 정격 주파수에서 허용된 온도를 초과하지 않고 차단기에 접속하여 연속하여 흘릴 수 있는 전류의 상한 값을 말하며 대칭 실효치(對稱實效値-symmetrical rms)로 표시한다. IEC 62271-100에 정한 값은 400A, 630A, 800A, 1250A, 2000A, 2500A, 3150A, 4000A 등으로 되어 있다.

③ 정격 차단 전류 : 정격 차단 전류라 함은 모든 정격 및 규정된 회로 조건에서 규정된 표준동작책무와 동작상태에 따라 차단할 수 있는 지상 역률인 차단전류의 한도를 말하며, 직류 성분의 비율이 20% 또는 그 이하인 때의 교류 성분의 대칭 실효치로 표시하며 단위는 kA로 표시한다. IEC 62271-100에는 6.3kA, 8kA, 10kA, 12kA, 16kA, 20kA, 25kA, 31.5kA, 40kA, 50kA 등으로 되어 있다. 정격 차단 전류는 대칭 실효치(Symmetric rms breaking current) 전류로 표시하고, 정격 비대칭 차단전류(Asymmetric rms breaking current)는 차단 시의 DC성분을 포함한 실효치 전류이다. 실 계통에서는 비대칭 차단 전류를 표시하는 경우는 드물다. 비대칭 전류의 실효치를 I_{AS}라고 하면 $I_{AS} = \sqrt{I_{S1}^2 + I_{dc}^2}$ 로 계산한다. 여기서 I_{S1}은 $I_{S1} = \frac{E}{Z_1} = \frac{V}{\sqrt{3}Z_1}$ 로 초기 대칭 단락 전류이고, I_{dc}는 직류 성분 전류이다.

표 1-5 차단기의 절연 강도

정격 전압 실효치(kV)	정격 뇌임펄스 전압(LIWL-파고치)		정격 1분 상용주파 내전압(실효치)	
	대지, 상간(kV)	동극간(kV)	대지, 상간(kV)	동극간(kV)
3.6	40	46	10	12
7.2	60	70	20	23
24	125	145	50	60
36	170	195	70	80
52	250	290	95	110
72.5	325	375	140	160
170	650 750	750 860	275 325	315 375

(IEC 62271-1의 Table 1a에 의함)

④ 정격 최고내전류 : 정격 최고 내전류(定格最高耐電流-Rated peak withstand current I_P) 는 차단전류의 첫 주파의 파고치를 말한다. 따라서 정격 최고내전류는 전력계통의 정격 주파수에 따라 다르며 50Hz 또는 그 이하의 전력 계통에 있어서는 정격 차단 전류의 2.5배, 정격 주파수 60Hz인 전력 계통에 있어서는 정격 차단 전류의 2.6배로 한다. 정격 최고 내전류는 정격 투입 전류와 같으며, 이 전류는 차단기의 기계적 강도의 기준이 된다.

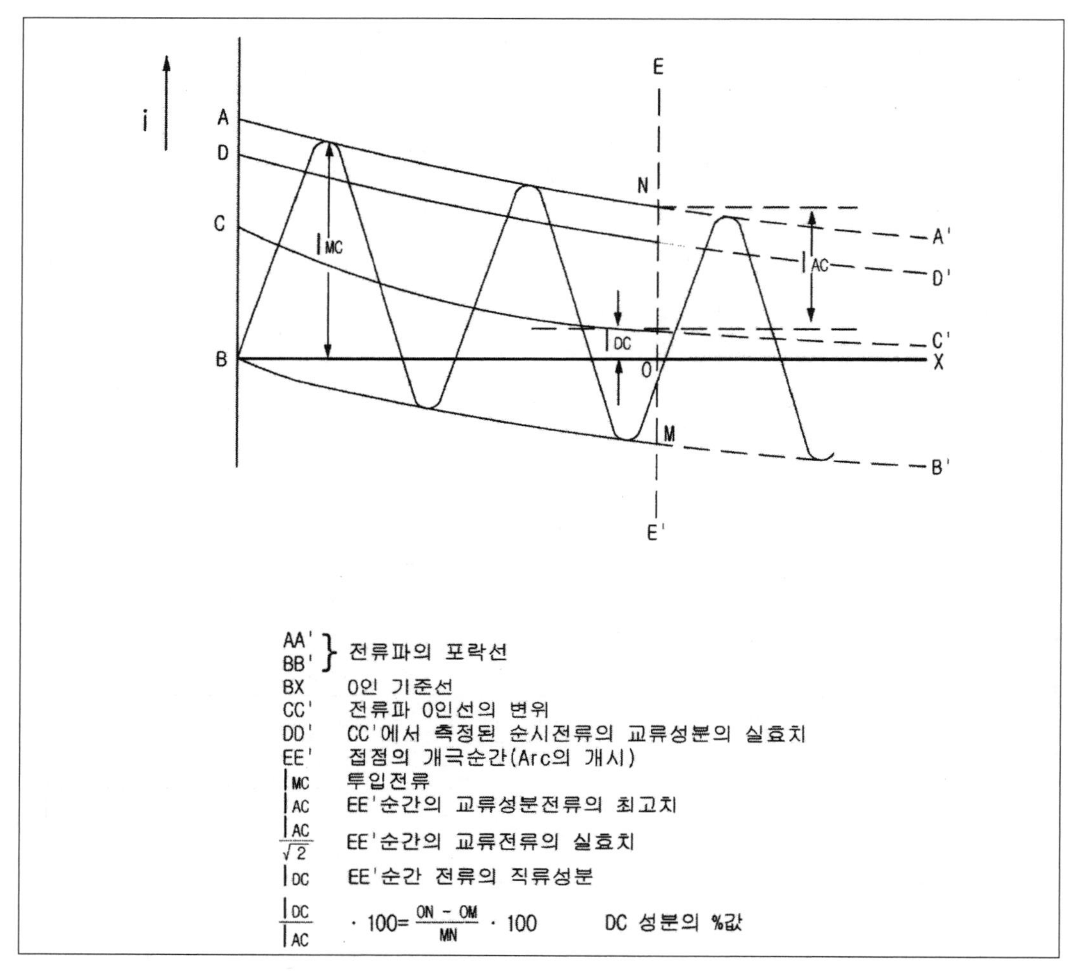

그림 1-38 단락 회로의 투입 및 차단 전류와 직류 성분 전류

정격 최고 내전류는 투입전류의 첫 주파의 파고치로서 $I_{as.p}$는 개극 시간 T_{op}와 반사이클이 경과한 시간 즉 60Hz 전력계통에서는 T_γ=4.1667ms $\left(T_\gamma = \frac{1}{60} \times \frac{1}{4} = 4.1667\text{ms}\right)$을 합한 시간을 $t = T_{op} + T_\gamma$라 할 때

$$I_{as \cdot p} = \sqrt{2} \cdot I_{S1} + \sqrt{2} \cdot I_{S1} \cdot \varepsilon^{-\frac{t}{\tau}} \cdot [\text{A}]$$

로 계산된다.

여기서 $I_{S1} = \frac{E}{Z_1} = \frac{V}{\sqrt{3}\, Z_1}$ 로써

I_{S1} : 초기 대칭 단락 전류[A]

I_{dc} : 직류성분 전류 $I_{dc} = \sqrt{2} \cdot I_{S1} \cdot \varepsilon^{-\frac{t}{\tau}}$

E : 계통의 상전압[V]

τ : 시정수$\left(=\frac{L}{R}\right)$. 단 R, L 전원 측의 저항과 Reactance

Z_1 : 계통의 정상 임피던스

V : 선간 전압[V]

DC의 감쇠(減衰) 비율은 그림 1-39에서도 구할 수 있다. 표준 계통인 τ=45ms의 계통에서는 단락 후 70ms에서 직류분 I_{dc}는 20% 이하로 감소한다.

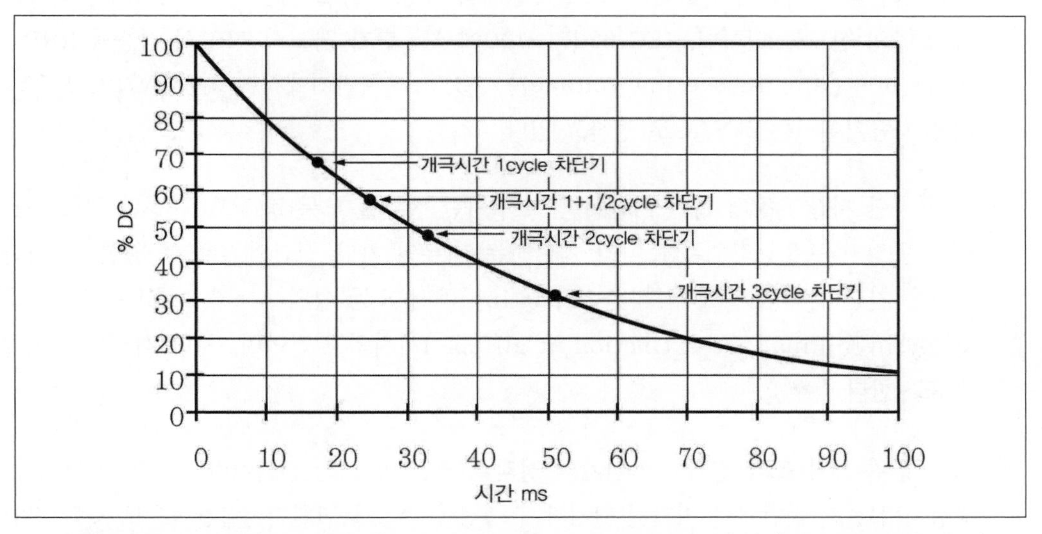

그림 1-39 Percent DC component in relation to time interval τ (IEEE std C 37.010)

⑤ 정격 주파수 : 차단기가 규정 조건에 맞도록 설계된 주파수로 일반적으로 상용 주파수(商用周波數-commercial frequency)를 말하며 우리나라에서는 60Hz이나 일본은 50 및 60Hz공용이고, 중국, 동남아 등지는 유럽의 영향을 받아 50Hz인 국가가 많다.

⑥ 정격 투입 전류 : 정격 투입 전류라 함은 모든 정격 및 규정된 회로 조건에서 규정된 표준 동작 책무에 따라 투입할 수 있는 전류의 한도를 말하며, 투입 전류의 첫 주파의 파고치(Crest)이며 kA로 표시한다. IEC62271-100에 의하면 이 파고치의 값은 차단기

가 차단할 회로의 표준 시정수 τ=45ms에서 50Hz 전력 계통에서는 정격 차단 전류의 교류분 실효치의 2.5배, 60Hz 전력 계통에서는 2.6배로 한다. 그 표준 값은

1-1.25-1.6-2-2.5-3.15-4-5-63-8

과 10^n을 곱한 값으로 한다. 그림 1-38에서 정격 투입 전류는 I_{MC}이다.

⑦ 정격 단시간내전류 : 차단기의 정격 단시간 내전류(定格短時間耐電流-Rated short-time withstand current I_k)란 차단기가 닫혀 있는 상태에서 1초간 흘려도 차단기에 이상이 없는 전류의 한도를 말한다. 이 전류는 일반적으로 차단기의 차단전류와 같은 크기이며 대칭 실효치로써 kA로 표시한다.

⑧ 정격 과도회복 전압(Rated transient recovery voltage) : 차단기의 정격 과도회복 전압이라 함은 차단기가 각각의 회로 조건에서 고장 전류를 차단할 때 부과되는 과도회복 전압의 한도를 말하며, IEC 62271-100에서는 단자 사고의 TRV의 상승률 RRRV (Rate of rise of recovering voltage)는 72.5kV 차단기에서는 0.75kV/㎲, 170kV 계통 차단기에서는 2kV/㎲로 정하고 있다.

⑨ 정격 차단 시간 : 정격 차단 시간이란 정격 차단 전류를 모든 정격 및 규정된 회로 조건에서 규정된 표준동작책무에 따라 차단하는 경우의 차단 시간의 한도를 말한다. 차단 시간은 차단기 접점의 개극(開極-Departing)에서 모든 상의 Arc가 소호되는 최종 소호(最終消弧-Final arc extinction at all pole)까지의 시간이며, 차단 시간은 사이클로 표시한다.

⑩ 정격 투입 개방 조작 전압 : 차단기의 정격 투입 개방 조작 전압이란 차단기의 투입 개방장치의 설계 전압으로 기기의 단자에서 측정한 전압을 말한다. 일반적으로 조작 전압은 직류이며, 정격전압은 24V, 48V, 60V, 110V 또는 125V, 220V 또는 250V에서 선정하며, 정격 전압의 85%에서 110% 사이의 전압에서 동작되어야 한다. 교류인 경우에는 50Hz 또는 60Hz이다.

⑪ 정격 조작 압력 : 차단기의 정격투입 조작압력이란 유체 조작 장치가 설계된 압력을 말한다. 정격 조작 압력의 표준값은

0.5Mpa-1Mpa-1.6Mpa-2Mpa-3Mpa-4Mpa

로 되어 있으며 유체 조작 장치는 유체 정격 조작압력의 85%와 110% 사이에서 차단기의 개폐가 가능하여야 한다.

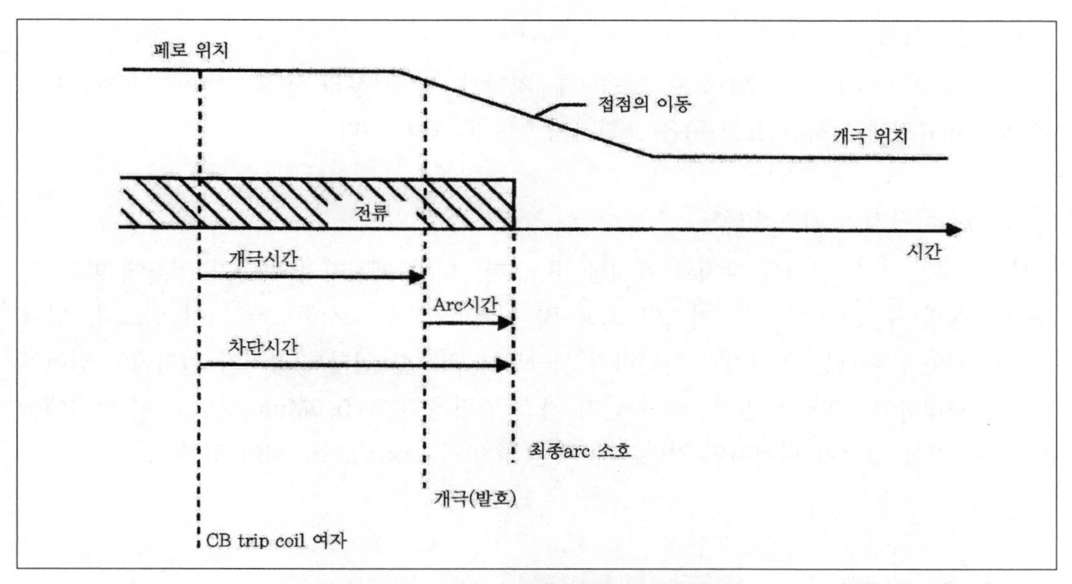

그림 1-40 단락 발생부터 차단까지의 시간

2) 차단기의 정격동작책무(Sequence)[1]

차단기의 정격 동작 책무는 아래의 동작 책무에 따른다. 차단기의 정격 동작 책무에는 다음과 같은 2가지 Sequence가 있다.

① O−t−CO−t′−CO

특별히 별도로 명시되어 있지 않은 경우에는

t = 3분, 신속한 재투입을 하지 않는 차단기

t = 0.3초, 신속한 재투입 차단기

t′= 3분

note : 3분 대신에 재투입 차단기에는 t′=15초와 t′=1분이 쓰임.

② CO−t″−CO

t″= 15초 재투입 하지 않는 차단기

여기서 O : 차단

CO : 투입 즉시 차단

t, t′ 및 t″ : 연속 동작 사이의 시간 간격

t 및 t′는 항상 초와 분으로 표시되어야 하며, t″는 항상 초로 표시되어야 한다.

3) 온도 상승[2]

주위 온도가 40℃를 초과하지 않을 때 차단기 각 부분의 온도 상승은 KSC IEC 62271-1 규정에 의하면 표 1-6을 초과하지 않도록 되어 있다.

4) 가스차단기의 가스 압력

IEC에서는 가스 압력을 수치로 표시한 바 없다. 다만 제작자가 차단기 정격에 따라 성능을 보장할 수 있는 차단기 가스의 최고 및 최저 압력을 표시하도록 되어 있으며, 압력이 저하되었을 때에는 차단기가 차단하지 못하도록 적절한 인터록 장치가 설치되어 있어야 한다고 규정하고 있다. 일반적으로 차단기 가스 압력은 0.3~0.5Mpa 정도로 이 압력에서 0.1Mpa 이상 압력이 떨어지면 차단기가 쇄정(鎖釘-Lock)되도록 되어 있다.

1-3-2. 단로기

단로기가 차단기와 다른 점은 부하 개폐 능력이 없다는 점이다. 단로기의 절연 계급 및 정격 전류는 차단기와 같은 방법으로 표시되며 단시간 정격전류는 2초간의 전류를 말한다. 이들 전압 전류 및 단시간 전류는 차단기와 단로기가 직렬로 연결되어 있음으로 절연 협조와 단락 협조상 그 값이 서로 같아야 한다. 또 단로기가 부하 전류 개폐 능력이 없으므로 계통 운전상 단로기의 개폐는 차단기가 열려 있는 상태에서만 가능하도록 차단기와 인터록이 되어 있어야 한다.

㈜ (1) IEC 62271-100(2007.05)
(2) IEEE C37.010-1999
(3) IEC 62271-1
(4) IEC 60071-1 1993

표 1-6 온도 상승 허용 한도 KSC IEC 62271-1. Table 3

구 분	최댓값	
	최고 허용온도(℃)	온도 상승한도(K)
1. 접점		
구리 및 구리 합금		
- 공기	75	35
- SF_6	105	65
- 기름	80	40
은도금 또는 닉켈 도금(주)		
- 공기	105	65
- SF_6	105	65
- 기름	90	50
주석 도금(주)		
- 공기	90	50
- SF_6	90	50
- 기름	90	50
2. 볼트 조임 또는 동등이상으로 접속된 구리 합금 및 알루미늄 합금		
- 공기	90	50
- SF_6	115	75
- 기름	100	60
3. 절연재		
- Y	90	50
- A	105	65
- E	120	80
- B	130	90
- F	155	115
- H	180	140

㈜ 도금된 접점의 질은 다음의 경우 접점 부분에 도금 층이 남아 있어야 한다.

a) 차단 및 투입 시험 후

b) 단시간 내 전류 시험 후

c) 기계적 내구성 시험 후

1-4. 계기용 변성기

1-4-1. CT(변류기)

국내에서 적용되고 있는 CT에 대한 규격은 상당히 혼란스러웠으나 작금에 와서 지식경제부 표준원 주도로 그 규격을 IEC규격으로 통일하고 있다. 일본 규격에서도 보호 계전기용 CT의 규격은 JEC 1201에 따로 제정되어 있으며 여러 가지 참고 될 내용이 상당히 있음으로 이 책에는 JEC 규격을 참고로 설명하기로 한다. 계기용변성기의 IEC규격은 IEC 60044 series에서 IEC 61869 series로 규격번호가 변경되었으나 아직 국내에서는 KS C IEC 60044그대로 적용되고 있음으로 이 책에서는 그대로 IEC 60044에 의하여 설명하기로 한다. 전철 설비에서는 계측뿐만 아니라 보호 계전기용 CT도 매우 중요하게 다루므로 한전에서 적용하는 1차 권선이 1turn인 붓싱 CT를 제외하고는 주로 IEC 60044.1의 12 Additional requirement for protective current transformer와 동 규격 Annex A Protective current transformer의 내용을 요약 정리하여 설명하고 붓싱 CT에 대하여는 ANSI/IEEE C57-13-1993 및 한전 규격인 ES 5950-006(2005.12.16)이 주로 적용되고 있으므로 필요한 부분에 대하여는 추가로 설명하고자 한다. 특히 ANSI/IEEE 규격은 붓싱 CT를 제외하고는 적용되는 경우가 그리 많지 않다.

1) CT의 오차

① IEC규격의 오차 한도

a. 계측기용

계급	정격 전류 비율에 따른 전류비 오차(%)				정격 전류 비율에 따른 각 변위								2차 부담 및 Pf(%)
	전류비				분				Centi radian				
	5	20	100	120	5	20	100	120	5	20	100	120	
0.1	0.4	0.2	0.1	0.1	15	8	5	5	0.45	0.24	0.15	0.15	정격 부담의 25~100% Pf=0.8
0.2	0.75	0.35	0.2	0.2	30	15	10	10	0.9	0.45	0.3	0.3	
0.5	1.5	0.75	0.5	0.5	90	45	30	30	2.7	1.35	0.9	0.9	
1	3.0	1.5	1.0	1.0	180	90	60	60	5.4	2.7	1.8	1.8	

계 급	정격 전류 비율에 따른 오차(%)		비 고
	50	120	
3	3	3	정격 부담의
5	5	5	50~100%

b. 보호 계전기용

계 급	정격 1차 전류에서의 전류비 오차(%)	정격 1차 전류에서의 각변위		정격 오차 한도 1차 전류에서의 합성 오차(%)	VA Pf
		분	Centiradian		
5P	± 1	± 60	± 1.8	5	110%
10P	± 3	-	-	10	0.8

② IEC 오차 한도별 용도

용 도	IEC 계급
초정밀 측정	0.1
정밀 측, 요금 계산	0.2
요금 계산, 정밀 측정	0.5
공업용 계측, 전압, 전류 전력 등	1
전압 전류 측정 및 과전류 계전기 등	3
보호 계전기	5P
보호 계전기	10P

③ JEC의 보호 계전기용 CT 오차 한도

계급	비 오차(%)		위상각		VA(%)	Pf
	0.2 I_n	1.0 I_n	0.2 I_n	1.0 I_n		
1P	± 3.0	± 1.0	± 180	± 60	25~100%	0.8
3P	± 10.	± 3. 0	± 600	± 180		

보호용 CT에 있어서 IEC와 JEC의 큰 차이점은 표기 방법이 IEC에서는 5P/10P인데 반하여 JEC는 1P/3P로 되어 있고, 과전류정수배의 과전류 영역에서의 오차가 IEC에서는 합성 오차(Composite error)인데 반하여 JEC에서는 전류비 오차(current ratio error)로 되어 있으며, 과전류정수배의 전류에서의 오차 값은 IEC에서는 합성오차로 5P 및 10P에서 각각 -5%, -10%로 정하여져 있으나 JEC에서는 CT의 1P, 3P에 관계없이

전류비 오차가 −10% 단일 오차로만 정하여져 있다는 점이다. ANSI에서는 과전류 정수 20으로 단일 값이며, 정격 전류의 20배에서 전류비 오차 −10%를 채택하고 있다. 여기서 주의할 점은 보호 계전기가 Digital화하므로 계전기의 부담이 대폭 감소되고 또 계전기가 계측기의 역할을 겸하게 됨에 따라 Digital계전기를 보호 계전기와 계측 겸용으로 하고자 할 때에는 일반적으로 Bushing CT를 제외하고는 IEC규격의 오차 규격 5P인 CT를 추천하는 경우가 많다.

④ 전류비 오차와 합성 오차

전류비 오차(current ratio error)

$$\varepsilon_i(\%) = \frac{(K_n I_S - I_P)}{I_P} \times 100$$

여기서 K_n : 정격 변류비

I_P : 실 1차 전류

I_S : 1차에 I_P가 흐를 때의 2차 전류

합성 오차(Composite error)

$$\varepsilon_L(\%) = \frac{100}{I_P} \times \sqrt{\frac{1}{T}\int_0^T (K_n i_S - i_P)^2 dt}$$

여기서 K_n : 정격 변류비

I_P : 실 1차 전류

i_p : 1차 전류의 순시치

i_S : 2차 전류의 순시치

T : 1 사이클의 주기(sec)

로 계산한다. CT의 1차 전류가 정현파라고 하면 모든 전류, 전압 및 자속이 모두 정현파가 되므로 CT의 특성을 그림 1−41과 같은 vector도로 표시할 수 있다. 그림 1−41에서 I_S는 2차 전류이고 I''_P를 권선이 보정된(정격권선비와 2차 전류를 오차가 없도록 권선을 보정한) 1차 전류라고 할 때 2차 권선에 전류를 유기하는데 필요한 자속 Φ를 유기하는 전류를 I_m라 하면 전류 I_m는 Φ와 평행하고 손실전류 I_a는 전압과 평행하므로 전 여자전류 I_e는 이 I_m과 I_a의 vector합이 된다. 그림 1−41의 오차를 크게 그린 그림 1−42에서 1차와 2차 전류의 scala차에 해당하는 ΔI를 1차 전류 I''_p 로 나눈 값이 전류비 오차이고 vector합인 I_e를 1차 전류 I''_p 로 나눈 값이 합성 오차이다. 즉, 전류비 오차를 ε_r, 합성오차를 ε_c라고 하면

$$\varepsilon_r = \frac{\Delta I}{I''_P} \times 100 \ , \qquad \varepsilon_c = \frac{I_e}{I''_P} \times 100$$

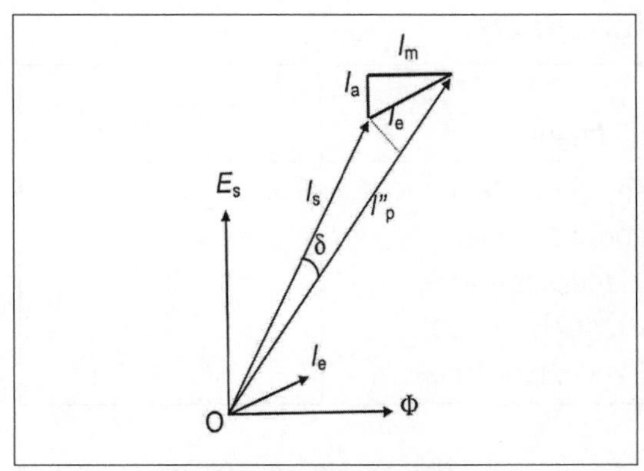

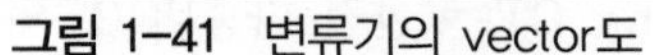
그림 1-41 변류기의 vector도

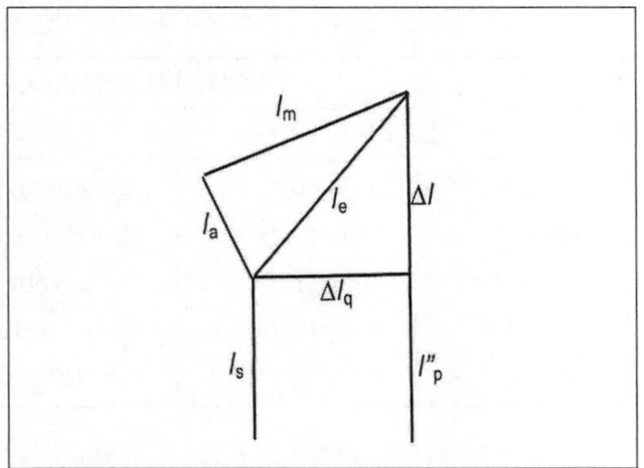

그림 1-42 CT오차부분에 대한 확대도

따라서 여자전류 I_e는 전류비 오차의 ΔI나 위상차에 의한 변위(變位-displacement)인 ΔI_q보다는 적지 않다. 결과적으로 합성오차 ε_c는 항상 전류비 오차 또는 위상차의 가장 큰 수치보다는 큰 수치를 지시한다. CT에 있어서의 합성오차는 IEC에서만 규정하고 있으며 JEC 또는 ANSI에서는 오차는 전류비 오차만 규정되어 있다. 우리나라 CPT 제작회사에서는 일반적으로 오차제한계수(구 과전류정수)의 상한치에서도 IEC에 의한 합성오차를 적용하지 않고 전류비오차를 적용하고 있었다.

2) CT의 규격

KS C IEC60044-1에는 보호계전기용 CT를 일반 보호용 변류기와 특수 규격으로 PR급과 PX급으로 나누어 정의하고 있으며 PR급은 여자전류를 차단한 후에 3분 동안 철심에 남아 있는 잔류자속에 대한 제한 규정이 있으나 PX급은 잔류자속에 대한 규정이 없는 CT로 일반적으로 전압형차동계전기에 적용된다. 아래 규격은 주로 KS C IEC 60044-1의 12에 기술되어 있는 보호용 변류기의 부가적 요구 사항을 설명하였으며 JEC 또는 ANSI에 대하여는 IEC와 다른 점만 주석으로 설명하였다.

① 단일비(單一比) CT의 1차 전류 : 10, 12.5, 15, 20, 25, 30, 40, 50, 60, 75A이고, 이 값의 10^n배수 또는 분수로 한다. 밑줄 친 값이 추천값이다. 다중비(多重比) CT인 경우는 최저 전류값을 단일비 정격 전류값에서 선정한다.

② 한전ES 5950-006(2005.12)에서의 CT 1차 및 2차 전류 규격은 표 1-7과 같다.

표 1-7 한전 CT 전류 규격

정격 1차 전류(A)			정격 2차 전류(A)
2중비		다중비	
50/25	800/400	600/400/(300)/200/(100)	5
100/50	1200/600	1200/800/600/400/(200)	
200/100	2000/1000	2000/1500/1200/800/(400)	
400/200	3000/1500	3000/2000/1500/1200/800	
600/300	4000/2000	4000/3000/2000/1500/1000	

철도에서 사용하고 있는 154kV 및 55kV Bushing CT는 한전 다중비 CT의 규격에 따르고 있다.

③ 정격 절연 강도

표 1-8 정격 절연 강도 (단위 kV)

계통 최고 전압 (kV rms)	1분 상용주파내압 (kV rms)	임펄스내전압 (kV Crest)
3.6	10	40
7.2	20	60
24	50	125
36	70	170
52	95	250
72.5	140	325
170	275 325	650 750

④ 정격 2차 전류 : 1, 2, 5A에서 선정하되 5A가 추천 값이다.

⑤ 정격 부담 : CT의 정격 부담이라 함은 역률 0.8인 CT의 2차 부담을 말하며, 부담은 2.5, 5.0, 10, 15, 30VA이며 30VA를 초과되어도 허용한다. 다만 5VA 이하인 CT에서는 역률 1인 때의 값을 말한다.

⑥ 과전류 강도 : CT의 과전류 강도로는 열적 과전류강도와 기계적 과전류강도를 규정하고 있다. 열적 과전류(정격 단시간 열전류(I_{th}))는 2차 권선이 단락될 때 별다른 영향

없이 변성기가 1초 동안 견디는 1차 전류의 실효값으로 정의되어 있으며(KS C IEC 60044-1. 의2.1.28) 이에 더하여 변류기의 과도 특성을 규정한 KS C IEC 60044-6의 4.2.1에 정격 단시간 열전류(I_{th})의 표준 값은 kA로 표시된 다음 값으로 정하여져 있다.

6.3-8-10-12.5-16-20-25-31.5-40-50-63-80-100

기계적 과전류(정격 동적 전류(Idyn))는 2차권선이 단락될 때 변성기가 유발된 전자기적 힘에 의해 전기적 또는 기계적으로 손상됨이 없이 견디는 1차 전류의 파고 값이라고 정의되어 있고 그 전류의 값은 주파수에 관계없이 열적 과전류의 2.5배로 규정되어 있다(KS C IEC60044-1. 의 4.5.2). 여기서 열적 과전류강도는 대칭 실효치(Symmetrical root mean square)로 표시하고, 기계적 과전류는 파고치(peak current)로 표시한다.

표 1-9 JEC의 과전류 강도(참고)

최고 전압(kV)	정격 과전류(kA)
3.45	16 25 40
6.9	12.5 20 31.5
23	12.5 20 25 40
161	12.5 20 25 31.5 40

3) 변류기의 과전류 영역 특성

변류에 있어서는 과전류 영역에서 중요한 용어를 개략적으로 설명을 한다.

① 계측기용 변류기

(a) 정격 계기 1차 전류(IPL-rated instrument limit primary current)

변성기가 2차 부담이 정격부담과 같은 상태에서 계기용 변류기의 합성오차가 10%와 같거나 이보다 더 클 때의 최소 1차 전류의 값.

(b) 기기 안전계수(FS-security factor)

정격 1차 전류와 IPL의 비율. 안전계수가 작을수록 2차 측에 연결된 기기는 더 안전하다.

② 보호용 변류기

(a) 정격 오차제한 1차 전류(rated accuracy limit primary current)

변류기가 요구된 합성오차를 넘지 않는 한도까지의 1차 전류

(b) 오차 제한 계수(Accuracy limit factor-ALF)

변류기의 1차 정격전류와 정격오차 제한 1차 전류의 비. 이 값은 과전류 정수라고 불리고 있으며 보호용 변류기의 중요한 요소이다. 보호용 CT에 있어서는 과전류 영역 특성은 대단히 중요하다. CT의 1차에 정격전류보다 큰전류가 흐르면 철심의 포화 특성으로 인하여 2차에는 변류기의 오차로 변류비에 비례하는 전류 보다는 적은 전류가 흐르게 된다. 즉 2차에는 -(부)의 오차가 발생하는데 이 때 발생하는 오차가 규정된 오차, 예로 들면 5P급 CT에서는 합성오차 −5%에, 10P CT에 있어서는 −10%에 일치하는 1차 전류와 CT의 1차 정격 전류의 비를 오차 제한 계수라고 하는데 이 값을 과전류 정수라고 하여 왔으며. 과전류 정수가 작으면 과전류 계전기 등 전류형 계전기에서는 CT 2차 측 전류는 실제 고장회로 전류보다 적은 전류가 흘러서 계전기의 보호동작이 부정확하여 적절한 보호가 되지 못하게 된다. IEC에서는 과전류계수(過電流係數−Accuracy limit factor)로 5, 10, 15, 20, 30을 정하고 있다. 계전 방식에 따른 과전류 계수(정수)에 대한 JEC1201의 추천 값은 표 1-10과 같다. 따라서 IEC에 의한 CT의 규격 표기는 전류비, 2차 부담, 오차 한도, 오차 제한 계수의 순으로 표기한다. 예를 들면, 전류비가 100/5A이고, 부담이 15VA, 오차 계급이 10P, 오차 제한 계수가 20인 CT는

100/5A 15VA, 10P20

으로 표기한다.

표 1-10 계전 방식에 따른 과전류 정수

보호 대상	계 전 방 식	과전류 정수	
		표 준	특 수
발 전 기	차 동	10	20
2권선 변압기		10	20
3권선 변압기		20	40
송전선/전차선	차 동	10	20
	거 리	20	40
	과 전 류	10	20
배 전 선	과 전 류	10	20

③ PX급 CT 및 PR급 CT

PX급 CT및 PR급 CT에는 일반 보호용 CT와 다음과 같은 규격이 다르다.

(a) 정격항복점 전압(Rated knee point e.m.f-E_X)

모든 다른 단자가 개로 되어 있을 때 변류기의 2차 단자에 인가된 정격 상용 주파수에서의 전압이 10%증가할 때 여자전류 실효값이 50%이상 안 되게 증가하는 최소의 정현파 전압을 말하며, 항복점 전압은 ANSI에서는 knee point에서의 접선의 각도가 45°인 점으로 정의되어 있으며, JEC에서는 포화개시전압(飽和 開始電壓)으로 번역되어 있다.

(b) 디멘션계수(Dimensioning factor-KX)

안전 계수를 포함하여 변성기가 성능 요구 사항에 부합되는 이상으로 전력계통 사고상태 시 발생하는 정격 2차 전류(I_{sn})의 배수를 표시하고자 수요자가 할당한 계수. 이는 일반 보호용 CT의 과전류계수와 같은 의미이나 보호용 CT에서는 표준오차제한계수를 적용하고 PX급 및 PR급 CT에 있어서는 오차의 개념은 없이 디멘숀 계수라는 용어를 사용한다.

(c) 정격 턴수 비(rated turns ratio)

2차 권선과 1차 권선의 턴 수의 규정된 비

보기 1. 1/600(2차가 600턴인 1턴 1차)

보기 2. 2/1200(보기 1과 유사한 비를 가진 변류기로 1차 턴이 2턴)

따라서 PX급 CT의 시험 성적 서에는 다음과 같은 사항이 기재되어야 한다.

(1) 정격 1차 전류(I_{pn})
(2) 정격 2차전류(I_{sn})
(3) 정격 턴 수 비
(4) 정격 항복점 전압(E_X)
(5) 정격항복점 전압에서의 최고 여자 전류(I_e)
(6) 75℃에서 2차 권선의 최고 저항(R_{ct})
(7) 정격 저항성 부담(R_b)
(8) 디멘션 계수(K_X)

이 이외에 시험 성적 서에는 CT의 여자곡선을 추가하면 위의 사항을 쉽게 추적할 수 있다. 여기서 항복점 전압은 다음과 같이 계산된다.

$$E_X = K_X \cdot (R_{CT} + R_b) \times I_{sn}$$

4) IEC의 계측기용 CT와 보호용 CT의 성능상 차이점

계측용 CT와 보호용 CT의 성능상 차이점은 표 1-11과 같다. 보호용 CT의 1차 전류가 정격전류의 과전류 정수(ALF)배의 전류에서 즉 CT의 1차 정격전류가 100[A], 과전류 정수가 10인 CT의 경우 CT의 1차에 흐르는 전류가 1000[A]일 때 그 합성오차가 -5 또는 -10%가 최대치로 그 이상의 오차를 허용하지 않는데 반하여 계측기용 CT의 기기안전계수 FS(Security factor)는 합성 오차 -10%는 최소 오차이어서 그보다 작은 오차를 허용하지 않는다. 여기서 기기안전계수 FS는 정격 계기1차 제한 전전류와 CT의 1차 정격전류의 비를 말하며 정격계기제한 1차 전류라 함은 2차 부담이 정격부담과 같은 상태에서 계기용 변류기의 합성오차가 10%와 같거나 이보다 더 클 때의 최소 1차 전류의 값을 말한다. 이는 측정기기의 안전을 확보하기 위한 조건이다.

표 1-11 계측용 CT와 보호용 CT

항 목	계 측 기 용	보 호 용
오차 계급	0.1, 0.2, 0.5, 1, 3, 5	5P, 10P
정격 전류	전류비 오차	전류비 오차
FS/ALF	합성 오차	합성 오차
과전류에 대한 1차 정격	IPL	정격 오차 1차 전류
과전류에 대한 규정	FS	ALF n=5,1.0,15,20,30
과전류 강도(열적)	계통고장전류(대칭 실효치)	계통고장전류(대칭 실효치)
과전류 강도(기계적)	계통고장전류의 파고치	계통고장전류의 파고치

5) ANSI에 의한 표기

ANSI 보호용 CT에는 C급과 T급이 있다. 일반적으로 T급은 교정 factor를 곱해야 하는 CT이고 C급은 교정 factor를 곱할 필요가 없는 CT로 C급은 주로 1차 권선이 1회인 CT 즉 Bushing CT 등의 규격에 해당된다(ANSI C37-97clause 2.3.3-p8). ANSI규격의 오차계급은 2차 정격 전류의 1 내지 20배의 전류에서 전류비 오차가 -10%를 초과하지 않는 CT의 2차 단자 전압이다. 이는 대체로 IEC의 10P20에 해당한다. 예를 들면 C100인 붓싱 CT는 표준 부담 부하 1.0[Ω], 2차 전류가 5[A]이므로 2차 단자 전압은 1.0×5A×20=100V, 부담은 $5^2 \times 1.0$=25VA가 된다. 따라서 C800인 CT는 2차 단자 전압이 800V로 부하의 임피던스는 8[Ω]이므로 2차 부담은 $VA = Z \cdot I^2 = 8 \times 5^2 = 200$[VA]가 됨을 알 수 있다. ANSI규격은 다음과 같다.

① CT규격

a. 계측기용 CT규격

부담 기호	저항(Ω)	인덕턴스[mH]	임피던스(Ω)	VA(5A에서)	역률
B-0.1	0.09	0.116	0.1	2.5	0.9
B-0.2	0.18	0.232	0.2	5.0	0.9
B-0.5	0.45	0.580	0.5	12.5	0.9
B-0.9	0.81	1.04	0.9	22.5	0.9
B-1.8	1.62	2.08	1.8	45	0.9

b. 보호용 CT규격

부담 기호	저항(Ω)	인덕턴스[mH]	임피던스(Ω)	VA(5A에서)	역률
B-1	0.5	2.3	1.0	25	0.5
B-2	1.0	4.6	2.0	50	0.5
B-4	2.0	9.2	4.0	100	0.5
B-4	4.0	18.4	8.0	200	0.5

6) 계측제어 회로의 굵기

① 케이블 종류의 선정

모든 변전소는 동테이프 차폐부 제어용 비닐 또는 가교포리에치렌 절연, 비닐시이스 케이블을 사용하되 화재로 인한 파급 위험이 큰 옥내 및 지하 변전소는 난연성 동테이프 차폐부 제어용 비닐시이스 케이블을 사용한다. 아래의 계산 방법은 주로 한전의 변전설계기준에 의하였다.

② 변류기 2차 회로

CT 2차 도선의 굵기는 다음 조건에 따라 정한다.

CT의 정격부담 ≥ (계기+계전기의 소비 부담)+(2차 도선의 소비 부담)

편도 선로의 허용 저항값의 산정 :

CT 2차 전류가 5A이고, 케이블의 소비 부담이 U일 때

- 단상 2선식일 때

$$R = \frac{U}{5^2} \times \frac{1}{2} \ [\Omega]$$

- 3상 3선식일 때

V 접속일 때 $R = \frac{U}{5^2} \times \frac{1}{\sqrt{3}}$ [Ω]

△ 접속일 때 $R = \frac{U}{5^2} \times \frac{1}{3}$ [Ω]

- 3상 4선식일 때

$$R = \frac{U}{5^2} \text{ [Ω]}$$

이제 CT 2차 회로의 길이를 예를 들어 계산하여 보기로 하자. CT의 정격 부담을 25VA라 하고 계기 계전기 부담을 10VA라고 하면 2차 선로의 허용 부담은 최대 25−10=15VA가 되며 CT의 결선이 단상 2선식이라 할 때 2차 선로의 편도 허용 저항값은 $R = \frac{15}{5^2} \times \frac{1}{2} = 0.3$ [Ω]가 되어야 하고, 2차 선로가 4.0mm^{2}일 때 저항값이 4.61[Ω/km]이므로 2차 선로의 편도 길이는 $\frac{0.3}{4.61} \times 1000 \fallingdotseq 65$m 가 된다.

제어회로용 전선의 심선 굵기별 20℃ 기준 저항치는 아래 표와 같다.

심선굵기(mm^2)	1.5	2.5	4.0	6.0	16	25	35	50	70
저항치(Ω/km)	12.1	7.41	4.61	3.08	1.15	0.727	0.524	0.387	0.268

위의 계산식에 따라 계산한 CT 2차 전류가 5A일 때 회로의 굵기와 선로의 길이는 다음 표 1-13과 같다.

표 1-13 변류기 2차 제어 회로의 편도 길이[m]

변류기 정격 부담 (VA_1)	도체 굵기 (㎟)	계기 계전기 부담												
		단상 2선식				3상 3선식				3상 4선식				
		VA_2 5	10	15	20	5	10	15	20	5	10	15	20	40
15	35	381	190			440	220			763	381			
	25	275	137			317	158			550	275			
	16	173	86			200	100			347	173			
	6	64	32			74	37			129	64			
	4	43	21			50	25			86	43			
	2.5	16	8			31	15			53	26			
25	35	763	572	381	190	881	661	440	220	1526	1145	763	381	
	25	550	412	275	137	635	476	317	158	1100	825	550	275	
	16	347	260	173	86	401	301	200	100	694	521	347	173	
	6	129	97	64	32	149	112	74	37	258	194	129	64	
	4	86	65	43	21	100	75	50	25	172	130	86	43	
	2.5	33	40	26	13	62	46	31	15	107	80	53	26	
40	35	1335	1145	954	763	1542	1322	1101	881	2671	2290	1908	1526	
	25	962	825	687	550	1111	952	794	635	1925	1650	1375	1100	
	16	608	521	434	347	702	602	502	401	1217	1043	869	695	
	6	227	194	162	129	262	224	187	149	454	389	324	259	
	4	151	130	108	86	175	150	125	100	303	260	216	173	
	2.5	57	80	67	53	109	93	77	62	188	161	134	107	
100	2.5	256	148	229	215	296	280	264	249	512	485	458	431	323
계 산 식		$r=\frac{(VA_1)-(VA_2)}{2\times5^2}$				$r=\frac{(VA_1)-(VA_2)}{\sqrt{3}\times5^2}$				$r=\frac{(VA_1)-(VA_2)}{5^2}$				
		r : 케이블 편도 저항[Ω], VA_1 : 변류기 정격 부담 VA_2 : 계기 계전기 등의 부담, 단 $\cos\phi=1$로 한다.												

1-4-2. PT(계기용 변압기)

미국 표준 전압이 우리나라와 다르므로 PT에 대한 ANSI규격은 여기서는 생략하고 IEC규격에 대해서만 설명하고자 한다. 절연 내력은 전압별로 CT와 같다.

1) 전압비 오차

$$\text{전압비 오차 } \varepsilon = \frac{K_n u_S - U_P}{U_P} \times 100$$

여기서 K_n : 정격 변압비

U_P : 실 1차 전압

u_S : 측정 조건하에서 U_P가 1차에 인가되었을 때의 실 2차 전압

2) IEC규격

① 계측기용

계 급	백분율 전압오차 ± (%)	각 변 위		부담 / pf
		분	Centi-radian	
0.1	0.1	5	0.15	VA 25-100% Pf-0.8
0.2	0.2	10	0.3	
0.5	0.5	20	0.6	
1.0	1.0	40	1.2	
3.0	3.0	규정 없음	규정 없음	

② 보호용

계 급	백분율 전압오차 ⊕ ±(%)	각 변 위		부담 / pf
		분	Centi-radian	
3P	3.0	120	3.5	VA 25-100% Pf-0.8
6P	6.0	240	7.0	

3) 계기용변압기 2차 회로

계기용변압기의 2차 도선의 전압 강하를 1%로 하고, 1상당 부담이 U일 때 110V Tap을 사용할 때 편도 허용 저항값의 산정은 다음과 같다.

편도 허용 저항값의 산정:

케이블의 소비 부담이 U일 때

- 단상 2선식

$$R = \frac{110}{U} \times \frac{1}{2} \times 1.1\,[\Omega]$$

- 3상 3선식일 때

V 접속일 때 $R = \frac{110}{U} \times \frac{1}{\sqrt{3}} \times 1.1\,[\Omega]$

△ 접속일 때 $R = \frac{110}{U} \times \frac{1}{3} \times 1.1\,[\Omega]$

- 3상 4선식일 때

상전압 110V(110V PT 3대 Y결선)일 때 $R = \frac{110}{U} \times 1.1\,[\Omega]$

상전압 $\frac{110}{\sqrt{3}}$ [V] $\left(\frac{110}{\sqrt{3}}\text{V PT3대 Y 결선}\right)$일 때 $R = \frac{110}{U} \times \frac{1}{3} \times 1.1\,[\Omega]$

4) 변성기 영상회로

① 계기용 변압기

영상회로의 전압 강하는 3%로 하여 편도 저항 값을 다음 식에 의하여 구한다. 1상당 부담 U일 때 110V Tap 사용한다면

$$R = \frac{190}{3 \times U} \times \frac{1}{2} \times 5.7\,[\Omega]$$

② 영상 변류기

$$R = \frac{U - U_R}{2}\,[\Omega]$$

U_R : 계기 임피던스 부담

5) 보호계전기전용 CT 2차 회로

$$V_R \geq S_f(R_S + 2R_R) \cdot I_f$$

여기서

V_R : 보호계전기 정정 Tap전압

S_f : 안전 계수

R_S : CT 내부 저항+CT 도선 저항

R_R : CT 2차 회로 케이블의 편도 저항

I_f : 사고 시 CT 2차 측에 흐르는 전류

예를 들어 V_R=350V, CT 1차 전류 2000A로 R_S=1.0[Ω], I_f=100A(40kA 기준)일 때 S_f를 2라 하면

$$350 \geq 2(1.0 + 2R_R) \cdot 100$$

$$\therefore R_R = 0.375[\Omega]$$

임을 알 수 있다.

참고 관련 규격

IEC61869-1. Instrument transformer Part 1 general requirement. 2007.

IEC61869-2. Part 2: Additional requirement for Current Transformer 2012. 02

IEC61869-3. Part 3:Additional requirement for Inductive Voltage transformer 2011.

ANSI/IEEE C-57.13 Requirement for instrument transformer

JEC 1201 計器用變成器(保護繼電器用) 電氣書院

ES 5960-006(2005.12.16) 변류기에 대한 한전 규격

變電設計基準 2003. 韓國電力公社

1-5. 가스절연개폐기(GIS-Gas Insulated Switch Gear)

가스절연개폐기라 함은 과거 기중 변전설비 중 기중에 노출되어 있던 차단기, 단로기, 모선, 접지개폐기, CT, PT 및 피뢰기 등의 switchgear를 절연 내력이 높은 SF_6 가스로 충전(充塡)된 금속제 탱크 내에 수납한 것으로 현재 국내에서 가스절연개폐기는 IEC규격에 따라 제작되고 있다. ANSI에서는 IEEE C37-122-83 Standard for gas insulated substation으로 변전소라고 표기하고 있으나 IEC 62271-203에는 Gas insulated metal enclosed switch gear for rated voltage above 52kV (2003-11)라고 가스절연 개폐기라고 표기하고 있고 한전규격에서도 ES-6110-002로 가스절연개폐기라고 하고 있다. 실제로 변압기, 보호계전기, 스위치 조작용 compressor와 Battery, 배전반 등 다수의 변전기기가 SF_6 절연가스로 충전된 금속탱크 내에 수납되어 있지 않아 엄밀하게는 GIS는 완성된 변전소라 할 수 없다. SF_6 가스는 1997. 12. 일본 교토 기후변화협약 제3차 당사국 총회이후(기후변화에 관한 국제연합규약의 교토의정서) SF6 Gas는 기후온난화의 원인인 온실가스로 지정되어 우리나라도 이 규정에 의하여 2008~2012년까지는 1990년에 비하여 5.2% 감축하도록 되어 있었고 이에 따라 SF_6 가스를 대체할 수 있는 친환경개폐 장치의 개발과 사용이 권장되고 있으나 아직도 154kV 수전설비와 72.5kV 및 대지절연 27.5kV급 기기에 대하여는 GIS의 온실 가스를 대체할 수 있는 친환경 전기 설비 개발이 미진하여 이를 완전히 대체하지 못하고 있는 실정이다.

1-5-1. 가스절연개폐기(GIS)의 이점

GIS는 각 구성 기기를 조합하고 이를 접속하여 한 몸체로 되어 있는 구조이므로 기기 배치(Layout)의 자유도가 대단히 커서 입지 조건에 맞는 효율적 배치가 가능하고 케이블 인입이나 가공선 인입 등 어느 조건에도 적응할 수 있다. 재래식 변전 설비와 비교하여 그 장점을 들면 다음과 같다.

① 콤팩트(Compact)화

콤팩트화이다. 실례를 보면 재래식 변전 설비에 비하여 소요 면적 점유면에 있어서 66~72kV급에서는 기기 자체로는 1/6 정도로 축소되며, 154kV급에서는 약 9%로 축소된다. 또한 용적에 있어서는 66~72kV급에서 약5%, 154kV급에서는 3%에 불과하다. 그러나 변전소 전체로 볼 때는 변압기, 배전반, 조작용 공기압축기, 축전지 등 GIS에 포함되지 않는 기기가 상당수 있으므로 실제 면적 절감은 이보다 훨씬 적다. GIS를 사용할 때 대체적으로 60~72kV급에서는 소요 면적에 있어서는 재래식의 50%, 용적에 있어는 30%가 되며, 154kV급에서는 면적에 있어 40%, 용적에 있어서는 20% 전후가 된다. 이와 같은 콤팩트화는 토지 취득 가격과 부지 조성비 및 설치 공사비를 대폭 절감하게 하였고 공사 기간도 많이 단축하게 하였다. 또한 옥내에 설치할 때 건축비용의 절감을 가져왔다.

② 기기배치의 자유도 향상

폐쇄된 금속함에 내장되어 있으므로 Layout에 있어 기기배치의 자유도가 매우 크다. 따라서 기기 배치에 있어 가장 적절한 배치를 할 수 있으며 수전에 있어서는 가공 인입도 지중 인입도 가능하다.

③ 안전성

GIS는 접지된 금속탱크 속에 모든 기기가 수용되어 있으므로 충전부가 밖으로 노출되어 있지 않다는 것이 안전도 향상에 크게 기여한다. 즉 접지된 탱크에 의한 밀폐로 감전의 위험은 없으며 정전 유도에 의한 영향도 주지 않게 된다. 또한 쥐나 새와 같은 동물에 의한 감전 사고도 없을 뿐만 아니라 GIS가 고체 절연물로 구성되어 있어 화재 위험도 거의 없어지게 되어 안전성이 크게 향상되었다고 할 수 있다.

④ 환경과의 조화

최근 산업현장 어디에서나 환경문제가 강조되고 있는 실정이다. 재래식 변전 설비에 있어 환경문제로 대두되고 있는 점은 거미줄 같은 선로와 모선 및 철구가 인간에게 주는 시각적 심리적 위압감, 노이즈 문제, 라디오 및 TV 수신 장애, 옥내 변전소인 경우 일조 통풍 장애 등을 들 수 있다. 이로 인하여 변전소의 환경 조화에 대한 요구가 지극히 높아지고 있다. GIS는 우선 데드 탱크형이므로 충전부의 노출이 없고 화재에 대한 염려가 없으므로 인간에게 주는 시각적 심리적 거부감이 적으며, 콤팩트화로 옥내 또는 지하 설치가 가능하여 환경문제 해결에 큰 도움을 준다. 뿐만 아니라 지상 설치 시에도 GIS탱크의 색체를 환경에 맞도록 도색한다든가 조경 미화로 주위 경관에 도움이 되도록 할 수 있으므로 환경 조화성이 우수하다고 할 수 있다. 더욱이 접지된 금속탱크 속에 밀폐되어 있으므로 정전 유도, 라디오, TV 수신 장애 등의 문제가 발생하지 않는다.

⑤ 신뢰성의 향상

일본에서 재래식 변전소의 고장을 원인 별로 분석한 결과, 뇌, 수해, 폭풍, 분진 등 대기 분위기에 의한 고장이 전체 고장률의 반이 넘는 53.1% 정도였다고 한다. GIS는 완전 밀폐 구조이므로 이와 같은 대기 분위기에 따른 고장이 배제되므로 고장 원인의 반 이상이 없어졌다고 할 수 있다. 일본에서의 1970년대 중반부터 1980년대 중반에 이르는 11년간의 사고 조사 보고에 따르면 기중 절연 변전소의 사고율에 비하여 가스 절연 변전소의 사고율은 1/10 이하이었다고 한다[(1)]. 그 원인으로는 GIS는 밀폐 구조로 대기 분위기에서 완전히 격리되어 있고, 구조가 단순하며, 부품 수가 대폭 감소한 데 있는 것으로 판단된다. 또한 구성 재료가 불연재이거나 난연재로 화재의 위험이 없었고, 애자의 사용과 복잡한 철구도 없어져 내진성이 높아진데도 그 원인이 있는 것으로 판단된다. 가스 관리 기술이 향상되어 수분과 분해가스의 함유율을 더 낮게 유지하게 되면 산화의 원인이 되는 산소가 없는 등 주요한 부분이 작동하는 데 환경이 더 좋게 되어 신뢰도는 더욱 향상되리라 예상된다.

⑥ 경제성

GIS의 경우 변전소 소요 면적이 적으므로 단위 면적당 대지 가격이 고가일수록 경제성이 있다. 그림 1-43에 이 관계를 표시하였다. 재래식 기중 절연 변전소인 경우 소요 면적이 크므로 해서 용지의 단가가 상승하면 종합 건설비도 큰 폭으로 상승하는 반면 실선으로 표시한 GIS에 있어는 그리 크지 않다. 따라서 토지의 가격이 상승할수록 GIS는 경제성이 있다.

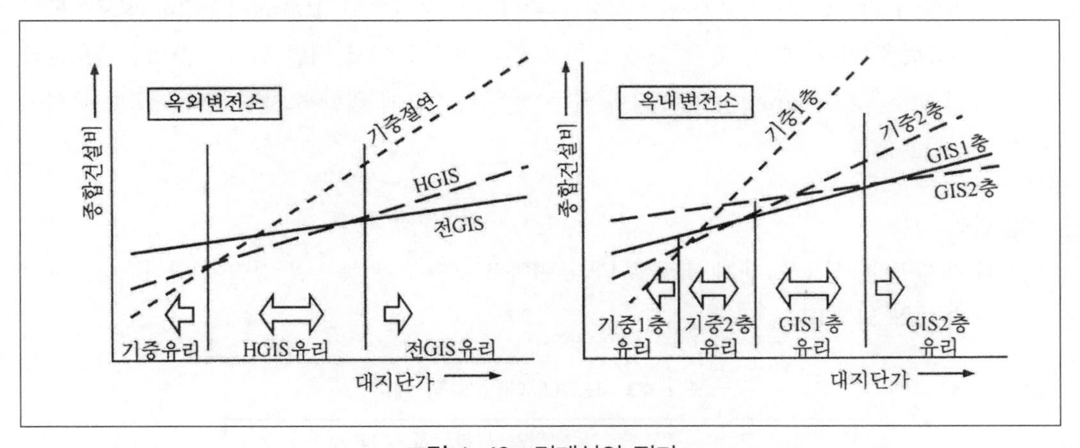

그림 1-43 경제성의 평가

⑦ 운전 보수의 성력화

GIS는 밀폐 구조로 되어 있어 대기 분위기에 기인하는 보수가 거의 없어지게 된다. 예컨대 태풍 등으로 인한 오손(汚損) 대책 등이 별도로 필요치 않으며, 차단기, 단로기 등의 구조도 간단하게 되어 고장 요인도 크게 줄어들어 보수 운전의 성력화를 기할 수 있다.

⑧ 건설공사의 간소화 성력화

GIS는 대부분 공장에서 조립되어 현지에 운반되므로 현장에서의 공사가 대폭 간소화될 뿐만 아니라 공사 품질도 크게 향상된다. 또한 산중(山中)에 설치하는 경우에도 부지 조성비와 운반비를 대폭 절감할 수 있다.

이상이 대체적으로 정리한 GIS의 장점이라 할 수 있다.

1-5-2. 사용 상태

설치 위치의 표고가 1000m를 넘을 때 등 정상 사용상태가 아닌 사용에 대하여는 다음과 같은 조치가 필요하다.

① GAS 압력

GIS의 절연 성능은 SF_6 gas의 밀도에 의존하고 있음으로 규정된 SF_6 gas량이 봉입되어 있으면 고도나 온도에는 영향을 받지 않는다. 다만 gas압력계가 내부 압력과 대기압력 차에 응동하는 것이 사용되는 경우가 많은데 표고가 높은 데 설치되어 있는 경우 대기압의 저하로 지시 오차가 발생하게 된다. 이 오차는 0.01Mpa/1000m 정도이므로 gas압력을 읽을 때 이 값은 고유 오차로 일상의 눈금에서 빼면 된다. 그러나 밀도계와 같이 Spring balance식으로 되어 있는 것은 대기압에 의한 오차가 근소하므로 무시하여도 된다.

② 절연 성능

대기의 절연 성능도 대기 밀도에 따라 변하므로 표고가 높으면 절연이 낮아진다. 보정계수는 표 1-13과 같다.

표 1-13 표고에 대한 보정 계수

표 고(m)	내전압 시험치의 보정 계수
1000	1.0
1500	1.05
3000	1.25

③ SF_6 gas의 액화

GIS는 SF_6 gas가 기체 상태로 사용하는 것을 전재로 설계되어 있다. SF_6 gas는 저온에서 액화하는데 압력과 액화 온도의 관계는 표 1-14와 같다. 기온이 낮아 SF_6 gas가 액화할 가능성이 있는 경우에는 정격 gas 압력이 낮은 기종을 선정하든지 또는 옥내 설치나 히터로 온도를 유지하는 방법 등을 고려하여야 한다.

표 1-14 SF_6 gas의 액화 온도

압력(Mpa)	0.3	0.4	0.5	0.6
액화온도(℃)	-36.5	-30.3	-24.9	-20.2

이 외에 습도, 바람 또는 눈 등 기타 주위환경에 대하여는 특별히 고려할 요소가 없다.

1-5-3. 정격

1) 정격 전류

GIS의 전류 정격은 다음과 같다.

① 연속 정격 전류(Amp. rms)

IEEE[2]	1200.	1600.	2000.	3000.	4000.	5000.	
IEC[3]	1250.		2000.	3150.	4000.		6300.

② 정격 단시간 전류(kA rms)

20, 25, 31.5, 40,
50, 63, 80, 100,

단시간 정격은 3초간으로 하며, 3초를 초과하여야 할 때에는 특별히 정한 바 없으면 $I^2 \cdot t = K$(Constant)에 따른다. IEC에서는 1초간으로 하고 있으며, 1초를 초과할 때에는 3초를 추천하고 있다[3]. 국내 적용 단시간 정격은 IEC에 따라 1초로 하고 있다.

2) 절연 내력

철도에서 사용하고 있는 GIS의 절연 내력은 IEC에 의하여 다음과 같다.

표 1-15 철도용 GIS 절연 내력

정격 전압(kV)	뇌충격내전압 (kV-crest)	상용주파내전압 (kV-rms)	비고
154	750	325	
72.5	325	140	

3) 온도 상승

표 1-16에 IEEE의 허용 온도 상승을 표시한다. IEC-600517에서는 접촉 가능한 외피라도 운전 중 손을 댈 필요가 없는 부분의 온도 상승은 40K로 하고 있다.

표 1-16 GIS의 온도 상승

부 분	최고 허용 온도
은 접속	105℃
접촉 가능 외피	70℃
접촉이 어려운 외피	110℃
운전자가 손대는 부분	50℃

1-5-4. SF_6 가스 수분 관리

SF_6의 가스 관리는 가스 중에 포함되어 있는 수분량과 가스 밀도 및 가스의 순도를 주 대상으로 한다.

1) 노점(露占)과 수분 관리

수분 관리의 기준값은 최저 사용 온도에서 결로(結露)되지 않는 값이다. 이 포화 수분량은 사용 가스 압력에 따라 다르므로 각 제조회사마다 다를 수 있다. 수분의 발생 원인으로는

① 가스 중에 포함되어 있는 수분량
새 가스, 재생 가스에 포함되어 있는 수분으로 전체에 점하고 있는 비율은 매우 미미하다.

② 조립 시 침입하는 수분량
진공 펌프로 진공 시 기기 내부에 잔존하는 수분량 또는 환경에 의하여 기기 벽에 부착

하는 수분량으로 전자는 극히 미량이나 후자는 현지 조립 방법에 따라 영향을 받는 경우가 있다.

③ 유기 절연재료에서 석출하는 수분량
가스 중의 유기 재료에 함유되어 있는 수분량은 일반적으로 0.1~0.5%(WT%)로 추정되는 바, 장기간에 걸쳐 유기 절연재료 내부에서 가스 중으로 점차 석출(析出)되는 것으로 생각된다.

④ 패킹에서 투과되는 수분량
장기간에 걸쳐 패킹을 투과하는 수분량이다.

실제에 있어 유기 절연물에서 석출되는 수분량과 패킹을 투과하는 수분량을 제외하면 극히 미미한 수분량으로 생각된다.

SF_6 가스 자체의 절연 강도는 가스 중의 수분량에 큰 영향을 받지 않으나 가스 중에 고체 절연물이 있을 때 고체 절연물 표면에 부착된 수분에 의하여 연면 절연 특성이 영향을 받는다. 따라서 노점(露占)이 0℃ 이하가 되도록 수분을 관리하면 절연 저하는 거의 무시하여도 된다. 노점 온도가 0℃ 이하가 되면 수분이 얼어서 절연 저하의 원인이 되지 않는다고 생각된다. 분해가스가 발생하지 않는 기기에 있어 노점이 0℃가 되는 수분 함유량은 가스 압력 0.3Mpa일 때 1500ppm(vol), 0.5Mpa일 때 1000ppm(vol)이 되고, 또 노점 온도가 -5℃가 되는 수분 함유량은 가스 압력 0.3Mpa에서 990ppm(vol), 0.5Mpa에서 660ppm(vol)이 된다[4].

1-5-5. 분해가스가 발생하는 기기의 수분 관리

SF_6 가스는 상온에서 극히 안정된 가스이지만 전류 아-크에 노출되면 약간의 분해 현상이 일어난다. 해리된 가스는 급속히 재결합하여 대부분은 원래의 안정된 SF_6 가스로 되돌아가지만 재결합되는 과정에서 극히 일부 성분이 발호 전극 재료(동-텅그스텐 합금) 또는 미량으로 포함되어 있는 가스 중의 수분과 반응하여 아주 적은 양이기는 하지만 불화 황산가스와 가는 가루 모양의 석출물(析出物)이 되어 남는다. 전류 차단으로 발생하는 가스는 SF4로, 이 SF4가 물과 반응하여 SOF2와 2HF를 생성한다.

화학적 반응성이 강한 분해가스로는 위에서 말한 SF4와 SOF2라고 생각되는데 이들 가스가 다량의 수분과 공존하는 경우 절연재료나 금속 표면을 열화시킬 위험이 있다. 흡착제를 봉입한 경우에는 과거의 실적에 따르면 분해가스가 거의 남아 있지 않으며, 이때 가스 중 수분량은 400ppm(vol) 이하로 관리하면 전기적으로 전혀 지장이 없는 것으로 되어 있다[(4)].

1) 수분량의 관리값

SF_6 기기를 대별하면 표 1-17과 같다.

표 1-17 SF_6 가스 절연 기기의 분류

대 분 류	소 분 류	기 기 명
a) 분해가스를 발생하지 않는 기기	(1)가동기구가 있는 기기	단로기, 접지장치 등
	(2)가동기구가 없는 기기	모선, 계기용 변성기 등
b) 분해가스를 발생하는 기기(발호기기)	(3)가동기구가 있는 기기	가스 차단기 등
	(4)가동기구가 없는 기기	SF_6 가스 소호식 피뢰기*

*피뢰기는 직렬gap에서 산화아연식으로 바뀌어 무발호 기기가 됨.

위의 분류에 따른 SF_6 가스 중의 수분 함량은 일본의 기준은 다음과 같다[(4)].

① 분해가스가 발생하지 않는 기기-모선, 단로기 등

기본적으로 가스 중 수분의 노점은 허용치로써 0℃, 관리치로는 -5℃로 하여도 지장은 없으나, 가스 압력에 따라 다르므로 가스 압력 0.3~0.5Mpa를 기준으로 하여 허용치 1000ppm(vol), 관리치를 500ppm(vol)로 하고 있다.

② 분해가스를 발생하는 기기

가스 중 수분량을 400ppm(vol) 이하로 하면 실용상 전혀 지장이 없으나 여유를 두어 허용치로 300ppm(vol), 관리치로 허용치의 반인 150ppm(vol)으로 하고 있다.

수분 측정은 가스 충진 시, 또 가스 보충 시는 2주 후에 측정하고 가스가 안정될 때까지 매월 1회 측정하도록 하며, 가스가 안정되면 매 6개월 단위로 주기적으로 측정하도록 되어 있으나[(2)], 실제 운전에 있어서는 수분 측정은 2년 주기로 한 경우, 5년에 한번 시행하는 등 매우 다양하였다[(4)].

2) 흡착제

SF_6 가스 중의 수분과 분해가스가 절연에 영향을 주므로, 이들을 관리값 이내로 하기 위하여 수분과 분해가스 모두를 흡착할 수 있는 흡착제를 기기 내에 봉입할 필요가 있다. 흡착

제가 갖추어야 할 특성으로는

① 분해가스에 대한 흡착 성능이 뛰어날 것.
② 분해가스와 반응하여 2차적으로 유해한 가스를 발생하지 않을 것.
③ 저온도 영역에서 수분 흡착 성능이 뛰어날 것.
④ 기계적 강도가 뛰어나 사용 중 마모되어 가루가 되거나 수분에 녹지 않을 것.

흡착제는 이와 같은 특성을 가지고 있어야 하며 일반적으로 사용되고 있는 흡착제로서는 활성 아루미나와 합성 제오라이트가 사용되고 있으나 합성 제오라이트가 분해가스 흡착 능력에서나 저온 영역에서의 수분 흡착 능력 면에서 뛰어나다.

흡착제 봉입량은 무발호 기기에 대하여서는 흡착제 교체를 위하여 분해를 필요로 하지 않는 기간을 감안하여 수분 흡착량에 따라 결정하고 분해가스를 발생하는 기기에 대하여는 수분과 분해가스 모두를 흡착할 수 있는 양을 봉입한다. 다음 세부 정밀점검 기간까지의 기간을 6년 주기로 하므로 흡착제 봉입량은 6년간 교체 없이 사용 가능한 양으로 하고 있다.

1-5-6. 가스 압력과 가스 순도 관리

1) 탱크의 강도

전기기술 기준 제52조에 가스절연기기의 압력에 대하여 규정하고 있다. 이 조항에 의하면 100kPa 이상의 용기에 대하여는 최고 사용 압력의 1.5배의 압력에 10분 이상 견디고 새지 않아야 한다고 되어 있다. 또 GIS 내부에서 고장이 발생하는 경우 상승하는 가스 압력에 탱크는 견디어야 한다. 견딘다는 것은 고장 중 또는 고장 제거 후 외부로 가스 누출이 없어야 하고, 동시에 flange부분 등에는 부분적 변형이 있어도 가스의 누출이 없어야 한다는 것을 의미한다. 또 고장으로 인한 압력 상승으로 탱크 각 부분이 받는 응력이 그 재료의 항복점 이하이거나 0.2%내력 이하여야 한다[(5)].

2) 가스의 압력 관리

GIS의 기본 성능인 절연 성능, 소호 성능, 통전 성능 등은 SF_6 가스의 밀도에 큰 영향을 받는다. 만일 가스 압력이 제조회사의 최저 보증치 이하로 떨어지면 절연은 저하한다. 가스 압력은 가스 밀도로 관리하는데 가스 밀도와 압력의 관계는 그림 1-44와 같으며 압력은 다음과 같이 관리한다.

① 차단기는 경보 압력과 폐쇄(Lock) 압력의 2단계로 한다.

② 기타의 기기는 경보 압력으로 한다.

경보 설정치의 목표로써는 6년마다 하는 정밀점검 때까지 패킹의 경년 열화에 따른 가스 누출로 압력이 저하되어도 경보 압력에 도달하지 않는 것으로 하며, 누출량 관리값으로는 1%/년 이하로 하고 있다. 또 밀도 스위치의 설정은 각 제조자의 사양에 따라 다르지만 대체적으로 정격 압력이 0.3~0.6Mpa인 GIS에 있어서는 경보 압력은 (정격 압력-0.05Mpa)로, 폐쇄 압력은 (정격 압력-0.1Mpa)로 하고 있다. 일반적으로 GIS 최저 보증 가스 압력이 폐쇄 압력으로 채택되고 있다.

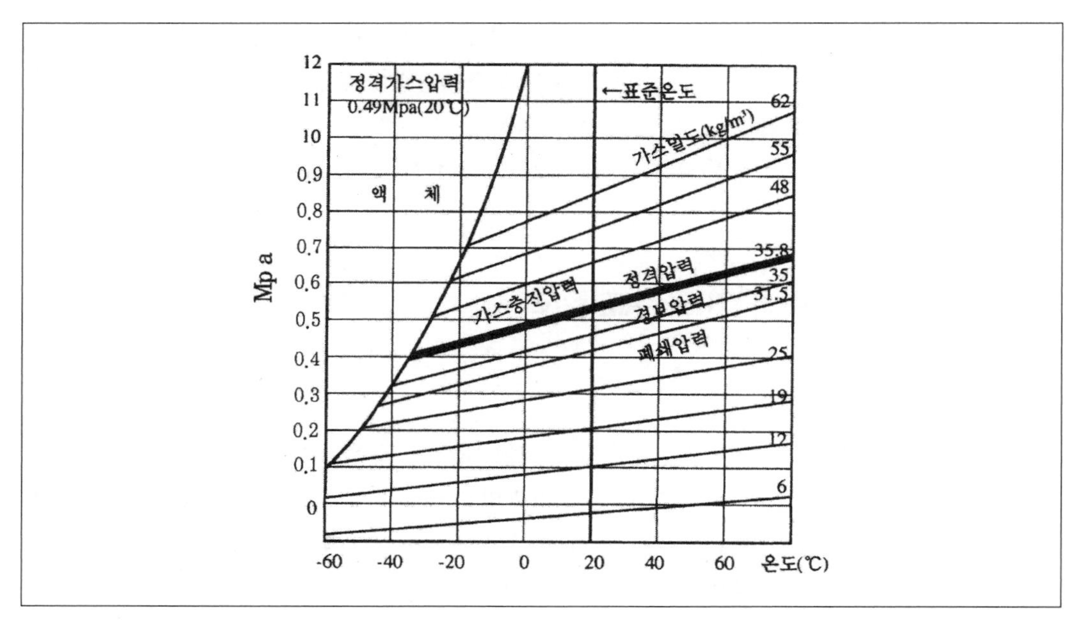

그림 1-44 SF_6 가스 압력 온도 특성 곡선

3) 가스의 순도

새 SF_6 가스 중에는 CF4, 수분, 공기, 불화물, 유분 등이 포함되어 있으나, 미량으로 실용상 무시하여도 별 문제가 없으나, 재생가스 사용 시에는 다소의 주의를 요한다. SF_6 가스 중의 공기 또는 질소의 함유율이 20%가 되어도 절연에는 거의 영향을 주지 않으나 차단기의 소호 성능에는 영향을 준다. 즉 차단 성능은 혼합 가스 중의 SF_6 가스 분압에 거의 비례하여 저하한다. 일반적으로 경보 압력과 폐쇄 압력의 차는 10% 정도로 설정되어 있어 폐쇄 압력

에서 성능을 보증하기 위해서는 가스의 순도 90%라도 지장이 없으나 안전성을 고려 봉입 후 가스의 순도는 일본의 경우 관리치는 97wt%, 허용치는 95wt%로 하고 있다(4). 한전 구규격(ES150-576)에서는 SF_6 가스에 대하여는 상시 운전 상태에서 가스 순도 99% 이상 및 누기율 1% 이하/년으로 정하고 있다.

1-5-7. 가스 구획

GIS 제조회사는 주로 제작면과 운용면을 고려하여 가스 구획을 표준화하고 있다고 생각된다. 다만 사용자가 특별히 증설 기타 조건을 감안하여 필요하다고 생각되는 구획을 하고자 할 때는 제작자와 협의하여 조정할 수 있다.

1) 가스 구획

가스 구획은 제작, 수송, 설치 공사의 성력화 등을 고려하여 다음과 같이 한다.

① 내부 고장 시의 압력 상승에 대한 기계적 강도를 배려한 용적으로 한다. 이는 주로 제작기술에 속하는 사항이며, 내부 고장 검출 계전기를 설치하는 경우 최소 동작 감도와 내압 상승의 관계가 만족되도록 용적을 정한다. 부하 변압기가 여러 대 병렬로 연결되는 긴 GIS 모선에서는 고장 표정을 위하여 충격 압력 계전기(SP Relay)의 설치가 필요할 때도 있다.

② 운반 단위를 고려한 가스 구획을 채택함으로써, 설치 공사 시 가스의 기밀이 최대로 유지되도록 하여, 설치 현장에서의 진공, 가스 봉입이 현장 접속부에 한정되도록 한다.

③ 현장 시험시 또는 GIS 증설시 가스 처리 부분을 최소화 하도록 한다. 예를 들면 현장 시험에서 분리하는 경우가 있는 피뢰기, 계기용 변압기, 케이블 접속부는 가스 구획이 되도록 한다.

2) 가스 감시 구분

운용면이 우선 고려되어야 하므로 다음과 같이 감시 구분을 한다.

① 주 모선과 수전 측 및 변압기 측 등의 회로에 대하여서는 내부 사고의 파급을 국한하기 위해서는 분리 감시한다.

② 주 모선에 대하여는 내부 고장 파급을 방지하는 것에 주안점을 두는 경우에는 각 회선마다 감시하고, 기구를 간단화하는 데 주안점을 두는 경우는 수회선 공동 감시를 한다.

1-5-8. 케이블 및 변압기와의 접속

1) 케이블 접속

GIS 탱크와 전력 케이블 사이는 절연통(絕緣筒)으로 절연하여 전자유도에 의한 순환 전류라든가 케이블 시이스 전압에 의한 순환 전류가 흐르지 않도록 하고 있다. 케이블과 GIS를 절연하므로 GIS 주회로에서 발생하는 써-지의 유도로 절연통 부분에서 방전 현상이 발생하기 때문에 이에 대한 특별한 조처가 필요하다.

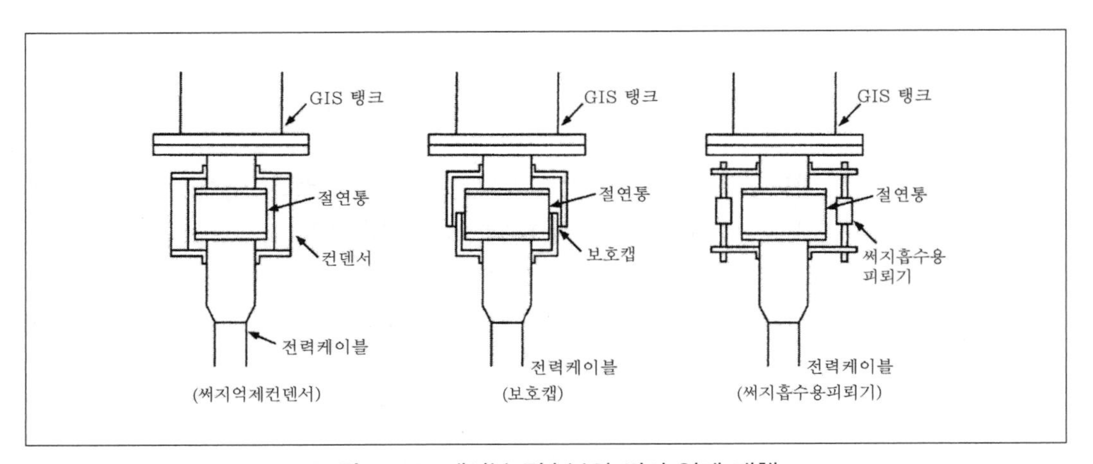

그림 1-45 케이블 접속부의 써지 억제 대책

따라서 GIS와 케이블을 접속하는 곳에 대하여는 양측 제작자와 상의하여 그 대책을 강구할 필요가 있다.

일반적인 방법은 그림 1-45와 같이 절연통 주위에 써-지 흡수장치를 설치함으로써 절연통의 써-지 전압을 충분히 낮출 수 있으며 현재의 시공 관례로는 케이블 공급자가 피뢰기의 일종을 보안기라 하여 설치하고 있다. GIS의 온도는 케이블의 최고 허용 온도보다 20~30℃ 정도 높다.

이 때문에 GIS에서 유입되는 열로 케이블이 최고 허용 온도를 넘지 않도록 유의할 필요가 있다. 일반적으로 GIS 가스 온도는 GIS 동체에 비하여 낮기 때문에 실제로는 문제가 되는 일은 드물지만 일단 제작자와 협의할 필요는 있다.

또 케이블과 GIS 연결부에 대하여는 그 부품의 공급 범위를 명확히 구분할 필요가 있다. 그 구분의 예를 표 1-18에 예시하였다.

표 1-18 케이블 접속부의 공급 구분

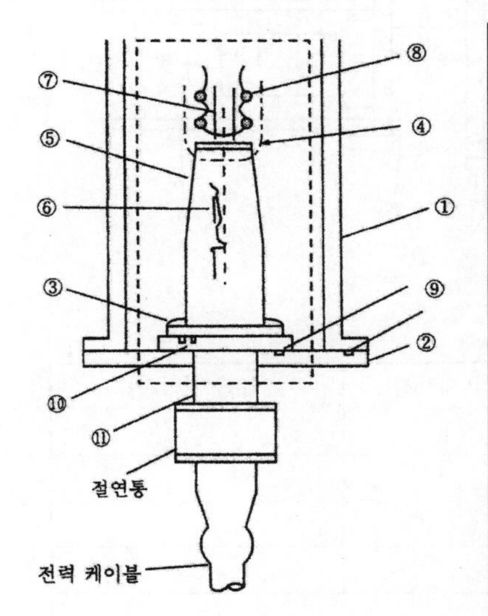

부 품	케이블 제작자	GIS 제작자
1. 개폐장치케이스		○
2. 저 판		○
3. 대지 쉴드링	○	
4. 충전부 쉴드링		○
5. 부 싱	○	
6. 튜립 콘닥타	○	
7. 도체 인출봉	○	
8. 접속 단자		○
9. O 링		○
10. O링	○	
11. 종단부취부금구	○	

2) 변압기 접속부

GIS와 변압기 기초를 분리 시공하는 경우가 많은데 분활 기초로 하고 변압기와 GIS를 직결하는 때에는 상대 변위에 대한 고려가 필요하다. 이때는 변압기 제작자 및 GIS 제작자와 협의하여 상대 변위의 한계를 명확히 할 필요가 있다. 특히 주위 진동이 기기에 영향을 줄 경우 베로즈를 설치하는 것이 안전하다. 공급 범위의 예를 표 1-19에 예시하였다. 이는 절연유의 누유(漏油)나 절연유 내에서의 절연에 관계되는 부품은 변압기 제작회사가, 가스의 누설이나 가스 내에서의 절연에 관계되는 부품은 GIS 공급자가 책임져야 한다는 일반적인 원칙에 따른 것이다.

표 1-19 변압기 접속부의 공급 구분

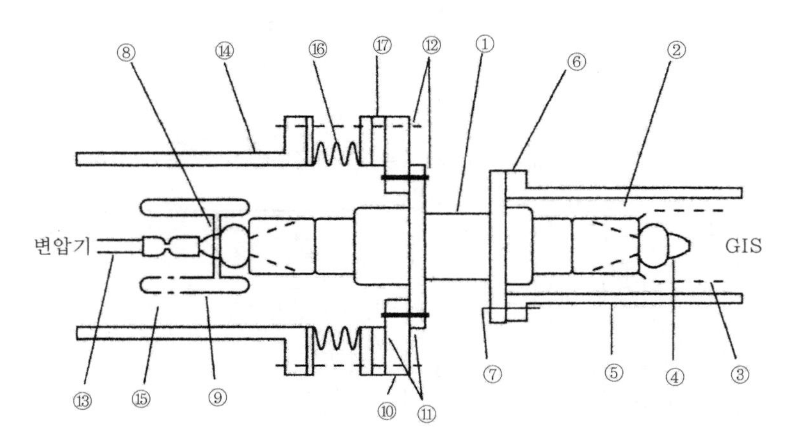

부 품	변압기 제작자	GIS 제작자
1. 가스 오일 붓싱		○
2. SF_6 가스		○
3. 쉴드		○
4. 가스 중 접속 단자		○
5. 탱크		○
6. O링		○
7. 붓싱 취부용 볼트류		○
8. 유중 접속 단자	○	
9. 유중 쉴드	○	
10. 아답타 후렌지	○	
11. 패 킹	○	
12. 후렌지 취부용 볼트	○	
13. 후렉시블 도체	○	
14. 기름 탱크	○	
15. 절연유	○	
16. 벨로우즈	○	
17. 절연판	○	

1-5-9. GIS 접지

전기철도의 수전 전압은 154kV이므로 변전소 접지는 ANSI/IEEE std 80-2000에 따라 접지 설계를 하는 것으로 하고 여기서는 GIS기기 접지에 대한 설명에 국한한다.

1) GIS 탱크 및 가대(架臺)의 접지

GIS 탱크 및 가대 접지에서, 특히 고려하여야 할 점은 접지 메쉬(격자)에 유입되는 전류와 탱크 외함에 유도되는 유도 전류, 유도 써-지 등이다. GIS 탱크 및 가대 접지에는 1점 접지와 다점 접지가 있다. 1점 접지는 절연 후렌지로 구획된 탱크마다 접지선을 한 가닥씩 접속하고 동시에 탱크에 유도 전류가 흐르지 않도록 탱크 가대의 각 지지점을 절연하여 완전히 1점에서 접지하는 방식이다.

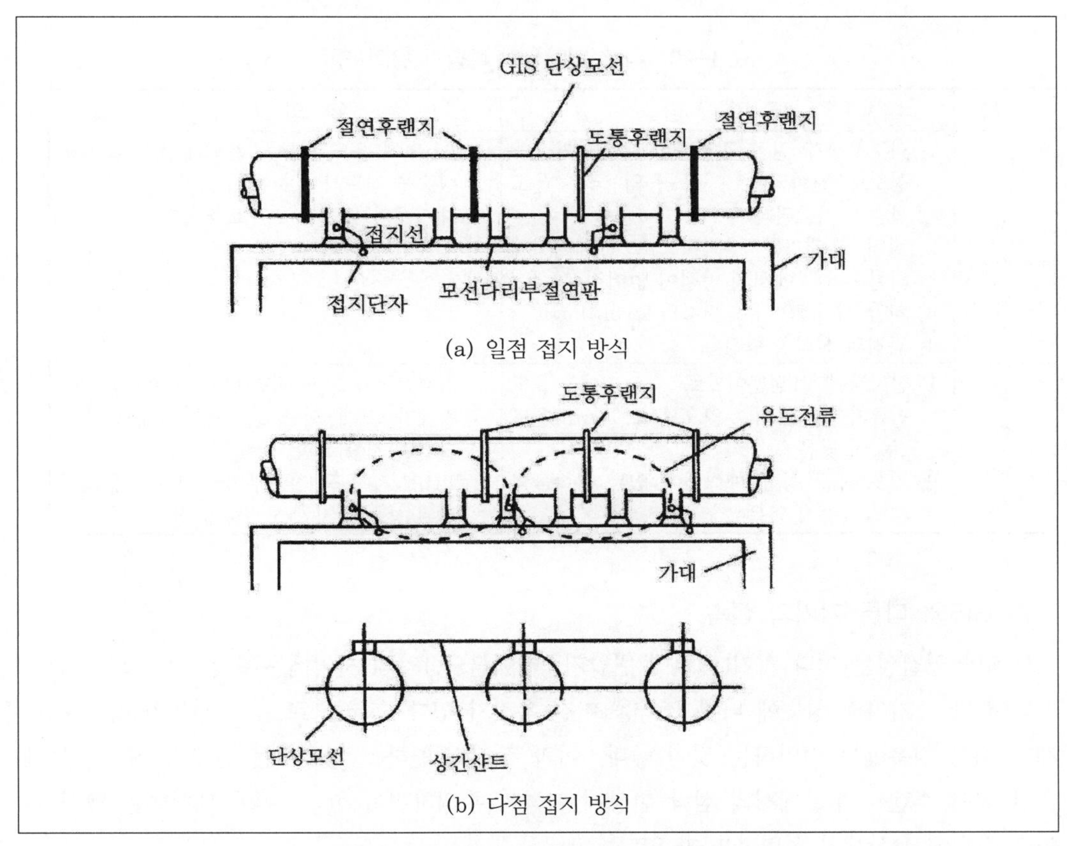

그림 1-46 GIS접지방식

다점 접지방식은 각 탱크 간은 물론, 가대 및 탱크의 지지점 모두를 절연하지 않고, 여러 점의 접지를 연결하는 방식이다. 이 경우에는 탱크와 접지선, 접지 메쉬로 구성되는 폐회로에 내부 모선에 흐르는 전류에 의한 유도 전류가 흐르기 때문에 GIS 탱크는 유도 전류에 대하여 충분히 고려하여야 한다. 현재 제작자에 따라서 GIS접지는 차단기류에 대하여는 1점 접지방식을, 또 단로기 모선 등은 일괄하여 다점 접지방식을 채택하는 등 1점 접지와 다점 접지를 병용하고 있는 경우가 대부분이라 한다. 그러나 IEEEE std 80[7]에서는 GIS의 절연된 외피는 내부 모선에 흐르는 전류에 의한 유도 전류가 길이 방향으로 흐를 수 없어 각 절연된 외피에는 불균형한 전압이 발생하고 이로 인한 각 섹션의 전류 또한 불균형하게 되므로 연속 외피에 비하여 불리하다고 기술하고 있다. 접지 설계자는 제조회사가 공급하는 GIS 및 가대의 접지 단자 위치를 충분히 파악하여 접지 도선의 길이가 최소가 되도록 할 필요가 있다. 접지선이 길어지면 접지선의 인덕턴스로 탱크의 전위를 충분히 낮게 할 수 없는 경우가 생길 수 있다. 각 접지방식을 비교하면 표 1-20과 같다.

표 1-20 각 접지방식의 특장과 유의사항

방식	특 징	유 의 사 항
다점접지	1. 외부자계가 일점 접지방식에 비하여 1/3 정도로 완화되어, 기구 등의 국부 온도 상승이 저감된다. 2. 절연 후랜지를 생략하므로 개폐써지에 의한 절연부에서의 방전이 없어짐. 3. 저압 제어계의 유도써지의 level down. 4. 접지의 신뢰성 향상.	1. Tank에 유도 전류를 흐르게 하므로 온도 상승을 검토하여야 함. 2. 대지에의 유입전류 검토가 요함. 3. 접지선의 굵기 검토.
일점접지	1. 접지점이 1점뿐이므로 Tank에 유도 전류가 흐르지 않으므로 Tank온도 상승이 낮음. 2. 기초 배근 등에 매립되어 있는 금속물의 온도 상승이 없음.	1. 정격전류가 크게 되면(6000A 이상) 외부 자계가 크게 되므로, 가구 가대의 국부 발열 방지를 요함. 2. Tank 사이 등 절연부의 개폐써지에 의한 전위 상승 방지를 고려해야 함.

2) GIS와 다른 기기의 접속

GIS와 연결되는 여타 기기(예컨대 변압기, 케이블 등)와의 사이에는 순환 전류 회로가 구성되어 다른 기기의 성능에 나쁜 영향을 미칠 우려가 있다. 그러므로 유도 전류가 흘러서 문제가 되는 경우에는 절연하는 것이 좋다. 이와 같이 절연하는 경우에는 단로기 써-지 등에 의한 절연 후랜지 부분에서의 섬락 현상에 대하여 주의하여야 한다. 이에 대하여는 앞서 케이블 접속에서 상세히 설명한 바가 있다.

3) 주회로의 접지

① 피뢰기 및 유도 전류 개폐기용 접지 개폐기

주회로에 직접 연결되어 있는 피뢰기와 유도 전류 개폐용 접지 개폐기는 동작 중 큰 전류가 흐르므로 이와 같은 기기는 접지선에 직접 접지하여야 한다. 다만 다점 접지를 하는 경우에는 탱크에 유도 전류가 흐르도록 되어 있으므로 접지 개폐기는 탱크에 접지하여도 문제는 없다.

② 계기용 변압기와 일반 접지 개폐기의 접지

이들 기기는 주 회로에 직접 연결되어 있는 기기이나, 특별히 접지계에 큰 전류가 흐르지 않으므로 직접 접지선을 끌 필요가 없다. 따라서 시공상의 편리성과 미관을 고려하여 GIS탱크에 접지하는 것이 일반적이다.

③ 제어 회로 및 기타 접지

일반적으로 제어 케이블에 있어 중성점 직접 접지 계통에서는 쉴-드 케이블을 사용하고 비접지 또는 저항 접지 계통에서는 쉴-드가 없는 케이블을 사용하는 것이 관례화되어 있으나, 설계자에 따라서는 저항 접지 계통에서도 쉴-드 케이블을 사용하는 경우가 종종 있다. 근래에 와서는 Digital 계전기 등 노이즈에 취약한 기기 사용 기회가 증가하여 쉴-드 케이블의 선호도가 높아졌다고 할 수 있다. 이때 제어 케이블을 전자 유도 차폐를 고려 양단 접지를 시행한다[7]. 기타 접지에 대하여는 제작자와 협의토록 하는 것이 필요하다.

④ 콘크리트 기초

GIS의 기초가 분활 기초가 아닌 통 기초인 경우 기초의 철근을 접지 모선에 연결하면 콘크리트 기초면 위에 있는 GIS 외피와 철 구조물들이 등전위가 된다. 철근이 지락 전류로 과열되거나 콘크리트와의 접속면이 부식(erosion)하지 않도록 철근이 전류의 주통로가 되지 않도록 하면 기초 표면은 전부 거의 동일 전위로 되는데 이는 철근과 접지망이 등전위가 되기 때문이다[7].

1-5-10. 시험

시험은 공장 시험과 설치 완료 후의 현장 시험으로 나누어 시행한다. 공장 시험은 주로 사양과 맞는지 여부와 설치 완료 후 또는 보수시의 참고 자료가 되도록 하기 위하여 될 수 있으면 상세히 검사하여 기록을 남겨둘 필요가 있다.

1) 공장 시험

① 구조 검사 : 사양에 따른 치수, 접속 단자, 도장, 부품의 검사, 특히 기초 치수 검사
② 개폐 시험 : 제어반 및 현장 기기 옆에서의 개폐 시험
③ 인터록 시험 : 단로기, 접지 개폐기와 차단기의 전기적 인터록 및 기계적 인터록
④ 주회로 저항 측정 : 개폐 시험 전후에 시행하되, 되도록 상세히 측정하여 현지 시험시 참고로 한다. 특히 각 접지 개폐기 사이를 측정한다.
⑤ 상용 주파수 내 전압 시험 : 케이블 접속점과 변압기와의 접속점에 시험용 붓싱을 취부하고 내압 시험을 하며, 개폐기는 극성을 전환하여 2회 실시한다.
⑥ 부분 방전 시험 : 상용 주파수 내 전압 시험과 동일하게 실시하되, 잡음 시험은 생략하여도 된다. IEC-62271-203 및 JEC-2350에서는 부분 방전 시험에 대하여 기술하고 있으므로 참고 바라며, IEEE-C37.122에는 부분 방전 시험에 대한 언급이 없다.
⑦ 임펄스 내 전압 시험 : 주 회로와 대지 사이를 정극 1회, 음극 1회 모두 2회 인가한다.
⑧ 조작회로 내 전압 시험: 상용 주파수 2000V를 인가한다. 공장 시험에서 갑과 을의 합의에 따라서 충격 내압 시험을 실시할 수도 있다. 충격 시험 전압은 표준 충격파로 1.2/50㎲ 5kV이다.

2) 현장 시험

현장에서 조립 설치가 끝난 다음 아래와 같은 시험을 실시한다.

① 가스 누출 시험
공장에서 분해하지 않고 직접 출하한 부분에 대하여는 시험을 실시하지 않고, 현장에서 조립한 부분에 대해서만 실시한다.
② 저항 측정
현지 조립 후 측정하여 공장 시험값과 비교 분석한다.
③ 개폐 시험 및 인터록 확인
제어회로 확인 및 개폐기 사이의 인터록 확인
④ SF_6 가스 중 수분 측정
가스 중 수분 함유량 측정
⑤ 내압 시험
현장 조건에 따라 생략하는 때가 많으며, JEC에서는 정격 전압의 75~80% 정도를 인가하도록 하되 생략해도 되는 것으로 하고 있다.

1-5-11. GIS 유지 보수에 대한 일반적 고찰

GIS는 밀폐 구조이고 그 구성도 비교적 단출하기 때문에 재래식 기중 절연 변전 설비에 비하여 고장률이 대폭 감소된 것이 사실이나 내부를 눈으로 직접 볼 수가 없으므로 고장 진단에 좀더 고도화된 장비와 기술이 요한다. 이제 고장의 원인을 보면 조립 또는 설치 시의 문제점이 장기간에 걸친 운전 중 현재화 되어 나타나는 것으로는

① 각종 부재 및 도체의 조임 볼트, 너트의 풀림이나 탈락 및 진동에 의한 부품의 탈락
② 미소한 금속물의 용기 내 잔류
③ 제조, 시공 단계에서의 용접 또는 납땜 불량
④ 조작 기계 부분의 불량

등을 들 수 있으며, 경년열화 부위로는 다음을 들 수 있다.

① 접촉부의 마모
② SF_6 가스(수분, 분해가스 및 그 생성물)
③ 절연물의 열화
④ 패킹 가스킷 등
⑤ 윤활 재료
⑥ 제어 회로 부품(압력 스위치, 밀도 스위치 등 각종 계전기류)

예를 들면, GIS 내부에서 조임나사가 풀려 접촉 불량이 발생하면 부분 방전-부분방전 계속으로 인한 절연 저하-절연 파괴와 같은 고장 모드를 고려할 수 있는데 이 과정에서 이상음(異常音), 진동, 분해가스가 부수적으로 발생하게 된다. 따라서 GIS의 검사 항목은 절연 성능, 통전 성능, 기계적 성능으로 대별할 수 있다. 이들 여러 가지 성능을 나타내는 전기적 기계적 현상을 정리하면 아래와 같다.

① 절연 성능을 나타내는 현상
  · 내부 부분 방전
  · 이상음
  · 가스 압력 저하

· 가스 중 수분 증가
· 가스 분해
· 절연 저항 저하
· 지락

② 통전 성능을 나타내는 현상으로는
· 가스 압력 증가
· 주 회로 저항 증가
· 접촉 상태 불량

③ 기계적 성능을 나타내는 현상으로는
· 개폐 시간의 증대
· 가동부의 마찰력 증대
· 동작 회수 과다
· 구조의 변형
· 조작 압력 및 유면 저하

등을 들 수 있다. 이와 같은 현상 가운데 상시 감시가 가능한 것으로는 내부 부분 방전, 이상음, 가스 압력, 동작 회수, 조작 압력 등이며, 특히 부분 방전, 가스 중 수분량 측정기기 등은 많은 개발이 이루어져 이미 여러 가지가 시판되고 있다.

주 (1) 電氣協同硏究 第36券 第3號 ガス絶縁變電技術 p15, 電氣協同硏究會, 昭和 55年
(2) IEEE standard C-37.122, 1983
(3) IEC 62271-203(2003-11)
(4) 電氣協同硏究 第33券 第2號 SF6ガス絶縁機器の 保守基準 p25, 29, 33, 68, 1977
(5) 電氣學會技術報告 第 552號 p30, 1995, 電氣學會
(6) 電氣學會技術報告 第 552號 p37, 1995, 電氣學會
(7) IEEE std 80 Safety in substation grounding p49 Notes on grounding of GIS foundation, 2000. 6
(8) IEC-62271-203 Clause 6.9
(9) JEC-010, 1994

1-6. 교류 급전 계통의 결선도 예

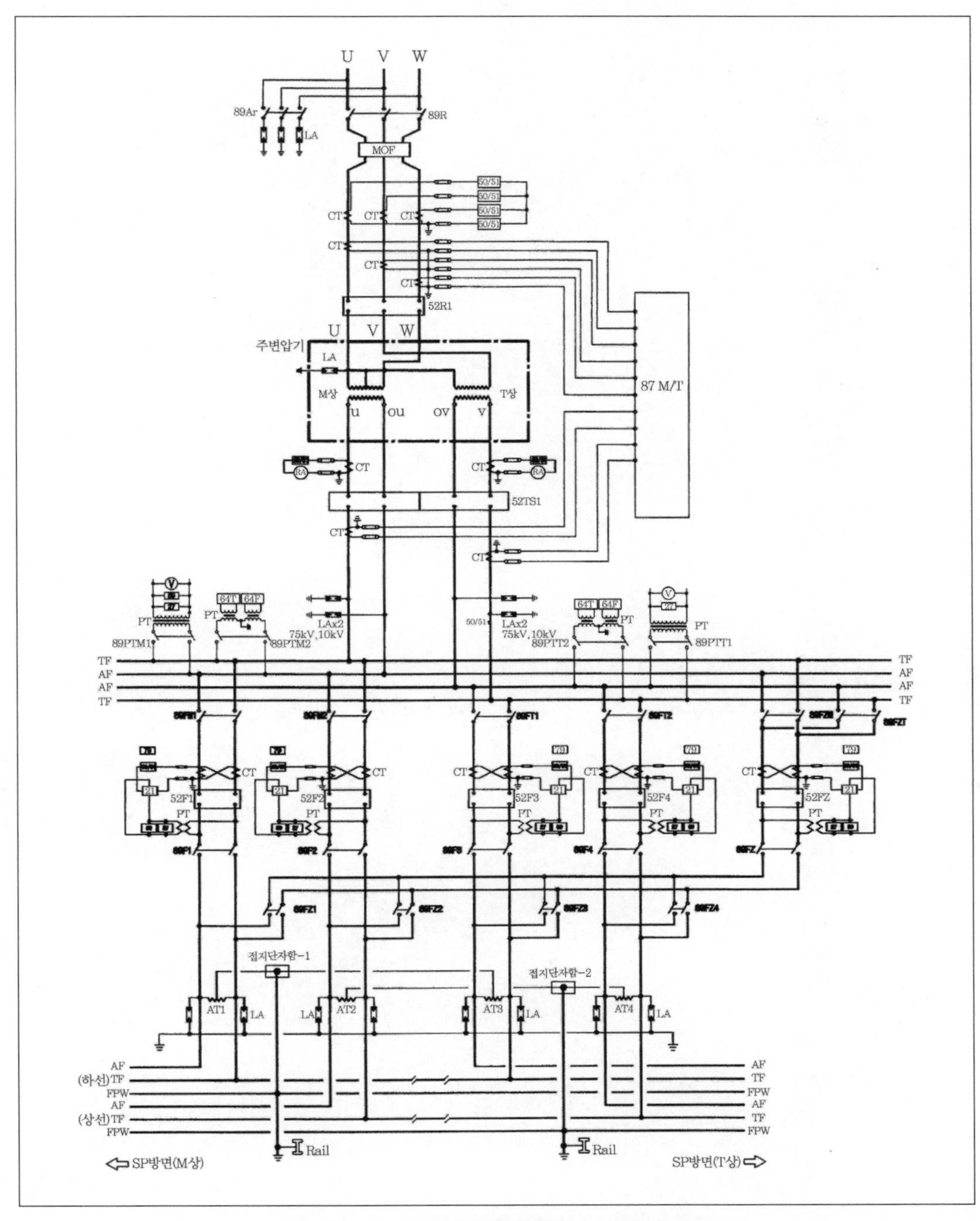

그림 1-47 교류 급전 계통의 결선도 예

제2장 절연 협조

2-1. 교류 전차선 전압

일반적으로 적용되고 있는 철도의 전압은 KS C IEC 60850-2007와 같으며 IEC규격 중 우리나라에서 적용하고 있는 공칭전압이 직류 750V인 경전철 및 1500V인 지하철과 북한의 공칭전압인 직류 3000V와 한국철도의 간선철도에 적용하고 있는 공칭전압이 25kV인 교류 급전전압 규격만을 간추려 여기에 정리한다.

표 2-1 전차선 전압 허용 범위(kV)

전력시스템	비지속성 최소전압 U_{min2} V	지속성 최소전압 U_{min1} V	공칭전압 U_n V	지속성 최고전압 U_{max1} V	비지속성 최고전압 U_{max2} V
직류(평균치)		500	750	900	950
		1000	1500	1800	1950
		2000	3000	3600	3900
교류(실효치)	17500	19000	25000	27500	29000

여기서 초기에는

- 전압(U)란 집전전압(열차의 팬터그래프와 레일 사이에 걸리는 전압)을 말하며, 위 표의 기준은 차단이나 고장이 없는 상태의 정상적인 운영 상태에 대하여 적용된다. 이 전압은 기본 주파수(1st 조파)의 r.m.s 값을 의미한다.
- 비지속성최소전압(Lowest non-permanent voltage) U_{min2} : 최대 10분간 허용되는 전압의 최소치.
- 지속성최소전압(Lowest permanent voltage) U_{min1} : 상시 허용되는 전압의 최소치.
- 지속성최고전압(Highest permanent voltage) U_{max1} : 상시 허용되는 전압의 최대치.
- 비지속성최고전압(Highest non-permanent voltage) U_{max2} : 최대 5분간 허용되는 전압의 최대치.

로 하였으나 비지속성최저전압(Lowest non-permanent voltage)을 보다 엄격하게 제한하려는 움직임이 있어 비지속성최소전압(Lowest non-permanent voltage) U_{min2}는 17.5kV로 그대로 두되 U_{min2}~U_{min1}(19kV)사이의 허용시간을 2분으로 축소하고 있다. 참고로 유럽국가간 상호 통행성 보장을 위한 기술규격(TSI)의 ST04EN12 중 전압 기준 관련 부분을 표 2-2에 삽입하였다[(1)].

표 2-2 ST04EN12

96/48-ST04 part 2	**Version EN12**
ENERGY-TSI	Origin EN
15.01.2002	Status NA

ANNEX: Technical specification for interoperability relating to the ENERGY subsystem

ANNEX N: VOLTAGE AND FREQUENCY OF TRACTION SYSTEMS

N.1 SCOPE

This annex defines the voltage and frequency and their tolerances at the terminals of the substation and at the pantograph.

N.2 VOLTAGE

The characteristics of the main voltage systems (overvoltages excluded) are detailed in Table N.1.

Table N.1: Nominal voltages and their permissible limits in values and duration

Electrification system	Lowest non-permanent voltage	Lowest permanent voltage	Nominal voltage	Highest permanent voltage	Highest non-permanent voltage
	U_{min2} (V)	U_{min1} (V)	U_n (V)	U_{max1} (V)	U_{max2} (V)
DC (mean values)	400 (1)	400	600	720	800 (2)
	400 (1)	500	750	900	1 000 (2)
	1 000 (1)	1 000	1 500	1 800	1 950 (2)
	2 000 (1)	2 000	3 000	3 600	3 900 (2)
AC (rms values)	11 000 (1)	12 000	15 000	17 250	18 000 (2)
	17 500 (1)	19 000	25 000	27 500	29 000 (2)

(1) The duration of voltages between U_{min1} and U_{min2} shall not be longer than two minutes
(2) The duration of voltages between U_{max1} and U_{max2} shall not be longer than five minutes

- The voltage of the busbar at the substation with all line circuit breakers open shall be lower or equal than U_{max1}
- Under normal operating conditions voltages shall stay within the range between U_{min1} and U_{max2}.
  Under abnormal operating conditions voltages in the range U_{min1} to U_{min2} are acceptable.

Relation U_{max1} / U_{max2}

Each occurrence of U_{max2} shall be followed by a level below or equal to U_{max1} for an unspecified period.

Lowest operational voltage

Under abnormal operating conditions, U_{min2} is the lower limit of the overhead contact line voltage for which trains are intended to operate.

NOTE 1: Recommended values for undervoltage tripping:
The setting of undervoltage relays at fixed points or on board may be from 85 to 95 % of U_{min2}.

㈜ (1) KTX 차량에서 요구되는 전철전원 품질(전압) 검토(2004.3. 5)
- 고속철도기술자문팀
검토책임자 : 철도연 : 권삼영　　SNCFi : Joseph BUENAVENTES
철도청 : 신영식

2-1-1. 전기 기기의 절연강도와 v-t curve

1) 철도용 전기기기의 절연 강도

한국철도시설공단의 전철 전원계통 충격절연강도정립자문회의(2006. 6. 15일)에서 1970년대 초 수도권전철화 이후 철도용 전기용품의 절연레벨에 적용하여 왔던 JEC에서 정한 절연강도를 탈피하고, 전기 규격의 국제화를 위하여 지식경제부 표준원이 주도하고 있는 KS C-IEC 60071-1/2의 규격에 따르기로 하였다. 이 회의에서 정한 전압별 절연강도(LIWL-Lightning Impulse Insulation Withstand Level)는 154kV는 3상이므로 IEC의 제 규정에 따라 정하였으나 55kV이하의 계통은 모두 단상이므로 3상계통과 달리 1선 지락 시 건전상의 전압 상승이 없고 특히 55kV계통은 구라파에서 25kV×2을 적용하는데 비하여 우리나라와 일본에서만 널리 적용하고 있는 규격이고 대지 25kV계통의 전압은 철도에만 적용되는 특유의 규격이므로 IEC에서도 IEC 60850로 특별히 규정되어 있고 절연 강도는 2009. 03제정된 IEC 62505-1의 Railway applications-Particular requirements for a.c switchgear-와 2010. 02의 IEC 62497-1 Railway applications-insulation coordination에 따라 정리하였다.

여기서 25kV계통의 절연 내력을 200kV로 한 것은 IEC 62497-1에 절연계급이 200kV

와 250kV 2가지 모두 허용하고 일본에서도 최고허용 전압 30kV인 신간선(新幹線)의 절연에 LIWL 200kV를 적용하고 있기 때문이다. IEC규격과 일본 JR규격의 차이점은 정격충격전압(U_{Ni})는 200kV로 동일하나 단시간 상용주파내전압이 일본 규격은 70kV인데 비하여 IEC에서는 95kV를 채택하고 있다는 점으로 매우 중요한 차이점이므로 유의할 필요가 있다. IEC에 의한 27.5kV 전차선의 절연 내력을 정리하면 표 2-3과 같다.

표 2-3 전차선에 연결된 회로의 공칭전압(U_n), 정격충격전압(U_{Ni}), 단시간상용주파시험전압(U_a)

U_n kV	U_{Nm} kV	U^a kV	OV	U_{Ni} (1.2/50μs) kV	U_a kV
IEC 60850	IEC62497-1	IEC62271-1	IEC62497-1		
25	27.5^C	N/A	3	170	95
			4	200^C	95
		(52.0)	3	200	95
			4	250^C	95

주 1. OV3, OV4는 시스템 구조에 따른 과전압 category임.
2. N/A : not applicable
3. U_{Nm} : 정격절연전압(rated insulation voltage)
4. 전기기기에 과도적으로 높은 전압이 인가되는 경우에는(3상 회로에서 단상을 사용하는 경우) U_n=25kV 계통에 대해서 U_{Nm}=52kV를 적용할 수 있음.

c 이들 규격은 철도에만 적용됨.

표 2-4 변전 기기의 절연 레벨

전 압	기 기 명	절 연 강 도(LIWL)	단시간상용주파내전압
154kV 계통	170kV GIS	750kV	325kV
	Scott결선 변압기 1차 권선	650kV	275kV
55kV 계통	Scott결선 변압기 2차 권선	325KV	140kV
	72.5kV GIS(SS용)	325kV	140kV
27.5kv 계통	27.5kV 계통GIS(SP/SSP용)	200kV	95kV
	단권변압기	200kV	95kV
	RC 뱅크	200kV	95kV
고배 계통	고속철도 22.9kV	145kV	50kV

2) IEC와 JEC의 LIWL 차이

전기설비는 전기설비의 절연강도로 충격전압과 상용주파내전압(Power frequency withstand voltage)으로 표시되는 절연협조와 큰 고장 전류로 인하여 전기 설비에서 발생하는 열과 기계적 충격에 견딜 수 있는 강도 즉 대전류에 대한 단락협조로 유지되고 있다. 전기기기를 포함한 전기설비의 절연레벨은 1분간 인가하는 상용주파내압과 뇌충격내전압인 LIWL(Lightning impulse insulation withstand level)의 2가지 절연강도로 규정되어 있다. LIWL은 전기기기의 뇌(雷) 충격전압에 대한 절연내력으로서 1940년대 미국의 NEMA에서 전기기기의 표준절연레벨로 정한 BIL(Basic lightning impulse insulation level)에서 비롯된 것으로 현재의 미국 규격인 ANSI/IEEE에서는 BIL이라는 용어가 그대로 사용되고 있다. 반면 LIWL는 IEC가 채택한 절연내력으로 충격전압에 대한 정격절연레벨(KSC IEC 60071- 1-1993.12)로 Lightning impulse insulation withstand level의 약자이다. 여기서 주의하여야 할 점은 상용주파내압에서 표시한 전압은 실효치(Root mean square-rms voltage)인데 대하여 LIWL에서 표시하는 전압은 파고치(Crest/peak voltage)라는 점이다. 우리나라 철도에서는 154kV계통이 유효접지 계통임에도 불구하고 154kV 계통 일부에 비유효 접지계통인 일본식의 JEC LIWL을 그대로 답습 적용하고 있으며, 55kV계통에 사용하는 GIS의 절연레벨은 IEC 규격에서 기기 최고전압 72.5kV인 기기에 적용하는 절연 레벨을 채택하고 있다.

참고를 위하여 일본의 비유효 접지계통에 적용하는 JEC의 LIWL과 유효접지계통에서 적용하는 IEC LIWL을 표 2-4에 모두 옮겨 실었다. 유럽 각국은 이 IEC 절연레벨에 맞도록 유입 변압기, 차단기, GIS 등 고압 기기를 제작하고 있으며 반면 일본은 비유효 접지계통이므로 154kV이하의 기기에 대하여는 절연 계급이 IEC보다 1단계 높은 JEC의 LIWL로 제작하고 있다. 여기서 우리가 주목하여야 할 점은 일본의 154kV 계통은 비유효 접지라는 점과 전압 규격상 신간선의 전차선의 대지 허용최고전압이 30kV 이어서 Scott결선 변압기 2차의 최고 전압이 60kV로 우리나라의 비지속성최고전압 58kV인 전차선 전압보다 높다는 것이다. 즉 우리나라 154kV계통은 유효접지 계통이고 전차선 지속성최고 허용 전압 또한 27.5kV로 Scott결선변압기 2차 최고 허용 전압은 55kV이어서 우리나라 전압이 일본의 60kV에 비하여 낮다는 것을 알 수 있다. 154kV GIS에 대하여는 우리나라 철도에서는 전력계통이 유효접지여부에 관계없이 한국전력과 동일한 절연레벨인 LIWL 750kV을 적용하고 있으며, 154kV 변압기 권선의 LIWL은 기존의 철도전기용품 규정에서는 750kV Crest를 적용하도록 되어 있었으나, 2006. 9. 20 한국철도시설공단이 주최한 Workshop에서 한전과 동일한 LIWL 650kV를 적용하기로 결정하였다. Scott결선 변압기의 2차 권선의 절연도 일본의 절연 계급인 JEC 60호로 BIL 350kV를 적용하던 것을 동 workshop에서 IEC의 기기최고전압이 72.5kV인 LIWL 325kV로 변경키로 하였다. 따라서 앞으로 제작되는 모든 Scott결선 변압기의 154kV권선의 절연 강도 LIWL은 650kV이고, 55kV인 2차 권선의 절연 강도 LIWL은 325kV가 된다. 과거 JEC의 비유효 접지 계통 LIWL은

$$\mathrm{LIWL(kV)} = \frac{\text{공칭전압}}{1.1} \times 5 + 50 \ [\mathrm{kV}]$$

로 계산되어 절연 계급 140호는 공칭전압 154kV로 LIWL 750kV, 절연계급 60호는 공칭전압 66kV로 LIWL 350kV, 절연계급 30A호는 공칭전압 33kV로 LIWL 200kV 및 20A호는 공칭전압 22kV로 LIWL 150kV가 적용되어 왔다.

표 2-5 절연 강도

IEC 규 격			JEC 규 격		
기기 최고 전압(kV)	LIWL(kV)	상용주파 내압(kV)	절연계급(호)	LIWL(kV)	상용주파 내압(kV)
3.6	20 40	10	3A 3B	45 30	16 10
7.2	40 60	20	6A 6B	60 45	22 16
24	125 145	50	20A 20B	150 125	50
36	145 170	70	30A 30B	200 170	70
52	250	95	–	–	–
72.5	325	140	60	350	140
170	650 750	275 325	140	750	325

3) 절연 협조와 v–t곡선

IEC나 JEC의 표준 충격파는 그림 2-1에서 보는 바와 같이 파두장(波頭長–규약파두장)이 1.2μs, 파미장(波尾長–규약 파미장)이 50μs가 되는 충격파를 말한다. 충격파에 있어서는 동일한 절연레벨의 전기기기에 대하여 충격파를 인가하면 충격파의 파두준도(波頭峻度–steepness of lightning surge impinging)가 높은 파는 그림 2-2와 같이 파의 앞부분에서 섬락(閃絡–flash over)하고 파두준도가 낮을수록 충격파의 뒷부분에서 섬락한다. 이 인가 전압의 파두준도와 섬락시간과의 관계를 나타내는 곡선을 v–t곡선이라 한다. v–t곡선

은 그림 2-2에서 보는 바와 같이 충격파 파두 부분에서는 섬락하는 점을, 파미부분에서 섬락할 때에는 섬락점의 파고치와 방전시간이 만나는 점을 연결한 곡선이다. 이 곡선은 절연협조의 기초가 되는 곡선으로, 서로 다른 v-t곡선을 가진 2개의 절연체에 같은 충격파를 인가하면 v-t곡선이 낮은 기기가 먼저 섬락함으로써 v-t곡선이 높은 기기의 절연이 보호 된다. 다시 말하면 피뢰기(避雷器-Arrester)의 v-t곡선은 보호하고자 하는 전기기기의 v-t곡선보다 낮아야만 v-t곡선이 높은 피보호 기기를 충격전압에서 보호할 수가 있게 된다. 이와 같이 v-t곡선간의 협조를 절연 협조라고 한다.

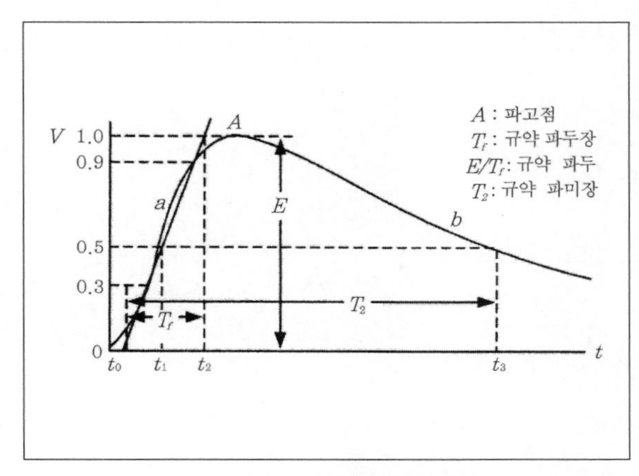

그림 2-1 표준 충격파

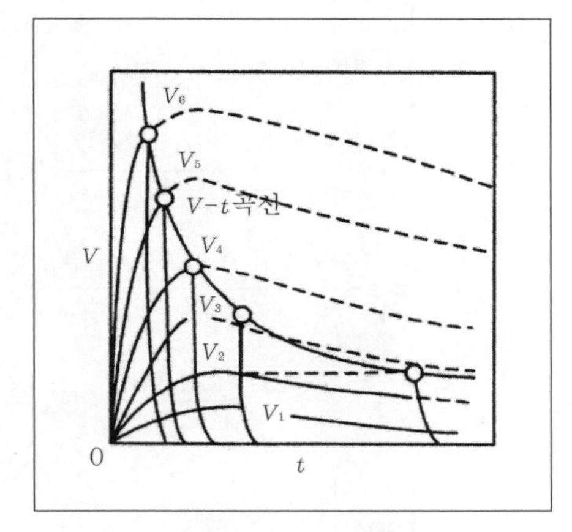

그림 2-2 v-t curve

4) **전력계통의 유효 접지**

IEC는 중성점이 다음 조건을 만족하도록 접지되어 있는 계통을 유효접지 계통이이라고 정의하고 있다.

① 접지계수가 1.4(≒ $\sqrt{3}$ ×0.8) 이하인 계통

② $\frac{R_0}{X_1} \leq 1$ 및 $\frac{X_0}{X_1} \leq 3$

의 2가지 조건을 만족하는 접지계통을 유효접지계통이라고 정의하고 있다. 여기서 R_0, X_0, X_1은 3상 계통의 등가 영상저항, 영상리액턴스 및 정상리액턴스이다. 일반적으로 송전선로나 변압기와 같은 정지기기에 있어서는 Z_1=Z_2이고 저항은 무시하므로 A상 지락 시 건전상 전압 상승 계산식에 이와 같은 전압상승이 최대가 되는 조건으로 제시한 R_0=X_1, X_0=3X_1을 대입하여 계산하면 상승된 B상 전압 V_B는(10. 전력 배전 참조)

$$V_B = \frac{(\alpha^2 - 1)Z_0 + (\alpha^2 - \alpha)Z_2}{Z_0 + Z_1 + Z_2} \times E_A$$

$$= \frac{(-1.5 - j0.866)(X_1 + j3X_1) - j1.732 \cdot jX_1}{X_1 + j3X_1 + jX_1 + jX_1} \times E_A$$

$$= \frac{2.83 - j5.366}{1 + j5} \cdot E_A = 1.1897 E_A \angle 219.12°$$

$$\therefore \left| \frac{V_B}{E_A} \right| \fallingdotseq 1.1897$$

가 되며 C상 전압은

$$V_C = \frac{(\alpha - 1)Z_0 + (\alpha - \alpha^2)Z_2}{Z_0 + Z_1 + Z_2} \times E_A$$

$$= \frac{(-1.5 + j0.866)(X_1 + j3X_1) + j1.732 \cdot jX_1}{X_1 + j3X_1 + j2X_1} \times E_A$$

$$= \frac{-5.830 - j3.6340}{1 + j5} \times E_A = 1.3473 \times E_A \angle 133.25°$$

$$\therefore \left| \frac{V_C}{E_A} \right| \fallingdotseq 1.3473$$

가 되므로 $\frac{R_0}{X_1} \leq 1$ 및 $\frac{X_0}{X_1} \leq 3$의 조건을 만족하면 곧 V_B 또는 V_C 모두가 ① 항의 접지계수 1.4 이하라는 조건을 만족하는 것을 알 수 있다. 접지계수란 IEC에서는 1선 지락 시 건전상 전압상승으로 인한 일시과전압과 정상 시 대지 전압의 비라고 정의하고 있으며 IEEE에서는 1선 지락 시 건전상 전압 상승으로 인한 일시과전압과 정상 시 선간전압의 비라고 정의되어 있다 . 따라서 IEC의 정의에서 접지계수 1.3은 IEEE에서 $\frac{1.3}{\sqrt{3}} \fallingdotseq 0.75$이고 접지계수 1.4는 $\frac{1.4}{\sqrt{3}} \fallingdotseq 0.8$이 된다. 유효접지계통의 가장 두드러진 장점은 1선 또는 2선 지락 시 건전상의 전압상승(일시과전압-TOV-temporary over voltage)이 정상 시 대지 전압의 1.4배를 초과하지 않음으로 계통의 절연 레벨을 낮출 수 있다는 점이다. 한전설계기준 2531에서는 이 TOV의 접지 계수를 154kV계통 및 345kV계통 공히 1.35로 정하고 있다. 피뢰기의 잔류전압(Residual voltage)이 피보호기기의 절연강도 보다 20% 이상 여유가 있는 경우에는 이 전압 보다 높은 전압으로서 이 전압에 가장 가까운 정격전압의 표준 피뢰기를 선정하면 된다. 전력계통의 피뢰기 설치에 대한 guide를 규정하고 있는 IEC 60099-5이에 따르면 일반적으로 TOV에 5%의 고조파가 포함되어 있고 수전 전압의 허용 값은 154kV±10%로 최고 일시 전압 상승은 상 전압이므로 $\frac{154\times1.1\times1.05\times1.4}{\sqrt{3}}=143.77[\mathrm{kV}]$로 정격전압 144kV인 피뢰기를 채택하고 있다[4]. 이와 같은 계산의 실 예는 KS C IEC60071-2의 부속서 H(참고)의 절연 협조 절차의 예와 KS C IEC 60099-5 Arrester의 선정과 응용에 자세히 실려 있다. 이와 같은 유효접지 조건은 3상 전력계통에서만 적용되고 단상에는 적용되지 않는 것을 유의하여야 한다.

2-1-2. 산화아연 피뢰기의 특성

1) 피뢰기의 정격 전압(Rated voltage)

피뢰기(避雷器)의 정격전압은 계통에 발생하는 교류 과전압으로 피뢰기가 동작을 개시하여 열폭주(熱暴走-Thermal runaway)에 이르게 되지 않는 전압이 선정 되어야 한다. 이 전압은 실제로 피뢰기의 MCOV에 의하여 결정된다. 따라서 피뢰기의 정격전압을 선정할 때에는 계통의 단시간 최대 과전압이 어느 정도가 될 것인가를 검토하여야 하고 이보다 높은 전압을 선정하여야 한다. Scott결선변압기 2차 측 선로가 1선 지락되는 경우 피뢰기의 양 단자 사이(피뢰기 단자와 접지단자 간)에 인가되는 전압은 Scott결선 변압기 2차 측 차단기를 개방하여 AT를 Scott 결선 변압기의 2차 회로에서 제외하였을 때에는 TF와 AF가 1선이 지락되는 경우 선간전압 55kV와 같은 크기의 전압이 된다. Scott 결선 변압기의 2차 측 권선 제작을 LIWL 325kV로 하고 있음으로 피뢰기의 정격전압은 피뢰기에 인가될 수 있는 IEC 허용 비지속최대전압인 58kV를 적용하고 IEC 60099의4에 의하여 고조파의 영향 1.05를 적용하면 TOV는 $58\times1.05=60.9[\mathrm{kV}]$이므로 피뢰기 MCOV가 70kV이상이고 잔류전압이 피보호기기의 LIWL의 80%인 260kV crest이하가 되는 84kV가 피뢰기의 정격전압이 된다. 27.5kV전차선 피뢰기 정격전압도 IEC의 선정 기준에 따르면 TOV가 $29\times1.05=30.45$이므로 피뢰기의 MCOV가 33.5kV이상이고 잔류전압이 160kV crest이하가 되는 피뢰기의 정격전압 39kV 또는 42kV가 적정함을 알 수 있다.

2) 최고연속운전전압(MCOV)

피뢰기의 연속 운전 전압을 IEC에서는 COV(Continuous operation voltage)라 하고 IEEE에서는 MCOV(Maximum continuous operation voltage)라 하고 있다. 피뢰기의

허용최고연속운전전압(COV 또는 MCOV)은 피뢰기의 열폭주를 방지하기 위하여 사고 등으로 인하여 발생되는 계통의 최고대지전압보다는 높아야 하며 실효치로 표시한다. 여기서 계통전압의 최고전압이라 함은 계통지락사고 시 건전상의 전압상승(일시과전압)과 고조파에 의한 계통전압의 상승도 고려한 전압으로 한다. 고조파에 의한 계통전압의 상승계수는 1.05를 고려하면 된다. 피뢰기의 적용과 선정에 대한 규정인 IEC60099-5의 3.2.1에는 자동지락고장 제거장치가 되어 있는 계통에서의 COV값은 계통에 인가가 예상되는 대지최고 전압을 $\sqrt{2}$로 나눈 값으로 하고 비접지 계통에 있어서는 최고 계통전압 또는 그보다 높은 전압을 선택한다고 되어 있다[5].

3) 피뢰기의 누설 전류

이 누설전류는 적은 저항분에 의한 누설전류 I_R과 누설 전류의 대부분을 점하는 피뢰기 소자간의 정전용량(靜電容量)에 의한 누설전류 I_C가 합성된 전류이다. 피뢰기에 연속하여 흐르는 전류는 피뢰기의 누설전류(漏泄電流-leakage current)로 피뢰기 소자에 온도 상승을 초래하는 수μA정도의 저항분 전류와 피뢰기의 용량성 전류 I_C로 구성되어 있다. 이 누설전류는 주위의 온도, 표류커패시턴스(stray capacitance)와 외부 오염도에 따라 변하므로 일정하지 않다. 그러나 KS C IEC 60099-4의 3.33에는 비교 목적을 위하여 누설전류의 실효값 또는 파고값을 피뢰기에 표시하도록 하고 있다. 또 JEC 217에 누설전류는 전 누설전류와 저항분 누설전류를 모두 측정하여 측정된 전류 값이 제작사가 제시한 누설전류 값을 초과하여서는 안 된다고 되어 있다. 실제 제품에 대하여도 일본제품은 카탈로그에 누설전류 값을 표시하지 않았으나, 독일 ABB사는 카탈로그에 피뢰기의 연속운전전압(COV)에서 대부분 용량성 전류(Capacitive current)인 누설전류가 최고 1[mA] 이하라고 되어 있으므로 이 1[mA]라는 전류 값은 참고가 되리라 생각된다. 철도에 주로 설치되어 있는 154[kV]계통이나 66[kV]계통 피뢰기의 누설전류는 설치 환경에 따라 그 편차가 매우 큰 경우가 더러 있었다. 따라서 초고압 또는 특고압용 피뢰기의 누설전류를 정격전압에서 몇 mA라고 제작사가 시험성적서 또는 카탈로그 등에 명시하지 않은 피뢰기를 설치하고자 할 때에는 피뢰기 제작자로부터 그 피뢰기의 연속운전전압 또는 피뢰기 정격전압에서의 누설전류 보증 값을 제출 받아 피뢰기를 계통에 설치한 후 실제 누설전류와 비교하여 보는 것도 피뢰기 검증의 한 방법이 될 수 있을 것으로 생각된다.

4) 열폭주(熱暴走 - Thermal runaway)

산화아연에 일정전압을 인가하면 산화아연 소자의 저항분에 의하여 누설전류가 흐른다. 이 누설전류로 인하여 소자가 발열하는데 이 소자의 발열량(發熱量)이 피뢰기의 방열량(放熱量)보다 큰 경우에는 피뢰기의 온도가 상승하고, 소자의 저항도 온도 상승에 따라 저하하여 누설전류는 증가하게 된다. 이 누설전류의 증가로 피뢰기는 과열되게 되고 드디어는 파괴에 이르게 된다. 이와 같은 현상을 열폭주(熱暴走-thermal runaway)현상이라 한다.

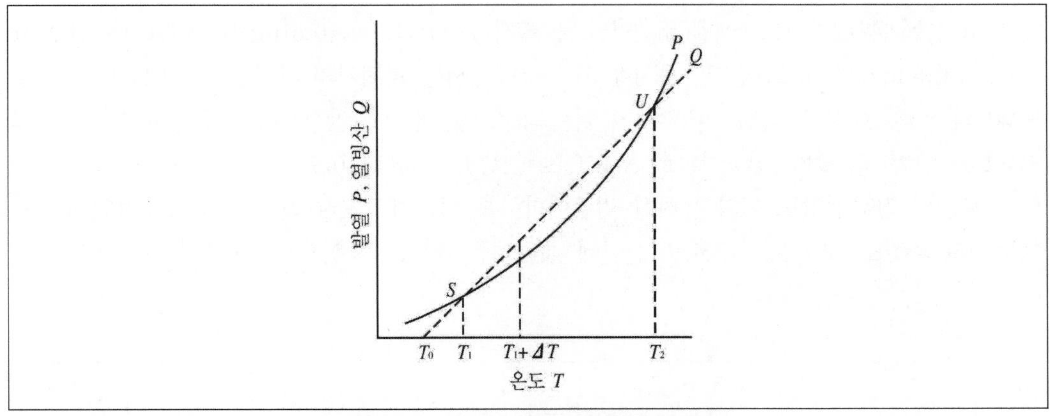

그림 2-3 산화아연 소자의 발열 특성

그림 2-3에서 곡선 P는 일정전압 인가시의 피뢰기의 발열(發熱)특성곡선으로 일반적으로 발열은 온도에 대하여 지수 함수적으로 증가하며, 곡선 Q는 피뢰기의 방열(放熱)특성 곡선으로 방열량은 주위온도와 소자온도의 차에 거의 직선적으로 비례한다. 예를 들어 P와 Q의 교점 U에서는 P=Q가 되어 평형을 이루나 S-U점의 사이의 어떤 점 예를 들면 그림 2-3의 온도 $(T_1+\Delta T)$인 점에서 P<Q이므로 방열량이 발열량보다 크므로 피뢰기 온도는 점점 저하하여 S점으로 되돌아와서 안정되나 피뢰기 온도가 U를 벗어난 구역에서는 P>Q가 되어 피뢰기의 온도는 상승하게 되어 피뢰기는 열폭주하게 된다. 따라서 산화아연피뢰기에 있어서는 서지전류에 의하여 파괴되지 않아야 하는 것은 물론 그 후의 인가전압에 의한 열폭주를 하지 않아야 한다.

5) 잔류전압(Residual voltage)

JEC에서는 잔류전압을 제한전압이라 표기했으며 KS C IEC 60099-4에서는 잔류전압으로 표기하였으므로 여기에서는 KS의 표기에 따른다. 잔류전압은 피뢰기 방전 중, 과전압이 제한되어 피뢰기의 양단자 간에 잔류하는 임펄스 전압을 말하는 것으로써 그 값은 파고치(Crest voltage)로 표시하고 있다. 잔류전압은 방전전류의 파고치와 전류 파형에 따라 정해진다. 피뢰기에 뇌 임펄스 전류를 흐르게 하여 이때 전압-전류 관계를 보면 그림 2-4(b)와 같은 v-i특성 곡선이 되는데 이 곡선을 잔류전압-전류 곡선이라 한다. 따라서 피뢰기의 잔류전압은 방전전류와 관계가 있어 방전전류가 증가하면 잔류전압도 다소 높아지게 된다. 피뢰기의 잔류전압은 방전전류 크기에 관계없이 피보호기기의 절연강도보다 낮아야 한다. 피뢰기의 보호유도(保護裕度-safety margin)는 일반적으로 피보호기기의 절연강도에 대하여는 잔류

전압이 약 20%, 개폐서지 전압에 대하여는 15% 낮은 것으로 한다. IEC에서는 산화 아연 피뢰기에 있어서는 공칭방전전류에 대한 잔류전압의 파고치를 뇌임펄스보호레벨(雷임펄스保護레벨-LIWL-lightning impulse insulation withstand level)이라 하고 개폐임펄스잔류전압 파고치를 개폐임펄스보호레벨(開閉임펄스保護레벨-SIWL-switching impulse insulation withstand level)이라고 한다. 동시에 JEC 217에서는 피뢰기의 잔류전압은 LIWL의 80%, SIWL의 85% 이하로 하면 피보호 기기는 뇌(雷)에 대하여 안전하다고 규정하고 있다. 즉 SIWL은 LIWL의 83% 정도이므로 $SIWL \leq LIWL \times 0.83 \times 0.85 \fallingdotseq 0.7$가 된다. IEC 규격의 피뢰기의 잔류전압도 이와 유사한 범주이다. 즉 피뢰기의 잔류전압은 650kV절연에 대하여는 650×0.8=520kV, 325kV 절연에 대하여는 325kV×0.8=260kV 이하가 되어야만 한다.

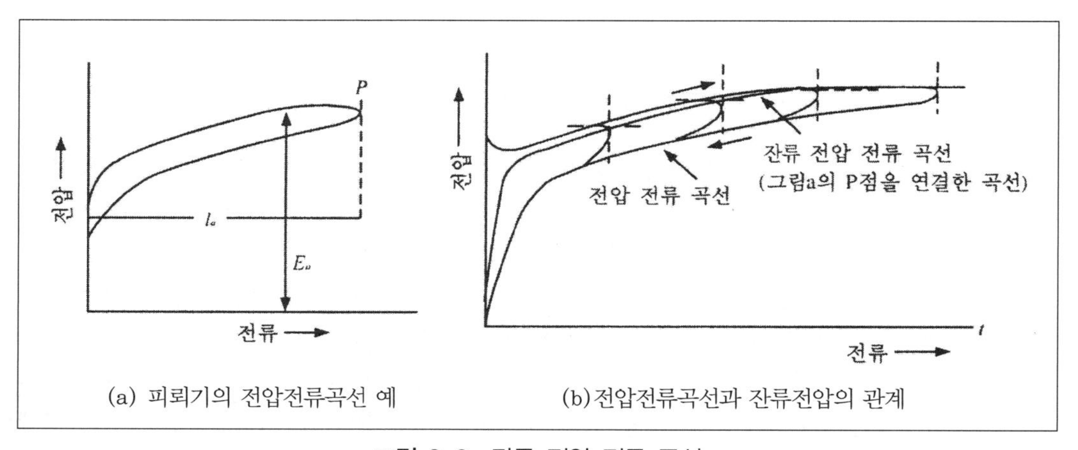

그림 2-3 잔류 전압 전류 곡선

6) 공칭 방전 전류

방전 전류라 함은 피뢰기 방전 중에 흐르는 전류로 공칭 방전전류는 피뢰기의 보호성능 및 자기회복성능(自己回復性)을 표현하기 위하여 적용하는 방전전류의 규정치로 뇌(雷)임펄스 전류의 파고치를 말한다. IEC에서는 1~245kV인 계통에서는 공칭 방전전류로 5kA 또는 10kA를 권고하고 있으며 245kV 이상의 계통에서는 10kA 또는 20kA를 권고하고 있다. 철도에서는 계통전압이 154kV, 55kV 및 27.5kV이므로 방전 전류 10kA를 채택하고 있다.

7) 절연협조를 위한 피뢰기의 Parameter의 선정

① TOV(일시과전압)

피뢰기의 TOV는 실효치(RMS)로 표시되며 다음과 같이 계산된다.

TOV는 Arrester제작사의 카탈로그에는 1초와 10초의 값이 표시되어 있는데 IEC에서는 10초의 값을 선정하는 것을 권고 하고 있다.

표 2-6 접지계수

접 지	IEC (TOV 적용시간)	JEC	한전 1031
유 효 접 지	1sec	1.4	1.35
비 유 효 접 지	10sec	1.99	−

㈜ IEC에서는 접지 계수가 표시되어 있지 않고 계통의 R, X의 비로 계산하도록 되어 있음.

계산 예

① 154kV 계통최고전압 U_m은 계통 공칭전압의 1.1이므로 접지계수 1.4와 고조파 계수 1.05를 감안하면 일시과전압 U_{TOV}는 대지와 전선사이의 전압은 상전압이므로

$$U_{TOV} = \frac{154 \times 1.1 \times 1.05 \times 1.4}{\sqrt{3}} = 143.77[kV]$$

즉, 일시과전압이 실효값으로서 $U_{TOV} > 143.77[kV]$인 피뢰기를 선정한다.

② 최고연속운전전압(MCOV−Maximum continuous operation voltage)

피뢰기의 MCOV는 실효전압이므로 고조파에 의한 전압상승을 고려하여 계통의 피크전압을 $\sqrt{2}$로 나눈 값과 같거나 이보다 큰 값으로 하여야 한다. 즉, 154kV계통에서는 실효값으로서 $MCOV > \frac{143.77}{\sqrt{2}} = 101.66[kV]$가 되어야 한다.

③ 정격전압(U_r−rated voltage)

KS C IEC 60099-5의 3.2.2에 피뢰기의 정격전압은 피뢰기가 설되어 있는 위치에서의 일시과전압보다는 높아야할 것을 요구하고 있다. 따라서 위의 계산에 의하면 유효접지 계통의 154kV에서는 피뢰기의 정격 전압은 143.77kV 보다 높은 전압이 요구된다.

④ Residual voltage(잔류 전압)

피뢰기의 잔류전압은 파고치(Crest voltage)로 표시되며 다음 조건에 합치되어야 한다.

LIWL 345kV 8/20μS−20kA에서 ①②에 의하여 선정된 피뢰기의 잔류전압
154kV 8/20μS−10kA에서 ①②에 의하여 선정된 피뢰기의 잔류전압
피뢰기잔류전압≤피보호기기의 LIWL×0.8−설치거리보상

SIWL 30/60μS−2/3kA에서의 잔류 전압이
$SIWL \leq 0.83 \times LIWL \times 0.85 -$ 설치 거리보상

의 조건을 만족할 것

위의 예에서 피보호 기기의 LIWL이 650kV이라 할 때

피뢰기잔류 전압 $< 650 \times 0.8 - \alpha = 520 - \alpha$[kV] crest

SIWL은 $650 \times 0.83 = 539.5$kV 이므로

피뢰기잔류 전압 $< 650 \times 0.83 \times 0.85 - \alpha = 458.5 - \alpha$[kV] crest

로 α는 설치 거리에 따른 보상된 값으로 기중 절연 변전소에서는 다음 절의 2-1-3에서의 $\alpha = e_t - e_a$이다.

⑤ Rated voltage(정격전압)

피뢰기의 정격전압은 실효치(RMS)로 표시되며 다음과 같이 계산한 값보다 큰 제작자의 표준제품의 전압을 구한다.

정격전압 $\geq$ TOV

잔류전압 < LIWL×0.8

위의 피뢰기에서 예를 들면 154kV전력계통에서는 TOV=101.66kV이므로 MCOV가 101.6 kV보다 큰 정격전압 144kV인 피뢰기를 선택하면 방전전류 10kA에서 잔류전압은 360kV이므로 안전하다. 이 값은 적절한 Maker의 Catalog에서 선정한다.

⑥ 방전전류

IEC에서는 60kV 계통에서는 5kA 또는 10kA, 154kV 계통에서는 10kA, 345kV 계통 20kA를 추천하고 있다.

2-1-3. 피뢰기의 설치 위치와 절연 협조

1) 기중 절연 변전소

일반적으로 인입선 종단에 변소가 설치되어 있는 경우 다음 수식으로 피뢰기와 보호기기(被保護器機) 사이의 거리를 계산한다.

$$e_t = e_a + \frac{2}{n} \cdot \mu \cdot \frac{X}{V}$$

e_t = 피보호기기의 단자 전압 최고치(kV)

e_a = 피뢰기의 뇌impulse 제한 전압(잔류전압)(kV)

n = 회선 수

μ = 침입파 파두 준도(kV/㎲)

X =피뢰기와 피보호기기 사이의 거리(m)

V =surge파의 진행 속도(기중속도-300m/μs)

일반적으로 피뢰기와 피보호기기 사이의 거리는 50m 이내가 되도록 권고하고 있다.

2) 가스 절연 변전소

① 가스 절연 변전소의 피뢰기에 의한 절연 협조 설계는 기중 절연 변전소와 다음과 같은 점에 차이가 있다는 것을 감안하여야 한다.

ⓐ 가스 절연 기기의 v-t특성은 종래의 기중 절연 기기에 비하여 평탄하고 급준한 영역에서의 절연 협조를 취하기 어렵다.

ⓑ 가스 절연 모선의 surge impedance는 가공선의 1/5 정도이며 전력 케이블의 2~3배 정도이고, 변전소 넓이는 종래 기중 절연 변전소보다 매우 좁다.

ⓒ 기중 절연 변전소의 절연 협조는 주로 변압기를 대상으로 하였으나 GIS에는 내부에 Spacer 등 유기 절연물이 있어 변압기와 동등한 보호대상으로 할 필요가 있다.

② 직렬 갭이 없는 산화아연 피뢰기는 다음과 같은 특장이 있으므로 GIS에 적용하는 데 적합하다.

ⓐ v-t곡선의 급준한 영역에서 잔류 전압 특성이 평탄하여 절연협조 상 유리하다.

ⓑ 직렬 갭이 없으므로 Arc발생이 없어 gas의 오염이 없으며

ⓒ 사이즈가 compact하다.

피뢰기 설치 장소는 변압기 부근, 모선, 선로 인입구(引入口) 어디에도 가능하다.

3) 케이블 접속 계통

케이블의 surge impedance는 가공 선로의 약 1/20 정도이므로 가공선로에서 케이블에 침입하는 뇌서-지의 전달 계수는 약 1/10이 되어 케이블에 전달되고 이 전달된 서지전압은 케이블 양단부에서 서로 반사하여 반사된 전압이 누적된다. 이 때문에 케이블의 길이가 짧은 경우 누적된 전압은 케이블의 인입구와 종단부가 거의 평준화 되어 과대한 서지전압이 되어 피뢰기가 방전하게 되므로 피뢰기 설치는 케이블의 인입구나 종단부 어디라도 보호에는 큰 차이가 없으나[(1)] 변전소 구내에 설치하는 것이 관리상 편리하다고 생각된다.

참고

가공선로의 Surge impedance(파동임피던스) : Z_1

케이블의 Surge impedance(파동임피던스) : Z_2

Surge 전달 계수 : μ

라 할 때 impulse전달 계수 μ는 $Z_1 \fallingdotseq 20Z_2$이므로

$$\mu = \frac{2Z_2}{Z_1 + Z_2} = \frac{2Z_2}{20Z_2 + Z_2} \doteqdot \frac{1}{10}$$

가 된다.

2-1-4. 전기철도의 절연협조

1) 154kV 계통의 절연 협조

우리나라 철도에서는 154kV GIS의 절연 레벨은 한전이 채택하고 있는 비유효 접지 계통의 절연 강도인 LIWL 750kV, 상용주파 내압 325kV을 채택하는 반면, Scott결선 변압기에 대하여는 2006. 9. 20일자 Workshop에서 전기기의 절연 협조를 IEC규격으로 변경하여 한국전력의 154kV변압기 권선의 절연레벨과 일치하도록 Scott결선 변압기의 1차 154kV 권선의 절연강도는 LIWL 650kV로 또 상용주파내전압을 275kV로 하고, 2차 55kV 권선의 LIWL은 325kV로 상용주파내전압을 140kV를 채택하기로 결정하였다.

2) AT급전 계통의 절연 협조

우리나라 교류 전차 선로에 대하여는 2006. 9. 20일자 Workshop에서 변전소 절연은 154kV GIS는 한전의 절연 규정이 변경되지 않았으므로 LIWL 750kV를 그대로 유지하기로 하였으나 주변압기인 Scott결선 변압기에 대하여는 IEC 및 한전 절연 규격인 ES 6120-001에 맞추어 1차 154kV 권선은 LIWL 650kV, 상용주파내전압 275kV로, 2차 55kV 권선 절연레벨은 단상이며 비지속성 최고 허용전압이 58kV로 고조파분에 대한 여유 1.05를 감안하여 LIWL 325kV, 상용주파내전압은 140kV로 하며, 대지 사이 전압이 25kV인 전차선로의 절연 강도는 IEC 62497-1에 규정된 절연레벨인 LIWL 200kV peak, 상용주파내전압은 95kV로 한다. 변전설비의 절연 협조는 주변압기 2차 측 차단기를 중심으로 차단기의 전원 측 단자와 부하 측 단자를 구분하여 전원 측 단자와 그 앞에 설치한 기기는 1선 지락 사고 시에는 대지와 건전상 간에 선간전압인 55kV가 걸림으로 절연 협조는 표 2-5에 따르나, 전차선로는 1상을 접지한 단상 계통이므로 1선 지락 시에 건전상 전압 상승이 없으므로 IEC 62497-1(2010. 03)에 추장하는 200kV를 채택한다. 더욱이 최고 전압이 30kV인 일본 신간선에서 장기간에 걸쳐 200KV를 채택하여 무리 없이 운전한 실적이 있다. 이에 따라 절연 강도는 표 2-7과 같이 결정하는 것이 타당하다.

표 2-7 전기철도의 절연 협조

항 목		154kV 계통	55kV 계통	27.5kV 계통	비고
계통조건	회로 전압(kV)	154	55	27.5	
	회로최고전압(kV)	169.4	58	29	IEC60850에 의거
	기기 최고 전압(kV)	170	72.5	(52)	
	LIWL(kV)	650	325	200(3)	(3)은 IEC62497-1에 의거
	상용주파내전압(kV)	275	140	95(3)	
	TOV(kV)	143.8	60.9	30.45	
	MCOV(kV)	101.7	60.9	30.45	
피뢰기	정격 전압(kV)	144	84	42	
	MCOV(kV-rms)(1)	108	67	34	
	잔류전압(kV-crest)(2)	373	218	110	(2) 10kA기준 잔류전압임

즉 25kV 계통에서는 피뢰기의 정격 전압을 결정함에 있어 전차선 계통은 1선을 대지를 귀로로 하는 계통이므로 1선 지락 시 건전 상에는 전압 상승이 없음으로 선로 전압을 기준으로 하면 된다. 따라서 차단기 부하 측 단자(2차 단자) 이후에 설치한 기기는 현재에는 IEC 72.5kV인 LIWL 325kV인 절연으로 되어 있던 것을 2006. 6. 15 자문회의에서 보다 합리적인 IEC 규정에 의한 절연을 채택하기로 결정하고, 분리급전의 SSP 및 병열급전의 PP와 SP에 설치하는 GIS 및 AT의 절연강도는 모두 LIWL 250kV, 상용주파내전압은 95kV로 변경하였으나 2010.02에 개정된 IEC 62497-1(Railway application-Insulation coordination)에 적용조건 OV4에도 LIWL을 200kV로 적용하도록 되어 있음으로 이를 200kV로 정정한다. 표 2-7에는 55kV 이상의 전압에 대하여는 2006. 6. 15일자 자문회의에서 결정한 규격에 따르고 25kV전차선의 절연에 대하여는 IEC62497-1의 200kV를 표시하였다. 또 현재 우리나라 55kV 계통의 비지속성 최고허용전압은 IEC 60850에 의하여 58kV이고 단상선로에서는 1선 지락 시 3상 전력 계통과는 달리 건전상의 전압 상승이 없으나 IEC 60099-5의 피뢰기 선정에는 고조파에 대한 영향을 1.05배 감안하도록 되어 있음으로 1선 지락 시 최고 전압이 60.9kV가 되므로 피뢰기의 허용연속사용최고전압(MCOV)이 60.9kV 보다 높은 정격 전압이 84kV인 피뢰기를 적용하는 것이 타당하다. 변압기 2차 측 차단기가 개방되어 있을 때에는 주변압기 2차 권선과 이와 연결되어 있는 GIS모선 등은 55kV 전압이 인가되나, 차단기가 투입되어 AT가 계통에 연결되면 AT의 중성점이 접지되므로 대지간에는 25kV가 인가되게 된다. 25kV 급전계통의 AT가 전차선로에서 모두 분리되는 때 55kV 계통이 1선이 지락되는 경우 25KV계통의 정격전압 42kV인 피뢰기에는 양단자 간에 55kV의 전압이 인가되므로 피뢰기가 열폭주할 수 있음으로 55kV계통의 지락을 이 책 512쪽의 8-6-2.에 언급한바와 같이 55kV 급전 모선 의 지락 보호를 위하여 지락과전압계전기를 설치하여 보호하여야 한다.

표 2-8 교류 25kV계통의 절연 협조

항 목		한 국		일본 신간선	TGV	비 고
		변경 전	변경 후			
계통조건	비지속성최고전압(kV)	29	29	30	29	
	지속성 최고전압(kV)	27.5	27.5	27.5	27.5	
	절연계급(kV또는호)	72.5	(52)	30A	(52)[(1)]	IEC 62497에 의거
	LIWL(kV)	325	200	200	250	
	상용주파내전압(kV)	140	95	70	95	
피뢰기	정격 전압(kV)	42	42	42	-	
	MCOV(kV-rms)	34	34	32.7	-	
	잔류 전압(kV-crest)	110	110	110	-	

㊟ (1) 3상 전원에서 2상을 전원으로 사용하는 경우($30\times\sqrt{3}=51.96$kV) 의 절연 계급 (IEC 62497 table A.2)

따라서 국내의 설계는 첫 번째 AT이후의 선로 절연내력은 전원 측과 달리 일본 신간선과 동일한 42kV인 정격전압의 피뢰기를 설치하여 일본 신간선의 절연 레벨에 맞추어 JEC 절연 30A호인 LIWL 200kV를 기준으로 하였으므로 현재의 피뢰기는 적용에 문제가 없다. 설비의 경제성을 고려하여 이와 같은 높은 절연 강도를 지식경제부의 표준규격의 국제화 시책에 따르고 아울러 철도용 전기제품의 국제 경쟁력을 향상시킨다는 의미에서 IEC 규격에 맞도록 모두 개정하였다. 더욱이 기후변화에 관한 국제연합규약의 교토의정서에서 SF_6는 온실가스로 지정되어 우리나라도 이 규정에 의하여 2008~2012년까지는 1990년에 비하여 5.2% 감축하도록 되어 있음으로 이에 따라 SF_6 가스를 대체할 수 있는 친환경개폐 장치의 개발과 사용이 권장되고 있음으로 27.5kV계통의 GIS의 절연 강도 LIWL을 200kV로 낮추어 친환경개폐 장치의 개발을 촉진 시킬 필요가 있다.

3) BT 계통의 절연 협조

우리나라에서는 BT의 절연 내력은 AT의 급전 계통과 같이 LIWL 325kV을 적용하였으나 앞으로는 AT급전 계통과 통일하여 LIWL 200kV로 변경하게 되었다.

4) 피뢰기의 설치

① AT급전 계통의 피뢰기 위치

전기철도는 AT전차선로에 대하여 현존하는 전기기기 IEC 72.5kV의 LIWL 325kV를 IEC에 의하여 LIWL 200kV로 변경하여도 42kV 피뢰기로 절연 협조하여도 무방하다. 그러나 전차선로는 일반 송전선에 비하여 높이가 매우 낮아 해안가에서는 염해에 노출되기 쉬움으로 애자의 염해(鹽害)에 의한 섬락사고 방지를 위하여 선로의 절연 강도를 대폭 강화하고 일반 송전 선로와는 달리 전차 선로 보호를 위하여 피뢰기를 특별히 설치하고 있지 않다. AT급전 계통에서는 정격전압 42kV 피뢰기를 주로 변전소 및 SP와 SSP의 단권 변압기(AT)에만 설치하여 절연 협조를 하고 있다.

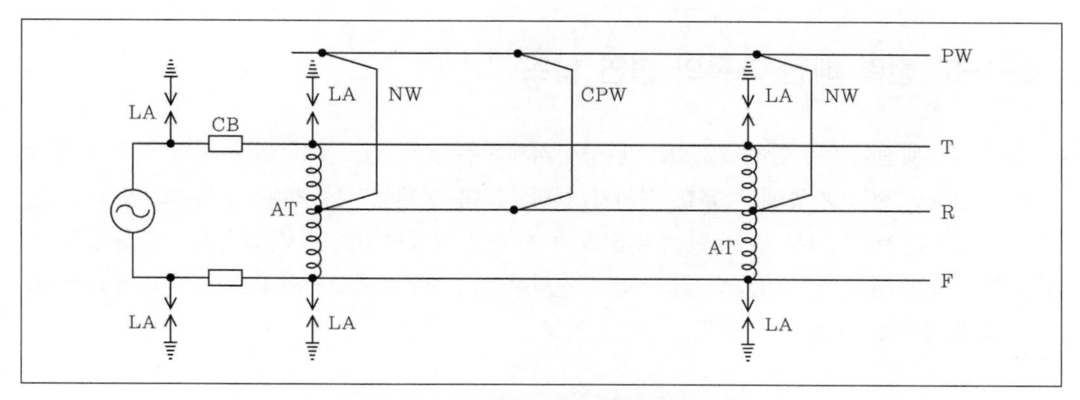

그림 2-4 AT급전 회로의 피뢰 방식

② BT급전 계통의 피뢰기 위치

BT급전 계통도 AT급전 계통과 같이 LIWL 325kV의 기기를 LIWL 200kV 기기로 교체하여 이들 기기를 42kV 피뢰기로 절연을 보호하여도 지장은 없다. BT계통의 피뢰기는 주변압기 2차 측 출구, 전차선(T) 및 부급전선(NF)의 흡상 변압기 설치 점의 양측에 설치한다. 전차선로에는 AT급전에서와 마찬가지로 피뢰기를 설치하지 않는다.

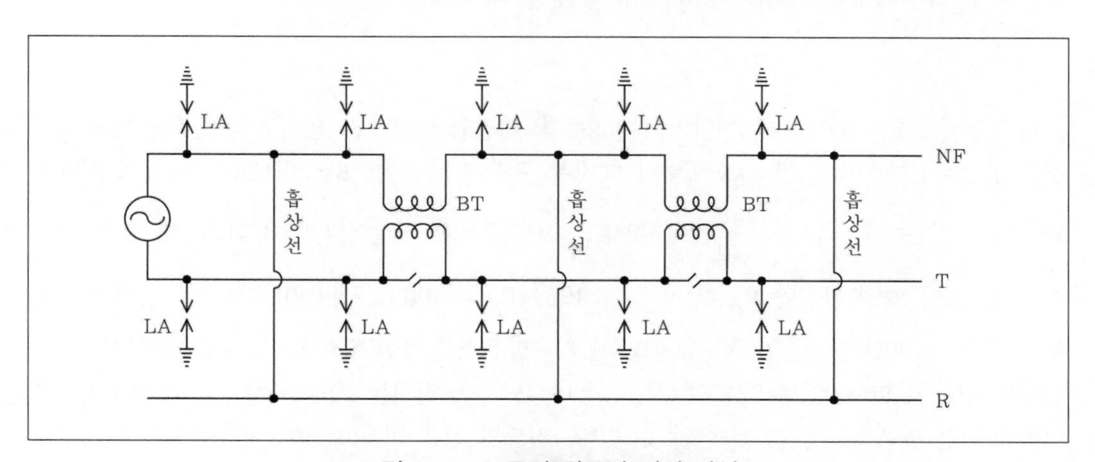

그림 2-5 BT급전 회로의 피뢰 방식

③ 전기차의 LIWL

우리나라 전기차의 절연 계급은 IEC 62497-1(2010.03)에 의거 LIWL인 170kV을 적용하고 있다. 참고로 일본의 예를 들면 신간선 전기차는 절연 강도가 170kV이나 선로의 절연레벨이 150kV인 22kV 재래선용 전기차의 절연 레벨은 125kV이다. 또 전기차에는 전기차 보호를 위하여 전기차에 내장되어 있는 주 변압기 1차 측에 피뢰기가 설치되어 있다.

2-1-5. 전력 배전 계통의 절연 협조

우리나라 배전선로는 한전 22.9kV 다중접지계통은 유효 접지 계통이나 일반 다른 부문에서는 22.9kV 전력 계통에는 유효 접지가 없다. 고속 전철에서는 22kV 비유효 접지로, 일반 철도에서는 아직 일부 남아 있는 6.6kV와 신규로 설치한 22.9kV 전력설비는 중성점 저항접지로 하고 있다. 22.9kV의 최고 회로 전압은 25.8kV이며 25.8kV 회로에 사용하는 기기의 절연 내력은 다음 표와 같다.

표 2-9 25.8kV 회로 기기의 절연 강도(한전규격)

최고 회로전압	상용주파 내전압(KV)	뇌임펄스 내전압(KV)	
	1차-대지	전파	재단파
25.8	50	125(150)	145
	70*	150*	175*

주 (1) 괄호안의 값은 비접지 계통에 적용한다.
(2) *의 값은 가스절연형 계기용 절연 계기용 변압기에 적용한다.

따라서 주보호대상이 되는 변압기의 상용주파 내전압은 50kV, 임펄스 내전압은 125kV인 것을 알 수 있다. 이제 22.9kV계통의 TOV는 규정에 따라 25.8kV이므로 피뢰기의 실효치 MCOV 전압은 $V_{MCOV} \geq \frac{25.8}{\sqrt{2}} = 18.24kV$ 즉 18.24kV 이상이 되어야 하고, 방전전류는 5 또는 10kA일 때 제한전압 V_{res}은 $V_{res} \leq 125 \times 0.8 = 100kV$ 즉 100kV보다는 낮아야한다. ABB의 U_r=24kV인 경우 V_{MCOV}=19.5kV, 방전전류 10kA에서 V_{res}=70kV이고 일본 Meidensha의 피뢰기 U_r=24kV는 V_{MCOV}=18.7kV, 방전전류 10kA에서 V_{res}=66kV이므로 위의 조건을 만족하고 있는 것을 알 수 있다. 철도와 같은 비유효 접지 계통에서는 피뢰기의 정격 전압이 24~30kV사이의 어느 정격의 전압을 사용하여도 지장이 없다.

표 2-9 계통 전압과 피뢰기의 정격

중 성 점	계통 전압 (kV rms)	LIWL (kV)	피 뢰 기 의 정격		
			정격전 압 (kV rms)	MCOV (kV rms)	공칭방전전류 (kA)
비유효접지 또는 비접지	3.3	45/30	4.5	2.93	2.5/5
	6.6	60/45	9	5.6	2.5/5
	22	150	24~30	18.5	5/10
유효접지	22.9	125	18~21	14.8	5/10
	154	650	138/144	101.7	10kA 이상

㈜ 피뢰기 규격은 IEC 규격임

㈜ (1) IEC 60850-2007-02. supply voltage of traction system
(2) IEC 62505-1,2,3-2009.03. railway application
(3) IEC 62497-1-2010-02.Railway application-insulation coordination
(4) 한전송전설계분야 설계기준-1031의 표 1 및 표 9 한전 간
(5) IEC 60071-1/2 Insulation coordination
(6) IEC 60099-5. Selection and application recommendation
(7) 현장실무를 위한 전기기술, 김정철 저, 도서출판 기다리 간
(8) IEC 60099-4. Metal oxide surge arresters without gaps for a.c. systems
(9) JEC 217 酸化亞鉛形避雷器 電氣書院 刊
(10) 명전사(明電舍) 및 ABB사의 기술 자료

제3장 변전 설비의 접지

변전설비의 접지는 크게 2가지 설계 방식을 여기에 제시한다. 하나는 넓은 변전 설비의 접지를 대상으로 한 ANSI/IEEE std 80에 의한 방법과 주로 건축 내의 접지 보호를 대상으로 한 IEC 60364에 대하여 나누어 설명하고자 한다.

3-1. ANSI/IEEE에 의한 접지 설계

접지에 대한 미국 규정인 IEEE std 80-2000은 한국전력뿐 아니라 세계적으로도 가장 널리 적용되고 있는 접지에 대한 규정이므로 실제 설계에 임하는 실무 기술자를 위하여 이 규정에서 정한 설계 수순과 사례를 요약 재편집 정리하여 게재한다. 전력 계통에서 지락 고장을 되도록 조속히 제거하여야 하는 이유는 인체가 전기에 노출되어 있는 시간이 짧으면 인체에 대한 충격이 훨씬 적어지고 심한 화상이나 사망도 많이 감소되기 때문으로 접지의 중요성이 더욱 증대하고 있다. 접지의 기본 개념은 IEC에서도 접지되어 있는 기기 간에 등전위가 형성되어 전류의 흐름이 최소가 되도록 접지 Bonding을 하는 것이다. IEEE std 80의 규정에는 GIS를 포함하여 콘크리트 기초와 그 위에 설치되어 있는 기기에 대하여는 콘크리트와 등전위가 되도록 접지선으로 철근과 접속하고 콘크리트에 매설된 철근이 지락 전류로 과열되거나 콘크리트와 철근의 접합(bonds) 부분이 부식되지 않도록 철근이 전류의 주 통로가 되지 않도록 기기의 접지를 시공하도록 권고하고 있다.

이 접지 설계 규정은 일반적으로 대지 고유저항을 측정하여 대지 고유저항과 지층 구조가 파악되어 있는 것을 전제로 하고 있다.

3-1-1. ANSI/IEEE에 의한 접지 설계 수순

ANI/IEEE에서 정한 접지 설계 수순은 다음과 같다.

Step 1) 접지를 하고자 하는 변전 설비 구역 및 평면 계획을 준비하고, 대지 고유저항 및 토질의 모델(균일 또는 2층 구조) 등 현장 조건 확정.

Step 2) 도체 굵기는 다음 식으로 계산하되 전류는 미래 증가가 예상되는 최대 고장 전류를 감안하고, 고장 제거 시간은 후비 보호에 소요되는 시간도 감안하여 결정한다.

$$Amm^2 = I \cdot \frac{1}{\sqrt{\left(\frac{TCAP}{t_C \cdot \alpha_r \cdot \rho_r}\right) \cdot \ln\left(\frac{K_0 + T_m}{K_0 + T_a}\right)}} I$$

여기서 I : 고장 전류 실효치[KA]

Amm^2 : 도체 단면적[mm^2]

T_m : 최고 허용 온도[℃]

T_a : 주위 온도[℃]

T_r : 기준 온도[℃]

α_0 : 0℃에서의 저항 온도 계수[1/K]

α_r : 기준 온도에서의 저항 온도 계수[1/K]

ρ_r : 기준 온도 Tr에서의 매설도체 저항[$\mu\Omega$-cm]

K_0 : $1/\alpha_0$ 또는 $(1/\alpha_r)-T_r$℃

t_C : 전류 통전 시간[sec]

TCAP : 체적 열용량[J/(cm^3.K)]

α_r과 ρ_r은 아래 표 3-1에서 같은 기준 온도 20℃의 값을 선정하여야 한다. 최고 허용 온도는 기계적 강도가 필요하여 경동선을 접지선으로 사용하였을 경우에는 동의 물리적 성질이 변하는 250℃로 한다.

표 3-1 재료상수

구 분	도전율 (%)	α_r (20℃)	$K_0(1/\alpha_0)$ (0℃)	용해온도 Tm(℃)	ρ_r(20℃) ($\mu\Omega$)	TCAP열용량 (J/㎤.K)
연동선	100.0	0.00393	234	1083	1.72	3.42
경동선	97.0	0.00381	242	1084	1.78	3.42
동복강선	30.0	0.00378	245	1084	5.86	3.85

3상 계통에 있어서 1선 지락시 지락 전류는 다음 식에 의하여 계산한다.

$$I_g = 3I_0 = \frac{3E}{Z_0 + Z_1 + Z_2} = \frac{3E}{(R_0 + R_1 + R_2) + j(X_0 + X_1 + X_2)}$$

여기서 E=상전압

$Z_0 = R_0 + jX_0$: 고장점에서 본 계통 영상 Impedance

$Z_1 = R_1 + jX_1$: 고장점에서 본 계통 정상 Impedance

$Z_2=R_2+jX_2$: 고장점에서 본 계통 역상 Impedance

그러나 전차 선로에 있어서는 1선 지락이 곧 AT 2차측 선로의 단락이므로

$$I_g = \frac{E}{2Z_S + Z_T + Z_{AT} + Z_L}$$

이 되며 여기서

Z_S=AT 2차 전압으로 환산한 전원 임피던스[Ω]

Z_T=AT 2차 전압으로 환산한 전원 변압기의 편상 임피던스[Ω]

Z_{AT}=AT의 임피던스[Ω]

Z_L=단락점까지의 전차선로 임피던스[Ω]

가 된다. 변압기의 편상 임피던스 Z_T[Ω]는 Scott결선 변압기 용량을 30MVA, 변압기 용량 기준 $\%Z_T=j10\%$이라 할 때

$$Z_T = \frac{10 \times 10 \times 27.5^2}{30000} \times 2 = 5.0417[\Omega]$$

로 계산된다. 즉 Scott결선 변압기의 편상용량(片相容量) 임피던스는 변압기 전용량 임피던스의 2배가 된다.

Step 3) 허용 접촉 전압 및 보폭 전압을 결정한다. 허용 접촉 전압 및 보폭 전압은 다음 수식에 의하여 계산한다.

보폭 전압 $E_{step50}=(1000+6C_S.\ \rho_s) \cdot \frac{0.116}{\sqrt{t_S}}$ 50kg인 사람

$E_{step70}=(1000+6C_S.\ \rho_s) \cdot \frac{0.157}{\sqrt{t_S}}$ 70kg인 사람

접촉 전압 $E_{touch50}=(1000+1.5C_S.\ \rho_s) \cdot \frac{0.116}{\sqrt{t_S}}$ 50kg인 사람

$E_{touch70}=(1000+1.5C_S.\ \rho_s) \cdot \frac{0.157}{\sqrt{t_S}}$ 70kg인 사람

t_s는 사람이 전류에 노출되는 시간으로 설계자의 재량에 일임하며, C_S는 계수로써 그림 3-5의 그래프에 의하든가 다음 식에 의하여 간이 계산한다.

$$C_S=1-\frac{0.09 \cdot \left(1-\frac{\rho}{\rho_s}\right)}{2h_s + 0.09}$$

여기서 ρ_s : 표면재(자갈)의 고유 저항[Ω-m]

ρ : 표면재 아래층의 고유 저항[Ω−m]

h_s : 표면재의 두께[m]

이 계산식에 의한 결과는 오차가 5% 이하로 실용상 큰 문제는 없다. 그림 3-5의 그래프에서 반사 계수 K는

$$K=\frac{\rho-\rho_s}{\rho+\rho_s}$$

가 된다.

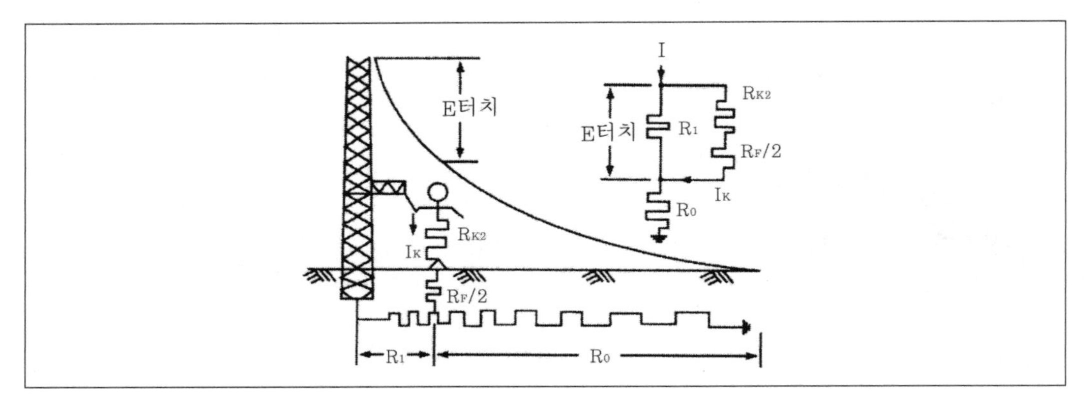

그림 3-1 접촉 전압

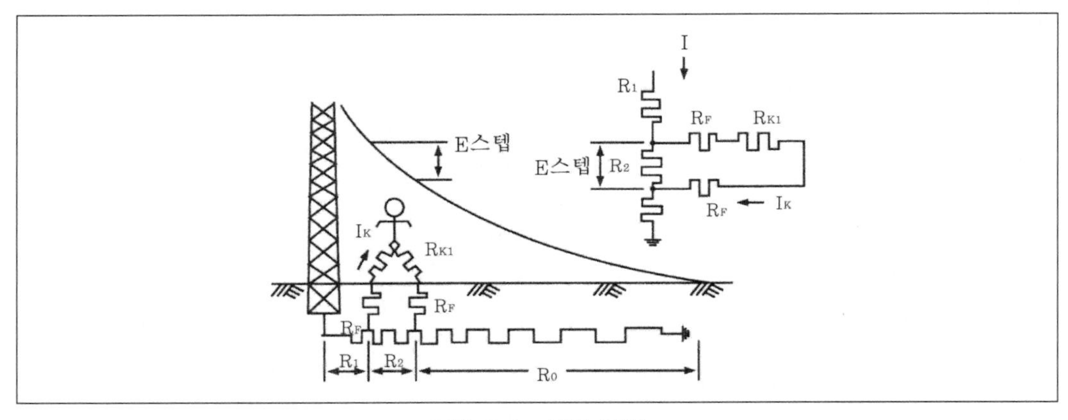

그림 3-2 보폭 전압

Step 4) 예비 설계를 시행한다. 기기 접지에 편리하도록 적절한 격자의 수 및 매설 도선의 간격, 접지봉의 위치 등을 I_G와 접지 면적을 감안하여 개략적으로 정한다.

Step 5) 균일 대지에 대한 접지 저항을 다음 식으로 구한다.

① Sverak식에 의한 간이 계산

$$R_g = \rho \cdot \left[\frac{1}{L_T} + \frac{1}{\sqrt{20 \cdot A}} \cdot \left(1 + \frac{1}{1 + h \cdot \sqrt{20/A}} \right) \right]$$

여기서 A : 접지 도선이 매설되어 있는 면적[m^2]

ρ : 평균 대지 고유 저항[Ω-m]

h : 접지 도선의 매설 깊이[m]

L_T : 매설된 도체의 총 길이[m]

R_g : 접지 저항[Ω]

② Schwarz식에 의한 계산

$$R_g = \frac{R_1 \cdot R_2 - {R_m}^2}{R_1 + R_2 - 2R_m}$$

여기서 R_1 : grid 도체의 접지 저항[Ω]

R_2 : 접지봉 접지 저항의 합계[Ω]

R_m : grid 도체 group 접지 저항 R_1과 접지봉 R_2의 상호 접지 저항[Ω]

grid 도체의 접지 저항[Ω]은

$$R_1 = \frac{\rho}{\pi \cdot L_C} \cdot \left\{ \ln\left(\frac{2L_C}{\alpha'} \right) + \frac{k_1 \cdot L_C}{\sqrt{A}} - k_2 \right\}$$

여기서 ρ : 토양의 고유 저항[Ω-m]

L_C : 매설도체의 총 길이[m]

α' : 매설 깊이 h[m]인 도체에 대하여= $\sqrt{\alpha \cdot 2h}$ 또는

α' : 지표상 도체의 α[m]

2α : 도체의 직경[m]

A : 도체로 cover된 면적[m^2]

k_1, k_2 : 계수 그림 3-3 및 3-4 참조

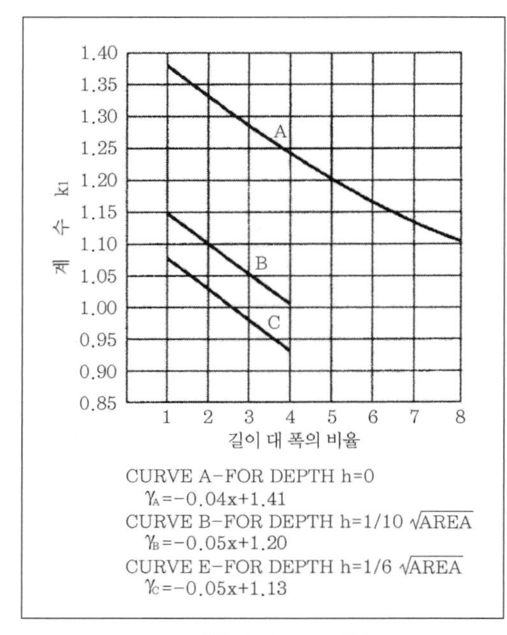

그림 3-3 k_1 계수

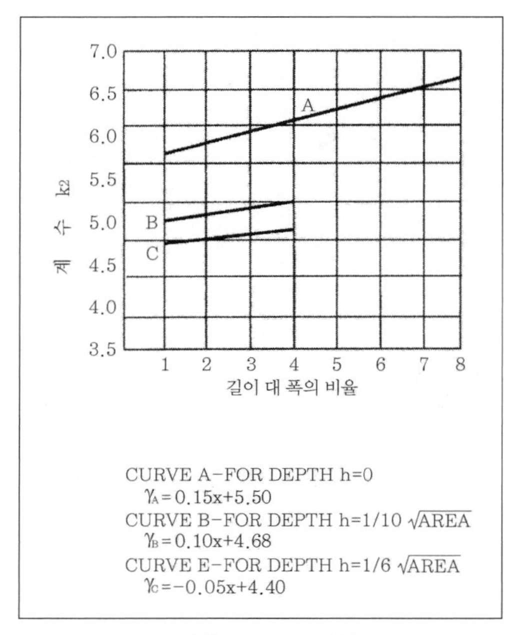

그림 3-4 k_2 계수

접지봉(ground rod) 접지 저항의 합계 $R_2[\Omega]$의 계산

$$R_2 = \frac{\rho}{2\pi \cdot n_R \cdot L_R} \cdot \left\{ \ln\left(\frac{4L_R}{b}\right) - 1 + \frac{2k_1 \cdot L_r}{\sqrt{A}} \cdot \left(\sqrt{n_R} - 1\right)^2 \right\}$$

여기서 L_r : 각 접지봉의 길이[m]

2b : 접지봉의 직경[m]

n_R : A구역에 묻혀 있는 접지봉의 수

매설 격자 도체와 접지봉의 상호 접지 저항 $R_m[\Omega]$ 계산

$$R_m = \frac{\rho}{\pi \cdot L_C} \cdot \left\{ \ln\left(\frac{2L_C}{L_r}\right) + \frac{k_1 \cdot L_C}{\sqrt{A}} - k_2 + 1 \right\}$$

Step 6) 매설 도선의 최대 전류 I_G를 구한다. I_G는 다음 식으로 구한다.

$$I_G = D_f \cdot S_f \cdot (3I_0)$$

여기서 D_f : 감쇠 계수

S_f : 분류 계수

D_f는 다음과 같이 구한다.

$$D_f = \sqrt{1 + \frac{T_a}{t_f}\left(1 - e^{-\frac{2t_f}{T_a}}\right)}$$

여기서 t_f : 고장 지속 시간[s]

T_a : DC offset 시정수[s]($T_a = X/\omega R$)

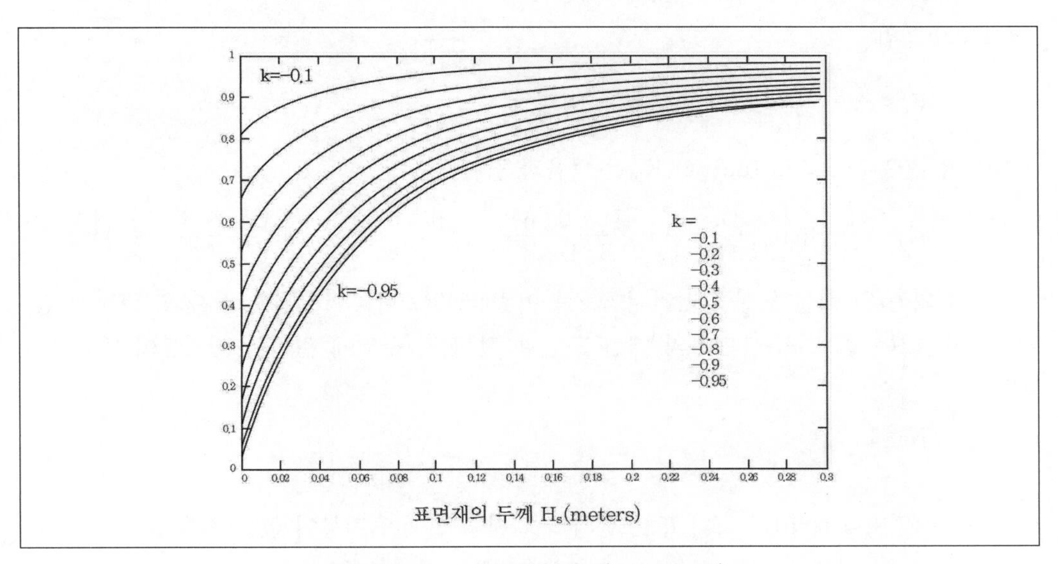

그림 3-5 C_S와 h의 관계(IEEE p 22)

표 3-2 D_f의 대표적인 값

고장 시간		감 쇄 계 수 (D_f)			
초	Cycles at 60Hz	X/R=10	X/R=20	X/R=30	X/R=40
0.00833	0.5	1.576	1.648	1.675	1.688
0.05	3	1.232	1.378	1.462	1.515
0.10	6	1.125	1.232	1.316	1.378
0.20	12	1.064	1.125	1.181	1.232
0.30	18	1.043	1.085	1.125	1.163
0.40	24	1.033	1.064	1.095	1.125
0.50	30	1.026	1.052	1.077	1.101
0.75	45	1.018	1.035	1.052	1.068
1.00	60	1.013	1.026	1.039	1.052

Step 7) 예비 설계에 의한 대지 전위 상승(GPR=ground potential rise)이 허용 접촉 전압보다 낮으면 더 이상의 분석은 필요하지 않다. 다만 기기 접지가 용이하도록 추가 접지 도선이 필요하게 된다. 만일 GPR이 허용 접촉 전압보다 높으면 Step 8)로 진행한다.

Step 8) Mesh전압 및 보폭 전압을 계산한다.

- Mesh전압

$$E_m = \frac{\rho \cdot K_m \cdot K_i \cdot I_G}{L_M}$$

지형 계수(Geometric factor) K_m은 다음과 같다.

$$K_m = \frac{1}{2\pi}\left[\ln\left\{\frac{D^2}{16 \cdot h \cdot d} + \frac{(D+2 \cdot h)^2}{8 \cdot D \cdot d} - \frac{h}{4 \cdot d}\right\} + \frac{K_{ii}}{K_h} \cdot \ln\left\{\frac{8}{\pi \cdot (2n-1)}\right\}\right]$$

맨가(최외측)의 매설 도선을 따라서 접지봉이 박혀 있거나 Grid(접지 격자)의 코너에 접지봉이 박혀 있는 경우 또는 맨가의 매설 도선과 전 접지 구역에 걸쳐서 접지봉이 박혀 있는 경우

$$K_{ii} = 1$$

접지봉이 없거나 Grid의 코너 또는 맨가의 접지 도선에 접지봉이 없는 경우에는

$$K_{ii} = \frac{1}{(2 \cdot n)^{\frac{2}{n}}}$$

$$K_h = \sqrt{1 + \frac{h}{h_0}} \qquad h_0 = 1\text{m}(\text{그릿드의 기준 깊이})$$

$$n = n_a \cdot n_b \cdot n_c \cdot n_d$$

로 여기서 $n_a = \dfrac{2 \cdot L_C}{L_P}$

$n_b = 1$ 사각 매설 접지시

$n_c = 1$ 사각 매설 접지시

$n_d = 1$ 사각 또는 L형 매설 접지시

사각 배치가 아닌 경우에는 다음과 같이 계산한다.

$$n_b = \sqrt{\frac{L_P}{4 \cdot \sqrt{A}}}$$

$$n_c=\left(\frac{L_X \cdot L_Y}{A}\right)^{\frac{0.7 \cdot A}{L_X \cdot L_Y}}$$

$$n_d=\frac{D_m}{\sqrt{L_x{}^2+L_y{}^2}}$$

단, L_C : 매설 접지 도선의 총 길이[m]

L_P : 매설 접지 도선의 주변 길이[m]

A : Grid의 면적[m^2]

Lx : Grid X방향 최장 길이[m]

Ly : Grid Y방향 최장 길이[m]

D_m : Grid상 2점 간의 최장 길이[m]

$$K_i=0.644+0.148 \cdot n$$

매설 접지 도선의 유효 길이 L_M은 접지봉이 없거나 Grid의 코너 또는 맨 가의 매설 접지선에 접지봉이 배치되어 있지 않은 경우

$$L_M=L_C+L_R$$

여기서 L_R은 접지봉의 총 길이[m]

접지봉이 Grid의 코너 또는 맨 가의 매설 접지 도선에 따라 배치되어 있을 때에는

$$L_M=L_C+\left[1.55+1.22 \cdot \left(\frac{L_r}{\sqrt{L_X{}^2+L_y{}^2}}\right)\right] \cdot L_R$$

여기서 Lx : X방향의 최대 길이[m]

Ly : Y방향의 최대 길이[m]

Lr : 각 접지봉의 길이[m]

로 한다.

- 보폭 전압의 계산

$$E_S=\frac{\rho \cdot K_S \cdot K_i \cdot I_G}{L_S}$$

유효 매설 접지 도선의 길이 L_S는

$$L_S=0.75 \cdot L_C+0.85 \cdot L_R$$

일반적인 매설 깊이 $0.25m < h < 2.5m$에서

$$K_S = \frac{1}{\pi} \cdot \left\{ \frac{1}{2h} + \frac{1}{D+h} + \frac{1}{D} \cdot (1+0.5^{n-2}) \right\}$$

여기서 D는 평행 접지 도선의 간격[m]이다.

Step 9) 위에서 계산된 mesh전압이 허용 접촉 전압보다 낮으면 설계가 끝내는 것으로 한다. 만일 계산된 mesh전압이 허용 접촉 전압보다 높으면 이 예비 설계는 수정되어야 한다.

Step 10) 만일 계산된 접촉 전압 및 보폭 전압이 모두 허용 전압보다 낮으면 기기 접지를 위한 세밀한 부분만 보완하고 설계를 끝낸다. 만일 그렇지 않으면 재설계를 한다.

Step 11) 만일 보폭 전압과 접촉 전압이 허용치를 초과하여 재설계를 할 때에는 매설 격자의 간격을 줄이고 접지봉의 수를 증가하는 등의 방안이 포함되어야 한다.

① Grid(접지 격자) 저항의 저감 : Grid의 총 저항을 저감시키면 최대 GPR과 전이 전압이 낮아진다. 접지 Grid저항을 저감하는 가장 효과적인 방법은 Grid면적을 넓히는 것이다. 만일 접지 가능 면적이 제한되어 있는 경우에는 접지봉을 깊게 박든가 우물을 파는 것도 가능하고 또 대지 고유 저항이 낮은 지층에 접지봉이 도달하도록 타입(打込)하는 것도 방법이 된다.

② Grid 간격을 가깝게 하는 방안 : Grid의 간격을 좁히면 판(plate)접지에 더욱 가까워진다. 이 경우 변전소 내의 위험한 전위는 제거될 수 있다. 반면 특히 고유 저항이 큰 소규모 변전소에서는 접지 경계에서의 문제는 더 어려워진다. 그러나 Grid 맨가의 급준한 전위경도를 완화하기 위하여 울타리 밖에 Grid접지 도선을 매설하는 방법 등으로 해결이 가능하다. 이 전위경도를 조절하는 유효하고 경제적인 또 하나의 방법은 맨가에 접지봉을 증설하는 방법과 맨가 부분의 접지격자의 간격을 좁게 하는 방법도 있다.

③ 고장 전류를 더 많이 다른 통로로 돌리는 방법 : 송전 선로의 가공지선을 연결하거나 변전소 근처에 있는 송전탑의 접지저항을 감소시켜 Grid의 대지전류를 되도록 다른 경로로 많이 분류시키는 방법이다.

Step 12) 보폭전압과 접촉전압이 만족되면 접지되어야 할 기기 가까이에 매설접지도선이 없을 경우에는 추가로 접지 도선을 매설하고 피뢰기 또는 변압기 중성점 등에는 접지봉을 추가로 타입 설치한다.

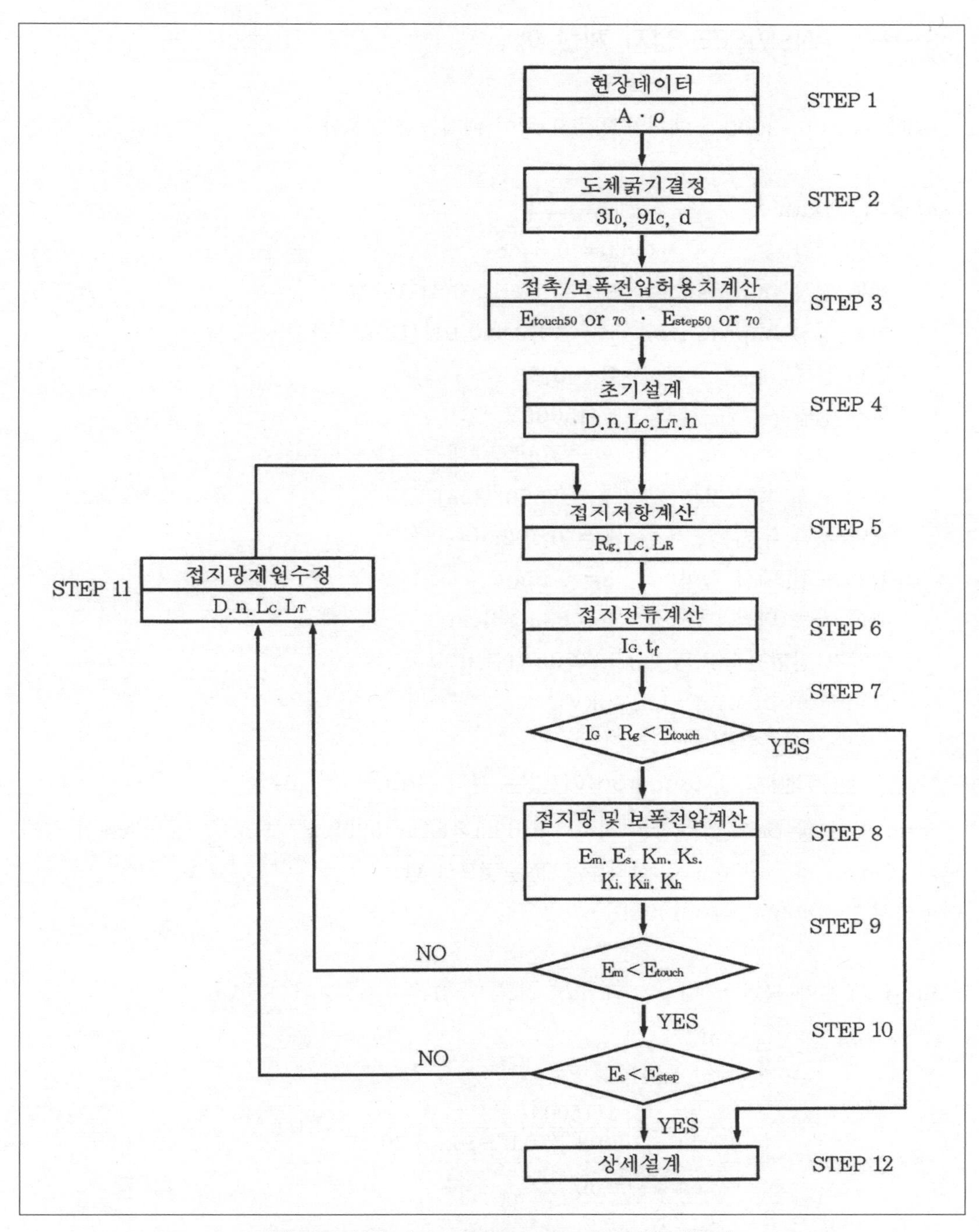

그림 3-6 설계 수순 block diagram(IEEE 80 쪽92)

3-1-2. ANSI/IEEE 접지 계산 예

IEEE std 80-2000에 예제가 있음으로 이 예제를 전재한다.

설계 기본 Data :

고장 시간	t_f= 0.5sec
계통 정상 Impedance	Z_1= 4.0+j10.0Ω(115kV측)
계통 영상 Impedance	Z_0= 10.0+40.0Ω(115kV측)
전류 분류 계수	S_f= 0.6
선간 전압	=115000V
대지 고유 저항	ρ = 400[Ω·m]
자갈 고유 저항(젖은 때)	ρ_s= 2500[Ω·m]
표면 자갈 두께	h_s= 0.102m(4 in)
접지 도선 매설 깊이	h= 0.5m
매설 가능 면적	A= 63m×84m

변압기 임피던스(Z_1과 Z_0) = 0.034+j1.014[Ω]
(Z=9% at 15MVA, 115/13kV)

1) 접지봉(接地棒-Ground rod)이 없는 사각 Grid — 예 B1

Step 1) 현장 Data : 현장은 직사각형 63m×84m=5292m^{2}이므로 초기 단계에서 접지 면적 70m×70m=4900m^{2}로 접지봉이 없는 것으로 함.
따라서 A=4900m^2, ρ=400Ω-m

Step 2) 도체 굵기 : 대칭 지락 고장 전류 $I_f=3I_0$는

$$3I_0 = \frac{3E}{Z_0+Z_1+Z_2}$$

$$= \frac{3\times 115000/\sqrt{3}}{(4.0+4.0+10.0)+j(10.0+10.0+40.0)} = 3180\,[A]$$

$$\frac{X}{R} = \frac{X_0+X_1+X_2}{R_0+R_1+R_2} = \frac{60}{18} = 3.33$$

13kV Bus의 고장 전류는 변압기가 2차 중성점을 접지한 △-Y결선이므로

$$Z_1= \left(\frac{13}{115}\right)^2 \cdot (4.0+j10.0)+0.034+j1.014=0.085+j1.142$$

$$Z_0= 0.034+j1.014$$

$$3I_0= \frac{3E}{3R_f+Z_0+Z_1+Z_2}$$

$$= \frac{3\times 13000/\sqrt{3}}{3\cdot 0+(0.085+0.085+0.034)+j(1.142+1.142+1.014)}$$

$$= 420.7-j6801.35[A]$$

$3|I_0|=6814[A]$ 또 $X/R=16.2$

매설 접지선의 굵기는 6814[A]를 기준으로 한다. 매설 도선의 굵기 $A[mm^2]$는 도전율 100%인 연동선으로 하고 고장지속시간 $t_C=0.5$초이고 매설 도선의 허용온도를 800℃로 할 때

$$Amm^2=I\cdot\frac{1}{\sqrt{\left(\frac{TCAP\times 10^{-4}}{t_C\cdot\alpha_r\cdot\rho_r}\right)\cdot\ln\left(\frac{K_0+T_m}{K_0+T_a}\right)}}$$

$$=\frac{6.814}{\sqrt{\left(\frac{3.42\times 10^{-4}}{0.5\times 0.00393\times 1.72}\right)\cdot\ln\left(\frac{245+800}{245+40}\right)}}$$

$$= 18.5166\ mm^2$$

따라서 이와 같은 가는 동선 대신 이 예에서는 동복 강선을 사용하는 것으로 하며 d=0.01m로 한다.

Step 3) 접촉 및 보폭 전압 기준 : 표면 자갈층 고유 저항 2500[Ω·m], 두께 0.102 [m], 대지 고유 저항 400[Ω·m]인 경우 반사 계수 K는

$$K=\frac{400-2500}{400+2500}=-0.72$$

저감 계수(Reduction factor) C_S는 그림 3-5의 그래프에서 구하면 $C_S=0.74$이고, 계산식에 의하면

$$C_S=1-\frac{a\cdot\left(1-\frac{\rho}{\rho_S}\right)}{2h_S+a}=1-\frac{0.09\cdot\left(1-\frac{400}{2500}\right)}{2\times 0.102+0.09}=0.7429 \rightarrow 0.74$$

따라서 70kg인 사람의 경우

$$E_{step} = (1000+6.C_S.\rho_S)\cdot\frac{0.157}{\sqrt{t_S}} = (1000+6\cdot 0.74\cdot 2500)\cdot\frac{0.157}{\sqrt{0.5}}$$

$$= 2686.6 \text{ Volt}$$

$$E_{touch} = (1000+1.5C_S\rho_S)\cdot\frac{0.157}{\sqrt{t_S}} = (1000+1.5\cdot 0.74\cdot 2500)\cdot\frac{0.157}{\sqrt{0.5}}$$

$$= 838.2 \text{ Volt}$$

Step 4) 예비 설계 : 면적 70m×70m를 매설 접지 도선을 동일 간격 D=7m, 매설 깊이 h=0.5m, 접지봉이 없는 것으로 계획한다. 매설 접지 도선의 총 길이 L_T는 L_T=2×11×70m=1540m(그림 3-7 참조)가 된다.

Step 5) Grid 저항 Rg의 계산 : A=4900m^2, L_T=1540m

따라서 R_g는

$$R_g=\rho\cdot\left[\frac{1}{L_T}+\frac{1}{\sqrt{20\cdot A}}\cdot\left(1+\frac{1}{1+h\cdot\sqrt{20/A}}\right)\right]$$

$$=400\cdot\left[\frac{1}{1540}+\frac{1}{\sqrt{20\times 4900}}\cdot\left(1+\frac{1}{1+0.5\cdot\sqrt{20/4900}}\right)\right]$$

$$= 2.78[\Omega]$$

Step 6) 최대 Grid 전류 I_G : 여기서 주어진 조건은 Step 2)에서 D_f=1.0또 전류 분류 계수 S_f=0.6 따라서

$$I_G=D_f.S_f.(3I_0)=1.0\times 0.6\times 3180=1908 \text{ A}$$

Step 7) GPR과 허용 접촉 전압의 비교 :

$$GPR=I_G\times R_g=1908\times 2.78=5304 \text{ V} > E_{touch}=838 \text{ V}$$

즉 GPR이 허용 접촉 전압보다 매우 높음으로 더 검토를 요함.

Step 8) Mesh전압을 구한다 :

$$K_m=\frac{1}{2\pi}\left[\ln\left\{\frac{D^2}{16\cdot h\cdot d}+\frac{(D+2h)^2}{8\cdot D\cdot d}-\frac{h}{4}\right\}+\frac{K_{ii}}{K_h}\cdot\ln\left\{\frac{8}{\pi\cdot(2n-1)}\right\}\right]$$

여기서

$$K_{ii}=\frac{1}{(2\cdot n)^{\frac{2}{n}}}=\frac{1}{(2\times 11)^{\frac{2}{11}}}=0.57$$

또

$$K_h=\sqrt{1+\frac{h}{h_0}}=\sqrt{1+\frac{0.5}{1.0}}=1.225$$

따라서 K_m은

$$K_m=\frac{1}{2\pi}\left[\ln\left\{\frac{7^2}{16\cdot 0.5\cdot 0.01}+\frac{(7+2\cdot 0.5)^2}{8\cdot 7\cdot 0.01}-\frac{0.5}{1.225}\cdot\ln\left\{\frac{8}{\pi(2\times 11-1)}\right\}\right\}\right]$$
$$=0.89$$

또 $K_i=0.644+0.148n$

여기서 $n=n_a\cdot n_b\cdot n_c\cdot n_d$

$$n_a=\frac{2L_C}{L_P}=\frac{2\times 1540}{280}=11$$

$n_b=n_c=n_d=1$ (∵ 사각 매설이므로)

고로 $n=n_a\cdot n_b\cdot n_c\cdot n_d=11\cdot 1\cdot 1\cdot 1=11$

따라서 $K_i=0.644+0.148\times 11=2.272$

Mesh 전압 E_m은

$$E_m=\frac{\rho\cdot I_G\cdot K_m\cdot K_i}{L_C+L_R}=\frac{400\times 1908\times 0.89\times 2.272}{1540}=1002.1[V]$$

Step 9) Em 과 E touch 의 비교 :

$E_m=1002.1V > E_{touch}=838.2\ V$

따라서 이 설계는 재수정되어야 한다.

2) 접지봉(接地棒-Ground rod)이 있는 경우 — 예 B2

1)의 예제에서 Step 4)의 예비 설계 수정이 불가피한바 허용접촉전압의 요구 조건을 만족하기 위하여는 (1) GPR값을 허용 접촉 전압보다 낮게 하는 방법 또는 E_m이 허용접촉전압보다 충분히 낮은 값을 갖도록 하는 방법, (2) 지락 전류를 감소시키는 방법이 있다. 일반적으로 (2)의 방법은 매우 어렵고 비현실적이므로 매설접지도선의 간격 조정, 총 매설 길이, 매설 깊이, 접지봉의 추가 등으로 접지 설계를 조정한다. 본 예에서는 예비 설계를 7.5m짜리 접지봉(Ground rod) 20개를 맨가(최 외측)의 매설 접지도선을 따라 추가하도록 수정하고 Step 5)에서부터 다시 계산하기로 한다(그림 3-8 참조).

Step 5) Grid 저항 R_g의 계산 :

$$L_T = L_C + L_R = 1540 + 20 \times 7.5 = 1690\text{m}, \quad A = 4900\text{m}^2$$

$$R_g = \rho\left\{\frac{1}{L_T} + \frac{1}{\sqrt{20 \cdot A}} \cdot \left(1 + \frac{1}{1 + h \cdot \sqrt{20/A}}\right)\right\}$$

$$= 400\left\{\frac{1}{1690} + \frac{1}{\sqrt{20 \times 4900}} \times \left(1 + \frac{1}{1 + 0.5 \times \sqrt{\frac{20}{4900}}}\right)\right\} = 2.75\,\Omega$$

Step 6, 7) 수정 GPR : 1908×2.75=5247V로 허용 접촉 전압 838.2V 보다 매우 높다.

Step 8) Mesh 전압을 구한다. :

$$K_m = \frac{1}{2\pi}\left[\ln\left\{\frac{D^2}{16 \cdot h \cdot d} + \frac{(D + 2h)^2}{8 \cdot D \cdot d} - \frac{h}{4d}\right\} + \frac{K_{ii}}{K_h} \cdot \ln\left\{\frac{8}{\pi(2n - 1)}\right\}\right]$$

여기서 접지봉이 있는 경우이므로

$$K_{ii} = 1$$

또 $$K_h = \sqrt{1 + \frac{h}{h_0}} = \sqrt{1 + \frac{0.5}{1.0}} = 1.225$$

$$K_m = \frac{1}{2\pi}\left[\ln\left\{\frac{7^2}{16 \cdot 0.5 \cdot 0.01} + \frac{(7 + 2 \cdot 0.5)^2}{8 \cdot 7 \cdot 0.01} - \frac{0.5}{4 \cdot 0.01}\right\}\right]$$

$$+ \frac{1}{2\pi} \times \frac{1.0}{1.225} \cdot \ln\left\{\frac{8}{\pi \cdot (2 \times 11 - 1)}\right\} = 0.77$$

따라서 E_m은

$$E_m = \frac{\rho \cdot I_G \cdot K_m \cdot K_i}{L_C + \left\{1.55 + 122 \cdot \left(\frac{L_r}{\sqrt{L_x^2 + L_y^2}}\right)\right\} \cdot L_R}$$

$$= \frac{400 \cdot 1908 \cdot 0.77 \cdot 2.272}{1540 + \left\{155 + 1.22\left(\frac{7.5}{\sqrt{70^2 + 70^2}}\right)\right\} \times 150} = 747.4 \text{ V}$$

여기서 L_r은 접지 봉 1개의 길이[m]이다. K_i는 2.272이므로

$$K_s = \frac{1}{\pi}\left\{\frac{1}{2h} + \frac{1}{D+h} + \frac{1}{D} \cdot (1 - 0.5^{n-2})\right\}$$

$$= \frac{1}{\pi}\left\{\frac{1}{2 \times 0.5} + \frac{1}{7+0.5} + \frac{1}{7} \cdot (1 - 0.5^{11-2})\right\} = 0.406$$

따라서

$$E_s = \frac{\rho \cdot I_G \cdot K_S \cdot K_i}{0.75 \cdot L_C + 0.85 \cdot L_R} = \frac{400 \cdot 1908 \cdot 0.406 \cdot 2.272}{0.75 \times 1540 + 0.85 \times 150} = 548.9 \text{ V}$$

Step 9) E_m과 E_{touch}의 비교 :

계산된 corner mesh전압(E_m=747.4V)이 허용 접촉 전압(838.2V)보다 낮음으로 Step 10)으로 진행한다.

Step 10) Em과 Estep의 비교 :

E_S=548.9V는 예-1의 Step 3)에서 정하여진 허용 보폭 전압 2686.6V보다 매우 낮음.

Step 11) 설계 수정이 더 필요하지 않음.

Step 12) 끝으로 접지 상세 설계 완료를 위하여 피뢰기 등을 위한 접지봉이 추가되어야 한다.

비교를 위하여 본 예의 전산처리 결과는 R_g=2.52Ω, E_{touch}=756.2V, E_{step}=459.1V였음을 부기한다.

3) 접지봉이 있는 직사각형 그리드 - 예 B3

Grid간격 D=7m로 하면 직사각형 면적 63m×84m에는 Grid 도선은 10×13줄이 되며

동시에 Grid 도선의 길이는 10×84m+13×63m=1659m이고, 그림 3-9와 같이 길이 10m 되는 접지봉 38개를 박았다고 하면

step 5) 그리드 저항 R_g의 계산 :

$L=1659m+(38)\times(10)=2039m$, $A=63m\times 84m=5292m^2$

따라서

$$R_g=\rho\left\{\frac{1}{Lr}+\frac{1}{\sqrt{20A}}\left(1+\frac{1}{1+h\sqrt{20/A}}\right)\right\}$$

$$=400\left\{\frac{1}{2039}+\frac{1}{\sqrt{20\times 5292}}\left(1+\frac{1}{1+0.5\sqrt{20/5292}}\right)\right\}=2.62\Omega$$

step 6, 7) 앞 예에서와 같이 I_G=1908A로 하면 R_g=2.62ohms이므로

GPR=(1908)×(2.62)=4998.26V로써 838.2V보다 상당히 높음.

Step 8) 그리드는 직사각형이므로

$n=n_a\cdot n_b\cdot n_c\cdot n_d$에서

$$n_a=\frac{2L_C}{L_P}=\frac{2\cdot 1659}{294}=11.29$$

$$n_b=\sqrt{\frac{L_P}{4\sqrt{A}}}=\sqrt{\frac{294}{4\times\sqrt{5292}}}=1.005$$

$n_c=1$ 직사각형 그리드이므로

$n_d=1$ 직사각형 그리드이므로

$$n=n_a\cdot n_b\cdot n_c\cdot n_d=11.29\times 1.005\times 1\times 1=11.35$$

따라서 K_m은

$$K_m=\frac{1}{2\pi}\left\{\ln\left(\frac{D^2}{16\cdot h\cdot d}+\frac{(D+2\cdot h)}{8\cdot D\cdot d}-\frac{h}{4\cdot d}\right)+\frac{Kii}{K_h}\cdot\ln\left(\frac{8}{\pi(2\cdot n)-1}\right)\right\}$$

에서 접지봉이 있는 Grid이므로

$K_{ii}=1$

$$K_h=\sqrt{1+\frac{0.5}{1.0}}=1.225$$

따라서

$$K_m=\frac{1}{2\pi}\left\{\ln\left(\frac{7^2}{16\times0.5\times0.01}+\frac{(7+2\times0.5)^2}{8\times7\times0.01}-\frac{0.5}{4\times0.01}\right)+\frac{1.0}{1.225}\cdot\ln\left(\frac{8}{\pi(2\times11.35-1)}\right)\right\}=0.77$$

또 $K_i=0.644+0.148n=0.644+0.148\times11.35=2.324$

$$E_m=\frac{\rho\cdot I_G\cdot K_m\cdot K_i}{L_C+\left\{1.55+1.22\times\left(\frac{L_r}{\sqrt{L_x{}^2+L_y{}^2}}\right)\right\}\times L_R}$$

$$=\frac{400\cdot1908\cdot0.77\cdot2.324}{1659+\left\{1.55+1.22\times\left(\frac{10}{\sqrt{63^2+84^2}}\right)\right\}\times380}=595.8V$$

step 9) 접촉 전압 기준 : 여기서 계산된 메쉬 전압은 예 1의 step 4에서 계산된 $E_{touch70}$의 한계 전압인 838.2V에 비하여 훨씬 낮다. 이는 앞의 예에 비하여는 접지 도선 119m와 접지봉 230m를 더 사용하였기 때문이다. 그 이하는 앞 예가 되풀이되므로 여기서는 생략한다.

4) 접지봉이 있는 L형 그리드- 예 B4

이번 예제에서는 예 B2를 수정하여 접지봉을 박은 L형 Grid에 대한 각 수식의 활용 방법을 보여주고자 한다.

접지 면적과 메쉬 간격은 예 B2와 같고, 접지봉은 메쉬 가장자리를 따라 그림 3-10과 같이 매설된 것으로 한다. 접지봉이 24개인 점을 제외하고는 모든 조건은 예 B2와 같다. 따라서 본 예는 step 5로부터 시작한다.

Step 5) : $L_r=1575+24\times7.5=1755m$, $A=4900m^2$이므로

$$R_g=\rho\left\{\frac{1}{L_r}+\frac{1}{\sqrt{20A}}\left(1+\frac{1}{1+h\sqrt{20/A}}\right)\right\}$$

$$=400\times\left\{\frac{1}{1755}+\frac{1}{\sqrt{20\times4900}}\times\left(1+\frac{1}{1+0.5\sqrt{20/4900}}\right)\right\}=2.74\ ohms$$

step 6, 7) 앞 예에서와 같이 $I_G=1908A$로 하면 $R_g=2.74$ ohms이므로

GPR=(1908)×(2.74)=5228V로써 허용 접촉 전압 838.2V보다 상당히 높음.

Step 8) L형 부지이므로

$n = n_a \cdot n_b \cdot n_c \cdot n_d$는

$$n_a = \frac{2L_c}{L_p} = \frac{2 \times 1575}{350} = 9$$

$$n_b = \sqrt{\frac{L_P}{4\sqrt{A}}} = \sqrt{\frac{350}{4 \times \sqrt{4900}}} = 1.12$$

$$n_c = \left[\frac{L_X \cdot L_Y}{A}\right]^{\frac{0.7 \cdot A}{L_X \cdot L_Y}} = \left[\frac{70 \times 105}{4900}\right]^{\frac{0.7 \times 4900}{70 \times 105}} = 1.21$$

n_d=1 L형 그리드이므로

$$n = n_a \cdot n_b \cdot n_c \cdot n_d = 9 \times 1.12 \times 1.21 \times 1 = 12.2$$

또 K_{ii}=1

$$K_h = \sqrt{1 + \frac{0.5}{1.0}} = 1.225$$

따라서 K_m은

$$K_m = \frac{1}{2\pi}\left\{\ln\left(\frac{D^2}{16 \cdot h \cdot d} + \frac{(D + 2 \cdot h)^2}{8 \cdot D \cdot d} - \frac{h}{4 \cdot d}\right) + \frac{Kii}{K_h} \cdot \ln\left(\frac{8}{\pi(2 \cdot n) - 1}\right)\right\}$$

$$= \frac{1}{2\pi}\left\{\ln\left(\frac{7^2}{16 \times 0.5 \times 0.01} + \frac{(7 + 2 \times 0.5)^2}{8 \times 7 \times 0.01} - \frac{0.5}{4 \times 0.01}\right)\right.$$

$$\left. + \frac{1.0}{1.225} \cdot \ln\left(\frac{8}{\pi(2 \times 12.2 - 1)}\right)\right\} = 0.76$$

또 $K_i = 0.644 + 0.148 \cdot n = 0.644 + 0.148 \times 12.2 = 2.45$

고로

$$E_m = \frac{\rho \cdot I_G \cdot K_m \cdot K_i}{L_C + \left\{1.55 + 1.22 \times \left(\frac{L_r}{\sqrt{L_x^2 + L_y^2}}\right)\right\} \times L_R}$$

$$= \frac{400 \cdot 1908 \cdot 0.76 \cdot 2.45}{1575 + \left\{1.55 + 1.22 \times \left(\frac{7.5}{\sqrt{70^2 + 105^2}}\right)\right\} \times 180} = 761.1\text{V}$$

또

$$K_S = \frac{1}{\pi}\left\{\frac{1}{2\cdot h} + \frac{1}{D+h} + \frac{1}{D}(1-0.5^{n-2})\right\}$$

$$= \frac{1}{\pi}\left\{\frac{1}{2\times 0.5} + \frac{1}{7+0.5} + \frac{1}{7}(1-0.5^{122-2})\right\} = 0.41$$

K_i는 2.45이므로 따라서

$$E_S = \frac{\rho\cdot I_G\cdot K_S\cdot K_i}{0.75\cdot L_C + 0.85\cdot L_R} = \frac{400\cdot 1908\cdot 0.41\cdot 2.45}{0.75\cdot 1575 + 0.85\cdot 180} = 574.6V$$

가 된다.

step 9) 접촉 전압 기준 : 여기서 이 계산 결과가 예 B2와 대단히 유사하다는 점을 유의 바란다. 또 메쉬 전압은 $E_{touch70}$의 한계 전압인 838.2V에 비하여 훨씬 낮다.

step 10) 보폭 전압 기준 : 보폭 전압 574.6V은 2686.6V보다 훨씬 낮음.

step 11) 검토 필요 없음.

step 12) 따라서 접지 설계는 끝났으며 마무리 설계만 추가로 시행하면 된다.

EPRI에서 전산 처리한 결과는 R_g=2.34[Ω], E_m=742.9V, E_S=441.8V였음을 부기한다.

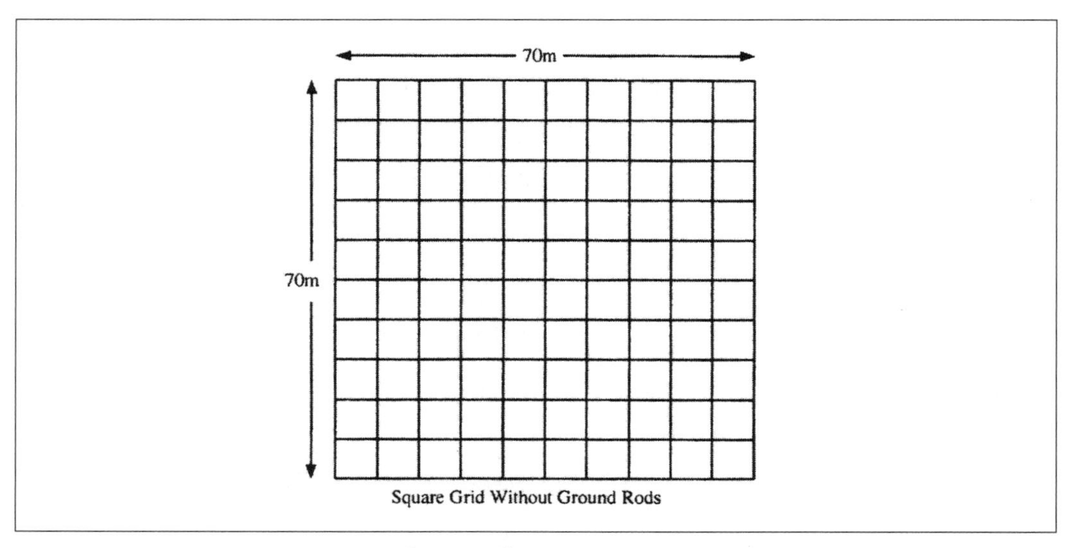

그림 3-7 예 B1- Square Grid

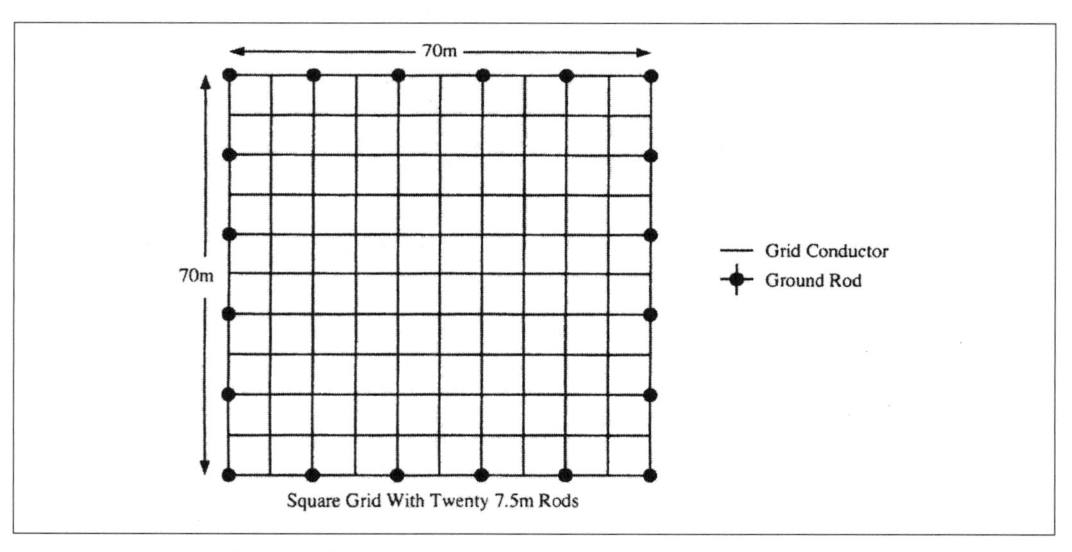

그림 3-8 예 B2- Square Grid with twenty 7.5m ground rods

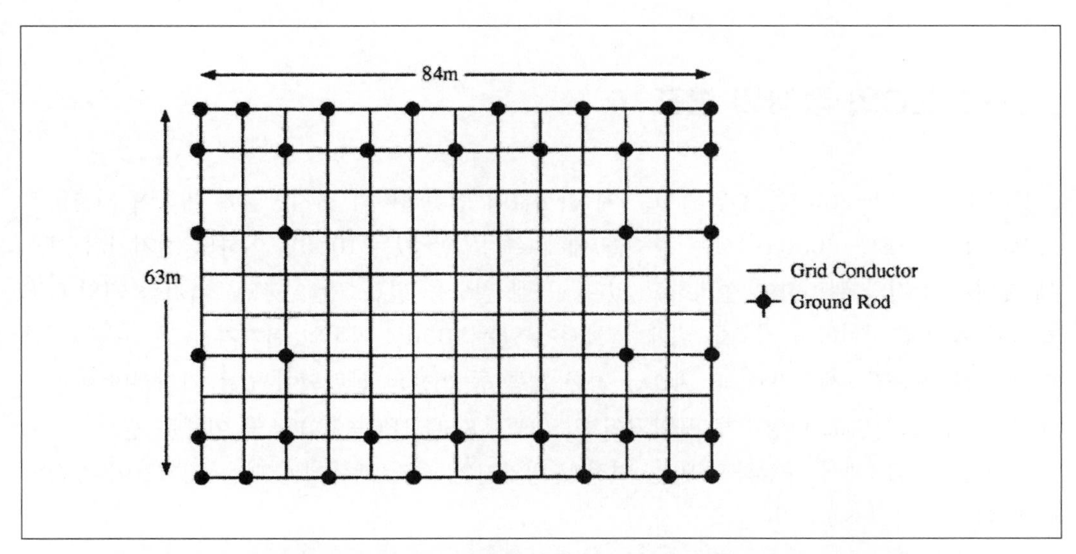

그림 3-9 예 B3-Rectangular Grid with thirty eight 10m ground rods

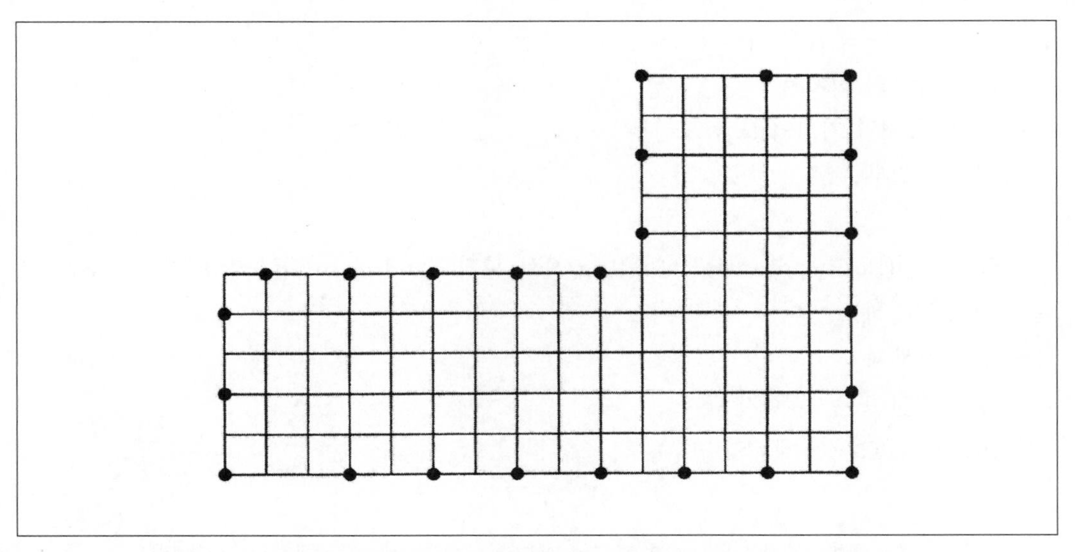

그림 3-10 예 B4-L-shaped grid with twenty-four 7.5m ground rods

3-2. IEC의 접지와 보호

IEEE std 80-2000은 전압의 고저에 관계없이 변전설비의 접지방법에 대하여 기술하고 있으나 KSC IEC-60364에서는 건축물 내에 설치되어 있는 1000V 이하의 전기기기 보호에 대하여 접지와 관련하여 설명하고 있다. 근래 철도용 변전소는 154kV 기기를 거의 GIS 화하여 옥내에 설치하며 건축물 내에 설치되어 있는 1000V 이하의 전기기기로는 이들과 관련된 보호 계전기, 제어기기, SCADA, 직류 계통 등 이들과 관련되어 있는 기기뿐만 아니라 통신 및 신호 설비도 다양하게 포함되어 있으므로 KSC IEC-60364의 이해는 필요하다고 생각된다[2]. IEC에서 규정하고 있는 변전소 변압기의 접지 계통에는 다음 기기들이 접속되어 있어야 한다고 되어 있다.

- 접지 전극
- 변압기의 외함
- 고압 케이블의 금속제 외장
- 저압 케이블의 금속제 외장
- 고압 계통의 접지선
- 고압 및 저압 기기의 노출 도전부
- 외부 도전부

등전위 본딩(Equi-potential bonding)으로 본딩(Bonding)하여야 할 전기 시설물은 다음과 같이 규정하고 있다.

- 주 보호도체
- 주 접지선 또는 주 접지 단자
- PEN도체(TN-C 계통의 경우)
- 수도관
- 가스관

이들은 IEEE의 접지 설계에 옥내 전기 설비의 접지로 추가되어야 한다.

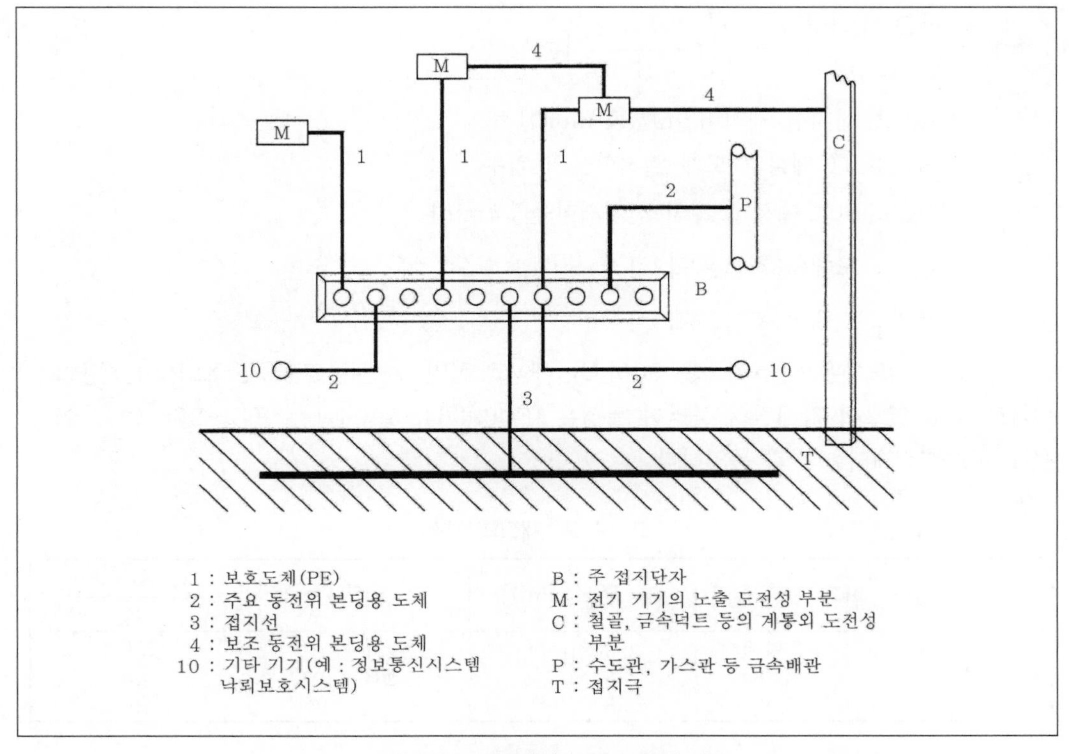

그림 3-11 등전위 Bonding의 예

3-2-1. 접지선의 굵기

IEEE std 80과는 다른 점은 지락 전류의 계산 방법을 제시하지 않고 있으며 접지선의 굵기는 IEEE와 일치한다. IEC 60364-5-54에 제시된 접지선의 굵기는

$$A = \frac{I \cdot \sqrt{t_C}}{k} \ [mm^2]$$

이다. 여기서

A : 접지선의 굵기

I : 접지선에 흐르는 전류[A]

t_C : 통전시간[sec]

k : 계수로 다음 식에 의함.

$$k = \sqrt{\frac{Q_C(B+20)}{\rho_{20}} \cdot \ln\left(1+\frac{\theta_f-\theta_i}{B+\theta_i}\right)}$$ 로

Q_C : 접지선 체적비열[J/(K mm³)]

B : 0℃에서의 도체 열저항율의 역수

ρ_{20} : 20℃에서 도체의 전기저항율[Ω mm]

θ_f : 도체의 최종온도[℃]

θ_i : 도체의 초기온도[℃]

한전에서는 도체온도를 연동은 800[℃], PVC 절연 동선은160[℃], XLPE전선은 250[℃]로 하고 있으며 각재질의 물리적 특성은 IEC60364-5-54에는 표12-2와 같다. 이 값은 IEEE에서 제시한 값과 동일하다.

표 12-2 재질의 특성

재 질	B[℃]	Qc[J/(K.mm³)]	ρ_{20}[mΩm]	$\sqrt{\frac{Q_C(B+20)}{\rho_{20}}}$
구 리	234.5	3.45×10^{-3}	17.241×10^{-6}	226
알루미늄	228	2.5×10^{-3}	28.264×10^{-6}	148
철	202	3.8×10^{-3}	138×10^{-6}	78

이제 예로 중성점 직접 접지계통에서 지락 전류가 20[kA]이고 통전시간이 0.5초인 경우, 접지선의 재질을 XLPE로 사용하는 경우 그 굵기를 IEC에 의하여 계산하여 보면

$$k = \sqrt{\frac{Q_C(B+20)}{\rho_{20}} \cdot \ln\left(1+\frac{\theta_f-\theta_i}{B+\theta_i}\right)}$$

$$= \sqrt{50926.5704\times\ln\left(1+\frac{250-20}{234.5+20}\right)} = 181.0728$$

따라서

$$A = \frac{I \cdot \sqrt{t_C}}{k} = \frac{20\times\sqrt{0.5}\times10^3}{181.0728} = 78.1[mm^2] \Rightarrow 95[mm^2]$$

으로서 XLPE전선은 95mm²으로 하면 되고 IEEE에 의하여 계산하여 보면

$$Amm^2 = I \cdot \frac{1}{\sqrt{\left(\frac{TCAP\times10^2}{t_C\cdot\alpha_r\cdot\rho_r}\right)\cdot\ln\left(\frac{K_0+T_m}{K_0+T_a}\right)}}$$

$$= \frac{20}{\sqrt{\left(\frac{3.42\times10^{-4}}{0.5\cdot0.00393\cdot1.72}\right)\cdot\ln\left(\frac{234+250}{234+20}\right)}} = 78.30[mm^2]$$

로서 그 결과는 같은 것을 알 수 있다.

나연동선으로 접지선을 가설하는 경우에는 통전 시간을 0.5초로 하면

$$k = \sqrt{\frac{Q_C(B+20)}{\rho_{20}} \cdot \ln\left(1+\frac{\theta_f - \theta_i}{B+\theta_i}\right)} = 226 \times \sqrt{\ln\left(1+\frac{800-20}{234.5+20}\right)}$$

$$= 269.27$$

따라서 $A = \frac{I \cdot \sqrt{t_C}}{k} = \frac{20 \times \sqrt{0.5} \times 10^3}{269.27} = 52.52[mm^2] \Rightarrow 70[mm^2]$

로 $70mm^2$으로 가설하면 된다. IEEE에 의하면

$$A = I \cdot \frac{1}{\sqrt{\left(\frac{TCAP \times 10^{-4}}{t_C \cdot \alpha_r \cdot \rho_r}\right) \cdot \ln\left(\frac{K_0 + T_m}{K_0 + T_a}\right)}}$$

$$= \frac{20}{\sqrt{\left(\frac{3.42 \times 10^{-4}}{0.5 \cdot 0.00393 \cdot 1.72}\right) \cdot \ln\left(\frac{234.5+800}{234.5+20}\right)}} = 53.09[mm^2]$$

로서 접지선 굵기에 대한 계산은 IEEE에 의하던 IEC에 따르던 서로 같다는 것을 알 수 있다.

3-2-2. 건축물 내의 1000V 이하의 접지 계통의 종류

1) TN 계통(TN system)

TN 계통이란 전원 한 점을 직접 접지하고 설비의 노출 도전성 부분을 보호도체(PE)를 이용하여 그 점에 접속하는 접지계통을 말한다. 일반적으로 접지점은 전력계통의 중성점으로 한다. TN 계통은 중성선 및 보호도체의 배치에 따라 TN-S 계통, TN-C-S 계통 및 TN-C 계통의 3종류가 있다.

① TN-S 계통

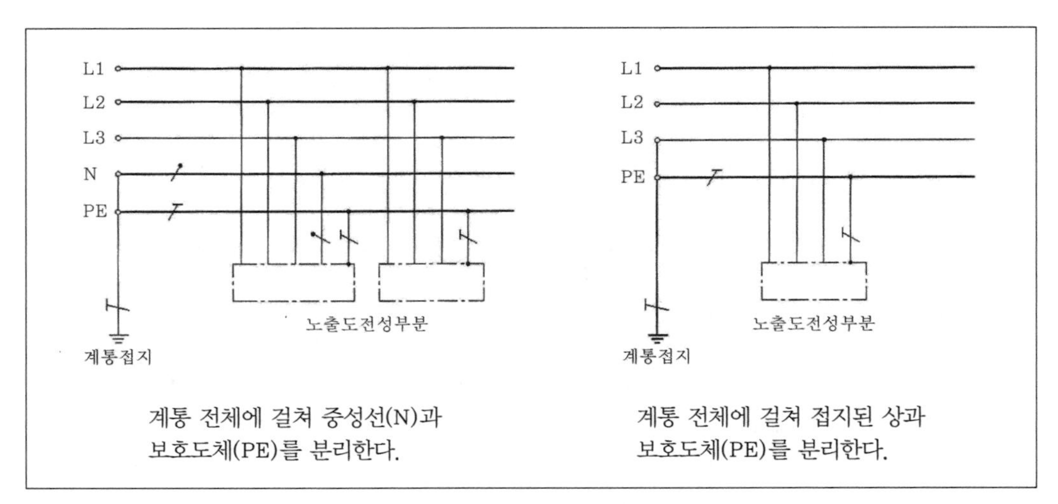

그림 3-12 TN-S 계통

② TN-C-S 계통

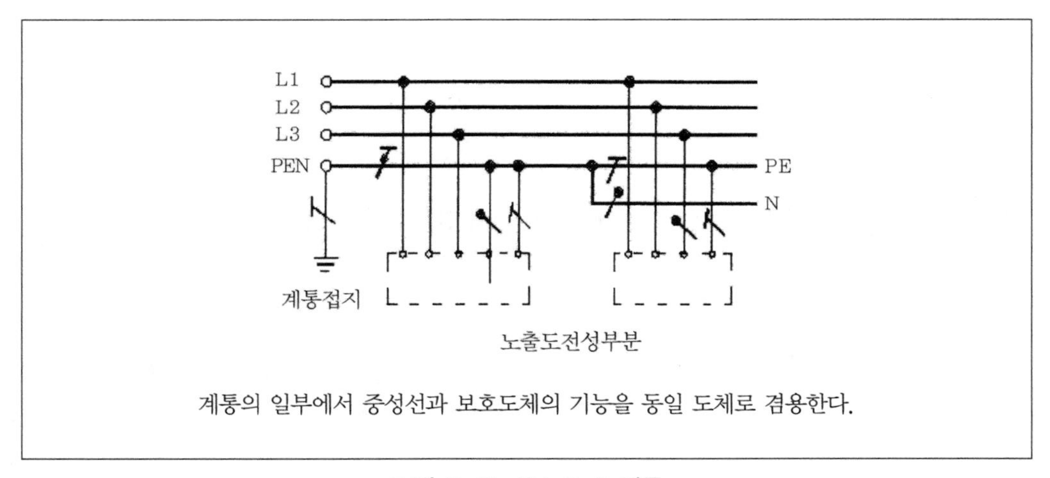

그림 3-13 TN-C-S 계통

③ TN-C 계통

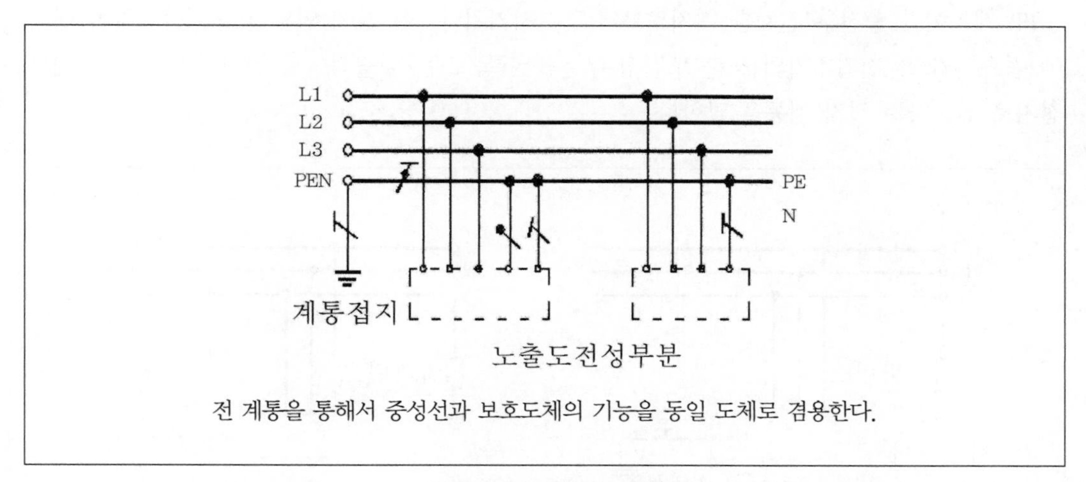

그림 3-14 TN-C 계통

2) TT 계통(TT system)

TT 계통이란 전원의 한 점을 직접 접지하고 설비의 노출 도전성 부분을 전원 계통의 접지극과는 전기적으로 독립한 접지극에 접지하는 접지 계통을 말한다.

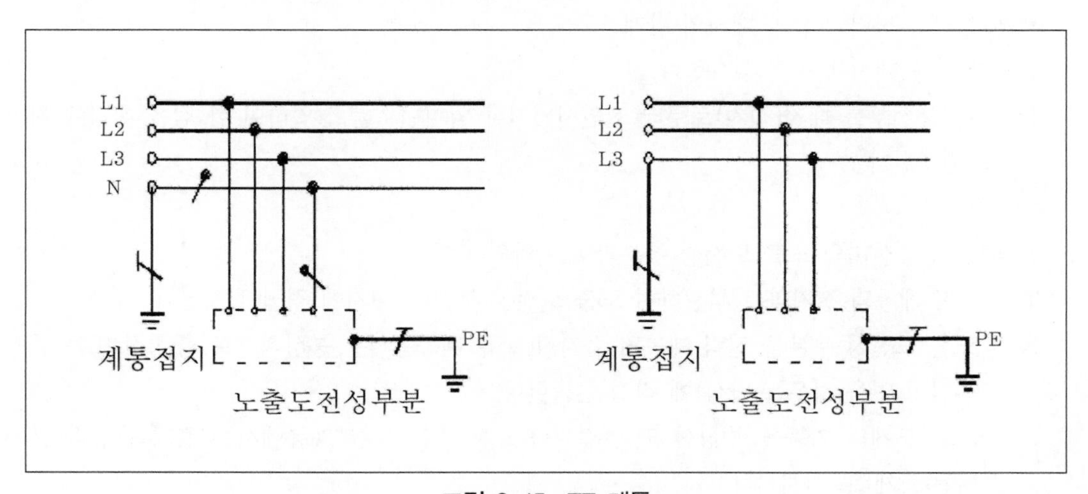

그림 3-15 TT 계통

3) IT 계통(IT system)

IT 계통이란 충전부 전체를 대지로부터 절연시키거나, 한 점에 임피던스를 삽입하여 대지에 접속시키고, 전기기기의 노출 도전성 부분을 단독 또는 일괄적으로 접지하거나 또는 계통 접지로 접속하는 접지 계통을 말한다.

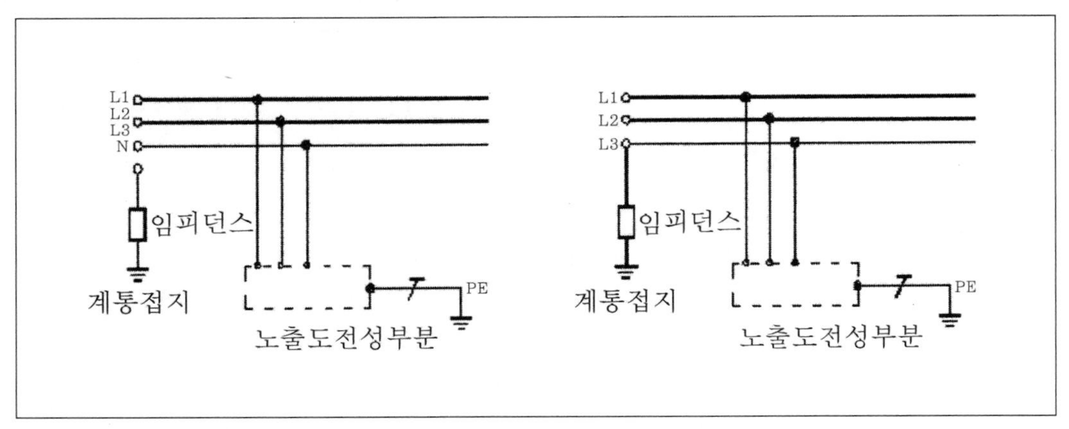

그림 3-16 IT 계통

◉ 코드의 의미

• 제1문자 : 전력 계통과 대지의 관계

T= 한 점을 대지에 직접 접속한다.

I= 모든 충전부를 대지(접지)로부터 절연시키거나 임피던스를 삽입하여 한 점을 대지에 직접 접속한다.

• 제2문자 : 설비의 노출 도전성 부분과 대지와의 관계

T = 전력 계통의 접지와는 무관하며 노출 도전성 부분을 대지에 직접 접지한다.

N = 노출 도전성 부분을 전력 계통의 접지점(교류 계통에서는 통상적으로 중성점 또는 중성점이 없을 경우는 단상)에 직접 접속한다.

S = 보호 도체의 기능을 중성선 또는 접지측 도체(또는 교류 계통에서는 접지측 상과 분리된 도체)로 실시한다.

C = 중성선 및 보호 도체의 기능을 한 개의 도체로 겸용한다.(PEN 도체)

◉ 기호의 설명

기 호	설 명
	중성선(N)
	보호도체(PE)
	중성선 겸용과 보호도체(PEN)

4) 직류 계통 접지의 종류

① TN-S 직류 계통

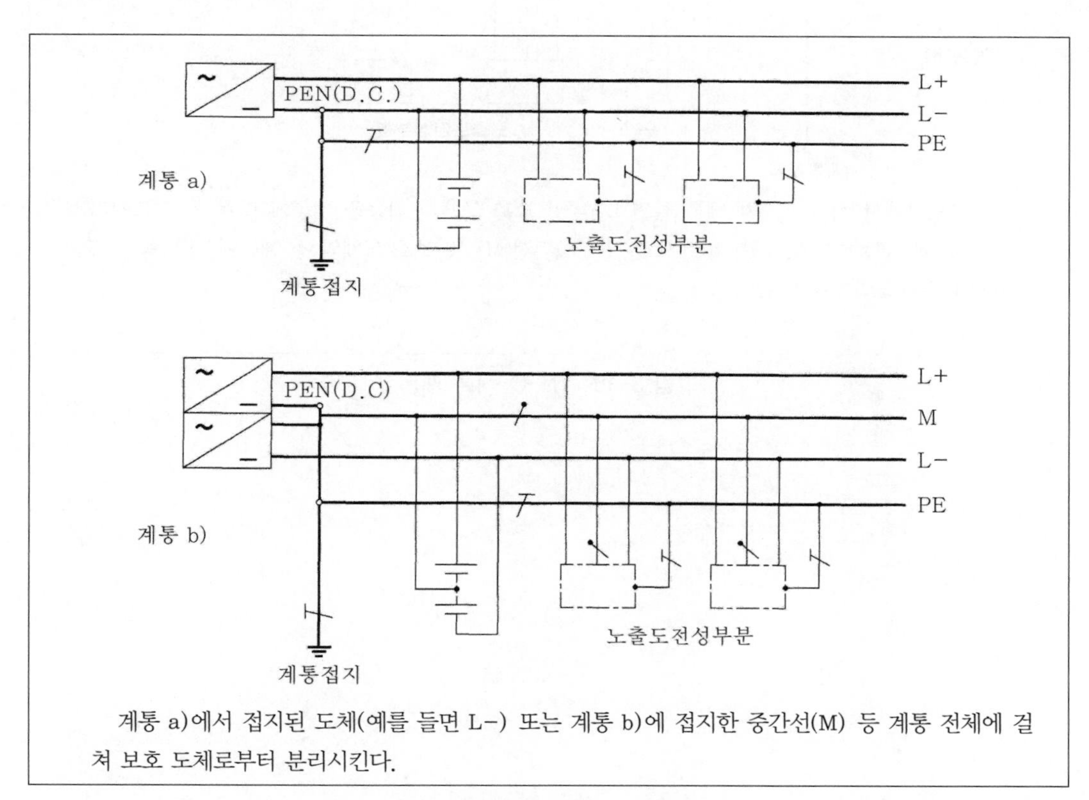

계통 a)에서 접지된 도체(예를 들면 L−) 또는 계통 b)에 접지한 중간선(M) 등 계통 전체에 걸쳐 보호 도체로부터 분리시킨다.

그림 3-17 TN-S 직류 계통

② TN-C 직류 계통

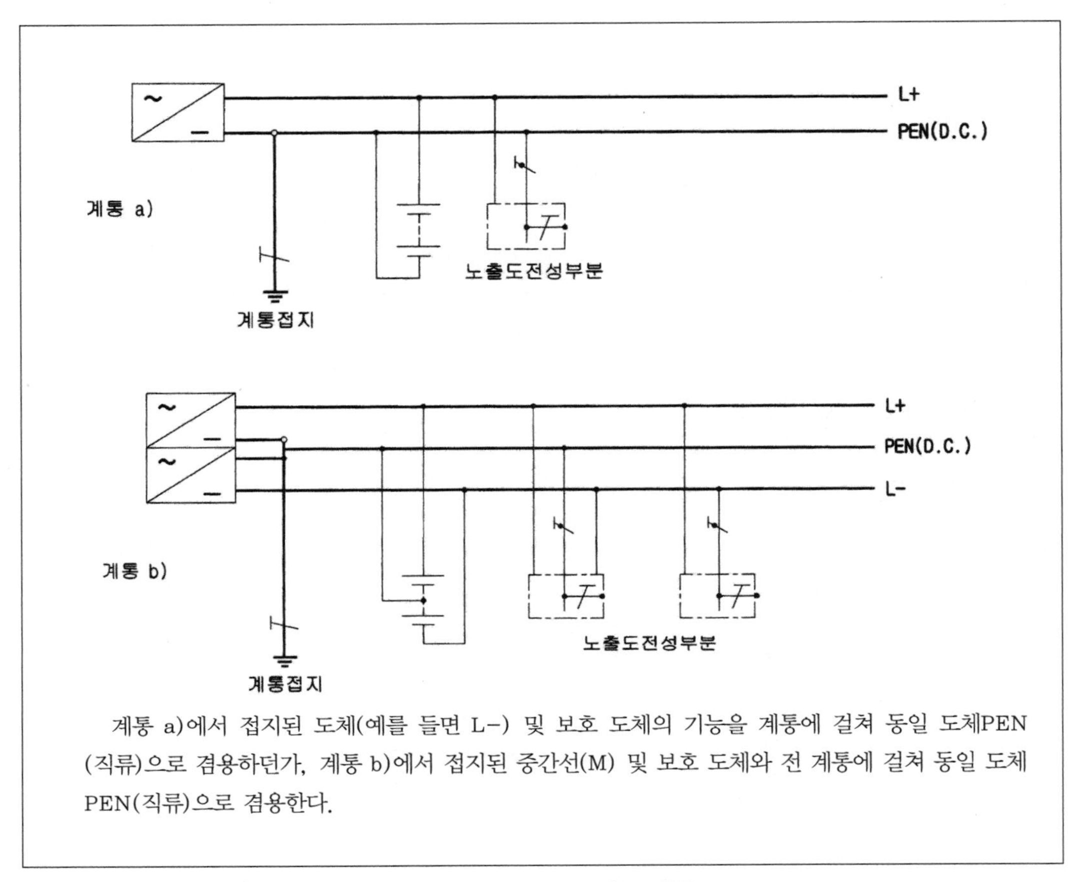

계통 a)에서 접지된 도체(예를 들면 L-) 및 보호 도체의 기능을 계통에 걸쳐 동일 도체PEN(직류)으로 겸용하던가, 계통 b)에서 접지된 중간선(M) 및 보호 도체와 전 계통에 걸쳐 동일 도체 PEN(직류)으로 겸용한다.

그림 3-18 TN-C 직류 계통

③ TN-C-S직류 계통

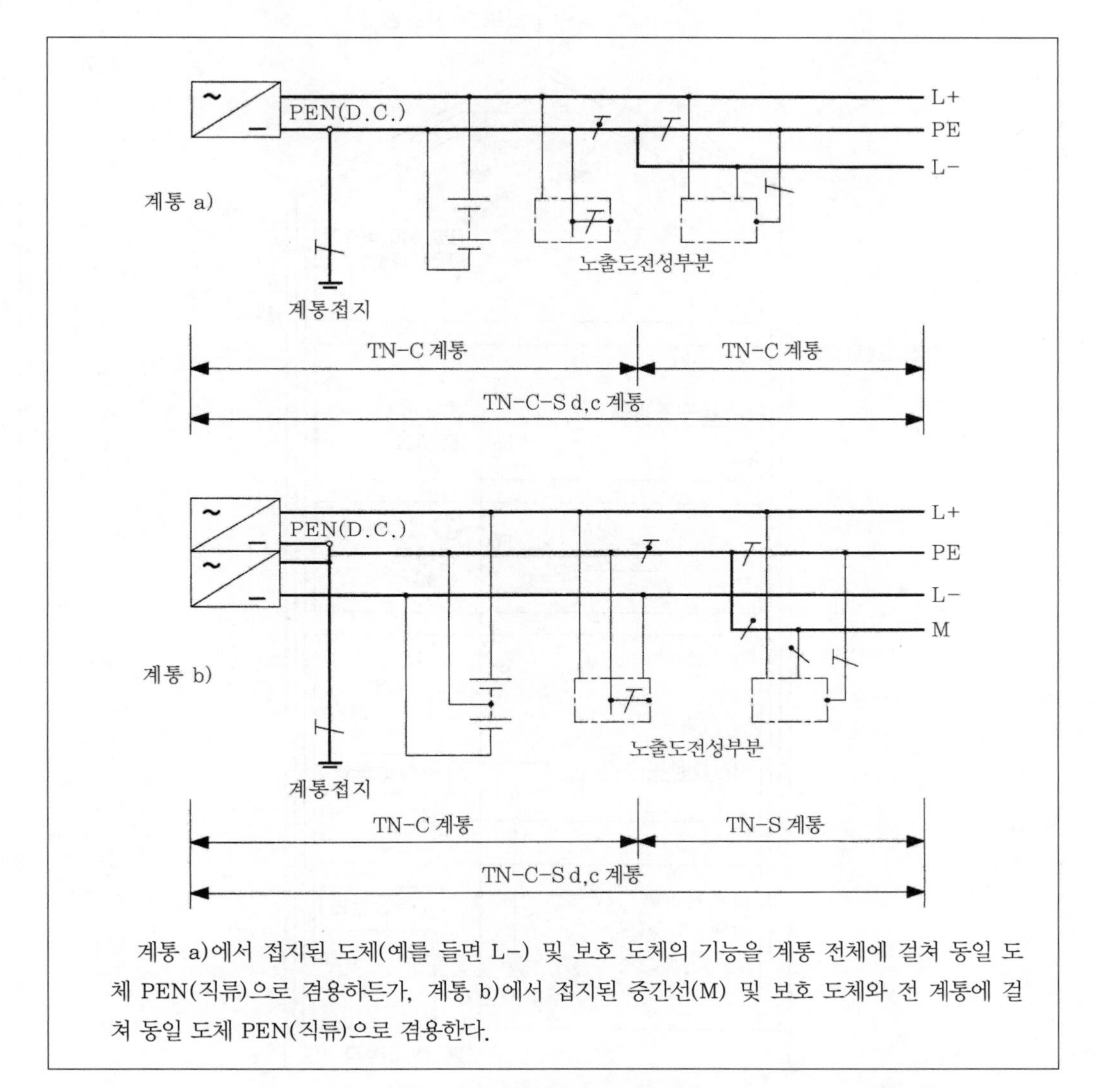

계통 a)에서 접지된 도체(예를 들면 L−) 및 보호 도체의 기능을 계통 전체에 걸쳐 동일 도체 PEN(직류)으로 겸용하든가, 계통 b)에서 접지된 중간선(M) 및 보호 도체와 전 계통에 걸쳐 동일 도체 PEN(직류)으로 겸용한다.

그림 3-19 TN-C-S 직류 계통

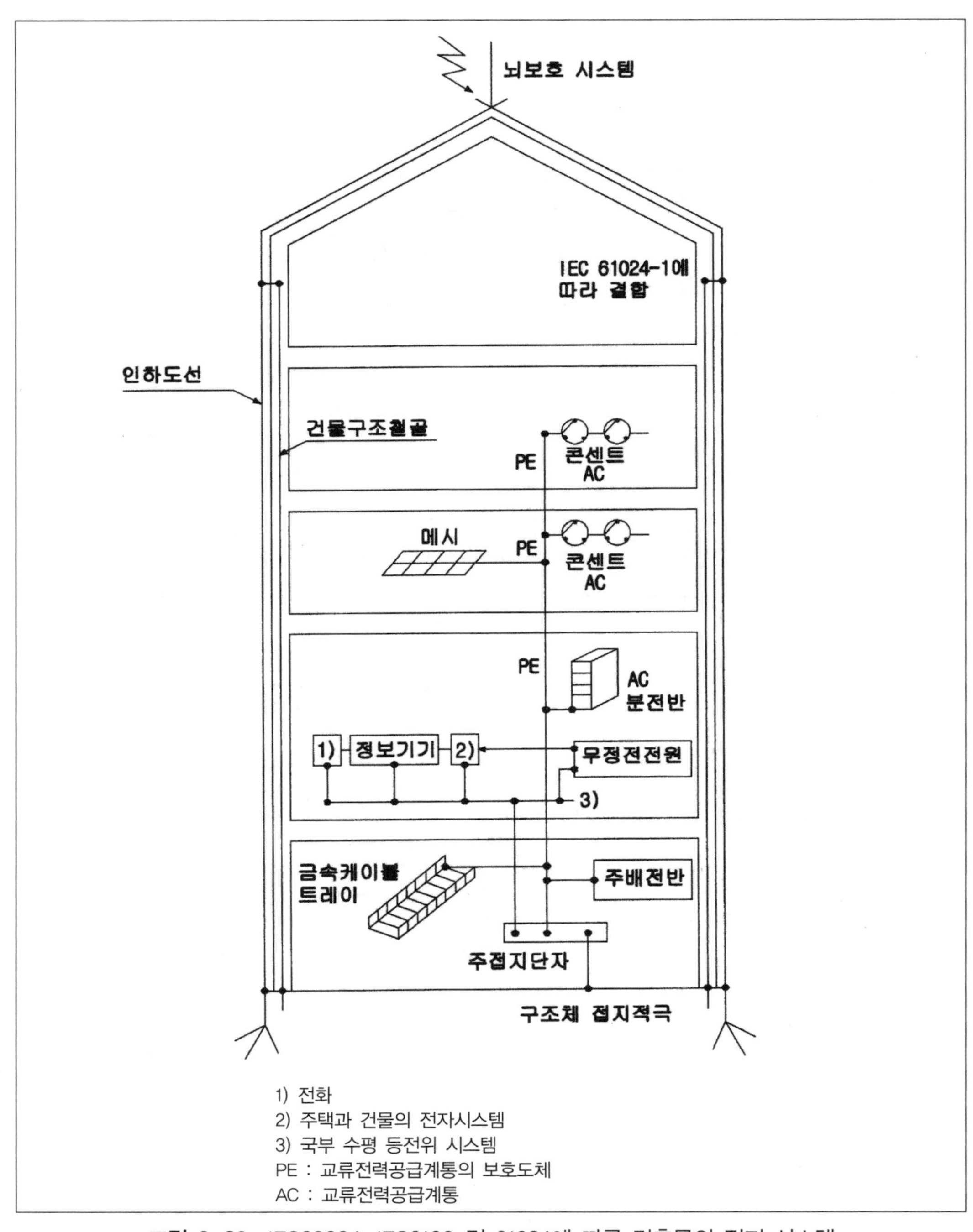

그림 3-20 IEC60364, IEC6100 및 61024에 따른 건축물의 접지 시스템

3-3. 접지 측정

일반적으로 접지 전극에 직류를 흘리면 분극작용으로 접지 전극에 수소 이온이 발생하여 접지 저항값이 정확히 측정되지 않으므로 교류로 접지 저항값을 측정한다. 접지 전극에 전류를 흘리면 접지 전극에서 전류는 방사상으로 흘러감으로 전류 밀도는 접지극 주위가 높아 대지 전위는 그림 3-21과 같이 상승하고 거리가 멀어질수록 감소하여 무한히 먼 거리에서 전압은 0이 된다. 이때 대지 전압 상승값 V, 전류를 I라 하면 접지 저항은 $R = \frac{V}{I}$ [Ω]이다. 이때 측정점 A와 A′에서의 측정 전압이 거의 비슷하면 이 값을 대지 전압으로 간주하면 된다. 그림 3-21에서 보조 전극 2를 전류 전극, 보조 전극 1을 전압 전극이라 하며 보조 전극 1의 위치는 접지 전극과 보조 전극 2의 거리의 0.618배 되는 곳으로 하는 것이 가장 정확한 측정점이 되는 지점으로 이를 61.8%법칙이라 한다.

따라서 접지판 또는 접지봉 접지는 시판하는 접지저항측정기로 접지 저항을 측정하여도 되나, 망상 접지의 경우는 접지저항측정기로 측정하였을 경우 그림 3-21에서 보는 바와 같이 전위가 변하는 범위 내에서 측정하게 될 가능성이 크므로 그 값은 부정확하게 된다.

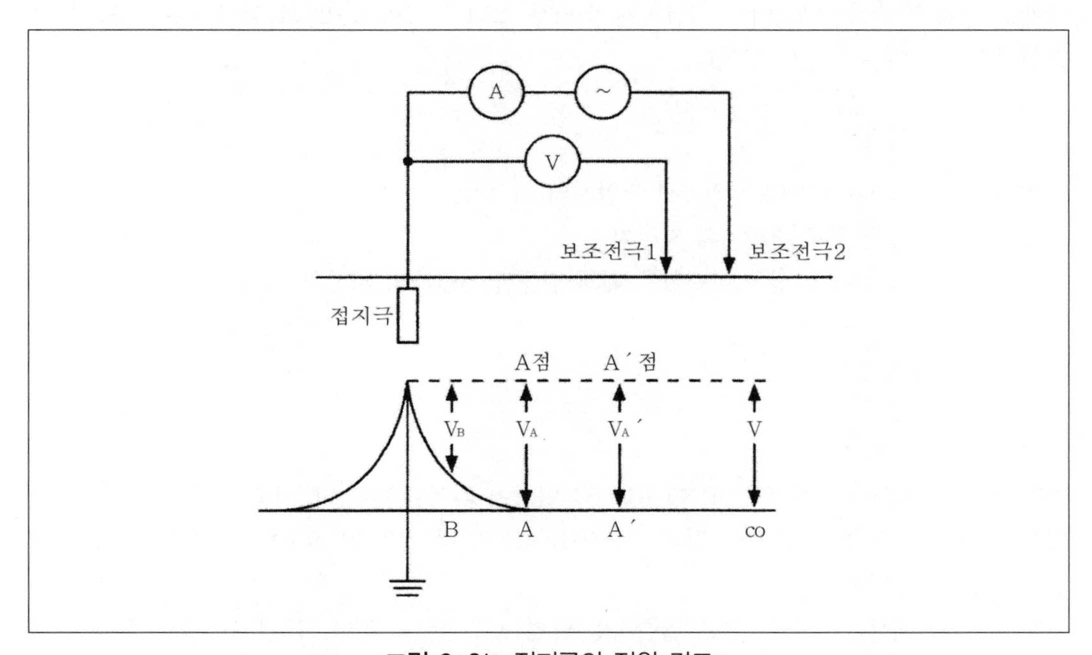

그림 3-21 접지극의 전위 경도

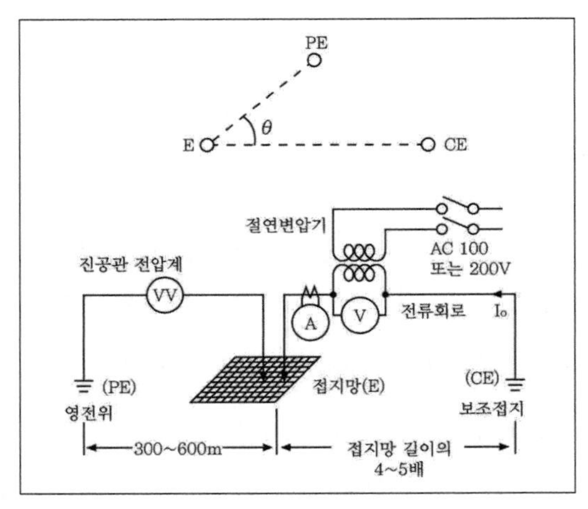

그림 3-22 전압 강하법에 의한 망상접지 저항측정

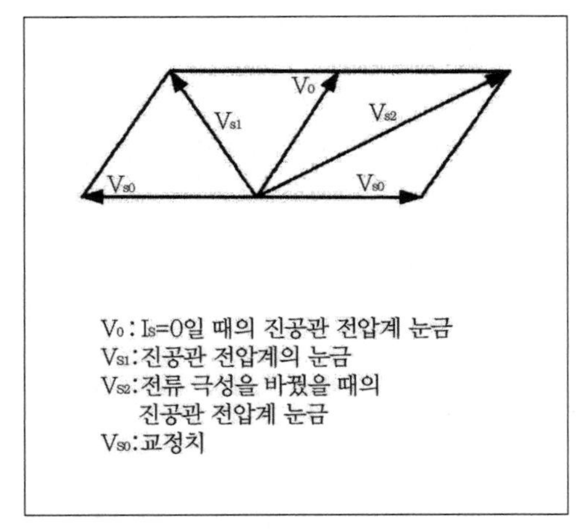

그림 3-23 측정치의 벡터도

망상 접지는 전압 강하법을 이용하여 그림 3-22와 같이 접지망과 보조 접지 간에 전류회로를 만들어 진공관 전압계를 이용, 영전위 대지와 접지망 사이의 전압을 측정한다. 이때 회로에 20A 이상의 전류를 흘려야 하며 양과 음의 극성을 바꾸어 전류를 흘리면서 진공관 전압계로 전압을 측정한다. 이때 전압관계 벡터를 그리면 그림 3-23과 같다. 측정 결과에서 교정치 V_{SO}를 다음과 같이 구한다.

$$V_{SO} = \sqrt{\frac{V_{S1}^2 + V_{S2}^2 - 2V_0^2}{2}}$$

여기서 V_0 : I_0=0일 때의 진공관 전압계의 지시치

V_{S1} : 진공관 전압계의 지시치

V_{S2} : 전류 극성을 바꾸었을 때의 진공관 전압계의 지시치

V_{S0} : 교정치

접지 저항값 R은

$$R = \frac{V_{SO}}{I}$$

이다. 이때 P=0.618×C 또는 P×1.618=C 이상이 되어야 한다. E, PE, CE는 일직선상에 있어야 하나 그림 3-22에서와 같이 ∠PE-E-CE의 각도 θ=28.95° 이내이면 측정 오차는 무시할 수 있다[(3)].

반면 IEEE에서는 다음과 같은 일반적인 방법을 추천하고 있다. 그림 3-24와 같이 측정회로를 구성하고 전압전극 P를 단계적으로 접지전극으로부터 먼 방향으로 옮겨가면서 각 점의 접지 임피던스를 측정하여 그림 3-25와 같이 도면에 기록한다. 접지 임피던스의 값은

$R = \frac{V}{I}$ [Ω]이다. 이 기록된 임피던스의 값은 거리의 함수로 된다. 이 값 가운데 수평으로 된 부분의 임피던스 값이 측정하고자 하는 값이다. 이와 같은 수평으로 된 부분을 얻기 위해서는 전류전극이 측정하고자 하는 접지 전극으로부터 상당히 떨어져 있어 전류전극이 접지전극의 전압상승에 영향을 받는 일이 없어야 한다. 또한 전압 전극 P의 위치가 전류전극 C의 반대편에 있으면 측정된 겉보기 저항(apparent resistance)은 실저항(True resistance)보다 적게 되는 결과를 초래한다[1].

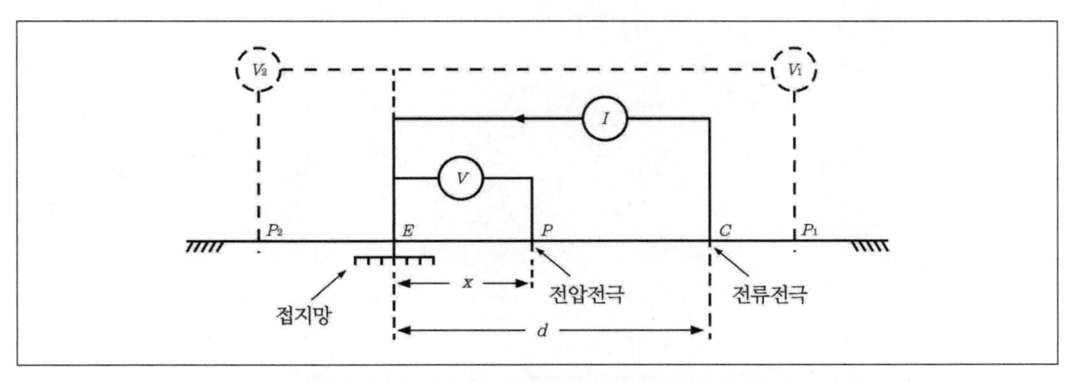

그림 3-24 IEEE std 81에 의한 전위 강하법

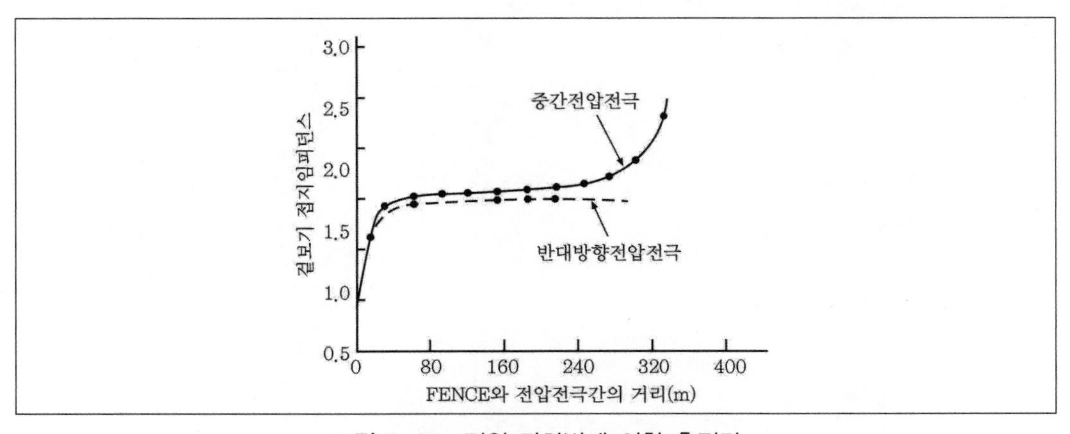

그림 3-25 전위 강하법에 의한 측정값

주 (1) IEEE guide for measuring earth resistivity, ground impedance and earth surface potentials of ground system. IEEE std 81-1983 p22

(2) IEC 60364

(3) 接地技術入門, p217, 이형수 역, 동아출판사

제4장 불평형 전력 계량

4-1. 불평형 전력 계량

4-1-1. Scott결선 변압기의 불평형 전력 계량

전철용 주변압기인 Scott결선 변압기는 전력회사에서 전력용으로 널리 쓰이고 있는 3상 변압기와는 결선이 다르며 전철 부하는 특성상 평형 3상 부하가 아닌 불평형 변동 부하라는 것을 앞에서도 설명한 바 있다. 한전에서는 이와 같은 3상 불평형 변동 부하임에도 불구하고 Scott결선 변압기의 전력은 그림 4-1과 같이 3상 2전력계로 계량하고 있다. 이와 같은 불평형 전력을 3상 2전력계로 측정하는 것이 타당한지 여부를 검토하여 보기로 한다. 우선 Scott결선 변압기 M, T의 각 한 상에만 부하가 각각 걸려 있을 때 이와 같은 불평형 부하에서 열차의 역행시와 출발시 전기차의 전동기 기동에 따른 역률이 전력 조류(電力潮流)에 어떤 변화를 주고 또 이때의 3상 2전력계법에 의한 전력 계량이 특별히 문제가 있는지 여부에 대하여 검토하고 M, T상에 평형 부하가 걸렸을 때와 비교하여 보기로 한다. 불평형 부하에 있어 역률 0.8을 채택한 것은 Thyristor제어 전기기관차의 역률이 대체로 0.7~0.8이고 또 역률 0.2를 채택한 것은 일반적으로 고압 전동기의 기동 역률이 0.2 전후이므로 전기기관차의 기동 역률과 관계없이 일반적인 경우를 가정하였기 때문이다. 현재 운전 중인 KTX 전기기관차의 기동 전류와 기동 역률 또 기동 후 속도 변화에 따른 역률 및 전류의 변화 관계는 본서 8-5-2의 (3) 전기기관차의 임피던스에 자세히 언급하였으나 이 장에서는 이들 관계를 고려하지 않고 다만 불평형 부하와 역률이 전력 계량에 어떤 영향을 미치는가에 대해서만 검토하였다. 현재 한전에서 측정하고 있는 Scott결선 변압기의 불평형 전력에 대한 2전력계 계측 회로는 그림 4-1과 같다.

1) M상 부하 때

① M상에 10MVA, 역률 0.8인 부하

철도용 Scott결선 변압기는 그림 4-1과 같이 한전의 B상이 Scott결선 변압기의 V상에 결선되어 있다. 즉 한전 ABC상의 A와 B상의 위치를 바꾸어 Scott결선 변압기 단자에서 U, V, W인 전압을 인가했을 때 전압 전류 Vector는 그림 4-2와 같이 되며 부하 역률각은

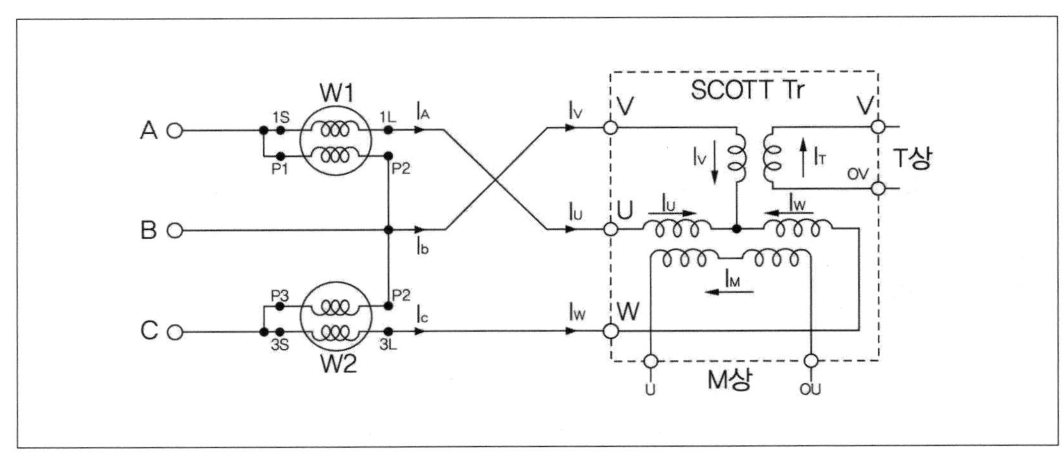

그림 4-1 Scott결선 변압기의 전력량 계량

$\theta = \cos^{-1} 0.8 = 36.87° = 36.9°$ 이므로

154kV측 각 상의 전류와 선간 전압의 역률각은

$I_A = I_U$와 V_{UV}의 역률각은 $\theta_1 = 180° - (53.1° + 30°) = 96.9°$

또 $I_C = I_W$와 V_{WV}의 역률각은 $\theta_2 = 23.1°$

가 된다.

여기서는 변압기 손실을 무시하고 2차측 전류를 1차로 환산하여 그대로 적용(변압기 효율 100%로 가정)하면 1차 환산 전류는

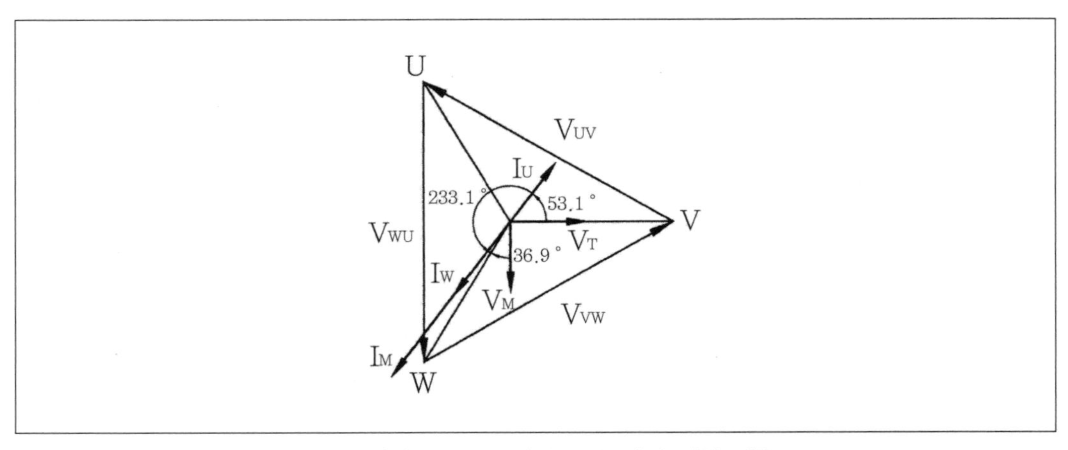

그림 4-2 M상에 10MVA, 역률 0.8부하시 전압 전류Vector

$$I_A = I_U = \frac{10000}{50} \times \frac{50}{154} = 64.9351\,[A]$$

이고 전력계 W_1, W_2의 계량 값은 각각

$$W_1 = V_{UV} \cdot I_U \cdot \cos\theta_1 = 154 \times 64.9351 \times \cos 96.9° = -1201.40\text{kW}$$

$$W_2 = V_{WV} \cdot I_W \cdot \cos\theta_2 = 154 \times 64.9351 \times \cos 23.1° = 9198.2\text{kW}$$

따라서 계량값 W는

$$W = W_1 + W_2 = 9198.2 - 1201.40 = 7996.83\text{kW}$$

가 되어 계량 결과는 출력 $W = 10000 \times 0.8 = 8000\text{kW}$와 일치한다.

② M상에 10MVA, 역률 0.2인 부하인 경우

부하 역률 0.2의 역률각은 $\theta = \cos^{-1} 0.2 = 78.46° \fallingdotseq 78.5°$ 이므로 전압 전류 Vector는 그림 4-3과 같으며 154kV측 각상 전류와 선간 전압의 역률각은

$I_A = I_U$와 V_{UV}의 역률각은 $\theta_1 = 138.5°$

또 $I_C = I_W$와 V_{WV}의 역률각은 Vector상으로 전류가 진상이므로

$$\theta_2 = 48.5° - 30° = 18.5°$$

가 된다.

전류는

$$I_A = I_U = \frac{10000}{50} \times \frac{50}{154} = 64.9351\,[A]$$

따라서

$$W_1 = V_{UV} \cdot I_U \cdot \cos\theta_1 = 154 \times 64.9351 \times \cos 138.5° = -7489.55\,[\text{kW}]$$

$$W_2 = V_{WV} \cdot I_W \cdot \cos\theta_2 = 154 \times 64.9351 \times \cos 18.46° = 9485.44\,[\text{kW}]$$

계량된 수전 전력은

$$W = W_1 + W_2 = 9485.44 - 7489.55\text{kW} = 1995.9\text{kW} \fallingdotseq 2000\text{kW}$$

계산상 수전전력은

$$W = 10000 \times 0.2 = 2000\text{kW}$$

따라서 특별한 하자가 없음을 알 수 있다.

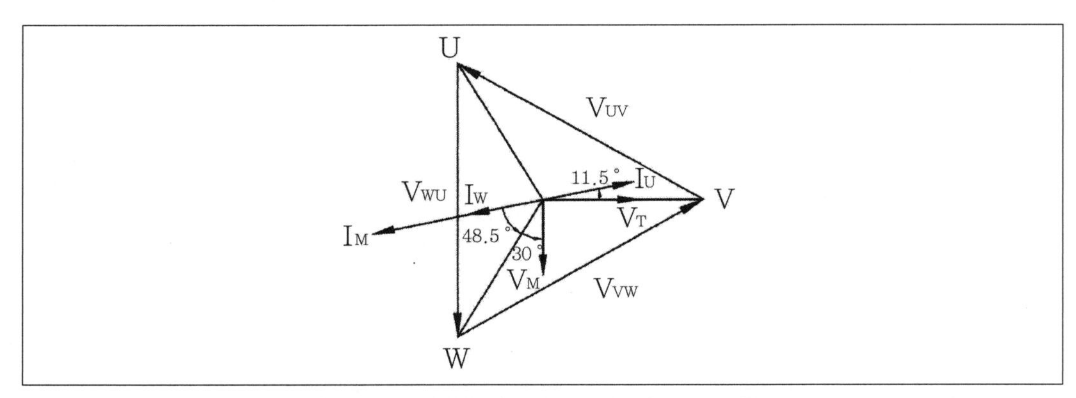

그림 4-3 M상에 10MVA, 역률 0.2부하시 전압 전류Vector

2) T상 부하 때

① T상에만 부하 10MVA, 역률 0.8인 경우

T상에만 부하시 전압 전류 Vector는 그림 4-4와 같으며 154kV측 각 상의 전류와 선간 전압의 역률각은

$I_U = I_A = 37.49A$와 V_{UV}의 역률각 $\theta_1 = (180^o - 30^o) - 143.1 = 6.9^o$가 되고

$I_W = I_C = 37.49A$이고 V_{VW}의 역률각 $\theta_2 = 36.9^o + 30 = 66.9^o$가 되며

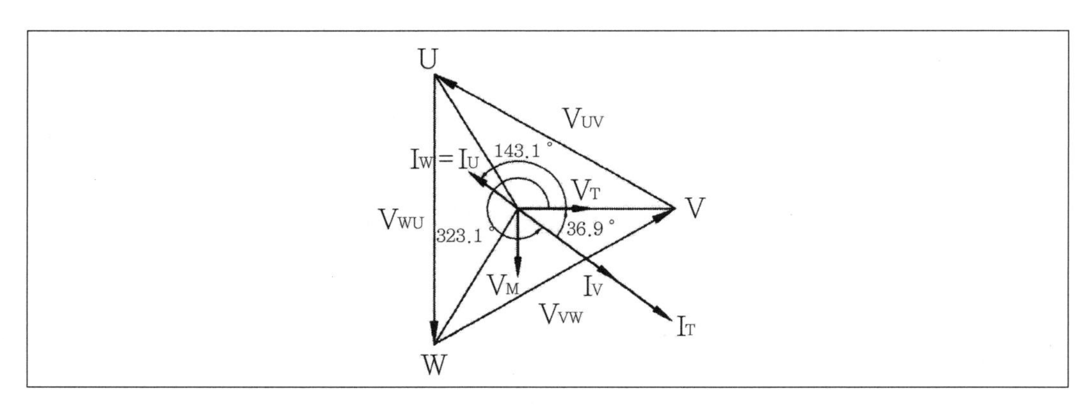

그림 4-4 T상 10MVA, 0.8부하시 전압 전류Vector

전류의 절대치는

$$I_B = I_T = \frac{10000}{50} \times \frac{50}{154} \times \frac{2}{\sqrt{3}} = 74.98\,[A]$$

$$I_A = I_C = I_U = I_W = I_B \times \frac{1}{2} = 37.49\,[A]$$

이므로 계량된 전력은

$W_1 = V_{UV} \cdot I_U \cdot \cos\theta_1 = 154 \times 37.49 \times \cos 6.9° = 5731.64[kW]$

$W_2 = V_{WV} \cdot I_W \cdot \cos\theta_2 = 154 \times 37.49 \times \cos 66.9° = 2265.14[kW]$

계량된 총 수전 전력은

$W = W_1 + W_2 = 5731.64 + 2265.14kW = 7996.8kW \fallingdotseq 8000kW$

가 된다.

따라서 전력 계량은 정확하다.

② T상에 부하 10MVA, 역률 0.2인 경우

역률이 0.2인 경우 $I_A = I_U$와 V_T의 역률각 θ는

$\theta = \cos^{-1} 0.2 = 78.46° \fallingdotseq 78.5°$

가 된다.

T상에만 부하시 154kV측 각 상의 전류와 선간 전압의 역률각은 그림 4-5의 전압 전류 Vector에서

$I_A = I_U$와 V_{VU}의 역률각 $\theta_1 = 120° - (180° - 78.5°) + 30° = 48.5°$

또 $I_C = I_W$와 V_{VW}의 역률각은 $\theta_2 = (90° + 18.5°) = 108.5°$

가 된다.

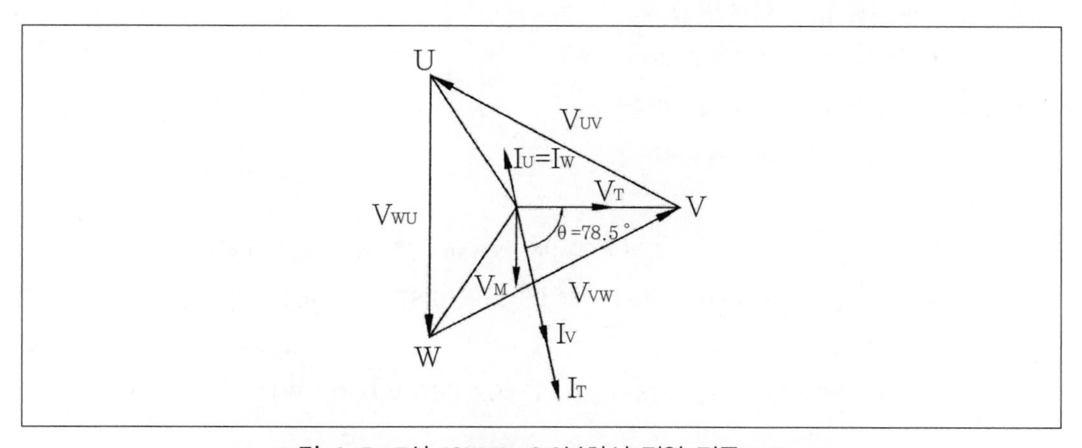

그림 4-5 T상 10MVA, 0.2부하시 전압 전류Vector

$W_1 = V_{UV} \cdot I_U \cdot \cos\theta_1 = 154 \times 37.49 \times \cos 48.5° = 3825.61[kW]$

$W_2 = V_{WV} \cdot I_W \cdot \cos\theta_2 = 154 \times 37.49 \times \cos 108.5° = -1831.95[kW]$

따라서 수전 전력은

$W=W_1+W_2=3825.61-1831.95=1993.66kW \fallingdotseq 2000kW$

실제 입력은 계산상의 2000kW와 일치한다.

3) M, T상에 10MVA, 역률 0.8인 평형 부하시

그림 4-6의 전압 전류 Vector에서

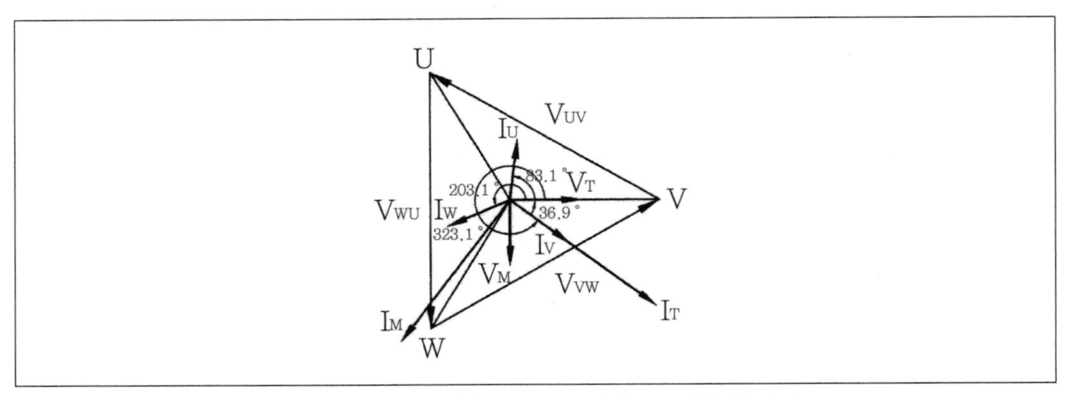

그림 4-6 M, T상에 10MVA, 역률 0.8평형 부하시

전압 V_{VU}와 전류 I_U의 역률각 θ_1은

$$\theta_1 = 30° + 36.87° = 66.87°$$

전압 V_{VW}와 전류 I_W의 역률 각 θ_2는

$$\theta_2 = 36.87° - 30° = 6.87°$$

이므로

$$W_1 = V_{UV} \cdot I_U \cdot \cos\theta_1 = 154 \times 74.98 \times \cos 66.87° = 4535.85[kW]$$

$$W_2 = V_{WV} \cdot I_W \cdot \cos\theta_2 = 154 \times 74.98 \times \cos 6.87° = 11464.01[kW]$$

따라서

$$W=W_1+W_2=4535.85+11464.01=15999.86 \fallingdotseq 16000[kW]$$

계산된 입력 전력은

$$W = \sqrt{3} \times 154 \times 74.98 \times 0.8 = 15999.88 \fallingdotseq 16000[kW]$$

로써 계산 입력과 측정값이 일치하므로 평형 부하에 있어서도 3상 2전력계에 의한 전력 계량에는 이상이 없음을 알 수 있다.

㈜ (1) 실무자를 위한 전기기술, 김정철 저, 2006.2, 도서출판 기다리 간

제5장 154kV 수전 선로

전철 변전소는 수전 용량이 25MW 이상이므로 한국전력의 전력공급 약관에 따라 154kV로 수전하게 되며 또 불평형 부하 시 전원에 발생하는 전압 불평형도 전원의 단락용량에 반비례하므로 단락용량이 큰 154kV로 수전하는 것이 유리하다. 154kV 수전 선로는 지형적 조건에 따라 가공 선로와 지중 케이블 또는 가공과 지중 선로를 직렬로 연결하여 수전하게 된다. 따라서 전철 변전소의 154kV 수전 Bus의 단락 전류와 지락 전류를 구하여야 할 필요가 있으며 또한 전차 선로의 단락 전류를 구하기 위해서는 154kV 수전 선로의 가공선로와 지중선로의 정상, 역상 및 영상 임피던스를 구할 필요가 있다.

5-1. 가공 선로(架空線路)

5-1-1. 가공 선로의 정상 및 역상 임피던스

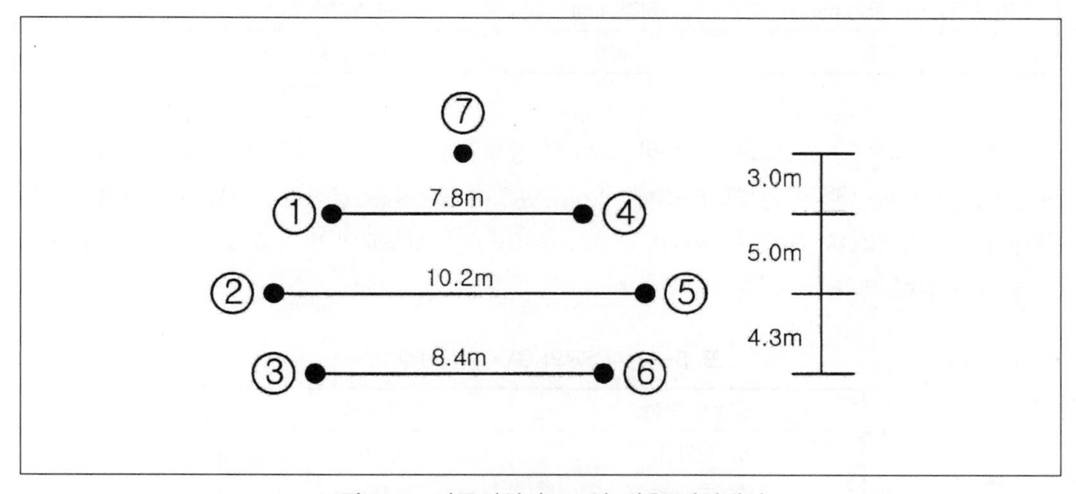

그림 5-1 가공지선이 1조인 경우 전선배치

표 5-1 선간 간격

간격	거리	간격	거리	간격	거리
D_{12}	5.14m	D_{25}	10.2m	D_{36}	8.4m
D_{14}	7.8m	D_{26}	10.25m	D_{37}	13m
D_{15}	10.3m	D_{27}	9.49m	D_{47}	4.92m
D_{17}	4.92m	D_{31}	9.3m	D_{57}	9.49m
D_{23}	4.39m	D_{34}	12.33m	D_{67}	13m

표 5-2 ACSR의 제원

ACSR의 굵기(mm^2)	직경(mm)	Aℓ 소선수	St소선수	전기저항 [Ω/km]	인장강도 [kgf]	비고
240	22.4	30/3.2	7/3.2	0.120	10210	
330	25.3	26/4.0	7/3.1	0.0888	10930	
410	28.5	26/4.5	7/3.5	0.0702	13890	
480	31.5	30/4.5	19/2.7	0.0609	20160	
520	31.5	54/3.5	7/3.5	0.0559	15600	

표 5-3 가공 지선의 굵기

가공 지선의 굵기(mm^2)	직경(mm)	Aℓ 소선수	비 고
97	16.0	12/3.2	

철도에서 154kV 수전선로에 사용하고 있는 강심알루미늄선의 제원에 대하여는 표 5-2에, 가공 지선에 대하여는 표 5-3에 표시하였으며, 수전용 강심알루미늄선(ACSR)의 기하학적 평균 반경(GMR-Geometric mean radius)은 ACSR의 반경을 a라고 했을 때 다음 표 5-4와 같이 된다.

표 5-4 ACSR의 GMR환산계수[(1)(3)]

소선의 구성	GMR계수
6가닥 1층	0.5•a
12가닥 1층	0.75•a
26가닥 2층	0.809•a
30가닥 2층	0.826•a
54가닥 3층	0.810•a

1) 가공지선 1조인 가공 선로[2]

가공지선 1조인 2회선 송전 선로는 그림 5-1과 같이 구성되어 있으므로

$$Z_1 = Z_2 = R + j2\omega \cdot \ln\frac{GMD}{GMR} \times 10^{-4} = R + j0.17361 \cdot \log_{10}\frac{GMD}{GMR}$$

가 된다.

단 여기서 GMD(Geometric mean distance-기하학적 평균거리)는

$$GMD = \sqrt[3]{D_{12} \times D_{23} \times D_{31}}\ [mm]$$

또 전선 온도 T℃일 때의 저항 R은 20℃ 때의 저항을 R_{20}, ACSR의 저항 온도 계수를 α라고 하면

$$R = R_{20} \times \{1 + \alpha(T - 20°)\}$$

로 계산된다. 이제 가공지선 $97mm^2$인 ACSR 1조와 전선 ACSR $240mm^2$로 구성된 선로의 정상 및 역상 임피던스를 계산하여 보면 ACSR $240mm^2$ 저항은 20℃에서 0.12[Ω/km], 저항온도계수 α=0.00403이고, 허용 온도 상승 한도가 90℃이므로

$$R_{90} = R_{20} \times \{1 + \alpha(T - 20)\} = 0.12 \times \{1 + 0.00403 \times (90 - 20)\}$$
$$= 0.1539[\Omega/km]$$

가 되고 GMD은 표 5-1에서 선간 간격을 구하고 표 5-4의 GMR계수를 곱하여 GMR을 구하면

$$GMD = \sqrt[3]{D_{12} \times D_{23} \times D_{31}} = 5.925[m]$$

$$GMR = 0.826 \times \frac{22.4}{2} \times 10^{-3} = 0.0093[m]$$

따라서

$$Z_1 = Z_2 = 0.1539 + j0.17361 \times \log_{10}\frac{5.9425}{0.0093} = 0.1539 + j0.4871[\Omega/km]$$

이 값을 100MVA기준 %임피던스로 환산하면

$$\%Z_1 = \%Z_2 = \frac{100 \times 1000}{10 \times kV^2} \cdot Z_1 = \frac{100000}{10 \times 154^2} \times (0.1539 + j0.4871)$$
$$= 0.0649 + j0.2054[\%/km]$$

154kV 수전 선로가 5.5km라고 하면

$$\%Z_1 = \%Z_2 = (0.0649 + j0.2054) \times 5.5 = 0.3569 + j1.1296[\%]$$

이제 한전 송전단 Bus의 %임피던스를 정상 임피던스 $\%Z_1$=0.320+j2.312[%], 영상 임피던

스를 $\%Z_0$=1.030+j5.715[%]라고 하면 한전 송전단에서 전철 변전소 수전단까지의 %임피던스는

$$\%Z_1 = (0.3569 + j1.1295) + (0.320 + j2.312) = 0.6769 + j3.4415[\%]$$

이므로 수전 점 단락시의 고장 전류는

$$I_S = \frac{100 \times 1000}{\sqrt{3} \times 154} \times \frac{100 \times 10^{-3}}{0.6769 + j3.4415} = 10.6886 \angle 281.13° [kA]$$

가 된다.

2) 가공지선이 2조인 154kV 수전 선로

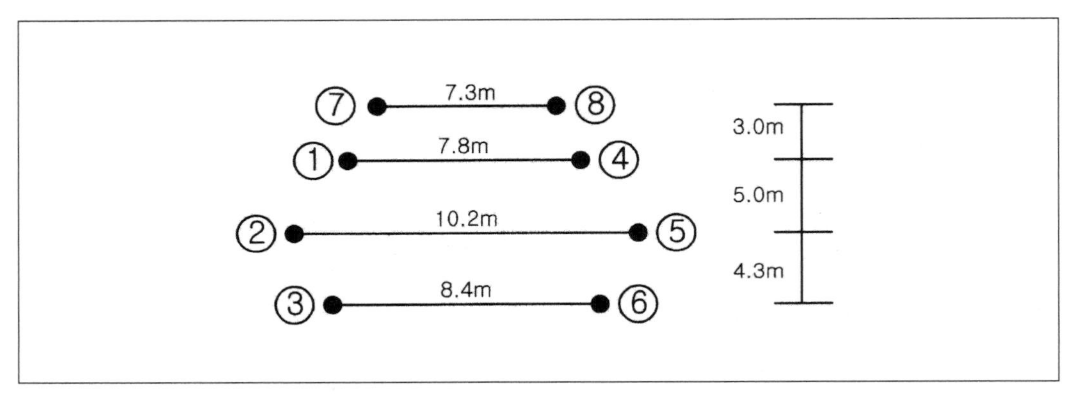

그림 5-2 가공지선이 2조인 경우의 전선배치

표 5-7 선간 간격

간격	거리	간격	거리	간격	거리
D_{12}	5.14m	D_{25}	10.2m	D_{37}	12.31m
D_{14}	7.8m	D_{26}	10.25m	D_{47}	8.12m
D_{15}	10.3m	D_{27}	8.13m	D_{57}	11.86m
D_{17}	3.01m	D_{31}	9.3m	D_{67}	14.59m
D_{23}	4.39m	D_{34}	12.33m	D_{87}	7.3m
D_{24}	10.30m	D_{36}	8.4m		

가공지선 2조인 송전 선로는 그림 5-2와 같이 구성되어 있으나 정상 및 역상 임피던스의 값은 가공지선 1조인 송전 선로와 같으므로

$$Z_1 = Z_2 = R + j4.60517 \cdot \omega \cdot \log_{10}\frac{GMD}{GMR} \times 10^{-4}$$

$$= R + j0.17361 \cdot \log_{10}\frac{GMD}{GMR}[\Omega/km]$$

$$= 0.1539 + j0.17361 \cdot \log_{10}\frac{5.9425}{0.0093} = 0.1539 + j0.4870[\Omega/km]$$

이고 이를 길이 5.5km, 100MVA 기준 %임피던스로 환산하면

$$\%Z_1 = \%Z_2 = \frac{100 \times 1000}{10 \times 154^2} \times (0.1539 + j0.4870) \times 5.5[\%]$$
$$= 0.3569 + j1.1294$$

한전 조건을 앞예와 같다고 하면 송전단에서 전철 변전소 수전단까지의 %임피던스는 수전단까지의 %임피던스는 $\%Z_1=0.6770+j3.4412[\%]$이므로 수전 점 단락시의 고장전류는

$$I_S = \frac{100 \times 1000}{\sqrt{3} \times 154} \times \frac{100 \times 10^{-3}}{0.6770 + j3.4412} = 10.6898 \angle 281.13°[kA]$$

로 되어 가공지선 1조인 경우와 같다.

5-1-2. 영상 임피던스

가공지선 1조 및 가공 선로 2회선인 경우의 영상임피던스는 다음 표 5-5에 의하여 계산한다.

표 5-5 가공 선로의 영상 임피던스(1)

회수	가공 지선수	Z_0 [Ω/phase/km]	가공지선 전류
1	0	$Z_0 = Z_{11} + 2Z_{12}$	
	1	$Z_0 = Z_{11} + 2Z_{12} - 3 \times \frac{(Z_{17})^2}{Z_{77}}$	$I_{GW} = -\frac{Z_{17}}{Z_{77}} \cdot I_F$
	2	$Z_0 = Z_{11} + 2Z_{12} - 3 \times \frac{2 \times (Z_{17})^2}{Z_{77} + Z_{78}}$	$I_{GW} = -\frac{2Z_{17}}{Z_{77} + Z_{78}} \cdot I_F$
2	0	$Z_0 = \frac{1}{2} \times (Z_{11} + 2Z_{12} + 3Z_{13})$	
	1	$Z_0 = \frac{1}{2} \times \left\{Z_{11} + 2Z_{12} + 3Z_{14} - 6 \times \frac{(Z_{17})^2}{Z_{77}}\right\}$	$I_{GW} = -\frac{Z_{17}}{Z_{77}} \cdot I_F$
	2	$Z_0 = \frac{1}{2} \times \left\{Z_{11} + 2Z_{12} + 3Z_{14} - 6 \times \frac{2 \times (Z_{17})^2}{Z_{77} + Z_{78}}\right\}$	$I_{GW} = -\frac{2Z_{17}}{Z_{77} + Z_{78}} \cdot I_F$

㈜ I_F : 해당 회선의 고장 전류

표 5-6 대지등가 임피던스[1]

대지고유저항 (ohm-m)	Equivalent return(m)	등가대지저항 R_e[Ω/km]	등가대지Reactance X_e[Ω/km]
50	609.60	0.1777	1.7150
100	853.44	0.1777	1.7958
500	1889.76	0.1777	1.9760
1000	2682.24	0.1777	2.0568
5000	6096.00	0.1777	2.2370

주 (1) Electrical transmission and distribution reference book p74, table 3. 1950 Westinghouse

1) 가공지선 1조인 154kV수전 선로

154kV인 수전 선로는 2회선 선로이므로 2회선 선로의 예만을 든다. 수전 선로는 2회선에 가공지선 1조인 송전 선로의 영상 임피던스 Z_0는 표 5-5에서

$$Z_0 = \frac{1}{2}\times\left\{Z_{11} + 2\times Z_{12} + 3\times Z_{14} - 6\times\frac{(Z_{17})^2}{Z_{77}}\right\}[\Omega/\text{km}]$$

여기서

$$Z_{11} = \left(0.000988\cdot f + \frac{R'}{n}\right) + j\left(0.002894\cdot f\cdot \log_{10}\frac{D_e}{\text{GMR bundle conductor}}\right)[\Omega/\text{km}]$$

$$D_e = \frac{660}{\sqrt{f\cdot\sigma}} = \frac{660}{\sqrt{60\times 10^{-2}}} = 852.0563[\text{m}],\quad \sigma = \frac{1}{\rho} = \frac{1}{100}[\text{S/km}]$$

ρ : 대지 고유저항[Ω/km]

n=1 (단도체)

R' : 90℃일 때의 도체 저항

$$Z_{12} = 0.000988\cdot f + j0.00289\cdot f\cdot\log_{10}\frac{D_e}{D_1}[\Omega/\text{km}]$$

$$D_1 = \text{GMD} = \sqrt[3]{D_{12}\cdot D_{23}\cdot D_{31}}\,[\text{m}]$$

$$Z_{14} = 0.000988f + j0.002894f\log_{10}\frac{D_e}{\sqrt[9]{D_{14}\cdot D_{25}\cdot D_{36}\cdot(D_{15}\cdot D_{26}\cdot D_{34})^3}}[\Omega/\text{km}]$$

$$Z_{17} = 0.000988\cdot f + j0.002894f\log_{10}\frac{D_e}{D_7}[\Omega/\text{km}]$$

$$D_7 = \sqrt[3]{D_{17} \cdot D_{27} \cdot D_{37}}$$

$$Z_{77} = 0.000988 \cdot f + 0.002894 \cdot f \cdot \log_{10} \frac{D_e}{GMR_{GW}} [\Omega/km]$$

로 계산된다. 따라서 앞 절의 ①에서 정상 임피던스를 계산한 바와 같은 조건의 선로에서 영상 임피던스를 계산하여 보면

$$Z_{11} = \left(0.000988 \cdot f + \frac{R'}{n}\right) + j\left(0.002894 \cdot f \cdot \log_{10} \frac{D_e}{GMR\ bundle\ conductor}\right)$$

$$= \left(0.000988 \cdot 60 + \frac{0.1539}{1}\right) + j\left(0.002894 \cdot 60 \cdot \log_{10} \frac{852.056}{0.0092}\right)$$

$$= 0.2132 + j0.8624 [\Omega/km]$$

단 $R' = 0.120 \times \{1 + 0.00403 \times (90^{\circ} - 20^{\circ})\} = 0.1539 [\Omega/km]$

$$Z_{12} = 0.000988 \cdot f + j0.00289 \cdot f \cdot \log_{10} \frac{D_e}{D_1}$$

$$= 0.000988 \times 60 + j0.002894 \times 60 \times \log_{10} \frac{852.56}{5.9425}$$

$$= 0.0593 + j0.3745 [\Omega/km]$$

$$Z_{14} = 0.000988f$$

$$+ j0.002894f\log_{10} \frac{D_e}{\sqrt[9]{D_{14} \cdot D_{25} \cdot D_{36} \cdot (D_{15} \cdot D_{26} \cdot D_{34})^3}}$$

$$= 0.000988 \times 60 + j0.002894 \times 60 \times \log_{10} \frac{852.056}{22.4937}$$

$$= 0.0593 + j0.2741 [\Omega/km]$$

$$Z_{17} = 0.000988 \cdot f + j0.002894f\log_{10} \frac{D_e}{D_7}$$

$$= 0.000988 \times 60 + j0.002894 \times 60 \times \log_{10} \frac{852.056}{8.4669}$$

$$= 0.0593 + j0.3478 [\Omega/km]$$

$$Z_{77} = 0.000988 \cdot f + 0.002894 \cdot f \cdot \log_{10} \frac{D_e}{GMR_{GW}}$$

$$= 0.000988 \times 60 + j0.002894 \times 60 \times \log_{10} \frac{852.056}{0.0060}$$

$$= 0.0593 + j0.8946 [\Omega/km]$$

단 $GMR_{GW} = \frac{16}{2} \times 0.75 \times 10^{-3} = 0.0060[m]$

따라서 선로 길이가 5.5km이므로 영상 임피던스는

$$Z_0 = \frac{1}{2} \times \left\{ Z_{11} + 2Z_{12} + 3Z_{14} - 6 \times \frac{(Z_{17})^2}{Z_{77}} \right\} \times 5.5$$
$$= \frac{1}{2} \times \left\{ (0.5097 + j2.4337) - 6 \times \frac{(0.0593 + j0.3478)^2}{0.0593 + j0.8946} \right\} \times 5.5$$
$$= (0.1431 + j0.8156) \times 5.5 = 0.7872 + j4.4857[\Omega]$$

100MVA기준 %임피던스는

$$Z_0 = \frac{100 \times 1000}{10 \times 154^2} \times (0.7872 + j4.4857) = 0.3319 + j1.8914[\%]$$

전원 %영상 임피던스는 Z0=1.030+j 5.715[%]이므로 Total % impedance는

$$Z_0 = 1.3619 + j7.6064 = 7.7274\angle 79.85°[\%]$$

따라서 최대 지락 전류 I_G는

$$I_G = \frac{3 \times I_N}{\%Z_0 + \%Z_1 + \%Z_2} = \frac{3 \times 374.9 \times 100 \times 10^{-3}}{(1.3619 + j7.6064) + 2 \cdot (0.6319 + j3.4423)}$$
$$= 7.637\angle 280.27°[kA]$$

가 된다.

2) 가공지선이 2조인 154kV수전 선로

가공지선 2조인 송전 선로는 그림 5-2와 같이 구성되어 있으며 선간 간격은 표 5-7과 같다. 따라서 영상 임피던스는 표 5-5의 식에 의하여 다음과 같이 계산한다.

$$Z_0 = \frac{1}{2} \times \left\{ Z_{11} + 2Z_{12} + 3Z_{14} - 6 \times \frac{2 \times (Z_{17})^2}{Z_{77} + Z_{78}} \right\} [\Omega/km]$$

여기서

$$Z_{11} = \left(0.000988 \cdot f + \frac{R'}{n} \right) + j\left(0.002894 \cdot f \cdot \log_{10} \frac{D_e}{GMR\ bundle\ conductor} \right)$$

$$D_e = \frac{660}{\sqrt{f\sigma}} = \frac{660}{\sqrt{60 \times 10^{-2}}} = 852.0563[m], \quad \sigma = \frac{1}{\rho} = \frac{1}{100}[S/km]$$

ρ : 대지 고유저항[Ω/km]

n=1 (단도체)

단 R′ : 90℃에서의 도체 저항

$$Z_{12} = 0.000988 \cdot f + j0.00289 \cdot f \cdot \log_{10}\frac{D_e}{D_1}[\Omega/km]$$

$$D_1 = GMD = \sqrt[3]{D_{12} \cdot D_{23} \cdot D_{31}}[m]$$

$$Z_{14} = 0.000988 \cdot f + j0.002894 \cdot f \cdot \log_{10}\frac{D_e}{\sqrt[9]{D_{14} \cdot D_{25} \cdot D_{36} \cdot (D_{15} \cdot D_{26} \cdot D_{34})^3}}$$

$$Z_{17} = 0.000988 \cdot f + j0.002894 \cdot f \cdot \log_{10}\frac{D_e}{D_7}[\Omega/km]$$

$$D_7 = \sqrt[6]{D_{17} \cdot D_{27} \cdot D_{37} \cdot D_{47} \cdot D_{57} \cdot D_{67}}[m]$$

$$Z_{77} = 0.000988 \cdot f + j0.002894 \cdot f \cdot \log_{10}\frac{D_e}{GMR_{GW}}[\Omega/km]$$

GMR_{GW} : 가공지선의 기하학적 평균 반경

(소선수 12 ⇒ 0.75a, $GMR_{GW} = \frac{16}{2} \times 0.75 = 0.0060m$)

$$Z_{78} = 0.000988 \cdot f + j0.002894 \cdot f \cdot \log_{10}\frac{D_e}{D_{78}}[\Omega/km]$$

로 계산된다. 따라서 ①에서 정상 임피던스를 계산한 바와 같은 조건의 선로에서 영상 임피던스를 계산하여 보면 Z_{11}, Z_{12}, Z_{14}은 가공지선 1조인 경우와 동일하나 Z_{17}은 D_7의 값은

$$D_7 = \sqrt[6]{D_{17} \cdot D_{27} \cdot D_{37} \cdot D_{47} \cdot D_{57} \cdot D_{67}} = 8.6650[m]$$

로 되어

$$Z_{17} = 0.000988 \cdot f + j0.002894 \cdot f \cdot \log_{10}\frac{D_e}{D_7}$$

$$= 0.000988 \times 60 + j0.002894 \times 60 \times \log_{10}\frac{852.056}{8.6650}$$

$$= 0.0593 + j0.3460[\Omega/km]$$

가 되며

$$Z_{77} = 0.000988 \cdot f + j0.002894 \cdot f \cdot \log_{10}\frac{D_e}{GMR_{GW}}$$

$$= 0.000988 \times 60 + j0.002894 \times 60 \times \log_{10}\frac{852.056}{0.0060}$$

$$= 0.0593 + j0.8946[\Omega/km]$$

$$Z_{78} = 0.000988 \cdot f + j0.004657 \cdot f \cdot \log_{10}\frac{D_e}{D_{78}}$$

$$= 0.0593 + j0.004657 \times 60 \times \log_{10}\frac{852.056}{7.3} = 0.0593 + j0.5776[\Omega/km]$$

따라서 영상 임피던스는

$$Z_0 = \frac{1}{2} \times \left\{Z_{11} + 2Z_{12} + 3Z_{14} - 6 \times \frac{2 \times (Z_{17})^2}{Z_{77} + Z_{78}}\right\} \times 5.5$$

$$= \frac{1}{2} \times \left\{(0.5097 + j20.4337) - 6 \times \frac{2 \times (0.0593 + j0.3460)^2}{(0.0593 + j0.8946) + (0.0593 + j0.5776)}\right\} \times 5.5$$

$$= 0.6963 + j4.0312[\Omega]$$

100MVA기준 %임피던스는

$$\%Z_0 = \frac{100 \times 1000}{10 \times 154^2} \times (0.6963 + j4.0312) = 0.2936 + j1.6998[\%]$$

전원 %영상 임피던스는 Z_0=1.030+j 5.715[%]이므로 Total impedance는

$$\%Z_0 = 1.3236 + j7.4148 = 7.532\angle 79.88^\circ[\%]$$

따라서 최대 지락 전류는

$$I_G = \frac{3I_N}{\%Z_0 + \%Z_1 + \%Z_2} = \frac{3 \times 374.9 \times 100 \times 10^{-3}}{1.3236 + j7.4148 + 2 \times (0.6769 + j3.4421)}$$

$$= 7.7312\angle 280.61^\circ[kA]$$

가 되어 가공지선 1조일 때의 7.637kA와 비교하여 큰 차이가 없음을 알 수 있다.

5-2. 지중 선로

5-2-1. 지중선로의 제원

지중 선로용 154kV XLPE케이블은 우리나라에서도 LS전선, 대한전선, 일진 등 3개 사에서 제작하고 있다. 154[kV]에 일반적으로 사용되고 있는 XLPE케이블의 사양은 표 5-8과 같다. 이 규격은 IEC규격에 의하여 계산된 LS전선의 Al sheath Data에 따랐다.

표 5-8 154kV XLPE케이블 제원(절연두께 17mm) (참고 치)

구 분			$400mm^2$	$630mm^2$	$800mm^2$	$1200mm^2$
d_c	도체 외경(반도전층 제외)		23.2	30.2	34.0	41.8
d_2	절연 외경(반도전층 포함)		76.1	81.5	87	94.7
D_{it}	시스의 내곡경		94.1	101.5	108.4	87.8
D_{oc}	시스의 외경		103.1	110.5	117.4	103
r_i	시스의 내반경	Al피	47.05	50.75	54.2	43.9
r_o	시스의 외반경	Al피	51.55	55.25	58.7	51.5
		동피	46.3	47.9	50.6	54.75
D_e	케이블 외경(최대 외경)		91	98	102	111
d_c'	도체외경(반도전 층 포함)		27.1	32.5	38	45.7
D_i	절연외경(반도전층 제외)		73.1	78.5	83	90.7
d	시스평균 직경		86.2	92.8	99.2	95.4
d_{s1}	금속시스 평균 내경		83.9	90.4	96.8	92.9
d_{s2}	금속시스 평균 외경		88.5	95.2	101.6	97.9
t_s	시스 두께		2.3	2.4	2.4	2.7
t_3	방식층의 두께		4.5	4.5	4.5	4.5
R_0	최대직류도체저항[Ω/km]		0.0462	0.0308	0.0231	0.0156
R_S	Sheath의 저항 [Ω/km]	Al피	0.0508	0.0453	0.0423	0.0423
		동피	0.0322	0.0287	0.0269	0.0268
	시스의 두께 [mm]	Al피	2.3	2.4	2.5	2.7
		동피	0.8	1.55	1.45	1.35
	절연체두께[mm]		17	17	17	17
	방식층의 단면적[mm^2]		1012.2	989.8	1194.6	924
	케이블의 구성		61/2.9	91/2.9	127/2.8	-
허용전류 [A]	직매설		664	853	953	1179
	pipe duct		684	811	938	1163
	기중설치	정삼각포설	768	1809	1139	1429
		수평포설	855	1146	1307	1684
GMR계수			0.768a	0.772a	0.774a	0.779a

철도의 인입 송전 선로는 XLPE케이블로 케이블 포설은 일반적으로 파형 합성수지관을 매설하여 설치하고 있는데 관로용 파형수지관의 최대 직경은 200mm로 관의 배열은 그림 5-3과 같고 케이블의 GMR 환산계수는 표 5-9와 같다.

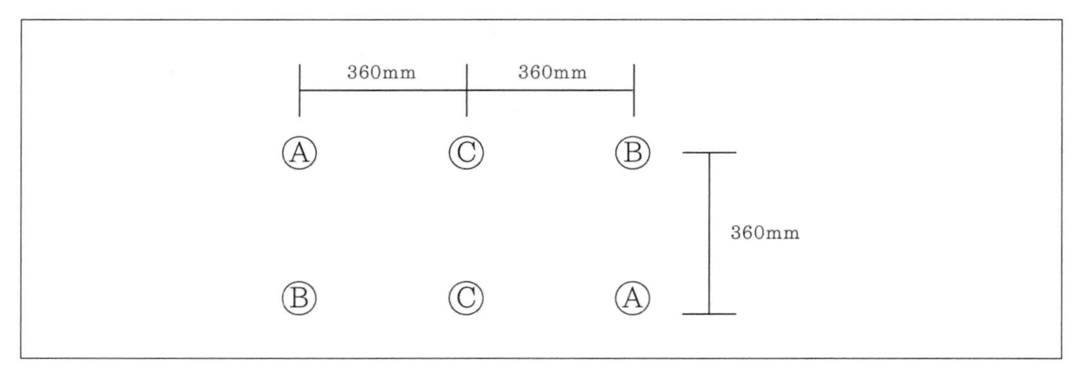

그림 5-3 154kV 지중선의 배치

표 5-9 연선(Strand wire)의 GMR환산 계수[3]

소선수	GMR계수
7	0.726·a
19	0.758·a
61	0.768·a
91	0.772·a
127	0.774·a
169	0.779·a
Solid	0.779·a

도체 반경 : a

5-2-2. 지중선로의 정상 임피던스[4]

1) 차폐층 편단 접지시 정상 임피던스 계산식

케이블의 차폐층을 편단 접지를 하는 경우와 같이 금속 차폐층에 전류가 흐르지 않을 때 정상 임피던스는 다음과 같이 구한다.

$$Z_1 = R_c + j2\omega \cdot \ln\frac{GMD_{3C}}{GMR_{1C}} \times 10^{-4} = R_c + j0.17361 \cdot \log_{10}\frac{GMD_{3C}}{GMR_{1C}}$$

여기서 도체의 저항 R_C는

$$R_C = R_{20} \times K_1 \times K_2$$

단 R_{20} : 온도 20℃에서의 도체의 저항

GMD= 도체간의 기하학적 평균거리(Geometric Mean Distance)

$$= \sqrt[3]{D_{12} \cdot D_{23} \cdot D_{31}}$$

단 D_{12}, D_{23}, D_{31} : 도체 1, 2, 3 사이의 거리

GMR= 도체의 기하학적 반지름(Geometric Mean Radius)

= 도체 반지름×GMR계수(표 5-9)

철도 수전 선로의 케이블은 일반적으로 동(銅-copper) 케이블을 사용하므로 동 케이블의 저항을 구하면

K_1 : 20℃에서의 전선 저항과 전선 최고 사용 온도 90℃에서의 저항비

$$K_1 = 1 + \alpha(T - 20°) = 1 + 0.00393 \times (90° - 2°) = 1.2751$$

α : 동의 저항 온도 계수=0.00393

K_2 : 교류저항과 직류 저항의 비

$$K_2 = 1 + \lambda_S + \lambda_P$$

λ_S : 표피효과계수

λ_P : 근접효과계수

여기서 λ_S는

$$\lambda_S = F(X)$$

IEC 60287에서는 X를

$$X^2 = \frac{8\pi f}{R'} \times 10^{-7} \cdot k_S$$

로 계산하고, R′ 는 케이블 운전 온도 T℃에서의 도체 저항으로

$$R' = R_{20}\{1 + \alpha \cdot (T - 20°)\}[\Omega/m]$$

가 된다.

여기서 $X<2.8$일 때는 간이식

$$\lambda_S = F(X) = \frac{X^4}{192 + 0.8X^4}$$

을 적용하여 λ_S를 구한다.

또 근접효과계수 λ_P는

$$X'^2 = \frac{8\pi f}{R'} \times 10^{-7} \cdot k_P$$

로서 X′ <2.8인 경우에는

$$\lambda_P = \frac{X'^4}{192+0.8X'^4} \cdot \left(\frac{d_1}{S}\right)^2 \cdot \left\{0.312 \cdot \left(\frac{d_1}{S}\right)^2 + \frac{1.18}{\dfrac{X'^4}{192+0.8X'^4}+0.27}\right\}$$

로 계산한다.

단 여기서 d_1 : 도체의 외경, S : 도체 중심간 간격

IEC 60287에서는 시험적으로 구한 표피효과계수 k_s와 근접효과계수 k_p의 값을 표 5-10과 같이 제시하고 있다.

표 5-10 표피효과계수 k_s및 근접효과계수 k_p[(3)]

도체의 형태	k_s	k_p
원형 연선	1	0.8
원형 압축	1	0.8

주 (3) IEC 60287 1994. p75. Table2

2) 차폐층에 전류가 흐를 때의 정상 임피던스 계산[(5)]

케이블의 차폐층을 cross bonding접지를 하는 경우와 같이 금속 차폐층에 전류가 흐르는 경우 동 케이블의 정상 및 역상임피던스는 다음과 같이 구한다.

$$Z_1 = Z_2 = R_c + \frac{X_m^2 \cdot R_S}{R_S^2 + X_m^2} + j\left(4.6052 \cdot \omega \cdot \log_{10}\frac{GMD_{3C}}{GMR_{1C}} \times 10^{-4} - \frac{X_m^3}{R_S^2 + X_m^2}\right)$$

$$= R_{20} \times K_1 \times K_2 + \frac{X_m^2 \cdot R_S}{R_S^2 + X_m^2} + j\left(0.17361 \cdot \log_{10}\frac{GMD_{3C}}{GMR_{1C}} - \frac{X_m^3}{R_S^2 + X_m^2}\right)$$

단 R_C : 동선의 사용 온도에서의 저항

R_S : sheath의 저항

X_m : 상호리액턴스

$$X_m = 2\omega \cdot \ln\frac{GMD_{3C}}{r_S} \times 10^{-4} [\Omega/km]$$

$$GMD_{3C} = \sqrt[3]{D_{ab} \cdot D_{bc} \cdot D_{ca}}\,[mm]$$

r_s : Radius to center of sheath= $\frac{r_i + r_o}{2}$ [mm]

(r_i : 쉬스의 내경, r_o: 쉬스의 외경)

Sheath의 저항 계산

$$R_S = \frac{40 \cdot \rho_S \{1 + \alpha_S(\theta - 20^o)\}}{\pi \cdot (d_{S1}{}^2 - d_{S2}{}^2)}$$

ρ_s : sheath의 고유저항 Al피인 경우 =2.825[$\mu\Omega$-cm]

α_s : sheath의 온도 저항 계수 Al피=0.00403

θ : sheath의 최고 허용 온도 Al피의 경우=50℃

d_{S1} : sheath의 평균 내경[mm]

d_{S2} : sheath의 평균 외경[mm]

3) 수치 계산 예

전기철도의 154kV 수전 선로는 154kV Al피를 cross bonding하는 경우가 대부분이므로 예로 XLPE 400mm^{2}로 cross bonding한 동 케이블의 정상 및 역상 임피던스를 계산하면 다음과 같다.

20℃에서의 저항은 표 5-8에서 0.0462[Ω/km]이므로

$$R_c = 0.0462 \times K_1 \times K_2 = 0.0462 \times 1.2751 \times 1.0336 = 0.0609\,[\Omega/km]$$

$$K_1 = 1 + 0.00393 \times (90 - 20) = 1.2751$$

$$K_2 = 1 + \lambda_S + \lambda_P = 1 + 0.0332 + 0.00039 = 1.0336$$

표피효과 계수 λ_S는

$$X^2 = \frac{8\pi f}{R'} \times 10^{-7} \cdot k_S$$

이고 R'는 케이블 운전 온도 90℃에서의 도체 저항으로

$$R' = R_{20} \cdot \{1 + \alpha \cdot (90° - 20°)\}\,[\Omega/km]$$

$$X^2 = \frac{8\pi f}{R'} \times 10^{-7} \cdot k_S = \frac{8 \times 3.14 \times 60}{0.0462 \times 10^{-3} \times 1.2751} \times 10^{-7} \times 1 = 2.5585$$

따라서 $X = \sqrt{2.5585} = 1.5995 < 2.8$이므로

$$\lambda_S = \frac{(X^2)^2}{192 + 0.8(X^2)^2} = \frac{2.5585^2}{192 + 0.8 \times 2.5585^2} = 0.0332$$

근접효과 계수 λ_P 는

$$X'^2 = \frac{8\pi f}{R'} \times 10^{-7} \cdot k_P = 2.5585 \times 0.8 = 2.0468$$

따라서 $X' = \sqrt{2.0468} = 1.4307 < 2.8$이므로

$$\lambda_P = \frac{X'^4}{192 + 0.8X'^4} \cdot \left(\frac{d_1}{S}\right)^2 \cdot \left\{0.312 \cdot \left(\frac{d_1}{S}\right)^2 + \frac{1.18}{\frac{X'^4}{192 + 0.8X'^4} + 0.27}\right\}$$

$$= \frac{2.0468^2}{192 + 0.8 \times 2.0468^2} \cdot \left(\frac{24.1}{360}\right)^2$$

$$\times \left\{0.312 \times \left(\frac{24.1}{360}\right)^2 + \frac{1.18}{\frac{2.0468^2}{192 + 0.8 \times 2.0468^2} + 0.27}\right\} = 0.00039$$

또 그림 5-3에서 $D_{12}=D_{23}=360$[mm], $D_{13}=360 \times \sqrt{2}$[mm]이므로

$$GMD_{3C} = \sqrt[3]{D_{12} \cdot D_{23} \cdot D_{13}} = \sqrt[3]{360^3 \cdot \sqrt{2}} = 404.086[mm]$$

$$GMR_{1C} = \frac{24.1}{2} \times 0.779 = 9.3870[mm]$$

따라서

$$Z_1 = R_C + \frac{X_m^2 \cdot R_S}{R_S^2 + X_m^2} + j\left(4.605 \cdot \omega \cdot \log_{10}\frac{GMD_{3C}}{GMR_{1C}} \times 10^{-4} - \frac{X_m^3}{R_S^2 + X_m^2}\right)$$

$$= 0.1070 + j0.1398[\Omega/km]$$

여기서 R_S는 sheath저항이므로

$$R_S = \frac{40 \cdot \rho_S \cdot \{1 + \alpha_S(\theta - 20°)\}}{\pi \cdot (d_{S2}^2 - d_{S1}^2)}$$

$$= \frac{40 \cdot 2.825 \cdot \{1 + 0.00403 \times (50° - 20°)\}}{3.14 \times (88.5^2 - 83.9^2)} = 0.0508[\Omega/km]$$

$$X_m = 2\omega \cdot \ln\frac{GMD_{3C}}{r_S} \times 10^{-4} = 2 \times 377 \times \ln\frac{404.0863}{49.3} \times 10^{-4}$$

$$= j0.1586[\Omega/km]$$

$$GMD_{3C} = \sqrt[3]{D_{ab} \cdot D_{bc} \cdot D_{ca}} = \sqrt[3]{(360)^3 \times \sqrt{2}} = 404.0863[mm]$$

r_s : radius to center of sheath[mm]$= \frac{r_i + r_0}{2} = \frac{47.05 + 51.55}{2}$

$=49.3$[mm]

이제 가공선과 같이 선로 길이가 5.5km라고 하면

$$Z_1 = (0.1070 + j0.1398) \times 5.5 = 0.5885 + j0.7689 [\Omega]$$

100MVA기준 %임피던스로 환산하면

$$\%Z_1 = \frac{100 \times 1000}{10 \times 154^2} \times (0.5885 + j0.7689) = 0.2481 + j0.3242 [\%]$$

한전의 송전 Bus의 %임피던스를 가공선과 같이

정상 임피던스 $\%Z_1$=0.320+j2.312[%],

영상 임피던스 $\%Z_0$=1.030+j5.715[%]

라고 하면

$$\%Z_1 = (0.2481 + j0.3242) + (0.320 + j2.312)$$

$$= 0.5681 + j2.6362 = 2.6967 \angle 77.84^\circ [\%]$$

따라서 단락 전류는

$$I_S = \frac{374.9 \times 100 \times 10^{-3}}{2.6967 \angle 77.84^\circ} = 13.902 \angle 282.16^\circ [kA]$$

가 됨을 알 수 있다.

5-2-3. 지중선로의 영상 임피던스

케이블의 영상 임피던스는 지락 전류의 귀로에 따라 영향을 받으므로 지락 전류의 귀로가 대지와 sheath를 공통으로 하는 경우 영상 임피던스는 다음과 같이 구한다[(6)].

$$Z_0 = Z_C - \frac{Z_m^2}{Z_S} [\Omega/km]$$

여기서 Z_C : 케이블 도체만의 영상 임피던스

Z_m : 케이블 도체와 sheath간의 3상분 일괄 대지귀로 상호 임피던스

Z_S : 케이블 sheath의 일괄 대지귀로 임피던스

1) 케이블 도체만의 영상 임피던스(Z_C)

$$Z_c = R_c + R_e + j(3 \times 2\omega) \cdot \ln \frac{D_e}{GMR_{3C}} \times 10^{-4}$$

$$= R_c + R_e + j0.5208 \cdot \log_{10} \frac{D_e}{GMR_{3C}} [\Omega/km]$$

여기서 GMR_{3C} : 3상 케이블 도체 전체를 하나의 단체로 간주한 경우 그 단체의 GMR[mm]

$$GMR_{3C} = \sqrt[3]{(GMR_{1C}) \cdot (GMD_{3C})^2}$$

R_C : 케이블 도체의 90℃에서의 저항

R_e : 대지의 등가 저항 대지의 고유 저항 ρ=100[Ω/km]인 경우

⇒ 0.1777[Ω/km]임

D_e : 대지까지의 등가 거리 ⇒ 852056[mm]

여기서 400mm² XLPE케이블을 예로 들면

$$Z_c = R_c + R_e + j0.5208 \cdot \frac{f}{60} \cdot \log_{10}\frac{D_e}{GMR_{3C}}$$

$$= 0.0609 + 0.1777 + j0.5208 \cdot \log_{10}\frac{852056}{115.299} = 0.2386 + j2.0148$$

가 됨을 알 수 있다.

2) 케이블 도체와 sheath 사이의 상호 임피던스

$$Z_m = R_e + j(3 \times 2\omega) \cdot \ln\frac{D_e}{D_m} \times 10^{-4} = R_e + j0.5208 \cdot \log_{10}\frac{D_e}{D_m}$$

여기서 D_m : 3상 일괄 sheath와 도체간의 GMD

⇒ 단심 케이블의 경우 ≒ GMR_{3S}

$$GMR_{3S} = \sqrt[3]{r_{sm} \times (GMD)_{3C}^2}$$

r_{sm} : sheath의 평균 반경⇒ $r_{sm} = \frac{r_0 + r_i}{2}$

r_o : sheath의 외부 반경

r_i : sheath의 내부 반경

여기서 400mm² XLPE케이블을 예로 들면

$$r_{sm} = \frac{r_o + r_i}{2} = \frac{51.55 + 47.05}{2} = 49.3[mm]$$

$$GMR_{3S} = \sqrt[3]{r_{sm} \times (GMD_{3C})^2} = \sqrt[3]{49.3 \times 404.0863^2} = 200.4157[mm]$$

따라서

$$Z_m = R_e + j0.5208 \cdot \log_{10}\frac{D_e}{D_m} = 0.1777 + j0.5208 \cdot \log_{10}\frac{852056}{200.4157}$$

$$= 0.1777 + j1.8897[\Omega/km]$$

임을 알 수 있다.

3) 케이블 sheath만의 영상 임피던스(Z_S)

$$Z_S = R_S + R_e + j0.5208 \cdot \frac{f}{60} \cdot \log_{10}\frac{D_e}{GMR_{3S}} [\Omega/km]$$

R_S : sheath의 저항[Ω/km]

여기서 400mm² XLPE 케이블을 예로 들면

$$Z_S = R_S + R_e + j0.5208 \cdot \frac{f}{60} \cdot \log_{10}\frac{D_e}{GMR_{3S}}$$

$$= 0.0508 + 0.1777 + j0.5208 \times \log_{10}\frac{852056}{200.416}$$

$$= 0.2285 + j1.8897 [\Omega/km]$$

따라서 154kV XLPE 400mm²의 영상 임피던스는

$$Z_0 = Z_C - \frac{{Z_m}^2}{Z_S} = (0.2386 + j2.0148) - \frac{(0.1777 + j1.8897)^2}{0.2285 + j1.8897}$$

$$= 0.1115 + j0.1264 [\Omega/km]$$

100MVA기준 %임피던스로 환산하면

$$\%Z_0 = \frac{100 \times 1000}{10 \times 154^2} \times (0.1115 + j0.1264) = 0.0470 + j0.0533 [\%]$$

송전선로의 길이가 5.5km라고 가정하면

$$\%Z_0 = (0.0470 + j0.0533) \times 5.5 = 0.2587 + j0.2932$$

한전 송전단 Bus의 영상 임피던스를 $\%Z_0$ =1.030 + j5.715[%]라 하면

$$\%Z_0 = (1.030 + 5.715) + (0.2587 + j0.2932) = 1.2887 + j6.0082$$

$$= 6.1449 \angle 77.89^\circ [\%]$$

따라서 지락 전류는

$$I_G = \frac{3 \times 374.9 \times 100 \times 10^{-3}}{(1.2887 + j6.0082) + 2 \times (0.5681 + j2.6363)}$$

$$= 9.7474 \angle 282.13^\circ [kA]$$

가 된다.

㈜ (1) Electrical transmission and distribution reference book p40, 1950, Westinghouse
(2) Electrical transmission and distribution reference book p67−74, 1950, Westinghouse
(3) Protective Relays Application Guide GEC−ALSTOM 1987, p55
(4) IEC 60287. 1994. 2. 1.3/2.1.4, p29
(5) Electrical transmission and distribution reference book p67−74, 1950, Westinghouse

참 고

1. Al피 sheath의 저항— 단위 [Ω/km]

$$R_S = \frac{40 \cdot \rho_S \cdot \{1+\alpha_S(\theta - 20°)\}}{\pi \cdot ({d_{S2}}^2 - {d_{S1}}^2)}$$

$400mm^2$

$$R_S = \frac{40 \cdot \rho_S \cdot \{1+\alpha_S(\theta - 20°)\}}{\pi \cdot ({d_{S2}}^2 - {d_{S1}}^2)} = \frac{40 \times 2.825 \times (1+0.00403 \times 30)}{3.14 \times (88.5^2 - 83.9^2)}$$

$$= 0.0508$$

$600mm^2$

$$R_S = \frac{40 \cdot \rho_S \cdot \{1+\alpha_S(\theta - 20°)\}}{\pi \cdot ({d_{S2}}^2 - {d_{S1}}^2)} = \frac{40 \times 2.825 \times (1+0.00403 \times 30)}{3.14 \times (95.2^2 - 90.4^2)}$$

$$= 0.0453$$

$800mm^2$

$$R_S = \frac{40 \cdot \rho_S \cdot \{1+\alpha_S(\theta - 20°)\}}{\pi \cdot ({d_{S2}}^2 - {d_{S1}}^2)} = \frac{40 \times 2.825 \times (1+0.00403 \times 30)}{3.14 \times (101.6^2 - 96.8^2)}$$

$$= 0.0424$$

$1200mm^2$

$$R_S = \frac{40 \cdot \rho_S \cdot \{1+\alpha_S(\theta - 20^{o})\}}{\pi \cdot ({d_{S2}}^2 - {d_{S1}}^2)} = \frac{40 \times 2.825 \times (1+0.00403 \times 30)}{3.14 \times (97.9^2 - 92.9^2)}$$

$$= 0.0423$$

ρ_S : sheath의 고유저항 Al피인 경우=2.825[μΩ-cm]

α_S : sheath의 온도 저항 계수 Al피=0.00403

θ : sheath의 최고 허용 온도 Al피의 경우=50℃

d_{s1} : Sheath의 평균 내경[mm]

d_{s2} : Sheath의 평균 외경[mm]

2. Cu피 sheath의 저항

$$R_S = \frac{40 \cdot \rho_S \cdot \{1+\alpha_S(\theta-20°)\}}{\pi \cdot \left({d_{S2}}^2 - {d_{S1}}^2\right)}$$

$400mm^2$

$$R_S = \frac{40 \cdot \rho_S \cdot \{1+\alpha_S(\theta-20°)\}}{\pi \cdot \left({d_{S2}}^2 - {d_{S1}}^2\right)} = \frac{40 \times 1.7958 \times (1+0.00393 \times 30)}{3.14 \times \left(88.5^2 - 83.9^2\right)}$$

$$= 0.0322$$

$600mm^2$

$$R_S = \frac{40 \cdot \rho_S \cdot \{1+\alpha_S(\theta-20°)\}}{\pi \cdot \left({d_{S2}}^2 - {d_{S1}}^2\right)} = \frac{40 \times 1.7958 \times (1+0.00393 \times 30)}{3.14 \times \left(95.2^2 - 90.4^2\right)}$$

$$= 0.0287$$

$800mm^2$

$$R_S = \frac{40 \cdot \rho_S \cdot \{1+\alpha_S(\theta-20°)\}}{\pi \cdot \left({d_{S2}}^2 - {d_{S1}}^2\right)} = \frac{40 \times 1.7958 \times (1+0.00393 \times 30)}{3.14 \times \left(101.6^2 - 96.8^2\right)}$$

$$= 0.0269$$

$1200mm^2$

$$R_S = \frac{40 \cdot \rho_S \cdot \{1+\alpha_S(\theta-20°)\}}{\pi \cdot \left({d_{S2}}^2 - {d_{S1}}^2\right)} = \frac{40 \times 1.7958 \times (1+0.00393 \times 30)}{3.14 \times \left(97.9^2 - 92.9^2\right)}$$

$$= 0.0268$$

ρ_S : sheath의 고유저항 Cu피인 경우 =1.7958[$\mu\Omega$-cm]

α_S : sheath의 온도 저항 계수 Cu피=0.00393

θ : sheath의 최고 허용 온도 Cu피의 경우=50℃

d_{s1} : Sheath의 평균 내경[mm]

d_{s2} : Sheath의 평균 외경[mm]

참고표 1 선로별 전철 변전소의 전원 임피던스 및 고장 전류 (2007. 1말 현재)

선로명	전철 변전소	한전 변전소	한전 Bus %임피던스(%)	수 전 선			154kV 계통		
				규격	길이[km]	%Z(%)	Total %Z(%)	단락전류(A)	지락전류(A)
경원선	의정부	의정부	Z_1=0.039+j0.893 Z_0=0.068+j0.770	ACSR330 XLPE400	2.488 1.215	Z_1=0.181+j0.629 Z_0=0.179+j0.928	Z_1=0.220+j1.522 Z_0=0.247+j1.698	24379.35	23473.41
중앙선	구 리	도 농	Z_1=0.056+j0.920 Z_0=0.110+j0.706	XLPE400	0.1	Z_1=0.003+j0.010 Z_0=0.005+j0.005	Z_1=0.059+j0.930 Z_0=0.115+j0.711	40232.02	43568.24
분당선	모 란	중 원	Z_1=0.122+j1.890 Z_0=0.353+j1.056	XLPE400	0.793	Z_1=0.025+j0.076 Z_0=0.037+j0.042	Z_1=0.147+j1.966 Z_0=0.390+j1.098	19016.60	22156.52
		성 현	Z_1=0.119+j1.464 Z_0=0.666+j3.565	XLPE400 ACSR330	2.584 0.984	Z_1=0.124+j0.447 Z_0=0.163+j0.476	Z_1=0.243+j1.911 Z_0=0.829+j4.041	19461.81	14108.157
경인선	주 안	신인천	Z_1=0.022+j0.885 Z_0=0.021+j0.839	XLPE 400	4.731	Z_1=0.151+j0.454 Z_0=0.222+j0.251	Z_1=0.173+j1.339 Z_0=0.243+j1.090	27768.44	29491.39
경부선	구 로	구 공	Z_1=0.046+j1.114 Z_0=0.171+j1.223	XLPE 800	2.43	Z_1=0.044+j0.209 Z_0=0.075+j0.112	Z_1=0.090+j1.323 Z_0=0.246+j1.335	28272.53	28092.07
		구 로	Z_1=0.071+j1.307 Z_0=0.279+j1.528	XLPE 800	1.165	Z_1=0.021+j0.10 Z_0=0.036+j0.054	Z_1=0.092+j1.407 Z_0=0.315+j1.582	26589.27	25422.05
	군 포	의 왕	Z_1=0.089+j1.323 Z_0=0.711+j3.148	XLPE400 ACSR330	1.321 1.516	Z_1=0.106+j0.433 Z_0=0.126+j0.593	Z_1=0.195+j1.756 Z_0=0.837+j3.741	21219.79	15289.85
	평 택	송 탄	Z_1=0.399+j1.961 Z_0=1.181+j5.563	XLPE400	2.6	Z_1=0.083+j0.25 Z_0=0.122+j0.138	Z_1=0.482+j2.211 Z_0=1.303+j5.701	16567.47	10842.09
	조치원	조치원	Z_1=0.290+j1.828 Z_0=1.192+j5.117	XLPE400	2.8	Z_1=0.09+j0.269 Z_0=0.132+j0.148	Z_1=0.380+j2.097 Z_0=1.324+j5.265	17591.89	11612.09
	옥 천	옥 천	Z_1=0.154+j1.437 Z_0=0.849+j3.911	XLPE400	3.1	Z_1=0.099+j0.298 Z_0=0.146+j0.164	Z_1=0.253+j1.735 Z_0=0.995+j4.075	21382.50	14620.45
	직지사	금 릉	Z_1=0.234+j2.125 Z_0=0.972+j5.056	XLPE400 ACSR240	0.1 8.7	Z_1=0.499+j1.802 Z_0=0.431+j3.024	Z_1=0.733+j3.927 Z_0=1.403+j8.080	9384.89	6946.97
	사 곡	남구미	Z_1=0.120+j1.292 Z_0=0.440+j2.293	XLPE400	0.7	Z_1=0.022+j0.067 Z_0=0.033+j0.037	Z_1=0.142+j1.359 Z_0=0.473+j2.330	27437.82	22034.33
	경 산	노 변	Z_1=0.236+j1.840 Z_0=1.013+4.650	XLPE600 ACSR240	1.135 0.63	Z_1=0.056+j0.227 Z_0=0.066+j0.271	Z_1=0.292+j2.067 Z_0=1.079+j4.921.	17959.56	12216.77
	밀 양	초 동	Z_1=0.561+j2.943 Z_0=1.591+j7.557	XLPE600 ACSR240	0.4 10.993	Z_1=0.634+j2.299 Z_0=0.551+j3.833	Z_1=1.195+j5.242 Z_0=2.142+j11.390	6973.14	5034.935
충북선	증 평	증 평	Z_1=0.288+j2.336 Z_0=1.289+j6.354	XLPE400	3.538	Z_1=0.113+j0.340 Z_0=0.166+j0.188	Z_1=0.401+j2.676 Z_0=1.455+j6.542	13855.39	9290.49
	충 주	충 주	Z_1=0.184+j2.050 Z_0=0.493+j2.909	XLPE400	0.53	Z_1=0.017+j0.051 Z_0=0.025+j0.028	Z_1=0.201+j2.101 Z_0=0.518+j2.937	17763.26	15625.51
호남선	계 룡	신계룡	Z_1=0.083+j1.219 Z_0=0.132+j1.373	XLPE400	3.0	Z_1=0.096+j0.288 Z_0=0.141+j0.159	Z_1=0.179+j1.507 Z_0=0.273+j1.532	24704.24	24506.15
	익 산	이 리	Z_1=0.134+j1.282 Z_0=0.485+j2.637	XLPE400	3.5	Z_1=0.112+j0.336 Z_0=0.165+j0.186	Z_1=0.246+j1.618 Z_0=0.650+j2.823	22907.94	18241.78
	백양사	고 창	Z_1=0.732+j4.153 Z_0=1.861+j9.445	XLPE400 ACSR240	2.1171 10.318	Z_1=0.656+j2.329 Z_0=0.605+j3.693	Z_1=1.388+j6.482 Z_0=2.466+j13.138	5655.65	4224.63
	노 안	평 동	Z_1=0.287+j2.564 Z_0=1.207+j6.795	XLPE400	5.18	Z_1=0.166+j0.497 Z_0=0.243+j0.275	Z_1=0.453+j3.061 Z_0=1.450+j7.070	12116.00	8393.05
	일 로	영 암	Z_1=0.467+j3.023 Z_0=1.775+j8.289	ACSR240	23.32	Z_1=1.329+j4.804 Z_0=1.143+j8.092	Z_1=1.796+j7.827 Z_0=2.918+j16.381	4668.63	3440.62

참고표 2 경부고속 전철 변전소의 전원 임피던스 및 고장 전류 (2007. 1말 현재)

전철 변전소	한전 변전소	한전 Bus %임피던스(%)	수 전 선			154kV 계통		
			규격	길이[km]	%Z(%)	Total %Z(%)	단락전류(A)	지락전류(A)
고양기지	능 곡	Z_1=0,068+j0,93 Z_0=0,37+j1,611	XLPE800mm^2	1,6	Z_1=0,0302+j0,1396 Z_0=0,0489+j0,0744	Z_1=0,0982+j1,0696 Z_0=0,4199+j1,6854	34903,69	29032,48
안 산	일 동	Z_1=0,033+j0,711 Z_0=0,073+j0,803	XLPE800mm^2	2,5	Z_1=0,0471+j0,2181 Z_0=0,0764+j0,1162	Z_1=0,0801+j0,9291 Z_0=0,1494+j0,9192	40201,75	40335,66
평 택	추 팔	Z_1=0,289+j1,615 Z_0=0,0836+j3,888	XLPE800mm^2	1,847	Z_1=0,0348+j0,1612 Z_0=0,0564+j0,0859	Z_1=0,3238+j1,7762 Z_0=0,8924+j3,9739	20764,64	14640,26
옥 천	옥 천	Z_1=0,154+j1,437 Z_0=0,849+j3,911	ACSR410mm^2	9,5	Z_1=0,3152+j1,8868 Z_0=0,4226+j3,5966	Z_1=0,4692+j3,3238 Z_0=1,2716+j7,5076	11168,53	7850,39
신청주	청 원	Z_1=0,063+j0,945 Z_0=0,104+j0,954	ACSR410mm^2	10,1	Z_1=0,3351+j2,0059 Z_0=0,4493+j3,8237	Z_1=0,3981+j2,9509 Z_0=0,5533+j4,7777	12590,54	10448,30
김 천	김 천	Z_1=0,212+j1,845 Z_0=0,766+j4,076	ACSR410mm^2 XLPE800mm^2	5,7 0,2	Z_1=0,1929+j1,1496 Z_0=0,2597+j2,1672	Z_1=0,4049+j2,9946 Z_0=1,0257+j6,2432	12406,31	9092,64
대 구	범 물	Z_1=0,148+j1,562. Z_0=0,531+j2,712	XLPE800mm^2	8,188	Z_1=0,1525+j0,7191 Z_0=0,2517+j0,3805	Z_1=0,3005+j2,2811 Z_0=0,7881+j3,0924	16294,00	14432,00
울 산	울 주	Z_1=0,021+j1,378 Z_0=0,084+j1,113	ACSR410mm^2 XLPE800mm^2	0,782 4,582	Z_1=0,1196+j0,5984 Z_0=0,1845+j0,5917	Z_1=0,1406+j1,9764 Z_0=0,2685+j1,7047	18921,01	19786,63
부 산	노 포	Z_1=0,090+j1,452 Z_0=0,061+j1,371	XLPE800mm^2	2,797	Z_1=0,0503+j0,2461 Z_0=0,0867+j0,1287	Z_1=0,1403+j1,6981 Z_0=0,1477+j1,4997	22003,00	22884,00
부산차량기기	범 천	Z_1=0,078+j1,318 Z_0=0,223+j0,851	XLPE800mm^2	1,0247	Z_1=0,0193+j0,0894 Z_0=0,0313+j0,0476	Z_1=0,0973+j1,4074 Z_0=0,2543+j0,8986	26574,34	30068,70

참고표 3 154kV 수전 선로 규격별 단위 길이당 임피던스

구 분	규 격	[Ω/km]	[%/km]
가공선로	ACSR 240	Z_1=0,135+j0,488 Z_0=0,117+j0,823	Z_1=0,057+j0,206 Z_0=0,049+j0,347
	ACSR 330	Z_1=0,100+j0,480 Z_0=0,100+j0,819	Z_1=0,042+j0,202 Z_0=0,042+j0,345
	ACSR 410	Z_1=0,079+j0,4709 Z_0=0,106+j0,8979	Z_1=0,033+j0,1986 Z_0=0,045+j0,3786
지중선로	XLPE 400	Z_1=0,075+j0,228 Z_0=0,112+j0,126	Z_1=0,032+j0,096 Z_0=0,047+j0,053
	XLPE 600	Z_1=0,055+j0,213 Z_0=0,088+j0,116	Z_1=0,023+j0,090 Z_0=0,040+j0,050
	XLPE 800	Z_1=0,042+j0,204 Z_0=0,073+j0,110	Z_1=0,018+j0,086 Z_0=0,031+j0,046

제6장 직류급전 System

6-1. 직류급전 계통

6-1-1. 직류급전의 개요

철도 급전은 직류급전과 교류급전으로 대별되는데 우리나라에서는 일본과 달리 철도공사 산하 간선철도(幹線鐵道)에는 직류급전을 채택한 곳이 없다. 서울, 부산, 대구, 인천, 광주, 대전 등의 지하철에서 직류급전을 하고 있으며, 근래 각 지자체에서 활발히 계획되고 있는 경전철에서도 직류급전을 한다. 지하철 전차선(contact wire)은 모두 가공 가선으로 되어 있고, 선로 대부분이 설치되어 있는 지하 구간은 부산 지하철을 제외하고는 터널 상부에 고정된 애자로 알루미늄 합금 강으로 된 성형 도체인 T bar로 지지하고 그 아래에 전차선을 이어(long ear)로 고정한 강체가 선방식으로 되어 있어 철도공사 산하 간선철도의 전차선이 대부분 Simple catenary로 되어 있는 것과는 다르다. 강체 가선의 전차선에는 인장력이 가하여지지 않았기 때문에 탄성이 적어서 전기차가 고속으로 달리면 이선이 되기 쉬워 주행속도가 T bar가선의 경우는 대체로 최고 속도 90km/h 이하로 제한이 되어 있으나 전차선이 단선될 위험이 적고 가선을 위한 터널의 단면적이 적어지며 catenary 전차선로와 연계하여 직통 운전이 가능하다는 이점이 있다. 경전철에서는 제3레일 방식 등 급전 방식이 좀 더 다양해지고 있다. 직류급전은 교류와 달리 차량 내에서 전압 변경이 용이하지 않으므로 각 도시 지하철에서는 차량 구동용 전동기의 정격 전압인 직류 1500V로 급전하고 있다. 초기 전기차의 전동기로는 전기차의 기동-운전 특성으로써 기동할 때나 상구배(上勾配)로 올라갈 때는 속도보다는 강력한 회전력을 필요로 하고, 평탄한 지역을 운행할 때에는 고속과 광범위한 속도 제어가 필요한데 이와 같은 특성에 적절한 전동기는 직류직권전동기이므로 전기철도는 직류급전으로 출발하게 되었다. 교류급전이라 하더라도 초기에는 차내에 설치한 변압기로 전압을 낮추어 이 전압을 직류로 정류하여 직류 전동기로 차량을 구동하였으나 현재는 inverter의 개발로 교류 3상 전동기의 특성이 직류 직권전동기와 거의 같게 되어 차량을 3상 교류 전동기로 구동하는 경우가 많다. 일반적으로 교류급전의 경우는 통신선로에 대한 유도장애(障碍)가, 직류급전의 경우는 전차선로 주변에 매설되어 있는 금속관 등 지하 금속도체의 전식(電蝕)이 가장 문제가 된다. 이와 같은 문제를 해결하기 위하여 교류급전은 BT급전 또는 AT급전 방식을 채택하여 귀선전류를 레일에서 흡상하여 레일로부터의 누설전류를 적게 하였으며, 직류급전은 전철 측에서는 레일본드의 체결을 완전히 하는 등 레일의 저항을 적게 하고 레일의 대지 접촉저항을 크게 하는 등 누설전류를 감소시키는 방법을 채택하고, 매설 금속관에 대한 대책으로는 약간의 누설전류가 있을 것을 전제로 매설관(埋設管) 같은 금속도체에 대하여 선택 배류법 또는 강제 배류법 등으로 전원과 매설 금속관 모두에서 동시에 시행되고 있다.

6-1-2. 직류급전 변전소

1) 수전회로

교류 AT급전인 경우 변전소간의 간격이 40~50km인데 비하여 직류 급전은 매우 짧아 4~5km에 불과하며, 변전소의 변압기는 3상으로 용량은 교류 급전에 비하여 매우 작다. 수전은 고장 또는 작업 정전을 고려하여 상용계(常用系)와 예비계(豫備系)의 2회선으로 구성한다. 따라서 154kV를 수전하고 있는 부산지하철 일부를 제외한 다른 지역은 대체로 한전으로부터 중성점을 유효 접지라 할 수 있는 다중접지 계통의 22.9kV 3상을 수전하고 있다. 지하철 수전 계통의 보호방식은 한전 전력계통이 중성점 직접접지 또는 유효접지 계통으로부터 수전하는 경우와 비접지 계통으로부터 수전하는 경우 달라진다. 비접지 계통에 있어서는 지락보호에 대하여는 선택지락방향계전기(DGR-67번 계전기)를 전위보호로 하고 지락과전압계전기(OVG-64계전기)를 후위보호로 한다. 이때에 영상전압 및 전류 원(電流源)으로 GPT(Ground potential transformer)와 CLR(한류저항-Current limit resistor)을 설치하나 지락계전기의 동작을 확실히 보장하기 위해서는 GPT 대신에 비교적 용량이 큰 접지용변압기 소위 GTR (Ground transformer)을 설치하는 것이 일반적인 방안이나 한전 급전 모선에 다른 수용가에 전력을 공급하는 케이블이 병렬로 여러 회로가 연결되어 있는 경우에는 지락전류 검출 CT보다 앞에서 분기되어 있는 이들 병렬 케이블들의 충전 전류가 영상전류의 공급원이 된다(10-1-1 중성점 접지 방식과 케이블 선정 참조). 비접지 계통에서는 케이블의 차폐층에 흐르는 지락전류가 매우 적으므로 XLPE(CV)케이블 사용이 가능하다. 서울 메트로의 중성점 비접지 계통 수전 회로의 실례를 그림 6-1에 예시하였다. 중성점이 유효접지로 되어 있는 선로는 전원 임피던스가 큰 경우(=전원 단락 용량이 작은 경우)에는 1선 지락 시에 지락전류가 선간단락 전류보다 큰 경우가 흔히 있으므로 첫째로는 케이블은 중성선이 있는 XLPE(CNCV)를 사용하여 큰 지락전류에 대비하여야 하며, 둘째로는 지락보호는 과전류계전기로 한다는 것이다. 즉 수전 선로의 상전압(相電壓)을 E, 영상 임피던스 Z_0, 정상 임피던스 Z_1, 역상 임피던스를 Z_2라 할 때 1선 지락시의 지락전류 I_G는 일반적으로 배전 선로에서는 $Z_1=Z_2$이므로

$$I_G = \frac{3E}{Z_0 + Z_1 + Z_2} = \frac{3E}{Z_0 + 2Z_1}$$

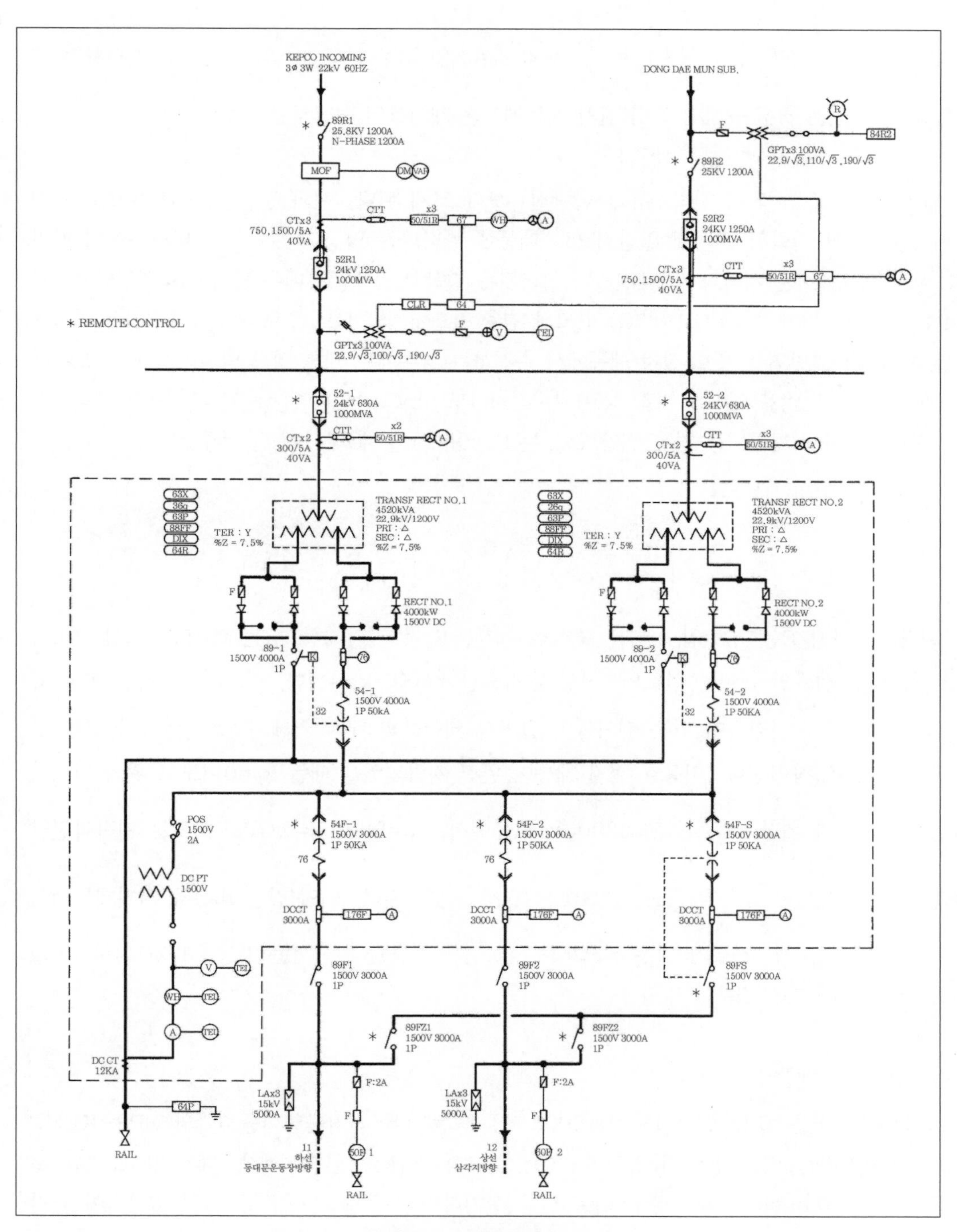
KEPCO INCOMING
3ø 3W 22kV 60HZ
DONG DAE MUN SUB.
89R1
25.8KV 1200A
N-PHASE 1200A
MOF
89R2
25KV 1200A
GPTx3 100VA
84R2
52R1
24kV 1250A
1000MVA
52R2
24KV 1250A
1000MVA
CTx3
750,1500/5A
40VA
CTT
50/51R
67
64
CLR
* REMOTE CONTROL
GPTx3 100VA
52-1
24kV 630A
1000MVA
52-2
24KV 630A
1000MVA
CTx2
300/5A
40VA
TRANSF RECT NO.1
TRANSF RECT NO.2
4520kVA
22.9kV/1200V
PRI : Δ
SEC : Δ
%Z = 7.5%
TER : Y
63X
26q
63P
88FF
DIX
64R
RECT NO.1
RECT NO.2
4000kW
1500V DC
89-1
89-2
1500V 4000A
1P
54-1
54-2
1500V 4000A
1P 50kA
32
POS
1500V
2A
DC PT
1500V
54F-1
54F-2
54F-S
1500V 3000A
1P 50KA
76
DCCT
3000A
176F
89F1
89F2
89FS
1500V 3000A
1P
89FZ1
89FZ2
DC CT
12KA
64P
LAx3
15kV
5000A
F:2A
RAIL
11
하선
동대문운동장방향
12
상선
삼각지방향

그림 6-1 지하철 회로도

가 되며 또 3상 단락 전류 I_S는 $I_S=\frac{E}{Z_1}$로써 $Z_0=Z_1$인 경우 $I_G=I_S$가 되나 특히 수전선로가 케이블로 되어 있는 경우 중성점 직접 접지 계통에서는 케이블의 커패시턴스로 인하여

$$|Z_0+2Z_1| \leq |Z_0|+2|Z_1|$$

가 되므로 $I_G \geq I_S$가 되어 지락전류가 단락전류보다 크게 된다. 이와 같은 중성점 유효접지 계통에서는 1선이 지락되었을 때 일반적으로 계통에 나타나는 영상전압은 매우 낮다. 이에 따라 유효접지 계통에서는 지락과전압계전기에 입력되는 영상 전압 V_0는 매우 낮아 지락과전압계전기(64G)와 선택지락계전기(DGR-67G)의 고장 검출 감도가 낮으므로 주로 과전류계전기로 지락보호를 하게 된다. 반면 비유효 접지 계통에서 수전하는 경우에는 계통 영상 임피던스가 크므로 배선 케이블이 길지 않을 때에는 지락전류 I_G는 적더라도 비교적 높은 영상 전압 V_0가 발생한다.

과전압계전기에 입력되는 영상 전압 $V_{0\triangle}$는 $R_g=0[\Omega]$일 때 대지 충전 전류는 $I_{C0}=3\omega\sum C_i \times E$ 이므로

$$V_{0\triangle}=\frac{3}{n}\cdot\frac{E}{1+R_g\cdot\left(\frac{1}{R_N}+j3\omega\sum C_i\right)}=\frac{3}{n}\times\frac{E}{\left(1+\frac{R_g}{R_N}\right)+j\left(\frac{I_{CO}}{E}\times R_g\right)}$$

이 된다. 여기서 E는 상전압, R_N은 중성점 저항, R_g는 지락저항, n는 GPT의 전압비이고, $\sum C_i$는 배전 선로인 케이블 선로의 1상당 대지충전 용량(F/km)이다. 이 식에서 지락 저항 R_g가 크거나 계통에 연결되어 있는 케이블이 길어서 케이블의 대지 커패시턴스 $\sum C_i$가 크면 영상 전압 $V_{0\triangle}$가 작아진다. 비유효 접지 계통이 완전 지락되었을 때는 $R_g=0$이므로 위의 식에서 $V_{0\triangle}=\frac{3}{n}\cdot E$가 된다. 예를 들면 22000V 계통에서는 n=200, E=12701V이므로 지락과전압계전기 입력 전압은 $V_{0\triangle}=\frac{3}{200}\times 12701=190.5[V]$가 된다. 이와 같은 비유효 접지계통에서는 지락 검출에는 지락전류가 매우 적으므로 영상전류 검출을 위해서는 영상 CT(ZCT)나 Ring Core CT를 사용하는 경우가 많다.

2) 22.9kV 배전반

22.9kV 전력은 IEC 62271-200(2003.11) 또는 한국전기공업협동조합의 SPS-KEMC 2101-609(2007.08.22.)에 규정되어 있는 PM형 24kV 금속 폐쇄 배전반(AC Metal enclosed switchgear and controlgear)을 설치하여 수전 또는 배전을 하고 있다. 이 규격의 배전반은 전압 3.6kV에서 36kV까지의 배전반으로 지하철 수전용으로 쓰이고 있는 24kV 배전반의 내압은 LIWL 125kV, 상용 주파 내압은 50kV로 되어 있다. IEC 60298은 2003년

11월 IEC 62271-200으로 개정되어 적용 전압 범위가 정격 전압 1kV에서 52kV까지의 금속 폐쇄 배전반에 적용하도록 규격이 다소 변경되었으나 M형은 partition PM으로, P형은 PI으로 명칭이 변경되었으나 구 규격과 큰 차이는 없다. 현재 국내에서 사용되고 있는 M형(신규격 PM형) 금속 폐쇄형 배전반은 구 규격에 의하여 제작되었으며 그에 따라 내장되어 있는 각 기기와 주 모선(主 母線-Main bus) 등이 독립된 격실에 수납되어 있기는 하나 반과 반 사이의 모선이 격벽으로 완전히 분리되어 있지 않아서 엄밀한 의미에서 모두 완전한 PM형이라 할 수는 없다. 현재 지하철에 설치되어 있는 배전반은 24kV용 차단기는 가스차단기(GCB-Gas circuit breaker)이며 수전용 GCB의 정격 전압은 24kV, 정격 전류는 1250A이고, 배전용 차단기의 정격 전류는 630A이며 정격 차단 전류는 모두 실효 치로써 25kA이다. 차단기의 정격 최고내전류(Rated peak withstand current Ip)는 정격 투입 전류와 같으며 투입시의 첫 반파의 파고치(波高値-crest)로서 정격 차단 전류의 2.6배인 65kA이다. 따라서 차단기의 정격 차단전류는 실효치(實效値-RMS)이고 투입 전류는 파고치임을 잊어서는 안 된다. 또 차단기의 절연내력은 배전반과 같은 LIWL 125kV, 상용주파내압은 50kV이다. 한전에서는 22kV 계통의 절연 규격을 2004년부터는 LIWL 150kV로 개정하였다. 배전반에 내장되어 있는 CT는 KSC IEC 60044.1의 규격품을 사용하며, 계전기 및 계측기가 모두 Digital화 되어 있어 CT의 부담이 대폭 감소되었으므로 CT 용량은 15VA 전후로 5P20 또는 10P20 규격의 CT를 사용하고, PT는 KSC IEC 60044.2의 3P 또는 6P인 규격제품을 사용하고 있다. 이 제품들은 Epoxy mold로 절연되어 있으며 절연계급은 차단기 절연과 같이 LIWL 125kV, 상용주파내압은 50kV이다. 이들 계기용변압기 선정에 특히 주의할 점은 이들 변성기의 오차 계급과 과전류 영역 및 부분 방전 특성이 보호계전기에 적합한가 하는 점이다. 계기용변압기의 규격은 2007.10에 IEC 60044 series에서 IEC 61869 series로 규격번호가 변경되었으나 KS에서는 규격 번호는 KSC IEC60044로 변경이 없다.

6-1-3. 배전반 정의와 구성

수전용 수배전반 및 전차선로 급전용 직류 배전반 모두가 금속폐쇄배전반(Metal enclosed switchgear and controlgear)이므로 금속폐쇄 배전반에 대하여 국제적으로 널리 통용되는 규격을 아래에 정리한다. IEC 60289 및 JEM 1425 등 구 규격과 신 규격인 IEC 62271-200에 금속폐쇄형 스위치 기어 및 컨트롤 기어를 접지된 철판으로 된 외함 속에 배전반의 기능에 필요한 모든 기기 즉 차단기, CT, PT, 보호계전기, 측정용 계기와 이에 필요한 보조 기기 등이 전부 취부되어 있고, 이들 기기가 배선으로 결선되어 있어 외부 접속만 제외하고는 완성되어 있는 상태의 반이라고 정의되어 있다. 배전반은 구 규격인 IEC 60289 및 JEM 1425와 KEMC 1106에서는 똑같이 다음의 3가지 종류로 분류되어 있고, 2003. 11 개정된 IEC 62271-200에서도 구조상 분류는 다음과 같이 변경하였으나 IEC 60289에서와 같이 C-GIS의 규격도 포함되어 있으며 그 외는 큰 차이가 없다.

① 격벽 등급(partition class-IEC 62271-200. 3.109)의 명칭 변경
- Class PM(IEC 62271-200. 3.109.1) : 구 규격의 M형 배전반
- Class PI(IEC 62271-200. 3.109.2) : 구 규격의 P형 배전반

② Gas충진 격실(IEC 62271-200. 3.118.1)
IEC 60694의 3.6.5.1을 준용 다음과 같은 장치에 의하여 gas의 압력이 유지되는 격실(隔室-compartment)을 말한다.
- controlled pressure system
- closed pressure system
- sealed pressure system

③ 인출(IEC 62271-200. 3.125)
- 인출가능부분 Withdrawable parts.(IEC 62271-200. 3.126, 127, 128,129)
- 인출불능부분 Non-withdrawable parts.

④ 운전의 연속성 상실 부분(LSC-Loss of continuity category)(3.131)
- LSC1 : LSC2 제외한 Switchgear 및 Controlgear.
- LSC2 : 단일 모선으로 구성된 모선 격실을 제외하고 개폐가 가능한 격실을 구비한 Switchgear 및 Controlgear 즉, 금속폐쇄배전반에서 한 격실이 전원에서 분리되어도 다른 모든 격실이 운전이 가능한 구조의 Switchgear 및 Controlgear. LSC2에는 다음의 2가지 형이 있다.
  - LSC2B : 접촉이 가능한 다른 격실이 열려 있을 때에도 금속폐쇄형 배전반(Metal-enclosed switchgear and control gear)의 Bus bar(부스바) 격실은 충전 상태가 유지되는 형.
  - LSC2A : LSC2B 제외한 Switchgear 및 Controlgear.

현재까지 배전반은 구 규격에 따라 제작하고 있으므로 여기에서는 구 규격에 따라 그대로 설명하기로 하겠다.

- M형- 메탈 크래드형 스위치 기어 및 컨트롤 기어(Metal clad switchgear and Controlgear)- IEC 62271-200. Partition class PM의 LSC2B형.
- P형-격실형 스위치 기어 및 컨트롤기어(Compartment switchgear and Control

gear)- IEC 62271-200. Partition class PI의 LSC2B형.

- C형-큐비클형 스위치 기어 및 컨트롤 기어(Cubicle switchgear and control gear)- IEC 62271-200의 LSC1형.

1) 메탈 크래드형 스위치 기어 및 컨트롤 기어

메탈 크래드형 스위치 기어 및 컨트롤 기어는 각 기기가 금속으로 된 격벽으로 분리되어 있는 격실(compartment) 내에 설치되어 있는 배전반을 말한다.

메탈 크래드형 스위치 기어 및 컨트롤 기어는

① 주개폐기는 모두 별도로 된 격실에 설치되고,

② 모선이 모두 격실 내에 설치되어야 하며, 모선이 2중으로 되어 있을 때에는 각 조가 따로따로 격실에 설치되어야 하고,

③ 감시 제어 및 저압 회로반이 고압과 분리된 격실에 설치되어야 하며,

④ 케이블 연결은 모선 및 주차단기와 격벽으로 분리된 케이블 연결 격실에서 되어야 한다.

메탈 크래드형 격벽은 접지된 금속판 외에는 사용하여서는 안 되나 아래 4항의 보호등급을 만족하는 경우 셔터 바리어(Shutter barrier)에 한하여 절연물로 된 절연판을 사용할 수 있다. 이때 사용되는 절연판의 특성은 격실형 스위치 기어에서 요구하는 모든 조건에 적합하여야 한다. 이는 신 규격 Class PM 및 LSC2B에도 그대로 해당하며 그림 6-2에 셔터 바리어의 위치를 명시하였다. 이는 신규격 PM 및 LSC2에 해당된다.

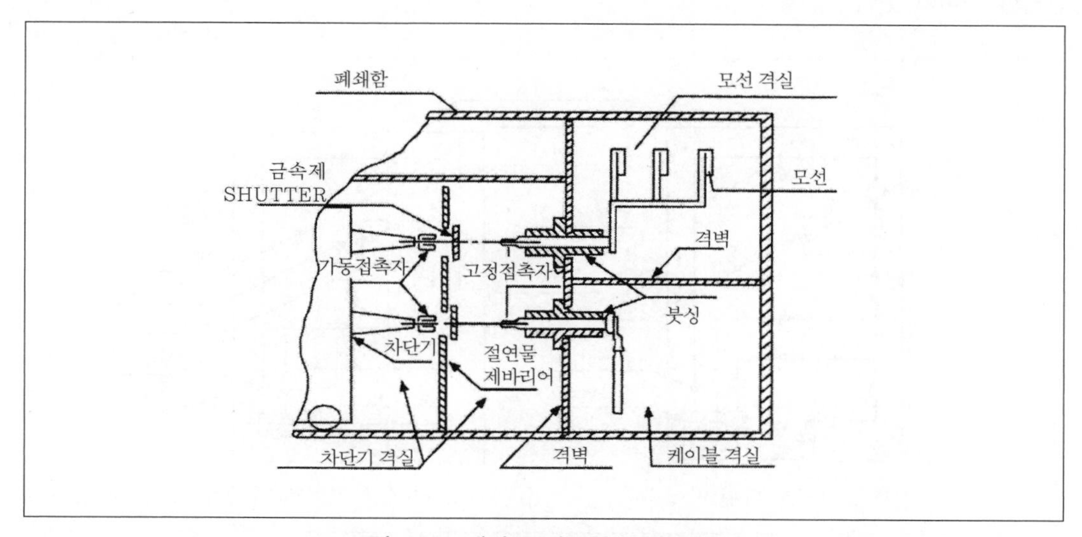

그림 6-2 메탈 크래드형 스위치 기어

2) 격실형 스위치 기어 및 컨트롤 기어

각 주요 기기 및 모선이 격벽으로 구분된 격실에 설치되어 있는 점은 메탈 크래드 스위치 기어와 같으며 각 격실의 보호등급도 아래 4항의 기준을 만족하여야 한다는 점도 동일하다. 다만 다른 점은 메탈 크래드형 스위치 기어는 반드시 격벽이 금속제로 되어야 하는데 반하여, 격실형 스위치 기어는 격벽을 절연물로 제작하여도 된다는 점이다. 도어가 없는 배전반인 경우에는 차단기를 인출하였을 때 셔터가 외함의 일부가 되므로 이때 셔터는 절연물로 되어서는 안 된다. 도어가 있는 경우에는 셔터를 절연물로 제작하여도 된다. 따라서 격벽이 1개소 이상 절연물로 되어 있는 경우를 격실형 스위치 기어 및 컨트롤 기어라 하고 셔터 바리어를 제외한 모든 격벽이 철판으로 되어 있으면 메탈 크래드형이 된다. 이는 신 규격 Class PI 및 LSC2B에 해당하며 격실형 스위치 기어의 격벽 중 절연물로 되는 부분은 함과 함 사이의 측벽, 셔터 바리어, 셔터 등이다.

3) 큐비클형 스위치 기어 및 컨트롤 기어

IEC 60289 및 JEM 1425와 KEMC 1106에 규정되어 있으며 메탈 크래드형과 격실형 스위치 기어는 주요 기기 별로 격실을 엄격히 요청하는 반면 큐비클형 스위치 기어에서는 격벽에 대하여 특별히 요구하는 바가 없다. 따라서 아래 4항의 보호등급을 만족하는 한 차단기, 모선, CT, PT, 케이블 연결단자 등이 동일함 속에 격벽 없이 수납하는 것을 허용한다. 이는 큐비클형 스위치 기어가 그 시방에 있어서 가장 관대하다고 할 수 있으며, 가격 면에 있어서도 PM 또는 PI형과는 현격한 차이가 있다.

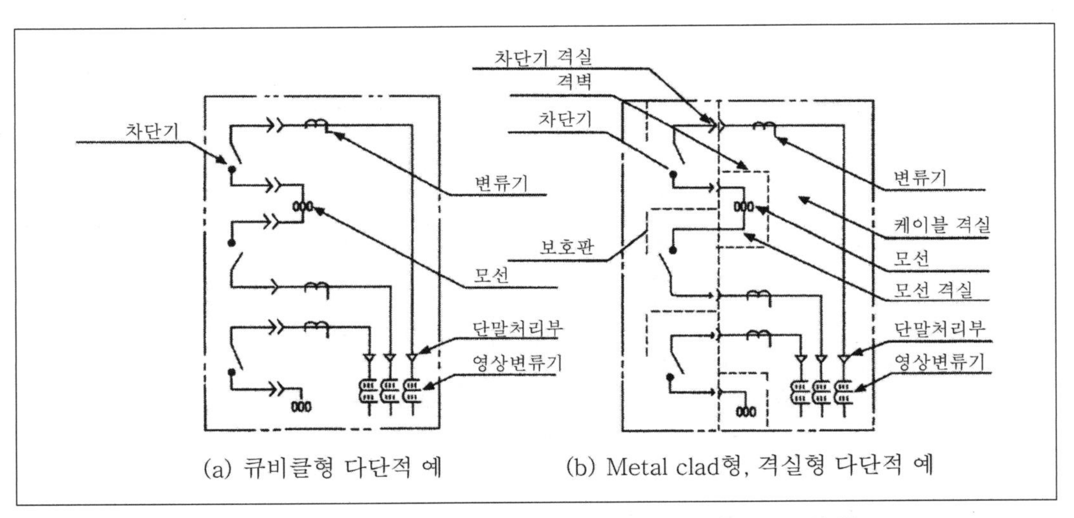

그림 6-3 Metal enclosed Switchgear and Controlgear의 구조

아래 4항 표의 보호등급은 사람 또는 고형물체가 외부에서 배전반 내부의 충전부에 접근할 때의 보호등급이므로 큐비클형 스위치 기어는 충전부가 외부에서 막아주는 격벽이 있을 때, 즉 배전반의 앞 도어를 열었을 때 충전부가 노출되지 않도록 격벽이 설치되어 있으면 최소한의 요구 조건을 만족한다고 볼 수 있다.

4) 금속폐쇄형 배전반의 외함 보호등급

IEC 62271-200에서는 배전반 외함에 대한 물의 침입에 대하여는 IEC 60529의 규격에 따르도록 되어 있으며 외부의 고형물체 침입에 대하여는 IEC 62271-1 Table 7에 표 6-2와 같이 보다 구체적으로 규정하였다.

표 6-2 IEC 62271-1의 외부 고형물체에 대한 배전반 외함 보호등급

보호 등급	고형 물체의 침입	위험 부위에 대한 접촉
IP1XB	지름 50mm 또는 그 이상 크기의 물체	손가락의 접근(Test finger 직경 12mm, 길이 80mm 이상)
IP2X	지름 12.5mm 또는 그 이상 크기의 물체	손가락의 접근(Test finger 직경 12mm, 길이 80mm 이상)
IP2XC	지름 12.5mm 또는 그 이상 크기의 물체	기구의 접근(Test rod 직경 2.5mm, 길이 100mm)
IP2XD	지름 12.5mm 또는 그 이상 크기의 물체	전선의 접근(Test wire 직경 1.0mm, 길이 100mm)
IP3X	지름 2.5mm 또는 그 이상 크기의 물체	기구의 접근(Test rod 직경 2.5mm, 길이 100mm)
IP3XD	지름 2.5mm 또는 그 이상 크기의 물체	전선의 접근(Test wire 직경 1.0mm, 길이 100mm)
IP4X	지름 1.0mm 또는 그 이상 크기의 물체	전선의 접근(Test wire 직경 1.0mm, 길이 100mm)
IP5X	먼지 침입의 방지	

다만 옥외에 설치할 수 있는 적절한 보호 방법을 갖추고 있는 옥외용 배전반에는 기호 IP 바로 다음에 'W' 의 문자를 써서 이를 표기한다. 즉 옥외용인 경우에는 'IPW2X' 등으로 표시한다(IEC 62271-1-5.1.3.3. 2007-10).

5) C-GIS

근래 토지와 건축비용이 크게 증가하여 건축물의 부대설비의 크기를 축소하고 안정성 향상을 위하여 많은 노력이 경주되었으며, 그 결과 C-GIS가 개발되었다. C-GIS는 영어의 Cubicle type GIS 합성어로 금속폐쇄 배전반을 가스 밀폐형으로 만들어 가스를 배전반에 주입하여 절연내력을 높이므로 배전반의 크기를 대폭 축소하여 GIS화 한 것으로 그 설치 면적은 일반 기중절연폐쇄 배전반의 약 30%로 축소되고 가격은 기중절연폐쇄 배전반보다는 고가이나 근래에 와서 한전을 비롯하여 널리 시판되고 있다. C-GIS는 한국전력의 규격에서는 GIS와 통일되어 별도의 규격으로는 정하여져 있지 않다. 현재 시중에서 제작되는 GIS는 모두 차단기로는 VCB의 차단부인 VI(vacuum interrupter)를 사용하고 있으며 차단기의 조작 기구를 함께 GIS에 내장하고 있다. 최고 전압은 우리나라 표준 전압인 22.9kV, 수전 용량 10000kW 이하가 주류이다. 가스의 압력과 크기는 제작사에 따라 조금씩 다른데 이는 IEC에 가스 압력은 제작사마다 다를 수 있도록 절연만 규제한 데에 따르며 크기는 기술선이 달라 제작사마다 다소 차이가 있다. 따라서 한전규격이 C-GIS이라는 규격의 표시가 없어지고 GIS로 통일되었음으로 앞으로는 GIS로 그 명칭을 통일하고자한다. GIS의 가장 큰 장점은 컴팩트하다는 것으로 GIS의 크기는 대체로 높이는 기초 찬넬(50mm) 포함 2100mm, 폭은 LBS 판넬 등은 500mm, VCB 판넬 등은 600mm, 깊이는 1000mm로 기중절연금속폐쇄 배전반인 PM 또는 PI형 배전반에 비하여 상당히 작은 것을 알 수 있다.

국내에서 통용되고 있는 ES규격(한전규격)의 중요 사양은 다음과 같다.

정격전압	25.8kV
정격전류	630A/1250A
정격상용주파내전압	60kV/70kV(rms)
정격충격내전압(1.2/50 μs)	125kV/150kV(crest)
정격차단 전류	25kA(rms)
정격투입 전류	65kA(crest)
정격단시간전류	25kA/1sec
조작 전압	AC 220V/DC 110V
보호등급	IP4X

여기서 보호등급은 배전반 보호등급 표 6-2에 따른다. 또 절연내전압에서 정격충격내전압(1.2/50 μs)에서 125kV와 150kV로 차이가 있고 정격상용주파 내전압에서 60kV와 70kV로 차이가 있는 것은 앞의 숫자는 IEC규격의 하한 값이고 뒤의 큰 값은 ANSI규격으로 한국전력이 채택한 규격이므로 국내에서는 모두 통용되고 있다.

6-2. 직류 변성 기기

지하철 직류 급전 변전소의 급전용 정류기의 용량은 대체로 서울의 1-4호선은 4000kW인 시리콘 정류기를 사용하고 있는데 반하여 5-8호선은 3000kW인 시리콘 정류기를 사용하였으며, 인천지하철에서는 3500kW인 시리콘 정류기를 사용하고 있다. 지하철에 있어 각 변전소는 같은 용량의 시리콘 정류기 3대를 설치하여 그중 2대를 병렬 운전하고 1대는 예비로 하는 것이 일반적이다.

6-2-1. 정류기용 변압기

지하철에 설치되어 있는 변압기는 전기차에 직류를 공급하기 위한 정류기용 변압기와 소내(所內) 공조(Air conditioning), 배수, 공기 순환 등을 위한 일반전력 공급용 변압기가 따로 설치되어 있다. 여기서는 일반전력용 변압기에 대한 설명은 생략하고 정류기용 변압기에 대해서만 설명하기로 한다. 서울 1, 2호선에 설치되어 있는 정류기용 변압기 용량은 3상 전파 6pulse 및 12pulse 4000kW 정류기용으로 3상 4520kVA이고, 3, 4호선 변압기는 3상 전파 12pulse 4000kW 정류기용으로 4480kVA로 그 크기가 거의 같다. 초창기 설치된 변압기는 모두 유입자냉식이었으나 근래에 와서는 화재 방지를 위하여 Epoxy mold형으로 교체하고 있다. 서울지하철의 5~8호선 정류기는 3상 12pulse 3000kW로, 정류기용 변압기로는 Epoxy mold 절연의 3390kVA 변압기를 사용하고 있다. 또 변압기 2차 측 정류기 이후 직류 회로에서의 단락 부담을 줄이기 위하여 변압기 %임피던스는 비교적 높아 자기용량 기준 7.5% 전후로 되어 있다. 변압기 %임피던스가 크면 변압기 2차 측 고장 전류는 적어지나 2차 전압 강하가 커진다. 아래는 서울시 1, 2호선의 6pulse 및 12pulse 정류용 변압기 시방이고, 괄호 내는 3, 4호선의 12pulse 정류기용 변압기 시방의 예이다.

1) 변압기의 정격

정격전압	1차	22.9kV
	2차	1250V(1188V)
정격용량		4520kVA(4480kVA),

과부하 특성 : 지하철 부하는 변동이 격심하므로 정류기의 과부하 등급은 KS C IEC 60146-1-1의 표준 운전 등급 VI를 적용하고 있다.

VI등급 : 정격 출력에서 연속 사용하고, 연속 정격출력에 이어 정격 출력 전류의 1.5p.u로 2시간 정격운전으로 연속 사용하고 그 후 이어 정격 출력 전류의 3.0p.u 부하에 대하여 1분간 이상 없이 계속하여 사용 가능할 것.

냉각방식 : 자냉식/풍냉식 겸용
극성 : 감극성
정격 : 연속 정격

2) 변압기의 특성

① 변압기 효율

변압기 효율을 η라고 하면

$$\eta = \frac{출력}{입력} = \frac{m \cdot P \cdot \cos\varphi}{m \cdot P \cdot \cos\varphi + P_i + m^2 \cdot P_C}$$

단 여기서 m : 부하율
P : 변압기 용량[kVA]
P_i : 변압기 철손[kW]
P_c : 변압기 동손[kW]
$\cos\varphi$: 역률

의 관계가 성립한다.

② 변압기 2차 전압 변동률

변압기 2차 전압 변동률을 e이라 하면

$$e(\%) = \frac{V_{20} - V_{2n}}{V_{2n}} \times 100$$

$$= (\%p \cdot \cos\varphi + \%q \cdot \sin\varphi) + \frac{1}{200} \times (\%p \cdot \sin\varphi - \%q \cdot \cos\varphi)^2$$

단 여기서

V_{20} : 무부하시 변압기 2차 전압
V_{2n} : 변압기 2차 전압
φ : 부하 역률각

$$\%p = \frac{RI}{V_{2n}} \times 100$$

여기서 R = 변압기 2차로 환산한 저항
I = 변압기 2차 전류

$$\%q = \frac{IX}{V_{2n}} \times 100$$

여기서 X=변압기 2차로 환산한 리액턴스
I=변압기 2차 전류

③ 변압기의 %임피던스

변압기의 임피던스 전압(E)은 변압기 2차를 단락하고 1차에 전압을 인가하여 2차에 정격 전류가 흐를 때의 1차 인가전압을 말하며, 임피던스 전압을 E, 변압기 정격 전압을 V라 하면 변압기 %임피던스 %Z는

$$\%Z = \frac{E}{V} \times 100[\%]$$

의 관계가 있고, 변압기 용량을 P[kVA], 변압기의 동손(부하손)을 W[kW]라 하면

$$\%p = \frac{RI}{V_{2n}} \times 100 = \frac{W}{P} \times 100[\%]$$

$$\%q = \sqrt{Z^2 - \%p^2}\,[\%]$$

이 된다.

변압기 동손은 변압기 부하시험으로 얻는다. 예를 들면 1차 전압을 22.9kV, 변압기 용량 1000kVA, 임피던스 전압 1100V, 부하 손실 8.0kW인 변압기에서

$$\%Z = \frac{E}{V} \times 100 = \frac{1100}{22900} \times 100 = 4.804[\%]$$

$$\%p = \frac{W}{P} \times 100 = \frac{8.0}{1000} \times 100 = 0.8[\%]$$

$$\%q = \sqrt{Z^2 - \%p^2} = \sqrt{4.804^2 - 0.8^2} = 4.7[\%]$$

부하의 역률이 0.8일 때 변압기의 전압 변동율 $\varepsilon(\%)$은

$$\varepsilon(\%) = (\%p\cos\varphi + \%q\sin\varphi) + \frac{1}{200}(\%p\sin\varphi - \%q\cos\varphi)^2$$

$$= (0.8 \times 0.8 + 4.7 \times 0.6) + \frac{1}{200} \times (0.8 \times 0.6 - 4.7 \times 0.8)^2$$

$$= 3.46 + 0.0539 \fallingdotseq 3.5[\%]$$

가 된다.

3) 정류기용 변압기 용량

정류기의 용량은 직류 전력으로 표시되고, 정류기용 변압기의 용량은 교류의 3상 피상전력 (Apparent power-kVA)으로 표시되므로 표시 단위가 서로 다르다. 교류는 전압과 전류의 단위는 실효치로써 최대값을 V_m 또는 I_m이라 할 때 실효치 전압 및 전류는 각각 $V = \frac{1}{\sqrt{2}} \cdot V_m$와

$I = \frac{1}{\sqrt{2}} \cdot I_m$ 가 되는데 반하여 직류는 모두 평균값이다. 또 교류의 계산은 vector로 하는데 비하여 직류는 scalar로 계산한다.

예를 들어 전압 V인 교류를 정류한 반파 전압의 면적은 $\int_0^{\pi} V_m \cdot \sin\theta \cdot d\theta = 2V_m$ 이고, 밑변의 길이가 π로 직류 전압은 평균치로 등가면적의 높이와 같다. 교류의 실효전압을 V라 하면 $V = \frac{V_m}{\sqrt{2}}$ 이므로 $V_{DC} = \frac{2V_m}{\pi} = 0.6366V_m = 0.9V$ 와 같은 관계를 가진다. 정류기의 결선에서 가장 일반적인 3상 브리지(Bridge) 결선을 예로 변압기 용량을 계산하면 다음과 같다. 이때 교류회로 각상 권선에는 교류 전류 반파 중 전기 각으로 $\frac{2\pi}{3}$ rad(120°)인 기간 동안에만 전류가 흐르는데 직류의 전류 값은 평균치로 I_D라고 할 때 이 값을 교류의 실효치 I로 환산하면 그림 6-4에서 보는 바와 같이

$$I = \sqrt{\frac{I_D^{\,2} \times \frac{2\pi}{3}}{\pi}} = \sqrt{\frac{2}{3}} \cdot I_D = 0.8165 \cdot I_D$$

로 직류 출력 전류의 $\sqrt{\frac{2}{3}}$ =0.8165배가 되며, 변압기 용량 P[kVA]는

$$P = \sqrt{3} \times E \cdot I \times 10^{-3} = \sqrt{3} \times E \times I_D \times 0.8165 \times 10^{-3} [kVA]$$

가 된다. 서울지하철의 4000kW정류기용 변압기 용량을 계산하여 보면 직류전압이 1500V이므로 직류전류 I_D는

$$I_D = \frac{4000}{1500} \times 1000 = 2666.67[A]$$

정류기용 변압기의 2차 교류전압은 E=1200V이므로

$$P = \sqrt{3} \times 1200 \times 2666.67 \times \sqrt{\frac{2}{3}} \times 10^{-3} = 4525[kVA]$$

로 되며 실제 설치된 변압기는 4520kVA이고, 서울도시철도의 3000kW 정류기용 변압기 용량은

$$I_D = \frac{3000}{1500} \times 1000 = 2000[A]$$

$$P = \sqrt{3} \times 1200 \times 2000 \times \sqrt{\frac{2}{3}} \times 10^{-3} = 3394[kVA]$$

로 되어 3390kVA가 설치되어 있다. 정류용 변압기 권선은 입력 측으로 교류에 접속되어 있는 권선을 교류 권선이라 하고 출력 측으로 정류기에 접속되어 있는 권선을 직류 권선이라고 한다.

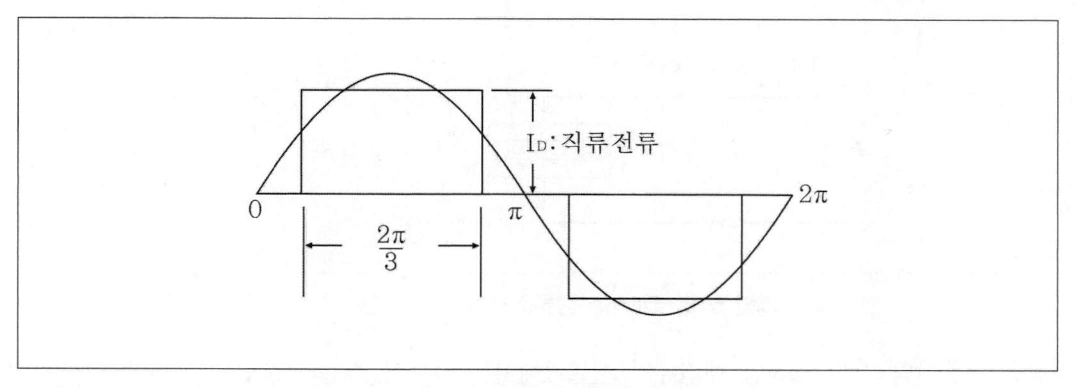

그림 6-4 전류의 파형

4) 변압기의 탭과 결선

현재 지하철에서 운전 중인 6pulse 및 12pulse 정류기와 정류기용 변압기의 결선은 그림 6-15와 같다. 이 그림에서 보는 바와 같이 먼저 건설된 1, 2호선의 정류기용 변압기 결선은 1차 △, 2차 Y로 6pulse로 결선되어 있고 나중에 건설한 3, 4호선의 경우는 1차 △, 2차 △, 3차 Y로 12pulse로 결선이 서로 달라 고조파에 대하여 더 많이 배려하였다는 것을 알 수 있다. 이와 같은 결선이 고조파에 미치는 영향에 대하여는 정류기에서 별도로 취급하기로 한다. 정류기용 변압기의 전압 탭은 모두 무부하탭으로써 탭 전압은 24000-23500-22900-22300- 21800V의 5개 탭으로 되어 있어 일반 변압기의 탭간 전압과 차이가 없다.

6-2-2. Silicon 정류기

과거 서울의 노면(路面)철도의 변전소에서는 수은 정류기가 주로 사용되었으나 근래 지하철에서 사용하는 정류기는 모두 Silicon 정류기이다.

1) Silicon 정류기의 원리와 정류소자의 특성

Silicon 정류기는 반도체 정류기의 1종으로, 반도체의 PN접합이라고 불리는 부분의 정류 작용을 응용한 Silicon 정류 소자를 조합하여 구성하였다. Silicon 정류소자는 그림 6-5와 같이, Silicon의 P형과 N형의 반도체를 특수한 방법으로 접합하여 만든 반도체 Diode로써, 그 2개의 전극에 순방향의 전압을 인가한 경우에는 전류가 흐르지만 역방향의 전압을 인가하면 전류는 거의 흐르지 않게 되어 정류 작용을 하게 된다.

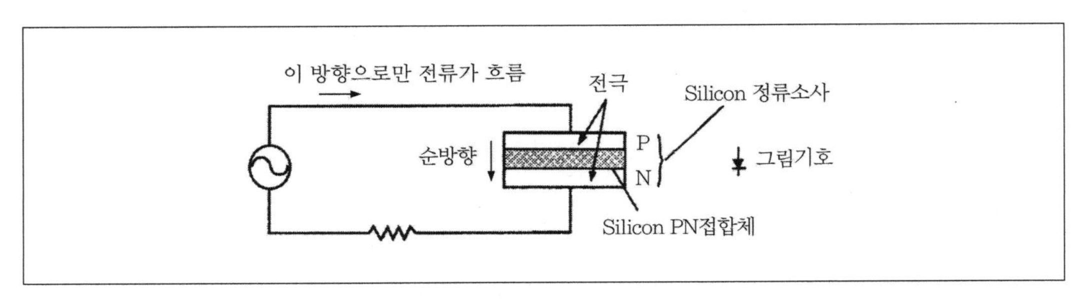

그림 6-5 Silicon 정류소자의 정류 작용

전철용 정류기와 같이 고전압 대전류의 정류기에서는 다수의 소자가 조합되고 이에 냉각장치, 보호장치 등이 부속되어 1조(組)의 정류 장치가 이루어진다. Silicon 정류기에는 스터드형 소자와 평형소자(平形素子)가 있는데 현재 Silicon 정류기에서는 평형소자가 표준으로 사용되고 있으며 평형소자는

① 원판형으로 양단면이 전극으로 되어 있어 스택(Stack) 구성이 소형화되고 조합한 정류기의 크기도 소형화되며

② 스터드(Stud)형이 한쪽만 냉각되는데 반하여 평형소자는 양면을 냉각시킬 수 있으므로 소자의 전류 용량이 커지며

③ 스택을 구성할 때 직렬 또는 병렬로 구성하기 쉬운 장점이 있다.

Silicon 소자의 특성을 나타내기 위해서는 다음과 같은 용어들이 사용된다.

① 정격소자 온도
정격의 기준으로 정하여진 소자의 온도

② 정격평균 순전류(順電流)
정격소자 온도에서 연속하여 흘릴 수 있는 평균 순전류의 1사이클 평균값을 말하며, 단상반파 결선 저항 부하에 대한 값이다.

③ 정격반복 peak역전압
정격소자온도 이하에서 정격평균 순전류를 흘릴 때, 매사이클 반복 인가할 수 있는 역전압의 최대값

④ 정격 비반복 peak역전압
정격소자온도 이하에서 정격평균 순전류를 흘릴 때, 역방향으로 인가할 수 있는 반복 없는 과도적인 순간적 과전압의 최대값

⑤ 정격 써지 전류
정격소자온도에서 정격평균 순전류를 흘리고, 바로 이어서 인가할 수 있는 상용주파 반사이클의 정현파 전류의 파고치

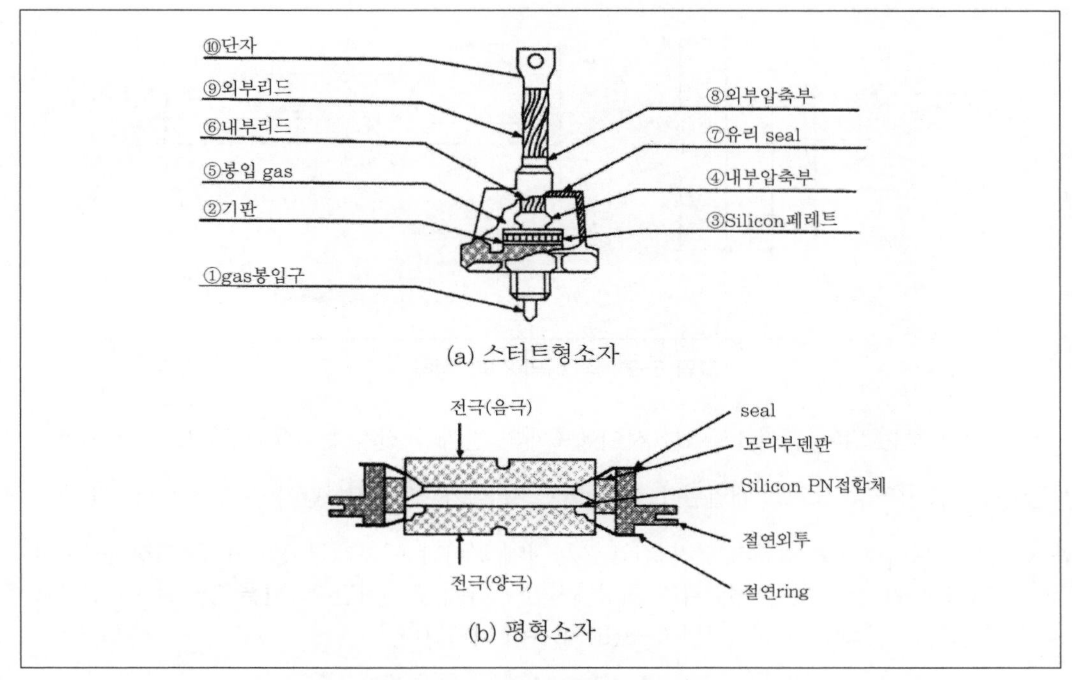

그림 6-6 Silicon 정류기의 구조

2) 정류기의 직류 전압

교류의 전류나 전압 값은 실효치(rms-Root mean square)로 표시하는데 비하여 직류는 평균값으로 표시한다. 따라서 그 표시의 차이를 이해하는 것이 매우 중요하다. 지하철에서 수전하는 전력은 3상이나 3상을 동시에 고려하면 매우 복잡하므로 먼저 그림 6-7과 같이 3상 전압 중 한 상인 V_{ab}만이 인가되었다고 생각하기로 한다. V_{ab}의 정파(正波)는 → 의 경로로 직류 측 단자 간에 그대로 나타난다.

그 다음의 부파(負波)는 ⇢ 의 경로로 정파와 같은 모양으로 직류 측 단자 간에 그대로 나타나서 V_{ab}의 교번 전압은 직류 측에서는 모두 정파로 되고 2개의 산(山)이 나란히 늘어선 모양이 된다. 이와 같은 정류방식은 정파만을 통과시키는 반파 정류방식에 대하여 정파(正波-Positive)와 부파(負波-Negative)를 모두 통과시키므로 전파 정류(全波整流)방식이라고 한다. 3상의 경우에는 V_{bc}는 V_{ab}보다 120° 늦고 또 V_{ca}는 V_{bc}보다 120° 늦게 직류 측 단자 간에 각각 2개의 산 모양의 전압으로 나타나게 된다. 3상 교류는 120°의 위상차를 가진 3개의 전압이 규칙적으로 반복하므로 이들 전압을 모두 합치면 그림 6-8(a)와 같은 직류 전압으로 나타난다.

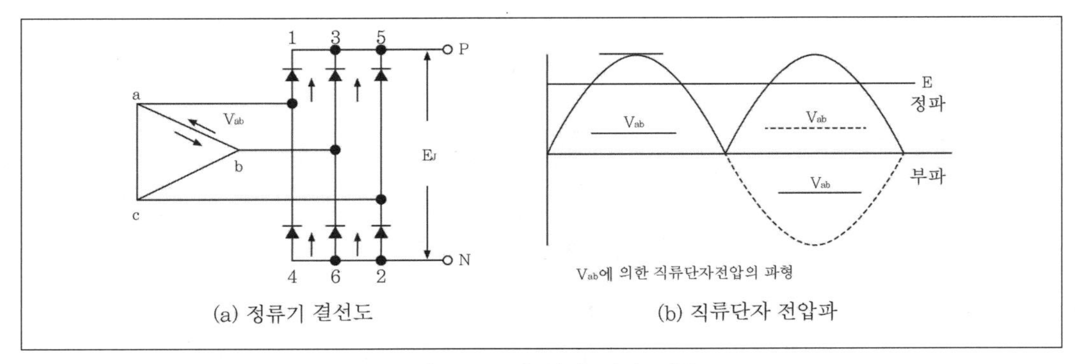

(a) 정류기 결선도 (b) 직류단자 전압파

그림 6-7 각 상의 전파 정류

이 그림에서 보는 바와 같이 1사이클 사이에 6개의 반파가 전기각 60°, 시간으로는 f=60Hz 에서는 $\frac{1}{360}$ [sec]의 간격으로 배열된다. 3상 인가 시 이와 같이 직류단자에는 서로 다른 3개의 직류 전압파가 나타나므로 정류기 단자 전압은 동시에 나타난 이 3개의 전압파 중 가장 높은 전압파만 나타나고 이 가장 높은 전압파의 전극에서만 전류가 흘러나간다. 다른 양극은 이 전압보다 낮기 때문에 출력 직류 전압은 그림 6-8(b)와 같이 나타난다.

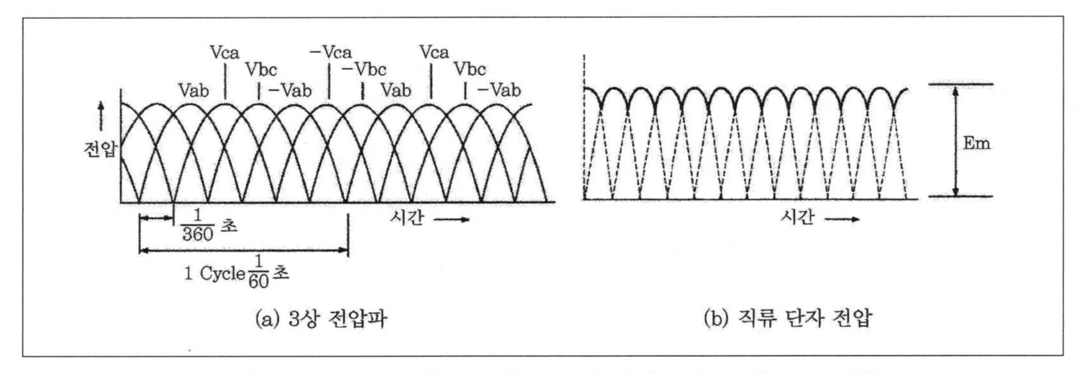

(a) 3상 전압파 (b) 직류 단자 전압

그림 6-8 Silicon 정류기 직류단자에 가하여지는 3상 교류 파형

3) 교류와 직류 전압비

Silicon 정류기 직류단자에 나타나는 전압은 그림 6-8(b)와 같이 맥동 전압이므로 이 단자간을 전압계로 측정하면 이 계측기는 맥동 전압의 평균치를 가르치게 된다. 앞의 그림 6-8(a)에서는 횡축이 시간축이었으나 이 시간축을 전기각으로 고치면 그림 6-9와 같이 된다. 이 그림 6-9에서 한 개의 맥동파는 사인파 교류의 파고치 V_m을 중심으로 한 1파(1波)의 1/3만을 나타내고 있으므로, 맥동 전압의 평균치는 이 사인파 사이의 면적 즉 그림의 사선부분의 평균 높이와 같은 값이 된다.

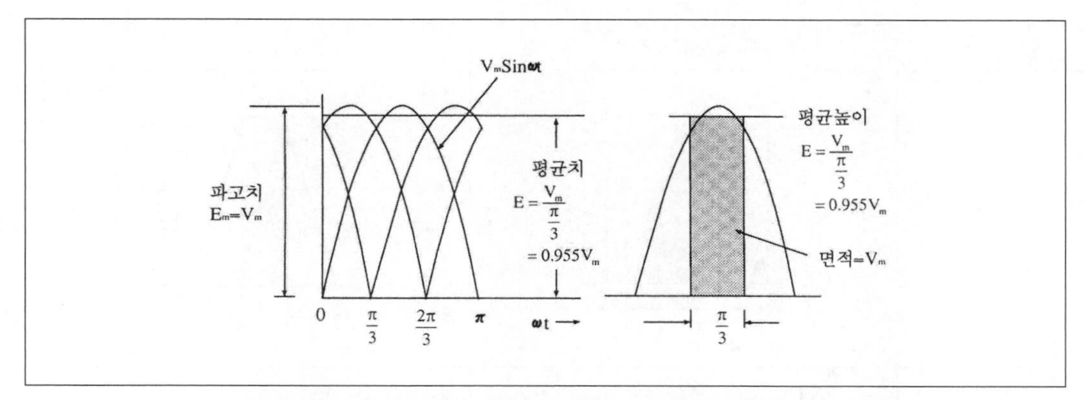

그림 6-9 3상 전압 인가시 Silicon 정류기 직류단자 전압

이제 그림 6-9에서 사선으로 표시된 부분의 면적 S를 구하면

$$S=\int_{\theta=\frac{\pi}{3}}^{\theta=\frac{2\pi}{3}} V_m \cdot \sin\theta \cdot d\theta = V_m \cdot [-\cos\theta]_{\theta=\frac{\pi}{3}}^{\theta=\frac{2\pi}{3}} = V_m$$

따라서 평균값인 직류 전압은

$$\text{직류맥동전압의 평균치}=\frac{S}{\text{아랫변의 길이}}=\frac{V_m}{\frac{\pi}{3}}=\frac{3V_m}{\pi}=0.9549\cdot V_m$$

이제 교류의 전압을 실효치 V로 표시하면 $V_m=\sqrt{2}\cdot V$ 이므로

$$\text{직류 전압 } V_{DC}=0.9549\times\sqrt{2}\cdot V=1.35\cdot V$$

즉 3상 전파 정류기의 직류 전압은 교류 전압(교류의 실효치)의 1.35배가 되고 같은 이유로 단상 전파 정류기는 $0.637\cdot V_m=0.9\cdot V$로 교류 전압의 0.9배가 된다. 정류기에서 직류 전압을 1500V로 하기 위해서는 교류 전압은 교류 전압$=\frac{1500}{1.35}=1111[V]$가 인가되면 되나 직류변전소 출력 전압 1500V는 정류기에 만부하(滿負荷-Full load)가 걸려 있을 때의 부하 단자 전압이므로 선로의 전압 강하 등을 고려하여 무부하(No load) 시에는 이보다 높아야 하므로 교류 전압은 1200V를 인가하여 직류 전압은 1500V보다 높은 출력 전압 E_D는

$$E_D=1.35\times1200=1620V$$

로 하고 있다.

항　목	단상 전파 정류	3상 전파 정류
파 형	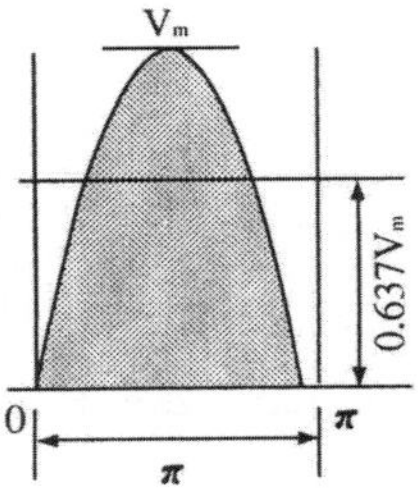 V_m, $0.637V_m$, 0, π, π	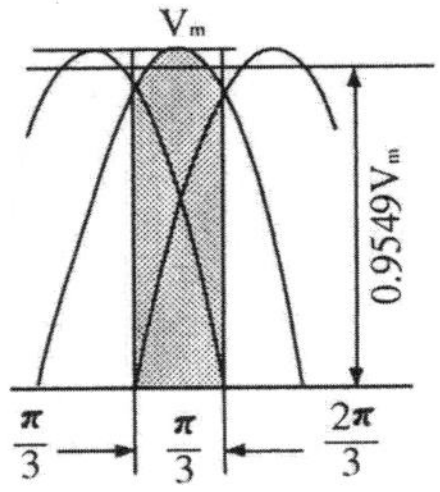 V_m, $0.9549V_m$, $\frac{\pi}{3}$, $\frac{\pi}{3}$, $\frac{2\pi}{3}$
면 적	$2V_m$	V_m
(직류 전압) 평균치	$\frac{2V_m}{\pi} = 0.637 \cdot V_m = 0.9 \cdot V$	$\frac{V_m}{\frac{\pi}{3}} = 0.9549 \cdot V_m = 1.35 \cdot V$

그림 6-10　사인파 정류파형의 평균치

4) 정류소자와 정류장치

① 정류소자의 순특성(順特性)

일본 제품에 대한 전철용 정류소자 정격의 예를 들면 표 6-3과 같으며 정류소자의 순특성(順特性)은 그림 6-11과 같다.

표 6-3　평형 Silicon 정류소자의 정격 예

형　식	M-1	M-2
정격 평균 순전류	800(A)	1600(A)
정격 반복 peak역전압	3000(V)	3000(V)
정격 비반복 peak역전압	3300(V)	3300(V)
정격 써지 전류	12500(A)	27500(A)
최고 사용 온도	160(℃)	160(℃)
중량	120(g)	300(g)

그림 6-11은 정격 평균 순전류 1600A인 Silicon 정류소자에 1600A의 평균 순전류를 흘릴 때 순전압 강하 e(소자의 양극간의 전압 순시치)와 순전류 i(순시치)와의 관계를 나타내는 것으로 이와 같은 특성을 Silicon 정류소자의 순특성이라 한다.

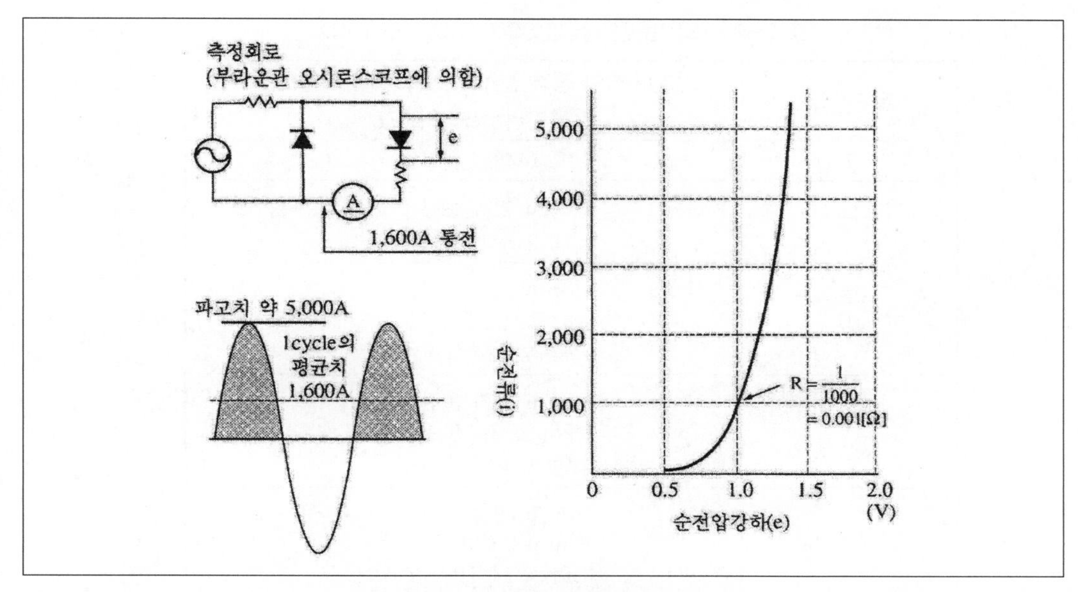

그림 6-11 Silicon 정류기의 순특성

② 정류소자의 과부하 특성

KSC IEC 60146-1-1에서는 표 6-4와 같이 과부하에 대한 표준 운전 등급을 정하고 있고, 일본의 반도체전력 변환장치에 대한 표준규격인 JEC-2410(4.2.2-1989)에는 표 6-5와 같이 정하여져 있다.

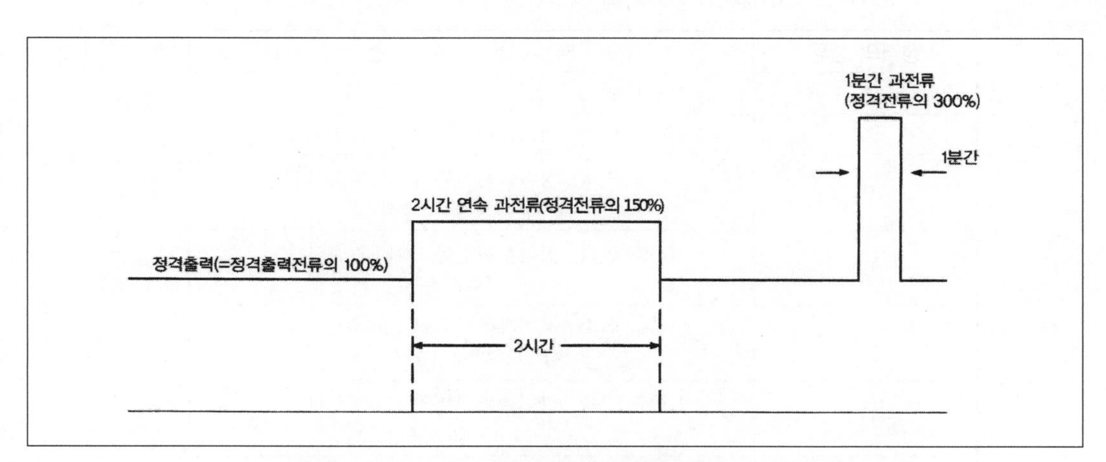

그림 6-12 Silicon 정류기의 과부하 정격(운전 등급 VI)

표 6-4 표준 운전 등급(KSC IEC 60146-1-1)

운전등급	컨버터의 정격 전류와 조합 체의 시험조건 (단위 I_{dN}당 비교값)
I	1.0p.u 연속 운전
II	1.0p.u 연속 운전 1.5p.u 1분간 운전
III	1.0p.u 연속 운전 1.5p.u 2분간 운전 2.0p.u 10초간 운전
IV	1.0p.u 연속 운전 1.25p.u 2시간 운전 2.0p.u 10초간 운전
V	1.0p.u 연속 운전 1.5p.u 2시간 운전 2.0p.u 1분간 운전
VI	1.0p.u 연속 운전 1.5p.u 2시간 운전 3.0p.u 1분간 운전

㈜ I_{dN} : 정격 직류전류

표 6-5 Silicon 정류기의 표준 정격의 종류(JEC 2410)

정격의 종류	부 하 조 건
A_0	100% 연속
A	100% 연속, 정격출력전류의 150% 1분간
B_0	100% 연속, 정격출력전류의 125% 2시간 200% 10초간
B	100% 연속, 정격출력전류의 125% 2시간 200% 1분간
C	100% 연속, 정격출력전류의 150% 2시간 200% 1분간
D	100% 연속, 정격출력전류의 150% 2시간 300% 1분간
E	100% 연속, 정격출력전류의 120% 2시간 300% 1분간

과부하 운전 등급은 부하조건에서 100%(1.0p.u)를 초과하는 부하는 100% 연속부하 다음에 걸며, 2종류의 과부하가 있을 때에는 그 각각에 대하여 100% 연속부하 후에 부하를 건다. 정류기의 연속사용이라는 함은, 일정 부하로 기기가 열평형(熱平衡-온도상승 후 최종적으로 일정 온도로 포화되는 것)에 도달하는 시간 이상 계속하여 사용하는 것을 말한다. Silicon 정류 장치는 전철부하와 같이 변동이 격심하고, 최대 전류가 큰 부하에서는 과부하 정격으로 KSC IEC 60146-1-1의 운전 등급 VI를 채택하고 있다.

③ Silicon 정류기의 부하 한도

전철 변전소의 Silicon 정류 장치는 아래와 같은 부하 한도에서 사용한다.

ⓐ 부하의 1시간 2승평균전류{2乘平均電流-RMS}가 정류장치의 2시간 계속 과전류 정격치 이하일 것.

ⓑ 부하의 최대 peak 전류가 정류장치의 1분간 과전류 정격치 이하일 것.

따라서 운전 조건 VI인 4000[kW]의 2시간 연속 과전류는 4000A, 최대 peak 전류는 8000[A]가 된다.

표 6-5 Silicon 정류장치의 정격 출력과 과전류 정격

정격출력 [kW]	정격출력 전류 [A]	2시간 계속 과전류 정격 [A]	1분간 과전류정격[A]
2500	1670	2500	5000
3000	2000	3000	6000
4000	2670	4000	8000
5000	3330	5000	10000
6000	4000	6000	12000

5) 정류기의 구성과 결선

① 정류기의 결선

일반적으로 지하철에 설치한 Silicon 정류기의 결선은 3상 Bridge결선과 2중 성형결선(상간 리액터부)의 2가지가 가장 널리 쓰이고 있다. Bridge결선은 1상(arm)의 소자 전체에 인가된 상시 역내전압은 변압기 2차 선간 전압의 1/2이 되고, 2중 성형결선의 경우는 변압기의 상전압과 같다. 반면 전류는 2중 성형결선의 경우 상시 2개의 상(arm)에 병렬로 전류가 흐르지만 bridge결선의 경우는 2개의 상(arm)에 직렬로 전류가 흐르므로 1개 상(arm)에 흐르는 전류는 2배가 된다.

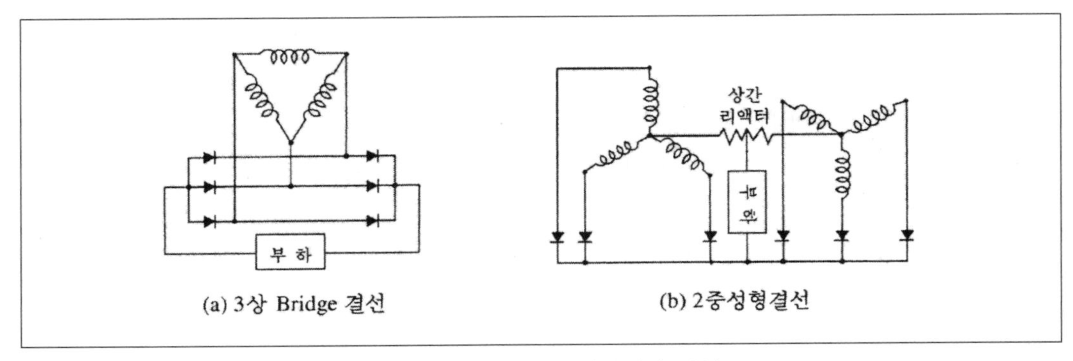

그림 6-13 Silicon 정류기의 결선

이와 같은 이유로 1500V계에 대하여는 bridge결선을 주로 채택하고, 600V, 750V계는 주로 2중 성형을 선택하였으나 근래에 와서는 600V 또는 750V도 bridge결선으로 하는 경향이 있다.

② 정류기의 구성

Silicon 정류기의 결선도에는 통상 각 상(Arm)에 소자 한 개를 기호로만 표시하지만 전철 변전소용과 같은 대용량 정류기에서는 다수의 정류소자를 직렬 및 병렬로 접속하여 한 개 상(Arm)을 구성한다. 이 한 상(Arm) 조합은 소자 조합방법으로는 일반적으로 구조가 간단한 망목접속(網目接續)을 한다.

그림 6-14는 망목접속의 예이다. 망목접속의 직렬소자 수는 주로 각 상(Arm)에 걸릴 것으로 예상되는 최고 역전압 즉 회로 개폐 써지에 대한 역전압 등 각종 과도 역전압을 고려하여 결정한다. 차단기 등을 개폐할 때 개폐 써지나 직류 측 또는 교류 측에서 침입하는 외래(外來) 써지 등 이상 전압은 서지 압소버(surge absorber)나 피뢰기가 흡수 또는 방전하나 방전 중인 피뢰기의 단자 전압(잔류 전압)에 정류소자는 견뎌야 한다. 예를 들면 정격 비반복 peak 전압이 3300V인 소자라면, 직류 전압이 1500V인 정류기에서는 2개의 소자이면 되나 고장을 대비하여 예비 1개를 포함하여 보통 3개로 한다. 병렬소자 수는 여러 조건 하에서의 운전 전류는 물론 300% 과부하 전류에서 1분간은 견뎌야 하며 직류 측의 단락 등도 고려하여 결정해야 한다. 특히 전철에서는 직류 측 단락이 빈번이 발생할 것이 예상되므로 주의하여야 한다. 따라서 1500V 3000kW인 Silicon 정격 정류기에서는 1600A 2열로 하고 있다. 그림 6-14에서 3S-4P-6A라는 표시는 1정류상(arm)의 소자수가 직렬(S-series) 3개, 병렬(P-parallel) 4열로써 상(Arm)의 수가 6개인 것을 표시한 것으로 전체 소자의 수는 3×4×6=72개임을 표시한다. 소자의 성능 향상으로 최근에는 6000kW 용량의 정류기에서도 3S-4P-6A의 72소자가 표준으로 되어 있다.

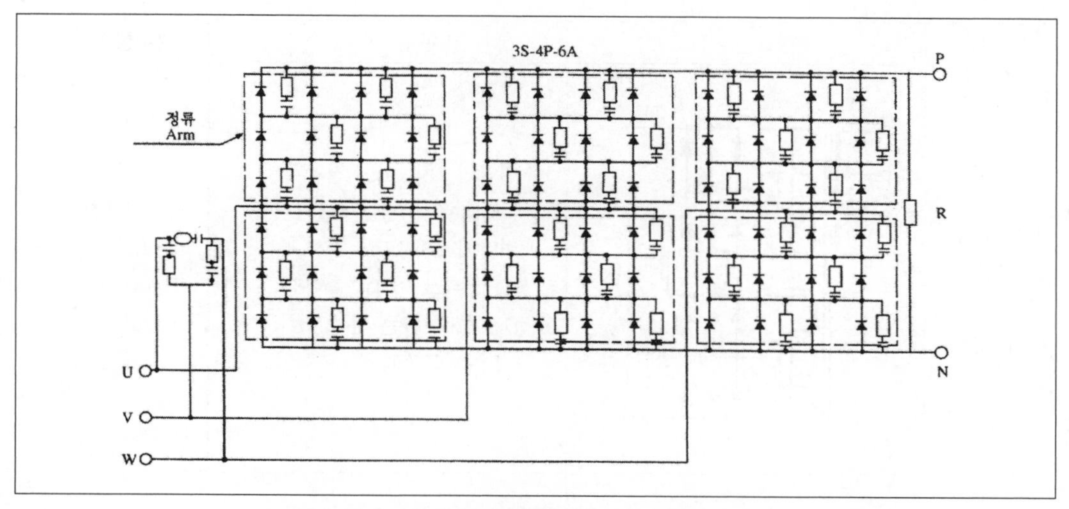

그림 6-14 정류소자의 망목접속 예(3상 Bridge결선)

6) 서울지하철 정류용 변압기와 정류기의 결선

그림 6-15의 결선도는 서울시의 지하철에 설치되어 있는 정류기와 정류기용변압기 결선의 실 예로서 정류기 각상(Arm)에 흐르는 전류 및 전압의 크기를 표시한 것이다. 정류기용변압기의 결선을 △-△-Y로 결선하는 것은 12상 12 pulse로 정류하여 직류 측에 5, 7, 17,19조파 등의 고조파를 상쇄하여 제거하기 위한 것이다. 일반적으로 p pulse출력 변환장치에서 발생하는 고조파 차수 h는

$$h = kp \mp 1 \quad (k=1,\ 2,\ 3\cdots)$$

$$I_h = K_h \cdot \frac{I_1}{h}$$

가 되며 12pulse출력변환 장치에서는 k=1이라면 p=12이므로 11, 13 조파가, k=2에서는 p=12이므로 23, 25차 조파가 남아 p=12에서는 11, 13, 23, 25차 등의 조파가 남고, 5, 7, 17, 19차 조파는 서로 상쇄되어 없어지므로 6pulse에 비하여 5, 7의 2개 조파가 상쇄되어 직류에 포함되는 전류의 크기가 가장 큰 고조파가 제거되는 효과가 있다. 따라서 pulse의 수를 증가시키면 고조파는 감소하나 설비비가 증가하게 되는 문제점이 있다.

실제로 지하철 고조파를 측정한 결과 전압 종합왜형율 THD(綜合歪形率-Total harmonic distortion factor)가 가장 높은 변전소가 5.49%로 6펄스 방식의 정류기였고, 가장 낮은 변전소 전압 종합왜형율 THD는 1.14%로 12펄스 정류기였으며 이 측정 결과에서 12펄스 정류기가 6펄스 정류기에 비하여 전압 THD가 대체로 20~30% 낮다는 결론에 도달하였다고 한다[(1)]. 특히 저차 고조파일수록 THD에 영향을 크게 미친다.

㈜ (1) 전기철도 급전 계통의 교란 억제에 대한 연구 학위 논문, 2002. 12, 송진호

항 목	결 선 도	관련 상수	설치장소
1. 6상 전파 직렬결선 (12pulse)	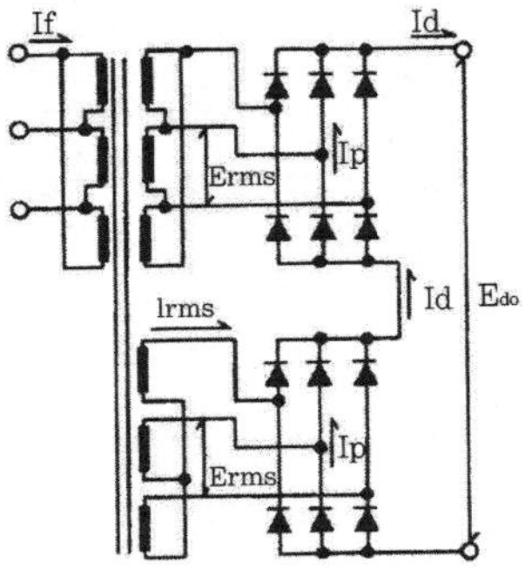 If, Id, Erms, Ip, Irms, Id, Edo, Erms, Ip	변압기 2차 Line 전압 E_{rms}=0.37 E_{do} (출력전압) 변압기 2차 Line 전류 I_{rms}=0.816 I_d (출력전류) D_{iode}를 통하는 전류 I_P=0.577 I_d	서울지하철 5~8호선 (Rectifier 3000kW)
2. 6상 전파 병렬결선 (12pulse)	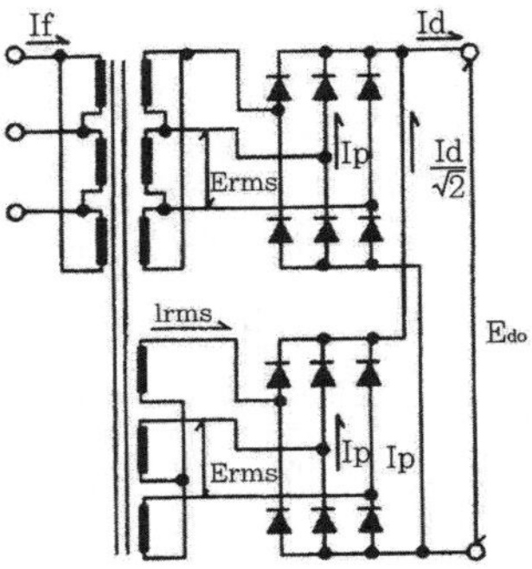 If, Id, Erms, Ip, $\frac{Id}{\sqrt{2}}$, Irms, Edo, Erms, Ip, Ip	변압기 2차 Line 전압 E_{rms}=0.74 E_{do} (출력전압) 변압기 2차 Line 전류 I_{rms}=0.577 I_d (출력전류) D_{iode}를 통하는 전류 I_P=0.408 I_d	서울지하철 3, 4호선 (Rectifier 4000kW)
3. 3상 전파 결선방식 (6pulse)	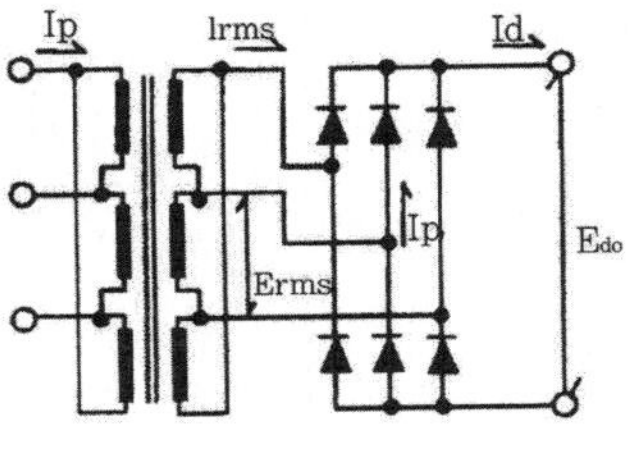 Ip, Irms, Id, Ip, Edo, Erms	변압기 2차 Line 전압 E_{rms}=0.74 E_{do} (출력전압) 변압기 2차 Line 전류 I_{rms}=0.816 I_d (출력전류) D_{iode}를 통하는 전류 I_P=0.577 I_d	서울지하철 1, 2호선 (Rectifier 4000kW)

그림 6-15 정류기용 변압기와 정류기의 결선

6-3. 직류 고장전류의 특성

6-3-1. 직류 단락전류

1) 고장전류

154kV를 수전하는 부산지하철을 제외하고는 서울 등 다른 지역 지하철은 한전으로부터 3상 22.9kV를 수전하고 있으며 이 3상 전력을 Silicon 정류기로 정류한 DC 1500V를 직류전원으로 하고 있다. 한전에서는 한전 변전소 모선의 임피던스는 일반적으로 100MVA 기준 %임피던스 값으로 주어지며 한전 변전소에서 지하철 변전소까지의 송전선로의 임피던스는 설계회사에서 한전과 같은 100MVA 기준 %임피던스 값으로 계산한다. 또 정류기용 변압기 임피던스는 일반적으로 변압기 용량 기준의 %임피던스로 주어진다. 정류기의 직류 측 단자까지의 계통 임피던스에는 한전 계통전압인 22.9kV와 정류기용 변압기의 2차 전압 1200V와 정류기의 직류 측 2차 전압 1500V의 3가지 전압이 포함되어 있고 기준 용량도 100MVA 및 변압기 자체 용량 등으로 구성되어 있다. 직류회로는 ohm법에 의하여 계산하여야 하므로 이들 계통 임피던스는 ohm법으로 환산 통일하여야 한다(7-1-8. 단락협조 참조). 따라서 한전 변전소 모선의 100MVA 기준 %임피던스를 $\%Z_S$라 하고 한전 변전소에서 전철 변전소까지 선로의 100MVA 기준 %임피던스를 $\%Z_L$이라 할 때, ohm으로 환산한 한전 변전소 모선의 임피던스 $Z_S[\Omega]$, 한전 변전소 모선에서 전철 변전소까지의 선로 임피던스 $Z_L[\Omega]$는

$$Z_S = \frac{10 \times 22.9^2 \times \%Z_S}{100 \times 1000} = 0.05244 \cdot \%Z_S[\Omega]$$

$$Z_L = \frac{10 \times 22.9^2 \times \%Z_L}{100 \times 1000} = 0.05244 \cdot \%Z_L[\Omega]$$

가 되고, 또 정류기용 변압기의 용량을 Q[kVA], %임피던스를 $\%Z_T$라 할 때 정류기용 변압기의 직류 측 권선의 전압은 1200V이므로 전원으로부터 정류기의 교류 측 단자까지의 1200V 기준 ohm 임피던스 Z는

$$Z = \left(\frac{1.2}{22.9}\right)^2 \times (Z_S + Z_L) + \frac{10 \times 1.2^2 \times \%Z_T}{Q}$$

$$= 0.00275 \cdot (Z_S + Z_L) + 14.4 \times \frac{\%Z_T}{Q} = R_S + jX_S[\Omega]$$

$$L_S = \frac{X_S}{2\pi f} = \frac{X_S}{377}[H] \qquad \text{단 } f=60Hz$$

로 구한다.

따라서 직류 계통의 총 등가저항 R_{eq}는

$$R_{eq} = R_s + R_R + R_{cct}$$

가 되고, 총등가 리액턴스 Leq는

$$L_{eq} = L_S + L_R + L_{cct}$$

로 된다.

여기서 R_S, L_S : 전원 및 정류기용 변압기의 저항 및 리액턴스

R_R, L_R : 정류기의 저항 및 리액턴스

R_{cct}, L_{cct} : 직류 궤도의 저항 및 리액턴스

정류기 자체의 내부 임피던스는 매우 적기 때문에 이를 무시하도 실용상 지장은 없으며 등가저항과 등가 리액턴스는

$$R_{eq}=R_S + R_{cct}$$

$$L_{eq}=L_S + L_{cct}$$

로 계산하여도 된다.

2) 고장전류의 과도 특성

직류 급전회로의 정상 시 전압전류 계산은 급전회로의 저항만을 고려하면 되나 사고전류의 급격한 변화 과정에서는 전압전류 계산은 자기유도작용(磁氣誘導作用)에 의하여 전류의 변화를 저지하고자 하는 기전력을 유기하는 자기 인덕턴스 L을 고려하여야 하므로, 급전회로의 저항과 자기 인덕턴스로 이루어진 R-L직렬회로의 전압전류로 생각해야 한다. 일반적으로 R-L직렬회로의 단락전류는 다음과 같이 계산된다.

$$i = \frac{E}{R} \times \left(1 - e^{-\frac{R}{L}t}\right)$$

단 여기서 E : 회로전압

t : 단락 개시 시점으로부터의 시간

e : 자연 대수의 저(=2.71828)

위의 식에서 전류 i와 시간 t의 관계는 그림 6-16과 같으며 t=∞(실제로는 극히 짧은 시간)에서 $i = \frac{E}{R}$인 정상전류로 되는데 직류고속도 차단기에서는 이 t=∞에서의 i값을 「추정단락전류 최대값(Prospective sustained short-circuit current)」이라 부르며 IEC 61992-1-1에서는 I_{SS}로 표시한다.

다음 쪽의 아크 개로 관계식

$$E = L\frac{di}{dt} + Ri + e_a$$

에서 보는 바와 같이 포화된 최대 전류 영역에서는 전류의 변화가 없으므로 $\frac{di}{dt} = 0$가 되어 $i = \frac{E}{R}$가 되는 것을 알 수 있다. 또 단락전류 i의 전류 상승률은 단락전류가 흐르기 시작하는 순간 t=0에서 최대가 되어 전류의 초기 최대 승률 $\left(\frac{di}{dt}\right)_{t=0} = \frac{E}{L}$가 되고, 고속도 차단기에 있어서는 이 값을 전류의 초기상승률(Initial rate of rise)이라 하며 일본책에서는 이를 돌진율(突進率)이라 한다. 위 식에서 e의 지수인 $\frac{L}{R}$을 직류회로의 시상(정)수(時常(定)數-time constant)라 하며 t=0에서의 $\left(\frac{di}{dt}\right)_{t=0}$의 값은 그림 6-16의 전류 i곡선에서 점 t=0에서의 접선(接線)의 기울기가 된다. 시정수는

$$i = \frac{E}{R} \cdot \left(1 - e^{-\frac{R}{L}t}\right)$$

에서 $t = \frac{L}{R}$이라 할 때

$$i = \frac{E}{R} \cdot \left(1 - e^{-\frac{R}{L}t}\right) = \frac{E}{R} \cdot (1 - e^{-1}) = 0.632 \cdot \frac{E}{R} = 0.632 \cdot I_{SS}$$

에 따라 그림 6-16과 같이 추정단락 최대전류에서 시상(정)수 t는 작도법으로 구할 수 있다.

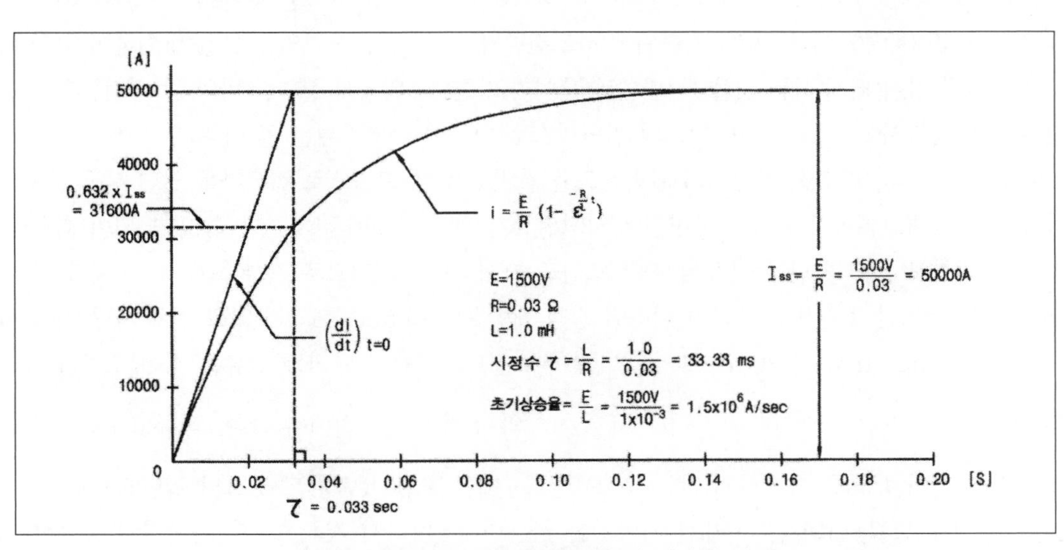

그림 6-16 단락전류와 회로정수(R, L)의 관계

지하철 전차선에서 전차선의 임피던스를 포함한 시상(정)수를 궤도 시정수라 하며 고장점이 변전소로부터 멀어지면 회로 시정수는 전원시정수에서 궤도 시정수로 변한다. 직류과도특성에서 알 수 있는 바와 같이 초기상승율(돌진율) $\frac{di}{dt}$와 시정수 t 사이에는 $\tau = \frac{L}{R}$, $R = \frac{E}{I}$ 또 $L = \tau \cdot R = \tau \cdot \frac{E}{I}$의 관계가 있으므로

$$\left(\frac{di}{dt}\right)_{t=0} = \frac{E}{L} = \frac{I}{\tau} = \alpha \cdot \triangle I$$

가 된다. 위 식에서 저항과 리액턴스를 등가저항(等價抵抗) $R_{eq}=R_S+R_{cct}$ 및 등가 리액턴스(等價reactance) $L_{eq}=L_S+L_{cct}$로 대체하면 궤도상의 고장에 대하여 초기상승율(돌진율)과 시상(정)수가 구하여진다. 여기서 $\alpha = \frac{1}{\tau} = \frac{R}{L}$을 회로정수라 하며, 고장전류는 α = Constant인 직선상에 놓이게 된다. 전원의 저항을 R_S, 리액턴스를 L_S이고, 궤도의 단위 길이당 저항과 리액턴스를 r, x라 하고, 고장 점까지의 거리를 l이라 할 때 $R = R_S + r \cdot l$ 또 $L = L_S + x \cdot l$로 계산된다.

6-3-2. 고장전류의 차단

일반적으로 차단기 또는 개폐기를 열어서 개폐기 또는 차단기에 흐르는 전류를 영(零)이 되게 하는 것을 「개방(開放)」이라 하고, 차단기에 사고전류가 흐를 때 차단기의 기능을 발휘하여 고장전류를 완전히 영이 되게 하는 것을 「차단(遮斷)」이라고 한다. 위에서 설명한 바와 같이 직류회로에 있어서는 단락사고가 발생하면 회로의 인덕턴스로 인하여 사고전류는 곧 바로 추정단락 최대전류로 되지 않는다. 따라서 차단기가 단락사고를 감지했을 때 고속으로 접촉자를 열면 사고전류가 추정단락 최대전류까지 증가되기 이전에 사고전류가 적은 상태에서 차단할 수 있게 되어 회로에 대한 악영향도 적고 차단기 자체의 차단 조건도 좋게 된다. 그러므로 직류 고속전류-제한 차단기(H형)는 이러한 조건을 만족하기 위하여 접점 개방 시간이 5ms를 넘지 않고 전체 차단 시간(Total breaking time)이 20ms보다 크지 않아야 한다. 이때 차단되는 전류는 적어도 차단기 설정값보다 7배 이상이어야 하며 $\left[\frac{di}{dt}\right] \geq 5kA/ms$의 조건을 만족하여야 한다. 직류고속차단기에는 차단 시간이 4ms를 초과하지 않는 초고속전류-제한 차단기(V형)도 있으나 일반적으로 직류 철도 급전용으로는 고속전류-제한 차단기를 사용한다. 따라서 직류고속도 차단기의 중요한

보호기구는 고장전류를 빨리 감지하여 차단하는 자동trip 장치와 큰 아크 전류를 소호(消弧)할 수 있는 내열성 소호기구이다.

1) 직류 아크의 전압과 전류 특성

(+)전극에서 (-)전극으로 아크 전류가 흐르고 있을 때 전위 분포는 그림 6-17과 같이 (+)전극부에 생기는 양극점 전압 강하 V_a와 (-)전극부에 생기는 음극점 전압 강하 V_c는 전극의 재질과 전류의 크기에 따라 다소 변하지만, 그 변화량은 아주 적으며, 전압 강하의 대부분은 아크에서 발생하는 아크 전압 V_p이다. 아크 전압 V_p는 방전전류가 같으면 아크의 길이에 비례한다. 즉 아크의 길이가 길면 아크 전압은 높아지며, 아크의 길이가 같을 때는 전류가 증가하면 아크 전압은 반대로 낮아진다. 이와 같은 현상은 저항체에 전류가 흐를 때와 반대가 되는 특성이므로 이것을 「아크의 부특성(負特性)」이라 한다. 직류 차단은 주로 이와 같은 아크의 부특성을 이용 차단한다. 직류의 아크 온도는 수천도에 달하여, 차단기 접점을 용해시키기 때문에 직류 차단기의 아크 접촉자나 소호기구에는 이와 같은 고열에 견딜 수 있는 재질을 사용한다. 따라서 아크 접촉자에는 통상 동-텅스텐 같은 「내호금속(耐弧金屬)」이 사용된다. 또 아크로 인하여 전자(電子)가 흩어(飛散)지므로, 이와 같이 흩어지는 전자로 인하여 주위의 공기가 이온화(ionization) 되어 공기는 도전성을 띠게 되고 절연은 저하되게 된다.

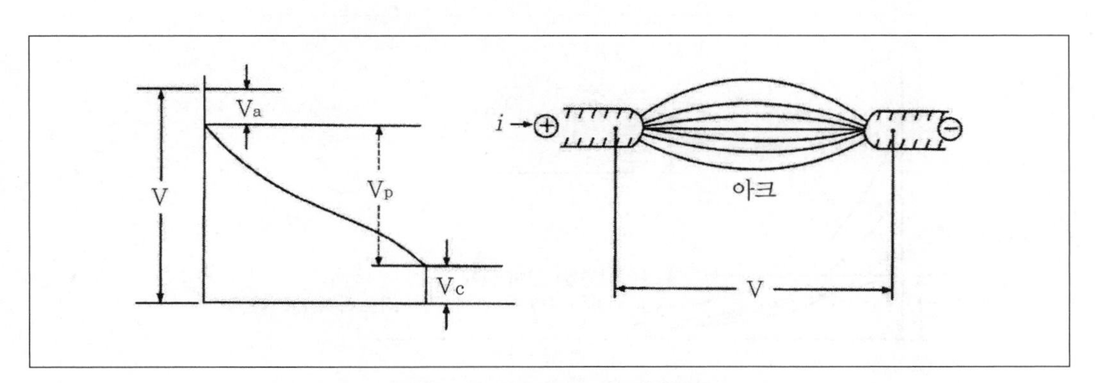

그림 6-17 직류 아크의 전위 분포

2) 아크 개로(Open-開路)

그림 6-18에서 작은 그림으로 표시되어 있는 회로도에서 전류 i가 흐를 때 스위치 S를 조금 열면 아크가 발생한다. 이와 같이 아크가 발생하고 있는 회로에서는 아래 식이 성립한다.

$$E = L\frac{di}{dt} + Ri + e_a$$

여기서 e_a는 아크 전압으로써, e_a의 기전력 방향은 전원(급여 전압) E와 반대 방향으로 된다. 위 식에서 전류 i가 영이 되기 위해서는(개로 상태가 되기 위해서는) 전류가 감소하여야 하므로 $\left(\frac{di}{dt}\right)$는 (−)가 되지 않으면 안 된다.

따라서 $e_a - (E - Ri) = -L\frac{di}{dt} > 0$

$$e_a > E - Ri$$

즉 아크 전압 e_a는 항상(E − Ri)보다 크지 않으면 안 된다. 이제 그림 6-18에서 보는 바와 같이 E와 i를 잇는 직선을 그으면 이 직선은 전류의 순시값 i와 (E − Ri)의 관계를 나타내는 것으로 이 직선보다 아크 전압이 크지 않으면 전류는 감소하지 않는다. 또 차단이 완료되는 순간 전류가 영(Zero)인 부근에서는, 아크 전압은 반드시 공급전압 E보다 크지 않으면 전류는 차단되지 않는다. 즉 아크 전압이 높을수록 전류는 빨리 감소하고 접점의 손상도 적어진다. 그러나 아크 전압 e_a가 지나치게 높게 되면 일단 소호(消弧)가 되더라도 재발호 되든가 기기의 절연이 파괴되는 수가 있다. 이에 따라 직류회로 개방 시에는 전류의 감소율을 크게 하고, 신속히 차단시키기 위해서는 아크 전압을 안전한도까지 최대한 신속하게 높여야 하므로 직류고속도 차단기에는 아크를 소호하기 위하여 특별한 소호기구가 필요하다.

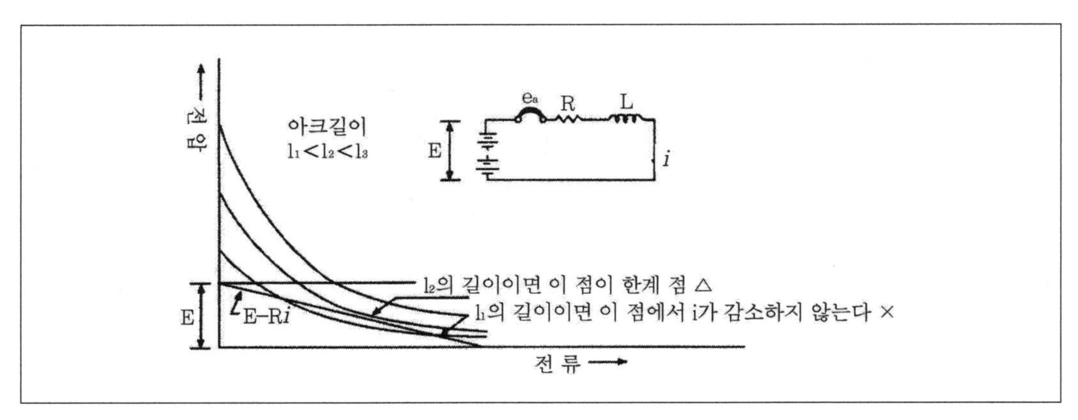

그림 6-18 아크의 전압 전류

6-4. 직류고속도 차단기

6-4-1. 직류고속도 차단기에 요구되는 성능

직류 전기철도에서는 직류의 개폐 및 정류기와 급전선의 보호용으로 고속도 차단기를 설치하고 있다. 이와 같은 목적을 충족하기 위해서는 직류고속도 차단기는 기본적으로 다음과 같은 성능을 갖추어야 한다.

· 부하전류를 확실하게 개폐할 능력이 있어 동작이 안정되어야 하며, 부하 전류의 개방, 투입에 착오가 없을 것.
· 예상되는 부하전류에 대하여 전기적으로나 기계적으로 안정할 것.
· 사고 발생시, 자기 자체 또는 다른 장치로부터의 차단 지령이 있을 때 사고전류가 확실하게 차단될 것.
· 가급적 점검이 용이한 구조로 되어 있을 것.

또 지하철 급전회로는 전차선로의 전압 강하를 적게 하기 위하여 변전소 출구에 설비한 급전용 고속도 차단기를 통하여 인접한 변전소와 상시 병렬로 전차에 운전 전력을 공급하는 「병렬급전방식」을 기본으로 채택하고 있다. 직류급전 회로의 보호는 일반적으로 고장검출장치로 76 및 50F △I 계전기와 연락용 차단장치를 병용하고 또 급전용 동력단로기를 조합하여 설비하는 방법 등으로 그 보호에 만전을 기한다. 철도용 개폐기는 KS C IEC 61992에서 다음과 같이 구분하고 있다.

① 차단기의 종류
- 기중 차단기 : 대기압 공기 중에서 투입 및 차단하도록 설계된 차단기
- 반도체 차단기 : 반도체의 전도성 제어를 이용하여 투입/차단하는 차단기

② 차단 특성
- 고속 전류-제한 차단기(H)
- 초고속 전류-제한 차단기(V)
- 준고속 차단기(S)

③ 시스템 내부 사용 조건
- 상호 연결 차단기(I) : 전차선로망 사이를 연결 또는 분리하는 차단기
- 라인 차단기(L) : 직류회로를 전원에 연결하는 차단기
- 정류 차단기(R) : 정류기와 주 모선을 연결하는 차단기

④ 전류 차단 방향
  - 단방향(U) : 사전에 정해진 단일 방향으로 흐르는 직류전류만 차단
  - 양방향(B) : 사전에 정해진 양방향으로 흐르는 직류전류만 차단

⑤ 외함의 제공
  - 외함이 제공되지 않는 경우(O)
  - 일체형 외함 제공(E)
  - 별도 보호용 외함 제공(P)

예를 들면 고속 전류-제한 차단기로써 라인 차단에 사용하는 전류 차단 방향이 양방향인 차단기로써 외함이 제공되는 경우 H/L/B/E로 표시된다.

6-4-2. 직류고속도 차단기의 종류와 특성

직류의 개로 또는 차단은 교류에 비하여 매우 어렵다. 직류로 급전하는 전차선 전압은 우리나라의 경우는 대체로 1500V 이하로 25kV인 교류에 비하여 현저하게 낮음으로 전차선에 많은 전류가 흐르고 변전소 간의 간격이 짧아 사고전류 차단은 대전류 차단이 되며, 동시에 직류의 차단 특성이 교류와 다르기 때문이다. 교류는 전류파의 한 사이클에 전류가 영이 되는 점이 한 곳이 있으며, 교류 차단은 이 전류 영인 점에서 이루어진다. 그러나 직류는 전류 변화 없이 일정하고 또 전류 개방 시 아크열은 (+)접점에 주로 흡수되므로 (+)접점 소모가 매우 크다. 이 때문에 직류는 고속 차단과 동시에 아크 접점에 내전호(耐電弧)금속을 사용하고 기중 차단기에는 특별히 아크 소호장치를 구비한다. 직류고속도 기중차단기는 조작 시 아크 방전으로 인하여 큰 조작 소음과 진동이 수반되므로 이런 문제점을 해결하기 위하여 IEC규격에는 반도체 차단기(Semiconductor CB)의 사용이 허용되어 있으며 일본에서는 무접점 차단기로 직류고속도 Turn off thyristor 차단기와 접점 저손실 직류 고속도 진공차단기가 개발되어 있으나 아직 이들 차단기가 우리나라에는 사용된 실례가 없다.

1) 직류고속도 Turn off thyristor 차단기

기계식 기중차단기에서 발생하는 접점의 마모나 소호실 절연 열화를 방지하기 위하여 개발한 차단기로, 이 차단기는 게이트 신호로 통전상태를 직접 제어하는 GTO(gate turn off thyristor)를 차단소자로 하고, GTO 차단소자의 게이트는 내장한 micro-processor로 제어한다. GTO 소자 냉각에는 heat pipe를 채택하고 있다. 일본에서는 직류고속도 Turn off thyristor 차단기에 대한 규격이 JEC 7153-1991로 별도 제정되어 시행하고 있다. 이 차단기는 통전 손실이

비교적 크고 설치 면적도 직류고속 기중차단기에 비하여 작지 않은 편이다.

이 차단기의 특징으로는

① 가동부와 소모 부분이 없으므로 내구성이 향상되어 maintenance free가 된다.

② 가동부가 없으므로 조작음이 없고 무소음 무진동화가 이루어지고

③ 전원을 차단할 때에 아크가 발생하지 않으므로 보전성(保全性)과 재해 방지에 대한 성능이 대폭 향상된다.

④ 차단 시간이 짧고 차단 용량이 크게 되는 등

을 들 수 있으나 회로가 개방되었을 때에도 단자간이 고임피던스로 접속되므로 급전선 무전압 시에도 단로기의 개방이 필요하고, 순방향 전압 강하와 동작 책무에 따라 열이 발생하므로 특별히 냉각장치가 필요하여 소형화가 기대되지 않는 결점이 있다.

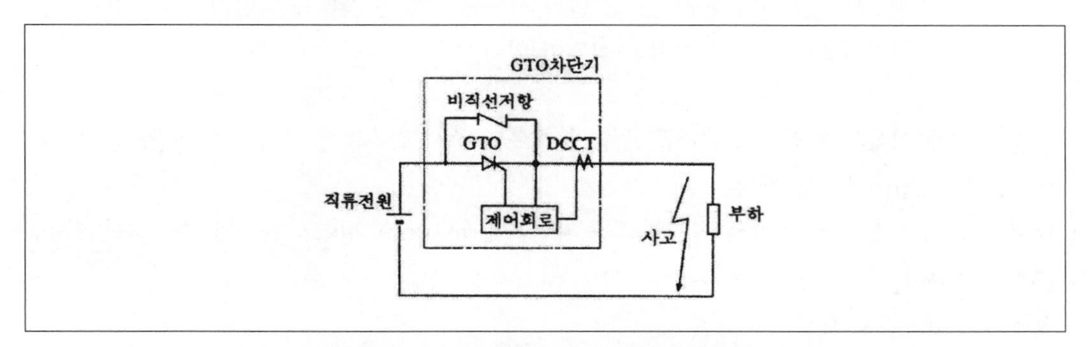

그림 6-19 직류고속도 GTO 차단기의 회로도

2) 직류고속도 진공차단기

그림 6-20에서 보는 바와 같이 종래의 직류고속도 기중차단기의 주접점 및 소호장치(Arc chute)를 진공 밸브로 대체한 것으로 아크 소호 방법이 전혀 다르다.

이 차단기의 특징은

① 차단 중 기중 아크가 없으므로 소음이 없다.

② 개극 시간이 짧아(1ms) 한류 값을 적게 억제할 수 있다.

③ 아크 시간이 극히 짧아(약 0.5ms) 접점 소모가 적다.

④ 조작전류가 대폭 감소하고, 보지전류(保持電流)가 필요 없다.

⑤ 본체의 점유 면적이 재래식 차단기에 비하여 약 1/4 정도로 되어 변전소 면적이 축소될 수 있다.

아래의 그림 6-20은 직류고속도 진공차단기의 구성도이다.

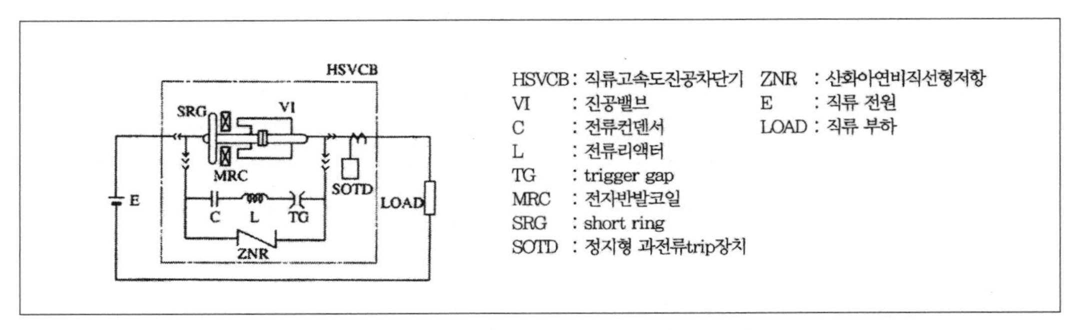

그림 6-20 직류고속도 진공차단기의 구성도

3) 직류고속도 기중차단기

이 차단기는 현재 국내 각 지하철에서 가장 널리 사용되고 있는 직류용 차단기이다. 직류고속도 기중차단기는 일반적으로 다음과 같이 구성되어 있다.

- 조정한 전류 이상의 과전류 또는 사고전류가 흐르면 즉시 접촉자를 고속으로 개방하는 보지(保持-Holding) 및 개방하는 기구
- 개극하는 접촉자 사이에 발생하는 아크를 차단하는 magnet blast 기구와 기중차단 기구(Arc-chute)
- 차단기 투입, 연동 기구

접촉자부는 주 접촉자와 아크 접촉자로 구성되어 있으며 차단기 개방 시에는 주 접촉자가 먼저 떨어지고 아크 접촉자가 나중에 떨어지는데 이때 아크 접점에서 발생한 아크 전류에 의하여 아크 소호 자기(磁氣)가 발생되며 이 자기가 아크를 불어 magnet blast가 이루어진다.

또 직류용고속도차단기의 기계적 전기적 내구성에 대하여 KS C IEC61992-2에는 다음과 같이 정하고 있다.

- 기계적 내구성--전류가 없는 상태에서
  - L 차단기 : 10000회 또는 20000회
  - I 차단기 : 4000회
  - R 차단기 : 4000회

L차단기의 동작회수는 구매자와 제작자의 합의에 의하여 10000회 동작 주기 값을 채택할 수 있으며 수치가 별도로 합의된바 없으면 20000회 주기가 표준이 된다.

- 전기적 내구성-정격사용전류(I_{Ne})에서

- L 차단기　　　: 200회
- I 및 R 차단기 : 100회

이제 직류 단락전류와 차단 진행 과정의 관계 및 각 기구의 구조와 역할에 대하여 간략하게 설명하면 다음과 같다.

① 단락전류와 차단

그림 6-21은 단락전류와 차단 과정을 나타낸 것으로 그림에서 지수곡선은 단락전류곡선이며 I_{SS}는 「추정단락전류최대치」이다.

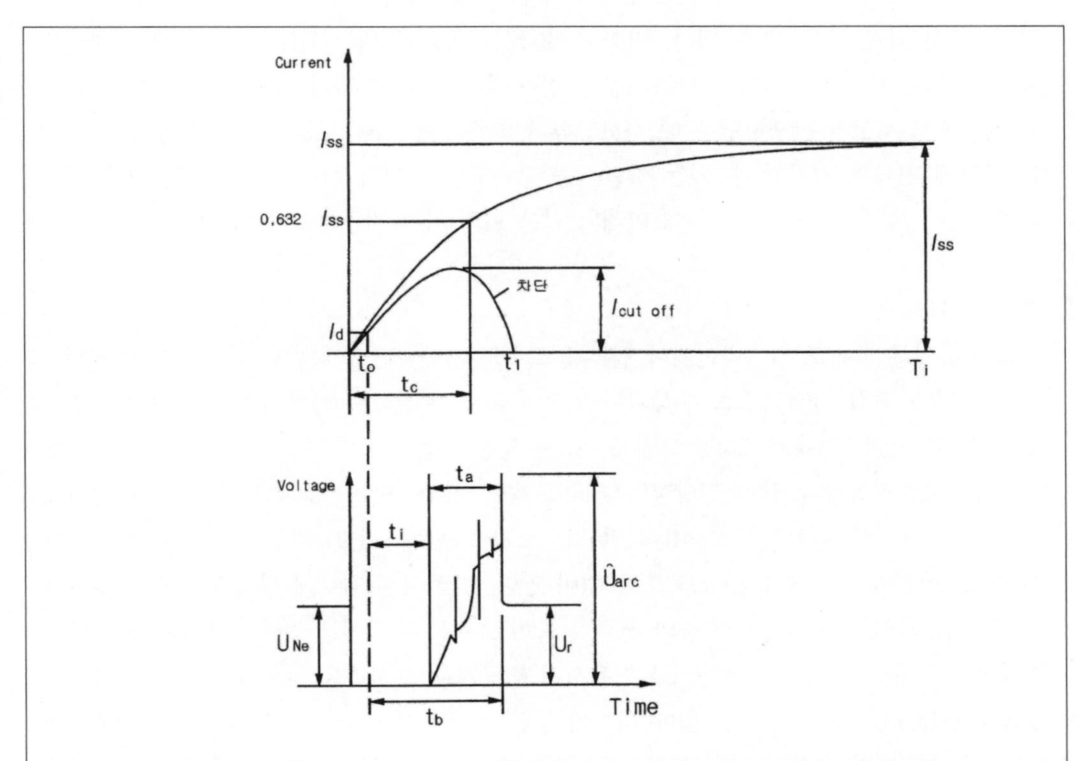

$I_{cut\ off}$: 차단중최대순시전류, I_d : 최대 전류 세팅, I_{SS} : 추정단락전류 최대값, t_a : arc 시간, t_b : 차단 시간, t_c : 회로의 시정수, U_r : 회복 전압, t_i : 개극 시간, U_{Ne} : 정격 전압, $\hat{U}_{arc}$: 최대 arc전압, t_o : 개극 개시 시점, t_1 : 전류 소멸 시점

그림 6-21 단락전류와 차단전류

그림 6-21에서 시간 t_o은 접점의 개극개시(開極開始-beginning of opening time) 시간이며 t_i는 개극 시간(開極時間-opening time)이다. 개극 시간은 접촉자의 질량과 접촉기구의 기계적 동작 지연으로 인하여 단락전류가 차단기의 정정 눈금을 넘는 순간보다 극히 짧은 시간 지연되는데 이 지연 시간을 「Dead time」이라고 한다. 개극 후 짧은 시간 동안은 고정자와 가동접촉자 사이의 간격이 매우 좁고 아크 전압도 낮아서 아크는 접촉자 사이에 순간적으로 정체하고 있는데 이와 같은 현상을 아크 유착현상(癒着現象)이라 하며 접촉자에 손상을 주는 유해한 현상이다. 그림 6-21에서 아래의 곡선은 차단전류곡선으로 $I_{cut-off}$는 cut-off전류로 차단 중 나타나는 순시 최대 전류이다. 이 값은 추정단락전류 최대치 I_{SS}에 비하여 매우 낮다. 즉 직류고속도 차단기의 차단전류는 추정단락전류 최대치보다 낮은 것을 알 수 있다. 따라서 개극시간(t_i)과 차단시간(t_b)이 짧을수록 차단기의 차단전류 최대치가 작아지므로 차단 조건이 좋아진다. 따라서 그림에서 보는 바와 같이 계통에서 사고가 발생하였을 때 사고전류가 최종값인 I_{SS}에 도달하기 이전에 전류가 적은 동안에 전류를 차단할 수 있는 차단기를 고속도 차단기라 하며 따라서 고속도 차단기의 이러한 성능을 확보하기 위하여 아래와 같은 여러 가지 기구들을 구비한다.

② 자동트립(trip)기구

유럽에서 만든 고속도 기중차단기나 일본제 고속도 기중차단기에는 모두 직동형 76계전기는 차단기에 직접 기계적으로 부착되어 있으며 50F 계전기는 차단기와는 분리되어 별도로 설치되어 있는 경우가 많다. 그림 6-22는 일본 제품으로 그 원리에 대한 설명도이다. 정방향 또는 역방향과 같이 일방향(一方向)고속도 기중차단기는 주회로의 주전류가 trip coil에 만드는 자속 Φ와 보지coil이 만드는 보지자속(保持磁束) Φ_{11}은 접극자 접촉 면에서 서로 반대가 되어 상쇄(相殺)되도록 되어 있다. 따라서 주회로에 이상전류가 흐르는 경우 즉 trip coil에 trip 동작방향의 전류가 많이 흐르는 경우에는 접극자면(接極子面)에서 Φ와 Φ_{11}이 서로 상쇄되는 방향으로 작용하여 접극자는 보지력을 상실하여 가동 접촉자가 Quick trip spring이 당기는 힘에 의하여 차단 동작을 하게 된다. 즉 직류부하 계통에서 단락 사고가 나면 고장전류는 급격히 증가하는데 이때 주회로에 결선되어 있는 유도분로(誘導分路)에 흐르는 전류는 분로 코일의 인덕턴스 L에 의하여 큰 저항을 받아 자동trip coil로 더 많은 전류가 분류하게 되어 Φ가 급격히 증가하게 되고, 차단전류 눈금 조정치 이하의 사고전류에서 개극하여 사고전류가 적은 상태에서 신속히 차단하게 된다.

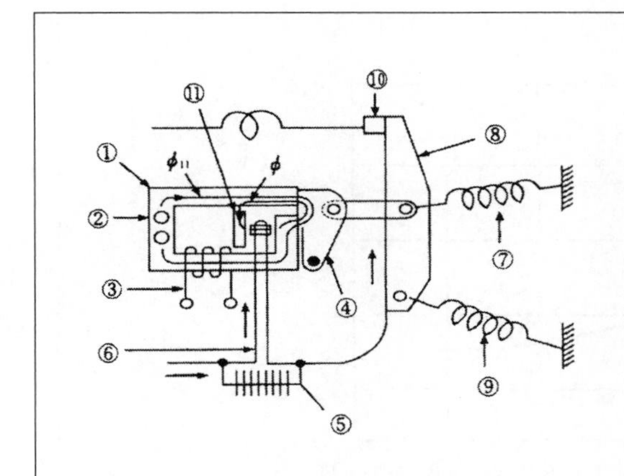

번호	명 칭	번호	명 칭
1	보지철심	7	Quick trip spring
2	눈금조정나사	8	가동접촉자
3	보지코일	9	페로spring
4	접극자	10	고정접촉자
5	유도분로	11	Bias 철심
6	trip coil		

그림 6-22 고속차단기 자동trip 원리

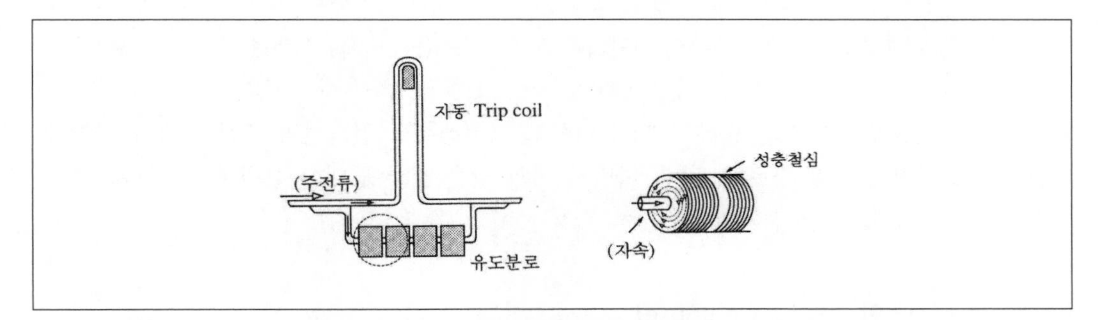

그림 6-23 구형 유도분로의 구조

운전전류는 전동기의 권선을 통과하므로 권선의 리액턴스(L)로 인하여 전류 증가율이 크지 않은 점진전류(漸進電流)로 되어 차단기는 이를 사고시의 큰 초기상승율전류(돌진전류-突進電流)와 판별하여 큰 초기상승율전류(돌진전류)에 대하여는 전류값이 적은 동안 신속히 차단하는 성능을 가진다. 이 특성을 고속도 기중차단기의 선택특성(選擇特性)이라 하며 선택률은 다음과 같이 정한다.

$$\text{선택률} = \frac{\text{초기상승율에 의한 최소 동작전류}}{\text{점진 전류에 의한 최소 동작전류}} \times 100$$

직류고속도 기중차단기는 위에서 설명한 바와 같이 초기 상승률에 의한 전류와 점진전류 모두에 동작하나 두 동작전류의 특성이 서로 다르다. 주회로 전류의 증가율이 적을 때 즉 점진전류일 때에는 정정 동작전류 눈금의 100%에 가까운 전류에서 동작하고, 주회로 전류의 증가율이 큰 경우 즉 사고에 의한 돌진전류일 때에는 정정 동작전류 눈금보다 낮은 전류 값에서 동작하여 선택 특성은 그림 6-24와 같은 곡선이 된다.

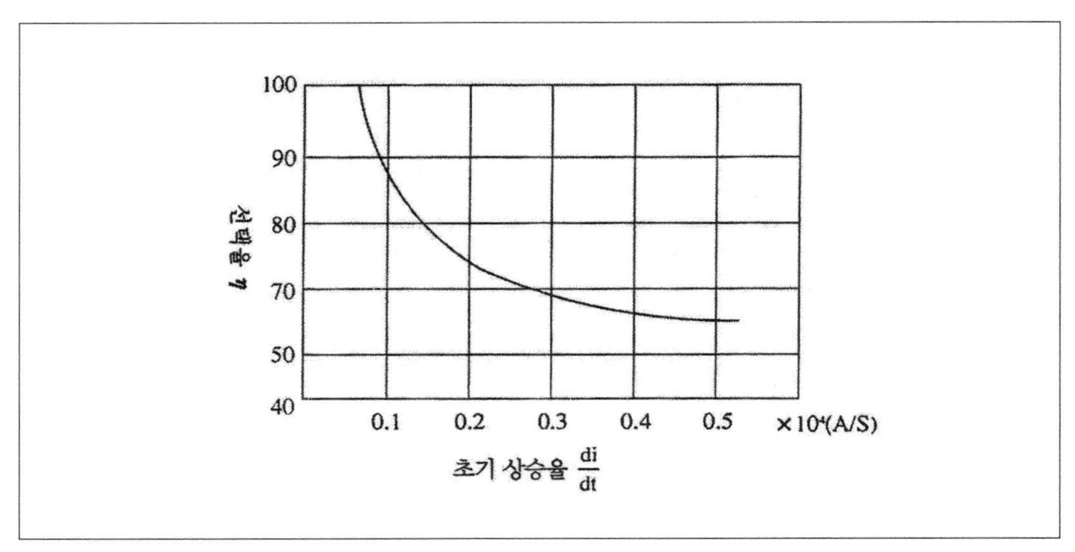

그림 6-24 직류고속도 차단기의 초기 상승률(돌진율)과 선택률

그러나 운전전류는 차량의 종류에 따라 다르고 사고전류도 전차선의 조건에 따라 차이가 있으므로 지역에 따라 다르게 된다. 따라서 이와 같은 전류에 대한 선택 특성의 정확성은 유도분로 방식만으로는 한계가 있다.

③ 접촉자 개극과 아크 슈트(arc chute)

앞에서 언급한 바와 같이 직류 차단은 교류 차단에 비하여 대단히 어려우므로 아크 전압을 높여서 아크 전류를 급속히 감소시켜야 하므로 대전류 아크는 자기blast(磁氣-magnet blast)로 소호하고 소전류 차단은 공기blast(空氣-Air blast)로 소호한다. 직류고속도 기중차단기의 아크 접촉자 개극(떨어지는) 순간에 발생하는 아크는 직렬로 연결된 그림 6-25의 (0) 1차 magnet blast coil에 흘러 이 주전류에 의하여 강력한 자계를 형성하고, 이 자계로 접점 ⑥과 ⑦ 사이의 아크를 불어서(blast) 그 길이를 길게 늘려 절연판사이의 좁은 짬으로 밀어 넣으면 아크는 다시 arc chute 내부의 ④ 2차 blast coil의 작용에 의하여 확산되고 ② arc barrier로 arc가 토막으로 잘려 측판에 의하여 냉각되므로 arc는 소멸되게 된다. 또 직류고속도 기중차단기에 있어 차단 성능 향상을 위해서는 접촉자의 개극 속도가 매우 빨라야 하기 때문에 고정접촉자와 가동접촉자의 접촉 압력은 금속이 가지고 있는 탄성을 이용한 자력접촉(自力接觸)을 채택하지 않고 주전류와 관계가 없는 Spring에 의하여 접촉 압력을 가하는 타력접촉(他力接觸)을 주로 채택하고 있다.

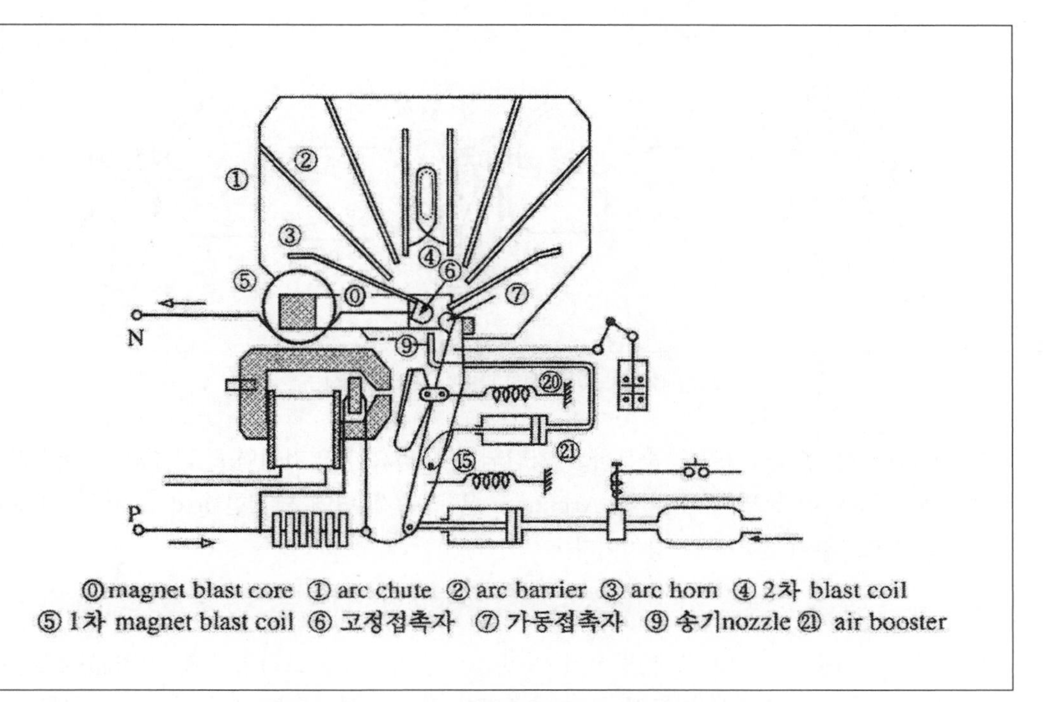

그림 6-25 고속도 기중차단기의 소호장치

자력접촉은 개극 시 접촉자가 탄성을 잃을 때까지 접점이 서로 떨어지지 않기 때문에 개극시간을 지연시키게 된다. 1차 magnet blast coil은 차단기의 차단전류에 의하여 여자되므로 차단전류가 클수록 자속이 커져서 소호력이 강력하여지나 경부하 차단과 같이 주전류 적은 경우 발생 자속이 적으므로 소호력이 약하여 적은 전류 차단이 어려워진다. 이 때문에 접극자와 연동되는 air booster에서 압축된 공기를 ⑨ 송기 nozzle을 통하여 호심(弧心-arc center)에 불어줌으로 소전류도 확실히 차단되도록 한다. 직류고속도 기중차단기와 같이 차단하고자 하는 전류(아크 전류)에 의하여 Arc를 소호 차단하는 것을 자력(自力)소호방식, 다른 장치의 도움으로 압축 공기 등에 의한 소호를 타력(他力)소호방식이라 한다. Arc chute는 고정접촉자와 가동접촉자 사이에 발생한 아크를 차단하는데 필요한 역기전력을 발생한다. 또 아크의 고온, 이온화 등 영향을 다른 곳에 미치지 않게 처리하는 소호실로써 아크에 직접 닿는 내부를 고온의 아크에 직접 닿아도 녹거나 파손되지 않고 절연이 저하되지 않는 석면재로 만든 2매의 측판을 좁은 가격으로 나란히 놓고 기계적 강도를 보강하기 위하여 밖에 철판으로 보강하고 있으며 이 철판은 2차 blast coil의 철심을 겸하고 있다. 2차 blast coil이 만드는 자계로 아크는 위로 더욱 끌려 올라가 최종 아크로 된다.

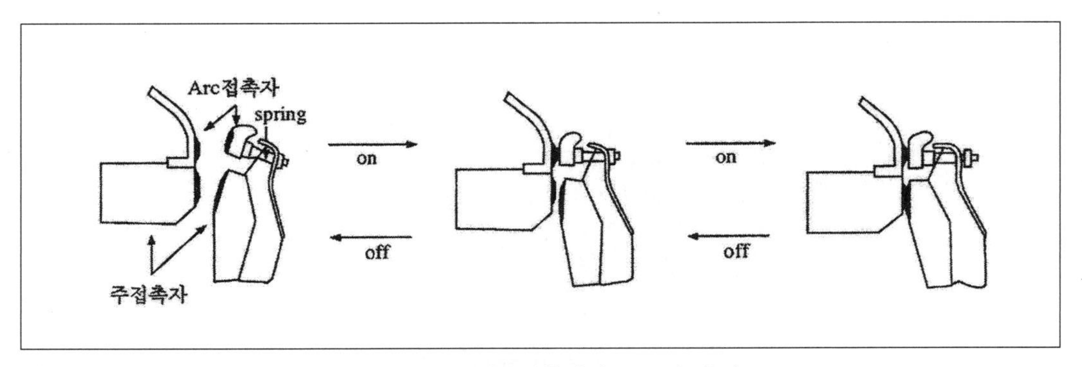

그림 6-26 아크접촉자의 구조와 동작

이 최종 아크는 아크 길이도 충분하고 차단되는데 필요한 역기전력도 직류회로 전압보다 높게 되어 급속히 소멸되게 된다. Arc horn은 접촉자 면에 발생한 arc post를 신속히 접촉자 면으로부터 분리하는 장치이다.

④ 투입 및 연동기구

직류고속도 기중차단기의 조작 방식에 있어서는 공기(空氣) 조작형과 전자(電磁) 조작형이 있으며, 공기 조작형은 반드시 공기 압축기가 있어야 하며 전류는 불과 수 암페어로 조작이 가능하며 전자 조작형은 수십 암페어가 소요된다. 과거에는 교류 차단기를 압축 공기로 조작하는 경우가 많아서 변전소에 공기 압축기를 구비한 예가 많았고 또 전자식 차단기에는 고속도 차단을 위한 Quick trip spring의 강력한 반발력으로 투입 코일에 큰 전류가 소요되게 되어 전기적으로나 기계적으로 많은 문제가 있어 공기 압축식이 널리 채택되던 때가 있었으나 근래에 와서는 전자식 조작 장치에 대한 개선으로 공기 조작 방식은 거의 사용되지 않고 대부분 전자식이 채택되고 있다. 전자방식 차단기는 투입 시 차단과 마찬가지로 그림 6-25의 강력한 폐로(閉路) 스프링(closing spring) ⑮의 장력에 의하여 투입된다.

⑤ 직류고속도 차단기의 규격

직류고속도 차단기에 대하여 KS C IEC 61992에 규정된 정격 중 중요 항목을 발췌하여 정리하면 다음과 같다.

ⓐ 전압 (KS C IEC 61992. 4.2 절연 계급)

U_n kV	U_{Ne} kV	U_{Nm} kV	U_{Ni} (kV)		U_a(kV)		간 격(mm)	
			A	B	A	B	A	B
0.6	0.72	0.9	6	7.2	2.8	3.4	10	12
0.75	0.9	1.2	8	9.6	3.6	4.3	14	16.8
0.75	0.9	1.8	10	12	4.6	5.5	18	21.6
1.5	1.8	2.3	12	14.4	5.5	6.6	22	26.4
1.5	1.8	3	20	24	9.2	11	36	43.2
3	3.6	3.6	30	36	14	16.8	54	64.8
3	3.6	4.8	40	48	18.5	22.2	72	86.4
3	4.8	6.5	50	60	23	27.6	91	109

U_n : 공칭 전압
U_{Ne} : 정격 전압
U_{Nm} : 정격 절연 전압
U_{Ni} : 정격 임펄스 전압
U_a : 상용주파 시험 전압
A : 대지전압 및 상간 — 실내
B : 적용가능한 경우 절연 거리 — 실내

현재 국내에서 사용하고 있는 차단기의 전압은 정격전압 1.8kV, 정격 절연전압은 3kV이다.

ⓑ 정격전류 : KS C IEC 61992의 규격에는 정격 사용전류에 대한 정의는 정격전압, 연속 책무 및 이용 분류와 외함의 종류를 고려하여 제조자가 정하는 것으로 되어 있으며 주회로에 대한 표준 사용 전류에 대한 권고 값은 다음과 같다(KS C IEC 61992. 5.1.4).

정격전류의 표준 권고 값

전 류 값 [A]
400
630
1000
1600
2000
2500
3150
4000
6000
8000

ⓒ 표준 단락전류 : 고속도 차단기는 차단 속도가 빠르면 적은 전류에서 차단되므로 차단 전류만으로는 실제의 차단기 성능이 나타나지 않는다. 고속도 차단기의 표준 정격 단락전류의 권고 값은 다음과 같다(KS C IEC 61992. 5.1.2.2).

표준 정격 단락 전류

전 류 값 [kA]
31.5
40
50
63
75
80
100
125

ⓓ 정격 차단전류 : IEC에 특별히 차단기의 정격 차단 전류를 숫자로 정한 것은 없으나 JEC 7152-1991에서는 다른 나라가 규격에서 정하고 있는 정격 차단 시간 또는 정격 감류(定格減流) 시간을 규정하지 않고 특별히 차단전류만을 규정하고 있다. 이 값은 회로 구성 부품들의 단락강도에 대한 기준이 된다. 참고를 위하여 JEC 7152-1991의 차단전류를 옮겨 싣는다.

정격차단전류의 한도(JEC 7152-1991.4.5)

정격차단용량 [A]	규정회로 조건의 표준값		정격차단 전류 [A]	Arc 전압최대값 [V]
	추정단락전류 최대치 [A]	초기상승율 [A/sec]		
20000	20000	1.5×10^6	15000	4000
50000	50000	3.0×10^6	25000	
75000	75000	10.0×10^6	50000	
100000	100000	10.0×10^6	55000	

비고 (1) 본 표의 아크 전압 최대치는 정격전압 1500V 이하의 고속도 차단기에만 적용한다.

ⓔ 정격 조작 전압 : 단자전압을 말함.

정격 조작 전압 (V)

교류	24	48		110	127	230/400	
직류	24	48	60	110	125	220	440

ⓕ 온도상승 한도 및 최고 허용온도

온도상승 시험을 하는 동안 대기온도가 10~40℃ 사이인 경우 측정값에 대하여 수정하지 않는다.

온도상승 한도 및 최고 허용온도

부 분		온도상승한도(K)
구 성 품	나전선 코일	105
	공기중 접점	
	-스프링 형태의 순동	35
	-스프링 형태의 황동 또는 청동	65
	-스프링 형태가 아닌 순동	75
	-고체 은 또는 주석 또는 혼합 평판	100
	-기타 금속 및 소결 금속	
	외부로 연결되는 절연단자	70
	공기중 신축 연결부	90
절 연 부	A종 절연	65
	E종 절연	80
	B종 절연	90
	F종 절연	115
	H종 절연	140
	C종 절연	140초과

비고 : 위 온도상승 한도는 주위 온도 40℃ 이하인 경우에 한한다.

⑦ 표준 동작 책무

차단기 용도에 따른 책무와 주기는 다음과 같다.

차단기 책무

책 무	용 도	조 건
f	L	최대 고장
e	L	최대 에너지
d	L	원거리 고장
I	L	저 전류
ff	I	정방향 최대 고장
fr	I	역방향 최대고장
Ir	I	정상방향 단락후 역방향 저전류
R	R	병렬 컴버터와 함께 역방향 최대 고장
S	R	정상 방향 단시간 전류

단 차단기의 용도 L, I 및 R은 6-4-1을 참고 바람.

표준 동작 책무

책 무	시 험 주 기
f, e, d 책무 1 책무 2	 O-15sec-CO-15sec-CO-60sec-CO O-7sec-CO-10sec-CO-60sec-CO
ff, fr, r	O-최대 20sec-CO
I, Ir	10회(O-120sec-CO)
S	0.25sec 통과

⑧ 뇌(雷)임펄스 시험

직류고속도 차단기의 규격의 ① 전압 규격에 따른다.

⑨ 실내 설치를 위한 환경 조건

ⓐ 고도

해발-120~400m 사이의 고도에 설치에 적합하여야 한다.

ⓑ 습도

최고 온도 +40℃에서 상대 습도 50% 이하여야 한다.

ⓒ 진동

표 B.1 정현 진동

방 향	최대 가속도	공칭 지속 시간
수 직	$5m/s^2$	30ms
수 평	$5m/s^2$	30ms

6-5. 보호 계전기와 회로

지하철 수전 점의 보호 계전기 정정은 한국전력과 협의하여 그 지역 지하철공단 또는 지하철공사에서 정정하도록 되어 있다. 지하철의 건설 운영은 각 지방 자치단체 소관이므로 한국전력도 각 지역의 전력 관리처가 수전 점 계전기 정정을 주관한다. 한국전력의 각 지역 전력 관리처가 아직도 전기철도 부하의 특이성에 대하여 충분히 이해를 하지 못하여 상당한 혼란을 야기하는 경우가 종종 있다. 이제 22.9kV 전압을 수전하는 한 변전소의 수전 점 과전류 계전기의 정정 예와 정류기용 변압기와 그 이하의 직류 급전 계통 보호에 대해서 설명하기로 한다. 현재 지하철에 설치되어 있는 정류기에는 앞에서 언급한 바와 같이 6pulse와 12pulse의 2가지 종류가 있다. 6pulse 정류기용 변압기는 1차 2차 모두 △-△결선으로 되어 있고, 12pulse용 변압기 2차측은 고조파의 저감을 위하여 각각 1차 용량의 반이 되는 2개의 권선으로 나누어져 그 한 권선은 △결선으로 다른 한 권선은 Y로 결선되어 있다. 정류기용 변압기의 용량은 서울의 경우 최대 4520kVA이므로 비율차동 계전기로 보호하지 않아도 전기기술기준에 위반되지 않으나 여기서는 이 2가지의 결선 변압기 모두에 대하여 비율차동 계전기 적용을 설명하기로 한다.

6-5-1. 수전용 과전류 계전기 정정

그림 6-1의 서울지하철 변전소의 수전 점 과전류 계전기의 계산을 예로 들기로 한다. 이 예의 모든 Data는 실제의 값이 아니고 필자가 정한 임의의 값임을 첨언한다.

계약 전력	정류기 부하	4520kVA 2대	9040kW
	기타 부하		5000kVA
	합계		14040kW
수전 전압			22.9kV

수전 전류 $$I = \frac{14040}{\sqrt{3} \times 22.9 \times 0.9} = 393.3[A]$$

CT특성 과전류상(정)수 : n=20 전류비 : 1000-2000/5A

전원 임피던스 100MVA 기준 : 0.75+j5.25[%]

Kepco변전소 - 지하철 변전소
케이블 XLPE : 단심 $325mm^2$
거리 2.5km

1) 수전 점 CT의 1차 전류 결정

Kepco-지하철 변전소간 케이블의 임피던스 Z=R+jX=0.0743+j0.192[Ω/km]
따라서 100MVA 기준 %임피던스는

$$\%Z=\frac{100\times1000}{10\times22.9^2}\times(0.0743+j0.192)\times2.5=3.5421+j9.1531[\%]$$

전원 측 %임피던스

$$\%Z=0.75+j5.25+3.5421+j9.1531=4.2921+j14.4031[\%]$$

지하철 22.9kV Bus의 단락 용량

$$I_S=\frac{100\times1000}{\sqrt{3}\times22.9}\times\frac{100}{4.2921+j14.4031}=16.775\angle286.59°[kA]$$

한국전력에서 수전점 CT의 1차 전류는 수전점 단락전류를 CT의 과전류정수로 나눈 값 즉

$$I_S=\frac{22.9kV\text{단락전류}}{\text{과전류정수}}=\frac{16775}{20}=838.77[A]$$

보다 큰 전류를 요구하고 있으므로 CT의 전류비는 1000/5A로 선정하기로 한다.

2) 순시 정정

한전의 수용가 계전기 정정지침에는 수전점의 한시 정정전류는 부하로 다수의 변압기가 설치되어 있는 경우 설치되어 있는 변압기 가운데 최대 변압기의 2차 측 단락전류에 0.6초 이내에 동작하고 동시에 이 단락전류에서는 순시 동작을 하지 않도록 규정되어 있다. 이 예에서는 최대 변압기는 5000kVA %Z=5%이므로 100MVA로 환산한 변압기 %임피던스 및 전원 %임피던스는

$$\%Z=j\frac{100}{5}\times5+(4.2921+j14.4031)=114.4836\angle87.85°\%$$

5000kVA변압기 2차 단락시 1차로 환산한 단락전류 I는

$$I=\frac{100\times1000}{\sqrt{3}\times22.9}\times\frac{100}{114.4836}=2202.22[A]$$

즉 순시 정정전류는 최대 용량의 변압기 2차에서 단락하였을 때 변압기 1차 계전기가 순시 동작하지 않아야 하므로 1차로 환산한 2차 단락 전류의 1.25~2배의 전류로 한다. 여기서 이 1.25~2배라는 숫자는 ANSI/IEEE(1)에서 제시한 배수이며 ANSI에서는 1.75배로 하는 것을 추천하고 있으나 한전에서는 1.5배를 추천하고 있다. 따라서 2차 단락 전류의 1.5배를 하면 정정전류 I는

$$I = 2202.22 \times 1.5 \times \frac{5}{1000} = 16.5166[A]$$

로 정정 값은 I=17[A](=17 $\times \frac{1000}{5} = 3400A$)가 된다. 다만 여기서 고려하여야 할 점은 정류기용 변압기 4520kVA 2대가 병렬 운전 중 병렬 결선점 직후방에서 단락되는 경우는 변압기 %임피던스가 7.5%이므로 100MVA 환산 임피던스는

$$\%Z = j7.5 \times \frac{100 \times 1000}{4520} = j165.93[\%]$$

따라서 단락전류는

$$I = \frac{100 \times 1000}{\sqrt{3} \times 22.9} \times \frac{100}{j165.93 \times \frac{1}{2} + 4.2921 + j14.4031} = 2586.82[A]$$

이때에는 순시단락 정정전류 I는

$$I = 2586.82 \times 1.3 \times \frac{5}{1000} = 16.8143[A]$$

가 되므로 17[A] 로 정정하면 이 모든 조건을 만족한다.

수전용 과전류 계전기의 정정 시간은 한전과의 보호협조를 위하여 대체로 0.1초로 하며 이 정정 또한 한전과 상의하여야 한다.

3) 한시 정정

전철 부하는 변동이 극심하고 수시로 짧은 시간 동안 과전류가 반복되므로 정정전류는 계약전력의 전류의 1.25배 정도를 정정한다. 예의 회로에서 정류기용 변압기 용량은 4520kVA이므로 1차 전류 I는 $I = \frac{4520}{\sqrt{3} \times 22.9} = 114[A]$로 수전점 과전류 계전기 한시 정정전류는 이 값의 3배인 342A보다 크면 된다.

따라서 한시 정정전류는

$$I = \frac{14040}{\sqrt{3} \times 22.9 \times 0.9} \times 1.25 = 491.6 > 342[A]$$

$$I = 491.6 \times \frac{5}{1000} = 2.4582[A] \rightarrow 2.5[A]$$

따라서 한시 정정전류는 $2.5 \times \frac{1000}{5} = 500[A]$가 되며, 한전규정(4)에 의하면 수전점 과전류 계전기의 동작 시간 정정은 한전에서는 강반한시성 특성을 채택하고 있으며 이 강반한시 특성으로 최대 변압기인 5000kVA 변압기 2차 단락 시 0.6초 이내에 동작하도록 되어 있다. 따라서

$$0.6 \geq \frac{13.5 \times \Delta t}{\left(\frac{I}{I_S}\right) - 1}$$

$$\therefore \Delta t \leq \frac{\frac{2202}{500} - 1}{13.5} \times 0.6 = 0.1513$$

time multiplier △t=0.15로 정정했을 때 5000kVA 2차가 단락하면 수전 점 과전류 계전기 한시 동작 시간은

$$t_C = \frac{13.5 \times 0.15}{\left(\frac{2202}{500}\right) - 1} = 0.5949\text{초}$$

로 0.6초 이내에 동작하여야 한다는 조건을 만족한다. 참고로 보호협조 곡선은 그림 6-27의 변압기 보호곡선에 함께 표시하였다.

6-5-2. 정류기용 변압기 보호

정류기용 변압기는 계전기의 실제 정정을 예로 설명키로 한다. 정류기용 변압기는 과부하에 대하여 KS C IEC 60146-1-1의 표준 운전 등급 VI의 부하를 감당하여야 하므로 150% 부하에 대하여 2시간, 300% 부하에 대하여는 2분간 견디도록 되어 있어(IEC 60146-1-1에는 1분간) 변압기 1차에 설치한 과전류 계전기의 동작 특성은 초반한시성(extremely inverse)으로 한다.

1) 변압기 1차 과전류 계전기[(4)]

정류기용 변압기의 사양은 다음과 같다.

변압기 용량	4520kVA
전압	
1차 전압	22.9kV
2차 전압	1200V
전류	
1차 전류	114A
2차 전류	2174.7A
%임피던스	7.5%(자기 용량 기준)
1차측 CT	200/5A

① 순시 정정[3]

변압기 2차 단락시의 1차 전류

전원 임피던스 : Z_S=4.2921 + j14.4031[%]

변압기 임피던스 : $Z_T = \frac{100}{4.520} \times j7.5 = j165.9292[\%]$

$$I_{S1} = \frac{100 \times 1000}{\sqrt{3} \times 22.9} \times \frac{100}{4.2921 + j14.4031 + j165.9292} = 1397.68[A]$$

돌입전류는 대체로 1차 정격전류의 8배 정도이므로

$$I_S = 8 \times 114 = 912[A] < I_{S1} = 1397.7[A]$$

순시 전류 정정

$$1397.7 \times 1.3 \times \frac{5}{200} = 45.4253(9.085 I_N) \rightarrow 9.1[I_N](1820A)$$

시간 정정 0.1sec

② 한시 정정

전류 정정 : $I = 114 \times \frac{5}{200} \times 2 = 5.7[A] \rightarrow 1.14 I_N\ (228A)$

시간 정정 : 2차 단락시 변압기 1차 계전기는 $0.5949 - 0.1 - 0.1 = 0.3949$초 이내에 동작하여야 하며 300% 부하에서 1분에 가깝게 정정하여야 하므로 특성은 초반한시성을 선정한다. 변압기 2차 단락전류는 1차로 환산하였을 때 1397.68[A]이므로 동작 시간은

$$0.3649 \geq \frac{80 \times \Delta t}{\left(\frac{1397.7}{228}\right)^2 - 1} = 2.187 \cdot \Delta t$$

time multiplier Δt는

$$\Delta t = 0.1806 \rightarrow 0.18$$

가 된다.

검증 : 2차 단락시 OCR trip 시간은

$$t_C = \frac{80 \times 0.18}{\left(\frac{1397.7}{228}\right)^2 - 1} = 0.3937 sec < 0.3949 sec$$

300% 부하에서 차단 시간은

$$t_C = \frac{80 \times 0.16}{\left(\frac{114 \times 3}{228}\right)^2 - 1} = 10.24 < 120 sec$$

이므로 대체로 위의 2조건을 만족하는 것을 알 수 있다.

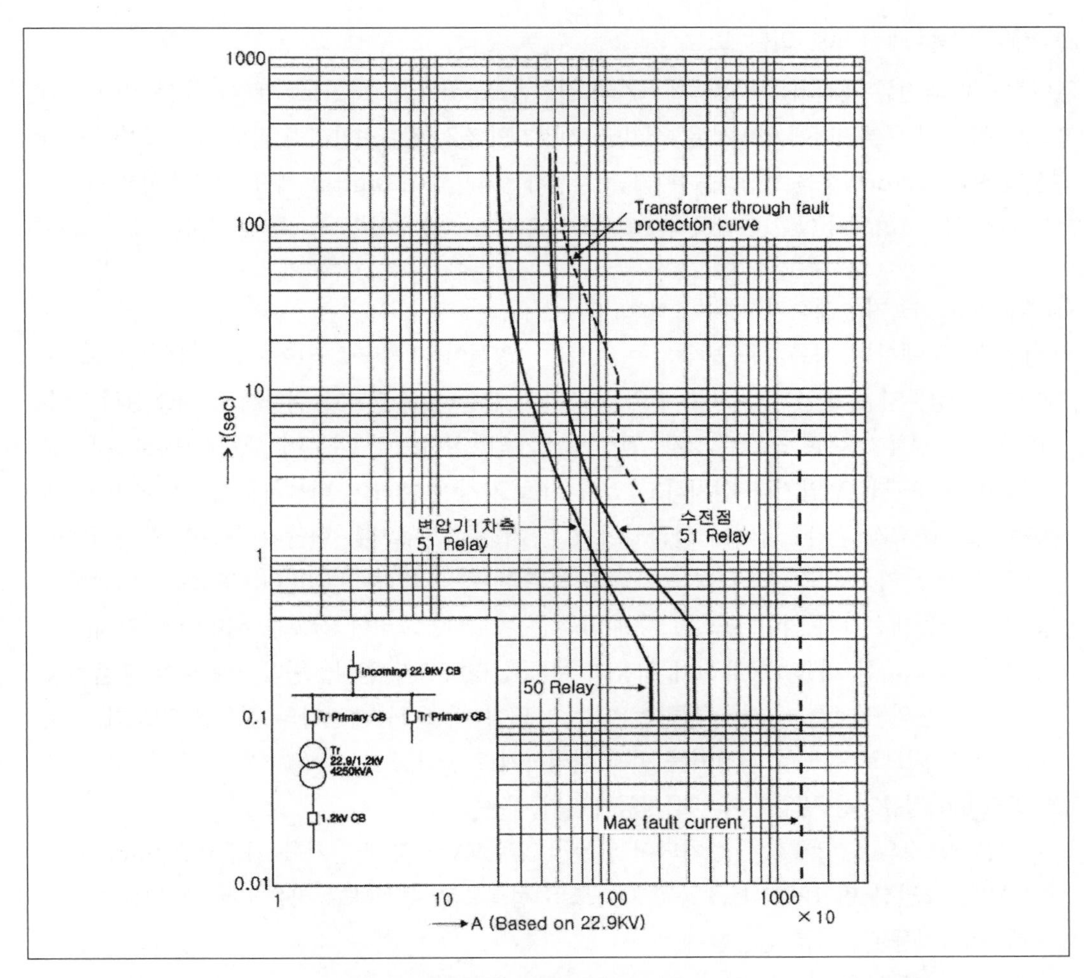

그림 6-27 과전류 보호 협조

한전에서는 변압기에 강반한시 특성을 적용하나 초반한시 특성에 비하여 300% 과부하에서의 동작 시간이 많이 짧아진다. 주의할 점은 여기에 적용한 계전기 동작시간은 IEC 60255-151(2009.08)의 동작 특성식이나 미국 계통의 계전기 또는 한전 과전류 계전기 동작 특성식이 IEC 특성과 달라서 미국제나 국산 과전류 계전기를 사용하고자 할 때에는 ANSI 또는 한전 표준의 동작 특성식에 따른다. 국내 계전기는 한전 표준식에 의하여 동작하는 경우가 많으므로 국내 계전기 사용시에는 동작 특성식을 반드시 확인하여야 한다. 일반적으로는 IEC[3] 규정을 적용하고 있으나 계전기 제작회사가 어떤 특성식을 적용하고 있는지를 확인할 필요가 있다.

2) 비율 차동 계전기에 의한 보호

일반적으로 과전류 계전기 등 기타 계전기의 결선은 Analog와 Digital 계전기에는 차이가 거의 없으나 비율 차동 계전기에 있어서는 Analog 계전기의 결선에는 변압기의 권선 결선 방식에 따라 각 권선의 전류 vector방향을 보상하도록 CT를 결선하는데 반하여 Digital 계전기 CT결선은 피보호 변압기의 권선을 고려하지 않고 일괄하여 Y결선하는 등 다소 차이가 있어 이를 구별하여 정리한다.

① Analog 비율차동계전기에 의한 보호

서울메트로에서는 정류기용 변압기는 1, 2차 권선이 △-△로 되어 있는 2권선으로 된 6pulse 정류기용 변압기와 교류 측의 고조파의 함유율을 줄이기 위하여 3, 4호선의 경우 12pulse 정류기용 변압기로 2차 권선을 2개의 권선으로 나누어 △-△-Y로 결선한 4520kVA 3권선 변압기를 설치하고 있어 이들 각각에 대하여 비율차동계전기 적용에 대하여 설명하고자 한다. 국내에 설치되어 있는 지하철 정류기용 변압기의 용량이 전기기술기준의 판단 기준에 정한 비율차동계전기 보호의무 용량기준인 10000kVA에는 미달하므로 비율차동계전기에 의한 보호는 강제 규정은 아니다. 그러나 참고를 위하여 여기서 3권선 변압기에 대한 비율차동계전기 적용의 예를 설명하고자 한다. 변압기에 대한 비율차동계전기 적용의 실례를 쉽게 이해하는 데는 유도형 비율차동계전기의 적용을 검토하는 것이 도움이 되므로 유도형 계전기를 먼저 설명하기로 한다.

ⓐ 6Pulse 정류기용 변압기의 비율차동계전기 적용

서울메트로의 1, 2호선에 설치되어 있는 4520kVA 용량 변압기를 기준으로 6pulse 정류기용 2권선 변압기의 1, 2차 CT는 모두 성형으로 결선하고 비율차동계전기는 2권선용 비율차동계전기를 적용한다.

변압기의 사양은 다음과 같다.

권선	결선	용량	정격전압	정격전류	CT의 전류	CT결선
1차	△	4520kVA	22.9kV	114A	200/5A	Y
2차	△	4520kVA	1200V	2175A	2500/5A	Y

전부하시 변압기 1, 2차 CT의 1차 정격전류가 표와 같을 때 CT의 2차 전류는

1차 측 CT 2차 전류 $$i_1 = \frac{4520}{\sqrt{3} \times 22.9} \times \frac{5}{200} = 2.8489[A]$$

2차 측 CT 2차 전류 $$i_2 = \frac{4520}{\sqrt{3} \times 1.2} \times \frac{5}{2500} = 4.3494[A]$$

2차 측 보조 CT $n=\dfrac{2.8489}{4.3494}=0.6553\rightarrow0.65$

를 설치하면 전류 부정합률은

전류 부정합률 $e_3=\dfrac{2.8489-4.3494\times0.65}{2.8489}\times100=0.7649\%$

따라서 최대 정정비율은

Tap절환기에 의한 오차	e_1 = 5%
CT 및 계전기 오차	e_2 = 10%
전류 부정합률	e_3 = 0.77%
안전율	e_4 = 10%
합계	e = 25.8%

이므로 Analog 계전기를 설치하는 경우에는 비율 정정은 e=30%로 한다. 여기서 초기 투입시 돌입전류 제어를 위하여 2조파 정정을 요구하는 경우 변압기 돌입전류에는 일반적으로 2조파가 돌입전류의 25% 이상이 포함되어 있으므로 2조파 정정은 10% 전후로 한다.

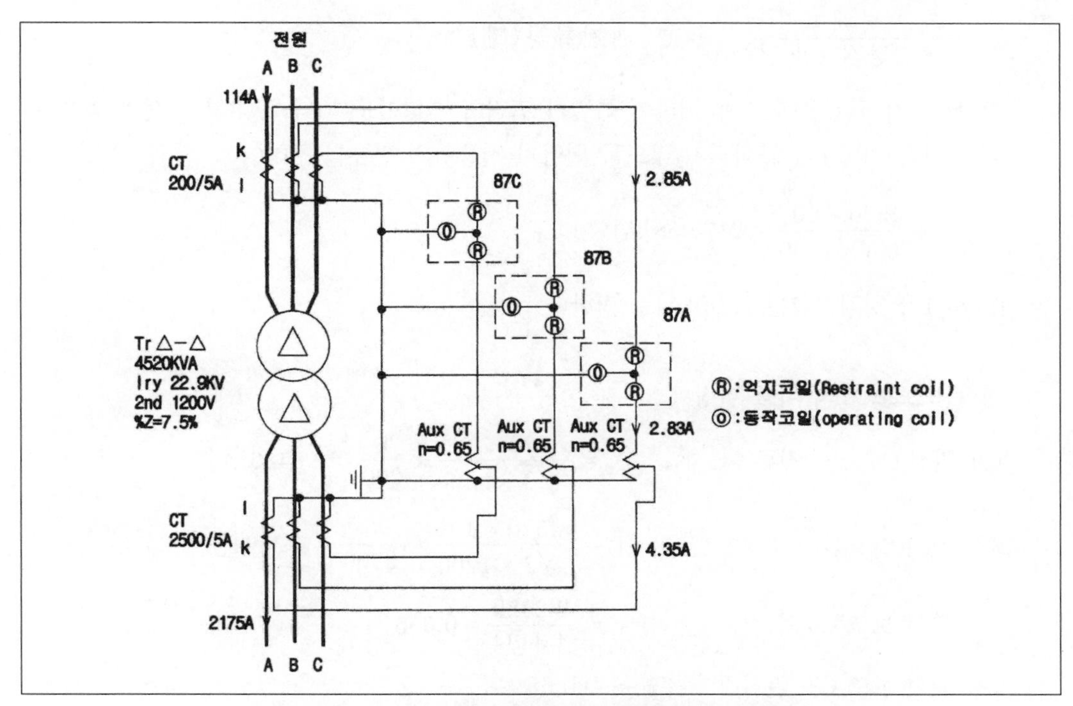

그림 6-28 △-△결선 변압기의 비율차동계전기 결선도

ⓑ 12pulse 정류기용 변압기의 비율차동계전기 적용[5]

서울의 3, 4호선의 경우 4520kVA로 변압기의 사양과 CT의 결선은 다음 표와 같으며 일반적으로 3권선 변압기 보호에 적용하고 있는 3권선용 비율차동계전기의 결선도의 예는 그림 6-29와 같다.

권선	결선	용량	정격전압	정격전류	CT의 전류	CT결선
1차	△	4520kVA	22.9kV	114A	200/5A	Y
2차	△	2260kVA	1200V	1088A	2500/5A	Y
3차	Y	2260kVA	1200V	1088A	2500/5A	△

a. CT의 선정

CT의 1차 전류 선정은 3개 권선 모두에 변압기의 전부하가 걸린다는 전제하에 다음과 같은 조건을 만족하는 전류를 1차 전류로 결정한다.

계전기 회로의 부담(VA)≤CT의 정격 부담(VA)

$$\frac{\text{회로 최대고장 전류}}{\text{CT정격 1차 전류}} \le \text{CT과전류상(정)수}$$

따라서 1차 권선은 단락에 대하여 특별히 고려하지 않아도 되나 2, 3차 권선의 전류는 외부 단락 시 CT가 포화되지 않도록 변압기 전용량의 전류를 구하여

$$i = \frac{4520 \times 10^3}{\sqrt{3} \times 1200} = 2174.68[A]$$

CT의 1차 정격전류는 2500[A]로 정한다.

정합용 보조CT의 비율 결정

1차 권선 CT 2차 전류 $i_1 = \frac{4520 \times 10^3}{\sqrt{3} \times 22.9} \times \frac{5}{200} = 2.8489[A]$

2차 권선(△결선) CT 2차 전류 $i_2 = \frac{4520 \times 10^3}{\sqrt{3} \times 1200} \times \frac{5}{2500} = 4.3494[A]$

2차 권선 보조 CT의 비율 $n = \frac{2.8489}{4.3494} = 0.655$

2차 권선 보조 CT 권선비 $n = 0.65$

3차 권선(Y결선) CT 2차 전류 $i_3 = \dfrac{4520 \times 10^3}{\sqrt{3} \times 1200} \times \sqrt{3} \times \dfrac{5}{2500} = 7.5333[A]$

3차 권선 보조 CT의 비율 $n = \dfrac{2.8489}{7.5333} = 0.3782$

3차 권선 보조 CT 권선비 $n = 0.38$

1/2차 부정합률 $e_3 = \dfrac{2.8489 - 4.3494 \times 0.65}{2.8489} \times 100 = 0.77$

$\fallingdotseq 1[\%]$

1/3차 부정합률 $e_3 = \dfrac{7.5333 \times 0.38 - 2.8489}{2.8489} \times 100 = 0.4828$

$\fallingdotseq 0.48[\%]$

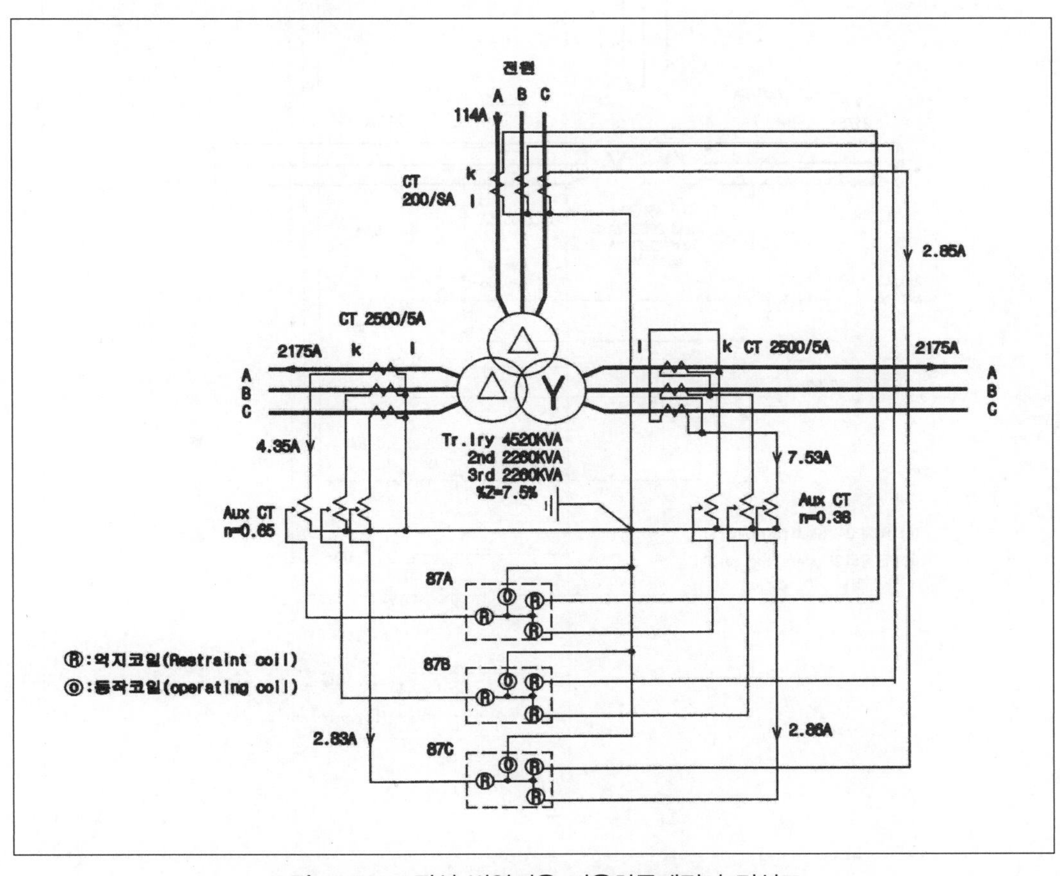

그림 6-29 3권선 변압기용 비율차동계전기 결선도

b. 차동계전기의 정정

Tap changer의 전압 범위	e_1= 5%
CT 및 계전기 오차	e_2= 10%
전류 부정합률	e_3= 1 %
안전율	e_4= 10%
계	e = 26%

이므로 Analog 계전기를 설치하는 경우에는 비율 정정은 e=30%로 한다.

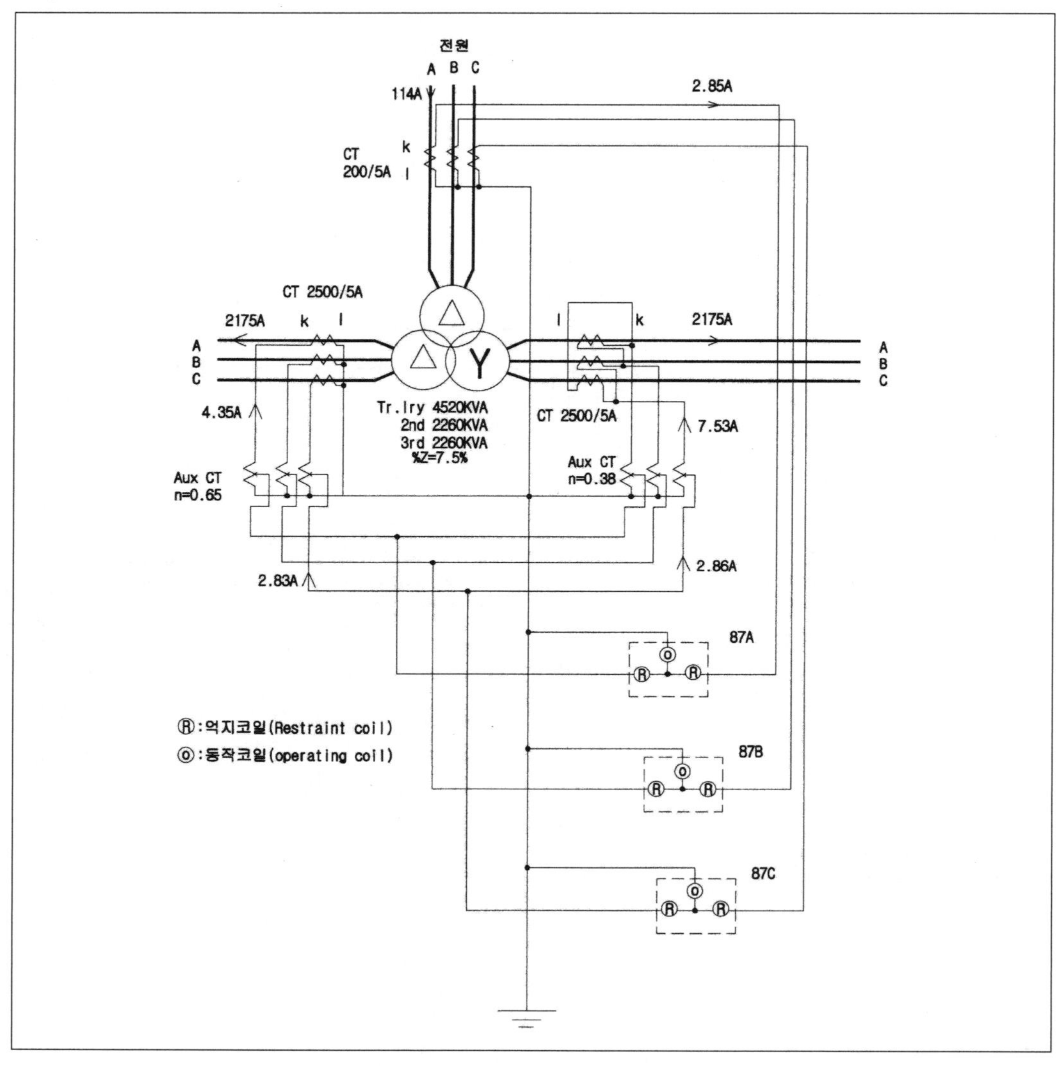

그림 6-30 3권선 변압기 보호에 2권선 변압기용 비율차동계전기의 적용

여기서 초기 투입 시 돌입전류 제어를 위하여 2조파 정정을 요구하는 경우 단상 변압기와 같이 2조파 정정은 10% 전후로 한다. 전원이 1개소인 경우 그림 6-30과 같이 결선하여 2권선 변압기 보호용 비율차동계전기를 적용할 수 있다.

② Digital 계전기의 적용

Digital 비율차동계전기의 결선은 변압기 권선이 Y 또는 △의 어떤 결선이든 관계없이 CT는 모두 단순하게 Y결선으로 하고 각 권선의 전류와 vector각도의 변위는 software로 수학적으로 해결하므로 매우 정정은 간편하다. 따라서 비율차동계전기의 정정은 1, 2, 3차 권선의 용량과 전압 그리고 CT의 1차 정격전류를 입력하고 각 권선의 vector변위를 1차 권선을 기준으로 하여 그 변위 각도를 IEC 60076-1(2000-1)에 정하여진 3상 변압기 vector군의 기호에 따라 선정하여 정정하면 된다. Digital 비율차동결선은 그림 6-31 (Siemens의 87 계전기 예)과 같다.

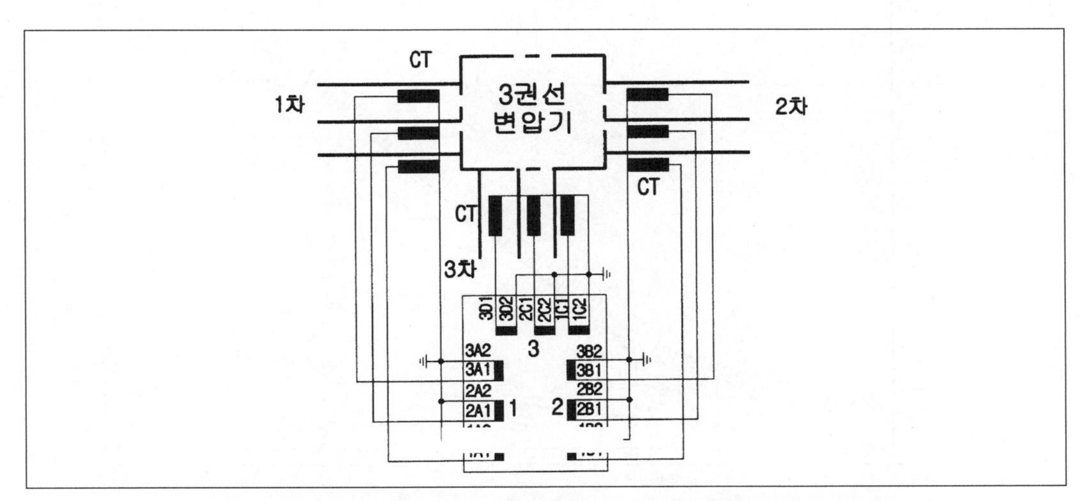

그림 6-31 3권선 변압기 보호에 Digital 비율차동계전기의 적용

그림 6-32의 특성곡선에서 pick up 전류는 계통에 항상 흐르는 전류인 변압기 여자전류와 CT 및 계전기의 오차한계 내에서는 계전기가 동작하지 않아야 하므로 정정전류는 대체적으로 변압기 1차 정격전류의 15~20% 정도로 하고 억제전류는 정격전류로 하며, Digital계전기의 기울기 즉, slop=$\frac{\text{차전류}}{\text{억제전류}}=\frac{I_{diff}}{I_{stab}}\times 100$로서 slop1은 변압기의 고장전류가 아닌 변압기 1, 2차 전류의 고정오차 즉, tap changer의 tap의 위치에 따른 전류의 변화 비 오차 e_1, 변류기 및 계전기의 종합오차 e_2, 전류부정합율 e_3 및 여유율 e_4에 대한 정정으로 대체로 tap changer

오차는 변압기의 tap changer의 전압 조정비율 즉, 10% tap의 경우에는 10%로, 12.5%인 경우에는 12.5%로 정정하며, 변류기 및 계전기 종합오차 e_2는 최대 10%, 또 전류 부정합율 e_3는 5%, 여유율 e_4는 10% 등으로 이들의 합계는 대체로 35%에서 40%이므로 이 값이 정정 기울기가 되며 억제전류의 정정은 비율차동계전기에 사용하는 변류기의 표준오차제한계수(ALF-과전류정수)는 보호계전기용 P계열 변류기에서는 10이므로 전류의 비율은 변류기가 포화가 되지 않는 범위로 knee point는 정격전류의 5배 정도로 정정한다. slop 2는 CT포화를 감안하여 정정하는 영역이다. 이 기울기는 slop 1의 2~2.5배로 또 억제전류의 배수는 변류기의 오차제한 계수(ALF-accuracy limit factor)가 10인 변류기를 사용한 경우 10, 오차제한 계수(ALF- accuracy limit factor)가 20인 경우에는 15이내로 정정한다.

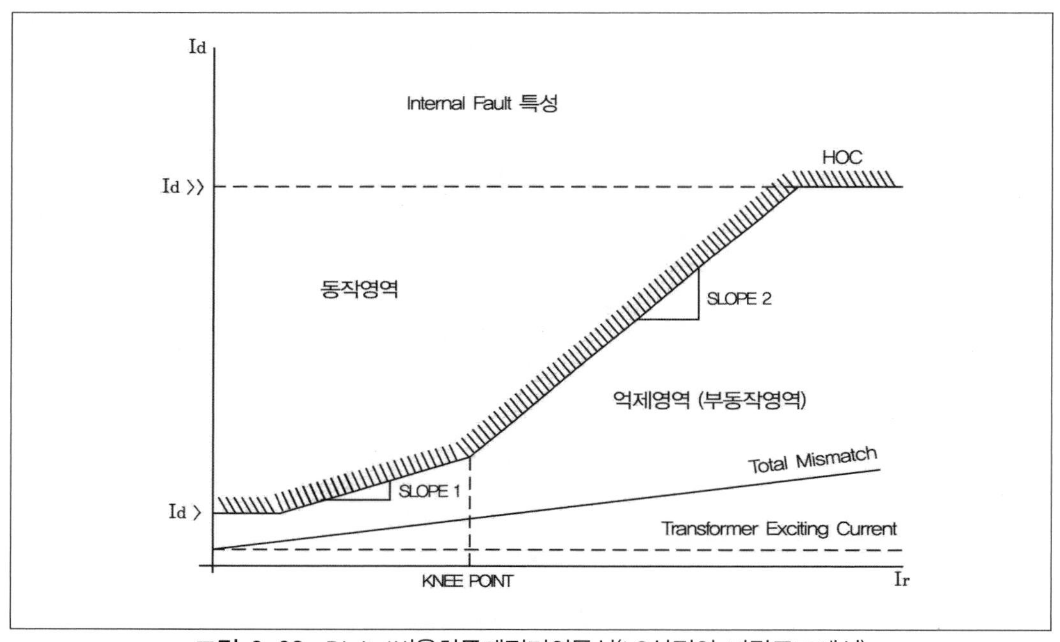

그림 6-32 Digital비율차동계전기의특성(LS산전의 카탈로그에서)

그림 6-32에서 마지막 정정영역 HOC(High over current)는 고장전류가 매우 크거나 또는 전력계통의 계통시상수(time constant)가 매우 커서 측정된 값이 왜곡되어서 피보호기기의 차동전류비율로는 고장상태를 명확히 판단할 수 없는 경우로서 이를 보호하기 위한 정정이다. 따라서 일반적으로 변류기의 포화 한계는 차동계전기용으로 사용하는 10P10인 변류기의 정격 1차 전류의 10배의 1차 전류에서 합성오차는 -10%이고, 10P20급 변류기에서는 정격전류의 20배에서 합성오차가 -10%이므로 억제전류를 10배 이상으로 정정하되 정정은

대체적으로 50번 계전기의 정정과 같은 값을 취하면 된다. 따라서 10P20인 변류기에 있어서는 slope 1와 slope 2의 구별이 없이 동일 비율로 정정하여도 된다. 위의 계산에 따른 정정값은 다음과 같다.

Digital 비율차동 계전기 정정 값 비율 및 억제전류 정정

정정 구간	차전류(I_{diff})(%)	억제전류(I_{stab}) pu
Pick up 전류	정격전류 I_N의 15~20%	1.0
Slop 1	35~40%	5.0
Slop 2	70~80%	10.0
HOC	단락전류의 70%	10.0 이상

단, I_{diff}은 변압기의 정격전류 IN을 100으로 했을 때의 비율임
I_{stab}은 변압기의 정격전류 IN을 1pu로 했을 때의 pu값임

6-5-3. DC-CT

1) Shunt

DC전류는 shunt로 측정하는 경우와 Hall소자에 의한 측정 2가지 방법이 널리 채택되고 있다. shunt는 정저항(定抵抗) 도체편(導體片)으로 이 도체편에 흐르는 전류에 비례하여 전압 강하가 발생하므로 전압 강하 량을 측정하여 직류전류로 환산한다. shunt에서의 전압 강하는 정격전류에서 50mV를 기준으로 하고 있다. 측정 계측기나 보호 장치가 1500V가 인가되어 있는 shunt에 직결 사용하지 않고 절연형 앰프를 통하여 결선하므로 감전 사고를 예방하고 동시에 직류선로로부터 유입되는 noise를 차폐한다.

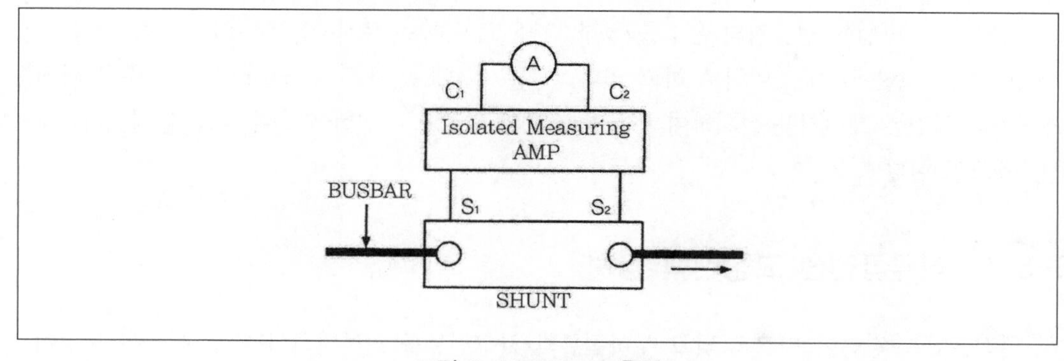

그림 6-33 Shunt 측정

2) Hall DC-CT

Hall소자는 반도체의 일종으로 그림 6-34와 같이 Hall소자에 일정 전류 I_C를 흘리고, 이 소자에 수직으로 자장(磁場) B를 가하면 Hall효과에 의하여 전류와 자장이 형성하는 면에 대하여 직각 방향으로 전위차 V_H가 발생한다. 이들 I_C, B, V_H 사이에는

$$V_H = k \cdot I_C \cdot B$$

의 관계가 있는데, 이제 I_C를 일정하게 유지하면 발생하는 전위차는 자장 B에 비례한다. DC-CT는 이와 같은 Hall소자의 Hall효과를 이용한 것으로 1차 전류에 비례하여 발생하는 자장을 철심을 통하여 Hall소자에 가하면 Hall소자가 1차 전류에 비례하는 전위차를 발생하는데 이 전위차를 증폭하여 1차 측 전류를 구한다.

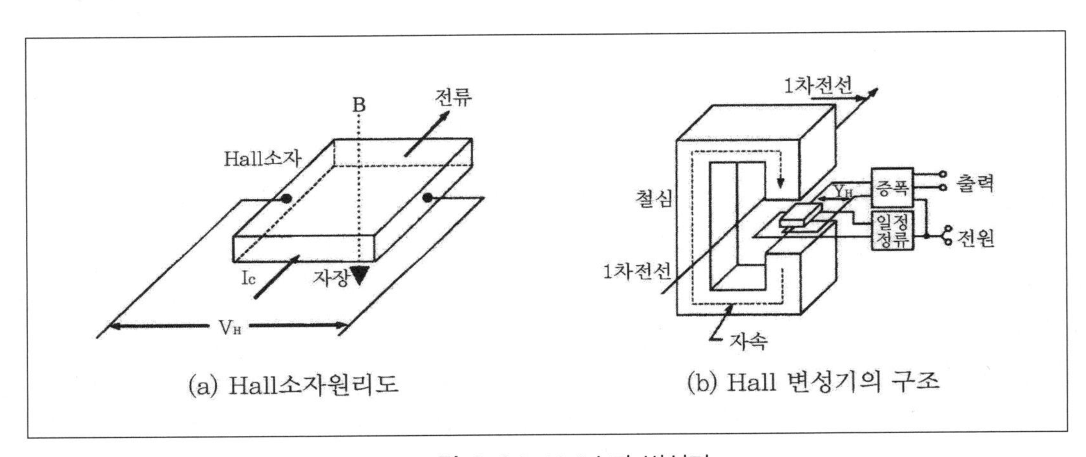

그림 6-34 Hall소자 변성기

6-5-4. 정류기의 보호

정류기의 보호 방법은 정류기의 온도를 정격소자온도 이하로 유지하는 것이다. 정격소자온도는 160℃이나 보호는 150℃ 이하로 하고 있다. 정류기 보호는 온도 sensor 이외에 주로 과전류 계전기와 역전류 계전기를 설치하여 정류기 소자의 고장으로 인한 역전류(逆電流)를 검출 차단하는 것으로 한다.

6-5-5. 직류급전선 고장선택 장치

직류급전은 급전전압이 비교적 낮고 부하전류와 사고전류를 판별하기가 매우 어려운 특징이 있다. 그러나 직류급전 회로의 부하전류와 고장전류 사이에는

① 사고전류는 거의 일정 값을 유지하지만, 부하전류는 항상 변동하며 큰 전류가 장시간 동안 지속하는 일은 없다.

② 부하전류의 노취(notch) 변동에 의한 전류증분(電流增分) ΔI는 부하전류의 최대치보다는 상당히 작다.

③ 같은 전류증분 ΔI의 초기상승률(돌진율)에 있어서도 사고전류가 부하전류의 ΔI보다 크다.

와 같은 차이점이 있다. 이와 같은 특성의 차이점을 이용하여 직류전류의 전류증분(電流增分) ΔI와 초기상승률의 관계로 운전전류와 사고전류를 판별하는 ΔI형 50F 계전기와 초기상승률 즉 돌진율과 최종 단락전류의 관계로 운전전류와 사고전류를 판별하는 일본 영락전기의 윈도우(window)형의 2종류 계전기가 있다. 또 인접하여 있는 2변전소에서 병렬로 급전하는 급전회로의 보호에도 이 계전기는 직류고속도 차단기 및 연락 차단기와 조합하는 방식으로 널리 쓰이고 있다. 그러나 이 방식에는 소전류 고저항 지락사고에 대한 보호가 되지 않는 문제가 있다. 이와 같은 고저항 지락고장에 대하여는 레일의 전위를 상시 감시하여 레일의 전위가 일정 이상으로 높아지면 방전 장치로 방전하여 순간적으로 급전회로를 단락하여 대전류를 흐르게 하여 76 또는 ΔI형 50F 계전기가 동작하게 하는 방법을 채택하고 있다. 직류고속도 기중차단기에는 이 책 6-4-2 ②에서 설명한 바와 같이 자동 trip장치로 기계식 76계전기가 기계적으로 취부되어 있으며 50F 계전기는 별도로 설치되어 있다.

1) 직류 과전류계전기-76번 계전기

전자직동형(Electro-magnetic direct acting type)으로 고속도 기중차단기에 직접 취부되어 있으며 대체로 다음과 같은 동작 특성을 가지고 있다.

설정범위 : 2~8kA

동작시간 : 15ms

2) 직류고장선택계전기(50F)

① ΔI형 50F 계전기

그림 6-35는 ΔI형 50F 계전기의 동작 원리인 바, X축에 고장전류의 초기상승률을, Y축에 전류 증가분 ΔI를 취하여 부하전류를 찍으면 부하전류는 일정 곡선 아래에 모이게 된다. 이 운전전류 한계곡선보다 조금 높은 영역에 ΔI형 50F 계전기의 ΔI값을 정정하면 전력계통의 ΔI의 값이 이 정정치를 초과하면 고장으로 간주하여 고속도 차단기에 차단신호를 보내 사고 검출과 보호가 되게 된다. ΔI의 값의 검출 시간은 대체적으로 최대 100ms 미만으로 그 동안의 전류 변화량만을 ΔI의 값으로 검출한다. 이와 같이 짧은 ΔI 측정 시간은 A 및 B 2대의 전기차가 운전 중 발생하는 계단상 운전전류에 대하여도 그림 6-36과

같이 각 차량의 △I의 값을 분리하게 되므로 분해 능력이 향상되어 오동작이 방지된다. 따라서 이 △I형 50F의 계전기 특성은 다음과 같다.

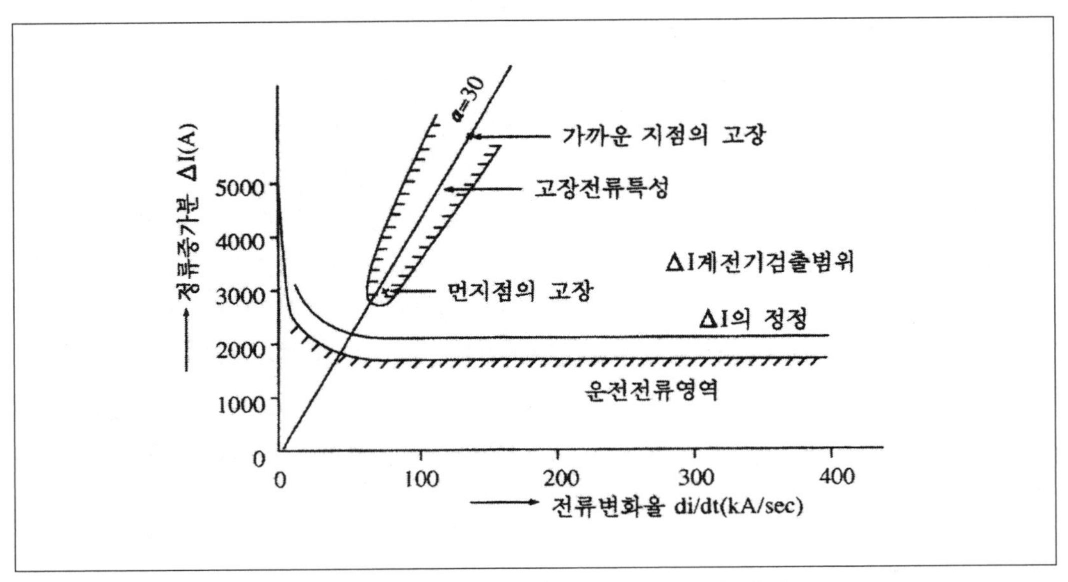

그림 6-35 △I형 50F 계전기의 사고 검출 원리

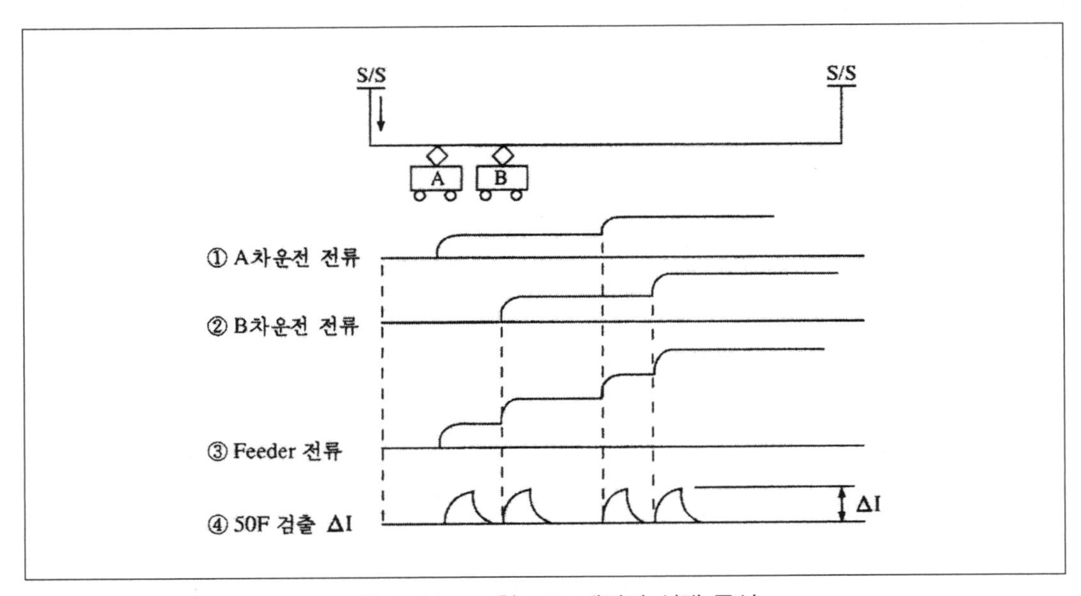

그림 6-36 △I형 50F 계전기 선택 특성

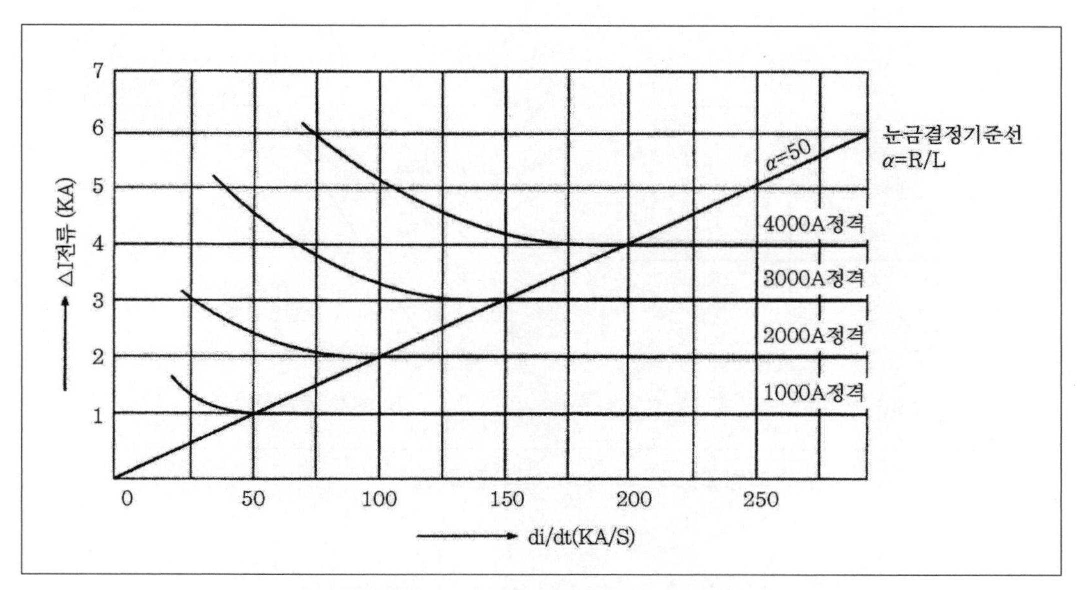

그림 6-37 ΔI형 50F 계전기 선택 특성

ⓐ 급전선의 부하전류에 관계없이 정방향 전류 증가분만 감지하여 동작한다. 즉 변전소 모선에서 부하로 흐르는 전류에만 동작하고 역방향 변화량에는 동작하지 않는다.

ⓑ 동일한 전류 증가분이라도 전류의 초기상승률의 값에 따라 선택률이 다르게 된다. 즉 초기상승률이 낮을 때 ΔI의 동작전류는 커진다. 초기상승률이 낮을 때는 점진전류로 사고전류가 아닌 것으로 판단되기 때문이다.

ⓒ 동작 정정치는 선택장치의 정격에 따라 다르나 정정 간격에 따라 조정이 가능하고 또 근래의 digital계전기에서는 부하전류의 최대값이 표시되므로 정정에 많은 도움이 된다.

② Window형 계전기

일본에서 개발된 직류 급전회로용 고장 선택장치로 Hall소자를 사용한 전류 검출기의 출력을 A/D변환하여 매 1ms마다 sampling한 data를 장치 기억부의 메모리에 저장하고 이 3 data의 중간값과 일정 시간 경과 후(일본 영락사 - 永樂社-제는 40ms) 다시 얻은 3 data의 중간값을 상시 비교 감시하며 급전전류의 정영역(正領域-0암페어 이상의 전류)에서의 전류 증가량을 정정치와 비교하여 정정치보다 크면 차단기에 차단 신호를 출력한다. 그림 6-38에서 t_1, t_1'와 t_2, t_2'은 Window 폭의 시간 축을 표시하고, i_1, i_1' 및 i_2, i_2'가 그 시간 동안의 전류 증가량을 표시하며 여기서 시간 축과 전류 축으로 이루어지는 창틀 내부를 상시 감시한다는 의미에서 window라는 명칭이 붙여졌다.

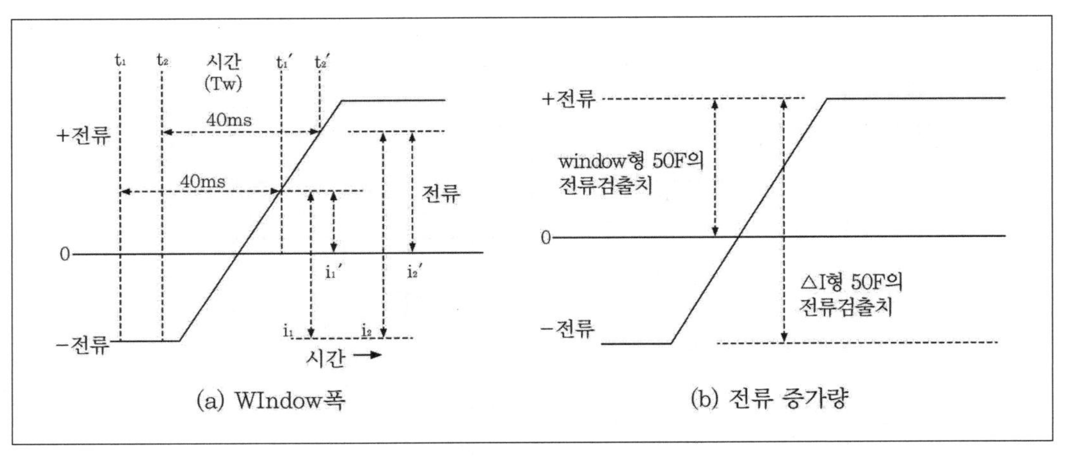

그림 6-38 window 폭과 전류 증가량

6-5-6. 지락 검출

1) 변전소 구내 지락 고장

변전소의 접지극과 음극 모선 사이에 전압 계전기를 설치하여 접지극의 음극에 대한 전압 상승이 어떤 일정값 이상으로 되는 경우 직류 지락이라고 판단한다. 변전소 구내에서 직류 1500V가 지락된 경우 그림 6-39의 지락 과전압 계전기 64P에 발생하는 전압 V_{64}는 다음 식으로 표시된다.

$$V_{64}=1500-V_{arc}\times\frac{R_E+R_R}{R_E+R_R+R_0}$$

여기서 V_{arc} : arc전압

R_E : 변전소 접지 격자의 접지저항[Ω]

R_R : 레일의 누설저항[Ω]

R_o : 변전소의 내부저항[Ω]

Arc전압은 일본 JR의 경험에 의하면 300V 정도이며, 변전소의 내부저항은 대개 0.1[Ω] 이하이고, 변전소 매설 mesh접지의 접지저항과 레일의 누설저항의 합계는 5[Ω] 정도가 되므로 64P에는 1200V에 가까운 전압이 발생한다. 일본 JR에서는 64P 계전기 정정은 500V로 하고 있으나 서울지하철에 문의 결과 240V 정도로 정정하고 있다고 한다.

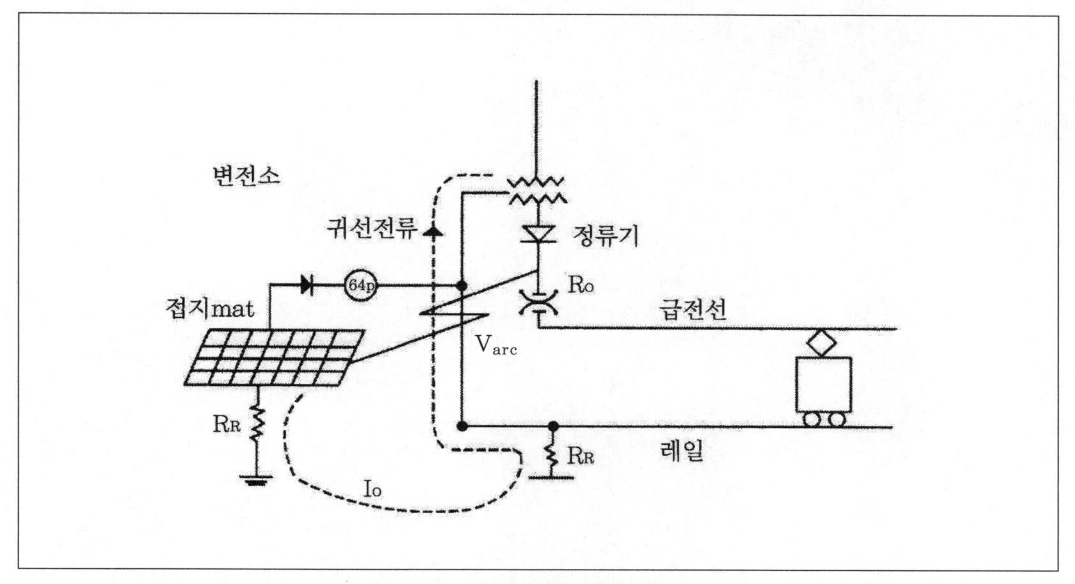

그림 6-39 지락 계전기의 동작 원리

주 (1) ANSI/IEEE C37.91-1985. 5.3 Over current protection p19
(2) IEEE Std 141-1993. p242
(3) IEC 60255-151 2009. Electrical relays Part-3 section 2. p9
(4) 배전보호기술서 1995 한국전력공사 배전처
(5) IEEE Std C37-91-2000. 6.2. Differential protection

기타 참고 서적

KS C IEC 61992-1-1,2,3

KS C IEC 60146-1-1,2,3~6.

KS C IEC 60850

直流遮斷器, シリコン整流器 등 JR教本研究會 편(編),

津田電氣, 永樂電氣기술 자료 등

제7장 교류급전 System

7-1. 교류급전 계통

7-1-1. 교류급전 방식

우리나라 철도 급전 방식은 직류 1500V를 급전하는 서울을 포함한 각 직할시의 지하철과 교류 단상 25kV를 급전하는 철도공사의 지상 전기철도의 2가지 급전 방식이 있다. 지하철 직류 급전은 급전 전압이 낮고 대전류이므로 전차선 전압을 유지하고 전식 방지를 위해서는 레일 전압이 낮아야 하므로 변전소 간의 간격을 짧게 하고 직류 변전소를 병렬로 연결하여 급전하고 있다. 교류 철도는 우리나라에서는 모두 AT(Auto-transformer) 급전으로 되어 있다.

교류 급전은 운전계통에 따라 급전방식으로는 방면별 동상급전(方面別 同相 給電)과 복선 이상인 선로에 있어 상하행선별 이상급전(異相給電)이 있는데 국내에서는 방면별 급전 방식을 채택하고 상하행선별 이상급전 방식을 채택한 실적은 없다. 상하행선별 이상급전은 위상이 90°인 Scott결선 변압기의 M상과 T상 전압을 각각 상행선과 하행선에 급전하므로 변전소 앞에 이상구분(異相區分)용 절연 구분장치가 필요 없어 열차가 비교적 고속 운전하는데 적합하나, 역 구내 건널선에 이상 구분용 절연 구분장치가 필요하여 선로가 매우 복잡하여지므로 역이 거의 없는 일본 동해도 신간선(東海道 新幹線)에만 적용한 실례가 있다.

상하행선별 이상급전(上下行線別異相給電)은 상하행선 전류의 위상각 차가 90°이므로 병행 통신선로에 대한 유도장해 전압은 방면별 급전의 $\frac{1}{\sqrt{2}}$ 이 된다. 상하행선별 이상급전 방식은 지상설비의 보수 또는 돌연한 고장으로 인하여 단선 운전을 하는 경우 변압기 한 상에만 부하가 걸리게 되어 전원 계통 불평형과 전압 변동을 증대시킨다. 반면 방면별 급전방식은 시설 면에 있어 역 구내 등의 건널 선에 이상(異相)구분용 절연 구분 장치가 필요 없어 선로의 구성이 간단하여 역간 거리가 짧은 우리나라 실정에 적합하고, 급전 구분소(SP-Sectioning post)에서 상하행선이 동상이므로 상하행선을 병렬로 결선하는 소위 타이(Tie)결선을 할 수 있어 전압 강하를 경감시키고 건널선에서의 아크를 없애며, 회생차의 회생제동 효율(效率)을 높이는 등 이점이 있다. 그림 7-2의 급전 구분소에 설치되어 있는 차단기 (A)는 연장 급전용 차단기이고, 차단기 (B)는 상하행선 병렬 결선용 Tie차단기이다. 고속전철은 그림 7-3과 같이 프랑스 SNCF의 방식에 따라 방면별 병렬 급전을 시행하고 있다.

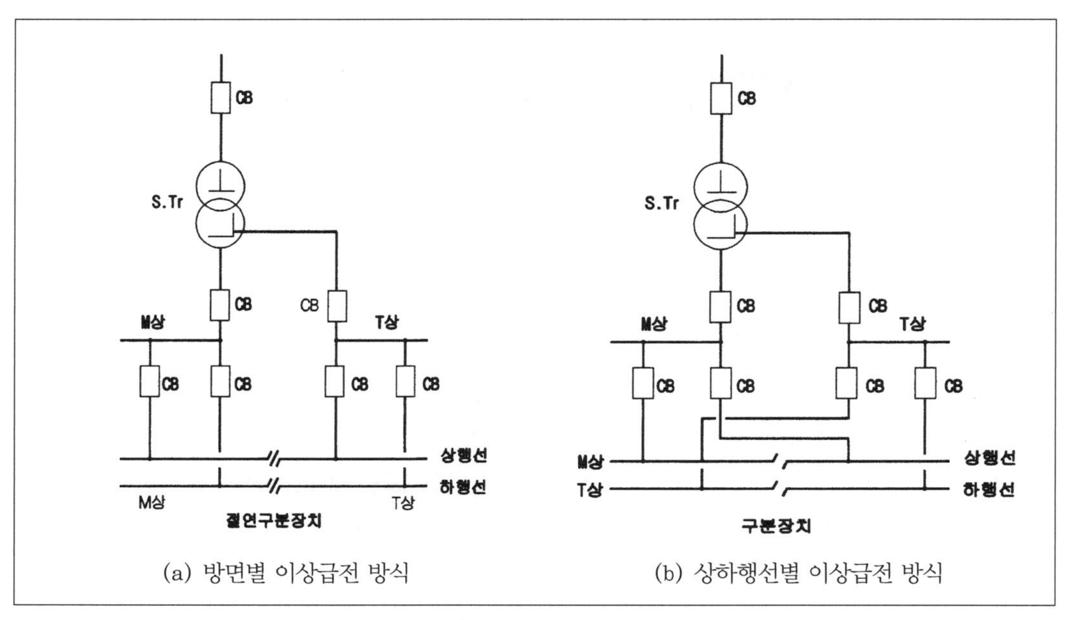

그림 7-1 급전 방식

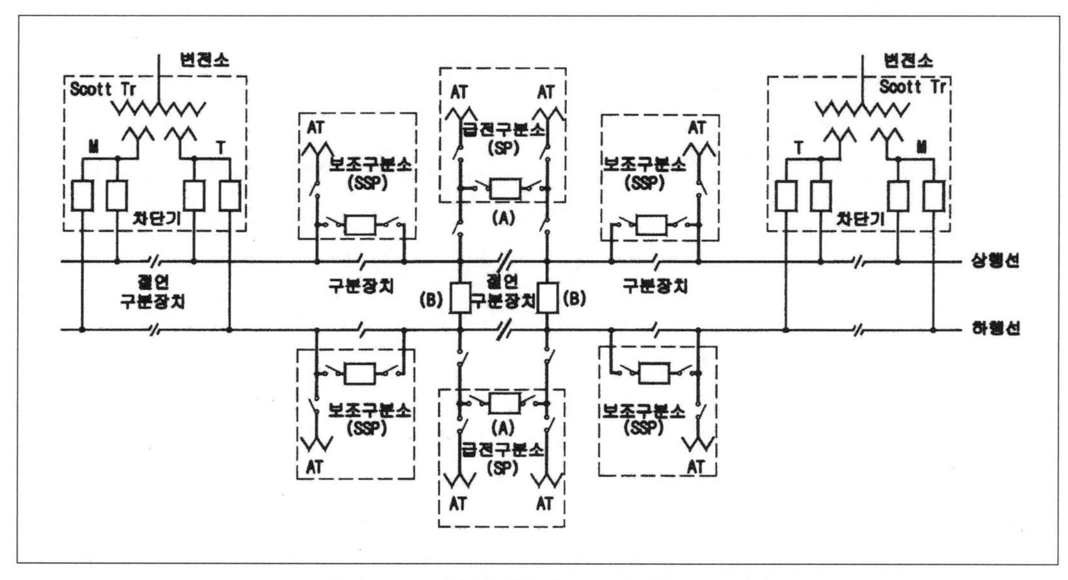

그림 7-2 교류 방면별 분리 급전회로의 구성

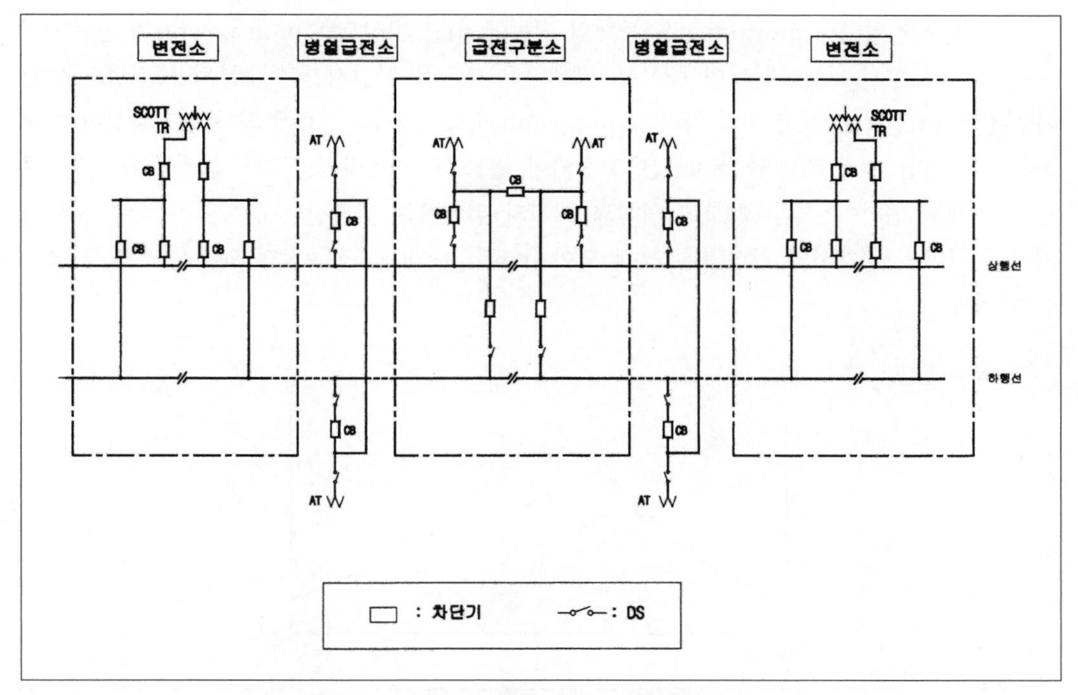

그림 7-3 교류 방면별 병렬 급전회로의 구성

7-1-2. 이선과 전기차 운전속도의 향상

집전계의 동특성은 기본적으로 이선, 전차선(contact line)의 압상량, 응력의 3점에서 평가하여 이들 제량이 목표치 이하로 유지되어야하며 그를 위하여 전차선의 파동전파 속도의 향상, 경점의 완화 등 이선 감소를 위한 여러 가지 방안을 강구할 필요가 있다.

1) 이선의 원인과 문제점

이선(離線)이라 함은 전기차의 pantograph가 전차선과 접촉하여 집전하고 있으나 pantograph에 접촉력이 없어져 전차선과 떨어지는 것을 이선이라고 하며 이선율(離線率)은 다음과 같이 계산한다.

$$이선율 = \frac{일정구간에서\ 이선한\ 시간}{일정구간을\ 전주행한\ 시간} \times 100$$

또는

$$이선율 = \frac{일정구간에서\ 이선한\ 거리}{일정구간\ 전주행한\ 거리} \times 100$$

이선에는 여러 가지 원인이 있으나 짧은 소이선(小離線)이라 함은 이선시간이 수10분의 1초

정도의 이선을 말하며 pantograph 몸체의 진동에 의한 이선으로 pantograph의 습동판의 미진동에 의한 것으로 판단되며 중이선(中離線)은 대체로 이선시간이 수분의 1초 정도로 전차선은 pantograph의 진행에 따라 pantograph의 압상력(押上力)에 의하여 전차선이 압상되는데 전차선 지지 점에서 전차선은 고정되어 있고 또 진동방지, 곡선 당김장치의 금구류 등의 무게로 인하여 경점(硬點)이 형성되며 지지 점에서는 전차선의 압상량이 작아지고 양 지지점 사이의 전차선의 압상량은 크게 되어 pantograph의 접촉점의 궤적은 그림 7-4와 같이 된다.

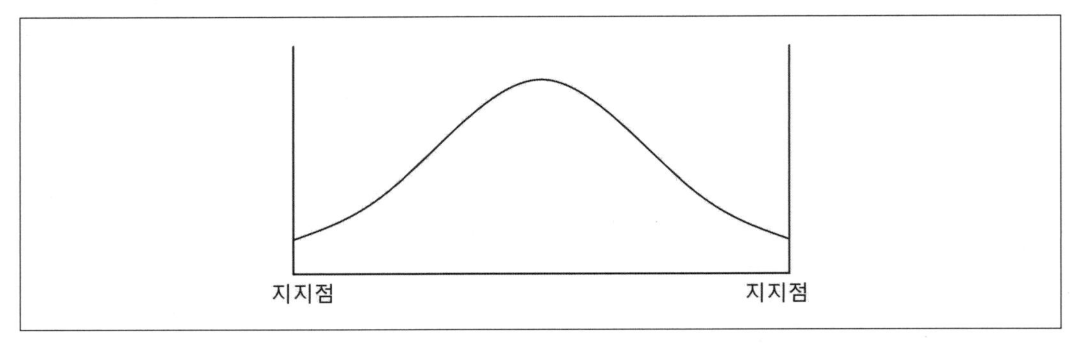

그림 7-4 전차선의 압상궤적

이와 같은 이유로 pantograph는 진행하면서 상하 파상운동(波狀運動)을 반복하게 되어 전기차의 속도가 증가함에 따라 전차선의 상하파상운동도 극심하여져 어떤 한계속도에 도달하면 파상운동은 포화되고 그 이상의 속도에서는 pantograph가 경점과 충돌하여 튀어 올라 중이선 현상이 발생하게 된다. 또한 전차선은 레일면상에서 일정한 높이를 유지하는 것이 필요하나 터널, 철도를 가로지르는 육교 기타 여러 가지 이유로 전차선에 구배가 생기는데 이 구배의 변환 점에서도 이선이 발생한다. 이선이 발생하지 않는 가공 전차선의 구배 b와 전기차의 속도 V는 다음과 같은 관계가 있다.

$$0.2 \times mbV^2 = FH$$

여기서 m : pantograph의 질량(kg-4.3kg)

b : 가공 전차선의 구배(‰)

V : 열차의 속도(km/h)

F : pantograph의 상승 압력(5.5kg)

H : 조약 거리로 5m

따라서 전차선의 구배가 3(‰)이면 전기차 허용 속도 V(km/h)는

$$V = \sqrt{\frac{FH}{0.2 \times mb}} = \sqrt{\frac{5 \times 5.5}{0.2 \times 4.3 \times 3 \times 10^{-3}}} = 103(km/h)$$

가 된다.

이선은 전차선과 전기차에 아래와 같은 영향을 준다.

① 전차선 이선 시작부분과 끝부분은 아-크 및 충격에 의하여 국부적으로 마모가 심하여져 수명이 짧아지고 단선 위험이 있으며 보수비의 증가를 가져옴.

② 이선이 크게 되면 운전용 전기의 집전이 안 됨.

③ 이선이 극심하게 되면 pantograph의 습동판과 전차선이 아-크열로 용단될 위험이 있음.

④ 이선이 극심하게 되면 전기차의 주전동기와 보조 기기류에 Flash over가 발생할 수 있음.

⑤ 이선으로 인하여 집전전류 차단으로 이상전압을 발생시킬 수 있음.

이선의 허용 범위는

① 직류 구간　　　이선율 0.5%, 최대 5%

② 교류 구간　　　이선율 3%, 최대 10%

이라고 한다.

2) 가선의 횡파속도와 고속 운전

Catenary가선의 전차선로에 있어서는 pantograph의 압상 또는 외부 요인으로 인하여 발생하는 진동은 전차선의 진행파가 된다. 진행파는 진행파와 동일한 방향의 변위를 갖는 종파(縱波-Longitudinal wave)와 진행파와 직각 방향의 변위를 갖는 횡파(橫波-Transverse wave)가 있는데 이중 이선에 영향을 미치는 것은 횡파이다. 횡파의 진행 속도 c(m/sec)는 전차선에 가하여 진 장력(張力-Tension)을 T(N)이라 하고 전차선의 질량을 ρ(kg/m)라고 하면 이들 사이에는 다음과 같은 관계가 있다.[(1)]

$$c = \sqrt{\frac{T}{\rho}}\ (m/s)$$

여기서 전차선 GT110을 장력 9800(kN)으로 가설한 경우 ρ=0.98(kg/m)이므로

$$c = \sqrt{\frac{9800}{0.98}} = 100(m/s)$$

따라서 시속으로 환산하면 $c = 100 \times 3600 \times 10^{-3} = 360(km/h)$가 되고 KTX의 경우는 전차선이 150mm^{2}로 장력은 20000(kN)이고 ρ=1.133kg/m이므로

$c = \sqrt{\frac{20000}{1.33}} \times 3600 \times 10^{-3} = 441.46(km/h)$가 된다. 횡파의 속도 c와 기차의 속도 V의

비를 $\beta = \frac{V}{c}$ 라고 하면 전차선의 동특성인 이선율, 압상량 및 응력은 β=0.7 이하이면 안전 운전이 가능한 것으로 되어 있다[1].

㊟ (1) 김백 저 전철 전력공학(도서출판 기다리 간) 60쪽 파동 방정식의 유도를 참고

7-1-3. BT급전 계통

1) BT급전 회로의 구성

BT(흡상변압기-吸上變壓器-Booster transformer)급전 계통의 구성은 그림 7-5와 같이 약 4km마다 전차선에 절연구분 장치를 만들고 이 절연구분 장치와 병렬로 흡상 변압기(BT-Booster transformer)를 설치하여 레일에 흐르는 전류를 이 흡상 변압기로 병행 가설한 부급전선(負給電線-NF-negative feeder)으로 흡상(吸上)하는 구조로 되어 있다. BT급전 방식은 흡상 변압기의 흡상 효과로 통신 유도 장해를 경감하는 데에는 성능이 뛰어나나 급전 전압이 AT급전 회로의 절반으로 급전 전압이 낮고 흡상 변압기가 전차선로에 직렬로 설치되어 있어 선로 임피던스가 증가하기 때문에 전압 강하는 AT에 비하여 매우 불리하다. BT급전은 통신 선로에 대한 유도장애에는 매우 유효하나 각 Booster섹션을 전기차 팬터그래프(pantograph)가 지나갈 때 BT단자 전압을 개폐하기 때문에 방전 아크가 많이 발생하는 문제점이 있다. 현재 국내에서는 모두 AT로 교체하여 남아 있는 곳이 없다.

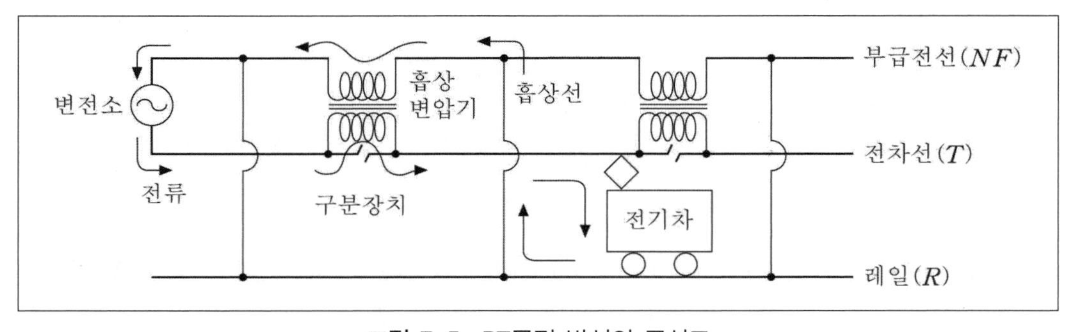

그림 7-5 BT급전 방식의 구성도

2) BT의 특성

흡상 변압기는 1차와 2차의 권선비가 1:1인 변압기로써 그림 7-6과 같은 등가회로로 표시된다. 이 등가회로에서 다음 식을 얻을 수 있다.

$$I_0 = I_1 - I_2$$

$$\frac{I_2}{I_0} = \frac{Z_0}{Z_{1e} + Z}$$

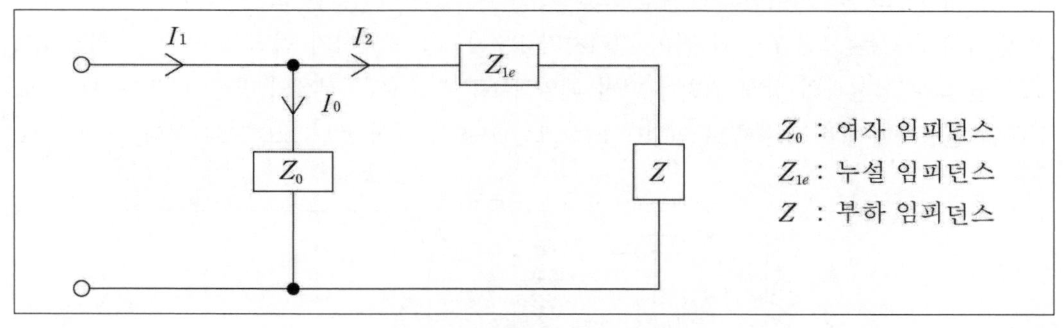

그림 7-6 BT의 등가회로

여기서 I_1은 전차선 전류, I_2는 부급전선(NF) 전류이고, I_0는 흡상 변압기 여자 전류로 전차선 전류와 부급전선(NF) 전류의 차가 되어 레일에 흐르는 전류가 된다.
식에서 I_1은

$$I_1 = I_0 \cdot \left(1 + \frac{Z_0}{Z_{1e} + Z}\right)$$

로 된다. BT의 부하 임피던스 Z는 예컨대 NF가 있는 BT급전의 경우 레일의 전압 강하를 무시하면 흡상선 구간 D(km)의 부급전선 전압 강하를 I_2로 나누면 구하여진다.

따라서 부하 임피던스 Z는

$$Z = (Z_{NN} - Z_{TN}) \cdot D$$

여기서 Z_{NN} : 부급전선의 km당 자기 임피던스

Z_{TN} : 전차선과 부급전선간의 km당 상호 임피던스

여기서 Z≒0.4D로 일반적으로 BT의 간격은 D=4km이므로 Z=1.6[Ω]이다. 정격 부하 전류를 200A라 하면 BT의 정격 용량은

$$W_{BT} = I^2 \cdot Z = 64\text{kVA}$$

가 된다. BT는 그 특성상 T-R단락 시 1차 전류가 증가하여 200A를 초과하면 철심이 포화되어 여자 임피던스가 급격히 작아지는데 이로 인하여 BT의 흡상 효과는 상당히 감소되어 T-R단락 시 BT의 흡상 효과는 없어지게 된다.

3) BT급전회로의 임피던스

BT급전회로의 임피던스는 그림 7-8과 같이 T-R단락과 T-NF단락으로 구별하여 생각할 수 있는데 T-R단락 임피던스는 계단 모양으로, T-NF단락 임피던스는 직선이 된다. BT급전 방식의 특징은 그림 7-7과 같이 전기차가 BT섹션을 통과하기 직전과 직후 즉 전기차와 BT섹션 및 흡상선과의 상대 위치에 따라 레일과 NF에 흐르는 전류의 방향이 변하는데 이로 인하여 전기차에서 바라본 회로 임피던스는 그림 7-8과 같이 계단 모양으로 된다.

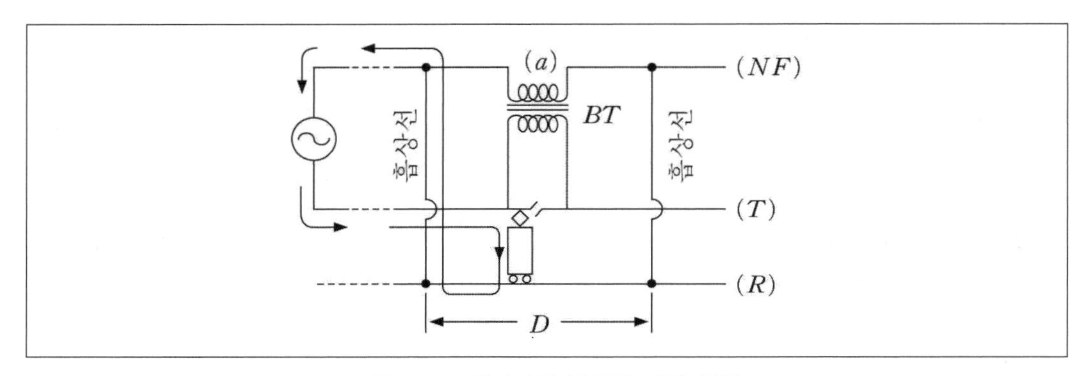

그림 7-7 전기차의 위치와 전류 방향

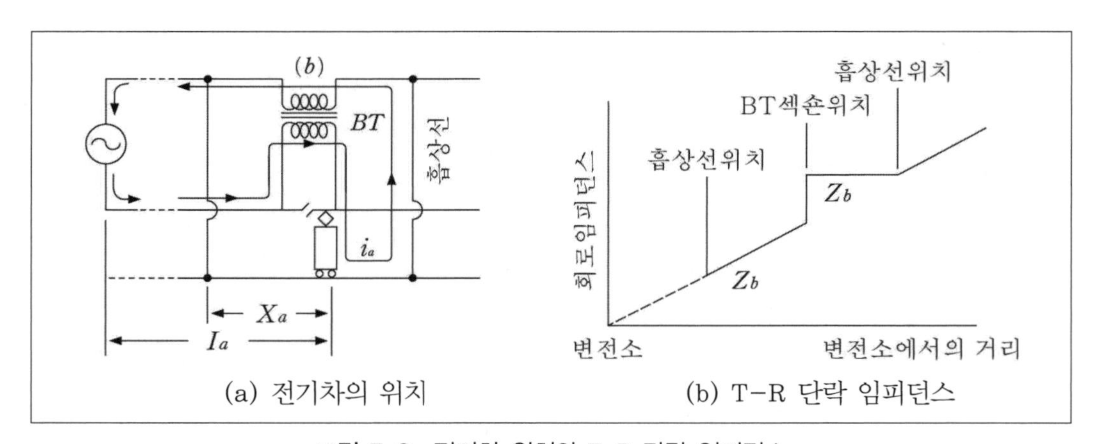

그림 7-8 전기차 위치와 T-R 단락 임피던스

그러나 BT의 임피던스는 그 길이가 길면 T-NF단락 임피던스에 따라 직선으로 간주하여도 된다.

4) BT의 등가 임피던스를 구하는 법

그림 7-9의 등가회로에서 전압 강하 ΔV 을 구한다. (a)회로에서

$$I_1+I_2+I_3=0 \quad -----------------(1)$$

$$\Delta V_1' = Z_{11}I_1 + Z_{12}I_2 + Z_{13}I_3$$

$$\Delta V_2' = Z_{12}I_1 + Z_{22}I_2 + Z_{23}I_3 \quad ------(2)$$

$$\Delta V_3' = Z_{13}I_1 + Z_{23}I_2 + Z_{33}I_3$$

위의 (1)식에서

$I_1=-(I_2+I_3)$, $I_2=-(I_1+I_3)$, $I_3=-(I_1+I_2)$이므로 이를 (2)식에 대입하면

$$\begin{aligned}\Delta V_1'-\Delta V_2' &= \{Z_{11}I_1 + Z_{12}I_2 - Z_{13}(I_1+I_2)\} - \{Z_{12}I_1 + Z_{22}I_2 - Z_{23}(I_1+I_2)\} \\ &= (Z_{11}-Z_{12}+Z_{23}-Z_{13})I_1 - (Z_{22}-Z_{23}+Z_{13}-Z_{12})I_2\end{aligned}$$

또 같은 방법으로

$$\Delta V_2'-\Delta V_3' = (Z_{22}-Z_{23}+Z_{13}-Z_{12})I_2 - (Z_{33}-Z_{31}+Z_{12}-Z_{23})I_3$$

$$\Delta V_3'-\Delta V_1' = (Z_{33}-Z_{13}+Z_{12}-Z_{23})I_3 - (Z_{11}-Z_{12}+Z_{23}-Z_{13})I_1$$

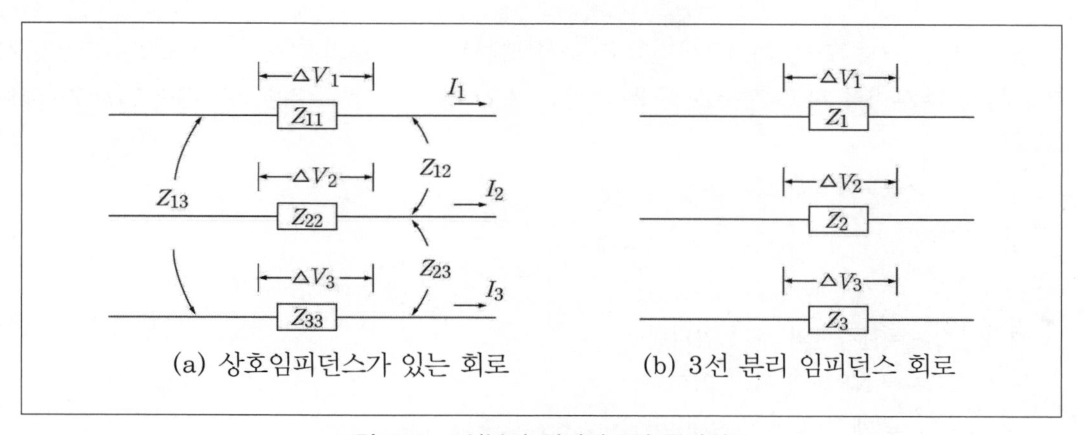

그림 7-9 3선분리 임피던스의 등가회로

그림(b)에서 전압 강하

$$\Delta V_1-\Delta V_2 = Z_1I_1 - Z_2I_2$$

$$\Delta V_2-\Delta V_3 = Z_2I_2 - Z_3I_3$$

$$\Delta V_3 - \Delta V_1 = Z_3 I_3 - Z_1 I_1$$

위의 식에서 $\Delta V_1' - \Delta V_2' = \Delta V_1 - \Delta V_2$이어야 하므로

$$Z_1 = Z_{11} - Z_{12} + Z_{23} - Z_{13}$$

$$Z_2 = Z_{22} - Z_{23} + Z_{13} - Z_{12}$$

$$Z_3 = Z_{33} - Z_{13} + Z_{12} - Z_{23}$$

가 되며

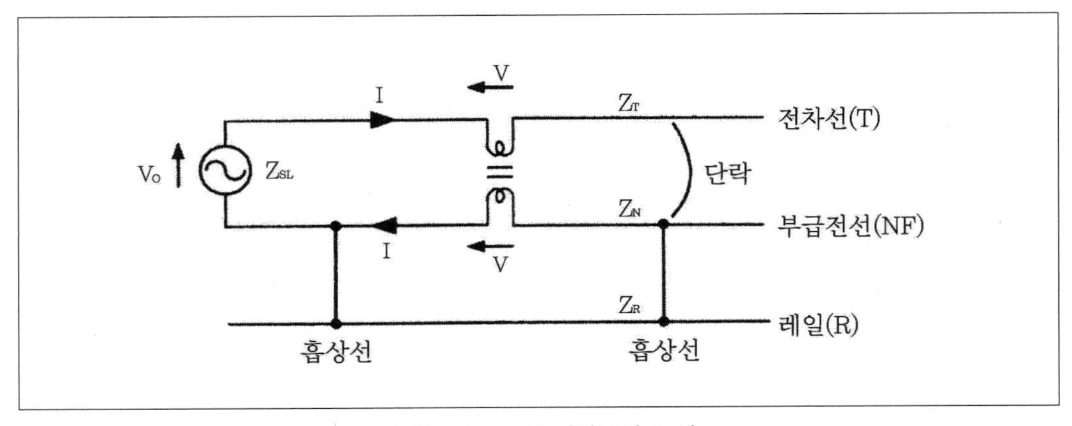

그림 7-10 BT급전회로의 구성

그림 7-9과 그림 7-10의 BT급전회로 구성도에서 BT의 등가 자기 임피던스는 $Z_T=Z_1$, $Z_N=Z_2$, $Z_R=Z_3$이라 하고 $Z_{TT}=Z_{11}$, $Z_{NN}=Z_{22}$, $Z_{RR}=Z_{33}$, 또 $Z_{TN}=Z_{12}$, $Z_{TR}=Z_{13}$, $Z_{NR}=Z_{23}$라고 하면

$$Z_T = Z_{TT} + Z_{NR} - Z_{TN} - Z_{TR}$$

$$Z_N = Z_{NN} + Z_{TR} - Z_{TN} - Z_{NR}$$

$$Z_R = Z_{RR} + Z_{TN} - Z_{TR} - Z_{NR}$$

여기서 Z_{TT} =전차선의 자기 임피던스

Z_{NN} = NF선의 자기 임피던스

Z_{RR} = 레일의 자기 임피던스

Z_{TN} = 전차선과 NF선의 상호 임피던스

Z_{TR} = 전차선과 레일의 상호 임피던스

Z_{NR} = NF선과 레일의 상호 임피던스

가 되는 것을 알 수 있다. 또 흡상 변압기의 누설 임피던스를 무시하면 그림 7-10에서 보

는 바와 같이 $V_0 - V + V = Z_T I + Z_N I$로 되며 여기서 전원 전압 V_0를 전류 I로 나누면 급전회로의 임피던스가 되는데 단위 길이당 임피던스 Z_{BL}은 다음과 같다.

$$Z_{BL}=Z_T+Z_N=Z_{TT}+Z_{NN}-2Z_{TN}[\Omega/km]$$

이제 흡상 변압기(BT)임피던스를 km당으로 환산한 임피던스를 Z_B라 하면 BT급전선의 임피던스는

$$Z_{BL}=Z_T+Z_N=Z_{TT}+Z_{NN}-2Z_{TN}+Z_B[\Omega/km]$$

가 된다.

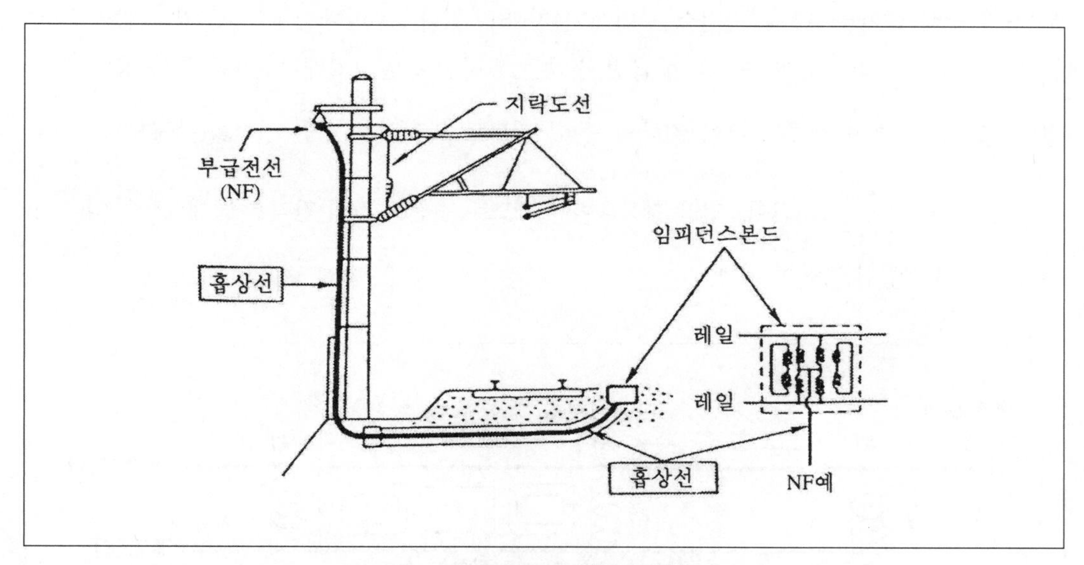

그림 7-11 BT급전 계통의 흡상선

5) BT의 흡상선

BT급전 계통에서 주변전소 부근 및 부급전선(NF)에 설치되어 있는 BT와 BT 사이의 중간 지점에서 레일과 부급전선을 연결하여 그림 7-11과 같이 레일에 흐르는 전류를 부급전선으로 흡상하는 전선을 흡상선이라 하며, 레일에 흐르는 전류를 BT의 흡상작용으로 부급전선에 흡상하므로 레일에 흐르는 전류를 없애서 통신 유도 장해를 방지한다.

흡상선은 양 레일을 잇는 임피던스 본드의 중성점에 연결한다. 부급전선의 전압 즉 BT의 단자전압은 상시 흐르는 전류를 200A 정도라고 가정할 때 360V 전후가 된다. 따라서 일반적으로 흡상선으로는 IV 600V 100mm^{2}를 사용한다. 지상 2m까지 합성수지관 또는 알미늄과 같은 비자성관으로 보호한다.

7-1-4. AT(Auto-transformer)급전 계통

1) AT급전 방식의 구성

AT급전 방식은 그림 7-12와 같이 변전소에서 전차선 전압의 2배의 전압으로 급전하며 선로를 따라 약 10km마다 설치한 단권변압기(AT-Auto-transformer)에 의하여 25kV인 전기차의 정격전압 즉 급전 전압의 반으로 강압하여 전기차에 전력을 공급하는 방식이다.

우리나라에서는 고속전철에서도 3권선 Scott결선 변압기가 개발되어 있지 않아서 일본식 AT배치 방식에 따라 AT를 변전소 구내에 설치하고 있다. 우리나라에서 AT의 고압과 저압 권선비가 2:1로 되어 있어 변전소의 급전 전압은 전차선 전압의 2배가 된다. 부하 용량이 일정하다고 하면 급전 전류는 부하 전류의 $\frac{1}{2}$이 되므로 급전선로 전압 강하율(降下率)은 전차선 전압 강하율의 $\frac{1}{4}$로 되어, 전압 강하율이 작으므로 변전소 간의 간격을 넓게 할 수 있어 대전력 공급에 적절한 방식이 된다.

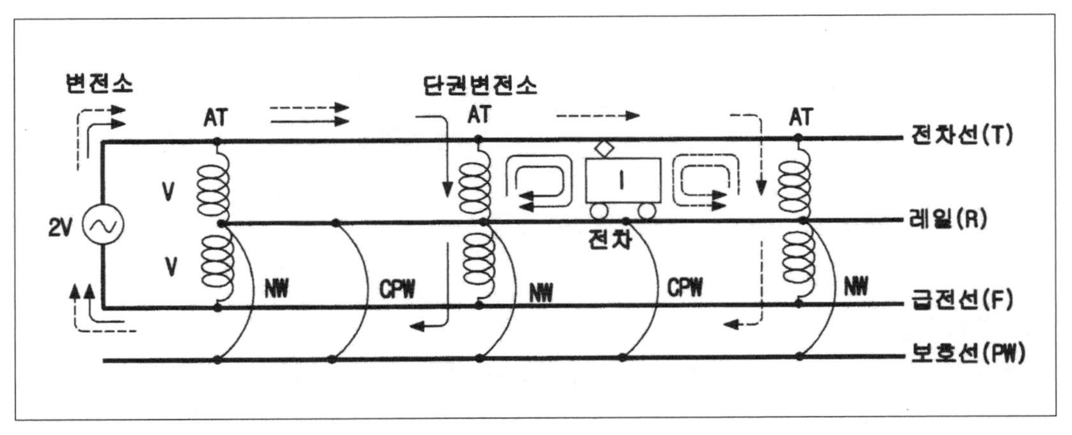

그림 7-12 AT급전 방식의 구성

뿐만 아니라 변전소 간격을 넓게 한다는 것은 변전소 위치 선정에 있어 자유도가 커지므로 전원을 얻을 수 있는 지점이 멀리 떨어져 있을 때에는 매우 유리하게 된다.

또 부하전류가 부하 좌우 양단에 있는 AT의 중성점에 흡상(吸上)되므로 레일에 흐르는 전류는 부하 점에서 레일의 양쪽 방향으로 나뉘어 서로 반대 방향으로 흐르게 되어 병행 통신선로에 대한 유도를 상쇄하고 레일에 흐르는 전류도 감소되어 대지누설 전류가 작아져서 유도장해에 대한 경감 효과가 매우 크게 된다. 따라서 AT의 간격은 통신 유도 장해에 관계가 있어 일본 신간선의 경우 오사카(大阪) 같은 인구 밀집지역에서는 AT간격은 8km로 하고 기타 지역은 10km로 하고 있다[1].

그러나 상당히 용량이 큰 AT를 10km마다 배치하고 전차선과 같은 절연계급의 급전선을 전 선로에 거쳐서 설치할 필요가 있어 회로가 복잡하여 지고 건설비가 많이 드는 문제점이 있다.

2) 일반철도와 고속전철의 AT급전 계통

국내에 현재까지 설치한 AT전차선로는 그림 7-13에서 보는 바와 같이 주로 상하행선 분리급전 방식을 채택하였으며, 열차 운행은 상하행이 엄격히 구분되어 상행선에는 상행열차만 운행되고 하행선에는 하행열차만 운행하며, 특별한 경우를 제외하고는 같은 궤도에 상행차와 하행차가 교차 운행하는 일이 없게 되어 있다.

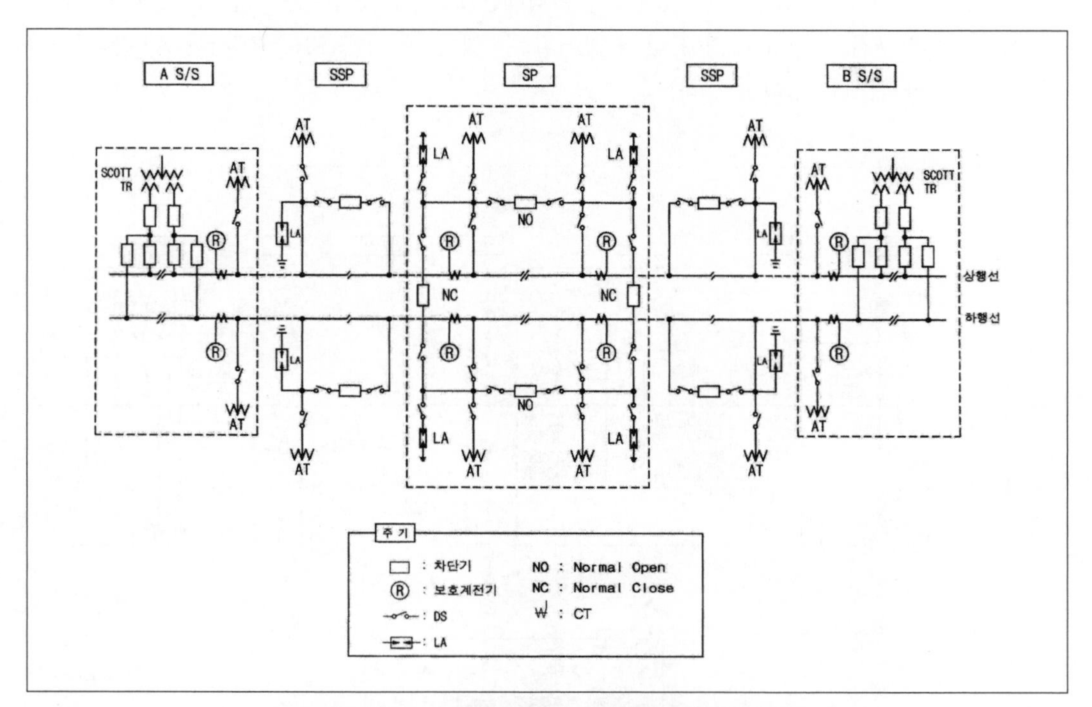

그림 7-13 일반철도 AT급전 계통도(분리급전계통)

이에 반하여 고속전철은 병렬급전으로 분리급전 계통의 보조급전 구분소(Sub-sectioning post)의 역할을 하는 병렬급전소(PP-Parallel Post)와 급전 구분소(SP-Sectioning post)에서 상행전차선(Contact wire)과 하행전차선(Contact wire)이 병렬로 결선되어 있으며 병렬급전소와 병렬급전소 사이 적당한 곳에 건널선이 설치되어 있어 선로 고장시 고장 선로를 개방하고 그림 7-14에서 보는 바와 같이 고장이 없는 선로를 이용 상하행 열차가 동일 선로에 교차 운행이 가능하도록 되어 있다.

예를 들면 그림 7-14의 상행선로 F_1지점에 고장이 발생하면 상행선로에 설치되어 있는 개폐기 DS1을 개방하고 상행차는 건널선을 경유하여 하행선로로 통행이 가능하며, 하행선 F_3 지점 고장 시에는 상행선으로 하행하던 전기차는 하행선에 설치되어 있는 개폐기 DS2를 개방하고 건널선을 경유 하행선으로 진입 운행이 가능하게 된다.

또 F_2지점 고장시에는 DS3을 개방하고 하행 전기차는 하행선에서 건널선을 경유하여 상행선으로 선로를 변경 운행할 수 있게 된다. 고속전철은 이와 같이 동일 선로에 상하행선이 상호 교차 운행이 가능하도록 되어 있다. 또 급전 계통이 병렬결선이 되어 있어 상하행 전차선의 전압 강하가 거의 동일하고 전기차의 회생제동 효율이 높아지는 이점이 있어 병렬급전소(PP)와 병렬급전소 간의 간격이 다소 넓어질 수 있다. 프랑스 SNCF에서는 AT간격을 최대 16km로 한 실례도 있다고 한다.

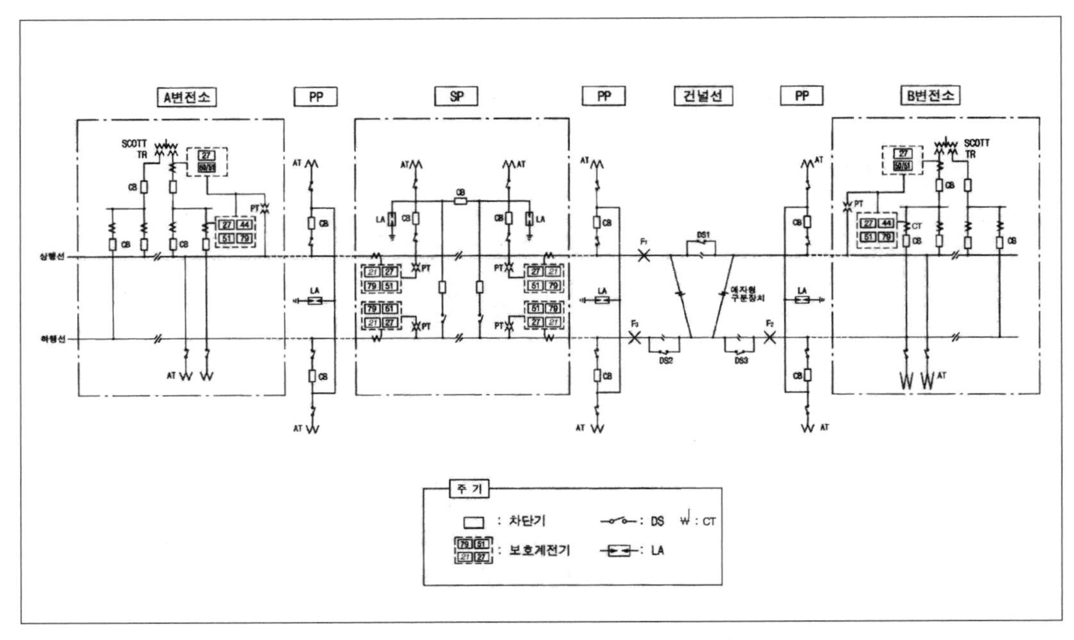

그림 7-14 고속철도계통도(병렬급전)

이외에 일반철도와 고속전철은 SP구성이 다르다. 일반 전기철도 계통에서는 그림 7-15와 같이 상하행 분리급전을 목적으로 선로별로 AT를 상하행선의 급전 구간 말단에 각각 설치하므로 2×2=4대의 AT를 SP에 설치하고 있으며, 차단기는 상하행선 Tie용 차단기와 연장 급전용 차단기를 상하행선별로 각각 2대씩 4대를 설치하고 있다.

고속전철은 그림 7-15에서 보는 바와 같이 병렬급전 방식을 채택하여 급전 구간 마지막에 AT 1대로 상하행선에 공동으로 전력을 공급하도록 되어 있어 SP에는 2대의 AT가 설치되고 동시에 급전 구간별로 병렬결선용 차단기 2대와 연장급전용 차단기 1대 합계 5대의 차단기를 구비하고 있다. 분리급전은 그림 7-14에서 보는 바와 같이 상하생선 타이용 차단기 2를 투입하였을 때 상행선의 고장 점 F1이 변전소에 설치한 하행선용 거리계전기 A-2의 정정 범위가 120%로 되어 있어 고장점이 이 보호 범위 이내에 있을 때는 거리계전기 A-1, A-2 모두가 동작하여 상하행선이 동시에 차단되어 상하행선이 모두 운행 중지되는 사고로 확대될 수 있으므로 고장 선로를 선택 차단할 수 있도록 보호구역이 2개 이상의 Zone을 가지고 있는 ICE 거리계전기와 Siemens거리계전기의 Zone1의 정정 거리를 변전소와 SP 사이 거리의 90%로 변경하였다.

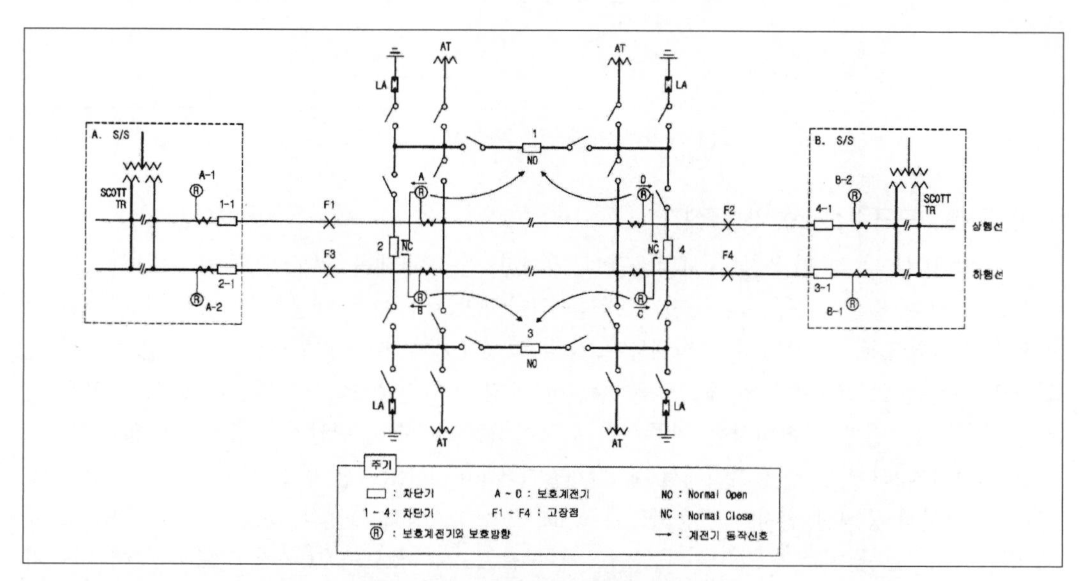

그림 7-15 분리급전 계통의 SP결선도

일본 철도총합기술연구소(鐵道總合技術 研究所)의 연구결과 초고압 대전류에서 장간애자(Post insulator-長幹碍子)는 200ms에서 파괴되는 것으로 되어 있으므로[5] 전차선 계통의 단락전류가 장간애자가 파손되는 점으로 추정되는 6kA가 되는 지점을 전후하여 계전기의 동작 시간이 다른 2개의 Zone을 각각 분리 적용하도록 다음의 8. 교류전기철도의 고장과 보호에서 설명하는 바와 같이 보호계전기 정정 Program 작성 과정에서 결정하였다.

ICE 거리계전기 PDZI-N은 Set1 및 Set2에 보호구간이 각각 Zone1, Zone2, Zone3의 3개 구간으로 되어 있어 모두 6개로 분리 정정이 가능하도록 되어 있고, Siemens는 Zone1, Zone2의 2개 구간으로 나누어져 있어 우리나라 철도와 같이 SP에서 상하행선이 Tie결선 되어 있는 경우 고장 선로만 선택 차단할 수 있도록 Zone에 따라 시차 정정이 가능하도록 되어 있다.

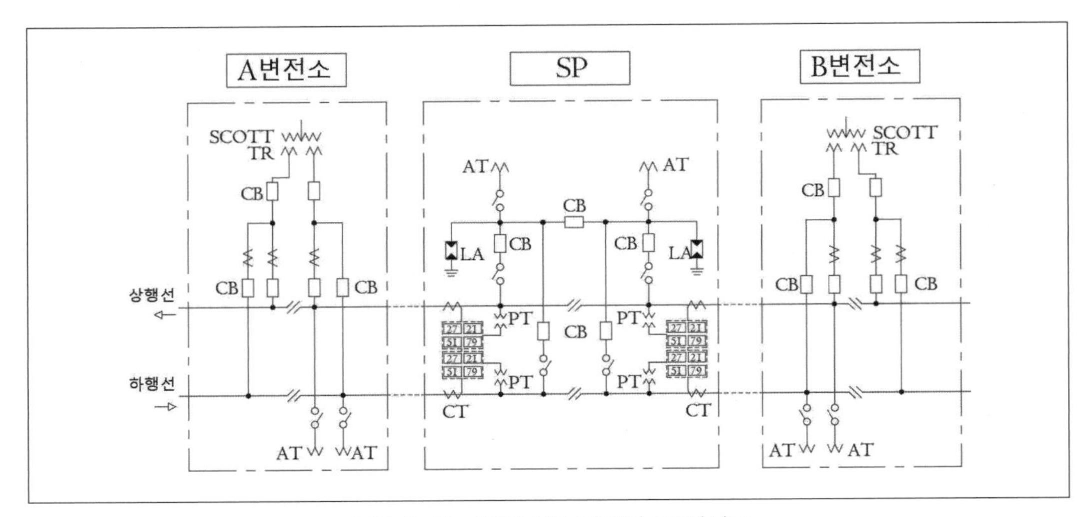

그림 7-16 병렬급전 계통의 SP결선도

3) 일본 JR구주신간선의 급전

2011년 10월말 경 한국철도 시설공단이 의뢰한 연구 과제를 위하여 EREC(주)의 인원을 중심으로 하여 일본 JR규슈의 급전시스템을 견학하였는바 새로 개통한 JR규슈의 신간선 신조서변전소(新鳥栖 變電所)의 급전계통은 그림 7-17(a)에서 그림 7-17(c)와 같았다. 이 변전소의 특징은 220kV이상의 초고압을 수전하는 경우 수전용 초고압 변압기 중성점 직접 접지를 요구하는 일본 전력회사를 만족하기 위하여 220kV 수전 변압기를 중성점이 없는 Scott 결선 변압기 대신에 일본 철기연에서 새로 개발한 roof delta결선 변압기를 설치함으로서 1차 220kV 권선의 중성점 접지가 가능하도록 하고, 2차인 A상과 B상의 vector각도가 90°로 되어 있어 vector상 기존의 Scott 결선변압기와 같으므로 철도의 요구에 맞도록 하여 변압기의 사양은 1차 측 중성점을 직접 접지하도록 하였으며(이 책의 1-1-10 참조), 2차 측 급전계통은 그림 7-17(c)에서 보는 바와 같이 보조급전구분소(SSP)는 10km 거리에 1개소를 두고 상하행선에 AT 각 1대를 설치한 것은 기존의 분리급전의 경우와 동일하나 기존 분리급전과 다른 점은 AT의 양쪽에 전차선(TF)과 급전선(AF)를 동시에 개패폐할 수 있는 개폐기를 각각 1대씩을 설치하고 각 보조 급전구분소의 상하행선용 AT를 병열로 연결하고 여기에 부하 개폐기(LDS)를 설치하여 병열운전이 가능하도록 한 것이다. 이 부하 개폐기는 상하행선을 가압 상태에서 개폐가 가능하도록 한 점이 특이하다. 60kV 전차선 급전계통은 그림 7-17(c)

에서 보는 바와 같이 보조급전구분소 SSP1 또는 SSP2에서 상하행선로의 AT를 병열로 연결하는 부하개폐기 LDS를 개방하면 상선과 하선이 분리되어 기존 급전계통과 같이 분리급전이 되고, LDS를 닫으면 병열결선이 추가되어 상하행선은 분리와 병열급전이 결합되어 운전함으로서 전압강하 저감과 전력효율 향상을 기할 수 있게 되어 있다. 급전 구분소(SP)는 상하행선용 AT를 병열로 결선한 것은 보조구분소와 그 개념이 같으며 동시에 분리급전과 같이 4개의 AT를 구비하고 있으며(그림 7-15 참조) 연장급전을 위하여 연장급전용으로 우리나라에서는 차단기를 사용하고 있으나 이곳에서는 부하개폐기를 설치하고 있다. 이상구분장치 NS(異相區分裝置-Neutral section)는 분리급전과 같이 변전소와 급전구분소 2개소가 있으며 그 양단에는 최대 $\sqrt{2} \times 27.5 = 38.9\mathrm{kV}$ 가 인가되므로 전기차가 NS구간을 통과할 때에는 무전압 역행통과 방식으로 되어 있으나 이 무전압 시간을 최대로 단축하기 위하여 그림 7-18과 같이 NS절체용 스위치 VSW1를 먼저 투입하고 전기차가 가는 방향의 Section을 통과한 후에 VSW1를 개방하고 VSW2를 절체 투입한다. 이 2스위치는 동시 투입이 되어 있으면 변압기의 2차 2상이 단락되어 단락전류가 순환되므로 동시 투입이 되면 안 된다. 따라서 VSW1이 개방된 다음에 VSW2를 투입한다. 이 절체스위치는 차단능력이 없고 개폐능력만 있는 일본 도시바전기(東芝電機)의 제품이었다. 이 2 스위치를 교체 투입하는 데는 최소 무전압시간은 0.25초가 소요되며 교체에 무전압 시간이 0.35초를 초과하면 차량 M-G(Motor generator)의 전압이 저하하여 차량 내 기기 동작에 지장을 초래하므로 무전압 시간이 0.35초를 초과하지 않도록 무전압 절체 시간을 0.25~0.35초로 규제하고 있다.

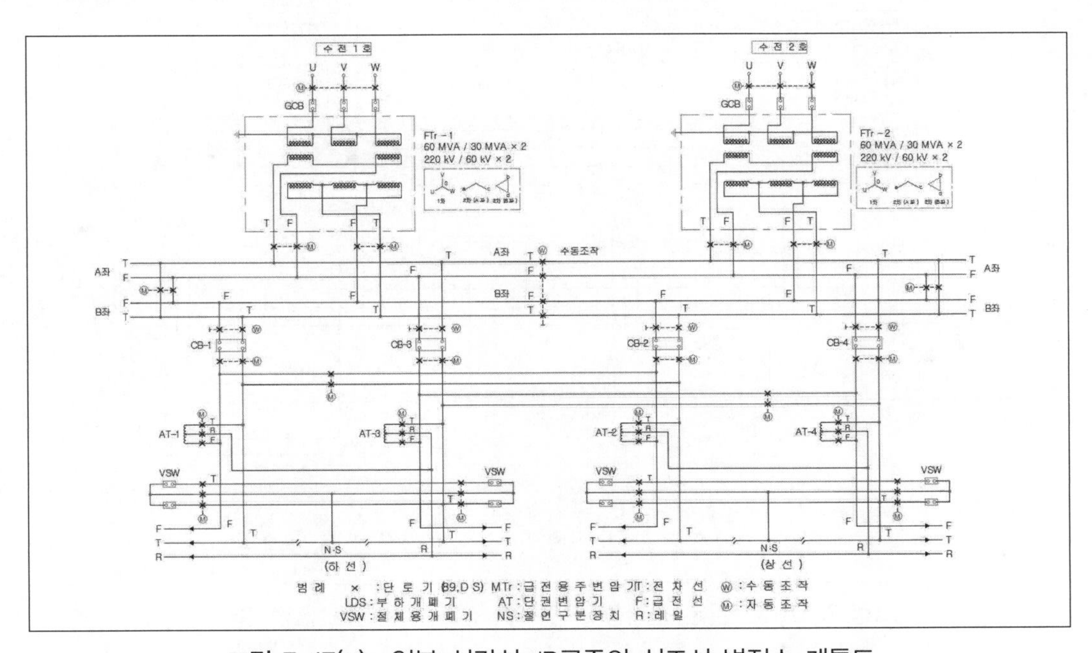

그림 7-17(a) 일본 신간선 JR구주의 신조서 변전소 계통도

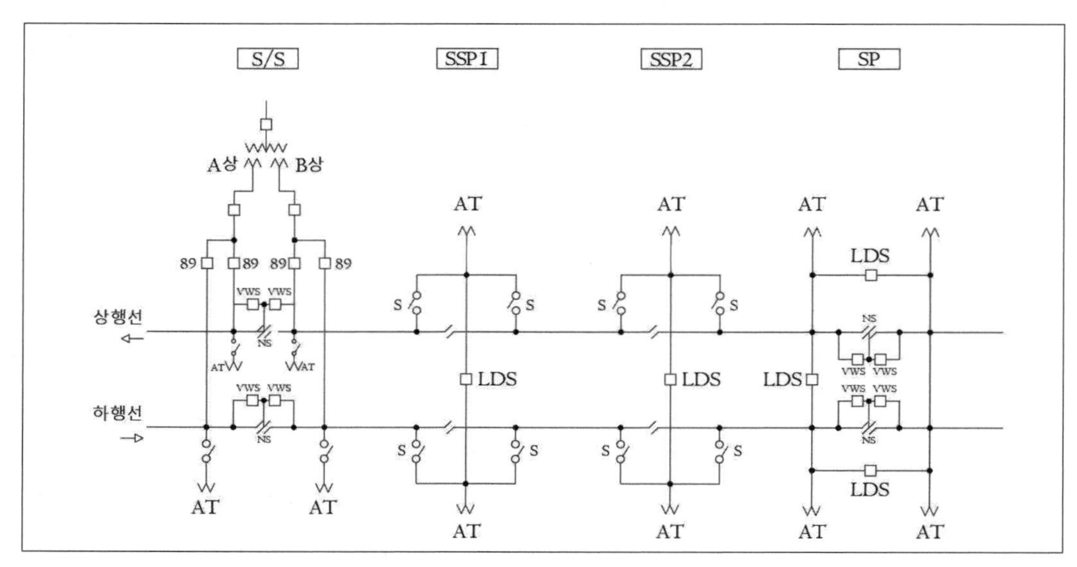

그림 7-17(b) 일본 신간선 JR구주의 신조서 변전소 급전 단선 계통도

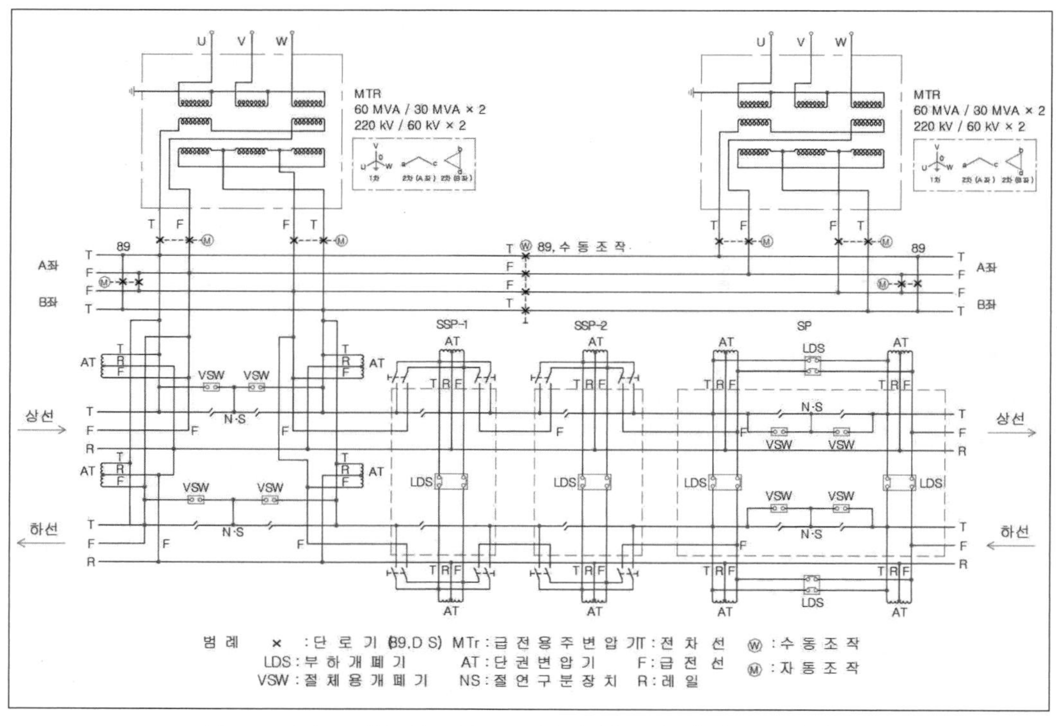

그림 7-17(c) 일본 신간선 JR구주의 신조서 변전소 급전계통도

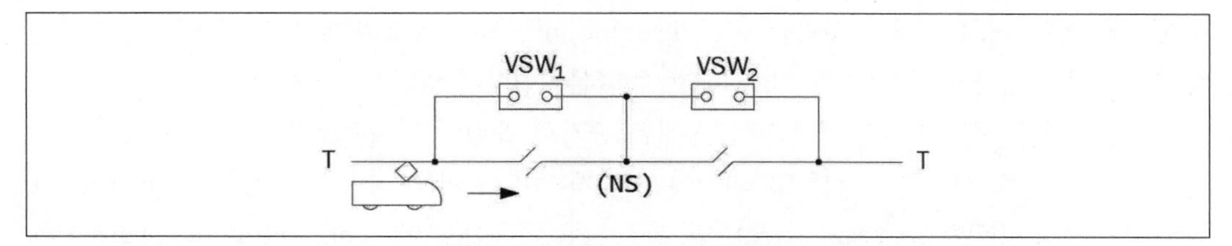

그림 7-18 JR신간선 NS 절체개폐기의 설치 실례

7-1-5. AT급전 계통 보호선과 중성선

1) 보호선과 중성선

보호선, 중성선 및 보호선용 접속선(CPW)은 귀전선(歸電線)의 한 구성요소로 정상 시에는 레일과 병렬로 결선된 귀전류회로(歸電流回路)의 일부를 형성하고 있으나 애자가 섬락되거나 전차선이 레일에 지락되는 등 사고 시에는 금속 단락회로를 구성함으로써 보호계전기의 동작을 확실하게 보장하고 선로를 신속히 차단하여 계통을 보호하게 된다.

보호선 등은 계통이 정상 운전되고 있을 때에는 레일에 병렬로 가선되어 귀전선로의 일부로 레일의 임피던스에 반비례하여 전류가 흐른다. 그러나 일반 선로 임피던스는 선로에 흐르는 전

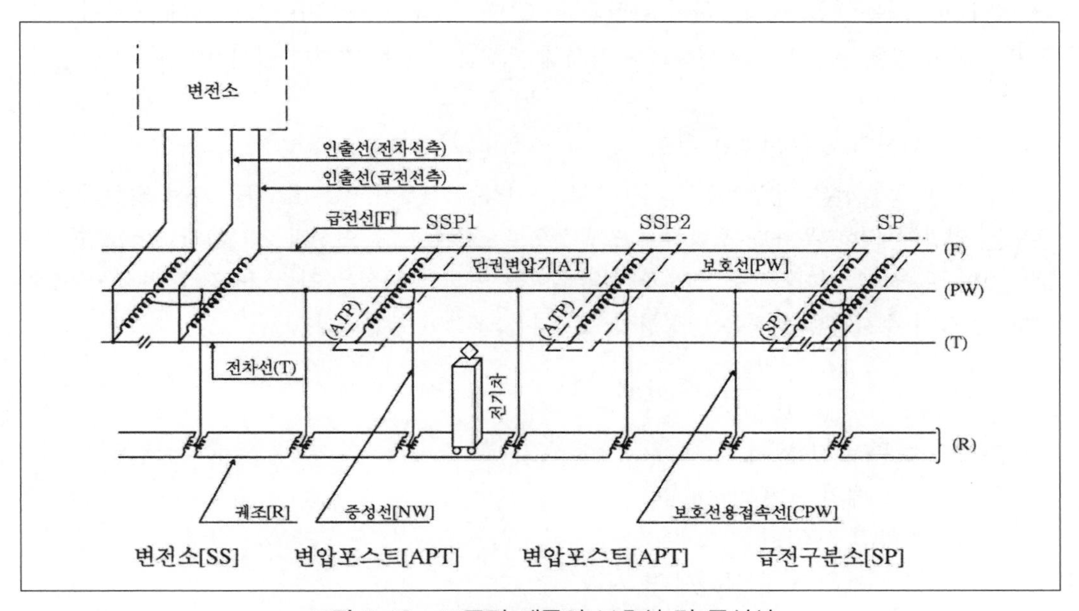

그림 7-19 AT급전 계통의 보호선 및 중성선

류에 관계없이 거의 일정한 것과는 달리 Trueblood-Wascheck의 실측 결과에 의하면 레일의 임피던스는 전류가 증가하면 이에 따라 증가하는 경향이 있다고 한다[5]. 따라서 애자 섬락 또는 지락 사고 시에 레일에 흐르는 고장전류 증가로 레일의 임피던스가 증가하게 되며 이로 인해 보호선으로 분류하는 전류의 비율이 커지게 된다. 이에 따라 보호선(PW-protective wire)과 중성선(NW-neutral wire) 및 보호선용 접속선(CPW-connector of protective wire)의 굵기는 계통의 단락전류 즉 계통의 전원 용량인 Scott결선 변압기의 용량과 고장 점의 AT 용량과 계통의 임피던스에 의하여 결정되게 된다. 일본 신간선에서는 전원 용량이 상당히 크기 때문에 보호선은 고장전류에 따라 경알루미늄 연선 95mm^2, 150mm^2 또는 이와 동등 이상의 전선으로 하고, AT보호선용 접속선(CPW)은 6kV 동케이블로 100mm^2, 150mm^2 또는 이와 동등 이상의 전선으로 AT 사이의 중간 지점 1개소에 그림 7-18과 같이 설치하여 보호선(PW-protective wire)과 연결하도록 하고 있다. 또 중성선(NW)은 전류 용량을 고려하여 경알루미늄 연선 300mm^2 또는 이와 동등 이상의 전선으로 설치하도록 하고 있다.

우리나라 고속전철에서는 프랑스 SNCF의 예에 따라 PW선을 FPW(fault protection wire)라고 부르고, 그 굵기는 나동선 75mm^{2}로, 보호선용 접속선(CPW)은 레일의 기리 1.2km 마다 임피던스 본드의 중성점을 XLPE 100mm^{2}로 FPW선과 연결하고 있다. 현장에서 AT의 중성선을 FPW인 75mm^{2}으로 연결하여 AT중성점에 연결된 중성선이 75mm^{2}로 되는 결과를 초래한 경우가 더러 있었으므로 설계 또는 시공할 때 주의를 요한다. CPW, NW 등은 지상 2m까지 합성수지관으로 보호한다. 특히 보호관으로 자성체인 철파이프를 사용하면 철제 파이프는 온도가 상승하여 과열되고, CPW, NW선의 임피던스가 크게 증가여 흡상 전류 흐름을 방해하는 일이 발생하므로 자성체 보호관 사용은 엄격히 금지하여야 한다.

2) 가공 전선의 허용전류와 온도

보호선 및 중성선은 일반적으로 가공으로 가선하는 경우가 많은데 가공 가선 전선의 허용온도는 일광에 의한 폭사를 포함하여 일반적으로 경동(硬銅) 연선과 경(硬)알루미늄 연선은 모두 90℃로 하고 있다. 경동 연선과 경알루미늄 연선의 특성은 각각 표 7-1 및 표 7-2와 같다. 전선의 순시전류 용량은 열평형식으로 다음과 같이 계산한다.

$$\frac{\rho_r \cdot \alpha}{\sigma \cdot S_0} \cdot t \cdot \left(\frac{I}{S \times 10^{-2}} \right)^2 = \ln(\alpha\theta + 1)$$

여기서 I : 통전 전류[A]

S : 도체의 단면적[mm^2]

t : 통전 시간[s]

α : 도체의 저항온도 계수[1/K]

θ : 도체의 온도 상승[K]
S_0 : 도체의 비열[J/g.K]
σ: 도체의 밀도[gr/mm^3]
ρ_r : T℃에 있어서의 고유저항[Ω/cm]

전선의 순시전류 용량은 후비 보호용 계전기가 동작하는 소요 시간까지는 2초 이내로 가정하고 이 시간 이내에 전선의 온도가 상승하여도 전선의 인장강도가 낮아지지 않는 온도의 한계는 경동선의 경우 200℃, 경알루미늄 연선 180℃이다[(2)]. 도체의 운전 온도는 90℃, 주위 최고 온도는 40℃이므로 허용전류는 다음과 같다.

경동 연선의 경우

온도 상승 θ_0=160K일 때 $I = 152.1 \cdot \sqrt{\frac{A}{t}}$

온도 상승 θ_0=110K일 때 $I = 121 \cdot \sqrt{\frac{A}{t}}$

경알루미늄 연선의 경우

온도 상승 θ_0=140K일 때 $I = 93.25 \cdot \sqrt{\frac{A}{t}}$

온도 상승 θ_0=90K일 때 $I = 76.0 \cdot \sqrt{\frac{A}{t}}$

여기서 A는 전선의 단면적, t는 고장 지속시간으로 위 식으로 소요 전선의 단면적 A를 계산으로 구할 수 있다[(6)].

표 7-1 경동연선의 제원

공칭단면적 (mm^2)	연선 구성 (본/mm^2)	외경(mm)	개산 중량 (kg/km)	최소인장 하중(kgf)	전기저항 (Ω/km at 20℃)	허용 전류 (90℃)
325	61/2.6	23.4	2937.0	12900	0.0560	875
250	61/2.3	20.7	2298.0	10200	0.0715	750
200	37/2.6	18.2	1776.0	7830	0.0920	640
150	37/2.3	16.1	1390.0	6160	0.118	545
125	19/2.9	14.5	1129.0	4960	0.143	480
100	19/2.6	13.0	907.6	4020	0.178	420
60	19/2.0	10.0	537.0	2410	0.301	300
38	7/2.6	7.8	334.4	1480	0.484	220
22	7/2.0	6.0	197.9	888	0.818	160

㈜ 전류 용량은 주위 온도 40℃, 온도 상승 50K, 주파수 60Hz로 구한 값임.

표 7-2 경알루미늄의 제원

공칭단면적 (mm^2)	연선 구성 (본/mm^2)	외경(mm)	개산 중량 (kg/km)	최소 인장 하중(kgf)	전기저항 (Ω/km at 20℃)	허용 전류 (90℃)
660	61/3.7	33.3	1812.0	9770	0.0441	930
510	37/4.2	29.4	1413	7460	0.0563	818
400	37/3.7	25.9	1097	5930	0.0726	735
300	37/3.2	22.4	820.0	4430	0.0969	660
200	19/3.7	18.5	559.8	3040	0.140	520
150	19/3.2	16.0	418.7	2270	0.188	430
95	7/4.2	12.6	264.9	1410	0.295	322
70	7/3.6	10.5	184.0	1000	0.401	255
55	7/3.2	9.6	153.8	838	0.507	228

㈜ 주위 온도 40℃, 풍속 0.5m/s, 최고 허용 온도 90℃일 때의 허용 전류임.

7-1-6. AT급전 계통의 급전선 케이블의 차폐층 전압과 시스 보호

전기철도에서 보조급전선(AF)은 가공으로 가설하는 것이 일반적이나 기존 터널을 개조하여 전철에 적용하는 경우 터널을 넓힐 수 없어 보조급전선을 케이블로 설치하는 경우가 있다. 이 보조급전선에 사용하는 보조급전선용 케이블의 철도시설공단 규격은 표 7-3과 같고 그 구성은 그림 7-20과 같다.

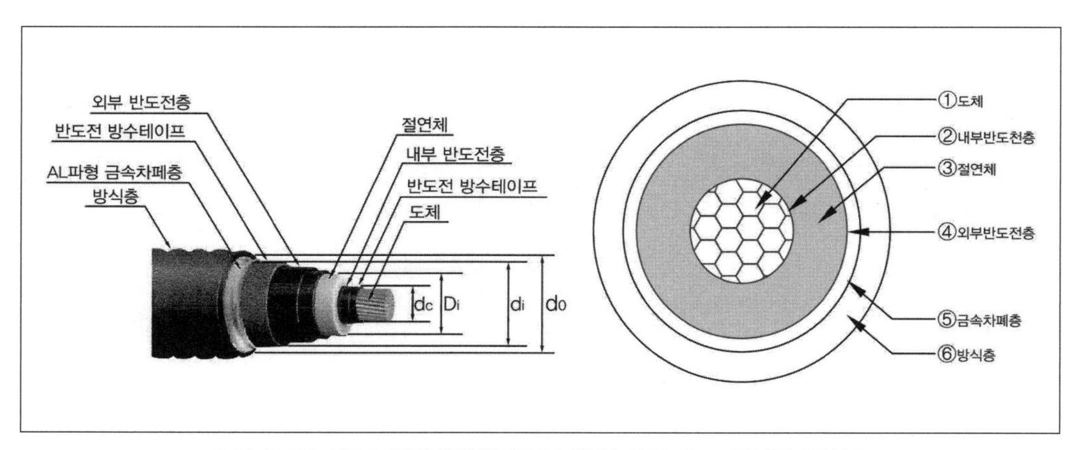

그림 7-20 철도 공단규격의 66kV 단심 TFR-CV 케이블 구성도

1) 케이블 차폐선에 유기되는 전압

케이블의 심선에는 25kV의 전압이 인가되고 심선과 차폐층 사이는 XLPE로 충전(充塡)되어 있음으로 케이블의 심선과 접지된 차폐층 사이에는 심선과 대지사이의 대지커패시턴스에 의하여 차폐층에는 정전유도전압(靜電誘導電壓-Electro static induced voltage)이 발생하고 또 동시에 부하전류에 의하여 전자유도전압(電磁誘導電壓-electro magnetic induced voltage)이 발생한다. 차폐층에 전압이 유기되어 인체에 위해를 가하는 것을 방지하고 또 외부에서 케이블 도체에 뇌충격 전압이 가하여졌을 때 이상전압으로 케이블 시스의 절연이 파손되는 것을 방지하기 위하여 차폐층을 반드시 접지한다. 케이블의 차폐선에 유기되는 정상운전 시 허용되는 전압은 각국에 따라 조금씩 다르나 대체로 100V 이하이며 우리나라에서도 한전 규격으로 100V로 되어 있다.

정전유도 전압은 1점 접지로 사라지나 심선 전류에 의한 전자유도 전압은 전류를 동반하므로 양단 접지를 해야 하나 양단 접지는 차폐층에 대지를 순환하는 전류가 흐르고 이 전류로 인하여 케이블 차폐층에 열이 발생하고 이 열로 인하여 선로용량의 감소를 초래하므로 평상시에는 전류가 흐르지 않게 하기 위하여 그림 7-21과 같이 편단에 차폐선용 피뢰기로 접지한다. AF의 케이블 길이가 100m 이내로 짧을 경우는 편단접지(Single point bond)만 하여도 문제가 없으나 AF의 길이가 이보다 긴 경우에는 케이블 시스 보호를 위하여 시스를 직접 접지한 케이블 반대단의 종단함 또는 접속함에는 그림 7-21과 같이 피뢰기(LA-Lightning arrester)를 설치한다.

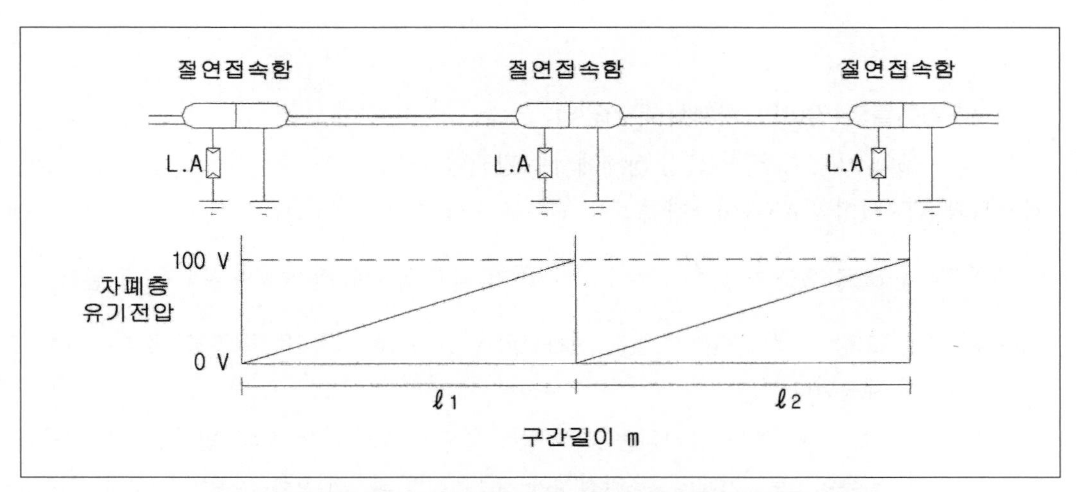

그림 7-21 금속차폐선의 절연접속함에서의 편단접지와 유기전압

표 7-3 AF용 66kV 단심 TFR-CV 케이블 구조표

항 목		단위	특 성 치				
도 체	공칭단면적	mm²	100	200	325	400	600
	형 상	-	압 축 원 형				
	외 경	mm	12.0	17.0	21.7	24.1	30
내부 반도전층 두께(약)		mm	1.5	1.5	1.5	1.5	1.5
절 연 체 두 께		mm	11.0	11.0	11.0	11.0	11.0
절 연 체 외 경		mm	37.0	42.0	46.7	49.1	54.5
외부반도전층 두께(약)		mm	1.5	1.5	1.5	1.5	1.5
차폐층 두께		mm	1.5	1.5	1.6	1.6	1.8
방식층 두 께		mm	3.5	3.5	3.5	4.0	4.0
케 이 블 외 경		mm	60	65	71	75	84
절연강도	절연체	kV	325	325	325	325	325
	방식층(20℃)	kV	40	40	40	40	40
계 산 중 량		kg/km	3,940	5,260	5,710	7,830	10,330
최대도체저항(20℃)		Ω/km	0.183	0.0915	0.0568	0.0462	0.0308
절연저항	절연체	MΩkm	4,000	3,500	2,500	2,500	2,500
	방식층(20℃)	MΩkm	10	10	10	10	10
정 전 용 량		μF/km	0.16	0.20	0.23	0.25	0.29

2) AF케이블의 길이와 차폐선 유기전압

그림 7-22와 이 계통 정상 운전 상태에서는 단권변압기 AT_2와 AT_3 사이에 전기차가 있을 때 AT_1과 AT_2 사이의 AF케이블에 흐르는 전류를 I_B라 하고 TF에 흐르는 전류를 I_A라고 하면 I_A를 기준 vector로 했을 때 $I_A \angle 0^o = I_B \angle 180^o$가 되고 동시에 전기차 전류의 $\frac{1}{2}$이 된다. 이 전류의 비율은 고장 시에도 변하지 않고 전차선의 급전 구간이 끝나는 절연구분장치(neutral section)까지 계속된다.

또 XLPE케이블 차폐층에 유기되는 최고 전압은 TF AF 단락 시의 단락전류가 계통에 흐르는 최대 전류이므로 이때의 유기전압이 된다. TF의 전류에 의하여 AF의 케이블 차폐층에 유기되는 전압을 V_B라 하면 $V_B = jX_m \cdot I_B [V/km]$이고, 전차선 회로는 단상이므로 양단접지(Solid bond) 때 차폐층 전류는

$$i_A = \frac{-jX_m}{R_S + jX_m} \times I_B[A], \quad i_B = \frac{jX_m}{R_S + jX_m} \times I_B[A]$$

이다. 여기서 $X_m = 2\omega \cdot \ln \frac{S}{r_m} \times 10^{-4} [\Omega/km]$

R_S : 케이블 차폐층 저항[Ω/km]

S : 케이블 중심 간의 간격[m]

r_m : 케이블 금속차폐의 평균 반경[m]

I_B : 케이블 선전류, 단락 시에는 단락 고장전류

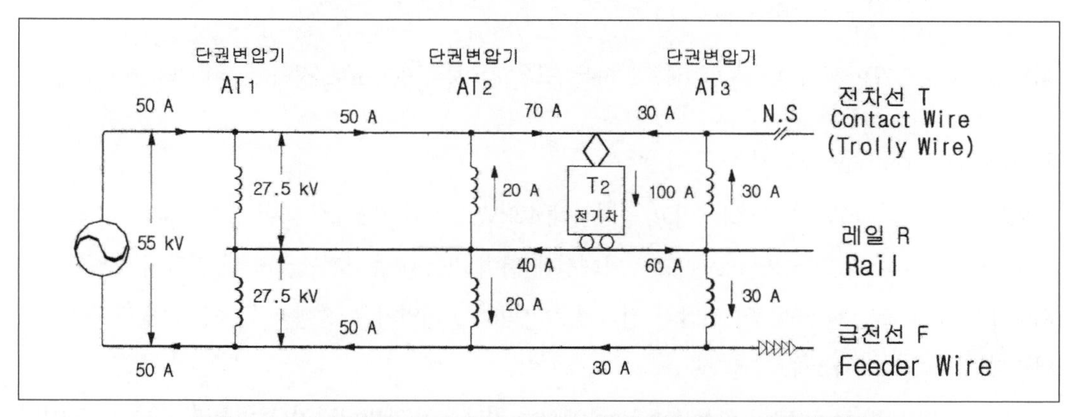

그림 7-22 부하의 위치와 TF 및 AF의 전류 분포(AT급전방식회로)

이들의 수식의 유도에 대하여는 뒤에 언급한 이 책의 '제10장 전력 배전' 을 참고 바란다. 표 7-3의 AF용 케이블 중 가장 작은 100SQ의 경우를 계산하여 보면 다음과 같다. 전원인 Scott결선 변압기의 용량이 최대 90MVA(M상 45MVA, T상 45MVA)이고, 변압기의 %임피던스가 10% 정도이므로 전원 임피던스를 무시하면 계통의 최대 단락전류 I_S는

$$I_S = \frac{45000}{55} \times \frac{100}{10} = 8181.82 \fallingdotseq 8.2[kA]$$

이므로 일반적으로 전원의 임피던스를 고려하면 단락전류는 이 전류보다는 작다.

AF케이블은 단심으로 $100mm^2$ 케이블의 차폐층의 리액턴스 X_m은 반지름 r_m은

$$r_m = \frac{12.0 + 1.5 \times 2 + 11.0 \times 2 + 1.5 \times 2}{2} = 20.0mm$$

이므로 TF AF의 간격 S= 2.986m라 하면

$$X_m = 2\omega \times \ln\frac{S}{r_m} \times 10^{-4} = 2 \times 377 \times \ln\frac{2986}{20.0} \times 10^{-4} = 0.3774\,[\Omega/km]$$

가 되며, KTX의 최대 운전전류가 220km/h에서 810[A]이며 AF에 흐르는 최대 전류는 전기차 전류의 $\frac{1}{2}$이므로 405[A]이다. 따라서 정상 운전 시 케이블 1km당 발생하는 차폐선에 유기되는 최고전압은

$$V = X_m \cdot I = 0.3774 \times 405 = 152.87\,[V]$$

따라서 한전 규정인 차폐선 유기전압의 한계인 100V를 초과하지 않는 선로의 길이는

$$L = \frac{1000}{152.87} \times 100 = 654.2\,m$$

이므로 여유를 감안하여 AF를 케이블로 하는 경우 길이는 600m로 정하는 것이 타당하다.

2) 케이블 sheath용 피뢰기의 규격

25kV 전차선의 LIWL은 200kV이고 정격전압 42kV인 피뢰기가 설치되어 있어 피뢰기의 잔류전압(제한전압)은 42×3.3=138.6kV이고(7) 차폐선에 전이 가능한 충격전압은 심선 전압의 25%이므로 최대 138.6×0.25=34.65kV의 전압이 전이될 수 있다(8). 전압파는 진행파 특성상 개방단자에서는 완전 반사되어 크기가 2배로 된다.

절연접속함(IJB-insulated junction Box)에서는 차폐층이 개방단자이므로 절연접속함 단자에는 최대 2×34.65=69.3kV의 전압이 인가 될 수 있다. 방식 층의 내전압은 40kV이므로 차폐층을 피뢰기로 보호하여야 한다.

이제 철도에서 사용하는 최대용량의 Scott결선변압기는 90MVA, %Z=10%이므로 2차측 단락전류는 $I_S = 8.181\,[kA]$이고, AF를 케이블의 최소 규격인 100mm²을 사용하였을 때 X_m=0.3774[Ω/km] 이므로 케이블의 최대길이인 600m에서 최대 유기전압은 $V = 8.181 \times 0.3774 \times 600 \times 10^{-3}$ =1.85kV가 된다. 이 전압은 AF와 TF의 단락으로 발생하였으므로 이 전류는 과전류계전기의 보호범위에 속하는 사항이므로 피뢰기는 이 전압에서 동작하여서는 안 된다. 따라서 피뢰기의 정격전압은 이 전압보다 15%정도 높은 2.2kV이상을 사용하여야한다. 표 7-5는 철도 AF의 차폐층에 추천할 수 있는 피뢰기의 규격이다(Raychem자료 참조).

표 7-4 66 kV TFR-CV 케이블 규격별 1 km당 리액턴스와 차폐층 유기 전압

항 목	단위	단심 케이블의 특성치				
도체공칭단면적	mm^2	100	200	325	400	600
도체 외경[(a)]	mm	12	17	21.7	24.1	29.5
내부반도전층 두께(약)	mm	1.5	1.5	1.5	1.5	1.5
절연체 두께	mm	11	11	11	11	11
절연체외경 Di (반도전층제외)	mm	18.5	21	23.35	24.55	27.25
도체지름 dc (반도전층포함)	mm	7.5	10	12.35	13.55	16.25
외부반도전층 두께(약)	mm	1.5	1.5	1.5	1.5	1.5
도체반경 r_m (반도전층포함)	mm	20	22.5	24.85	26.05	28.75
AF와 TF간의 최대거리	mm	2 986	2 986	2 986	2 986	2 986
AF와 TF간의 Xm	Ω/km	0.3774	0.3686	0.3611	0.3575	0.3501
커패시턴스 C	㎌/km	0.1538	0.1872	0.2181	0.2337	0.2687
최대부하전류	A	405	405	405	405	405
차폐층유기전압	V/km	152.86	149.27	146.23	144.79	141.78

㈜ (a) KS C 3131(1987) 고압가교 폴리에틸렌 케이블에 의함

케이블 방식 층의 상용주파 내전압을 4kV, LIWL을 40kV이므로 피뢰기의

$$\text{잔류전압} \leq 40 \times 0.8 = 32[\text{kV}]$$

로 잔류전압(제한 전압)이 32kV 이하인 피뢰기이면 사용이 가능하다.

표 7-5 피뢰기의 규격

정격전압 kV	연속운전전압 (MCOV) kV	공칭방전전류 kA	잔류전압 kV
3.75	3	5 또는 10	10

AT급전 계통에서 급전선은 단선으로 TF와의 선간 거리가 2.8m 또는 그 이상으로 일반 상용전력의 선로에 비하여 상당히 멀고 케이블 긍장도 대단히 길기 때문에 케이블 차폐층의 리액턴스는 커지고 케이블 차폐층 유기전압이 일반 3상 전력에서의 단심 케이블 포설보다 크게 된다. 케이블 방식 층 보호에 가장 널리 쓰이는 피뢰기의 정격전압은 3kV와 6kV인데 IEC규정에 의하여 제작된 정격전압 3kV인 피뢰기의 잔류전압은 방전전류 10kA에서 10kV, 정격전압

6kV인 피뢰기의 잔류전압은 10kA에서 20kV 정도이며 이들의 TOV는 10sec에서 각각 6.6 및 9.9kV 정도이다. 일반 철도에서는 경간이 600m 미만으로 케이블 중간을 접속할 필요가 있는 경우 차폐선의 접지 없이 그림 7-25(b)와 같이 일반 보통접속상(NJB-normal junction Box)으로 접속하고 AF케이블의 한쪽 단에는 피뢰기를 설치하고 반대 단은 직접 접지를 하여야 한다. 또 AF케이블의 길이가 600m를 초과는 경우에는 그림 7-25(c)와 같이 외부 반도전층의 소손을 방지하기 위하여 차폐선을 600m 전후마다 AF케이블을 절연접속상(IJB-insulated junction box)으로 접속하여야 한다. 반도전 층의 허용전압은 IEEE std 525에서 25V로 하고 있으므로 절연접속상(IJB)에서는 접속상 전후의 반도전층이 서로 접촉되어서는 안 된다. 특별히 AF케이블의 차폐층 전류를 구할 필요가 있는 독자는 이 책의 '제10장 전력 배전'과 필자가 쓴 『자가용 전기설비의 모든 것』이라는 책자를 참고하여 주기 바란다. 표 7-3은 AF케이블에 대한 철도 규격이다.

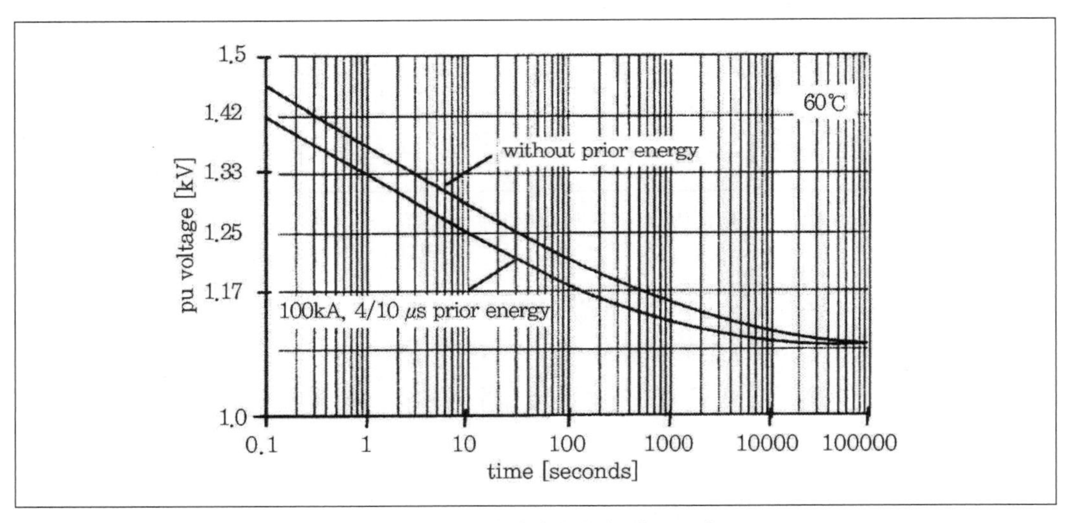

그림 7-23 일시과전압과 열폭주의

우리나라의 대표적인 케이블 메이커인 LS전선, 대한전선 및 일진전기 모두 케이블 접속상(Cable junction box)을 제작 판매하고 있으며 접속상(Junction box)에는 Pre molded junction(PMJ) type과 Tape molded junction(TMJ) type이 있다. 그림 7-24(a)및 (b)는 일진전기에서 제작한 PMJ(pre-molded junction box) type의 예이며 그림 7-25의 (a) 및 (b)는 독일 Raychem사가 제작한 TMJ(tape molded junction box) type의 실례이다. 그림 7-25(b)는 금속차폐층이 파형으로 되어있는 절연접속상(Insulated Junction Box-IJB) 내부의 차폐층 구성을 보여주는 내부구조도이다.

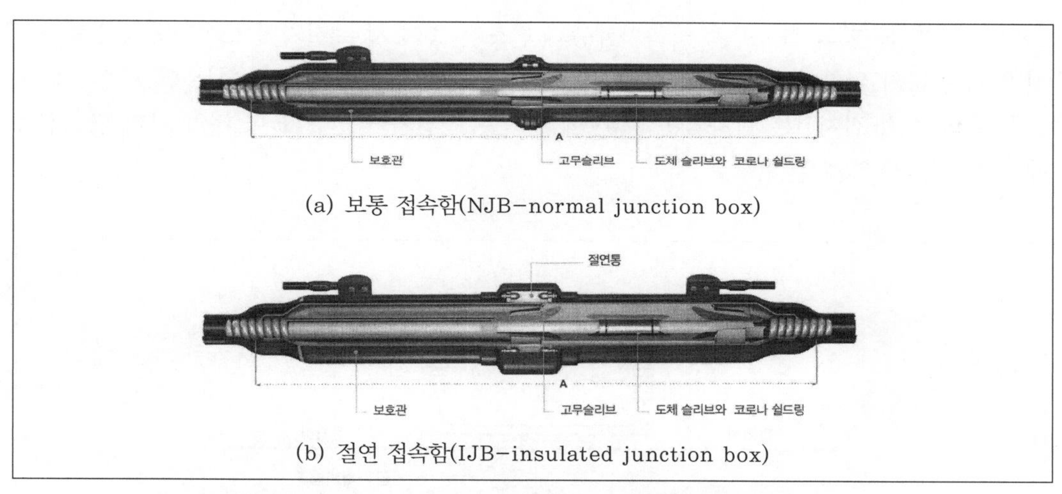

(a) 보통 접속함(NJB-normal junction box)

(b) 절연 접속함(IJB-insulated junction box)

그림 7-24 PMJ(Pre-molded junction) type케이블 접속상

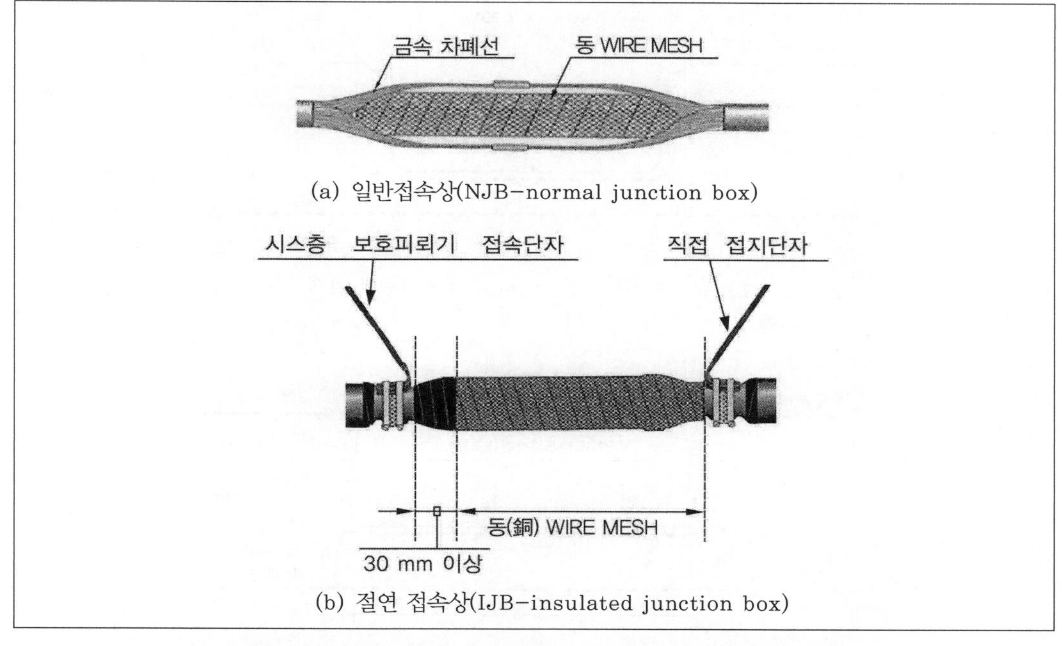

(a) 일반접속상(NJB-normal junction box)

(b) 절연 접속상(IJB-insulated junction box)

그림 7-25 TMJ(tape molded junction) type케이블 접속상

한 쪽, 즉 직접 접지단자와 접속되어 있는 그림의 접속 상 내부 오른쪽에 감겨져있는 동(銅)와이어 메쉬(copper wire mesh)가 금속차폐층과 접속되어 있고 반대쪽 즉 시스 보호피뢰기에 접속하는 왼쪽 부분은 금속차폐시스와 동(銅)와이어 메쉬는 30mm 이상 떨어져 있어 서로 접촉되지 않게 되어 있다.

이는 절연접속함의 좌 · 우측 금속차폐층과 반도전 층이 서로 전기적으로 절연되어 연결되지 않도록 하기 위함이며 접속함 왼쪽에 있는 시스보호용 피뢰기와 접속하는 단자 측 전압이 오른 쪽의 직접 접지하는 단자와는 100V에 가까운 전압차가 있으나 이 전압 차가 반도전층에 영향을 주지 않게 된다.

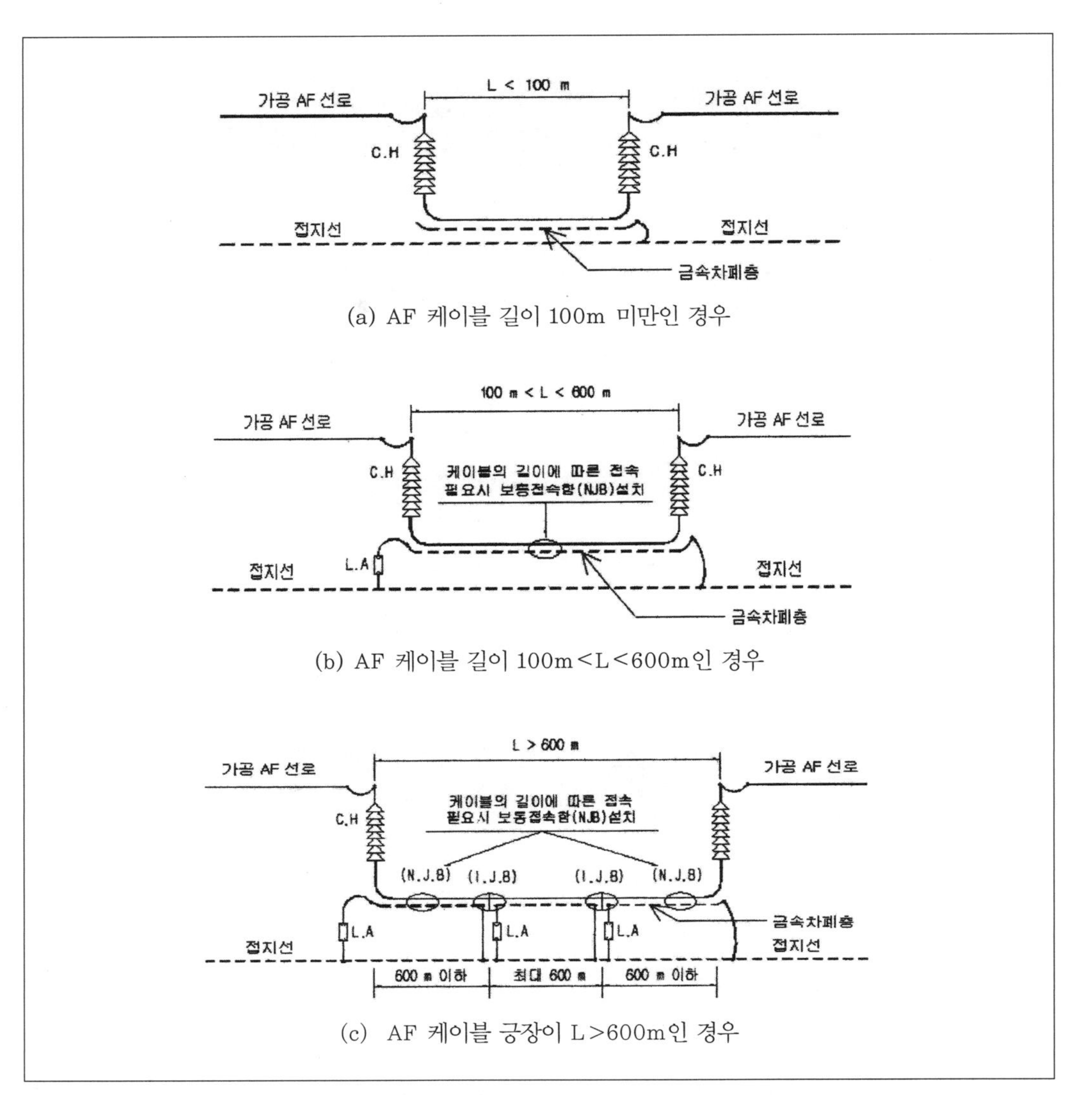

(a) AF 케이블 길이 100m 미만인 경우

(b) AF 케이블 길이 100m<L<600m인 경우

(c) AF 케이블 긍장이 L>600m인 경우

그림 7-26 절연 케이블 급전선 접지 예

그림 7-25의 (a)는 같은 독일 Raychem사가 제작한 보통접속함(Normal Junction Box)의 결선된 내부도면이다. 그림의 (b)는 금속차폐가 파형인데 비하여 그림 (a)는 차폐가 동선으로 되어 있는 경우의 예이다. 큰 차이점은 보통 접속함의 차폐는 접속함의 양단의 반도전층과 차폐선을 서로 연결하고 직접 접지를 하지 않는다는 것이다. 직접 접지를 하는 경우는 2점 접지가 될 수 있기 때문이다.

3) 시스층 보호용 피뢰기 접지 시 유의 사항

피뢰기 방전 전류는 수 kA로서 8/20μs의 높은 주파수의 전류이므로 접지선의 저항과 리액턴스의 영향을 받는다. 따라서 피뢰기의 접지는 피보호기기와 연접 접지를 하여 되도록 접지저항의 영향을 받지 않도록 한다. 접지선의 도체 온도는 연동인 경우 800℃, PVC 절연전선인 경우 180℃, 또 경동선인 경우는 250℃ 이하로 한다.

㈜ (7) IEC 60099-4 Annex J. table J.1
(8) 電力cable 技術Hand book p648 12.3

7-1-7. 동축(同軸)케이블 급전 계통

동축케이블 급전은 우리나라에서 아직 시행한 바 없으나 일본에서는 동해도 신간선(東海道新幹線) 및 동북 신간선(東北新幹線)의 일부에 시공된 실적이 있다고 한다. 따라서 여기에서는 일본의 실적에 따라 설명하기로 한다. 일본에서 제작되고 있는 전철 급전용 동축케이블의 단면은 그림 7-27과 같이 내부 도체는 신간선 AT선로와 같은 절연인 LIWL 200kV(UIC 및 IEC에서는 250kV도 허용되어 있음), 상용주파 내압 70kV인 JEC 30호 절연의 가선용 폴리에틸렌으로 피복되어 있으며, 그 동심원 상에 JEC 절연 계급 6호로 절연(LIWL 60kV, 상용주파 내압 22kV)되어 있는 외부 도체가 배치되어 있고, 그 외부 도체의 절연 위에 차폐층과 비닐 시스 층으로 구성되어 있다. 동축케이블은 내부 도체와 외부 도체가 가교폴리에틸렌으로 절연되어 있어 그 간격이 상당히 좁기 때문에 전자결합(電磁結合)이 커서 왕복 임피던스가 매우 작다. 예를 들면 1000mm^2 동축케이블의 왕복 임피던스는 Z=0.043+j0.069 [Ω/km] 정도로 가공 전차선로의 T-R단락 임피던스에 비하여 약 1/7에 불과하나 동축케이블의 정전 용량은 매우 커서 1000mm^2 동축케이블의 정전 용량은 일반 전력케이블과 큰 차이가 없는 약 0.29μF/km로 전차선로 정전 용량(단선 T-R간)의 약 20km에 해당된다.

동축케이블 급전 방식은 그림 7-28에서 보는 바와 같이 NF가 있는 직접 급전회로에 급전용 동축케이블을 병렬로 부설하고, 수 km마다 동축케이블의 내부 도체를 전차선(Contact wire)에, 외부도체를 레일에 연결하는 방식으로 되어 있어 전주 상에 전선 배치가 매우 간단하게 되는 이점이 있다. 동축케이블의 왕복 임피던스는, 전차선의 임피던스에 비하여 매우 작기 때문에 전차선에 흐르는 전류는 전차선과의 접속점에서 임피던스가 적은 동축케이블의 내부 도체로, 레일에 흐르는 전류는 동축케이블의 외부 도체로 흡상된다. 그러므로 AT급전 방식에서 레일 전류가 AT를 통하여 TF와 AF에 흡상되는 것과 같이, 전차선 전류는 동축케이블에 흡상되어 전차선 전류가 감소되어 전압 강하가 적게 되고 또 레일에 흐르는 전류가 동축케이블 외부 도체에 흡상되어 레일에서의 누설전류도 감소되므로 통신 유도 경감 효과가 크게 된다. 반면 동축케이블 내외 도체 사이의 정전 용량이 가공선에 비하여 대단히 크기 때문에 고조파 전류의 공진에 의한 확대 현상 등을 해결하여야 할 필요가 있고, 계통에 따라서는 고차 휠터 또는 공진 제어용 HMCR(RC bank) 장치가 필요하게 된다. 이와 같이 동축케이블 가설은 기존 터널을 전화(電化)할 때 터널 내부가 협소하여 AT를 설치하거나 가공급전선 가설을 할 공간이 부족한 때에는 강점이 되나 가설비가 매우 비싸고 또 케이블 고장 시 보수에 많은 시간과 경비가 소요되는 문제점이 있다.

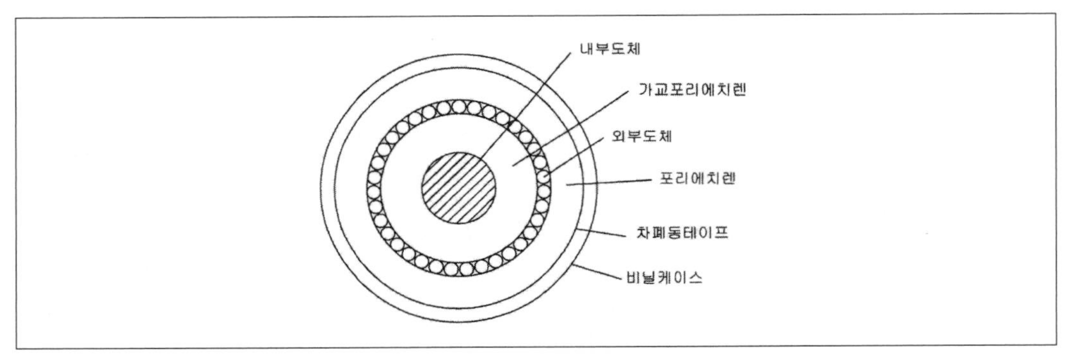

그림 7-27 동축케이블의 단면

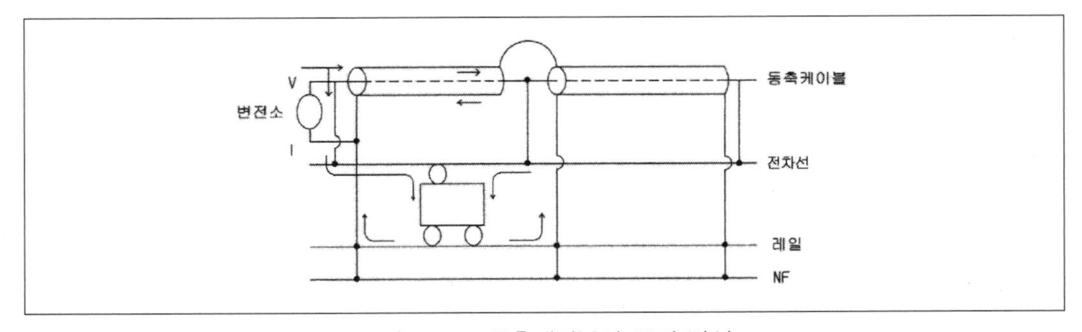

그림 7-28 동축케이블의 급전 방식

표 7-4 동축케이블의 전기정수

규격 (mm^2)	인덕턴스 (mH/km)	저항 (Ω/km)	정전용량 (μF/km)	60Hz 임피던스 ($Ω \angle \theta°$/km)
100	0.31	0.26	0.14	0.29 ∠ 24.3
400	0.22	0.094	0.22	0.12 ∠ 41.7
600	0.22	0.055	0.24	0.10 ∠ 53.1
1000	0.19	0.037	0.29	0.08 ∠ 60.3

이와 같이 동축케이블의 특성으로 인한 문제점들로 급전선로를 동축케이블로 시공하여야 할 때에는 많은 사전 연구가 필요할 것으로 생각된다. 표 7-4는 일본 전화협회가 발표한 동축케이블 규격별 전기정수이다.

7-1-8. 레일의 전위

레일은 쇠(鐵)로 제작되어 있으므로 상용주파수 범위 내에서도 강한 표피작용으로 레일 내부의 전류는 그 주변으로 몰린다. 이로 인하여 레일의 임피던스는 레일과 같은 둘레의 철로 된 원통 도체와 거의 같은 임피던스의 값을 가지게 된다.

표 7-5 레일 1본의 내부임피던스

레일의 종류 (kg/m)	등가반경(cm)	레일 전류(A)	내부 임피던스(Ω/km)	
			$f=50$Hz	$f=60$Hz
50	9.39	50	0.117+j0.131	0.129+j0.148
		100	0.134+j0.141	0.143+j0.158
		200	0.169+j0.165	0.176+j0.192
		500	0.277+j0.204	0.308+j0.226
60	10.5	50	0.1036+j0.1169	0.1134+j0.1320
		100	0.1152+j0.1237	0.1267+j0.1397
		200	0.1435+j0.1435	0.1571+j0.1621
		300	0.1832+j0.1613	0.2080+j0.1822
		400	0.2203+j0.1744	0.2418+j0.1969
		500	0.2423+j0.1805	0.2657+j0.2039
		600	0.2526+j0.1841	0.2767+j0.2079
		800	0.2553+j0.1854	0.2799+j0.2093
		1000	0.2525+j0.1835	0.2766+j0.2071

또한 레일의 내부 임피던스는 Trueblood-Wascheck의 실측 결과를 사용하고 있는데 표 7-5는 2본의 레일로 환산한 임피던스 값으로 레일의 임피던스는 레일에 흐르는 전류가 증가할수록 임피던스는 증가하는 경향이 있다. 일본 신간선의 경우 사람이 레일에 접촉할 위험은 없으나 레일의 전위가 상승하면 레일의 절연이 파괴될 위험이 있으므로, 상하행선 레일을 AT가 있는 곳과 그 중간 몇 곳을 서로 연결하는 크로스 본드(Cross bond)로 귀전류 회로(歸電流回路)의 임피던스의 저감을 기하고 있다. 급전 방식별 레일의 전압은 표 7-6과 같다[9].

표 7-6 급전방식에서의 최고 레일 전위 발생 조건과 계산 방법

방식	레일전위최고 발생조건	급전 계통과 레일 전위 분포	최고 레일 전위 계산식(V)
직류 병렬 급전	변전소 중앙점에 최대 부하시 부하점	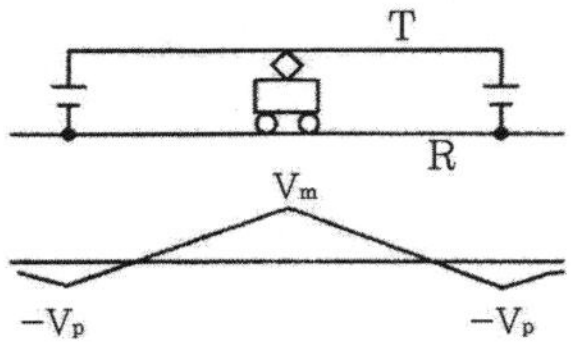 T, R, V_m, $-V_p$, $-V_p$	$V_m = \frac{1}{2} I\delta \cdot (1-\varepsilon^{-\alpha \cdot l})$ $V_P = \frac{1}{4} I\delta \cdot (1-\varepsilon^{-\alpha \cdot l})^2$
교류 BT 급전	Booster점 최초 대부하시 부하점과 흡상선점	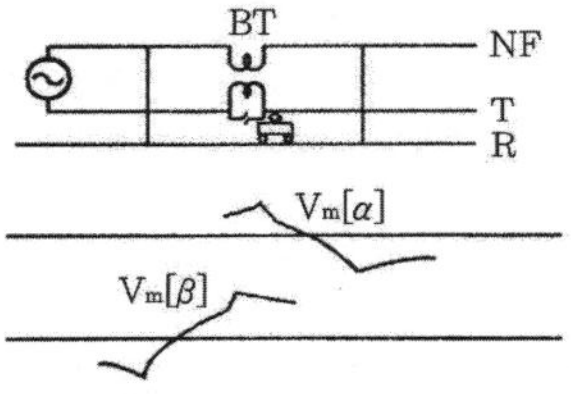 BT, NF, T, R, $V_m[\alpha]$, $V_m[\beta]$	$V_m(\alpha) = \frac{1}{2}(1-n_{00}) \cdot IZ_0 \cdot (1-\varepsilon^{-\gamma \cdot l})$ $V_m(\beta) = \frac{1}{2}(1-n_0) \cdot IZ_0 \cdot (1-\varepsilon^{-\gamma \cdot l})$
교류 AT 급전	AT중앙점부근 최대 부하시 부하점	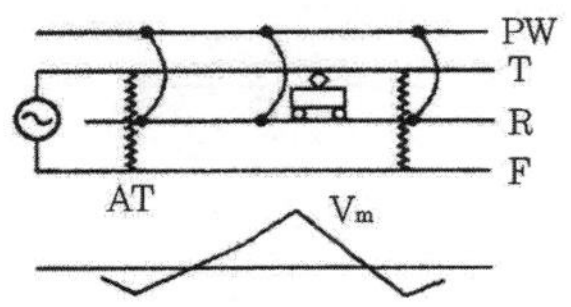 PW, T, R, F, AT, V_m	$V_m = \frac{1}{K_P} \cdot \frac{1}{2}(1-n_0) \cdot IZ_0 \cdot (1-\varepsilon^{-\gamma \cdot l})$ $K_P \fallingdotseq 1.4$

여기서 $\alpha = \sqrt{RG_R}$: 레일의 감쇄정수 $n_0 = Z_{TR}/Z_{RR}$

$\delta = \sqrt{R/G_R}$: 레일의 특성 저항[Ω] $n_{00} = Z_{RN}/Z_{RR}$

$\gamma = \sqrt{Z_{RR} \cdot Y_R}$: 레일의 전파 정수 I : 부하전류(A)

$Z_0 = \sqrt{Z_{RR}/Y_R}$: 레일의 특성 임피던스[Ω]

l[km] : 급전점(변전소, 흡상선, AT)에서 부하 점까지의 거리

㈜ (10) き電システム技術講座 13.1.3 13-3쪽 일본 鐵道總研

7-1-9. 급전 계통의 고장 전류

1) 전원계통의 3상 고장계산

단락협조는 절연협조와 더불어 전력계통을 지탱하는 중요한 전력기기 간의 협조이다. 계통사고는 전원계통의 3상 단락, 2상 단락 및 지락 고장을 들 수 있다. 3상 계통에 있어 최대 고장전류는 3상 단락전류이며, 단락전류는 대칭실효치로 표시한다. 전력기기의 단락 강도는 열적단락강도(熱的短絡强度-Thermal strength)와 동적단락강도(動的短絡强度-Dynamic strength)로 구별한다. 전력 계통 회로 중에서 고장전류가 직렬로 흐르는 모든 기기 즉 CT, 단로기, 차단기, 전선로와 변압기 등의 열적 단락강도라 함은 고장 중 단락전류에 의하여 발생하는 Joul 열로 인한 온도 상승이 각 기기에 따라 규정된 단시간 허용 온도의 한도보다 높지 않은 전류의 최대 대칭실효치를 말하며 또 각 기기의 동적강도라 함은 이들 전류의 최대 전류인 첫 사이클 파고치를 말한다. IEC 62271-100에서는 60Hz 전력 계통에서는 차단전류의 파고치는 대칭실효치로 표시된 차단전류의 2.6배로, 50Hz 전력 계통에서는 2.5배로 규정하고 있다. 즉 차단 용량이 20kA인 차단기의 투입전류는 60Hz 전력계통에서는 첫 파의 파고치가 20×2.6=52kA crest가 된다. 반면 2상 단락전류는 실효 치로 3상 단락 전류의 $0.866\left(=\frac{\sqrt{3}}{2}\right)$배가 된다. 예를 들어 계산하여 보자. 이제 한전 변전소의 154kV 송전 모선의 임피던스를 100MVA를 기준 용량으로 하여

정상 임피던스 $\%Z_1=3.54\angle 84.88°=0.3159+j3.5259[\%]$

영상 임피던스 $\%Z_0=7.2\angle 79.13°=1.3578+j7.0708[\%]$

이라고 할 때 이들 %임피던스를[Ω]으로 환산한 정상 임피던스 Z_1, 역상 임피던스 Z_2와 영상 임피던스 Z_0는 각각

$$Z_1=Z_2=\frac{10\times 154^2}{100\times 1000}\times(0.3159+j3.5259)=0.7492+j8.3620$$

$$=8.3955\angle 84.88°[\Omega]$$

$$Z_0=\frac{10\times 154^2}{100\times 1000}\times(1.3578+j7.0708)=3.2202+j16.7691$$

$$=17.0755\angle 79.13°[\Omega]$$

따라서 3상 단락 전류 I_S는

$$I_S=\frac{E_a}{Z_1}=\frac{154\times 1000}{\sqrt{3}\times 8.3955}=10590[A]\fallingdotseq 10.6[kA]$$

가 되며, %임피던스 법으로 계산하면 기준 용량 100MVA에 대한 정격전류 I_N은

$$I_N = \frac{100 \times 1000}{\sqrt{3} \times 154} = 374.9[A]$$가 되므로

$$\therefore I_S = \frac{I_N}{\%Z_1} = \frac{374.9}{3.54} \times 100 = 10590[A] \fallingdotseq 10.6[kA]$$

가 되어 계산 결과는 Ohm법으로 계산한 값과 같으며, 또 2상 단락전류 I_S'는

$$I_S' = 0.866 \times 10590 = 9171.4[A] \fallingdotseq 9.17kA$$

가 된다.

따라서 전류의 주회로를 형성하는 차단기, CT, 단로기 및 전선로 등 전기기기의 열적강도는 대칭실효치(symmetrical r.m.s)로 10.6[kA] 이상이 되어야 하고, 기계적 강도는 파고치로 10.6×2.6=27.56[kA] 이상이 되어야 한다.

지락전류 I_G는 Ohm법으로는

$$I_G = \frac{3E_a}{Z_0 + Z_1 + Z_2} = \frac{3 \times \left(\frac{154000}{\sqrt{3}}\right)}{17.0755 + 8.3955 + 8.3955} = 7876[A]$$

가 되며, %임피던스 법으로는

$$I_G = \frac{3 \times I_N}{\%Z_0 + \%Z_1 + \%Z_2} \times 100 = \frac{3 \times 374.9}{7.2 + 3.54 + 3.54} \times 100 = 7876[A]$$

로 같은 계산 결과를 얻게 된다.

2) 전차선로의 단락전류 계산

전차선로의 단락전류 계산은 단상회로이므로 계산은 간단하며 지락고장은 곧 단락고장이므로 별도로 계산을 필요로 하지 않는다. 이제 앞에 예로 든 한전 변전소에서 전철 변전소까지의 수전선로 정상 임피던스를 100MVA 기준으로 6.488∠76.32°[%], 전철 변전소에 설치된 Scott결선 변압기의 용량을 30MVA로 자기 용량 기준 %임피던스를 10%라 하면

전원 정상 임피던스 $Z_1 = 3.54\angle 84.88° = 0.3159 + j3.5259[\%]$

수전 선로 임피던스 $Z_1 = 6.488\angle 76.32° = 1.5344 + j6.3039[\%]$

전원의 임피던스를 55kV를 기준 전압으로 하여 Ohm으로 환산하면 기준 용량이 100MVA이므로

$$\text{전원 정상 임피던스 } Z_1 = \frac{10 \times 55^2}{100000} \times (0.3159 + j3.5259) = 0.0956 + j1.0666[\Omega]$$

$$\text{수전 선로 임피던스 } Z_1 = \frac{10 \times 55^2}{100000} \times (1.5344 + j6.3039) = 0.4642 + j1.9069[\Omega]$$

55kV 계통은 단상이므로 전원 임피던스를 2배하여야 하므로

선로 임피던스 합계 Z_1=(0.5598+j2.9736)X2=1.1196+j5.9472[Ω]

여기서 Scott결선 주변압기의 용량이 30MVA이고 M상과 T상은 용량이 각각 15MVA인 단상 변압기로 구성되어 있으므로 변압기의 임피던스는 15MVA 기준으로 계산하여야 한다.

변압기의 정상 임피던스 $Z_T = j\frac{10\times 55^2}{15000}\times 10 = j20.1667[\Omega]$

따라서 변압기 2차 측 55kV 단자에서의 최대 단락전류 I_S는 $I_S = \frac{E}{2(Z_1+Z_T)}$ 이므로

$$I_S = \frac{55000}{1.1196 + j5.9470 + j20.1667} = \frac{55000}{1.1194 + j26.1137}$$

$$= 90.1218 - j2102.3074 = 2104.2382\angle 272.45°[A]$$

가 된다.

%임피던스 법으로 계산하면 한전 Bus에서 전철 변전소 1차 Bus까지의 총 %임피던스 Z_1는

Z_1=(3.54∠84.88°+6.488∠76.32°) X 2=3.7006+j19.6596[%]

100MVA환산 변압기 %임피던스

$$Z_T = j10\times\frac{100}{15} = j66.6667[\%]$$

100MVA 에 대한 55kV의 기준 전류

$$I_N = \frac{100000}{55} = 1818.1818[A]$$

이므로 변압기 2차인 55kV로 환산한 단락전류 I_S는 $I_S = \frac{I_N\times 100}{2(Z_1+Z_T)}$ 로

$$I_S = \frac{1818.1818\times 100}{3.7006 + j19.6596 + j66.6667} = 2104.24\angle 272.45°[A]$$

이 값은 앞에서 계산한 임피던스법에 의한 계산한 결과와 완전히 일치한다.

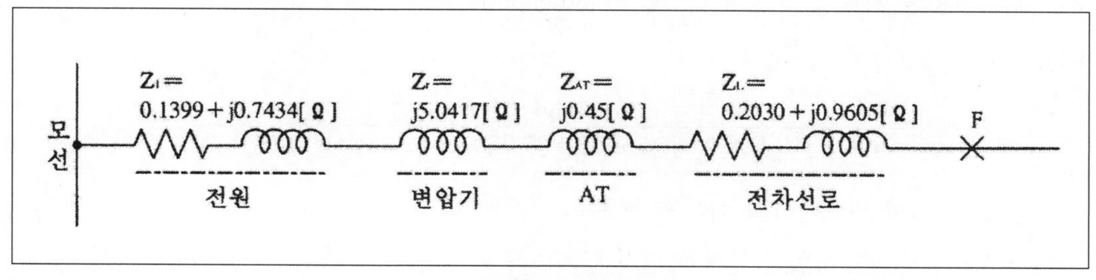

그림 7-29 고장 회로도

이제 전차 선로의 27.5kV계에서 임피던스 Z_L=0.0406+j0.1921[Ω/km]라 가정하고 변전소에서 5km 거리에서 지락사고가 발생하였다고 하면 전원정상 임피던스

$$Z_1 = \frac{10 \times 27.5^2}{100000} \times (0.3159 + j3.5259) \times 2 = 0.0478 + j0.5333[\Omega]$$

수전선로 임피던스

$$Z_1 = \frac{10 \times 27.5^2}{100000} \times (1.5344 + j6.3039) \times 2 = 0.2321 + j0.9535[\Omega]$$

선로 임피던스 합계 $Z = 0.2799 + j1.4868[\Omega]$

변압기 임피던스 $Z_T = j10 \times \frac{10 \times 27.5^2}{15000} = j5.0417[\Omega]$

AT의 임피던스 $Z_{AT} = j0.45[\Omega]$

전차선 임피던스 $Z_L = (0.0406 + j0.1921) \times 5 = 0.2030 + j0.9605[\Omega]$

이므로 전차선 5km 지점의 27.5kV 기준 단락전류 I_S는

$$I_S = \frac{27500}{0.2799 + j1.4868 + j5.0417 + j0.45 + 0.2030 + j0.9605}$$

$$= 209.9203 - j3451.1437 = 3457.5221 \angle 273.48°[A]$$

가 된다. 여기서 %임피던스에 의한 단락 전류를 계산하면

전원 %임피던스 $Z_1 = (1.8503 + j9.8298) \times 2 = 3.7006 + j19.6596[\%]$

변압기 %임피던스 $Z_T = j66.6667[\%]$

AT의 100MVA 환산 %임피던스 $Z_{AT} = \frac{100000}{10 \times 27.5^2} \times j0.45 = j5.9504[\%]$

전차 선로의 %임피던스 Z_L은

$$Z_L = \frac{100000}{10 \times 27.5^2} \times (0.0406 + j0.1921) \times 5 = 2.6843 + j12.7008[\%]$$

27.5kV 계통의 기준 전류 $I_N = \frac{100000}{27.5} = 3636.3636[A]$

따라서 단락전류 I_S는

$$I_S = \frac{3636.3636 \times 100}{3.7006 + j19.6596 + j66.6667 + j5.9504 + (2.6843 + j12.7008)}$$

$$= 209.9062 - j3451.1789 = 3457.5564 \angle 273.48°[A]$$

이 계산 결과는 Ohm법에 의한 계산과 일치한다.

IEC62497-1(2010.02)의 table A2와 IEC62505-1(2009.03)의 table 1에 의하여 27.5kV

계통의 LIWL은 200kV 또 상용주파 내전압은 95kV로 규정되었음으로 급전구분소(SP)와 보조 구분소(SSP)에 설치될 차단기, 단로기, CT 등의 절연강도는 이 IEC규격에 따라야 하며 전류 주통로(主通路)가 되는 이들 기기들의 단시간 정격전류의 기준은 변압기 2차측 단자에서의 단락전류보다는 적지 않아야 하므로

$$I_S = \frac{3636.3636 \times 10}{3.7006 + j19.6596 + j66.6667} = 4208.4823 \angle 272.45° [A]$$

로 4.208[kA]가 되어 각 기기의 단시간 정격전류 용량은 대칭실효치로 이 값보다는 커야만 한다. 이와 같은 회로의 임피던스맵(impedance map)을 그리면 위의 그림 7-29와 같이 된다.

7-2. 전압 강하와 전압 보상

7-2-1. 무효전력과 전압 강하

일반적으로 송전단인 전압 V_S인 무한대 모선에서 저항을 무시한 등가 reactance가 X인 선로를 경유하여 전압이 V_R인 수전단 부하에 역률 θ인 전력 P+jQ를 공급한다고 할 때 송전단 전압 V_S와 수전단 전압 V_R 사이에 상차각 δ가 발생하였다고 하면 공급되는 유효전력 P는

$$P = \frac{V_S \cdot V_R}{X} \sin\delta$$

의 관계가 성립한다. 송전단 전압 V_S는 무한대 모선이므로 전압은 변함이 없고 수전단 전압 V_R는 부하의 특성상 전압이 일정하여야 하므로 유효전력에 의하여 변화되는 것은 송수전단의 상차각 δ뿐이라는 것을 알 수 있다. 그러므로 선로에 직렬 콘덴서를 설치하여 선로 reactance X의 값을 감소시키면 계통 송전 용량 P가 증가될 수 있는 것을 알 수 있다.

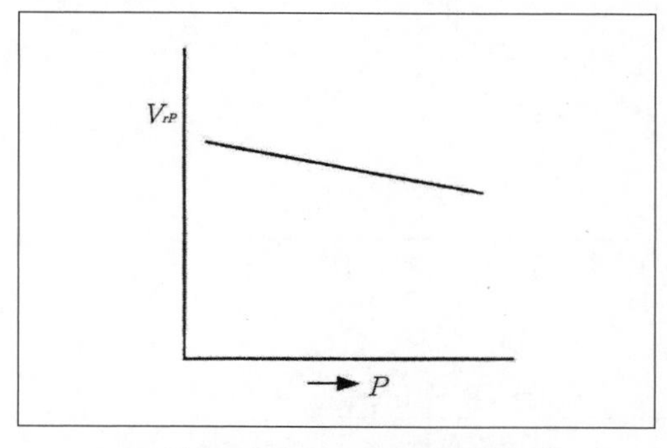

그림 7-30 유효전력-전압특성

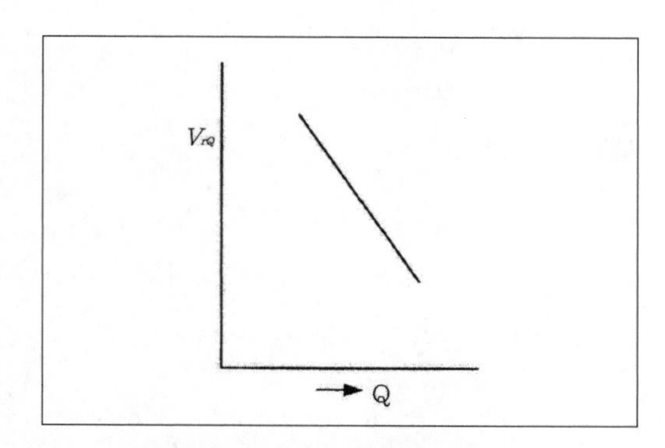

그림 7-31 무효전력-전압특성

선로에 흐르는 유효전력은 송수전단의 상차각(δ)의 크기에 따라 변화하는데 비하여 전압 변동은 무효전력량의 변화에 따라 변한다. 변동의 주 원인은 부하의 무효전력으로 전압을 단위법(pu)으로 표시하면 부하의 전류 변화량은 무효전력의 변화량과 같다. 즉

$$\Delta I = \Delta Q$$

가 성립하며 전류 ΔI가 리액턴스 x에 흐를 때 전압 변화는 $x \cdot \Delta I$가 되므로

$$\Delta V = x \cdot \Delta I = x \cdot \Delta Q$$

가 된다.

이 식은 곧 전압 변동은 전원의 리액턴스와 부하의 무효전력 변화량에 의하여 발생한다는 것을 뜻한다[(6)].

7-2-2. 전압 강하 계산

1) Impedance법

정상적인 전압 강하는 송전단 전압과 부하의 입력 전압의 차이를 말한다. 그림 7-32 회로에서 수전부하의 상전압 E_R은 송전단 상전압 E_S를 알고 있을 때 다음과 같이 구할 수 있다.

수전점의 상전압 E_R은

$$E_R = \sqrt{E_S{}^2 - (IX\cos\varphi - IR\sin\varphi)^2} - IR\cos\varphi - IX\sin\varphi$$

송전 점의 상전압 E_S는

$$E_S = \sqrt{(E_R{}^2 + IR \cdot \cos\varphi + IX \cdot \sin\varphi)^2 + (IX \cdot \cos\varphi - IR \cdot \sin\varphi)^2}$$

로 표시될 수 있다. 여기서

I : 부하전류

R : 선로 저항

X : 선로 리액턴스

φ : 부하의 역률각

상전압 강하 ΔE는

$$\Delta E = E_S - E_R$$

$$= E_S + IR \cdot \cos\varphi + IX \cdot \sin\varphi - \sqrt{E_S{}^2 - (IX \cdot \cos\varphi - IR \cdot \sin\varphi)^2} \ [V]$$

이므로 이를 간략히 하면

$$\Delta E = I \cdot (R \cdot \cos\varphi + X \cdot \sin\varphi) + \frac{I^2 \cdot (X \cdot \cos\varphi - R \cdot \sin\varphi)^2}{2E_S}$$

가 되며 위 식의 2항을 생략하면 더 간략한 다음 식을 얻을 수 있다.

$$\Delta E = I \cdot (R \cdot \cos\varphi + X \cdot \sin\varphi)$$

즉 선간 전압 강하 ΔV는 $\Delta V = K \cdot I \cdot (R \cdot \cos\varphi + X \cdot \sin\varphi)$가 되며, 전차 선로와 같은 단상회로에서는 K=1이 되므로

$$\Delta V = \Delta E = I \cdot (R \cdot \cos\varphi + X \cdot \sin\varphi)$$

가 된다.

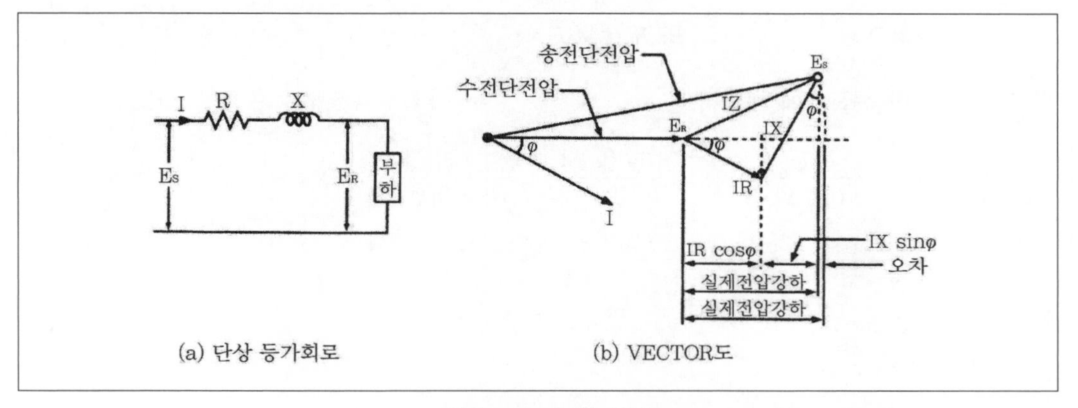

그림 7-32 전압 강하

이 방법은 대단히 간편하고 10% 정도의 전압 강하 계산에는 실용상 문제점이 없으나 전력계통에서 몇 단계의 변압기를 경유하는 등 복잡한 회로의 종합 전압 강하를 계산하는 경우 전압이 다른 선로 간의 선로 정수들을 통일하고자 할 때에는 불편하다. 이는 선로 정수가 변압비의 제곱에 비례하기 때문이다.

2) %Impedance법

변압기를 포함한 복잡한 회로에서는 %Impedance법에 의한 전압 강하율은 계산이 상당히 편리한 경우가 많다.

전압 변동률 ε은

$$\varepsilon = \frac{E_S - E_R}{E_R} \times 100 = \frac{\Delta E}{E_R} \times 100$$

이므로 Impedance법으로 계산한 전압 강하 $\Delta E = I(R\cos\varphi + X\sin\varphi)$을 이 식에 대입하면

$$\varepsilon = \frac{I \cdot (R \cdot \cos\varphi + X \cdot \sin\varphi)}{E_R} \times 100$$

$$= \frac{3E_R \cdot I \cdot (R \cdot \cos\varphi + X \cdot \sin\varphi)}{\left(\sqrt{3}E_R\right)^2} \times 100$$

가 되며, 3상 전력에 있어 부하의 피상 전력을 T, 전압을 선간 전압 V로 표시할 때 위 식은 $T = 3E_R \cdot I$[VA]이고, $V = \sqrt{3} \cdot E_R$[V]이므로, T를 kVA로 또 선간전압 V를 kV 단위로 표시하여, 위 식에 대입하면 다음 식이 얻어진다.

$$\varepsilon = \frac{T(R\cos\varphi + X\sin\varphi) \times 10^3 \times 10^2}{(kV)^2 \times 10^6} = \frac{T(R\cos\varphi + X\sin\varphi)}{10 \times (kV)^2}$$

이제 R과 X의 값을 %R과 %X로 환산하면

$$R = \%R \times \frac{10 \times (kV)^2}{T_B} \text{ 또 } X = \%X \times \frac{10 \times (kV)^2}{T_B}$$

이므로 전압 변동률 ε에 대입하면

$$\varepsilon = \frac{T \cdot \cos\varphi}{10 \times (kV)^2} \times \%R \times \frac{10 \cdot (kV)^2}{T_B} + \frac{T \cdot \sin\varphi}{10 \times (kV)^2} \times \%X \times \frac{10 \cdot (kV)^2}{T_B}$$

$$= \frac{T(\cos\varphi \cdot \%R + \sin\varphi \cdot \%X)}{T_B} = \frac{P \cdot \%R + Q \cdot \%X}{T_B}$$

단 $P = T\cos\varphi$

$Q = T\sin\varphi$

T_B = 기준 용량[kVA]

가 된다.

참 고

• %임피던스가 의미하는 것

전선로를 예로 들면, 전선로에 흐르는 전류를 i, 선로의 임피던스를 Z라 할 때 다음 쪽의 그림에서와 같이 선로 전압 강하 e는

$$e = Z \cdot i$$

정격 인가 전압을 E라 하면 %임피던스 %Z는

$$\%Z = \frac{e}{E} \times 100 = \frac{Z \cdot i}{E} \times 100$$

즉 %임피던스는 선로의 전압 강하율(降下率)이다. 이제 전압 및 전력 단위를 kV 및 kVA로 표시하면 단상의 경우 $Q = \frac{E \cdot i}{1000}$[kVA]이므로

$$\%Z = \frac{Z \cdot i}{E} \times 100 = \frac{E \cdot i \cdot Z}{E^2} \times 100 = \frac{Q \cdot 1000 \cdot Z}{kV^2 \cdot 1000^2} \times 100 = \frac{Q \cdot Z}{10 \cdot kV^2}$$

가 되며 3상계통의인 경우 $V = \sqrt{3} \cdot E \times 1000$[kV], $Q = \sqrt{3} \cdot V \cdot i \times 1000$[kW]이므로

$$\%Z = \frac{Z \cdot i}{E} \times 100 = \frac{E \cdot i \cdot Z}{E^2} \times 100 = \frac{\sqrt{3} V \cdot i \cdot Z}{V^2} \times 100$$
$$= \frac{Q \cdot 1000 \cdot Z}{kV^2 \cdot 1000^2} \times 100 = \frac{Q \cdot Z}{10 \cdot kV^2}$$

로 같은 계산식이 된다.

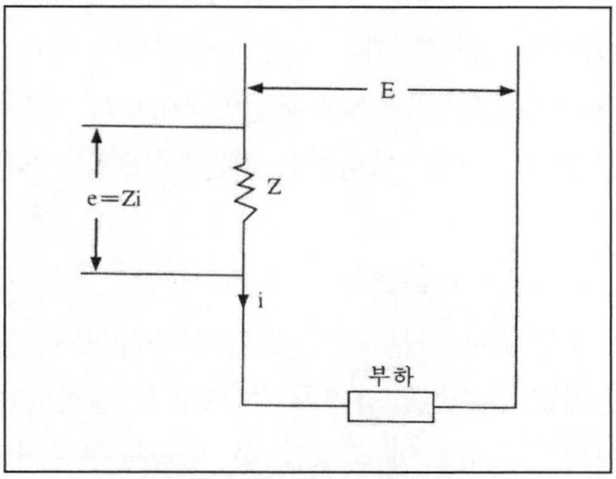

여기서 Q : kVA= $\sqrt{3} \cdot V \cdot i$
E : 상전압[V]
V : 선간 전압[V]
kV : 선간 전압(kV)
Z : 선로의 임피던스[Ω]
i : 부하 전류

%임피던스의 등가회로

의 관계가 있다. 변압기에 있어서는 변압기의 용량 Q(kVA), 1차 정격 전압을 V(kV), 동손을 W_C(kW), 임피던스 전압을 V_P라 하면

$$\%Z = \frac{V_p}{V} \times 100$$

$$\%IR = \frac{W_c}{Q} \times 100$$

$$\%IX = \sqrt{\%Z^2 - (\%IR)^2}$$

으로 구하여진다.

용량이 크고 정격전압이 높은 변압기에 있어서는 저항 값이 상대적으로 작기 때문에 저항을 무시하고 %IX 값만 계산하여도 된다.

7-2-3. 교류 계통의 전압 보상

전압 보상은 주로 연장 급전으로 인한 선로나 부하의 증가 등으로 선로 말단에 극심한 전압 강하가 발생하였을 때의 대책으로 고려하여야 할 방안이라고 할 수 있다.

선로의 전압 강하는 $\Delta V = x \cdot \Delta Q$ 에서 알 수 있는 바와 같이 전원 측 선로의 직렬 리액턴스인 x나 전원 용량을 증강하여 전원의 x값을 작게 하는 방법과 부하의 무효전력 변화량 ΔQ를 감소시키는 방법이 우선적으로 고려될 수 있다. 전원 용량을 증강시키는 것은 변압기의 증설 또는 전원 계통의 변경을 수반하므로 쉽게 해결될 수 없다. 따라서 일반적으로 전원 측 선로의 직렬 리액턴스인 x를 줄이는 방법으로 선로에 직렬 콘덴서를 설치하는 방법을 채택하고 있다. 또 무효 전력은 부하시 탭절환 방식과 병렬 콘덴서를 설치하여 무효전력을 공급하는 방법이 일반적으로 적용되고 있다. 그러나 실제에 있어서는 2006.2~2007.5까지 사이에 20개의 전철 변전소의 154kV 수전 전압 및 55kV 급전 전압을 측정하였던 결과 154kV 한전 전압은 수전단에서의 전압 변동률이 가장 큰 곳은 백양사의 경우로 최대 7.14%로 매우 안정적이며, 2차 측 전압은 KTX 운행 구간인 경부선의 사곡, 경산, 밀양과 호남선 구간만 12.60~17.80% 정도로 매우 높은 편이었으나 최저 전압은 계룡 변전소 T상의 48.4kV로 철도공사가 허용하고 있는 최소 허용전압 40[kV] 보다는 상당히 여유가 있었다. 따라서 전차 선로의 전압 보상을 위한 특별한 조처는 필요하지 않은 것으로 생각된다.

1) 부하시 탭절환

일반 수용가는 수전 전압의 변동 또는 부하의 증감에 따른 변압기 자체의 전압 변동에 관계없이 주변압기 2차 측 전압을 일정하게 유지하기 위하여 주변압기 1차 또는 2차에 권선비를 자유로이 조정할 수 있도록 부하시 탭절환기를 설치하는 경우가 많이 있다. 변압기 1차가 154kV인 변압기에 있어서는 한전이나 민간 기업에서는 탭간 전압을 정격전압의 $1\frac{1}{4}\%\,(154000 \times 1.25\% = 1925\text{V})$로 하고 있으며, 승압 8탭, 강압 8탭 및 중앙 1탭을 포함하여 17탭으로 하여 전압 조정 범위는 ±10%로 하는 경우가 많다. 이제 그림 7-33과 같은 변압기에서 누설 자속 및 여자전류를 무시할 때 권선비를 n이라 하면

$$\frac{V_1}{V_2} = n, \quad \text{또} \quad \frac{I_1}{I_2} = \frac{1}{n}$$

의 관계가 있고

$$\mathbf{V_1}\,\mathbf{I_1}^* = \mathbf{V_2}\,\mathbf{I_2}^*$$

로 권선비 n에 관계없이 변압기의 1차 유효전력을 P_1, 무효전력을 Q_1, 그리고 변압기의 2차 유효전력을 P_2, 무효전력을 Q_2라 할 때

$$P_1 + jQ_1 = P_2 + jQ_2$$

가 성립하므로 탭절환으로는 유효전력이나 무효전력의 흐름은 아무런 영향을 받지 않는다. 고딕 표시는 vector이고 *표시는 공액 복소수이다.

이제 변압기 1차 전압 154000V를 1pu, 변압기 %Impedance가 11%(0.11pu)이고, 용량 10MVA를 1pu라고 할 때 탭간 전압 1925V는 $\frac{1925}{154000} = 0.0125(\text{pu})$이므로 1탭을 조정하는데 따른 등가 무효전력 공급량 △Q는

$$\triangle Q = \frac{\triangle V}{x} = \frac{0.0125}{0.11} = 0.1136[\text{pu}] = 1.136\text{MVAR/Tap}$$

$$= 1136\text{kVAR/Tap}$$

가 된다.

여기서 철도공사가 설치한 Scott결선 변압기의 1Tap간 전압은 한전 및 일반 산업계의 1.25%와 달리 1Tap간 전압은 1%로 되어 있어 낮다. 즉 같은 전압을 조정하고자 할 때에는 변압기 Tap수를 증가시켜야 한다. 실제 전기차 운전 전류의 변동은 매우 심하고 전차 선로의 전압 변동이 극심하기는 하나 전기차의 정격전압은 25kV인데 비하여 허용전압은 최고 27.5kV, 최저 20kV까지로 25kV를 표준전압으로 하였을 때 전압 변동의 허용폭은 30% $\left(= \frac{27.5-20}{25} \times 100 = 30\%\right)$로 매우 크고 또 실제 운전 중에 전압 변동 속도도 매우 빨라 전압 조정을 위하여 부하시 전압조정장치를 실제로 자동 운전한 실례는 없었다.

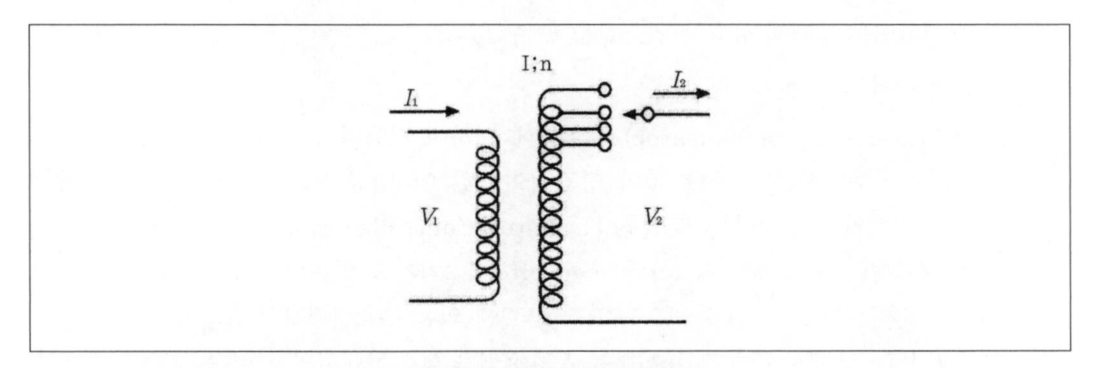

그림 7-33 변압기의 탭절환

부하시 전압조정장치(On load tap changer)의 전압 조정은 tap간의 절체가 기계적 절체이므로 응동 속도에 있어 전기적으로 변하는 전압에 대응할 수 없기 때문이다. Scott결선 변압기의 2차 권선에 보다 저렴한 무부하 전압조정장치(off load tap changer)를 설치하기로 하였다.

2) 무효전력보상

무효전력보상에 의한 전압 조정은 우선 전압강하의 원인이 무효전력이라는 확실한 결론이 나야 한다. 전기차가 Thyristor 위상 제어차인 경우에는 역률이 0.7 전후로 매우 낮아서 무효전력보상이 대단히 유효하나 PWM제어차는 역률이 거의 1에 가까우므로 무효전력 보상은 효과적이지 못하다. 즉 전압강하가 전력 계통상의 문제 예컨대 선로의 임피던스나 계통 용량 부족에 기인한다면 무효전력보상으로는 전압 문제가 해결될 수가 없다. 또 전기철도는 부하 변동이 심하여 무부하 또는 저부하로 되어 병렬 콘덴서로 과전압이 될 수 있으므로 주의하여야 한다.

① 병렬 콘덴서의 설치

전압 변동과 무효전력의 관계식에서 무효전력량을 $\triangle Q$, 전압조정을 위하여 설치한 병렬 콘덴서의 용량을 $\triangle Q_C$ 라 하면 조정된 전압은

$$\triangle V = x \cdot (\triangle Q - \triangle Q_C)$$

가 된다. 부하의 역률이 낮아져서 전압이 강하하는 경우에는 상당히 유효한 방법이 될 수 있다. Thyristor제어 전기차 전류는 역률이 매우 낮고 저차 고조파가 다량 포함되어 있음으로 커패시터를 역률 보상과 제3고조파의 분로 휠터를 겸하여 설치하는 것이 일반적이다. 우리나라 철도에는 경산전철 변전소에 고조파 휠터로 병렬 콘덴서를 설치한 실례가 있으며 측정 결과는 '제9장 전기철도의 고조파' 에서 보는 바와 같이 고조파에 대하여는 대단히 유효하다는 것을 알 수 있다.

② SVC에 의한 전압 보상

SVC(Static Var Compensator)는 역률에 의하여 리액터의 스위치를 SCR로 제어하기 때문에 무효전력이 중단 없이 증감하여 역률이 일정하도록 조종된다. SVC에는 SCR로 리액터를 조정하는 TCR형(Thyristor Controlled reactor)과 콘덴서를 개폐하는 TSC형(Thyristor switched capacitor) 2가지가 있는데 그림 7-34는 TCR형 SVC의 원리도이고, 그림 7-35 TCR형 SVC에 의한 무효전력보상 효과에 대한 설명이다. 그림 7-35에서 부하가 소비하는 무효전력을 Q_1, 콘덴서의 시설 용량을 Q_2, SCR에 의하여 역률이 0이 되도록 제어되는 리액터가 소비하는 무효전력을 Q_L이라 할 때 이 SVC가 공급하는 무효전력 Q_C는 $Q_C=Q_2-Q_L$가 되어 그림 7-35에서 사선을 그은 부분이 되어 $Q_C=Q_1$이므로 그 합계는 0이 되게 된다.

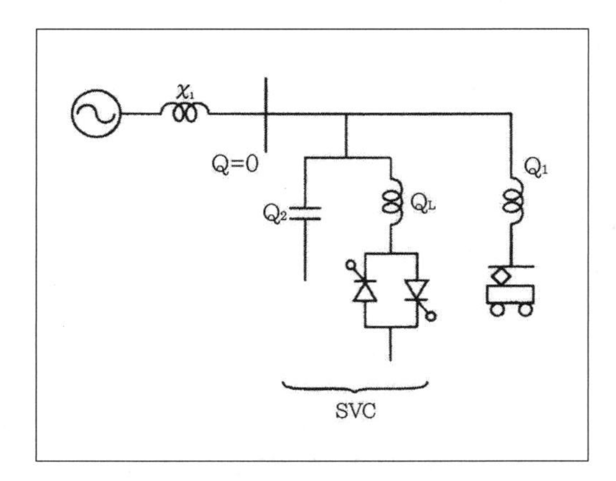

그림 7-34 TCR형 SVC원리도

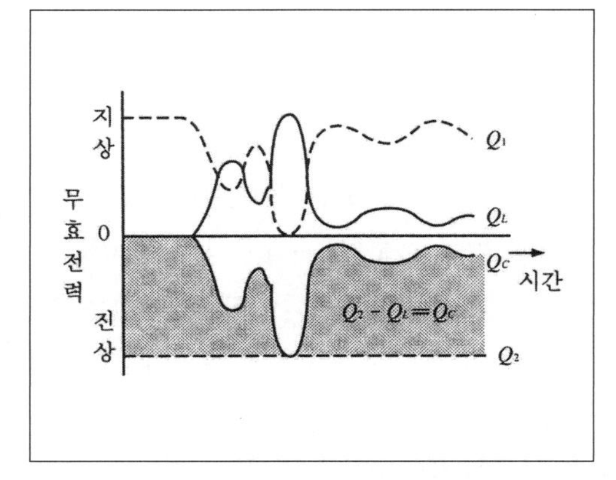

그림 7-35 SVC에 의한 무효전력보상

부하가 저역률로 무효전력이 증가하여 전압 강하가 심하게 발생하는 때에는 SVC를 설치하여 무효전력을 자동 보상함으로써 전압을 안정시키고 동시에 고조파에 대한 분로 필터로서도 역할을 하게 한다. 현재까지의 전기차는 Thyristor위상 제어차량이 많아서 차량의 역률이 낮아 병렬 콘덴서나 SVC에 의한 전압 보상이 상당히 유효할 수 있었으나 점차로 PWM차량의 증가로 역률이 거의 1에 가깝게 되어 전압 보상효과는 기대할 수 없게 되었다. SVC의 가격이 매우 고가여서 국내에서는 전압 조정을 위하여 SVC를 적용한 실례는 없었다.

3) 직렬 콘덴서의 설치

전압 강하식에서 전원의 리액턴스 x, 직렬 보상용으로 설치한 콘덴서의 커패시턴스를 x_c라 하고, 무효전력 변화량 △Q이라 할 때 전압강하 △V는

$$\triangle V = (x - x_C) \cdot \triangle Q$$

로 계산된다. 일반적으로 전기회로에서는 변압기의 임피던스가 가장 크므로 전력 계통에서는 전압 강하가 변압기에서 가장 많이 발생하는데 전기철도에서도 변압기에 의한 전압 강하가 가장 크기 때문에 직렬 콘덴서는 변압기 전압강하 보상을 목표로 설치하며, 변압기의 reactance 값을 x라 할 때, 직렬 콘덴서의 리액턴스 x_c는 x값의 50~70%를 취하여 변압기 임피던스에 의한 전압 강하를 50~70% 감소시키는 것을 목표로 하고 있다. 직렬 콘덴서에는 회로의 단락 및 지락전류가 직렬로 흐르기 때문에 계통 고장 시 콘덴서 단자 사이에 과도적으로 높은 이상 전압이 발생하는 등 문제점이 있어 직렬 콘덴서에는 과도 전압 상승을 보호하기 위한 별도의 보호장치를 필요로 한다. 또 변압기의 자기포화와 관련하여 철공진(鐵共振-iron resonance)을 일으켜 이상전압이 발생할 수도 있다. 여기에 전기철도에서 직렬 콘덴서를 적용한 실례를 아래에 소개한다. 적용한 Scott결선 변압기의 용량을 20000kVA, %Impedance는 M상, T상 모두 자기 용량 기준으로 하여 10%라 하면 변압기 2차 전압이 55kV이므로 변압기 리액턴스 Z는

$$Z = \frac{10}{100} \times \frac{V^2}{P} = 0.1 \times \frac{55^2}{10MVA} = 30.25[\Omega]$$

변압기 2 Bank를 병렬 운전할 때 30[Ω] 전부를 보상하면 부하 분담이 불안정하여질 수 있고, 또한 변압기 투입 시 돌입전류와 함께 발생하는 분수조파(分數調波-Fractional high harmonics)에 대한 진동 억제가 어려워지는 등이 우려되므로 변압기 리액턴스의 $\frac{2}{3}$인 20[Ω]만을 보상하기로 한다. 부하 순시 최대 전력이 25505kW이고, 역률이 0.9라 할 때 순시 최대 전류 I_m은

$$I_m = \frac{25505}{0.9 \times 55 \times 2} = 257.6[A]$$

직렬 콘덴서의 정격전류는 최대 부하 전류에서 과도현상이 발생하여도 유효하게 작동하여야 하므로 400A를 선정한다. R은 20[Ω]이고 또 $R = \frac{1}{\omega C}[\Omega]$이므로

커패시터의 M, T 각 상의 용량 Q는

$$Q = I_m^2 \times C = 400^2 \times 20 \times 10^{-3} = 3200[kVAR]/phase$$

$$C = \frac{1}{\omega R} = \frac{1}{\omega \times 20} = 132.63[\mu F]/phase$$

이제 변압기 전압 변동률이 역률 0.9에서 10%라 하면 직렬 커패시터를 설치하면 전압 강하는 전압 변동률 10% 가운데서 $10 \times \frac{20}{30} = 6.67\%$ 가 보상된다. 따라서 전압 강하가 상당히 감소하므로 매우 효과적이라는 것을 알 수 있다. 직렬 콘덴서는 부하 역률이 낮은 경우에 그 효과는 더 커진다. 역률이 낮으면 전압 강하 $(R\cos\varphi + X\sin\varphi)I$에서 $R \cdot \cos\varphi \fallingdotseq 0$ 또 $X \cdot \sin\varphi \fallingdotseq X$ 가 되기 때문이다.

현재 직렬 콘덴서가 설치되어 있었던 전철 변전소는 1970년대의 수도권 전철 건설 때 건설한 주안 변전소, 모란 변전소, 군포 변전소와 의정부 변전소 등의 4개소이나, 현재는 모두 철거한 상태이다.

직렬 콘덴서의 보호계전기는 Analog형으로 콘덴서의 제작사인 일본 NISSIN전기(日新電氣) 제품으로 콘덴서 보호만 고려하여 분수조파보호계전기(EOR-SC2), 콘덴서의 지락 보호를 위한 지락과전류계 전기(EOA-EH), 고속과전류계전기(COH1) 등만 설치되어 직렬 콘덴서 고장 시에는 계전기가 동작하여 직렬 콘덴서와 병렬로 설치되어 있는 BPS(By-pass switch)를 투입하여 콘덴서를 By-pass하여 운전하도록 되어 있었다.

참고로 직렬 콘덴서 설치 시 주변압기와의 사이에 발생하는 철공진에 대하여 검토하여 보기로 한다. 그림 7-37(a)와 같은 직렬 콘덴서 회로에서는 변압기 단자 전압은 그림 7-35(b)의 자화곡선 E_r로 표시되며, 콘덴서의 과보상으로 $X_L < X_C$라 할 때 선로의 리액턴스를 포함한 콘덴서의 종합단자 전압을 E_X라 하면 이 2 전압 E_r와 E_X는 위상이 서로 반대이므로 2전압을 합한 전압은 E_1이라는 곡선을 그리게 된다. 이제 저항 R의 단자 전압 E_R을 E_1과 벡터 합성을 하면 송전단 전압 E_S와 무부하 전류 I_e와의 관계 곡선이 얻어진다. 그림 7-38(b)에서 보는 바와 같이 송전단 전압이 E_{S1}이 될 때 전류는 I_1에서 I_2로 도약(跳躍-jumping)하는 것을 알 수 있는데 이와 같이 전류의 급격한 변화를 철공진 현상이라 한다.

여기서 주의할 점은 과보상시 부하 역률이 나쁠수록 전압의 상승이 커진다는 것이다. 또 전철용 변압기와 같이 순시 최대 과부하가 큰 부하에 직렬 콘덴서를 설치하고자 할 때에는

과부하시 직렬 콘덴서에 흐르는 전류의 증가가 커서 콘덴서의 단자 전압 E_X가 급격히 상승하므로 변압기와 직렬 콘덴서가 철공진에 이르게 되지 않도록 콘덴서 설치 시에 주의할 필요가 있다.

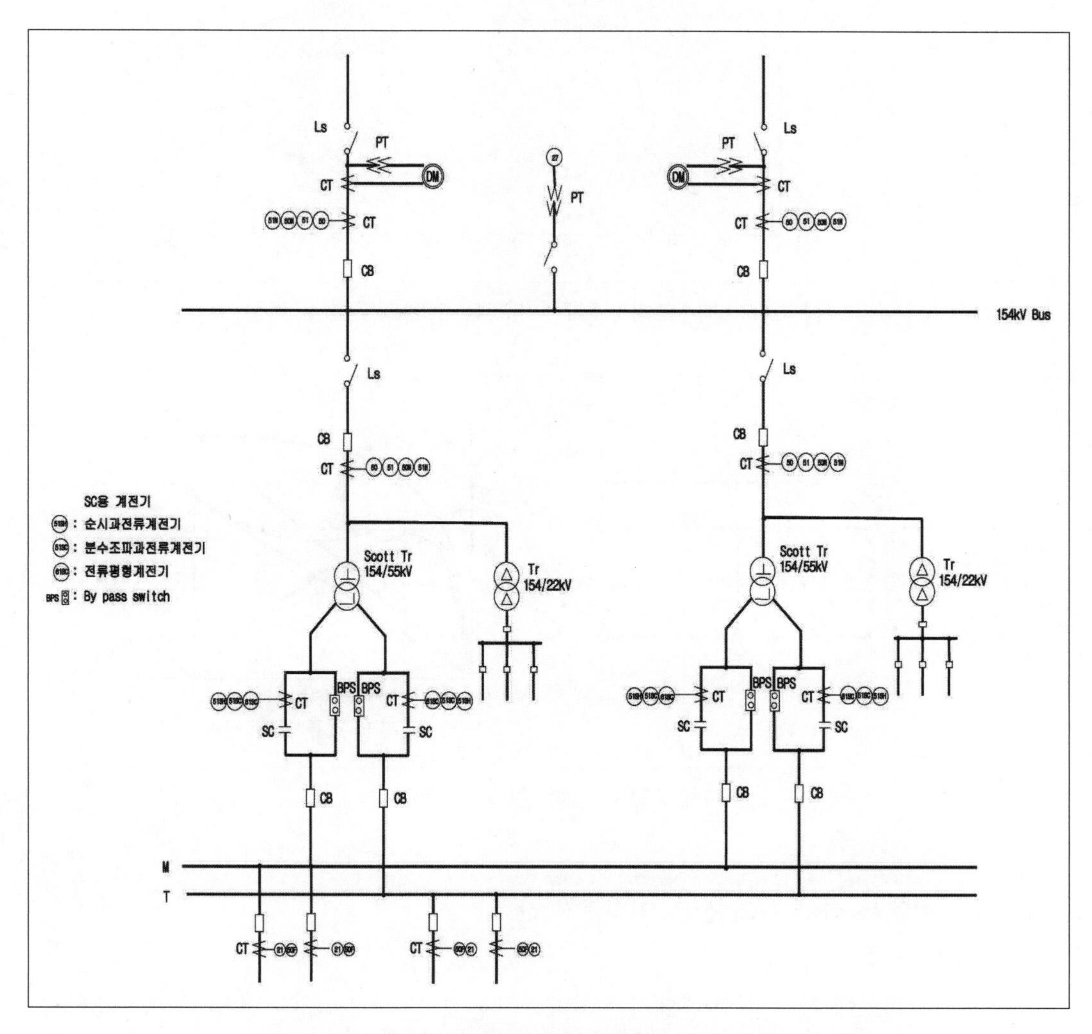

그림 7-36 직렬 콘덴서를 설치한 변전소 단선 결선도의 예

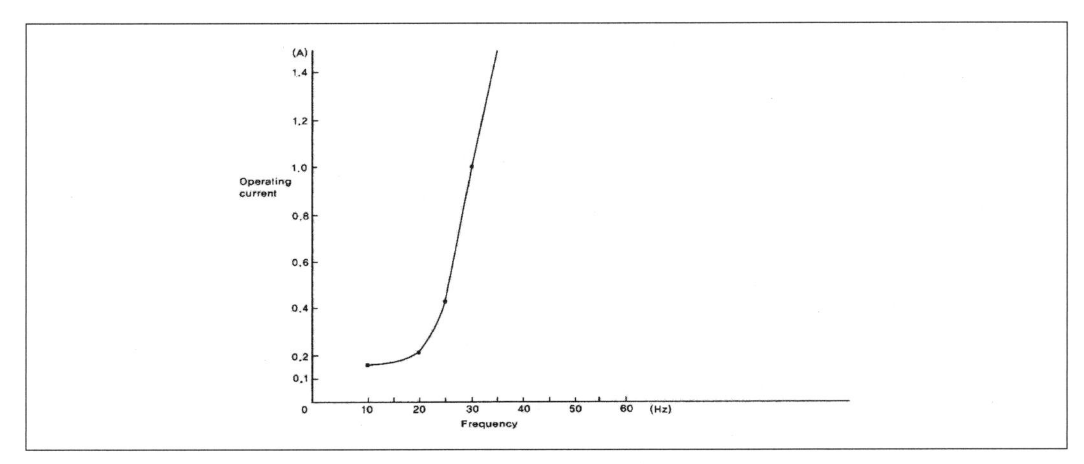

그림 7-37 분수조파보호계전기(EOR-SC2)의 주파수 특성

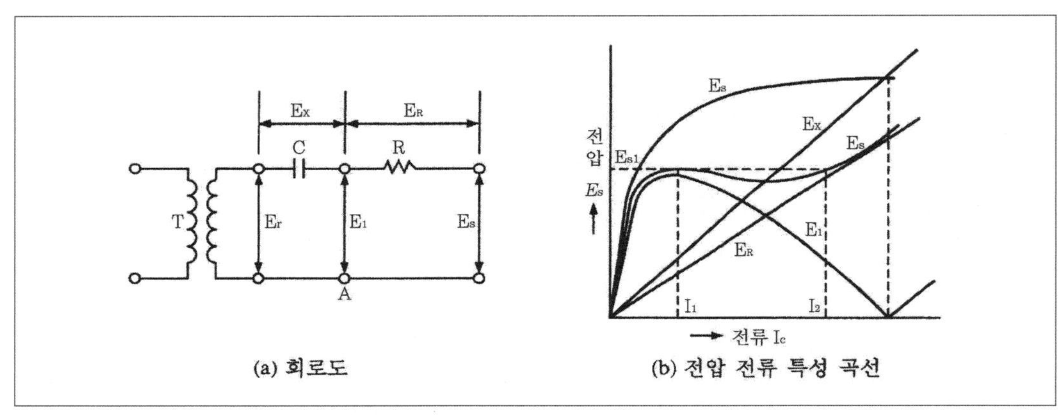

그림 7-38 직렬 콘덴서의 철공진

4) 직렬 콘덴서 설치 시의 선로 임피던스 값

① AT 급전회로의 임피던스

AT 급전회로에 있어 직렬 콘덴서를 50kV 계통에 설치하는 경우 전차선 전압 25kV를 기준으로 했을 때 콘덴서의 임피던스를 X_C라 하면 AT의 전압비가 2:1이므로 선로의 길이를 l_n이라 할 때 콘덴서 임피던스 $\left(\frac{1}{2}\right)^2 X_C = \frac{1}{4} X_C$를 빼야 하므로 선로 임피던스는

$$Z_n = (R_L \cos\varphi + jX_L \sin\varphi) \cdot l_n + (R_L' \cdot \cos\varphi + jX_L' \cdot \sin\varphi) \cdot \left(1 - \frac{x_n}{D_n}\right) x_n - j\frac{1}{4} X_C$$

$$= \left\{ R_L \cdot I_n \cdot \cos\varphi + R_L{}' \cdot \cos\varphi \cdot \left(1 - \frac{x_n}{D}\right) \cdot x_n \right\}$$

$$+ j\left\{ X_L \cdot I_n \cdot \sin\varphi + X_L{}' \cdot \sin\varphi \cdot \left(1 - \frac{x_n}{D_n}\right) \cdot x_n - \frac{X_C}{4} \right\}$$

로 계산된다.(7-3-2. Casrson-Pollaczeck 식에 의한 전차선 임피던스 계산 참조)

② BT 급전회로의 임피던스

AT 급전회로는 급전 전압과 전차선 전압이 2:1이어서 전차선 전압으로 환산할 때에는 $\frac{1}{4}X_C$를 빼야 하나 BT 급전회로에 있어서는 급전 전압이 전차선 전압과 같으므로 설치된 콘덴서의 임피던스 X_C를 감한다. 즉

$Z_n = R \cdot \cos\varphi + j(X \cdot \sin\varphi - X_C)$가 된다.

5) 선로 전압 강하 계산 예

그림 7-39와 같은 AT의 급전 계통의 선로 임피던스가

$$Z_n = (0.0953 + j0.3878) \cdot l_n + (0.2397 + j0.9172)\left(1 - \frac{X_n}{D_n}\right)X_n$$

인 AT 급전 계통에 30MVA인 변압기가 설치되어 있을 때 점 n=(3)인 점의 전압을 계산하면 다음과 같다.

급전선 1km당 저항은

R_L=0.0953[Ω], $R_L{}'$=0.2397[Ω]

급전선 1km당 리액턴스는

X_L=0.3878[Ω] $X_L{}'$=0.9172[Ω]

이고, 기준 전원 용량을 10MVA, 부하 역률을 0.8이라 할 때

전원 임피던스 $Z_0 = j\frac{10 \times 25^2 \times 0.35 \times 2}{10000} = j0.4375[\Omega]$

변압기 임피던스 $Z_T = j\frac{10 \times 25^2 \times 10 \times 2}{30000} = j4.1667[\Omega]$

커패시터 임피던스 $Z_C = \frac{1}{4} \times (-j12) = -j3[\Omega]$

변압기 용량이 30000kVA이므로 M상, T상의 용량이 각각 그 반이므로 변압기 %임피던스를 계산할 때에는 그 2배를 계산한다. 변전소가 공급하는 전류의 합계는 520A이므로 직렬 콘덴서 2차 단자까지의 전압 강하 e_0는

$$e_0 = (0.4375 + 4.1667 - 3) \times 0.6 \times 520 = 500.2\ [V]$$

이고, 선로의 전압 강하는 △E=I·(R·cosφ+X·sinφ)이며 이때 선로 정수 Z_L 및 Z_L' 는 다음과 같으므로

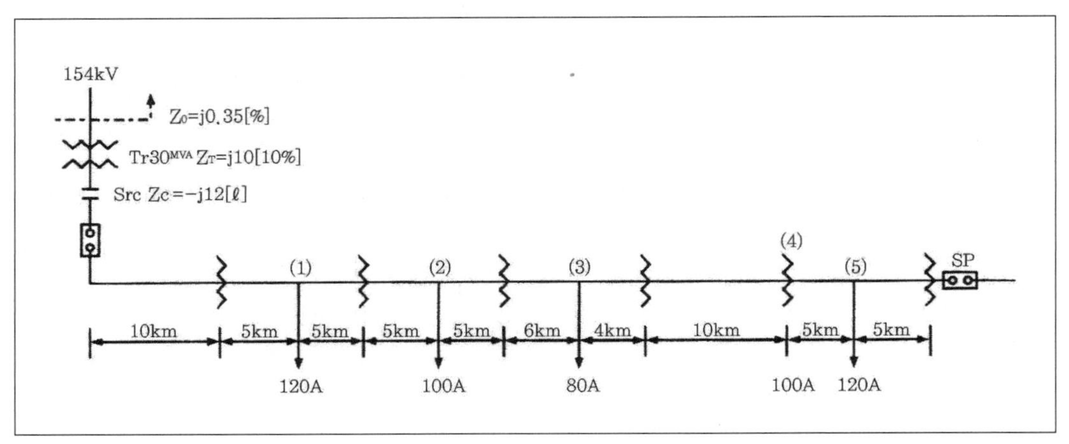

그림 7-39 AT의 급전 계통도의 예

선로 정수 1. $Z_L = 0.0953 \times 0.8 + 0.3878 \times 0.6 = 0.3089(\mathrm{V/A-km})$

선로 정수 2. $Z_L' = 0.2397 \times 0.8 + 0.9172 \times 0.6 = 0.7421(\mathrm{V/A-km})$

직렬 콘덴서 2차 단자에서 n=(3) 위치까지의 전압 강하 e_1은

$$e_1 = 0.3089 \times (120 \times 15 + 100 \times 25 + 80 \times 36) + 0.7421 \times \left(1 - \frac{6}{10}\right) \times 6 \times 80$$

$$= 2360.4[\mathrm{V}]$$

따라서 $n = (3)$ 지점의 전압은

$$\mathrm{E} = 27500 - (500.51 + 2360.4) = 24639.1[\mathrm{V}] \fallingdotseq 24.64\mathrm{kV}$$

임을 알 수 있다.

㊟ (1) 電氣工作物(電車線路)設計施工標準(解説), 1972年 社團法人 鐵道電化協會
(2) 電氣工作物(電氣運轉用變電設備)設計施工標準, 2002.6. 日本鐵道電氣技術協會
(3) 高速鐵道 研究報告書(電氣分野), 1996.12. p55 신형섭
(4) 日立電線便覽, 日立電線 刊
(5) き電システム技術講座, 1997.10. 일본鐵道總合技研
(6) Protective Relays Application Guide GEC-ALSTOM 1987 p55
(7) 자가용전기설비의 모든 것, 김정철저, ㈜도서출판 기다리
(8) 電力系統工學, 關根 著, 일본 電氣書院
(9) 전력품질측정 및 대책연구보고 2007.8. 한국철도시설공단

7-3. 전차선로의 선로정수

7-3-1. AT급전 계통의 전차선 임피던스

AT급전 방식은 전차선 T, 레일 R, 급전선 F, 보호선 PW 등으로 구성된 망상회로로 전류의 분포가 매우 복잡하여 회로 계산이 용이하지 않으므로 AT급전선로의 임피던스 계산은 일본에서 일반적으로 적용하여 왔던 등가회로 계산법(等價回路計算法)이 비교적 간단하고 정확도도 입증되어 있는 것으로 생각되어 여기에서는 주로 이 등가회로 계산법을 적용하고자 한다. 이 계산법은 日本國有鐵道 電氣局制定 "電氣工作物(電車線路設計 施工 標準), 1972" 이래 최근 간행된 JR교재연구회 편 전차선로 series 제4권과 2005년 6월 日本鐵道電氣技術協會가 간행한 東日本旅客鐵道(株)制定 "電氣工作物(電氣 運轉用變電設備)設計施工標準" 에 이르기까지 그 내용이 변경 없이 그대로 기재되어 있어 이 등가회로 계산방식에 의한 계산 사례는 여러 곳에서 볼 수 있으나 등가회로 유도 과정에 대하여는 위에 열거한 어느 책에도 자세히 설명되어 있지 않다. 이에 필자는 전고속전철관리공단 연구소에서 급전 계통 연구에 종사하였던 신형섭 박사에 자문을 구하였던바 신형섭 박사가 아래 (1)의 AT를 소거하는 등의 등가회로 유도 방식을 제시하였고, 이 방법이 상당히 타당한 것으로 생각되어 필자는 그 내용을 이 책에 인용하였다. 또 (2) AT급전 계통의 전차선로 임피던스 유도 방식은 최신간 "電氣運轉用變電設備, 設計施工 標準, 日本鐵道 電氣技術協會, 2005.6 발행"[(1)]에서 인용하였음을 밝혀둔다. 이 등가회로 계산법에서는 그림 7-32(c)에 보여주고 있는 상호 임피던스 소거 방법 등이 설명되어 있지 않아서 이 계산식의 유도 방법에 대하여 일본철도전기기술협회(日本鐵道電氣技術協會)에 질의하였으나 확실한 회신이 없었다. 그러나 이 계산 방법은 일본에서 이미 널리 적용되어 왔고. 국내에서도 퇴직한 철기연의 신 형섭 박사가 간접적으로 확인한바 있어 그대로 적용하기로 한다.

1) AT급전 계통의 등가회로 유도

국내에 일반철도에 적용되고 있는 전철 AT급전 계통은 그림 7-40(a)와 같이 변전소(S/S), 보조급전 구분소(SSP), 그리고 급전 구분소(SP)에 단권변압기를 설치하여 1차 측 55kV 계통(catenary-feeder 사이)으로부터 2차 측 27.5kV(catenary-rail 사이) 계통으로 전력을 공급하는 구조로 되어 있다.

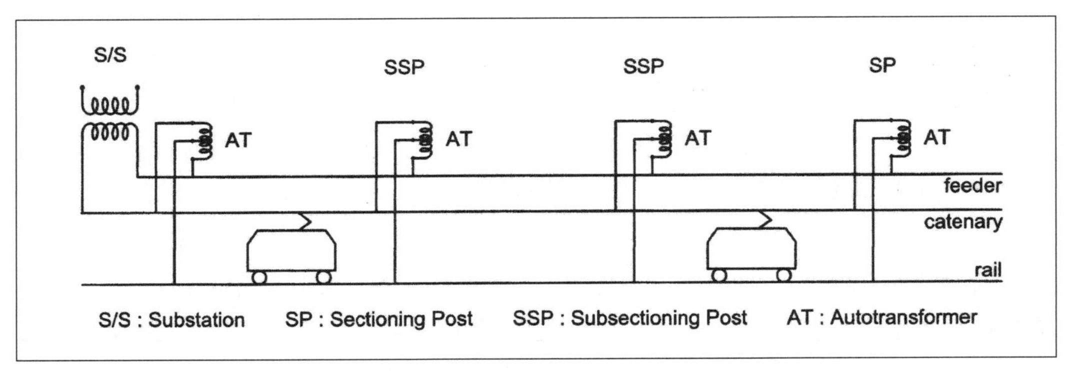

그림 7-40(a) 전철 AT급전 계통

그림 7-40(b)는 AT를 일반 변압기의 형태로 표현한 것인데 1차 측에 급전선(feeder)과 전차선(catenary)이 있고, 2차 측에는 전차선(catenary)과 궤도(rail)가 있는 형태이다.

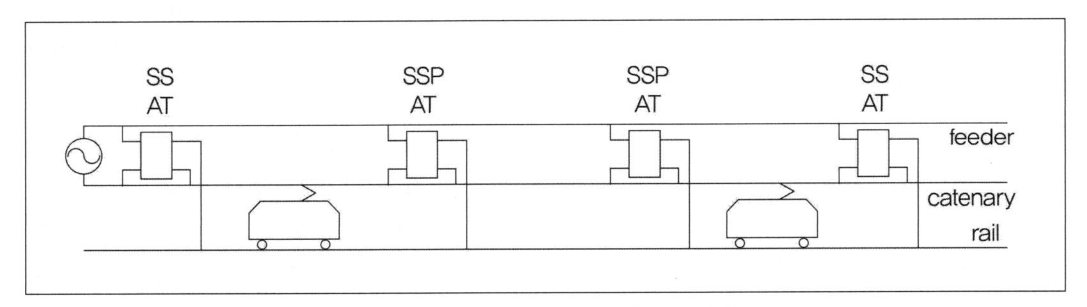

그림 7-40(b) AT를 일반 변압기로 표현한 회로

그림 7-40(c)는 변압기를 등가회로로 표현한 것인데 여자회로는 무시하고 AT 2차 측으로 환산한 누설 임피던스를 직사각형으로 표시하였다.

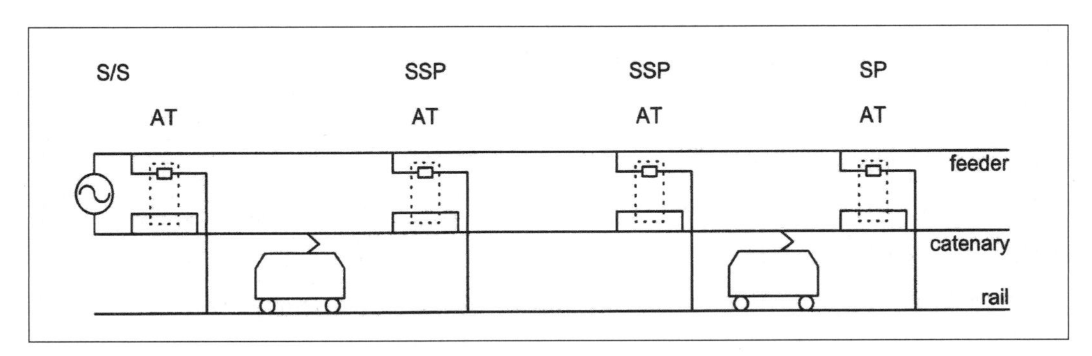

그림 7-40(c) AT를 일반 변압기의 등가회로로 표현한 회로

그림 7-40(d)는 앞의 그림 7-40(c)로부터 연결 형태만을 바꾸어서 그린 것으로 일본의 電氣運轉用變電設備, 設計施工標準에서 사용하고 있는 등가회로와 같은 모양이 된다.

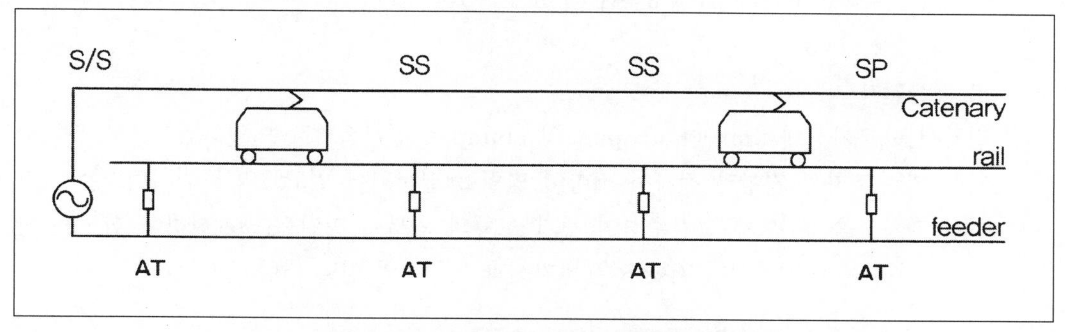

그림 7-40(d) 전철 AT급전 계통의 등가회로

7-3-2. Carson-Pollaczeck 식에 의한 전차선 임피던스 계산

1) 자기 임피던스

지표상에 가설되어 있는 전선의 대지 귀로 자기 임피던스(Z_S)는 전선 고유의 내부 임피던스 Z_A와 가선된 전선의 지표상 높이와 대지 도전율 등에 따라 변하는 외부 임피던스 Z_B의 합으로 된다. 즉

$$Z_S = Z_A + Z_B [\Omega/km]$$

으로 된다.

① 내부 임피던스

내부 임피던스 Z_A는

$$Z_A = R + j\omega L [\Omega/km]$$

로 여기서

동의저항 : $R = \frac{1}{58} \times \frac{100}{C} \times \frac{1000}{S} \times \{1 + \alpha(T - 20)\} [\Omega/km]$

리액턴스 : $L = \frac{1}{2}\mu_S \times 10^{-4} [H/km]$

단 S : 도체 단면적[mm^2]

C : 도전율[%]

T : 도체 온도[℃]

α : 저항온도계수(경동의 경우=0.00378)

μ_S : 도체의 비투자율(=Cu=AL=1 또 St=100)

ω : $2\pi f=377$

로 계산된다.

전차선을 조가선에 5m마다 dropper의 clamp로 전기적으로 연결하였으므로 도체의 저항 R은 조가선 저항과 전차선 저항이 병렬로 결선되어 있고, 외부 임피던스는 조가선과 전차선을 한 도체로 간주하여 등가 도체의 외부 임피던스를 계산하여 합산을 한다. 여기서 등가 전차선의 저항 R은 조가선과 전차선의 병렬 저항이므로

$$R = \frac{R_m \cdot R_t}{R_m + R_t} [\Omega/km]$$

로 계산되며 R_m은 조가선 저항[Ω/km], R_t는 전차선 저항[Ω/km]이다.

② 외부 임피던스

외부 임피던스 Z_B는 대지를 귀로로 형성하기 때문에 Carson-Pollaczeck식을 이용하여 다음과 같이 계산한다.

$$Z_B=\left\{\omega\left(\frac{\pi}{2}-\frac{4X}{3\sqrt{2}}\right)+j\omega\left(2\ln\frac{4h}{\gamma\cdot r\cdot X}+\frac{4X}{3\sqrt{2}}+1\right)\right\}\times 10^{-4}$$

$$=\left\{\omega\left(\frac{\pi}{2}-\frac{4X}{3\sqrt{2}}\right)+j\omega\left(2\ln\frac{4h}{r\cdot X}+\frac{4X}{3\sqrt{2}}-0.1544\right)\right\}\times 10^{-4}[\Omega/km]$$

단 r : 도체의 등가 반경[m]

h : 지표에서 도체까지의 등가 높이[m]

X : $4\pi h\cdot\sqrt{20\cdot\sigma\cdot f}\times 10^{-4}$

σ : 대지도전율[S/m], 일반적으로 σ=0.01 S/m로 계산

f : 주파수

γ : 1.78107(Bessel 정수)

조가선과 전차선의 합성 등가도체의 등가 반경 r은 $r=\left(r_m\cdot r_t\cdot S^2\right)^{\frac{1}{4}}$로 계산하며, r_m은 조가선의 반경[m], r_t는 전차선의 반경[m]이다. 또 S는 조가선의 등가가고(等價架高)로 $S=S_0-\frac{2}{3}d$ 이며 d는 이도(弛度-Dip)로 $d=\frac{WL^2}{8T}$ 이다.

여기서 W : 합성 전차선의 단위 질량[kg], L: 경간[m], T : 장력[kgf]이다.

조가선과 전차선이 합성된 등가도체의 등가 높이 h는

$$h = h_t + \left(\frac{h_m}{h_t + h_m}\right) \cdot S$$

이다. 여기서 h_t : 전차선의 높이, h_m : 조가선의 높이이고, S는 등가가고이다.
따라서 도체의 등가 반경과 등가 높이로 계산한 자기 임피던스 Z_S는

$$Z_S = Z_A + Z_B$$

$$= R + j\omega L \times 10^{-4} + \left\{\omega\left(\frac{\pi}{2} - \frac{4X}{3\sqrt{2}}\right) + j\omega\left(2\ln\frac{4h}{rX} + \frac{4X}{3\sqrt{2}} - 0.1544\right)\right\} \times 10^{-4}$$

$$= \left\{R + \omega\left(\frac{\pi}{2} - \frac{4X}{3\sqrt{2}}\right) \times 10^{-4}\right\}$$

$$+ j\omega\left\{L + \left(2\ln\frac{4h}{r \cdot X} + \frac{4X}{3\sqrt{2}} - 0.1544\right) \times 10^{-4}\right\} [\Omega/km]$$

가 된다.

2) 상호 임피던스(Z_M)

2선 이상의 전력선이 가선되어 있는 경우의 전선 상호 임피던스 Z_M은 Carson-Pollaczeck 식을 이용하여 다음과 같이 계산한다.

$$Z_M = \omega \cdot \left\{\frac{\pi}{2} - \frac{4X'}{3\sqrt{2}} \cdot (h_1 + h_2)\right\} \times 10^{-4}$$

$$+ j\omega\left\{2 \cdot \ln\frac{2}{\gamma \cdot X' \cdot \sqrt{b^2 + (h_1 - h_2)^2}} + \frac{4X}{3 \cdot \sqrt{2}} \times (h_1 + h_2) + 1\right\} \times 10^{-4}$$

$$= \omega \cdot \left\{\frac{\pi}{2} - \frac{4X'}{3\sqrt{2}} \cdot (h_1 + h_2)\right\} \times 10^{-4}$$

$$+ j\omega\left\{2 \cdot \ln\frac{2}{X' \cdot \sqrt{b^2 + (h_1 - h_2)^2}} + \frac{4X}{3 \cdot \sqrt{2}} \times (h_1 + h_2) - 0.1544\right\} \times 10^{-4} [\Omega/km]$$

단 h_1, h_2 : 도체 1,2의 지표상에서의 높이[m]
b : 도체 1,2의 수평 거리[m]
X' : $2\pi\sqrt{20 \cdot \sigma \cdot f} \times 10^{-4}$

로 계산한다. 도체1 또는 2는 전차선과 급전선 같이 서로 분리되어 있는 도체를 의미하며, 상호 임피던스 Z_M는 주로 합성된 등가 전차선, 단선인 급전선, 보호선과 Rail등 사이의 상호 임피던스이다.

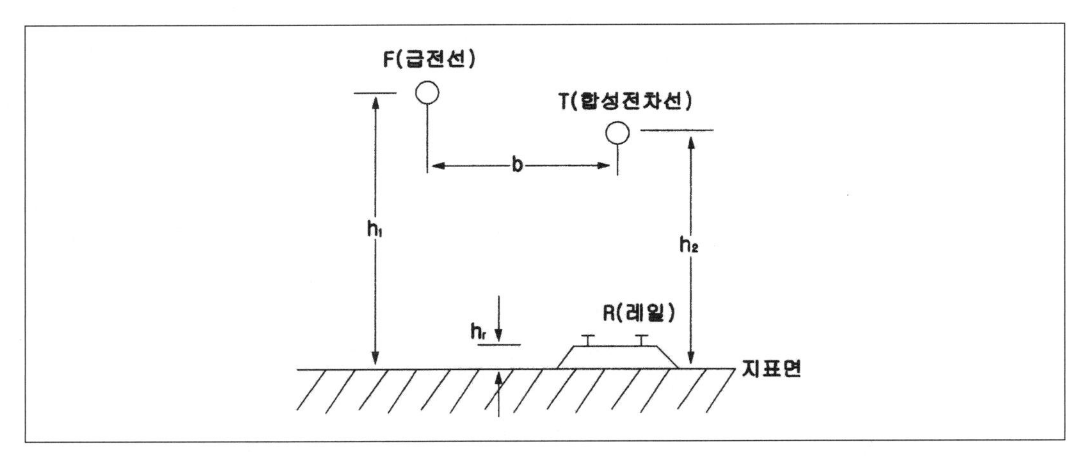

그림 7-41 AT급전 구간 단선 전차선 단면도

3) Rail의 대지 귀로 임피던스

Rail은 1본의 자기 임피던스와 Rail 2본의 상호 임피던스를 계산하여 이들 임피던스로 2본의 Rail을 1본의 등가 레일로 환산하여 임피던스를 계산한다.

① Rail의 자기 임피던스 : Z_S

예를 들면 60N Rail의 내부 임피던스 Z_{IR}는 레일의 누설 전류를 10%라 할 때 저항은 R=0.0126(Ω/km)이므로

$$Z_{IR} = R + j\omega L_i = 0.0126 + j1.885[\Omega/km]$$

가 되며 외부 임피던스 Z_{SR}는 Carson-Pollaczek식으로 구하면

$$Z_{SR} = \left\{\omega\left(\frac{\pi}{2} - \frac{4X}{3\sqrt{2}}\right) + j\omega\left(2\ln\frac{4h}{r \cdot X} + \frac{4X}{3\sqrt{2}} - 0.1544\right)\right\} \times 10^{-4}[\Omega/km]$$

로 된다. 여기서 r은 Rail의 등가원주(等價圓柱)의 반경이고, S를 Rail의 단면적이라 하면 60N에서는 S=7550mm²이므로 원주의 등가 반경 r은

$$r = \sqrt{\frac{S}{\pi}} = \sqrt{\frac{0.00755}{3.14}} = 0.049[m]$$

이 된다. 따라서 Rail의 자기 임피던스는 Z_S는 위에서 계산한 $Z_{IR}+Z_{SR}$이므로

$$Z_S = Z_{IR} + Z_{SR}[\Omega/km]$$

로 계산된다.

② Rail 2본을 등가 Rail 1본으로 환산한 임피던스

좌우의 양 Rail 간의 상호 임피던스는 Carson-Pollaczek식으로 구한다. 이때 구한

상호 임피던스를 Z_M이라 하면 Rail의 환산 임피던스 Z_R은

$$Z_R = \frac{Z_S + Z_M}{2}$$

가 된다. 이때 합성된 2 도체의 등가도체의 위치는 2 Rail의 중앙이 되고 2 도체의 등가 반경 R은

$$R = \sqrt{r \cdot \lambda}$$

로 λ는 Rail의 중심간 거리(m)이며 표준궤(標準軌)에서는 λ=1.51(m)이다.

4) Rail과 보호선(PW)의 합성 대지 귀로 자기 임피던스

Rail과 보호선은 그림 7-42와 같이 병렬로 결선되어 있다. 따라서 다음 식이 성립한다.

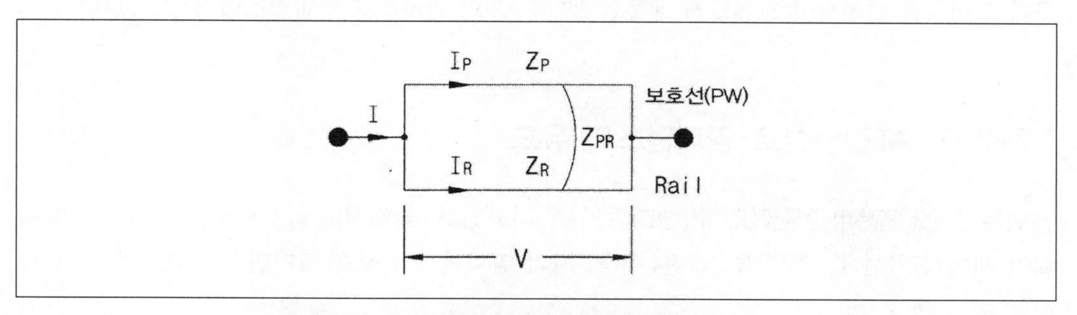

그림 7-42 보호선과 Rail의 대지 귀로 임피던스

$$V = I_P \cdot Z_P + I_R \cdot Z_{PR}$$

$$V = I_R \cdot Z_R + I_P \cdot Z_{PR}$$

여기서

$$I_P = \frac{V \cdot (Z_R - Z_{PR})}{Z_P \cdot Z_R - Z_{PR}^2}$$

$$I_R = \frac{V \cdot (Z_P - Z_{PR})}{Z_P \cdot Z_R - Z_{PR}^2}$$

로 I_P, I_R을 구하고 귀로 전류 I는 I_P, I_R을 합한 전류이므로

$$I = I_P + I_R = \frac{V \cdot (Z_R - Z_{PR})}{Z_P \cdot Z_R - Z_{PR}^2} + \frac{V \cdot (Z_P - Z_{PR})}{Z_P \cdot Z_R - Z_{PR}^2}$$

$$= \frac{V \cdot (Z_P + Z_R - 2Z_{PR})}{Z_P \cdot Z_R - Z_{PR}^2}$$

Rail과 보호선의 합성 대지귀로 자기 임피던스 Z는 전압을 전류로 나눈 값이므로

$$Z = \frac{V}{I} = \frac{Z_P \cdot Z_R - {Z_{PR}}^2}{Z_P + Z_R - 2Z_{PR}}$$

로 구해진다.

여기서 I_P : 보호선에 흐르는 전류

I_R : Rail에흐르는 전류

Z_P : 보호선 자기 임피던스

Z_R : Rail의 자기 임피던스

Z_{PR} : 보호선과 Rail의 상호 임피던스

이와 같이 하여 전차선, 급전선, 보호선(PW)과 Rail의 자기 임피던스 및 상호 임피던스를 구하고 이들을 합성하여 교류급전 계통인 BT와 AT의 전차선로 임피던스의 값을 구한다.

7-3-3. AT전차선로 임피던스의 유도

일본 "電氣運轉用變電設備, 計施工標準" 에 의하면 AT급전선의 급전회로는 그림 7-43(a) 같이 되어 전차선 T, 레일 R, 급전선 F의 자기 임피던스와 상호 임피던스는 다음과 같이 표시할 수 있다.

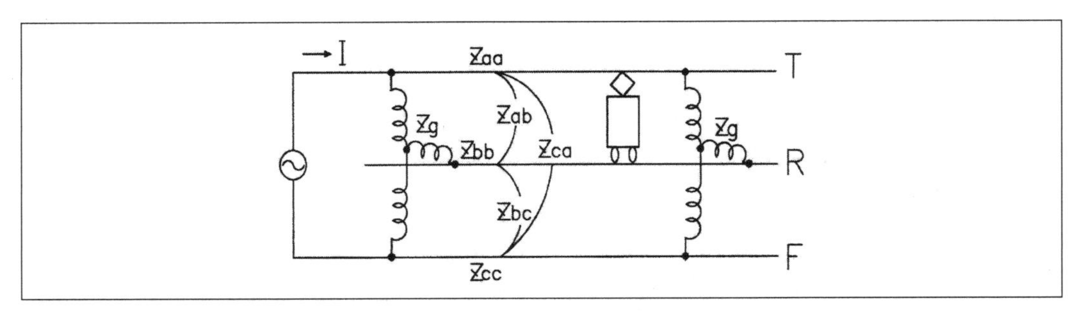

그림 7-43(a) AT급전선의 원회로

Z_{aa} : [T]의 km당 자기 임피던스

Z_{bb} : [R]의 km당 자기 임피던스

Z_{cc} : [F]의 km당 자기 임피던스

Z_{ab}, Z_{bc}, Z_{ca} : [T-R], [R-F], [F-T]의 km당 상호 임피던스

Z_g : AT의 누설 임피던스

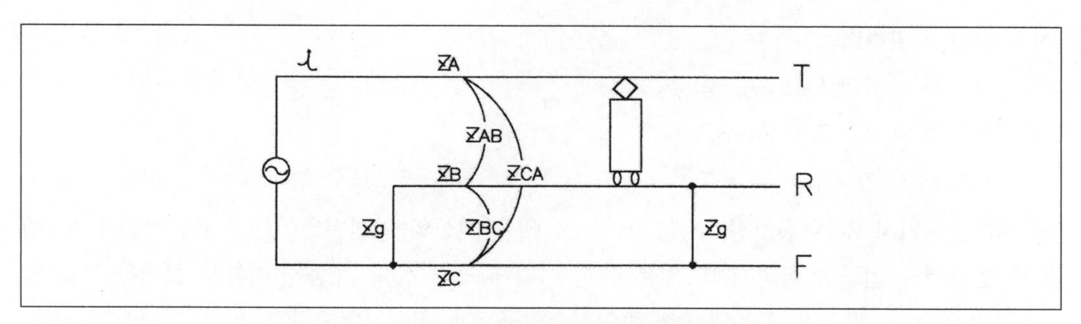

그림 7-43(b) AT급전 계통의 등가회로 2

그림 7-43(a) 회로를 (1)의 등가회로 유도 방식에 따라 등가회로를 변환하면 그림 7-43(b)의 등가회로 2와 같이 된다. 그림 7-43(b) 등가회로 2에서의 T, R, F의 자기 임피던스 및 상호 임피던스는

$Z_A = Z_{aa}$

$Z_B = Z_{bb}$

$Z_C = (Z_{cc} + 2Z_{ca} + Z_{aa})/4$

$Z_{AB} = Z_{ab}$

$Z_{BC} = (Z_{bc} + Z_{ab})/2$

$Z_{CA} = (Z_{ca} + Z_{aa})/2$

$I \ = 2I$

의 관계가 성립된다.

그림 7-43(b)의 등가회로에서 Z_g=0이라 하고 T, R, F의 전류 총합계가 0이 되는 조건에서 Z_{AB}, Z_{BC}, Z_{CA}를 소거하면 등가회로는 그림 7-43(c)의 등가회로 3과 같이 되며

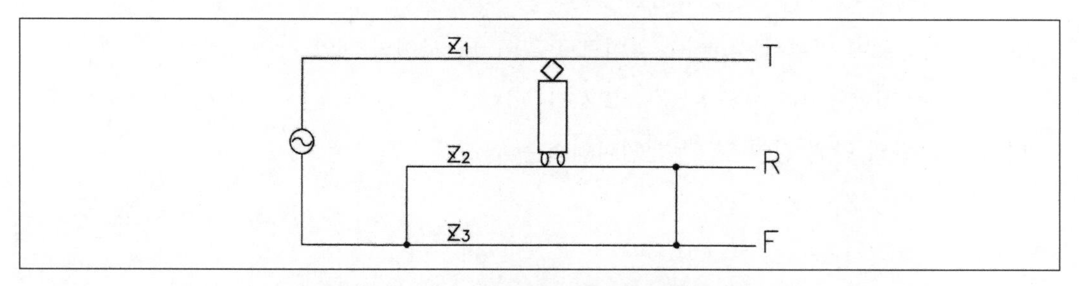

그림 7-43(c) AT급전 계통의 등가회로 3

이들 등가 임피던스는

$$Z_1 = Z_A + Z_{BC} - Z_{AB} - Z_{CA}$$

$$Z_2 = Z_B + Z_{CA} - Z_{AB} - Z_{BA}$$

$$Z_3 = Z_C + Z_{AB} - Z_{BC} - Z_{CA}$$

가 된다. 여기서 Z_1은 전차선, Z_2는 레일, Z_3은 급전선의 임피던스이다. 이와 같은 소거 방법은 앞에서도 언급한 바와 같이 일본 문헌 어디에도 그 유도 과정을 명확히 설명한 곳은 없어 참고 서적을 얻고자 일본의 철도총합기술연구소에 질의하였으나 확실한 회신이 없었다. 이 등가회로에서 임피던스 Z_1, Z_2, Z_3는 상호 임피던스가 소거되고 자기 임피던스의 형태로만 표시된 T, R, F의 각 임피던스로 그 표현이 매우 간략한 이점이 있고 앞에서 언급한 바와 같이 간접적인 방법이 나마 그 정확한 것이 입증되었다. 그림 7-44에서 보는 바와 같이 전차선 임피던스 Z_1, 급전선 임피던스 Z_2, 전차선과 급전선의 상호 임피던스를 Z_{12}라 하고 2점 a_1와 a_2 사이, 점 b_1와 b_2 사이의 간격 dx에서의 전압 강하를 dv_1 및 dv_2라 하면

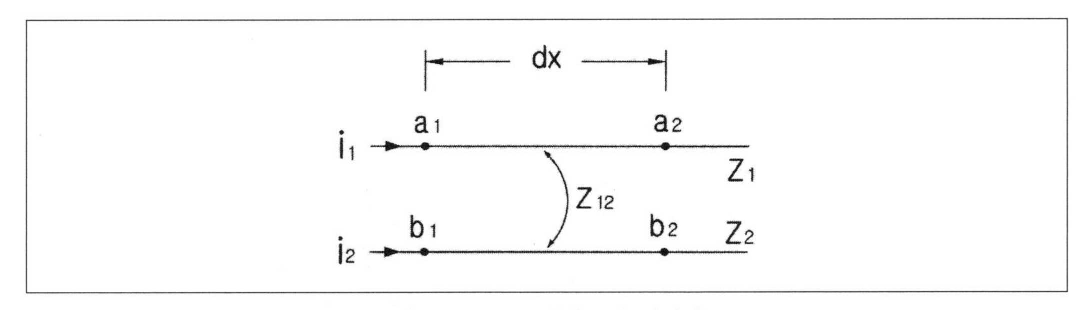

그림 7-44 2도체회로의 임피던스

$$-dv_1 = (Z_1 \cdot i_1 + Z_{12} \cdot i_2)dx$$

$$-dv_2 = (Z_2 \cdot i_2 + Z_{12} \cdot i_1)dx$$

교류 전차선로에 있어서는 $i_1 = -i_2 = i$이므로 길이 dx 사이의 전압 강하 dv는

$$dv = -dv_1 + dv_2 = (Z_1 + Z_2 - 2Z_{12}) \cdot idx$$

따라서 T-F의 단위 길이 당 단락 임피던스는

$$Z_{T-F} = Z_1 + Z_2 - 2Z_{12}$$

가 된다.

여기서 계산된 임피던스 값은 AT 계통에 있어서는 55kV 전차선로의 실계 임피던스 값으로 이 값은 단락전류 계산 또는 거리계전기의 임피던스 정정 값으로 활용될 수 있다.

7-3-4. AT급전 계통의 전차선로 임피던스 계산 실례

아래 그림 7-42는 우리나라 AT급전 계통의 표준이 되는 역간 장주도이다. 여기에 인용한 전차선로 각 요소의 임피던스는 이 책 7-3-2. Casrson-Pollaczeck 의 계산 방식에 따르고 전차선로의 합성 임피던스는 7-3-3. AT 전차선로 임피던스의 유도 방법에 의하였다. 이 계산은 충북선을 모델로 하였으며 같은 구간을 2006. 6부터 국내 철도 전 구간 임피던스 측정의 일부로 이 구간을 실측한 바 있으며 실측값은 계산 값과 큰 차이가 없었다. 따라서 이와 같은 방법으로 계산한 전차선로의 임피던스는 전압강하 계산이나 거리계전기의 정정 등에 적용하여도 큰 무리가 없으리라 생각되어 여기에 계산 예를 실었다.

◉ **계산 기본 조건**

전차선 Cu 110mm^2, 조가선(Messenger wire) CdCu 70mm^2, 급전선(AF) Cu 150mm^2, 보호선(FPW) Cu 75mm^2, 경간 50m, 가고 0.960m, Rail 60kg/m

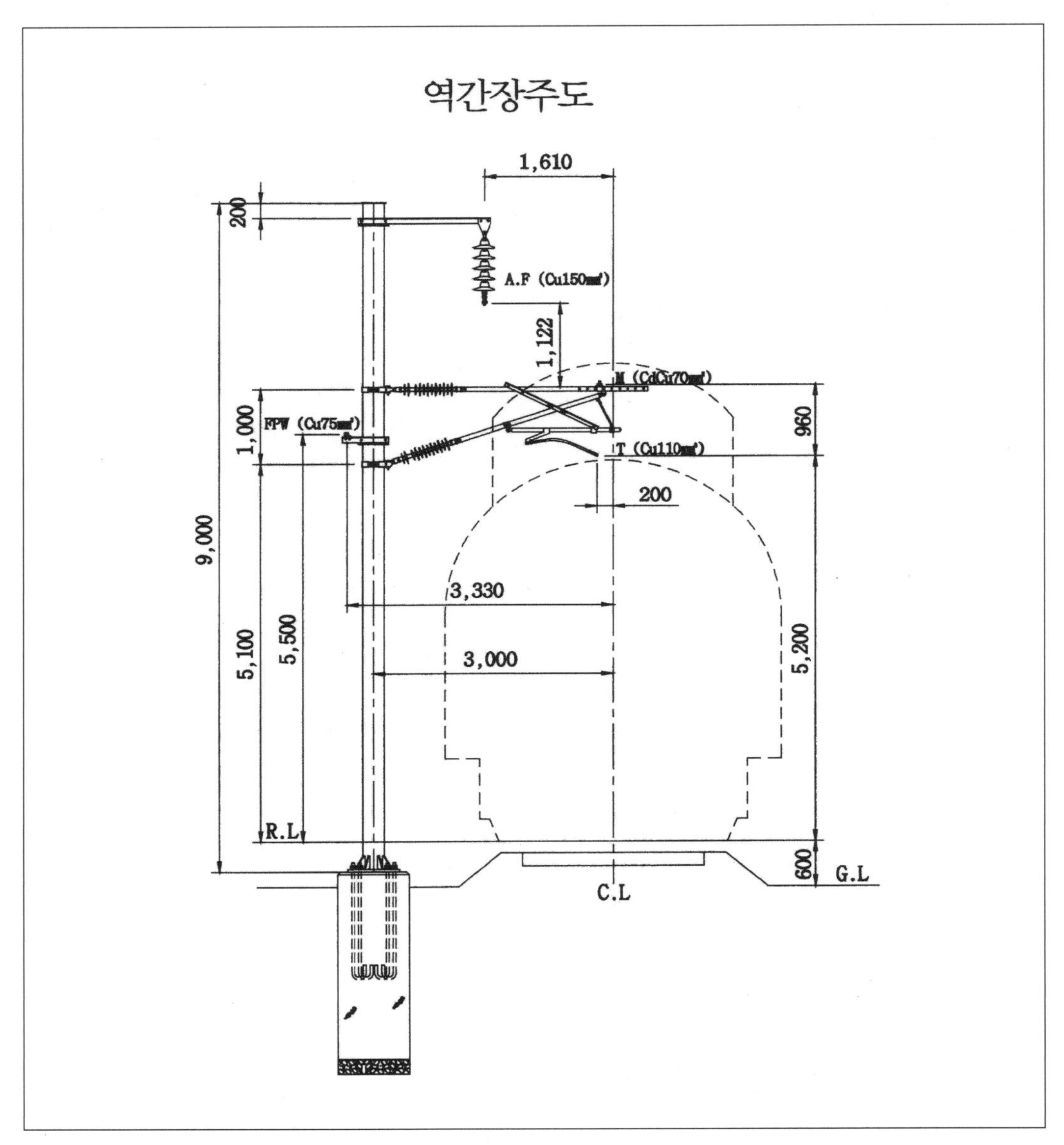

그림 7-45 역간 장주도

1) 합성 전차선의 대지 귀로 자기임피던스 계산 : Z_{SMT}

① 조가선과 전차선의 자기 임피던스 : Z_{SM}

조가선과 전차선은 5[m] 마다 dropper의 clamp로 서로 물려 있으므로 1개의 도체로 간주하여 등가도체의 임피던스를 계산한다.

ⓐ 조가선과 전차선의 내부 임피던스 : Z_{IMT}

전차선의 합성저항 : $R_{IMT} = \dfrac{R_t \cdot R_m}{R_t + R_m} = \dfrac{0.1592 \times 0.3315}{0.1592 + 0.3315} = 0.1076[\Omega/km]$

전차선의 합성리액턴스 : $\omega Li = 2\pi f \times \dfrac{\mu}{2} \times 10^{-4} = 0.01885[\Omega/km]$

$\therefore Z_{IMT} = R_{IMT} + j\omega L_i = 0.1076 + j0.01885[\Omega/km]$

μ=투자율(Cu=1, Al=1, St=100)

ⓑ 조가선 및 전차선의 외부 임피던스 : Z_{OMT}

조가선 및 전차선의 등가 반경 r은

$$r = \left(r_m \cdot r_t \cdot S^2\right)^{\frac{1}{4}} = 0.0599[m]$$

단 r_m : 조가선 반경[m]

r_t : 전차선 반경[m]

합성이도 $d = \dfrac{WL^2}{8T} = 0.4954[m]$

단 W : 합성 전차선의 단위 중량[kg]=1.5852kg,

L : 경간[m]=50m,

T : 장력[kg]=1000kgf

등가 가고 : $S = S_0 - \dfrac{2}{3}d = 0.6298[m]$

단 S_0 : 가고 0.960[m]

조가선, 전차선의 지표상의 등가 높이 h :

$$h = h_t + \left(\frac{h_m}{h_t + h_m}\right) \cdot S = 6.1311[m]$$

단 h_t=5.2+0.60=5.8[m]

h_m=5.8+0.6298=6.4298[m]

$$X=4\pi h\cdot\sqrt{20\cdot\sigma\cdot f}\times10^{-4}=4\pi\times6.1311\times\sqrt{20\times0.01\times60}\times10^{-4}$$
$$=0.0267$$

단 $\sigma=1\times10^{-2}$[S/km] : 대지도전율

$$\therefore\ Z_{OMT}=\left\{\omega\left(\frac{\pi}{2}-\frac{4X}{3\sqrt{2}}\right)+j\omega\left(2\ln\frac{4h}{r\cdot X}+\frac{4X}{3\sqrt{2}}-0.1544\right)\right\}\times10^{-4}$$
$$=\left\{377\cdot\left(\frac{\pi}{2}-\frac{4\times0.0267}{3\cdot\sqrt{2}}\right)\right\}\times10^{-4}$$
$$+j377\cdot\left(2\ln\frac{4\times6.1311}{0.0599\times0.0267}+\frac{4\times0.0267}{3\cdot\sqrt{2}}-0.1544\right)\times10^{-4}$$
$$=0.0582+j0.7218[\Omega/km]$$

따라서 합성 전차선의 대지 귀로 자기임피던스 Z_{SMT}은

$$Z_{SMT}=Z_{IMT}+Z_{OMT}=0.1076+j0.01885+0.0582+j0.7218$$
$$=0.1658+j0.7407[\Omega/km]$$

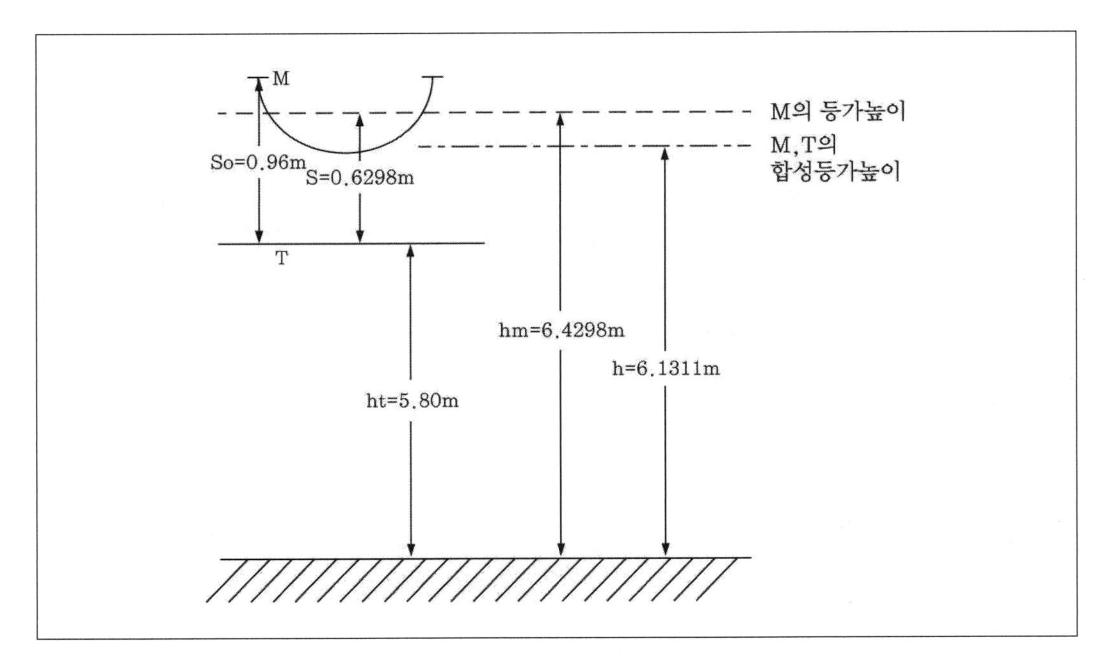

그림 7-46 등가 높이 설명도

② 전차선과 Rail과의 상호 임피던스 : Z_{MTR}

지표상에서 합성 전차선의 높이 : h_1=6.1311[m]

Rail의 등가 높이 : h_2=0.60[m]

∴ $h_1 + h_2$=6.7311[m], $h_1 - h_2$=5.5311[m]

Rail과 전차선의 수평거리 : b=0.20[m]

$$X' = 2\pi \cdot \sqrt{20 \cdot \sigma \cdot f} \times 10^{-4} = 0.0022$$

단 σ : 대지도전율 일반적으로 1×10^{-2}[S/km]

$$Z_{MTR} = \omega\left\{\frac{\pi}{2} - \frac{4 \cdot TX'}{3 \cdot \sqrt{2}} \cdot (h_1 + h_2)\right\} \times 10^{-4}$$

$$+ j\omega\left\{2\ln\frac{2}{X'\sqrt{b^2 + (h_1 - h_2)^2}} + \frac{4 \cdot X'}{3 \cdot \sqrt{2}} \cdot (h_1 + h_2) - 0.1544\right\} \times 10^{-4}$$

$$= 377 \times \left(\frac{3.14}{2} - \frac{4 \times 0.0022}{3 \times \sqrt{2}} \times 6.7311\right) \times 10^{-4}$$

$$+ j377 \times \left(2\ln\frac{2}{0.0022 \times \sqrt{0.2^2 + 5.5311^2}} + \frac{4 \times 0.0022}{3 \times \sqrt{2}} \times 6.7311 - 0.1544\right)$$

$$= 0.0587 + j0.3794[\Omega/km]$$

2) Rail의 대지 귀로 임피던스(60kg/m)

① Rail의 자기 임피던스 : Z_{SR}

등가 반경 : r=49.02mm=0.0490[m]

원주의 면적 : $S = \pi \cdot r^2 = 7550mm^2$

등가 원주의 반경 : $r = \sqrt{\frac{S}{\pi}} = 49.02$ [mm]=0.0490[m]

Rail의 저항 : R=0.0126[Ω/km] — 누설전류 10%일 때

ⓐ Rail의 내부 임피던스 : Z_{IR}

$$Z_{IR} = R + j\omega L_i \times 10^{-4} = 0.0126 + j1.8850[\Omega/km]$$

단 $L_i = \frac{\mu}{2} = \frac{100}{2} = 50$,

철 μ=100

ⓑ Rail의 외부 임피던스(60kg/m) : Z_{OR}

$$X = 4\pi h \cdot \sqrt{20 \cdot \sigma \cdot f} \times 10^{-4} = 4 \times 3.14 \times 0.60 \times \sqrt{20 \times 10^{-2} \times 60} \times 10^{-4}$$
$$= 0.0026$$

단 σ : 대지도전율=1×10^{-2}[S/km]임.

Rail 2본을 1본으로 환산한 등가 반경은 표준궤(標準軌)의 궤도 간격을 λ라고 할 때 λ=1.51[m]이므로

$r = \sqrt{r_r \cdot \lambda} = \sqrt{0.0490 \times 1.51} = 0.272$[m]이고

Rail의 외부 임피던스 Z_{OR}는

$$Z_{OR} = \left\{\omega\left(\frac{\pi}{2} - \frac{4 \cdot X}{3 \cdot \sqrt{2}}\right)\right\} \times 10^{-4} + j\omega\left(2\ln\frac{4 \cdot h}{r \cdot X} + \frac{4 \cdot X}{3 \cdot \sqrt{2}} - 0.1544\right) \times 10^{-4}$$
$$= 377 \times \left(\frac{3.14}{2} - \frac{4 \times 0.0026}{3 \times \sqrt{2}}\right) \times 10^{-4}$$
$$+ j377 \times \left(2\ln\frac{4 \times 0.6}{0.272 \times 0.0026} + \frac{4 \times 0.0026}{3 \times \sqrt{2}} - 0.1544\right) \times 10^{-4}$$
$$= 0.0591 + j0.6072 [\Omega/km]$$

따라서 Rail의 자기임피던스 Z_{SR}는

$$Z_{SR} = Z_{IR} + Z_{OR} = 0.0126 + j1.8850 + 0.0591 + j0.6072$$
$$= 0.0717 + j2.4922 [\Omega/km]$$

② Rail 2본의 상호 임피던스 Z_{MR}.

$$X' = 2\pi \cdot \sqrt{20 \cdot \sigma \cdot f} \times 10^{-4} = 2 \times 3.14 \times \sqrt{20 \times 0.01 \times 60} \times 10^{-4} = 0.0022$$

$$Z_{MR} = \omega \cdot \left\{\frac{\pi}{2} - \frac{4 \cdot X'}{3 \cdot \sqrt{2}} \times (h_1 + h_2)\right\} \times 10^{-4}$$
$$+ j\omega\left\{2\ln\frac{2}{X' \cdot \sqrt{b^2 + (h_1 - h_2)^2}} + \frac{4 \cdot X'}{3 \cdot \sqrt{2}} \times (h_1 + h_2) - 0.1544\right\} \times 10^{-4}$$
$$= 377 \times \left(\frac{3.14}{2} - \frac{4 \times 0.0022 \times 1.2}{3 \times \sqrt{2}}\right) \times 10^{-4}$$
$$+ j377 \times \left(2\ln\frac{2}{0.0022 \times 1.51} + \frac{4 \times 0.0022 \times 1.2}{3 \times \sqrt{2}} - 0.1544\right) \times 10^{-4}$$
$$= 0.0591 + j0.4769 [\Omega/km]$$

③ Rail 2본의 등가 임피던스

$$Z_R = \frac{Z_{SR} + Z_{MR}}{2} = 0.0654 + j1.4846[\Omega/km]$$

가 된다.

3) 보호선의 대지 귀로 임피던스(Cu 75mm²) : Z_{SP}

① 보호선의 자기 임피던스 : Z_{SP}

직 경 : D=0.0111[m]

저 항 : R=0.239[Ω/km]

질 량 : W=0.677[kg/m]

인장력 : T=500[kgf]

ⓐ 보호선의 내부 임피던스 : Z_{IP}

$$Z_{IP} = R + j\omega L \times 10^{-4} = 0.239 + j377 \times \frac{1}{2} \times 10^{-4} = 0.239 + j0.01885[\Omega/km]$$

ⓑ 보호선의 외부 임피던스 : Z_{OP}

지표상에서 보호선까지의 높이 : 6.10[m]

등가 높이 : $h = h_0 - \frac{2}{3} \times \frac{WL^2}{8T} = 5.8179[m]$

$$X = 4\pi h \cdot \sqrt{20 \cdot \sigma \cdot f} \times 10^{-4}$$

$$= 4 \times 3.14 \times 5.8179 \times \sqrt{20 \times 0.01 \times 60} \times 10^{-4} = 0.0253$$

단 $\sigma = 1 \times 10^{-2}$[S/km] : 대지도전율

$$Z_{OP} = \left\{\omega\left(\frac{\pi}{2} - \frac{4 \cdot X}{3 \cdot \sqrt{2}}\right)\right\} \times 10^{-4}$$

$$+ j\omega\left(2\ln\frac{4 \cdot h}{r \cdot X} + \frac{4 \cdot X}{3 \cdot \sqrt{2}} - 0.1544\right) \times 10^{-4}$$

$$= 377 \times \left(\frac{3.14}{2} - \frac{4 \times 0.0253}{3 \times \sqrt{2}}\right) \times 10^{-4}$$

$$+ j377 \times \left(2\ln\frac{4 \times 5.8179}{0.0056 \times 0.0253} + \frac{4 \times 0.0253}{3 \times \sqrt{2}} - 0.1544\right) \times 10^{-4}$$

$$= 0.0583 + j0.9006[\Omega/km]$$

$$\therefore \quad Z_{SP} = Z_{IP} + Z_{OP} = 0.239 + j0.01885 + 0.0583 + j0.9006$$

$$= 0.2973 + j0.9195[\Omega/km]$$

② Rail과 보호선의 상호 임피던스 : Z_{MPR}

보호선의 등가 높이 : h_1=5.8179[m]

Rail의 등가 높이 : h_2=0.60[m]

h_1+h_2=5.8179+0.6=6.4179[m]

h_1-h_2=5.2179[m]

Rail과 보호선의 수평거리 b=3.330[m]

$$X' = 2\pi \cdot \sqrt{20 \cdot \sigma \cdot f} \times 10^{-4} = 2 \times 3.14 \times \sqrt{20 \times 0.01 \times 60} \times 10^{-4} = 0.0022$$

단 $\sigma = 1 \times 10^{-2}$[S/km] : 대지도전율

$$Z_{MPR} = \omega \cdot \left\{ \frac{\pi}{2} - \frac{4 \cdot X'}{3 \cdot \sqrt{2}} \times (h_1 + h_2) \right\} \times 10^{-4}$$

$$+ j\omega \left\{ 2\ln \frac{2}{X' \cdot \sqrt{b^2 + (h_1 - h_2)^2}} + \frac{4 \cdot X'}{3 \cdot \sqrt{2}} \times (h_1 + h_2) - 0.1544 \right\} \times 10^{-4}$$

$$= 377 \times \left(\frac{3.14}{2} - \frac{4 \times 0.0022}{3 \times \sqrt{2}} \times 6.4179 \right) \times 10^{-4} + j377$$

$$\times \left(2\ln \frac{2}{0.0022 \times \sqrt{3.33^2 + 5.2179^2}} + \frac{4 \times 0.0022}{3 \times \sqrt{2}} \times 6.4179 - 0.1544 \right) \times 10^{-4}$$

$$= 0.0587 + j0.3709[\Omega/km]$$

③ 보호선과 Rail의 합성 대지 귀로 자기 임피던스 : Z_{SRP}

Z_R =0.0654+j1.4846[Ω/km]

Z_{SP} = 0.2973+j0.9195[Ω/km]

Z_{MPR}=0.0587+j0.3709[Ω/km]

이므로 합성 임피던스는 Z_{SRP}

$$Z_{SRP} = \frac{Z_R \cdot Z_{SP} - Z_{MPR}^2}{Z_R + Z_{SP} - 2Z_{MPR}}$$

$$= \frac{(0.0654 + j1.4846) \times (0.2973 + j0.9195) - (0.0587 + j0.3709)^2}{(0.0654 + j1.4846) + (0.2973 + j0.9195) - 2 \times (0.0587 + j0.3709)}$$

$$= 0.1644 + j0.7531[\Omega/km]$$

4) 급전선의 대지 귀로 임피던스 (Cu 150mm^2) : Z_{SF}

① 급전선의 자기 임피던스 : Z_{SF}

저항 : R=0.118[Ω/km]

직경 : D=0.0160[m]

급전선의 높이 : 7.882[m]

급전선의 질량 : 1.375kg/m

인장력 : 900[kgf]

경간 L : 50[m]

급전선의 등가 높이

$$h = 7.882 - \frac{2}{3} \times \frac{WL^2}{8T} = 7.5637[m]$$

ⓐ 급전선의 내부 임피던스 : Z_{IF}

$$Z_{IF} = R + j\omega L_i = 0.188 + j377 \times 0.5 \times 10^{-4} = 0.118 + j0.01885[\Omega/km]$$

ⓑ 급전선의 외부 임피던스 : Z_{OF}

$$X = 4\pi h \cdot \sqrt{20 \cdot \sigma \cdot f} \times 10^{-4}$$
$$= 4 \times 3.14 \times 7.5637 \times \sqrt{20 \times 0.01 \times 60} \times 10^{-4} = 0.0329$$

단 $\sigma = 1 \times 10^{-2}$[S/km] : 대지도전율

$$Z_{OR} = \left\{\omega\left(\frac{\pi}{2} - \frac{4 \cdot X}{3 \cdot \sqrt{2}}\right)\right\} \times 10^{-4}$$
$$+ j\omega\left(2\ln\frac{4 \cdot h}{r \cdot X} + \frac{4 \cdot X}{3 \cdot \sqrt{2}} - 0.1544\right) \times 10^{-4}$$
$$= 377 \times \left(\frac{3.14}{2} - \frac{4 \times 0.0329}{3 \times \sqrt{2}}\right) \times 10^{-4}$$
$$+ j377 \times \left(2\ln\frac{4 \times 7.5637}{0.0080 \times 0.03293} + \frac{4 \times 0.0329}{3 \times \sqrt{2}} - 0.1544\right) \times 10^{-4}$$
$$= 0.0580 + j0.8739[\Omega/km]$$

$$\therefore Z_{SF} = Z_{IF} + Z_{OF} = 0.118 + j0.01885 + 0.0580 + j0.8739$$
$$= 0.1760 + j0.8928[\Omega/km]$$

② 급전선과 Rail과의 상호 임피던스 : Z_{MFR}

$h_1+h_2=7.5637+0.60=8.1637[m]$

$h_1-h_2= 7.5637-0.6=6.9637[m]$

$b=1.61[m]$

$X'=2\pi \cdot \sqrt{20 \cdot \sigma \cdot f} \times 10^{-4} = 2 \times 3.14 \times \sqrt{20 \times 0.01 \times 60} \times 10^{-4} = 0.0022$

$$Z_{MFR} = \omega \cdot \left\{ \frac{\pi}{2} - \frac{4 \cdot X'}{3 \cdot \sqrt{2}} \times (h_1 + h_2) \right\} \times 10^{-4}$$

$$+ j\omega \left\{ 2\ln \frac{2}{X' \cdot \sqrt{b^2 + (h_1 - h_2)^2}} + \frac{4 \cdot X'}{3 \cdot \sqrt{2}} \times (h_1 + h_2) - 0.1544 \right\} \times 10^{-4}$$

$$= 377 \times \left(\frac{3.14}{2} - \frac{4 \times 0.0022}{3 \times \sqrt{2}} \times 8.1637 \right) \times 10^{-4} + j377$$

$$\times \left(2\ln \frac{2}{0.0022 \times \sqrt{1.61^2 + 6.9637^2}} + \frac{4 \times 0.0022}{3 \times \sqrt{2}} \times 8.1637 - 0.1544 \right) \times 10^{-4}$$

$=0.0586+j0.3602[\Omega/km]$

③ 급전선과 합성 전차선과의 상호 임피던스 : Z_{MFT}

$h_1+h_2 =7.5637+6.1311 =13.6948[m]$

$h_1-h_2 =7.5637-6.1311=1.4326[m]$

$b=1.41[m]$

$X' = 2\pi \cdot \sqrt{20 \cdot \sigma \cdot f} \times 10^{-4} = 2 \times 3.14 \times \sqrt{20 \times 0.01 \times 60} \times 10^{-4} = 0.0022$

단 $\sigma=1 \times 10^{-2}[S/km]$: 대지도전율

$$Z_{MFT} = \omega \cdot \left\{ \frac{\pi}{2} - \frac{4 \cdot X'}{3 \cdot \sqrt{2}} \times (h_1 + h_2) \right\} \times 10^{-4}$$

$$+ j\omega \left\{ 2\ln \frac{2}{X' \cdot \sqrt{b^2 + (h_1 - h_2)^2}} + \frac{4 \cdot X'}{3 \cdot \sqrt{2}} \times (h_1 + h_2) - 0.1544 \right\} \times 10^{-4}$$

$$= 377 \times \left(\frac{3.14}{2} - \frac{4 \times 0.0022}{3 \times \sqrt{2}} \times 13.6948 \right) \times 10^{-4} + j377$$

$$\times \left(2\ln \frac{2}{0.0022 \times \sqrt{1.41^2 + 1.4326^2}} + \frac{4 \times 0.0022}{3 \times \sqrt{2}} \times 13.6948 - 0.1544 \right) \times 10^{-4}$$

$= 0.0581 + j0.4610[\Omega/km]$

5) 급전선로의 선로정수

① 실 회로의 임피던스

ⓐ 자기 임피던스

전차선 : $Z_{aa}=Z_{SMT}=$ 0.1658+j0.7407[Ω/km]

레 일 : $Z_{bb}=Z_{SRP}=$ 0.1644+j0.7531[Ω/km]

급전선 : $Z_{cc}=Z_{SF}=$ 0.1760+j0.8928[Ω/km]

ⓑ 상호 임피던스

전차선과 Rail간 : $Z_{ab}=Z_{MTR}=$ 0.0587+j0.3794[Ω/km]

급전선과 전차선간 : $Z_{ca}=Z_{MFT}=$ 0.0581+j0.4610[Ω/km]

Rail과 급전선간 : $Z_{bc}=Z_{MFR}=$ 0.0586+j0.3602[Ω/km]

ⓒ 원 회로도

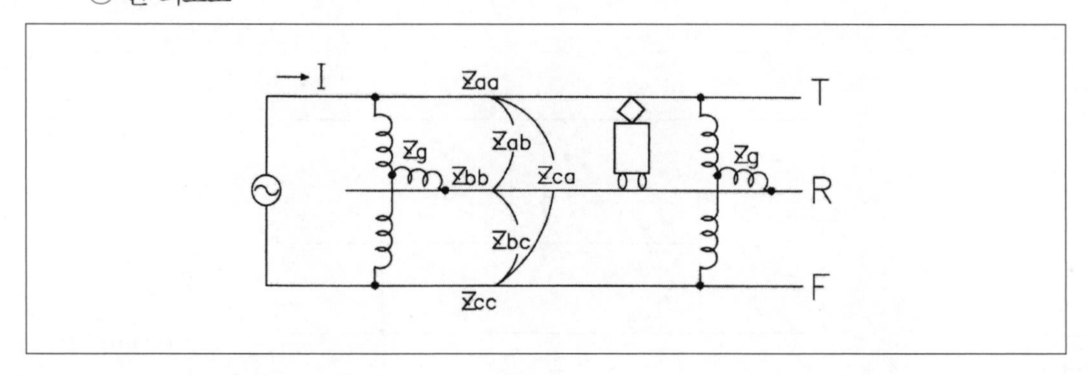

ⓓ 등가회로도 (전차선 전압 측 환산)

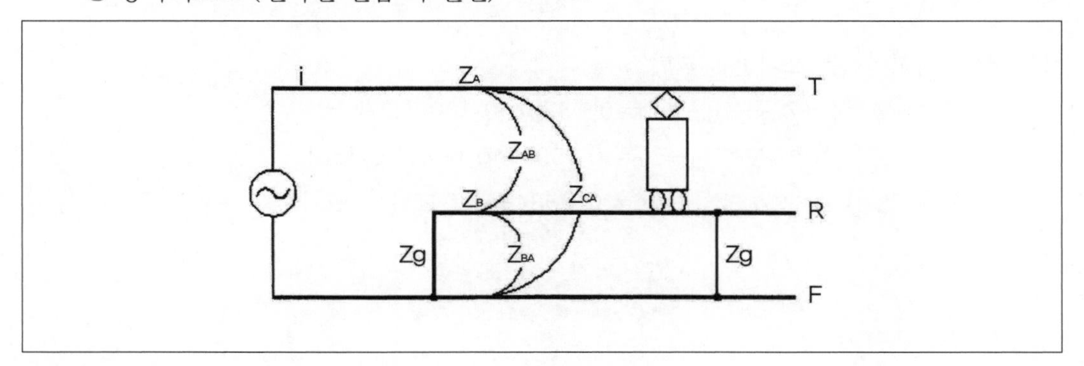

② 등가회로로 변환한 임피던스

ⓐ 자기 임피던스

전차선 : $Z_A = Z_{aa} = 0.1658 + j0.7407[\Omega/km]$

Rail : $Z_B = Z_{bb} = 0.1644 + j0.7531[\Omega/km]$

급전선 : $Z_C = \frac{1}{4}(Z_{cc} + 2Z_{ca} + Z_{aa}) = 0.1145 + j0.6389[\Omega/km]$

ⓑ 상호 임피던스

전차선과 Rail간 : $Z_{AB} = Z_{ab} = 0.0587 + j0.3794[\Omega/km]$

Rail과 급전선간 : $Z_{BC} = \frac{Z_{bc} + Z_{ab}}{2} = 0.0578 + j0.3698[\Omega/km]$

급전선과 전차선간 : $Z_{CA} = \frac{1}{2}(Z_{ca} + Z_{aa}) = 0.1120 + j0.6009[\Omega/km]$

$I'_C = 2I_C$에서 AT의 여자 임피던스 Z_g는 무시한다.

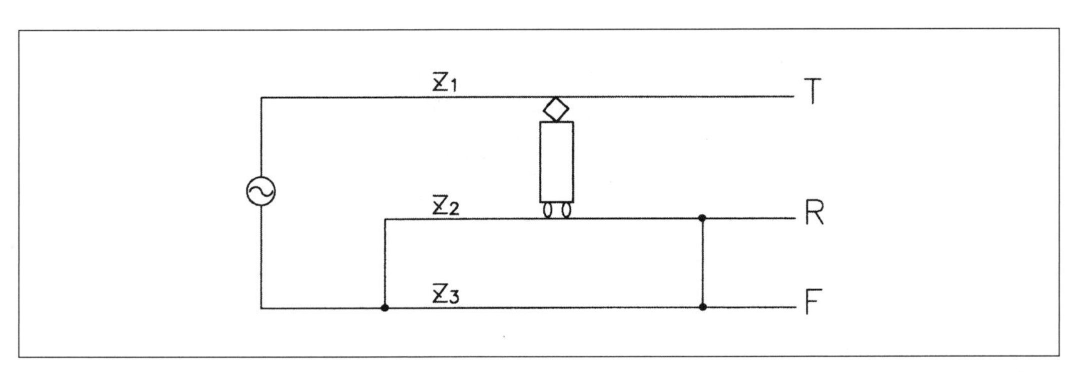

등가회로

③ 상호 임피던스를 소거한 임피던스

전차선 : $Z_1 = Z_A + Z_{BC} - Z_{AB} - Z_{CA} = 0.0529 + j0.1302[\Omega/km]$

Rail : $Z_2 = Z_B + Z_{CA} - Z_{AB} - Z_{BC} = 0.1599 + j0.6048[\Omega/km]$

급전선 : $Z_3 = Z_C + Z_{AB} - Z_{BC} - Z_{CA} = 0.0034 + j0.0476[\Omega/km]$

6) 등가 T-F단락 임피던스

위 ② ⓐ에 의하여 전차선 따라 Z_T와 앞 쪽의 ① ⓐ, ⓑ에 따라

전차선 : $Z_T=0.1658+j0.7407[\Omega/km]$

급전선 : $Z_F=0.1760+j0.8928[\Omega/km]$

전차선과 급전선의 상호임피던스 : $Z_{MFT}= 0.0581+j0.4610[\Omega/km]$

따라서 전차선(T) 및 보조급전선(F)의 55kV 실계 단락 임피던스 Z_{T-F}는

$$Z_{T-F}= Z_T+Z_F-2Z_{MFT}=0.2256+j0.7115=0.7464\angle72.41^\circ[\Omega/km]$$

가 된다. 전차선 전압으로 환한 27.5kV계 임피던스는 이 값의 $\frac{1}{4}$배가 되어

$$Z_{T-F}=(0.2256+j0.7115)\times\frac{1}{4}=0.0564+j0.1779[\Omega/km]$$

가 되고 또 변전소(SS)와 급전 구분소(SP) 사이의 거리를 L이라고 하면 55kV Base로 한 실계 T-R단락 등가 임피던스는

$$Z_{T-R}=2Z_{AT}+Z_{T-F}\times L$$

여기서 충북선 증평 변전소와 오송 SP 사이의 거리는 38.973km이므로 단위 길이 당 등가 임피던스는 $Z_{AT}=j0.45[\Omega]$일 때

$$Z_{T-R}=\frac{2Z_{AT}}{L}+Z_{T-F}=\frac{2\times j0.45}{38.973}+0.2256+j0.7115=0.2256+j0.7346$$

$$=0.7685\angle72.93^\circ[\Omega/km]$$

가 된다. 그 결과 실측값과 계산 결과는 상당히 근접하였다.

참 고

본 계산은 구 韓國電氣鐵道技術(株)의 故 朴景種 감사님이 쓰신 사내 강의 자료를 많이 참고하였다. 일본 철도전기기술협회 발간 전기공작물규정(平成14年 간)에서는 레일에 흐르는 전류가 커짐에 따라 레일의 임피던스는 증가하는 경향이 있다는 Trueblood-Wascheck의 실측 결과에 따라 레일에 전류 300A가 흐를 때의 레일 1본의 내부 임피던스를 적용 계산하고 있으나 레일의 임피던스 변화는 전차선로 전체의 임피던스에 큰 영향이 없는 것으로 판단되어 여기서는 단순히 레일의 누설전류 10%인 때를 기준으로 하였다.

표 7-7 전차선로용 전선 특성

용 도	재 질	단면적(mm²)	저항(Ω/km)	지름(mm)	무게(kg/m)
전차선	Cu	110/111.1	0.1592=1.592E-01	12.34=1.234E-.02(m)	0.9877
	Cu	170/170	0.1040=1.040E-0.1	15.49=1.549E-0.2(m)	1.511
	Cu	150/150	0.1173=1.173E-01	13.60=1.360E-0.2(m)	1.334
조가선	Cdcu	70/65.81	0.3315=3.315E-01	10.50=1.050E-0.2(m)	0.5974
	Cdcu	80/78.95	0.276=2.76E-01	11.50=1.150E-0.2(m)	0.7103
	Tin Bronze	65.4/65.38	0.4474=4.474E-01	10.50=1.050E-0.2(m)	0.605
	MgSnCu	70/65.81	0.408=4.08E-01	10.50=1.050E-0.2(m)	0.592
	MgSnCu	80/78.95	0.340=3.40E-01	11.50=1.150E-0.2(m)	0.710
급전선	Cu	100/101.6	0.177=1.77E-01	12.90=1.290E-0.2(m)	0.9145
	Cu	150/152.8	0.118=1.18E-01	16.00=1.600E-0.2(m)	1.375
	ACSR	95/95.40	0.301=3.01E-01	13.50=1.350E-0.2(m)	0.3852
	ACSR	160/159.3	0.182=1.82E-01	18.20=1.820E-0.2(m)	0.7328
	ACSR	288.35/233.79	0.1209=1.209E-01	22.05=2.205E-0.2(m)	1.0107
보호선	Cu	75/75.25	0.239=2.39E-01	11.10=1.110E-0.2(m)	0.677
	ACSR	58/57.73	0.497=4.979E-01	10.50=1.250E-0.2(m)	0.233
	ACSR	95/95.40	0.301=3.01E-01	13.50=.350E-0.2(m)	0.3852
Rail	50N	6420	누설전류 0% 0.0170=0.170E-01	등가 반지름 45.21[mm] 등가 지름 90.42=9.042E-0.2(m)	50.4
			누설전류 10% 0.0153=0.153E-01		
			누설전류 30% 0.0119=0.119E-01		
	60N	7550	누설전류 0% 0.0140=0.140E-01	등가 반지름 49.02[mm] 등가 지름 98.04=9.804E-0.2(m)	60.8
			누설전류 10% 0.0126=0.126E-01		
			누설전류 30% 0.0098=0.098E-01		

㈜ 단면적(공칭단면적/실단면적)

7-3-5. AT전차선로의 선로정수와 임피던스 궤적

1) AT전차선로의 선로정수

여기서 유의할 점은 전차선을 지지하는 장주의 구조가 같고 전차선과 급전선 및 보호선의 굵기가 같은 구간에 있어서는 전차 선로 임피던스는 당연히 같다. 이제 그림 7-47의 AT급전선의 임피던스에서와 같이 전차선 T, 레일 R, 급전선 F의 km당 임피던스를 각각 Z_1, Z_2, Z_3라 할 때 제1 AT에서 바라본 거리 ℓ_n[km]인 점 n까지의 T-R단락 임피던스 Z_n는 다음과 같이 계산한다.

제1 AT에서 1_n점까지의 전차선 임피던스는

$$Z_1 \cdot \ell_n \quad \cdots\cdots (1)$$

제1 AT에서 1_{n-1}점까지의 레일과 급전선은 병렬이므로 합성 임피던스는

$$\frac{Z_2 \cdot Z_3}{Z_2 + Z_3} \times (l_n - x_n) \quad \cdots\cdots (2)$$

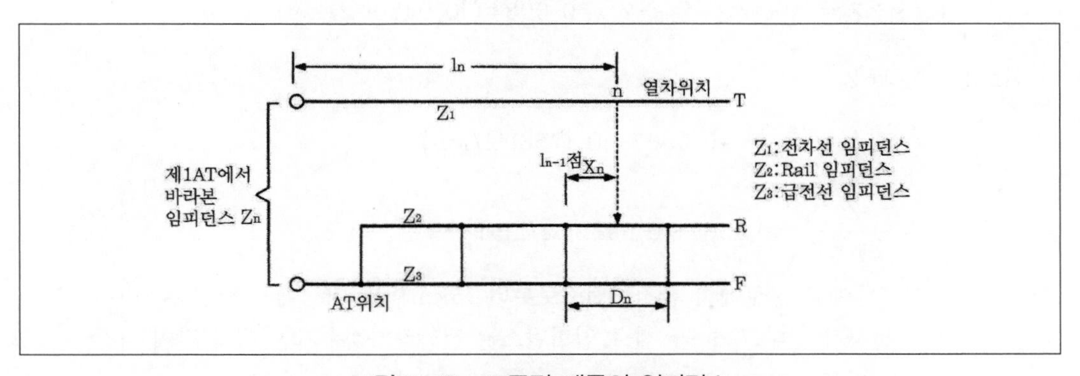

그림 7-47 AT급전 계통의 임피던스

그림 7-47에서 1_{n-1}점과 1_n점 사이의 레일과 급전선의 합성 임피던스는 레일의 길이 x_n에서의 임피던스는$(x_n \cdot Z_2)$이고, 1_n점에서 반대 방향으로 1_{n-1}과의 사이의 레일과 급전선은 직렬로 되어 있으므로 임피던스는 $\{(D_n - x_n) \cdot Z_2 + D_n \cdot Z_3\}$이고 1_n점과 1_{n-1}점 사이의 임피던스는 이 2 임피던스가 병렬로 연결되어 있으므로

$$\frac{x_n \cdot Z_2 \times \{(D_n - x_n) \cdot Z_2 + D_n \cdot Z_3\}}{x_n \cdot Z_2 + (D_n - x_n) \cdot Z_2 + D_n \cdot Z_3} \quad \cdots\cdots (3)$$

가 되어 있으며, Z_n은 식(1), (2), (3)의 합계이므로

$$Z_n = Z_1 \cdot l_n + \frac{Z_2 \cdot Z_3}{Z_2 + Z_3} \times (l_n - x_n) + \frac{x_n \cdot Z_2 \times \{(D_n - x_n) \cdot Z_2 + D_n \cdot Z_3\}}{x_n \cdot Z_2 + (D_n - x_n) \cdot Z_2 + D_n \cdot Z_3}$$

$$= \left(Z_1 + \frac{Z_2 \cdot Z_3}{Z_2 + Z_3}\right) \cdot l_n + \frac{{Z_2}^2}{Z_2 + Z_3} \cdot \left(1 - \frac{x_n}{D_n}\right) \cdot x_n = Z_L \cdot l_n + Z_L{}' \cdot \left(1 - \frac{x_n}{D_n}\right) \cdot x_n$$

여기서

$$Z_L = Z_1 + \frac{Z_2 \cdot Z_3}{Z_2 + Z_3}$$

$$Z_L{}' = \frac{{Z_2}^2}{Z_2 + Z_3}$$

이 된다. 이 Z_L 및 $Z_L{}'$는 AT급전선로의 전압강하정수(電壓降下定數)라고 하며 단위는 [V/A-km] 또는 [Ω/km]이다. 이제 7-3-4에서 계산한 바에 따라 전차선로의 등가회로 계산 방식으로 계산하면 상호 임피던스를 소거한 임피던스는

전차선 : $Z_1 = Z_A + Z_{BC} - Z_{AB} - Z_{CA} = 0.0529 + j0.1326$ [Ω/km]
Rail : $Z_2 = Z_B + Z_{CA} - Z_{AB} - Z_{BC} = 0.1599 + j0.6024$ [Ω/km]
급전선 : $Z_3 = Z_C + Z_{AB} - Z_{BC} - Z_{CA} = 0.0034 + j0.0476$ [Ω/km]

선로정수 Z_L과 $Z_L{}'$은

$$Z_L = Z_1 + \frac{Z_2 Z_3}{Z_2 + Z_3} = 0.0567 + j0.1768 \,[\Omega/km]$$

$$Z_L{}' = \frac{{Z_2}^2}{Z_2 + Z_3} = 0.1561 + j0.5582 \,[\Omega/km]$$

가 된다. 이제 위 예의 선로에서 급전변전소로부터 15km되는 지점에 부하전류 200A, 부하역률이 0.8인 열차가 있다고 하면, 선로 임피던스는 전압강하정수가 아래와 같이 각각

$$Z_L = 0.0567 + j0.1768 \,[\Omega/km]$$

이므로 l_n=15km까지의 임피던스는

$$Z_{15} = (0.0567 + j0.1768) \times 15 + (0.1561 + j0.5582) \times \left(1 - \frac{5}{10}\right) \times 5$$

$$= 1.2408 + j4.0475 \,[\Omega]$$

로 되어 이 지점까지의 선로 임피던스에 의한 선로전압강하 ε은

$$\varepsilon = (1.2408 \times 0.8 + 4.0475 \times 0.6) \times 200 = 684.23\text{V}$$

가 된다. 실제 회로 계통을 보면 계통의 전압강하에 가장 큰 영향을 주는 요소는 선로 임피던스보다는 변압기 임피던스이다.

2) AT전차선로의 임피던스 궤적(軌跡)

선로정수 Z_L=0.0567+j0.1768[Ω/km], Z_L'=0.1561+j0.5582[Ω/km]인 선로에서 변전소의 편단 급전 거리(변전소와 SP 간의 거리)가 20km이고, AT 간의 간격이 D=10km로 일정한 급전 구간을 예로 하여 전차선로의 T-R단락 임피던스의 궤적을 구하면 다음과 같다.

1_n=1km일 때

$$Z_1 = (0.0567 + j0.1768) + (0.1561 + j0.5582) \cdot \left(1 - \frac{1}{10}\right) \cdot 1$$
$$= 0.1972 + j0.6792 = 0.7072 \angle 73.81°$$

1_n= 2km일 때

$$Z_2 = (0.0567 + j0.1768) \cdot 2 + (0.1561 + j0.5582) \cdot \left(1 - \frac{2}{10}\right) \cdot 2$$
$$= 0.3632 + j1.2467 = 1.2985 \angle 73.76°$$

1_n= 3km일 때

$$Z_3 = (0.0567 + j0.1768) \cdot 3 + (0.1561 + j0.5582) \cdot \left(1 - \frac{3}{10}\right) \cdot 3$$
$$= 0.4979 + j1.7026 = 1.7739 \angle 73.70°$$

1_n= 4km일 때

$$Z_4 = (0.0567 + j0.1768) \cdot 4 + (0.1561 + j0.5582) \cdot \left(1 - \frac{4}{10}\right) \cdot 4$$
$$= 0.6014 + j2.0469 = 2.1334 \angle 73.63°$$

1_n= 5km일 때

$$Z_5 = (0.0567 + j0.1768) \cdot 5 + (0.1561 + j0.5582) \cdot \left(1 - \frac{5}{10}\right) \cdot 5$$
$$= 0.6738 + j2.2795 = 2.3770 \angle 73.53°$$

1_n= 6km일 때

$$Z_6 = (0.0567 + j0.1768) \cdot 6 + (0.1561 + j0.5582) \cdot \left(1 - \frac{6}{10}\right) \cdot 6$$
$$= 0.7148 + j2.4005 = 2.5047 \angle 73.42°$$

1_n= 7km일 때

$$Z_7 = (0.0567 + j0.1768) \cdot 7 + (0.1561 + j0.5582) \cdot \left(1 - \frac{7}{10}\right) \cdot 7$$
$$= 0.7247 + j2.4098 = 2.5164 \angle 73.26°$$

1_n= 8km일 때

$$Z_8 = (0.0567 + j0.1768) \cdot 8 + (0.1561 + j0.5582) \cdot \left(1 - \frac{8}{10}\right) \cdot 8$$

$$= 0.7034 + j2.3075 = 2.4123 \angle 73.05^\circ$$

1_n= 9km일 때

$$Z_9 = (0.0567 + j0.1768) \cdot 9 + (0.1561 + j0.5582) \cdot \left(1 - \frac{9}{10}\right) \cdot 9$$

$$= 0.6508 + j2.0936 = 2.1924 \angle 72.73^\circ$$

1_n= 10km일 때

$$Z_{10} = (0.0567 + j0.1768) \cdot 10 = 0.5670 + j1.7680$$

$$= 1.8567 \angle 72.22^\circ$$

1_n= 11km일 때

$$Z_{11} = (0.0567 + j0.1768) \cdot 11 + (0.1561 + j0.5582) \cdot \left(1 - \frac{1}{10}\right) \cdot 1$$

$$= 0.7642 + j2.4472 = 2.5637 \angle 72.66^\circ$$

1_n= 12km일 때

$$Z_{12} = (0.0567 + j0.1768) \cdot 12 + (0.1561 + j0.5582) \cdot \left(1 - \frac{2}{10}\right) \cdot 2$$

$$= 0.9302 + j3.0147 = 3.155 \angle 72.85^\circ$$

1_n= 13km일 때

$$Z_{13} = (0.0567 + j0.1768) \cdot 13 + (0.1561 + j0.5582) \cdot \left(1 - \frac{3}{10}\right) \cdot 3$$

$$= 1.0649 + j3.4706 = 3.6303 \angle 72.94^\circ$$

1_n= 14km일 때

$$Z_{14} = (0.0567 + j0.1768) \cdot 14 + (0.1561 + j0.5582) \cdot \left(1 - \frac{4}{10}\right) \cdot 4$$

$$= 1.1684 + j3.8149 = 3.9898 \angle 72.97^\circ$$

1_n= 15km일 때

$$Z_{15} = (0.0567 + j0.1768) \cdot 15 + (0.1561 + j0.5582) \cdot \left(1 - \frac{5}{10}\right) \cdot 5$$

$$= 1.2408 + j4.0476 = 4.2334 \angle 72.96^\circ$$

1_n= 16km일 때

$$Z_{16} = (0.0567 + j0.1768) \cdot 16 + (0.1561 + j0.5582) \cdot \left(1 - \frac{6}{10}\right) \cdot 6$$

$$= 1.2818 + j4.1685 = 4.3611 \angle 72.91^\circ$$

1_n= 17km일 때

$$Z_{17} = (0.0567 + j0.1768) \cdot 17 + (0.1561 + j0.5582) \cdot \left(1 - \frac{7}{10}\right) \cdot 7$$

$$= 1.2917 + j4.1778 = 4.3730 \angle 72.82^o$$

1_n= 18km일 때

$$Z_{18} = (0.0567 + j0.1768) \cdot 18 + (0.1561 + j0.5582) \cdot \left(1 - \frac{8}{10}\right) \cdot 8$$

$$= 1.2704 + j4.0755 = 4.2689 \angle 72.69^o$$

1_n= 19km일 때

$$Z_{19} = (0.0567 + j0.1768) \cdot 19 + (0.1561 + j0.5582) \cdot \left(1 - \frac{9}{10}\right) \cdot 9$$

$$= 1.2178 + j3.8616 = 4.0491 \angle 72.50^o$$

1_n= 20km일 때

$$Z_{20} = (0.0567 + j0.1768) \cdot 20$$

$$= 1.1340 + j3.5360 = 3.7134 \angle 72.22^o$$

위에서 구한 임피던스의 값을 10km까지를 표로 정리한 것이 표 7-8이고, 이 계산값으로 거리-임피던스를 그래프로 표시한 것이 그림 7-45이다. 도면에서 보는 바와 같이 AT선로의 임피던스는 일반 송배전선로가 거리와 임피던스의 관계가 직선으로 표시되는 것과는 달리 AT의 위치에 골짜기가 생기는 산(山) 모양이 됨을 알 수 있다. 이와 같이 직선이 아닌 파상 임피던스는 결과적으로 거리 계전기로는 고장점 표정이 정확하게 되지 않는 원인이 된다. 여기서는 주로 계산에 의하여 T-R단락 임피던스 궤적을 구하였다. 이와 같이 궤적이 곡선이 되는 것은 주로 AT의 흡상효과에 기인한다.

표 7-8 선로 임피던스

거리	1	2	3	4	5	6	7	8	9	10
R	0.1972	0.3632	0.4979	0.6014	0.6738	0.7148	0.7247	0.7034	0.6508	0.5670
X	0.6792	1.2467	1.7026	2.0469	2.2795	2.4005	2.4098	2.3075	2.0936	1.7680
Z	0.7072	1.2985	1.7739	2.1334	2.3770	2.5047	2.5164	2.4123	2.1924	1.8567

그림 7-48에서 보는 바와 같이 T-F단락 임피던스는 2개의 전선의 왕복 임피던스이므로 직선이 되나, 그림 7-49의 지점 AT-1에서의 T-R단락 임피던스는 T-F단락 임피던스에 AT의 누설 임피던스 Z_g 즉 0.45[Ω]를 더한 값이 된다.

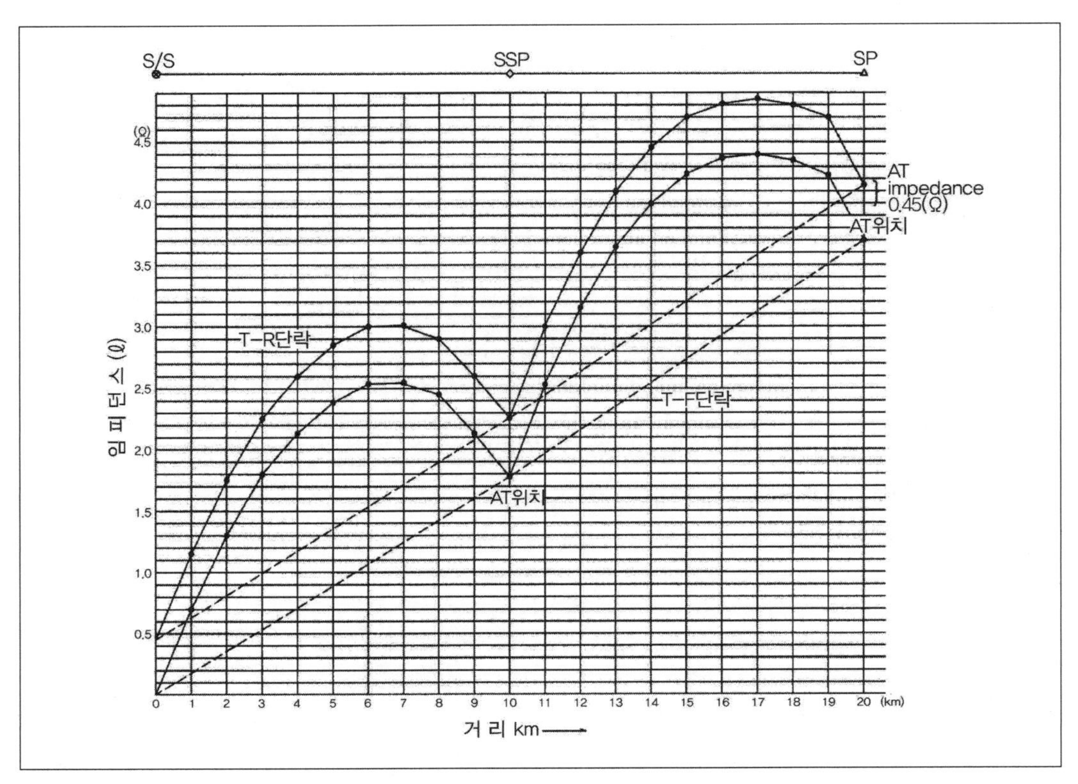

그림 7-48 AT급전선로의 T-R단락 임피던스

여기서 AT-1 근방에서는 단권변압기 AT-1이 대부분의 전류를 흡상하고 AT-2의 흡상효과가 매우 적기 때문에 거리에 대한 임피던스 상승률 m′는 커져서 T-F단락 임피던스의 상승률 m의 4배 정도가 된다(그림 7-49의 a, b점). 단락점이 AT-1에서 점점 멀어져 AT-2에 가까워지면 단권변압기 AT-1의 흡상효과는 감소하고 AT-2의 흡상효과가 커져서 임피던스의 상승률은 적어지며 그 중앙 점을 지난 c점에서 상승률은 0이 되고 그 후에는 상승률이 마이너스로 되어 AT-2 지점에서는 T-F단락 임피던스에 AT-2의 누설 임피던스 Z_g를 더한 값이 되므로 AT급전 계통의 임피던스는 그림 7-48과 같이 산(山) 모양이 된다. AT의 흡상전류를 보면 레일과 전차선에 저항이 없다고 가정하면 전기차가 AT-1 직후에 있을 때 AT-1의 흡상전류는 전기차 전류의 거의 100%가 되고 AT-1과 AT-2의 거리의 1/4 되는 지점에 전기차가 있을 때 AT-1과 AT-2에 흡상되는 전류 비율은 AT-1에 전기차 전류의 3/4이 흡상되고 AT-2에는 1/4이 흡상되나 반대로 전기차의 위치가 AT-1에서 떨어져 3/4 되는 지점에 있을 때는 그 전류의 흡상 비율은 AT-1에 1/4이 되고, AT-2에 3/4이 흡상된다.

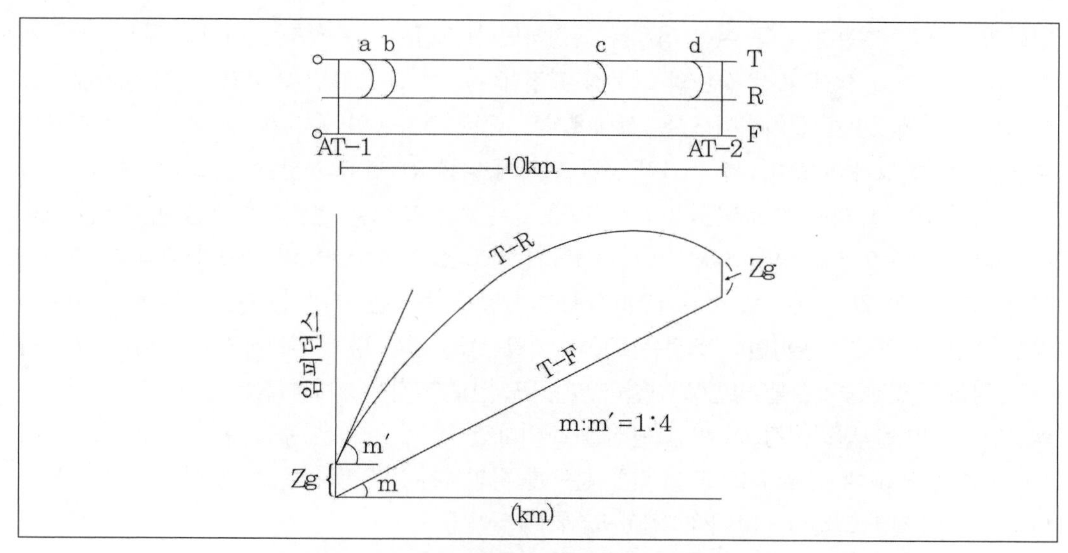

그림 7-49 AT급전 임피던스

7-3-6. 전차선의 선로정수 측정

1) 선로정수 측정을 위한 모의시험

2006.6에서 2007.7까지 1년여에 거쳐 고속전철을 제외한 전철 변전소 20개소와 이와 연결되어 있는 전차선로의 선로정수를 측정한 바 있으며 충북선의 실측값의 평균치는 $Z_{T-F} = 0.777 \angle 68.9°$[Ω/km]로 Carson-Pollazeck식에 의한 계산 값에 매우 가까운 값이었다. 실측 결과에 의하면 전차선의 단위 길이 당 임피던스는 대체로 0.70~0.93[Ω/km]였으며, 측정의 정확성을 기하기 위하여 철도공사의 인천 주안 전철 변전소에서 예비 단권변압기 2대를 이용하여 모의 전차선을 구성하여 회로상의 전류 분포를 규명하고 측정 방법의 타당성을 검토하기 위하여 예비 실험을 실시하였다. 그림 7-46에는 시험회로의 구성과 시험 장면을 그림 7-49에서 그림 7-51까지에는 여러 가지 실험회로와 측정값을 기재하였다. 선로정수 측정의 목적은 ① 거리계전기의 정정 기준과 고장점 표정 장치의 기준 마련을 위하여 전차선에 장비되어 있는 AT, 보호선용 접속선(CPW-Connector of protective wire) 및 RC bank 등 모두 설치된 그대로를 측정하는 것이고(그림 7-49(a), (b), (c)참조), ② 몇 구간에 대하여는 연구 목적을 위하여 AT 및 RC bank 등을 선로에서 모두 제거한 전차선, 보조 급전선 및 레일만의 임피던스 측정(그림 7-49(a), (b)참조)하였으며, ③ 레일과 보호선(PW)의 접속선(CPW) 및 급전용 단권변압기 위치에서의 전차선로 임피던스

변화의 관계를 측정하는 등 여러 경우를 측정하였다(그림 7-51 참조). 여기서 주로 거리 계전기의 정정과 고장점 표정 장치의 고장점 표정에 참고하고자 그림 7-47(a), (b), (c)와 같이 전차선로에 AT가 설치되어 있는 상태에서 그대로 전차선의 임피던스를 측정하고 전류의 분포를 파악하고자 하였다. 특히 전원 공급 위치에 따른 각 회로의 전류 분포의 검증이 한 가지 목적이었다. 모의시험 결과는 그림 7-50과 같은 측정 방법은 전류의 분포를 파악에는 도움이 되나 선로별 임피던스의 정확한 파악이 불가능하고 실제 전차선로와 구조가 달라 그 측정치의 용도가 거의 없는 것으로 결론이 내려져 이와 같은 측정은 제외되었다. 측정 모의 선로의 정수 측정 시 전차선 임피던스 조정은 100W 백열전등 3개를 병렬 연결하였고, 급전선 임피던스 조정은 백열전등 2개를 병렬로 연결하였다. 또 선로 고장은 3개의 전등을 직렬로 연결하고 백열전구 사이를 단락시킴으로써 고장점을 모의하였다. 이 실험은 주로 AT의 정상 급전 시 TF, AF 및 Rail의 전류와 또 고장 전류 분포를 확인하는 것을 목적으로 한 실험이었다. 모의실험 측정의 결과 그림 7-44에서 그림 7-52까지에 실었다.

모의실험 결과는 TF-AF임피던스는 $Z_{T-F} = \dfrac{200}{1.456} \angle 0^{\circ} = 137.46[\Omega]$, T_{F-R}의 임피던스는 $Z_{T-R} = \dfrac{200}{1.459} \angle 0^{\circ} = 137.08[\Omega]$이고, AF-R의 임피던스는 $Z_{A-R} = \dfrac{200}{1.456} \angle 0^{\circ} = 137.36[\Omega]$이었다. 또 그림 7-51과 같이 TF, AF 및 Rail의 모의 측정한 임피던스는 Z_{TF}=53.55[Ω], Z_{AF}=83.82[Ω], Z_{R}=59.96[Ω]이었다. 따라서 전차선의 운전 실계와 동일한 조건으로 측정하기 위하여 그림 7-51과 같은 측정 방법을 채택하였다. 그림 7-53은 고장 상태를 모의한 실험이며 이때의 전류 분포는 고장 시 전류의 분포 상태를 파악하는데 도움이 되리라 생각한다.

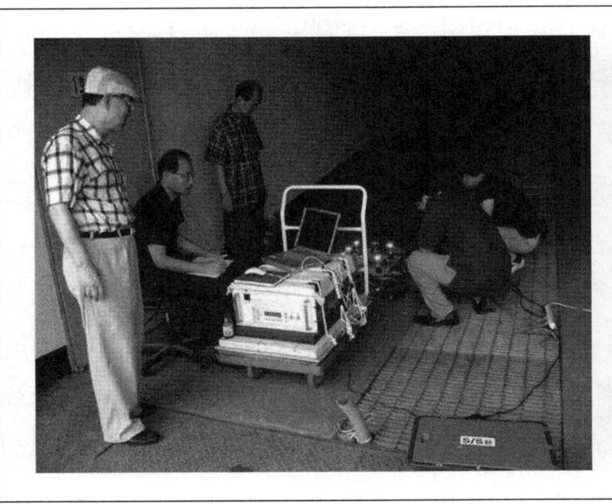

그림 7-50 주안 변전소 전차선로 모의시험 장면

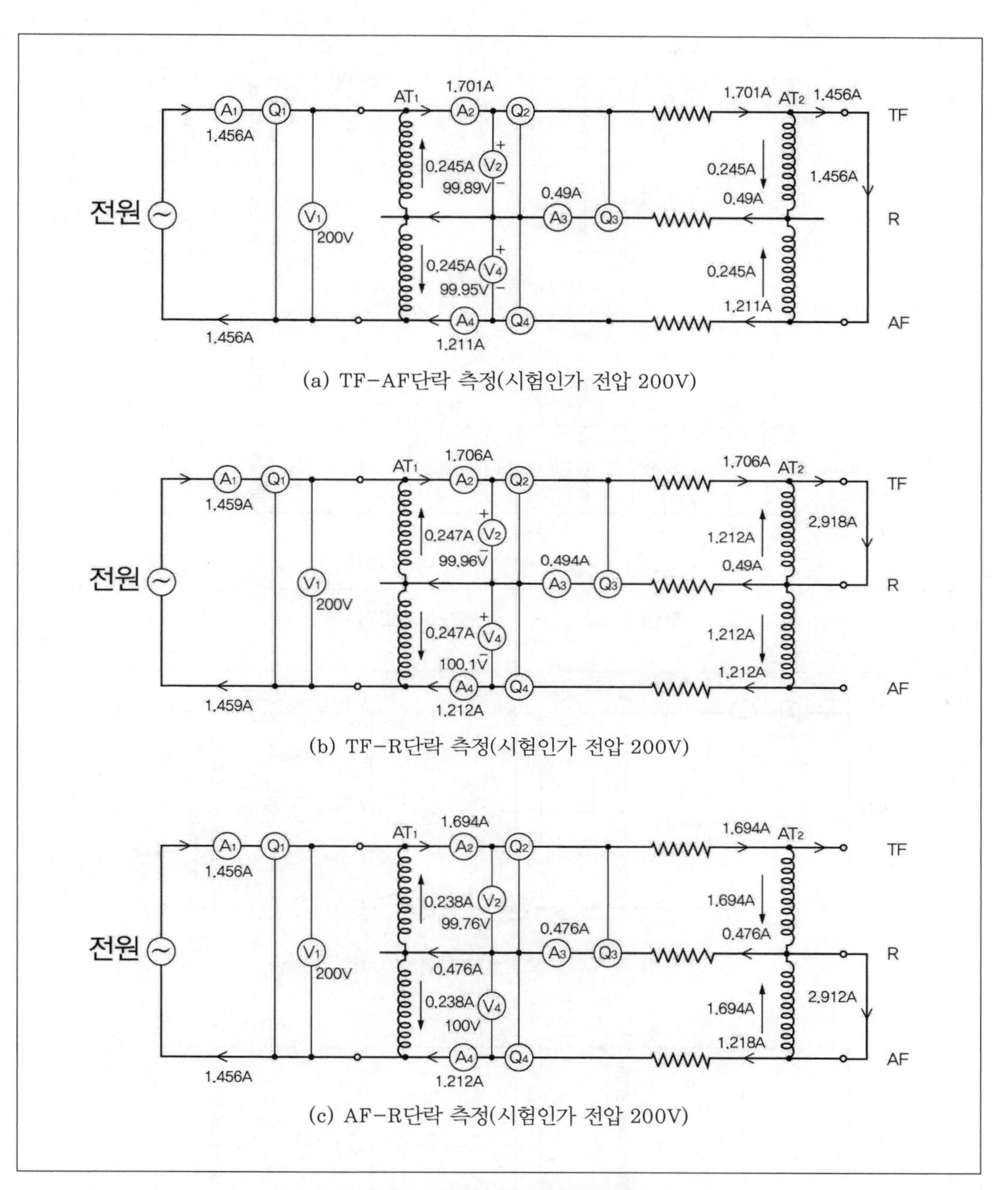

(a) TF-AF단락 측정(시험인가 전압 200V)

(b) TF-R단락 측정(시험인가 전압 200V)

(c) AF-R단락 측정(시험인가 전압 200V)

그림 7-51 선로 모의측정 회로

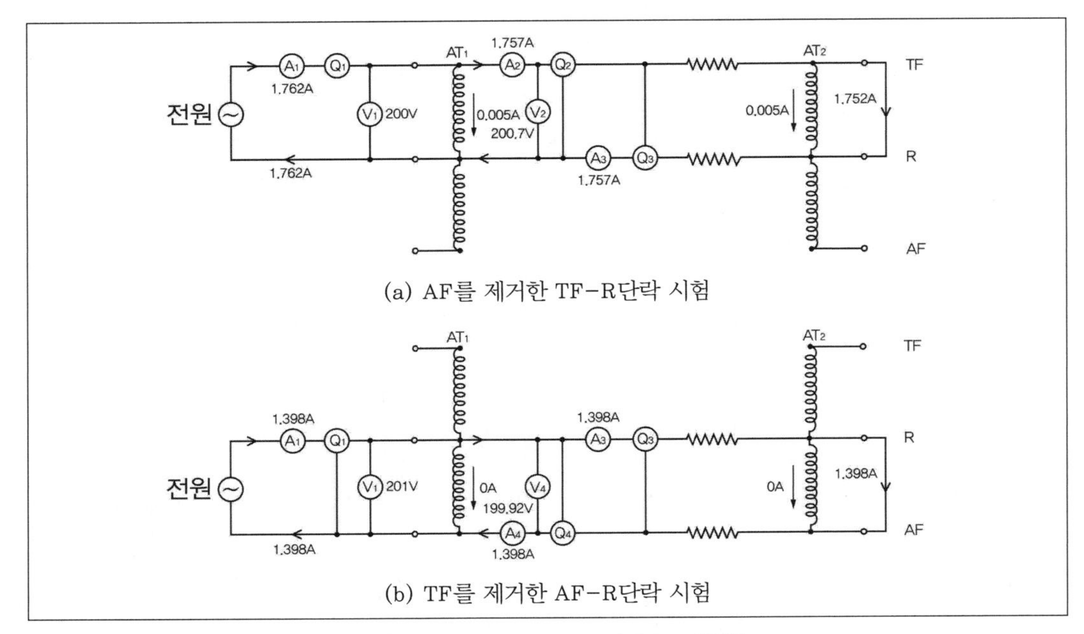

(a) AF를 제거한 TF-R단락 시험

(b) TF를 제거한 AF-R단락 시험

그림 7-52 TF-R, AF-R단락 모의시험

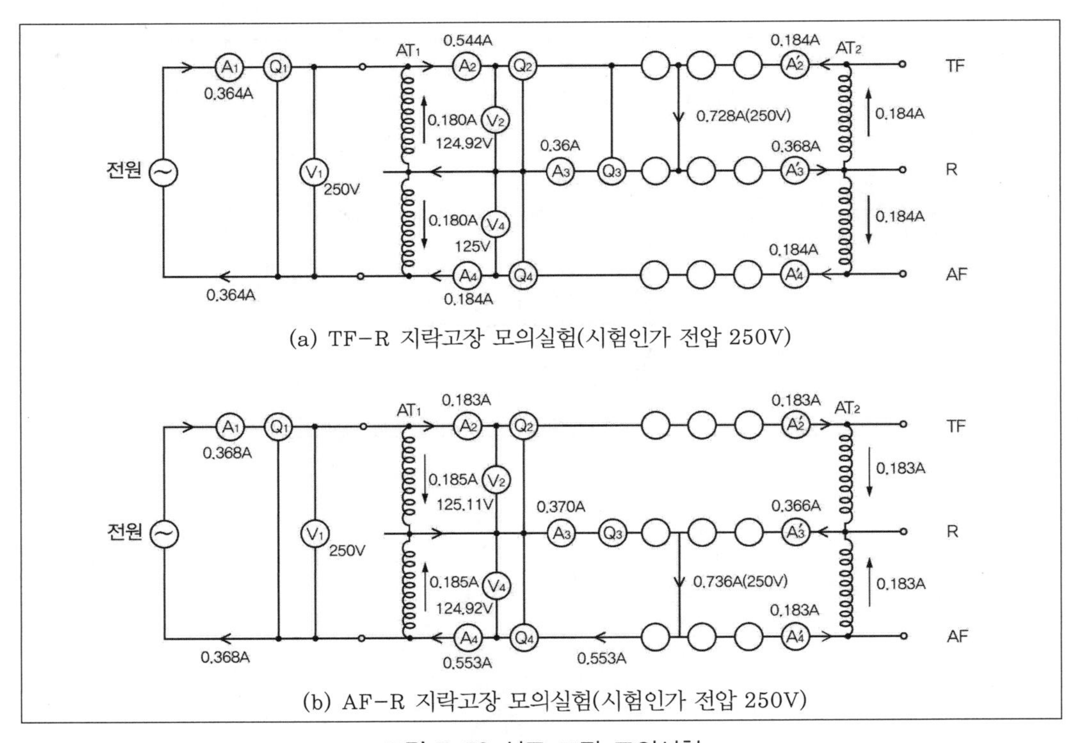

(a) TF-R 지락고장 모의실험(시험인가 전압 250V)

(b) AF-R 지락고장 모의실험(시험인가 전압 250V)

그림 7-53 선로 고장 모의시험

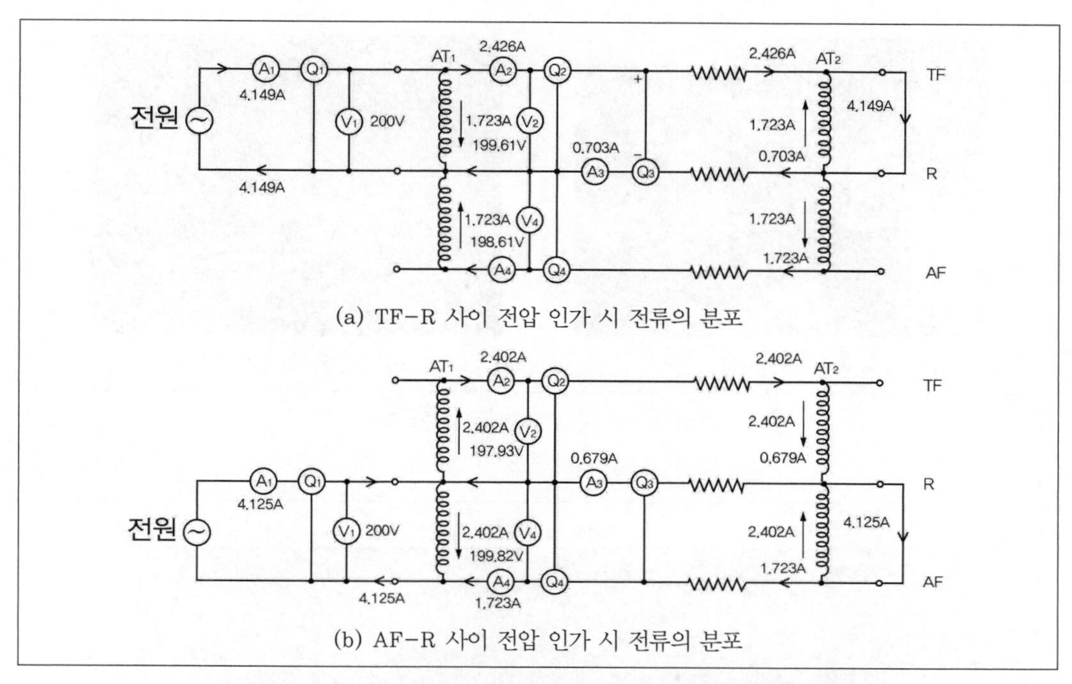

그림 7-54 TF-R 및 AF-R에 전압을 인가했을 때의 전류 분포

2) 전차선로 정수 측정

현재 EREC로 상호를 변경한 당시의 한국전기철도기술(주)가 한국철도시설공단의 의뢰로 2006.6~2007.7의 1년여에 걸쳐 전국 전차선의 선로 정수를 측정한 바 있다. 측정기기는 미국 California instrument co의 ac power source 4500LS-1(AC output: 전압범위 0~270V, output 전류 범위 16.7A rms, 최대 전류 RMS값의 2.5배, 주파수 범위 45~5kHz)로 또 Data의 기록은 삼성전자의 PC(Personal computer)로 하였으며 측정회로는 그림 7-55와 같다.

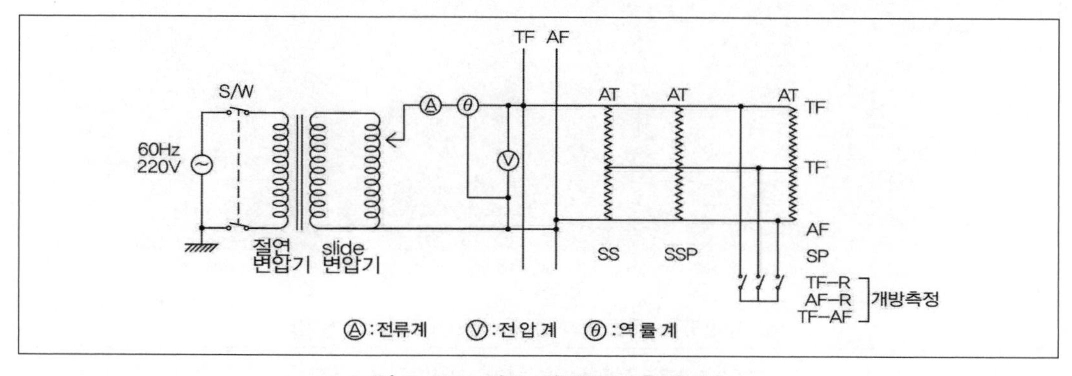

그림 7-55 선로 임피던스 측정회로

a) 선로 측정 예비시험　　　b) 측정을 위한 안전교육

그림 7-56 선로 측정을 위한 준비

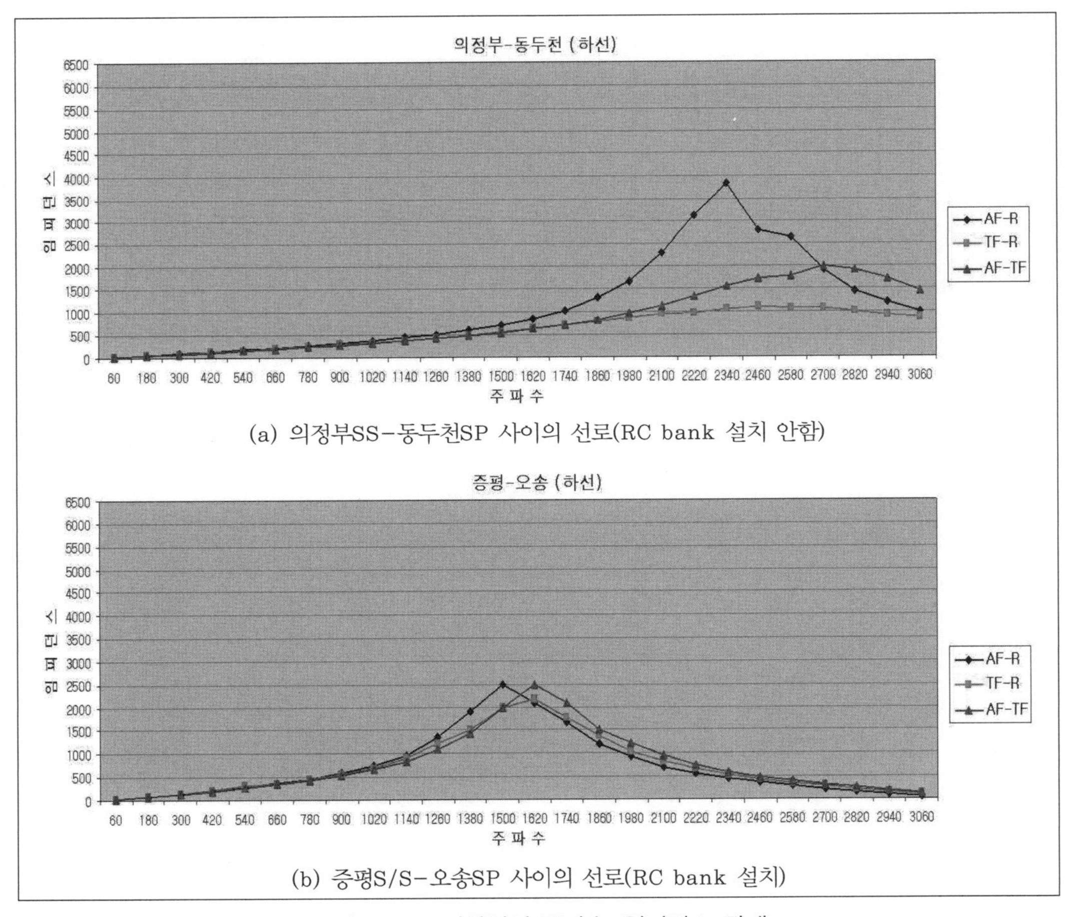

(a) 의정부SS-동두천SP 사이의 선로(RC bank 설치 안함)

(b) 증평S/S-오송SP 사이의 선로(RC bank 설치)

그림 7-57 전차선의 주파수-임피던스 관계

국내 전차선로의 기본파에 대한 측정 결과를 선로정수로 표 7-9에 실었다. 선로정수와 주파수 관계를 그림 7-57에 경원선 의정부-동두천 간의 하행선과 충북선 증평-오송 간의 하행선을 예로 들었다. 여기서 동두천 SP에는 고조파 억제용 RC bank를 설치하지 않았고, 오송 SP에는 RC bank가 설치되어 있다. 이 그림에서 임피던스의 급격한 변화 부분은 선로의 공진 주파수 부분으로 RC bank가 없는 의정부-동두천 간의 공진 주파수는 대체로 2300~2800Hz로 분산되어 있고, RC bank가 설치된 충북선의 경우는 1500~1700Hz로 비교적 집중되어 있으며 공진 주파수가 많이 저주파 쪽으로 치우쳐 있는 것을 볼 수 있다.

표 7-9 전차선로의 임피던스(2006.6-2007.6까지 측정)

선로명	변전소	구분소	방향	FEEDER	거리 [km]	Impedance															구성
						AF-R					TF-R					AF-TF					
						Z	θ	R	X	Z/km	Z	θ	R	X	Z/km	Z	θ	R	X	Z/km	
경원선	의정부	동두천	상선	34F	22.93	20.08	70.123	6.827	18.884	0.876	18.619	70.731	6.144	17.576	0.812	17.655	70.123	6.003	16.603	0.77	TF:110㎟ AF:100㎟(CU) M:70㎟(cdcu)
			하선	31F	22.93	20.105	70.123	6.836	18.907	0.877	19.142	70.123	6.508	18.002	0.835	17.768	70.123	6.041	16.709	0.775	FPW:75㎟(cu)
		용산	상선	32F	33.9	26.028	72.542	7.808	24.829	0.768	25.615	71.337	8.197	24.268	0.756	24.551	70.123	8.347	23.088	0.724	TF:110㎟ AF:100㎟(CU) M:70㎟(cdcu)
			하선	31F	33.9	25.947	70.123	8.822	24.401	0.765	25.342	69.513	8.87	23.739	0.748	24.307	69.513	8.507	22.77	0.717	FPW:75㎟(cu)
중앙선	구리	회기	상선	92F	8.4	7.846	71.941	2.432	7.459	0.934	7.157	71.941	2.219	6.804	0.852	6.112	73.142	1.772	5.849	0.728	TF:170㎟ AF:150㎟(CU) M:70㎟(cdcu)
			하선	91F	8.4	7.87	71.337	2.518	7.456	0.937	7.174	71.337	2.296	6.797	0.854	6.118	73.142	1.774	5.855	0.728	FPW:75㎟(cu) 매설접지:38㎟(cu)
		덕소	상선	94F	7.8	6.76	71.941	2.096	6.427	0.867	7.875	72.542	2.363	7.512	1.01	5.707	73.74	1.598	5.479	0.732	TF:170㎟ AF:150㎟(CU) M:70㎟(cdcu)
			하선	93F	7.8	6.722	71.941	2.084	6.391	0.862	7.557	71.941	2.343	7.185	0.969	5.78	73.142	1.676	5.532	0.741	FPW:75㎟(cu) 매설접지:38㎟(cu)
분당선	모란	대모산	상선	52F	11.33	10.03	77.291	2.207	9.784	0.885	9.295	79.047	1.766	9.126	0.82	8.063	79.047	1.532	7.916	0.712	TF:R-BAR 2200㎟ AF:200㎟(CU)
			하선	51F	11.33	10.016	77.291	2.204	9.771	0.884	9.304	78.463	1.861	9.116	0.821	8.046	79.63	1.448	7.915	0.71	FPW:75㎟x2(cu)
		분당	상선	54F	11.05	9.897	73.142	2.87	9.472	0.896	9.402	72.542	2.821	8.969	0.851	8.377	73.74	2.346	8.042	0.758	TF:R-BAR 2200㎟ AF:200㎟(CU)
			하선	53F	11.05	9.183	73.142	2.663	8.788	0.831	8.908	73.142	2.583	8.525	0.806	8.313	74.93	2.161	8.027	0.752	FPW:75㎟x2(cu)
경인선	주안	부개	상1선	12F	8	7.503	70.731	2.476	7.083	0.938	7.144	71.337	2.286	6.768	0.893	6.039	72.542	1.812	5.761	0.755	
			하1선	11F	8	7.419	71.337	2.374	7.029	0.927	7.06	71.337	2.259	6.689	0.883	5.955	72.542	1.787	5.681	0.744	TF:170㎟ AF:150㎟(CU) M:80㎟(cdcu)
			상2선	16F	8	8.362	73.142	2.425	8.003	1.045	7.188	72.542	2.156	6.857	0.899	5.86	72.542	1.758	5.59	0.733	FPW:75㎟x2(cu)
			하2선	15F	8	7.457	70.731	2.461	7.039	0.932	6.751	70.731	2.228	6.373	0.844	5.845	72.542	1.754	5.576	0.731	
		인천	상1선	14F	6.2	5.42	70.123	1.843	5.097	0.874	5.005	69.513	1.752	4.688	0.807	3.805	71.941	1.18	3.618	0.614	
			하1선	13F	6.2	5.511	71.337	1.764	5.221	0.889	5.277	71.337	1.689	5	0.851	3.819	71.941	1.184	3.631	0.616	TF:170㎟ AF:150㎟(CU) M:80㎟(cdcu)
			상2선	18F	6.2	5.33	70.731	1.759	5.031	0.86	4.791	70.123	1.629	4.506	0.773	3.622	71.337	1.159	3.432	0.584	FPW:75㎟x2(cu)
			하2선	17F	6.2	5.244	69.513	1.835	4.912	0.846	4.705	68.9	1.694	4.39	0.759	3.593	70.731	1.186	3.392	0.58	
경부선	구로	부개	상1선	14F	13.2	10.884	73.74	3.048	10.449	0.825	10.212	73.142	2.961	9.773	0.774	9.113	74.336	2.461	8.775	0.69	
			하1선	13F	13.2	10.867	76.113	2.608	10.549	0.823	10.221	74.93	2.657	9.869	0.774	9.334	74.336	2.52	8.987	0.707	TF:170㎟ AF:150㎟(CU) M:80㎟(cdcu)
			상2선	18F	13.2	11.455	74.336	3.093	11.03	0.868	10.484	73.74	2.936	10.065	0.794	9.127	73.74	2.556	8.762	0.691	FPW:75㎟x2(cu)
			하2선	17F	13.2	10.959	73.74	3.069	10.521	0.83	10.2	73.142	2.958	9.762	0.773	9.171	74.336	2.476	8.83	0.695	
		용산	상2선	12F	8.6	8.646	72.542	2.594	8.248	1.005	8.085	71.941	2.506	7.687	0.94	7.11	73.74	1.991	6.826	0.827	
			하2선	13F	8.6	8.635	73.142	2.504	8.264	1.004	8.022	71.941	2.487	7.627	0.933	7.177	73.74	2.01	6.89	0.835	TF:170㎟ AF:150㎟(CU) M:80㎟(cdcu)
			상3선	16F	8.6	8.702	73.74	2.437	8.354	1.012	7.886	72.542	2.366	7.523	0.917	6.89	74.336	1.86	6.634	0.801	FPW:75㎟(cu) 매설접지:38㎟(cu)
			하3선	15F	8.6	8.926	74.336	2.41	8.594	1.038	7.843	73.74	2.196	7.529	0.912	6.796	73.142	1.971	6.504	0.79	

선로명	변전소	구분소	방향	FEEDER	거리 [km]	Impedance															구 성
						AF-R					TF-R					AF-TF					
						Z	θ	R	X	Z/km	Z	θ	R	X	Z/km	Z	θ	R	X	Z/km	
경부선	구로	서울	상선	22F	14.1	12.563	73.142	3.643	12.023	0.891	11.214	72.542	3.364	10.697	0.795	10.386	73.142	3.012	9.94	0.737	TF:170㎟ AF:150㎟(CU) M:80㎟(cdcu) FPW:75㎟(cu) 매설접지:38㎟(cu)
			하선	21F	14.1	11.876	73.74	3.325	11.401	0.842	10.555	72.542	3.167	10.069	0.749	9.617	73.74	2.693	9.232	0.682	
		안양	상1선	24F	10.8	10.571	74.336	2.854	10.178	0.979	10.14	73.74	2.839	9.734	0.939	8.555	74.93	2.224	8.261	0.792	TF:170㎟ AF:150㎟(CU) M:80㎟(cdcu) FPW:75㎟(cu) 매설접지:38㎟(cu)
			하1선	23F	10.8	10.495	74.93	2.729	10.134	0.972	10.089	70.731	3.329	9.524	0.934	9.089	74.93	2.363	8.776	0.842	
			상2선	44F	10.8	10.299	70.123	3.502	9.685	0.954	9.522	68.284	3.523	8.846	0.882	8.715	71.941	2.702	8.286	0.807	
			하2선	43F	10.8	10.337	71.941	3.204	9.828	0.957	9.8	69.513	3.43	9.18	0.907	8.502	70.731	2.806	8.026	0.787	
	군포	안양	상1선	22F	8.9	8.72	72.542	2.62	8.32	0.98	8.07	72.553	2.42	7.7	0.907	6.92	73.142	2.01	6.62	0.778	TF:170㎟ AF:150㎟(CU) M:80㎟(cdcu) FPW:75㎟(cu) 매설접지:38㎟(cu)
			하1선	21F	8.9	8.76	72.54	2.628	8.356	0.984	8.104	72.54	2.432	7.731	0.911	6.951	73.142	2.016	6.652	0.781	
			상2선	42F	8.9	8.43	69.513	2.95	7.9	0.947	7.82	68.284	2.89	7.27	0.879	6.93	70.123	2.36	6.52	0.779	
			하2선	41F	8.9	8.48	70.123	2.88	7.97	0.953	7.94	68.9	2.86	7.41	0.892	7.01	70.731	2.31	6.62	0.788	
		수원	상1선	24F	11.67	10.55	72.542	3.17	10.06	0.904	10.25	71.337	3.28	9.71	0.878	8.71	73.74	2.44	8.36	0.746	TF:170㎟ AF:150㎟(CU) M:80㎟(cdcu) FPW:75㎟(cu) 매설접지:38㎟(cu)
			하1선	23F	11.67	10.5	70.731	3.47	9.91	0.9	9.89	70.731	3.26	9.34	0.847	8.51	72.542	2.55	8.12	0.729	
			상2선	44F	11.67	10.44	71.337	3.34	9.89	0.895	9.88	70.731	3.26	9.33	0.847	8.53	71.941	2.64	8.11	0.731	
			하2선	43F	11.67	10.44	71.337	3.34	9.89	0.895	9.83	70.731	70.731	70.731	0.842	8.55	71.941	2.65	8.13	0.733	
		시흥	상선	74F	26.6	25.694	68.284	9.507	23.871	0.966	25.747	68.284	9.526	23.92	0.968	24.553	68.284	9.085	22.811	0.923	금정-안산 TF:100㎟(CU) AF:95㎟(ACSR) M:70㎟(Cdcu) PW:95㎟(ACSR) 안산-오이도 TF:100㎟(CU)
			하선	73F	26.6	25.633	67.046	9.997	23.603	0.964	24.863	68.284	9.199	23.099	0.935	25.549	67.666	9.709	23.632	0.96	
		선바위	상선	72F	15.7	13.143	76.703	3.023	12.791	0.837	12.588	76.703	2.895	12.251	0.802	11.687	77.878	2.454	11.426	0.744	TF:R-BAR 2100㎟ AF:200㎟(CU) FPW:75㎟(cu)
			하선	71F	15.7	13.199	75.522	3.3	12.78	0.841	12.645	76.113	3.035	12.275	0.805	11.753	77.291	2.586	11.465	0.749	
	평택	수원	상1선	22F	28.03	23.159	72.542	6.948	22.092	0.826	22.386	73.142	6.492	21.424	0.799	21.272	73.74	5.956	20.421	0.759	TF:170㎟ AF:150㎟(CU) M:80㎟(cdcu) FPW:75㎟(cu) 매설접지:38㎟(cu)
			하1선	21F	28.03	23.095	73.142	6.698	22.103	0.824	22.427	73.142	6.504	21.463	0.8	21.218	73.74	5.941	20.369	0.757	
			상2선	42F	28.03	22.563	73.74	6.318	21.66	0.805	21.613	73.142	6.268	20.684	0.771	20.615	74.336	5.566	19.849	0.735	
			하2선	41F	28.03	22.712	73.74	6.359	21.804	0.81	21.72	73.74	6.082	20.851	0.775	20.726	73.74	5.803	19.897	0.739	
		천안	상1선	24F	26.815	22.608	73.142	6.556	21.636	0.843	21.395	73.74	21.395	21.395	0.798	20.631	73.74	5.777	19.806	0.769	TF:170㎟ AF:150㎟(CU) M:80㎟(cdcu) FPW:75㎟(cu) 매설접지:38㎟(cu) 천안 SP 상하 2선은 AT분리측정
			하1선	23F	26.815	22.502	73.142	6.526	21.535	0.839	21.575	73.74	6.041	20.712	0.805	20.572	73.74	5.76	19.749	0.767	
			상2선	44F	26.815	31.841	75.522	7.96	30.83	1.187	25.625	75.522	6.406	24.811	0.956	19.932	74.336	5.382	19.192	0.743	
			하2선	43F	26.815	31.72	73.142	9.199	30.357	1.183	24.655	74.336	6.657	23.739	0.919	19.806	73.74	5.546	19.014	0.739	

선로명	변전소	구분소	방향	FEEDER	거리 [km]	Impedance															구성
						AF-R					TF-R					AF-TF					
						Z	θ	R	X	Z/km	Z	θ	R	X	Z/km	Z	θ	R	X	Z/km	
경부선	조치원	천안	상선	52F2	31.985	24.159	74.336	6.523	23.262	0.755	23.17	74.93	6.024	22.373	0.724	21.978	74.336	5.934	21.162	0.687	TF:170㎟ AF:150㎟(CU) M:80㎟(cdcu)
			하선	52F1	31.985	24.038	73.74	6.731	23.076	0.752	23.31	73.142	6.76	22.308	0.729	21.953	74.336	5.927	21.138	0.686	FPW:75㎟(cu) 매설접지:38㎟(cu)
		신탄진	상선	52F4	22	20.186	71.941	6.258	19.192	0.918	19.212	70.123	6.532	18.067	0.873	18.041	71.337	5.773	17.092	0.82	TF:150㎟ AF:150㎟(Cu) M:65㎟(BZ)
			하선	52F3	22	20.296	71.941	6.292	19.296	0.923	19.186	71.941	5.948	18.241	0.872	18.053	71.941	5.596	17.164	0.821	FPW:75㎟(cu) 매설접지:38㎟(cu)
	옥천	신탄진	상선	52F2	33	25.445	71.337	8.142	24.107	0.771	24.126	70.731	7.962	22.774	0.731	22.831	71.941	7.078	21.706	0.692	TF:150㎟ AF:288㎟(ACSR) M:65㎟(BZ)
			하선	52F1	33	24.802	71.337	7.937	23.498	0.752	24.062	71.941	7.459	22.877	0.729	22.548	71.941	6.99	21.437	0.683	FPW:75㎟(cu) 매설접지:38㎟(cu)
		영동	상선	52F4	29.4	24.348	71.941	7.548	23.149	0.828	23.31	71.337	7.459	22.084	0.793	21.949	71.941	6.804	20.868	0.747	TF:150㎟ AF:150㎟(cu) M:65㎟(BZ)
			하선	52F3	29.4	24.312	71.941	7.537	23.114	0.827	23.457	71.337	7.506	22.224	0.798	21.968	71.941	6.81	20.886	0.747	FPW:75㎟(cu) 매설접지:38㎟(cu)
	직지사	영동	상선	52F2	32.6	25.998	71.941	8.059	24.717	0.797	25.316	71.337	8.101	23.985	0.777	23.866	71.941	7.398	22.69	0.732	TF:150㎟ AF:150㎟(cu) M:65㎟(BZ)
			하선	52F1	32.6	24.015	72.542	7.205	22.909	0.737	25.373	71.941	7.866	24.123	0.778	24.062	71.941	7.459	22.877	0.738	FPW:75㎟(cu) 매설접지:38㎟(cu)
		대신	상선	52F4	17.7	16.995	70.731	5.608	16.043	0.96	16.08	70.123	5.467	15.122	0.908	14.821	71.337	4.743	14.042	0.837	TF:150㎟ AF:150㎟(cu) M:65㎟(BZ)
			하선	52F3	17.7	16.99	71.337	5.437	16.097	0.96	15.966	70.123	5.428	15.015	0.902	14.815	71.337	4.741	14.036	0.837	FPW:75㎟(cu) 매설접지:38㎟(cu)
	사곡	대신	상선	52F2	20	14.646	71.337	4.687	13.876	0.732	16.062	70.123	5.461	15.105	0.803	14.749	71.337	4.72	13.973	0.737	TF:150㎟ AF:150㎟(cu) M:65㎟(BZ)
			하선	52F1	20	16.846	70.731	5.559	15.902	0.842	15.946	70.123	5.422	14.996	0.797	14.768	71.337	4.726	13.991	0.738	FPW:75㎟(cu) 매설접지:38㎟(cu)
		지천	상선	52F4	28.35	23.697	72.542	7.109	22.605	0.836	22.993	72.542	6.898	21.934	0.811	21.858	72.542	6.557	20.851	0.771	TF:150㎟ AF:150㎟(cu) M:65㎟(BZ)
			하선	52F3	28.35	23.614	72.542	7.084	22.526	0.833	22.804	72.542	6.841	21.754	0.804	21.749	72.542	6.525	20.747	0.767	FPW:75㎟(cu) 매설접지:38㎟(cu)
	경산	지천	상선	52F2	20.75	17.743	71.337	5.678	16.81	0.855	17.033	70.731	5.621	16.079	0.821	15.823	71.337	5.063	14.991	0.763	TF:150㎟ AF:150㎟(cu) M:65㎟(BZ)
			하선	52F1	20.75	17.762	71.941	5.506	16.887	0.856	17.053	70.731	5.627	16.098	0.822	15.855	71.337	5.074	15.021	0.764	FPW:75㎟(cu) 매설접지:38㎟(cu)
		청도	상선	52F4	29.7	23.36	71.337	7.475	22.132	0.787	22.804	70.731	7.525	21.527	0.768	21.735	71.337	6.955	20.592	0.732	TF:150㎟ AF:150㎟(cu) M:65㎟(BZ)
			하선	52F3	29.7	23.304	71.337	7.457	22.079	0.785	22.774	70.731	7.515	21.498	0.767	21.763	71.337	6.964	20.619	0.733	FPW:75㎟(cu) 매설접지:38㎟(cu)
	밀양	청도	상선	52F2	21.6	17.854	70.731	5.892	16.854	0.827	17.214	70.123	5.853	16.188	0.797	16.171	71.337	5.175	15.321	0.749	TF:150㎟ AF:150㎟(cu) M:65㎟(BZ)
			하선	52F1	21.6	17.822	71.941	5.525	16.944	0.825	17.395	71.337	5.566	16.48	0.805	16.031	70.731	5.29	15.133	0.742	FPW:75㎟(cu) 매설접지:38㎟(cu)
		물금	상선	52F4	28.5	23.137	71.337	7.404	21.92	0.812	22.942	71.337	7.341	21.736	0.805	21.641	71.941	6.709	20.575	0.759	TF:150㎟ AF:150㎟(cu) M:65㎟(BZ)
			하선	52F3	28.5	23.031	70.731	7.6	21.741	0.808	22.198	70.123	7.547	20.876	0.779	21.542	71.337	6.893	20.409	0.756	FPW:75㎟(cu) 매설접지:38㎟(cu)
충북선	증평	오송	상선	52F2	38.973	30.377	68.9	10.936	28.34	0.779	29.418	70.123	10.002	27.665	0.755	28.436	69.513	9.953	26.637	0.73	TF:110㎟ AF:160㎟(ACSR) M:70㎟(cdcu)
			하선	52F1	38.973	30.205	68.9	10.874	28.18	0.775	29.562	68.9	10.642	27.58	0.759	28.664	69.513	10.032	26.851	0.735	FPW:93㎟(ACSR) 매설접지:38㎟(cu)
		음성	상선	52F4	20.144	16.72	68.9	6.019	15.599	0.83	15.808	69.513	5.533	14.808	0.785	14.797	69.513	5.179	13.861	0.735	TF:110㎟AF:160㎟(ACSR) M:70㎟(cdcu)
			하선	52F3	20.144	16.756	69.513	5.865	15.696	0.832	15.908	68.9	5.727	14.841	0.79	14.831	68.9	5.339	13.837	0.736	FPW:93㎟(ACSR) 매설접지:38㎟(cu)

선로명	변전소	구분소	방향	FEEDER	거리 [km]	Impedance															구 성
						AF-R					TF-R					AF-TF					
						Z	θ	R	X	Z/km	Z	θ	R	X	Z/km	Z	θ	R	X	Z/km	
충북선	충주	음성	상선	52F2	23.909	19.944	69.513	6.98	18.683	0.834	18.839	70.123	6.405	17.717	0.788	17.762	70.123	6.039	16.704	0.743	TF:110㎟ AF:160㎟(ACSR) M:70㎟(cdcu)
			하선	52F1	23.909	19.535	70.123	6.642	18.371	0.817	18.601	69.513	6.51	17.424	0.778	17.619	69.513	6.167	16.505	0.737	FPW:93㎟(ACSR) 매설접지:38㎟(cu)
		봉양	상선	52F4	26.862	21.528	68.9	7.75	20.085	0.801	20.82	68.284	7.703	19.342	0.775	19.81	68.9	7.132	18.482	0.737	TF:110㎟ AF:160㎟(ACSR) M:70㎟(cdcu)
			하선	52F3	26.862	21.762	69.513	7.617	20.386	0.81	21.218	68.9	7.638	19.795	0.79	19.932	68.9	7.176	18.596	0.742	FPW:93㎟(ACSR) 매설접지:38㎟(cu)
호남선	계룡	대전조차장	상선	52F2	25.37	19.677	70.731	6.493	18.575	0.776	19.238	70.123	6.541	18.092	0.758	18.199	70.731	6.006	17.18	0.717	TF:110㎟ AF:288㎟(ACSR) M:65㎟(BZ)
			하선	52F1	25.37	19.885	70.731	6.562	18.771	0.784	19.421	69.513	6.797	18.193	0.766	18.345	70.123	6.237	17.252	0.723	FPW:93㎟(ACSR) 매설접지:38㎟(cu)
		채운	상선	52F4	33.448	26.214	71.941	8.126	24.923	0.784	25.329	71.941	7.852	24.081	0.757	24.255	71.337	7.762	22.98	0.725	TF:110㎟ AF:288㎟(ACSR) M:65㎟(BZ)
			하선	52F3	33.448	25.893	71.941	8.027	24.617	0.774	25.227	70.731	8.325	23.814	0.754	24.272	71.337	7.767	22.996	0.726	FPW:93㎟(ACSR) 매설접지:38㎟(cu)
	익산	채운	상선	52F2	30.234	23.981	71.337	7.674	22.72	0.793	23.228	70.731	7.665	21.927	0.768	21.92	70.731	7.234	20.692	0.725	TF:110㎟ AF:288㎟(ACSR) M:65㎟(BZ)
			하선	52F1	30.234	24.015	70.123	8.165	22.584	0.794	24.015	70.731	7.925	22.67	0.794	21.949	70.731	7.243	20.719	0.726	FPW:93㎟(ACSR) 매설접지:38㎟(cu)
		신태인	상선	52F4	31.004	24.704	71.337	7.905	23.405	0.797	24.108	70.731	7.956	22.757	0.778	22.832	70.731	7.535	21.553	0.736	TF:110㎟ AF:288㎟(ACSR) M:65㎟(BZ)
			하선	52F3	31.004	24.587	70.731	8.114	23.21	0.793	24.004	69.513	8.401	22.486	0.774	22.665	70.731	7.479	21.395	0.731	FPW:93㎟(ACSR) 매설접지:38㎟(cu)
	백양사	신태인	상선	52F2	25.76	20.842	70.123	7.086	19.6	0.809	20.016	70.123	6.805	18.824	0.777	18.643	69.513	6.525	17.464	0.724	TF:110㎟ AF:288㎟(ACSR) M:65㎟(BZ)
			하선	52F1	25.76	20.907	70.731	6.899	19.736	0.812	19.771	69.513	6.92	18.52	0.768	18.567	69.513	6.498	17.393	0.721	FPW:93㎟(ACSR) 매설접지:38㎟(cu)
		임곡	상선	52F4	30.762	26.123	71.337	8.359	24.749	0.849	24.789	70.123	8.428	23.312	0.806	22.262	70.731	7.346	21.015	0.724	TF:110㎟ AF:288㎟(ACSR) M:65㎟(BZ)
			하선	52F3	30.762	25.515	69.513	8.93	23.901	0.829	24.888	70.123	8.462	23.405	0.809	21.997	70.731	7.259	20.765	0.715	FPW:93㎟(ACSR) 매설접지:38㎟(cu)
	노안	임곡	상선	52F2	13.728	12.273	71.337	3.927	11.628	0.894	11.445	70.123	3.891	10.763	0.834	10.167	70.731	3.355	9.597	0.741	TF:110㎟ AF:288㎟(ACSR) M:65㎟(BZ)
			하선	52F1	13.728	12.008	71.337	3.843	11.377	0.875	11.097	70.731	3.662	10.475	0.808	10.026	70.123	3.409	9.429	0.73	FPW:93㎟(ACSR) 매설접지:38㎟(cu)
		광주	단선	52F1	17.59	15.959	58.541	5.107	15.12	0.907	15.891	70.731	5.244	15.001	0.903	14.313	70.731	4.723	13.511	0.814	TF:110㎟ AF:288㎟(ACSR) M:65㎟(BZ) FPW:93㎟(ACSR) 매설접지:38㎟(cu)
		함평	상선	52F4	25.52	20.5	71.337	6.56	19.422	0.803	19.782	70.123	6.726	18.603	0.775	18.615	70.731	6.143	17.572	0.729	TF:110㎟ AF:288㎟(ACSR) M:65㎟(BZ)
			하선	52F3	25.52	20.429	71.337	6.537	19.355	0.801	19.631	70.731	6.478	18.531	0.769	18.587	70.731	6.134	17.546	0.728	FPW:93㎟(ACSR) 매설접지:38㎟(cu)
	일로	함평	상선	52F2	18.838	16.031	71.941	4.97	15.241	0.851	15.319	70.731	5.055	14.461	0.813	14.129	70.731	4.663	13.338	0.75	TF:110㎟ AF:288㎟(ACSR) M:65㎟(BZ)
			하선	52F1	18.838	15.964	71.941	4.949	15.178	0.847	15.211	70.731	5.02	14.359	0.807	14.17	71.337	4.534	13.425	0.752	FPW:93㎟(ACSR) 매설접지:38㎟(cu)
		목포	상선	52F4	17.242	14.624	70.123	4.972	13.753	0.848	13.926	70.123	4.735	13.096	0.808	12.873	69.513	4.506	12.059	0.747	TF:110㎟ AF:288㎟(ACSR) M:65㎟(BZ)
			하선	52F3	17.242	14.325	68.284	5.3	13.308	0.831	14.011	68.9	5.044	13.072	0.813	12.736	68.284	4.712	11.832	0.739	FPW:93㎟(ACSR) 매설접지:38㎟(cu)
		대불산단	하선	52F1	15.56						24.913	71.941	7.723	23.686	1.601						TF:110㎟ M:65㎟(cdcu) FPW:93㎟(ACSR) 용포리SSP-대불산단 간은 AF선 없음

7-4. 전차선의 온도 상승과 De-icing

7-4-1. 4각파전류에 의한 전차선의 온도 상승

대기의 습도가 높고 기온이 0℃전후에 노점(露點-Dew point)이 형성되는 경우 지상에서 증발된 수증기가 찬 전차선에 응축되어 낮은 대기 온도로 성에(Frost)가 되어 전차선에 늘어붙게 된다. 이성에는 시속 200km이상의 속도로 달리는 전기차의 Pantograph에 밀려서 엉기고, 이 엉긴 서리가 달리는 고속 전기차의 pantograph의 습동판과 전차선에 충격을 가하여 전차선과 팬터그라프에 손상을 주어 전기차의 출발이 지연되었다는 보고가 프랑스 SNCF로부터 있었고 판토그라프의 습동판과 전차선 사이에 Arc가 연속하여 발생함으로써 이로 인하여 주위에 전자파 장애가 발생할 우려가 있다. 우리나라에서도 2004년 1월 호남선에서 KTX 시운전을 실시하였는바 익산-목포 구간에서 전차선 결빙에 의한 것으로 추정되는 매우 큰 아크가 발생하였다. 새벽 시간대에 주변 습지 구간에서 심한 아크가 발생되었으며, 터널 개소에서는 아크 발생이 없었던 점과 운행 당시 주변온도가 영하 1.6℃이었던 점 등으로 유추할 때 전차선 결빙(성에)에 의한 아크인 것으로 판단되었다. 이와 같은 전차선 결빙 현상을 대비하여 우리나라 고속철도에는 프랑스 SNCF의 기술로 전차선 해빙시스템을 서울-대구 사이의 고속선 구간 6개소에 설치하였으며 각각의 루프는 최대 15분간 서리 제거를 위하여 전류로 전차선을 가열하며 각 구간에 서리 감지를 위하여 서리 감지 센서를 설치한 바 있으며 이와 같은 결빙의 문제를 해결하기 위하여 일본 및 영국 등 각 국에서도 많은 연구를 하고 있다[1].

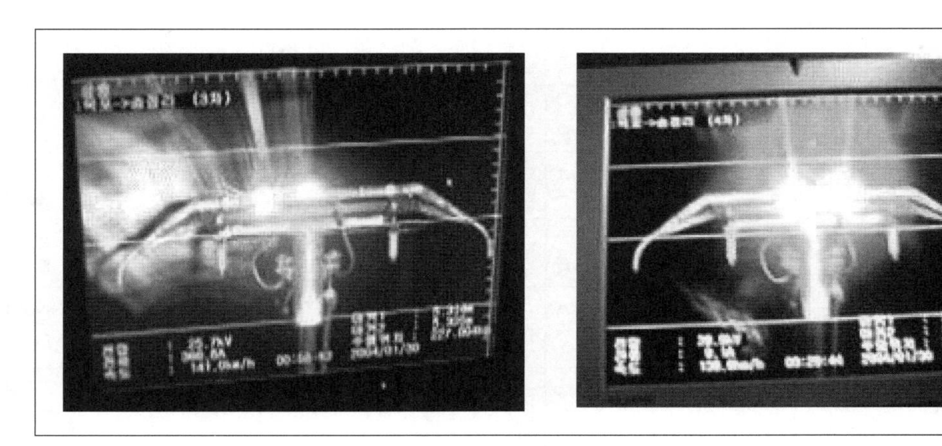

그림 7-58 KTX 종합 시운전 기간 중 호남선 새벽 아크 상황

우리나라 철도에서도 전차선에 전류를 흘려서 새벽녘 첫차 출발에 앞서 전기차 출발에 지장을 주지 않도록 성에를 가열 건조하여 제거하는 방안이 연구되었다. 이와 같은 전차선 가열 건조는 2가지 단계를 거치는데, 첫 번째는 대기의 습도, 대기 온도, 전차선의 온도, 바람의 속도 등 성에(frost)의 형성 요인을 측정하여 성에(frost)의 형성 점을 판단하는 것이고, 성에가 전차선에 형성되었다고 판단될 때 전원을 투입하여야 하는데 이때 투입되는 전류의 크기와 전류의 통전하는 시간의 결정이다. KTX 부하 전류는 프랑스 TGV의 2배가량 되고, 또 해빙을 위한 전차선 가열 전류는 4각파 전류(四角波電流)로 일반적으로 이동 중인 전기차에 급전하는 AT급전 계통의 3각파와는 전류의 형태가 다르다. 그림 7-59는 성에 제거 실험을 위하여 충북선에 설치한 시험용 해빙 회로 예이다.

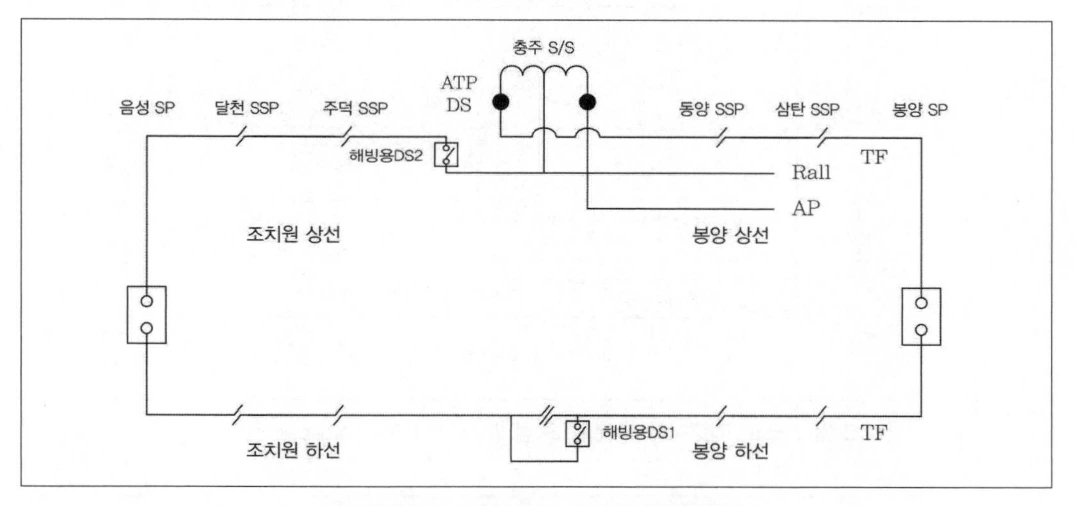

그림 7-59 충북선 De-icing시험 회로

이와 같은 회로 구성을 위하여 그림 7-59에서 보는 바와 같이 급전 구분소 (SP)의 절연구간(Neutral section)을 추가 설치한 해빙용 DS1로 단락하고 급전용 변전소와 가까운 곳에 해빙용 DS2로 전차선과 레일을 단락하여 해빙 회로 loop를 구성하였다. 전원 Scott변압기 2차 전압 55000V를 변전소 구내의 AT를 경유 27500V로 전압을 강압하여 이 서리 제거 회로에 인가하여 전차선에만 해빙전류가 흐르도록 하였다. 이 실험 전류는 약 640A였고 인가전압은 AT 1차 전압인 47.9kV이었다. 이때에 전차선에 연결된 모든 AT(단권 변압기)는 해빙 선로에서 제외하고 본서 8-4-2의 거리계전기 정정에서 언급한 바와 같이 거리계전기의 거리 정정치를 해빙용 단로기 DS2의 설치 위치보다 짧게 조정하여 단락 상태가 거리계전기에 고장으로 인식되지 않도록 하였으며 과전류 계전기의 전류를 현장 여건에 맞도록 재정정하고 전차선로의 인입전류와 레일에서 귀환전류에 차동계전기를 설치하여 선로고장을 보호하였다. 해빙을 할 전차선에 성에(frost)의 발생 여부를 감지하는 것은 감지 sensor로써 sensor의 정밀도 및 모의 전차선의 설치 위치, 모의 전차선 온도의 정확도 등이 매우 중요하다. 정상운전 시에는 급전구분소 단락용 DS1의 양단에는 전압이 최대 38.9kV(= 27.5kV × $\sqrt{2}$)가 인가되게 된다. 여기에 참고로 한국 철도공사의 고속전철에 설치한 De-icing회로의 온도 상승에 대한 프랑스 기술진의 컴퓨터 모의 예를 그림 7-59에, 우리나라 기술진이 실측한 충북선의 온도 상승 값은 그림 7-62에 실었다. 고속철도의 전차선은 IEC 규격으로 제작된 전차선으로 경동선 150mm², 장력은 2000DaN이며, 조가선은 Bz 65mm² 장력은 1400DaN으로 전차선과 조가선에 각각 별도로 인장력이 가하여졌으므로, 전차선 GT 110, 조가선 Cdcu 70mm²로 일괄 장력 2000kgf로 인장한 충북선과는 차이가 있다고 보인다.

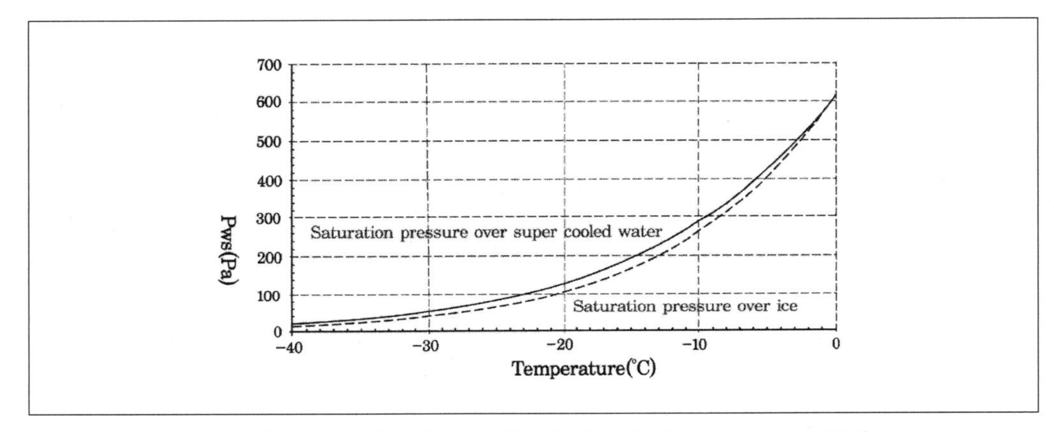

그림 7-60 대기 중 수분의 노점과 서리점—Vaisala cat 전재

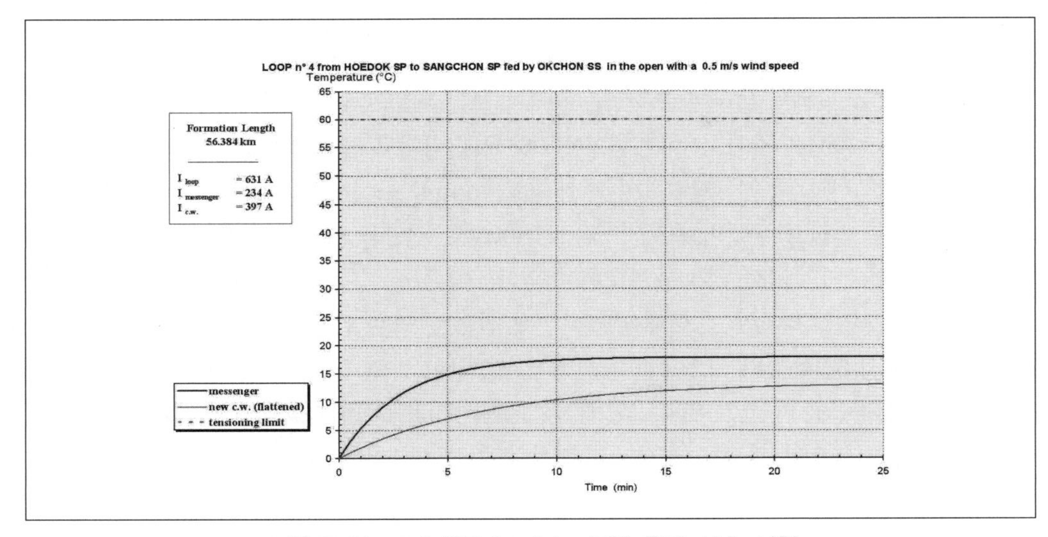

그림 7-61 고속철도 De-icing모의 온도 상승 시험

1) 4각파 전류에 의한 온도 상승

일반적으로 AT급전에서 전기차가 운전 중일 때 전차선 전류는 3각파 전류가 되나 사고 전류 또는 De-icing전류는 4각파 전류가 된다. 4각파 전류를 저항 r인 전차선에 일정 전류 I(A)를 dt(sec)시간 동안 흘리면 총발열량은 $I^2 \cdot r \cdot dt$(joul)이 되고 발열체의 온도 상승에 소비하는 열량은 dt시간 동안의 온도 상승을 $d\theta$라 하고 발열체의 열용량을C(w.sec/deg)라 하면 $C \cdot d\theta$(joul)가 된다. 또 발열체의 양단부분에서의 열방산을 무시하고 표면에서의 열방산만을 고려하면 단위 시간당의 방열량은 열방산율 A(w/deg), 온도차 θ(deg)라 할 때 $A \cdot \theta \cdot dt$(joul)가 된다, 따라서 태양열 흡수 열양을 무시하면

총발열량=축열량+열방산

이 되므로

$$I^2 \cdot r \cdot dt = C \cdot d\theta + A \cdot \theta \cdot dt \quad \text{———} \quad (1)$$

로 되며 따라서

$$I^2 \cdot r = C\frac{d\theta}{dt} + A \cdot \theta$$

변형하여

$$-\frac{C}{A} \cdot \frac{d\theta}{dt} = \theta - \frac{I^2 \cdot r}{A}$$

또

$$-\frac{A}{C} \cdot dt = \frac{d\theta}{\theta - \frac{I^2 \cdot r}{A}}$$

이 식의 양변을 적분하면

$$B_1 - \frac{A}{C} \cdot t = \ln\left(\theta - \frac{I^2 \cdot r}{A}\right)$$

이 식을 지수형태로 변형하면

$$\theta - \frac{I^2 \cdot r}{A} = e^{B_1} \cdot e^{-\frac{A}{C}t} \quad \text{———} \quad (2)$$

초기 조건으로서 t=0, θ=0이라고 하면

$$e^{B_1} = -\frac{I^2 \cdot r}{A}$$

따라서 (2)식은

$$\theta = \frac{I^2 \cdot r}{A} \times \left(1 - e^{-\frac{A}{C}t}\right) \quad \text{———} \quad (3)$$

따라서 t_0초간 통전하는 경우의 온도상승 θ_0는

$$\theta_0 = \frac{I^2 \cdot r}{A} \cdot \left(1 - e^{-\frac{A}{C}t_0}\right)$$

가 되며 t_0초간 가열되고, t초간 냉각 되면 전차선의 온도는

$$\theta = \frac{I^2 \cdot r}{A} \cdot \left(1 - e^{-\frac{A}{C}t_0}\right) \cdot e^{-\frac{A}{C}t}$$

가 된다.

여기서 지수의 역수인 $\frac{C}{A}$를 전차선의 온도상승 열시상수(열시정수-熱時定數-thermal time constant)라 한다. 식(3)을 미분하면 $\left(\frac{d\theta}{dt}\right)_{t=0} = \frac{I^2 \cdot r}{C}$가 되며 이 값은 t=0에서의 온도 상승 곡선의 접선의 기울기가 된다. 이 접선이 θ_0와 만나는 점에서 수선을 내리면 $\tau = \frac{C}{A}$가 되어 시정수와 같게 되며 이때의 전선 온도는 $\theta = 0.6321 \cdot \theta_0$가 된다. 이 방법은 작도(作圖)에 의하여 계(系)의 시정수를 구하는 데 널리 쓰인다.

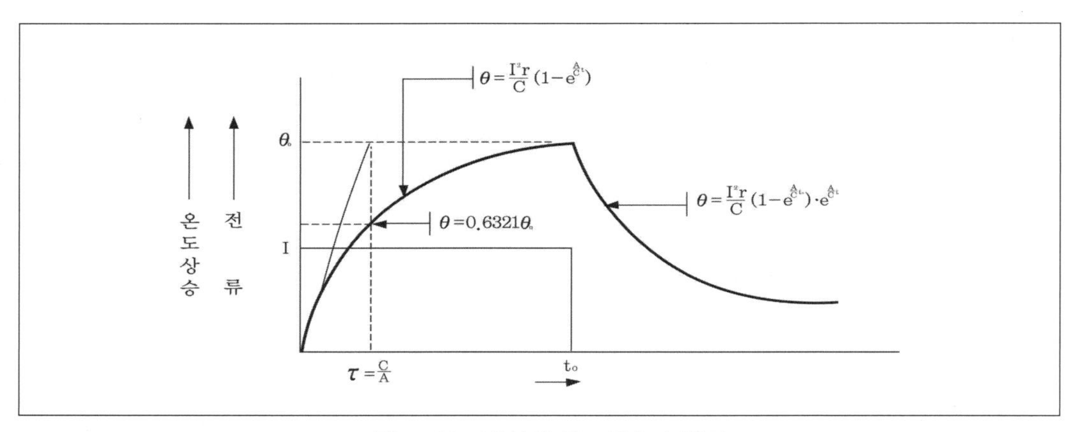

그림 7-62 전선의 온도상승과 냉각

1) 열방산

전선 표면으로부터의 열방산은 전선 주위의 전도와 대류에 의한 방산과 폭사에 의한 것 2가지가 있다.

① 전도와 대류에 의한 열방산

(a) 바람이 있는 경우

Rice의 실험식에 따르면 풍속을 V[m/sec], 전선의 직경을 d[cm]라 할 때 열방산계수 h_w는

$$h_w = \frac{0.00572}{\left(273 + T + \frac{\theta}{2}\right)^{0.123}} \times \frac{\sqrt{V}}{d}$$

가 된다.

여기서 T : 주위의 온도 (℃)

θ : 전선의 온도 (℃)

(b) 바람이 없는 경우

Mc Adams의 실험식에 의하여 열방산 계수 h_c는

$$h_C = 0.00035 \cdot \sqrt[4]{\frac{\theta}{d}}$$

가 된다.

여기서 바람이 없을 때의 총열방산 계수 K 값은 바람이 있는 경우의 h_w를 h_c로 바꾸어 사용하면 된다.

② 폭사에 의한 열방산

폭사에 의한 열방산량 h_r은 Stefan-Boltzmann의 법칙에 의하여 계산하는데 Stefan-Boltzmann상수가 $56697 \times 10^{-8} [W \times m^{-2} \times deg^{-4}]$로

$$h_r = 0.000567 \times \frac{\left(\frac{273 + T + \theta}{100}\right)^4 - \left(\frac{273 + T}{100}\right)^4}{\theta}$$

가 된다.

③ 총열방산 계수

(a) 바람이 있는 경우

총열방산 계수 K는 폭사에 의한 열방산은 열방산계수 h_r 및 전선표면의 방사율 η일 때 $h_r \cdot \eta$와 전도 및 대류에 의한 h_w의 합계이므로 햇볕이 없는 경우를 K'라 하면

$$K' = h_r \cdot \eta + h_w$$

가 된다.

전선표면의 방사율을 η, 햇볕이 있을 때 일사량을 $W_s [w/cm^2]$라고 하면 태양광선에 직각으로 노출된 길이 1[cm], 직경 d[cm]인 둥근 전선에 흡수되는 열량은

$W_s \cdot d \cdot \eta$로 표시된다. 전류 I를 저항이 r이 되는 전선에 흘리는 경우, 햇볕에 의한 열과 전류에 의한 joul열의 합계는 전선의 허용 온도 범위 내에서는 방산되는 총 열량과 같다. 즉 전선 단위 길이 당 햇볕을 받는 면적은 전선의 지름 d와 같고 표면적 S는 $S=\pi \cdot d$로 열 방산 면적은 전선의 표면적과 같으므로 전선 온도 θ일 때

$$W_s \cdot d \cdot \eta + I^2 \cdot r = (h_r \cdot \eta + h_w) \cdot \pi \cdot d \cdot \theta$$

위 식에서 전류 I를 구하면

$$I^2 \cdot r = \left\{h_w + \left(h_r - \frac{W_S}{\pi \cdot \theta}\right) \cdot \eta\right\} \cdot \pi \cdot d \cdot \theta$$

$$I = \sqrt{\frac{\left\{h_w + \left(h_r - \frac{W_S}{\pi \cdot \theta}\right)\eta\right\} \cdot \pi \cdot d \cdot \theta}{r}}$$

이 식에서 알 수 있는 바와 같이 햇볕이 있는 경우의 총열방산 계수 K는

$$K = \left(h_r - \frac{W_S}{\pi \cdot \theta}\right) \cdot \eta + h_w$$

가 된다. 따라서 햇볕이 있는 경우의 열방산 계수 K는 햇볕이 없는 경우의 방산계수 K′에서 h_r를 $(h_r - \frac{W_S}{\pi \cdot \theta})$로 대체하면 구하여진다.

(b) 바람이 없는 경우

ⓐ 햇볕이 없는 경우(바람이 없고 햇볕이 없는 경우) 열방산 계수 K′는

$$K' = h_r \cdot \eta + h_c$$

ⓑ 햇볕이 있고 바람이 없는 경우 열방산 계수 K는

$$K = \left(h_r - \frac{W_S}{\pi \cdot \theta}\right) \cdot \eta + h_c$$

가 된다.

즉 바람이 없고 햇볕이 없으면 Rice식으로 구한 대류에 의한 열방산 계수 h_w를 Mc. Adams식에 의한 열방산계수 h_c로 대체하면 된다.

여기서 열용량C(w.sec/deg)의 값은 표 7-10 각종 전선의 온도 특성에 제시되어 있으며, 열방산율(熱放散率) A(w/deg)는 다음과 같이 계산한다.

$$A = S \times K = \pi \cdot d \cdot K$$

단 S는 단위 길이당 전차선의 표면적으로 $S=\pi \cdot d[cm^2]$, d(cm)는 전선의 직경이다. 전선이 마모되었을 때 전선의 잔존 단면적을 S라 할 때 등가 직경 d는

$$d = \sqrt{\frac{4S}{\pi}}$$

로 계산한다.

저항의 온도에 대한 환산은 다음과 같다.

$$R_t = R_{20}\{1 + \alpha(t^o - 20^o)\}$$

R_t : t°C에서의 저항

R_{20} : 20°C에서의 저항

α : 연동의 저항 온도 계수=0.00393

연동의 온도에 대한 저항계수는 0.00393이므로 경동의 온도저항 계수는

$$\alpha = 0.00393 \times \frac{\lambda}{100} = 0.00393 \times 0.970 = 0.00381$$

λ : 경동의 도전율 97.0%,

로 계산한다.

일본에서는 주위 온도 T=40℃, 전선의 온도 상승 한도를 50K, 일사량 W_S=0.1W/cm^2, 전선의 폭사 계수 η=0.9(흑체를 1로 함), 풍속을 0.5m/sec를 기준으로 전차선의 허용 전류를 계산한다.

표 7-10 각종 전선의 단위 길이 당 온도 특성(주)

선 종	규 격 [mm^2]	저항온도계수 $\times 10^{-3}$	외경 [cm]	전기저항20℃ $\times 10^{-5}$[Ω/cm]	열용량 [J/cm×℃]
경동 연선	325	3.81	2.340	0.056	11.0825
	200		1.820	0.092	6.7221
	150		1.610	0.118	5.2606
	125		1.450	0.143	4.2954
	100		1.290	0.178	3.4535
	75		1.110	0.239	2.5578
	38		0.780	0.484	1.2719
경알미늄 연선	510	4.0	2.940	0.0563	12.2877
	300		2.240	0.0969	7.1353
	200		1.850	0.140	4.8983
	95		1.260	0.295	2.3245
전차선	170(4)	3.83	1.4712	0.1040	5.8185
	102.73(5)		1.1437	0.1721	3.5161
	150(4)		1.3600	0.1173	5.1340
	98.78(5)		1.1215	0.1786	3.3809
	110(4)		1.2340	0.1592	3.8026
	67.59(5)		0.9277	0.2616	2.3818
조가선	Cdcu 70	3.34	1.050	0.3315	2.3048
	Cdcu 80		1.150	0.276	2.699
	Bz 65	–	1.05	0.4474	–

주 (1) 電氣工作物(電車線路)設計施工標準(平成12年11月 일본전기기술협회)에 기재되어 있는 data를 기준으로 하고 없는 부분은 저자가 계산하였음. 일본 철도 기술 협력회 발행 電氣概論4 き電線,歸電線,碍子의 97쪽 표와는 다소 차이가 있음.

(2) 전차선 외경은 계산 단면에 대한 등가 외경이며 전차선이 마모되어 있는 경우에는 $d = \sqrt{\frac{4S}{\pi}}$ 로 계산하였음. 단 d는 등가 직경, S는 전차선의 잔존 단면적임. 110mm의 전차선은 마모 후 단면적 S=67.59(mm^2), 따라서 직경 d는 $d = \sqrt{\frac{4 \times 67.59}{\pi}} = 9.2768(mm) \rightarrow 0.9277(cm)$로 계산됨.

(3) 조가선 Bz의 열용량은 우리나라의 전선제조회사에 측정 의뢰하였음. 추후 측정치를 계제하고자 함.

(4) 전차선 신선의 단면적(mm^2)

(5) 사용 한도까지 마모한 전차선 단면적(mm^2)

표 7-11 전차선의 마모 한도 및 표준 장력(주)

전차선 선종 [mm]	신품 직경 [mm]	잔존 직경 [mm]	잔존 단면적 [mm^2]	등가 직경 [cm]	잔존 항장력 [kN]	허용하중 [kN]	표준장 [kN]	표준장력 [kN]
110	12.34	7.5	67.59	0.9277	23.25	10.56	10	10
		8.5	79.38	1.0053	27.30	12.40	12	12
150	13.60	7.85	79.89	1.0086	27.74	12.60	12	12
		8.85	94.97	1.0996	32.98	14.99	14	14
		9.10	98.78	1.1215	34.30	15.59	15	15
170	1.549	9	95.14	1.1006	32.35	14.70	14	14
		9.5	102.73	1.1437	34.94	15.88	15	15

㊟ 철도설계편람 전차선 편 2005. 2. 한국철도시설공단

2) 해빙회로의 임피던스

Carson-Pollaczek에 의한 선로의 임피던스 계산 결과 $0.7312\angle 71.30^{\circ}[\Omega/km]$ (=$0.2344+j0.6926[\Omega/km]$)로 해빙 loop길이는 50.76km이므로

$$Z=(0.2344+j0.6926)\times 50.76=11.8981+j35.1555=37.1143\angle 71.30^{\circ}[\Omega]$$

가 된다.

해빙회로를 측정을 위하여 봉양 급전 구분소와 음성 급전 구분소의 상하행 선로의 Tie결선용 차단기를 투입하여 상행선 전차선로와 하행선 전차선로 간을 단락하고, 변전소 절연구간을 점퍼선을 이용하여 상하행선 전차선로를 연결하여 전차선 상하행선이 직렬이 되게 하였다. 전원은 그림 7-59와 같이 변전소 상행선 전차선로에 연결하였으며, 변전소, 급전 구분소, 보조급전 구분소에 연결된 단권 변압기는 모두 개방하였다.

해빙 실험은 AT변압기 2차에서 전압을 인가하였는바 급전반 전압은 47915V, 전류는 323.970A, 역률은 0.37이었으므로 전차선 임피던스 Z는

$$Z=\frac{47915}{323.970\times 4}=36.9749[\Omega]$$

$$R=36.9749\times 0.37=13.6807[\Omega]$$

$$X=36.9749\times\sqrt{1-0.37^2}=34.3508[\Omega]$$

$$\varphi=\cos^{-1}\left(\frac{13.6807}{36.9749}\right)=68.28^{\circ}$$

표 7-12 전차선 해빙 임피던스

전원전압 [V]	전류 [A]	역율	해빙회로 임피던스 [Ω]			비 고
			Z	R	X	
47915V	323.970	0.37	36.9749	13.6807	34.3508	해빙실험시측정값
계산 값	–	0.32	37.1144	11.8981	35.1555	Carson-Poll계산값

표 7-12에서 보는 바와 같이 계산 값과 실측값에는 5.29% 정도의 차이가 있었다.

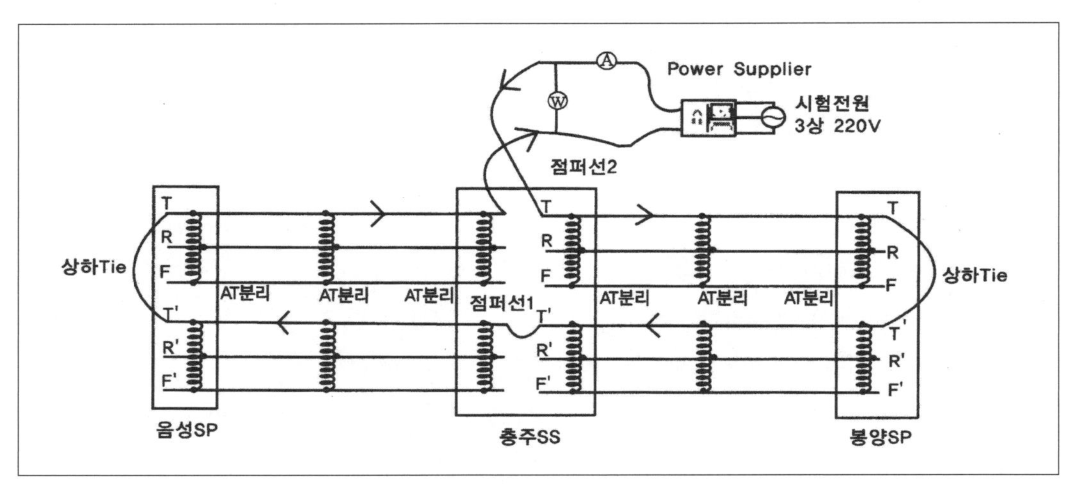

그림 7-63 해빙 임피던스 측정 회로도

3) 조가선과 전차선의 전류 분류비

조가선과 전차선이 병렬로 결선된 회로에 전압을 인가하면 전류는 조가선의 임피던스와 전차선의 임피던스에 반비례하여 조가선과 전차선에 각각 흐른다. 따라서 Carson-Pollaczek에 의하여 계산한 해빙회로의 조가선과 전차선의 임피던스는 다음과 같다.

전차선 GT110, 조가선 Cdcu70mm^{2}이므로

1. Carson-Pollaczeck 계산에 의한 해빙회로의 임피던스

① 전차선 임피던스= 0.2175 + j0.9121

$$Z_T = Z_{Ti} + Z_{To} = 0.2175 + j0.9121 = 0.9377\angle 76.59°[\Omega/km]$$

② 조가선의 임피던스= 0.3897 + j0.9242

$$Z_M = Z_{Mi} + Z_{Mo} = 0.3897 + 0.9242 = 1.0030\angle 67.14°[\Omega/km]$$

③ 전차선과 조가선의 상호임피던스는

$$X' = 2\pi \cdot \sqrt{20 \cdot \sigma \cdot f} \times 10^{-4} = 2 \times 3.14 \times \sqrt{20 \times 0.01 \times 60} \times 10^{-4} = 0.0022$$

단 $\sigma = 1 \times 10^{-2}$[S/km] : 대지도전율

$$Z_{MPR} = \omega \cdot \left\{ \frac{\pi}{2} - \frac{4 \cdot X'}{3 \cdot \sqrt{2}} \times (h_1 + h_2) \right\} \times 10^{-4}$$

$$+ j\omega \left\{ 2\ln \frac{2}{X' \cdot \sqrt{b^2 + (h_1 - h_2)^2}} + \frac{4 \cdot X'}{3 \cdot \sqrt{2}} \times (h_1 + h_2) - 0.1544 \right\} \times 10^{-4}$$

$$= 0.0582 + j0.5462 [\Omega/km]$$

④ 전류 분류비

전차선 전압강하=조가선 전압강하이므로

$$V = V_T = Z_T \cdot I_T + Z_{TM} \cdot I_M$$

$$V = V_M = Z_M \cdot I_M + Z_{TM} \cdot I_T$$

에서 $V_T = V_M$에서 전차선 전류를 구하면 전체 전류의 55.71%이므로 55%로 가정한다. 실제 그림 7-64와 같이 전류를 측정한 결과 회로에 150V 인가했을 때 전차선에 2.56A로 53.22%, 조가선에 2.25A로 46.78%가 흘렀으므로 대체적으로 전류 분류비를 55%라 하여도 오차는 무시할 수 있을 정도이고, 계산상 분류비와 실측 전류비 사이에는 큰 차이가 없는 것을 알 수 있다.

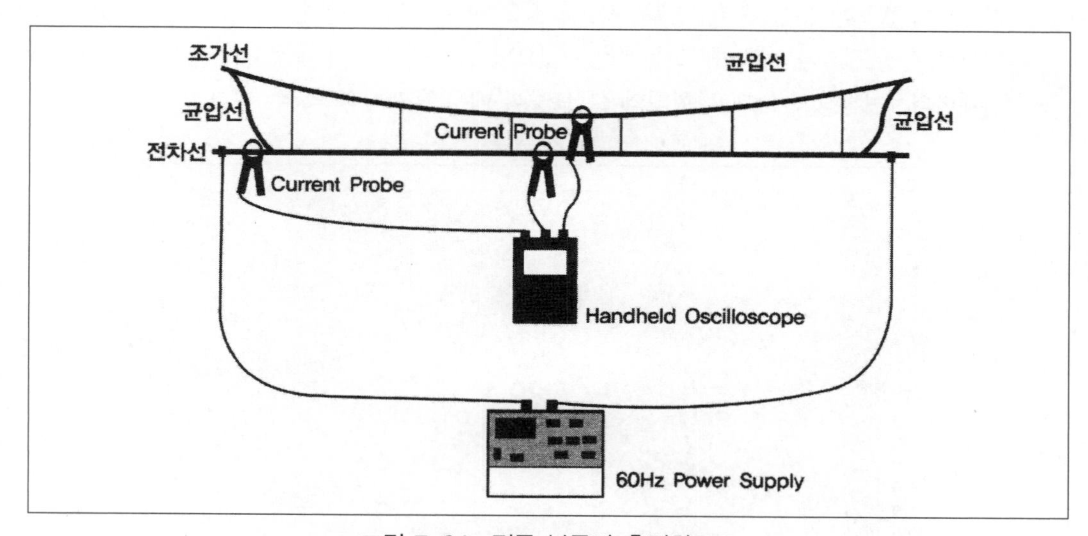

그림 7-64 전류 분류비 측정회로도

4) 전차선 온도의 실측과 Simulation

1. 온도 실측

측정 시간	2005. 4. 7. 00:45분	
측정 거리	50.79km×2=101.5800km	
TF전류	323.970A	
측정 전압	47915 V(Scott변압기 2차 측 전압)	
측정 역률	0.33	
전류비	전차선	55%(647.94A×0.55=356.37A)
	조가선	45%(647.94A×0.45=356.37A)

전차선 전류는 급전반(TF)전류의 323.970A의 2배인 647.94[A]임.

전차선로의 임피던스

$$Z = \frac{47915}{323.970 \times 4} = 36.9749 \angle 291.72° = 13.6807 - j34.3508[\Omega]$$

전차선의 구성

전차선 GT 110

조가선 Cdcu $70mm^2$

주위 조건 : 개활지(바람 0.5m/s, 주위 온도 약 5℃)

온도 측정 결과 위의 측정은 철도의 기차의 운행 시간으로 인하여 측정 시간이 정확하지 않았으며 철도의 운행 관계상 대체로 5분 정도 전류 투입 시간에 오차가 발생했다고 생각되므로 측정 결과가 정확하다고는 할 수 없으나 참고를 위하여 측정 결과를 그림 7-65에 전재한다. 이론상의 그래프 형태와 그 모양이 매우 흡사함을 알 수 있다.

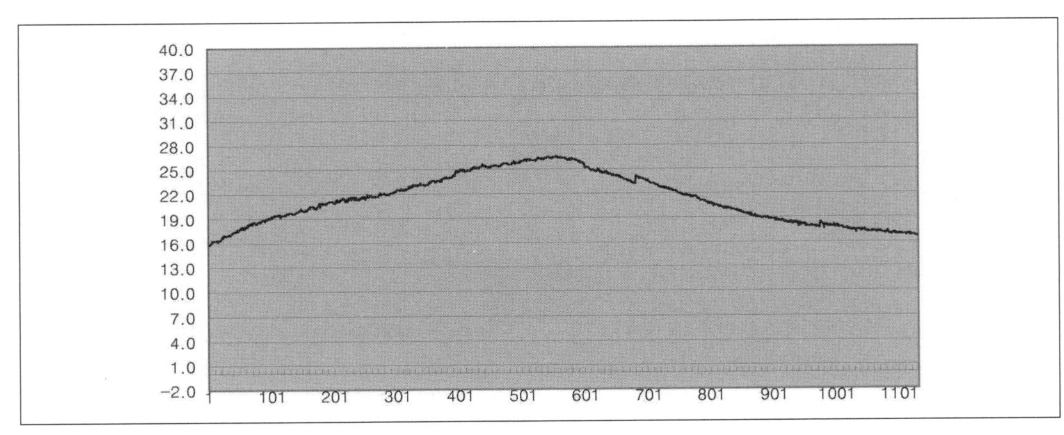

그림 7-65 충북선 전차선 온도 상승(실측 곡선)

2. 온도 상승에 대한 simulation

T : 대기온도 5℃

d : 1.234cm 전차선 GT110mm^2 :

V : 0.5m/sec

η : 0.9

θ : 20℃

이라고 할 때

$$h_w = \frac{0.00572}{\left(273+T+\frac{\theta}{2}\right)^{0.123}} \times \sqrt{\frac{V}{d}} = \frac{0.00572}{\left(273+5+\frac{20}{2}\right)^{0.123}} \times \sqrt{\frac{0.5}{1.234}}$$

$$=18.1434 \times 10^{-4}$$

$$h_r = 0.000567 \times \frac{\left(\frac{273+T+\theta}{100}\right)^4 - \left(\frac{273+T}{100}\right)^4}{\theta}$$

$$= 0.000567 \times \frac{\left(\frac{273+5+20}{100}\right)^4 - \left(\frac{273+5}{100}\right)^4}{20} = 5.4243 \times 10^{-4}$$

$$K = h_w + h_r \cdot \eta = 18.1434 \times 10^{-4} + 5.4243 \times 10^{-4} \times 0.9 = 23.0253 \times 10^{-4}$$

$$A = S \times K = 1.234 \times 3.14 \times 23.0253 \times 10^{-4} = 8.9218 \times 10^{-3} [W/K]$$

따라서 전선의 온도는 전차선 전류가 356A이므로

전차선 저항(20℃에서)	$r = 0.1592 [\Omega/km]$
전차선 전류	I=356.37A≒356A
전차선 열용량	C=3.8026[J/cmK]

$$\theta = \frac{I \cdot r}{A} \cdot \left(1 - e^{-\frac{A}{C}t}\right) = \frac{356^2 \times 0.1592 \times 10^{-5}}{8.9218 \times 10^{-3}} \times \left(1 - 2.7183^{-\frac{8.9218 \times 10^{-3}}{3.8026} \cdot t}\right)$$

$$= 22.6147 \times \left(1 - 2.7183^{-0.0023 \cdot t}\right)$$

10분 후의 온도는 시간 오차를 감안하면 t=900sec이므로

$$\theta = 22.6149 \times \left(1 - 2.7183^{-0.0023 \times 900}\right) = 19.7613 K$$

으로 되어 오차를 감안한 측정값과 대체로 일치한다.

필자는 삼정 C&M사의 연구원으로 이 실험은 참여했던바 있으며 과제는 삼정 C&M사의 의뢰로 한국철도기술연구소의 책임연구원인 권삼용 박사와 정호성 박사 및 박영 박사 등 세 분의 연구 결과에 크게 의존한바 있다(1).

㈜ (1) 전차선로 해빙시스템 연구보고서 2005. 8 철기연, 삼정 C&M

7-4-2. 3각파 전류에 의한 온도 상승

1) 온도 상승

AT 급전 계통의 전차선 전류는 역행(力行) 중인 전기차에 의하여 전차선에 흐르는 전류는 3각파 전류가 된다.

그림 7-66에서 t초 후의 전류 I_t는

$$I : I_t = t_o : (t_o - t)$$

$$I_t = I\left(1 - \frac{t}{t_0}\right) \qquad (1)$$

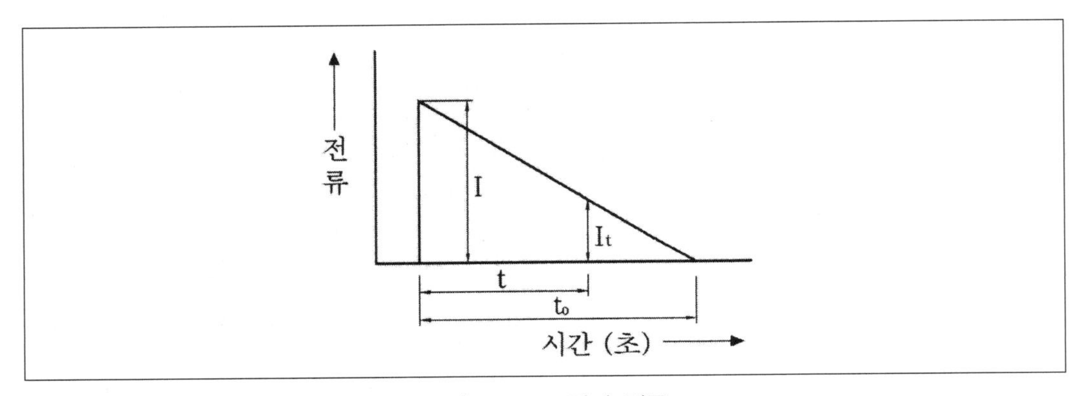

그림 7-66 3각파 전류

가 되며 발열체의 발열과 열방산 사이에는 다음 등식이 성립한다.

$$\text{발열량} = \text{축열양} + \text{열방산} \qquad (2)$$

앞에서 언급한 4각파 전류의 경우와 같이 총 발열양은 저항 r인 전선에 일정 전류 I(A)를 시간 dt(sec)동안 흐르게 되면 $I^2 \cdot r \cdot dt$(joul)가 되고 발열체의 온도 상승에 소비하는 열량은 dt시간 동안의 온도 상승을 $d\theta$라고 하고 발열체의 열용량을 C(w.sec/deg)라고 하면 $C \cdot d\theta$(joul)가 된다. 또 발열체의 양단부분에서의 열방산을 무시하고 표면에서의 열방산만을 고려하면 단위 시간당의 방열량은 열방산율 A(w/deg), 온도차 θ(deg)라 할 때

$$A \cdot \theta \cdot dt(\text{joul})$$

가 된다. 따라서 태양열 흡수열양을 제외하고 단위 길이 당 저항을 r이라 할 때 (2)식은

$$I^2 \cdot r \cdot dt = C \cdot d\theta + A \cdot \theta \cdot dt \qquad (3)$$

로 되며 이 (3)식에 (1)식을 대입하면

$$I^2 \cdot \left(1 - \frac{t}{t_0}\right)^2 \cdot r = C\frac{d\theta}{dt} + A \cdot \theta$$

이 식을 변형하면

$$\frac{d\theta}{dt} + \frac{A}{C} \cdot \theta = \frac{I^2 \cdot r}{C} \times \left(1 - \frac{t}{t_0}\right)^2$$

이 미분방정식의 특수해는

$$\theta = B \cdot e^{-\frac{A}{C}t}$$

로 표시된다. 여기서 B는 t의 함수로 그 미분을 취하면

$$\frac{d\theta}{dt} = \frac{dB}{dt} \cdot e^{-\frac{A}{C}t} - B \cdot \frac{A}{C} \cdot e^{-\frac{A}{C}t}$$

$$\therefore\ \frac{dB}{dt} \cdot e^{-\frac{A}{C}t} - B \cdot \frac{A}{C} \cdot e^{-\frac{A}{C}t} + B \cdot \frac{A}{C} \cdot e^{-\frac{A}{C}t} = \frac{I^2 \cdot r}{C} \times \left(1 - \frac{t}{t_0}\right)^2$$

$$\therefore\ \frac{dB}{dt} = \frac{I^2 \cdot r}{C} \times \left(1 - \frac{t}{t_0}\right)^2 \cdot e^{\frac{A}{C}t}$$

여기서 t는 열차가 통과하는 시간으로 매우 짧은 경우 $t_o = 0$일 때 Ma'claurin정리의

$$f(t) = f(0) + \frac{f'(0)}{1!} \cdot t + \frac{f''(0)}{2!} \cdot t^2 + \cdots + \frac{f^{(n)}}{n!} \cdot t^n + \cdots$$

에서 제2항까지를 취하면

$$e^{\frac{A}{C}t} \fallingdotseq 1 + \frac{A}{C} \cdot t$$

$$\therefore\ \frac{dB}{dt} = \frac{I^2 \cdot r}{C} \times \left(1 - \frac{t}{t_0}\right)^2 \times \left(1 + \frac{A}{C} \cdot t\right)$$

$$= \frac{I^2 \cdot r}{C} \times \left(1 + \frac{A}{C} \cdot t - 2 \cdot \frac{t}{t_0} - 2 \cdot \frac{A}{C} \cdot \frac{t^2}{t_0} + \frac{t^2}{t_0^2} + \frac{A}{C} \cdot \frac{t^3}{t_0^2}\right)$$

여기서 B를 구하면

$$B = \frac{I^2 \cdot r}{C} \times \left(t - \frac{t^2}{t_0} + \frac{t^3}{3t_0} + \frac{A}{2C} \cdot t^2 - \frac{2}{3} \cdot \frac{A}{C} \cdot \frac{t^3}{t_0} + \frac{1}{4} \cdot \frac{A}{C} \cdot \frac{t^4}{t_0^2}\right)$$

이제 $t = t_o$라고 놓으면 3각파에 의한 온도 상승 θ_o는

$$\theta_0 = \frac{I^2 \cdot r}{C} \cdot \left(\frac{1}{3} \cdot t_0 + \frac{A}{12C} \cdot t_0^2\right) \cdot e^{-\frac{A}{C}t_0}$$

가 된다.

2) 전차선 온도상승과 온도 상승 50K가 되는 거리

이제 GT110이 완전 마모가 되어 사용한계에 도달하여 전차선의 잔존 직경 d=7.5mm, 잔존 단면적 S=67.59mm^{2}이 되었을 때 전기차의 전류를 360A이라 하면 구형 전기차 전동기의 기동전류는 전기차 전류의 6배 정도이므로 I=2160A이며, 이때의 전차선의 최대 온도상승을 계산하면 다음과 같다.

여기서 θ_o : t_o초 통전 후의 온도 상승 50K

A : 전선단위길이당 열방산율 6.60×10^{-3}[W/K]

=단위길이 당표면적× 열방산율

$A = K \times S = 22.7 \times 10^{-4} \times 2.91 = 6.6057 \times 10^{-3}$[W/K]

K : 열방산 계수

T : 주위 온도 40℃

V : 풍속 0.5m/sec

η : 전선 표면의 방산율(햇볕이 있을 때 η=0.9)

라는 조건에서 다음과 같다. 전차선의 장력은 1000kgf이므로 전차선의 잔존 직경 d=7.5mm, 잔존 단면적은 67.59mm^{2}가 되므로 이때의 등가 직경은

$$d' = \sqrt{\frac{4 \times 67.59}{\pi}} = 9.279[\mathrm{mm}] = 0.928[\mathrm{cm}]$$

전차선의 단위 길이 당 표면적 S=πd'=3.14×0.928×1=2.91[cm^2]

따라서 열방산율(계수) K는

$$K = h_W + \left(h_r - \frac{W_S}{\pi \cdot \theta}\right) \cdot \eta [\mathrm{W/K \times cm^2}]$$

$$h_w = \frac{0.00572}{\left(273 + T + \frac{\theta}{2}\right)^{0.123}} \times \sqrt{\frac{V}{d}} = \frac{0.00572}{\left(273 + 40 + \frac{20}{2}\right)^{0.123}} \times \sqrt{\frac{0.5}{0.928}}$$

$=20.514 \times 10^{-4}$[W/K×cm^2]

$$h_r = 0.000567 \times \frac{\left(\frac{273 + T + \theta}{100}\right)^4 - \left(\frac{273 + T}{100}\right)^4}{\theta}$$

$$= 0.000567 \times \frac{\left(\frac{273 + 40 + 50}{100}\right)^4 - \left(\frac{273 + 40}{100}\right)^4}{50}$$

$= 8.8057 \times 10^{-4}$[W/K×cm^2]

이제 일사량 W_S의 최대치는 측정결과 0.1[W/K×cm²]이므로

$$K = h_W + \left(h_r - \frac{W_S}{\pi \cdot \theta}\right) \cdot \eta = 20.514 \times 10^{-4} + \left(8.8057 \times 10^{-4} - \frac{0.1}{3.14 \times 50}\right) \times 0.9$$

$$= 22.7066 \times 10^{-4} \fallingdotseq 22.7 \times 10^{-4} [W/K \times cm^2]$$

110mm² 전차선 신선의 단위 길이당 열용량 3.8026(J/cm×K)이므로 마모(磨耗) 후의 열용량 C는

$$C = 3.8026 \times \frac{67.59}{111.1} = 2.3134 [W/K \times cm^2]$$

전차선의 저항은 110mm² 신선의 경우 0.1592[Ω/km] at 20℃이므로 마모(磨耗) 후의 저항은

$$r = 0.1592 \times \frac{111.1}{67.59} = 0.2617 [\Omega/km] \text{ at } 20℃$$

경동의 도전율은 97.5%이므로 90℃때의 저항은

저항 온도 계수 $\alpha = 0.00393 \times \frac{97.5}{100} = 0.00383$

$$\therefore r = 0.2617 \times \{1 + 0.00383 \times (90 - 20)\} = 0.3319 [\Omega/km]$$

$$\fallingdotseq 3.32 \times 10^{-6} [\Omega/cm] \text{ at } 90℃$$

이제 온도 상승을 50K를 넘지 않는 전차선의 통전 시간 t_0를 계산하면

$$\theta_0 = \frac{I^2 \cdot r}{C} \cdot \left(\frac{1}{3} \cdot t_0 + \frac{A}{12C} \cdot t_0^2\right) \cdot e^{-\frac{A}{C} t_0}$$

$$50 = \frac{(2.16 \times 10^3)^2 \times 3.32 \times 10^{-6}}{2.3134} \times \left(\frac{1}{3} \cdot t_0 + \frac{6.6057 \times 10^{-3}}{12 \times 2.3134} \cdot t_0\right) \cdot e^{-\frac{6.6057 \times 10^{-3}}{2.3134} t_0}$$

$$= 6.6957 \times \left(\frac{1}{3} \cdot t_0 + 2.3795 \times 10^{-4} \cdot t_0^2\right) \cdot e^{-0.0029 \cdot t_0}$$

$$0.0016 \cdot t_0^2 + 2.2319 \cdot t_0 - 50 \cdot e^{0.0029 \cdot t_0} = 0$$

$$(0.0016t^2 + 2.2319t) \times 2.7183^{-0.0029t} = 49.9202 \fallingdotseq 50[K]$$

로 t=23.55sec이다. 전기차의 속도를 40km/h=40000/3600=11.111m/sec라고 가정하면 23.55sec 동안 전기차가 통과한 전차선 길이는 23.55sec×11.111=261.66m가 된다. 이는 곧 AT 설치 점에서 전기차가 기동을 시작할 때 대체로 전차선의 온도 상승이 50[K]에 도달되는 전차선의 길이는 AT에서 260m까지의 사이이며, 기동 전류가 23.55초 이상 길게 유지

되면 전선의 온도는 90℃보다 훨씬 더 올라가고 그 거리도 길어지는 것을 알 수 있다.

이 계산은 전차선 온도 상승 계산의 실례를 보여 주기 위하여 日本鐵道電氣 技術協會에서 평성(平成)10년에 간행한「き電線, 歸電路, がいし」의 내용을 일부를 삭제하고 재정리한 것이다. 3각파 전류는 주로 AT급전 계통에서 AT와 전기차 사이의 전차선로에 흐르는 전류의 형태로 전차선의 온도 상승은 그림 7-65와 같이 된다. 이 계산에서 온도상승열시정수(溫度上昇熱時定數 - thermal time-constant) τ는 $\tau = \frac{C}{A} = \frac{2.3134}{6.6057 \times 10^{-3}} = 350.2\text{sec}$이 된다.

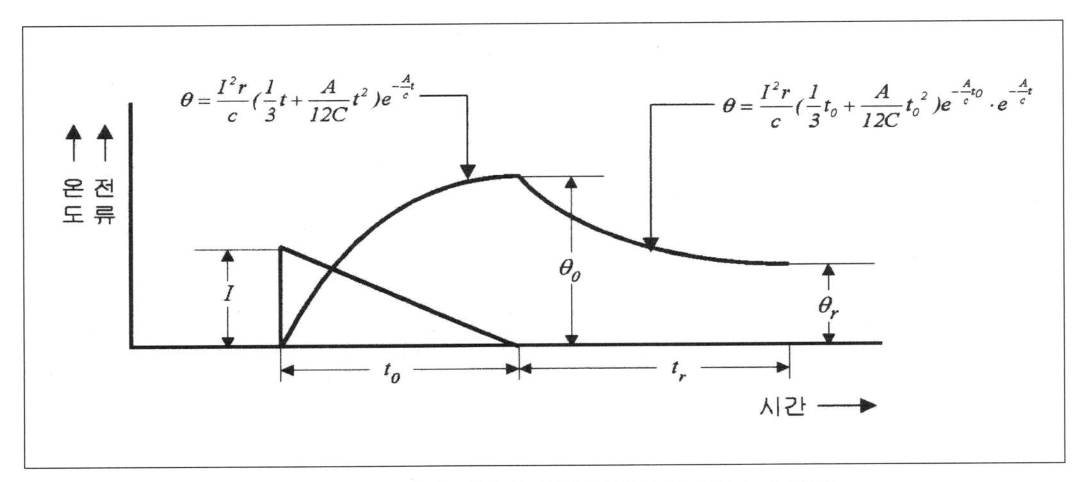

그림 7-67 3각파 전류에 의한 전선의 온도상승과 냉각

참고 (1) 電氣工作物施設標準 2000 日本 鐵道電氣技術協會
(2) 電氣工學 Hand Book 2001 日本 電氣學會
(3) 新版 變壓器の設計工作法 木村久男監修 電氣書院
(4) 자가용전기설비의 모든 것 김정철 저 2014 도서출판 기다리 간

7-5. 고장점 표정(Fault locator)

7-5-1. 한국 철도에 설치되어 있는 고장점 표정장치

BT급전계통 전차선로의 임피던스는 거리에 거의 비례하므로 고장 점까지의 임피던스를 계산하여 거리로 환산하는 방법을 채택하고 있다[1]. 이때 지락저항이 임피던스 값에 포함되어 있으므로 이로 인한 오차를 없애기 위하여 저항분의 영향이 없는 리액턴스 검출 방식을 채택하고 있으며 이미 알고 있는 임피던스 값과 비교하여 고장 점 위치를 표정한다. 반면 AT급전 계통에서는 전차선로 임피던스가 비직선으로 거리와 비례하지 않으므로 BT가 채택하고 있는 고장점 표정 방식으로는 오차가 매우 크기 때문에 우리나라 철도에서 현재 사용하고 있는 고장점 표정장치로는 일본의 쯔다전기(津田電氣)가 제작한 AT중성점 흡상전류비(中性點吸上電流比)방식 및 국내의 P&C Tech사가 개발한 같은 중성점 흡상전류비방식인 fault locator와 프랑스 ICE 사의 reactance type 등의 3사 제품이 채택되고 있다.

1) 중성점 흡상전류비 방식

중성점 흡상전류비방식은 AT급전계통에서 정상선로의 AT는 정상적인 전원으로서의 역할을 하고 있으나 고장 시에는 고장 점 양측 AT의 중성점에 흡상되는 전류의 크기는 각각 AT에서 고장 점까지의 거리(레일을 포함한 귀전선로의 임피던스)에 반비례한다는 것을 전제로 성립한다. 여기서 그림 7-64에서 n지점에 있는 AT_n의 중성점 흡상전류를 I_n, n+1지점에 있는 AT_{n+1}의 흡상전류를 I_{n+1}이라 할 때 이 흡상전류비는

$$H_i = \frac{I_{n+1}}{I_n + I_{n+1}}$$

이 되며, H_i는 전류와 직선적 관계가 있어 매우 근사적으로 다음 식을 만족한다고 한다.

$$X = L_n + \frac{H_i - 0.08}{0.84} \cdot D$$

여기서 X=기준점에서 고장점까지의 거리 km

L_n= 기점에서 n번째의 AT까지의 거리km

D =AT_n와 AT_{n+1} 사이의 거리 km

그림 7-66에서 x는 AT_n에서 고장 점까지의 거리이다. 이 방식은 급전선과 전차선 단락사고는 고장 시 AT중성점에 흡상전류를 공급하지 않으므로 고장점이 표정되지 않는다. 또 우리

나라 고속전차선로는 일본 전차선로의 2중 절연과 달리 프랑스 SNCF의 전차선 설계에 따라 보호선을 직매설하고 이 보호선이 변전소의 접지망에 직접 접속하였으며, 또 보호선 접속선(CPW)이 1.2km에 한 가닥씩 SSP와 SSP 사이의 한 구간에 여러 가닥이 병렬로 보호선과 레일이 연결되어 있으므로 지락전류가 CPW 및 레일의 크로스 본드(Cross bond)선을 통하여 AT의 중성점에 흡상되지 않고 접지메쉬에 많은 전류가 흘러 들어가 AT중성점에 흡상되는 전류가 감소하여 $Hi=\frac{I_{n+1}}{I_n+I_{n+1}}$ 에서 I_n과 I_n+I_{n+1}의 차이가 적어지면 AT간 거리 대 중성점 흡상전류의 비율선 Hi의 기울기가 수평에 가까워지므로(그림 7-68의 직선 $H_n \rightarrow H_{n+1}$) 측정 정도(measuring accuracy-測定精度)가 낮아질 수 있는 문제점이 있다.

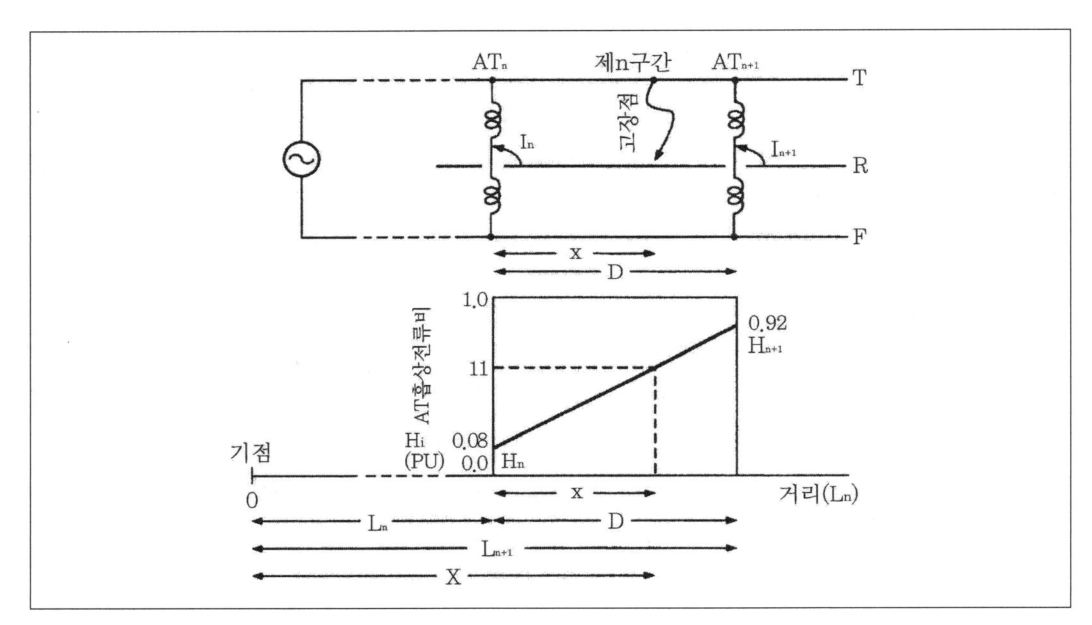

그림 7-68 AT중성점흡상전류비방식 고장점 표정

2) Reactance에 의한 고장점 표정

프랑스의 ICE사 제품은 Reactance type으로 선로 지락 시 AT를 선로에서 분리하여, 전원에서 고장 점까지의 전차선만의 임피던스로 고장 점을 표정한다. 고장 점에서 전차선과 대지사이에 흐르는 고장 전류는 AT급전계통의 특성상 전원 측으로부터 흐르는 전류와 급전 구분소(SP)에 설치되어 있는 상하행선로의 연결선(Tie선로)를 경유하여 고장 점으로 흐르는 역방향 전류의 합계 전류이나 이 reactance에 의한 측정은 역방향 전류를 계측하여 반대방향의 임피던스를 계산하지 않음으로 비교 계산하지 않으며 또 전차선의 임피던스를 사전에 측정하여 이를 표정장치에 사전 입력하여야한다는 점이다. 따라서 사전 입력하여야하는 전차선로 임피던스가 달라지는 경우 즉 전차선로의 추가 또는 전차 선로의 연장되는 경우 전차선로의 임피던스를 재 측정하여 다시 입력하여야하는 문제점이 있다.

7-5-2. 전차선 인공 지락시험 장치

1) 시험 전류

지락시험은 전차선로를 전차선 궤도에 직접 지락시키면 전원변압기와 선로에 설치되어 있는 AT를 단락하므로 변압기뿐만 아니라 전류 통전회로를 구성하고 있는 차단기, CT, 단로기 등의 기기를 크게 손상하여 그 수명을 단축하게 되고, 또 단락 장소를 이동하여 다수의 장소에서 반복하여 시험을 실시하여야 하므로 기기에 충격을 가하지 않는 적정한 전류 용량과 운반이 용이한 장치여야 한다. 따라서 지락시험장치의 전류용량과 시험인가 시간이 지락시험장치의 크기를 좌우하는 기본 요소가 된다. 우선 시험장치의 전류용량을 검토하여 보기로 한다. 전차선은 현재 사용 중인 각 규격의 선로로써 마모로 사용의 한계에 도달한 최악의 조건에서 주위의 허용 온도가 최고인 40℃로 가정하여 계산한다.

① 전차선 굵기 GT 110인 경우

전차선 굵기	GT 110	
최소 잔존 굵기	잔존 직경	7.5mm
	잔존 면적	$67.59mm^2$
허용 온도	주위 온도	40℃
	전차선 온도 상승	50K

전차선 측정시의 다음 data를 적용하여 허용 전류를 구한다.

T : 대기온도 40℃

d : 0.75cm(전차선 $GT110mm^2$ 마모 후 잔존 전차선 직경)

등가 직경 d′는 $d' = \sqrt{\dfrac{4 \times 67.59}{3.14}} = 9.2791[mm] = 0.9279[cm]$

V : 풍속⇒0.5m/sec(최소 풍속)

η : 전선의 폭사계수⇒0.9

θ : 전선의 허용 온도90℃(대기온도+전선온도상승=40℃+50K)

P_s : 일사량(W/cm^2) ⇒ $0.1[W/cm^2]$

위와 같은 조건하에서 허용 최대 전류 I가 전차선에 흐를 때 전선의 폭사에 의한 열방산 계수 h_r과 바람에 의한 열방산 계수 h_w를 계산하면

$$h_w = \frac{0.00572}{\left(273+T+\frac{\theta}{2}\right)^{0.123}} \times \sqrt{\frac{V}{d}} = \frac{0.00572}{\left(273+40+\frac{20}{2}\right)^{0.123}} \times \sqrt{\frac{0.5}{0.9279}}$$

$$=20.5151\times 10^{-4}[W/K\times cm^2]$$

$$h_r = 0.000567\times\frac{\left(\frac{273+T+\theta}{100}\right)^4-\left(\frac{273+T}{100}\right)^4}{\theta-T}$$

$$=0.000567\times\frac{\left(\frac{273+40+50}{100}\right)^4-\left(\frac{273+40}{100}\right)^4}{90-40}$$

$$=8.81\times 10^{-4}[W/K\times cm^2]$$

여기서 발생하는 열량과 방산열량이 같아 평형을 이룬다면

$$W_i + W_s = W_r + W_c$$

여기서

W_i : 전류에 의하여 전선에 발생하는 열량[W/cm]

W_s : 햇볕에 의한 흡열량(吸熱量)[W/cm]

W_r : 폭사에 의한 방열량放熱量)[W/cm]

W_c : 대류에 의한 방산열량(放散熱量)[W/cm]

따라서

$$W_i = I^2 \cdot R_{90} = I^2 \times 0.33184\times 10^{-5}[W/cm]$$

$$R_{90} = R_{20}\cdot\{1+0.00383\cdot(\theta-20°)\}$$

$$=0.1592\times(1+0.00383\times 70°)\times\frac{111.1}{67.59}\times 10^{-5}=0.3318\times 10^{-5}[\Omega/cm]$$

$$W_s = P_s\cdot d\cdot\eta = 0.1\times 0.9279\times 0.9 = 835.11\times 10^{-4}[W/cm]$$

$$W_r = \pi\cdot d\cdot(\theta-T)\cdot h_r\cdot\eta = 3.14\times 0.9279\times 50\times 8.81\times 10^{-4}\times 0.9$$

$$=0.1155[W/cm]$$

$$W_c = \pi\cdot d\cdot(\theta-T)\cdot h_w = 3.14\times 0.9279\times 50\times 20.5151\times 10^{-4}$$

$$=0.2989[W/cm]$$

$$W_i + W_s = W_r + W_c$$

$$I^2 \times 0.3318 \times 10^{-5} + 835.11 \times 10^{-4} = 0.1155 + 0.2989$$

이므로 허용 최대 전류는

$$I = \sqrt{\frac{0.3309}{0.33184 \times 10^{-5}}} = 315.77[A]$$

가 된다.

② 전차선 굵기 $150mm^2$와 $170mm^2$인 경우

전차선 굵기 $150mm^2$의 경우는 최소 잔존 면적 $98.78mm^2$, 잔존 직경 9.10mm이고 허용 최대전류는 I=403.23A, $170mm^2$의 경우는 최소 잔존 면적 $102.73mm^2$, 잔존 직경 9.5mm이므로 최대 전류는 I=412.51A가된다.

2) 지락시험장치의 검토

지락시험대상 선로는 최소 규격인 GT110선로로써 완전 마모상태인 전차선로를 대상으로 하여 시험전류용량을 300[A] 이하로 트럭 운반이 가능한 중량인 5000kg 이하로 결정한다. 따라서 정격전류를 200[A], 시험 시간을 10분, duty cycle을 30분 휴지 후 10분간 전류를 흘리는 것으로 결정하고 시험 방법에 대해 검토한다.

1. Reactor에 의한 시험 장치

지락 전류는 앞에서 용량을 계산한 바에 따라 200A로 결정하고 전류의 조정은 하지 않는 reactor의 사양을 다음과 같이 결정한다.

① reactor의 사양

1차 전압 : 25000V

전류(A) : 다음 표와 같음

정 격 전 류(A)	운 전 시 간(초)	권선온도상승한도
200	600	65K

Reactor의 절연 강도

선로 단자 : LIWL 200kV crest, 상용 주파 내압 70kV

접지 단자 : LIWL 60kV crest, 상용 주파 내압 22kV

② Reactor결선도

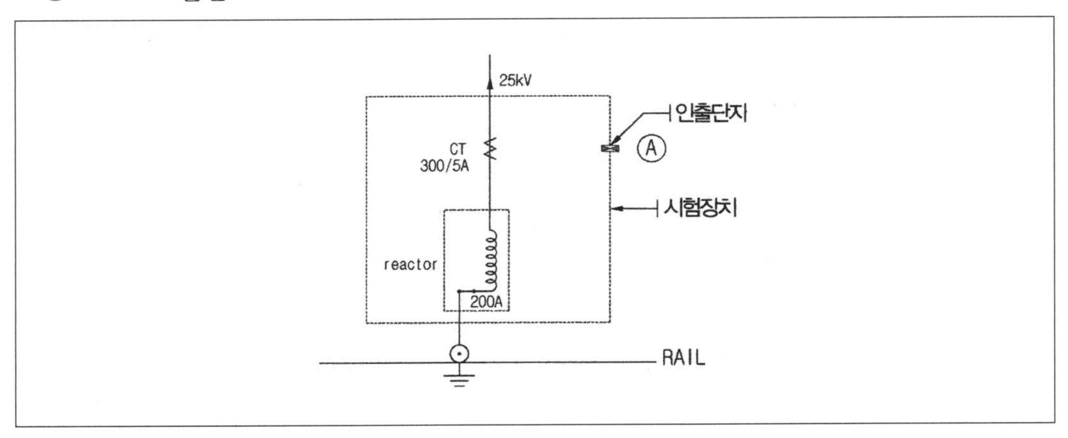

그림 7-70 지락시험용 reactor회로도

CT 300/5A 단상 25VA 정밀용

A meter 300A

(a) 지락시험 예비 설명

(b) 시험장치 외관

그림 7- 71 지락시험

7-5-3. 인공지락시험 장치에 의한 고장점 표정장치시험

지락 시험용 리액터를 이용한 전차선로의 임피던스 측정과 표정장치의 정확도를 측정하는 방법은 다음과 같다.

1) 리액터의 제 상수측정

시험용 reactor에 AT의 흡상전류가 흐르지 않도록 그림 7-72와 같이 전원에 가장 가까운 지점에 시험용 reactor의 위치를 정하고 reactor를 전원에 직접 연결하고 계통에 연결된 모든 AT는 개방한다. 이 때 전원에서 측정한 전류를 I, 전압을 V, 역률각을 θ이라고 하면 시험용 reactor의 임피던스 Z_M은

$$Z_M = \frac{V}{I} \cdot (\cos\theta + j\sin\theta) = R_M + jX_M$$

의 관계가 성립한다. 제작되어 시설 공단 오성기지에 보관되어 있는 reactor의 제 상수는 다음과 같다.

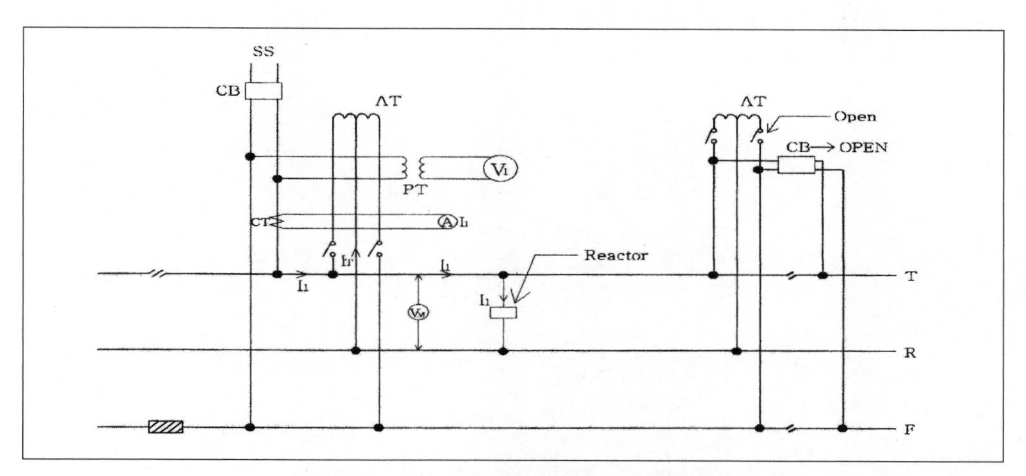

그림 7-72 시험용 리액터의 상수 측정회로

R_M : 1.0290[Ω]

X_M : 135.245[Ω]

Z_M : 135.248[Ω]

θ_1 : $89.56° \left(\tan^{-1}\frac{X}{R}\right)$

제8장 교류 전철의 고장과 보호

우리나라 철도에서는 최근에 와서 보호 계전기로 거의 Digital 계전기를 채용하고 있다. Digital 계전기를 적용하고자 할 때에는 그 제품이 외국에서라도 사용된 실적이 있는지 여부를 확인하고, 적용하고자 하는 계전기가 우리나라 전철 계통의 운행 특성에 적합한지를 검토하여 철도 시스템과 조화가 되는지를 확인하고, 아울러 계전기 Hardware의 신뢰성도 충분히 검증된 것이어야 한다.

8-1. Digital 계전기

계전기는 메카니컬형과 전정지형 계전기의 시대를 거쳐 최근에 이르러서는 마이크로프로세서 기술의 발전에 힘입어 Digital 계전기가 개발되게 되었다. 지금은 Digital 계전기가 보호 계전기의 주력 계전기로 모든 분야에 널리 적용되고 있으며, 전기철도 분야에서도 가장 널리 쓰이는 전차선로 보호용 거리계전기, Scott결선 변압기의 비율차동보호계전기 등의 중요한 계전기는 이미 실용화되어 있다.

8-1-1. Digital 계전기의 특성

보호계전기는 그 발달 과정을 보면

- Analog 계전기
  전자식(電磁式) 계전기 : 전자 유도에 의한 기계적 동작. Mechanical형이라고도 함.
  전정지형 계전기 : 논리회로에 의한 비교 검출 방식. Static relay라고도 함.
- Digital 계전기
  Software에 의한 연산처리로 보호 특성 실현.

계전기는 이와 같은 과정을 거쳐 발달하여 왔으며, 아직도 Analog 계전기인 전자식 계전기의 상당수가 현장에 쓰이고 있는 실정이다. Digital 계전기의 특성은 다음과 같다.

1) Software에 의한 계전기 특성의 고도화

Digital 계전기는 표준화된 최소한의 Hardware와 계전기 특성을 실현시키는 Software로 구성되어 있다. Digital 계전기의 두드러진 이점인 Software는 시간의 경과나 주위 온도 등 환경 변화에 전혀 영향을 받지 않는다. 즉 경년 열화가 없다는 것이 계전기 신뢰도 향상에 크게 기여하고 있다. 또 다른 이점은 전자식이나 논리회로에 의한 Analog 계전기에 비하여 유연성이 크다는 점이다. Digital 계전기는 Hardware에 의한 제약 조건이 Analog 계전기에 비하여 훨씬 적기 때문에, Analog 계전기로 보호할 수 없었던 장거리 선로 보호라든가 다단자 계통의 보호가 Software로 실현 가능하게 되어 보호 특성이 고도화 되었다

2) 고신뢰성

Digital 계전기는 Hardware가 일부 구성요소로 되어 있어 이들 Hardware의 고장과 경년 열화가 있으나, Hardware가 Analog 계전기에 비하여 대폭 축소되고, 축소된 부분이 Software로 대치되었으며, Software는 경년 열화가 없으므로 신뢰도가 큰 폭으로 향상되었다. 더욱이 마이크로프로세서의 특징인 자기진단기능과 상시감시기능을 Software로 실현시켜 Hardware의 상태를 수십~수백 mS 단위로 자기진단과 상시감시를 실행하므로 고도의 신뢰성(信賴性-Reliability)을 유지할 수 있게 되었다. 또한 가동부가 거의 없어 지진, 진동 등에도 큰 영향을 받지 않는다.

3) 기구의 축소

Digital 계전기는 Hardware가 표준화 되어 크게 축소되었을 뿐 아니라 Analog 계전기가 계전기 요소와 판정부 Hardware가 1 대 1로 대응하여 n개의 계전기 요소를 구성하기 위해서는 n개의 계전기 판정부가 필요한데 비하여 Digital 계전기는 여러 가지 계전기 요소를 단일 계전기가 수용하고 있다. 예를 들면 전차 선로 보호용 거리계전기인 경우 거리계전 요소 외에 과전류 보호, △I계전기, 저전압 및 고전압 보호 등을 1개의 계전기로 수행한다. 이는 Analog 계전기 여러 대에 해당하는 보호 특성을 1개의 보호계전기가 수행하는 것이 된다. 종래의 Analog 계전기의 특성과 성능이 Hardware 구성에 의하여 결정된 데 반하여 Digital 계전기는 Software로 계전기 특성을 실현하므로 다수의 특성을 시분할(時分割)에 의하여 동시에 수행할 수 있게 되었기 때문이다.

4) 입력 정보의 보존

계전기가 동작하였을 때 Analog 계전기에서 그 원인을 파악하기 쉽지 않다. 이는 계통 사

고로 인한 동작인지 정정의 잘못 또는 계전기 자체의 오동작에 기인한 것인지 판단이 쉽지 않을 경우가 있기 때문이다. Digital 계전기는 계전기 동작 전후의 전기적 입력 Data를 보존(Save)함으로써 특히 계통 사고시 사고 해석에 살아 있는 정보(Data)를 제공한다. 따라서 계통 사고의 과도상태를 보다 정확한 해석이 가능하여졌고, Data에 의한 통계적 분석의 길을 열어 주었다고 할 수 있다. 이 점은 Digital 계전기만의 특성이라 할 수 있다. 또한 Digital 계전기는 현재의 입력을 표지판에 표시할 뿐만 아니라 자체에 통신 기능이 있어 원방 감시반에 필요한 정보를 송신할 수도 있다. 이외에도 Digital 계전기는 Analog 입력 신호를 Digital 신호로 바꾸어 연산처리할 뿐 아니라 이 변화된 Data로 여러 가지 계전기 요소를 동시에 처리하며, 기계적 가동 부분이 없음으로 해서 검출 장치인 CT, PT의 부담을 크게 경감시켜 준다. 반면 Digital 계전기는 제어용 직류 전원을 필요로 하고, 노이즈에 약한 단점 등을 갖고 있다. 이와 같은 장단점을 비교하여 표 8-1에 정리하였다.

표 8-1 Digital 계전기의 특성

항 목	메카니컬 계전기	Analog 계전기	Digital 계전기
신기능, 신특성	×	○	◎
신뢰성	○	○	◎
특성실현의 유연성	×	○	◎
보수성	×	○	◎
동작 속도	×	○	◎
소형화	×	○	◎
입력(CT, PT) 부담	×	○	◎
직류제어회로 부담	○	×	×
노이즈, 써지	◎	○	×
진동	×	◎	◎

◎ : 특히 뛰어나다, ○ : 뛰어나다, × : 나쁘다

8-1-2. Digital 계전기의 구성

Digital 계전기는 크게 나누어 Software와 표준화된 Hardware로 구성되어 있다.

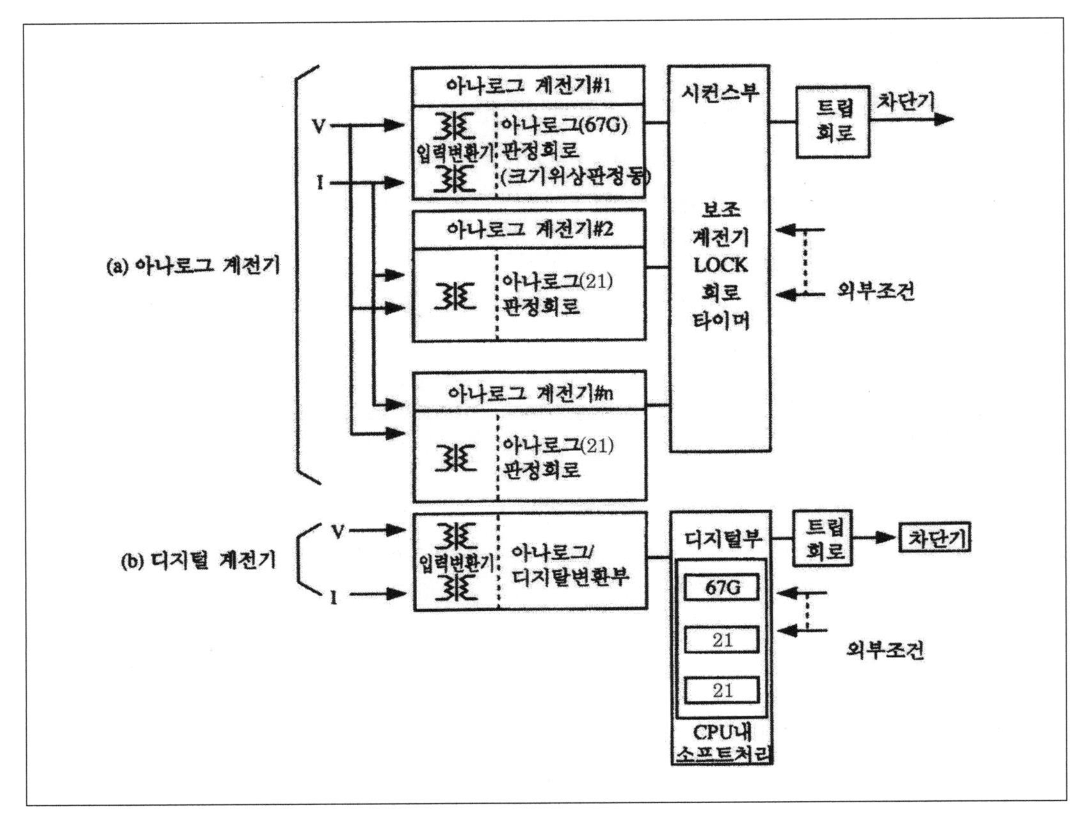

그림 8-1 Analog 계전기와 Digital 계전기의 비교

1) Hardware의 구성

Digital 계전기와 Analog 계전기의 개념적 비교를 그림 8-1에 나타내었고, 그림 8-2는 Digital 계전기의 개념도이다. Hardware는 기본적으로 컴퓨터이고, 연산처리부를 중심으로 하여 프로그램 기억부, 데이터 기억부, 정정치 기억부, 외부 인터페이스로 구성되어있다. 하드웨어는 소프트웨어의 지시에 따라 데이터의 이동, 연산, 판정, 출력 등의 물리적 처리를 행한다. 간단한 예로 그림 8-2의 단일 전류를 입력으로 하는 Digital 계전기를 설명하기로 한다. Digital 계전기를 이해하는 데는 ① 계통의 전압, 전류 등의 Analog 값을 디지털 값으로 변환하는 Digital 데이터 변환부(Analog/Digital 변환부)와 ② 그 변환된 출력을 입력 데이터로

하여 연산하는 컴퓨터(Digital부)로 나누어 다루는 것이 편리하다. 그림 8-2에 표시된 각 요소의 역할은 다음과 같다.

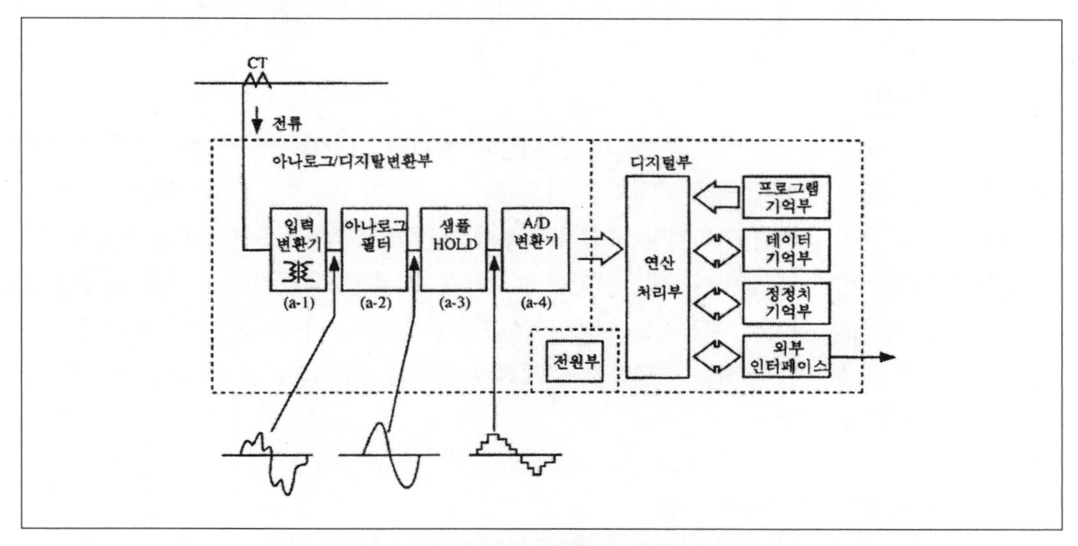

그림 8-2 Digital 계전기의 기본 구성

① Analog/Digital 변환부

전력 계통에서 전류량을 입력받아 그 값을 마이크로컴퓨터가 처리할 수 있는 디지털량으로 변환한다. 그림 8-2의 각 요소는 다음과 같은 역할을 담당하고 있다.

a-1) : 입력 변환기로 CT 2차 전류를 전자회로(Electronic device)가 처리할 수 있는 적당한 전압값으로 변환한다.

a-2) : 아날로그 필터로 전류 파형에 포함되어 있는 기본파 이외의 고조파 또는 직류파를 제거한다.

a-3) : 샘플홀더로 미리 정해져 있는 시간 간격으로 전류 파형을 샘플링한다. 샘플링이라 함은 전류 파형의 어느 시점에서의 값, 즉 순시치의 아날로그 값 그대로 보호 유지하는 것을 말한다.

a-4) : 아날로그/디지털 변환기로 샘플링한 전류값을 컴퓨터가 다룰 수 있는 디지털 코드로 변환한다. 아날로그/디지털 변환기부터는 전류의 순시치와 이에 대응하는 디지털 데이터가 샘플링 주기마다 출력되어 나온다. 이후의 디지털부는 이 데이터를 토대로 계전기 연산을 행한다.

② 디지털부

마이크로컴퓨터가 디지털화 된 전류 데이터로 전류의 진폭값을 연산하여 그 값의 크기에 따라 사고의 유무를 판정하고 사고로 판정되면 trip 신호를 출력한다.

2) 소프트웨어

소프트웨어는 하드웨어가 입력된 데이터를 어떻게 처리할 것인가를 나타내는 것으로 계전기 특성은 이 소프트웨어에 의해 결정되고 하드웨어는 변하지 않는다. 소프트웨어는 기억부에 기록된 프로그램의 형태로 디지털 계전기 내부에 저장되어 있다. 프로그램은 연산처리부가 실행할 단위 명령의 모임이다. 연산처리부는 그것을 한 스텝씩 읽어내어 순번에 따라 실행해 나간다. 실제로 디지털 계전기는 이와 같은 단순한 명령을 다수 조합하여 입력된 계통 전기량 간의 각종 복잡한 연산을 행함으로써 계전기 특성을 실현한다. 이와 같은 처리는 다음의 순서에 따라 진행한다.

① A/D 변환 데이터 테이블 작성

A/D 변환기는 일정 시간 간격으로 계통의 전류치를 디지털 데이터로 변환한다. 이 변환된 데이터를 순서대로 데이터 메모리에 나열한 것이 데이터 테이블이다. 예를 들면 전기각 30° 간격으로 샘플링하면 그림 8-3과 같이 정현파 전류 파형은 1 사이클에 12개의 데이터로 표시된다.

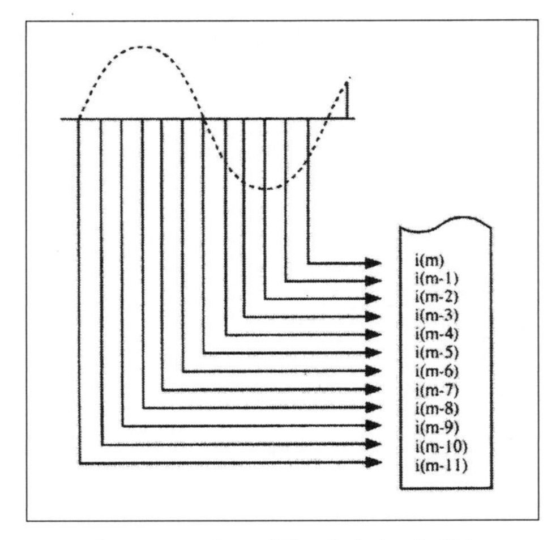

그림 8-3 A/D 변환 데이터 테이블

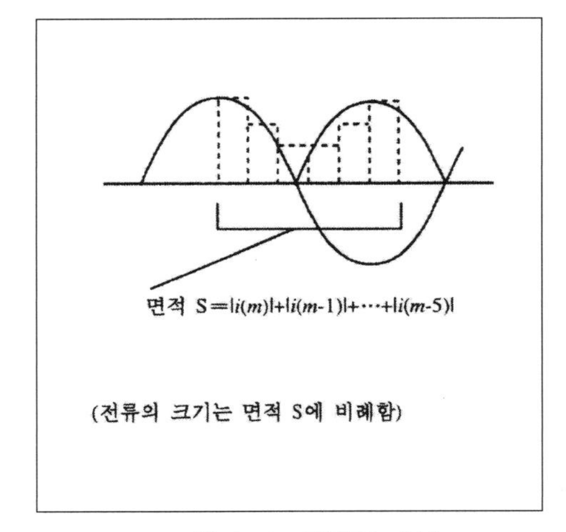

그림 8-4 면적의 계산

② 계전기 연산

보호계전기의 연산은 데이터 테이블의 데이터를 가감승제 함으로써 행한다. 전류의 크기를 계산하는 방법 중 하나인 면적법(面積法)은 파형의 면적을 수치로 계산하는 것으로써 정현파 반사이클의 6개 데이터의 절대치를 합하여 구한다. 그림 8-4가 그 예이다.

③ 동작 판정

전류가 증가하여 전류 파형의 면적이 크게 되면 수치 계산 결과도 큰 값이 되어 이것이 미리 정한 값(정정치)을 초과하면 마이크로컴퓨터는 계전기 동작이라고 판정한다. 계전기 동작 결과는 시퀀스에 옮겨지고 계전기의 소프트웨어 처리는 완결된다.

3) 외부 인터페이스

Digital 계전장치의 외부 인터페이스는 변류기, 계기용 변압기와 같은 외부 입력기기와의 인터페이스와 감시반 등 외부 장치와의 인터페이스로 나눌 수 있다.

① 외부 기기와의 인터페이스

ⓐ 제어 전원

Digital 계전장치에 필요한 전원은 직류전원으로 정격전압은 110V(허용 변동 범위 -20~+30%)를 사용하는 예가 많다. 소비전력은 구성 장치에 따라 다르나 일반적으로 100W 정도이다. 제어전원으로 교류전원은 정전시에 제어회로도 동시에 정전되어 계전기 동작이 마비되므로 거의 사용하지 않는다.

ⓑ 변류기

계전기는 연산에 필요한 계통의 전류를 변류기에서 직접 얻는다. 계전장치를 올바로 적용하기 위해서는 변류기의 특성 등을 충분히 확인하여 두는 것이 필요하다. 확인할 사항은 Analog 계전기와 같으며 다음과 같다. 결선, 극성, 접지, 정격전류, 오차 계급, ALF(과전류 정수), 영상회로, 부담, 설치 위치 등이다.

ⓒ 계기용 변압기

계전기 연산에 필요한 계통 전압은 계기용 변압기에서 직접 얻는다. 확인 사항은 대체로 변류기와 같으며 결선, 접지, 정격전압, 오차 계급, 부담, 설치 장소, 설치 대수 즉 3상 또는 V결선 등이다.

② 타 장치와의 인터페이스

ⓐ SCADA 등 감시반과의 관계

계전기 동작시 운전원이 사태를 정확히 파악하고 조치를 취할 수 있도록, 또한 동작 현황을 자동 기록이 되도록 필요한 정보를 SCADA 등 감시반에 전달할 필요가 있다.

ⓑ 전송장치

상 하위 전기설비의 전기량을 이용하여 계전기 연산을 행하는 경우 전송장치를 경유하여 정보의 송수신을 행한다. 전송 수단 또는 전송장치와의 인터페이스는 계전 시스템으로서의 필요한 전송 속도와 전송 정보량으로 결정된다.

8-1-3. Digital 계전기의 설치 환경

Digital 계전기는 장기간에 걸쳐 건전한 상태로 운전하기 위하여 적절한 환경에 적절한 방법으로 설치할 필요가 있다. 따라서 설치 환경이 적절하지 못하면 제품 수명에 영향을 주든가 때에 따라서는 장치의 성능에 지장을 줄 수도 있다.

1) 온도와 습도

일반적으로 다음과 같은 온도와 습도 조건을 정상상태라고 한다.

① 주위 온도는 40℃ 이하 0℃ 이상으로 하며, 결로, 결빙이 발생하지 않는 상태에서 -10~50℃를 1일 수시간 정도는 허용한다.

② 보관 온도는 -20~60℃를 허용한다.

제작자는 이와 같은 조건을 만족하기 위하여

0~40℃의 범위 내에서 특성 보증

-10~50℃의 범위 내에서 동작 보증

-20~60℃의 범위 내에서 복원 보증

이 되도록 제작하고 있다.

습도 조건은 다음과 같다.

상대 습도 : 일 평균 30~80%

로 한다.

Digital 계전기는 위와 같은 온도, 습도 범위에서 사용하면 공조설비가 반드시 필요하지는 않으나, 제품의 수명이나 운영 중의 신뢰성을 보다 향상시키기 위해서는 공조설비를 하는 것이 바람직하다.

2) 설치 주위 환경

주위 환경에서 특별히 고려하여야 할 사항은 다음과 같다.

① 먼지

Digital 계전기는 어느 정도 방진구조로 되어 있어, 먼지가 Digital 계전기의 동작을 저해하는 일은 드물다. 그러나 먼지는 프린트기판의 Connector부 등 전기 신호의 접촉면에 부착하여 접촉 불량을 일으키고, 보조계전기의 가동부에 부착하여 부품의 경년열화를 촉진시킨다. 따라서 먼지가 많은 장소는 절대로 피하여야 한다.

② 염해

염해는 Digital 계전기의 녹이나 부식의 원인이 된다. 이와 같은 부식을 방지하기 위해서는 계전기실 창문의 기밀성을 높이는 등 조치가 필요하다.

③ 유해 가스

SO_2와 같은 유해 가스가 포함된 환경에 보호계전기를 오래 방치하여 두면 계전기의 금속 부분이 부식된다.

④ 진동

Digital 계전기는 미세한 진동에 대하여 단기적으로 영향을 받지는 않으나 장기간 진동이 계속되면 나사가 풀어져 불량의 원인이 된다. 따라서 진동이 있는 장소에 계전기를 설치하고자 할 때에는 방진고무를 설치하는 등의 조치를 취해야 한다.

8-1-4. 노이즈의 영향과 방지대책

Digital 계전기의 심장부인 연산처리부에서는 대단히 빠른 신호처리가 이루어지고 있다. 종래의 Analog 계전기에서는 신호처리가 10^{-3}초(ms) 단위였으나 Digital 계전기의 연산부를 제어하는 Clock은 10MHz 이상으로 그 처리 속도는 $0.1\mu s$ 단위이다. 처리 속도가 고속이라는 것은 미세한 노이즈에 대하여서도 쉽게 영향을 받는다는 것을 의미한다. 노이즈의 발생은 외부적 요인과 내부적 요인으로 구별되며 내부적 요인에 의한 노이즈의 방어는 제작기술에 속하는 사항이나 외부적 요인에 의한 노이즈의 방어는 주로 설치 운영에서의 노이즈 대책이 요구되는 분야라고 할 수 있다.

1) 노이즈의 발생원

1. 외부 환경적 요인

① 차단기, 단로기의 개폐서지
② 전력 계통에서 발생하는 뇌에 의한 서지
③ 계통 사고전류에 의한 구내 접지 점의 전압 상승
④ 전원의 개폐 써지 및 직류 조작 전원의 개폐서지
등을 들 수 있으며 구내 접지 강화가 무엇보다 중요 대책이 된다.

2. 내부 발생 요인

① 보조계전기 개폐시의 노이즈
② IC회로의 스파이크 노이즈
③ D/D 컨버터의 스위칭 노이즈
등을 들 수 있다.

2) 노이즈 침입 모드

일반적으로 외부에서 발생한 노이즈는 제어선로를 통하여 계전기의 제어장치에 침입한다. 노이즈는 다음 2가지 형태의 모드로 침입한다.

① Common Mode : 노이즈 성분이 2본의 신호선을 공통으로 타는 Mode

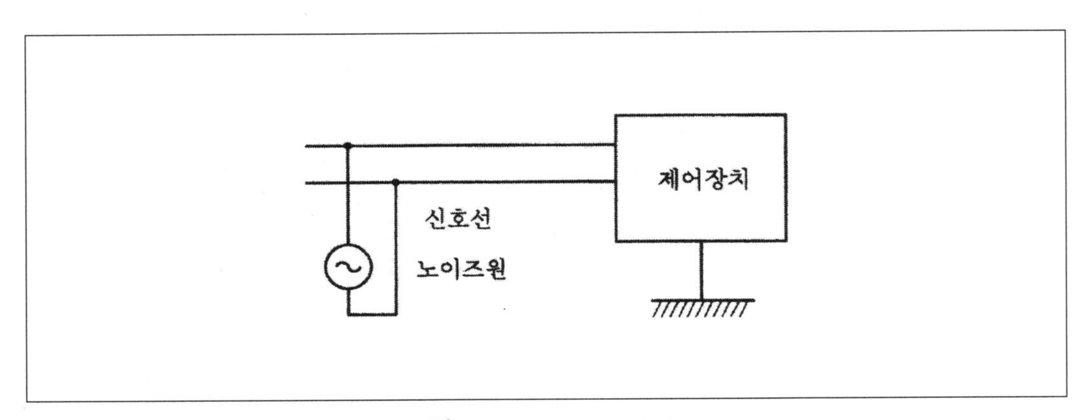

그림 8-5 Common Mode

② Normal Mode : 노이즈 성분이 2본의 선간을 타는 Mode

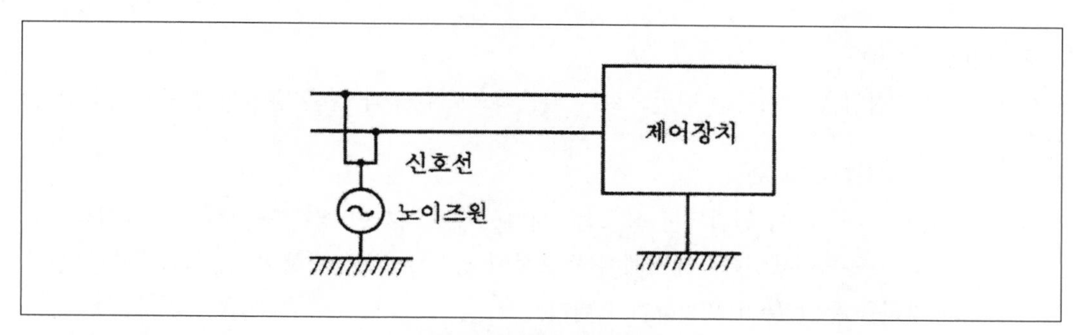

그림 8-6 Normal Mode

통상 존재하는 노이즈는 이 두 가지 성분의 합성 노이즈이며 제어장치의 외부에 노이즈원이 있는 경우 노이즈는 2본의 선로에 균등하게 타기 때문에 Common Mode라고 생각하여도 좋다. 그러나 2본의 신호선이 완전히 평형이 아니기 때문에 노이즈는 불균형하게 타는 일이 있어 이 불균형 성분이 Normal Mode로 나타난다. Twist Pair 선은 이와 같은 신호선의 불균형에 의한 노이즈의 침입을 막고, 평형도를 높이기 위하여 고안된 것으로 Normal Mode에 의한 노이즈의 침입 및 발생 억제에 효과가 대단히 크다.

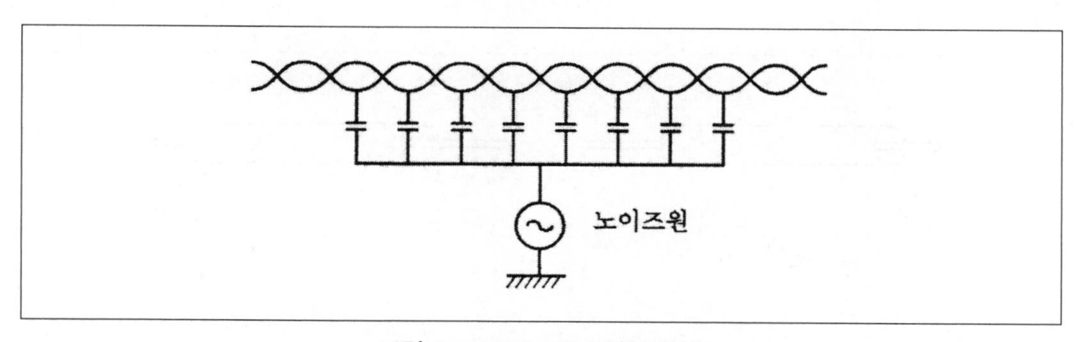

그림 8-7 Twist Pair선의 효과

3) 노이즈 침입 대책

일반적으로 고려할 수 있는 대책으로는 노이즈 발생 억제, 노이즈 침입 억제 및 노이즈에 의하여 영향을 받지 않는 회로를 구성하는 것이다.

1. 노이즈 발생 억제 대책

외부 노이즈 중 차단기, 단로기 등의 개폐 써지와 계통 사고에 의한 접지점의 전압 상승을 막기 위해서는 개폐 써지를 흡수할 수 있는 피뢰기의 설치라든가 변전소 구내 접지저항을 되도록이면 적게 하는 등 변전소 건설 시에 미리 고려하여야 할 사항이 대부분이다.

2. 회로상의 대책

노이즈의 침입을 방지하는 방안으로는 일반적으로 다음과 같은 방법이 강구될 수 있다.

① 제어케이블 분리 포설

Digital 계전기에 연결되는 신호선, 제어선에는 가까이 병행 포설된 전력케이블로부터 노이즈가 이행된다. 제어케이블 포설에 있어 노이즈 발생이 우려되는 다른 선로와 거리를 두고 분리 포설하여야 한다.

② 제어선로 접지

제어케이블의 쉴드 접지 또한 외부 노이즈 침입을 방지하는 데 큰 도움이 된다. 제어케이블의 접지에는 편단 접지와 양단 접지가 있는데 편단 접지는 정전유도에 의한 노이즈 침입 방지에 효과적이고 양단 접지는 전자유도에 의한 노이즈 침입 방지에 효과가 크다. 제어선로를 통하여 침입하는 노이즈는 정전유도와 전자유도의 양 Mode로 유도되는 것으로 생각되는데 접지방식으로는 보안상의 이유도 있어 일반적으로 양단 접지를 시행한다[1].

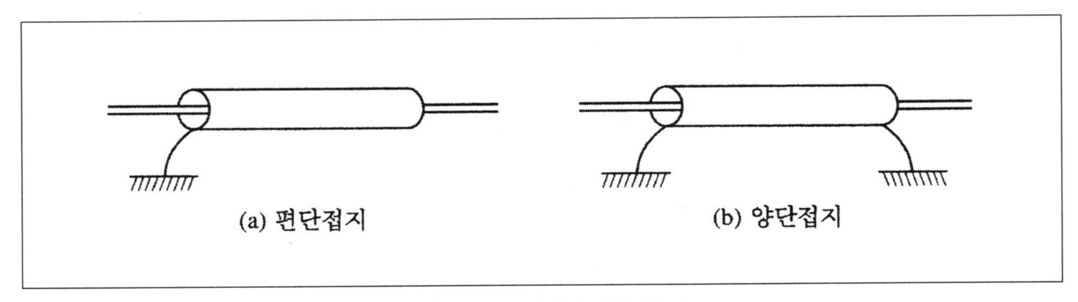

그림 8-8 제어케이블 접지

③ 계전기 자체의 접지

일점 접지를 시행한다. 어떠한 경우에도 Digital 계전기 자체는 복수 접지를 하여서는 안 된다. 2점 이상을 접지하였을 때에는 외부 노이즈전류가 한쪽 접지점으로부터 흘러 들어와 다른 접지점으로 흘러나가기 때문에 계전기 자체가 노이즈에 노출되어 노이즈에 극히 취약한 시스템이 되므로 2점 이상의 복수 접지는 하여서는 안 된다.

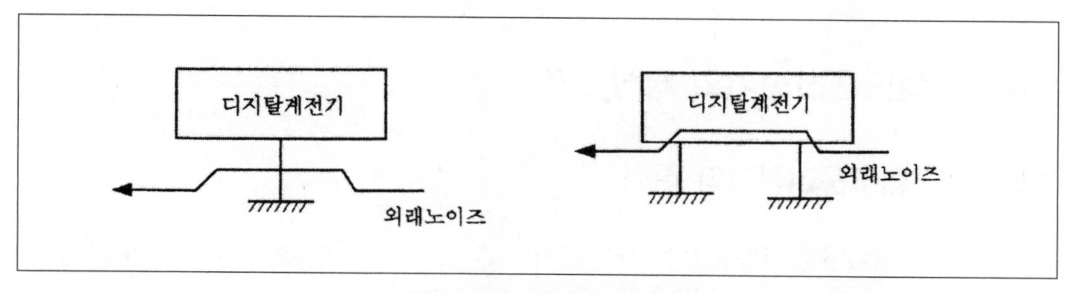

그림 8-9 계전기 접지 방법

4) 전파 노이즈[2]

과거 정지형 계전기에서도 무선 송수신기의 전파로 인하여 계전기가 오출력(誤出力)을 낸 경우가 있었다. 근래에 와서는 전파 노이즈에 대한 많은 대책이 강구되었다. 그러나 쓸데없이 무선 송수신기의 안테나를 계전장치에 접촉시키는 등의 행위는 계전장치의 적절한 운영을 위하여 삼가는 것이 좋다. 디지털 계전기는 노이즈와 전파에 매우 취약하므로 IEC 60255-27에 계전기 절연 강도와 IEC 60255-26에 전자적합성 시험(Electromagnetic compatibility test)으로 디지털 계전기 내 노이즈 형식시험 항목이 정하여져 있으므로 외부 전파 간섭 시험과 함께 이 형식시험에 통과된 제품을 사용하여야 할 것으로 권고한다[3].

주 (1) IEEE std 80-2000. Guide for safety in AC substation Grounding 17.5

(2) ディジタルリレ一實務讀本, 三谷 泉 저, 1991, 8オーム社

(3) power system protection, The IEE England, 1997

8-2. 철도운전전기의 특성

8-2-1. 철도운전전기의 특성

철도전기의 특이성은 전차선로가 1선을 접지한 단상회로라는 계통의 특수한 구성과 전기차가 Converter와 Inverter에 의하여 많은 고조파를 발생하고 또한 급전 구간 내의 전기차의 부하가 기동정지를 수시로 되풀이하는 등 변동이 극심한 이동 부하라는 점이다. 전기차에는 여러 종류가 있고 그 일부 전기차는 회생제동이 가능하도록 되어 있다. 예를 들면 Thyristor 위상 제어차는 변전소에서 보았을 때 역행역률(力行力率)은 0.7~0.8 정도이나 회생제동시의 역률은 -0.4~-0.5이고, 제3조파를 포함하여 상당한 홀수차(奇數次) 고조파 전류를 함유하고 있으며, 일반적으로 n차 고조파 전류 I_n은 기본파와 비교하여 $\frac{I_n}{I_1} = (1\sim2)\cdot\frac{100}{n^2}$ 정도 함유하고 있다. 반면 PWM 제어차의 역행역률은 거의 1이고 회생역률은 (-1)에 가깝다. PWM 제어차가 발생하는 저차 고조파는 매우 적어 thyristor 위상 제어차의 약 1/3 정도인데 비하여 고차 고조파를 많이 발생한다. 전차선에 전원을 처음 투입할 때 AT에 무부하 여자 돌입전류가 흐르고, 특히 전철 변전소와 전차선의 중간 SP에 절연구분장치가 있어 전기차가 이를 지나갈 때마다 전기차가 장비하고 있는 변압기가 팬터그래프(pantograph)에 의하여 개폐되므로 무부하 여자 돌입전류(突入電流-no load inrush current)가 흘러 보호계전기가 불필요한 오동작하는 경우가 있으므로 대부분의 전철용 보호계전기는 이와 같은 오동작(誤動作)을 방지하기 위하여 운전전류에 2, 3, 5차 등의 저차 고조파가 포함되어 있는 것이 검출되면 이 전류는 운전전류라 판단하여 동작을 억지(抑止)하도록 되어 있다. 또 극심한 부하 변동으로 부하전류와 고장전류의 구별이 쉽지 않으며 더욱이 원거리에서의 지락사고는 그 구별이 상당이 어렵다는 특징을 가지고 있다. 이와 같이 전기철도의 특이성으로 보호계전기 적용에 있어 계산과 정정이 매우 어려우므로 전기철도에서는 이들 계전기 적용과 보호에 착오를 일으키기 쉽다. 또 철도는 대량 교통수단으로 안전을 최우선으로 고려하여야 하므로 보호계전기의 계산과 정정은 고도의 기술 능력을 가진 전문가에 의하여 수행되는 것이 바람직하다. 우리나라가 도입하여 사용하고 있는 철도용 Digital 계전기는 프랑스, 일본 및 독일 등 3개국 제품으로 이들 3개 선진국은 각국의 철도 연구소를 중심으로 고장의 해석과 그 방지책에 대하여 이들 국가 나름대로 각각의 특색과 규정이 마련되어 있어 철도 전력 계통의 보호방식에 조금씩 차이가 있으나 우리나라에서는 표준이 되는 기술 사양이 모호하여 수입선에 따라 설치한 변전소마다 보호와 제어방식이 통일되어 있지 못하다. 우리나라에서는 한국전력이 전력계통의 보호에 대하여 보호항목과 제어방식 등 자기 회사의 고유한 기술기준이 확립되어 있어 도입하는 모든 계전기는 제작회사에 관계없이 이 기술표준에 합당하여야 하는 것으로 되어 있다. 우리나라에서도 계전기를 철도에 적용하고자 할 때 타국에서의 사용 실적과 적용되고 있는 우리나라 전철 계통의 특수성 등을 고려하여 우리나라 특수성이 충분히 반영되어 철도 시스템과 조화가 되는지 등을 검토하고, 계전기의 신뢰성 검증 방안을 확립함으로써 계통보호기술의 표준화는 반드시 이룩되어야 한다.

8-2-2. 타선흡상현상과 CT결선

일본의 AT급전 계통은 상하행 전차선을 타이 결선하여 운전(Tie-병렬운전)하는 경우가 없으나 우리나라에서는 전차선로 임피던스를 경감하여 전압 강하를 적게 하고 전기차의 회생제동효율을 높이기 위하여 SP에서 전차선 타이 결선하여 운전하는 것이 일반적으로 행하여지고 있고, 동시에 귀전회로(歸電回路)인 레일도 Cross bond가 되어 있다. 이때 하행선 또는 상행선의 전차선 또는 급전선이 지락될 때 지락전류의 일부가 레일의 cross bond선을 통하여 건전 선로인 상행선 또는 하행선 AT의 중성점을 경유하여 건전선(健全線)인 타선의 전차선과 급전선으로 흘러 들어가게 된다. 이런 현상을 타선흡상현상(他線吸上現象)이라 한다. 이와 같은 현상으로 인하여 그림 8-10에서 보는 바와 같이 고장전류는 A점에서는 전차선과 급전선이 서로 같으나 실제 고장을 검출하는 B점에서는 전차선과 급전선에 흐르는 전류가 서로 같지 않으며 사고선로인 전차선의 전류가 고장전류와 일치하지 않아서 정확한 고장전류에 의한 계전기 동작에 문제가 발생한다. 그림 8-10은 일본철도총합기술 연구소(日本鐵道總合技術研究所)에서 발간한 급전시스템기술강좌(き電システム技術講座 1997.10. 9-3쪽 그림 9.7)에 기재되어 있는 것을 옮겨 실은 예이다. 이와 같은 현상은 변전소 구내와 같이 여러 대의 AT가 병렬로 연결되어 있을 때에는 더 현저할 것으로 예상된다. 이 타선흡상현상을 확인하기 위하여 2003. 9. 신한전기공업(주)에서 실험을 실시하여 아래와 같은 측정값을 얻었다.

① AT 관련 기기 Data

1. AT용량 AT1, AT2의 각 용량 — 자기 7500kVA, 선로15000kVA
2. AT의 1, 2차 정격전압 및 정격전류 — 1차 136.4A, 2차 272.7A
3. impedance — AT1 : 0.433[Ω], AT2 : 0.431[Ω]
4. 효율 — AT1 : 99.74%, AT2 : 99.7%

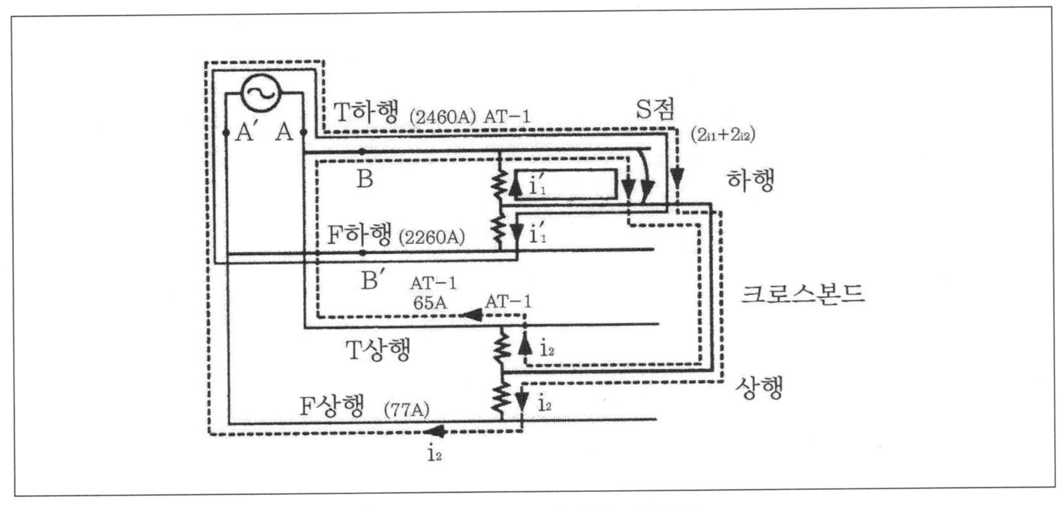

그림 8-10 AT 타선 흡상 현상

그림 8-11 AT 타선 흡상 현장시험

② 시험용 보조변압기 Data

용량	3ϕ 200kVA
1, 2차 전압, 전류	3150/440V, 36.7A/262A
결선	△-Y

③ 장비의 설명

S1 : AT1과 AT2의 중성점을 결선하는 스위치로 S1투입은 궤도가 Cross bond된 상태의 모의임.

A1, A2, A3, A4, A5, A6 : 전류계

④ 측정값

측정 1)

S1 OPEN 상태에서 A_1, A_2, A_3 값 측정

A_1 : 32.5(A), A_2 : 32.5(A), A_3 : 66(A)

측정 2)

S1 CLOSE 상태에서 A_1, A_2, A_3, A_4, A_5, A_6 값 측정

A_1 : 90(A), A_2 : 30(A), A_3 : 120(A)

A_4 : 60(A), A_5 : 30(A), A_6 : 30(A)

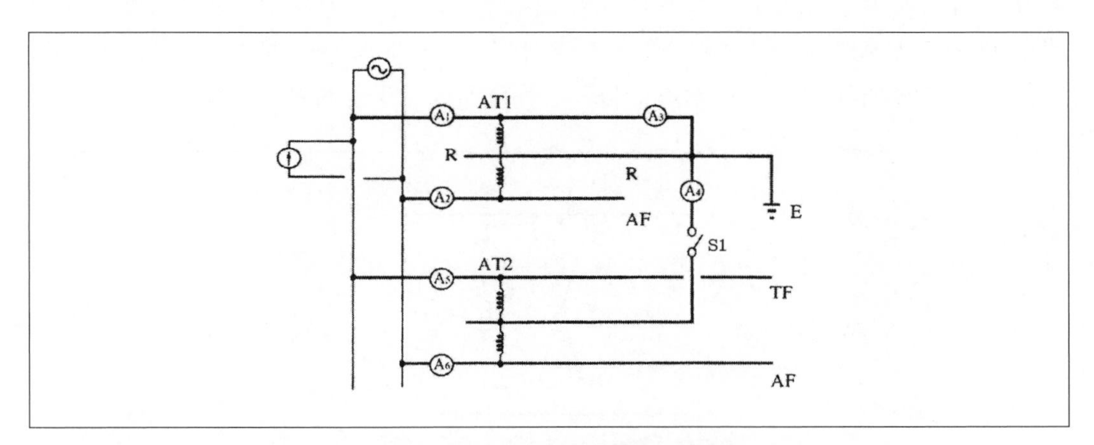

그림 8-12 AT 타선 흡상 현상 시험 회로

이 실험 결과에서 볼 수 있는 바와 같이 스위치 S1을 투입하지 않는 경우 즉 상하행선이 cross bond되어 있지 않은 경우에는 고장선인 하행선의 전차선과 급전선에는 (A_1)과 (A_2)에서 보는 바와 같이 각각 지락전류 65A(A_3)의 1/2인 같은 크기의 32.5A씩의 전류가 흐르나, S1을 투입하여 상하행선 레일의 cross bond를 모의한 결과 고장선인 하행선 전차선에는 전류 90A(A_1)가 흐르고, 급전선에는 전류 30A(A_2)가 흘러 전차선과 급전선전류는 같지 않았고, 지락전류는 120A(A_3)로 전차선과 급전선의 합과 같으나, 타선흡상현상으로 타선인 상행선로에 지락전류의 1/2인 60A(A_4)가 흡상전류로 흘러 들어가며, 이 60A의 반인 30A의 전류는 상행선로의 전차선(A_5)를 경유하여 전원 모선으로, 나머지 30A는 급전선 (A_6)을 경유하여 전원 모선을 통하여 고장전류로 순환하는 것을 확인할 수 있었다. 이 실험에서는 S1과 AT 사이는 거리가 없어 2개의 AT의 중성점을 직접 연결하였으므로 전차선과 레일의 임피던스는 0이라고 할 수 있다. 따라서 고장점과 전차선 및 레일의 임피던스로 인하여 발생

할 수 있는 고장전류와 중성점 간의 횡류의 차이를 측정할 수 없었다. 이와 같이 각기 다른 부하로 운전되고 있는 AT가 여러 대 병렬로 연결되어 있을 때도 고장과 관계없는 횡류가 AT 사이를 흐를 것으로 예상되며 이와 같은 횡류(橫流)가 계전기에 고장전류 이외에 더 흐르게 되므로 계전기가 읽는 고장점까지의 겉보기 임피던스를 적게 하여 계전기의 동작을 촉진할 것으로 예상은 되나 이런 횡류가 계전기 동작에 어떤 영향을 주는지에 대한 수치적 해석에는 많은 연구가 필요하다고 생각된다. 이와 같은 AT중성 선간의 횡류에 의한 타선흡상현상을 보상하고 계전기의 정확한 동작을 보장하기 위해서는 그림 8-13과 같이 CT를 차동 결선한다. CT를 차동 결선하면 전차선로는 단상이므로 전차선 전류 I_1과 급전선 전류 I_2는 vector 상 180°이므로 고장전류와 AT 간의 횡류를 합한 전류 곧 (I_1+I_2)의 값이 CT 2차에 흐르게 되어 CT 2차에 흐르는 전류는 고장전류보다 큰 전류가 된다. 따라서 전차선 보호에 있어 거리계전기가 주보호 계전기이고 과전류와 기타 계전기는 후비 보호이므로 이들 후비보호 계전기들이 거리계전기와 서로 보호 협조가 되도록 동작 시간 정정을 하여야 한다.

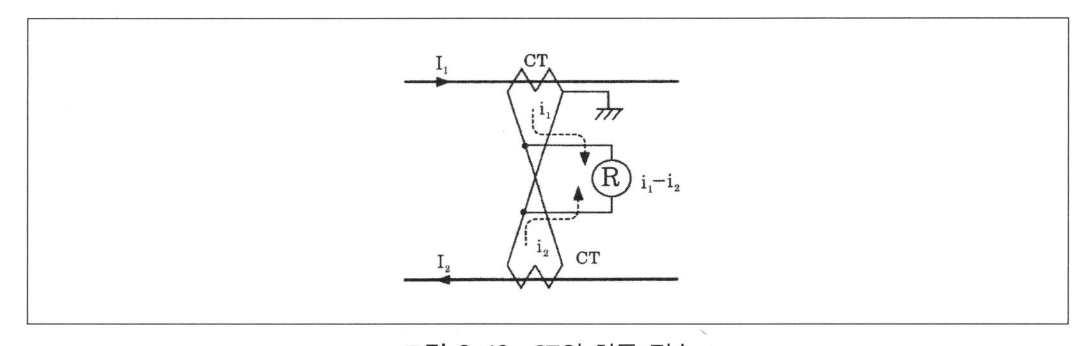

그림 8-13 CT의 차동 접속

8-2-3. 전차선 임피던스의 계산

1) 전차선의 임피던스의 계산

거리계전기에 적용할 전차선 임피던스는 과학적 검증을 필요로 할 만큼 정밀할 필요는 없으나 다만 거리계전기가 under reach로 인하여 전차선로에 보호하지 못하는 무보호 구간이 생겨서는 안 된다. 계전기가 고장이라고 인식한 점이 계전기의 오차로 인하여 실제 고장점보다 짧게 계전기가 인식하는 경우를 Under reach 또 멀게 인식하는 경우를 Over reach라고 한다. 전차선과 같이 SP(급전구분장치)에서 급전 구간이 완전히 나누어져 있는 계통에서는 over reach는 실제 계통 보호에 별로 영향을 주지는 않으나 under reach는 무보호 구간(無保護區間)이 생기므로 중대한 문제가 된다. Carson-Pollaczek 방식에 의한 충북선 55kV 기준 전차선로 실계 임피던스를 계산한 바 앞 347쪽 7-3-4의 6)에 의하여

$$Z_{T-F} = Z_T + Z_F - 2Z_{MFT} = 0.2256 + j0.7346 = 0.7685\angle 72.93°[\Omega\ /km]$$

가 된다. 거리계전기 정정에 적용하고자 할 때에는 TF-R, AF-R 또는 TF-AF 간의 임피던스는 거의 비슷하며, 거리계전기 정정 기준 임피던스는 T-R 간의 임피던스로 하여야 하나 무보호 구간을 없애기 위하여 이 3가지 요소의 측정값 중 가장 큰 값을 정정 기준으로 한다.

2) 전차선로의 전압과 임피던스

전차선 TF-AF 간의 전압은 50kV이고 TF나 AF와 대지 간의 전압은 25kV로 전차선 전압은 2중 전압 계통으로 되어 있어 실제 선로의 임피던스는 같음에도 불구하고 기준전압에 따라 50kV 계통 임피던스와 25kV 임피던스는 서로 다르게 계산된다. 50kV 계통의 전압을 V_{50}, 전류를 I_{50} 또 25kV 계통의 전압을 V_{25}, 전류를 I_{25}라 할 때 전차선의 어떤 점에 고장이 발생하면 기준점(측정점)에서 고장 점까지의 50kV 계통의 임피던스를 Z_{50}, 25kV 계통의 임피던스를 Z_{25}라 하면

$$V_{50} = 2V_{25}, \qquad I_{50} = \frac{1}{2}\cdot I_{25}$$

이므로

$$Z_{50} = \frac{V_{50}}{I_{50}} = \frac{2\times V_{25}}{\frac{I_{25}}{2}} = 4\cdot\frac{V_{25}}{I_{25}} = 4Z_{25}$$

의 관계가 성립하여 Z_{50}가 Z_{25}의 4배가 되어 임피던스는 그림 8-14와 같이 전압비의 제곱에 비례하게 된다. 전차선이 지락되어 지락저항이 R_g이라 하면 이 값은 25kV 기준저항이므로 시험 전원을 TF-AF에 인가하여 실측한 선로 임피던스를 $Z\angle\theta$라 할 때 이 측정값은 50kV 기준 실계(實系) 임피던스이므로 지락저항을 포함한 지락 임피던스는

$$Z\angle\theta + 4\cdot R_g = Z\cdot(\cos\theta + j\sin\theta) + 4\cdot R_g = (Z\cdot\cos\theta + 4\cdot R_g) + jZ\cdot\sin\theta\,[\Omega]$$

또 지락 사고전류 I_g는

$$I_g = \frac{50000}{Z\angle\theta + 4\cdot R_g} = \frac{50000}{(Z\cdot\cos\theta + 4\cdot R_g) + jZ\cdot\sin\theta}\,[A]$$

가 된다. 즉 전차 선로 임피던스를 $Z = 0.7685\angle 72.93° \times 20 = 4.5117 + j14.6929[\Omega]$, 또 지락저항을 R_g=10[Ω]라고 하면 지락전류 I_g는

$$I_g = \frac{50000}{4.5117 + j14.6929 + 40} = 1066.6890 \angle 341.73° \,[A]$$

가 된다.

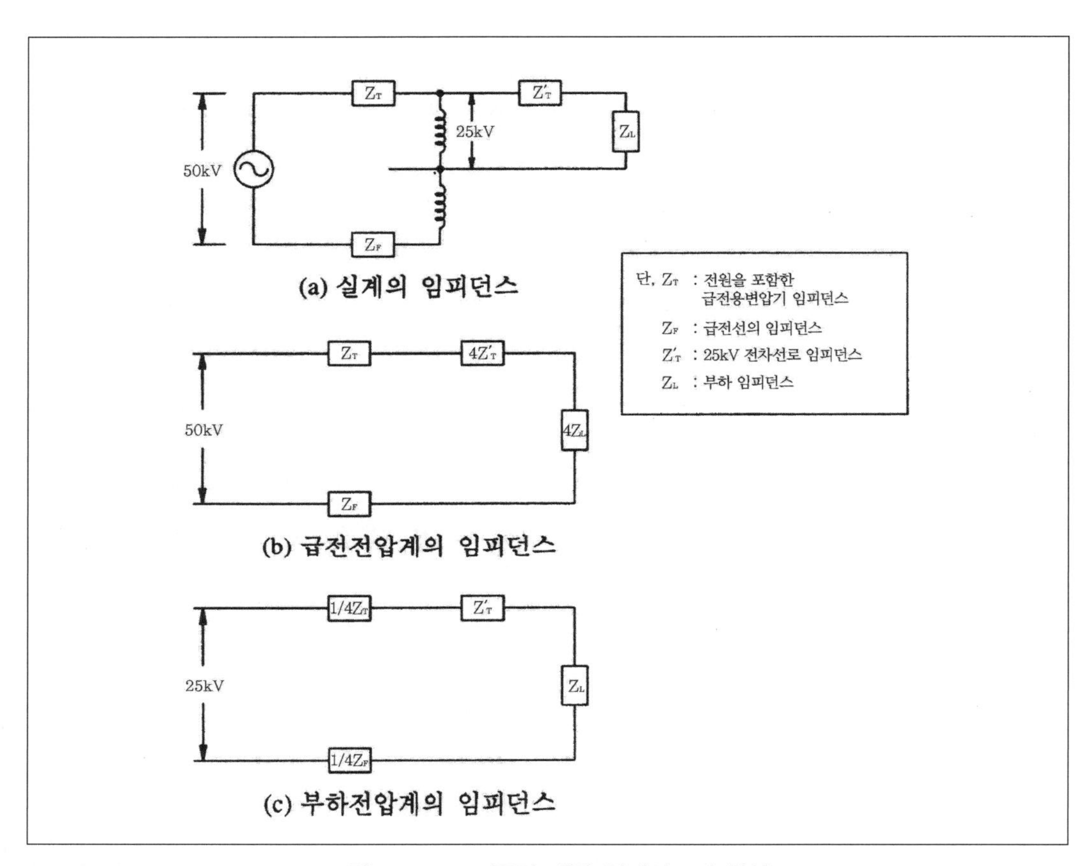

그림 8-14 AT 급전 계통 임피던스의 환산

8-3. 철도용 보호계전기

8-3-1. 우리나라 철도에 채택되고 있는 Digital 보호계전기

1) 우리나라 철도용 Digital 보호계전기

우리나라 전기철도에서는 Digital 계전기로는 프랑스의 ICE사, 독일의 Siemens사 및 일본의 Mitsubish전기의 3사 계전기를 사용하고 있으며, 공항철도에는 스웨덴(독일)의 ABB사 제품이 채택되고 있다. 우리나라 전기철도의 한 변전소에는 한 제작회사의 Digital 계전기가 모두 설치되어 있다. 현재 2015년 말까지 설치되어 있는 계전기의 현황은 다음과 같다.

① ICE제 Digital 계전기
경부고속철도 : 10개 변전소 모두
경부선의 일반 철도 : 평택, 조치원, 옥천, 직지사, 사곡 등 5개 변전소
호남고속철도 : 전 변전소

② Siemens제 Digital 계전기
경부선 : 구로 변전소
호남선 : 두계, 익산, 백암사, 노안, 일로 5개 변전소
중앙선 : 구리 변전소

③ Mitsubish제 Digital 계전기
충북선 : 충주, 증평 2개소

④ Analog 계전기
Mitsubish제 거리계전기 : 주안, 모란, 군포
Fuji제 거리계전기 : 의정부

등 4개 변전소에 설치되어 있다.

우리나라 철도전기 시스템에 적용되고 있는 Digital 보호계전기를 기능상으로 분류하면 표 8-2와 같으며 위의 ④에 열거한 전철 초창기인 1970년대 JARTS의 일본 기술진에 의하여 수도권 전철에 설치된 Analog형 계전기는 이번 논의에서 제외하였다. 이들 Analog 계전기는 주안, 군포 및 모란 변전소에는 거리계전기는 일본 Mitsubish사 제품이, △I계전기는 일본 쯔다전기(津田電氣)의 제품이 사용되고 있으며, 의정부 변전소의 거리계전기는 일본 후지전기 (富士電氣)사의 제품이고, △I계전기는 일본 쯔다(津田電氣)사의 제품이 사용되고 있으나 30년 가까이 경과한 제품들이고 △I계전기도 최근 개발한 계전기와는 특성에 많은

차이가 있어 이들 계전기를 다시 설치하는 일이 없을 것이기 때문이다. 불원 이들은 교체되리라 생각된다.

표 8-2 철도 Digital 계전기 일람표

구 분		ICE	Siemens	Mitsubish
154kV	교류과전류계전기	50. 51	50. 51	50. 51
	지락과전류계전기	50G. 51G	50G. 51G	50G. 51G
	교류부족전압계전기	27	27	27
	지락과전압계전기	64	64	64
변압기 1차	교류과전류계전기	50.51	50.51	50.51
	지락과전류계전기	50G. 51G	50G. 51G	50G. 51G
	비율차동계전기	87	87	87
변압기 2차	교류과전류계전기	50.51	50.51	50.51
	교류부족전압계전기	27	27	27
	교류과전압계전기	59	59	59
전차선	교류과전류계전기	50.51	50.51	50.51
	교류부족전압계전기	27	27	27
	교류과전압계전기	59	59	59
	전류증분계전기(△I)	-	-	50FV
	거리계전기	21	21	21
	교류재폐로	79	79	79
De-icing	교류과전류계전기	50.51	-	-
	거리계전기	21		
	비율차동	87		

여기에 적용하고 있는 계전기의 번호는 한국철도시설공단에서 개정한 기구 번호이며 이는 IEEE의 C37-2의 기구 번호와 일치 한다. 또 전철 계통 운영의 경험이 축적되고 전력 계통 고장 해석 방법이 새로 개발되거나 우리의 실정에 맞고 보다 성능이 우수한 계전기가 개발되면 이에 따라 머지않아 이들 계전기는 추가되거나 통합되는 등 새로운 보호시스템이 이루어지리라 예상된다. 다만 철도는 대량 운송수단이므로 새로운 계전기는 철도 운영 철학에 맞고 그 신뢰성이 충분히 검증된 계전기여야 한다는 점을 강조한다.

2) 계전기의 설치 위치와 보호 협조

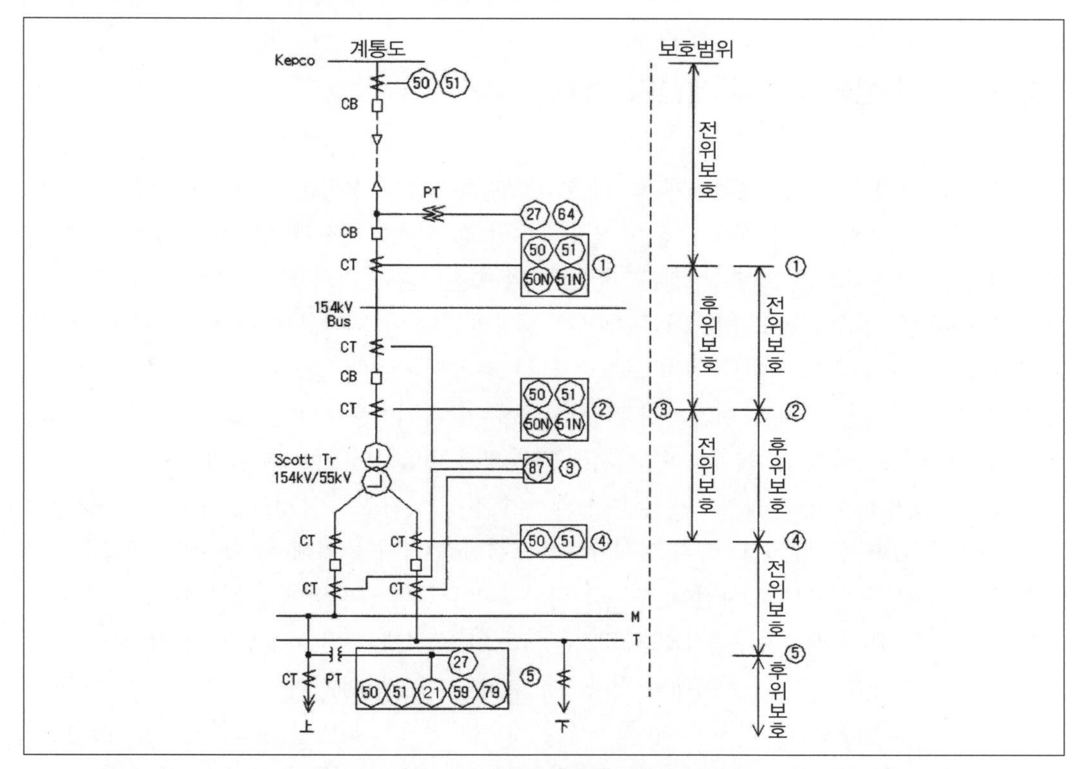

그림 8-15 철도의 전력계통과 계전기

표 8-2 철도용 계전기의 설치 위치와 보호 협조를 단선도로 표시하면 그림 8-15와 같다. 또 표에서 보는 바와 같이 설치되어 있는 Digital 계전기는 특성에 있어 3개사 제품이 모두 IEC규격에 따랐으나, 변압기 보호를 위한 87 비율차동계전기와 전차선 보호를 위한 거리계전기는 그 특성과 정정 방법에 있어서 3개사가 서로 다르므로 특별히 이 2가지 보호계전기의 정정 방법과 그 특성에 대하여 자세히 살펴보기로 한다. 우리가 계전기의 선정과 결선 및 정정에 있어서는 우리나라의 철도전기 System의 고유한 특성에 적합하도록 되어야 한다. 우리나라의 전기철도는 일본 철도 기술에서 전원 변압기로 Scott결선 변압기를 채택하고 또 유럽으로부터는 전차선로의 접지를 직매설 직접 접지방식을 도입하였으며, 또 다른 나라에서 채택하고 있지 않은 SP에서 전차선로 상하행선을 Tie하는 등 이들 철도기술 선진 각국과는 일치하지 않는 우리의 특수성이 있으므로 이들 각국의 보호 계전시스템을 그대로 우리나라의 전차 전력시스템에 적용하기에는 무리한 점이 상당히 있어 차후로도 많은 연구 과제들이 남아 있다고 생각된다.

8-4. 154kV 수전 및 변압기 보호

8-4-1. 수전점 과전류계전기 보호

전철 변전소의 수전 점 과전류계전기와 지락과전류계전기 정정은 한국전력과의 보호협조를 위하여 한국전력과 합의하도록 되어 있다. 수전 점 과전류계전기 정정은 철도시설공단의 소관사항이나 이 과전류계전기 정정은 한국전력의 송전단 계전기와 보호 협조가 되어야 하고 동시에 수전점 이후의 철도 변전소의 계전기 정정의 기준이 되므로 매우 중요한 정정이 된다. 한국전력은 수용가의 내부 기기 보호협조 상 특별한 사유가 없으면 수전 점의 과전류계전기의 순시 정정은 수전용 변압기(또는 설치되어 있는 최대용량의 변압기)의 2차 측 최대단락전류에서 동작하지 않아야 하며, 한시정정은 최대 변압기의 2차 측 단락사고 시 최대 단락전류에서 0.6초 이내 동작하도록 수용가 계전기 정정 지침으로 규정하고 있다[(1)]. 한국전력은 변동이 극심한 전기철도 부하의 특성과 Scott결선 변압기를 이해하는데 매우 곤혹스러워하는 경우가 종종 있으므로 사전에 충분히 협의하여야 한다. 이 장에서 적용하고 있는 과전류계전기 동작 특성식과 계수는 IEC-60255-151의 규정에 추천되어 있는 동작 시간 계산식으로 계전기 동작 시간 t_c는 아래와 같다. 이 수식의 계수는 계전기 제작자에 따라 다소 다를 수 있으므로 계전기 설치 시 동작 특성식의 계수를 반드시 확인할 필요가 있다. 우리나라 철도에서 널리 쓰이고 있는 ICE, Siemens 및 Mitsubish의 과전류 동작 시간 계산식도 서로 다르므로 이들 수식을 각각을 별도로 기재하였으며, 더욱이 한전이 적용하고 있는 과전류계전기의 동작 특성 계산식이 IEC의 계산식과는 다르므로 주의를 하여야 한다. IEC 60255-151의 추천 식은 다음과 같다.

반한시성 Normal inverse $$t_C = \frac{0.14 \cdot \Delta t}{\left(\frac{I}{I_S}\right)^{0.02} - 1}$$

강반한시성 Very inverse $$t_C = \frac{13.5 \cdot \Delta t}{\left(\frac{I}{I_S}\right) - 1}$$

초반한시성 Extremely inverse $$t_C = \frac{80 \cdot \Delta t}{\left(\frac{I}{I_S}\right)^{2} - 1}$$

여기서 t_C : 계전기 동작시간(sec)

I : 계전기 입력전류(고장전류)

I_S : 계전기 정정 전류

$\triangle t$: time multiplier setting

한국전력의 표준 규격 ES 5945-0001[2]에 의하면 과전류계전기 동작 특성식은 다음과 같다.

반한시 Normal inverse $$t_c = \left\{ \frac{0.11}{\left(\frac{I}{I_P}\right)^{0.02} - 1} + 0.42 \right\} \cdot \frac{t_p}{10}$$

강반한시 Very inverse $$t_c = \left\{ \frac{39.85}{\left(\frac{I}{I_P}\right)^{1.95} - 1} + 1.084 \right\} \cdot \frac{t_p}{10}$$

여기서 t_c : 계전기 동작시간[sec]

I : 입력전류(고장전류)

I_P : 정정 전류 값

t_P : 시간 정정 값

ASNSI/IEEE의 과전류계전기 동작 시간 계산식은 아래와 같다.

반한시성 Normal inverse $$t_C = \left\{ \frac{8.9341}{\left(\frac{I}{I_S}\right)^{2.0938} - 1} + 0.17966 \right\} \times D$$

강반한시성 Very inverse $$t_C = \left\{ \frac{3.922}{\left(\frac{I}{I_S}\right)^{2} - 1} + 0.0982 \right\} \times D$$

초반한시성 Extremely inverse $$t_C = \left\{ \frac{5.64}{\left(\frac{I}{I_S}\right)^{2} - 1} + 0.02434 \right\} \times D$$

여기서 D= time multiplier

I= 계전기에 흐르는 전류

I_S=계전기 정정 전류

앞에서 보는 바와 같이 과전류계전기의 동작 시간은 IEC, IEEE 및 한전이 적용하는 계산식이 각각 다르다. 더욱이 우리가 사용하고 있는 프랑스 ICE제품과 Siemens 및 일본 Mitsubish 3사의 제품도 동작 시간 계산식의 계수가 서로 다르기 때문에 과전류계전기를 새로 교체하면 교체된 계전기에 적용된 동작 시간의 계산식을 확인하여 계전기 동작 시간을

다시 정정하여야 한다. Siemens, ICE, Mitsubish 각 사의 과전류계전기 동작 관계식은

$$t_C = \left\{ \frac{A}{\left(\frac{I}{I_S}\right)^{\alpha} - 1} + C \right\} \times \Delta t$$

로 표시되며, 이 식의 각 계수는 표 8-3과 같다.

표 8-3 Siemens, ICE, Mitsubish의 한시정정 계수

계 수	Standard inverse			Very inverse			Extremely inverse		
	Siemens	ICE	Mitsubish	Siemens	ICE	Mitsubish	Siemens	ICE	Mitsubish
A	0.14	0.047	0.14	13.5	9.0	13.5	80	99	80
α	0.02	0.02	0.02	1	1	1	2	2	2
C	0	0	0	0	0	0	0	0	0
Δt	Δt	Δt	$\frac{\Delta t}{10}$	Δt	Δt	$\frac{\Delta t}{10}$	Δt	Δt	$\frac{\Delta t}{10}$

여기서 전력 수급 계약이 65MW인 철도 변전소의 수전점 과전류계전기 정정 계산을 예로 들어 보자.

수전 전압		154kV
수전 부하	Scott결선 변압기	60MVA
	일반 부하	5MW
	계약전력	65MW
수전점	CT	800/5A

(ES145[1] 변류기의 다중비 CT Tap 2000/1500/1200/800/400A 또는 1200/800/600/400/200A에서 아래의 방법으로 적절한 Tap을 선정한다)

㈜ (1) 한국전력(주)의 변류기에 대한 규격 번호임.

1) 수전 점 CT의 1차 전류

한전에서 수전점 CT의 1차 정격전류는 계통의 최대 고장전류에서도 CT의 2차 전류가 허용 오차 한도 이내에서 계전기의 동작이 보장되는 값을 요구하고 있다. 따라서 154kV 최대 고장전류와 CT의 1차 정격전류의 비는 CT의 ALF(과전류정수)보다 커서는 안 되므로 계약전력 65MW의 역률이 0.9라고 할 때 정격전류는

$$I = \frac{65000}{\sqrt{3} \times 154 \times 0.9} = 270.76[A]$$

이고, 일반적으로 C200 등 CT의 첫 글자가 C로 표시되는 Bushing CT의 과전류정수는 ANSI 및 한전 규격에 의하여 20이므로 100MVA 기준 3상 단락전류를 과전류정수인 20으로 나눈 값보다 적지 않은 전류 값을 CT 1차 전류로 선정하도록 한다.

위의 예에서 전원 임피던스를 j2.5%라고 하면 100MVA의 기준 단락전류는

$$I = \frac{100 \times 1000}{\sqrt{3} \times 154} \times \frac{100}{2.5} = 14996[A]$$

이므로 요구되는 CT 1차 전류는 $I = \frac{14996}{20} = 749.87[A]$ 이상이어야 한다. 따라서 CT의 1차 전류는 750A보다 큰 전류로 800/5A를 선정한다.

2) 순시정정

① 전류정정

여기서 변압기 %임피던스가 자기 용량 기준 10%라고 할 때 변압기의 편상(片相) 용량이 30MVA이므로 100MVA를 기준 용량으로 한 %임피던스 $\%Z_T$는

$$\%Z_T = j10 \times \frac{100}{30} = j33.3333[\%]$$

전원 임피던스=j2.5% 100MVA기준

이 된다. Scott결선 변압기 T상 2차 단락시 1차인 154kV로 환산한 최대 단락전류 I_T는

$$I_T = \frac{100000}{55} \times \frac{100}{(33.3333 + 2 \times 2.5)} \times \frac{55}{154} \times \frac{2}{\sqrt{3}} = 1956[A]$$

이다. 여기서 주의할 점은 Scott결선 변압기 T, M상 2차가 동시에 모두가 단락되어도 1차 전류는 1956A가 된다는 점이다. 즉 1956A는 2차 전압이 55kV인 변압기 2차 계통에 어떤 고장이 발생하여도 예를 들어 M상, T상이 모두 함께 단락하는 사고가 발생하여도 1차에 흐르는 최대 고장전류가 된다. 수전 점의 과전류계전기 순시정정은 변압기 2차 단락사고에서 동작하지 않아야 하므로 변압기 2대를 병렬로 운전하는 경우를 고려하여 여유계수를 최대 고장전류의 2.25배를 채택한다. 수전 측 CT가 800/5A이므로 정정전류 I_S는

$$I_S = 1956 \times 2.25 \times \frac{1}{800} = 5.5013IN \rightarrow 5.6IN(4480A)$$

로 정정한다. 정정전류는 계산된 전류보다 작지 않도록 한다.

② 정정시간

순시시간 정정 t_s는 계전기의 최단시간으로 한다. 일반적으로 최단시간은 0.03초이다.

$$t_s = 0.03sec$$

3) 한시정정

① 정정전류

수전용 계전기의 한시전류는 철도 부하의 극심한 변동을 고려하여 3상 정격전류의 2.5배를 정정전류로 한다.

한시정정전류

$$I = \frac{65000}{\sqrt{3} \times 154 \times 0.9} \times 2.5 \times \frac{1}{800} = 0.8461IN \rightarrow 0.85IN(680A)$$

② 시간정정

수전점의 계전기 동작 특성은 한전과의 보호 협조를 위하여 한전의 일반 관례에 따라 강반한시를 채택하고 과전류계전기의 동작 시간은 한전의 수용가 정정 지침에 의하여 0.6초 이내로 한다[(2)]. Scott결선 변압기의 M상과 T상의 2차 단락전류가 1차로 환산하면 서로 다르다는 점을 유의하여 1차로 환산한 단락전류가 작은 M상 단락전류에서 0.6초 이내에 과전류계전기가 동작하도록 정정한다. M상 단락전류 I_M은

$$I_M = \frac{100000}{55} \times \frac{100}{(33.3333 + 2 \times 2.5)} \times \frac{55}{154} = 1693.96[A]$$

계전기 동작 시간은 IEC 동작 시간 계산식에 따라

$$0.6 \geq \frac{13.5 \times \Delta t}{\frac{1693.96}{680} - 1} = 9.0536 \cdot \Delta t$$

따라서

time multiplier : $\Delta t \leq 0.0663 \rightarrow \Delta t = 0.06$

로 정정하면 된다. 계전기 정정 값은 계산된 time multiplier 0.0663보다 짧은 0.06을 선정한다. 이 정정 값에서 계전기 동작 시간 t_C는

$$t_C = \frac{13.5 \times \Delta t}{\frac{I}{I_S} - 1} = \frac{13.5 \times 0.06}{\frac{1693.96}{680} - 1} = 0.5432 < 0.6sec$$

로 동작 시간은 0.5432초이므로 한국전력의 요구한 동작 시간 0.6초 이내이어야 한다는 조건을 만족하고 있다. 이 정정시간은 한국전력 송전단 계전기와 보호 협조가 이루어져야 하므로 한전과 협의 확인한다. 또 변압기 300% 부하일 때의 부하전류는 $I = \frac{60000 \times 3}{\sqrt{3} \times 154} = 674.8A < 680A$이므로 수전점 과전류계전기는 변압기에 300% 부하일 때에 한시 요소는 동작하지 않는다.

4) 지락 과전류계전기

① 순시정정

한전 수용가 정정 규정에 의하여 수용가의 지락전류의 정정은 최대 부하전류의 30%를 초과하여서는 안 되며 순시정정 값은 이 정정치의 10배 이하여야 한다[1]. 따라서 지락전류의 정정은 최대 부하전류의 30% 이하이므로 계약전력 50000kW 이상인 수용가에서는 이 계수를 20%로, 50000kW 이하의 수용가는 30%로 한다.

전류정정 :

$$I = \frac{65000}{\sqrt{3} \times 154 \times 0.9} \times 0.2 \times 10 \times \frac{1}{800} = 0.6769[I_N] \rightarrow 0.68[I_N](544A)$$

시간정정 : 0.03 sec

② 한시정정

전류정정 :

$$I = \frac{65000}{\sqrt{3} \times 154 \times 0.9} \times 0.2 \times \frac{1}{800} = 0.0677[I_N] \rightarrow 0.07[I_N](56A)$$

정정전류 : I_S= 0.07IN(56A)

시간정정

한전 수용가 정정 지침에 의하면 한시 시간정정은 1선 지락 최대전류에서 계전기 동작시간이 0.2초 이내여야 한다고 규정되어 있으므로 이 계통에서 전원의 영상 임피던스 $Z_0 = 0.25 + j5.63[\%]$ 라고 할 때 1선 지락시의 최대 지락전류는

$$I_G = \frac{3 \times 374.9 \times 100}{0.25 + j5.63 + 2 \times j2.5} = 10577.5[A]$$

여기서

$$0.2 \geq \frac{13.5 \times \Delta t}{\frac{10577.5}{56} - 1} = 0.0770 \cdot \Delta t$$

$$\therefore \Delta t \leq 2.5969 \rightarrow 2.5$$

따라서 한시정정 값에서의 계전기 동작 시간은

$$t_c = \frac{13.5 \times 2.5}{\frac{540}{56} - 1} = 3.9050 sec$$

이 값은 너무 길므로 순시정정전류인 540A에서 0.25sec에 동작하도록 시간을 정정한다.

$$0.25 \geq \frac{13.5 \times \triangle t}{\left(\frac{540}{56}\right) - 1} = 1.5620$$

$$\therefore \triangle t \leq 0.1601 \rightarrow 0.16$$

이 때의 순시정정전류에서 계전기 동작 시간은

$$t_c = \frac{13.5 \times 0.16}{\frac{540}{56} - 1} = 0.2499 sec$$

이 값이 타당하다고 인정되어 이 값을 채택하기로 한다.

㈜ (2) 보호계전기실무, 수용가 정정지침, 1995, 한국전력연수원
(3) IEC 60255-151, IEC

8-4-2. 변압기 비율 차동 보호

정상적으로 운전 중인 변압기는 1차 전류에 변압기 권선비를 곱한 값이 변압기 2차 전류와 같아야 하는데 변압기 1차 및 2차 전류의 비가 권선비와 다르면 변압기 내부 고장이므로 이들 변압기 1, 2차 전류의 차에 비례하여 동작하는 계전기를 비율차동계전기라고 한다. 따라서 비율차동계전기는 변압기에 대하여 주보호 계전기가 되며 비율차동계전기는 상간의 단락 또는 지락 사고 등은 보호하나 과부하 등은 보호를 하지 않는다.

이와 같은 사고는 과전류계전기 보호 영역에 속하는 사항이다. 비율차동계전기는 변압기 보호에 있어 Scott결선 변압기는 단상 변압기 2대를 T결선한 것이므로 단상 변압기인 M상과 T상을 따로따로 단상 비율차동 보호계전기로 보호하여야 한다. 따라서 비율차동계전기는 각 상 변압기에 단상 계전기를 사용하는 것이 원칙이고, Scott결선 변압기를 3상 결선으로 오인하여 3상용 차동계전기를 사용하는 일이 있는데 이는 잘못된 계전기 선정이다.

그림 8-16에서 보는 바와 같이 예를 들어 1, 2차 권선비가 1 : 1인 Scott결선 변압기에서는 T상에 전류 I_T가 흐르고 M상에 부하가 없을 때 그에 대응하여 1차 V상에는 $I_V=1.1547I_T$가 B, C상에는 I_V의 1/2인 Vector방향이 I_V와 반대인 $I_U=-0.577I_T$ 및 $I_W=-0.577I_T$가 흐르게 된다. 따라서 M상 2차에 부하가 없음에도 T상 부하에 의하여 변압기 1차 U, W상에 전류가 흐르게 되고 이로 인하여 차동계전기가 오동작하게 된다. 그러나 이 T상에 의한 U, W상 전류는 vector방향이 서로 같으므로 CT를 차동 결선하면 CT 2차 전류가 서로 상쇄되어 M상 계전기

의 오동작이 방지된다. 즉 U, W상의 CT를 차동결선(差動結線-Subtractive connection)을 하면 CT의 2차 전류 중 T상 전류 성분은 vector방향이 같으므로 그 합은 0이 되나 M상 부하에 의한 전류는 vector방향이 180°가 되어 합계가 되므로 2배로 된다. 이제 Scott결선 변압기에 평형부하가 걸려 있고 CT 전류비가 서로 같을 때 CT 2차 전류를 I라고 하면 각 M, T상 CT 2차 전류는

T상 1차 CT 1.1547I
T상 2차 CT I
M상 1차 CT 2I
M상 2차 CT I

와 같은 비율의 전류가 흐른다. 이 전류 차이는 Analog 계전기에서는 보조 CT로 보상하고, M상용 비율차동계전기는 M상 변압기 1, 2차 단자 사이에, T상용 비율차동계전기는 T상 변압기 1, 2차 단자 사이에 그림 8-16과 같이 각각 결선한다. Digital 계전기에서는 일반적으로 수식으로 보조 CT의 역할을 대체한다.

일본 Mitsubish 차동계전기와 같이 변압기 2차 단상회로에 CT가 2개 있어 이를 차동 결선하는 경우 M상에는 1, 2차 간의 보조 CT가 필요 없게 되고, T상 1차 CT에는 권선비가 $\sqrt{3}:1$이 되는 보조 CT를 설치하면 되나 변압기 2차 단자에 CT가 1개씩 있으면 M상에는 권선비가 0.5 : 1이 되는 보조 CT를, T상에는 권선비가 $\frac{2}{\sqrt{3}}:1$이 되는 보조 CT를 설치하여야 한다. AT급전 회로에서는 타선흡상현상을 방지하기 위하여 변압기 2차 CT는 차동 결선하는 경우가 많다.

일본의 계전기 제작사들은 AT급전 계통에서는 계전기의 정확한 동작을 위하여 단상회로의 CT를 차동 결선하도록 권장하고 있다. 또 특히 유의할 점은 Scott결선 변압기에 있어서 부하뿐만 아니라 권선의 결선도 3상 평형이 아니므로 M상 부하에 의한 UW상전류의 위상차는 180°이며 $|I_B-I_C|=2I_B$가 된다는 점이다. 다만 M상 권선에 지락사고가 발생하는 경우 등 사고시에는 전류의 상차 각이 120°가 되는 고장전류 $1.732I_B$가 흐르게 된다.

그림 8-16은 용량 60MVA 전압이 154/55kV인 Scott결선 변압기에 대한 유도형 비율차동계전기의 결선도이고, 아래는 유도형의 정정 계산 예이다.

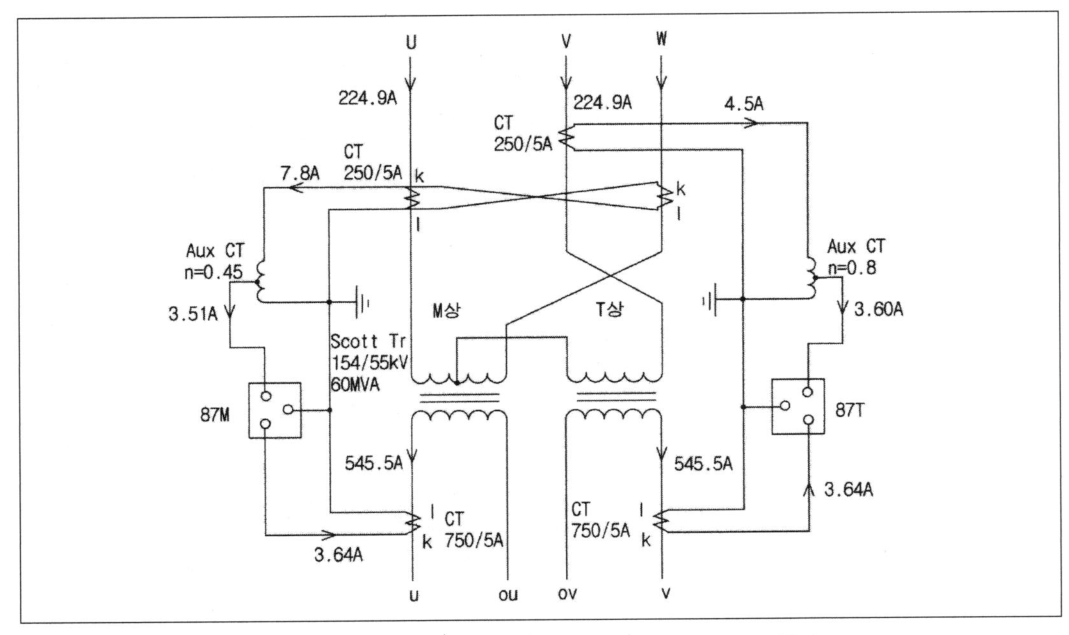

그림 8-16 Scott결선 변압기 비율 차동 보호의 원리

T상 2차 전류 $I_T = \dfrac{30000}{55} = 545.5\text{A}$ ········· CT 750/5A

T상 1차 전류 $I_V = 545.5 \times \dfrac{2}{\sqrt{3}} \times \dfrac{55}{154} = 224.9\text{A}$ ········· CT 250/5A

M상 2차 전류 $I_T = \dfrac{30000}{55} = 545.5\text{A}$ ········· CT 750/5A

M상 1차 전류 $I_U = 545.5 \times \dfrac{55}{154} = 194.8\text{A}$ ········· CT 250/5A

$I_W = 545.5 \times \dfrac{55}{154} = 194.8\text{A}$ ········· CT 250/5A

비율차동계전기에 있어서는 M상 1차에 흐르는 T상 성분 전류는 CT 차동 결선으로 상쇄되므로 M상 성분 전류만 계산하며, 87계전기 입력 전류는 단상 변압기 1, 2차 전류이므로 1, 2차의 역률은 같으므로 전류의 크기만 고려하면 된다.

따라서 계전기 입력 전류는

T상 1차 $i_v = 224.9 \times \dfrac{5}{250} = 4.5\text{A}$

T상 2차 $i_T = 545.5 \times \dfrac{5}{750} = 3.64\text{A}$

T상 보조 CT $n=\frac{3.64}{4.5}=0.81$ → Aux CT n=0.8

M상 1차 $i_U-i_W=194.8\times\frac{5}{250}-\left(-194.8\times\frac{5}{250}\right)=7.8A$

M상 2차 $i_u=545.5\times\frac{5}{750}=3.64A$

M상 보조 CT $n=\frac{3.64}{7.8}=0.4667$ → Aux CT n=0.45

T상의 보조 CT 비가 n=0.8이면 전류 부정합률 e_3은

$$e_3=\frac{\text{CT2차측 전류의 차}}{\text{CT2차측 큰 전류}}\times100=\frac{3.64-4.5\times0.8}{4.5}\times100=0.889\fallingdotseq1\%$$

보조 CT는 이 전류 비율에 가장 적절한 것을 선정하여 전류 부정합률(matching ratio error)이 5%를 초과하지 않도록 한다. 여기서 탭절환기에 의한 오차 e_1=8~10%, CT 및 계전기 오차 e_2=10%, 전류 부정합률 e_3=5%, 여유율(餘裕率-safety margin) e_4=10% 정도이므로 이들 비율의 합계가 최소 정정 비율이 된다. 따라서 정정 비율 합계는 $\sum$33~35%이므로 정정은 35~40%로 한다. 근래에 와서 비율차동계전기로는 대부분 digital 계전기를 채택하고 있으며 digital 계전기는 위에서 설명한 이론적 바탕 위에 다음과 같은 algorithm 하에 성립한다. Scott결선 변압기에 있어 M상, T상에 평형 부하가 걸렸을 때 B상을 기준 vector로 하여 각상 1, 2차 전류의 vector를 그리면 그림 8-17과 같이 된다.

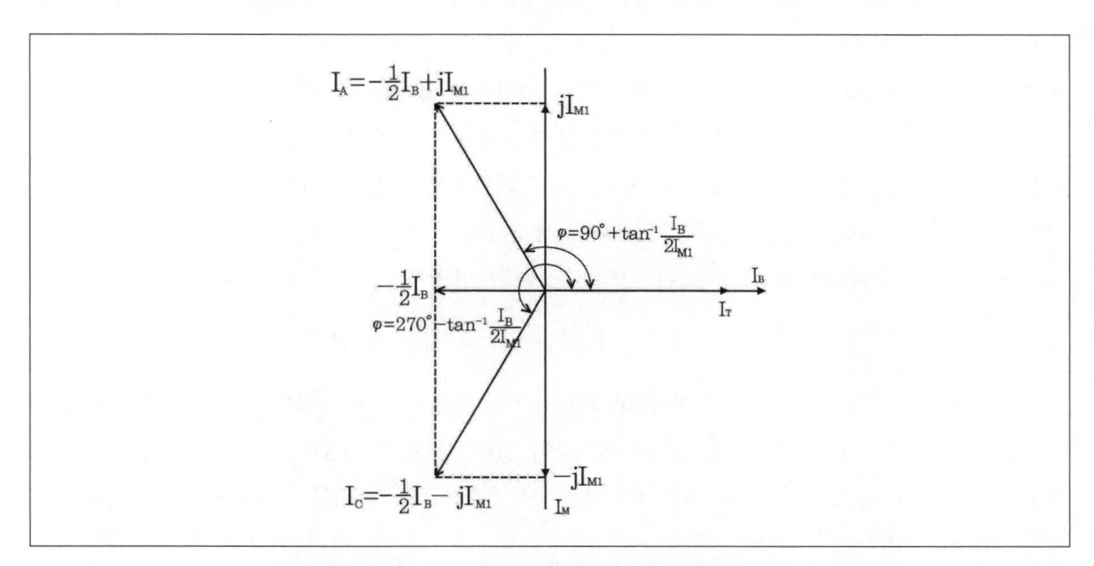

그림 8-17 Scott결선 변압기 1차 전류 Vector

Scott결선 변압기의 1, 2차 권선비가 같고 T상 2차 전류를 I_T, M상 2차 전류를 I_M이라 할 때 1차 측 각상 전류는 다음과 같다.

U상 전류 : $I_U = jI_M - \frac{1}{\sqrt{3}} I_T = jI_M - 0.577 \cdot I_T$

V상 전류 : $I_V = \frac{2}{\sqrt{3}} I_T = 1.1547 I_T$

W상 전류 : $I_W = -jI_M - \frac{1}{\sqrt{3}} I_T = -jI_M - 0.577 \cdot I_T$

여기서 Scott결선 변압기 1차의 V상 전류는

$$I_V = 1.1547 I_T$$

로 T상의 2차 전류로 환산되고, U상 W상 전류는 각각

$$I_W - I_U = -j2I_M$$

$$\therefore \ I_M = \frac{|I_U - I_W|}{2}$$

의 관계가 성립한다. 비율차동계전기의 digital 계전기는 analog 계전기에 비하여 정정이 좀더 세밀하나 정정 원리에는 차이가 없다. 현재까지 우리나라에 도입되어 사용되고 있는 Scott결선 변압기용 비율차동계전기 가운데 Alstom의 비율차동계전기는 그림 8-16과 같이 M상 1차 CT는 차동으로 결선되어 평상시에는 CT 2차 측에 2개 CT전류의 합계 전류가 흐르게 되어 1상 전류의 2배의 전류가 흐르나 변압기 1차 권선이 지락되었을 때 변압기 1차 측 CT 2차에 흐르는 차동전류는 선전류의 $\sqrt{3}$배가 흐르므로 권선비가 $\sqrt{3}:1$인 보조 CT를 사용함으로써 변압기 내부 고장에는 정확하게 고장전류에 대응할 수 있도록 되어 있으나 보호 범위 밖의 외부 고장에 대하여는 고장전류의 2배의 전류가 흐르게 되어 있어 보조 CT의 1차 전류보다 다소 큰 전류가 흐른다. Siemens 계전기는 M상 1차 CT를 차동결선하고 이를 보상하기 위하여 M상 변압기 2차 CT 1차 전류를 2배하여 정정하여 이를 보상한다. 이때 2배로 전류를 보상함으로써 보호 범위 내의 고장이나 밖의 외부 고장에 대해서도 정확히 대응하게 된다. 또 T상 변압기 2차의 CT 1차 전류에 $\frac{2}{\sqrt{3}}$배를 곱하여 정정함으로써 1, 2차 전류와의 차이를 보상한다. 프랑스 ICE제의 비율차동계전기는 전기철도용 Scott결선 변압기에 적합하도록 CT 1차 전류만을 정정하게 되어 있다. 그림 8-18과 8-19 및 8-20은 ICE 비율차동계전기 및 Mitsubish 비율차동계전기와 Siemens의 비율차동계전기 결선 예이다. 일본 Mitsubish는 일본철도 고유의 보호방식으로 그림 8-19의 결선에서 보는 바와 같이 Scott결선 변압기의 M상 1차 CT는 차동결선으로 하고 동시에 2차의 u, ou 및 v, ov 각 단

자에 각각 CT를 2중으로 설치하여 이를 차동결선하므로 변압기 T상 1차 CT에 $\sqrt{3}$: 1의 보조 CT를 설치하도록 되어 있다. 이는 Scott결선 변압기의 T상 1차 측에는 권선비에 의하여 2차 전류의 $\frac{2}{\sqrt{3}}$ 배의 전류가 흐르고, Scott결선 변압기 2차에는 2 CT의 합인 2배의 전류가 흐르기 때문에 1, 2차 전류의 비에 해당하는 보조 CT이다. ICE의 비율차동계전기에는 보조 CT를 사용하지 않았으나 Siemens의 비율차동계전기는 M상 변압기 1차 측 CT를 그림 8-20에서 보는 바와 같이 차동결선하므로 그림 8-16의 Scott결선 변압기의 차동비율계전기의 원리도에서 보여주는 바와 같이 T상 1차에서 M상의 중앙점을 통하여 L_1 및 L_3상으로 흘러나가는 전류를 상쇄하는 방법을 채택하고 있다. 그림 8-20에서 Scott결선 변압기의 2차 부하가 T상, M상 변압기가 평형 부하일 때 1차는 평형이 되며 이때 1차 전류가 300A로 3상 평형이라 하고 CT의 전류비가 400/5A라 하면 L_2상은 T상 변압기의 1차이므로 CT 2차 전류는 $300 \times \frac{5}{400} = 3.75$[A]가 되며, L_1와 L_3는 M상 변압기의 1차이므로 CT는 차동결선으로 되어 CT 2차 전류는 $300 \times \frac{5}{400} \times 2 \times \frac{\sqrt{3}}{2} = 6.4952$[A]가 된다.

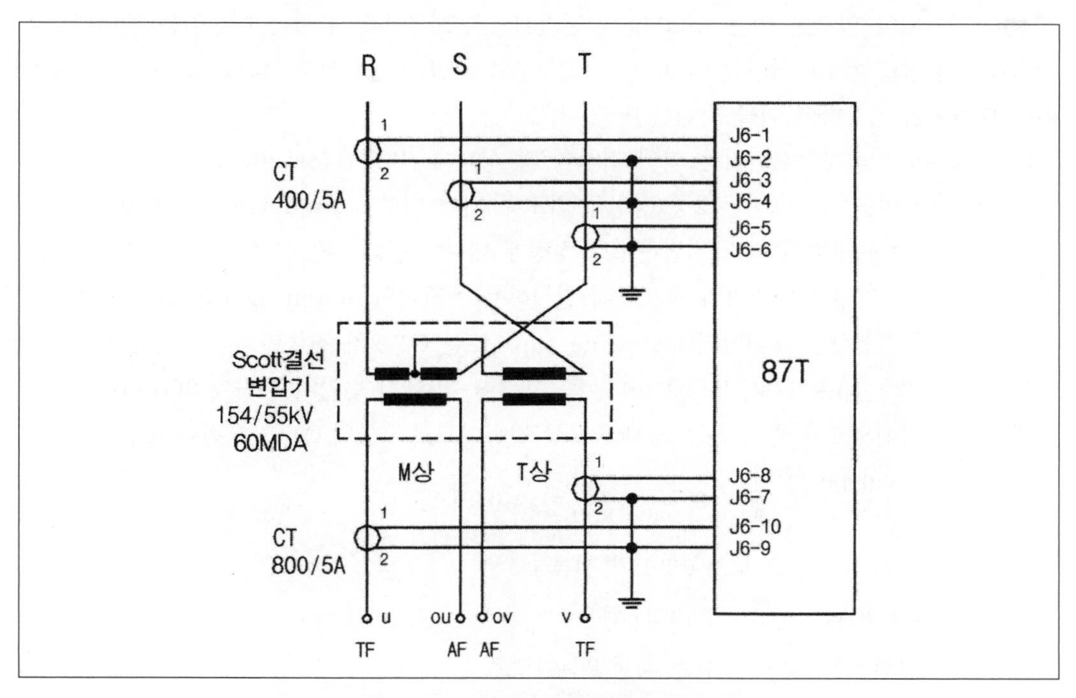

그림 8-18 ICE 차동계전기의 결선 예

이때 Scott결선 변압기의 2차 전류는 $\left(300 \times \frac{154}{55} \times \frac{\sqrt{3}}{2}\right) \times \frac{5}{800} = 4.547[A]$가 된다. 일반적으로 Digital 계전기에 있어서는 변압기 1차 측 전류의 크기에 따라 비율의 정정값을 조정하는데 이는 고장전류 증가에 따라 CT의 오차가 증가하기 때문이다. Digital 계전기의 정정비율은 변압기 전부하 전류의 1~1.25배 범위에서는 20%, 5배까지는 40%, 그 이상에 대하여는 80% 정도로 하고 있다. ICE계전기에는 특별히 변압기의 돌입전류에 대한 2조파 함유율과 동작 신호 시간의 길이 정정을 요구하며 이때 2조파는 대체로 기본파의 10% 전후로, 동작 신호 시간의 길이는 최대 800ms로 하고 있다. 일본 Mitsubish 차동계전기도 2조파의 정정을 요구하는데 대체로 ICE와 같은 범위이다. 비율차동계전기의 정정 방법은 Siemens, ICE, Mitsubish 각 사가 서로 다르므로 주의를 요하며 정정하기 전에 각 사의 catalog를 정밀히 검토하여야 한다. ICE 비율차동계전기는 변압기 1, 2차에 관계없이 설치되어 있는 CT 1차 전류를 그대로 정정하도록 되어 있으나, Siemens 비율차동계전기는 M상 2차 CT의 1차 전류에는 2를 곱한 수, 즉 CT 변류비가 800/5A인 경우 정정은 1600A를, T상 2차 권선 CT의 1차 전류에는 1.155를 곱한 수, 즉 800/5A CT인 경우 $800 \times \frac{2}{\sqrt{3}} = 924[A]$를 정정하도록 되어 있으며 이는 Analog 계전기에서의 보조 CT 설치를 대신하는 것이다. 이 정정계수의 정확성에 대하여는 2006. 8. 22. 구로 전철 변전소에서 Siemens 비율차동계전기에 대하여는 시험하여 이를 확인한 바 있다.

Mitsubish 비율차동계전기는 이에 더하여 각 상의 1, 2차에 Matching tap을 정정하고 다시 그 위에 비율을 정정하는 2중 정정을 하도록 되어 있다. Mitsubish 비율차동계전기는 이로 인하여 정정 방법이 다소 번잡하므로 정정에 대하여 좀더 자세히 설명한다. CT 2차 정격전류가 5A인 경우 변압기 1차 측 CT에 결선하는 계전기의 matching tap M1 및 변압기 2차 측 CT에 결선하는 계전기의 matching tap M2는 CT 2차 전류인 5A를 변압기 1, 2차 CT의 최대 부하전류로 나눈 값으로 한다. 즉 그림 8-19에서 변압기 용량이 60000kVA라고 하면 T상 변압기의 1차 측 전류는 154kV V상 전류이므로 V상의 CT 2차 전류 i_V 는

$$i_V = \frac{30000}{55} \times \frac{55}{154} \times \frac{2}{\sqrt{3}} \times \frac{5}{800} = 1.4059[A]$$

보조 CT $\sqrt{3}$: 1이므로 보조 CT 2차 전류 i_V'는

$$i_V' = 1.4059 \times \sqrt{3} = 2.4351[A]$$

또 55kV 권선 CT의 2차 전류는 차동결선이므로

$$i_R = \frac{30000}{55} \times \frac{5}{1200} \times 2 = 4.5455[A]$$

따라서

$$\text{matching tap} \quad M1 = \frac{5}{2.4351} = 2.0533 \rightarrow 2.0$$

$$\text{matching tap} \quad M2 = \frac{5}{4.5455} = 1.1000 \rightarrow 1.1$$

가 된다.

이때 Miss matching율은

$$\text{Missmatching율} = \frac{|2.4351 \times 2.0 - 4.5455 \times 1.1|}{2.4351 \times 2.0} \times 100$$

$$= 2.6489 \rightarrow 2.65[\%]$$

이 된다.

비율정정은 다른 계전기와 마찬가지로 CT 오차, Tap changer 및 miss matching율 등의 합계로 한다.

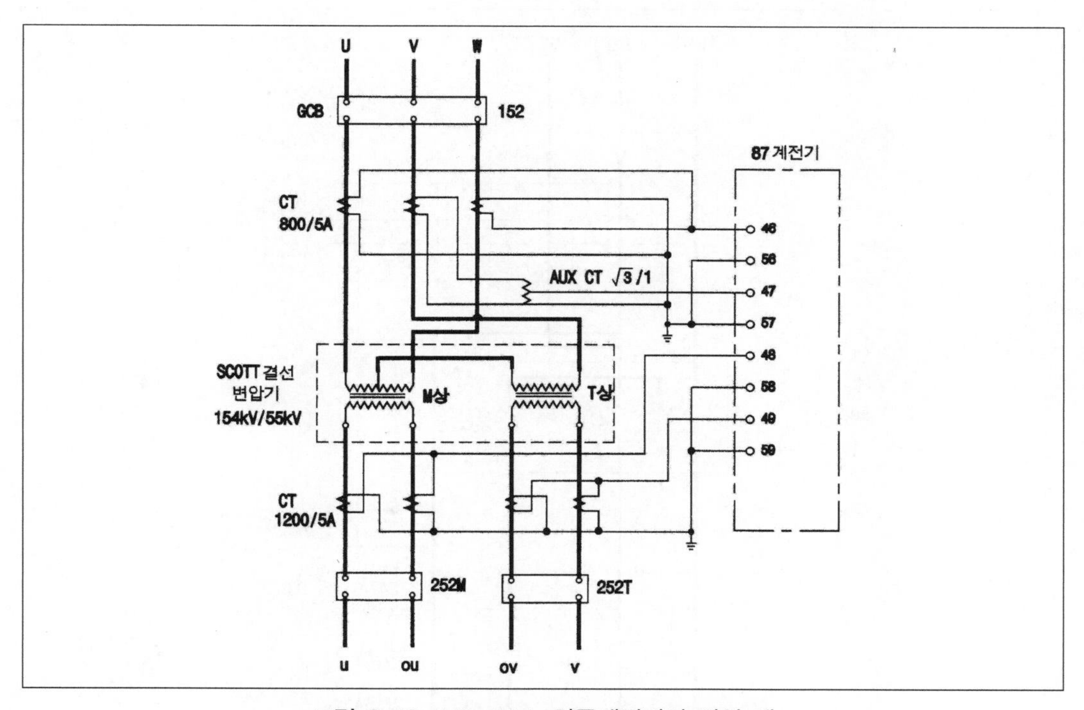

그림 8-19 Mitsubish 차동계전기의 결선 예

또 M상 변압기의 1차인 154kV U, W상의 CT 2차 전류는 차동결선을 하였으므로 비율차동계전기 154kV측 입력전류는

$$i_A = \frac{30000}{55} \times \frac{55}{154} \times \frac{5}{800} \times 2 = 2.4351[A]$$

55kV는 CT의 2차 전류는 CT를 차동결선을 하였으므로

$$i_R = \frac{30000}{55} \times \frac{5}{1200} \times 2 = 4.5455[A]$$

가 되어 T상과 matching tap 정정이 같이 된다.

이와 같은 이유로 비율차동계전기를 설치할 때에는 보호될 변압기 1차와 2차의 CT가 특성과 부담이 같지 않으면 외부 고장시 과전류에 의한 CT 오차전류로 계전기가 오동작할 수 있으므로 CT 2차 선로의 부담을 포함한 부담은 같아야 한다. 즉 보호하고자 하는 변압기 1, 2차측 CT의 2차 전류값의 위상각 및 과전류 특성이 같아야 하며 2차 부담도 같아야 한다. CT 2차 부담에 차이가 나면 보호 범위 밖의 외부 사고시 CT 오차로 오동작하여 변압기 내부 고장으로 착각할 수 있다.

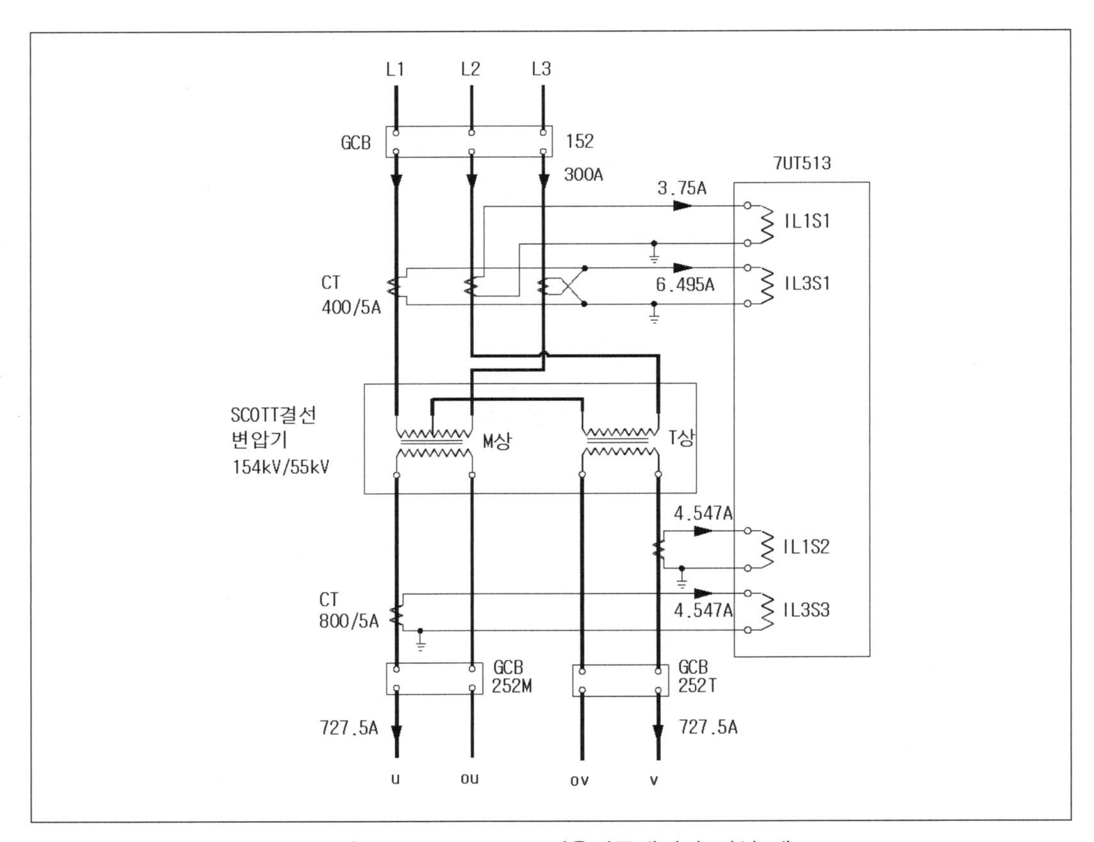

그림 8-20 Siemens 비율차동계전기 결선 예

근래의 디지털 계전기는 보조 CT의 기능을 Software로 해결하였으므로 훨씬 더 간편하여졌으나 동작 원리에는 변함이 없다. 그림 8-21의 동작 특성은 ICE의 비율차동계전기의 일반 동작 특성이며 Mitsubish나 Siemens의 비율차동계전기의 동작 특성도 이와 거의 비슷하다. 이 특성 곡선에서 I_{dff}>은 일반적인 동작 특성이며 따로 표시되어 있는 I_{dff1}>은 ICE만의 특별한 특성으로 상용주파수에 있어 Generator/transformer set에서의 Load shedding같이 부하가 급격히 감소하는 경우 변압기 전압이 상승하며 이때 자기회로의 포화(磁氣飽和)는 제5조파에 의하여 특정 지어지는데 기본파에 대한 제5조파의 비율이 설정치의 최소 동작전류(threshold)를 초과하면 비율차동계전기의 동작 특성이 I_{dff}>에서 I_{dff1}>로 자동 절체되어 계전기의 동작 감도를 낮게 하여 제5조파에 의한 자기회로(磁氣回路)의 over-fluxing으로 일어날 수 있는 계전기의 오동작을 방지하게 된다.

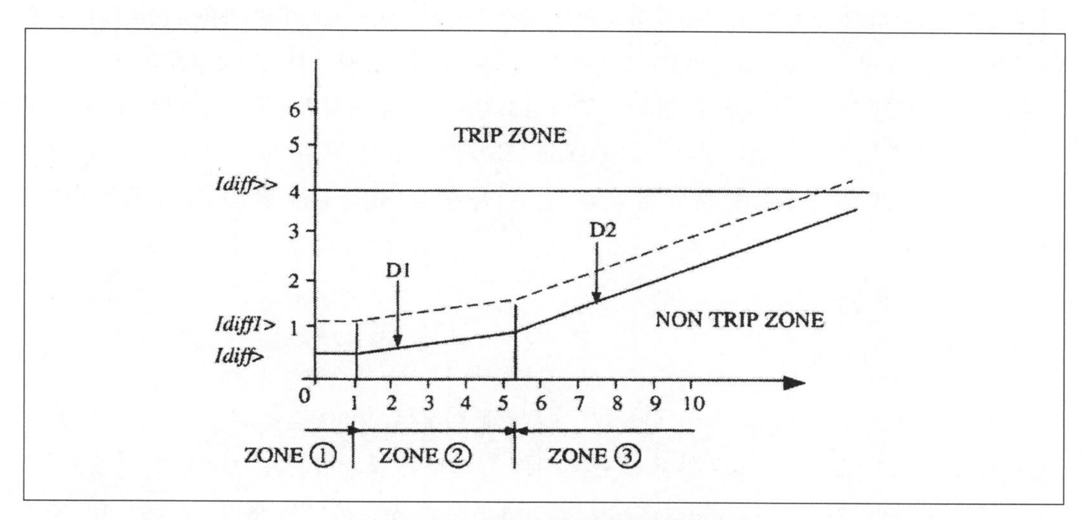

그림 8-21 ICE 비율차동계전기 특성

일본 Mitsubish 비율차동계전기는 그림 8-21의 특성곡선에서 보호Zone 2와 Zone 3가 통합되어 보호Zone 1과 2로 되어 보호곡선 D1과 D2가 합하여진 한 개의 직선으로 되어 있다.

비율차동계전기의 결선과 동작은 변압기의 1, 2차 전류의 크기가 같아야 할 뿐만 아니라 전류 vector 방향이 180°가 되어야 한다. Scott결선 변압기의 2차 M, T상의 전류의 각도는 90°인데 반하여 배전용 변압기인 Y-△결선 변압기의 2차 측 전류 각도는 120°이므로 이와 같이 Vector 각도가 다른 2개의 변압기를 3권선 변압기와 같이 동일 비율차동 계전기로는 보호할 수 없다. 현재 수도권 전철 건설시 설치한 군포 변전소, 주안 변전소, 모란 변전소, 의정부 변전소의 Scott결선 변압기와 고속전철의 신청 주변전소의 Scott결선 변압기의

1차가 154kV 1회선에 연결되어 있고 한 외함에 배전용 3상 변압기를 동시에 내장하고 있으므로 비율차동계전기로는 이들 변압기를 보호할 수 없다.

8-4-3. 변압기 1차 과전류계전기 보호

전기철도에서 사용하는 Scott결선 변압기는 대용량이므로 전위보호로 비율차동계전기가 적용되고 과전류계전기는 주로 후위보호(back up)로 사용된다. 과전류계전기가 너무 예민하면 변압기의 허용 과부하 운전이 불가능하게 되고, 지나치게 여유 있게 정정되면 보호가 되지 않는다. 전기철도용 Scott결선 변압기는 철도규정에 의하여 150% 과부하로 연속 2시간 운전이 가능하고 300% 과부하에서도 2분 동안 견뎌야 하므로 이런 점을 감안하여 과전류계전기의 한시정정은 대체로 변압기 1차 측은 정격전류의 200% 정도로 정정한다. 변압기의 무부하돌입전류를 I_{IN}, 1차 측으로 환산한 변압기 2차 측 최대 단락전류를 I_{S1}, 변압기 1차 CT의 1차 정격전류를 I_R, 과전류 정수(IEC 60255-151에서는 오차제한 계수-ALF라고 정의함)를 n이라 할 때 변압기 1차 측 순시 정정 값 I는 다음의 3가지 조건을 만족하도록 정정한다.

$$I > I_{IN}$$

$$I \geq (1.3 \sim 2.0) \cdot I_{S1}$$

$$\frac{I}{I_R} < n$$

과전류계전기의 순시 정정 값은 ANSI/IEEE(1)에 의하면 일반적으로 변압기 2차 측 최대 단락전류의 1.25 내지 2.0배를 정정 값으로 하되 1.75배를 추천하고 있으며 한전 수용가 정정지침에서는 변압기 2차 측 최대 단락전류의 1.5배로 하도록 되어있다. ANSI 및 IEC 60076-5에서 변압기는 변압기 2차 단락으로 인한 최대 고장전류에 대하여 변압기는 손상 없이 2초를 견디게 되어있다. 위 식에서 1.3배로 한 것은 변압기 2차 단락 시 1, 2차 CT 및 계전기 등의 종합 오차를 20%, 여유 10%를 감안한 값이다. 변압기의 과부하 보호는 변압기 2차에 설치되어 있는 과전류계전기와 각 Feeder에 설치되어 있는 과전류 계전기가 담당하고, 변압기 1차에 설치되어 있는 과전류계전기는 그림 8-22의 보호 범위에 따라 변압기 2차 사고전류(Through fault current)에 대한 후위보호(Back up protection)와 변압기 2차 CT에 의하여 보호되지 않는 변압기 2차 붓싱과 2차 주차단기 사이의 고장에 대한 전위보호(Primary protection)를 담당한다.

계전기는 다소 중복되더라도 모든 기기가 보호 범위에서 벗어나는 일이 없도록 전위보호(前

衛保護-Primary protection)와 후위보호(後衛保護-Back up protection)를 구분하여 설치하여야 한다. 근래에 시판되고 있는 Digital 계전기뿐만 아니라 전정지형 계전기도 순시 요소의 정정 시간을 임의로 조정할 수 있게 되어 있으므로 계전기를 정정하는데 여러 가지로 편리하다. 과전류계전기의 정정에 있어 변압기의 정격과 2차 단락 고장시의 Thermal capability curve와 무부하 여자 돌입전류 등의 data가 필요하다. Thermal through fault capability curve나 무부하 돌입전류(inrush current)에 대하여 변압기 제작자로부터 data를 얻어야 하나 이와 같은 data를 얻을 수 없는 경우에는 일반적으로 계전기 정정에 널리 적용되고 있는 ANSI/IEEE C 37 91-2000와 ANSI/IEEE C57.109 1993에 정하여져 있는 바에 따른다.

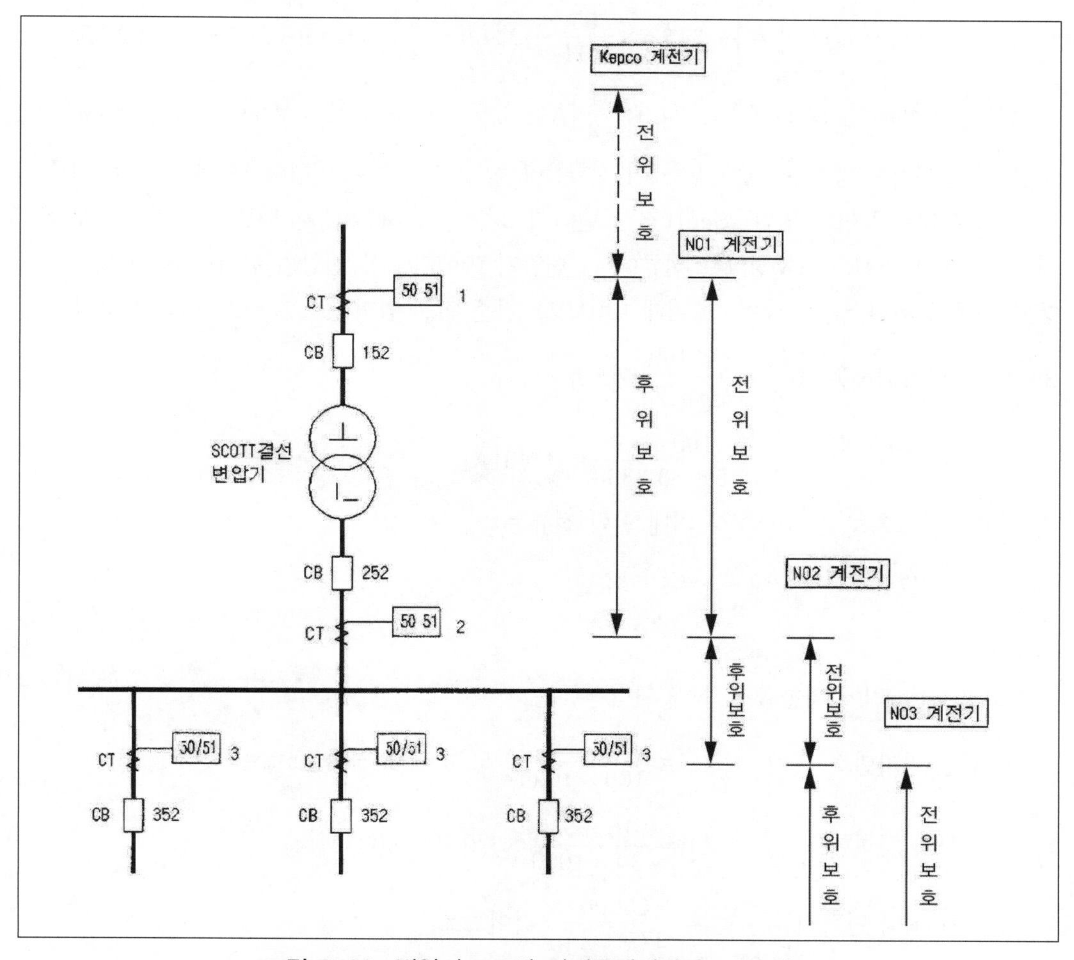

그림 8-22 변압기 1, 2차 과전류계전기의 보호 협조

예를 든 60000kVA 변압기 1차 과전류계전기 정정을 계산을 하면 다음과 같다.

1) 과전류계전기의 순시정정

T상 2차 전류 $|I_T| = \dfrac{30000}{55} = 545.5\text{A}$ .... CT 750/5A

따라서 각 상의 1차 정격전류는

T상 1차 전류 $|I_V| = \dfrac{2}{\sqrt{3}} \times \dfrac{55}{154} \times 545.5 = 224.9\text{A}$ .... CT 250/5A

M상 1차 전류 $|I_U| = \left| -545.5 \times \dfrac{55}{154} + j224.9 \times \dfrac{1}{2} \right| = 224.9\text{A}$ .... CT 250/5A

$|I_W| = \left| -545.5 \times \dfrac{55}{154} - j224.9 \times \dfrac{1}{2} \right| = 224.9\text{A}$ .... CT 250/5A

M상 1차 전류 I_U 및 I_W에서$\left(j224.9 \times \dfrac{1}{2}\right)$A는 T상 부하로 인하여 V상에서 U상 및 W상으로 흘러 들어가서 증가된 전류이며, 이 전류는 M상 2차 부하로 인하여 1차에 흐르는 전류와는 위상에 90° 차이가 있다. Scott결선 변압기 2차 단락 시 최대가 되는 1차 전류는 T상 2차 단락 때의 154kV측 V상 1차 전류이다. 변압기 예에서 T상 변압기 용량을 30MVA, 자기용량 기준 임피던스를 10%이고, 이때 100MVA 기준 전원 임피던스 Z_S=j2.5%라고 하면 T상 2차 최대 단락전류는 $I_v = \dfrac{I_N \times 100}{2Z_S + Z_T}$ 이므로

$$I_v = \frac{100000}{55} \times \frac{100}{2 \times 2.5 + 33.3333} = 4743[\text{A}]$$

가 되고 이때 1차로 환산한 V상 최대 단락 전류는

$$I_V = 4743 \times \frac{55}{154} \times \frac{2}{\sqrt{3}} = 1956[\text{A}]$$

가 된다.

참고로 Ohm법에 의한 V상 최대 단락전류는

전원 임피던스 $Z_S = \dfrac{10 \times 55^2}{100 \times 1000} \times j2.5 = j0.7563[\Omega]$

변압기 임피던스 $Z_T = \dfrac{10 \times 55^2}{30 \times 1000} \times j10 = j10.0833[\Omega]$

T상 2차 최대 단락전류는 $I_V = \dfrac{55000}{2Z_S + Z_T}[\text{A}]$이므로

$$I_V = \frac{55000}{2 \times 0.7563 + 10.1833} = 4743[A]$$

로 %임피던스법에 의한 계산과 동일하게 된다.

따라서 CT 변류비를 250/5A라 하면 변압기 1차 측 과전류 순시정정은

$$I = 1956 \times 1.3 \times \frac{5}{250} = 50.856 \rightarrow 51A(\text{실계 } 2550A)$$

또는 과전류계전기는 CT의 1차 정격전류와의 비로 정정하는 경우가 많으므로

$$I = \frac{2542.8}{250} = 10.1713\,IN \rightarrow 10.2IN(\text{실계 } 2550A)$$

이 된다. 한전이 추천하는 여유계수는 1.3 대신에 1.5이다. 또 Scott결선 변압기는 단상 변압기 2대의 조합이고, 단상 변압기의 돌입전류는 3상 변압기에 비하여 크므로 돌입전류는 정격전류의 12배로 하여 I_{IN}=225×12=2700A로 계산한다. 돌입전류와 2차 단락전류를 비교하여 큰 값을 순시 정정전류로 하고, 또 정정시간은 변압기 돌입전류의 억지 기능이 없는 계전기에 대하여는 돌입전류가 단시간에 소멸되므로 ANSI에 의하여 0.1초로 정정하면 된다.

따라서

$$I = 2700A \text{ 또는 } I = \frac{2700}{250} = 10.8IN \rightarrow 11IN(2750A)$$

고로 순시정정은

I=11IN 또는 55A(2750A)

t>=0.1 sec

로 한다. 동시에 CT의 과전류 정수(ALF)는 12 이상이어야 한다.

2) 변압기 1차 측 과전류계전기의 한시정정

과전류계전기는 원칙적으로 변압기 제작회사가 제시한 Transformer through fault protection curve와 무부하 돌입전류를 기초로 하여 정정하여야 하나 국내 변압기 제작회사에서 Scott결선 변압기에 대하여 이와 같은 특성곡선을 제시한 실례가 없어 현재로는 data가 준비되어 있지 않으므로 앞에서 언급한 ANSI/IEEE의 일반적인 변압기 protection curve에 의하여 정정하기로 한다.

Digital 과전류계전기에 있어서는 변압기 300% 과부하에서의 동작 시간을 되도록이면 변압기가 허용하는 2분에 가깝게 하기 위하여 IEC-60255-151의 과전류계전기 초반한시성(Extremely inverse) 특성을 적용하여 아래와 같이 계산한다. 여기서 주의할 점은 한국전력에서는 변압기 보호용 과전류계전기의 특성은 강반한시(Very inverse)를 채택하고 있고,

전기철도에서도 실제 적용 시에는 한전과의 보호 협조를 위하여 강반한시 특성을 적용하는 경우가 많다. 한국철도시설공단 계전기 정정 program에서도 강반한시성을 채택하였다.

Scott변압기 보호용 1차 측 과전류계전기 결선에는 그림 8-23과 그림 8-24와 같은 2가지 방법이 있다. Scott결선 변압기 M상과 T상의 부하가 서로 같다고 하면, T상에만 부하가 걸렸을 때 V상의 1차 전류는 T상과 같은 크기의 M상 부하에 비하여 1차 전류는 1.1547 $\left(=\dfrac{2}{\sqrt{3}}\right)$배가 된다.

따라서 그림 8-23과 같이 M상 변압기 보호용 CT를 차동결선하는 경우 T상과 M상의 과전류계전기를 그 부하전류에 정확히 대응하도록 전류를 정정할 수 있으나 이 결선에서는 과전류계전기와 지락보호계전기용 CT를 공용할 수가 없게 되는 문제가 있고, 또 3상을 일괄하여 정정하는 3상용 과전류계전기를 적용하지 못하고 단상용을 사용하여야 하는 문제점이 있다.

반면 그림 8-24와 같이 Scott변압기 1차 측 CT를 잔류결선(殘留結線-Y결선-Residual connection)할 때에는 과전류와 지락보호용 CT를 공용하고 한전과의 지락 보호 협조에 문제점이 없는 장점이 있으나 M상 변압기는 T상 변압기에 부하가 없을 때 최대 15.47%까지 과정정(過整定)이 될 수 있다. 이 장에서도 수전점 과전류계전기에서와 같이 과전류계전기 특성식과 계수는 IEC-60255-151에 추천되어 있는 동작 시간 계산식을 적용한다.

이 책에서는 변압기 보호 과전류계전기의 특성으로 초반한시성(超反限時性-Extremely inverse)을 채택하였으나 앞에서 말한 바와 같이 한전에서는 강반한시성을 채택하고 있다. 초반한시성 특성을 채택한 이유는 철도시설공단에서 요구하는 변압기 300% 과부하에 대한 보호 때문이다. 변압기 1차 과전류계전기에 대한 2가지 결선에서는 CT 잔류결선이 M상에 대하여 다소 과정정이 되나 철도용 변압기는 열용량이 대단히 크고 과부하 내력(耐力)이 상당히 있으므로 한전과의 지락 보호 협조에도 유리한 그림 8-24와 같이 CT를 잔류(Y)결선을 채택하고 있다.

1. M상 1차 CT 차동결선시 계전기 정정

그림 8-23과 같이 M상 1차 CT를 차동결선하는 경우이다. 이때 M상 1차 과전류계전기 입력전류는 M상 1차 CT의 차동전류이므로 정확히 부하전류의 2배가 된다.

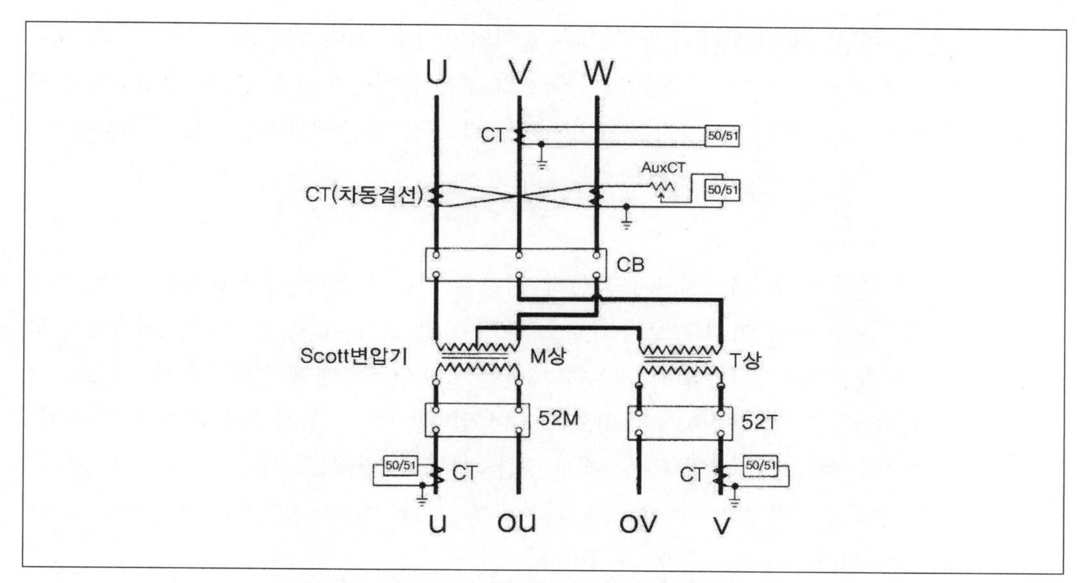

그림 8-23 과전류계전기의 차동결선 예

따라서 전류비 2 : 1인 보조 CT를 M상 CT의 2차에 설치하면 1차 측 계전기 입력전류는 완전히 M상 부하전류에 일치한다.

① T상 변압기의 한시 정정

T상 변압기의 1차 154kV에서는 V상이며 V상 전류는 다음과 같이 정정한다.

a. 전류 정정

전기철도용 Scott결선 변압기는 150% 부하에 2시간, 300% 부하에 2분간 운전이 되도록 요구되고 있다. 변압기 1차 측의 계전기 전류는 이와 같은 변압기의 과부하 내력을 감안하여 변압기의 정격전류의 2배로 정정한다. CT의 전류비를 250/5A라고 하면

$$\text{정정 전류 } I_S = \frac{30000}{154} \times \frac{2}{\sqrt{3}} \times 2.0 \times \frac{5}{250} = 8.9977[\text{A}] \rightarrow 9[\text{A}] \ (450\text{A})$$

CT 1차 정격전류 [IN]의 배수로 표시한 계전기 정정전류 I_S는 $I_S = \frac{450}{250} = 1.8\text{IN}$ (450A)가 된다.

b. 시간 정정

전기철도 변전소는 일반적으로 Scott변압기 1대는 상용, 1대는 예비로 설치하고 있으므로 수전용 차단기는 변압기 개폐 차단기와 분리하여 그 앞에 설치하게 되는데 이

수전용 차단기의 계전기 동작 시간은 설치되어 있는 최대 변압기 2차 측 단락 시에 0.6초 이내로 동작하여야 된다고 한국전력 수용가 계전기 정정지침에 규정되어 있으며 여기의 예에서는 T상 2차가 단락되었을 때 수전 점 과전류계전기 동작 시간은

$$t_c = \frac{13.5 \times 0.06}{\dfrac{1956}{680} - 1} = 0.4317\text{sec}$$

이므로 변압기 보호용 계전기의 동작 시간은 차단기 동작 시간 0.1초, 여유 시간 0.1초를 감안하여 이 시간보다 0.2초 늦은 0.2317초(=0.4317-0.2) 이내에 동작하도록 정정한다. 또 변압기 과부하 내력은 150% 부하에서 연속 2시간, 300% 부하에서 연속 2분간 운전이 가능하도록 되어 있다. 변압기 한시 보호 정정에 있어서는 이 한전의 제한 조건과 철도 규정에서 정한 과부하 내량(耐量)이라는 2가지 조건을 모두 만족하도록 정정하여야 하므로 과전류계전기 특성은 초반한(超反限-Extremely inverse)시성으로 하는 것이 유리하다.

예를 들어 계산하여 보기로 하자. T상 2차 단락 시 1차 환산전류는 변압기 용량 기준 %임피던스를 10%, 전원의 %임피던스를 100MVA 기준으로 2.5%라 할 때 2차 단락 시 1차로 환산한 단락 전류 I는

$$I = \frac{100000}{55} \times \frac{55}{154} \times \frac{100}{33.333 + 2 \times 2.5} \times \frac{2}{\sqrt{3}} = 1956[A]$$

따라서 정정 시간은

$$0.2317 \geq \frac{80 \times \Delta t}{\left(\dfrac{I}{I_S}\right)^2 - 1} = \frac{80 \times \Delta t}{\left(\dfrac{1956}{450}\right)^2 - 1} = 4.4709 \cdot \Delta t$$

$$\text{time multiplier} \ \therefore \ \Delta t \leq 0.0518 \rightarrow \Delta t = 0.05$$

여기서 I=계전기에 흐르는 전류

I_S=계전기 정정전류

Δt=time multiplier

T상 2차 단락시 계전기 동작 시간은

$$t_c = \frac{80 \times 0.05}{\left(\dfrac{1956}{450}\right)^2 - 1} = 0.2235\text{sec} < 0.2317\text{sec}$$

이므로 T상 계전기 동작 시간이 0.2317초보다 짧으므로 Acceptable.

300% 부하에서 변압기 1차 전류는

$$I = \frac{30000}{154} \times \frac{2}{\sqrt{3}} \times 3 = 674.8[A]$$

계전기 동작 시간은

$$t_c = \frac{80 \times 0.05}{\left(\frac{675}{450}\right)^2 - 1} = 3.2sec < 120sec$$

가 된다. 한전의 계전기 정정 방법을 따라 과전류계전기를 강반한시로 정정하면

$$0.2317 \geq \frac{13.5 \cdot \Delta t}{\frac{1956}{450} - 1} = 4.0339 \cdot \Delta t$$

$\Delta t \leq 0.0574 \rightarrow 0.05$

time multiplier는 $\therefore \Delta t = 0.05$로 되어 300% 부하에서 계전기 동작 시간은

$$t_c = \frac{13.5 \times 0.05}{\frac{675}{450} - 1} = 1.35sec$$

로 300% 부하에서 과전류계전기 특성을 초반한시로 정정하였을 때의 동작 시간 3.2초보다 훨씬 짧아지는 것을 알 수 있다.
그러나 한전과의 보호 협조와 관례에 따라 계전기 정정 program에서는 과전류계전기 정정은 강반한시로 하였다.

② M상 변압기 한시정정

M상 변압기의 1차 CT는 154kV U상과 W상의 차 전류로 이 차 전류는 부하전류의 2배이므로 2 : 1의 보조 CT로 부하전류로 조정하고 전류의 정정은 다음과 같이 한다.

a. 전류 정정

전류 배수는 T상과 같은 이유로

$$정정\ 전류\ I_s = \frac{30000}{154} \times 2.0 \times \frac{5}{250} = 7.7922[A] \rightarrow 8[A](400A)$$

CT가 250/5A이므로

$$I_S = 400 \times \frac{1}{250} = 1.6IN(400A)$$

가 된다.

b. 시간 정정

여기서 변압기의 자기 용량 기준 %임피던스를 10%, 전원의 100MVA 기준 %임피던스를 2.5%로 가정하면 M상 2차 단락 시 1차로 환산한 최대 단락전류는

$$I=\frac{100000}{154}\times\frac{100}{2\times2.5+33.3333}=1694[A]$$

M상 2차가 단락되었을 때 1차 측 계전기는 앞에서 설명한 바와 같이 0.2317초 이내에 동작하여야 하므로

$$0.2317\geq\frac{80\times\Delta t}{\left(\frac{I}{I_S}\right)^2-1}=\frac{80\times\Delta t}{\left(\frac{1694}{400}\right)^2-1}=4.7239\cdot\Delta t$$

time multiplier $\therefore\Delta t\leq0.0490\rightarrow\Delta t=0.04$

여기서 I=계전기에 흐르는 전류

I_S=계전기 정정전류

2차 측 단락 시 계전기 동작 시간 t_c는

$$t_c=\frac{80\times0.04}{\left(\frac{1694}{400}\right)^2-1}=0.1890<0.2317\text{sec}$$

이므로 Acceptable.

300% 부하에서 계전기 동작 시간은

$$t_c=\frac{80\times0.04}{\left(\frac{584.4}{400}\right)^2-1}=2.8206\text{sec}$$

가 된다.

2. 1차 CT 잔류결선(殘留結線 Residual connection) 시

순시정정은 CT의 결선 형태에 관계없이 앞에서 설명한 M상 차동결선과 같다. 따라서 여기서는 설명을 생략하기로 한다.

① T상 변압기 1차 154kV측 과전류계전기 한시정정

a. 전류 정정

T상 변압기의 154kV 1차는 V상이고 CT가 250/5A이므로 모든 상의 정정전류는 T상과 같이 한다.

$$I_U=I_V=I_W=\frac{30000}{55}\times\frac{55}{154}\times\frac{2}{\sqrt{3}}\times2\times\frac{1}{250}$$

$$=1.7995IN\rightarrow1.8IN(450A)$$

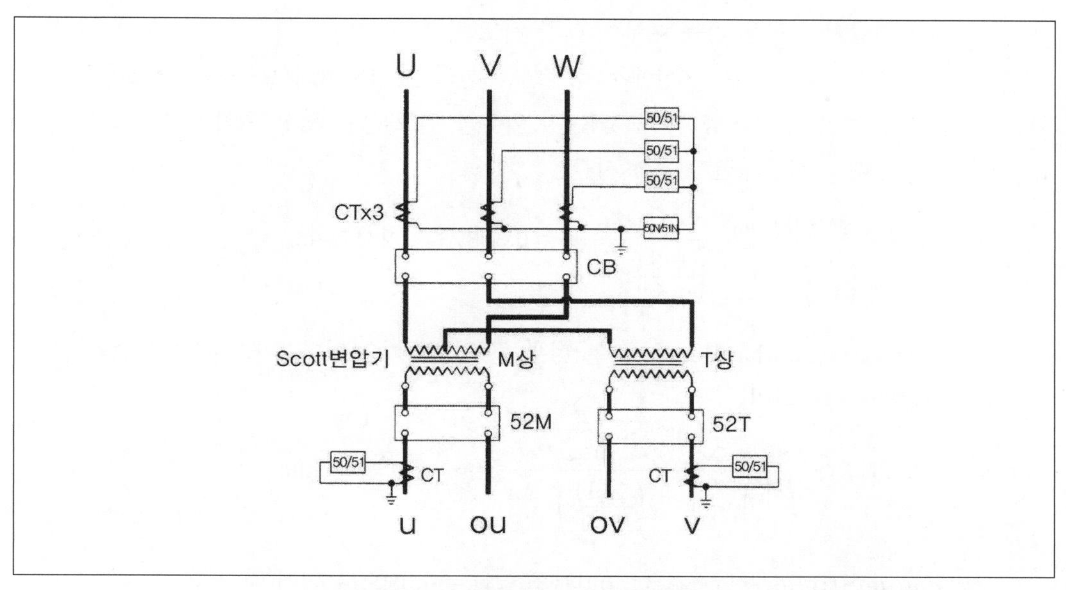

그림 8-24 과전류계전기 잔류결선

b. 시간 정정

변압기 2차 측에 단락 사고가 발생했을 때 T상 변압기 1차 측 계전기는 0.2317sec 이내에 동작하여야 하므로

$$0.2317 \geq \frac{80 \times \Delta t}{\left(\frac{I}{I_S}\right)^2 - 1} = \frac{80 \times \Delta t}{\left(\frac{1956}{450}\right)^2 - 1} = 4.4709 \cdot \Delta t$$

time multiplier $\therefore \Delta t \leq 0.0518 \rightarrow 0.05$로 한다.

I=계전기에 흐르는 전류

I_S=계전기 정정전류

이때의 과전류계전기 동작 시간은

$$t_C = \frac{80 \times 0.05}{\left(\frac{1956}{450}\right)^2 - 1} = 0.2235 < 0.2317\text{sec}$$

이므로 Acceptable.

② M상 변압기에 적용 가능 여부에 대한 검토

이와 같은 결선에서는 T상에서 정정한 전류의 값 450A와 time multiplier 0.05를 M상 변압기에 적용하여도 되는지 여부를 검토한다. M상 변압기 2차 측이 단락되었을 때 과전류계전기 동작 시간은

$$t_c = \frac{80 \times 0.05}{\left(\frac{I}{I_S}\right)^2 - 1} = \frac{80 \times 0.05}{\left(\frac{1694}{450}\right)^2 - 1} = 0.3037 > 0.2317\,\text{sec}$$

이므로 time multiplier 0.05는 너무 큰 것을 알 수 있다. 따라서 M상 변압기에도 적용이 가능하려면

$$0.2317 \geq \frac{80 \times \Delta t}{\left(\frac{I}{I_S}\right)^2 - 1} = \frac{80 \times \Delta t}{\left(\frac{1694}{450}\right)^2 - 1} = 6.0739 \cdot \Delta t\ \text{sec}$$

time multiplier는 $\therefore\ \Delta t \leq 0.0318 \rightarrow \Delta t = 0.03$ 으로 되어야 한다.

이때의 M상 변압기 2차 단락시 과전류계전기 동작 시간은

$$t_c = \frac{80 \times 0.03}{\left(\frac{1694}{450}\right)^2 - 1} = 0.1822 < 0.2317\,\text{sec}$$

이고 time multiplier를 0.03로 했을 때 T상 변압기 2차 단락 시 T상 과전류계전기 동작 시간은

$$t_c = \frac{80 \times 0.03}{\left(\frac{1956}{450}\right)^2 - 1} = 0.1341 < 0.2317\ \text{sec}$$

이므로 M상, T상 변압기에 대한 보호 조건을 모두 만족한다.

T상 300% 부하전류는

$$I = \frac{30000}{154} \times \frac{2}{\sqrt{3}} \times 3 = 674.82[\text{A}]$$

이 300% 과부하에서 과전류계전기 동작 시간은

$$t_c = \frac{80 \times 0.03}{\left(\frac{674.8}{450}\right)^2 - 1} = 1.9220\,\text{sec}$$

가 된다. 또 M상의 300% 부하에서 과전류계전기 동작 시간은

$$I = \frac{30000}{154} \times 3 = 584.42[A]$$

$$t_c = \frac{80 \times 0.03}{\left(\frac{584.41}{450}\right)^2 - 1} = 3.4955\,\mathrm{sec}$$

이므로 철도용 변압기 과부하에 대한 규정도 만족한다. 따라서 이 계전기의 time multiplier는 0.03로 정정한다. 이상의 검토에서 Scott결선 변압기 1차 측 과전류 계전기를 잔류 결선하였을 때 한시정정 기준은

a. 전류 정정

순시정정 : T상 2차 단락전류를 변압기 1차로 환산한 전류를 기준으로 함.

한시정정 : 변압기 정격전류의 2배로 함.

b. 시간 정정

M상 변압기 2차 단락시 과전류계전기 한시 동작 시간은 수전용 과전류계전기 한시 동작 시간에서 0.2초를 뺀 시간 이내에 동작하도록 정정한다.

③ 지락 과전류계전기

순시정정

전류 정정

$$I = \frac{60000}{\sqrt{3} \times 154} \times 0.2 \times 10 \times \frac{1}{250} = 1.7995[I_N] --- 1.8[I_N](450A)$$

시간 정정 : 0.1sec

한시 정정

지락 계전기 동작 특성은 standard inverse로 한다.

$$I = \frac{60000}{\sqrt{3} \times 154} \times 0.2 \times \frac{1}{250} = 0.1800[I_N] --- 0.18[I_N](45A)$$

$$0.25 \geq \frac{0.14 \times \Delta t}{\left(\frac{450}{45}\right)^{0.02} - 1} = 2.9706 \cdot \Delta t$$

$$\therefore \ \Delta t = 0.0842 \rightarrow 0.08$$

따라서 $$t_c = \frac{0.14 \times 0.08}{\left(\frac{450}{45}\right)^{0.02} - 1} = 0.2376 \text{ sec}$$

이다. 일반적으로 계통 지락 사고가 일어났을 때 순시 보호협조만 이루어지면 154kV 계통은 중성점 직접접지로 되어있어 지락 전류가 크기 때문에 Mitsubish 계전기와 같이 한시정정은 폐쇄(閉鎖-Lock)하여도 된다.

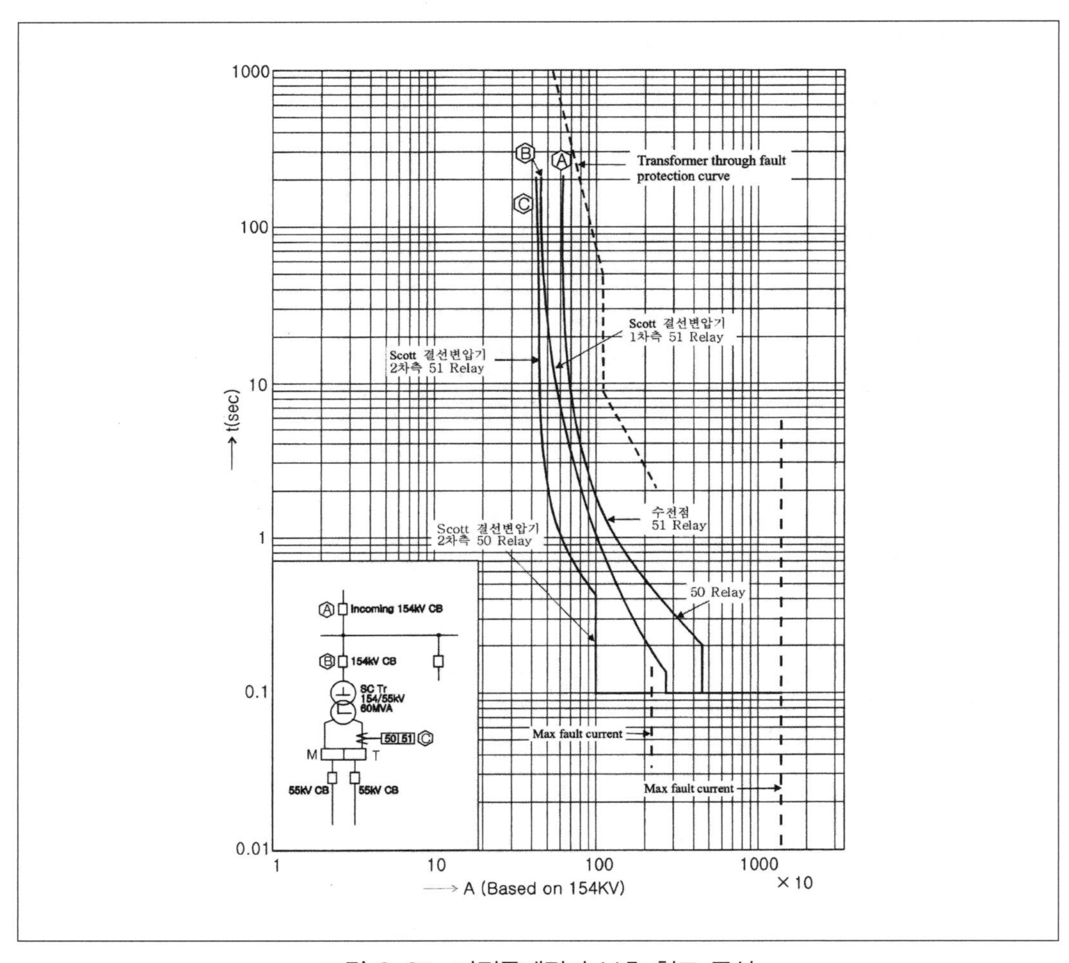

그림 8-25 과전류계전기 보호 협조 곡선

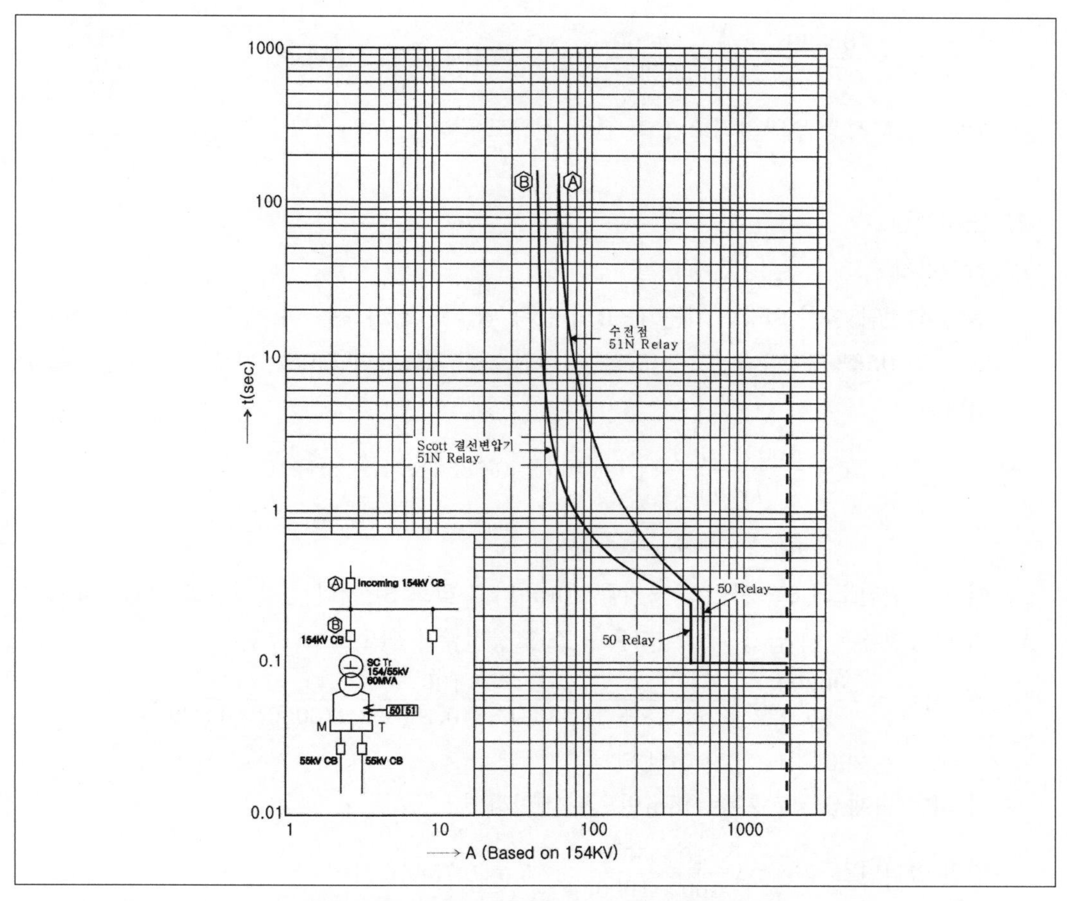

그림 8-26 지락 과전류계전기 보호 협조 곡선

8-4-4. 변압기 2차 과전류계전기 보호

Scott결선 변압기의 2차 측 과전류계전기 보호는 일반 변압기와 다를 것이 없다. 앞의 8-3-2에서의 용량 60000kVA Scott결선 변압기를 예로 들면 T, M 각 상의 2차 정격전류는

T상 2차 전류 $I_T = \dfrac{30000}{55} = 545.5\text{A}$ ·························CT 750/5A

M상 2차 전류 $I_M = \dfrac{30000}{55} = 545.5\text{A}$ ·························CT 750/5A

로 T, M상의 2차 전류는 서로 같다. 또 단락 고장전류는

$$I_M=I_T=\frac{100000}{55}\times\frac{100}{j(33.3333+2\times2.5)}=4743\angle270°[A]$$

가 되어 T, M각상 변압기의 2차 측 단락 전류도 같다.

1) 순시정정

① 전류정정

전차선 전압 환산 25kV 기준 T-R의 단락 임피던스 Z_{T-R}을 이 책 7-3-4에서 계산한 Z_{T-R}=0.0563+j0.1832[Ω/km]을 임피던스로 채택하여 55kV 기준 %임피던스로 환산하면

$$\%Z_{T-F}=\frac{100\times1000}{10\times55^2}\cdot\{(0.0563+j0.1832)\times4\}=0.7445+j2.4225$$

$$=2.5343\angle72.92°[\%/km]$$

여기서 변전소와 SP 사이의 거리를 20km라고 하고 SP에서 전차선이 단락되었다고 하면 단락전류는 이 급전 계통에서는 최소 고장전류가 되므로

$$I_{55}=\frac{100000}{55}\times\frac{100}{j(2\times2.5+33.3333)+\{(0.1861+j0.6056)\times4\times20\}}$$

$$=2064.91\angle279.74°[A]$$

가 되며 이제 55kV 기준 Ohm법으로 계산하면

전원 임피던스 $Z_S=\frac{10\times55^2}{100\times1000}\times j2.5=j0.7563[\Omega]$

변압기 임피던스 $Z_T=j10\times\frac{10\times55^2}{30\times1000}=j10.0833[\Omega]$

따라서 Ohm법으로 계산한 단락전류는

$$I_{55}=\frac{55000}{j(2\times0.7563+10.0833)+(0.0563+j0.1832)\times4\times20}$$

$$=2064.91\angle279.74°[A]$$

로 %임피던스법으로 계산한 값과 Ohm법으로 계산한 값은 서로 일치하는 것을 알 수 있다. 이제 순시 전류정정은 이 급전 계통에서의 최소 단락 고장전류의 0.8로 정정하면

$$I_{55}=2064.91\times0.8\times\frac{5}{750}=11.0129A\rightarrow11A \text{ 또는 } 2.2IN(1650A)$$

로 한다.

② 시간 정정

정한 시 0.35sec 이상으로 정정하던가 또는 lock-out한다. 이와 같이 순시 동작시간을 길게 하는 것은 변압기 2차에 다수의 전차선 Feeder가 병렬로 연결되어 있을 때 그 중 1회선에 단락사고가 발생하면 고장 Feeder의 거리계전기가 먼저 동작하여 고장을 제거함으로써, 변압기의 2차 주차단기가 동작되어 전 Feeder가 동시에 정전되는 사태를 피하기 위하여서이다.

2) 한시정정

전차선의 과전류계전기 정정은 부하전류가 수시로 변동하고 급전 구간 내의 차량 편수도 변동하므로 부하인 전기차 개개의 내부 고장보호는 전기차에 장비되어 있는 계전기의 보호 기능에 맡기고 변전설비에 설치되어 있는 과전류계전기의 보호 대상은 육상 운전 전기설비의 보호만으로 한정한다. 변압기 1차 측 과전류계전기의 정정전류는 변압기 T상의 정격전류의 2.0배로 정정하였으므로 이와 협조가 되도록 한다.

① 전류정정

변압기 2차 측 한시정정 전류는 보호 협조를 위하여 변압기 1차 측 과전류 정정전류보다 다소 적은 정격전류의 1.75배로 정정한다. 정정전류 I는

$$I = \frac{30000}{55} \times 1.75 = 954.54\,\mathrm{A}$$

CT의 비율을 750/5A라고 하면

$$i = 954.54 \times \frac{1}{750} = 1.2727\,\mathrm{IN} \rightarrow 1.28\mathrm{IN}\ (960\mathrm{A})$$

로 정정한다.

② 시간정정

변압기 2차 과전류계전기의 동작은 반한시특성을 적용한다. 변압기 2차 M 및 T상의 순시정정 전류 1650A이므로 변압기 1차 154kV로 환산한 가장 큰 전류인 V상 전류는

$$I_V = 1650 \times \frac{55}{154} \times \frac{2}{\sqrt{3}} = 680.4485\,[\mathrm{A}]$$

이며, 이때 1차 측 계전기의 동작 시간은 변압기의 과전류계전기가 초반한시성(extremely inverse)로 정정되어 있으므로

$$t_c = \frac{80 \times 0.03}{\left(\frac{680.4485}{450}\right)^2 - 1} = 1.8656\mathrm{sec}$$

로 계전기 동작 시간은 1.8656sec이므로 2차 측 계전기는 차단기 동작 시간 0.1sec, 여유 시간 0.1sec로 0.2초의 시차가 필요하다. 따라서 1.8656−0.2=1.6656sec보다 짧으면 되고 따라서

$$1.6656 \geq \frac{0.14 \times \Delta t}{\left(\frac{1650}{960}\right)^{0.02} - 1} = 12.8549 \cdot \Delta t$$

$$\therefore \Delta t = 0.1296 \rightarrow 0.12$$

2차 측 계전기의 동작 시간

$$t_c = \frac{0.14 \times 0.12}{\left(\frac{1650}{960}\right)^{0.02} - 1} = 1.5426 < 1.6656\mathrm{sec}$$

로 시간 정정이 타당하므로 Acceptable함.

300% 과부하에서는

$$t_c = \frac{0.14 \times 0.12}{\left(\frac{1636.4}{960}\right)^{0.02} - 1} = 1.5667\mathrm{sec}$$

가 된다.

㈜ (1) 보호계전기실무 I, II 1995 한국전력공사 연수원

8-5. 거리계전기에 의한 전차선 보호

8-5-1. 거리계전기의 보호 범위와 보호 방향

우리나라 전기철도의 급전방식은 고속전철에서는 프랑스 TGV와 같은 병렬급전(Parallel post)방식을 채택하고 있으나 일반철도는 일본과 같이 분리급전(Sectioning Post)방식으로 급전하고 있다. 일본과 다른 점은 급전 구분소(SP-Sectioning Post)에 일본철도에 없는 상하행선을 병렬 결선하는 연결선(Tie결선)이 우리나라 철도에는 있어 거리계전기에 의한 보호 정정개념이 일본과 달라질 수밖에 없다. 따라서 여기서는 Tie결선이 있는 분리급전과 고속철도의 병렬급전방식에 대한 거리계전기 적용에 대하여 각각 생각해 보기로 한다.

8-5-2. 분리급전에 대한 거리계전기의 적용

1) 거리계전기의 특성

그림 8-27의 분리급전에 있어 SP 내에서 상하행선을 Tie(연결)하는 차단기 1은 평상 운전 시에는 상시 투입되어 있으며(NC-Normal close), 연장급전용 차단기 2는 평상 운전 시에는 개방되어 있으나(NO-Normal open) 연장급전시만 투입된다. 거리계전기가 보호 구간 내의 고장을 확인하여 판정하는 요소로는 고장 점으로 흐르는 전류의 방향과 계전기 설치 점으로부터 고장 점까지의 거리, 즉 계전기 보호 방향과 보호 거리이다. Mitsubish 거리계전기는 단일 보호구역(Zone)으로 구성되어 있으나 ICE 및 Siemens 계전기는 각각 독립하여 보호 작용을 하는 보호구역(Zone)이 2개 이상의 Zone으로 구성되어 있으므로 계전기 보호구역(Zone)의 동작 시차에 의하여 선택성이 주어질 수 있으므로 SP에서 상하행 전차선로가 병렬연결(Tie)되어 급전하는 경우에라도 평상급전시에는 거리계전기 Zone 1의 동작 시간을 0.05초로 정정하여 변전소 SS1에서 SP까지를 보호하고, Zone 2는 동작 시간 0.25초로 정정하여 Zone 1이 보호하는 같은 구간의 반대편 전차선에 대한 후비보호가 가능하며(그림 8-27(a) 참조), 예를 들면 Zone 1은 상행선로를 전위보호로, Zone 2는 같은 구간의 반대편 선로인 하행 선로를 후위보호하는 것이 가능하며, 연장급전 시에는 Zone 1으로 평상급전 시와 같이 변전소 SS1에서 SP까지를 보호하고, Zone 2로 연장급전 구간만을 보호하며 ICE의 거리계전기의 경우 그림 8-27에서 거리계전기 ⓒ, ⓓ 및 ⓔ, ⓕ는 Set 1의 Zone 1으로 또 Siemens의 경우에

는 Zone 1으로 정정하여 동작 시간 0.05초로 같게 시간 정정하므로 계통 보호에 대한 선택성을 확보하게 하며 동시에 Tie선로를 통하여 공급되는 역방향 전류를 차단하여 전위보호를 담당하게 된다. 또 연장급전 시 연장 구간에서는 ⓔ, ⓕ의 거리계전기가 0.05초로 정정되어 있으므로 먼저 동작하게 되어 연장급전차단기인 차단기 2를 개방하여 연장급전을 중단하며 이때 거리계전기 ⓐ, ⓑ는 0.25초로 정정되어 후위보호가 된다.

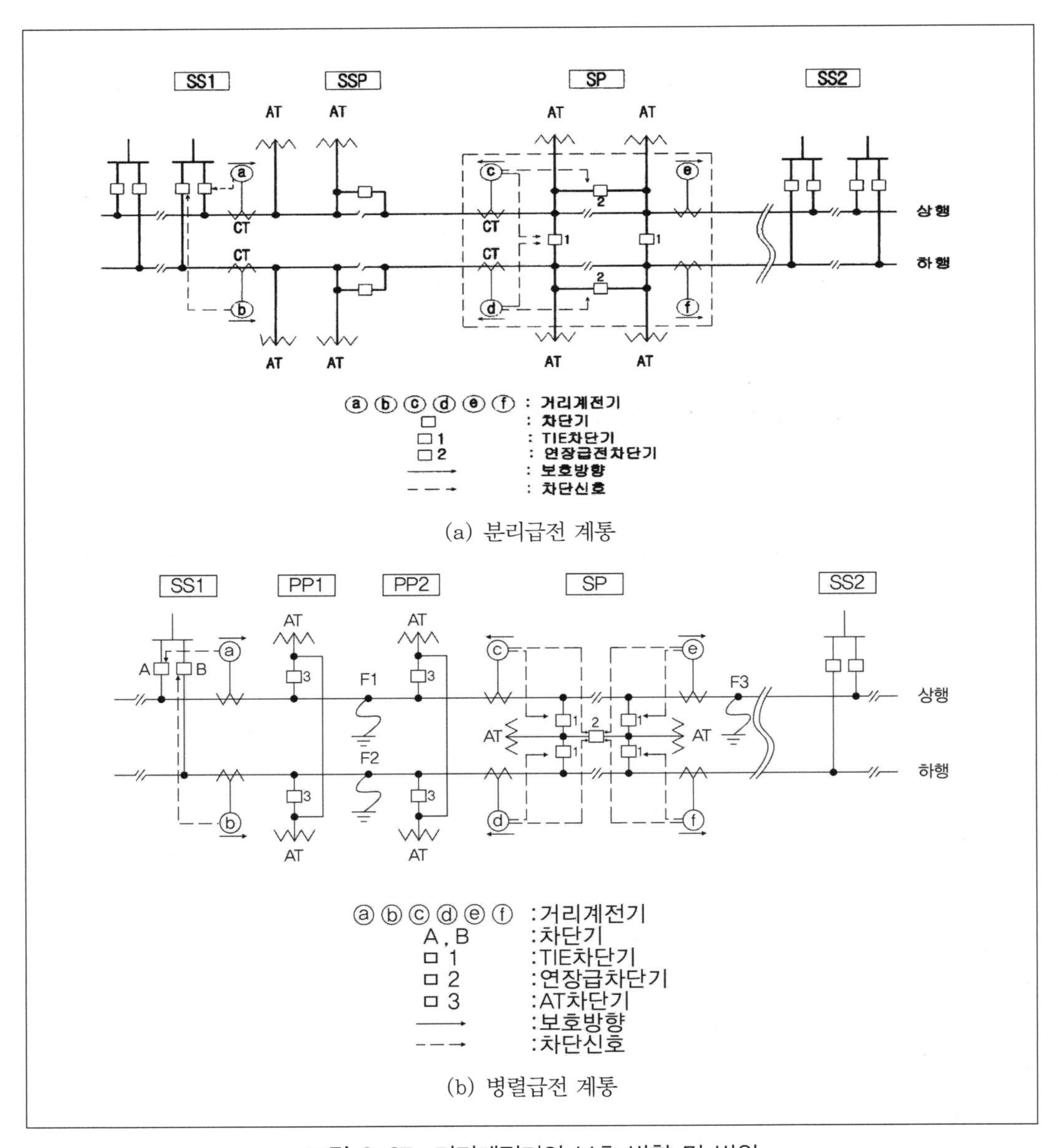

그림 8-27 거리계전기의 보호 방향 및 범위

그림 8-27(a)에 표시되어 있는 계전기 보호 방향은 현재 철도공사가 운행 중인 변전설비의 거리계전기에 적용하고 있는 보호방향이며, SP 내에서 고장이 발생하면 SP에 설치되어 있는 거리계전기 ⓒ, ⓓ, ⓔ, ⓕ의 후방 리치(back reach)로 보호하게 된다. 따라서 거리계전기ⓒ, ⓓ, ⓔ, ⓕ의 임피던스의 정정 값은 SP 내의 AT의 고장도 아울러 보호하기 위하여 AT의 임피던스가 j0.45[Ω]이므로 ICE 계전기에서는 D12정정을 j1[Ω]정도로 정정하면 다소의 오차를 감안하더라도 SP 내의 고장을 포함하여 동작 범위는 계전기 설치 지점으로부터 1km 정도 이내로 제한할 수 있다. Siemens 계전기에서는 Address 1227의 방향을 Non-direction으로 정정하면 후방보호는 가능하나 후방 리치 값이 Zone 1의 값과 같아 SP 내부의 고장 보호에 국한하기는 불가능하므로 평상급전 시에는 SP보호가 가능하나 연장급전 시 상하행선 Tie운전하는 경우에는 연장 구간의 상하행선 동시에 정전된다. Mitsubish 계전기는 후방리치가 default 4[Ω]으로 되어 있으므로 별도 정정은 필요 없다. SP에 설치되어 있는 거리계전기ⓒ, ⓓ, ⓔ, ⓕ의 동작 시간은 0.05초로 정정한다.

2) 우리나라 전기철도에 사용 중인 거리계전기의 특성 비교

현재 한국전기철도에 사용 중인 Digital 거리계전기는 Siemens, ICE, Mitsubish 3개사 제품이며 이들 각 사 계전기의 주요 특성을 비교하면 표 8-4와 같다. 일본의 전차선로는 2중 절연방식으로 되어 있고, 우리나라의 접지는 직접 매설 접지로 되어 있으며, 우리나라는 SP 한 곳에서만 상하행선 Tie가 되어 있어 Tie가 되어 있지 않은 일본은 물론 프랑스 SNCF에서의 병렬급전과도 다르다. 또 전원으로 우리나라는 Scott결선 변압기를 사용하나 단상변압기를 사용하고 있는 프랑스나 유럽 여러 나라와는 전원의 구성에 차이가 있다. 이와 같은 이유로 우리나라 전기철도의 급전 시스템의 특이성의 연구를 위하여 현재 적용하고 있는 거리계전기 등의 주요 계전기의 특성을 아는 것이 필요하다고 생각되어 여기에 정리한다. 우리나라 철도에 적용하고 있는 계전기는 앞에서 언급한 바와 같이 Europe 및 일본에서 제작되어 각각 자국의 철도 고유의 특성에 맞도록 제작되어 있으므로 우리나라 철도에 무리 없이 적용될 수가 없다. 예를 들면 각 급전 Feeder의 거리계전기용 PT는 55KV/110V로 단일 전압비이고, CT는 대체로 600/5A나 800/5A로 되어 있어 환산계수 CF(Conversion factor)는 $4.1667\left(=\frac{500}{\frac{600}{5}}\right)$ 또는 $3.125\left(=\frac{500}{\frac{800}{5}}\right)$인데 비하여, ICE의 거리계전기 PDZI의 경우 임피던스 정정에 있어서는 조정 set에 관계없이 각 Zone의 최소 정정 값이 6[Ω]으로 되어 있어 정정할 수 없는 초기의 범위가 너무 커서 상하행선 Tie결선으로 인한 동작을 세밀하게 제어할 수 없어 시차 정정이 불가능한 경우가 있다. 이런 경우에는 그림 8-32에서와 같은 계전기의 동작 시간 협조가 이루어지지 않는다. 예를 들면 계전기계 reactance 정정 한계가 6[Ω]이면 전차선 단위당 0.8[Ω/km]이라 할 때 보호 대상인 철도의 실 거리는 CF=3.125인 경우 23.44[km]이고, 또 CF=4.1667인 경우에는 31.25[km]가 되므로 변전소에서 Tie 결선점이 이보다 짧은 경우 그 사이를 정정할 수 없으므로 이로 인해 전위보호와 후위보호를 명확히 조정할 수 없는 점 등 문제점이 있다.

표 8-4 3사의 거리계전기의 특성 비교

No	제 작 사		Siemens	ICE	Mitsubish
	계전기 Model		7SA518	PDZN-1	RMEA4-10
1	보호 구역	전방보호	2구역(Zone)	6구역(Zone)	1구역(Zone)
		병렬급전보호	SSP에 따라 가능	가능	불가
		후방보호(1)	가능	가능	가능
			1구역(Zone)	4구역(Zone)	1구역(Zone)
2	돌입전류 억제기능		없음	있음	있음
3	Tie운전 시 선택성		있음	있음	없음
4	고조파 대책		있음	있음	있음
5	△I 기능(2)		없음	없음	있음
6	재폐로 기능		있음	있음	없음
7	통신 기능		있음	있음	없음
8	자국 내 실적		있음	있음	있음

㈜ (1) 계전기 보호 방향이 그림 8-27과 같은 경우 SP 내 고장에 대한 대비.
Siemens 거리계전기 : Back reach 독립 조정 불가능함—유연성 부족.
ICE 거리계전기 : Back reach 독립 조정 가능함—유연성 있음.
Mitsubish 거리계전기 : Default임. Back reach조정 불가능—유연성 부족.
(2) △I계전기를 거리계전기와 별도로 설치하는 경우 하행선 Tie운전시 ICE 또는 Siemens 계전기의 고장선로에 대한 선택성이 없어짐. 따라서 ICE, Siemens 거리계전기와는 직렬결선 사용이 불가함.
(3) Mitsubish 거리계전기에는 79계전기가 포함되어 있지 않고 별도 설치.
(4) Siemens 거리계전기에는 돌입전류 억지 기능이 없음.
(5) ICE 거리계전기에는 첫 정정눈금이 6[Ω]으로 너무 크므로 시차 정정에 문제 있음.

이와 같은 문제점은 거리계전기에만 국한된 것이 아니라고 생각되므로 우리나라 철도 전기 급전계통보호에 대한 고유한 철학이 조속히 정립되어야 한다고 생각된다. 앞에서의 평가는 계전기 적용을 위한 software를 기준으로 한 평가이며 hardware에 대해서는 특별히 고려되지 않았다.

3) 우리나라에서 운전 중인 전기기관차의 임피던스

거리계전기는 전기기관차의 임피던스와 전차선 임피던스를 합산하여 단일 임피던스로 인식한다. 따라서 거리계전기의 보호 범위와 전기차의 기동 임피던스가 서로 충돌하면 거리계전기가 동작하게 된다. 국내 선로에 주행 중인 전기 용량이 가장 큰 전기기관차는 KTX이므로 KTX의 임피던스가 가장 작아서 KTX 임피던스와 거리계전기의 보호 범위가 서로 닿지 않으면 다른 전기기관차에도 안전하므로 KTX에 대해서만 검토하여 보기로 한다. KTX의 제원은 표 8-5와 같고 2001. 4. 23. 시험 주행한 KTX의 시험 전압, 전류, 속도의 관계는 그림 8-28과 같다. 또 20량 객차를 견인할 때의 전기기관차의 시운전 Data는 표 8-6과 같다(구 고속철도건설공단 제공). 따라서 전기기관차의 최소 임피던스는 표 8-6에서 전기기관차 속도 220km/h일 때 기관차의 피상전력 P_o=19042kVA, 전류 810A, 역률 0.92인 때이므로 이때의 25kV와 50kV 및 거리계전기 입력 기준 KTX의 임피던스는 각각

$$Z_{25} = \frac{19042 \times 10^3}{810^2} = 29.023[\Omega]$$

$$Z_{50} = 4 \times Z_{25} = 4 \times 29.023 = 116.0921[\Omega]$$

이므로 거리계전기의 CF(Conversion factor)를 구하여 전기차의 계전기계 임피던스를 계산하여 계전기의 보호 범위와 충돌 여부를 확인하여야 한다. ICE, MItsubish 거리계전기의 CF는 대체로 4.5를 넘지 않으므로 전기차의 계전기 입력 임피던스 최소치가 $\frac{116.0921}{4.5} = 25.89[\Omega]$ 정도이고, CT 600/5A일 때 Siemens 거리계전기의 경우 CF= $\frac{1000}{\frac{600}{5}} = 8.3333$이므로 전기차의 계전기 입력 최소 임피던스는 $\frac{1161.1}{8.3333} = 13.93[\Omega]$가 된다. 현재 철도공사에서 쓰이고 있는 Siemens, ICE 및 Mitsubish 3개 사의 거리계전기의 보호 범위와 비교해 보면 상당히 여유가 있다.

㊟ (1) 2004.3.5일자 고속철도 기술자문팀의 상시자문결과보고서의 붙임 2에 의함

표 8-5 KTX 차량 제원

구 분	시 스 템 특 성	
	항 목	KTX 차량
일반사항	공급전원	AC 25kV, 60Hz
	최고운행속도	300km/h
	최고설계속도	350km/h
추진 시스템	차량편성	P+M+16T+M+P
	견인전동기	동기전동기 : 1130kW×6 : 2block
	견인전동기 출력	13560kW
	견인력	158.4kN
	제어기술	Convertor(Thyrister위상 제어), Invertor.
	변압기	25kV, 7766kVA
대차 및 제동	대차	관절형 보기(Max axle load : 17ton)
	제동거리	3500m
	제동방식	마찰, 전기, 회생

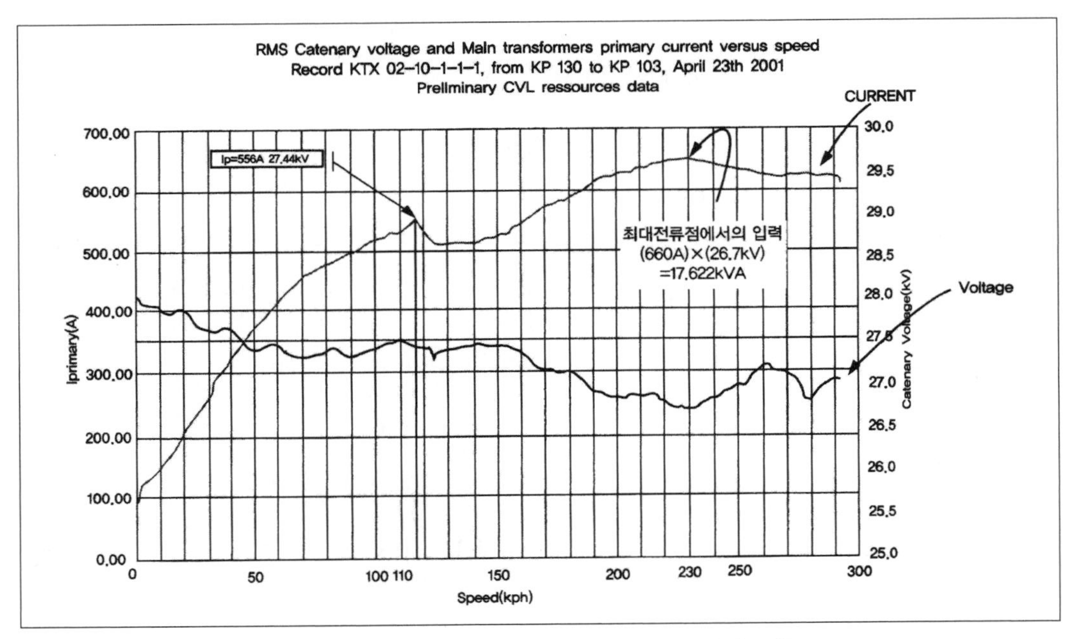

그림 8-28 KTX의 속도와 27.5kV 기준 전압, 전류

표 8-6 KTX Traction mode Data(6 motor block)[1]

속도 [km/h]	유효전력 [kW]	무효전력 [kvar]	피상전력 [kVA]	역률	입력전류 [A]	판토전압 [kV]
10	4,246	2,865	5,122	0.83	218	23.50
20	5,415	3,553	6,477	0.84	276	23.47
30	6,584	4,005	7,706	0.85	328	23.49
40	7,763	4,224	8,838	0.88	376	23.51
50	8,944	4,205	9,883	0.9	421	23.48
60	10,127	3,931	10,863	0.93	462	23.51
70	11,225	3,319	11,705	0.96	498	23.50
80	12,305	2,452	12,547	0.98	534	23.50
90	13,382	6,775	14,999	0.89	638	23.51
100	14,429	8,079	16,537	0.87	704	23.49
110	15,446	8,993	17,873	0.86	761	23.49
120	13,609	7,326	15,456	0.88	658	23.49
130	14,098	7,925	16,173	0.87	688	23.51
140	14,699	8,444	16,952	0.87	721	23.51
150	15,266	8,736	17,589	0.87	748	23.51
160	15,706	8,811	18,009	0.87	766	23.51
170	16,108	8,770	18,341	0.88	780	23.51
180	16,473	8,632	18,598	0.89	791	23.51
190	16,808	8,415	18,797	0.89	800	23.50
200	17,101	8,124	18,933	0.9	806	23.49
210	17,351	7,772	19,012	0.91	809	23.50
220	17,561	7,363	19,042	0.92	810	23.51
230	17,484	6,692	18,721	0.93	797	23.49
240	17,407	6,068	18,434	0.94	784	23.51
250	17,346	5,499	18,197	0.95	774	23.51
260	17,281	4,865	17,953	0.96	764	23.50
270	17,245	4,291	17,771	0.97	756	23.51
280	17,209	3,737	17,610	0.98	749	23.51
290	17,181	3,197	17,476	0.98	744	23.49
300	17,161	2,698	17,372	0.99	739	23.51

4) 거리계전기와 변압기 돌입전류

전철용 거리계전기를 오동작하게 하는 변압기 돌입전류는 전차선에 처음 차단기를 투입하여 전압을 인가할 때 전차선로의 SSP(또는 PP) 및 SP에 설치되어 있는 단권변압기의 돌입전류와, SP 또는 변전소에 설치되어 있는 절연 구분 장치를 전기차의 Pantograph가 통과할 때 전기차에 설비되어 있는 변압기에 흐르는 돌입전류이다. 돌입전류의 크기는 3상 변압기보다는 단상 변압기가 크므로 단상 변압기인 AT나 전기차가 내장하고 있는 변압기는 일반적으로 3상 변압기에 비하여 돌입전류가 크며, 그 크기는 차단기의 투입 위상에 따라 다르다. 변압기 돌입전류는 그림 8-29와 같은 무효전류이다.

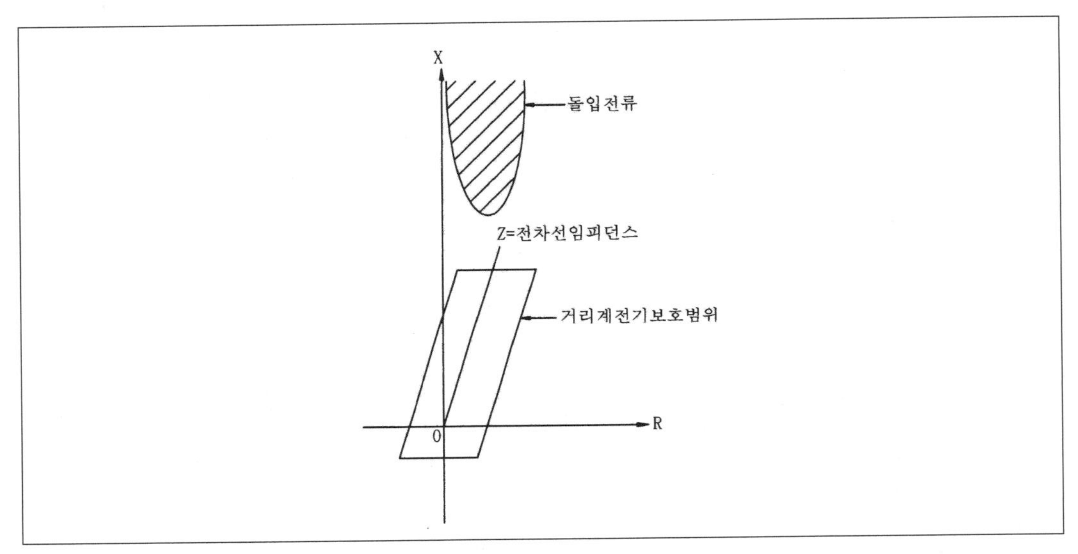

그림 8-29 거리계전기 보호 범위와 돌입전류

그림 8-30 Siemens 계전기 정정시험(구로 변전소, 2006.8.22)

따라서 거리계전기에는 이와 같은 돌입전류로 인한 오동작을 방지하기 위하여 ICE 및 Mitsubish 제품의 거리계전기에는 2고조파 전류가 10~15% 이상 함유되어 있으면 변압기 돌입전류라고 인식되어 계전기 동작을 억제하는 기능을 갖추고 있어 2고조파를 정정하도록 되어 있으나, Siemens 제 거리계전기에는 2조의 정정이 없어 돌입전류가 흐를 때 동작을 억지하는 기능이 없다. 돌입전류는 투입 후 단시간에 감소하므로 거리계전기의 동작 시간을 0.1초 이상으로 정정하면 돌입전류에 의한 오동작하는 것을 피할 수 있다.

5) 분리급전 계통에서의 거리계전기의 동작 시간 정정과 보호 협조

우리나라 철도와 같이 급전 구분소에서 전차선 상하행선이 병렬로 연결(Tie)되어 있는 급전 계통에서는 보호 구역이 나뉘어져 보호 Zone의 개념이 도입되어 있는 ICE나 Siemens 거리계전기에는 선택성이 있다. 평택 전철 변전소(SS1)→천안 급전 구분소(SP)→조치원 변전소(SS2) 사이의 전차선로 보호를 예로 거리계전기의 선택성에 대하여 설명하기로 한다.

그림 8-31에 예를 든 거리계전기는 ICE의 거리계전기(PDZI-N)이다. 그림 8-31에서 → 표시는 보호계전기의 보호방향이고 또 ⇢는 계전기의 차단신호이다. 거리계전기 ⓐ는 차단기 A를, 거리계전기 ⓑ는 차단기 B를, 거리계전기 ⓒ는 Tie차단기 C와 연장급전용 차단기 D를, 또 계전기 ⓓ는 Tie차단기 C와 연장급전용 차단기 E를 각각 차단시키며 기타 계전기는 차단신호에 따라 차단기 D, E, F, G, H를 각각 차단시킨다.

평상급전 시 평택 변전소와 천안 급전 구분소 사이의 보호에는 그림 8-31에서 거리계전기 ⓐ ⓑ는 Set 1을 적용하며, 조치원까지의 연장급전 시에는 Set 2를 적용한다. 평상급전 시 평택 변전소와 천안 급전 구분소 사이의 상하행선 보호에는 거리계전기 ⓐ ⓑ의 Set 1의 Zone 1으로 보호하며 반대방향의 전차선 보호는 Zone 2로 보호한다. 이때 Zone 1의 시간 정정은 0.05초, Zone 2의 시간 정정은 0.25초로 한다. 이제 그림에서 F_1점 고장이라 하면 평택 변전소의 거리계전기 ⓐ가 0.05초에 동작하여 차단기 A를 개방시키고 천안 SP에 설치되어 있는 거리계전기 ⓒ가 0.05초에 동작하여 Tie차단기 C를 개방함으로써 고장 점을 완전히 제거한다.

이때 거리계전기 ⓑ는 0.25초로 정정되어 있으므로 동작하지 않아서 하행선로의 운행을 보장한다. F_2점 고장 시에는 평택 변전소에 설치되어 있는 거리계전기 ⓑ가 0.05초에 동작하고 천안 SP에 설치되어 있는 ⓓ 계전기도 0.05초에 동작하여 차단기 C를 개방함으로써 고장 점을 완전히 제거한다.

조치원 전철변전소와 천안 SP 사이의 F_3 및 F_4에 고장이 발생하면 평상급전의 경우는 F_1, F_2와 같이 거리계전기 ⓖ ⓗ와 거리계전기 ⓔ ⓕ가 각각 동작하여 각 해당 차단기를 차단함으로써 고장 점을 제거한다.

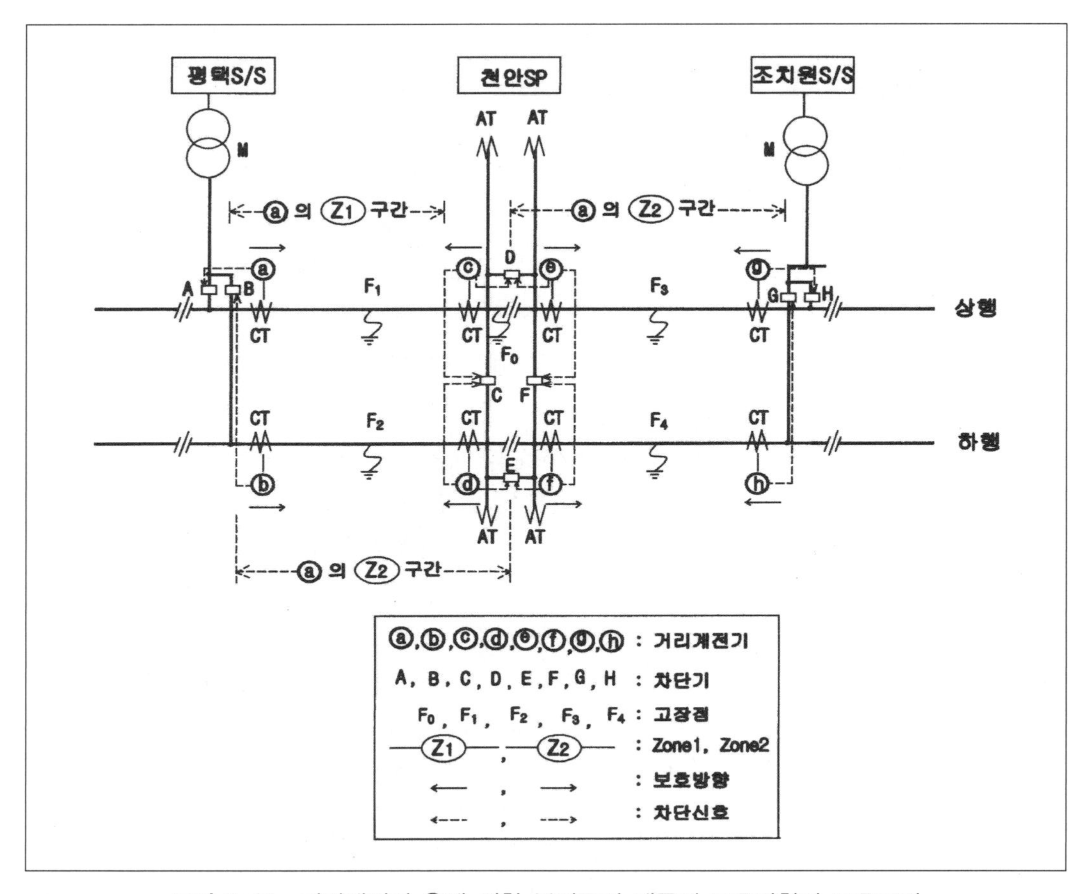

그림 8-31 거리계전기 ⓐ에 의한 분리급전 계통의 보호방향과 보호구간

평택 변전소에서 조치원 방향으로 연장 급전하는 경우 F_3 지점에서 고장이 발생하면 조치원 변전소 차단기 H가 개방되어 있으므로 천안 SP의 거리계전기 ⓔ가 0.05초에 동작하여 차단기 F와 D를 개방하여 F는 Tie를 해제하고 차단기 D는 연장급전을 해제하여 고장 점을 완전히 제거한다. 또 F_4점에 고장이 발생하면 F_3점의 고장과 같이 거리계전기 ⓕ가 0.05초에 동작하여 차단기 E와 F를 개방하여 다른 선로의 운행에 영향을 주지 않고 고장 점을 제거한다. 그림 8-32는 F_1, F_2, F_3, F_4 지점에 고장이 발생하였을 때 각 거리계전기의 전위보호와 후위보호를 표시한 time chart이다. 0.05초에 동작하는 계전기는 전위보호이고, 0.25초에 동작하는 계전기는 후위보호 계전기이다. 전위보호는 계전기의 Zone 1이, 후위보호는 계전기의 Zone 2가 담당한다.

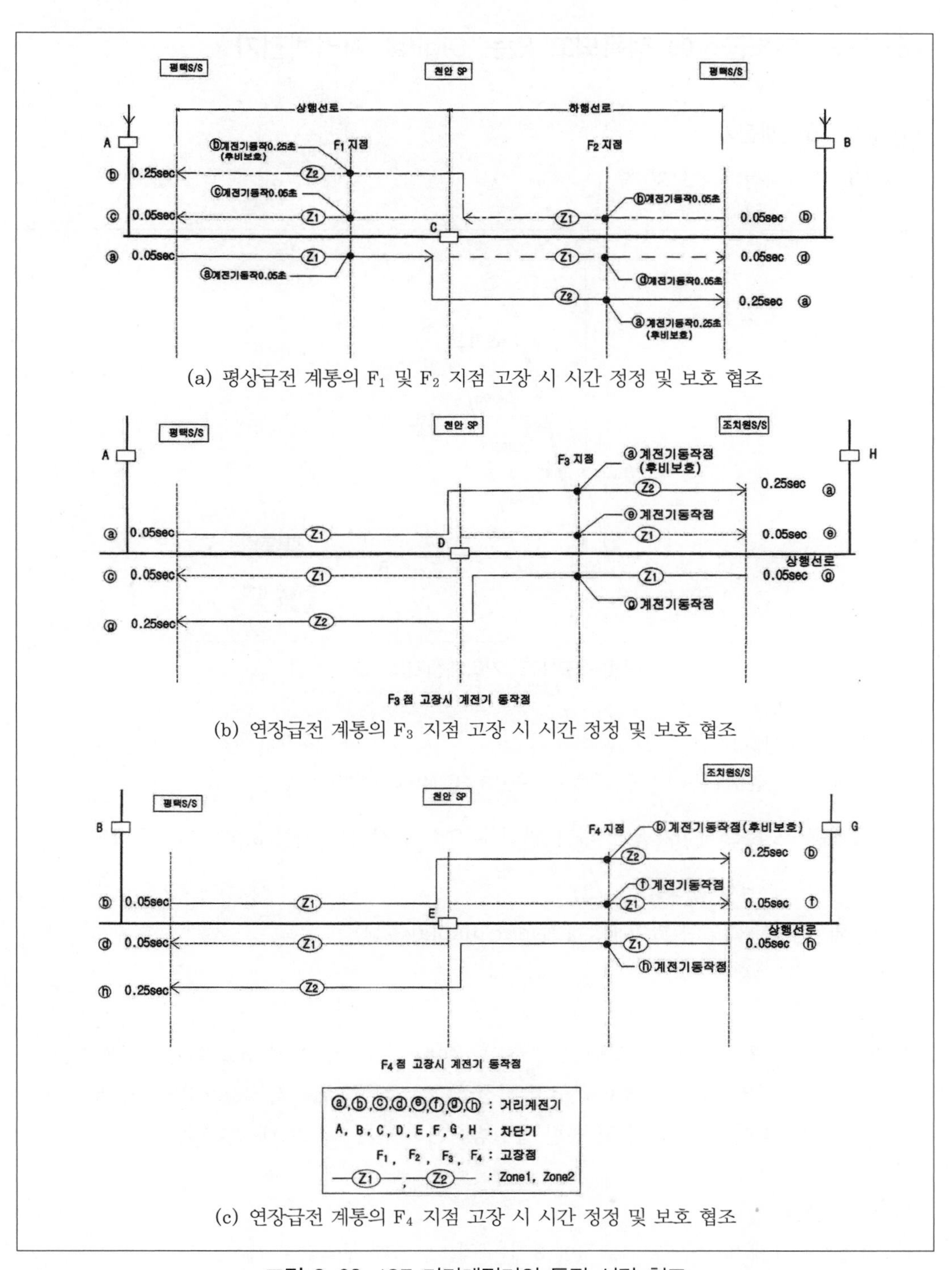

(a) 평상급전 계통의 F_1 및 F_2 지점 고장 시 시간 정정 및 보호 협조

(b) 연장급전 계통의 F_3 지점 고장 시 시간 정정 및 보호 협조

(c) 연장급전 계통의 F_4 지점 고장 시 시간 정정 및 보호 협조

그림 8-32 ICE 거리계전기의 동작 시간 협조

8-5-3. 분리급전에 적용되고 있는 Digital 거리계전기

1) ICE 거리계전기

① ICE 거리계전기의 보호 특성

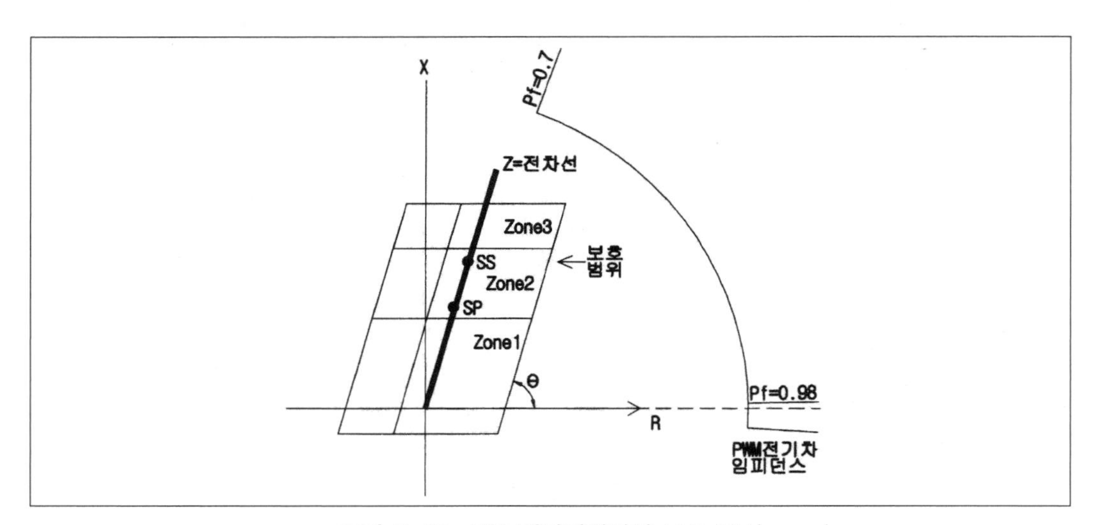

그림 8-33 ICE 거리계전기의 보호 특성

② 전기적 특성

2조파 감지로 AT돌입전류 억제---D15 및 H2로 억제 정정

△I기능 — 3조파 함유율에 따라 과전류 요소 동작감도 저감(3조파 함유율 15%= $\frac{H3}{H1}$ 에서 동작감도 1/2)

PC와의 통신 기능이 있어 PC에 Event display 가능.

보호영역 : 4변형

보호구역 6개 구역으로 세분

Set 1 —— 평상 급전 보호(변전소↔SP), Zone 1, Zone 2, Zone 3의 3구역

Set 2 —— 연장 급전 보호(변전소↔변전소),Zone1, Zone 2, Zone 3의 3구역

※ 상하행 타이(Tie) 급전 및 병렬 급전방식에서 전차선 보호에 편리함.

③ 보호 구간

정정 Set 1에 3개 구역, Set 2에 3개 구역으로 6개 구역으로 세분.

Set 1 —— 계전기가 설치되어 있는 변전소(SS)와 급전 구분소(SP) 간 보호

Zone 1 : 보호 범위 SS↔SP사이의 지정 선로(상행 또는 하행)

Zone 2 : Zone 1에서 지정된 선로의 반대차선(보호 범위 SS↔SP 하행선 또는 상행선)

Zone 3 : 예비

Set 2 —— Set 1의 보호구간+연장급전 구간(계전기가 설치되어 있는 변전소와 다음 변전소 간)

Zone 1 : SS A↔SP 구간의 지정 선로(상행선 또는 하행선)

Zone 2 : SP↔ SS B구간의 Zone 1과 같은 방향 선로의 연장운행 구간(상행선 또는 하행선)

Zone 3 : 예비

2) Siemense 거리계전기

① Siemens 거리계전기 보호 특성

그림 8-34 Siemens 거리계전기의 보호 특성과 같음

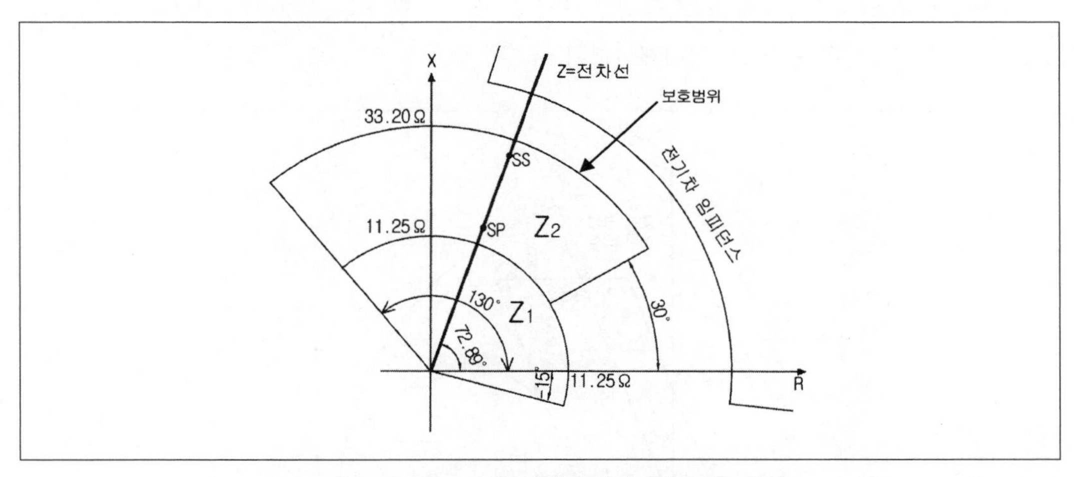

그림 8-34 Siemense 거리계전기의 보호 특성

② 전기적 특성

I>>>기능이 있음.

PC와의 통신 기능이 있어 PC에 Event display 가능.

보호 구역은 Zone 1, Zone 2의 2개 구역으로 구성되어 있음.

Zone 2에 $\frac{di}{dt}$ 의 기능이 있음.

$\frac{di}{dt}$ 는 $\frac{dI}{dt} = k(I_{kmin} - I_N)$만을 검출. 여기서 I_{kmin}은 보호 구간 말단의 단락전류임.

보호 영역 : 부채꼴로 되어 있음.

③ 보호 구간

평상급전 시

Zone 1 : 평상급전 운전 범위(SS↔SP)

Zone 2 : 평상급전 운전시 zone 1의 반대 선로(SP↔SS)

연장급전 시에는

Zone 1 : SS↔SP 사이(평상시와 동일함)

Zone 2 : 연장급전 운전 범위(SS↔SS)

※ 상하행선 타이(Tie) 급전시 전차선 보호에도 편리함.

3) Mitsubish 거리계전기

① Mitsubish 거리계전기 보호 특성

그림 8-35 Mitsubish 거리계전기의 특성과 같음.

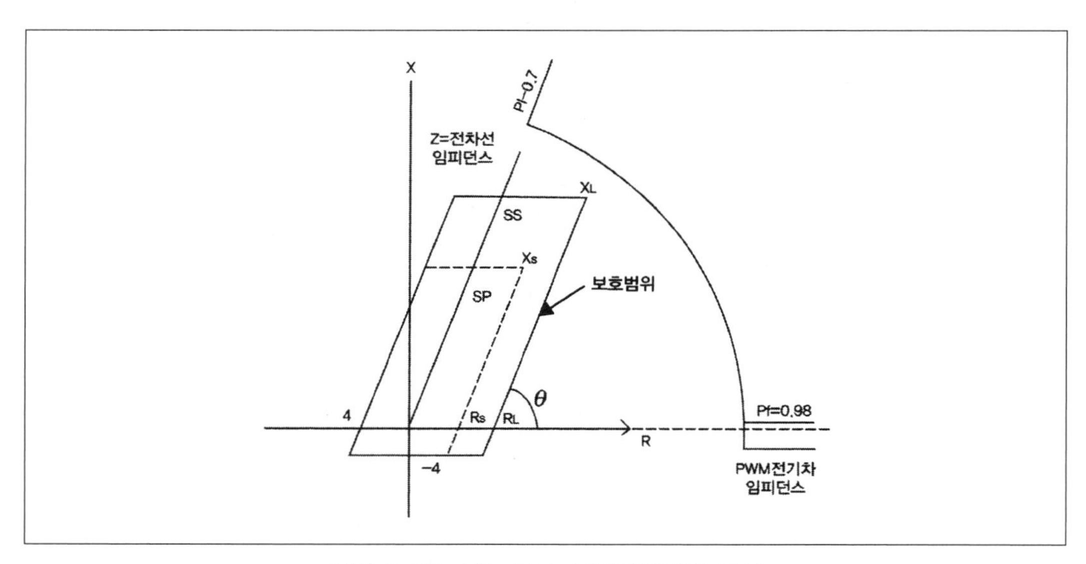

그림 8-35 Mitsubish 거리계전기의 특성

② 전기적 특성

a. 보호 zone의 특성

제2조파 및 제3조파에 의하여 정정치 $X_L \rightarrow X_S$, $R_L \rightarrow R_S$로 자동 절체

단 X_L, R_L : 평상운전 시

X_S, R_S : 운전전류에서 고조파 검출되어 축소 정정 영역

b. Back reach : default

c. △I검출 기능 있음. △I요소에서 2조파 검출 돌입전류 억지하고 지락보호 범위를 확대함(8-6-1. △I계전기 참조).

d. 보호영역 : 4변형

e. ICE나 Siemens 계전기와는 달리 PC와의 통신이 기능이 없음.

③ 보호 구간

보호구역이 1개 Zone만으로 구성되어 있음.

변전소↔SP 사이만 보호, 보호 범위를 SS↔SS로 하면 상하행 전차선 Tie 운전 시 상하행선 계전기 동시 동작.

8-5-4. 급전 계통 고장에 대한 선택차단

1) 분리급전 계통의 선택차단

① 기존 분리급전 보호시스템의 문제점

현행 분리급전은 그림 8-36과 같이 급전 구분소(SP)에 상하행선 병열선(Tie)이 연결되어 있다. 따라서 상행선 F1지점에서 선로사고가 발생하면 고장 구간인 변전소(SS)와 보조 급전 구분소(SSP1) 사이만 선택차단이 되는 것이 아니고 이 Tie선로를 경유하여 고장전류가 역방향에서 고장 점을 향해서도 흐르므로 변전소에 설치되어 있는 거리계전기 ⓐ와 급전 구분소에 설치되어 있는 거리계전기 ⓒ가 동작하여 고장선로인 차단기52A와 차단기52G를 차단하므로 상행선이 전체가 정전되며 재송전시에는 고장전류를 투입함으로써 전원변압기, AT, 차단기, CT 등 주통전기기에 큰 손상을 줄 우려가 있다. 이와 같은 문제점을 해결하기 위하여 그림 8-37과 같이 급전 구간의 보조 급전 구분소 SSP에 CT와 PT를 추가로 설치하고 거리계전기ⓔⓕ와 ⓖⓗ를 보호방향이 서로 반대가 되도록 설치하여 전 급전 구간을 그림 8-37과 같은 보호회로로 구성한다.

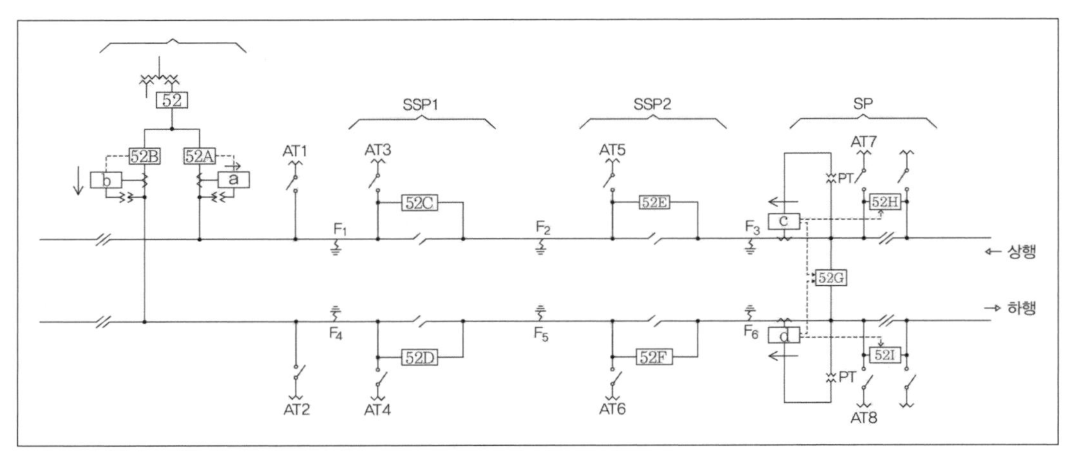

그림 8-36 기 시설되어 있는 분리급전계통의 보호

그림 8-37에서 보는 바와 같이 보조 급전 구분소 SSP1의 거리계전기ⓔ는 보조 급전 구분소 SSP1에서 변전소까지의 구간을 Zone1으로 정정하고 이 구역 고장 시 air section부분에 전기차의 판토그라프가 걸쳐 있는 경우 섬락할 수 있으므로 차단기 52A 및 52F를 동시에 동작시켜 전계통을 정전하고 다시 재 송전한다. 재송전시에는 차단기 52A와 52C를 lock하여 투입을 억제하여 고장점을 제외하고 전선로를 살림으로써 단락 전류로 다시 정전되거나 차단기나 판트그라프가 손상되는 일이 없고 기타 건전구간의 운전이 가능하게 한다. 이와 같은 조작은 보호계전기와 sequencer에 의하여 적절히 조정하도록 한다. 상행선 거리계전기ⓐ는 Zone 3으로 하행선을 전구간을 후위보호(後衛保護)를 하도록 하고 반대로 하행선의 거리계전기ⓑ로 상행선 전 구간을 후위 보호함으로써 전위보호계전기나 차단기의 동작 실패하였을 때 backup하여 주도록 한다. 이때 거리계전기 ⓐ 및 ⓑ의 Zone3의 동작시간은 Zone1 또는 Zone2의 동작시간 보다 긴 제3의 동작시간으로 정정한다. 그림 8-37과 같은 개선안에서 SSP2에 설치되어 있는 단권변압기 AT5가 고장인 경우에는 거리계전기 ⓘ의 후방리취로 SSP2의 차단기 52G를 차단하고 SSP1에 설치되어 있는 거리계전기 ⓖ의 전방향 Zone1이 동작하여 SSP1에 설치되어 있는 차단기 52C를 차단시켜 AT5가 전원을 공급하는 SSP1에서 SSP2 사이의 구간만을 선택하여 정전시키고 다른 건전한 구간의 운행은 계속할 수 있다. 단권변압기의 고장은 선로고장과 달리 한 쪽 거리계전기는 반드시 후방리취가 동작함으로써 선로 고장과 구별된다. 이와 같은 보호시스템은 고장 구간의 양쪽에 설치되어 있는 거리계전기가 선로의 고장 구간이 좁은 구간으로 특정하여 동작하고 앞장의 7-5 고장점 표정 방법에 의하여 고장 점 위치를 쉽게 산출할 수 있으므로 고장 점의 거리를 매우 정밀하게 유추할 수 있다.

상행선 거리계전기ⓐ는 Zone 3으로 하행선을 전구간을 후위보호(後衛保護)를 하도록 하고 반대로 하행선의 거리계전기ⓑ로 상행선 전 구간을 후위 보호함으로써 전위보호계전기나 차단기의 동작 실패하였을 때 back up하여주도록 한다. 이때 거리계전기 ⓐ 및 ⓑ의 Zone3의 동작시간은 Zone1 또는 Zone2의 동작시간 보다 긴 제3의 동작시간으로 정정한다.

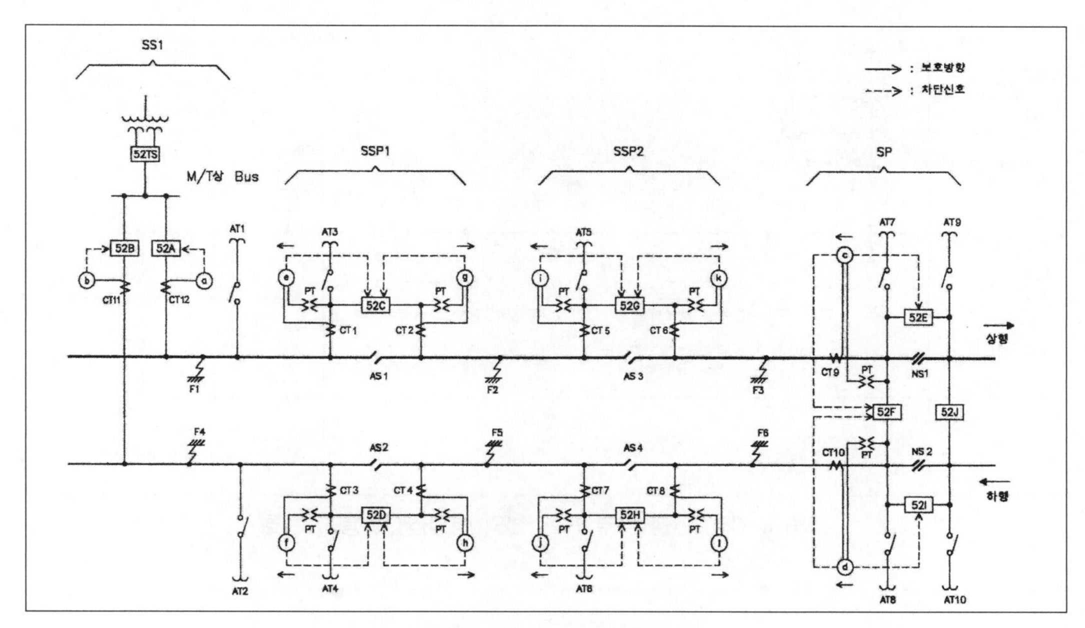

그림 8-37 SSP의 개조안

2) 병열급전의 선택차단

1. 병열급전 보호시스템의 문제점

현재의 경부 고속전철에 적용하고 있는 급전계통과 그 보호계통은 그림 8-38과 같이 구성되어 있다. 고속철도의 보호방식은 전차선상의 어떤 한 점에 고장이 발생한 경우 예를 들어 상행선 F_2지점에 고장이 발생한 경우 그림 8-39와 같이 고장 전류가 분포되어 변전소에서 상행선로를 경유하여 I_1의 전류가 또 병열급전소 PP1에서는 하행선으로부터 병열선을 경유하여 I_2라는 전류가 흘러 고장 점 F_2에는 전원 측으로부터는 $I_1+I_2=I_a$라는 전류가 흐르며 그 반대 방향에서는 병열급전소 PP2의 병열선을 통하여 하행선으로부터 I_3이라는 전류가 또 급전 구분소 SP에서 I_4라는 전류가 흘러 고장 점에 $I_3+I_4=I_b$의 전류가 유입된다. 따라서 이들 전류로 인하여 변전소에 설치되어 있는 거리계전기 ⓐ 및 ⓑ가 동작하여 차단기 52A 및 52B를 차단하여 전 계통을 정전되게 한다. 또는 계통에 설치되어 있는 단권변압에 고장이 발생하는 경우 예를 들어 병열급전소 PP2에 설치되어 있는 AT5에 고장이 발생하면 그림 8-40과 같이 고장전류는 병열급전소 PP2의 병열선을 통하여 상행선으로 부터는 I_1이라는 전류가 또 하행선으로부터는 I_2라는 고장전류가 고장인 AT5로 유입된다.

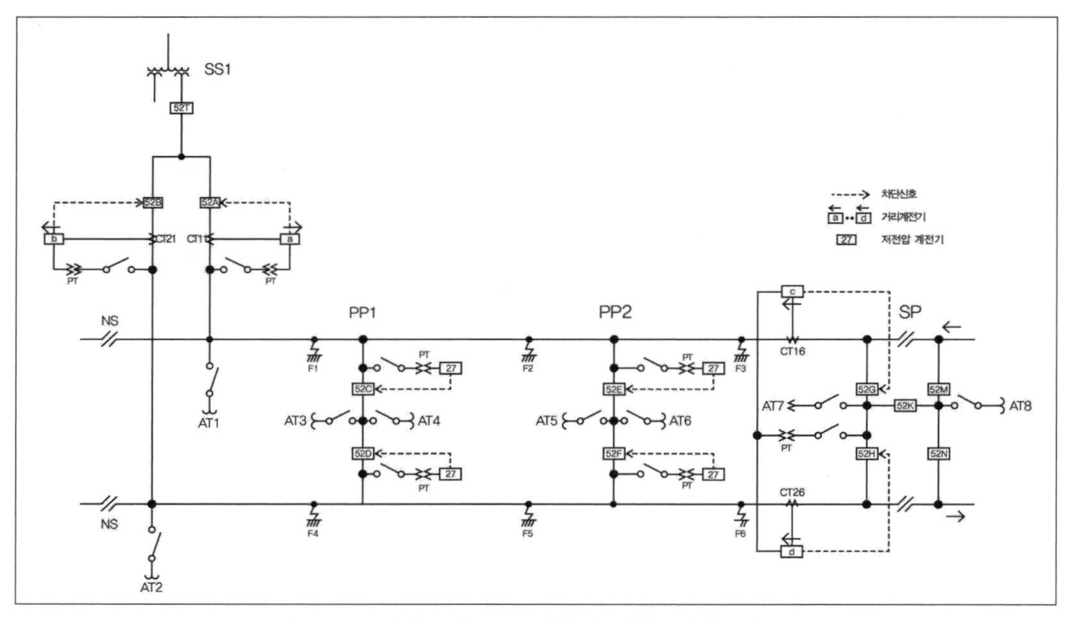

그림 8-38 현행 경부고속전철의 병열급전계통과 보호

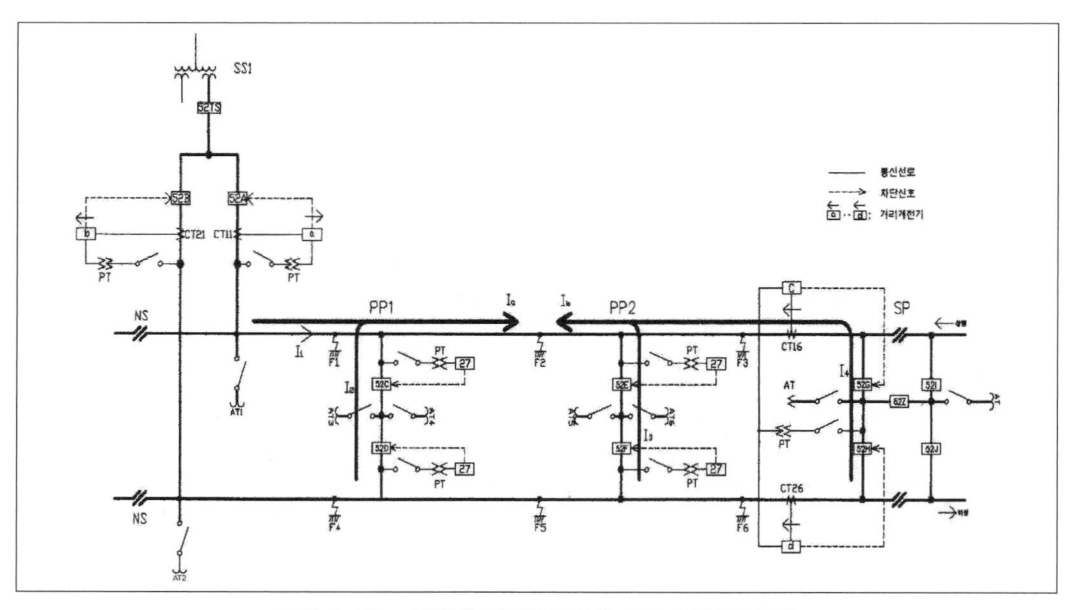

그림 8-39 상행선 F2지점 고장 시 고장전류 분포

이들 고장 전류로 인하여 변전소의 거리 계전기 ⓐ와 ⓑ가 동작하여 차단기 52A 및 52B를 차단시킴으로 상하행선 전 계통이 정전된다. 이와 같이 전차선로 고장이던 AT의 고장이던 계통은 전체로 정전되므로 저전압계전기(27번 계전기)에 의하여 AT앞의 모든 차단기가 동시에 개방되어 고장 점을 특정함이 없이 전 계통의 차단기는 모두 개방되게 된다. 특히 AT 고장으로 전 계통이 정전되었을 때에는 재송전시 전차선의 고장과는 달리 모든 AT가 개방되어 있으므로 52A, 52B의 주 차단기가 투입되고 고장 AT앞에 있는 차단기가 투입될 때에 계통 전체가 다시 차단되어 고장 AT가 특정되므로 차단기는 고장전류를 투입 개방을 여러 번 반복하여야 고장 점을 찾아내게 되고 이로 인하여 주통전기기인 주변압기, AT, 차단기 및 CT 등에 심각한 손상을 주게 된다. 이는 전력 계통의 고장 점만을 선택차단 제거함으로써 정전범위를 최소화하고 전력기기의 손상을 방지함으로써 계통을 빠른 시간 내에 복구한다는 전력계통 보호원칙에 어긋날 뿐 아니라 이로 인하여 고장 점 특정을 위하여 모든 차단기가 고장 전류를 여러 차례 투입 개방함으로써 차단기의 접점 및 조작기구의 소모를 증대시켜 유지보수에 많은 비용과 시간이 허비하는 문제점이 있다.

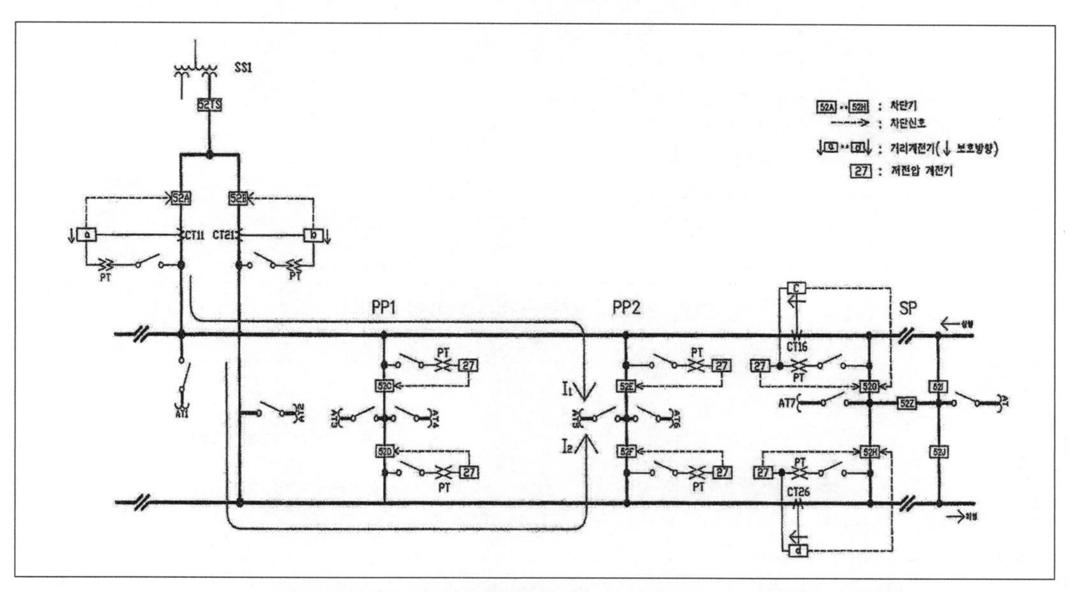

그림 8-40 병열급전계통에서 AT고장 시 고장 전류분포

2. 병열급전소의 병열선에 보호방향이 각각 상하행선을 향하는 거리계전기를 설치하는 방안

① 구조와 동작원리

모든 병열급전소 PP를 그림 8-41과 같이 개조하고 변전소 및 SP는 거리계전기의 시차정정과 보호 방향, 보호거리의 조정을 주로 하는 soft적인 해결 방법을 제시한다. 그림 8-41과 같이 전기철도의 상행 전차선에 연결된 차단기 52C와 AT사이에 변류기 CT1과 이 CT1에 보호방향을 상행전차선으로 향하는 거리계전기 ⓒ를 설치하고 하행전

차선에 연결된 차단기 52D와 AT사이에 변류기 CT2와 이 CT2에 보호방향을 하행전차선으로 향하는 거리계전기 ⓓ를 설치한다. 즉 기존의 병열 급전선의 병열선로에 2대의 CT와 보호방향이 외부로 향함으로써 보호 방향이 서로 반대로 되는 거리계전기 2대를 추가 설치한다. 이 방안은 기존 고속전철 급전회로와 구조에 차이가 거의 없으므로 기존 고속전철의 개조에도 비교적 용이하게 적용할 수 있으며, 동시에 이들 기기를 고장점 표정장치에 공용할 수 있어 설비를 대폭 간략하게 할 수 있으므로 매우 편리하다.

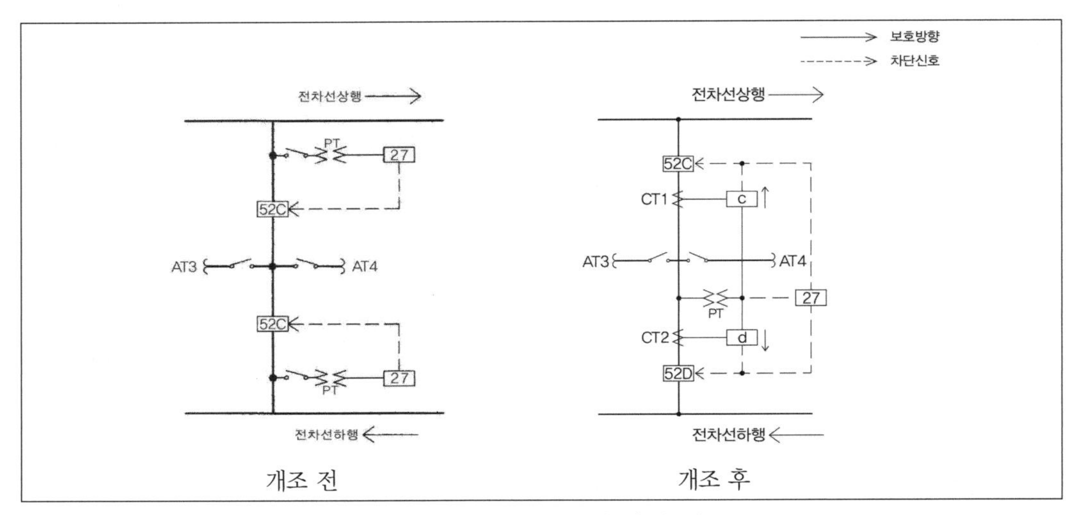

그림 8-41 병열급전소(PP)의 개조

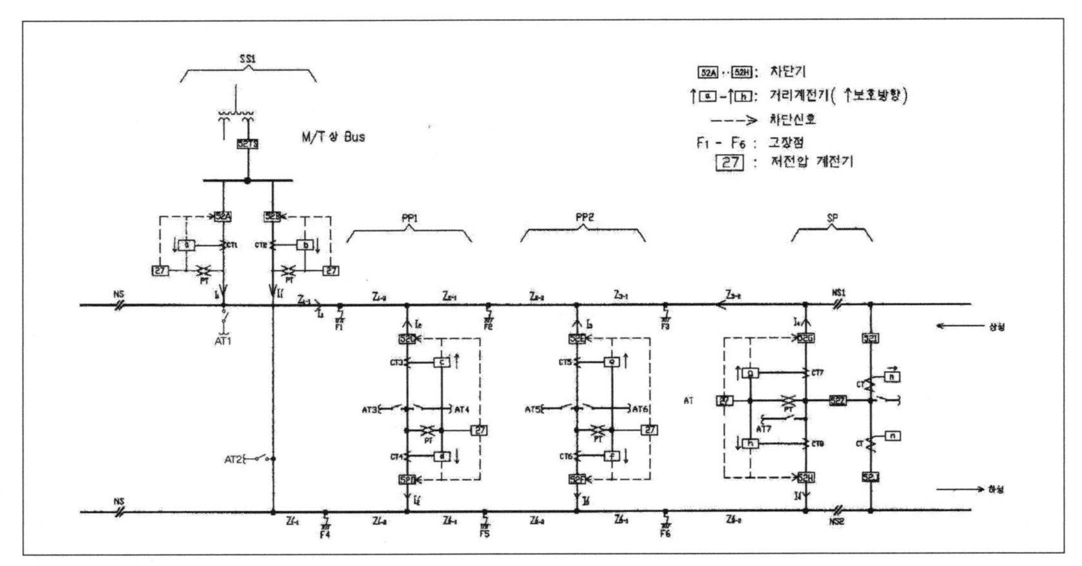

그림 8-42 병열급전소에 CT와 계전기를 설치한 보호계통

이들의 전개도는 그림 8-43 및 그림 8-44와 같이 된다.

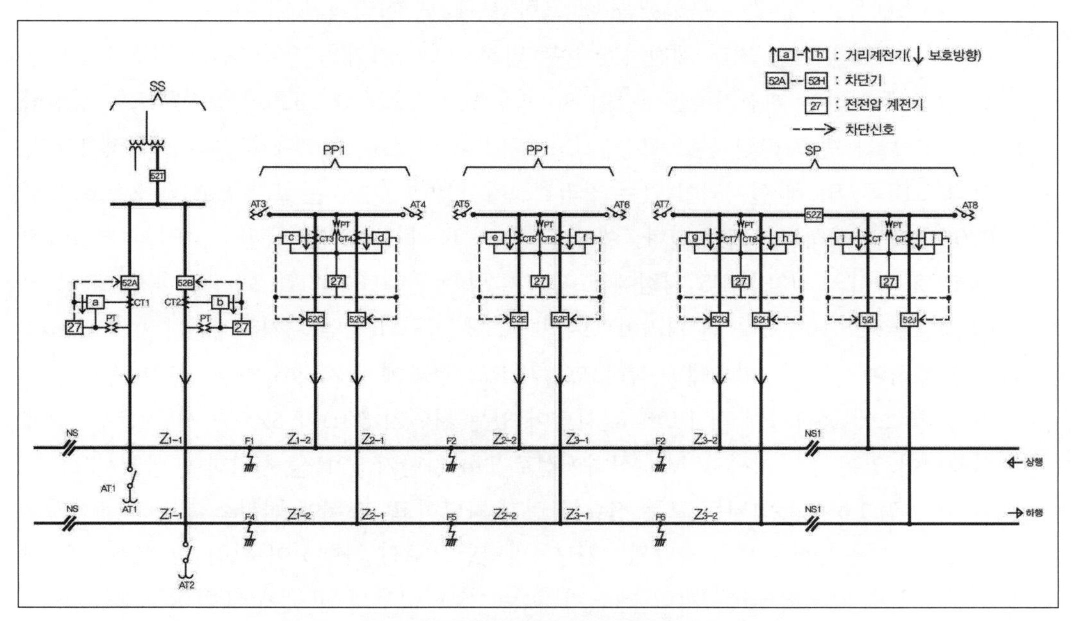

그림 8-43 병열급전의 전개도

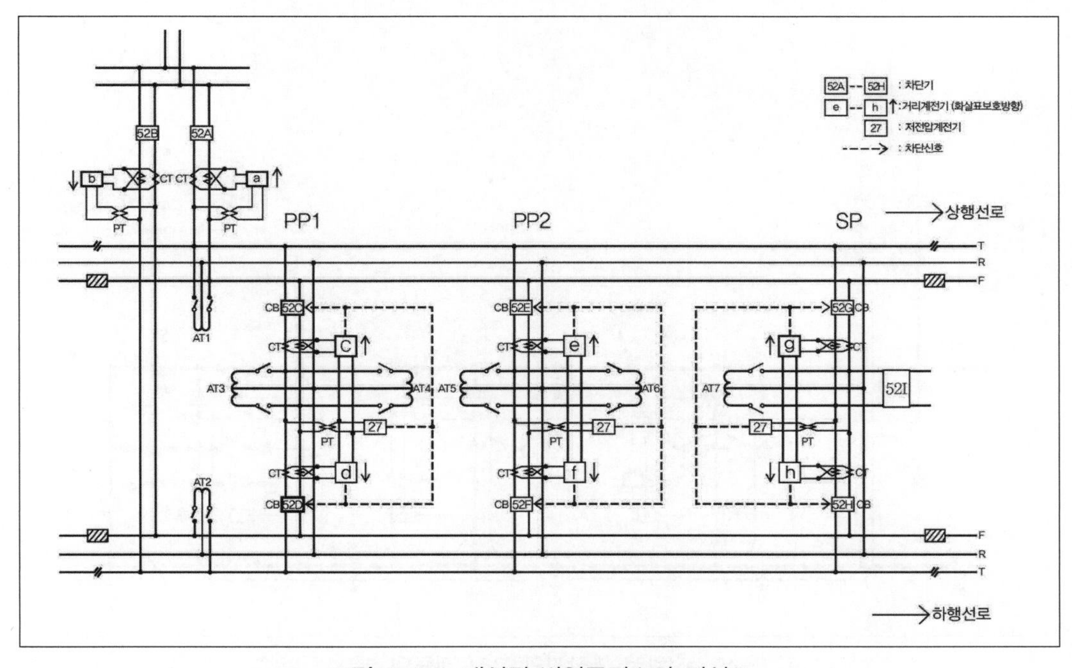

그림 8-44 개선된 병열급전소의 결선도

② 전차선과 단권변압기의 고장 보호

보호시스템을 이와 같이 구성했을 때 그림 8-42의 거리계전기는 다음과 같이 정정한다. 변전소에 위치한 거리 계전기 ⓐⓑ는 변전소에서 가까운 병열급전소 PP1까지의 선로 고장에 대하여 계전기작동시간이 Set1의 Zone1으로 0.05초에 동작하도록 정정하고, PP1보다 먼 거리의 선로 고장은 Set1의 Zone2로 0.25초에 동작하도록 정정한다. 그리고 PP와 SP에 설치되어 있는 거리계전기 ⓒⓓⓔⓕⓖⓗ는 모두 Set1의 Zone1으로 0.05초에 동작하도록 정정한다. 이제 그림 8-45와 같이 병열급전소 PP1과 병열급전소 PP2 사이의 전차선 F5 지점에 고장이 발생한 경우를 생각해 보기로 하자. 고장 점이 병열급전소 PP1보다 먼 거리이므로 변전소에 설치되어 있는 거리계전기 ⓑ가 Zone2로 보호하여 0.25초 이후에 동작하므로 각 PP와 SP에 설치되어 있는 거리계전기 ⓓⓕ가 0.05초에 동작하여 각 PP에 설치되어 있는 차단기 52D와 52F를 개방하고, SP에 설치되어 있는 거리계전기 ⓗ가 상하행선로 Tie 차단기 52H를 차단하여 상행선으로부터 고장 점 F5로 유입되는 모든 전류를 먼저 차단하고 그 뒤에 변전소의 거리 계전기ⓑ가 0.25초에 동작하여 주차단기 52B를 차단함으로써 하행선이 완전 정전된다. 반면 변전소에 설치되어 있는 거리 계전기 ⓐ는 PP1 이후의 고장에 대하여는 Zone2로

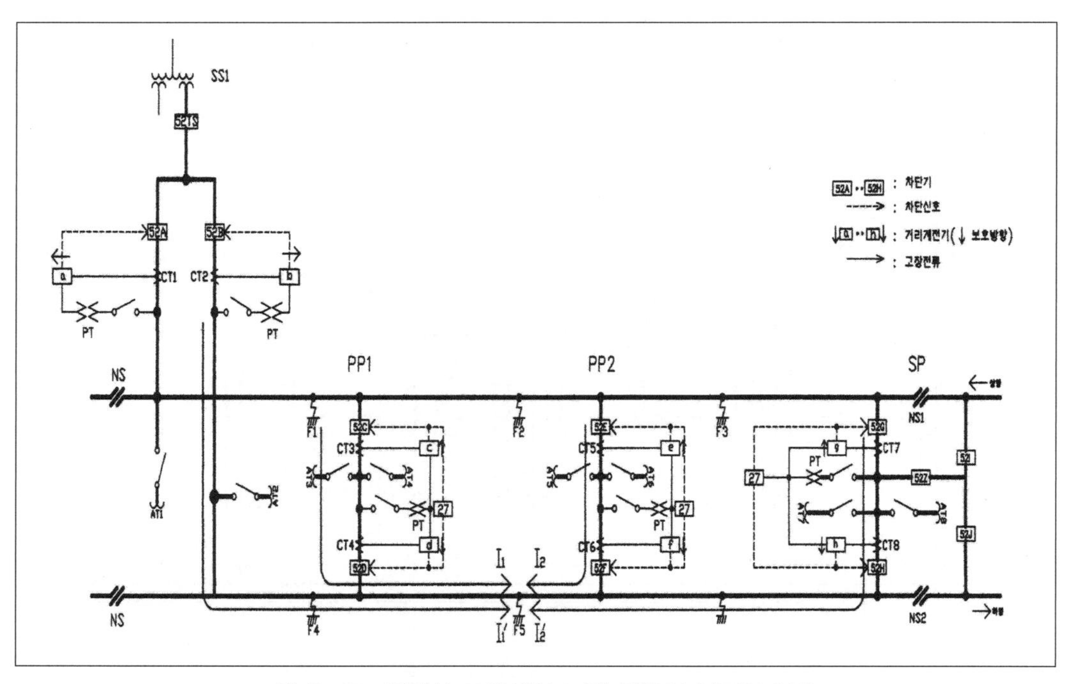

그림 8-45 전차선 고장시의 고장 전류의 분포와 보호

0.25초에 동작하도록 정정되어 있으므로 Zone1으로 정정한 병열선로의 거리 계전기가 차단기 50D, 52F 및 52H를 개방할 때까지 투입된 상태를 유지함으로써 상행선로는 F5점의 고장에 관계없이 운전은 계속하게 된다. 상행선의 고장도 같은 원리로 동작한다. 또 그림 8-46과 같이 AT5가 고장 시에는 거리 계전기 ⓔ의 back reach가 동작하여 상행선용 차단기 52E를 차단하고 동시에 거리 계전기 ⓕ의 back reach가 동작하여 상행선용 차단기 52F를 차단하여 AT를 완전히 계통에서 제외하고 AT6으로 교체하고 차단기 52E와 52F를 투입하여 정상 운전을 하므로 무정전 교체가 가능하게 된다. AT의 고장은 거리 계전기의 back reach에 의하여 보호되었는지 여부로 AT의 고장은 판별된다. 여기서 주의할 점은 AT의 고장은 전차선로의 전압강하를 초래하여 장시간 운전이 불가할 수 있으나 IEC 60850에 의하면 전차선로의 비지속성 최고전압은 29000[V]로 5전분간 허용되고, 지속성 최고전압은 27500[V], 지속성 최저전압은 19000[V], 비지속성 최저전압은 17500[V]로 10분이 허용되므로 AT고장으로 전압강하가 17500[V] 이하가 되지 않으면 10분의 여유가 있으므로 그 시간 동안에 동일 병열급전소(PP)에 설치되어 있는 예비 AT로 교체하여 무정전 운전을 계속할 수 있는 장점을 가지고 있다. 거리 계전기의 작동시간 조정 범위는 0.03~0.7초로 0.01초 간격으로 정정할 수 있고, 특히 전철용 단권변압기는 지락전류로 인한 통신장애를 최소화하기 위하여 변압기 임피던스를 0.45[Ω] 이하로 규제하고 있으며 전차선의 임피던스는 대체로 0.75~0.85[Ω/km] 정도

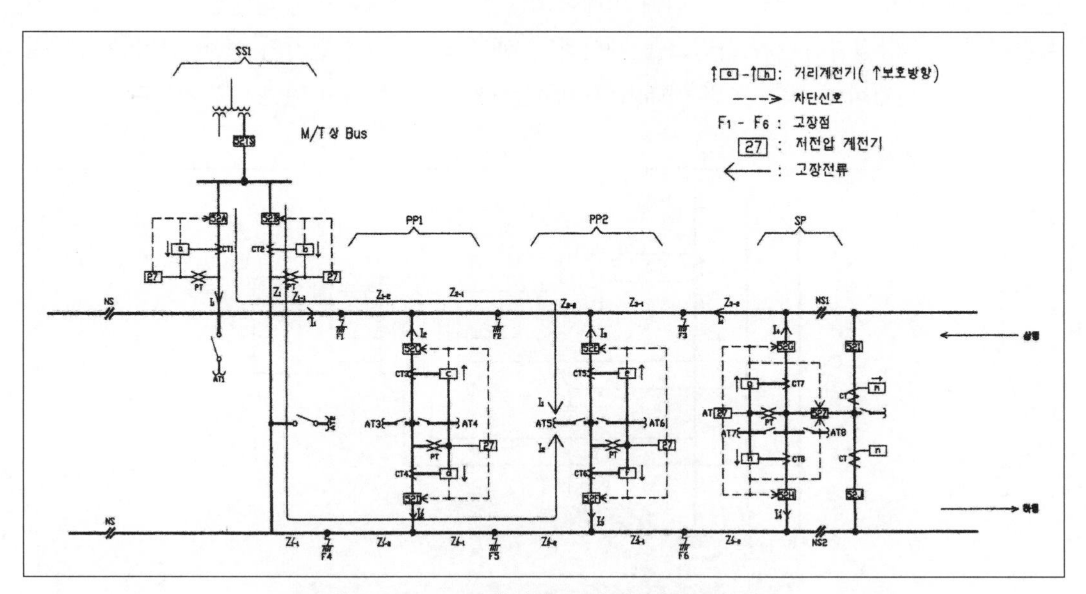

그림 8-46 AT고장시의 고장전류 분포와 보호

이고 R, X의 각도는 70° 전후이므로 매우 작은 규모인 PP내에서의 전차선과 AT의 임피던스를 포함하여 보호하고자하는 임피던스는 1~1.5[Ω] 전후이므로 변전소 상하행선에 설치되어 있는 거리계전기 ⓐ 및 ⓑ의 경우, 보호구간과 반대쪽 전차선 즉 하행선로 또는 상행선로에 고장이 발생하여 고장구간내의 일부 거리계전기 또는 차단기 등이 작동하지 않아서 전위보호 장치가 계통의 보호에 실패하여 반대편 전차선의 고장이 제거되지 않아 고장전류가 계속하여 흐르는 경우를 대비하여, Zone 3에 동작하도록 조정하여 전 계통을 차단하는 후위보호시스템을 구축하도록 한다.

8-5-5. 거리계전기의 정정 실례

거리계전기는 전차선로 주보호 계전기로 오랫동안 사용한 실적이 있는 계전기이다. 프랑스 ICE 제품이나 일본 Mitsubish 제품은 다 같이 전차선 CT와 급전선 CT의 2차 전류를 모두 함께 거리계전기에 입력시켜 계전기 내부에서 차동 결선하거나 digital방식으로 TF전류와 AF전류의 차를 구함으로써 계전기 외부에서 차동 결선하지 않아도 되나 Siemens 계전기만 그림 8-48과 같이 외부에서 CT를 차동 결선하도록 되어 있다.

거리계전기는 앞에서 설명한 바와 같이 각 제작회사마다 그 특성이 다르므로 주의하여야 한다. 선로 임피던스는 선로의 거리에 비례하므로 고장이 발생하면 거리계전기는 거리계전기 설치점에서 고장점까지의 임피던스를 계산하여 사고점이 거리계전기의 보호 범위 이내인지 그 밖인지를 판단하여 보호 범위 이내이면 선로를 차단하도록 되어 있는 계전기이다.

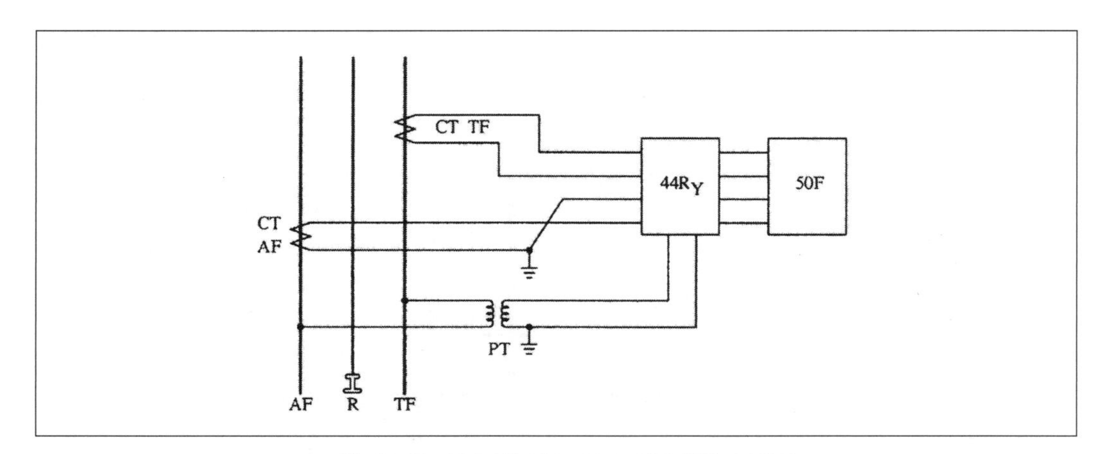

그림 8-47 ICE 및 Mitsubish거리계전기 결선

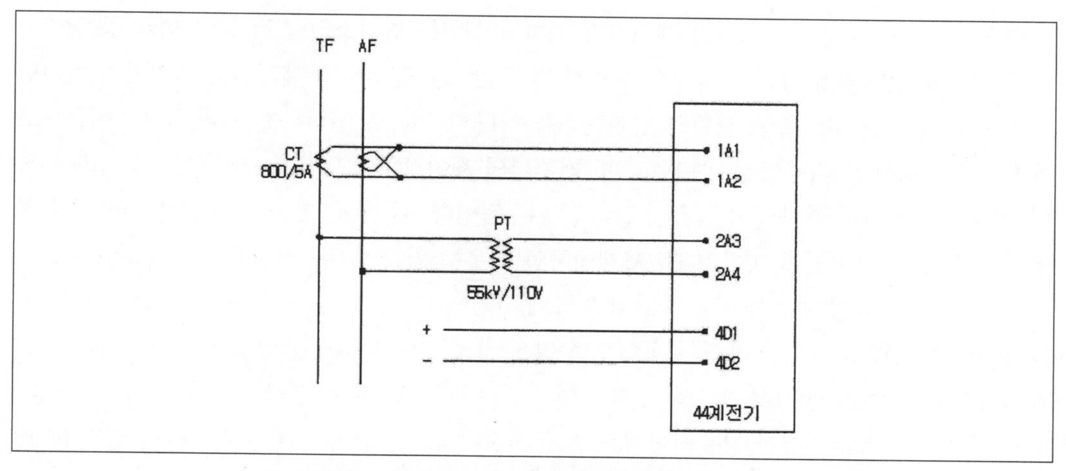

그림 8-48 Siemens 거리계전기 외부 결선도

Siemens 거리계전기의 conversion factor는 ICE 또는 Mitsubish의 2배로 계산되고 있으나 계산 방법은 2006. 11. 23일자 Siemens가 서신으로 확인한 바 있으며 ICE와 Mitsubish 거리계전기에 대하여는 각 제작회사로부터 서면으로 확인된 바 있다. 거리계전기는 정정된 거리보다 먼 거리(보호 범위 밖)의 고장을 보호 범위 이내 고장으로 잘못 판단하여 동작하거나 보호 범위 내 고장을 보호 범위 밖의 고장으로 잘못 판단하여 동작하지 않는 경우가 있는데, 전자를 계전기의 over reach, 후자를 under reach라 하며 이와 같은 동작 착오를 감안하고 시차에 의한 선택성을 확보하기 위하여 주전원 측에 설치된 거리계전기의 Zone 1의 정정거리는 보호거리의 90%에 정정하고 동작시간은 0.05초로 정정하며 그 이후의 거리는 Zone 2로 보호한다. 계전기가 설치되어 있는 변전소에서 공급하는 전력의 급전 한계는 급전 구분점인 SP까지이며 SP가 변전소에서 본 전차선의 한계이므로 Over reach에 대하여는 특별히 고려하지 않아도 되기 때문이다. 또 프랑스 ICE나 일본 Mitsubish 제품의 거리계전기는 평행사변형(平行四邊形) 특성을 갖고 있는데 이 특성을 조정하는 요소로는 저항 R, 리액턴스 X, 임피던스 각도 φ의 3가지 요소로 전방 리치(reach)를 조정하게 되고, Siemens 거리계전기는 계전기 설치점에서 보호 구간의 임피던스 값을 반경으로 하고 보호 범위와 X축이 이루는 최대 및 최소 각을 각각 정정함으로써 전방 reach를 조정한다. 또 계전기 설치점 부근에서의 고장을 확실히 보호하기 위하여 거리계전기는 후방 리치(back reach) 보호 특성을 가지고 있다. 거리계전기 정정에 있어서는 실측된 선로의 임피던스 data가 매우 중요하다. 전차선에 거리계전기를 적용함에 있어 가장 중요하게 고려하여야 할 점은 전차선로의 임피던스가 전력선과는 달리 거리와 임피던스가 직선적으로 비례를 하지 않는다는 점이다.

철도부하의 특이성은 전기차가 계전기가 설치되어 있는 변전소의 전력 공급 범위 즉 전기차가 변전소에 설치되어 있는 거리계전기 보호 범위 안으로 진입하면 계전기는 전기차의 임피던스와 선로 임피던스를 합한 전체의 임피던스를 하나의 부하로 인식하게 되며, 부하 이동으로 계전기가 측정한 임피던스 값이 변하고 또 전기차의 제어장치인 Inverter의 종류에 따라 부하의 역률이 달라져서 부하의 R/X값이 달라진다는 점이다. 예컨대 Thyristor위상 제어차인 경우 역률은 0.7~0.8인데 비하여 PWM제어차인 경우는 역률이 1에 가까우므로 reactance X는 거의 없으며 회생 제동시 역률은 달라져 -1에 가깝게 된다. 또 전기차 운전전류는 기복이 심하고 반도체 전력소자를 이용한 부하이므로 많은 고조파가 함유되어 있으므로 고조파에 의한 계전기의 오동작(誤動作)을 방지하기 위하여 모든 거리계전기는 3및 5조파를 감지하여 이와 같은 차수의 고조파 전류가 함유되어 있으면 운전전류라고 판단하여 계전기 동작을 억지(抑止)하도록 되어 있다.

1) ICE 거리계전기의 정정

프랑스 ICE의 거리계전기는 전차선로의 임피던스 값이 55kV 실계(實系) 임피던스를 기준으로 정정하도록 되어 있다. 따라서 표 7-9에 실려 있는 전차선로의 실측 임피던스는 55kV 실계 임피던스이므로 아래 수식의 Z_{55}에 그대로 대입하여 계전기를 정정하면 된다.
이제 거리 계전기의 set 1의 Zone 1의 정정을 예를 들면

- V : 55000V
- I : 55kV 전차선의 전류[A]
- Z_{55} : 55kV 실계 선로 임피던스
- $Z_{27.5}$: 27.5kV 기준 선로 임피던스
- Z_{RY} : 계전기계(繼電器系) 임피던스
- CF :Conversion factor

라고 하면

$$Z_{55} = \frac{V}{I} = \frac{k_{PT} \cdot v_{RY}}{k_{CT} \cdot i_{RY}} = \frac{55000/110}{CT1\text{차전류}/5} \cdot Z_{RY} = \frac{2500}{CT1\text{차전류}} \cdot Z_{RY} = CF \times Z_{RY}$$

단 $CF = \frac{2500}{CT1\text{차 전류}}$, K_{PT} = PT의 변압비, K_{CT} = CT의 변류비

① 실측 임피던스

표 7-9로 제시된 실측한 선로 임피던스는 55kV 실계(實系) 임피던스이며 T-R, A-R 및 TF간 임피던스 중 큰 것을 Z_{55}로 선정함.

② 계전기계 임피던스 Z_{RY}로 환산

$$Z_{RY} = \frac{Z_{55}}{CF} = R_{RY} + jX_{RY}$$

Z_{55} : 55kV 실계 전차선 임피던스[Ω] ---------- HV value

Z_{RY} : Relay계로 환산한 전차선 임피던스[Ω] ----- LV value

계전기의 보호 범위는 그림 8-49에서 보는 바와 같이 계전기의 보호할 선로의 reactance로 D11은 Zone 1, D21은 Zone 2, D31은 Zone 3의 정정 값이고, D12는 back reach의 정정값, D13 및 D14는 선로의 보호하여야 저항 정정 값의 폭이다. 여기서 D15는 2조파 정정선으로 D14와 D15선 사이의 영역에서는 계전기 동작시간이 200ms 늘어남으로 돌입전류가 잔류하는 시간보다 길게 되므로 돌입전류에서 동작하지 않는다. 또 SP에 설치한 PDZI의 D12는 Back reach이므로 SP 내의 고장을 보호한다. 이 값들의 계산은 다음과 같이 한다.

1. 그림 8-31의 거리계전 ⓐ의 정정

(a) Set 1의 Zone 1 정정

D11-X downstream1 $= 0.9 \times X_{RY}$

D12-X upstream1 $= \dfrac{1}{CF}$

D13-R downstream $= 0.3 \times 1.2 \times R_{RY} = 0.36 \times R_{RY}$

D13의 최소 정정값은 1.6[Ω]임.

D14-R upstream $= 2 \times$ D13R − downstream $= 0.72 \times R_{RY}$

D14의 최소 정정값은 1.6[Ω]임.

D15의 최소 정정값은 1.6[Ω]임.

Temp = 0.05sec

Angle $\Phi = \tan^{-1}\dfrac{X_{RY}}{R_{RY}}$

Closing on Autotraf detection

H2 ratio : 10

따라서 55kV 기준 단위 거리당 임피던스가 Z=0.2256+j0.7328[Ω/km]이고 선로의 급전거리를 15.7km라면 선로의 임피던스 Z_{55}는

$$Z_{55} = (0.2256 + j0.7328) \times 15.7 = 3.5419 + j11.5050 = 12.0378 \angle 72.89°[\Omega]$$

이다.

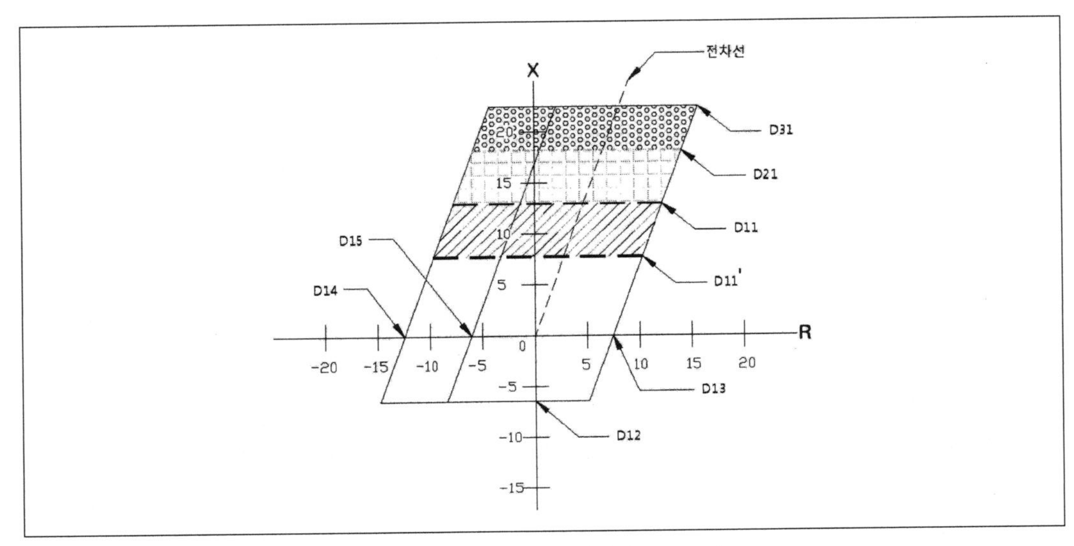

그림 8-49 ICE 거리계전기 보호 영역

여기서 PT : 55000/110V

CT : 1200/5A

라고 하면

$$CF = \frac{k_{PT}}{k_{CT}} = \frac{\frac{55000}{110}}{\frac{1200}{5}} = \frac{500}{240} = 2.0833$$

계전기계 임피던스 Z_{RY}는

$$Z_{RY} = \frac{Z_{55}}{CF} = R_{RY} + jX_{RY} = \frac{3.5419 + j11.5050}{2.0833}$$

$$= 1.7001 + j5.5225[\Omega]$$

계전기계 임피던스는 정정 step이 0.1[Ω] 단위이므로 계산치보다 바로 큰 값으로 0.1[Ω] 단위로 정정한다.

$$\text{D11-X downstream} = 0.9 \cdot X_{RY} = 0.9 \times 5.5225 = 4.9702 \rightarrow 6.0[\Omega]$$

D11의 최소 정정값은 6.0[Ω]임.

$$\text{D12-X upstream1} = 1.2 \times \frac{X_{RY}}{L_1} = \frac{5.5225}{15.7} = 0.4221[\Omega] \rightarrow 0.5[\Omega]$$

단, L1은 SS1 ↔ SP 사이의 거리 15.7km,

$$\text{D13-R downstream} 0.3 \times 1.2 \times R_{RY} = 0.36 \times 1.7001 = 0.6120 \rightarrow 1.6[\Omega]$$

D13의 최소 정정값은 1.6[Ω]임.

D14−R upstream =2×D13R−downstream= $2 \times 0.6120 = 1.2241 \rightarrow 1.6$[Ω]

D14의 최소 정정값은 1.6[Ω]임.

D15−최소 단위 1.6[Ω]

동작시간 : 0.05sec

임피던스 각도 : $\Phi = \tan^{-1}\dfrac{X_{RY}}{R_{RY}} = 72.89^{o} \rightarrow 73^{o}$

가 된다. 이들 정정 값은 그림 8−50 계전기의 real time operation screen LV drawing에 나타난다.

이 정정 값을 실제 선로 임피던스로 환산하면

$$Z_{55} = 12.0378\angle 72.89^{o} = 3.5416 + j11.5394[\Omega]$$

로 이 값들은 그림 8−51 계전기의 real time operation screen HV drawing에 나타난다.

이제 ICE 거리계전기의 set 1의 Zone 2의 정정을 계산하여 보자. 이 Zone 2의 보호 범위는 계전기 Zone 1의 보호 구역과 반대되는 선로, 즉 Zone 1의 보호 구역이 상행선이면 Zone 2의 보호 구역은 반대 방향의 하행선로이며, 따라서 정정 값은 동작시간과 리액턴스만 조정하고 다른 요소는 정정하지 않도록 되어 있다.

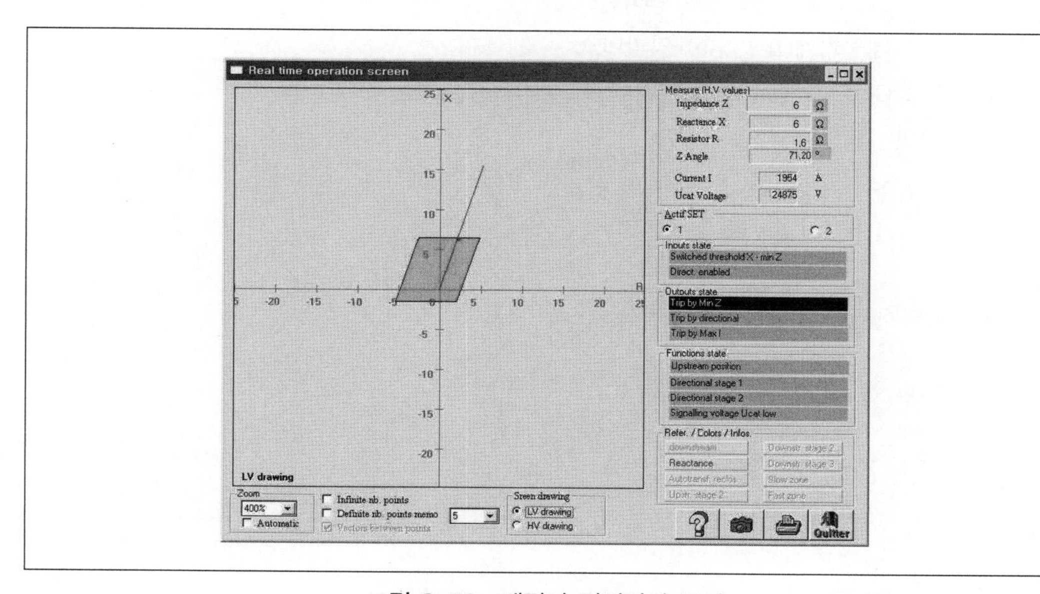

그림 8−50 계전기 정정치의 표시

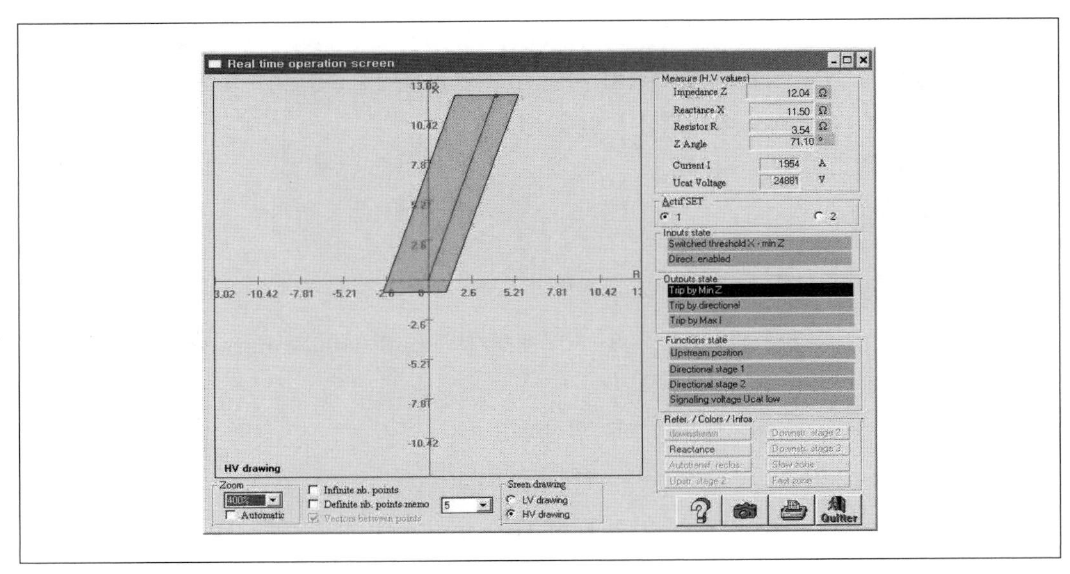

그림 8-51 55kV 실제 선로의 임피던스의 표시

V : 55000 V

I : 55kV 전차선의 전류[A]

Z_{55} : 55kV 실계 선로 임피던스

$Z_{27.5}$: 27.5kV 기준 선로 임피던스

Z_{RY} : 계전기계(繼電器系) 임피던스

CF : Conversion factor

라고 하면

$$Z_{55} = \frac{V}{I} = \frac{k_{PT} \times v_{RY}}{k_{CT} \times i_{RY}} = \frac{\frac{55000}{110}}{\frac{CT1차전류}{5}} \times Z_{RY}$$

$$= Z_{RY} \times \frac{2500}{CT1차전류} = Z_{RY} \times CF$$

$$\therefore Z_{RY} = \frac{Z_{55}}{CF} = R_{RY} + jX_{RY}$$

단, $CF = \dfrac{2500}{CT1차전류}$

① 실측 임피던스

표 7-9에 제시된 실측한 선로 임피던스는 55kV 실계(實系) 임피던스로 Zone 1에 적용했던 T-R간 임피던스 Z_{55}를 선택함.

② 계전기계 임피던스 Z_{RY}는 Zone 1에 적용한 값을 그대로 적용한다.

$$Z_{RY} = \frac{Z_{55}}{CF} = R_{RY} + jX_{RY}$$

Z_{55} : 55kV 실계 전차선 임피던스[Ω] ——— HV value

Z_{RY}: Relay계로 환산한 전차선 임피던스[Ω] — LV value

D21-X downstream1$= 0.9 \times X_{RY} + 1.2 \times X_{RY} = 2.1 \times X_{RY}$

Temp = 0.25sec

Angle $\Phi = \tan^{-1}\frac{X_{RY}}{R_{RY}}$

(b) Set 2의 정정

Set 2는 연장 급전시의 전차선로 보호를 목적으로 한다. 따라서 Set 2의 Zone 1의 보호 범위는 Set 1의 Zone 1의 보호 범위와 겹치게 되고, Zone 2의 보호 범위는 연장전차선로가 된다. 따라서 Zone 1의 정정은 Set 1의 정정값을 그대로 적용한다.

Zone 1의 정정

D11-X downstream1$= 0.9 \cdot X_{RY} = 0.9 \times 5.5225 = 4.9703 \rightarrow 6.0$[Ω]

D11의 최소 정정값은 6.0[Ω]임.

D12-X upstream$=1.2 \times \frac{X_{RY}}{R_{RY}} = 1.2 \times \frac{5.5225}{15.7} = 0.4221 \rightarrow 0.5$[Ω]

단, L_1은 SS1↔SP 사이의 거리 15.7km

D13-R downstream$=0.3 \times 1.2 \times R_{RY} = 0.36 \times R_{RY} = 0.36 \times 1.7001$
$= 0.6120 \rightarrow 1.6$[Ω]

D13의 최소 정정값은 1.6[Ω]임.

D14-R upstream $=2 \times$ D13R-downstream$= 0.72 \times R_{RY} = 0.72 \times 1.7001$
$= 1.2241 \rightarrow 1.6$[Ω]

D14의 최소 정정값은 1.6[Ω]임.

D15의 최소 정정값은 1.6[Ω]임.

Temp = 0.05sec

$$\text{Angle}\quad \Phi = \tan^{-1}\frac{X_{RY}}{R_{RY}} = \tan^{-1}\frac{5.5225}{1.7001} = 72.89^{\circ} \rightarrow 73^{\circ}$$

Closing on Autotraf detection

H2 ratio : 10

가 된다.

Zone 2의 정정값은

$$\text{D21-X downstream1} = 1.2 \times X_{RY} \times \frac{L_1 + L_2}{L_1} = 1.2 \times 5.5225 \times \frac{35.7}{15.7}$$

$$= 15.0069[\Omega] \rightarrow 15.1[\Omega]$$

단 L_1은 SS1↔SP 사이의 거리 15.7km, L_2는 SP↔SS2 사이의 거리 20[km]

Temp = 0.25sec

$$\text{Angle}\quad \Phi = \tan^{-1}\frac{X_{RY}}{R_{RY}} = \tan^{-1}\frac{5.5225}{1.7001} = 72.89^{\circ} \rightarrow 73^{\circ}$$

로 된다.

2. SP 거리계전기 ⓒ의 정정

그림 8-31의 SP에 설치되어 있는 ICE의 거리계전기 ⓒ의 전방 보호는 평택과 천안 사이의 전차선로를, 후방 back reach는 천안 SP 내의 고장(고장점 F_0)을 보호하게 되므로 매우 중요하다. 전방 보호는 보호거리의 1.2배로 정정하고, back reach로 SP 내의 AT 고장을 포함한 모든 고장을 보호하여야 하므로 AT의 임피던스를 커버할 수 있도록 back reach는 Reactance D12의 정정은 1[Ω] 이상으로 하여야 하고, D13, D14는 거리계전기 ⓐ의 set 1의 Zone 1과 같이 한다. 동작시간은 0.05초로 정정한다.

따라서

$$\text{D11-X downstream} = 1.2 \cdot X_{RY} = 1.2 \times 5.5225 = 6.6270 \rightarrow 6.7[\Omega]$$

$$\text{D12-X upstream1} = \frac{1}{CF} = \frac{1}{2.0833} = 0.4800 \rightarrow 0.5[\Omega]$$

D13-R downstream=1.6[Ω]

D13의 최소 정정값은 1.6[Ω]임.

D14-R upstream=1.6[Ω]

D14의 최소 정정값은 1.6[Ω]임.

D15=1.6[Ω]

D15의 최소 정정값은 1.6[Ω]임.

동작시간 : 0.05sec

임피던스 각도 : $\Phi = \tan^{-1}\dfrac{X_{RY}}{R_{RY}} = 72.89^{\circ} \rightarrow 73^{\circ}$

가 된다.

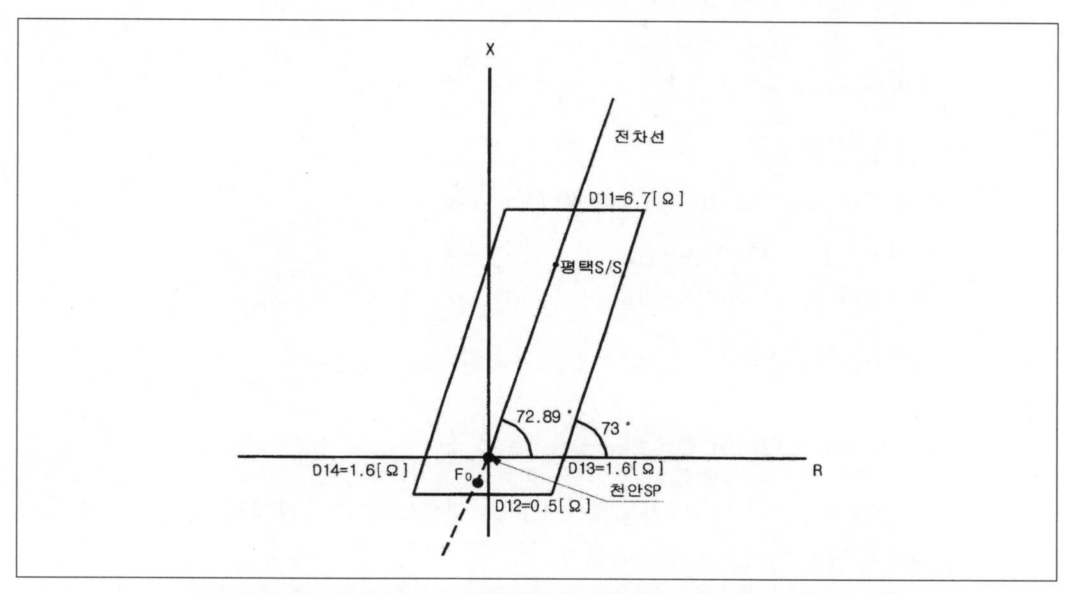

그림 8-52 SP에 설치된 ICE거리계전기ⓒ의 보호 범위(F_0점 고장보호)

2) Siemens 거리계전기

Siemens 계전기의 정정도 ICE 거리계전기와 같은 기준으로 한다. 그림 8-31의 거리계전기 ⓐ에 대하여는 Siemens 거리계전기는 back reach정정이 없고 다만 방향성이 없는 고속 과전류계전기로 보호한다. 다만 SP의 거리계전기 ⓒ는 AT를 포함한 SP 내의 고장을 후방보호로 담당하여야 하므로 Zone 1의 크기와 방향을 따로 정정하여야 한다. 이제 보호 범위가 평상급전 구간인 계전기가 설치된 변전소(SS)와 급전 구분소(SP) 사이 선로를 보호하는 Zone 1과 연장급전 구간을 보호하는 Zone 2의 정정의 예를 들어 보자. 여기서 표 7-9에 표시된 실측 선로 임피던스는 55kV 실계 임피던스이므로 주의하여야 한다.

(a) 그림 8-31의 거리계전기 ⓐ 및 ⓑ의 정정

Zone 1 정정

전제 조건

55kV based impedance per km : Z_{55}

Relay input impedance : Z_{RY}

Distance between SS and SP : L_1

Relay input impedance $Z_1 = Z_{RY} = 0.9 \times Z_{55} \times L_1 \times \frac{1}{CF}$

Conversion factor $CF = \frac{2 \times k_{PT}}{k_{CT}} = \frac{1000}{k_{CT}}$,

Zone 2의 정정

55kV based impedance per km : Z_{55}

Relay input impedance : Z_{RY}

변전소와 변전소 사이의 거리 : L_2

계전기 입력 임피던스 : $Z_2 = Z_{RY} = 1.2 \times Z_{55} \times L_2 \times \frac{1}{CF}$

Conversion factor $CF = \frac{2 \times k_{PT}}{k_{CT}} = \frac{1000}{k_{CT}}$

CF에서 분모의 곱수 2는 CT차동결선에 따른 전류입력이며, 따라서 선로의 실 임피던스와 계전기 입력 임피던스의 관계에서

$$Z_{55} = \frac{V_{55}}{I_{55}} = \frac{2 \times k_{PT} \times v_{RY}}{k_{CT} \times i_{RY}} = \frac{1000}{k_{CT}} \times Z_{RY} = CF \times Z_{RY}$$

단 여기서

V_{55} : 전차선로에 인가된 전압[V]= 55000[V]

I_{55} : 55kV 전차선 전류[A]

k_{PT} : PT의 변압비$\left[= \frac{55000}{110} = 500\right]$

k_{CT} : CT의 변류비$\left[= \frac{CT\,1차\,전류}{5}\right]$

v_{RY} : 계전기 입력 전압 = 여기서는 110[V]

i_{RY} : 계전기 입력 전류[A]

$CF = \frac{1000}{k_{CT}}$

$$\therefore Z_{RY} = \frac{Z_{55}}{CF} = R_{RY} + jX_{RY}$$ 가 됨.

정정 시간 : 0.00sec

방향 정정 : Forwards

각도 정정 Zone1 : Angle $\alpha = -15^o$

Zone 1 : Angle $\beta = 130^o$

$$\frac{di}{dt} = k(I_{kmin} - I_N) = 0.5 \times \left(\frac{V_2}{2Z_S + 2Z_T + Z_2} - I_N \right) \times \frac{1}{CT\,1차\,전류}$$

단 여기서

I_{kmin} : Zone 2 말단에서의 최소 단락전류

Z_S : 전원 임피던스[Ω]

Z_T : 변압기 임피던스[Ω]

Z_2 : 고장점까지의 전차선 55kV 기준 실계 임피던스[Ω]

Zone 2에만 $\frac{di}{dt}$의 기능이 있는데 전기차가 Zone 2의 보호 영역에 들어서면 전류가 급격히 증가하나 전류 증가율 $\frac{di}{dt}$는 전기차 motor coil을 경유하게 되므로 고장전류에 비하여 그 크기가 매우 작아서 계전기 동작이 억제되고 또 연장 급전시 전차선 전류의 방향이 반대가 되므로 부하 임피던스가 거리계전기(그림 8-31의 ⓒ 및 ⓓ 계전기) 보호 영역을 침범하게 될 수가 있으나 전류의 변화율이 매우 낮아 $\frac{di}{dt}$ 정정치 이하가 되므로 오동작은 억지된다. Zone 2의 정정은 보호거리의 변경 이외에는 Zone 1의 정정과 같다. 앞에서 예를 든 전차선의 단위 km당 55kV 실계 선로 임피던스가 Z_{55}=0.2256+j0.7413[Ω/km]이고, 급전거리를 15.7km인 선로의 임피던스 Z_{55}는

$$Z_{55} = (0.2256 + j0.7413) \times 15.7 = 3.5419 + j11.6384$$
$$= 12.1654 \angle 73.07^o [\Omega]$$

여기서 PT 55000/110V

CT 1200/5A

Conversion factor : $CF = \frac{500}{k_{CT}} \times 2 = \frac{1000}{k_{CT}} = \frac{1000 \times 5}{1200} = 4.1667$

Relay setting imp : $Z_1 = 0.9 \times Z_{55} \times \frac{1}{CF} = \frac{0.9 \times 12.1654 \angle 73.07°}{4.1667}$

$= 2.6277 \angle 73.07° \rightarrow 2.7[\Omega]$

정정 시간 : 0.05sec

방향 정정 : Forwards

각도 정정 Zone 1 : Angle $\alpha = -15°$

Zone 1 : Angle $\beta = 130°$

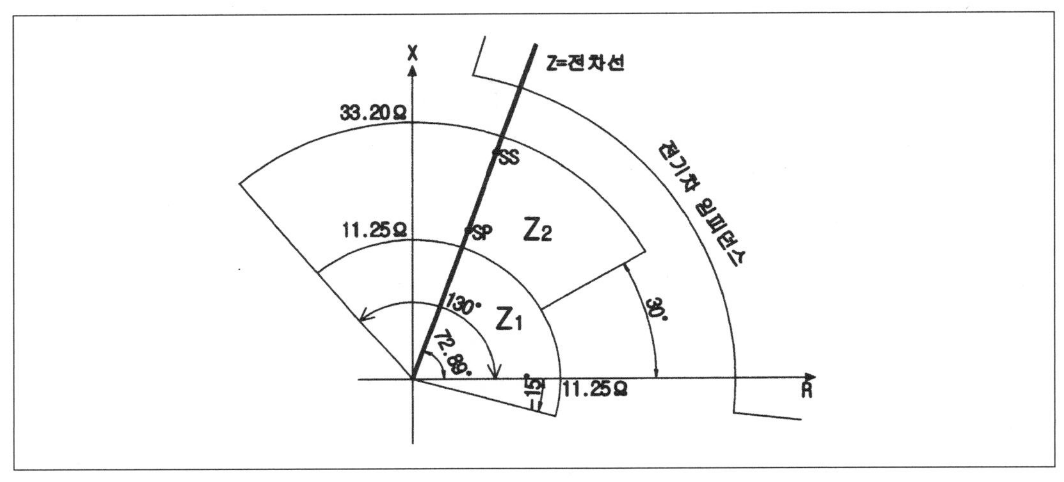

그림 8-53 55kV 실계를 기준으로 한 Siemens거리계전기의 동작 특성 예

Zone 2의 정정

선로 거리를 35.7km라고 하면

$Z_{55} = (0.2256 + j0.7413) \times 35.7 = 8.0539 + j26.4644 = 27.6628 \angle 73.07° [\Omega]$

여기서 PT : 55000/110V

CT : 1200/5A

Conversion factor : $CF = \frac{2 \times 500}{k_{CT}} = \frac{1000}{k_{CT}} = \frac{1000 \times 5}{1200} = 4.1667$

Relay setting imp : $Z_2 = 1.2 \times Z_{55} \times \frac{1}{CF} = \frac{1.2 \times 27.6628 \angle 73.07°}{4.1667}$

$= 7.9668 \angle 73.07° \rightarrow 8.0[\Omega]$

정정 시간 : 0.25sec

방향 정정 : Forwards

각도 정정

Zone 2 : Angle $\alpha = 30°$

여기서 $\frac{di}{dt}$의 정정은 다음과 같다.

V_2 : 55kV

전원 %임피던스 : 0.65+j2.65[%] ── 100MVA base

변압기 %임피던스 : j10[%] Based at self cap base

55kV 기준 전차선 임피던스 : 0.2256+j0.7413[Ω/km]

전차선 거리 : 35.7km

라 할 때 고장점까지의 55kV 기준 임피던스[Ω]은

$$Z = \frac{2 \times 10 \times 55^2 \times (0.65 + j2.65)}{100000} + \frac{2 \times 10 \times 55^2 \times j10}{60000}$$

$$+ (0.2256 + j0.7413) \times 35.7$$

$$= 8.4472 + j38.1510 = 39.0750 \angle 77.52° [\Omega]$$

$$\frac{di}{dt} = 0.5 \times (I_{kmin} - I_N) = 0.5 \times \left(\frac{55000}{39.0750} - 800 \right) \times \frac{1}{800}$$

$$= 0.3797 \rightarrow 0.38IN$$

이므로 정정은 1.9A(실계 전류=304A)로 되며 이때의 Siemens 계전기의 보호 특성은 그림 8-42(그림 8-34를 중복으로 게재)와 같이 된다.

(b) SP 거리계전기 ⓒ의 정정(F_0점 고장보호)

그림 8-31의 SP에 설치되어 있는 Siemens 거리계전기는 back reach의 크기가 조정되지 않으므로 ⓒ계전기의 Z1은 전방보호를 위하여 거리계전기 ⓐ와 같이 보호대상 거리의 1.2배로 정정하고, 동작시간도 거리계전기 ⓐ와 같이 0.05초로 정정한다. Z2의 동작시간을 ∞(부동작)로 하고 Z1의 동작방향 Address1227 및 Z2의 동작방향 Address 1228을 non-direction으로 정정한다. 따라서 ⓒ계전기의 보호 범위는 그림 8-54와 같이 임피던스 평면의 1상항과 3상항에 원점 대칭으로 보호 구역이 생긴다. 따라서 병렬 급전시 상하행선 Tie운전을 하면 연장급전 구간 고장시 상하행선 모두가 정전되게 된다.

Relay setting imp(Address 1204) :

$$Z_1 = 1.2 \times Z_{55} \times \frac{1}{CF} = \frac{1.2 \times 12.1654 \angle 73.07°}{4.1667}$$

$$= 3.5036 \angle 73.07° \rightarrow 3.6 [\Omega]$$

Z_1 정정 시간(Address1221) : 0.05sec
Z_1 방향 정정(Address 1227) : Non-directional

Z_1 각도 정정

Zone 1(Address1213) : Angle $\alpha = -15°$
Zone 1(Address1214) : Angle $\beta = 130°$

Relay setting imp : Z_2 no setting
Z_2 정정 시간(Address 1225) : ∞

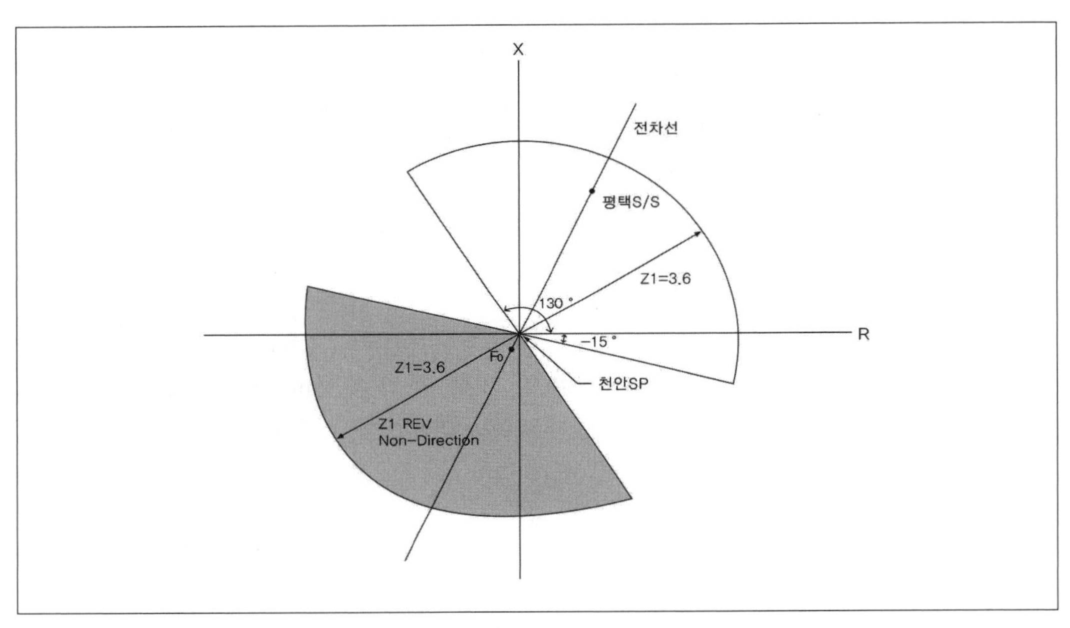

그림 8-54 SP에 설치된 Siemens거리계전기 ⓒ의 보호 범위((F_0점 고장보호)

3) Mitsubish 거리계전기

일본 Mitsubish사가 제작한 거리계전기는 실제 보호대상 선로 임피던스는 평상운전 실계 임피던스 $Z_L=R_L+jX_L$과 축소 영역 임피던스 $Z_S=R_S+jX_S$의 2가지로 정정하게 되어 있다. ICE 거리계전기는 후방 리치도 정정하도록 되어 있는데 반하여 Mitsubish 거리계전기는 후방 리치(Back reach)가 default로 정하여져 있고 보호구역이 1개 구역으로 되어 있어 이 1개 보호구역으로 연장급전 구역까지를 보호하게 되어 있으나 SP에도 계전기를 분할 설치하는 경우 보호구간이 〈변전소↔SP〉가 될 수 있다. 또 연장급전 시 전기차 부하가 상당히 커서(즉 전기차 임피던스가 작아서) 거리계전기의 정정 범위 $Z_L=R_L+jX_L$가 정상 운전 중인 전기차의 기동 임피던스에 의하여 침범 당할 우려가 있을 때 정정 값을 축소영역 $Z_S=R_S+jX_S$로 절체(切替-change over)하도록 되어 있다. 이는 보호구역이 1개로 되어 있어 연장급전 구역까지가 보호구역에 포함될 경우가 있기 때문이다. 또 전기차가 작아서(전기차의 임피던스가 커서) 보호구역을 침범할 우려가 없을 때에는 축소영역을 정정하지 않아도 무방하다. 축소영역을 정정한 경우 계전기가 감지한 전류에 3조파와 5조파가 함유되어 있으면 정정값이 축소영역으로 자동적으로 절체(Switching over)된다. 이는 고장전류에는 고조파가 거의 함유되어 있지 않으나 운전전류에는 상당량의 고조파가 함유되어 있어 고조파로 운전전류인지 고장전류인지를 판정하여 이를 절체신호로 쓰기 때문이다. 고조파에 의한 계전기 동작 억지(抑止-restraint)가 주로 저차 고조파 함량이 12~15% 정도 되는 것을 기준으로 하고 있다. 이제 실제 거리계전기의 정정 실례를 보기로 한다. 위에서 계산한 전차선로 임피던스를 응용하여 충북선의 거리계전기를 예로 정정하여 보기로 한다.

(a) 그림 8-31의 거리계전 ⓐ의 정정

보호 범위 : 증평-충주 변전소간 전차선 길이 45.31km

Scott결선 변압기 : T상 부하

Feeder CT : 800/5A

전차선로의 55kV 실계 단위 거리당 임피던스는 $Z_{55}=0.2256+j0.7328[\Omega/km]$이므로 전선로 임피던스 Z_{55}는

$$Z_{55}=(0.2256+j0.7328)\times 45.31=10.2219+j33.2032$$
$$=34.7410\angle 72.89°[\Omega]$$

27.5kV 기준으로 한 임피던스를 $Z_{27.5}$라 하면

$$Z_{27.5}=\frac{1}{4}\times(10.2219+j33.2032)=2.5555+j8.3008$$
$$=8.6853\angle 72.89°[\Omega]$$

따라서

$$Z_{55}=Z_{RY}\times\frac{k_{PT}}{k_{CT}}=Z_{RY}\times\frac{500}{160}=3.125\times Z_{RY}$$

단 여기서 Z_{RY} : 계전기 검출 전차선로 impedance

$$CF=\frac{k_{PT}}{k_{CT}}=\frac{500}{\frac{800}{5}}=3.125$$

$$Z_{27.5} = \frac{1}{4} \times Z_{55} = 0.7813 \cdot Z_{RY}$$

이므로

$$Z_{55} : Z_{RY} : Z_{27.5} = 3.125 : 1 : 0.7813$$

계전기계 임피던스 정정값 R_{RY} 및 X_{RY} 는 55kV를 기준으로 하였을 때

$$X_{RY} = X_{55} \times 1.2 \times \frac{1}{3.125} = 33.2032 \times 1.2 \times \frac{1}{3.125} = 12.75 \rightarrow 13[\Omega]$$

$$R_{RY} = R_{55} \times 1.2 \times \frac{1}{3.125} = 10.2219 \times 1.2 \times \frac{1}{3.125} = 3.9252 \rightarrow 4[\Omega]$$

조정 각도 Φ는

$$\Phi = \tan^{-1}\left(\frac{X_{55}}{R_{55}}\right) = \tan^{-1}\left(\frac{33.2032}{10.2219}\right) = 72.89° \rightarrow 73°$$

가 된다.

27.5kV 기준으로 한 거리계전기 정정값은

$$X_{RY} = 8.3019 \times 1.2 \times \frac{1}{0.7813} = 12.7509 \Rightarrow 13(\Omega)$$

$$R_{RY} = 2.5555 \times 1.2 \times \frac{1}{0.7813} = 3.925 \Rightarrow 4(\Omega)$$

$$\Phi = \tan^{-1}\left(\frac{8.3019}{2.5555}\right) = 72.89° \Rightarrow 73°$$

로 되어 55kV 기준 정정값과 같게 된다. 이 Mitsubish 거리계전기의 보호 특성은 그림 8-55와 같이 된다.

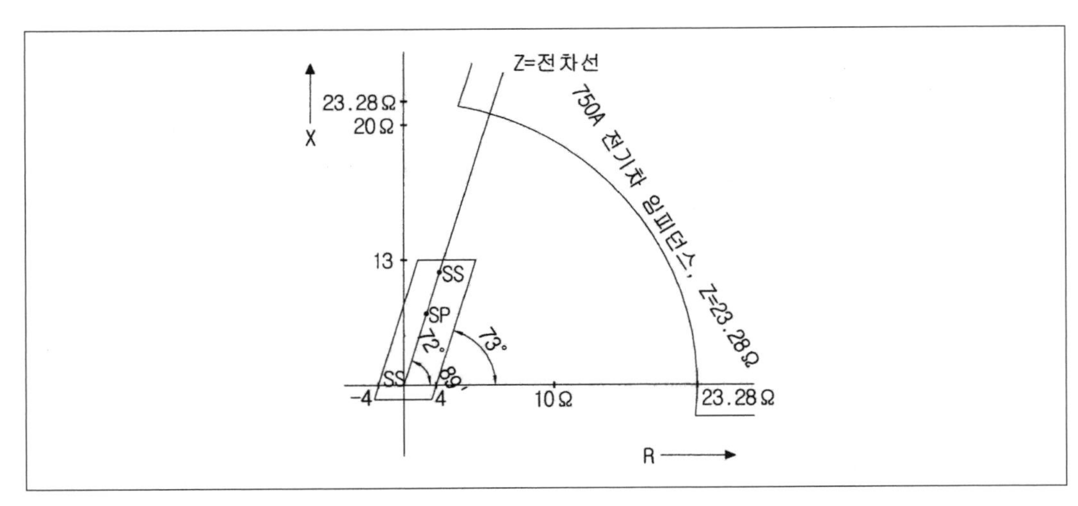

그림 8-55 Mitsubish 거리계전기 보호 특성

ICE 계전기에 있어서는 후방리치(Back reach)를 1km 정도로 정정하고 있으나 일본 Mitsubish 거리계전기는 이 back reach가 default로 정하여져 있으므로 별도로 조정할 수 없다. 사업계획서에 의하면 전기차 전류는 378.13A이므로 기동전류를 이 전류의 2배로 가정하여 756A라 하면 55kV 기준 전기차의 impedance Z는

$$Z_{55} = \frac{55000}{756} = 72.75[\Omega]$$

가 되며, 계전기가 계측한 전기차의 impedance는

$$Z_{RY} = \frac{72.75}{3.125} = 23.28[\Omega]$$

로 그림 8-55에서 보는 바와 같이 계전기의 보호 범위와의 사이에는 상당히 거리가 있음을 알 수 있다. 일본 Mitsubish 거리계전기는 연장급전 시 전차 운행 빈도가 높아 선로 임피던스와 전기차 임피던스 간격이 매우 좁아 계전기 보호 범위와 전기차 임피던스가 서로 충돌할 가능성이 있을 때에는 전기차가 변전소에 접근하여 올 때 X와 R을 축소하여 작은 값으로 절체(切替-Change over)하여 적용하도록 되어 있으나 이 계통에서는 선로 임피던스와 전기차 임피던스의 간격이 넓어 특별히 운전 중 임피던스를 축소영역으로 조정할 필요는 없다.

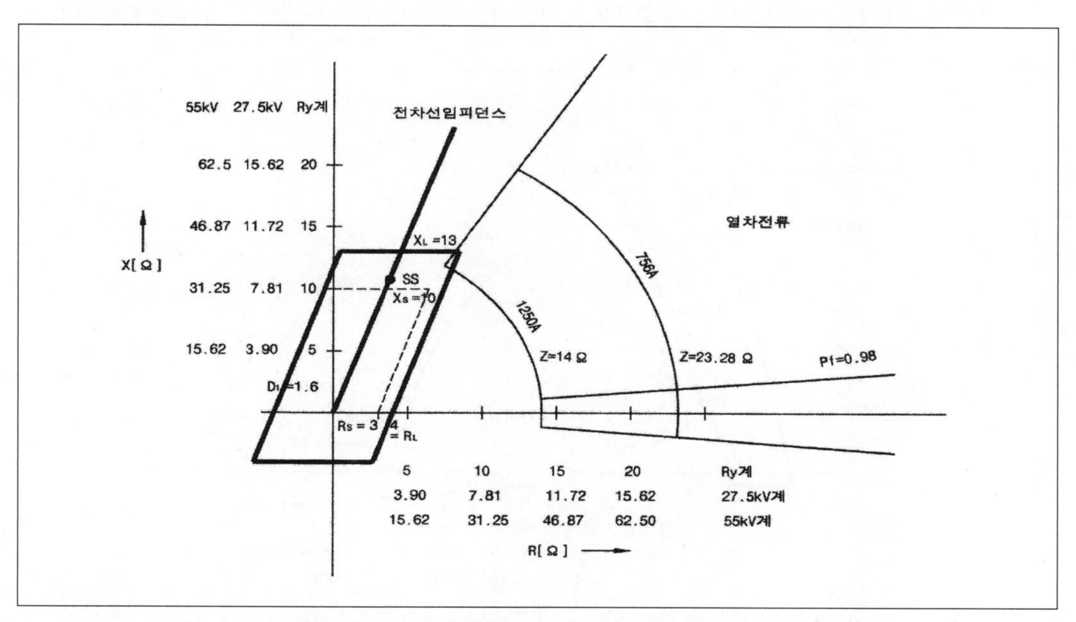

그림 8-56 Mitsubish 거리계전기 축소 조정과 전기차 임피던스

만일 전기차의 기동전류가 1250A 정도가 되면 전기차의 기동 임피던스는 55kV 기준으로 $Z_{55} = \frac{55000}{1250} = 44[\Omega]$ 또 계전기 입력 환산 임피던스는 $Z_{RY} = \frac{44}{3.125} = 14.08[\Omega]$가 되어 그림 8-56에서 보는 바와 같이 거리계전기의 보호범위를 침범하게 되므로 축소영역을 정정하여야 한다. 축소 비율은 보호 곡선과 전기차 기동 임피던스가 서로 접촉하지 않도록 정정하여야 하므로 그 비율을 0.8로 하기로 한다.

$$X_S = 33.2032 \times 1.2 \times \frac{1}{3.125} \times 0.8 = 10.20 \rightarrow 10.0[\Omega]$$

$$R_S = 10.2219 \times 1.2 \times \frac{1}{3.125} \times 0.8 = 3.140 \rightarrow 3.0[\Omega]$$

가 된다. 전기차의 속도가 300km/h이면 초속은 83.333m/sec이므로 Trip time 0.05sec 동안의 이동 가능 거리는 4.17m이어서 전기차가 계전기의 보호범위에 들어오면 0.05초 사이에 전기차는 거리계전기의 보호범위를 벗어날 수 없으므로 계전기 동작은 피할 수 없게 된다. 따라서 Siemens 계전기에는 보호 구역 Zone 2에는 $\frac{di}{dt}$ 특성이 있어 전기차의 임피던스 침입에 의한 계전기의 오동작을 막고 있으며, ICE 거리계전기는 그림 8-57과 같이 보호 영역의 보호 각도를 조정하므로 거리계전기의 오동작을 방지하고 있다. 이때 전차선 임피던스 궤적(軌跡–Locus)이 계전기 보호범위를 벗어나는 일이 없도록 세밀하게 검토하여야 한다.

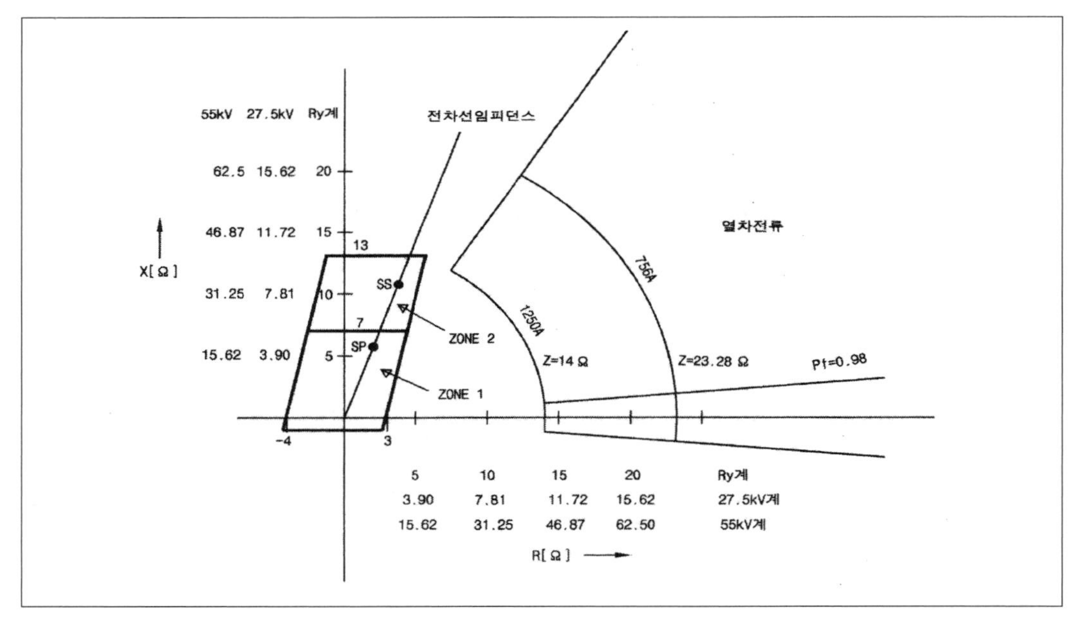

그림 8-57 ICE의 거리계전기 보호 범위 조정

(b) 그림 8-31의 거리계전 ⓒ의 정정

SP에 거리계전기 ⓒ를 설치하는 경우 거리계전기 ⓒ의 정정은 Mitsubish 계전기 특성상 ⓐ계전기 정정값을 그대로 한다. back reach는 Default로 고정되어 있으므로 추가 정정을 할 수 없다. 따라서 SP에서 보호할 SS까지의 거리를 20km라고 하면

$$X_{RY} = X_{55} \times 1.2 \times \frac{1}{3.125} = \frac{33.2032}{45.31} \times 20 \times 1.2 \times \frac{1}{3.125} = 5.6279 \rightarrow 6[\Omega]$$

$$R_{RY} = R_{55} \times 1.2 \times \frac{1}{3.125} = \frac{10.2219}{45.31} \times 1.2 \times \frac{1}{3.125} = 0.0866 \rightarrow 2[\Omega]$$

조정 각도 Φ는

$$\Phi = \tan^{-1}\left(\frac{X_{55}}{R_{55}}\right) = \tan^{-1}\left(\frac{33.2032}{10.2219}\right) = 72.89^{\circ} \rightarrow 73^{\circ}$$

로 정정한다.

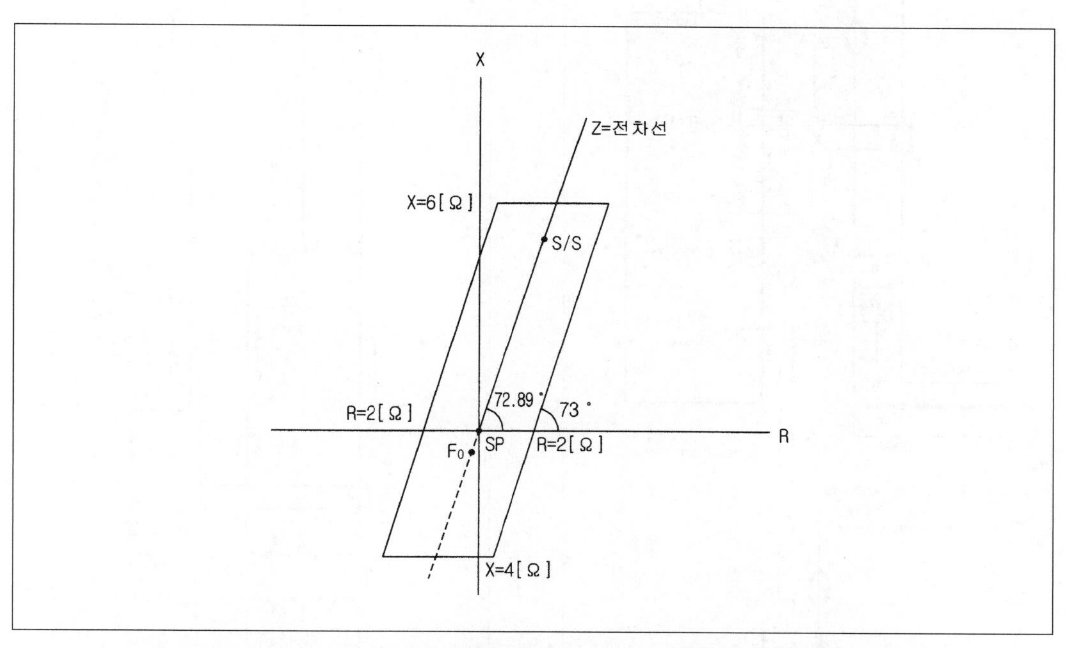

그림 8-58 SP에 설치된 Mitsubish거리계전기 ⓒ의 보호범위(F_0점 고장보호)

8-5-6. ICE 계전기 PDZI의 De-icing system 보호

전차선에 끼어 있는 성에(Frost)를 제거하는 설비를 하는 경우 ICE 거리계전기 PDZI-N에는 이 설비를 보호하는 계전 요소가 내장되어 있다. 프랑스 SNCF에서는 De-icing전류는 850~900A(SNCF의 전차선은 Cu 150mm^{2}임)로 De-icing전류에 의한 전차선의 가온(加溫)은 +10K 정도이고, 가열시간은 약 15분으로 한다. 이 값은 동의 온도 상승 열시정수로 정한 값이다.

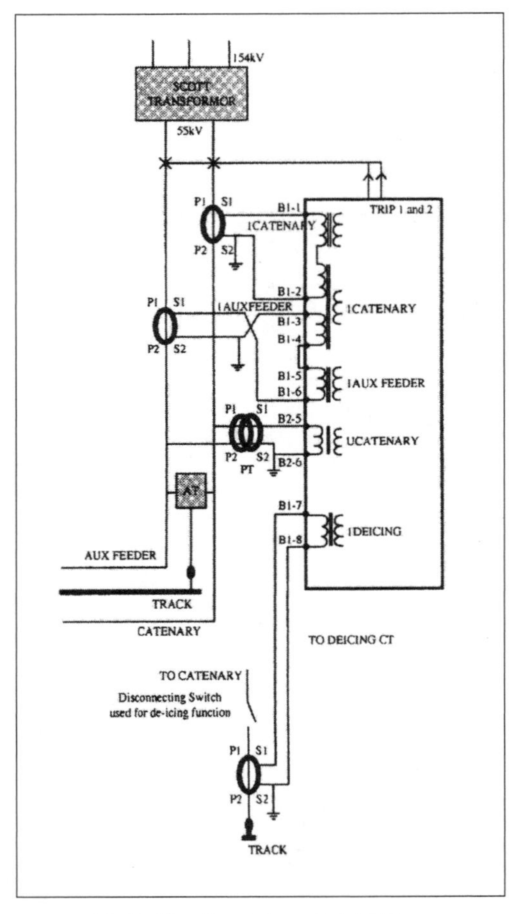

그림 8-59 De-icing 보호계통

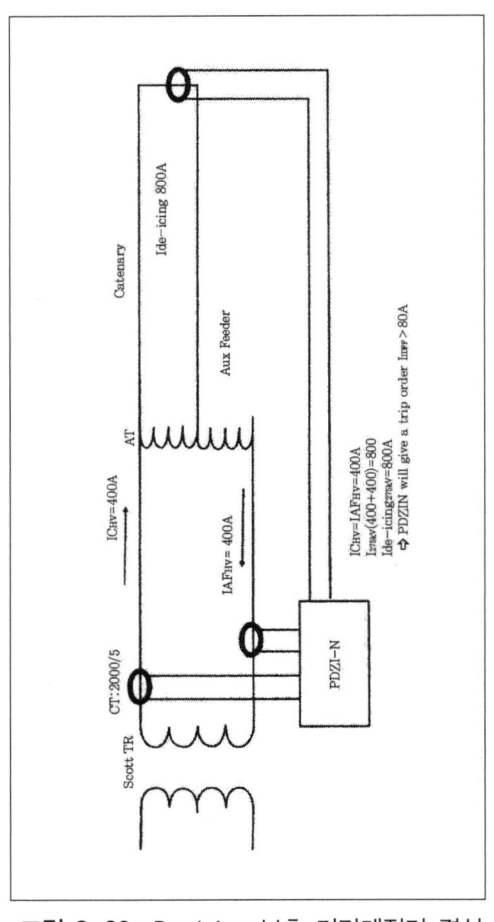

그림 8-60 De-icing 보호 거리계전기 결선

De-icing 시스템의 보호는 Differential current(loop전류의 5~10%) setting과, De-icing loop가 회로에 투입되어 있는 동안에는 전차선이 Rail과 접속되어 있어 거리계전기는 선로 고장으로 감지하게 되므로 전차선이 Rail과 접속되어 있는 지점까지의 전차선 리액턴스가 거리계전기의 리액턴스 정정 값보다 커서 보호범위를 벗어나야 동작하지 않으므로 별도로 조정 가능하도록 계전기에는 전차선 reactance D11′를 별도로 구비하고 있으며 이와 동시에 과전류 계전 요소도 가지고 있다. 그림 8-59 및 8-60은 ICE 거리계전기 PDZI와 De-icing 보호 결선도이며, 아래에 고속전철의 De-icing 정정 실례를 든다. De-icing 보호계전기는 ICE사 거리계전기인 PDZI의 한 계전 요소로 내장되어 있다.

우리나라 고속철도에 융설설비라 하여 De-icing설비와 그 보호계전기가 설치되어 있는 실례가 있어 De-icing system에 대한 SNCF의 추천 값을 아래와 같이 소개한다.

Recommended loop current	850~900A
Recommendable operating duration	app 15min
Recommended temperature rise	+10K

(+10K temp rise and duration 15mim is recommended related to heating time constant of copper)

고속전철에 설치되어 있는 De-icing system의 한 예는 loop거리 36.62km, loop전류 751A, 사용 CT 800/5A로 되어 있는데 이 계전기의 정정 실례를 들면 다음과 같다.

Differential current　　5~10% of loop current

예　751A인 경우 $751 \times \frac{5}{100} = 37.75[A]$

CT 800/5A

setting threshold= $37.75 \times \frac{1}{800}$ =0.0472IN---0.05IN

Therefore setting threshold　I= 0.05IN

Tripping time　　0.15sec

D11′의 계산

$$D11' 의\ Z = \frac{계통의\ 정격\ 전압}{loop\ 전류} = \frac{27500}{751} = 36.62[\Omega]$$

27.5kV impedance와 계전기 impedance의 비=0.7813라 하면 D11′의 setting은 계산값의 70~80%로 하고

Setting impedance Z=36.62×0.75/0.7813=21.4584[Ω] ―― 21.0[Ω]

과전류 정정

전류 정정

$$I = \text{Loop current} \times 1.2 = 751 \times 1.2 \times \frac{1}{800} = 1.1265\text{IN} \text{ ——————— } 1.15\text{IN}$$

단 CT=800/5A

동작시간 정정

Trip time≤0.15sec at max fault current

따라서 setting current와 time multiplier △t는

$I' = 800 \times 1.15 = 920\text{A}$일 때

$$t_c = \frac{0.047 \times \Delta t}{\left(\frac{I}{I'}\right)^{0.02} - 1} = 0.15$$

$$t_c = \frac{0.047 \times \Delta t}{\left(\frac{6215}{920}\right)^{0.02} - 1}$$

$\therefore \Delta t = 0.1243 \fallingdotseq 0.12$ 임.

여기서 I=6215A는 계통의 단락전류이고, 계전기 특성은 제작사인 ICE의 특성식이다.

8-6. 전류증분(△I)계전기 등 기타 계전기

8-6-1. 전류증분(ΔI)계전기

전류증분(△I)계전기는 일본 Mitsubish사가 제작한 거리계전기의 한 요소로 포함되어 있고, 단독으로 되어 있는 전류증분(△I)계전기는 쯔다전기(津田電氣)가 개발한 바가 있다. △I계전기는 일본 특유의 계전기로 선로의 전류 변화분 가운데 돌연한 전류증분(增分-△I라고 함)만을 검출하여 급전 계통의 고장 여부를 판단하는 계전기로써 과전류계전기와는 다르다.

일본철도총합기술연구소(日本鐵道總合技術研究所) 발간 RRR에 기고한 일본철도전력계통 대가인 동연구소 한 권위자의 기술보고서에서 계통보호에 △I계전기와 거리계전기를 일체로 한 Mitsubish사 계전기와 같은 2중계 보호가 가능한 형태의 계전기를 적용하도록 추천하고 있다[(1)].

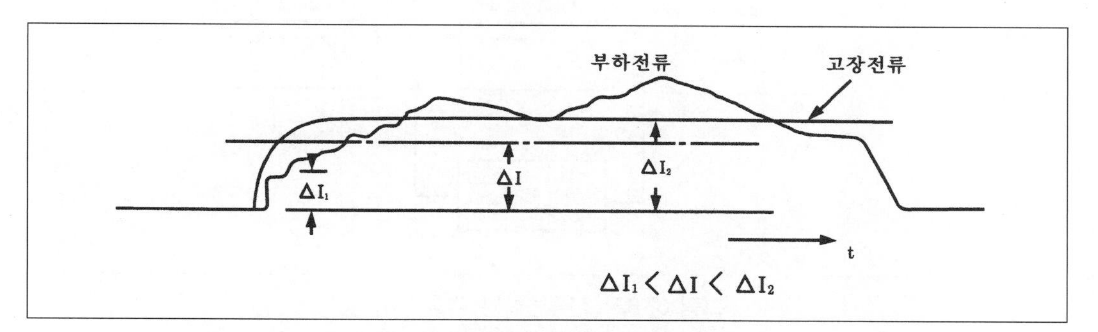

그림 8-61 부하전류와 고장전류

실 계통에서 전류증분(△I)계전기는 거리계전기에 비하여 광범위한 지락저항을 보호할 수 있으므로 매우 유용한 보호수단이 될 수 있다. 전기철도에서는 최대 부하 전류가 선로의 원거리 지점에서 발생하는 고장전류를 초과는 경우가 있는데 이런 경우에는 과전류계전기로는 고장전류를 검출하여 차단하면 부하전류에서도 차단되게 되므로 전류증분(△I)계전기로 이를 보호하는 것이 매우 유용하다. 선로에서의 돌연한 증분전류(△I)는 전기기관차의 노치 투입이나 선로 단락고장으로 발생한다. 이 두 경우의 차이는 전류의 고조파 함유율로 판별하고 있는데 고장전류에는 고조파가 거의 함유되어 있지 않으나 운전전류에는 상당량의 3, 5차 등의 고조파가 함유되어 있기 때문이다. 특히 과전류 계전기나 전류증분(△I)계전기는 무부하 선로에 처음 전원 투입할 때 AT의 무부하 돌입전류라든가, 전차선 절연구분 장치(Neutral section)를 팬토그라프(Pantograph)가 통과할 때 전기차가 장비하고 있는 변압기의 무부하 돌입전류 등으로 인한 불요동작(不要動作)이 문제가 될 수 있으므로 이를 방지하기 위하여 기본파 전류만을 계전기 동작력으로 이용하며, 돌입전류에 의한 오동작을 피하기 위하여 Scalar형 △I 계전기에서는 과거 우리나라의 주안, 군포 등 Analog계전기를 설치한 변전소의 예를 보면 계전기 동작시간을 지연시키는 등의 방법을 택하였으나, 근래의 Vector형 △I 계전기는 제2조파가 15% 이상 함유되어 있으면 무부하 돌입전류로 판단하여 동작을 억지하도록 되어 있다. 동시에 운전전류에 포함되어 있는 기본파에 대한 제3조파의 함유 비율이 15%가 되면 그림 8-63에서 보는 바와 같이 기본파 전류 2배에서 동작되도록 동작감도가 둔화된다. 예를 들면 △I 정정 값이 2A라 하면 3조파 함유율이 0%일 때에는 2A에서 동작하나 3조파 함유율이 15%일 때에는 4A에서 동작한다. PWM 제어차는 저차 고조파 발생이 감소하고 고차 고조파가 많이 발생하며 운전 전류의 역률이 1에 가까워져 vector 연산형 △I형 계전기(50FV)로 대응한다.

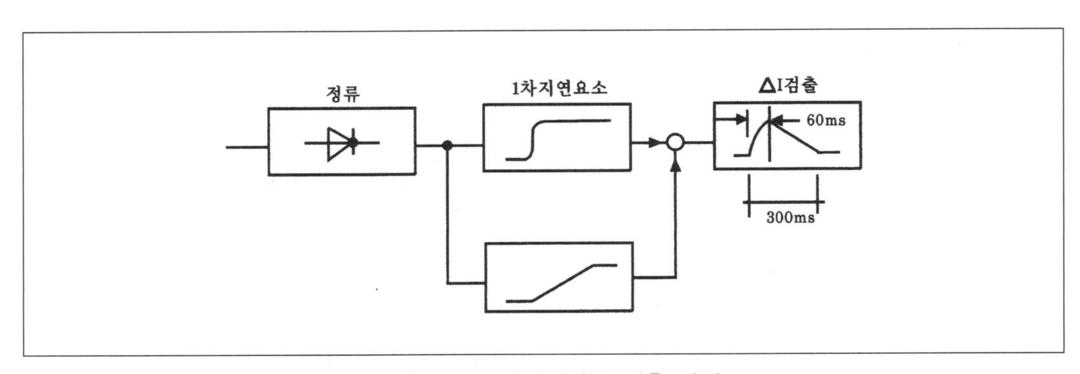

그림 8-62 전류변화분 검출 방법

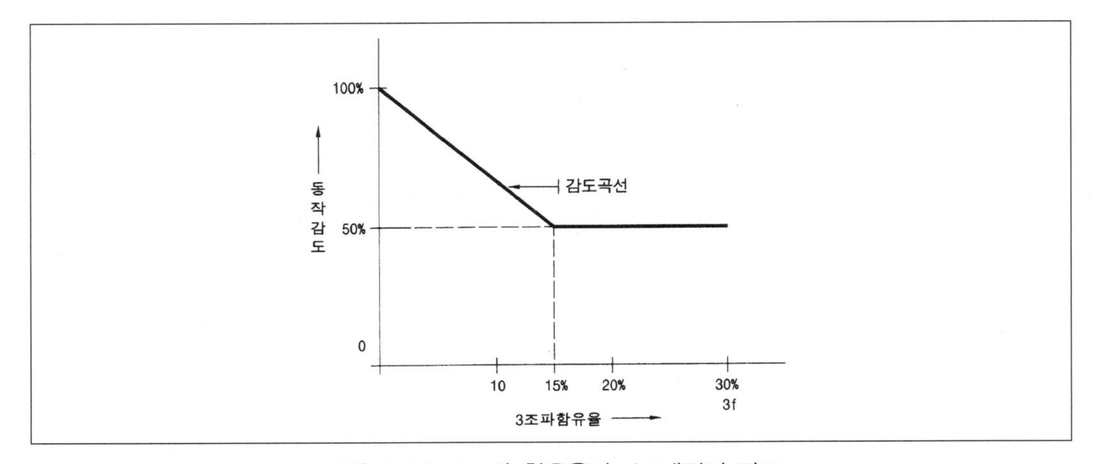

그림 8-63 3조파 함유율과 △I계전기 감도

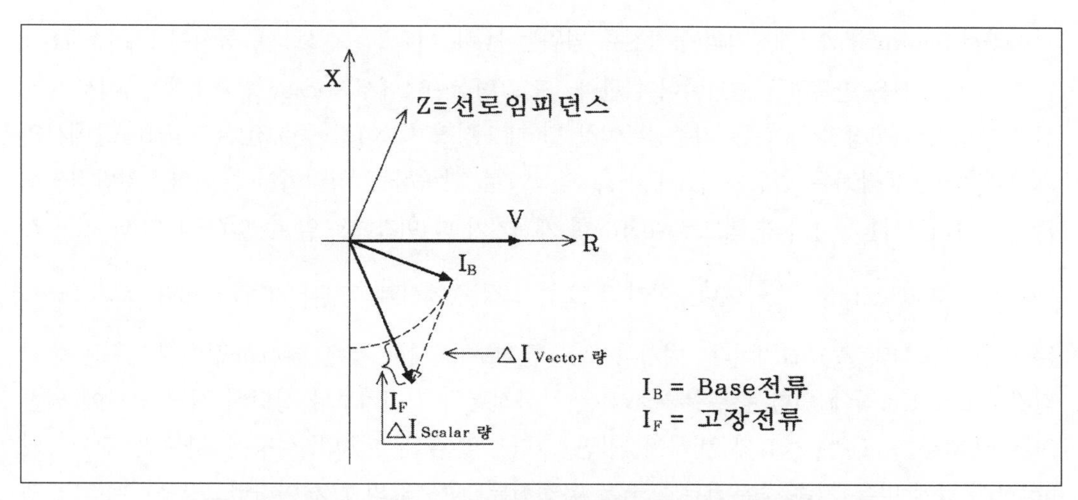

그림 8-64 Scalar형과 vector형 계전기의 △I검출 감도 비교

그림 8-64에서 보는 바와 같이 vector형 △I계전기의 △I의 검출 감도는 Scalar형 △I 계전기와 비교하여보면 같은 고장전류에서 vector형 △I계전기가 훨씬 더 예민함을 알 수 있다. 그림 8-64의 vector형 △I 계전기의 동작 특성은 역행(力行) 시의 △I의 크기이며, I_F는 선로 고장시의 고장전류이고, I_B은 notch조작 등으로 발생되는 운전 중 최대 증분전류(그림 8-61에서의 △I_1)의 기준전류이다.

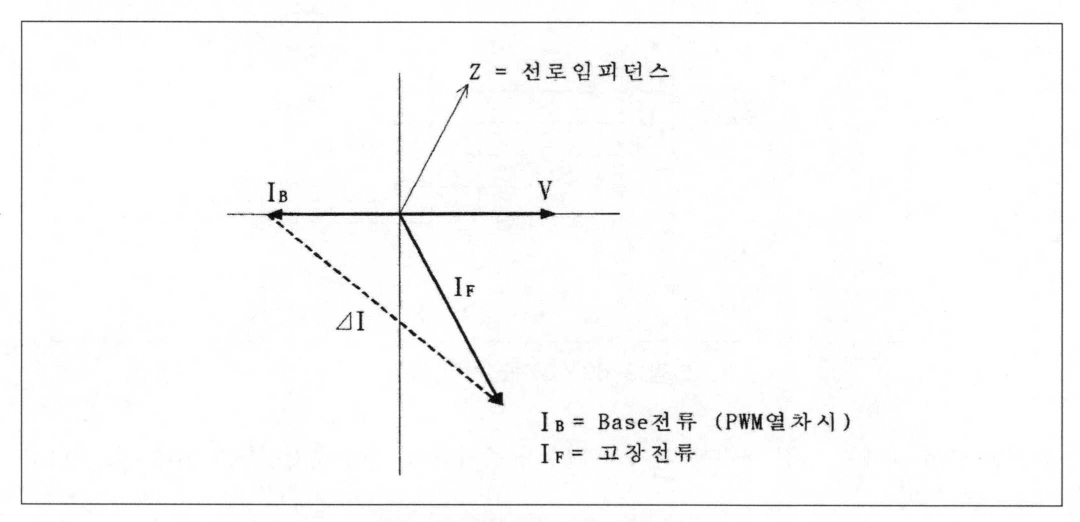

그림 8-65 회생시 선로고장과 △I

따라서 Scalar형 $\triangle I$계전기의 동작전류 범위는 $|I_F| - |I_L| > \triangle I$로서, 동시에 $|I_F| > |I_L|$가 되는 2 조건을 만족하는 영역이어야 한다. 또 그림 8-64에서 vector형 $\triangle I$계전기에서 I_F는 선로 고장시의 고장전류, I_B는 기준전류이라 할 때, 정정치 $\triangle I$를 증분전류(그림 8-61에서의 $\triangle I$)라 하면 동작전류 범위는 $|I_F| - |I_B| > \triangle I$를 만족하는 영역이어야 한다. 일반적으로 $|I_F| - |I_L| \leq |I_F - I_L|$가 되므로 vector형 계전기가 더 민감함을 알 수 있다. I_F의 vector 각도는 $\theta = \left(360° - \tan^{-1}\frac{X}{R}\right)$이다. 이때 R, X는 고장 점에서의 저항과 리액턴스이다. 그림 8-65는 회생 제동시의 $\triangle I$ 크기이다. 여기서 굵은 글씨로 표시한 것은 vector값이다. 운전 중인 전기차 notch조작에 의한 증분전류 $\triangle I_1$은 부하전류의 최대치보다 상당히 적고 고장에 의한 전류 변화분 $\triangle I_2$는 $\triangle I_1$에 비하여 훨씬 크다. 일본 문헌[2]의 설명에 따르면 전기차의 notch투입에 따른 기준 증분전류 $\triangle I_1$은 운전전류 최대 값의 1/2 이하라고 하나 계전기 제작사인 쯔다전기(津田電氣)의 조언에 의하면 고조파와 여유 등을 감안하여 이보다 큰 0.6으로 하는 것이 안전하다고 하므로 이 책에서는 안전계수를 0.6으로 한다. 이때 최고 운전전류를 400A, CT를 800/5A라 하면

$$\triangle I_1 = 400 \times 0.6 \times \frac{5}{800} = 1.5\,\text{A}$$

로 운전에 따른 증분전류는 1.5A보다 작으며 따라서 $\triangle I$의 정정값은 1.5A로 한다.

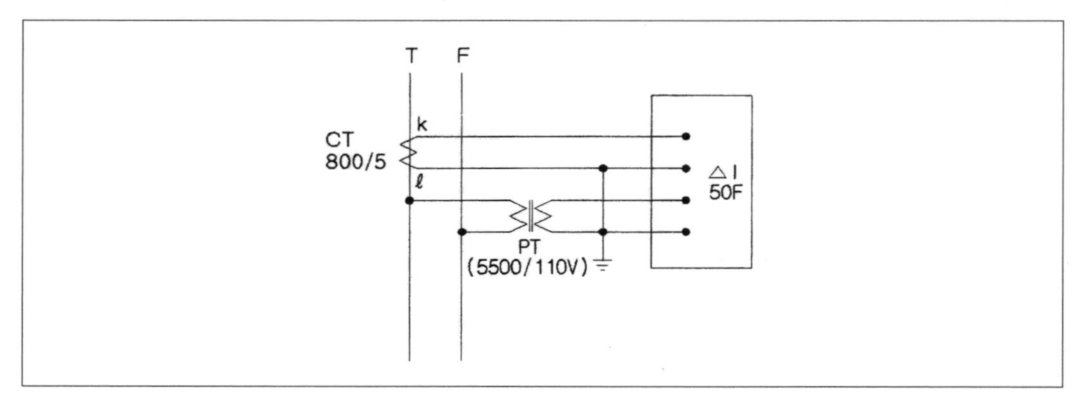

그림 8-66 △I계전기의 결선

연장 급전 시에는 급전 구간에 전차의 편수가 증가하여 최대 운전전류가 600A로 된다고 가정하면

$$\triangle I = 600 \times 0.6 \times \frac{5}{800} = 2.25\,\text{A}$$

따라서 정정 값은 2.25A로 한다. 즉 계통 정상 운전시 △I의 정정 값은 notch조작 등에 의한 기준 증분전류 값보다 다소 큰 값으로, 또 연장급전시의 정정 값은 전류증분 값보다는 조금 낮은 값 쪽으로 정정한다. 이제 △I계전기의 보호범위는 연장급전 시 연장급전 구간의 말단까지이므로 이 말단 점에서의 단락전류에 △I계전기는 반드시 동작하여야 하므로 말단 점에서의 단락전류의 CT 2차 전류 I_S는 전원의 임피던스 $Z_S[\Omega]$, 변압기 임피던스 $Z_T[\Omega]$, 55kV 기준 선로 실계 임피던스 $Z_{55}[\Omega]$가

기준 전압	: 55kV
전원 % 임피던스(Z_S)	: 0.65+j2.65[%]----100MVA base
변압기 %임피던스(Z_T)	: j10[%] Based on self cap
55kV 실계 전차선 임피던스	: 0.2256+j0.7328[Ω/km]
전차선 길이	: 45km
지락저항(R_g)	: 10[Ω]

라 하면, 고장점까지의 임피던스 Z는

$$Z = 2\cdot Z + 2\cdot Z_T + Z_{55} + 4\cdot R_g$$

$$= \frac{2\times 10\times 55^2\times(0.65+j2.65)}{100000} + \frac{2\times 10\times 55^2\times j10}{60000} + (0.2256+j0.7328)\times 45 + 10\times 4$$

$$= 50.5453 + j35.5876 = 61.8167\angle 35.15^{\circ}[\Omega]$$

이므로

$$I_S = \frac{55000}{61.8167\angle 35.15^{\circ}}\times\frac{5}{800} = 5.6\angle 324.85^{\circ}[A]$$

가 되며, △I계전기의 동작전류는 3고조파의 감도 저감율은 설계상 0.5이나 여유를 두어 0.6을 곱한다. 따라서

$$\triangle I = 5.6\times 0.6 = 3.336 \rightarrow 3.4[A]$$

가 된다.

여기서 지락저항을 10[Ω]으로 가정하였다. 이 전류값은 연장 급전시의 △I인 2.25[A] 보다 크므로 정정값으로 작은 값인 2.25[A]를 채택한다. 만일 보호구간 말단의 고장전류가 작으면 이 작은 전류값으로 정정한다. 즉 정정전류는 연장 급전시의 최대 부하전류와 보호 구간 말단의 단락전류 중 적은 전류를 채택한다.

따라서 보호 구간 내의 증분전류는

$$|\triangle I| = 2.25\times\frac{800}{5} = 360A$$

가 된다.

vector형 △I계전기에는 PT전압이 입력되고 정정 전류값이 2.25[A]이므로 무부하 때의 계전기계(繼電器系) 보호 임피던스 범위는

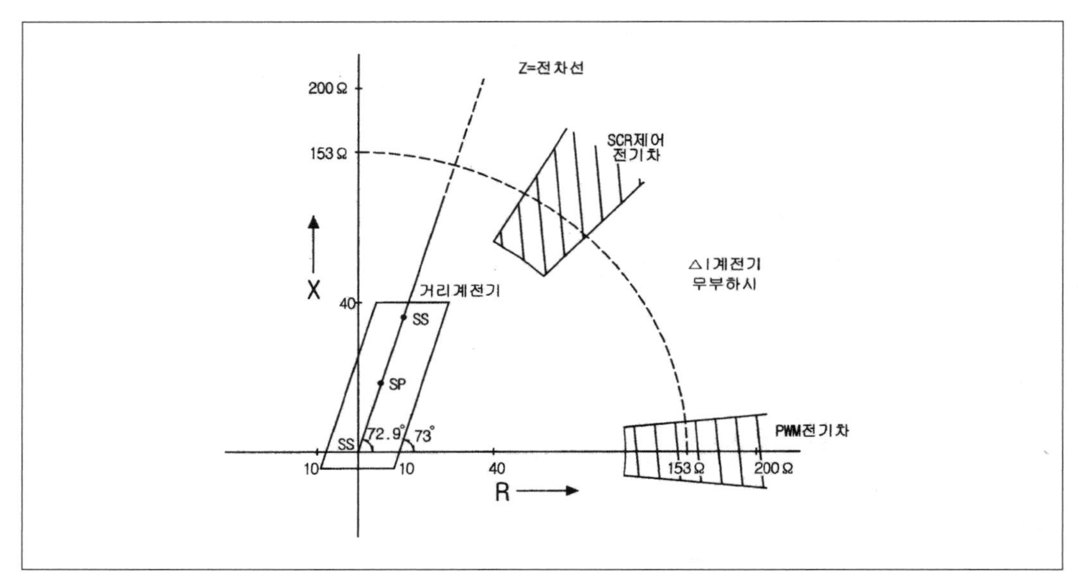

그림 8-67 55kV 기준 계전기 전차선 보호 영역

$$Z_{RY} = \frac{PT입력전압}{정정전류} = \frac{110V}{2.25A} = 48.85[\Omega]$$ ―――― 계전기 계

따라서 55kV 기준으로 한 실계 보호 범위 Z_{55}는

$$Z_{55} = Z_{RY} \times \frac{PT비}{CT비} = 48.89 \times \frac{\frac{55000}{110}}{\frac{800}{5}} = 152.78 \fallingdotseq 153[\Omega]$$

로 된다. 이와 같이 보호범위는 그림 8-67에서 보는 바와 같이 거리계전기에 비하여 상당히 넓어지는 것을 알 수 있다. 즉 거리 계전기 정정 임피던스는 55kV 실계를 기준으로 하여 전차선 임피던스의 reactance분은

$$Z_{55} = (0.2256 + j0.7328) \times 45 \times 1.2 = 12.1824 + j39.5712[\Omega]$$

에서 X성분이 39.5712[Ω]이므로 reactance 정정 값은 대체로 X_{55}=40[Ω]이 되어 최대 보호범위가 X방향일지라도 40[Ω]을 넘지 않으나 △I계전기의 보호범위는 153[Ω]이 된다. △I계전기의 가장 큰 장점은 전기 차 부하의 변동이 심한 상태에서는 과전류계전기로만 보호하면 최대 부하전류로 인하여 일어날 수 있는 불요동작(不要動作) 또는 원거리 지점에서 전

차선 고장이 발생하였거나 고저항 지락사고 시 계전기를 동작시키기에는 고장전류가 부족하여 야기되는 계전기 오부동작(誤不動作)을 △I계전기로는 거리계전기에 비하여 상당 부분 더 넓게 보호할 수 있으며, 따라서 계통의 지락사고에 대하여도 그 보호범위를 넓힐 수 있다는 점이다. PWM 전기차는 고역률이고 발생하는 고조파는 고차고조파이므로 그림 8-67에서 보는 바와 같이 검출특성이 예민한 vector 특성의 계전기 50FV를 적용하여야 하나, 50FV는 그림 8-67에서 보는 바와 같이 Thyrister제어 전기차의 선로 고장 보호에도 적용에도 된다. 따라서 55kV 기준으로 한 거리계전기와 △I계전기의 전차선 보호영역은 그림 8-67과 같다.

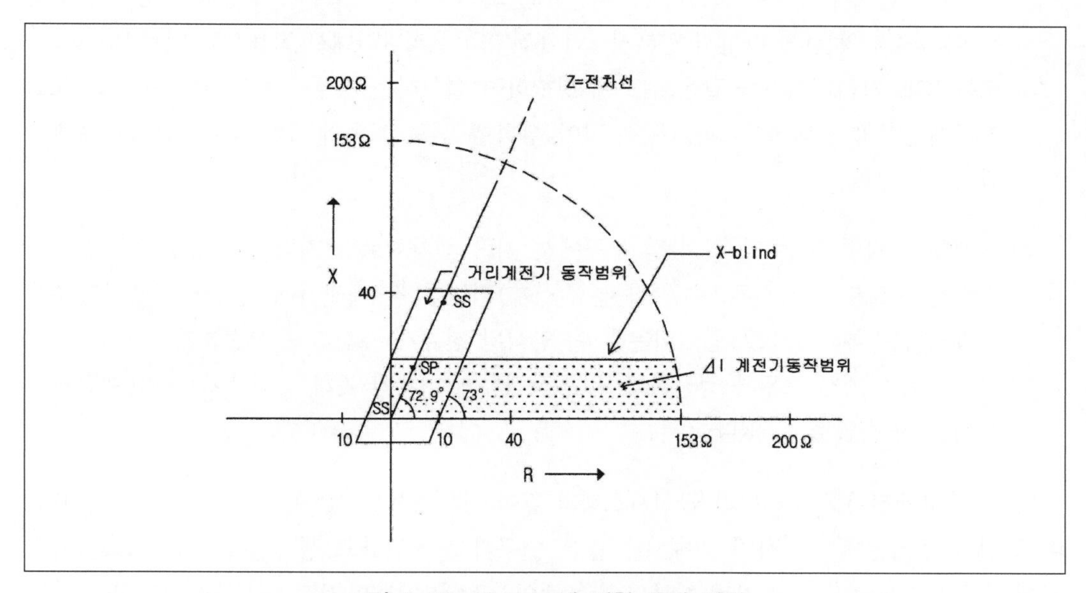

그림 8-68 X blind에 의한 동작 범위

Scalar형 △I계전기의 보호 범위는 전압이 인가되지 않아 PT요소를 가정하여 보호범위를 vector형 △I계전기와 같은 방법으로 가산출(假算出)한다. 이 이외에 △I계전기는 X Blind 기능을 가지고 있어 X Blind를 설정하면 설정 X값보다 큰 Reactance에 대하여는 △I계전기는 동작이 제한되어 그림 8-68과 같은 동작 범위를 갖게 된다. 이와 같은 동작 특성은 거리계전기에 비하여 X성분 방향은 제한시키는 대신 R성분 고장에 대한 동작 범위만을 넓히는 효과가 있다. 이 △I계전기를 국내 철도에 적용함에 있어서는 다음과 같은 문제점이 있을 것으로 생각된다. 이와 같은 문제점은 전차선 상하행선을 병렬(Tie결선)로 결선하는 데서 발생한다.

① 이 예의 경우 급전계통에서 지락저항이 153[Ω]보다 커서 증분전류가 360[A]보다 작은 경우에는 △I계전기가 동작하지 않으며 이는 고저항 지락에서 △I계전기의 동작 한계이다. 이와 같은 고저항 지락 사고는 별로 없을 것으로 예상은 된다.

② 우리나라와 같이 SP에서 상하행 전차선로를 병렬결선(Tie결선)하는 경우에는 상하행선 한쪽에 고장이 발생하여 고장전류가 △I계전기의 최소 동작전류보다 큰 경우에는 상하행선 △I계전기가 동시에 동작하여 상하행 급전계통이 모두 정전(停電)되게 된다. 일본의 급전 계통은 SP에서의 병렬결선(Tie결선)이 없으므로 선로 고장에 의하여 상하행 선의 △I계전기가 동시에 동작하는 일이 없으므로 상하행선 모두에 정전이 발생하는 문제는 야기되지 않는다. 따라서 일본제 △I계전기와 우리나라에서 적용하고 있는 Siemens 또는 ICE 거리계전기를 같은 선로에 병행하여 설치하는 경우에는 Siemens 또는 ICE 거리계전기의 선택성은 희생(犧牲)되어 상하행 선로 모두에 정전을 초래하는 문제가 있다.

③ 상하행선 병렬 결선(Tie결선)점 부근에서 지락 전차선로가 지락되는 경우 고장전류가 상하행 선로로 고장전류의 1/2씩 분류(分流)되는데 각 계전기에 검출되는 증분전류가 실제 증분전류의 1/2로 인식되는데 이 인식된 전류가 계전기 동작전류를 초과하는 경우에는 상하행선 모두가 정전되고 또 동작전류에 미치지 못하는 경우에는 △I계전기가 동작을 하지 않을 수 있다.

따라서 △I계전기를 우리나라 급전시스템과 같이 상하행선을 SP에서 병렬결선(Tie결선)하여 급전하는 계통에 적용하기 위해서는 많은 연구가 요청된다고 생각된다. 이와 같은 이유 외에도 우리나라 철도의 접지는 일본의 2중 절연시스템과 달리 직접 매설 접지로 되어 있어 2005년도 계룡 변전소에서의 사고와 같이 전차선에 나무가 닿아서 고저항 접지가 되는 일은 현재의 기술로는 보호계전기로 보호하기가 지극히 어려울 것으로 생각된다. 이때 지락전류는 170A 정도였으므로 25kV 기준 지락저항은 $R_g = \dfrac{25000}{170 \times 2} = 73.53[\Omega]$이며, 50kV 실계 저항은 $R_g = 73.5 \times 4 = 294.11[\Omega]$가 되어 △I계전기의 동작범위의 밖으로 계전기에 의한 보호는 불가능하며 더욱이 Tie결선 운전계통에는 동작 보증이 더 어려울 것으로 생각된다.

㈜ (1) RRR 日本鐵道總合技術研究所발간 2006.10 p36/37

(2) 電氣工作物施設基準 平成14年 日本鐵道電氣技術協會

8-6-2. 전기철도에 적용되고 있는 기타 보호계전기

1) 급전 모선 보호

Scott결선 변압기 2차 측 급전 모선은 주로 GIS로 구성되어 있으나 전차선 급전용 차단기가 개방되어 있을 때 AT가 접속되어 있지 않으므로 M, T상 급전모선의 전위는 정전용량의 분포에 지배되는데 이 급전모선은 주로 GIB(gas insulated bus)이므로 전차선과 급전선의 대지 정전용량이 같다. 따라서 급전선과 전차선의 대지전압은 같으며 각각 선간 전압의 반으로 나누어지게 된다.

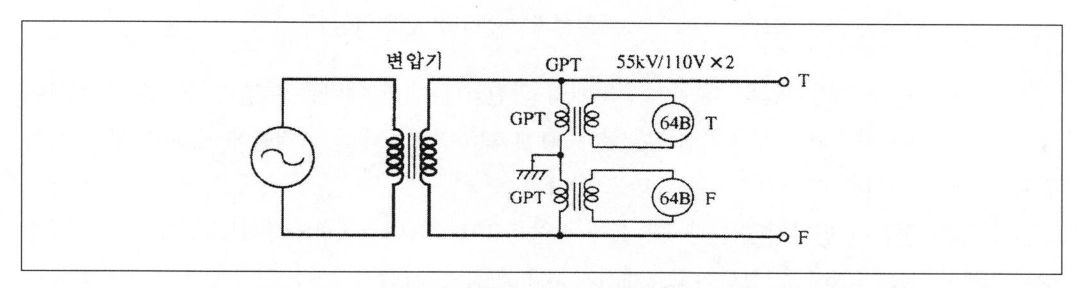

그림 8-69 모선 1선 지락 보호

이때에 1선 지락이 발생하면 지락상(地絡相-grounded phase)의 전위가 0이 되고 건전상의 전위는 55kV까지 상승한다. 이와 같은 사고는 그림 8-69와 같이 이상(異相)간에 각각 55kV/110V GPT를 직렬로 접속하여 지락 과전압계전기로 전위 상승을 검출 보호한다. 이와 같은 보호는 AT가 전차선로에서 분리되어 있을 때 변압기 2차 측 55kV차단기를 투입하면 25kV 계통에 설치되어 있는 42kV 피뢰기가 열폭주할 수 있으므로 특히 유의하여 설치하여야한다.

2) 회생 전력에 의한 과전압

유럽에서는 전철 급전전원으로 단상 변압기를 사용하고 있으나 우리나라는 Scott결선 변압기를 사용하고 있으므로 T상에 있는 전기차가 회생제동을 하고 있는 동안에 전원계통의 단락사고가 발생하면 Scott결선 변압기의 M상 2차 전압이 상승한다. 즉 그림 8-70의 Scott결선 변압기에서, T상에서 전기차가 회생 중 송전선 UV상 또는 VW상이 단락하여 전원 측 변전소 차단기가 개방되면 M상 변압기 2차 권선에 정격전압의 $\sqrt{3}$ 배의 과전압이 발생한다. 이는 T상의 1, 2차 권선비가 $\frac{\sqrt{3}}{2}$ 으로, 1차 권선에 유도되는 전압이 2차의 $\frac{\sqrt{3}}{2}$ 되고, 이 전압에 의하여 M상 2차에 유기되는 전압은 1차 권선의 반에 T상 1차 전압의 $\frac{\sqrt{3}}{2}$ 가 걸리므로 M상 2차에 $\frac{\sqrt{3}}{2}\times 2 = \sqrt{3}$ 배의 전압이 유기된다. 반대로 M상 회생 중 사고에서는 T상에는 과전압이 발생하지 않는다.

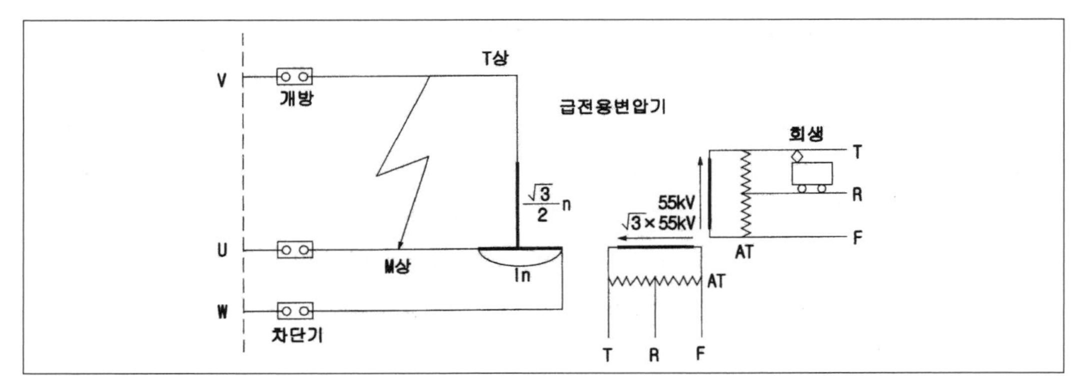

그림 8-70 Scott결선과 회생차로 인한 과전압

변압기에 2차가 개방되었을 때 1차 $\sqrt{3}$ 배의 과전압에 대한 내량은 특별히 규정으로 정하여진 바는 없으나 일본의 철도총기연(鐵道總技研)에 의하면 $\sqrt{3}$ 배의 과전압에 대하여 무리 없이 견딜 수 있는 시간은 대략 0.2초 정도라고 한다.

$\sqrt{3}$ 배의 전압이 인가되었을 때 PT 2차 전압은 $110 \times \sqrt{3} = 190$[V]이므로 계전기 전압정정은 135V 또는 125%로 정정하고, 계전기동작 시간은 차단기 동작 시간 0.1초를 포함하여 0.2초를 초과하지 않도록 정한 시 0.1초로 정정한다(2).

3) 재폐로 계전기(79번)

전차선로의 고장에서도 선로가 나무나 동물과의 접촉 또는 애자의 표면 섬락 등과 같은 아-크에 의한 지락고장은 선로를 차단하면 짧은 시간 안에 아크가 소멸됨과 동시에 절연이 회복되므로 이와 같은 자기회복성(自己回復性) 절연은 재투입과 동시에 재급전이 가능한 경우가 많다. 따라서 재폐로 계전기는 Siemens, ICE 제품에는 거리 계전기에 한 요소로 포함되어 있으나 Mitsubish사는 독립된 계전기를 설치하고 있다. 재투입은 아-크 소멸과 동시에 섬락지점 부근의 이온화된 공기가 없어져야 재섬락이 발생하지 않으므로 전력회사에서는 일반적으로 최소 20Hz 후에 재투입하도록 되어 있으나 철도공사의 규정에서는 30Hz인 0.5초 후에 재폐로하도록 되어 있다. 이와 같은 재투입 시간은 논란이 있을 수 있으나 한번 폐로하였을 때 다시 차단이 되면 고장이 계속하고 있다고 판단하여 재폐로를 중단한다. 재폐로 계전기는 SP의 차단기와 인터록이 되어 연장 급전용 차단기가 개방되어 있을 때만 재투입이 가능하도록 한다.

4) 거리계전기에 내장되어 있는 과전류계전기

거리계전기에 내장되어 있는 ICE나 Siemens의 과전류계전기는 일반 과전류계전기와 같은 특성을 가지고 있으나 Mitsubish의 과전류계전기는 그 개념이 조금 다르다. ICE나

Siemens의 과전류계전기는 사고로 인한 선로나 기기의 열적 또는 기계적 손상에서 선로나 기기의 보호를 주목적으로 하는 과전류계전기이다. ICE 과전류계전기에는 option으로 재폐로가 선택 조건으로 되어 있다. 그러나 Mitsubish의 과전류계전기는 원방 고장과 같은 사고에서 전차선로의 임피던스로 고장전류의 크기가 제한되어 고장전류가 거리계전기나 △I계전기의 동작에 충분하지 않을 때 후비보호를 목적으로 하고 있다. 일반 과전류계전기는 시차에 의한 보호협조를 고려하여 시간을 정정하나 Mitsubish의 전차선로 보호용 과전류계전기는 일본 JR의 요청에 의하여 후비보호의 동작 시한은 180sec로 하고 있다. 앞에 설명한 일본 Mitsubish사의 경우 재폐로 계전기를 제외하고 전차선 보호용 계전기 즉 거리 계전기, △I 계전기와 과전류 계전기 및 T상 열차의 회생제동에 의한 M상 변압기 전압 상승 보호용 과전압 계전기 등은 일반적으로 모두 한 계전기에 수납되어 제작되고 있다.

注 (2) 電氣鐵道工學 132쪽 持永芳文 著 エース出版社

8-6-3. BT 급전계통 보호

BT 급전계통의 선로 임피던스는 거리에 거의 비례하므로 거리계전기 적용에 특별한 주의가 필요하지 않다. 정정의 경우 X분은 대상 거리의 120% 정도로 하고 저항 기타는 AT의 계전기 정정 방법에 따르면 된다. 이외에는 △I계전기와 과전류 계전기를 설치한다.

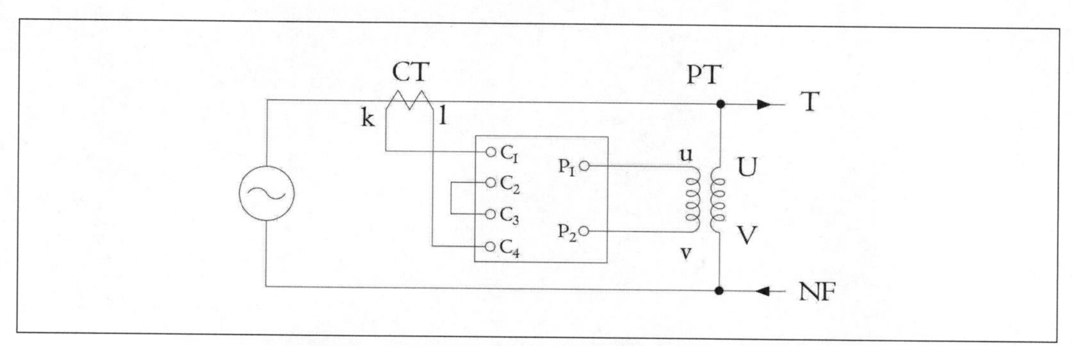

그림 8-71 BT급전계통의 거리계전기에 의한 보호

注 (1) 電氣工作物設計施工標準 7-13 2002.6 日本電氣鐵道技術協會간행
(2) 電氣鐵道工學 132쪽 持永芳文 저 エース出版社
(3) ICE, Siemens, Mitsubish전기, 津田전기 기술자료

제9장 전기철도의 고조파

9-1. 전기철도의 고조파 발생원

9-1-1. 고조파와 그 영향

1) 고조파와 그 특성

주파수가 상용 주파수 교류의 정수배인 정현파로서 주기적인 복합파의 각 성분 중 기본파(60Hz) 이외의 파를 고조파(高調波-high harmonics)라 하며, 제n차 고조파라 함은 기본주기의 n배 주파수를 가진 고조파를 말한다. 일반적으로 n=2에서 n=50차까지의 주파수 즉 120Hz에서 3000Hz사이의 교류 정현파를 총칭하여 고조파라 한다. 이와는 달리 고주파(高周波-high frequency)라 함은 10kHz에서 MHz대의 계속 발생하는 교류로써 고조파와는 취급 범위가 다르다. 노이즈(noise)는 고주파나 고조파와 달리 일정 주파수나 규칙적 주기로 발생하지 아니하고 불규칙적으로 발생하는 전자파(電磁波)를 말한다.

2) 전기철도의 고조파 발생원

고조파는 SCR, GTO, Diode 등 전력전자소자(電力電子素子)를 사용하는 전력변환 장치에서 주로 발생하는 것으로 전기 철도에 있어서 주된 고조파 발생원은 전기차 또는 전기기관차의 반도체 소자로 되어 있는 비선형부하인 전력 변환장치이다. 이와 동시에 전원 공급원인 Scott결선 변압기와 선로에 설치되어 있는 단권변압기 및 전기차에 장착되어 있는 전압 조정용 변압기도 철심의 비선형 히스테리 특성으로 인하여 여자전류가 3고조파를 위시한 홀수차 고조파를 포함한 대칭 왜형파 전류가 되므로 고조파원이 된다.
특히 최근의 전기차 전동기는 3상 교류 전동기를 사용하는 경우가 많으므로 철도의 교류 급전시스템에서는 단상 전력을 급전 받아 이를 Converter를 통하여 직류로 변환하고 다시 Inverter를 이용하여 3상 교류로 변환하여 전기차의 전동기를 가동하는데 이들 각 단계의 전력변환장치에서 고조파가 발생하며, 일반적으로 3상 교류 전력에서는 거의 발생하지 않는 제3조파(3調波-3rd high harmonics)도 단상 Converter에서는 발생한다. 정현파(正弦波-Sinusoidal frequency) 회로전압을 찌그러지게 하는 것은 고조파를 함유한 교류회로의 전류가 원인이 된다. 주파수 f_n의 고조파 전류에 의하여 발생하는 동일 주파수의 고조파 전압 U_n은 회로에 있는 인덕턴스 L_S와 전류 I_n에 의하여

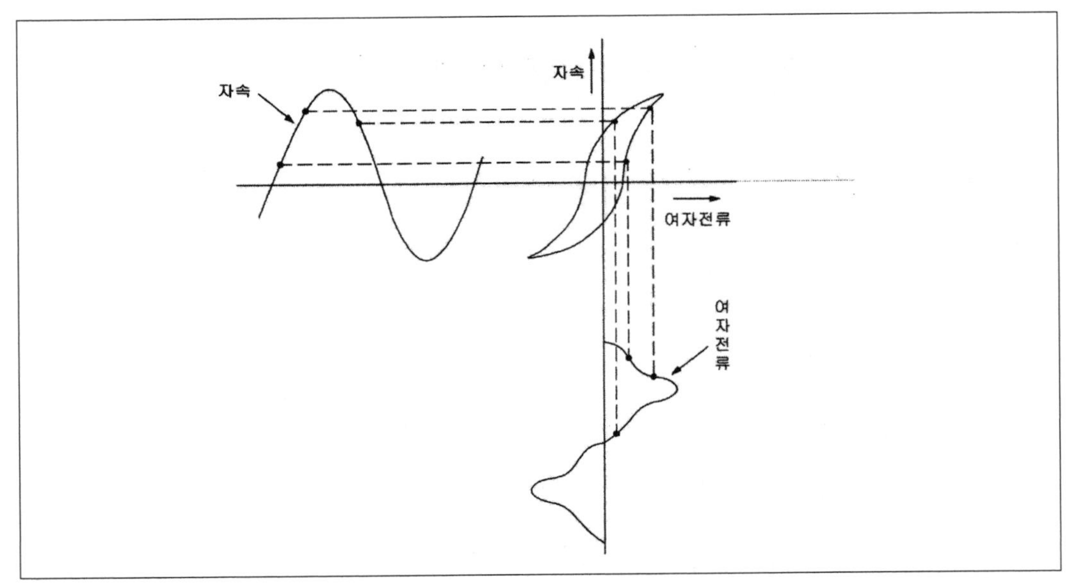

그림 9-1 변압기의 히스테리시스 곡선

$$U_n = I_n \cdot 2\pi \cdot f_n \cdot L_S$$

로 발생한다. 여기서 L_S 대신에 기본파 f에 의한 단락 리액턴스 $X_S = 2\pi \cdot f \cdot L_S$가 주어지는 경우에는

$$U_n = I_n \cdot n \cdot X_S$$

여기서 X_S : 기본 주파수 f에서의 단락 리액턴스

I_n : 제 n차 고조파 전류

n : 고조파 차수

가 되며, 따라서 단락 리액턴스가 크면 전압 찌그러짐도 커진다. 일반적으로 상용 전원, 발전기, 송전선로, 변압기 및 전차선 등 모든 전력 기기는 내부에 임피던스를 포함하고 있으며, 이 임피던스의 크기는 주파수에 비례하여 증가한다. 예를 들어 제5차 고조파에 대한 임피던스는 기본파 성분에 대한 임피던스의 5배가 된다. 임피던스는 전류의 흐름을 억제하기 때문에 그 양단에 전압을 유기시킨다. 이러한 유기전압은 인가 전원전압과 반대 방향이며 이에 따라 인가전압을 감소시키는 특성을 가지고 있다. 전원계통의 임피던스가 클수록 비선형부하 인가시 전압의 찌그러짐이 심해진다. 이와 같은 이유로 전원전압이 순수 정현파에서 왜곡된 정현파로 변하기 때문에 전압에 고조파를 함유하게 된다. 전압에 포함된 이러한 고조파는 비선형부하 그 자체에도 영향을 미치지만 그것보다는 더욱 전력계통에 문제가 되는 것은 동일계통에 연결된 다른 기기에 영향을 미친다는 것이다.

3) 병렬 회로의 공진 주파수

고조파 발생원에서 발생한 고조파 전류는 선로의 용량성(Capacitive)과 유도성 (Reactive) 임피던스로 인하여 어떤 경우에 공진현상이 발생하는데, 공진 현상이 발생하면 고조파전류는 증폭하여 진상 콘덴서, 변압기, 발전기, 전동기 및 각종 조명 설비에는 과대한 전류가 흘러 기기를 과열되게 하고 동시에 전력 손실이 발생할 우려가 있다. 공진 주파수 f_r은 단락회로의 앞 절에서와 같이 인덕턴스를 L_N이라 하면

$$f_r = \frac{1}{2\pi \cdot \sqrt{L_N \cdot C}}$$

여기서 전원 전압을 V라 하면 단락 용량 S_N은

$$S_N = \frac{V^2}{2\pi \cdot f_N \cdot L_N}$$

선로에 접속된 진상 콘덴서 용량은 $Q_C = 2\pi \cdot f_N \cdot C \cdot V^2$이므로

$$\frac{S_N}{Q_c} = \frac{1}{2\pi \cdot f_N \cdot L_N \cdot 2\pi \cdot f_N \cdot C}$$

$$f_r = f_N \cdot \sqrt{\frac{S_N}{Q_C}}$$

으로 계산된다.

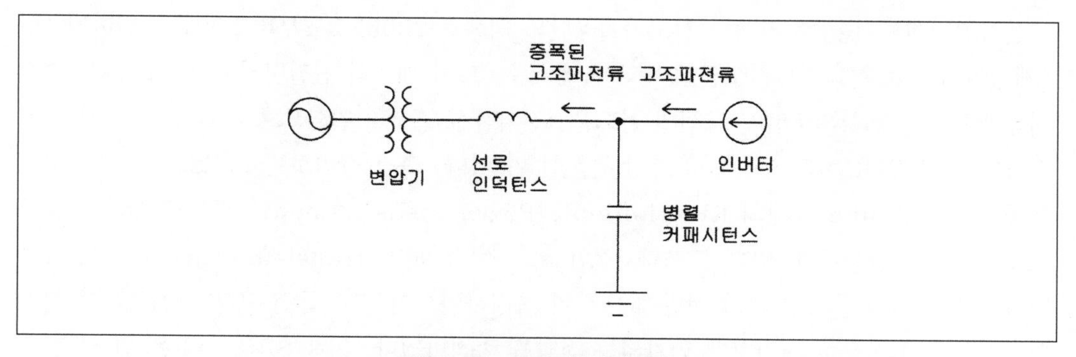

그림 9-2 공진 현상의 발생

4) 고조파가 동일 전력 계통의 타기기에 미치는 영향

동일한 전력 계통에 연결되어 있는 전기기기에 대하여 고조파는 여러 가지 좋지 않은 영향을 준다. 예를 들면 다음과 같은 영향을 들 수 있다.

- 음향기기 : 정류기, 콘덴서 등 부품고장, 영상에 잡음 신호, 잡음 발생
- 형 광 등 : 과다 전류로 인한 과열, 소손

- 컴 퓨 터 : 전원 회로 부품 과열
- 유 도 기 : 회전수의 주기적 변동, 효율 저하, 2차 측 과열
- 동 기 기 : 진동, 효율 저하
- 산업용 각종 제어기 : 제어 신호 불일치에 따른 제어 불량
- 콘덴서 리액터 : 과전류에 의한 과열, 진동, 소음
- 변 압 기 : 소음 발생, 효율 저하

특히 산업설비에 있어 유도 전동기 회전수의 주기적 변동은 그 전동기를 사용하여 제작하고 있는 제품의 품질에 영향을 줄 수 있다. 1997. 4. 15일자로 당시의 철도청(현재의 철도공사)에서 철도기술연구원 주관으로 개최한 전철 고조파 대책 세미나에서 발표된「전철 구간에서 발생되는 고조파 현황[1]」에 의하면 우리나라 대우중공업이 일본의 NISSIN전기(日新電氣)의 도움으로 분당선 전철 변전소에서 고조파를 측정한 바 있으며 동 보고서 결론 부분에서 Thyristor 위상 제어 방식의 전기차에서는 주로 3차, 5차, 7차 등 저차 고조파가 많이 발생했으며, 최근 도입된 PWM 제어 방식의 차량에서는 19차, 25차, 27차 등 고차 고조파가 많이 발생한다고 보고되어 있다.

9-1-2. 철도의 고조파 측정의 전제 조건

한국전기철도기술(주)가 한국철도시설공단의 의뢰로 2006. 2월부터 2007. 6월까지 1년 4개월여에 거쳐 한국철도시설공단 관리 하에 있는 20여 개소의 전철변전소에서 154kV 수전계통과 M, T 각 상의 55kV 모선의 철도운전전력품질 조사의 일환으로 그림 9-3과 같이 고조파를 C&A전기(주)의 도움으로 측정 분석한 바 있다. 측정 장비로는 154kV 계통과 55kV 계통은 미국 Fluke사 제의 RPM(Reliable Power Measurement)으로 154kV 계통과 55kV 계통의 상용주파 전압, 고조파, 전압sag, 전압swell, transient, flicker 및 전압불평형률 등을 포함한 전기품질 전반에 대하여 측정하였으며, SP(급전 구분소)에서는 일본제의 HIOKI 3196으로 전기차에 인가되는 전압을 측정하였다. 이는 SP의 전압은 한 급전 구간 내에서 전기차에 인가되는 전압이기 때문이다. 전철 급전전력의 대표성을 확보하기 위하여 휴일 1일을 포함한 3일간(2일 평일, 1일 휴일) 72시간을 연속하여 6초 간격으로 측정하였다. 또 측정 시간 간격(sampling interval) 6초는 72시간 연속 측정을 위하여 계측기 저장 용량이 허용하는 최단시간 간격이었고, 또 이 6초 간격으로 측정한 값이 전기차에 급전되는 전력 품질을 정확히 대표하는지를 검증하기 위하여 익산 전철변전소에서 2006. 11. 14일 고조파가 가장 많이 발생되는 KTX 왕복 4회 운행시 Fluke RPM 2대로 1대는 6초 간격으

표 9-1 철도전기품질 측정 항목과 측정기기

계 통		측정 항목	판정 근거	측정장소	측정 기기
154kV 계통	고조파	전압왜형률	한전전기공급약관	변전소	RPM-1
		전류왜형률(1)	IEEE 519		RPM-1
		등가방해전류	한전전기공급약관		RPM-1
	전압 불평형률		전기설비기술기준		RPM-1
55kV계통		전압왜형률	한전전기공급약관		RPM-2
		전류왜형률	IEEE 519		RPM-2
		전압변동률	철도공사 규정	SP	HIOKI 3196

표 9-2 측정치의 신뢰성 검토

행선별	항 목		R 상	S 상	T 상
상행선	전류	1초 간격 측정	30.45A	34.45A	28.29A
		6초 간격 측정	30.61A	34.19A	27.97A
		오 차	0.5%	0.7%	1.1%
	VTHD	1초 간격 측정	0.59%	0.55%	0.56%
		6초 간격 측정	0.55%	0.57%	0.58%
		영향 평가	2.6%(6.78%)	1.3%(3.51%)	1.3%(3.45%)
	ITHD	1초 간격 측정	25.01%	48.92%	41.70%
		6초 간격 측정	24.72%	49.21%	41.82%
		오 차	1.2%	0.6%	0.3%
하행선	전류	1초 간격 측정	41.99A	52.66A	38.92A
		6초 간격 측정	40.70A	52.28A	38.12A
		오 차	0.7%	0.7%	2.1%
	VTHD	1초 간격 측정	0.65%	0.60%	0.58%
		6초 간격 측정	0.61%	0.60%	0.60%
		영향 평가	2.6%(6.15%)	0.0%(0%)	1.3%(3.33%)
	ITHD	1초 간격 측정	32.92%	46.85%	41.01%
		6초 간격 측정	32.67%	46.64%	41.38%
		오 차	0.7%	0.4%	0.9%
상/하행선	전류	1초 간격 측정	66.78A	51.40A	62.24A
		6초 간격 측정	66.54A	52.13A	62.40A
		오 차	1.2%	1.4%	0.3%
	VTHD	1초 간격 측정	0.64%	0.57%	0.61%
		6초 간격 측정	0.62%	0.58%	0.65%
		영향 평가	1.3%(3.13%)	0.6%(1.72%)	2.6%(6.15%)
	ITHD	1초 간격 측정	33.53%	52.21%	41.98%
		6초 간격 측정	33.29%	52.22%	41.85%
		오 차	0.7%	0.0%	0.3%

단, V_{THD}의 영향 평가 항목 중 ( ) 내는 오차의 크기임.

로 또 1대는 1초 간격으로 동시에 측정 기록하여 그 측정치의 평균치를 계산하여 오차를 검토하였다.

전력품질 측정 항목과 측정기기는 대표성 검정뿐만 아니라 모든 변전소의 측정은 표 9-1과 같이 동일한 기준을 적용하였다. 측정치를 검토한 결과 표 9-2에서 보는 바와 같이 측정 시간 간격 6초 측정값과 1초 간격 측정치 간의 오차나 영향 평가 결과는 5% 이내로 sampling time 6초로 측정한 값이 측정 대상 전력의 품질을 대표할 수 있다고 판단되었다. 또 하나 중요한 것은 측정 기준 시간을 15분간으로 하였다는 점이다. 금반 측정한 변전소에서 고조파가 가장 많이 발생하는 KTX에 전력을 공급하는 변전소는 경부선에서는 사곡에서 밀양 전철변전소까지, 또 호남선에서는 계룡에서 일로 전철변전소까지이며 주행 속도는 경부선에서 200km/h, 호남선 서대전에서 광주까지는 120km/h이고 광주에서 목포까지의 사이는 150km/h로 구간마다 주행 속도가 조금씩 다르며, 급전 구간은 변전소에서 급전 구분소(SP) 사이로 그 거리는 20~25km 정도이다. 이 구간에서의 KTX에 대한 각 변전소의 급전 시간은 200km/h인 경우 6분 및 7.5분, 150km/h인 경우 8분 및 10분, 120km/h인 경우 10분 및 12.5분으로 15분을 초과하는 곳은 없었다. 더욱이 호남선의 열차 배차는 1시간 정도이다. 따라서 최장 급전 시간이 12.5분인 점을 감안 자문회의의 의견과 IEEE 519의 ITDD의 예를 참고로 하여 평균치의 기준 시간을 15분으로 하였다. 이 부분은 앞으로도 연구를 필요로 하는 부분이다.

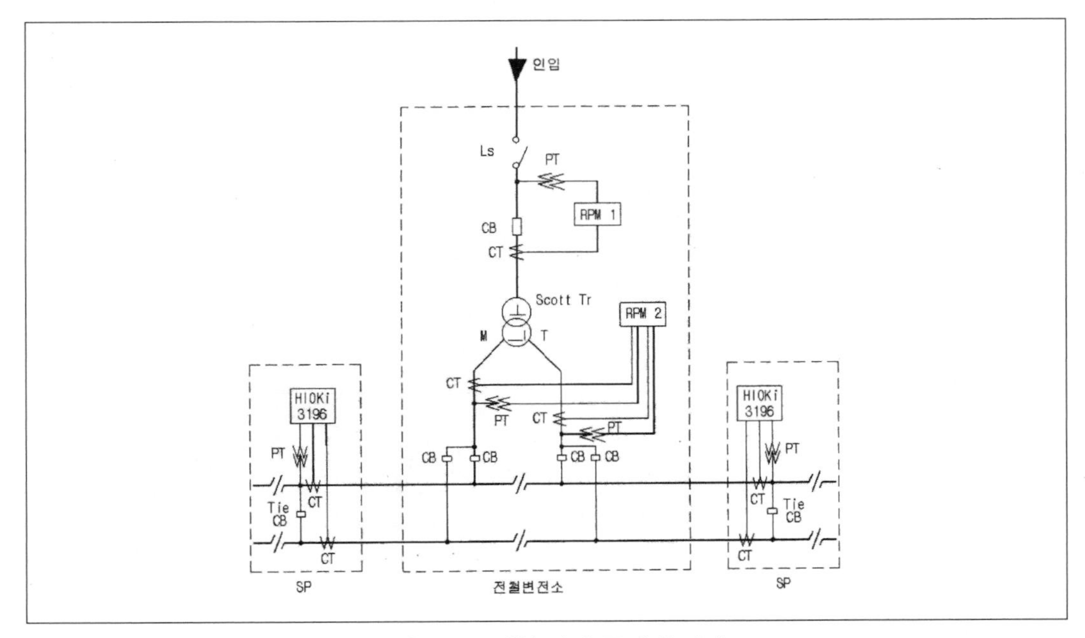

그림 9-3 전철 전기 품질 측정점

9-1-3. 고조파의 발생과 대책

1) 저차 고조파의 특성

3상 전력계통에서 평형 부하인 경우 제3조파는 3상 회로 내를 순환하므로 제 5조파 이상의 고조파만 발생하지만 단상 철도에서는 교류 전기차가 단상 교류 전력을 직류로 변환시키기 때문에 교류 측에는 제3조파가 발생하며, 주로 제3조파를 주체로 한 홀수 차의 고조파가 발생한다. 일반적으로 교류 측의 기본파 I_1에 대한 고조파 함유율은 고조파 차수를 n이라고 하면 다음과 같은 차식방정식(次式方程式)으로 표시된다. 여기서 I_n은 n차 고조파 전류이다.

$$\frac{I_n}{I_1} = (1 \sim 2) \cdot \frac{100}{n^2} \ [\%]$$

Thyristor 위상 제어 차량에서 저차 고조파가 많이 발생하는데 반하여 PWM 제어차에서는 1차 측 전류파는 정현파에 가까우므로 저차 고조파는 적으나 converter의 변조 주파수에 기인하는 고차 고조파가 많이 발생한다[4].

저차 고조파를 발생하는 위상제어 차량은 역률이 낮으므로 역률 개선용 병렬 콘덴서를 설치하는 경우에는 역률 개선용 콘덴서로 제3조파를 동시에 억제할 수 있으나 이와 같은 경우에는 제5조파 이상의 흡수 능력이 낮으므로 필요에 따라 제5, 제7조파 필터를 따로 병렬로 설치한다. 전기차에서 발생하는 고조파는 전기차가 전류원이므로 그림 9-4와 같은 등가회로가 되며 전류의 흐름은 단순한 임피던스 분류로 계산이 된다.

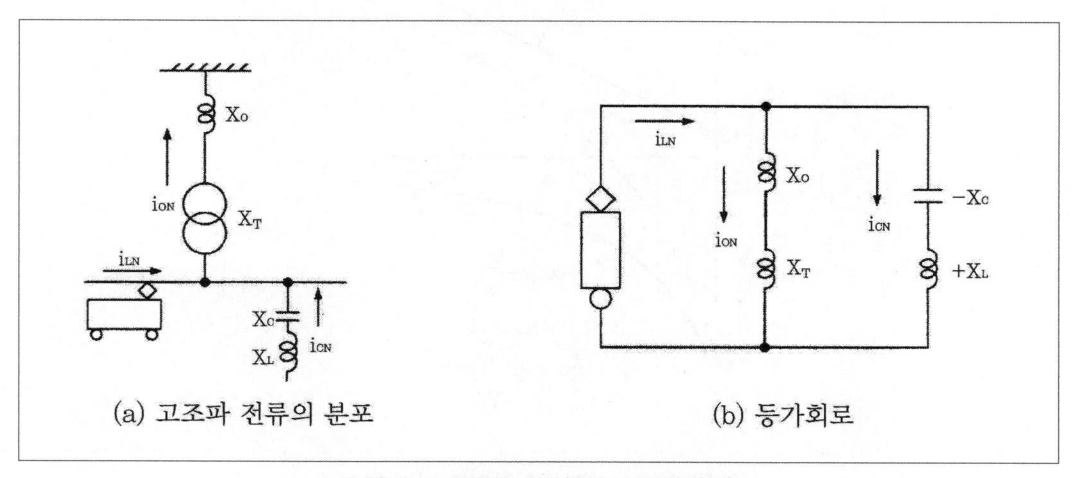

그림 9-4 병렬 콘덴서와 고조파 전류

$$I_{CN}=\frac{(X_0+X_T)\cdot n}{(X_0+X_T)\cdot n+(nX_L-X_C/n)}\times I_{LN}$$

$$I_{ON}=I_{LN}-I_{CN}=\frac{(nX_L-X_C/n)}{(X_0+X_T)\cdot n+(nX_L-X_C/n)}\times I_{LN}$$

여기서 I_{LN} : 전류원의 n차 고조파 전류

I_{CN} : 콘덴서에 유입되는 n차 고조파 전류

I_{ON} : 전원 측에 유입되는 n차 고조파 전류

X_0 : 전원의 기본파 임피던스

X_T : 변압기의 기본파 임피던스

X_C : 콘덴서의 기본파 리액턴스

X_L : 직렬리액터의 기본파 리액턴스

이다. 여기서 $(nX_L-X_C/n)<0$로써$(X_0+X_T)\cdot n<|nX_L-X_C/n|$가 되면 콘덴서에 흐르는 전류 I_{CN}은 $n(X_0+X_T)+(nX_L-X_C/n)<0$으로 되어 전원으로 유입된다. 이때 발생한 고조파 전류 I_{LN}은 모두 전원 측에 유입되므로 $I_{ON}=I_{LN}+I_{CN}$이 되어 I_{ON}은 I_{LN}보다 크게 된다. 이와 같이 콘덴서 회로의 n차 고조파 리액턴스가 용량성(Capacitive)이 되면 고조파 전류에 대하여 증폭작용을 하게 된다.

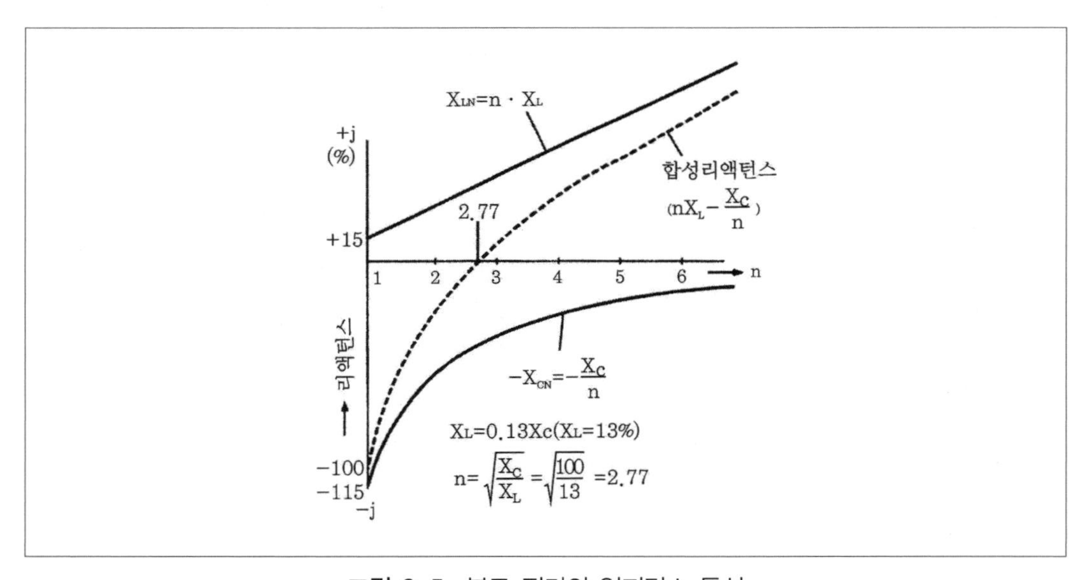

그림 9-5 분로 필터의 임피던스 특성

따라서 계통에서 발생하는 최저차 고조파에 대하여 유도성(Reactive)으로 하기 위하여 적절한 직렬리액터를 반드시 설치하여야 한다. 전철용 병렬 콘덴서는 제3조파에 대하여 유도성이 되도록 리액터는

리액터$(=X_L/X_C)$: 13%

공진 주파 : $2.77\left(=\sqrt{\frac{X_C}{X_L}}=\sqrt{\frac{100}{3}}\right)$

로 하고 있으며 필터는 공진 주파 차수 n에 대하여 $|X_C|=|X_L|$가 되도록 L을 선정한다. 이런 조건에 부합한 L의 값은 제3조파에 대하여는 11.1%, 제5조파에 대하여는 4%, 제7조파에 대하여는 2%가 되나 실제 제작 과정에서의 오차를 감안하여 다소 유도성이 되도록 비율을 조정하여 제3조파에 대하여는 13%, 제5조파에 대하여는 6%를 선정한다.

2) 고차 고조파의 특성

급전 회로는 그림 9-6에서 보는 바와 같이 분포정수회로로 표시될 수 있으며, 전원 변압기를 포함한 전원 측 임피던스는 유도성으로 급전회로의 정전용량과 고차 주파수에서 병렬 공진하게 된다.

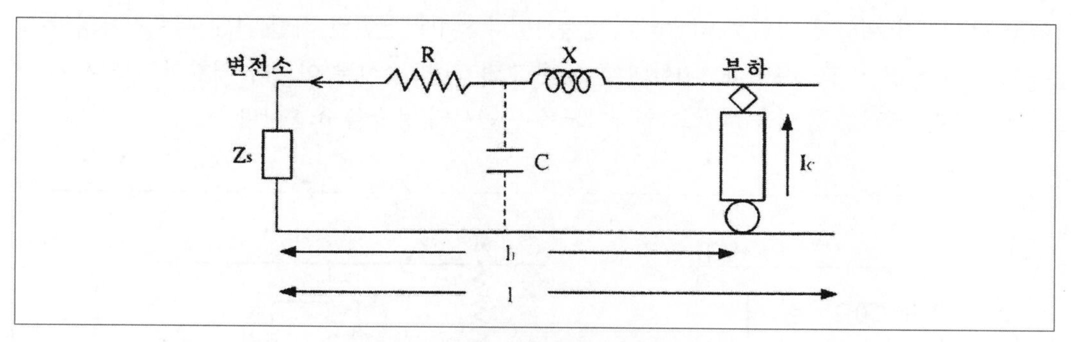

그림 9-6 고차 고조파 전류 분포

공진은

$$Z_S+Z_0\cdot\coth(\gamma\cdot l)=0$$

단 Z_S : 전원 임피던스(전용 변압기 임피던스 포함)

Z_0 : 선로의 특성 임피던스$\left(Z_0=\sqrt{Z\cdot Y}\right)$

Z : 선로 임피던스

Y : 선로 애드미턴스$(=j\omega C)$

γ : 선로의 전파 정수$\left(=\sqrt{\frac{Y}{Z}}\right)$

ℓ : 선로의 긍장

의 조건에서 발생하고, 이때 공진 주파수는 선로 긍장이 비교적 짧고, $\gamma \cdot 1 \ll 1$이라고 볼 수 있는 범위 이내에서는

$$f = \frac{1}{2\pi \cdot \sqrt{LC \cdot \ell}}$$

여기서 L : 전원측의 인덕턴스 ($Z_S = j\omega L$)[H]

C : 표류(stray) 정전용량($Y = j\omega C$)[F]

로 공진 주파수는 선로 긍장 ℓ에 대하여 $\frac{1}{\sqrt{l}}$에 거의 반비례하는 것을 알 수 있다. 또 $\gamma \cdot \ell \ll 1$경우 $\coth(\gamma \cdot \ell) = 1$이 되므로 $Z_S + Z_0 = 0$이 된다.

위의 결과는 일본철도총합기술연구소(鐵道總合技術研究所)[(6)]의 연구 결과이며, 또 급전회로의 고차 공진은 공진이 현저히 확대되는 급전 말단 또는 변전소에 선로의 특성 임피던스와 같은 값의 저항으로 단락하면 억제된다고 한다. 일본 철도연구소에서는 이 장치의 기본파 손실을 작게 하기 위하여 콘덴서를 직렬로 접속하고 또 그 후의 해석 검토를 거쳐 저항의 손실을 저감시키기 위하여 병렬로 리액터를 접속하였다. 이때 연결된 직렬 콘덴서는 저항의 손실 감소를 위한 전류 조정용이다. 저항의 손실이 크면 전력 손실뿐 아니라 저항기의 크기도 커지므로 기본파 저항 손실을 최소로 억제하도록 콘덴서의 용량을 조종한다.

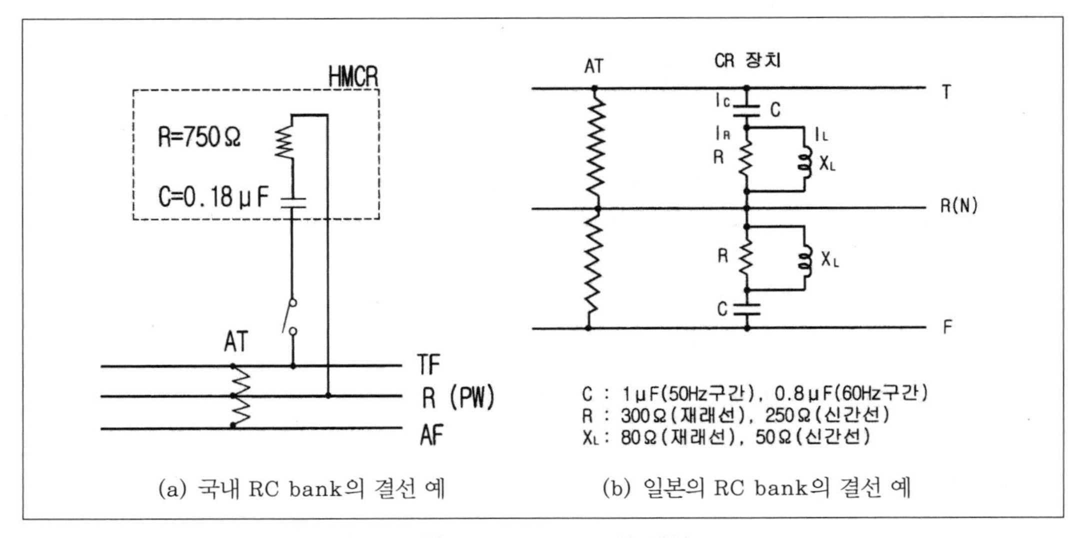

(a) 국내 RC bank의 결선 예 (b) 일본의 RC bank의 결선 예

그림 9-7 RC bank의 결선

이와 같은 공진 억제용 장치를 일본에서는 HMCR(High harmonic resonance suppression Matching characteristic impedance with Condenser−Resistance)라 하고, 우리나라에서는 RC Bank라 한다. 우리나라에는 RC bank가 Europe consortium인 60cycle group에 의하여 최초로 산업선에 도입되었으며 이때의 저항은 750[Ω]이었고, 당시는 전기철도의 급전시스템은 BT급전이었다. 따라서 RC bank는 전차선과 레일사이에 결선되었다. 또 1996. 12. 대우중공업 주관 하에 일본 NISSIN사가 분당선을 실측하여 고차 고조파용 HMCR을 설계한 실례가 있었고[7] 그 후에는 우리나라 철도기술연구원의 주도로 국내 기술진에 의하여 RC bank의 설치가 보편화되었다. 국내에서 설치한 RC Bank는 일본의 RC bank와는 달리 저항에 병렬로 리액터를 설치하지 않았으며, 또 AT급전 계통에서도 BT급전 계통의 결선처럼 그림 9−7의 (a)와 같이 전차선과 레일에만 결선되어 그림 9−7의 (b)와 같이 급전선과도 결선되어 있는 일본식과는 다르다. RC bank의 저항 값은 유럽 60cycle group이 1970년대 산업선에 설치한 것은 750[Ω]이였으나 추후 국내 기술진에 의하여 철도기술공사가 철도에 설치한 것은 750[Ω], 550[Ω]과 350[Ω]의 3종류가 있다. 대우중공업 주관 하에 분당선에서 실측한 것은 주변압기 고조파 임피던스, 전차선 상용주파수 임피던스 및 고조파 임피던스 등이었고, 이들 측정회로는 각각 그림 9−9, 그림 9−10에 참고로 각각 나타내었다.

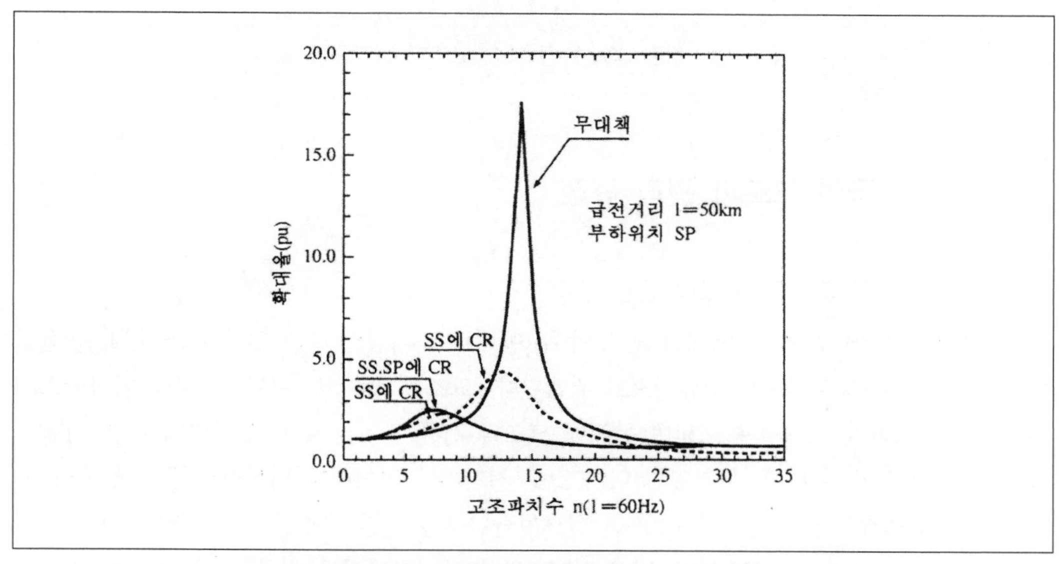

그림 9−8 급전회로의 공진과 HMCR 효과[5]

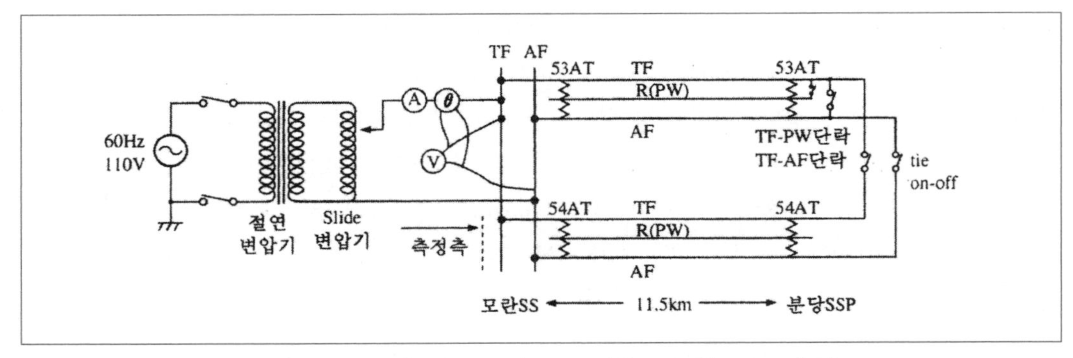

그림 9-9 모란 S/S~분당 SSP 상용주파 임피던스 측정

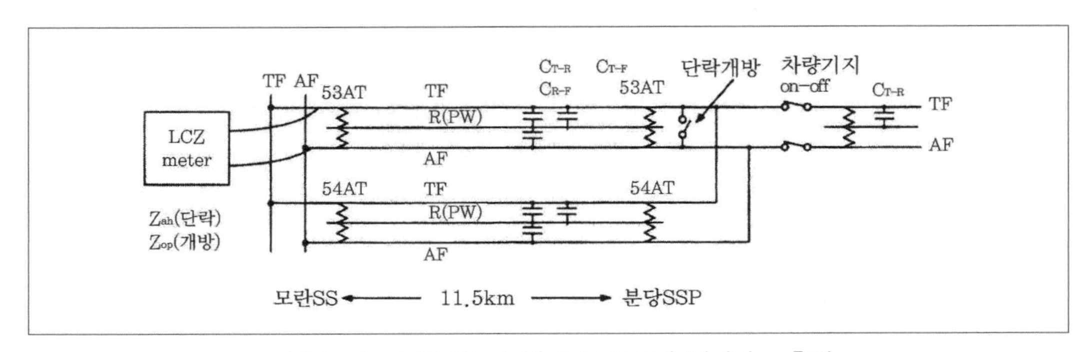

그림 9-10 모란 SS~분당 SSP 고조파 임피던스 측정

9-1-4. 각국의 고조파 관리 규정

1) 우리나라 및 미국의 고조파 관련 규정

전기차 고조파의 발생은 thyristor 등의 부하(내부 임피던스 무한대)가 고조파 발전 전원으로 작용하므로 고조파원은 전류원으로 취급된다. 고조파 전류의 특성은 용량성 임피던스가 존재하면 고조파는 반드시 확대되며 동시에 고조파 전류는 기본 주파 전류와 같이 임피던스가 적은 쪽으로 흐른다. 앞에서 말한 바와 같이 전기차에 있어서는 인버터의 종류에 따라 발생 고조파의 카테고리가 다른데 1997년 철도기술연구원 전철 고조파 대책 세미나에서 발표한 내용과 같이 구형 EL 8000과 같은 SCR 위상 제어차에서는 저차고조파(低次高調波)가 주로 발생하며 최근 도입된 PWM계통의 전기차는 고차고조파(高次高調波)를 많이 발생한다. 저차고조파는 전원으로 유출되어 전원파형의 왜곡(歪曲-Distortion)을 초래하여 같은 전력

계통에서 전력을 공급받는 일반 수용가의 전기기기들에게 앞에서 열거한 바와 같은 여러 가지 좋지 않은 영향을 주게 된다. 반면 고차고조파는 저차고조파와 달리 철도 내의 통신과 신호에 장해를 일으킬 수 있다. 따라서 저차고조파에 대하여는 전원계통에 주는 영향이 크므로 각국은 매우 엄격한 관리를 하고 있으며, 우리나라에서도 고조파 관리한계를 한국전력공사는 전기공급약관과 송전용전기설비이용규정 별표2 송전용전기설비 성능기준[(2)]에 규정하여 이를 규제하고 있으며, 이를 표 9-3에, 그리고 미국에서는 IEEE 519[(3)]로 규정하고 있으므로 이를 표 9-4에 옮겨 싣는다. 여기서 표 9-3의 규제 값은 한전과 고객의 접속점에서의 값이며, 표 9-4의 IEEE 519 값도 PCC(Point of common coupling-전력공급자와 수용자의 접속점)에서의 규제 값이다.

표 9-3 한국전력 전기공급 약관

전압 \ 계통	지중 선로가 있는 S/S에서 공급하는 고객		가공선로가 있는 S/S에서 공급하는 고객	
항목	전압왜형률(%)	등가방해전류(A)	전압왜형률(%)	등가방해전류(A)
66kV 이하	3	–	3	–
154kV 이상	1.5	3.8	1.5	–

표 9-4 IEEE standard 519

Bus voltage at PCC	Individual Voltage distortion(%)	Total voltage distortion THD(%)
69kV and below	3.0	5.0
69.001 kV through 161 kV	1.5	2.5
161.001 kV and above	1.0	1.5

표 9-5 잡음평가계수[4]

주 파 수	잡음평가계수($\times 10^{-3}$)	주 파 수	잡음평가계수($\times 10^{-3}$)
180	73	2150	679
200	89.1	2220	666
250	178	2300	652
300	295	2340	645
350	376	2400	634
420	519	2460	624
500	661	2500	617
540	714	2580	602
600	794	2700	580
660	859	2800	562
700	902	2820	558
780	980	2900	543
800	1000	2940	536
900	1072	3100	501
1000	1122	3200	473
1020	1112	3300	444
1100	1072	3400	412
1140	1043	3500	376
1200	1000	3600	335
1260	973	3700	292
1300	955	3800	251
1380	915	3900	214
1450	881	4000	178
1500	861	4100	144.5
1600	824	4200	116.0
1620	817	4300	92.3
1700	791	4400	72.4
1740	779	4500	56.2
1800	760	4600	43.7
1860	743	4700	33.9
1900	732	4800	26.3
1980	713	4900	20.4
2000	708	5000	15.9
2100	689		

전압THD(Total harmonics distortion)와 전류THD는 종합고조파 왜형률(綜合高調波歪形率)로 다음 식에서와 같이 고조파 전류 또는 전압 실효치와 기본파 실효치의 비로써 고조파의 발생 정도를 나타낸다.

$$V_{THD} = \frac{\sqrt{V_2^2 + V_3^2 + \cdots V_n^2}}{V_1} = \frac{\sqrt{\sum_{i=2}^{n} V_i^2}}{V_1}$$

여기서 V_1 : 기본파 전압, V_2 ,V_3…, V_n : 각 차수 번 고조파 전압

$$I_{THD}=\frac{\sqrt{I_2^{\ 2}+I_3^{\ 2}......+I_n^{\ 2}}}{I_1}=\frac{\sqrt{\sum_{i=2}^{n} I_i^{\ 2}}}{I_1}$$

여기서 I_1 : 기본파 전류, I_2, I_3…, I_n : 각 차수 번 고조파 전류

또 전력계통에서 발생한 고조파는 인접해 있는 통신선에 영향을 주며 통신선에 영향을 주는 고조파 전류를 등가방해전류(等價妨害電流-EDC-Equivalent Disturbing Current-Jp)라 하여 한국전력공사에는 전기공급 약관에서 표 9-3에서 보는 바와 같이 수전선로가 케이블로 되어 있는 154kV 변전소에 대하여는 3.8[A] 이하로 규제하고 있다.
등가방해 전류는 다음과 같이 계산한다.

$$EDC=\sqrt{\sum_{n=2}^{\infty}\left(S_n^{\ 2}\times I_n^{\ 2}\right)}\ [A]$$

여기서 S_n : 잡음평가계수
I_n : 고조파 전류

등가 방해전류는 일반적으로 50차 고조파까지를 계산하며, 통신선 잡음 평가계수는 표 9-5와 같다. 이 잡음평가 계수는 국제전신전화자문위원회추장규격(國際電信電話諮問委員會推奬規格) 이며 ITU-T blue book Vol III, Line transmission pp. 85~86(1964)에 기재되어 있다. 한전의 전기공급약관에는 고조파의 V_{THD}와 등가 방해전류만 규제하고 있으나 이 왜형전압은 한전이 공급하는 전압에도 상당량이 함유되어 있을 것으로 생각되어 그 영향을 알아보기 위하여 철도시설공단의 사곡 전철변전소에서 2006. 9. 27. 자정 0.00시에서 익일 24.00시 사이의 24시간 동안 전철변전소의 변압기가 발생하는 고조파가 측정치에 포함되지 않도록 전철변전소의 수전용 차단기를 개방하고 순수한 한전으로부터 수전되는 154kV 전압의 전압왜형률만을 측정하였다. 측정치의 1시간 평균값을 그림 9-11에 그래프로 표시하였고, 또 최대 고조파 발생 시점(2006.9.28일 08시26분54초)에서의 고조파 조파별 함유율을 분석하여 그림 9-12에 표시하였다. 그림 9-11은 1시간 평균값임에도 한전 공급 전력에 포함된 고조파 함유율이 한전이 기준으로 정한 한계 값인 V_{THD} 1.5%를 초과하는 경우가 상당히 있음을 알 수 있고, 또 그림 9-12는 한전에서 유입되는 고조파 전압 성분 중 제5조파가 가장 큰 비중을 차지하고 있고 다음으로 27차 고조파가 높은 것을 보여 주고 있다. 따라서 전철변전소에서 측정한 154kV의 전압왜형률 만으로는 전철에서 발생하는 고조파의 영향을 판단하기 어렵다는 것을 알 수 있다. 그림 9-11의 그래프에서 구미공단지역의 각 공장들이 조업 시간대인 오전 07:30~12:30 사이와 야간 근무 시간대인 19:30~21:30분 사이에 특히 고조파 발생률이 높은 것을 알 수 있다. 이와 대비하기 위하여 같은 전철 사곡 변전소에서 전기차 운전 중의 154kV 계통의 V_{THD}를 측정하여 그림 9-13에

표시하였으며 운전 중의 V_{THD}는 한전으로부터 유입되는 고조파와 그 형태가 상당히 유사하다는 것을 알 수 있고 그림 9-14는 이때의 조파별 고조파 함유율로 최대 조파는 5조파로 그림 9-12의 3263V가 3626V로 그 증가하여 그 증가량은 343V로 10% 정도에 불과하다.

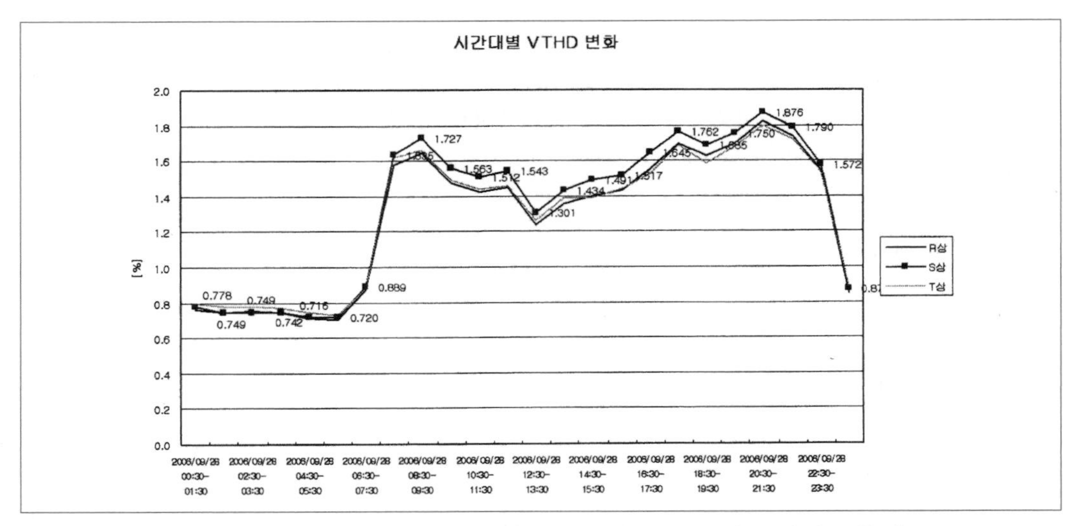

그림 9-11 한전 154kV 입력전압의 고조파(06.9.28 사곡 변전소 측정)

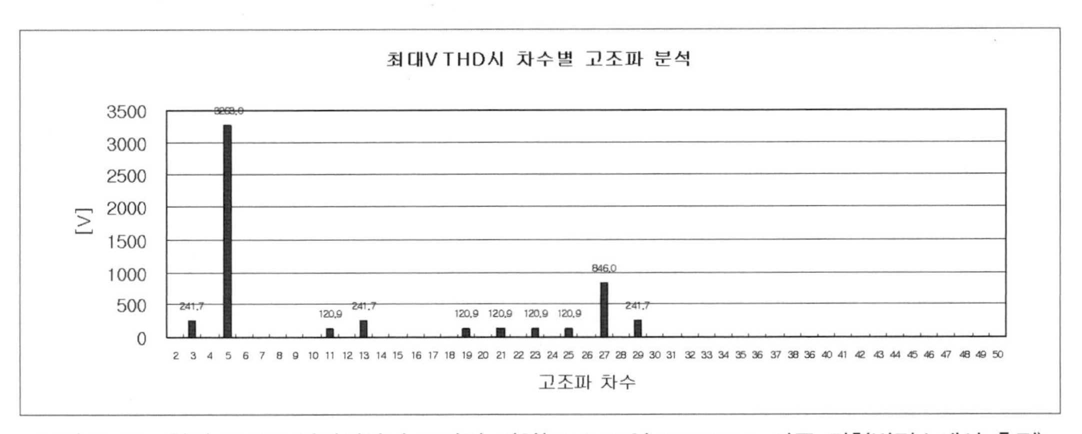

그림 9-12 한전 154kV 입력전압의 조파별 전압(06.9.28일 08:26:54, 사곡 전철변전소에서 측정)

실제 고조파는 전류에 의하여 이루어지나 I_{THD}는 측정 순시의 기본파에 대한 비율이므로 전류가 작을 때에는 I_{THD}의 비율이 크다고 하여도 계통에 대한 영향이 미미하므로 V_{THD}와 I_{THD}만으로는 전력계통의 크기를 고려한 발생 고조파의 전력계통에 대한 영향을 정확히 파악하기 곤란하다는 결론에 도달하여 별도로 IEEE std 519의 10.4 current Distortion Limits를 추가로 계산하였다.

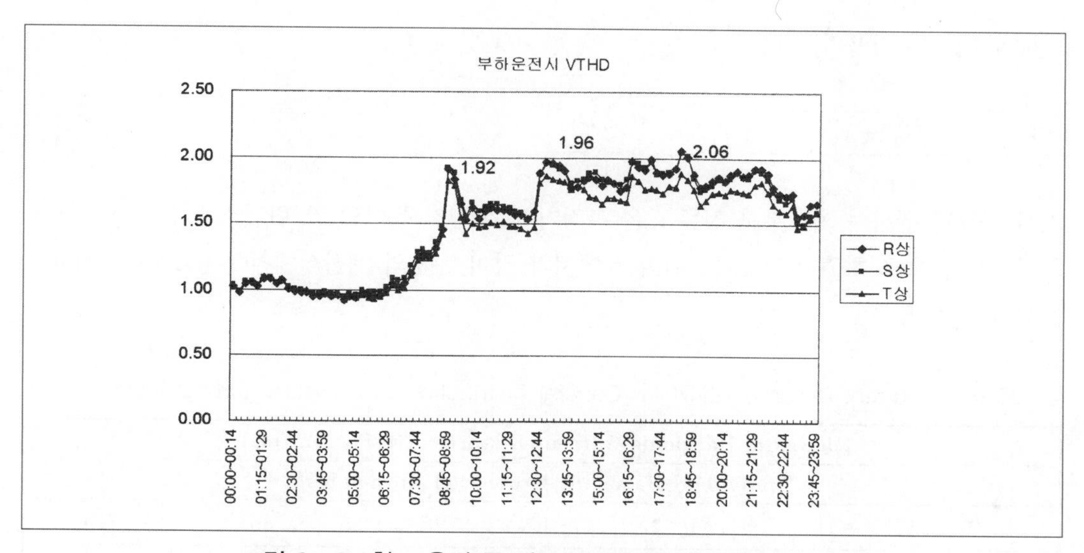

그림 9-13 철도 운전 중 사곡 변전소 154kV 계통의 V_{THD}

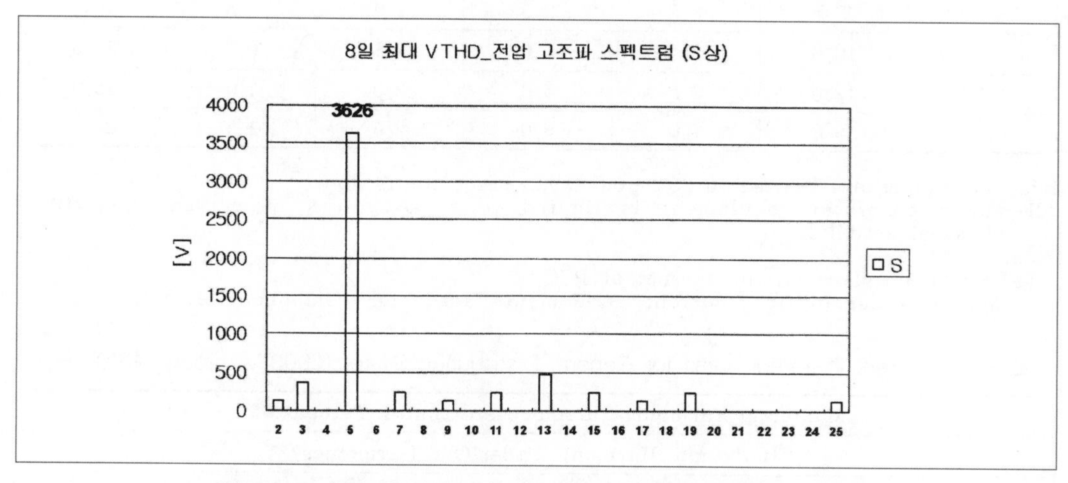

그림 9-14 철도 운전 중 154kV 계통의 전압의 조파별 전압 V_{THD}

여기에 I_{TDD}(Total demand distortion)에 대한 IEEE std 519의 규정을 Scott결선 변압기의 M상 및 T상의 2차 전압인 55kV 계통의 측정치 분석을 위하여 120V에서 69000V까지의 I_{TDD}의 규제 한계값을 표 9-6에, 또 수전 측의 154kV의 고조파 측정 결과와 비교하기 위하여 69001V에서 161000V까지의 규제값을 표 9-7에 전재한다. 각 전철변전소의 I_{TDD}의 계산을 위하여 전철변전소에 전력을 공급하는 2006. 10말 현재의 한전 관련 변전소의 PCC(접속점-Point of common coupling)의 100MVA 기준 %임피던스와 단락 전류 I_{SC} 및 전철 변전소의 IEEE 519에 의한 I_{TDD}의 허용치를 표 9-11에 실었다.

I_{TDD}의 계산은 다음과 같다.

$$I_{TDD}=\frac{\sqrt{I_2{}^2+I_3{}^2+\dots+I_n{}^2}}{I_L}=\frac{\sqrt{\sum_{i=2}^{n} I_i{}^2}}{I_L}$$

계산 자료를 위하여 최대부하 전류 I_L은 측정기간 72시간 동안의 각 변전소에서 측정된 최대부하 전류값으로 하였다. I_{TDD}는 위의 식에서와 같이 I_{THD}의 계산식에서 I_1을 I_L로 대체하여 계산하면 된다.

표 9-6 Current Distortion Limit for General Distribution System(120V through 69000V)

Maximum Harmonic Current Distortion in Percent of I_L						
Individual Harmonic Order(Odd Harmonics)						
I_{SC}/I_L	<11	11<h<17	17<h<23	23<h<35	35≤h	TDD
<20	4.0	2.0	1.5	0.6	0.3	5.0
20<50	7.0	3.5	2.5	1.0	0.5	8.0
50<100	10.0	4.5	4.0	1.5	0.7	12.0
100<1000	12.0	5.5	5.0	2.0	1.0	15.0
>1000	15.0	7.0	6.0	2.5	1.4	20.0

Even harmonics are limited to 25% of odd harmonic limits above.
All power generation equipment is limited to these values of current distortion, regardless of actual I_{SC}/I_L.
Where
I_{SC}=Maximum short circuit current at PCC.
I_L=Maximum demand load current (fundamental frequency component) at PCC.

표 9-7 Current Distortion Limit for General Distribution System(69001V through 161000V)

Maximum Harmonic Current Distortion in Percent of I_L						
Individual Harmonic Order(Odd Harmonics)						
I_{SC}/I_L	<11	11<h<17	17<h<23	23<h<35	35≤h	TDD
<20	2.0	1.0	0.75	0.3	0.15	2.5
20<50	3.5	1.75	1.25	0.5	0.25	4.0
50<100	5.0	2.25	2.0	0.75	0.35	6.0
100<1000	6.0	2.75	2.5	1.0	0.5	7.5
>1000	7.5	3.5	3.0	1.25	0.7	10.0

Even harmonics are limited to 25% of odd harmonic limits above
All power generation equipment is limited to these values of current distortion, regardless of actual I_{SC}/I_L.
Where I_{SC} =Maximum short circuit current at PCC.
I_L=Maximum demand load current (fundamental frequency component) at PCC.

2) 일본의 규격

일본에서도 1995년에 고조파억제대책기술지침(高調波抑制對策技術指針)을 제정하고 계약전력 1kW당 고조파 유출전류 상한값 등을 발표 규제를 하고 있다. 여기에 참고를 위하여 전기철도와 관계가 있는 부분을 발취하여 표 9-8에 계약전력 1kW당 고조파 차수별 허용유출전류량을, 표 9-9에는 개별기기의 고조파 허용 발생량 등을 옮겨 싣는다[(8)]. 이들 값은 직류급전시스템에는 매우 유용한 참고가 되리라 생각된다.

표 9-8 계약전력1kW당 고조파 유출전류 상한(단위 : mA/kW)

수전전압	5차	7차	11차	13차	17차	19차	23차	23차 초과
22kV	1.8	1.3	0.82	0.69	0.53	0.47	0.39	0.36
66kV	0.59	0.42	0.27	0.23	0.17	0.16	0.13	0.12
154kV	0.25	0.18	0.11	0.09	0.07	0.06	0.05	0.05

표 9-9 개별 기기의 고차고조파전류 발생량(3상 bridge발취) (단위 : %)

변환장치	5차	7차	11차	13차	17차	19차	23차	25차
6 pulse	17.5	11.0	4.5	3.0	1.5	1.25	0.75	0.75
12 pulse	2.0	1.5	4.5	3.0	0.2	0.15	0.75	0.75
24 pulse	2.0	1.5	1.0	0.75	0.2	0.15	0.75	0.75

9-1-5. 전철 변전소의 고조파 측정

표 9-10은 한국전기철도기술(주)가 한국철도시설공단의 의뢰로 2006년 2월 22일부터 2007년 5월 21일까지 1년 4개월간 우리나라 철도변전소 20개소에 대하여 고조파를 항목별로 72시간 연속하여 6초 sampling주기로 하여 측정하여 15분 단위로 한 평균값 중 각 날짜별 최대치이다. 첫날과 셋째 날은 RC bank(경산 변전소의 경우에는 AC filter)를 투입하고 둘째 날은 RC bank를 개방하고 측정하였다. 단, 익산 변전소는 첫날 RC bank 개방.

1) 154kV계통 측정치

표 9-10 154kV V_{THD}, Jp 및 I_{TDD}

구분	변전소	V_{THD}[%] 허용치 : 1.5%			등가방해전류[A] 허용치 : 3.8[A]			I_{TDD} [%]			
		1일차	2일차	3일차	1일차	2일차	3일차	1일차	2일차	3일차	허용치
경원선	의정부	0.78	0.62	0.54	4.52	4.69	4.12	6.84	6.72	5.42	7.5
중앙선	구리	0.61	0.64	0.83	3.18	3.51	3.05	5.42	7.22	6.51	7.5
분당선	모란	0.72	0.68	0.85	8.92	8.90	9.78	6.89	7.02	7.05	6.0
경인선	주안	1.77	1.86	1.74	5.12	5.04	4.88	5.46	6.16	6.05	7.5
경부선	구로	1.25	1.32	1.19	5.04	4.64	7.42	3.94	3.75	3.73	6.0
	군포	0.51	0.52	0.53	5.39	5.69	5.42	4.85	4.96	4.89	6.0
	평택	0.62	0.60	0.65	4.86	5.34	4.69	5.66	6.07	6.08	6.0
	조치원	1.11	1.44	1.61	5.19	6.72	6.76	13.05	16.31	16.09	7.5
	옥천	1.08	1.23	1.37	0.65	0.66	0.68	4.11	4.02	4.03	7.5
	직지사	2.40	2.49	2.52	1.18	2.18	1.36	3.58	4.66	3.72	7.5
	사곡	2.05	2.24	2.06	5.14	7.66	5.83	2.75	3.51	3.06	6.0
	경산	1.58	1.82	1.52	3.87	10.28	3.82	5.74	6.82	5.82	6.0
	밀양	0.96	1.63	1.72	0.54	1.31	1.26	4.09	5.77	5.22	7.5
충북선	증평	1.67	1.43	1.17	3.49	3.19	4.52	8.25	9.41	11.44	7.5
	충주	1.34	1.40	1.57	4.90	4.83	4.23	9.41	9.66	8.60	7.5
호남선	계룡	0.94	0.99	1.46	7.10	7.06	7.25	8.94	7.07	6.80	7.5
	익산	0.59	0.75	0.89	11.27	13.25	10.85	6.92	7.30	7.90	6.0
	백양사	2.61	2.38	2.53	6.65	7.28	6.82	5.67	5.88	6.12	4.0
	노안	1.30	1.12	1.19	6.53	7.08	6.38	7.31	7.66	7.13	6.0
	일로	1.94	2.05	2.14	–	–	–	5.78	5.67	5.73	4.0

표 9-11 전철변전소 154kV 수전 측의 I_{TDD} 및 계산 기초 자료

선로명	전철 변전소	한전 변전소	한전 Bus %임피던스	최대부하 전류(I_L)	단락전류 (I_{SC}) at PCC	측정치 [%]	허용치 [%]
경원선	의정부	의정부	Z_1=0.039+j0.893	202.38[A]	41.942kA	6.72	7.5
중앙선	구리	도농	Z_1=0.056+j0.920	110.31[A]	40.675kA	7.22	7.5
분당선	모란	중원	Z_1=0.122+j1.890	197.40[A]	19.795kA	7.02	6.0
경인선	주안	신인천	Z_1=0.022+j0.885	215.27[A]	42.349kA	6.16	7.5
경부선	구로	구로	Z_1=0.071+j1.307	458.38[A]	28.642kA	3.75	6.0
	군포	의왕	Z_1=0.089+j1.323	322.21[A]	28.273kA	4.96	6.0
	평택	송탄	Z_1=0.399+j1.961	274.02[A]	18.734kA	6.07	6.0
	조치원	조치원	Z_1=0.290+j1.828	68.56[A]	20.255kA	16.31	7.5
	옥천	옥천	Z_1=0.154+j1.437	64.16[A]	25.941kA	4.02	7.5
	직지사	금릉	Z_1=0.234+j2.125	60.65[A]	17.536kA	4.66	7.5
	사곡	남구미	Z_1=0.120+j1.292	310.71[A]	28.893kA	3.51	6.0
	경산	노변	Z_1=0.236+j1.840	228.31[A]	20.209kA	6.82	6.0
	밀양	초동	Z_1=0.561+j2.943	40.65[A]	12.513kA	5.77	7.5
충북선	증평	증평	Z_1=0.288+j2.336	60.65[A]	15.926kA	9.41	7.5
	충주	충주	Z_1=0.184+j2.050	75[A]	18.217kA	9.66	7.5
호남선	계룡	신계룡	Z_1=0.083+j1.219	184.14[A]	30.684kA	7.07	7.5
	익산	이리	Z_1=0.134+j1.282	270.12[A]	29.085kA	7.30	6.0
	백양사	고창	Z_1=0.732+j4.153	181.72[A]	8.890kA	5.88	4.0
	노안	평동	Z_1=0.287+j2.564	161.58[A]	14.531kA	7.66	6.0
	일로	영암	Z_1=0.467+j3.023	172.72[A]	12.256kA	5.67	4.0

이 표의 측정치는 모두 RC bank를 개방한 상태에서 측정된 최대치이고 한전 송전 Bus임피던스는 2006. 12말 현재 기준이다.

2) 55kV계통의 측정치

표 9-12 55kV계통의 V_{THD}

구분	변전소	V_{THD}[%] 허용치 : 3.0%					
		M 상			T 상		
		1일차	2일차	3일차	1일차	2일차	3일차
경원선	의정부	7.13	7.25	5.99	4.80	4.92	4.35
중앙선	구리	5.08	4.59	4.69	5.77	5.88	5.06
분당선	모란	22.9	22.51	23.85	23.51	23.75	25.59
경인선	주안	9.68	8.42	7.85	3.85	5.45	4.18
경부선	구로	2.87	2.78	5.99	2.92	2.75	3.22
	군포	4.84	4.94	5.23	7.02	7.52	6.96
	평택	3.54	3.49	3.36	3.02	3.22	2.68
	조치원	5.21	3.17	3.78	4.70	6.17	5.87
	옥천	0.97	1.12	1.18	1.40	1.45	1.79
	직지사	2.95	3.37	3.07	2.63	2.68	2.68
	사곡	2.14	2.29	2.12	3.99	5.65	4.20
	경산	3.98	10.11	4.18	4.51	8.71	4.72
	밀양	3.49	7..53	8.60	3.86	8.31	9.95
충북선	증평	4.27	5.18	5.48	4.69	4.01	6.52
	충주	7.13	6.98	6.14	6.63	5.60	5.24
호남선	계룡	8.74	7.84	8.23	7.81	7.88	8.28
	익산	7.36	9.46	7.20	8.11	9.78	7.93
	백양사	9.52	8.75	9.85	6.73	8.58	7.29
	노안	7.91	8.60	8.49	8.96	10.17	8.87
	일로	4.99	6.27	5.71	8.82	10.10	10.28

표 9-13 변전소별 55kV I_{TDD}

선로명	전철 변전소	100MVA기준 전원 %Z (%)	55kV단락 전류 I_{SC}(A)	I_L(A)	M 상 (%)	T 상 (%)	I_{TDD} 허용치	RC bank
경원선	의정부	33.3499∠89.24°	5451.84	436.04	3.51	4.13	7.5	-
중앙선	구리	46.3046∠89.85°	3926.57	265.15	6.47	7.47	5.0	-
분당선	모란	31.7112∠89.47°	5733.57	478.96	7.40	7.82	5.0	-
경인선	주안	32.9828∠89.40°	5512.51	215.27	5.73	4.25	8.0	-
경부선	구로	19.3135∠89.47°	9414.03	554.04	3.90	4.29	5.0	-
	군포	33.8172∠89.34°	5376.49	431.86	5.00	4.05	5.0	-
	평택	37.7676∠88.54°	4814.13	254.90	5.86	5.48	5.0	-
	조치원	48.6443∠89.10°	3737.70	185.46	11.51	8.95	8.0	on
					14.63	6.32		off
	옥천	47.9171∠89.40°	3794.43	150.3	0	3.75	8.0	on
					0	3.70		off
	직지사	74.5351∠88.87°	2439.36	108.41	2.67	4.22	8.0	on
					2.52	5.98		off
	사곡	69.3853∠89.77°	2620.41	2.42	-	-	10.0	-
					-	-		-
	경산	48.5921∠89.30°	3741.72	572.20	4.59	5.62	6.0	on
					6.96	6.63		off
	밀양	54.9845∠87.51°	3306.72	622.01	3.19	3.31	5.0	on
					4.54	4.95		off
충북선	증평	72.0232∠89.36°	2524.44	152.06	8.24	7.77	5.0	on
					10.27	6.53		off
	충주	70.8698∠89.68°	2565.52	186.78	10.80	8.13	5.0	on
					10.54	7.59		off
호남선	계룡	47.4598∠89.57°	3831.00	452.96	7.13	7.45	5.0	-
	익산	47.6829∠89.41°	3813.07	519.29	5.26	6.08	5.0	on
					6.16	6.59		off
	백양사	57.4755∠87.23°	3163.40	490.90	5.92	4.60	5.0	on
					5.97	5.44		off
	노안	72.7943∠89.28°	2497.70	548.91	5.93	7.29	5.0	on
					5.36	7.65		off
	일로	82.3990∠87.50°	2206.56	754.0	2.21	4.53	4.0	on
					2.76	4.49		off

9-1-6. 고조파의 필터

1) 분로 필터의 계산

그림 9-15와 같은 분로 필터는 고조파를 흡수하는 효과와 역률 개선하는 효과를 동시에 가지고 있으므로 열차부하의 무효 전력을 저감하는 용량이 필터의 용량 Q_{FL}이 된다. 여기서 커패시터의 리액턴스를 X_C라 할 때

$$E=I \cdot X$$

$$Q_{FL}=EI \qquad \therefore I=\frac{Q_{FL}}{E}$$

$$E=\frac{Q_{FL}}{E}\cdot X \qquad \therefore X=\frac{E^2}{Q_{FL}}$$

여기서 Q_{FL} : n차 고조파 분로 필터의 용량
E : 회로 전압
I : n차 고조파 전류
X : n차 고조파 분로 필터의 리액턴스

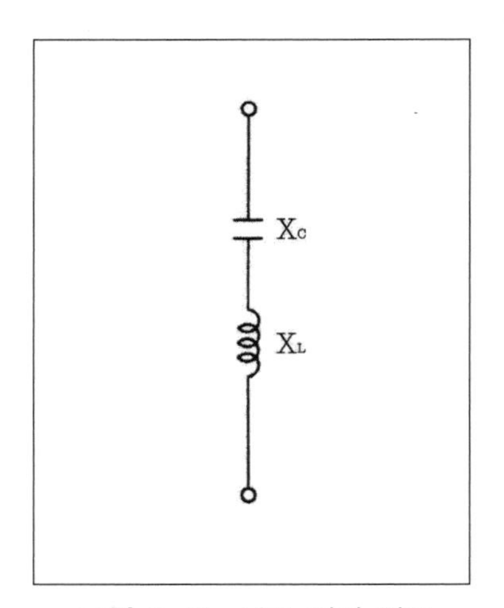

그림 9-15 분로 필터 회로

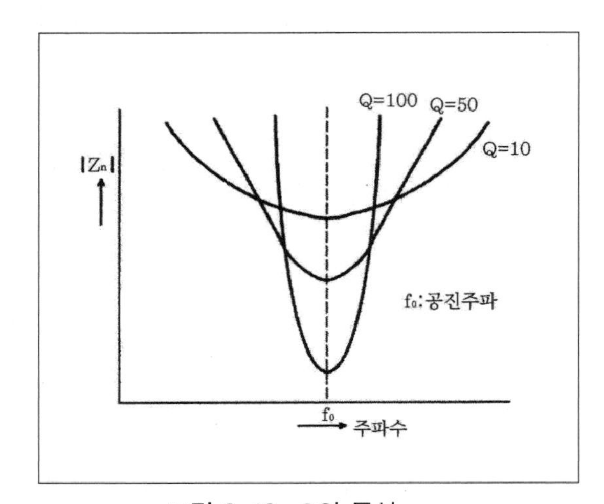

그림 9-16 Q의 특성

그림 9-15에서 $X=X_C+X_L=X_C\left(1-\frac{1}{n^2}\right)$이므로 위의 식에 대입하면 구하고자 하는 콘덴서 X_C와 직렬 리액턴스 X_L은

$$X_C = \frac{E^2}{Q_{FL}} \times \frac{1}{1-\frac{1}{n^2}} [\Omega]$$

$$X_L = \frac{E^2}{Q_{FL}} \times \frac{\frac{1}{n^2}}{1-\frac{1}{n^2}} = \frac{E^2}{Q_{FL}} \times \frac{1}{n^2-1} [\Omega]$$

가 얻어진다. 여기서 공진첨예도(共振尖銳度) Q는 $Q=\frac{n \cdot X_{LN}}{R}$ 이므로 Q의 값이 클수록 필터 효과가 크다. 일본 L-C계통의 전문 제조회사 NISSIN전기(日新電氣)에 의하면 일반적으로 Q=50을 채택하고 있으나 저항은 특별히 제작하지 않고 콘덴서와 리액터 자체가 가지고 있는 저항을 활용하므로 실제 제작에서는 계획된 Q=50과 일치하지 않는 경우가 많다고 한다. 이제 10MVA를 기준 용량으로 하여 %임피던스로 계산하면

$$X_C = \frac{10 \times 1000}{Q_{FL}} \times \frac{1}{1-\frac{X_L}{100}} \times 100 [\%]$$

$$X_L = \frac{10 \times 1000}{Q_{FL}} \times \frac{\frac{X_L}{100}}{1-\frac{X_L}{100}} \times 100 [\%]$$

가 얻어진다.

2) 능동 필터(能動-Active filter)

철도에서는 근래 Active filter를 설치한 곳이 고속철도에 여러 곳이 있다. 금번 연구조사에서는 Active filter의 성능 측정이 포함되어 있지 않아 측정하지 않았으나 Active filter는 55kV 계통에 설치하여야 하므로 Filter 변압기의 Reactance로 인하여 고차 고조파에 대하여는 효율이 낮은 것으로 알려져 있다. Active filter는 수동 filter와 달리 공진 특성을 이용하지 않고, inverter기술에 의하여 역위상(逆位相)의 고조파를 발생시켜 그 합성파를 만들어 선로의 고조파를 소거(消去)하는 filter이다. 그림 9-17은 Active filter의 접속도이고, 그림 9-18은 동작 파형이다. 그림 9-17과 같이 Active filter는 고조파 발생 부하와 병렬로 접속하여, 부하 전류 I_L을 CT에서 검출하고 부하 전류에 포함되어 있는 고조파 성분 I_H를 분리하여 내어 이 I_H를 전류 제어 기준 신호로 하여 인버터에 흐르는 전류를 제어하여 I_H와 위상이 반대되는 고조파분의 역위상(逆位相) 전류를 발생하여 서로 소거되도록 하는 closed loop 계통의 한 예이다.

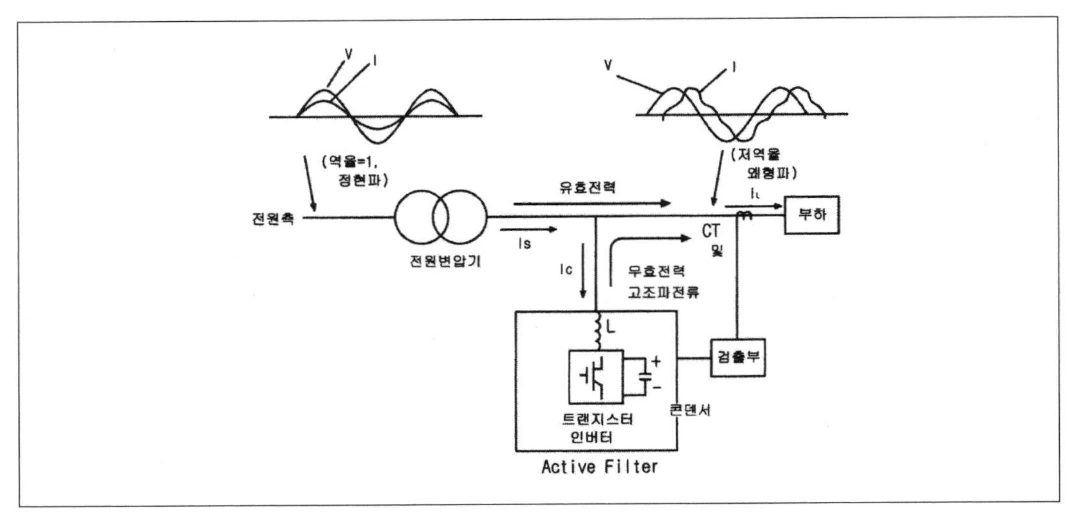

그림 9-17 Active filter의 접속도

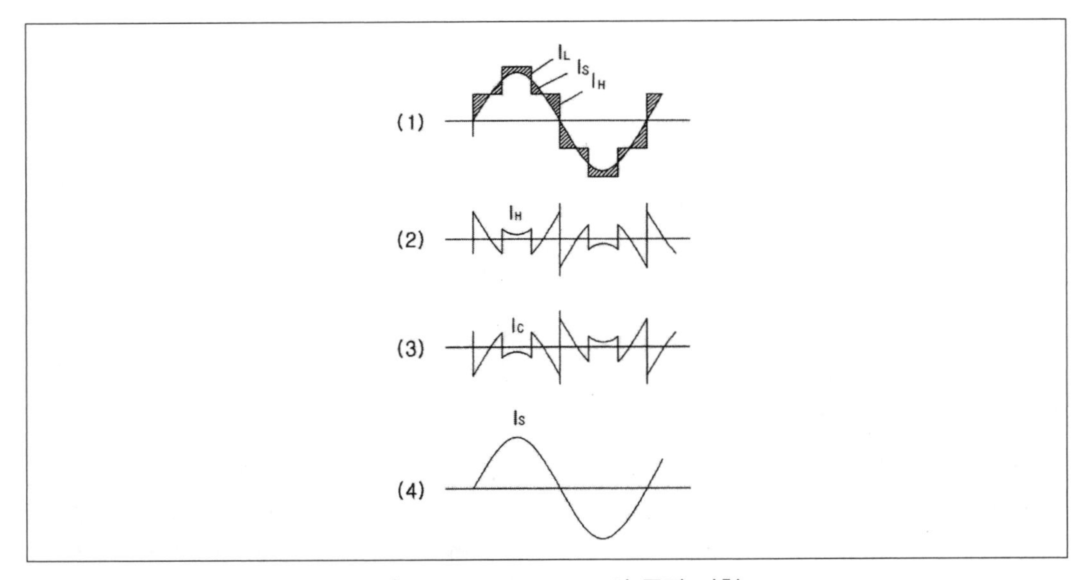

그림 9-18 Active filter의 동작 파형

그림 9-18의 (1)은 고조파를 포함한 부하전류(I_L)이고, (2)는 분리된 고조파 전류(I_H), (3)은 filter가 발생한 역 위상 전류(I_C)로, (4)는 (2)의 고조파 전류와 (3)의 역위상 전류가 합성되어 filtering이 된 정현파의 전원 전류이다.

3) RC bank

현재 철도 전철 변전소에 설치되어 있는 RC bank는 750[Ω], 550[Ω], 350[Ω]의 3종이 있으며, 결선은 그림 9-19와 같으며 저항이 750[Ω]인 충주 변전소의 실례를 보면 다음과 같으며 그 계산 값은 실측치와 차이가 없었다.

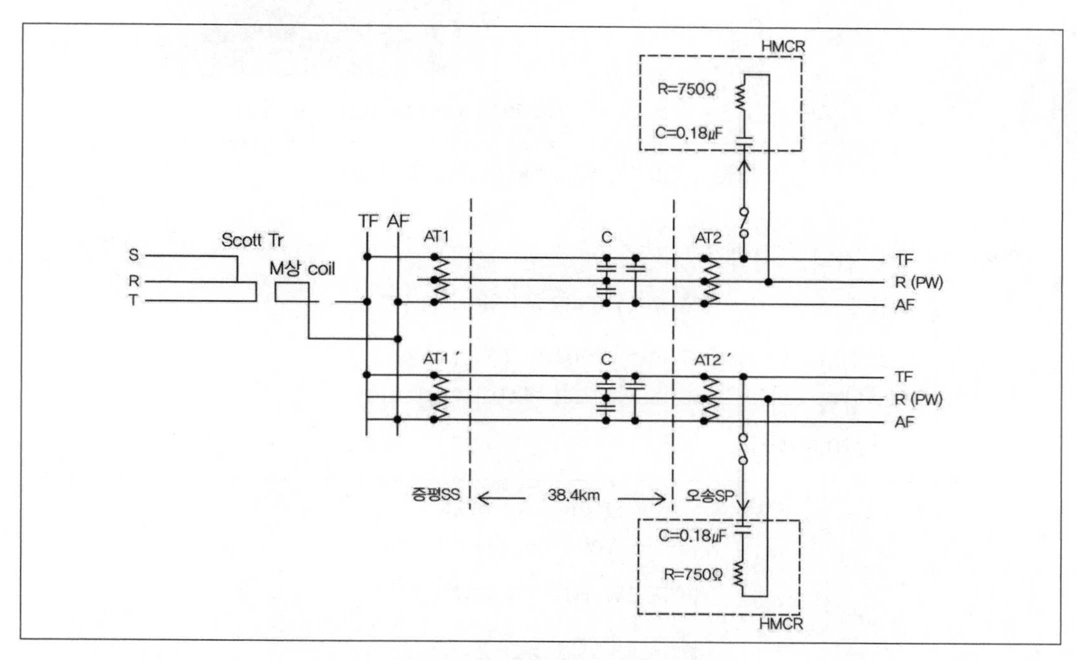

그림 9-19 RC bank의 결선도

① 전류의 계산

R-C bank의 저항이 750[Ω]인 때의 전류를 계산하여 보면

$$Z = \sqrt{R^2 + X^2}$$

$$X = \frac{1}{j\omega C} = -j\frac{1}{2\times\pi\times f\times C} = -j\frac{1}{2\times 3.14\times 60\times 0.18\times 10^{-6}} = -14737.4[\Omega]$$

$$Z = 750 - j14737.4 = 14756.47\angle 272.91^\circ[\Omega]$$

$$I = \frac{V}{Z} = \frac{25000}{750 - j14737.4} = 0.08611 + j1.69198 = 1.6942\angle 87.09^\circ[A]$$

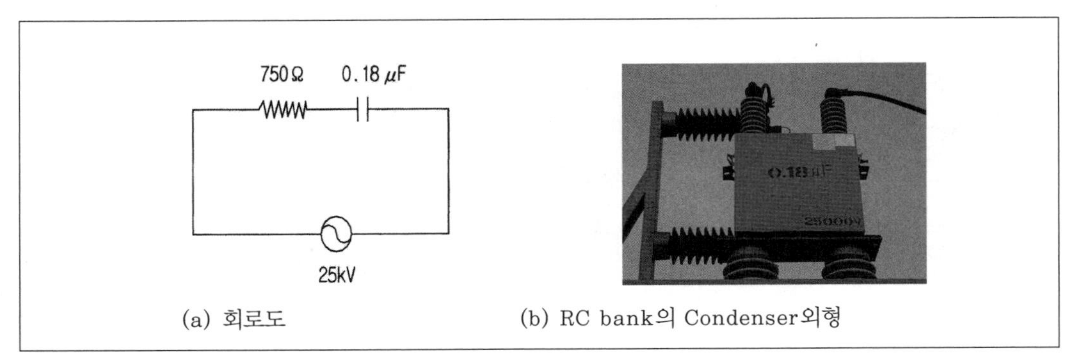

그림 9-20 R-C bank 회로도 및 외형도

② R-C양단에 걸리는 전압

$$E = I \cdot Z = I \times (R - jX_C) = 1.6942 \times (750 - j14.737)$$

$$= 1270.629 - j24967.69 = 25000 \angle 87.09^\circ [V]$$

저항 R의 양단 전압 $e_R = 1270.63[V]$

콘덴서의 양단 전압 $e_X = 24967.69[V]$

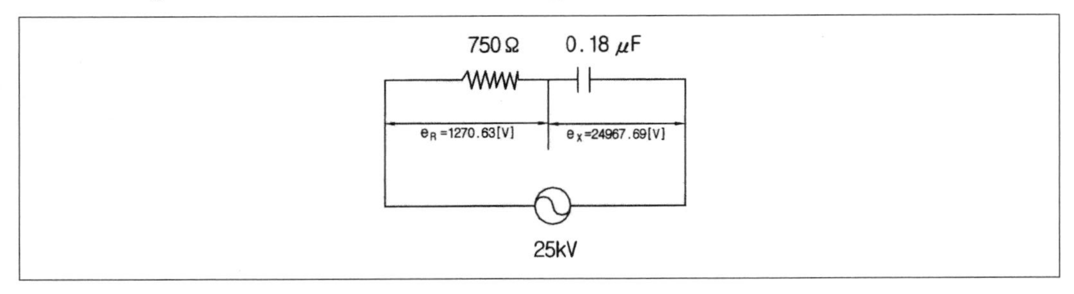

그림 9-21 양단 전압

참고 전차선로의 절연 내력은 200kV이므로 RC bank에 설치하는 콘덴서의 절연내력도 뇌임펄스 내전압이 200kV, 상용주파수내전압은 95kV 이상이어야 한다.

주 (1) 철도기술연구원 고조파 세미나 보고서 1997. 4. 15
(2) 전력기본공급약관시행세칙 제26조. 2006. 10. 9 韓國電力公社
(3) IEEE std 519 harmonic control in electric power system p85 table 11.1
(4) JEC 2410 半導體電力變換裝置 解說 表5 電話雜音評價計數 電氣書院
(5) 最新 電氣鐵道工學 p199 2000.9 コロナ社刊 日本 電氣學會
(6) き電システム技術講座 p12-8 1997.10 日本鐵道總合技研
(7) 盆唐線 現地試驗 및 對策裝置檢討結果報告 1996. 12. 日新電氣(株)
(8) 高調波抑制對策技術指針 JEAG-9702-1995 日本電氣協會

참고자료 I.

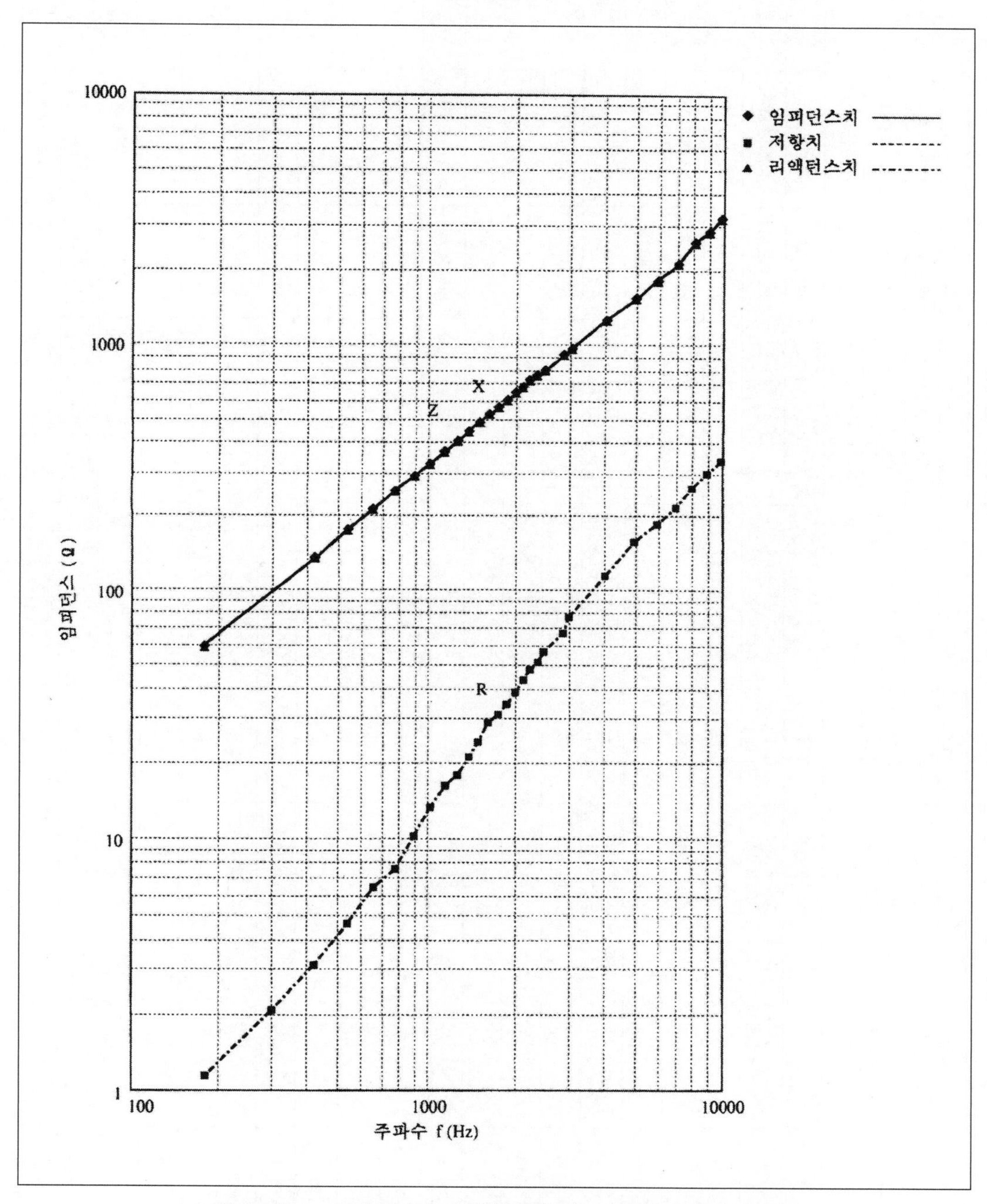

그림 9-53 30/40MVA 급전용 변압기 고조파 임피던스(참고)

참고자료 II. 전철 변전소의 154kV 및 55kV 모선 고장 전류(I_{TDD}계산 자료)

2007. 1말 기준

선로명	전 철 변전소	한 전 변전소	한전 Bus %임피던스 (%)	수 전 선 로			154 kV			변압기용량 100 MVA 환산%Z(%)	55 kV 단락전류(A)
				규격 mm^2	길이 km	%Z (%)	Total %Z (%)	단락전류(A)	지락전류(A)		
경원선	의정부	의정부	Z_1 = 0.039 + j 0.893 Z_0 = 0.068 + j 0.770	ACSR 330 XLPE 400	2.488 1.215	Z_1 = 0.181 + j 0.629 Z_0 = 0.179 + j 0.928	Z_1 = 0.220 + j 1.522 Z_0 = 0.247 + j 1.698	24 379.35	23 473.41	33 MVA×2 j 60.6060	2 856.46
중앙선	구 리	도 농	Z_1 = 0.056 + j 0.920 Z_0 = 0.110 + j 0.706	XLPE 400	0.1	Z_1 = 0.003 + j 0.010 Z_0 = 0.005 + j 0.005	Z_1 = 0.059 + j 0.930 Z_0 = 0.115 + j 0.711	40 232.02	43 568.24	45 MVA j 44.4444	3 926.57
분당선	모 란	중 원	Z_1 = 0.122 + j 1.890 Z_0 = 0.353 + j 1.056	XLPE 400	0.793	Z_1 = 0.025 + j 0.076 Z_0 = 0.037 + j 0.042	Z_1 = 0.147 + j 1.966 Z_0 = 0.390 + j 1.098	19 016.60	22 156.52	36 MVA×2 j 27.7778	3056.37
		성 현	Z_1 = 0.119 + j 1.464 Z_0 = 0.666 + j 3.565	XLPE 400 ACSR 330	2.584 0.984	Z_1 = 0.124 + j 0.447 Z_0 = 0.163 + j 0.476	Z_1 = 0.243 + j 1.911 Z_0 = 0.829 + j 4.041	19 461.81	14 108.157	36 MVA×2 j 27.7778	3061.96
경인선	주 안	신인천	Z_1 = 0.022 + j 0.885 Z_0 = 0.021 + j 0.839	XLPE 400	4.731	Z_1 = 0.151 + j 0.454 Z_0 = 0.222 + j 0.251	Z_1 = 0.173 + j 1.339 Z_0 = 0.243 + j 1.090	27 768.44	29 491.39	33 MVA×2 j60.6060	2873.00
경부선	구 로	구 공	Z_1 = 0.046 + j 1.114 Z_0 = 0.171 + j 1.223	XLPE 800	2.43	Z_1 = 0.044 + j 0.209 Z_0 = 0.075 + j 0.112	Z_1 = 0.090 + j 1.323 Z_0 = 0.246 + j 1.335	28 272.53	28 092.07	60 MVA×2 j 33.3333	5053.33
		구 로	Z_1 = 0.071 + j 1.307 Z_0 = 0.279 + j 1.528	XLPE 800	1.165	Z_1 = 0.021 + j 0.10 Z_0 = 0.036 + j 0.054	Z_1 = 0.092 + j 1.407 Z_0 = 0.315 + j 1.582	26 589.27	25 422.05	60 MVA×2 j 33.3333	5029.85
	군 포	의 왕	Z_1 = 0.089 + j 1.323 Z_0 = 0.711 + j 3.148	XLPE 400 ACSR 330	1.321 1.516	Z_1 = 0.106 + j 0.433 Z_0 = 0.126 + j 0.593	Z_1 = 0.195 + j 1.756 Z_0 = 0.837 + j 3.741	21 219.79	15 289.85	33 MVA×2 j60.6061	2835.63
	평 택	송 탄	Z_1 = 0.399 + j 1.961 Z_0 = 1.181 + j 5.563	XLPE 400	2.6	Z_1 = 0.083 + j 0.25 Z_0 = 0.122 + j 0.138	Z_1 = 0.482 + j 2.211 Z_0 = 1.303 + j 5.701	16 567.47	10 842.09	30 MVA×2 j 66.6667	255739
	조치원	조치원	Z_1 = 0.290 + j 1.828 Z_0 = 1.192 + j 5.117	XLPE 400	2.8	Z_1 = 0.09 + j 0.269 Z_0 = 0.132 + j 0.148	Z_1 = 0.380 + j 2.097 Z_0 = 1.324 + j 5.265	17 591.89	11 612.09	45 MVA j 44.4444	3 737.70
	옥 천	옥 천	Z_1 = 0.154 + j 1.437 Z_0 = 0.849 + j 3.911	XLPE 400	3.1	Z_1 = 0.099 + j 0.298 Z_0 = 0.146 + j 0.164	Z_1 = 0.253 + j 1.735 Z_0 = 0.995 + j 4.075	21 382.50	14 620.45	45 MVA j 44.4444	3 794.43
	직지사	금 릉	Z_1 = 0.234 + j 2.125 Z_0 = 0.972 + j 5.056	XLPE 400 ACSR 240	0.1 8.7	Z_1 = 0.499 + j 1.802 Z_0 = 0.431 + j 3.024	Z_1 = 0.733 + j 3.927 Z_0 = 1.403 + j 8.080	9 384.89	6 946.97	30 MVA j 66.6667	2 439.36
	사 곡	남구미	Z_1 = 0.120 + j 1.292 Z_0 = 0.440 + j 2.293	XLPE 400	0.7	Z_1 = 0.022 + j 0.067 Z_0 = 0.033 + j 0.037	Z_1 = 0.142 + j 1.359 Z_0 = 0.473 + j 2.330	27 437.82	22 034.33	30 MVA j 66.6667	2 620.41
	경 산	노 변	Z_1 = 0.236 + j 1.840 Z_0 = 1.013 + j 4.650	XLPE 600 ACSR 240	1.135 0.63	Z_1 = 0.056 + j 0.227 Z_0 = 0.066 + j 0.271	Z_1 = 0.292 + j 2.067 Z_0 = 1.079 + j 4.921	17 959.56	12 216.77	45 MVA j 44.4444	3 742.50
	밀 양	초 동	Z_1 = 0.561 + j 2.943 Z_0 = 1.591 + j 7.557	XLPE 600 ACSR 240	0.4 10.993	Z_1 = 0.634 + j 2.299 Z_0 = 0.551 + j 3.833	Z_1 = 1.195 + j 5.242 Z_0 = 2.142 + j 11.39	6 973.14	5 034.935	45 MVA j 44.4444	3 306.96
충북선	증 평	증 평	Z_1 = 0.288 + j 2.336 Z_0 = 1.289 + j 6.354	XLPE 400	3.538	Z_1 = 0.113 + j 0.340 Z_0 = 0.166 + j 0.188	Z_1 = 0.401 + j 2.676 Z_0 = 1.455 + j 6.542	13 855.39	9 290.49	30 MVA j 66.6667	2 524.44
	충 주	충 주	Z_1 = 0.184 + j 2.050 Z_0 = 0.493 + j 2.909	XLPE 400	0.53	Z_1 = 0.017 + j 0.051 Z_0 = 0.025 + j 0.028	Z_1 = 0.201 + j 2.101 Z_0 = 0.518 + j 2.937	17 763.26	15 625.51	30 MVA j 66.6667	2 565.52
호남선	계 룡	신계룡	Z_1 = 0.083 + j 1.219 Z_0 = 0.132 + j 1.373	XLPE 400	3.0	Z_1 = 0.096 + j 0.288 Z_0 = 0.141 + j 0.159	Z_1 = 0.179 + j 1.507 Z_0 = 0.273 + j 1.532	24 704.24	24 506.15	45 MVA j 44.4444	3 830.99
	익 산	이 리	Z_1 = 0.134 + j 1.282 Z_0 = 0.485 + j 2.637	XLPE 400	3.5	Z_1 = 0.112 + j 0.336 Z_0 = 0.165 + j 0.186	Z_1 = 0.246 + j 1.618 Z_0 = 0.650 + j 2.823	22 907.94	18 241.78	45 MVA j 44.4444	3 813.06
	백양사	고 창	Z_1 = 0.732 + j 4.153 Z_0 = 1.861 + j 9.445	XLPE 400 ACSR 240	2.1171 10.318	Z_1 = 0.656 + j 2.329 Z_0 = 0.605 + j 3.693	Z_1 = 1.388 + j 6.482 Z_0 = 2.466 + j 13.138	5 655.65	4 224.63	45 MVA j 44.4444	3 164.92
	노 안	평 동	Z_1 = 0.287 + j 2.564 Z_0 = 1.207 + j 6.795	XLPE 400	5.18	Z_1 = 0.166 + j 0.497 Z_0 = 0.243 + j 0.275	Z_1 = 0.453 + j 3.061 Z_0 = 1.450 + j 7.070	12 116.00	8 393.05	30 MVA j 66.6667	2 497.69
	일 로	영 암	Z_1 = 0.467 + j 3.023 Z_0 = 1.775 + j 8.289	ACSR 240	23.32	Z_1 = 1.329 + j 4.804 Z_0 = 1.143 + j 8.092	Z_1 = 1.796 + j 7.827 Z_0 = 2.918 + j 16.381	4 668.63	3 440.62	30 MVA j 66.6667	2 206.56

참고자료 III. 경부고속전철 변전소의 154kV 및 55kV 모선 고장 전류(I_{TDD}계산 자료)

2007. 1말 현재

전철 변전소	한전 변전소	한전 Bus 퍼센트 임피던스 %	수 전 선 로			154 kV			변압기용량 100 MVA환산 퍼센트 임피던스 %	55 kV 단락전류 A
			규격 mm^2	길이 km	퍼센트 임피던스 %	전체 퍼센트 임피던스 %	단락전류 A	지락전류 A		
고양기지	능 곡	Z_1 = 0.068+ j 0.93 Z_0 = 0.37+ j 1.611	XLPE 800	1.6	Z_1 = 0.0302+ j 0.1396 Z_0 = 0.0489+ j 0.0744	Z_1 = 0.0982+ j 1.0696 Z_0 = 0.4199+ j 1.6854	34 903.69	29 032	90 MVA j 22.2222	7 463
안 산	일 동	Z_1 = 0.033+j 0.711 Z_0 = .073+ j 0.803	XLPE 800	2.5	Z_1 = 0.0471+ j 0.2181 Z_0 = 0.0764+ j 0.1162	Z_1 = 0.0801+ j 0.9291 Z_0 = 0.1494+ j 0.9192	40 201.75	40 336	75 MVA j 126.6667	6 374
평 택	추 팔	Z_1 = 0.289+j 1.615 Z_0=0.0836+j 3.888	XLPE 800	1.847	Z_1 = 0.0348+ j 0.1612 Z_0 = 0.0564+ j 0.0859	Z_1 = 0.3238+ j 1.7762 Z_0 = 0.8924+ j 3.9739	20 764.64	14 640	90 MVA j 22.2222	7 052
옥 천	옥 천	Z_1 =0.154+ j 1.437 Z_0 =0.849+ j 3.911	ACSR 410	9.5	Z_1 = 0.3152+ j 1.8868 Z_0 = 0.4226+ j 3.5966	Z_1 = 0.4692+ j 3.3238 Z_0 = 1.2716+ j 7.5076	11 168.53	7 850	90 MVA j 22.2222	6 295
신청주	청 원	Z_1 =0.063+ j 0.945 Z_0 =0.104+ j 0.954	ACSR 410	10.1	Z_1 = 0.3351+ j 2.0059 Z_0 = 0.4493+ j 3.8237	Z_1 = 0.3981+ j 2.9509 Z_0 = 0.5533+ j 4.7777	12 590.54	10 448	90 MVA j 22.2222	6 462
김 천	김 천	Z_1 =0.212+ j 1.845 Z_0 =0.766+ j 4.076	ACSR 410 XLPE 800	5.7 0.2	Z_1 = 0.1929+ j 1.1496 Z_0 = 0.2597+ j 2.1672	Z_1 = 0.4049+j 2.9946 Z_0 = 1.0257+j 6.2432	12 406.31	9 092	90 MVA j 22.2222	6 442
대 구	범 물	Z_1=0.148+j1.562 Z_0=0.531−j2.712	XLPE 800	8.188	Z_1 = 0.1525+j 0.7191 Z_0 = 0.2517+j 0.3805	Z_1 = 0.3005+j2.2811 Z_0 = 0.7881+j3.0924	16 294.39	14 457	60MVA ×2 j16.667	8 561
울 산	울 주	Z_1 =0.021+ j 1.378 Z_0 =0.084+ j 1.113	ACSR 410 XLPE 800	0.782 4.582	Z_1 = 0.1196+ j 0.5984 Z_0 = 0.1845+ j 0.5917	Z_1 = 0.1406 + j 1.9764 Z_0 = 0.2685 + j 1.7047	18 921.01	19 787	90 MVA j 22.2222	6 946
부 산	노 포	Z_1 =0.090+ j 1.452 Z_0 =0.061+ j 1.371	XLPE 800	2.797	Z_1 = 0.0503+ j 0.2461 Z_0 = 0.0867+ j 0.1287	Z_1 = 0.1403 + j1.6981 Z_0 = 0.1477 + j1.4997	22 003	22 884	90 MVA (12.5%) j27.4778	5 830
부산차량기지	범 천	Z_1 =0.078+ j 1.318 Z_0 =0.223+ j 0.851	XLPE 800	1.0247	Z_1 =0.0193+ j 0.0894 Z_0 = 0.0313+ j 0.0476	Z_1 = 0.0973 + j1.4074 Z_0 = 0.2543 + j0.8986	26 574.34	30 069	90 MVA j 22.2222	7262

제10장 전력 배전

10-1. 전력 케이블 배선

고속전철에서 처음 시설한 전력선은 비접지 22kV XLPE케이블 2회선을 신청주변전소에 지중 가설하였으나, 그 후 한국 철도시설 공단에서는 기존의 배전전압 6.6kV를 중성점을 접지한 22.9kV로 승압하도록 계획하여 2007년 이후 배전선로는 모두 중성점을 접지한 22.9kV로 설계되고 있다. 전선로에 있어 가공선로의 선로 임피던스가 케이블 선로에 비하여 매우 크므로 가공선로와 케이블 선로를 병렬로 운전하면 부하전류는 선로 임피던스에 반비례하여 흐르므로 임피던스가 작은 케이블로 더 큰 전류가 분류하여 흐르게 된다. 또 철도 배전선로는 그 길이가 대단히 길어서 22.9kV로 배전하고 있는 경우 케이블의 무부하 시 충전전류로 인하여 전원 변압기의 단자 전압이 상승하여 문제가 된바 있었다.

10-1-1. 중성점 접지 방식과 케이블 선정

미국 IEEE Std 142-2007[1]에서는 3상 전력계통의 중성점 접지방식으로 비접지(Ungrounded system), 직접접지(Solid grounding system), 저항접지(Resistance grounding system)와 리액턴스접지(Reactance grounding system)의 4가지로 대별하고, 그 특성으로 비접계통은 지락사고의 검출이 어렵고 또 케이블 배선으로 인하여 그림 10-4에서 보는 바와 같이 배전선로의 큰 대지 커패시턴스로 인하여 1선 지락사고 시 대지 충전전류의 증대로 인하여 매우 높은 건전 상에 일시과전압(TOV- Transient temporary over voltage)이 발생하고 또한 고장 점에서의 간헐 아-크로 인한 높은 과도전압 발생의 우려가 있으며, 반면 직접 접지계통은 1선 지락 시 건전상의 전압상승이 계통의 상전압을 E라 할 때 1.4E 이하로(유효접지계통 접지계수로 IEC에서는 1.4를 채택하고, 한전에서는 154kV이상의 계통에서는 1.35를 채택) 건전 상 과도적 일시 전압상승이 작은 반면 지락전류는 단락전류와 같거나 단락전류 보다 큰 전류가 흐르게 되므로 지락 시 전원 변압기와 고장전류 투개폐로 인하여 변압기 등 주 통전기기에 손상[1]을 주게 될 뿐 아니라 인접하여 설치되어 있는 제어선, 신호선 또는 통신선로 및 이들 관련된 약전설비가 유도장애에 노출되어 피해를 입게 될 우려가 높고, Feed back control을 위주로 하는 process공업에 있어 제어선 및 신호선에 유도전압이 유기되면 제어신호에 영향을 주어 제품의 품질을 보장하기 어려워 질수 있다. 그러므로 IEEE에서는 비접지와 직접접지는 특별한 경우를 제외하고는 피하도록 권고하고 있다. 이와 같은 문제점으로 IEEE에서는 중성점 접지로는 reactance 접지와 저항접지를 권장하고 있는데 reactance 접지는 다수의 고압배전 Feeder를 가진 대형 변전소의 중성점에 적용할 것을 권장하고 있으며, 이에 따라 한국전력에서는 154/22.9kV 배전용 대형 변압기의 2차 측 중성점 접지에 적용하고 있으나 기타 산업용 전력계통 등에서는 적용하는 경우가 거의 없다.

표 10-1 중성점 접지방식에 따른 특성 (IEEE Std 142-2007)

접지방식 / 특성	비 접 지	직접접지	저항 접지	
			고저항 접지	저저항 접지
지락 전류 (3상 단락전류에 대한 %)	1% 이하	100% 또는 그 이상	1% 이하이나 계통충전전류 $3I_c$보다는 작지 않음	20% 이하로 100~1000A
과도 과전압	매우 높음	과도하지 않음 (250% 이하)	과도하지 않음 (250% 이하)	과도하지 않음 (250% 이하)
피뢰기	비접지 중성점용	접지 중성점용	비접지 중성점용	비접지 중성점용
비 고	지락시 과전압발생. 고장분리가 어려움으로 추천되지 않음.	적용 전압범위 (1) 660V and bellow (2) over 15kV	600V이하. 지락상태에서도 운전계속을 희망할 경우	일반적으로 2.4~15kV계통. 특히 대형회전기운전회로

IEEE는 중성점 저항접지방식으로는 고저항접지(High resistance grounding-접지전류 I_N은 $I_N \geq 3I_C$이고 동시에 $I_N \leq 10$[A]인 조건을 만족시키는 저항, 여기서 I_C는 배전선로의 1상당 대지충전 전류)와 저저항접지(Low resistance grounding-3상 단락전류의 20%보다 작으며 접지전류는 100~1000[A]로 대표전류는 400[A]-With 400A being typical)로 구분하여 자가용 전기설비에는 이들 중 한 가지를 선정하여 중성점 저항접지를 하도록 권장하고 있다. 이 때 고저항 접지이거나 저저항 접지를 하여도 중성점 접지저항(NGR-Neutral ground resister)에 흐르는 전류는 1선 지락 시 지락전류에 의한 계전기의 동작이 보장되어야 할 뿐만 아니라 건전상의 과도적일시과전압(TOV)은 같은 계통에 결선되어 있는 타부하의 절연에 영향을 주지 않는 안전한계(IEEE에서는 정격 상전압의 250% 이하)를 넘지 않도록

해야 한다고 권고하고 있다. 이와 같은 조건을 만족하기 위하여 적절한 중성점 저항을 선정하는 것이 매우 긴요하다. 이들 중성점 접지의 특성을 IEEE Std 142에 의하여 정리하면 표 10-1과 같다. 전력선로에 연결되어 있는 변압기 및 회전기 등의 절연내력은 IEC에 따로 정하여져 있다. 건식 변압기의 IEC의 절연내력은 필자의 저서인 「자가용전기설비의 모든 것 I」 의 242쪽 표 8-4에, 회전기에 대한 내전압은 「자가용전기설비의 모든 것 II」 의 308쪽 표 8-3 회전기의 정격절연 level이라 계제하였다.

㈜ (1) 변압기의 열적 단락강도는 변압기 2차 단락에 2초간 견디는 것으로 되어 있다. 이것은 동적 단락 강도인 변압기 2차 단락 시의 파고치로 단락전류 실효치의 2.6배를 견딘다는 의미이나 지락전류가 단락전류 보다 커지면 지락전류의 기계적 충격전류(파고치)는 변압기 단락강도의 보증치 보다 큰 충격전류가 될 수 있기 때문이다.

10-1-2. 3상 계통의 1선 지락 시 중성점 접지저항과 건전 상 전압 상승

1) 3상 계통 중성점 접지 저항 크기의 결정

① 비접지계통의 지락전류와 영상 전압

중성점 비접지(GPT접지 포함)인 평형 3상 회로에서 A상이 지락고장일 때 건전상인 B상과 C상의 전압이 상승한다. 이때 상승한 B상과 C상의 대지 전압 V_B, V_C은

$$V_B = V_0 + \alpha^2 V_1 + \alpha V_2 = \frac{(\alpha^2 - 1)Z_0 + (\alpha^2 - \alpha)Z_2}{Z_0 + Z_1 + Z_2} \times E$$

$$V_C = V_0 + \alpha V_1 + \alpha^2 V_2 = \frac{(\alpha - 1)Z_0 + (\alpha - \alpha^2)Z_2}{Z_0 + Z_1 + Z_2} \times E$$

가 된다[(2)].

여기서 V_0, V_1, V_2 : 영상, 정상, 역상 전압

Z_0, Z_1, Z_2 : 영상, 정상, 역상 임피던스

$$\alpha = -\frac{1}{2} + j\frac{\sqrt{3}}{2}, \quad \alpha^2 = -\frac{1}{2} - j\frac{\sqrt{3}}{2}$$

로, 이 식은 1선 지락시의 건전 상 전압상승에 대한 일반식이다. 여기서 1선 지락 시 분자의 영상, 정상, 역상 임피던스의 합계가 영(零=0)이 되는 경우 전력계통은 공진이 되며 $Z_0+Z_1+Z_2=0$, 즉 $Z_0=-\frac{Z_1}{2}$ 인 공진 점에서 V_B, V_C는 계통이 reactance만으로 구

성되어 있으면 전압 상승이 무한대가 되나 실제 회로에는 저항이 있어 이와 같은 공진점에서도 건전 상 전압상승은 무한대가 되지는 않는다. 여기서 유의할 점은 Z_0은 선로가 케이블로 되어있는 경우 선로정수가 용량성(capacitive, $-X_C$)이고, Z_1, Z_2의 선로정수는 유도성(reactive, $+X_L$)이므로 이들의 합계는 각 정수의 절대치의 합계보다는 작아지므로 즉 $|-X_C+X_L| \leq |-X_C|+|X_L|$이므로 건전상의 전압은 상승한다. 이제 1선 지락 시 선로의 저항을 무시하고 등가 영상저항 및 리액턴스를 각각 $R_0=kX_1$, $X_0=mX_1$라 놓으면 V_B와 상전압 E의 비를 구하면

$$Z_1=Z_2=X_1, \quad Z_0=R_0+jX_0=kX_1+jmX_1$$

이 되고 또 $\alpha=-\frac{1}{2}+j\frac{\sqrt{3}}{2}$, $\alpha^2=-\frac{1}{2}-j\frac{\sqrt{3}}{2}$ 이므로

$$\frac{V_B}{E}=\frac{(\alpha^2-1)\cdot Z_0+(\alpha-\alpha^2)\cdot Z_2}{Z_0+Z_1+Z_2}$$

$$=\frac{(-1.5-j0.866)\cdot(k+jm)+1.732}{k+j(m+2)}$$

로 된다. 이제 k를 parameter로 하여 m에 대하여 V_B와 E의 비를 계산하여 그림으로 표시하면 그림 10-1과 같이 되며, m=-2에서 V_B가 급격히 상승함을 알 수 있다. 여기서 $k \leq 1$, $m \leq 3$인 전력 계통을 유효 접지라 하고, $k>1$, $m>3$이 되면 비유효 접지계통이다. 즉 $R_0 \leq X_1$, $X_0 \leq 3X_1$인 계통을 유효접지 계통, $R_0 > X_1$이고 $X_0 > 3X_1$인 전력 계통을 비유효 접지 계통이다. 비접지 계통은 $Z_0=\infty$이므로 위 식에서 보는 바와 같이 1선 지락 시에 지락전류가 거의 흐르지 않고, 건전 상에 높은 이상 전압이 발생할 뿐만 아니라 계통에 배전선로로 매우 긴 케이블이 결선되어 있으면(케이블이 병렬 결선되어 있으면 그 길이의 합계가 긴 경우도 포함) 케이블의 대지 커패시턴스가 커져서 그림 10-2에서 보는 바와 같이 GPT의 3차 영상전압이 낮아져 지락과전압 계전기(64번 계전기)의 동작이 둔하여진다. 그림 10-2의 곡선에 표시한 μF는 케이블 선로의 대지 커패시턴스로 지락저항이 2000[Ω]일 때 케이블의 커패시턴스 0.5μF인 경우에는 GPT 3차의 영상전압이 140V이나, 케이블의 길이가 길어서 대지 커패시턴스가 2μF되는 경우에는 GPT 3차의 영상전압이 매우 낮아져서 40V가 된다. 비접지 계통에 있어 GPT의 3차 영상전압은 지락저항이 0일 때 190.5V이다. 이와 같은 문제점을 해결하기 위하여 중성점에 적절한 저항 R_N(NGR-Neutral ground resister)을 삽입한다.

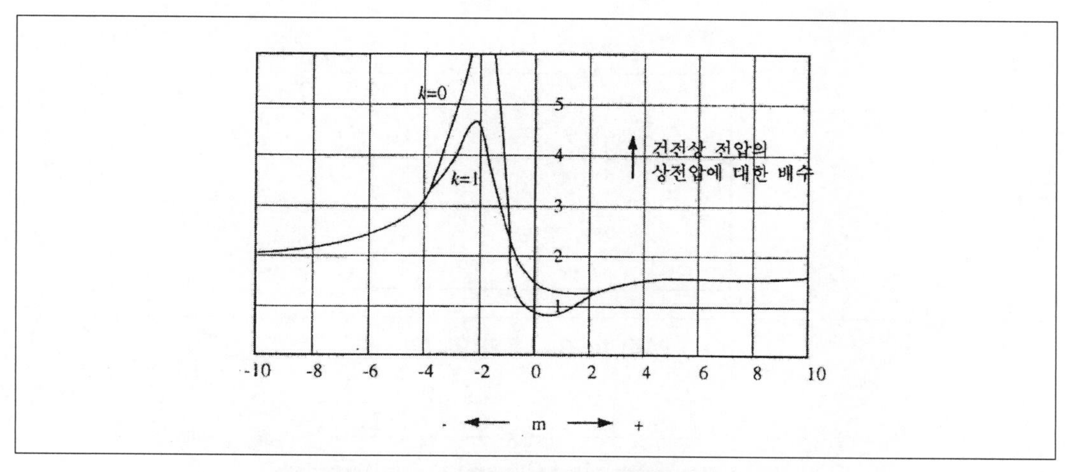

그림 10-1 1선 지락시의 건전상 전압 상승

따라서 중성점의 저항은 선로 공진을 피하기 위하여 전력선의 대지 충전전류보다 큰 전류가 흐르도록 그 크기를 정하는 것이 일반적이며, 대체로 지락 시 중성점접지저항 전류가 100~400A 정도가 되도록 선정하는데 철도시설공단의 6.6kV 전력 계통의 중성점 저항으로 100A(R_N=38Ω) 또는 200A(R_N=19Ω)를 표준으로 채택하고 있다.

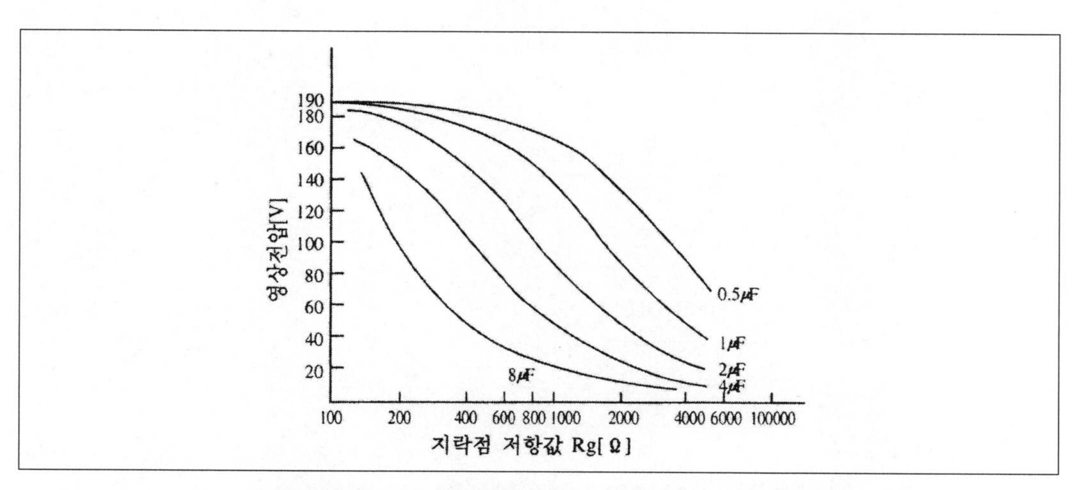

그림 10-2 케이블 커패시턴스와 GPT 3차 영상전압

② 중성 점 접지저항의 크기와 1선 지락 시 전압 상승

중성점이 저항 R_N으로 접지되고 부하 선로가 1상의 대지 커패시턴스가 C로 되어 있는 전력 계통의 영상 등가임피던스 Z_0는 그림 10-3과 같다. 등가회로에서 영상 임피던스 Z_0는

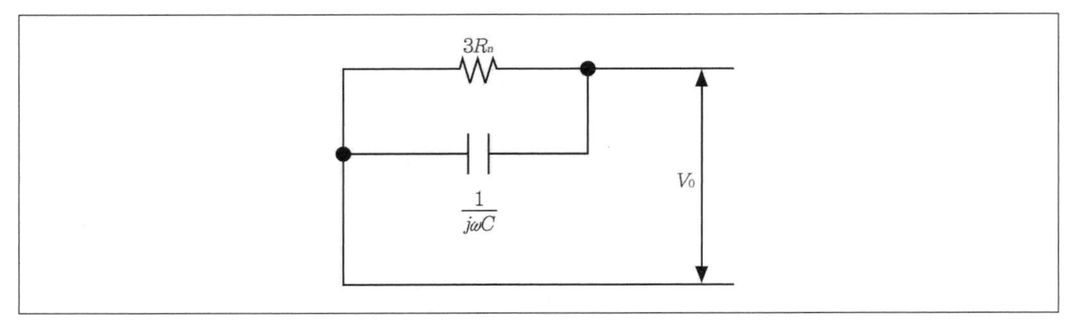

그림 10-3 등가 영상임

$$Z_0 = R_0 + jX_0 = \frac{1}{\frac{1}{3 \cdot R_N} + j\omega \cdot C} = \frac{3 \cdot R_N \cdot \frac{1}{j\omega \cdot C}}{3 \cdot R_N + \frac{1}{j\omega \cdot C}}$$

$$= \frac{3 \cdot R_N \cdot \frac{1}{j\omega \cdot C} \cdot \left(3 \cdot R_N - \frac{1}{j\omega \cdot C}\right)}{\left(\frac{1}{\omega \cdot C}\right)^2 + 9 \cdot {R_N}^2}$$

$$= \frac{3 \cdot R_N \cdot \left(\frac{1}{\omega \cdot C}\right)^2}{\left(\frac{1}{\omega \cdot C}\right)^2 + 9 \cdot R_N} - j\frac{\left(\frac{1}{\omega \cdot C}\right)^2 \cdot 9 \cdot {R_N}^2}{\left(\frac{1}{\omega \cdot C}\right)^2 + 9 \cdot {R_N}^2}$$

라고 하면

$$R_0 = \frac{3 \cdot R_N \cdot \left(\frac{1}{\omega \cdot C}\right)^2}{\left(\frac{1}{\omega \cdot C}\right)^2 + 9 \cdot {R_N}^2}$$

$$X_0 = -\frac{\left(\frac{1}{\omega \cdot C}\right)^2 \cdot 9 \cdot {R_N}^2}{\left(\frac{1}{\omega \cdot C}\right)^2 + 9 \cdot {R_N}^2}$$

가 된다. 여기서

$$\alpha = \frac{3 \cdot R_N}{X_C}$$

$$X_C = \frac{1}{\omega \cdot C}$$

라 놓으면, 1선 지락 시 건전상의 과도전압상승이 최대가 되는 조건인 계통의 $2Z_1 = -Z_0$

일 때

$$R_0 = \frac{3 \cdot R_N \cdot \left(\frac{1}{\omega \cdot C}\right)^2}{\left(\frac{1}{\omega \cdot C}\right)^2 + (3 \cdot R_N)^2} = \frac{\alpha}{1+\alpha^2} \cdot X_C$$

$$X_0 = -\frac{\left(\frac{1}{\omega \cdot C}\right)^2 \cdot 9 \cdot {R_N}^2}{\left(\frac{1}{\omega \cdot C}\right)^2 + 9 \cdot {R_N}^2} = -\frac{\alpha^2}{1+\alpha^2} \cdot X_C$$

$$Z_0 = R_0 + jX_0 = \frac{\alpha \cdot (1-j\alpha)}{1+\alpha^2} \cdot X_C$$

$$Z_1 = Z_2 = jX_1 = j\frac{\alpha^2}{2 \cdot (1+\alpha^2)} \cdot X_C$$

가 된다. 따라서

$$V_B = \frac{(a^2-1) \cdot \frac{\alpha \cdot (1-j\alpha)}{1+\alpha^2} \cdot X_C + (a^2-a) \cdot \frac{j\alpha^2}{2 \cdot (1+\alpha^2)} \cdot X_C}{\frac{\alpha}{1+\alpha^2} \cdot X_C} \cdot E_A$$

$$= \left\{-\frac{3}{2} + j\left(\frac{3}{2} \cdot \alpha - \frac{\sqrt{3}}{2}\right)\right\} \cdot E_A$$

$$V_C = \frac{(a-1) \cdot \frac{\alpha \cdot (1-j\alpha)}{1+\alpha^2} \cdot X_C + (a-a^2) \cdot \frac{j\alpha^2}{2 \cdot (1+\alpha^2)} \cdot X_C}{\frac{\alpha}{1+\alpha^2} \cdot X_C} \cdot E_A$$

$$= \left\{-\frac{3}{2} + j\left(\frac{3}{2} \cdot \alpha + \frac{\sqrt{3}}{2}\right)\right\} \cdot E_A$$

가 된다. 여기서 건전상과 상전압의 배수 m은

$$m_b = \left|\frac{V_B}{E_A}\right| = \frac{3}{2} \cdot \sqrt{1 + \left(\alpha - \frac{1}{\sqrt{3}}\right)^2}$$

$$m_c = \left|\frac{V_C}{E_A}\right| = \frac{3}{2} \cdot \sqrt{1 + \left(\alpha + \frac{1}{\sqrt{3}}\right)^2}$$

위의 식에서 알 수 있듯이 전압배수 $m_c > m_b$이므로 A상 지락 시 120° 앞선 C상 전압 상승이 240°도 앞선 B상보다 높다는 것을 뜻한다. 전압상승 배수를 작게 하려면 즉 전압상승율을 작게 하려면 α를 작게 하여야 하는데 케이블 선로 길이가 일정하여 X_C를 변경할 수 없는 경우가 많으므로 $\alpha = \frac{3R_N}{X_C}$ 에서 α를 작게 하기 위하여 R_N을 작게 하여야 한다.

표 10-3 선로 조건 $2Z_1=-Z_0$인 경우 α와 m_c의 관계

No	α	m_c	비 고
1	4	7.0280	
2	3	5.5717	
3	2	4.1468	
4	1	2.8014	
5	0.756	2.5000	Limit of over voltage
6	0.5	2.2049	
7	0.1	1.8117	

이와 같이 선로 지락 시 건전 상 전압상승이 최악 조건인 경우 $\alpha=1$에서 $m_c=2.8$, $\alpha=1/2$에서 $m_c=2.2$가 된다.

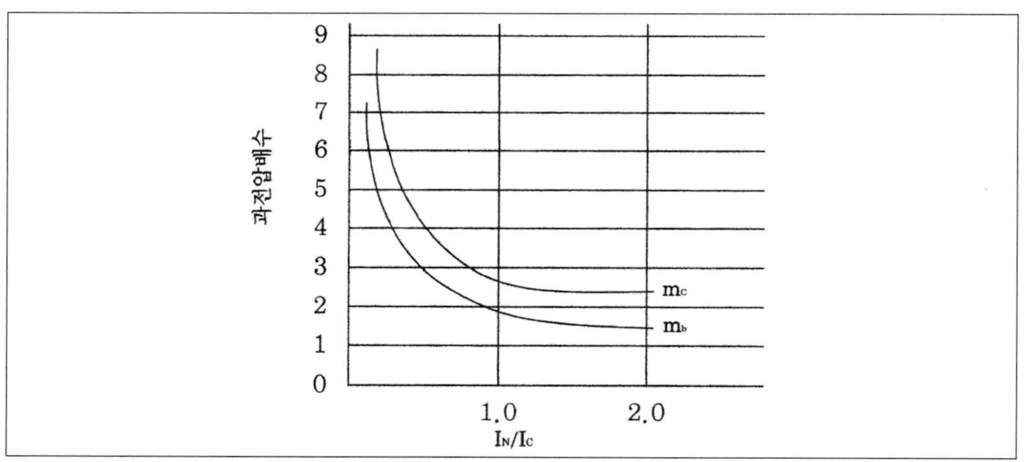

그림 10-4 1선 지락 시 건전 상 과전압 배수

따라서 1선 지락 시 계통의 이상 전압이 상 전압의 3배를 초과하지 않도록 억제하기 위해서는 $3\omega CR_N \leq 1$, $\frac{I_C}{I_N} \leq 1$ 즉 중성점에 흐르는 유효전류의 절대 값 I_N이 충전전류보다 적지 않도록 $R_N \leq \frac{1}{3\omega C}$이 되는 저항을 중성점에 설치하면 어떠한 회로조건에서 1선 지락 사고가 발생하여도 건전 상 전압상승은 3배를 넘지 않게 된다. 이들 관계는 표 10-3 및

그림 10-4와 같다. 또 $\alpha=\frac{I_c}{I_N}$=0.756에서 IEEE가 안전하다고한 과도적 일시과전압의 한계인 250%에 도달함을 알 수 있다. 이때 I_N 또는 I_C가 적절한 크기가 되지 않으면 지락 방향계전기(67번 계전기)와 지락 과전압계전기(64번 계전기)의 동작을 확실하게 보장할 수 없으므로 고장 시 적절한 중성점 전류가 유지되도록 중성점 저항을 낮게 하고 계통 지락고장은 지락과전류계전기(50/51G 계전기)로 보호한다.

2) 지락전류의 크기와 접지저항의 크기

① 접지저항과 지락 전류의 관계

전력계통에서 고장은 3상 단락, 2상 단락 및 1상 또는 2상 지락고장 등 3가지 유형이나 지락 고장이 전체 고장의 70~80%가량 점유하여 가장 많다. 3상 단락 고장전류 I_S는 고장 점에서 바라본 전원 측의 정상 임피던스를 Z_1, 상전압을 E 또는 기준전류를 I_N, 전원에서 고장 점까지의 %정상임피던스를 $\%Z_1$라 할 때 $I_S=\frac{E}{Z_1}=\frac{I_N}{\%Z_1}$가 되고, 2상 단락전류 I_S'는 $I_S'=\frac{\sqrt{3}}{2}I_S$로 3상 단락전류의 0.866배로 되어[3], 이들 고장전류는 비교적 간단히 계산되나 지락고장은 중성점 접지방식에 따라 지락전류뿐 아니라 계통에 발생하는 영상전압도 달라져서 전력계통의 중성점 접지저항의 크기는 계전기 정정에 결정적 영향을 미친다. 3상 단락전류는 계통의 최대 고장전류로 이 값은 고장전류가 흐르는 회로의 전류 통로를 구성하고 있는 모든 기기 예를 들면 차단기의 차단용량과 단로기, CT 및 전선로(전선 및 케이블) 등의 단시간 내전류(耐電流) 용량의 기준이 되며, 2상 단락전류는 최소 단락전류이므로 과전류 계전기의 순시정정에 대한 기준이 된다. 평형 3상 회로에서 Z_N인 임피던스로 전력계통 중성점을 접지하였을 때 1선 지락 고장 시 지락전류 I_G는

$$I_G=\frac{3E}{Z_0+Z_1+Z_2+3Z_N+3R_g}$$

가 된다. 여기서

E = 상 전압[V]

Z_0= 고장점에서 바라본 계통의 영상 임피던스[Ω]

Z_1= 고장점에서 바라본 전원측의 정상 임피던스[Ω]

Z_2= 고장점에서 바라본 전원측의 역상 임피던스[Ω]

R_g= 지락점에서의 지락저항[Ω]

Z_N= 중성점 접지 임피던스[Ω]

따라서 Z_0는 Z_N과 계통상 직렬로 결선되어 있고, 또 고저항 접지인 경우에는 $Z_N \gg Z_1$ 및 Z_2이고, 완전 지락이 된 경우 R_g=0이므로 Z_0, Z_1, Z_2를 무시하면 지락전류는 $I_G = \frac{3E}{3Z_N} = \frac{E}{Z_N}$로 계산할 수 있다. 여기서 Z_N=0인 경우는 중성점 직접 접지계통이 되며 $Z_N=\infty$이면 비접지 계통이 되어 지락전류 I_G는 $I_G = \frac{3E}{Z_1 + Z_2 + (Z_0 + 3Z_N)} \fallingdotseq 0$가 된다. 이 식에서 알 수 있는 바와 같이 직접 또는 저 임피던스 접지계통에서는 Z_N이 0이거나 매우 작으므로 큰 지락전류가 흐르게 되고, 반면 고저항 접지계통은 접지 임피던스 Z_N이 크기 때문에 지락전류는 상당히 제한되게 된다. 따라서 케이블 선정에 있어서 선로 지락 고장 시 지락전류가 케이블 차폐층을 통하여 흐르게 되므로 중성점 직접 접지계통은 지락전류의 크기가 단락전류와 큰 차이가 없거나 부하 선로가 케이블로 되어 대지 커패시턴스가 큰 경우에는 지락전류가 단락전류보다 큰 점을 감안하여 중성선이 있는 동심 CNCV 케이블을 선정한다. 22.9kV XLPE(CNCV)케이블의 중성선 전류용량은 단심 케이블 한 선의 전류용량과 같으므로 선로 1회선의 중성선 총 용량은 이 값의 3배이고, 이 3배 한 값은 심선 도체의 단시간 전류와 거의 같은 값임을 알 수 있다.

② 지락전류 I_N에 의한 중성점 저항(NGR) R_N의 결정

구내 신호선로 및 통신선로의 유도장애등을 방지하기 위하여 IEEE Std 142에서는 저저항 접지 시 지락전류 범위를 100~1000[A]로 추천하고 있으나 우리나라의 자가용 설비에서는 부품의 통일을 기하고 전력계통의 운영합리화를 위해서 일반적으로 접지저항(NGR)의 저항을 통일하여 대체로 지락전류 100[A] 또는 200[A]를 채택하고 있다. 지락전류를 I_N, 전력계통의 상 전압을 E, 선간전압을 V라고 하면 중성점 저항 R_N은

$$R_N = \frac{E}{I_N} = \frac{V}{\sqrt{3} \cdot I_N}$$

으로 얻어진다. 예를 들면 6.6kV전력계통에서

I_N=100[A]일 때

$$R_N = \frac{6600}{\sqrt{3} \cdot 100} = 38[\Omega]$$

I_N=200[A]일 때

$$R_N = \frac{6600}{\sqrt{3} \cdot 200} = 19[\Omega]$$

이 되고 22.9kV전력계통에서

I_N=100[A]일 때

$$R_N = \frac{22900}{\sqrt{3} \cdot 100} = 132[\Omega]$$

I_N=200[A]일 때

$$R_N = \frac{22900}{\sqrt{3} \cdot 200} = 66[\Omega]$$

이 된다.

③ 과다한 선로의 대지 커패시턴스의 보상

1선 지락 시 선로의 최악 조건인 $Z_0 \fallingdotseq -2Z_1$인 경우, 선로의 단위 길이 당 선로의 대지 커패시턴스를 C[F/phase] 라고 할 때 $a = \frac{R_N}{X_c}$이라고 놓으면, $X_c = \frac{1}{3\omega C}$이므로

$a = \frac{R_N}{X_c} = 3R_N\omega C$ 가 되어 최대 전압상승 배수 m_c는 앞 절에서 언급한바와 같이

$$m_C = \left|\frac{V_c}{E}\right| = \frac{3}{2}\sqrt{1+\left(a+\frac{1}{\sqrt{3}}\right)^2}$$

이므로 동일 계통에 연결되어 있는 타 기기의 절연보호를 위하여 최대전압상승 m_c가 정격 상전압(相電壓-phase voltage)의 2배를 넘지 않도록 R_N 또는 C를 조정한다. 따라서

$$m_c = \frac{3}{2}\sqrt{1+\left(a+\frac{1}{\sqrt{3}}\right)^2} \le 2$$

의 조건이 성립되어야 하므로 여기서

$$a = 3R_N\omega C \le 0.3046$$

$$\therefore R_N \le \frac{0.3046}{3\omega C}$$

가 된다. 이제 안전도의 여유를 감안 일반적으로 a=0.1를 채택하고 있으며 이때

$$m_c = \left|\frac{V_c}{E}\right| = \frac{3}{2}\sqrt{1+\left(a+\frac{1}{\sqrt{3}}\right)^2} = \frac{3}{2}\sqrt{1+\left(0.1+\frac{1}{\sqrt{3}}\right)^2} = 1.8117 < 2$$

이 되어 위의 조건을 만족하므로 일반적으로 $a = 3R_N\omega C = 0.1$가 되도록 R_N과 C를 선택하도록 한다. 케이블의 길이를 조절할 수 없으므로 우선 R_N의 크기를 조정한다.

$$R_N \le \frac{0.1}{3\omega C} = \frac{0.0333}{\omega C} \quad \text{또는} \quad 3\omega C \le \frac{0.1}{R_N}$$

여기서 케이블 C의 값이 커서 적절한 R_N이 구하여지지 않으면 다음과 같은 용량의 분로리액터(shunt reactor)를 선로에 설치하여 배전선로 C의 일부를 보상한다. 여기서 C는 선로인 케이블의 3상 일괄대지 용량으로서 단위는 [F/km]이다. 위의 조건 즉 m_c=1.8117<2를 만족하는 선로의 커패시턴스를 C라고 하면 이 C에 의하여 발생하는 무효전력 Q_R은

$$Q_R = 3\omega CE^2 \times 10^{-3} [\mathrm{kVAR}]$$

이고 이 값은 $3\omega C \leq \frac{0.1}{R_N}$의 조건에 합당하여야 하므로

$$Q_R = 3\omega E^2 C \times 10^{-3} \leq \frac{0.1}{R_N} \times E^2 \times 10^{-3} [\mathrm{kVAR}]$$

가 성립하여야 한다. 이제 선로 단위 길이 당 대지 커패시턴스를 C[F/phase/km], 계통의 상전압을 E[kV]라 하고 선로의 길이를 L[km]이라 할 때, 계통의 케이블이 발생하는 3상 일괄 무효전력 Q_L는

$$Q_L = 3\omega LCE^2 \times 10^3 [\mathrm{kVAR}]$$

이므로, 선로에 발생하는 최대 무효전력 Q_L과 선로에서 위의 조건을 만족하는 최대 무효전력은 Q_R이므로 설치하여야할 분로리액터(Shunt reactor)의 최대용량은 Q_L이 되고 허용되는 최소용량 ΔQ는

$$\Delta Q \geq Q_L - Q_R = \left(3\omega LC - \frac{0.1}{R_N}\right) \times E^2 \times 10^3 [\mathrm{kVAR}]$$

가 된다. 예를 들어 22.9[kV]계통이 XLPE 22.9kV 1^C-60^{SQ} 케이블로 포설 되어 있는 경우 L=40[km]인 선로에서는, $C=0.164 \times 10^{-6}$[F/phase/km]이므로 최대 소요 분로리액터(Shunt reactor) 용량은

$$Q_L = 3\omega LCE^2 \times 10^3 = 3 \times 377 \times 40 \times 0.164 \times 10^{-6} \times \left(\frac{22.9}{\sqrt{3}}\right)^2 \times 10^3 [\mathrm{kVAR}]$$
$$= 1296.93 [\mathrm{kVAR}]$$

된다. 지락 시 R_N에 흐르는 유효전류를 I=100[A]로 정하는 경우,

$$R_N = \frac{22900}{\sqrt{3} \times 100} = 132 [\Omega]$$

이므로 허용되는 최소 무효전력 Q_R은

$$Q_R = \frac{0.1}{R_N} \times E^2 \times 10^3 = \frac{0.1}{132} \times \left(\frac{22.9}{\sqrt{3}}\right)^2 \times 10^3 = 132.43 [\mathrm{kVAR}]$$

따라서 최소 소요 분로리액터(Shunt reactor)의 용량 ΔQ는

$$\Delta Q \geq Q_L - Q_R = \left(3\omega LC_1 - \frac{0.1}{R_N}\right) \times E^2 \times 10^3$$
$$= 1296.93 - 132.43 = 1164.5[kVAR]$$

가 된다. 즉 설치하여야 할 분로리액터(Shunt reactor)의 용량은 ΔQ=1164.5[kVAR] 보다 크고 Q_L=1296.93[kVAR] 보다 작은 범위이면 된다. 이와 같이 분로 리액터설치는 공장이 매우 넓어 구내 포설 고압 케이블선로의 총 길이가 수 km에 이르거나 철도와 같이 배전선로가 길어 특별히 수 10km에 이르는 경우에는 불가피하게 된다.

㈜ (2) 자가용전기설비의 모든 것 38쪽 1선지락 시의 전압상승 참조
(3) 자가용전기설비의 모든 것 32쪽 3상단락 전류 참조

10-1-3. 접지 변압기(GTR)의 용량

배전용 변압기의 결선이 △-△ 또는 Y-△로 결선되어 있어 계통에 중성점이 없을 때에는 부득이 접지용 변압기를 설치 중성점을 만든다. 일반적으로 널리 사용되는 접지변압기(GTR-Grounding Transformer)로는 그림 10-5(a)와 같은 2차 무부하인 Y-△ 결선 변압기와 그림 10-6과 같은 Zig-Zag 변압기가 쓰이고 있다. 여기서 주의할 것은 그림 10-5(b)와 같이 접지용으로 성형-개방 Delta 결선변압기(Y-open △)를 사용하고자 할 때에는 5각 철심 변압기를 사용하거나 단상 변압기 3대를 Y-open △로 결선하여 사용하여야 한다. 3각 철심의 3상 변압기를 사용하면 1선 지락 시 지락상(地絡相)의 영상 자속이 중첩되어 과열로 접지용 변압기가 소손된다. 접지 변압기의 용량을 구하는 방법은 다음과 같다.

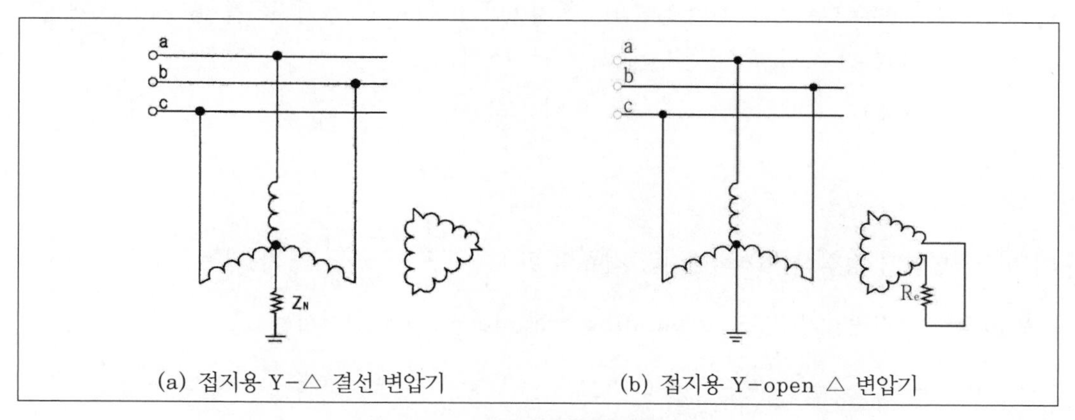

(a) 접지용 Y-△ 결선 변압기
(b) 접지용 Y-open △ 변압기

그림 10-5 Y-△ 결선 접지용 변압기

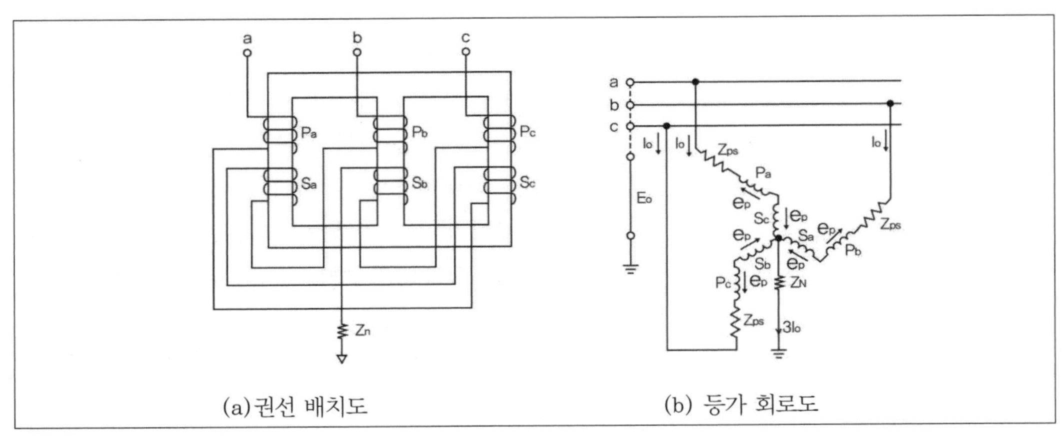

(a)권선 배치도 (b) 등가 회로도

그림 10-6 Zig-zag 결선 접지용 변압기

1) 부하전류와 발열시간에 의한 GTR 용량계산

대체적으로 현장에서 적용할 수 있는 접지변압기의 용량은 변압기 발열량과 전류의 관계식 $I^2 \cdot t = K$와 유입 변압기의 과부하에 대한 규정인 ANSI/IEEE C57.92-1981[(3)]에서 주위온도와 과부하 허용시간의 관계에 대한 표를 종합하여 다음과 같은 방식으로 계산할 수 있다. 여기서 I의 단위는 [A]이고 t의 단위는 초[sec]이다. ANSI C57.92에 의하면 권선의 운전온도가 65[℃]인 변압기에 있어 주위온도 40[℃]일 때 과부하 전의 변압기 부하가 50[%]인 경우 30분간 허용되는 과부하는 1.94[pu]이다. 실제의 접지변압기(GTR)에는 접지변압기 철심의 불평형 등으로 다소의 순환전류가 흐른다고 가정할 수 있으므로 검토대상으로 ANSI의 data 중 가장 경부하인 50[%] load 때의 수명을 기준으로 선정한다. 전력계통에 저항 R_g=0[Ω]으로 지락고장이 발생한 경우, t[초]만에 접지변압기가 최고 허용온도에 도달하는 전류를 I라 하고(이때 전류 I는 최대 지락전류임), 접지변압기(GTR)의 정격전류를 I_R라고 할 때, 정격전류 I_R를 30분간 흘릴 때 발생 열과 전류 관계식에서

$$(1.94 \times I_R)^2 \times (30 \times 60) = I^2 \times t = K \text{ 이므로}$$

$$I_R = \frac{\sqrt{t}}{82.3072} \times I$$

이 된다. 변압기 정격전류와 최대지락 전류의 비 $B = \frac{I_R}{I} = \frac{\sqrt{t}}{82.3072}$ 가 되어

2분 정격 접지변압기(GTR-grounding transformer)에 있어서는

$$B = \frac{\sqrt{t}}{82.3072} = \frac{\sqrt{2 \times 60}}{82.3072} = 0.1331$$

이 되어 지락전류와 변압기 정격전류와의 비는 $B = 0.1331 \Rightarrow 0.14$가 되고

5분 정격변압기(GTR)의 용량은 t=5분(minute)이므로

$$I_R = B \times I = \frac{\sqrt{5 \times 60}}{82.3072} \times I = 0.2104 \times I[A]$$

이 되어 지락전류와 변압기 정격전류와의 비는 $B = 0.2104 \Rightarrow 0.22$가 되며

10분 정격 변압기는

$$B = \frac{\sqrt{t}}{82.3072} = \frac{\sqrt{10 \times 60}}{82.3072} = 0.2976 \Rightarrow 0.300$$

이 되어 지락전류와 변압기 정격전류와의 비는 $B = 0.2976 \Rightarrow 0.300$가 된다. 이에 따라 변압기의 상 전압을 E[kV], 선간 전압을 V라고 하면 접지변압기의 단시간 용량 Q는

$$Q = 3I_R \times E = 3 \times B \times I \times E = \sqrt{3} \times B \times I \times V$$

가 된다.

예를 들어 6.6kV전력계통에서 접지저항에 흐르는 전류가 I_N=100[A], V=6.6[kV]라 하면, 각상 최대지락전류는 $I = \frac{100}{3}[A]$, 선간전압 $V = 6.6[kV]$이므로,

t=2분인 경우 접지변압기 용량은

$$Q = \sqrt{3} \times \frac{100}{3} \times 6.6 \times 0.14 = 53.4[kVA]$$

로 계산되며 여유율 20%인 경우에는 Q' =53.4×1.2=64.8⇒65[kVA]로

t=5분 정격의 접지변압기의 용량은

$$Q = 3 \times \frac{100}{3} \times \frac{6.6}{\sqrt{3}} \times 0.220 = 83.83[kVA]$$

으로 여유율 20%인 경우에는 Q′ =83.83×1.2 = 100[kVA]로

t=10분 정격의 접지변압기의 용량 Q는

$$Q = \sqrt{3} \times \frac{100}{3} \times 6.6 \times 0.300 = 114.32[kVA]$$

이상으로 여유 20%를 주면 Q′ =114.32×1.2=137.2⇒140[kVA]가 된다.

2) Westinghouse Data에 의한 계산[5]

Westinghouse 추천에 의하면 접지용 변압기가 100kVA를 초과할 때에는 Zig-zag 변압기가 경제적이라고 한다. 접지 변압기가 3상 및 단상 변압기 용량은 다음과 같이 계산한다.

3상 등가용량 $kVA = \frac{V}{\sqrt{3}} \times I_g \times k_3$

단상 변압기 1상당 용량 $kVA = \frac{V}{\sqrt{3}} \times I_g \times k_1$

여기서 V : 선간 전압

I_g : 지락전류[A]

k_3 : 3상 Y-△ 결선 변압기 또는 Zig-Zag 결선 변압기 factor (표 10-4 참조)

k_1 : 단상 변압기 factor(표 10-5 참조)

위의 예에서 I_g=100A, V=6.6kV일 때 접지용 Y-△ 결선 변압기이거나 Zig-zag 결선 변압기의 용량 Q는 지속 시간 2분일 때

$$Q = \frac{6600}{\sqrt{3}} \times 100 \times 0.24 \times 10^{-3} = 91.45 \rightarrow 100[kVA]$$

접지용 Y-open △ 변압기 용량 Q는 2분 지속 시간에서 단상 변압기 환산 용량은

$$Q = \frac{6600}{\sqrt{3}} \times 100 \times 0.08 \times 10^{-3} = 30.5[kVA]/phase$$

따라서 5각 철심 3상 변압기 용량은 30.5×3=91.5kVA → 100kVA가 된다.

표 10-4 3상 Y-△ 결선 변압기 또는 Zig-Zag 결선 변압기의 k3 factor

지속시간	Y-△ 결선	Zig-Zag 결선 변압기			
		2.4-13.8kV	23-34.5kV	46kV	69kV
10sec/미만		0.064	0.076	0.08	0.085
1 분	0.170	0.104	0.110	0.113	0.118
2 분	0.240	0.139	0.153	0.160	0.167
3 분	0.295	0.170	0.187	0.196	0.204
4 분	0.340	0.196	0.216	0.225	0.235
5 분	0.380	0.220	0.242	0.253	0.264

표 10-5 단상 변압기의 k1 factor

지속시간	Y-△결선	Zig-Zag 결선 변압기			
		2.4-13.8kV	23-34.5kV	46kV	69kV
1 분	0.057	0.033	0.037	0.040	0.043
2 분	0.080	0.046	0.051	0.055	0.060
3 분	0.098	0.057	0.064	0.068	0.074
4 분	0.113	0.065	0.073	0.078	0.084
5 분	0.127	0.073	0.082	0.088	0.095

3) 접지 변압기의 임피던스

① Y−△ 결선 변압기

Y−△ 결선 변압기의 경우 직접 접지되어 있는 변압기의 각 상 영상 임피던스 Z_0는 Y−△의 각 상 1, 2차 누설 임피던스 Z_{PS}와 같으므로 $Z_0=Z_{PS}$로 되어 %임피던스 $\%Z_0$는 $\%Z_0 = \dfrac{Z_{PS} \cdot U_G}{10 \times kV^2}$ 가 된다. 일반적으로 Y−△ 결선 접지 변압기에 있어서는 철심의 구조에 따라 Z_0는 Z_{PS} 보다 다소 작아서 Z_0의 Z_{PS}에 대한 대표적인 비율은 0.85가량이 된다. 따라서 중성점 접지 저항기를 Z_N[Ω]이라고 하면 영상 임피던스는 $Z_0 = 0.85 \cdot Z_{PS} + 3 \cdot Z_N$ 이 되고 $\%Z_0$는 $\%Z_0 = \dfrac{(0.85 \times Z_{PS} + 3Z_N) \times U_G}{10 \times kV^2}$ 로 된다. 여기서 U_G는 2권선 변압기의 등가용량이다. 이때 변압기의 %Z는 5.5~8% 정도가 추천되고 있다.

② Zig-Zag 변압기

그림 10-6(b)에서 보는 바와 같이 중성점이 직접 접지된 Zig-Zag 변압기는

$$E_0 = I_0 \times Z_{PS} - e_P + e_P$$

$$\frac{E_0}{I_0} = Z_0 = Z_{PS}$$

따라서

$$\%Z_0 = \frac{Z_{PS} \times U_G}{10 \times kV^2}$$

즉 Zig-Zag 결선 변압기의 영상 임피던스는 1, 2차 권선의 누설 임피던스와 같은 것을 알 수 있다.

㈜ (2) ANSI/IEEE C57.92-1981 P19 Table 3(a)

10-1-4. 중성점 접지 저항기(NGR-Neutral grounding Resistor)

저항기의 재질은 일반적으로 스테인리스 KS STS 304를 사용하고 있다. 다음은 중성점 저항기에 대하여 IEEE 32에서 정한 사항들을 요약 정리한 것이다.

1) 저항기의 정격

① 정격전류

정격전류(rated thermal current)란 표준 운전 조건에서 정격 시간 동안 규정된 온도 상승 한도를 초과하지 않고 흘릴 수 있는 최대 전류의 실효치로 NGR에 정격전압을 인가했을 때의 초기 전류로 한다.

② 정격시간

IEEE 32에서는 단시간 정격과 지연 시간 정격이 정해져 있는데, 단시간 정격으로는 10초, 1분, 10분으로 되어 있으나 국내 제작사에서는 이에 더하여 30초 정격을 제작하고 있다.

③ 정격전압

중성점용은 계통 전압의 $\frac{1}{\sqrt{3}}$ 로 한다.

④ 정격시간 온도 상승

IEEE 32에서는 10초, 1분 정격 NGR의 정격 온도 상승은 연속 허용 온도 상승 값을 포함하여 스테인리스스틸인 경우에는 760[℃], 그리드 저항은 560[℃]로 정하고 있다.

2) 저항의 표준

① 저항의 오차

저항 보증 값에서 ±10%를 초과하여서는 안 된다.

② 온도 변화에 따른 저항 변화는 다음에 따른다.

$$R_2 = R_1 \cdot \{1 + \alpha \cdot (\theta_2 - \theta_1)\}$$

여기서 R_1, R_2 : 온도 θ_1과 θ_2일 때의 저항[Ω]

θ_1, θ_2 : 저항의 온도[℃]

α : 저항의 온도 계수

③ 절연 계급

저항의 절연 계급은 계통 전압의 절연 계급으로 하고 상용주파 내전압에 따른다.

계 통 전 압(kV)	상용 주파 내전압(kV)
3.6	10
7.2	20
12.0	28
17.5	38
24	50

④ 도체의 접속

모든 도체의 접속은 볼트, 용접 또는 주석 용접으로 하여야 하며, 저융점 합금을 사용하여서는 안 된다.

3) 표고에 따른 정정 계수

1000m 이상의 표고에서는 다음 표에 따른다.

표 고(m)	정정 계수
1000	1.0
1500	0.95
2100	0.89
2700	0.83
3000	0.80

4) 저항기 온도 상승 계산

① 전류가 일정할 때

NGR에 쓰이고 있는 재질이 고저항이므로 와류 손실을 무시하고, 전류가 일정할 때 발생열량이 모두 저항체에 저장된다고 하면 온도 상승은 다음 식에 의하여 계산된다.

$$\theta = \frac{1}{\alpha_0} \cdot \left\{ \log_{10}^{-1}\left(\frac{0.104 \cdot \alpha_0 \cdot r_0 \cdot t \cdot J_0^2}{C \cdot \delta} \right) - 1 \right\} + \theta_1$$

원하는 온도 상승치가 θ일 때의 전류 밀도는

$$J_0 = \sqrt{\frac{9.62 \cdot C \cdot \delta}{\alpha_0 \cdot r_0 \cdot t} \cdot \log_{10}|1 + \alpha \cdot (\theta - \theta_1)|}$$

으로 계산된다.

여기서 θ : 최종 온도 상승[℃]

θ_1 : 초기 온도상승[℃]

θ_0 : 초기 온도[℃]= $\theta_1+30°$

α_0 : 초기온도에서의 저항온도 계수[℃]

δ : 저항재의 밀도[g/cm³]

C : 유효 비열[cal/g.℃]

J_0 : 초기 전류 밀도[A/mm²]

r_0 : 초기온도에서의 초기 고유저항[Ω/cm³]

t : 시간[sec]

$\log_{10^{-1}} X = \text{antilog}10^X = 10^X$

스테인리스 스틸 STS 304로 제작된 NGR의 온도 상승을 예로 들면 θ_1=40℃, $\alpha_0 = 7.7 \times 10^{-4}$, C=0.11, J_0=672.4, r_0=72×10−6[Ω/cm³], δ=7.9[g/cm³], t=30[sec]라 할 때 상승 온도 θ는

$$\theta = \frac{1}{7.7 \times 10^{-4}} \times \left\{ \log_{10}{}^{-1} \left(\frac{0.104 \times 7.7 \times 10^{-4} \times 72 \times 10^{-6} \times 30 \times 672.4^2}{0.11 \times 7.9} \right) - 1 \right\} + 40^o$$

$$= 339[℃]$$

저항기의 온도 상승 시험은 계산으로 대치할 수 있다.

10-1-5. 동일구내에 부하가 밀집되어 있는 계통의 지락 보호

1) 보호 계전기 결선

공장이나 대형 학교와 같이 동일 구내에 부하가 밀집되어 있는 수용가에 고압(3.3~36kV)으로 전력을 공급하는 경우 IEEE 142에 따라 수전용 변압기의 2차 권선의 중성점을 저저항(중성 점 전류 100~1000A)으로 접지하여야 한다. 전력계통이 비접지로 되어 중성점이 없는 경우에는 접지변압기(GTR)를 설치하여 중성점을 만든다. 접지변압기(GTR)는 그림 10-7과 같은 Zig-zag 결선 변압기와 그림 10-8과 같이 2차 무부하인 Y(접지)-Δ 결선 변압기를 주로 사용한다.

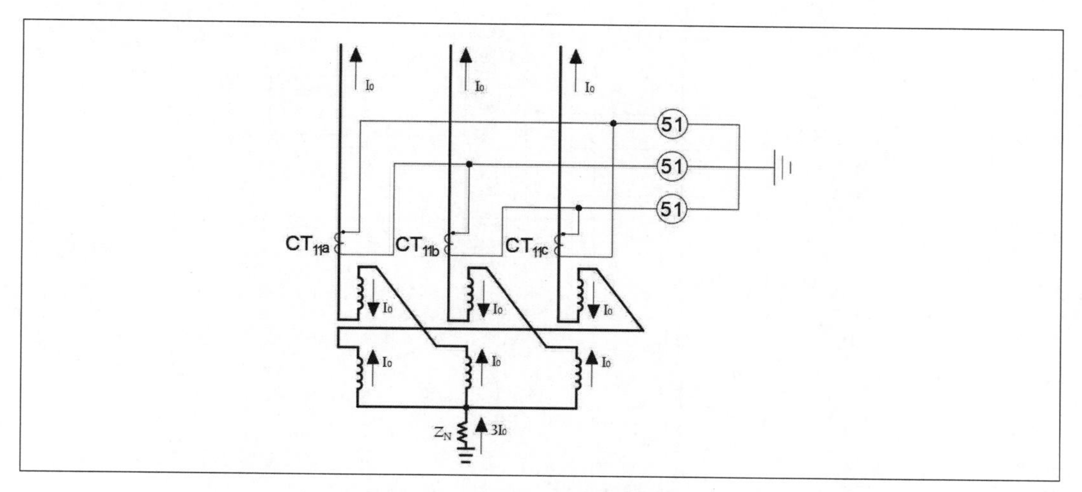

그림 10-7 Zig-Zag결선 변압기

이들 GTR의 공통점은 1차 보호용 변류기 CT_{11a}, CT_{11b}, CT_{11c}는 Δ결선하는 것이다[3]. 그림 10-10의 부하와 연결된 Feeder의 CT_1에서 CT_n까지의 모든 CT는 1차 전류 300[A]이하의 CT는 잔류결선으로, 400[A] 이상의 Feeder는 3권선 CT로 각상을 보호하거나 또는 보호용 CT 2대와 Ring core CT(Bushing CT) 1대를 조합하여 과전류와 지락보호를 하도록 결선하여 보호회로를 구성한다[4]. 그림 10-10에서 Feeder의 번호 1,--n은 Feeder의 번호이고 f번 Feeder는 지락고장 Feeder이다. 또 C_1, C_2---, C_n은 각 Feeder 케이블의 대지 커패시턴스이다.

만일 f번 Feeder에 지락사고가 발생했을 때 어떤 원인(계전기의 오결선 또는 계전기 정정 착오일 가능성이 큼)으로 지락과전류계전기 $50G_f$ 또는 차단기 CB_f가 동작에 실패하였을 때 GTR 보호용 CT_{11}와 과전류계전기 $50G_0$가 Y결선(잔류결선)으로 되어 있으면 지락전류에 의하여 과전류계전기 $50G_0$가 동작하게 되므로 그 기능이 $50G_N$과 중복될 뿐만 아니라 CT의 전류비 또는 시차정정이 $50G_N$과 보호협조가 적절하지 않을 때에는 $50G_N$ 보다 $50G_0$가 먼저 동작하게 될 수가 있다. 지락 과전류계전기 $50G_0$이 $50G_N$ 보다 먼저 동작하면 접지변압기(GTR) 1차 차단기 CB_0가 동작하여 접지변압가(GTR)가 피보호 전력계통에서 분리되며 그 순간 피보호 전력계통이 비접지계통이 된다.

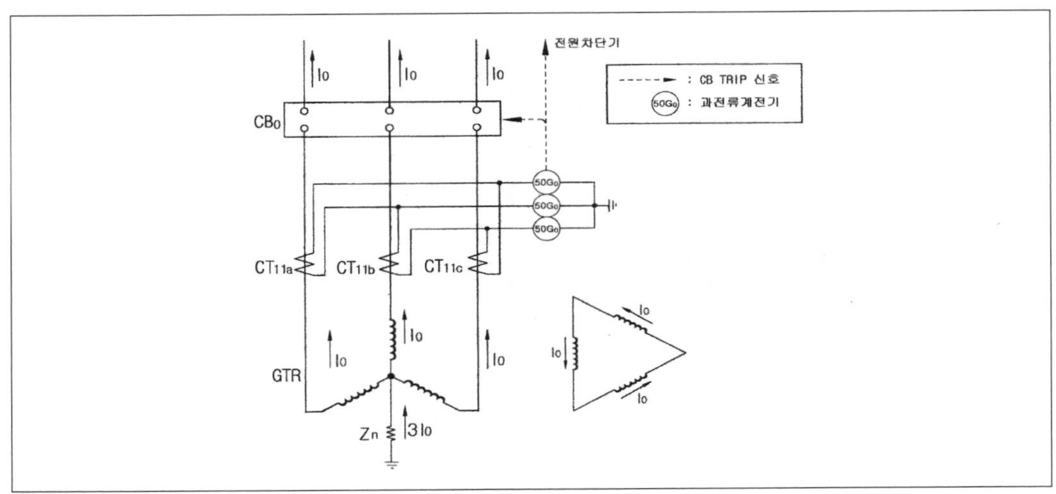

그림 10-8 Y - Δ 접지변압기 보호(OCR에 의한 보호)

이 때 비접지계통으로 바뀌는 순간 케이블 선로의 대지 커패시턴스뿐만 아니라 전동기 등 부하의 대지 커패시턴스에 의한 합계 충전전류가 중성점 저항 R_N에 흐르는 유효전류보다 커지는 경우에는 건전 상 전압이 3배 또는 그 이상으로 급격히 상승하여 같은 계통에 병렬로 연결되어 있는 다른 기기의 절연이 파괴되는 사고가 발생할 수 있다.

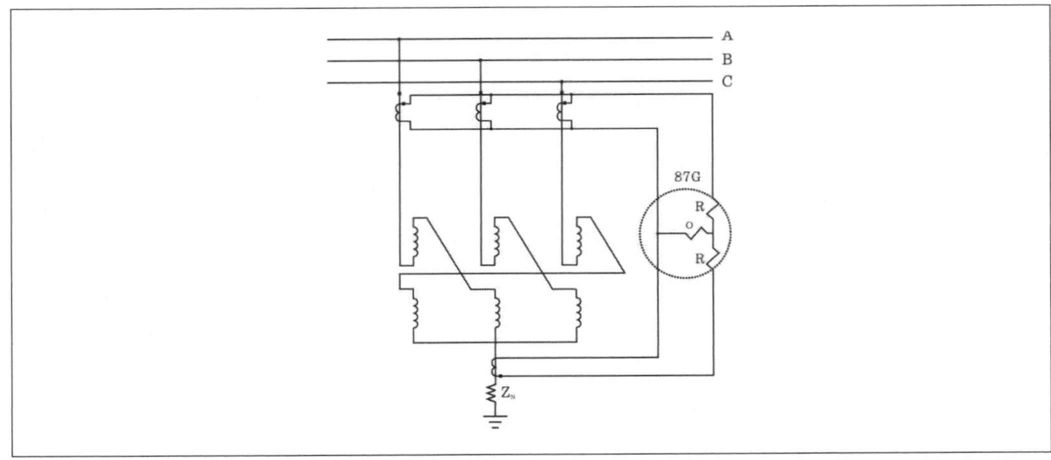

그림 10-9 Zig-Zag접지변압기의 차동계전기에 의한 보호

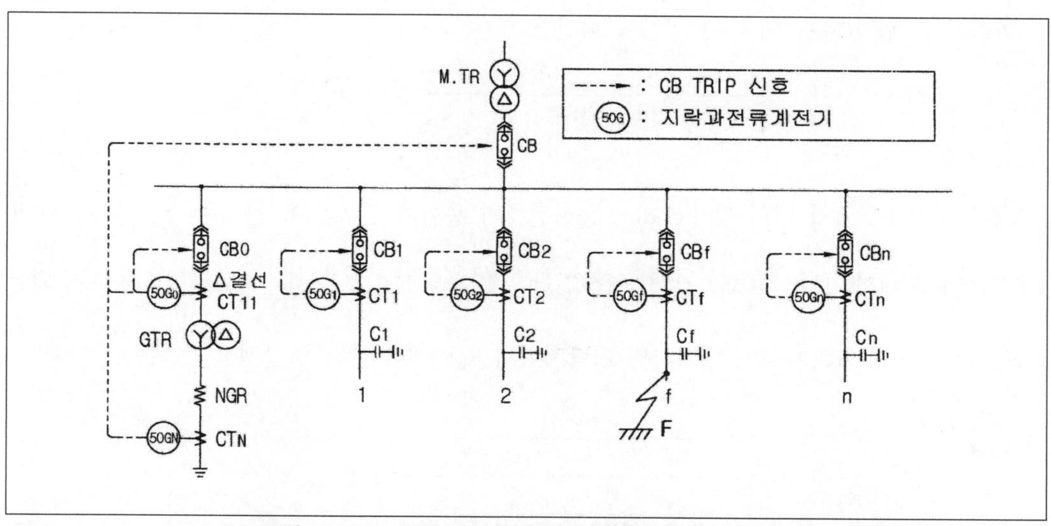

그림 10-10 저항접지 계통의 과전류 계전기 결선도

따라서 각 Feeder의 과전류계전기의 정정에 착오가 있어서는 안 되는 것은 물론 접지변압기(GTR)의 보호변류기와 과전류계전기를 Y결선으로 하거나 Fuse로 보호하여서는 안 된다(5).

2) 중성점 접지계통에서 지락 시 영상전압과 지락 전류

접지계통에서 1선 지락 시 상전압을 E라고 할 때 영상등가회로는 그림 10-11과 같이 되는 것을 알 수 있다.

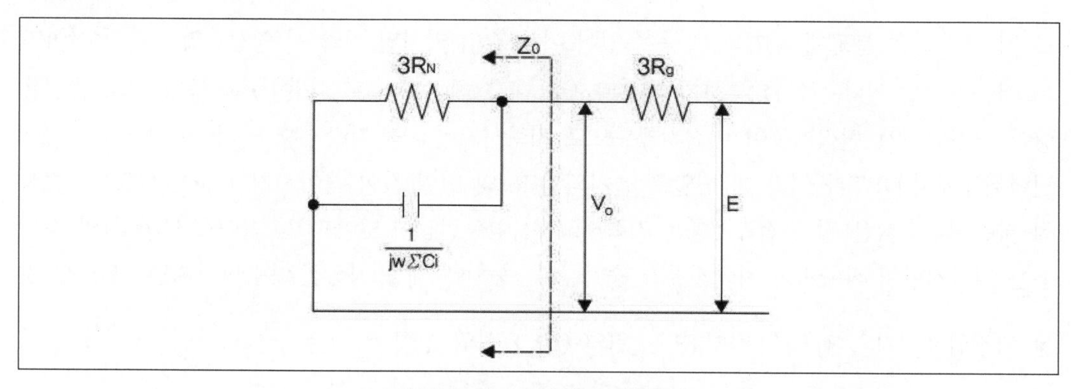

그림 10-11 영상 등가회로

따라서 [그림 10-11]의 등가 영상 임피던스 Z_0는

$$Z_0 = \frac{1}{\frac{1}{3R_N} + j\omega\sum C_i} = \frac{3R_N}{1 + j3R_N \cdot \omega \cdot C_0} \quad (\because \sum C_i = C_0)$$

지락 저항 $R_g=0$일 때의 각 Feeder 충전전류의 총합계 전류를 I_{co}는 $I_{C0}=\sum_{i=1}^{n} I_i$ 이고, 아래의 (10.1)식에서 보는 바와 같이 영상전압은 $V_0' = E$ 이므로 $I_{C0} = 3\omega C_0 E[A]$가 되어 $3\omega C_0 = \frac{I_{C0}}{E}$ 로 (10.1)식에 대입하면 지락저항이 R_g인 때의 계통영상전압 V_0'는

$$V_0' = \frac{Z_0}{Z_0 + 3R_g} \cdot E = \frac{\frac{3R_N}{1 + j3 \cdot R_N \cdot \omega \cdot C_0}}{\frac{3R_N}{1 + j3 \cdot R_N \cdot \omega \cdot C_0} + 3R_g} \cdot E$$

$$= \frac{R_N E}{R_N + R_g(1 + j3R_N\omega C_0)} = \frac{E}{\left(1 + \frac{R_g}{R_N}\right) + j\frac{I_{C0}R_g}{E}}$$

$$= \frac{E}{\sqrt{\left(1 + \frac{R_g}{R_N}\right)^2 + \left(\frac{I_{C0}}{E} \cdot R_g\right)^2}} \angle \left\{-\tan^{-1}\frac{I_{C0}R_N R_g}{E(R_N + R_g)}\right\}^{\circ} [V] \qquad (10.1)$$

와 같이 된다. 또 실영상 전압의 크기는

$$|V_0'| = \frac{E}{\sqrt{\left(1 + \frac{R_g}{R_N}\right)^2 + \left(\frac{I_{C0}}{E} \cdot R_g\right)^2}} [V] \qquad (10.2)$$

로 위 식 V_0'의 분모에는 R_g와 C_0등이 있어 이들 값이 커지면 지락 시 영상전압 V_0'가 낮아지는 것을 알 수 있다. 즉 1) 부하가 대용량으로 대량 케이블이 포설되어 케이블의 대지 충전용량이 크거나, 2) 전력계통이 비접지계통으로 지락사고지점의 지락저항 R_g가 크거나, 3) GPT 전력계통에서 GPT가 여러 대 병열로 설치되어 R_N의 병열 값이 작아지거나 또는 GTR의 중성점 저항 R_N이 작은 경우 전력계통은 지락사고 시 영상전압이 낮아지고, 반대로 1)과 3)의 경우에는 지락저항이 작아지어 지락전류가 증가한다. 동시에 계통 영상전압이 낮아지면 지락 시 영상 과전압계전기의 감도가 떨어진다. 위의 (10.1)식의 상차 각 $\Phi = -\tan^{-1}\frac{I_{C0}R_N R_g}{E(R_N + R_g)}$ 은 상전압 E를 기준 vector로 했을 때 E와 영상전압 V_0'의 상차 각이다(자가용 전기설비의 모든 것 (II)의 134쪽 그림 5-10 참고). 지락저항이 R_g일 때 GPT의 3차 전압 $V_{0\triangle g}$는 GPT의

권선비를 n이라 하면

$$V_{0\triangle g} = \frac{3}{n}V'_0 = \frac{3}{n} \cdot \frac{E}{1+R_g \cdot \left(\frac{1}{R_N} + j3 \cdot \omega \cdot C_0\right)}$$

가 되어 이 값이 계전기에 입력되는 영상전압이다. 이 값을 실효값으로 표시하면

$$|V_{0\triangle g}| = \frac{3E}{n \cdot \sqrt{\left(1+\frac{R_g}{R_N}\right)^2 + (3R_g\omega C_0)^2}}$$

$$= \frac{3E}{n \cdot \sqrt{\left(1+\frac{R_g}{R_N}\right)^2 + \left(\frac{I_{C0}}{E} \cdot R_g\right)^2}} \text{ [V]} \qquad (10.3)$$

따라서 6600V의 비접지 전력계통에서는 GPT의 권선비 n=60, 상전압 E=3810V, 한류저항(CLR) R_e=25[Ω]이므로 중성점 등가 저항 $R_N = \frac{n^2R_e}{9} = \frac{60^2 \times 25}{9} = 10000[\Omega]$이 되어 R_g=0일 때 $|V_{0\triangle g}| = \frac{3810}{20} = 190.5[V]$가 된다. 이제 R_g=0일 때 $V_0' = E$ 이므로 중성점 R_N과 케이블 대지커패시턴스 C_0에 흐르는 전류를 각각 I_{N0}, I_{C0} 또 지락 전류를 I_{g0}라 하면

$$I_{N0} = \frac{V_0'}{R_N} = \frac{E}{R_N} \text{ [A]}$$

$$jI_{C0} = j3\omega C_0 V_0' = j3\omega C_0 E \text{ [A]}$$

$$I_{g0} = I_{N0} + jI_{C0}$$

단, $C_0 = \sum_1^n C_i$로 C_i는 각 Feeder의 대지 커패시턴스의 합계임.

가 되고 또 지락사고 시 지락저항이 R_g인 경우 계통영상전압을 V_0' 는 식(10.1)에 나타낸 바와 같으므로 R_N에 흐르는 유효전류 IN과 C_0에 흐르는 무효전류 I_c는 상전압 E를 기준 vector로 했을 때

$$I_N = \frac{V_0'}{R_N} = \frac{E}{R_N\left\{\left(1+\frac{R_g}{R_N}\right) + j\frac{I_{C0}}{E} \cdot R_g\right\}} = \frac{I_{N0}}{\left(1+\frac{R_g}{R_N}\right) + j\frac{I_{C0}}{E} \cdot R_g}$$

$$= \frac{I_{N0}}{\sqrt{\left\{\left(1+\frac{R_g}{R_N}\right)^2 + \left(\frac{I_{C0}}{E}R_g\right)^2\right\}}} \angle -\tan^{-1}\left\{\frac{I_{C0}R_N R_g}{E(R_N+R_g)}\right\}^{\circ} \text{ [A]} \qquad (10.4)$$

$$jI_C = j3\omega C_0 V_0' = j\frac{3\omega C_0 E}{\left(1+\frac{R_g}{R_N}\right)+j3\omega R_g C_0} = j\frac{I_{CO}}{\left(1+\frac{R_g}{R_N}\right)+j\frac{I_{CO}}{E}\cdot R_g}$$

$$= \frac{I_{CO}}{\sqrt{\left(1+\frac{R_g}{R_N}\right)^2+\left(\frac{I_{CO}}{E}\cdot R_g\right)^2}} \angle\left\{90-\tan^{-1}\frac{I_{CO}R_N R_g}{E(R_N+R_g)}\right\}^{o} [A] \quad (10.5)$$

$$I_g = I_N + jI_C = \frac{I_{NO}+jI_{CO}}{\left(1+\frac{R_g}{R_N}\right)+j\frac{I_{CO}}{E}\cdot R_g}$$

$$= \sqrt{\frac{(I_{NO}^2+I_{CO}^2)}{\left(1+\frac{R_g}{R_N}\right)^2+\left(\frac{I_{CO}}{E}\cdot R_g\right)^2}} \angle\left\{\tan^{-1}\frac{I_{CO}}{I_{NO}}-\tan^{-1}\frac{I_{CO}R_N R_g}{E(R_N+R_g)}\right\}^{o} [A] \quad (10.6)$$

가 되는 것을 알 수 있다. 계전기 입력 전압 $V_{0\Delta g}$와 등가전류제한 저항 R_N 및 지락저항 R_g와의 관계는 다음과 같다. 여기서 n는 GPT의 권선비다.

$$|V_{0\Delta g}| = \frac{3E}{n\cdot\sqrt{\left(1+\frac{R_g}{R_N}\right)^2+\left(\frac{I_{C0}}{E}\cdot R_g\right)^2}} \quad [V]$$

㈜ (3) IEEE std C37.91-2000 Guide for Protective Relay Application To power transformer p26 grounding transformer

(4), (5)자가용전기설비의 모든 것I (3-2-2) 참조 김정철 저 도서출판 기다리 간

10-1-6. 장거리 배전선로에 부하가 분산된 선로의 보호

1) 철도와 같이 부하가 장거리 선로에 분산되어 있는 계통의 지락 전류

그림 10-12는 철도에서 부하가 선로에 분산 연결되어 있는 배전선로의 예이다. 여기서 부하는 철도라는 특수성으로 이동부하이고, 배전선로 No.1으로 계통을 운전하는 경우 통상 변전소 A(SS A)에서 급전하며, 변전소 B(SS B)는 그림 10-12의 B변전소에서 전선로 No.1에 전력을 공급하도록 되어 있는 차단기 CB_{B1}를 개방하고 운전한다.

이제 그림 10-12의 S_F 전력소에 가까운 F_2 지점에서 지락사고가 발생하여 차단기 CB_{sF}가 차단되면, 전력소 S_1에서 전력소 S_{F-1}까지는 전기가 공급되나 S_F전력소에서 최종 전력소인 S_n사이는 정전이 되므로 이와 같은 부분 정전인 경우라도 부하가 이동 부하인 까닭에 결과

적으로 전계통의 운전이 불가능하게 된다. 따라서 운전 중인 선로 No1의 어떤 한 지점 F에서 지락이 발생하면, 계통의 정상 운전을 위하여 변전소 SS A의 주모선의 No1 선로 출구 차단기(CB_{A1})를 개방하여 고장 선로인 No 1선로를 제거하고, 차단기(CB_{A2})를 투입하여 No 2 선로로 교체하여 변전소 SS A에서 급전을 계속하던가, 변전소 SS A가 정전되는 경우 B변전소로 절체(切替-Change over)하여 B변전소 SS B의 차단기 CB_{B2}를 투입하여 건전 선로인 선로 No. 2로 교체하여 급전할 수밖에 없게 된다.

이제 전력소 S_1의 부하전류를 I_{L1} 또 부하역률을 $\cos\varphi_1$, S_2의 부하전류를 I_{L2} 또 부하역률을 $\cos\varphi_2$---, S_n의 부하전류를 I_{Ln}, 부하역률을 $\cos\varphi_n$라 하면, 각 전력소에서 계측되는 전류는 계측지점 이후의 부하전류와 케이블의 충전전류의 vector 합과 같으며, 선로의 중간 어떤 F_2지점에서 단락이 발생하였을 때 단락전류를 I_S라고 하면, 단락 점에서 전원 측에 있는 각 전력소의 CT는 모두 선로가 직렬로 연결되어 있어 검출되는 전류는 단락전류 I_S와 같으나 사고 지점의 전력소 차단기가 개방되면 사고 점 이후에는 전류가 흐르지 않게 된다.

그림 10-12의 계통도에서 계측된 전류는 F_1지점, F_2지점, F_3지점에서 지락사고가 각각 발생하였을 때 선로의 전력소 S_1, S_F 및 S_n에 변류기 CT_{s1}, CT_{sF}, 및 CT_{sn}가 설치되어 있다면, 여기에서 검출되는 전류는 각각 다음과 같이 계산된다. 여기서 변전소 SS A와 전력소 S_1 사이의 케이블선로의 충전전류를 I_{s1}, 전력소 S_1과 S_2 사이의 케이블 충전전류를 I_{s2}, 전력소 S_{F-1}과 S_F 사이의 케이블 충전 전류를 I_{sF}, 전력소 S_{n-1}과 S_n 사이의 충전전류를 I_{sn}이라 하고 No.1 선로의 충전전류의 합계전류를 I_c라고 하면 $I_C = \sum_{i=1}^{n} I_{si}$의 관계가 있다. 또 변전소 SS A에 설치된 NGR의 정격전류를 I_{AN}, 변전소 SS B에 설치된 NGR의 정격전류를 I_{BN}이라 할 때 각각 선로에 연결되어 있는 전력소에서 검출되는 전류는 다음의 ①② 및 ③과 같다. 고장이 각 CT 1차 권선의 부하 측에서 발생했다는 전제로 계산한 것이다.

그림 10-9에서 ⇢으로 표시된 것은 차단 신호이다. 그림 10-9의 SH는 앞 절 10-1-2의 (4)에 의하여 케이블 대지커패시턴스 C[F]가 과다하여 NGR의 저항 R_N과 균형을 이루지 못할 때 대지커패시턴스를 상쇄하기 위하여 설치한 분로 리액터(Shunt reactor)이다. 만일 주변압기(MTR)의 2차 측에 중성점이 없는 경우에는 앞의 10-1-3의 (3)에 따라 변압기 2차 Bus에 차단기 CB_{A0}와 CT_{A0} 및 Y-Δ 결선의 접지변압기(GTR)를 설치하고 GTR 중성점에 적절한 용량의 NGR을 설치한다. 여기서 고장 점 F_1점은 SS A와 S_1전력소 사이의 지점에 위치한다고 가정한다.

① 정상 운전시의 전류

CT_{A1}에 흐르는 전류

$$I_{A1} = \sum_{i=1}^{n}(I_{Li} \cdot \cos\phi_i) + j\sum_{i=1}^{n}(I_{Li} \cdot \sin\phi_i - I_{Si})$$

$$= \sqrt{\left[\left(\sum_{i=1}^{n} I_{Li}\cos\phi_i\right)^2 + \left\{\sum_{i=1}^{n}(I_{Li}\sin\phi_i - I_{Si})\right\}^2\right]} \angle \phi_{S1}$$

단, $\phi_{S1} = \tan^{-1}\dfrac{\sum_{i=1}^{n}(I_{Li}\sin\phi_i - I_{Si})}{\sum_{i=1}^{n} I_{Li}\cos\phi_i}$

CT_{SF}에 흐르는 전류

$$I_{SF} = \sum_{i=F+1}^{n}(I_{Li} \cdot \cos\phi_{Li}) + j\sum_{i=F+1}^{n}(I_{Li} \cdot \sin\phi_{Li} - I_{Si})$$

$$= \sqrt{\left[\left(\sum_{i=F+1}^{n} I_{Li}\cos\phi_i\right)^2 + \left\{\sum_{i=F+1}^{n}(I_{Li}\sin\phi_i - I_{Si})\right\}^2\right]} \angle \phi_{SF}$$

단, $\phi_{SF} = \tan^{-1}\dfrac{\sum_{i=F+1}^{n}(I_{Li}\sin\phi_i - I_{Si})}{\sum_{i=F+1}^{n} I_{Li}\cos\phi_i}$

CT_{Sn}에 흐르는 전류

$$I_{Sn} = I_{Ln} \cdot \cos\phi_n + j(I_{Ln} \cdot \sin\phi_n - I_{Sn})$$

$$= \sqrt{(I_{Ln}\cos\phi_n)^2 + (I_{Ln}\sin\phi_n - I_{Sn})^2} \angle \phi_{Sn}$$

단, $\phi_{Sn} = \tan^{-1}\dfrac{(I_{Ln}\sin\phi_n - I_{Sn})}{I_{Ln}\cos\phi_n}$

각 전력소의 부하 전류 I_{Li}는 각 전력소에 인가되는 전압 V_i와 각 전력소의 부하 임피던스 Z_{Li}의 관계는 다음과 같다.

$$I_{Li} = \frac{V_i}{Z_{Li}}$$

또 직렬부하에서 선로에 분로리액터(Shunt reactor)를 설치하였을 때는 shunt reactor의 전류를 I_{sh-i}이라 하면 이 전류는 지상 무효전류이므로 각 계측 점 전류의 무효분에 이 전류를 더한 값이 계측 값이 된다. 즉, CT_{SF}에 흐르는 전류는

$$I_{SF} = \sum_{i=F+1}^{n}(I_{Li} \cdot \cos\phi_{Li}) + j\sum_{i=F+1}^{n}(I_{Li} \cdot \sin\phi_{Li} - I_{Si} + I_{sh-i})$$

$$= \sqrt{\left(\sum_{i=F+1}^{n} I_{Li}\cos\phi_i\right)^2 + \left\{\sum_{i=F+1}^{n}(I_{Li}\sin\phi_i - I_{Si} + I_{sh-i})\right\}^2} \angle \phi_{SF}$$

$$단,\ \ \phi_{SF} = \tan^{-1}\frac{\sum_{i=F+1}^{n}(I_{Li}\sin\phi_i - I_{Si} + I_{sh-i})}{\sum_{i=F+1}^{n} I_{Li}\cos\phi_i}$$

가 됨을 알 수 있다. 여기서 $\sin\varphi_i$는 각 전력소의 부하의 무효률이다.

② F점 단락 시에 각 지점에 흐르는 전류(무부하 시)

CT_{A1}~CT_{SF-1}에 흐르는 전류는 단락전류로 일정 $I_{S1}=I_{S2}=---I_{SF-1}=I_S$

단, I_S는 F점에서 단락 시 계통의 단락 전류임.

CT_{SF}~CT_{Sn}에 흐르는 전류 없음 $I_{SF}=------=I_{Sn}=0$

③ F_1, F_2, F_3에 지락이 발생 시 각 지점에 흐르는 전류는 각각 다음과 같다.

F_1 점 고장 : CT_{A1} I_{AN}

$$CT_{SF} \quad |I| = \left|\sum_{i=1}^{n} I_{Si} - \sum_{i=1}^{F} I_{Si}\right| = I_C - \sum_{i=1}^{F} I_{Si}$$

$$CT_{Sn} \quad |I| = 0$$

F_2 점 고장 : CT_{A1} I_{AN}

$$CT_{SF} \quad |I| = \sqrt{I_{AN}^2 + \left(\sum_{i=1}^{F} I_{si}\right)^2} = \sqrt{I_{AN}^2 + \left(I_C - \sum_{i=F+1}^{n} I_{si}\right)^2}$$

$$CT_{Sn} \quad |I| = 0$$

F_3 점 고장 : CT_{A1} I_{AN}

$$CT_{SF} \quad |I| = \sqrt{I_{AN}^2 + \left(\sum_{i=1}^{F} I_{si}\right)^2} = \sqrt{I_{AN}^2 + \left(I_C - \sum_{i=F+1}^{n} I_{si}\right)^2}$$

$$CT_{Sn} \quad |I| = \sqrt{I_{AN}^2 + \left(\sum_{i=1}^{n} I_{si}\right)^2} = \sqrt{I_{AN}^2 + I_C^2}$$

임을 알 수 있다. 여기서 알 수 있는 바와 같이 지락 전류는 같을지라도 계측 지점에 따라 달라지고 F_3 지락 시 CT_{Sn}이에서 검출되는 지락전류의 값이 가장 크다. 이 값은 계전기를 정정하는데 기준이 된다.

2) 중성점 접지 저항(NGR)의 설치위치

직접 접지는 단락전류를 초과하는 과다한 지락전류가 흐름으로 신호 및 통신선로와 여기에 연결된 약전설비가 영상전류에 의한 유도로 인한 피해가 우려될 뿐 아니라 지락이 여러번 되풀이되는 경우 주변압기를 포함한 주 통전기기가 손상되고 또 과다한 단락전류를 개폐하게 되므로 기기의 손상이 커짐으로 미국의 IEEE 142에서도 직접저항은 피하고 저항접지를 하도록 권장하고 있다.

앞의 10-1-2에서 계산되는 중성점 NGR의 크기는 전기설비의 규모에 따라 다름으로 지락 전류가 200A를 초과 하는 경우에는 저항 값은 100A 또는 200A로 규격을 규정에 의하여 통일하는 것이 전력계통 운영에 편리하다. 선로에 분로리액터(shunt reactor) 설치가 필요하다면 야간의 진상운전을 위하여 소요되는 shunt reactor의 용량도 동시에 고려하는 것도 매우 중요하다.

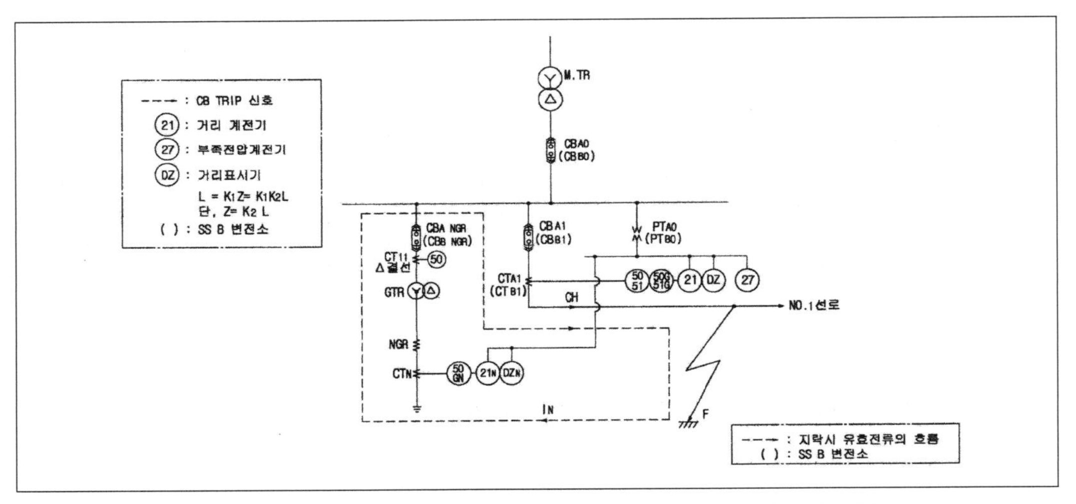

그림 10-13 중성점 저항접지계통의 지락고장 시 유효전류의 흐름

철도와 같은 직렬부하 선로에서 임의 일 점 F지점에서 지락이 발생하였을 때 고장 점 보다 전원 쪽에 설치되어 있는 변류기 CT_F가 검출하는 지락전류는 앞에서 설명한바와 같이 $|I| = \sqrt{I_{AN}^2 + \left(I_C - \sum_{i=F+1}^{n} I_{si}\right)^2}$ 가 된다.

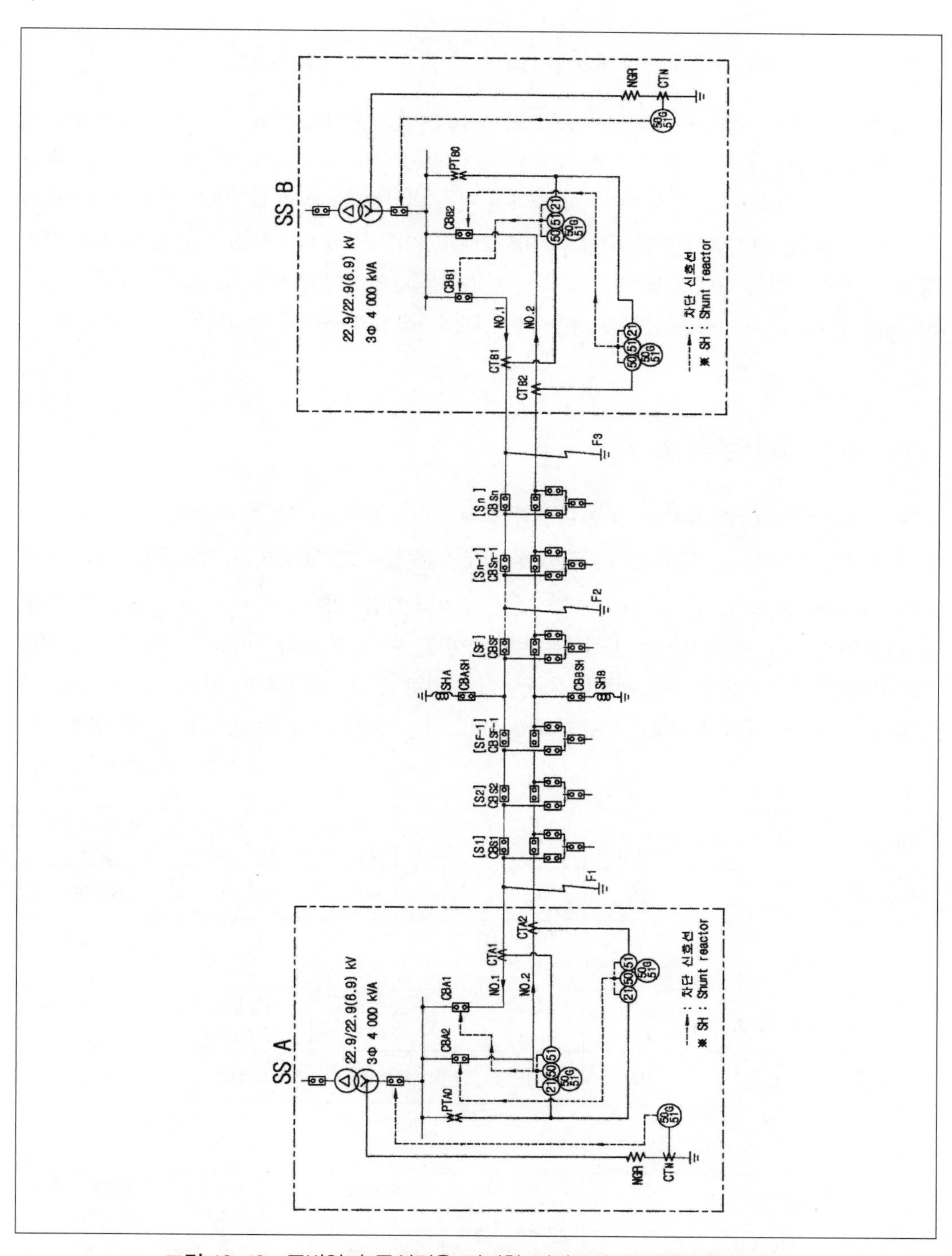

그림 10-12 주변압기 중성점을 접지한 직렬부하의 전력계통 구성도

여기서 CT_F 위치와 관계가 있는 요소인 $\left(I_C - \sum_{i=F+1}^{n} I_{si}\right) = 0$가 되는 장소 즉, $I_C = \sum_{i=F+1}^{n} I_{Si}$인 장소에 CT_F를 설치하면 CT_F에는 유효전류인 I_{AN}만이 계측되게 된다. 이는 배전선로 No.1에서 CT_F의 위치가 그림 10-13과 같이 NGR의 접지 점에서 No.1의 케이블에 충전전류가 흐르기 시작하는 점 사이의 구간에 설치하여야 한다는 것을 의미한다. 특히 선로 No.1의 어느 1점에서 지락이 발생하던 관계없이 그림 10-13의 차단기 CB_{A1}이 동작하여야 하므로 GTR+NGR의 설치 면적 확보와 설비의 간이성 및 사후 관리의 편리성을 감안하여 변전소 SS A의 구내에 설치하고, 선로 No. 2로 전력을 공급하는 경우에는 변전소 SS B의 구내에 설치하는 것이 편리하다.

10-1-7. 조차장의 실 례

대전 조차장에 대한 실례를 들면 다음과 같다. 한전 변전소에서 22.9kV로 수전하고 수전 변압기 용량 4000kVA, $\%Z_T$=6.5%, 결선 $\Delta - Y$ (접지), 변압비 22.9kV/6.6KV인 변압기를 통하여 6.6kV로 조차장 구내 및 33km 떨어져 있는 조치원 D/S, 25km 떨어져 있는 계룡 D/S 및 4km 떨어져 있는 대전 D/S에 송전하는 변전소이다. 이 변전소의 주변압기 2차 측 중성점에 설치하여야할 저항 값과 지락 전류를 계산하여 보기로 한다. 여기서 이 변전소 6.6kV Bus에 연결되어 있는 긴 케이블 선로는 다음과 같다. PL No는 대전 조차장 변전소의 배전반 번호이다.

① 조치원 D/S

PL No	케이블 규격	길이 (km)	R/km (Ω)	X/km (Ω)	C/km (F/km)	총충전전류 (A)
HV2-2	1C×3 -100mm^2	33	0.234	0.146	0.45	64.00

② 계룡 D/S

PL No	케이블 규격	길이 (km)	R/km (Ω)	X/km (Ω)	C/km (F/km)	총충전전류 (A)
HV4-2	1C×3 -120mm^2	25	1951	0.1359	0.466	50.21

③ 대전 D/S

PL No	케이블 규격	길이 (km)	R/km (Ω)	X/km (Ω)	C/km (F/km)	총충전전류 (A)
HV4-2	1C×3 -120mm^2	4	1951	0.1359	0.466	8.03

④ 정기 검수고

PL No	케이블 규격	길이 (km)	R/km (Ω)	X/km (Ω)	C/km (F/km)	총충전전류 (A)
HV2-2	1C×3 -100mm^2	0.45	0.234	0.146	0.45	0.904

이 데이터에서 조치원 D/S로 행하는 4000kVA기준 용량 케이블의 %임피던스를 구하면

$$\%Z_L = \frac{4000}{40 \times 6.6^2} \times (0.234 + j0146) \times 33 = 70.9091 + j44.242[\%]$$

충전 전류는

$$I_C = 3\omega C \times L \times \frac{V}{\sqrt{3}} \times 10^{-6} = 3 \times 377 \times 0.45 \times 33 \times \frac{6600}{\sqrt{3}} \times 10^{-6} = 64[A]$$

이므로 임피던스 맵을 그리면 그림 10-14와 같이 된다.

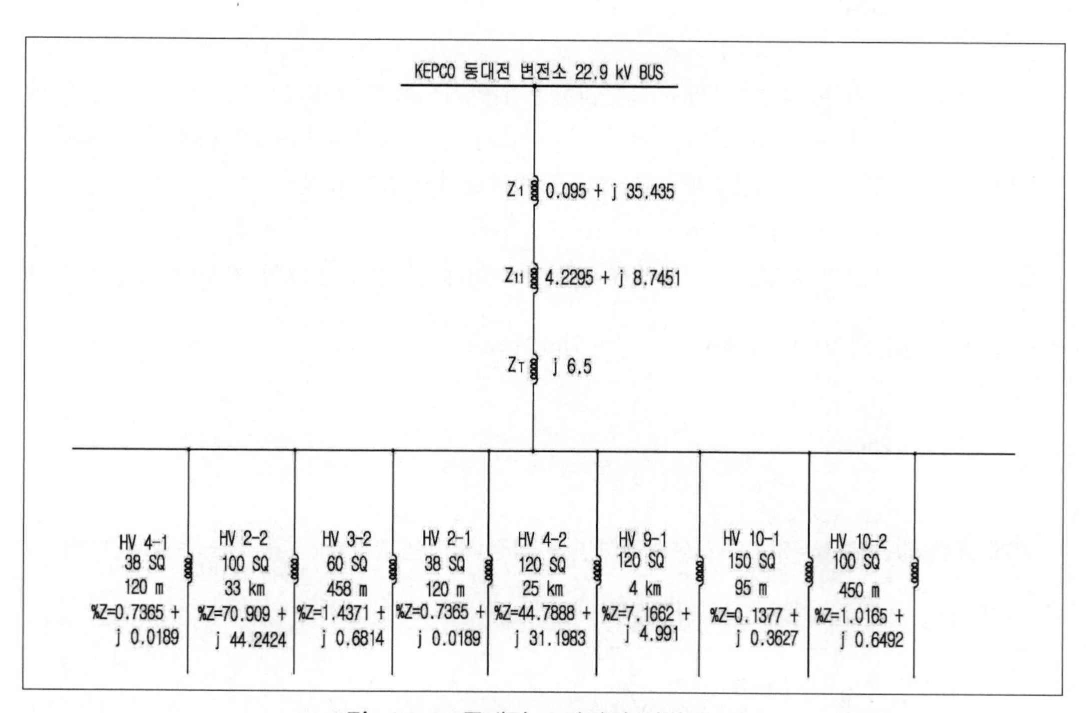

그림 10-14 동대전 조차장의 임피던스 맵

1) 중성점 저항의 크기 결정

여기서 6.6kV 케이블 각 Feeder의 상당 대지 커패시턴스를 C_i이 라고 하고 한 상의 대지 커패시턴스의 합계를 C_0라 할 때 $C_0 = \sum_{i=1}^{n} C_i$가 되며, 계통에서 C_0=30.169μF이므로 최악의 조건에서도 IEEE 142에서 추천하는 1상 지락 시 건전 상 전압 상승이 정격전압의 2.5배를 초과하지 않는 조건을 만족하는 중성점 저항을 R_N이라 할 때 $a=3\omega C R_N$으로

$m_c = \frac{3}{2}\sqrt{1+\left(a+\frac{1}{\sqrt{3}}\right)^2} \le 2.5$에서 $a=3\omega C R_N \le 0.756$이 되므로 R_N을 구하면

$$R_N \le \frac{0.756}{3\omega C} = \frac{0.756}{3\times 377\times 30.169\times 10^{-6}} = 22.1564[\Omega]$$

이 저항을 중성점에 설치하면 중성점 전류는

$$I_N = \frac{3810}{22.1564} = 171.96[A]$$

이 전류보다 크고 이 값에 가까운 표준저항은 일반적으로 R_N=19[Ω]이므로 19[Ω]를 채택하여 중성점 전류 I_N=200[A]가 되게 한다. 다음과 같은 방법으로 계산하여도 같은 결과를 얻는다. 지락 저항 R_g=0[Ω]일 때 케이블의 충전전류의 총합계 I_{C0}는

$$I_{C0} = 3\omega CE = 3\times 377\times 30.169\times 10^{-6}\times 3810 = 130[A]$$

이고 또 이 때 중성점 저항은 이 책 580쪽 표 10-3에서 IEEE 142의 건전상 전압 상승의 한도를 정격 전압의 250%로 하면 $\frac{I_C}{I_N} \le 0.756$이므로

$$I_N \ge \frac{130}{0.756} = 172[A]$$

이제 표준 값으로 I_N=200[A]을 선정하면 중성점 저항은 $R_N = \frac{6600}{\sqrt{3}\times 200} = 19[\Omega]$이 되게 된다. 1선 지락 시 최대 전압 상승은

$$m_c = \frac{3}{2}\sqrt{1+\left(3\omega C R_N + \frac{1}{\sqrt{3}}\right)^2}$$
$$= \frac{3}{2}\sqrt{1+\left(3\times 377\times 30.196\times 19\times 10^{-6} + \frac{1}{\sqrt{3}}\right)^2} = 2.37$$

일시과전압(TOV)은 최대 정격전압의 2.37배인 전압이 인가될 수 있다.

2) 지락 저항 R_g로 1선 지락 시 영상전압, 지락 전류의 계산

대전 조차장의 중성점 저항 R_N=19[Ω], C_0=30.169[μF]이므로 지락저항 R_g가 각각 0[Ω], 10[Ω], 30[Ω],40[Ω] 경우 식 (10.1)에 의하여 영상 전압 V_0, (10.4)에 의하여 중성점 전류 I_N, (10.5)에 의하여 대지 누설전류 I_C를, 또 식 (10.6)지락전류 I_G를 구하면 다음과 같다.

① R_g= 0[Ω]인 경우

$$V_0 = \frac{E}{\left(1+\frac{R_g}{R_N}\right)+j\frac{I_{CO}}{E}\cdot R_g} = \frac{3810}{\left(1+\frac{0}{19}\right)+j\frac{I_{CO}}{3810}\cdot 0} = 3810\angle 0^\circ[V]$$

GPT2차 전압 $|V_{0\triangle}| = \frac{3810}{20} = 190.5[V]$

$$I_{N0} = \frac{V_0}{R_N} = \frac{E}{R_N\left\{\left(1+\frac{R_g}{R_N}\right)+j\frac{I_{CO}}{E}\cdot R_g\right\}_g} = \frac{3810}{19\times\left\{\left(1+\frac{0}{19}\right)+j\frac{I_{CO}}{3810}\cdot 0\right\}_g}$$
$$= 200.5\angle 0^\circ[A]$$

$jI_{C0}=j3\omega C_0V_0 = j3\times 377\times 30.169\times 10^{-6}\times 3810 = j130 = 130\angle 90^\circ[A]$

$I_{G0}=I_{N0}+jI_{C0}=200+j130=238.54\angle 33.02^\circ[A]$

CT를 250/5A를 설치하면 CT 2차 전류는

$$i_N = \frac{200.5\angle 0^\circ\times 5}{250} = 4.01\angle 0^\circ[A]$$

$$ji_{C0} = \frac{130\angle 90^\circ\times 5}{250} = 2.6\angle 90^\circ[A]$$

$$i_G = \frac{238.54\angle 33.02^\circ\times 5}{250} = 4.77\angle 33.02^\circ[A]$$

② R_g= 10[Ω]인 경우

$$V_0 = \frac{E}{\left(1+\frac{R_g}{R_N}\right)+j\frac{I_{CO}}{E}\cdot R_g} = \frac{3810}{\left(1+\frac{10}{19}\right)+j\frac{130}{3810}\cdot 10}$$
$$= 2377.40 - j531.47 = 2436.08\angle -12.60^\circ[V]$$

GPT2차 전압 $V_{0\triangle} = \frac{2436.08\angle -12.60^\circ}{20} = 121.08\angle -12.60^\circ[V]$

$$I_N = \frac{V_0}{R_N} = \frac{2377.40 - j531.47}{19} = 125.13 - j27.97$$
$$= 128.21\angle -12.60^\circ [A]$$

$$jI_C = j3\omega C_0 V_0 = j3 \times 377 \times 30.169 \times 10^{-6} \times (2377.40 - j531.47$$
$$= 18.13 + j81.12 = 83.12\angle 77.40^\circ [A]$$

$$I_G = I_N + jI_C = 125.13 - j27.97 + 18.13 + j81.12 = 143.26 + j53.15$$
$$= 152.80\angle 20.36^\circ [A]$$

CT를 250/5A를 설치하면 CT 2차 전류는

$$i_N = \frac{128.21\angle -12.60^\circ \times 5}{250} = 2.55\angle -12.60^\circ [A]$$

$$ji_C = \frac{83.12\angle 77.40^\circ \times 5}{250} = 1.66\angle 77.40^\circ [A]$$

$$i_G = \frac{152.80\angle 20.36^\circ \times 5}{250} = 3.06\angle 20.36^\circ [A]$$

③ $R_g = 30[\Omega]$인 경우

$$V_0 = \frac{E}{\left(1 + \frac{R_g}{R_N}\right) + j\frac{I_{CO}}{E} \cdot R_g} = \frac{3810}{\left(1 + \frac{30}{19}\right) + j\frac{130}{3810} \times 30}$$
$$= 1276.28 - j506.57 = 1373.14\angle -21.65^\circ [V]$$

GPT2차 전압 $V_{0\triangle} = \frac{1373.14\angle -21.65^\circ}{20} = 68.66\angle -21.65^\circ [V]$

$$I_N = \frac{V_0}{R_N} = \frac{1276.28 - j506.57}{19} = 67.17 - j26.66$$
$$= 72.27\angle -21.65^\circ [A]$$

$$jI_C = j3\omega C_0 V_0 = j3 \times 377 \times 30.169 \times 10^{-6} \times (1276.28 - j506.57)$$
$$= 17.28 + j43.55 = 46.85\angle 68.35^\circ [A]$$

$$I_G = I_N + jI_C = 67.17 - j26.66 + 17.28 + j43.55 = 84.45 + j16.89$$
$$= 86.12\angle 11.31^\circ$$

CT를 250/5A를 설치하면 CT 2차 전류는

$$i_n = \frac{72.27\angle -21.65^\circ \times 5}{250} = 1.45\angle -21.65^\circ [A]$$

$$ji_C = \frac{46.85\angle 68.35^\circ \times 5}{250} = 0.94\angle 68.35^\circ$$

$$i_G = \frac{86.12\angle 11.31° \times 5}{250} = 1.72\angle 11.31°[A]$$

위의 결과로 vector의 관계를 그리면 그림 10-5와 같다.

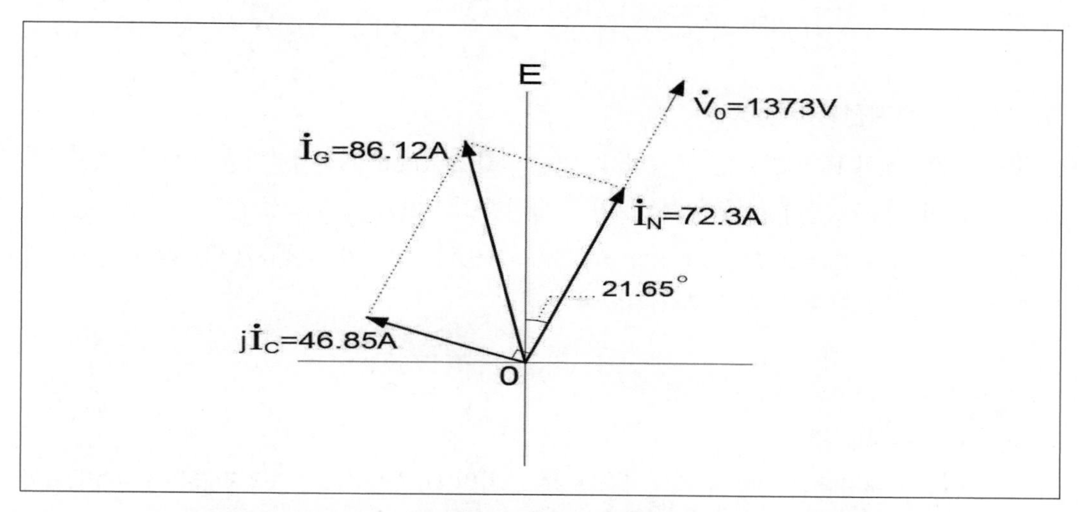

그림 10-15 R_g=30[Ω]일 때 V_0를 기준으로한 V_0, I_N, I_C, I_G의 vector

④ R_g= 40[Ω]인 경우

$$V_0 = \frac{E}{\left(1+\frac{R_g}{R_N}\right)+j\frac{I_{CO}}{E}\cdot R_g} = \frac{3810}{\left(1+\frac{40}{19}\right)+j\frac{130}{3810}\times 40}$$
$$= 1028.30 - j451.96 = 1123.24\angle -23.73°[V]$$

GPT2차 전압 $|V_{0\triangle}| = \frac{1123.24}{20} = 51.41[V]$

$$I_N = \frac{V_0}{R_N} = \frac{1028.30 - j451.96}{19} = 54.12 - j23.79$$
$$= 59.312\angle -23.73°[A]$$

$$jI_C = j3\omega C_0 V_0 = j3\times 377\times 30.169\times 10^{-6}\times(1028.30 - j451.96)$$
$$= 15.42 + j35.09 = 38.33\angle 66.27°[A]$$

$$I_G = I_N + jI_C = 54.12 - j23.79 + 15.42 + j35.09 = 69.54 + j11.30$$
$$= 70.45\angle 9.23°[A]$$

CT를 250/5A를 설치하면 CT 2차 전류는

$$i_n = \frac{59.312\angle -23.73^\circ \times 5}{250} = 1.19\angle -23.73^\circ[A]$$

$$ji_C = \frac{38.33\angle 66.27^\circ \times 5}{250} = 0.77\angle 66.27^\circ$$

$$i_G = \frac{70.45\angle 9.23^\circ \times 5}{250} = 1.41\angle 9.23^\circ[A]$$

3) 지락과전류계전기의 정정

중성점 접지저항 R_N=19[Ω], 중성점의 CT를 250/5[A], 6.6kV선로의 총 대지 커패시턴스 C_0=30.169[μF]인 전력 계통에서 선로가 지락저항 R_g=0[Ω]으로 1선 지락 시 지락 전류는 최대 지락 전류로 I_{g0}=200+j130=238.54∠33.02°[A](CT 2차 i=4.77[A]) 따라서 지락과 전류계전기는 그보다 작은 값으로 정정되어야 한다.

① 중성점 지락 과전류 계전기의 정정

a. 지락 전류의 정정

선로 중 대지충전 전류가 최대인 선로는 조치원 D/S선로로서 충전전류는 I_C=64[A]이므로 중성점 지락 과전류 계전기의 정정 값 I_{GS}의 허용 범위는 여유를 감안하여

$64\times1.2[A] \le I_{GS} < 238\times0.8=190[A]$

CT 2차 전류로 환산하면

$$64\times1.2\times\frac{5}{250} \fallingdotseq 1.54[A], \quad 238\times0.8\times\frac{5}{250} \fallingdotseq 3.81[A]$$

이므로

$1.54A \le I_{GS} < 3.8A$

가 되어야 하며 따라서 정정 값은 1.6A(계통전류 $1.60A\times\frac{250}{5} = 80[A]$)로 정정한다.

b. 동작 시간

중성점 계전기는 back up계전기이므로 계통의 계전기가 동작 후에 시간의 여유를 두고 동작하여야 하므로 전위 보호계전기의 동작시간을 순시 동작으로 정정하면 t_1=0.03sec, 전위 차단기의 동작 시간은 5Hz이므로

$t_2=5\times16.67\times10^{-3}=0.0833$sec, 여유시간 t_3=0.2sec 따라서

동작시간 $t_C \ge t_1+t_2+t_3=0.3133 \Rightarrow 0.4$sec

로 t_C=0.4sec로 정정함.

② 장거리 배전 선로의 정정

a. 조치원 D/S 배전 선로(PL No HV 2−2)

대지 충전 전류 I_C=64A이고 CT=150/5A이므로 정정 값 I_{GS}는 다음과 같다.

$$I_{GS} \geq \frac{64 \times 1.2 \times 5}{150} = 2.56 \Rightarrow 2.60\mathrm{A}\,(= 78.0\mathrm{A})$$

가 되고 동작시간은 순시로 정정한다. 따라서 t_C는

t_C=0.03sec

로 한다.

b. 계룡 D/S 배전 선로(PL No HV 4−2)

대지 충전 전류 I_C=50.21A이고 CT=100/5A이므로 정정 값 I_{GS}는 다음과 같다.

$$I_{GS} \geq \frac{50.21 \times 1.2 \times 5}{100} = 3.0126 \Rightarrow 3.1\mathrm{A}\,(= 62.0\mathrm{A})$$

가 되고 동작시간은 순시로 정정한다. 따라서 t_C는

t_C=0.03sec

로 한다.

10-2. 22.9kV XLPE 전력케이블 배선

10-2-1. XLPE 케이블의 특성

우리나라에서는 10kV 이하의 케이블의 KS 규격을 IEC 규격으로 통일하였으나 22.9kV는 IEC규격에는 없고 한전규격 ES 126-650-664(2003.5.30)에만 표시되어 있으므로 아래에 XLPE 22.9kV 케이블 한전 규격을 옮겨 싣는다.

1) 허용 온도

상시 최고 허용 온도 : 90℃
단시간 최고 허용 온도 : 130℃
고장 순시 최고 허용 온도 : 250℃

표 10-6 XLPE 절연 도체 허용 온도

상시최고허용 온도	단시간최고 허용온도(1)	고장순시최고허용온도(2)
90℃	130℃	250℃

㈜ (1) 단시간 최고 허용온도는 과부하 지속시간이 임의의 12개월 동안 72시간을 초과하지 않고 케이블의 수명 시간 동안 누적과부하 시간이 1500시간 이하로 운전하는 조건임.
(2) 고장 순시 최고 온도는 IEC에 의하여 고장 계속 시간이 5초미만으로 정의 되어있으나 한전규격과 철도규격에서는 미국 ICEA(Insulated Cable Engineers Association)의 규격에 따라 고장 전류가 1초간 지속하는 경우 250℃로 하고 있다.

2) 22.9kV XLPE 절연특성

표 10-7 XLPE 절연 내전압

정격전압(kV)	충격내전압(kV)		교류내전압(kV)			직류내 전압(kV)
	절연체	시 스	장시간	절연체	시 스	절연체
25.8	150	40	80	52	4	100

㈜ 한전 ES126에 의함

3) 22.9kV XLPE(CV) 및 (CN/CV)케이블 규격

① XLPE(CV)케이블

항 목 \ 규 격(mm^2)		60	100	200	250	325	600
도체 외경(mm)		9.3	12.0	17.0	19.0	21.7	29.5
내부반도전층두께(mm)		0.6	0.6	0.6	0.6	0.6	0.6
절연층 두께(mm)		7.4	7.4	7.4	7.4	7.4	7.4
절연층 외경(mm)		25.3	28.0	33.0	35.0	37.7	45.5
외부반도전층두께(mm)		0.7	0.7	0.7	0.7	0.7	0.7
동테이프 구성	두께(mm)	0.1	0.1	0.1	0.1	0.1	0.1
	외경(mm)	28.1	30.8	35.8	37.8	40.5	54
시스 두께(mm)		3.0	3.0	3.0	3.0	3.0	4.0
케이블 외경(mm)		35.3	38.0	43.0	45.0	47.7	62
케이블최대외경(mm)		40	43	48	50	53	67
특성	저항(Ω/km)	0.389	0.234	0.118	0.0963	0.0752	0.0403
	ω L(Ω/km)	0.175	0.163	0.149	0.145	0.140	0.134
	ω C×10^{-3}(S/km)	0.0801	0.0940	0.120	0.130	0.143	0.158

저항 : 교류 60Hz, 20℃ 때의 저항

② XLPE(CNCV)케이블

항 목 \ 규 격(mm^2)		60	(100)	200	(250)	325	600
도체 외경(mm)		9.3	12.0	17.0	19.0	21.7	29.5
내부반도전층두께(mm)		0.6	0.6	0.6	0.6	0.6	0.6
절연층두께(mm)		6.6	6.6	6.6	6.6	6.6	6.6
절연층외경(mm)		24.5		32.1		36.8	44.6
외부반도전층두께(mm)		0.7	0.7	0.7	0.7	0.7	0.7
중성선 구성	소선경(mm)	1.2	1.6	2.0	2.1	2.3	2.6
	소선수	18	18	21	25	26	38
	총단면적(mm^2)	20	33	66	83	108	201
	외경(mm)	30	33	39	41	44	53
시스 두께(mm)		3.0	3.0	3.0	3.0	3.0	4.0
케이블 외경(mm)		36	39	45	47	51	61
케이블최대외경(mm)		39	44	48	52	54	64
특성	직류최대저항(Ω/km)	0.305	0.183	0.0915	0.0739	0.0568	0.0308
	최대정전용량(μF/km)	0.21	0.25	0.32	0.34	0.36	0.47

ES 126-650-664(2003.5.30). ( ) 내는 한전 구규격임.

③ XLPE(CNCV)케이블의 허용 공차

a. 도체의 허용 공차

도체의 굵기	60	200	325	600
허용 공차	±0.2mm	±0.3mm	±0.3mm	±0.5mm

b. 절연층

절연층 외경 공차는 ±1.0mm로 한다.

c. 중선선의 단면적

위 표(1) 값의 98%이상이여야 한다.

10-2-2. 케이블의 대지커패시턴스와 충전전류

3.3kV 이상의 고압 케이블은 심선을 둘러싼 금속차폐선이 있고 케이블 설치 시에는 이들 차폐선을 대지에 접지하므로 철도의 역간 송전 또는 고속도로의 긴 tunnel 등과 같이 긍장이 긴 케이블 선로에서는 무부하시 대지 커패시턴스에 의한 진상전류로 인하여 전원 변압기의 단자 전압이 상승하고 동시에 전원에 진상 전류가 흐르게 된다.

따라서 선로 무부하시 선로를 용량이 비교적 작은 자가발전기로 충전하면 이 충전전류에 발전기 전기자반작용으로 발전기의 단자전압이 급격히 상승되어 발전기로서는 충전할 수 없는 경우가 발생한다.

1) 자기용 발전기로 선로를 충전하는 경우

자가용 발전기로 무부하 또는 경부하 선로를 충전하여야 하는 경우 발전기의 잔류자기로 인한 전압으로 90° 진상 전류가 발전기의 전기자에 흘러 이 진상전류로 인한 발전기의 전기자 반작용(전기자 증자작용)으로 발전기 단자 전압이 상승하여 운전이 불가능하게 되는 경우가 발생될 수 있다. 그림 10-14는 선로 충전 특성과 발전기의 포화 특성과의 관계의 예이다. 그림 10-14에서 곡선 b는 발전기의 여자전류와 단자전압의 관계곡선 즉 발전기 포화 특성곡선이라 하고 a_1과 a_2를 선로의 충전특성이라 할 때 선로의 충전전류는 90° 진상전류(leading current)이고 발전기 여자전류는 90° 지상전류(lagging current)이므로 2 전류의 vector 방향은 서로 반대가 되어 상쇄되므로 b곡선은 충전용량이 적은 선로 a_1과는 M_1에서 발전기 여자 전류와 선로의 충전전류가 크기가 같게 되므로 평형을 이루어 상승된 발전기 단자전압은 V_1에서 운전이 가능하게 되나, 충전 용량이 큰 a_2 선로의 경우에는 M_2에서 평형이 이루어지게 되나 발전기 단자전압은 V_2까지 상승하게 되는 것을 알 수 있다. 따라서 선로의 충전

용량이 발전기에 비하여 큰 경우 발전기 단자 전압 상승으로 충전전류는 다시 증가하게 되고 단자 전압 상승으로 운전 불가능한 상태에 이르게 된다.

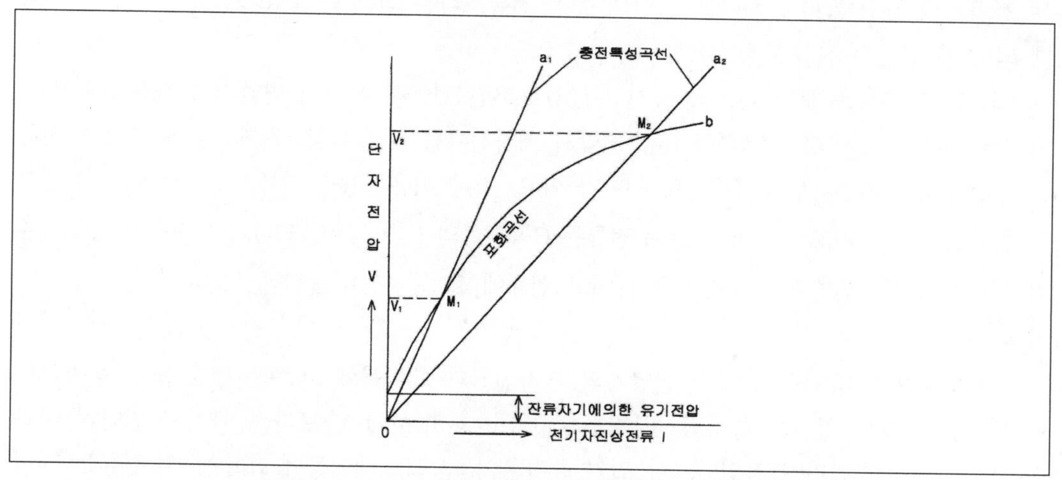

그림 10-14 발전기포화특성과 선로 충전특성의 관계

2) 변압기로 선로를 충전하는 경우

그림 10-15는 변압기로 케이블 선로를 충전하는 경우로써, 선로의 길이가 수 km 이상에 이르게 되면 저압으로 배전할 수 없으므로 승압변압기를 거쳐서 선로를 충전하든가 한전과의 계약관계로 전압 1:1인 수전용 변압기를 설치하는 경우 변압기의 포화곡선과 선로의 충전 전류와의 관계를 설명하는 그림이다.

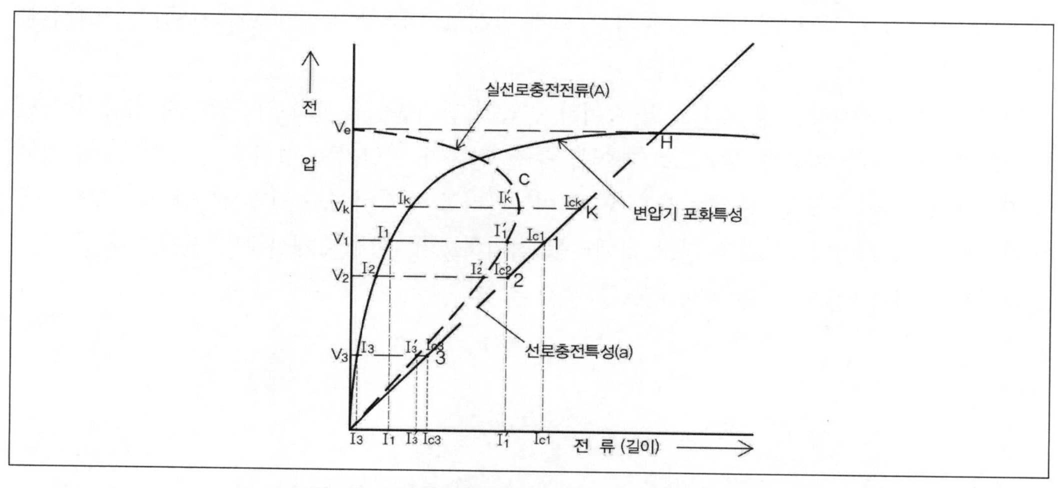

그림 10-15 변압기 포화곡선과 선로충전 특성

선로에 흐르는 전류는 선로만의 충전전류 (a)는 90° 진상전류(進相電流-leading current)이고, 변압기의 여자전류 (b)는 90° 지상전류(遲相電流-lagging current)이므로 케이블에는 2 곡선의 차전류(電流)로 케이블만의 충전 전류보다는 적은 곡선 (c)와 같은 전류가 흐르게 되며 이 전류는 진상전류이다.

이와 같은 특성을 보면 선로의 충전전류(a)가 3인 점에서의 전원 변압기 단자전압은 V_3이고 선로에는 변압기 충전 전류를 I_{C3}, 변압기 여자전류를 I_3라고 할 때 케이블에 흐르는 전류는 곡선 C상의 차전류인 $I'_3(I'_3=Ic_3-I_3)$가 되고, 같은 이유로 충전전류가 2인 점에서의 변압기 단자전압은 V_2이고 선로에 흐르는 전류는 C곡선상의 I'_2 $(I'_2=I_{c2}-I_2)$가 되고, 또 충전전류가 1인 점에서는 변압기 단자전압은 V_1이고 선로에 흐르는 전류는 C곡선상의 $I'_1(I'_1=I_{c1}-I_1)$가 된다.

선로의 길이가 증가함에 따라 변압기의 단자전압과 케이블에 흐르는 전류 모두 증가하나 변압기단자전압이 철심의 항복점전압(knee point voltage) V_k보다 높아지면 변압기 여자전류의 증가는 변압기 단자전압보다 훨씬 증가율이 크므로 케이블에 흐르는 실 전류는 케이블의 충전전류(a)와 변압기 여자전류(b)의 차이만큼 흐르므로 변압기 항복점인 점(K)를 정점으로 케이블에 흐르는 전류는 급격히 감소하여 케이블에 실제로 흐르는 전류는 충전전류(a)와 변압기 포화곡선(b)의 교점 H에서는 0이 되고 변압기 단자전압은 V_e까지 상승한다.

이와 같은 이유로 같은 규격의 케이블에 있어서도 선로의 길이가 길어지면 대지커패시턴스는 직선적으로 증가하나 케이블에 실제 흐르는 충전전류는 대지커패시턴스에 비례하여 직선적으로 증가하지 않고 케이블만의 충전전류(a)보다는 작게 흐르며 이 작아지는 비율은 케이블 길이에 따라 증가하여 정점C를 지나면 선로의 실 충전전류는 급격히 감소하여 0에 이르게 되나 변압기 단자전압은 선로전류의 감소에 관계없이 포화 곡선에 따라 변압기 포화전압인 V_e까지 상승하는 것을 알 수 있다.

그러나 실 계통에서 사용 케이블의 길이가 변압기 단자전압을 항복점전압까지 상승시킬 만큼 긴 경우는 그리 흔하지 않으므로 케이블 충전 전류가 변압기의 항복점 전압인 V_k에 이르지 않으므로 케이블 충전 전류는 그 길이에 비례한다고 생각하여도 크게 문제되지 않으나 특별히 케이블의 길이가 긴 경우 분로 리액터를 설치하고자 때에는 계산상 충전전류와 실 충전전류에는 차이가 얼마나 되는지를 검토할 필요는 있다.

3) 전압 상승을 방지하는 방법

① 발전기로 충전하는 경우

발전기로 선로를 충전하는 경우 각 발전기는 발전기 용량과 단락비의 곱에 비례하여 충전 전류를 분담하므로 발전기 2~3대를 병열로 운전하면 안전하게 선로를 충전할 수 있다. 발전기의 단락비 K_S라 함은 발전기를 정격속도에서 무부하 정격전압을 유기하는데 필요한 여자전류 i_{fv}와 3상 정격단락전류를 흘리는데 필요한 여자전류 i_{fs}와의 비로

$$K_S = \frac{i_{fv}}{i_{fs}}$$

를 말하며 단락비가 큰 발전기는 발전기 용량이 같을 때는 기기의 크기가 커지고 철손이 커져서 효율이 나쁘며 가격이 비싸지나 전압 변동률이 적고 과부하 내량이 큰 이점이 있다.

② 선로에 분로 리액터를 설치하는 방법

수전단에 분로 리액터(Shunt reactor)를 설치하여 선로 커패시턴스를 상쇄할 수 있다.

10-2-3. XLPE 케이블의 선정

케이블은 ① 전력계통의 정격전압에 사용 가능한 절연내력을 가진 전압의 케이블을 사용하여야 하고, ② 선로의 굵기는 부하의 최대 전류가 선로의 허용전류이내이여야 하며, ③ 선로의 길이에 영향을 받는 전압강하가 부하 운전에 허용되는 범위이내여야 하며, ④ 선로 단락사고가 났을 때 선로를 재투입하였을 때 지장이 없는 굵기여야 한다.

1) 전압에 따른 선정

KS C IEC 60502-1 및 2에는 케이블의 정격전압은 케이블이 쓰이는 전력시스템에서의 동작조건에 적합하여야 한다고 규정되어 있으며 전력 시스템은 3개의 범주로 다음과 같이 구분한다.

- 카테고리 A : 1선 지락 시 전력 시스템이 1초 이내에 접속이 끊어지는 시스템-이 경우는 중성점 직접접지 또는 저저항 접지계통임.
- 카테고리 B : 누전상태에서 1개의 상이 접지가 짧은 시간 내에 작동하는 시스템으로써 이 시간은 1시간을 초과하여서는 안 된다.
- 카테고리 C : A 및 B 이외의 전력계통

이와 같은 카테고리에 속하는 모든 전력계통은 다음과 같은 정격전압의 케이블을 사용하도록 규정하고 있다. KS C IEC 60502-1/2에서 케이블 전압 표시는 $U_0/U/U_m$으로

U_0 : 도체와 접지 또는 금속 차폐사이의 정격전원 주파수 전압

U : 도체사이에 인가되는 정격전원 주파수 전압

U_m : 장비가 사용하는 가장 높은 시스템 전압

우리가 가장 현장에 많이 적용하는 케이블을 예로 들면 $U_0/U(U_m)$은 0.6/1.0(1.2), 1.8/3(3.6), 3.6/6(7.2), 6/10(12) 및 18/30(38)kV이며 IEC 추천 값은 표 10-8과 같다.

표 10-8 케이블의 정격전압

최고 계통 전압(U_m) [kV]	케이블의 정격 전압(U_0) [kV]	
	카테고리 A와 B	카테고리C
1.2	0.6	0.6
3.6	1.8	3.6
7.2	3.6	6.0
12.0	6.0	8.7
17.5	8.7	12.0
24	12.0	18.0
36	18.0	-

2) 케이블의 상시 허용전류

케이블의 상시 허용전류는 주위 조건이 안정되어 케이블의 최고 허용온도를 초과하지 않는 범위 내에서 장시간에 걸쳐 통전할 수 있는 최대의 전류를 말한다. 케이블의 최고 허용온도는 케이블의 절연체 종류에 따라 다르고, 같은 절연체인 케이블에 있어서도 허용전류는 케이블 포설 방법에 따라 기저온도(基底溫度)나 케이블의 손실계수 등의 차이에 따라 달라진다. 손실계수는 어떤 일정 기간(보통 1일) 중의 전선로 평균손실과 최대손실의 비로 근사적 실험식 $L_i = \alpha F + (1-\alpha)F^2$로 계산한다. 여기서 α는 정수로 0.1~0.4이고, F는 부하율이다. 일반적으로 손실계수로는 L_i=0.3×(부하율)+0.7×(부하율)^{2}를 적용하며 대체로 L_i=0.6~0.8이 된다. 절연체 종류별 최고 허용 온도를 IEC 60840에서 표 10-9에, 포설 방법에 따른 포설 기저온도를 일본 일립전선편람(日立電線便覽)에서 표 10-10에 옮겨 실었다. 케이블의 허용전류는 그 자료가 상당히 복잡하여 여기서는 생략하니 제조회사의 Catalog나 관련 전문 서적들을 참고하여 주기 바란다.

표 10-9 절연 종류별 최고 허용 온도

절연의 종류	도체 최고 온도[℃]	
	정상운전	단시간(최대 5초)
저밀도포리에치렌(PE)	70	130
고밀도포리에치렌(HDPE)	80	160
가교포리에치렌(XLPE)	90	250
에치렌-프로필렌고무(EPR)	90	250
Hard grade ERP(HEPR)	90	250

표 10-10 포설 기저 온도

포 설 방 법	기 저 온 도 (℃)
관 로 인입	25
직 매 포 설	25
기 중 및 암 거	40
수 저 (水底)	25

3) 전압 강하

기기나 조명등의 Flicker 등 운전 조건을 감안하여야 하며 전압강하는 전선로의 R과 X 등 선로상수와 전선로의 길이에 비례하므로 케이블의 굵기와 길이를 동시에 고려하여야 한다. 각국에서 허용되는 전압강하 예를 표 10-11에 표시하였다. 특히 대형 전동기 기동 시 전압강하로 전동기 기동뿐만 아니라 전원 전압강하도 별도로 계산하여 타 전력기기에 영향을 주지 않도록 하여야 한다. 이때에는 변압기에 의한 전압강하가 가장 큰 영향을 줌으로 전부하시 변압기의 전압강하를 동시에 고려한다. 부하에 따라 케이블 전압과 굵기가 정하여 지면 케이블의 단위 길이 당 R 및 X의 값을 선택하고 전선로의 길이 L(km)과 전선로의 부하 전류를 I, 또 부하역률 각을 φ 라고 할 때 선간전압강하 ΔV는

$$\Delta V = K(R \cdot \cos\varphi + X \cdot \sin\varphi) \times L \times I[V]$$

로 계산된다. K는 배전 회로 방식에 따른 계수로 평형 3상은 $\sqrt{3}$, 단상 및 3상 4선식은 1을 적용한다.

표 10-11 허용 전압강하

<table>
<tr><th rowspan="2">구분</th><th colspan="2">전등 회로</th><th colspan="2">전동기 회로</th></tr>
<tr><th>간 선</th><th>분기회로</th><th>간선</th><th>분기회로</th></tr>
<tr><td rowspan="2">한전 규정</td><td colspan="2">표준전압 110V :
유지 전압 110V±6V 이내</td><td colspan="2" rowspan="2">표준전압 380V :
유지 전압 380V±38V 이내</td></tr>
<tr><td colspan="2">표준전압 220V :
유지 전압 220V±13V 이내</td></tr>
<tr><td>동경전력</td><td>2%</td><td>2%</td><td>2%</td><td>2%</td></tr>
<tr><td>미국 NEC</td><td>3%</td><td>3%</td><td>3%</td><td>3%</td></tr>
<tr><td>영국 규격</td><td colspan="2">1V+2%</td><td colspan="2">7.5%</td></tr>
</table>

주 (1) NEC : National electric code(1965) : 간선 및 분기회로의 합계는 5% 이하
(2) 영국 규격 : Regulation for the electrical equipment of building(1964)

철도에서도 공작창 같은 곳에 대형 전동기나 Arc로 같은 대형 부하가 있으면 대형 부하의 기동 전압강하가 구내 조명등의 전압을 떨어뜨리는 등 플릭커(flicker) 현상을 일으키는 전압 강하 문제가 발생할 수 있으므로 기동 시에라도 10% 이상 전압 강하가 예상되면 운전 패턴을 면밀히 검토할 필요가 있다. 대형 전동기의 기동 시 전압 강하률 ε은

$$\varepsilon = \frac{\%R\cos\varphi + \%X\sin\varphi}{100 \times \frac{T_B}{T_S} + \%R\cos\varphi + \%X\sin\varphi} \times 100[\%]$$

여기서 $\%R$ = 선로의 %저항(기준 용량 T_B)

$\%X$ = 선로의 %리액턴스(기준 용량 T_B)

T_B = 기준용량[kVA]

T_S = 전동기 기동용량[kVA]

$\cos\varphi$ = 전동기 기동 역률로 고압 전동기는 0.2, $\sin\varphi$=0.98정도임.

여기서 기준 용량은 단락전류를 계산하는 용량을 같이 사용하여야한다.

일반적으로 약식으로 $\cos\varphi \fallingdotseq 0$, $\sin\varphi \fallingdotseq 1$로 가정하여

$$\varepsilon = \frac{\%X}{100 \times \frac{T_B}{T_S} + \%X} \times 100$$

로 계산하여도 실제로는 별 문제가 안 된다.[3]

4) 단락전류 용량

현재 국내에서 사용하는 케이블은 대체로 XLPE케이블이므로 이 케이블 단락전류 용량에 대해서만 검토하기로 한다. 가교폴리에틸렌 케이블의 단락 시 허용 온도는 IEC(International electrotechnical commission) 및 미국의 ICEA p-32(Insulated cable engineers association)에서는 250℃로 정하고 있으며, 현재에는 별로 참고하지 않으나 일본 규격인 JCS에서는 230℃로 하고 있다. 국내 케이블의 가장 큰 고객인 한전에서도 IEC규격에 일치하도록 250℃를 기준으로 하고 있으므로 이 책에서도 250℃를 기준으로 한다. IEC에서는 단락 시 가교폴리에틸렌 케이블의 도체 최고 허용 온도를 250℃로 하여 단락전류 I_{AD}는 개략적으로

$$I_{AD} = 143 \cdot \frac{S}{\sqrt{t}} [A]$$

로 계산한다.

ICEA p-32에서는 단락 시 가교폴리에틸렌 케이블의 단락전류 I는

$$I = 0.141 \cdot \frac{S}{\sqrt{t}} [kA] = 141 \cdot \frac{S}{\sqrt{t}} [A]$$

로 계산한다. 2식에는 큰 차이가 없다.

여기서 S = 도체의 단면적[mm^2]

t = 고장 계속 시간[sec]

이다. 고장 계속 시간은 계전기의 후비보호까지를 감안하여 결정하도록 추천하고 있으나 그 시간은 수치로 규정하고는 있지는 않다. 전류의 주 통로인 차단기와 CT 등의 단시간 과전류 정격이 1초인 점을 감안하면 이들의 고장 시간과 같은 1초로 하는 것도 고려할 만하나 케이블의 투자비를 절감하기 위하여 고압계통에 있어서는 선로 단락사고 시 계전기 순시 동작시간이 0.03초, 5Hz 차단기의 차단시간이 0.0833초로 전 동작 시간이 0.1133초인 점을 감안하여 통전시간 t=0.5초로 하고, 저압에서는 MCCB의 동작시간 0.02초, ACB의 동작시간이 0.04초인 점으로 고려하여 t=0.1초로 정하여도 충분하리라고 생각된다.

또 포설된 케이블이 모두 동시에 고장이 발생하는 것이 아니므로 단락사고가 난 케이블만을 교체 포설한다는 생각을 하면 이보다도 훨씬 짧은 시간을 고려하여도 무방하다고 생각된다. 위에 열거한 3가지 방식으로 단락전류를 각각 계산한 결과 단락전류는 JCS가 다소 적고 IEC와 ICEA p-32는 허용온도가 20℃ 정도 높으므로 다소 많으나 이들 IEC와 ICEA p-32에 의하여 계산한 값은 거의 차이가 없다. 우리나라에서는 IEC에 의하여 계수 143을 적용하고 있으나 어떤 회사의 케이블 카탈로그에는 단락전류의 계수로 ICEA p-32의 계수 141이 소개된 경우도 있었다.

10-2-4. 단심 케이블의 차폐층 전위

현재 고속 전철과 철도시설공단 선로 모두가 특별한 경우를 제외하고는 고압선로에서는 단심 XLPE케이블로 배선을 하고 있다.

1) 케이블 차폐층 허용 전압

단심 케이블은 3심 케이블과 달리 케이블 각 상의 차폐층이 서로 절연되어 있어 심선에 전류가 흐르면 전자유도(電磁誘導-Electro-magnetic inducement)로 차폐층의 길이와 심선 전류의 크기에 비례하는 전압이 차폐층에 유기되며, 단심 케이블이 정삼각형으로 배치하여 각 선로의 선로정수가 같은 경우에도 각 상에 유기되는 전압을 3상 일괄하여 대지에 접지하면 대지 귀로전류는 0이 되나, 차폐층이 폐회로(closed circuit)가 되어 차폐층을 타고 차폐층 간을 전류는 순환하게 된다. 차폐층 전위의 허용치로는 미국의 경우 대체로 65-90V, 또 영국의 경우 65V가 시행되고 있으며[1] 일본의 경우 50V 미만에서는 안전대책을 필요로 하지 않으나 50V 초과 시에는 사람이 접촉하지 못하도록 주위를 막는 등 감전에 대한 안전 조처를 취하도록 되어 있다. 우리나라에서는 법으로 특별히 규제된 바 없으나 한전에서는 한전설계기준 1650(2003. 2. 7. 개정)을 개정하여 전력구내에서의 케이블 차폐층 상시 최대 유기전압은 100V 이하여야 한다고 규정하고 있다. 이와 같이 단심 케이블은 차폐층에 전압이 발생하므로 케이블 차폐층을 병렬로 접속하면 차폐층이 폐회로를 형성하여 순환전류가 흘러 차폐층에 열이 발생하고 이 열로 케이블 온도가 상승하여 케이블 전류 용량이 감소하게 된다.

2) 차폐층에 유기되는 전압

케이블 차폐층 유기전압 계산 방법에 대해서는 ANSI/IEEE[2]와 일본電力cable技術Handbook에 자세히 소개되어 있다. 단심 케이블 차폐층 유기전압 계산에 대하여 ANSI/IEEE std 575(1988)가 제시한 방법과 일본電力cable技術Handbook[3]에 제시된 방법을 발췌 소개하면 다음과 같다. 단 ANSI/IEEE 방법에 있어서 케이블이 다회선(多回線)인 경우 계산 방법이 다소 번잡하므로 1회선 가설 때만을 소개한다.

① ANSI/IEEE의 계산

- Trefoil formation single circuit(정3각배치 1회선)

$$E_A = j\omega I_B (2\times10^{-7})\left(-\frac{1}{2}+j\frac{\sqrt{3}}{2}\right)\cdot \ln\left(\frac{2S}{d}\right)[V/m]$$

$$E_B = j\omega I_B (2\times10^{-7})\cdot \ln\left(\frac{2S}{d}\right)[V/m]$$

$$E_C = j\omega I_B (2\times10^{-7})\left(-\frac{1}{2}-j\frac{\sqrt{3}}{2}\right)\cdot \ln\left(\frac{2S}{d}\right)[V/m]$$

• Flat formation single circuit(평면배치 1회선)

$$E_A = j\omega I_B (2\times 10^{-7})\left(-\frac{1}{2}\cdot \ln\frac{S}{d} + j\frac{\sqrt{3}}{2}\cdot \ln\frac{4S}{d}\right)[V/m]$$

$$E_B = j\omega (2\times 10^{-7})\cdot \ln\left(\frac{2S}{d}\right)[V/m]$$

$$E_C = j\omega I_B (2\times 10^{-7})\left(-\frac{1}{2}\cdot \ln\frac{S}{d} - j\frac{\sqrt{3}}{2}\cdot \ln\frac{4S}{d}\right)[V/m]$$

d= geometric mean sheath diameter(arithmetic may be assumed) －시스의 기하학적 평균직경

S= axial spacing of phase.－상간의 중심선간 간격

여기서 단심 케이블 3상을 정3각 배치를 하였을 때 각 상 차폐층에 유기되는 전압 E_A, E_B, E_C는 $X_m = 2\omega\cdot \ln\left(\frac{2S}{d}\right)\times 10^{-4}$라 하면 각각

$$E_A = 2\omega I_B\cdot \ln\left(\frac{2S}{d}\right)\cdot 10^{-7}\angle 210° = X_m\cdot I_B\angle 210°[V/km]$$

$$E_B = 2\omega I_B\cdot \ln\left(\frac{2S}{d}\right)\times 10^{-7}\angle 90° = X_m\cdot I_B\angle 90°[V/km]$$

$$E_C = 2\omega I_B\cdot \ln\left(\frac{2S}{d}\right)\times 10^{-7}\angle 330° = X_m\cdot I_B\angle 330°[V/km]$$

로 되어 평형 3상 전압이 유기되는 것을 알 수 있다.

② 차폐층 유기전압(일본 Cable Handbook의 계산식)

일본 Cable Handbook의 계산식에서도 단심 케이블이 정3각 배치되었을 때 각 상의 차폐층에 유기되는 전압은

$$E_A = \frac{X_m}{2}(-j-\sqrt{3})\cdot I_B = X_m\cdot I_B\angle 210°[V/km]$$

$$E_B = jX_m\cdot I_B = X_m\cdot I_B\angle 90°[V/km]$$

$$E_C = \frac{X_m}{2}(-j+\sqrt{3})\cdot I_B = X_m\cdot I_B\angle 330°[V/km]$$

로 되어 ANSI와 상 회전각이 동일한 평형 3상을 이루나 X_m의 계산에 있어 일본 Cable Handbook에서는 Cable mean sheath radius r_m를 적용했고 ANSI에서는 d(geometric mean sheath diameter or arithmetic mean sheath diameter)를 적용하였다. 유기전압 계산에서는 r_m(Cable mean sheath radius)를 적용하는 것이 유기전압이 약간 크게 계산된다.

케이블 배치	금속 시스 유기 전압[V/km]	비 고
ⓐⓑ	$E_A = -jX_m \cdot I_B$ $E_B = jX_m \cdot I_B$	
ⓐⓑⓒ	$E_A = \frac{1}{2} \cdot [j(-X_m + a) - \sqrt{3} \cdot Y] \cdot I_B$ $E_B = jX_m \cdot I_B$ $E_C = \frac{1}{2} \cdot [j(-X_m + a) + \sqrt{3} \cdot Y] \cdot I_B$	$Y = X_m + a$
ⓐ ⓑⓒ	$E_A = \frac{1}{2} \cdot \left[j\left(-X_m + \frac{a}{2}\right) - \sqrt{3} \cdot Y\right] \cdot I_B$ $E_B = jX_m \cdot I_B$ $E_C = \frac{1}{2} \cdot \left[j\left(-X_m + \frac{a}{2}\right) + \sqrt{3} \cdot Y\right] \cdot I_B$	
ⓐⓑⓒ ⓒⓑⓐ	$E_A = \frac{1}{2} \cdot \left[j\left(-X_m + \frac{b}{2}\right) - \sqrt{3} \cdot Y\right] \cdot I_B$ $E_B = j\left(X_m + \frac{a}{2}\right) \cdot I_B$ $E_C = \frac{1}{2} \cdot \left[j\left(-X_m + \frac{b}{2}\right) + \sqrt{3} \cdot Y\right] \cdot I_B$	$Y = X_m + a - \frac{b}{2}$
ⓐ ⓑ ⓒ	$E_A = \frac{X_m}{2} \cdot (-j - \sqrt{3}) \cdot I_B$ $E_B = jX_m \cdot I_B$ $E_C = \frac{X_m}{2} \cdot (-j + \sqrt{3}) \cdot I_B$	
비 고	$\alpha = 2\omega \cdot \ln 2 \times 10^{-4} = 0.0523[\Omega/km]$ $b = 2\omega \cdot \ln 5 \times 10^{-4} = 0.1214[\Omega/km]$ $X_m = 2\omega \cdot \ln \frac{S}{r_m} \times 10^{-4}[\Omega/km]$	S : 케이블 중심선간 거리 r_m : 시스 평균반지름

3) ANSI에 의한 차폐층 유기전압의 수치 계산 예

① 정3각 배열로 케이블 간의 간격이 없을 때

한전 ES규격에 의하면 22.9kV CNCV-W, 1C-60SQ의 완성 케이블 외경 S=39[mm], 차폐층의 외경 30[mm], 차폐 소선경 1.2[mm]이므로 $r_m = \frac{30 - 1.2}{2} = 14.4$[mm]가 되고, 전선의 허용전류 I=220[A]이므로 최대 유기전압은 다음과 같다.

$$E_A = j\omega I(2\times10^{-4})\left(-\frac{1}{2}+j\frac{\sqrt{3}}{2}\right)\cdot\ln\left(\frac{2S}{d}\right)[V/km]$$

$$= j377\times220\times(2\times10^{-4})\times(-0.5+j0.866)\cdot\ln\left(\frac{2\times39}{14.4}\right)$$

$$=-24.2705-j14.0126 = 28.0251\angle 210^\circ[V/km]$$

$$E_B = j\omega I(2\times10^{-4})\cdot\ln\left(\frac{2S}{d}\right)$$

$$= j377\times220\times(2\times10^{-4})\cdot\ln\left(\frac{2\times39}{14.4}\right)$$

$$= j28.0251 = 28.0251\angle 90^\circ[V/km]$$

$$E_C = j\omega I(2\times10^{-4})\left(-\frac{1}{2}-j\frac{\sqrt{3}}{2}\right)\cdot\ln\left(\frac{2S}{d}\right)$$

$$= j377\times220\times(2\times10^{-4})(-0.5-j0.866)\cdot\ln\left(\frac{2\times39}{14.4}\right)$$

$$= 24.2705-j14.0126 = 28.0251\angle 330^\circ[V/km]$$

이와 같은 계통에서 3가닥의 케이블을 1점에서 접지할 때 차폐층 선간 유기전압은

$$V_{AB} = E_A - E_B =-24.2705-j14.0126-j28.0251$$

$$=-24.2705-j42.0377 = 48.5410\angle 240^\circ[V/km]$$

$$V_{BC} = E_B - E_c = j28.0251-24.2705+j14.0126$$

$$=-24.2705+j42.0377 = 48.540\angle 120^\circ[V/km]$$

$$V_{CA} = E_C - E_A = 24.2705-j14.0126-(-24.2705-j14.0126)$$

$$= 48.5410\angle 0^\circ[V/km]$$

와 같이 되어 평형 3상이 된다.

② 수평 배열로 케이블 간의 간격이 없을 때

3각 배치와 같은 조건으로 계산하면

$$E_A = j\omega\cdot I_B\cdot(2\times10^{-4})\times\left(-\frac{1}{2}\ln\frac{S}{d}+j\frac{\sqrt{3}}{2}\ln\frac{4S}{d}\right)$$

$$= j377\times220\times(2\times10^{-4})\times\left(-0.5\ln\frac{39}{14.4}+j0.866\ln\frac{4\times39}{14.4}\right)$$

$$=-34.2269-j8.2636 = 35.2104\angle 193.57^\circ[V/km]$$

$$E_B = j\omega \cdot I_B \cdot (2 \times 10^{-4}) \cdot \ln\left(\frac{2S}{d}\right)$$

$$= j377 \times 220 \times (2 \times 10^{-4}) \cdot \ln\left(\frac{2 \times 39}{14.4}\right) = 28.0251 \angle 90° [V/km]$$

$$E_C = j\omega \cdot I_B \cdot (2 \times 10^{-4}) \cdot \left(-\frac{1}{2}\ln\frac{S}{d} - j\frac{\sqrt{3}}{2}\ln\frac{4S}{d}\right)$$

$$= j377 \times 220 \times (2 \times 10^{-4}) \times \left(-0.5\ln\frac{39}{14.4} - j0.866\ln\frac{4 \times 39}{14.4}\right)$$

$$= 34.2269 - j8.2636 = 35.2104 \angle 346.43° [V/km]$$

로 되어 정3각 배치 시의 상의 유기전압 28.0251[V]보다는 높게 되고 상 전압은 불평형이 된다. 또 3가닥의 케이블을 1점에서 접지할 때 차폐층 선간 유기전압은

$$V_{AB} = E_A - E_B = -34.2269 - j8.2636 - j28.0251$$

$$= -34.2269 - j36.2887 = 49.8834 \angle 226.67° [V/km]$$

$$V_{BC} = E_B - E_C = j28.0251 - 34.2269 + j8.2636$$

$$= -34.2269 + j36.2887 = 49.8834 \angle 133.33° [V/km]$$

$$V_{CA} = E_C - E_A = 34.2269 - j8.2636 - (-34.2269 - j8.2636)$$

$$= 68.4538 \angle 0° [V/km]$$

로 되어 정3각 배치보다는 높게 된다.

③ 차폐층에서 대지로 흐르는 전류

단심 케이블을 정3각 배치하였을 때 각상 전압의 합계는

$$V_0 = E_a + E_b + E_c$$

$$= -24.2697 - j14.0126 + j28.0251 + 24.2697 - j14.0128$$

$$\fallingdotseq 0$$

이므로 대지전압은 0이 되어 대지로는 전류가 흐르지 않으나 3상을 평면으로 배치한 경우에는

$$V_0 = E_a + E_b + E_c$$

$$= -34.2269 - j8.2636 + j28.0251 + 34.2269 - j8.2636 = j11.4979$$

가 되어 대지전압의 합계가 0이 아님으로 대지로 무효전류가 흐르게 된다.

4) 차폐층 전위 저감 대책

케이블을 정3각 배치하고 연가(撚架)하는 것이 최선의 방법이 되나, 연가가 어려운 경우에는 케이블의 배열을 적절히 하고, 적정한 접지방식을 선택함으로써 차폐층 전위 및 회로 손실의 저감을 기할 수 있다. 앞의 3)에서 설명한 바와 같이 차폐층 전위는 단심 케이블에서는 배열과 간격에 따라 크게 변한다. 1회선인 경우 단심 케이블 차폐층 전압은 차폐층의 길이에 비례하므로 3조를 정삼각형으로 배치하고 단심 케이블을 적절한 길이에서 접지함과 동시에 케이블의 선간 간격이 없도록 하면 차폐층 전위는 많이 낮아진다.

5) 단심 케이블의 차폐층 접지방식

① 솔리드 본드 방식(Solid Bond)

차폐층을 2곳 이상에서 접지하는 방식으로, solid bond를 하면 차폐층 전위는 거의 없어지나 시스 회로에 손실이 발생한다. 따라서 허용전류에 충분한 여유가 있을 때나 해저 케이블 포설과 같이 불가피한 경우에만 이 방법이 쓰인다. 한전 배전 선로인 22.9kV 선로의 다중접지방식은 그 대표적인 solid bond 접지의 예이다.

② 편단 접지

이 방법은 케이블의 한쪽만을 접지하고 다른 한쪽은 개방하는 방법으로 회로 손실은 없으나, 초고압 케이블에 있어서는 서지 침입 시 개방 단에 위험한 이상 전압이 발생하므로, 개방 단에 저항기나 소형 피뢰기를 설치하는 등의 이상 전압 억제 대책이 별도로 강구되어야 한다. 발전소나 공장 구내와 같이 포설 케이블 길이가 짧을 때에는 흔히 편단 접지가 쓰인다.

③ 크로스 본드(Cross Bond) 방식

이 방법은 긍장이 긴 초고압 케이블 포설에 있어 세계적으로 널리 쓰이는 방식으로 그림 10-16과 같이 본드(bond)선으로 3상을 연가하여 접속하고 3구간마다 접지하는 방식이나 초고압 케이블을 제외하고는 22.9kV 이하의 케이블에서는 크로스 본드를 시행하는 일이 없다. 유럽에서는 초고압 케이블에 대해서는 연가와 크로스 본드를 동시에 시행하고 있다. 이 크로스 본드 방식에서는 연가 경간에 차이가 많으면 잔류전압에 의하여 차폐층에 전류가 흐르게 되지만 경간의 길이를 적절히 조절함으로써 차폐층에 흐르는 전류를 최소화할 수 있다. 단위 크로스 본드 구간의 각 연가 점의 길이를 l_1, l_2, l_3라 하고 전체 길이를 $L(=l_1+l_2+l_3)$이라 할 때, 각 연가점 x에서의 전압은[4]

$0 \le x \le l_1$ 일 때

$$E_{(l_1)} = \frac{\sqrt{3}X_m I}{L} \cdot \sqrt{l_2^2 + l_2 l_3 + l_3^2} \times l_1 \,[V]$$

$l_1 \leq x \leq l_2$일 때

$$E_{(l_1+l_2)} = \frac{\sqrt{3}X_m I}{L} \cdot \sqrt{l_1^2 + l_1 l_2 + l_2^2} \times l_3 [V]$$

$l_1 + l_2 \leq x \leq l_1 + l_2 + l_3$일 때

$$E_{(l_1+l_2+l_3)} = 0[V]$$

가 된다.

$$단,\ X_m = 2\omega \cdot \ln\frac{S}{r_m} \times 10^{-7} [\Omega/m]$$

여기서 S : 케이블의 중심간 거리[m]

r_m : 시스의 평균 반경[m]

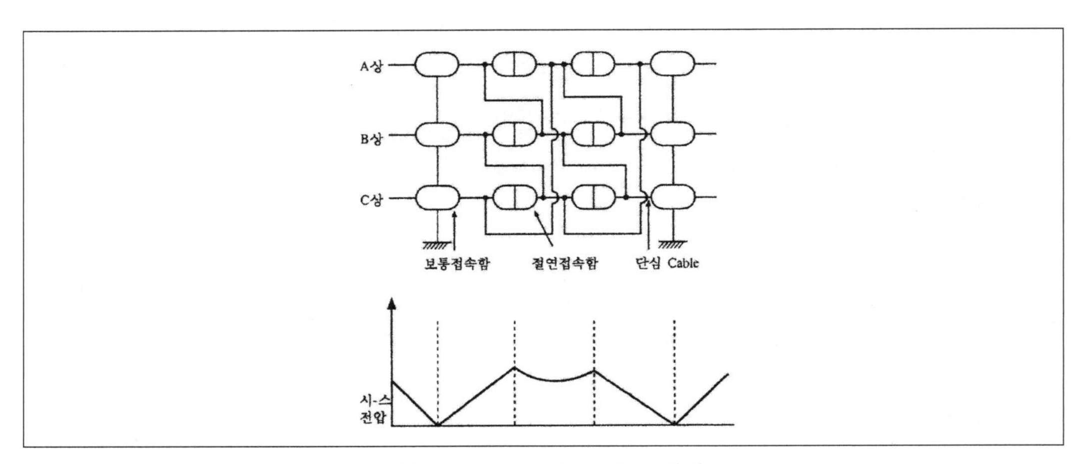

그림 10-16 크로스 본드 접지

10-2-5. 전력선용 단심 케이블 포설

1) XLPE케이블 양단접지시의 차폐층 손실

XLPE케이블에 있어 시스 손실이라 함은 주로 심선 도체 전류로부터 전자유도(電磁誘導-Electro-magnetic inducement)되어 차폐층 상호간 및 차폐층과 대지 사이를 순환하는 차폐층 전류에 의하여 발생하는 차폐층 회로 손실과 시스에 발생하는 와류손(渦流損-eddy current loss)을 말한다. 세계 각국에서 단심 케이블을 포설할 때 Solid bond는 케이블의 통전 용량에 충분한 여유가 있을 때에 한하여 추천되고 있으므로 단심 케이블을 Solid bond

를 하고자 할 때에는 시스 손실이 케이블 온도 상승에 어느 정도의 영향을 미칠 것인가를 검토할 필요가 있다. 시스의 와류손은 제외하고 여기서는 차폐층의 회로 손실만을 검토 대상으로 한다.

① 차폐층의 전류[3]

단심 케이블을 정3각 배치 시 각 상의 차폐층 전류는 3상 모두 동일하여

$$I_S = \frac{X_m}{\sqrt{{R_S}^2 + {X_m}^2}} \times I_B [A]$$

가 된다. 3조 수평 배치 시 A상 차폐층에 흐르는 순환전류는

$$I_S = \frac{-(1-\sqrt{3}\cdot N) + j(M+\sqrt{3})}{2\cdot\{M\cdot N - 1 + j(M+N)\}} \times I_B$$

3조 수평 배치 시 C상 차폐층에 흐르는 순환전류는

$$I_S = \frac{-(1+\sqrt{3}\cdot N) + j(M-\sqrt{3})}{2\cdot\{M\cdot N - 1 + j(M+N)\}} \times I_B$$

3조 수평 배치 시 B상 차폐층에 흐르는 순환전류는

$$I_S = -\frac{j}{N+j} \times I_B [A]$$

이다. 여기서

$$X_m = 2\omega \cdot \ln\frac{S}{r_m} \times 10^{-4} [\Omega/km]$$

S : 케이블 중심간 거리[m]

r_m : 케이블차폐층 평균 반경[m]

I_B : B상 도체 전류[A]

$$M = \frac{R_S}{X_m + \alpha}$$

$$N = \frac{R_S}{X_m - \frac{\alpha}{3}}$$

$$\alpha = (2\cdot\omega\cdot\ln 2) \times 10^{-4} = 0.0523 [\Omega/km] \text{ at 60Hz system}$$

이다.

표 10-12 단심케이블의 차폐층 solid bond 접지시의 차폐층 전류[3]

배 열		Ⓐ–Ⓑ 단상	Ⓐ Ⓑ Ⓒ 정3각	ⒶⒷⒸ 3조평면	Ⓐ Ⓑ Ⓒ 직각	ⒶⒷⒸ ⒸⒷⒶ 3조병렬2단
차폐층 전류[A]	A	$\frac{jX_m}{R_S+jX_m}\cdot I_B$	$-\frac{jX_m(-1+j\sqrt{3})}{2(R_S+jX_m)}\cdot I_B$	$\frac{-(1-\sqrt{3}N)+j(M+\sqrt{3})}{2(M+j)\cdot(N+j)}\cdot I_B$		
	B	$\frac{-jX_m}{R_S+jX_m}\cdot I_B$	$\frac{jX_m}{R_S+jX_m}\cdot I_B$	$-\frac{j}{N+j}\cdot I_B$		
	C	–	$\frac{jX_m(-1-j\sqrt{3})}{2(R_S+jX_m)}\cdot I_B$	$\frac{-(1+\sqrt{3}N)+j(M-\sqrt{3})}{2(M+j)\cdot(N+j)}\cdot I_B$		
케이블 1조당 평균 시스손실 [W/km]		$\frac{X_m^2R_S}{R_S^2+X_m^2}\times I_B^2$	$\frac{X_m^2R_S}{R_S^2+X_m^2}\times I_B^2$	$\frac{(M^2+N^2+2)\cdot R_S}{2\cdot(M^2+1)\cdot(N^2+1)}\times I_B^2$		
부호	M	–	–	$\frac{R_S}{X_m+\alpha}$	$\frac{R_S}{X_m+\frac{\alpha}{2}}$	$\frac{R_S}{X_m+\alpha+\frac{b}{2}}$
	N	–	–	$\frac{R_S}{X_m-\frac{\alpha}{3}}$	$\frac{R_S}{X_m-\frac{\alpha}{6}}$	$\frac{R_S}{X_m+\frac{\alpha}{3}-\frac{b}{6}}$
비고		$\alpha=2\omega\cdot\ln2\times10^{-4}[\Omega/km]$ $b=2\omega\cdot\ln5\times10^{-4}[\Omega/km]$ $X_m=2\omega\cdot\ln\frac{S}{r_m}\times10^{-4}[\Omega/km]$		S : 케이블 심선 간격[m] r_m : 케이블 차폐선의 평균 반경[m] I_B : B상 도체의 전류[A] R_S : 차폐층의 저항[Ω/km]		

단, R_S는 대상 케이블이 동 tape로 된 차폐층의 저항인 경우 다음과 같이 구한다[3].

$$R_S=\frac{1000\times\{1+0.00393\times(T_{t1}-20)\}\times(1-K_t)}{58\pi\times D_{tm}\times t_3\times\eta_t}\times10^{-5}[\Omega\ /cm]$$

여기서

T_{t1} : 동 tape차폐층의 온도[℃], 통상 도체 온도 90[℃]일 때 75[℃]로 한다.

D_{tm} : 동 tape 차폐층 평균 직경[mm], 중권인 경우(차폐층의 아래직경+동 tape의 두께)

t_3 : 동tape 차폐층의 두께[mm] 일반적으로 0.09mm임.

η_t : 동tape 차폐층의 도전율, 상시 η t=1, 사고시 η t=0.5

K_t : 동tape 차폐층의 lap율(XLPE케이블의 경우=25%)

이제 XLPE 22kV 1C−60mm^2 CV케이블의 차폐층 저항은 D_{tm}=26mm이므로

$$R_S = \frac{1000 \times \{1 + 0.00393 \times (75 - 20)\} \times (1 - 0.25)}{58 \times 3.14 \times 26 \times 0.09 \times 1.0} \times 10^{-5}$$

$$= 2.1392[\Omega /km]$$

임을 알 수 있다.

또 CNCV와 같이 wire차폐층인 경우 차폐층 저항 R_S는

$$R_S = \frac{40 \cdot \rho_S \cdot \{1 + \alpha \cdot (T_3 - 20)\} \cdot \sqrt{\left(\frac{\pi}{P_3}\right)^2 + 1}}{m \cdot \pi \cdot {d_S}^2} \times 10^{-5}[\Omega /cm]$$

로 계산되며, 여기서

P_3 : Wire strained감기의 배율(pitch/층심경)= $\frac{P}{D}$

P : 동선 차폐층의 Pitch(mm)

D : 동선 차폐층의 층심경(mm)

ρ_s : 소선의 고유 저항[$\mu\Omega$/km]

α : 동의 온도 저항 계수(=0.00393)

m : 본수(本數)

d_s : 소선경(素線經)[mm]

T_3 : wire 차폐층온도[℃], 통상 도체 90℃일 때 75℃로 함.

22.9kV CNCV케이블의 규격별 차폐층 저항은 아래의 표 10−13과 같다.

표 10−13 22.9kV CNCV케이블의 차폐층 저항

규격 / Factor	60 sqmm	100 sqmm	250 sqmm	325 sqmm
ρ_s	1.724	1.724	1.724	1.724
α	0.00393	0.00393	0.00393	0.00393
T_3	75	75	75	75
P_3	10.77	10.69	10.61	10.64
P	300	330	410	440
D	27.86	30.86	38.66	41.34
d_s	1.2	1.6	2.3	2.3
m	18	20	20	26
R_s	1.0733	0.6393	0.2633	0.2024

② 케이블 1선당 평균 차폐층 손실

(a) 정3각 배치

$$W_S = R_S \cdot I_S^2 = \frac{X_m \cdot R_S}{R_S^2 + X_m^2} \times I_B^2 [W/km]$$

(b) 3선 수평 배치

$$W_S = \frac{(M^2 + N^2 + 2) \cdot R_S}{2(M^2 + 1) \cdot (N^2 + 1)} \cdot I_B^2 [W/km]$$

단심 케이블 3조를 수평으로 포설하는 경우 각 상마다 차폐층 전류가 다르며 차폐층 전류에 의한 케이블 온도 상승에 차이가 있으므로 케이블의 용량은 3선 중 케이블 온도가 가장 높은 것으로 결정한다. 앞에서 설명한 바와 같이 차폐층과 대지 사이의 전류는 부하가 3상 평형일 때 정3각 배치한 단심 케이블에서는 각상 전압을 합하면 대지전압은 0이 되므로 대지에는 전류가 흐르지 않으나 3상을 수평 배치한 경우는 대지 전압이 0이 아니므로 대지에 전류가 흐르게 된다.

③ 단심 케이블의 온도 상승

(a) 차폐층 회로 손실비

동 테이프 회로 손실은 동 테이프 차폐층을 양단을 접지하여 사용하는 경우에 한하여 계산하며 케이블의 심선과 차폐층의 손실 비율은 다음과 같다.

a. 단상 및 3상 정3각 배열의 경우

$$P_i = \frac{r_S}{r} \cdot \frac{X_S^2}{r_S^2 + X_m^2}$$

b. 그 외의 배열

$$P_i = \frac{r_S}{r} \cdot \frac{M^2 + N^2 + 2}{2 \cdot (M^2 + 1) \cdot (N^2 + 1)}$$

여기서 r_s : 차폐층의 저항

r : 케이블 심선의 저항[Ω/cm]

M, N : 케이블 배열에 따른 정수[(1)]

주 (1) 표 10-12 참조

케이블의 심선 도체의 직류저항과 교류저항의 비는 IEC 60287에서 도체의 온도가 90℃일 때의 저항 R′는 다음과 같이 구한다[(4)].

$$R' = R_{20} \times K_1 \times K_2$$

단, R_{20} : 온도 20℃에서의 전선의 직류저항

K_1 : 20℃에서의 전선 직류저항과 전선 최고 사용온도 90℃에서 직류저항과의 비

$$K_1 = 1 + \alpha \cdot (T - 20^\circ) = 1 + 0.00393 \times (90^\circ - 20^\circ) = 1.2751$$

α : 동의 저항 온도 계수=0.00393

K_2 : 교류저항과 직류저항의 비

$$K_2 = 1 + \lambda_S + \lambda_P$$

표피효과 계수 λ_S는

$$\lambda_S = F(X)$$

$$X^2 = \frac{8\pi f}{R'} \times 10^{-7} \cdot k_S$$

단 $R' = K_1 \times R_{20} = 1.2751 \times R_{20} \times 10^{-3} [\Omega/m]$이다.

여기서 X<2.8일 때

$$\lambda_S = F(X) = \frac{X^4}{192 + 0.8 \cdot X^4}$$

을 적용하여 λ_S를 구한다.

근접효과계수 λ_P는 $X'^2 = \frac{8\pi \cdot f}{R'} \times 10^{-7} \cdot k_P$로 계산하고, X'<2.8인 경우에는 다음 식을 적용하여 계산한다.

$$\lambda_P = \frac{X'^4}{192 + 0.8 \cdot X'^4} \cdot \left(\frac{d_1}{S}\right)^2 \cdot \left\{0.312 \cdot \left(\frac{d_1}{S}\right)^2 + \frac{1.18}{\frac{X'^4}{192 + 0.8 \cdot X'^4} + 0.27}\right\}$$

단, 여기서 d_1 : 도체의 외경, S : 도체 중심간 간격

시험적으로 구한 표피효과계수 k_S와 근접효과계수 k_P의 값을 IEC 60287에서 아래 표 10-14의 값을 제시하고 있다.

표 10-14 표피효과계수 kS 및 근접효과계수 kP[(4)]

도체의 형태	k_S	k_P
원형 연선	1	0.8
원형 압축	1	0.8

㈜ (4) IEC 60287 1994. P61. Table 2

이제 22.9kV XLPE(CNCV) 60mm², 도체 중심간 거리 S=36mm로 포설된 케이블의 90℃ 운전 온도에서의 저항을 구하면 도체 직경 d_1=9.3mm이므로 90℃

에서의 직류저항은

$$R' = R_{20} \times \{1 + \alpha \cdot (90^{\circ} - 20^{\circ})\} = 0.305 \times 1.2751 \times 10^{-3}$$

$$= 0.3889 \times 10^{-3} [\Omega/m]$$

이므로 표피효과계수 λ_S는

$$X^2 = \frac{8\pi \cdot f}{R'} \times 10^{-7} \cdot k_S = \frac{8 \times 3.14 \times 60 \times 10^{-7}}{0.3889 \times 10^{-3}} \times 1 = 0.3876,$$

$$X = \sqrt{0.3876} = 0.6225 < 2.8 \text{이므로}$$

$$\lambda_S = \frac{X^4}{192 + 0.8 \cdot X^4} = \frac{0.3876^2}{192 + 0.8 \times 0.3876^2} = 0.00078$$

근접효과계수 λ_P는

$$X'^2 = \frac{8\pi \cdot f}{R'} \times 10^{-7} \cdot 0.8 = \frac{8 \times 3.14 \times 60 \times 10^{-7}}{0.3889 \times 10^{-3}} \times 0.8 = 0.3100$$

$$X' = \sqrt{0.3100} = 0.5568 < 2.8 \text{이므로}$$

$$\lambda_P = \frac{X'^4}{192 + 0.8 \cdot X'^4} \cdot \left(\frac{d_1}{S}\right)^2 \cdot \left\{0.312 \cdot \left(\frac{d_1}{S}\right)^2 + \frac{1.18}{\frac{X'^4}{192 + 0.8 \cdot X'^4} + 0.27}\right\}$$

$$= \frac{0.3100^2}{192 + 0.8 \times 0.3100^2} \times \left(\frac{9.3}{36}\right)^2 \times \left\{0.312 \times \left(\frac{9.3}{36}\right)^2 + \frac{1.18}{\frac{0.3100^2}{192 + 0.8 \times 0.3100^2} + 0.27}\right\}$$

$$= 0.00146$$

$$k_2 = 1 + \lambda_S + \lambda_P = 1 + 0.0078 + 0.000146 = 1.007946$$

따라서 $60mm^2$인 도체의 저항은

$$\therefore R_C = 0.305 \times 1.2751 \times 1.0079 = 0.3920 [\Omega/km]$$

가 된다.

2) 케이블 시스의 온도 상승

케이블의 차폐층을 양단 접지하였을 때 회로 손실로 인한 케이블 시스의 온도 상승은 다음과 같이 계산한다. 이때 차폐층 회로를 순환하는 전류 I_S에 의하여 발생하는 열량(=차폐층 회로 손실)은

$$W = I_S{}^2 \cdot R_S$$

이고, 이 열량에 의한 케이블 온도 상승은

$$T = (R_2 + R_3) \times I_S{}^2 \times R_S = (R_2 + R_3) \cdot W [℃]$$

로 된다. R_S는 앞에서 언급한 차폐층의 저항이다.

여기서 R_2 : 비닐 시스 열저항[K cm/W]

$$R_2 = \frac{\rho_2}{2\pi} \cdot \ln\frac{d_4}{d_3} [K\ cm/W]$$

ρ_2 : 시-스의 고유 열저항[K cm/W]—비닐의 경우 ρ_2=600

d_3 : 시스 내경[mm]

d_4 : 시스 외경[mm]

R_3 : 비닐 시-스 표면 방산 열저항[K cm/W]

관로 또는 기중 포설시

$$R_3 = \frac{30\rho_3}{2.16\pi d_5} [K\ cm/W]$$

ρ_3 : 표면 고유 열저항[K cm/W]—비닐의 경우 ρ_3=900

d_5 : 케이블 외경[mm]

이다[7]. 실제 케이블 포설 시에는 직매, 관로 등 케이블 포설 방법에 따라 토양 및 관로의 열저항 등으로 온도 상승은 다소 차이가 발생할 수 있으나 이와 같은 요소는 케이블의 접지방식에 관계없이 포설 방식에 따라 모든 케이블에 공통으로 적용되는 사항이다. 편단 접지 시 개방단에 설치할 피뢰기에 대하여는 앞에 설명한 이 책의 제7장 교류급전 방식과 급전계통에서 설명한 AT급전 계통의 케이블 급전선 차폐층 전압과 시스 보호 항목을 참조 바란다.

10-2-6. XLPE케이블의 열화와 열화 방지 대책

우리가 현장에서 가장 널리 사용하고 있는 XLPE케이블의 열화는 전기적 스트레스, 열적 스트레스, 환경적 요인과 설치 운전 중 충격, 외상 및 만곡(bending-彎曲) 등 기계적 요인에 의한 것을 들 수 있다. 제조공정과 제조과정에서 XLPE케이블의 전기적 강도에 영향을 주는 요인은 절연체 중의 기공(void), 혼입된 이물질, 침입된 수분, 내외부 반도전층과 절연층이 들뜨는 박리 현상과 내외부 반도전층의 침상돌기(針狀突起) 등이다. 보이드는 전기적인 스트레스를 받아 부분 방전을 일으켜 장기적으로 열화를 촉진하며, 또한 반도전층의 침상돌기나 수분과 더불어 Treeing 열화의 원인이 된다. Treeing 열화라 함은 내부 반도전층 또는 외부 반도전층을 기점으로 절연체 내에 나뭇가지 모양의 통로 또는 미세한 보이드를 형성하는 것으로 특히 내부 반도전층으로부터 발생하는 내도 Tree는 케이블 수명에 큰 영향을 준다.

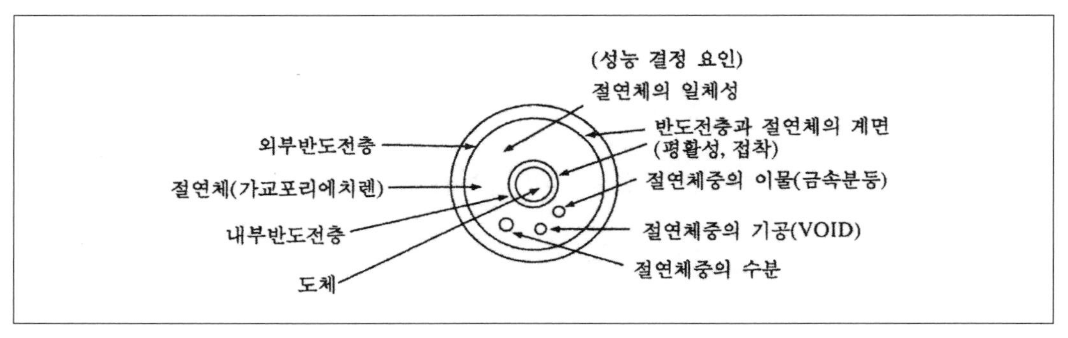

그림 10-17 XLPE케이블의 성능 결정 요인

1) 전기 Tree

케이블 절연체에 내부 또는 외부 반도전층과의 계면에서 고전계가 국부적으로 파괴를 일으켜 이것이 나뭇가지 모양으로 전개되는 것으로, 주로 테이프식 반도전층의 테이프 털과 같은 돌기(突起)에서 출발한다. 더욱이 돌기의 끝부분과 같이 전계가 집중되는 부분에 보이드가 있으면 기체방전이 발생되고, 급속히 Tree로 이행된다. 그러나 보이드가 없어도 돌기 끝부분의 전계가 충분히 높아 고체의 진성 파괴 강도를 초과하면 이 부분에 고체 파괴가 일어나 가스화하여 미세한 보이드가 형성되어 Tree로 진행된다.

2) 수(水) Tree

폴리에틸렌과 같은 절연재료가 물과 공존하는 상태에서 장시간 전계에 노출되어 있으면 나뭇가지 모양의 뿌연 색깔의 통로 또는 기공이 형성되는데 이를 수(水) Tree라 하며 전기 Tree에 비하여 낮은 전계에서도 발생한다. 특히 반도전층의 돌기에 의한 전계집중과 수분의 공존이 원인이 되는 경우가 많다. 수 Tree는 그 발생 기점과 모양에 따라 다음 3가지 종류로 분류한다.

① 내도 Tree

기점이 내부 반도전층 돌기 즉 테이프식 반도전층인 경우 테이프의 털 또는 압출형 반도전층인 경우에는 돌기가 그 기점이 되며, 그 한쪽 끝이 전극(電極)에 닿아 있는 것으로 케이블 수명에 주는 영향이 크다.

② 보우타이 Tree

절연체 중의 이물질 또는 보이드를 기점으로 하여 절연체 가운데 생성되는 나비넥타이 모양의 Tree로, 절연 두께에 비하여 작은 경우에는 어느 정도 유해한지에 대하여는 아직 논란이 계속되고 있다.

③ 외도 Tree

외부 반도전층의 돌기, 즉 테이프식 반도전층인 경우에는 테이프의 털, 압출식 반도전층인 경우는 그 돌기를 기점으로 하며, 그 한쪽이 전극에 닿아 있어 케이블의 수명에 주는 영향은 내도 Tree 다음으로 크다. 즉 케이블 수명에의 영향은 내도 Tree, 외도 Tree, 보우타이 Tree의 순이 된다. Treeing 현상에 대한 방지 대책으로는 무엇보다 Tree열화의 기점이 되는 반도전 층에 돌기가 생기지 않도록 하고, 이물질과 수분의 침입을 방지하는 것이다. 또 케이블의 내외 반도전 층을 압출형으로 하고, 절연체와 동시에 압출하는 3중 압출구조로 케이블을 제작함으로써 절연체와 내외부 반도전층과의 계면의 평활성을 높이고, 이들 사이가 서로 들뜨는 박리 현상을 방지한다. 6.6kV급 이상의 고압케이블을 발주하는 경우에는 사전에 제조자가 건식 가교 설비와 삼중 압출 설비를 갖추고 있는지에 대하여 확인하고 케이블 발주 사양에 건식 가교와 3중 압출을 명시할 필요가 있다. 이와 같은 대책을 강구하여도 시공 도중에나 사용 중에 물이 침투하면 수(水) Tree 발생을 방지할 수 없으므로 케이블에는 방수층을 두어 물이 침투하지 못하는 구조로 하여야 하고, 케이블을 설치할 때나 사용 중에도 침수가 되지 않도록 주의할 필요가 있다.

10-2-7. 전력요금과 케이블 선로의 커패시턴스 보상

최근 확정된 한전전기공급약관(2017. 01. 01)에 제41조에 의하면 주간부하(09시부터 23시까지)는 진상부하를 허용하고 있지 않으나 동 공급약관 43조 ②의 2에는 야간부하인 23시부터 다음날 09시까지 사이의 부하는 진상 역률부하도 허용하나 역률이 -0.95 이하일 때 지상역률과 같은 비율의 추가 요금을 부과하도록 규정하고 있다. 철도와 같이 선로 길이가 수 10 km에 이르는 케이블 배전선로를 가지고 있는 수용가는 저부하시나 무부하시 케이블 선로의 진상전력을 보상하지 않는 한 야간에는 진상 역률이 될 가능성이 있으므로 전력요금에 영향을 받을 수 있다.

표 10-4 전력요금에 영향을 주지 않는 무효전력

구 분	진상 역률	지상 역률		조정 범위
역률의 한계(%)	-95.000	95.000	90.000	-
역률 각(도)	-18.195	18.195	25.842	-
무효률의 한계(%)	-31.225	31.225	43.589	-
피상전력(VA)	105.263	105.263	111.111	-
유효전력(W)	100.000	100.000	100.000	-
무효전력(VAR)	-32.868	32.868	48.432	역률0.9 때 81.300 역률0.95때 65.736

그림 10-18은 한전 전력공급약관에서 정한 요금에 영향을 주지 않는 무효전력의 범위를 그림으로 표시한 예이고 표 10-4는 이를 수자로 표시한 예로 요금변동 없는 역률 허용범위는 (-0.95)-1.0-0.95-0.9이나 지상역률 0.9에서 0.95사이에서는 역률개선 시 전기의 기본요금을 감액하므로 전력요금에 혜택을 받을 수 있는 역률구간은 (-0.95)-1.0-0.95가 된다.

유효전력 100.000[W]를 기준으로 할 때 무효전력 허용범위는 표 10-4와 같이 역률 0.9일 때 최대로 유효전력의 81.3%(81.3 VAR)이고 0.95인 경우에는 65.736% (32.868VA)이다. 여기서 (-0.95)는 진상 역률이다.

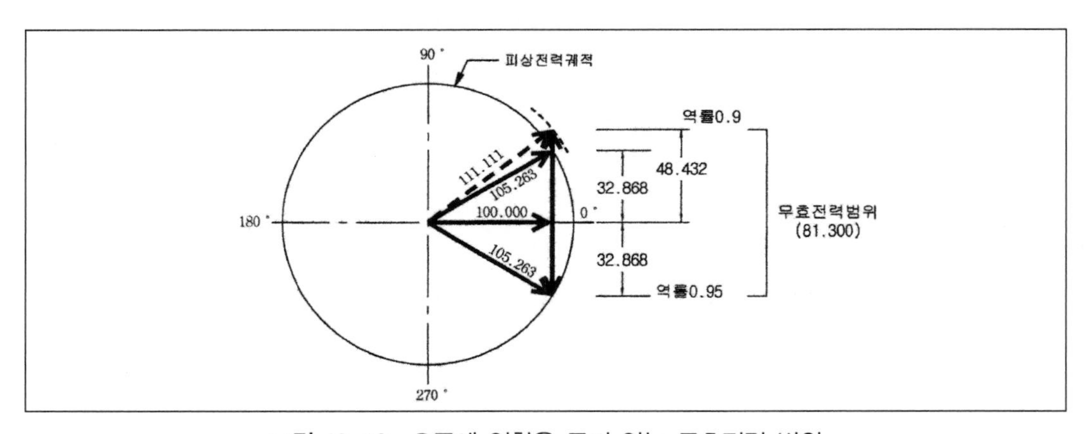

그림 10-18 요금에 영향을 주지 않는 무효전력 범위

이는 무효전력이 그림 10-18에서 보는 바와 같이 무효전력 범위 안에 있어야 하므로 무효전력 vector는 주간에는 항상 그림 10-18의 1상한 범위 내에 들어가야 하며 야간에도 4상한의 허용무효 전력 범위 내에 있어야만 전력요금의 추가 부담이 없게 된다는 것을 의미하므로 케이블 선로의 규격 및 길이(length)가 전기 요금에 미치는 영향은 이와 같은 배전선로를 가지고 있는 각 수용가가 연구하여야할 대상이라고 생각된다.

1) 주변압기 포화특성과 케이블의 충전특성의 관계

케이블의 충전특성은 케이블의 대지커패시턴스의 제작오차(품질관리상의 오차)와 선로의 설계길이와 시공길이의 오차로 인하여 배전선로마다 다르며 이를 상쇄하는 주변압기의 여자전류도 각 제작사마다 달라서 많은 변수가 복잡하게 연관되어 설계 단계에서는 정확하게 진상 무효전력을 보상할 수 있는 리액터용량을 구하는 것은 매우 어렵다. 그림 10-19는 이와 같은 관계를 나타낸다.

한전 역률 측정지점인 주변압기의 1차 전류는 케이블의 대지커패시턴스 전류가 변압기 2차 전압을 기준 vector로 했을 때 90° 진상이고 주변압기의 여자전류는 90° 지상이므로 케이블에 흐르는 전류는 충전전류와 변압기여자전류의 vector 합으로 그 차 전류가 된다. 따라서 변압기 여자전류와 케이블이 특성곡선이 교차하는 점H에서는 주변압기의 1차 전류는 영(零-Zero)이 되므로 케이블에 흐르는 전류와 변압기의 단자 전압은 그림 10-19의 주변압기 1차 전류와 같이 케이블의 길이에 따라 변한다.

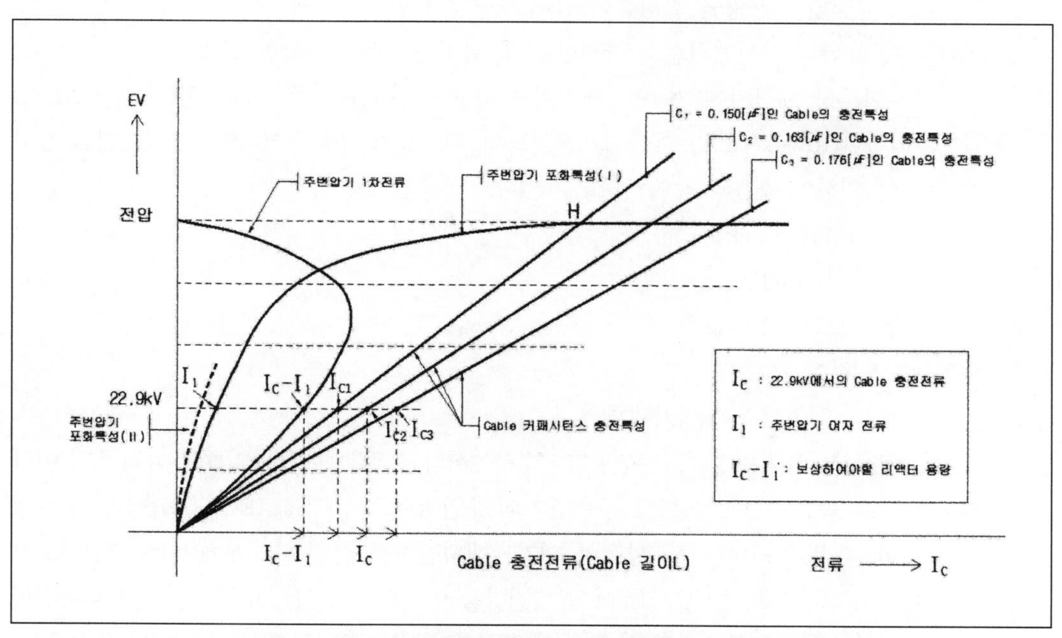

그림 10-19 변압기포화특성과 케이블 충전전류의 관계

2) 전선조합에서 납품한 22.9kV 60SQ XLPE 케이블의 대지커패시턴스

철도공사가 주로 사용하고 있는 케이블 22.9kV 60SQ XLPE에 대한 전선조합의 납품실적을 조사하였던 바 경부고속철도를 필두로 경춘선까지 2008.11.14에서 2012.11까지 사이에 납품에

참여한 회사는 37개사로 납품회수는 67회에 달하였으며 같은 XLPE-60SQ규격의 케이블에 있어서도 대지커패시턴스 분포는 0.130μF/km에서 0.197μF/km로 그 폭이 넓게 분포되어 있었다. 물론 KS규격인 최대 0.21μF/km의 범위에는 들고 있다. 그 도수 표와 평균값 및 표준편차를 참고 1, 2, 3으로 이장 뒤에 첨부한다.

130μF/km인 경우 1km당 충전전류

$$i_c = \omega CE \times 10^{-6} = 377 \times 0.130 \times \frac{22.9}{\sqrt{3}} = 0.648[A]$$ 이고

0.197μF/km인 경우 1km당 충전전류

$$i_c = \omega CE \times 10^{-6} = 377 \times 0.197 \times \frac{22.9}{\sqrt{3}} = 0.9819[A]$$

로 그 충전전류는 51.5%의 차이가 발생한다.

3) 케이블 커패시턴스 보상리액터 용량

보상용 분로 리액터의 용량을 결정함에 있어 가장 중요한 것은

① 케이블 제작 상 대지커패시턴스 관리한계 즉 관리상한과 관리하한 표기

통계 및 이론상 제작사에 가능한 대지커패시턴스 관리한계 즉 관리상한(upper limit)과 관리하한(lower imit) 예를 들면 철도의 XLPE 22.9kV 60SQ인 경우 별첨 참고 3의 (4)에 의하여 다음과 같이 정할 수 있다.

최소 0.150μF/km

평균 0.164μF/km

최대 0.176μF/km

② 배전선로의 길이

③ 주변압기의 %임피던스와 여자전류

한전이 측정하는 역률 측정값은 주변압기 1차 측에서의 측정값으로 변압기 %임피던스와 여자전류는 매우 중요한 요소이므로 주변압기의 %임피던스는 KSC IEC 60076-5의 임피던스에 따라 결정한다. 케이블 선로의 대지커패시턴스를 확인하기 위해서는 배전설로를 포설하고 무부하시에 케이블 선로에 공칭전압을 인가하고 전압, 전류, 손실 및 무효전력을 측정하여 이 값에서 케이블의 대지 커패시턴스를 상쇄할 수 있는 리액터의 용량을 구하는 것이 가장 확실한 방법이라 할 수 있다. 다음은 왜관전력소에서의 실측 예이다.

4) 왜관전력소에서의 측정 결과

(1) 측정조건

① 선로조건

전압　　　: 22.9kV

선로길이 : 19.3km

② 측정일, 측정자

측정일시 : 2009. 10. 23. 10-15시

장　　소 : 왜관전력소

측정참석자 : 철도공사 김영일 선임장 외 4인
　　　　　김정철 기술사(필자)

측　정　자 : 김영일 선임장

측정기기 : 효성계전기 proPAC (CT 50/5A, PT 22900/110V)

③ 왜관전력소에서의 측정 결과

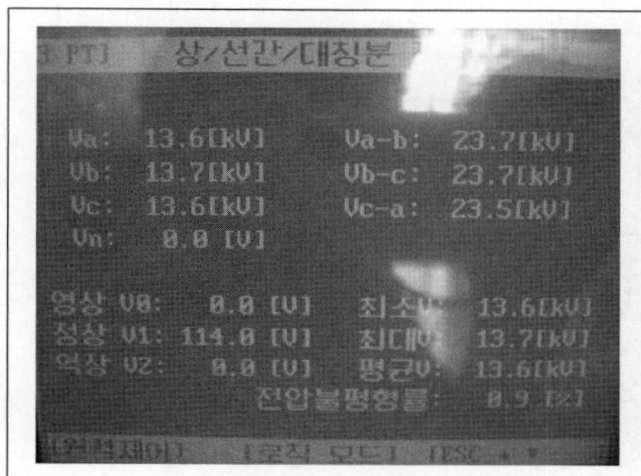

그림 10-20 상전압 측정값

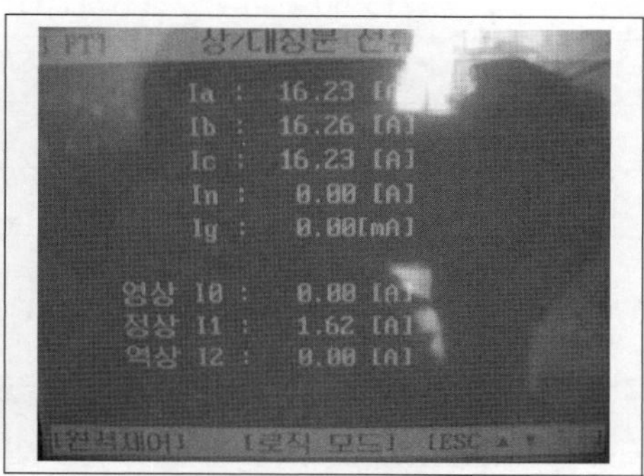

그림 10-21 상전류 측정

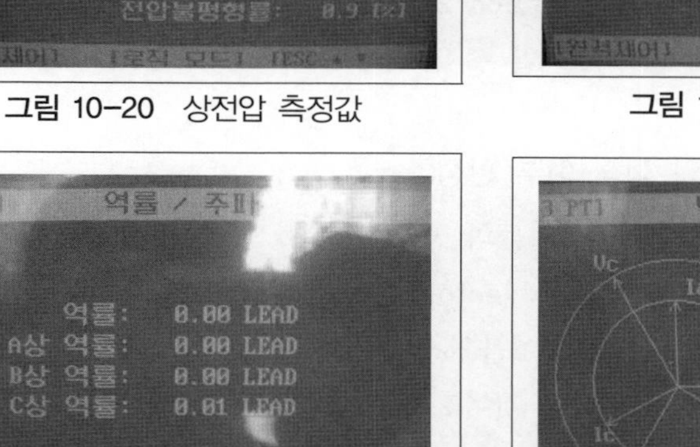

그림 10-22 역률 측정값

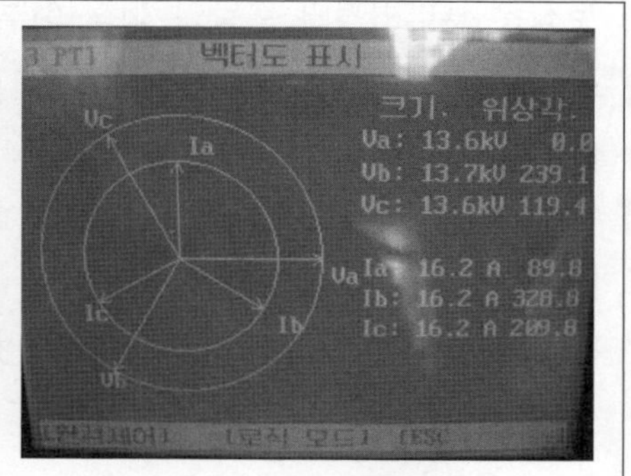

그림 10-23 전압 전류 vector

그림 10-24 케이블의 전력

(2) 측정 결과와 소요 분로 리액터의 용량

측정 결과를 정리하면 아래의 표와 같다.

Phase	상 전 압 E(kV)	전　류(A)	C(μF/km)	소요 용량(kVAR)
A	13.60	16.23	0.1640	220.728
B	13.70	16.26	0.1631	222.762
C	13.60	16.23	0.1640	220.728
합 계	-	-	0.1637	664.218

단, $C = \frac{I}{\omega EL} \times 10^{3} [\mu F/km]$로 계산함. 케이블 길이 L=19.3km

측정값에서 계산한 소요리액터의 용량은 Q=664.218kVAR로 측정된 위 그림 10-24의 무효전력 664.80kVAR과 거의 일치하는 것을 알 수 있다.

5) 보상용 분로리액터 용량의 적정 여부 판정

계산된 용량의 리액터를 투입한 후에 케이블의 전압, 전류를 측정하면 그림 10-25와 같은 결과를 얻게 되는데 전류의 vector가 기준 vector인 전압 vector V_a와 잔류 전류 I_{a1}의 방향이 일치하면 분로 reactor의 용량이 케이블의 무효전력과 일치하는 경우이고 I_{a2}와 같이 전류가 진상이면 reactor의 용량이 부족한 것이고 I_{a3}와 같이 지상이면 reactor의 용량이 큰 경우이므로 reactor의 Tap으로 reactor의 용량을 조정하여야 한다.

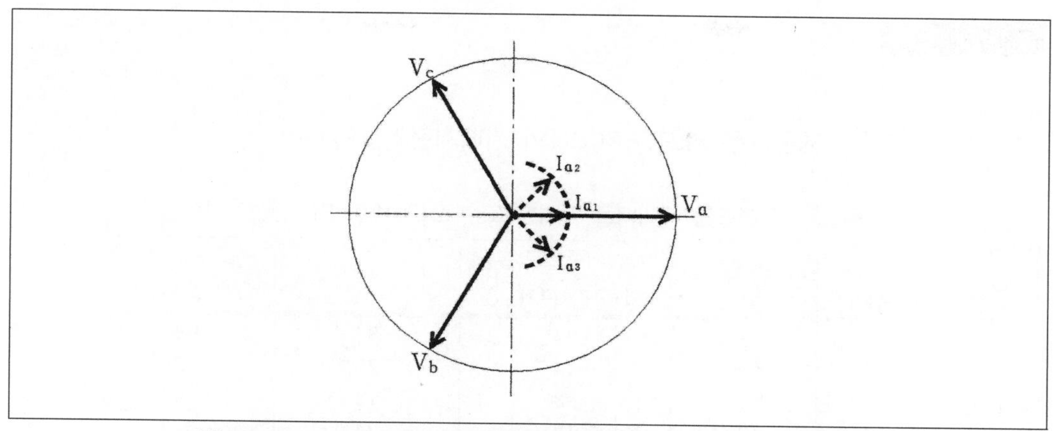

그림 10-25 reactor투입시의 전압 전류 vector도(전류 A상만 표시)

이제 왜관과 구미 사이의 선로에 설치하여야 할 Shunt reactor의 용량을 검토하여 보기로 한다. 선로에서 발생하는 무효전력의 측정값은 664.80kVAR(그림 10-24 참조)이므로 reactor를 한국전기철도 시설공단의 표준용량 reactor에서 선정하는 경우 표 10-5의 용량 400kVAR의 Tap 5인 용량 320kVAR 1대와 용량 300kVAR의 Tap 1인 300kVAR 1대 및 50kVAR의 Tap 4인 용량 42.5kVAR 1대 총 3대로써 662.5kVAR를 병열로 설치하면 선로의 대지 커패시턴스는 거의 완전히 상쇄될 수 있다.

한국철도시설공단의 Mold Shunt Reactor의 표준규격은 표 10-5와 같다.

표 10-5 철도공사의 Mold type 분로리액터 표준 규격

Tap \ 규격[kVA]	50	100	200	300	400	550
5	40	80	160	240	320	450
4	42.5	85	170	255	340	470
3	45	90	180	270	360	490
2	47.5	95	190	285	380	520
1	50	100	200	300	400	550

참 고 I

1. 전선조합에서 제출받은 XLPE-60SQ의 커패시턴스(μF/km)[4]

[표 참고 I] 전선조합 데이터로 작성한 도수 표(2011.09.31. 전선조합작성)

No	측 정 치 C. (μF/km)	도 수 f	가상 기준으로 부터의 구간 편차 d	fd	fd^2
1	0.130	1	34	34	1156
2	0.150	2	14	28	784
3	0.151	1	13	13	169
4	0.152	2	12	24	576
5	0.153	0	11	0	0
6	0.154	0	10	0	0
7	0.155	2	6	12	144
8	0.156	1	8	8	64
9	0.157	2	7	14	196
10	0.158	3	6	18	324
11	0.159	5	5	25	625
12	0.160	10	4	40	1296
13	0.161	5	3	15	144
14	0.162	4	2	8	64
15	0.163	3	1	3	9
16	0.164	3	0	0	0
17	0.165	0	−1	0	0
18	0.166	2	−2	−4	16
19	0.167	1	−3	−3	9
20	0.168	3	−4	−12	144
21	0.169	2	−5	−10	100
22	0.170	3	−6	−24	576
23	0.171	2	−7	−14	196
24	0.172	0	−8	0	0
25	0173	0	−9	0	0
26	0.174	1	−10	−10	100
27	0.175	0	−11	0	0
28	0.176	0	−12	0	0
29	0177	0	−13	0	0
30	0.178	0	−14	0	0

No	측 정 치 C. (μF/km)	도 수 f	가상 기준으로 부터 의 구간 편차 d	fd	fd^2
31	0.179	1	−15	−15	225
32	0.180	1	−16	−16	256
33	0181	0	−17	0	0
34	0.182	2	−18	−36	1296
35	0183	0	−19	0	0
36	0.184	0	−20	0	0
37	0.185	1	−21	−21	441
38	0.186	0	−22	0	0
39	0.187	1	−23	−23	529
40	0.188	0	−24	0	0
41	0.189	0	−25	0	0
42	0.190	1	−26	−26	676
43	0.191	0	−27	0	0
44	0.192	0	−28	0	0
45	0.193	0	−29	0	0
46	0.194	0	−30	0	0
47	0.196	0	−31	0	0
48	0.197	1	−32	−32	1024
합계	−	67		2	11039

단, 1. 가상평균치를 0.164 μF/km로 함

2. 전선조합 Data로 계산한 대지커패시턴스의 평균치와 편차

① 대지 커패시턴스의 평균값

$\overline{X}$ =0.164 μF를 가상 평균치로 한 평균값의 조정치 $\overline{\overline{X}}$ 계산

$$\overline{\overline{X}} = \frac{\sum fd}{n} = \frac{2}{67} = 0.0299\mu F$$

$$\overline{X} = \text{가상 평균치}(0.164\mu F) + \overline{\overline{X}} \times (\text{구간의 간격})$$

$$= 0.164 + 0.0299 \times 0.001 = 0.164\mu F$$

② 전기조합케이블의 대지커패시턴스의 표준편차 σ 계산

$$\sigma' = \sqrt{\frac{\sum fd^2}{n} - \left(\frac{\sum fd}{n}\right)^2} = \sqrt{\frac{11039}{67} - 0.0299^2} = 12.8359\mu F$$

따라서 실표준편차 σ는

$$\sigma = \sqrt{\frac{\sum fd^2}{n} - \left(\frac{\sum fd}{n}\right)^2} \times (\text{구간의 간격}) = 12.83593\mu F \times 0.001$$

$$= 0.0128\ \mu F/km$$

따라서 납품된 케이블의 3σ의 한계(제품의 99.865%가 포함되는 한계)는

$$C = 0.164 \pm 0.0128 \times 3 = 0.202 \text{ or } 0.126\mu F$$

로써 최대 0.202μF, 최소 0.126μF가 된다. 이는 실제 납품한 제품의 모두가 이 규격이내이다.

3. 철도 규격에 의하여 계산한 XLPE 22.9kV 60SQ의 대지커패시턴스

구매 및 제작사양서[22.9kV 특고압케이블(FRCN/CO-W 2012. 12.)]에 의하여 계산한 최소, 최대 및 평균 커패시턴스는 다음과 같다.

철도구입사양에 의한 케이블의 허용공차

케이블 TR-CNCV-W 60mm^2

동도체 직경 9.3mm, 허용공차 ±0.2mm,

내부반도전층 0.6mm, 허용최소 두께 0.5mm

절연체 외경 24.5mm, 허용공차 ±1.0mm

절연체의 두께 6.6mm, 최소 허용 두께 6.6mm×0.9 = 5.94mm

① 동도체의 굵기

동도체의 표준 직경(내부반도전층 포함)

d_S=9.3+0.6×2=10.5mm

동도체의 허용최대직경(내부반도전층 포함)

d_{max}=9.3+0.2+0.6×2=10.7mm

동도체의 허용최소직경(내부반도전층 포함)

d_{min}=9.3−0.2+0.5×2=10.1mm

② 절연체외경

최대 허용절연층 외경 D_{max} =24.5+1.0=25.5mm

최소 허용절연층 외경 D_{min}=24.5−1.0=23.5mm

③ 절연체의 유전율 $\varepsilon=2.5$(KS C IEC 60287-1)

④ 커패시턴스의 계산

$$\text{표준}\ \ C_s = \frac{2.5}{18\times\ln\left(\frac{D}{d}\right)} = \frac{2.5}{18\times\ln\left(\frac{24.5}{10.5}\right)} = 0.1639 \fallingdotseq 0.164\,\mu F/km$$

$$\text{최대}\ \ C_{max} = \frac{2.5}{18\times\ln\left(\frac{D}{d}\right)} = \frac{2.5}{18\times\ln\left(\frac{23.5}{10.7}\right)} = 0.17653 \fallingdotseq 0.177\,\mu F/km$$

$$\text{최소}\ \ C_{min} = \frac{2.5}{18\times\ln\left(\frac{D}{d}\right)} = \frac{2.5}{18\times\ln\left(\frac{25.5}{10.1}\right)} = 0.14996 \fallingdotseq 0.150\,\mu F/km$$

⑤ 전선조합 제출 자료와의 비교(2013. 01. 22자 제출)

2013.01.22일 전선조합이 통보한 케이블 TR-CNCV/O-W 60 mm^2 67 sample(표 1 참조)과 이론적으로 계산한 허용 커패시턴스 공차 범위를 비교하면 다음 [표 참고 I의 2]와 같다.

표 참고 I의 2 Capacitance의 비교 검토

구분	계산 값 μF/km	조합data μF/km	통계에 의한) 한계(μF/km)	비고
평균	0.164	0.164	0.164	–
최대	0.177	0.197	0.202	0.164+0.0384
최소	0.130	0.130	0.126	0.164−0.0384

㈜ (1) 통계에 의한 표준편차 $\sigma=0.0128\mu$ F/km이므로 $3\sigma=0.0384\mu$ F/km를 한계 값으로 한 값

4. 보상용 분로 Reactor 용량의 결정

편의상 케이블의 대지 커패시턴스가 최소인 0.120[μF/km]인 때와 케이블의 대지 커패시턴스가 최대인 0.200[μF/km]인 때의 케이블 길이 1km의 대지커패시턴스를 상쇄하는데 소요되는 reactor의 용량을 계산하면 다음과 같다.

① 커패시턴스 C=0.120[μF/km]를 기준으로 했을 경우

충전 전류 $\quad i = C\times\omega\times E = 0.120\times10^{-6}\times377\times\frac{22.9}{\sqrt{3}}\times10^3$

$\quad = 0.5981[A/km]$

reactor 용량(3상 용량)

$$Q = 3\times C\times\omega\times E^2$$

$$= 3 \times 0.120 \times 10^{-6} \times 377 \times \left(\frac{22.9}{\sqrt{3}}\right)^2 \times 10^3 = 23.7243[\mathrm{kVAR/km}]$$

② 커패시턴스 C=0.164[μF/km]를 기준으로 했을 경우

충전 전류 $i = C \times \omega \times E = 0.164 \times 10^{-6} \times 377 \times \frac{22.9}{\sqrt{3}} \times 10^3$

$= 0.8174[\mathrm{A/km}]$

reactor 용량(3상 용량)

$$Q = 3 \times C \times \omega \times E^2$$
$$= 3 \times 0.164 \times 10^{-6} \times 377 \times \left(\frac{22.9}{\sqrt{3}}\right)^2 \times 10^3 = 32.4232[\mathrm{kVAR/km}]$$

③ 기준 커패시턴스 C=0.200[μ F/km]인 경우

충전전류 $i = C \times \omega \times E = 0.200 \times 10^{-6} \times 377 \times \frac{22.9}{\sqrt{3}} \times 10^3$

$= 0.997[\mathrm{A/km}]$

reactor 용량(3상 용량)

$$Q = 3 \times C \times \omega \times E^2$$
$$= 3 \times 0.200 \times 10^{-6} \times 377 \times \left(\frac{22.9}{\sqrt{3}}\right)^2 \times 10^3 = 39.5405[\mathrm{kVAR}]$$

위에서 reactor용량 Q라고 표시한 것은 케이블 대지커패시턴스만 보상하기 위한 용량이며 손실 P를 더하여 reactor 용량은 kVA=P+jQ가 된다. 또 reactor 제작에서도 오차가 발생하게 된다는 것을 충분히 고려하여야 한다

㈜ (1) 자가용전기설비의 모든 것 김정철 저 2017. 2. 도서출판 기다리 간
(2) 電力Cable技術HandBook 1994 일본 電氣書院 刊
(3) ANSI/IEEE 757 Appendix D p27,28 Eq D8-11
(4) KR 연구보고서 22.9kV 수전설비 표준도 개선. 2009. 12. 30 KR연구원
(5) IEC 60287. 1994 2. 1.3/2.1.4 p29,
(6) Protective Relays application Guide p55 GEC-ALBTHOM
(7) Underground transmission system reference book 1992 EPRI
(8) 日本配電規程(低壓및高壓)-JEAC7001 2003. 2. 20
(9) 日本電氣協會 電力系統技術計算の基礎 p314 新田 目저 일본電氣書院刊
(10) 日立電線便覽 p1014 日立電線 刊
(11) 한전설계기준-1650, (일본)勞동安全衛生規則第5章第1節第329條 및 第6節第354條
(12) IEEE std 32 Requirement and test procedure for neutral grounding device p34 Equation 15
(13) IEEE std 32 Requirement and test procedure for neutral grounding device p35 Equation 17
(14) Electrical Transmission and Distribution Reference Book: Westinghouse Chapter5 p120. XI Grounding transformer 1950

부 록

IEEE Standard Electrical Power System Device Function Numbers and Contact Designations−IEEE STD C37.2−1996

The definition and application of function numbers for devices used in electrical substations and generating plants and in installations of power utilization and conversion apparatus are covered. The use of prefixes and suffixes to provide a more specific definition of function is considered. Device contact designation is also covered.

Device Number	Definition and Function
1	Master element A device, such as a control switch, etc., that serves, either directly or through such permissive devices as protective and time-delay relays, to place equipment in or out of operation.
2	Time−delay starting or closing relay. A device that functions to give a desired amount of time delay before or after any point of operation in a switching sequence or protective relay system, except as a specifically provided by device functions 48,62,79, and 82..
3	Checking or interlocking relay. A device that operates in response to position of one or more other devices or predetermined conditions in a piece of equipment or circuit, to allow an operating sequence to proceed, or to stop, or to provide a check of position of these devices or conditions for any purpose.
4	Master Contactor A device, generally controlled by device function 1 or the equivalent and the required permissive and protective devices, that serves to make and break the necessary control circuits to place equipment into operation under the desired conditions and to take it out of operation under abnormal conditions.
5	Stopping device A control device used primarily to shut down equipment and hold it out of operation. (this device may manually or electrically actuated, but it excludes the function of electric lockout [see device function 86] on abnormal conditions)
6	Starting circuit breaker. A device whose principal function is to connect a machine to its source of starting voltage.

Device Number	Definition and Function
7	Rate–of–change relay A device that operates when the rate-of-change of the measured quantity exceeds a threshold value, except as defined by device 63.
8	Control power disconnecting device. A device, such as a knife switch, circuit breaker, or pull out fuse block, used for the purpose of connecting and disconnecting the source of control power to and from the control bus or equipment.
9	Reversing device. A device that is used for the purpose of reversing a machine field or for performing any other reversing function.
10	Unit sequence switch. A device that is used to change the sequence in which units may be placed in and out of service in multiple-unit equipment.
11	Multifunction device. A device that performs three or more comparatively important functions that could only be designated by combining several device function numbers. All of the functions performed by device 11 shall be defined in the drawing legend, device function definition list is or relay setting record. See Annex B for further discussion and examples.
12	Overspeed device. A device, usually direct connected, that operates on machine over speed.
13	Synchronous speed device. A device such as a centrifugal speed switch, a slip frequency relay, a voltage relay, an undercurrent relay, , or any other type of device that operates at approximately synchronous speed of machine.
14	Underspeed device. A device functions when the speed of a machine falls bellow a predetermined value.

Device Number	Definition and Function
15	Speed or frequency matching device. A device that functions to match and hold the speed or frequency of a machine or a system equal to, or approximately equal to, that of another machine, source, or system.
16	Not used. Reversed for future application.
17	Shunt or discharge switch. A device that serves to open or close a shunting circuit around any piece of apparatus (except a resistor), such as a machine field, a machine armature, a capacitor, or reactor.
18	Accelerating or decelerating. A device that is used to close or cause the closing of circuits that are used to increase or decrease the speed of a machine.
19	Starting–to–running transition contactor. A device that operates to initiate or cause the automatic transfer of machine from the starting to running power connection.
20	Electrically operated valve. An electrically operated, controlled, or monitored device used in a fluid, air, gas, or vacuum line.
21	Distance relay. A device that functions when the circuit admittance, impedance, or reactance increase or decrease beyond predetermined value.
22	Equalizer circuit breaker. The device that serves to control or make and break the equalizer or the circuit balancing connections for machine field, or for regulating equipment, in a multiple unit installation.
23	Temperature control device. A device that functions to control the temperature of a machine or other apparatus, or of any medium, when its temperature falls bellow or rise above predetermined value.

Device Number	Definition and Function
24	**Volts per hertz relay.** A device that operates when the ratio of voltage to frequency is above preset value or is below a different preset value. The relay may have any combination of instantaneous or time delayed characteristics.
25	**Synchronizing or synchronism–check relay.** A synchronizing device produces an output that causes closure at zero phase angle difference between two circuits. It may or may not include voltage and speed control. A synchronism-check relay permits the paralleling of two circuits that are within prescribed limits of voltage magnitude, phase angle, and frequency.
26	**Apparatus thermal device.** A device functions when the temperature of the protected apparatus (other than the load carrying windings of machines and transformers as covered by device function number 49) or of a liquid or other medium exceeds a predetermined value; or when the temperature of the protected apparatus or of any medium decrease below a predetermined value.
27	**Under–voltage relay.** A device that operates when its input voltage is less than a predetermined value.
28	**Flame detector.** A device that monitors the presence of the pilot or main flame in such apparatus as a gas turbine or a steam boilers.
29	**Isolating contactor or switch.** A device that is used expressly for disconnecting one circuit from another for the purposes of emergency operation, maintenance, or test.
30	**Annunciator relay.** A non-automatically reset device that gives a number of separate visual indication upon functioning of protective devices and that may also be arranged to perform a lockout function.

Device Number	Definition and Function
31	**Separate excitation device.** A device that connects a circuit, such as the shunt field of a synchronous converter, to a source of separate excitation during the starting sequence.
32	**Directional power relay.** A device that operates on a predetermined value of power flow in a given direction such as reverse power flow resulting from the monitoring of generator upon loss of its prime mover.
33	**Position switch.** A device that makes or breaks contact that has no hen the main device or piece of apparatus that has no device function number reaches a given position.
34	**Master sequence device.** A device such as motor-operated multi-contact switch, or the equivalent, or a programmable device that establishes or determines the operating sequence of the major devices in equipment during starting and stopping or during sequential switching operations.
35	**Brush–operating or slip–ring short circuiting device.** A device for raising, lowering, or shifting the brushes of machine; short-circuiting its slip rings; or engaging or disengaging the contacts of a mechanical rectifier.
36	**Polarity or polarizing voltage device.** A device that operates, or permits the operation of, another device on a redetermined polarity only or that verifies the presence of a polarizing voltage in equipment.
37	**Undercurrent or underpower relay.** A device that functions when current or power flow decreases below a predetermined value.
38	**Baring protective device.** A device that functions on excessive bearing temperature or on other abnormal mechanical conditions associated with the bearing, such as undue wear, which may eventually result in excessive bearing temperature or failure.

Device Number	Definition and Function
39	**Mechanical condition monitor.** A device that functions upon the occurrence of an abnormal mechanical condition (except that associated with bearings as covered under device function 38), such as excessive vibration, eccentricity, expansion, shocks, tilting, or seal failure.
40	**Field relay.** A device that functions on a given or abnormally high or low value or failure of machine field current, or on an excessive value of the reactive component of armature current in an ac machine indicating abnormally high or low field excitation.
41	**Field circuit breaker.** A device that functions to apply or remove the field excitation of machine.
42	**Running circuit breaker.** A device whose function is to connect a machine to its source of running or operating voltage. This function may also be used for a device, such as connector, that is used in series with a circuit breaker or other fault-protecting means, primarily for frequent opening and closing of the circuit.
43	**Manual transfer or selector device.** A manually operated device that transfers control or potential circuits in order to modify the plan of operation of the associated equipment or of some of associated devices.
44	**Unit sequence starting relay.** A device that functions to start the next available unit in multiple?unit equipment upon the failure or non-availability of the normally preceding unit.
45	**Atmospheric condition monitor.** A device that functions upon the occurrence of an abnormal atmospheric condition, such as damaging fumes, explosive mixture, smoke, or fire.

Device Number	Definition and Function
46	**Reverse-phase or phase-balance current relay.** A device in polyphase circuit that operates when the polyphase currents are of reverse-phase sequence or when the polyphase currents are unbalanced or when the negative phase-sequence current exceeds a preset value.
47	**Phase-sequence or phase-balance voltage relay.** A device in a polyphase circuit that functions upon a predetermined value of polyphase voltage in the desired phase sequence, when the polyphase voltage are unbalanced, or when the negative phase sequence voltage exceeds a preset value.
48	**Incomplete sequence relay.** A device that generally returns the equipment to the normal or off position and locks it out if the normal starting, operating, operating, or stopping sequence is not properly completed within a predetermined time.
49	**Machine or transformer thermal relay.** A device that functions when the temperature of a machine armature winding or other load carrying winding or element of machine or transformer exceeds a predetermined value.
50	**Instantaneous over current relay.** A device that operates with no intentional time delay when the current exceeds a preset value.
51	**AC time over current relay.** A device that functions when the AC input current exceeds a predetermined value, and in which the input current and operating time are inversely related through a substantial portion of the performance range.
52	**AC circuit breaker.** A device that used to close and interrupt an ac power circuit under normal condition or to interrupt this circuit under fault or emergency conditions.

Device Number	Definition and Function
53	**Exciter or DC generator relay.** A device that forces the DC machine field excitation to build up during starting or that functions when the machine voltage build up to a given value.
54	**Turning gear engaging device.** A device either electrically operated, controlled, or monitored that functions to cause the turning gear to engage (or disengage) the machine shaft.
55	**Power factor relay.** A device that operates when the power factor in an ac circuit rises above or falls below a predetermined value.
56	**Field application relay.** A device automatically controls the application of the field excitation to an ac motor at some predetermined point in the slip cycle.
57	**Short–circuiting or grounding device.** A device that functions to short-circuit or ground a circuit in response to automatic or manual means.
58	**Rectification failure relay.** A device that functions if a power rectifier fails to conduct or block properly.
59	**Over voltage relay.** A device operates that its input voltage exceeds a predetermined value.
60	**Voltage or current balance relay.** A device that operates on given difference in voltage, or current input or output, of two circuits.
61	**Density switch or sensor.** A device that operates at a given density value or at a given rate of change of density.
62	**Time–delay stopping or opening relay.** A device that impose a time delay in conjunction with the device that initiates the shutdown, stopping, or opening operation in an automatic sequence or protective relay.

Device Number	Definition and Function
63	**Pressure switch.** A device that operates at a given pressure value or at a given rate of change of pressure.
64	**Ground detector.** A device that operates upon failure of machine or other apparatus insulation to ground.
65	**Governor.** A device consisting of an assembly of fluid, electrically, or mechanical control equipment used a regulating the flow of water, steam, or other media to the prime mover for such a purpose as starting, holding speed or load, or stopping.
66	**Notching or jogging device.** A device that functions to allow only a specified number of operation of given device or piece of equipment, or a specified number of successive operation within a given time of each other. It is also a device that functions to energize a circuit periodically or for fraction of specified time intervals, or that is used to permit intermittent acceleration or of a machine at low speeds for mechanical positioning.
67	**AC directional overcurrent relay.** A device that functions at desired value of ac overcurrent flowing in a predetermined direction.
68	**Blocking or out–of–step relay.** A device that initiates a pilot signal for blocking of tripping on external faults in a transmission line in other apparatus under predetermined conditions, or cooperates with other devices to block tripping or reclosing on an out-of-step condition or on power swings.
69	**Permissive control device.** A device with two? positions that in one position permits the closing of a circuit breaker, or the placing of piece of equipment into operation, and in other position, prevents the circuit breaker or the equipment from being operated.

Device Number	Definition and Function
70	**Rheostat.** A device used to vary the resistance in an electric circuit when the device is electrically operated or has other electrical accessories, such as auxiliary, position, or limit switch.
71	**Level switch.** A device that operates at given level value, or on a given rate of change of level.
72	**DC circuit breaker.** A device that is used to close and interrupt at dc power circuit under normal condition or to interrupt this circuit under fault o4r emergency condition.
73	**load resistor contactor.** A device that is used to shunt or insert a step of load limiting, shifting or indicating resistance in a power circuit; to switch a space heater in circuit; or to switch a light or regenerative load resistor of a power rectifier or other machine in and out of circuit.
74	**Alarm relay.** A device other than an annunciator, as covered under device function 30, that is used to operate, or that operates in connection with, a visual or audible alarm.
75	**Position changing mechanism.** A device that is used for moving a main device from one position to another in equipment; For example, shifting a removal circuit breaker unit to and from the connected, disconnected, and test position.
76	**Dc overcurrent relay.** A device that functions when the current in dc circuit exceeds a given value.
77	**Telemetering device.** A transmitting device used to generate and transmit to a remote location an electrical signal representing a measured quantity; or a receiver used to receive the electrical signal from a remote transmitter and convert signal to represent the original measured quantity.
78	**Phase-angle measuring relay.** A device that functions at a predetermined phase angle between two voltages, between two currents, or between voltage and current.
79	**Reclosing relay.** A device that controls the automatic reclosing and locking out of an ac circuit interrupter.
80	**Flow switch.** A device that operates a given flow value, or a given rate of change of flow.
81	**Frequency relay.** A device responds to the frequency of an electric quantity, operating when the frequency or rate of change of frequency exceeds or less than a predetermined value.
82	**DC load-measuring reclosing relay.** A device that controls the automatic closing and reclosing of circuit interrupter, generally in response to load circuit condition.
83	**Automatic selective control or transfer relay.** A device that operates to select automatically between certain sources or conditions in equipment or that performs a transfer operation automatically.
84	**Operating mechanism.** A device consisting of the complete electrical mechanism or servomechanism, including the operating motor, solenoids, position switches, etc., for a tap changer, induction regulator, or any similar piece of apparatus that otherwise has no device function number.
85	**Carrier or pilot-wire relay.** A device that is operated or restrained by a signal transmitted or received via any communications media used for relaying.
86	Lock? out relay. A device that trips and maintains the associated equipment or devices inoperative until it is reset by an operator, either locally or remotely.

Device Number	Definition and Function
87	**Differential protective relay.** A device that operates on a percentage, phase angle, or other quantitative difference of two or more current or other electrical quantities.
88	**Auxiliary motor or motor generator.** A device used for operating auxiliary equipment, such as pumps, blowers, exciters, rotating magnetic amplifiers, etc.
89	**Line switch.** A device used disconnecting, load interrupter, or isolating switch in an ac or dc power circuit. (This device function number is no normally necessary unless the switch is electrically operated or has electrical accessories, such as an auxiliary switch, a magnetic lock, etc.)
90	**Regulating device.** A device functions to regulate a quantity or quantities, such as voltage, current, power, speed, frequency, temperature, and load, at a certain value or between certain (generally close) limits for machines, tie lines, or other apparatus.
91	**Voltage directional relay.** A device that operates when voltage across an open circuit breaker or contact exceeds a given value in a given direction.
92	**Voltage and power directional relay.** A device that permits or causes the connection of two circuits when the voltage difference between them exceeds a given value in a predetermined direction and causes these two circuits to be disconnected from each other when the power flowing between them exceeds a given value in the opposite direction.
93	**Field changing contactor.** A device that functions to increase or decrease, in one step, the value of field excitation on a machine.
94	**Tripping or trip-free relay.** A device that functions to trip a circuit breaker, contactor, or equipment; to permit immediate tripping by other devices; or to prevent immediate reclosing of circuit interrupter if it should open automatically, even though its closing circuit is maintained closed.
95–99	**Used only for specific application.** These device function numbers are used in individual specific installations if none of functions assigned to the numbers through 94 are suitable.

3.4 Suggested suffix letters

Sub-clauses 3.4.1 through 3.4.6 describe letters that are commonly used and are recommended for use when required and as appropriate.

3.4.1 Auxiliary devices

These letters denote separate auxiliary device, such as the following:

C	Closing relay/Contactor
CL	Auxiliary relay, closed (energized when main device is in closed [position]
CS	Control switch
D	"Down" position switch relay
L	Lowering relay
O	Opening relay/contactor
OP	Auxiliary relay, open(energized when main device is in open position)
PB	Push button
R	Raising relay
U	"UP" position switch relay
X	Auxiliary relay
Y	Auxiliary relay
Z	Auxiliary relay

NOTE In the control of a circuit breaker with a so called X-Y relay control scheme, the X relay is the device whose main contacts are used to energized the closing coil or the device that in some other manner, such as by the release of stored energy, caused the breaker to close. The contacts of Y relay provide the antipump feature of the circuit breaker.

3.4.2 Actuating quantities

The letters indicate the condition or electrical quantity to which the device responds, or the medium in which it is located, such as the following:

A	Air/amperes/alternating
C	Current
D	Direct/discharge
E	Electrolyte
F	Frequency/flow/faul
GP	Gas pressure
H	Explosive/harmonic
I0	Zero sequence current
I-, I2	Negative sequence current
I+,I1	Positive sequence current
J	Differential
L	Level/liquid
P	Power/pressure
PF	Power factor
Q	Oil,
S	Speed/suction/smoke
T	Temperature
V	Voltage/volts/vacuum
VAR	Reactive power
VB	Vibration
W	Water/Watts

3.4.3 Main device

The following letters denote the main device to which the numbered device is applied or related:

A	Alarm/auxiliary/ power
AC	Alternating current
AN	Anode
B	Battery/blower/bus
BK	Brake
BL	Block(valve)
BP	Bypass
BT	Bus tie
C	Capacitor/condenser/compressor/carrier current/case/compressor
CA	Cathode
CH	Check(valve)
D	Discharge
DC	Direct current
E	Exciter
F	Feeder/field/filament/filter/fan
G	Generator/ground
H	Heater/housing
L	Line/logic
M	Motor/meter
MOC	Mechanism operated contact
N	Network/neutral
P	Pump/phase comparison
R	Reactor/rectifier/room
S	synchronizing/secondary/strainer/sump/suction(valve)
T	Transformer/thyratron

TH Transformer(high-voltage side)
TL Transformer(low-voltage side)
TM Telemeter
TOC Truck-operated contacts
TT Transformer(tertiary-voltage side)
U Unit

3.4.4 Main device

These letters denote parts of the main device, except auxiliary contacts, position switches, limit switches, and torque limit switches, which are covered in clause 4.

BK Brake
C Coil/condenser/capacitor
CC Closing coil/closing contactor
HC Holding coil
M Operating motor
MF Fly-ball motor
ML Load limit motor
MS Speed adjusting or synchronizing motor
OC Opening contactor
S Solenoid
SI Seal-in
T Target
TC Trip coil
V Valve

3.4.5 Other suffix letter

The following letters cover all other distinguish features, characteristics, or conditions not specifically described in 3.4.1 through 3.4.4, which serve to describe the use of the device in the equipment, such as

A Accelerating/automatic
B Block/back up
BF Break failure
C Close/cold
D Decelerating/denote/down/disengaged
E Emergency/engaged
F Failure/forward
GP General purpose
H Hot/high
HIZ High impedance fault
HR Hand reset
HS High speed
L Left/local/low/lower/leading
M Manual
O Open/over
OFF Off
ON On
P Polarizing
R Right/raise/reclosing/receiving/remote/reverse
S Sending/swing
SHS Semi-high speed
T Test/trip/trailing
TDC Time-delay closing contact
TDDO Time delayed relay coil drop-out
TDO Time-delay opening contact
TDPU Time delayed relay coil pickup
THD Total harmonic distortion
U Up/under

색 인

저자 약력

학　　력 서울보성고등학교 졸업
서울대학교공과대학 전기공학과 졸업

경　　력 효성중공업 상무이사
일진중공업 상무이사
LS산전 상무이사
한국ERE 상임고문
한국철도시설공단 자문위원(전철전력분야)
서울도시철도 자문위원(전기분야)

기술자격 발송배전기술사
전기기사
전기공사기사

저　　서 자가용전기설비의 모든 것
실무자를 위한 전기기술
전기철도의 급전시스템과 보호

상　　훈 **자랑스러운 전기인 상 수상**
(2012년 전기기술인의 날)

전기철도 급전계통 기술계산 가이드북

2019년 6월 3일 초판 발행

지은이 : 김 정 철
발행인 : 김 복 순

발행처 : (株)圖書出版 技多利

서울시 성동구 성수2로 7길 7, 512호
(서울숲한라시그마밸리 2차)
TEL : 02-497-1322～4
FAX : 02-497-1326
등록 : 1975년 3월 31일 No. 제6-25호
Homepage : http://www.kidari.co.kr

정가 85,000원